JN414483

스트랭
미분방정식과 선형대수학

Differential Equations and Linear Algebra

Gilbert Strang 지음
한빛수학교재연구소 옮김

한빛아카데미
Hanbit Academy, Inc.

지은이 **Gilbert Strang**

Gilbert Strang은 매사추세츠공과대학교(MIT) 수학과 교수이자 응용수학의 대가입니다. MIT에서 학사를 졸업한 후 영국 옥스퍼드 대학교에서 석사 학위를, UCLA에서 박사 학위를 받았습니다. 주요 연구 분야는 유한요소이론, 변분법, 웨이블릿 분석, 선형대수학입니다.
주요 저서로는 『Introduction to Linear Algebra, 6th edition(2023)』, 『Linear Algebra and Learning from Data(2019)』, 『Calculus, 3rd edition(2017)』, 『Essays in Linear Algebra(2012)』 등이 있습니다.

옮긴이 **한빛수학교재연구소**

한빛수학교재연구소에서는 이공계열 공통 수학 및 수학 관련 학과 전공 교재에 적합한 번역서와 집필서를 기획하여 출간하고 있습니다. 이 책은 수학 분야 전문가들이 번역을 담당하였으며, 여러 수학 편집자가 편집에 참여하였습니다.

스트랭 미분방정식과 선형대수학

초판발행 2019년 7월 9일
3쇄발행 2024년 9월 2일

지은이 Gilbert Strang / **옮긴이** 한빛수학교재연구소 / **펴낸이** 전태호
펴낸곳 한빛아카데미(주) / **주소** 서울시 서대문구 연희로2길 62 한빛아카데미(주) 2층
전화 02-336-7112 / **팩스** 02-336-7199
등록 2013년 1월 14일 제2017-000063호 / **ISBN** 979-11-5664-442-2 93410

책임편집 김은정 / **기획** 고지연 / **편집** 박현경 / **교정** 박한솔 / **진행** 윤세은
디자인 표지 박정화 내지 김연정 / **전산편집** 임희남 / **제작** 박성우, 김정우
영업 김태진, 김성삼, 이정훈, 임현기, 이성훈, 김주성 / **마케팅** 김호철, 심지연

이 책에 대한 의견이나 오탈자 및 잘못된 내용은 출판사 홈페이지나 아래 이메일로 알려주십시오.
파본은 구매처에서 교환하실 수 있습니다. 책값은 뒤표지에 표시되어 있습니다.
홈페이지 www.hanbit.co.kr / 이메일 question@hanbit.co.kr

Differential Equations and Linear Algebra

스트랭 미분방정식과 선형대수학

Gilbert Strang 지음 | 한빛수학교재연구소 옮김

지은이 머리말

학부 과정에서 미분방정식과 선형대수학은 필수적인 과목이다. 이 책은 두 과목을 따로 볼 수도 있고, 같이 살펴볼 수도 있다. 과목은 여러분이 알고 있는 대로 나누었다. 이 책에서는 다음의 목차를 바탕으로 미분방정식을 학습한다.

1장 일계 미분방정식	4장 선형 방정식과 역행렬
2장 이계 미분방정식	6장 고윳값과 고유벡터
3장 도식법과 수치계산법	

실제로 수많은 학자들과 대학에서 이렇게 중요한 두 가지 주제를 연결해 살펴보곤 한다. 이 책에서는 선형대수학을 더 많이 포함시키는 데 초점을 두었다. 선형대수학은 점점 더 중요해지고 있으며, (공학에 대하여) 행렬의 연산으로 제한했던 시대는 끝났다. 필자는 이러한 경향을 예측하지 못하고, 그동안 책과 동영상 강의로 선형대수학을 가르쳤다.

『Introduction to Linear Algebra』(Wellesley-Cambridge Press, 2009)
MIT Open Course Ware(https://ocw.mit.edu, 18.06)

선형대수학에 대한 수요가 계속 늘어남에 따라 선형대수학 강좌는 계속 발전했다. 또한 MIT 미분방정식 강좌 18.03에 대한 고민 끝에, 새로운 강의 계획서를 만들었다. 이 책은 두 과목에 대한 강좌를 바탕으로 제작하게 되었다.

여러분의 시간은 소중하기 때문에 이 두 가지 주제를 연결하여 책을 집필하였다. 학생들 입장에서는 배워야 할 과정이 많지만, 이 두 가지는 놓칠 수 없는 주제이다(그리고 선형 미분방정식은 선형 행렬방정식과 유기적으로 연관되어 있다). 전제 조건은 일변수에 대한 미적분뿐이다(여기에서 주요 함수는 입력 함수와 출력 함수이다). 연속 또는 이산적인 모든 선형 방정식에 대해서 완전해는 다음과 같이 두 부분으로 이루어진다.

하나의 특수해 $\boldsymbol{y}_p$	$A\boldsymbol{y}_p = \boldsymbol{b}$
모든 영공간의 해 $\boldsymbol{y}_n$	$A\boldsymbol{y}_n = \boldsymbol{0}$

두 개의 식을 더하면 우변은 $\boldsymbol{b}+\boldsymbol{0}=\boldsymbol{b}$, 좌변은 $A(\boldsymbol{y}_p+\boldsymbol{y}_n)$이다. 방정식이 선형인 경우 입력 함수들을 더한 값은 출력 함수를 더한 값과 같다. 등식 $A(\boldsymbol{y}_p+\boldsymbol{y}_n)=\boldsymbol{b}+\boldsymbol{0}$을 풀면 $A\boldsymbol{y}=\boldsymbol{b}$의 모든 근을 알 수 있다.

선형 방정식에 대한 완전해는 $\boldsymbol{y}$ = (**하나의** $\boldsymbol{y}_p$) + (**모든** $\boldsymbol{y}_n$)이다.

동일한 과정을 거치면 $dy/dt = f(t)$에 대한 완전해를 구할 수 있다. 우리는 미적분학을 이용하여 다음과 같은 답을 구할 수 있다. 이는 미분방정식에서 매우 중요한 답의 형태이다.

$$\frac{dy_p}{dt} = f(t)\text{는 } \mathbf{y}_p(t) = \int_0^t f(x)dx\text{로 풀린다.}$$

$$\frac{dy_n}{dt} = 0\text{은 } \mathbf{y}_n(t) = C(\text{임의의 상수})\text{로 풀린다.}$$

$$\frac{dy}{dt} = f(t)\text{는 } \mathbf{y}_n(t) = \mathbf{y}_p(t) + C\text{로 완전히 풀린다.}$$

모든 미분방정식 $dy/dt = Ay + f(t)$에 대해서 우리는 y_p와 y_n, 즉 하나의 특수해와 모든 균일한 근 homogeneous solution을 찾아야 한다. 필자의 목표는 여러분의 자신감을 키워주는 것이다. 이 책을 학습함으로써 여러분은 해를 이해하고 자유롭게 사용할 수 있을 것이다.

■ 미분방정식

미적분학을 배울 때의 핵심은 움직임을 이해하는 것이다(경제의 성장, 통화의 흐름, 달의 떠오름, 메시지의 이동, 손의 움직임 등). 이러한 움직임은 내부나 외부로부터 오는 힘에 따라 속도가 빨라지거나 느려진다(경쟁, 압력, 전압, 열망 등). 미적분학은 dy/dt의 의미를 설명하지만 이를 식(미분방정식)으로 표현하지 않고 끝내는 것은 핵심을 놓치는 것이다.

방정식은 성장을 표현할 수 있다(기하급수적인 성장 e^{at}). 또한 (사인과 코사인으로) 진동과 회전을 나타낼 수도 있다. 잦은 움직임은 힘의 균형이 발생하는 평형에 가까워진다. 선형대수학을 학습함으로써 변화율 dy/dt가 0일 때 이 균형점을 찾을 수 있다.

여기서는 수학으로 무엇을 할 수 있는지 설명하고자 한다. 필자는 과학자, 공학자, 경제학자들이 실제로 알고 있고, 꾸준히 사용하는 수학 이외의 것들을 어느 정도 믿는다. 선형 방정식에서 시작해보자. 움직임의 속도와 방향을 찾기 위해 현재 위치의 주변을 선형화하는 것이 미적분학의 핵심이다.

1.1절은 방정식 $dy/dt = y$와 $dy/dt = y^2$으로 시작한다. 이 두 개의 방정식을 풀면 다음과 같이 간단하면서도 훌륭한 사실을 알 수 있다.

$$\frac{dy}{dt} = y \qquad y = 1 + t + \frac{1}{2}t^2 + \frac{1}{6}t^3 + \cdots \qquad y = e^t$$

$$\frac{dy}{dt} = y^2 \qquad y = 1 + t + t^2 + t^3 + \cdots \qquad y = 1/(1-t)$$

지은이 머리말

책을 시작하자마자 수학에서 가장 중요한 두 가지 급수를 발견한 것은 우리에게 있어 순수한 즐거움일 것이다. 시작할 때 이보다 더 좋은 연습은 없다.

■ 여러 가지 함수 $f(t)$

교재는 문제를 푸는 것보다 더 많은 기능을 해야 한다. 우리는 함수 $f(t)$를 계속해서 개발할 수 있지만, 그보다는 다음과 같이 몇 가지 중요한 함수를 이해하는 것이 더 좋다.

- $f(t)=$ **사인과 코사인** (진동과 회전)
- $f(t)=$ **지수함수** (증가와 감소)
- $f(t)=1,\ t>0$ (스위치가 켜질 때)
- $f(t)=$ **임펄스** (갑작스러운 충격)

해 $y(t)$는 진동수 응답, 지수 응답, 계단 응답, 임펄스 응답과 같은 입력에 대한 반응이다. 이 특별한 함수와 특별한 근은 찾기 쉽고 유용하다. 다른 모든 근들은 이러한 근으로부터 만들어진다.

임펄스(즉각적인 반응에 작용하는 델타 함수)는 대부분의 학생들에게 새로운 개념일 것이다. 여러분은 이 원리를 알아야 하며, 이 임펄스가 얼마나 정돈된 상태에서 작동하는지 살펴볼 것이다. 응답은 행렬의 역행렬과 비슷하다(이는 모든 근에 대한 공식을 제시한다). 시각적으로 설명하는 편이 매우 효과적이기 때문에 이 책을 학습하는 여러분을 위해 다양한 주제의 동영상 자료를 추가로 제공한다.

■ 독자를 위한 지원

이 책으로 학습하는 독자들을 위해 여러 가지를 추가로 지원한다. **http://math.mit.edu/dela**는 핵심 웹사이트이다. 책 뒤쪽에 홀수 번호 문제의 답을 수록하는 시대는 지났다. 웹사이트에 접속하면 더 자세한 해설과 답을 확인할 수 있다. 또한 추가 문제와 수치 예제에 대한 코드, 그리고 그 이상의 자료를 제공한다. 부디 여러분이 모든 자료를 잘 활용하여 학습할 때 큰 도움이 되기를 바란다.

https://ocw.mit.edu는 미분방정식과 선형대수학에 관한 동영상 강의를 제공한다(YouTube에서 MIT Open Course Ware도 학습할 수 있다). 많은 학생들이 선형대수학 강의 18.06과 18.06SC로 학습하고 있으며, 이 강의가 여러분에게 도움이 되어 매우 행복하다. 미분방정식 강의 18.03SC, 노트, 시험 문제가 있어 학습하기에 유용하다.

■ 선형대수학

선형대수학에 관해서 더 이야기해보자. 필자의 집필 인생은 이 주제를 더욱 명확하게 제시하기 위한 노력의 연속이었다. 추상적이지도 않고, 최소한의 단어로 표현한 것도 아니지만 여러분에게 도움이 될 수 있도록 노력하였다. 행렬 대수의 핵심 아이디어(벡터공간의 기저, 행렬의 분해, 대칭과 직교 행렬의 성질들)가 선형대수학을 매우 유용하게 만든다. 5장에서는 이 아이디어에 대해 자세하게 학습하고, 7장에서는 A^TA의 응용 분야를 설명한다.

행렬은 선택이 아니라 필수이다. 우리는 꾸준히 데이터를 수집하고, 정리하고, 제공하는데, 이때 가장 많이 사용하는 형식이 행렬이다. 여기서 목표는 입력과 출력의 관계를 확인하는 것이다. 이 관계가 선형일 경우에 우리는 그 관계를 이해할 수 있다.

벡터공간에 대한 아이디어는 매우 중요하다. 이 아이디어는 두 개의 벡터 또는 두 개의 함수에 대한 모든 결합을 의미한다. 필자는 항상 학생들에게 공간을 시각화할 것을 권장한다. 이는 다음 예를 통해 확실해진다. $v_1 + v_2 + v_3 = 0$과 $d^2y/dt^2 + y = 0$에 대한 모든 근을 살펴볼 때, 여러분은 벡터공간의 아이디어를 사용할 수 있다. 또한 이는 일차 독립, 기저, 차원에 대한 질문을 던진다.

$f(t)$가 연속적인 시간에 관한 함수라고 하자. 모델이 미분방정식이고, 입력이 이산적인 시간에 관한 함수일 때 선형대수학을 사용한다. 모델을 통해 입력 $f(t)$에 의한 출력 $y(t)$를 예측할 수 있다. 하지만 여기서 일부 입력은 다른 입력보다 더 중요하다(이해하기 더 쉽고 자주 등장한다). 이들은 선형대수학 강좌에서 제시하는 올바른 방정식이다.

■ 교강사들(그리고 모든 독자들)에게

이 책에서 제공하는 자료들을 확인하길 바란다. 첫 번째 장은 새로운 세대를 위한 평범한 미분방정식 교재이다. 이 책 전반에 걸쳐 푸리에 변환, 라플라스 변환, PDE(라플라스 방정식, 열 방정식, 파동 방정식), FFT, SVD를 포함하는 선형대수학과 미분방정식의 1년 과정이 들어있다.

수학 강의에 대한 지원이 필요한 공대 교수들을 위해 특별한 메모를 제공한다. 필자는 매년 많은 공학도들을 가르치는 좋은 기회를 얻는다. 이를 통해 유한 원소, 신호 처리, 계산 과학에서 학생들에게 필요한 것이 무엇인지 알게 된다(그리고 그들의 언어로 표현할 수 있다).

모든 책의 초판은 완벽하지 않다고 생각한다. 이 책에서 무엇을 더 명확하게 설명해야 하는지 필자에게 전해주기 바란다. 여러 가지 방법을 통해, 더 발전할 수 있도록 여러분이 도와준다면 매우 감사하게 생각할 것이다.

지은이 머리말

■ 감사의 말

많은 동료들이 이 책을 집필하는 데 도움을 주었다. 첫 번째는 700일 동안 필자와 아침 일찍부터 함께 한 애슐리 페르난드[Ashley C. Fernandes]이다. 그는 발루톤에서 레이텍[LATEX] 파일을 준비하는 팀을 이끌고 있는데, 이 팀이 도와준 덕분에 원고를 여러 번 고쳐 쓸 수 있었다. 이를 통해 미분방정식의 핵심 아이디어가 점점 명백해졌다. 이 동료들과 작업한 것은 인생의 행복 중 하나였다.

이 책은 MIT 미분방정식 강좌 18.03에 관한 토론에서 시작되었다. 헤인즈 밀러[Haynes Miller]와 데이비드 제리슨[David Jerison], 그리고 제리 오를로프[Jerry Orloff]는 변화를 추구했다. 선형대수학에 대한 내용을 더 추가하기 시작했다. 행렬 연산은 이미 포함되어 있었고, 고윳값과 고유벡터의 계산도 마찬가지였다(그들은 기저와 영공간 그리고 아이디어들을 원했다).

필자는 그들의 강의를 통해 많은 것을 배웠다. 어떤 강의에서는 그 과목의 핵심을 정확히 알려주는데, 이로 인해 과목이 꾸준히 이어질 수 있었다. 독자도, 저자도 과목의 핵심을 잘 드러내는 것이 중요함을 느꼈고, 이것이 또한 필자의 교육 철학이라는 것을 깨달았다.

연습문제 해답을 만들 때는 바셀 코우리[Bassel Khoury]와 매트 코[Matt Ko]의 재능이 빛을 발했다. 회전하는 상자에 대한 예제는 알라 툼르[Alar Toomre] 덕분에 나왔고 이는 3.3절의 핵심이다. 필자가 아는 저자 중 최고의 수학 저자인 다니엘 드러커[Daniel Drucker]가 1~3장을 검토했다. 필자는 개인적인 경험을 바탕으로 작성해 나갔고, 다니엘은 이를 바로 잡아주고자 노력했다.

모든 책은 마지막 순간에 위기에 봉착하는데, 이 책은 쉐브 맥나마라[Shev MacNamara] 덕분에 그 위기를 잘 해결하였다. 원고의 그림이 사라져 많은 공간이 텅 비어 있던 날, 쉐브는 필자에게 1.7절의 S-곡선, 3.1절의 방향 필드, 오일러와 룬게-쿠타 실험 등을 다시 전달해 주었다. 더불어 그는 새로운 동영상 강의와 함께 온라인 강좌를 개설해볼 것을 권했다. 독자들의 반응이 좋다면 필자는 온라인 공개수업(MOOC : Massive Open Online Course)에 대해서 더 생각해볼 것이다.

모든 독자들에게 감사를 드린다.

지은이 **Gilbert Strang**

옮긴이 머리말

이 책의 지은이 Gilbert Strang은 학부 과정에서 학습하는 미분방정식과 선형대수학이 서로 밀접한 관련이 있다는 것을 학생들에게 전달하려 오랫동안 연구하고 노력했다. 이 책은 이러한 노력의 산물로서, 미분방정식, 선형대수학에서 반드시 학습해야 할 개념을 담고 있다. 뿐만 아니라, 여러 가지 응용 예제들을 통해 둘의 연결고리를 쉽게 설명한다.

한국의 대부분의 대학교, 특히 이공계열에서는 미분방정식과 선형대수학을 2~3학년 때 필수 또는 선택적으로 학습한다. 그리고 일반적으로 미분방정식과 선형대수학은 별도의 강의로 개설된다. 이로 인해 두 과목이 유기적으로 연결되어 있다는 사실을 깨닫기가 어렵다. 이 번역서는 미분방정식과 선형대수학의 기본 이론을 충실히 전달한다. 동시에, 저자의 다양한 경험을 바탕으로 한 응용 분야들을 통해 두 과목간의 연관관계를 설명하고, 다양하고 중요한 연습문제를 풀어봄으로써 학생들이 미분방정식과 선형대수학 모두를 충분히 이해할 수 있는 기회를 제공한다.

4차 산업혁명의 시대라 불리는 현대 시대의 첨단 기술에 사용되는 수학 이론은 미분방정식과 선형대수학을 기반으로 이루어져 있다고 해도 과언이 아니다. 따라서, 여러분이 어떠한 진로를 선택하더라도 이 두 과목을 접하게 될 확률이 매우 높다. 이 번역서를 통해 이론을 학습하고 두 과목의 연관성에 대해 심도있게 이해함으로써, 첨단 기술을 분석하고 활용할 수 있는 능력을 기를 수 있을 것이라 확신한다.

이 책을 번역하면서 특히 다음과 같은 점에 주의를 기울였다.

첫째, 최대한 원문에 충실하되, 한국의 정서와 부합하도록 번역하였다.
둘째, 수학 용어는 대한수학회 용어집을 활용하여 최대한 공식적인 용어로 번역하였다.
셋째, 학생들의 이해를 돕기 위해 문장은 최대한 간결하게 번역하였다.
넷째, 지은이의 표현 의도를 왜곡하지 않으려 노력하였고, 경우에 따라 역자들이 불필요하다고 생각되는 부분은 생략하였다.

다시 한 번 강조하면, 선형대수학과 미분방정식 강의를 이미 수강했다고 하더라도 앞으로 여러 분야에서 이 두 과목을 활용할 때 참고하기에 매우 훌륭한 '자습서'이니 꼭 소장하기를 바란다.

또한, 끝으로 이 책의 기획에서 출간까지 수고를 아끼지 않은 한빛아카데미㈜ 관계자분과 김태헌 사장님께 감사드린다.

옮긴이 **이병준, 조현태, 조강훈, 한희재**

미리보기

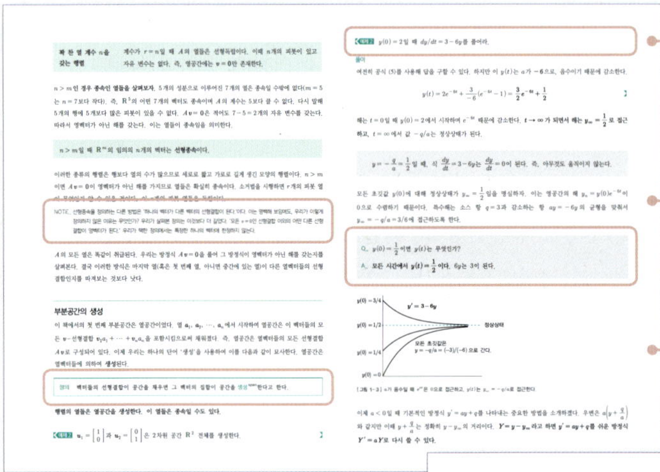

예제
본문에서 다른 개념들을 응용하여 문제를 풀어본다.

NOTE / Q&A
부연 설명을 추가하거나 질문과 답변을 통해 본문을 쉽게 이해할 수 있다.

정의
중요한 핵심 개념과 수식을 정리하여 보여준다.

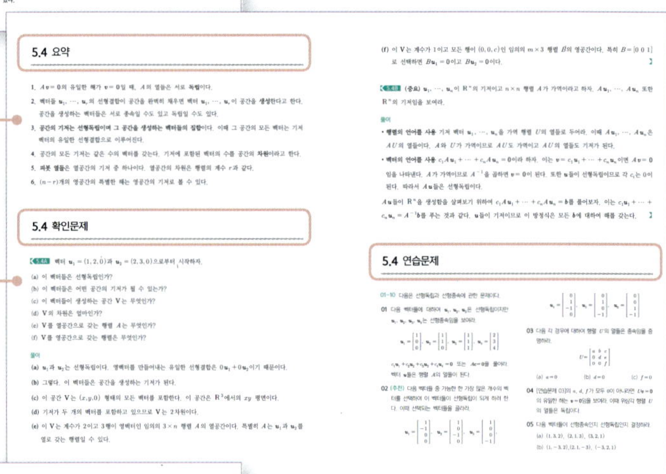

요약
해당 절이 끝날 때마다 본문에서 다룬 주요 내용을 다시 한 번 정리한다.

확인문제/연습문제
해당 절이 끝날 때마다 확인문제/연습문제를 통해 배운 내용을 확인한다.

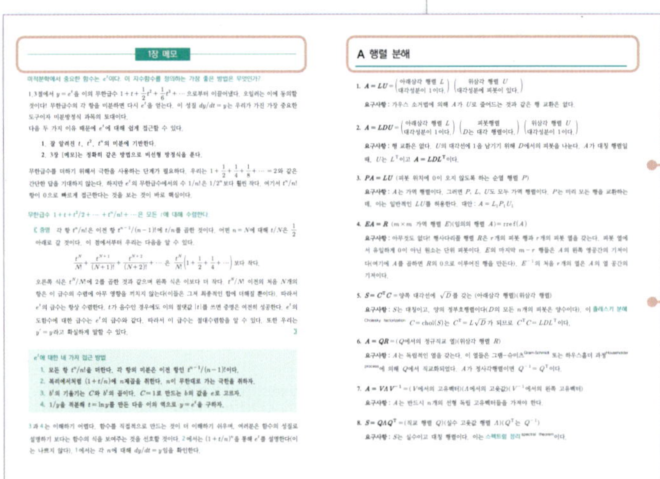

메모
학습할 때 참고할 수 있도록 메모를 추가로 제공한다.

부록
학습하면서 필요한 내용을 책의 가장 뒤에 제공한다.

이 책의 목적은 학생들이 미분방정식과 선형대수학의 가장 핵심적인 문제를 풀고 이 문제들의 의미를 이해하도록 하는 것이다.

미분방정식

연속적인 문제

움직일 때의 시스템

$dy/dt = Ay + q$

행렬방정식

이산적인 문제

정지 상태에서의 시스템

$Ay = b$와 $Ax = \lambda x$

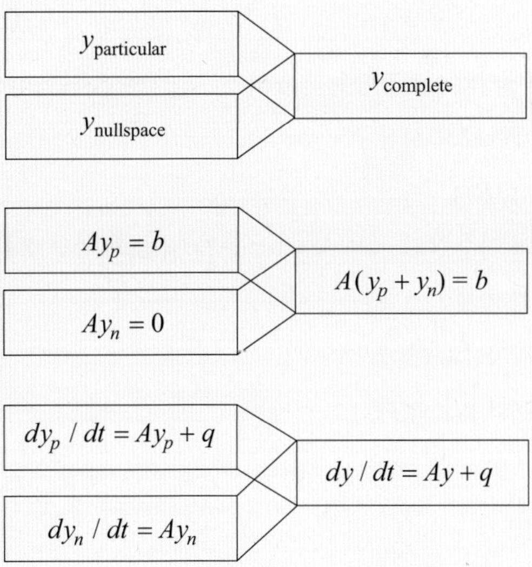

아래 8개의 선형 방정식을 풀 수 있다면 여러분은 이 과정을 완전히 이해한 것이다.

일계 미분방정식

$$dy/dt = ay$$
$$dy/dt = ay + q$$

이계 미분방정식

$$d^2y/dt^2 + Bdy/dt + Cy = 0$$
$$d^2y/dt^2 + Bdy/dt + Cy = q$$

1차 시스템

$$d\mathbf{y}/dt = A\mathbf{y}$$
$$d\mathbf{y}/dt = A\mathbf{y} + \mathbf{q}$$

2차 시스템

$$d^2\mathbf{y}/dt^2 + S\mathbf{y} = \mathbf{0}$$
$$d^2\mathbf{y}/dt^2 + S\mathbf{y} = \mathbf{q}$$

고급 문제들

비선형 방정식 $dy/dt = f(t, y)$

열 방정식 $\partial u/\partial t = \partial^2 u/\partial x^2$

파동 방정식 $\partial^2 u/\partial t^2 = \partial^2 u/\partial x^2$

미분방정식과 선형대수학은 학부 수학의 핵심이다.

강의자용 : 강의보조자료 다운받기 한빛출판네트워크 접속(http://www.hanbit.co.kr) → [교수전용] 클릭 → [강의자료] 클릭

학습자용 : 연습문제 해답 다운받기 한빛출판네트워크 접속(http://www.hanbit.co.kr) → [SUPPORT] 클릭 → [자료실] 클릭

목차

목차

1장 일계 미분방정식

First Order Equations

1.1 네 가지 예 : 선형과 비선형

일계 미분방정식은 함수 $y(t)$를 도함수 dy/dt와 연결한다. y의 변화율은 y 자신에 의해 결정된다(그리고 시간 t에 의해서도 결정될 수 있다). 다음 네 가지 예를 소개한다. 그 중에서도 (A)는 가장 중요한 미분방정식이다.

(A) $\frac{dy}{dt} = y$ (B) $\frac{dy}{dt} = -y$ (C) $\frac{dy}{dt} = 2ty$ (D) $\frac{dy}{dt} = y^2$

(A)~(C)는 **선형** 미분방정식이고, (D)는 **비선형** 미분방정식이다. 각각 (A), (B), (C)의 경우, 도함수인 y, $-y$, $2ty$는 y에 비례한다. (D)의 경우, dy/dt와 y의 그래프는 y^2으로 인해 포물선이 된다. (C)의 경우, y에 t를 곱했지만 이 방정식은 여전히 y와 dy/dt에 대해 선형이며, 시간에 따라 변하는 변수인 계수 $2t$를 갖는다. (A)와 (B)는 상수 계수를 갖는다(y의 계수는 각각 1, -1).

네 가지 예의 해

이제 각 예에 대한 답을 적을 수 있다. 각각의 방정식은 해의 집합을 갖기 때문에 우리가 보일 답은 완전한 해는 아니지만 하나의 해이긴 하다. 결국 완전한 해를 얻기 위해서는 상수 C가 필요할 것이다. 보통의 적분처럼 C는 $t=0$에서 y의 초깃값으로 주어진다. $f(t)$의 적분은 $y(0)=C$가 주어졌을 때 다음과 같이 가장 간단한 미분방정식의 해가 된다.

(E) $\frac{dy}{dt} = f(t)$의 완전한 해는 $y(t) = \int_0^t f(s)ds + C$이다.

이제 1 ~ 4에 대해 하나의 해를 적고자 한다. 이들은 모두 초깃값이 $y(0)=1$인 해이다.

1. $\frac{dy}{dt} = y$의 해는 $y(t) = e^t$이다.
2. $\frac{dy}{dt} = -y$의 해는 $y(t) = e^{-t}$이다.
3. $\frac{dy}{dt} = 2ty$의 해는 $y(t) = e^{t^2}$이다.
4. $\frac{dy}{dt} = y^2$의 해는 $y(t) = \frac{1}{1-t}$이다.

다음을 명심하자. 선형 미분방정식 1~3은 지수함수(e의 거듭제곱)로 풀 수 있다. 반면 비선형 미분방정식 4

는 다른 함수로 풀 수 있다. 여기서는 $1/(1-t)$로 풀 수 있다. 이에 대한 도함수는 $dy/dt = 1/(1-t)^2$이고, 이는 y^2과 같다.

1, 2와 같이 상수 계수를 갖는 선형 미분방정식을 살펴보자. 사실 $dy/dt = y$는 함수 $y = e^t$의 가장 중요한 성질이다. $y = t^n$처럼 단순 계산으로부터 나온 함수들의 도함수는 자기 자신과 같지 않으므로(t^n의 도함수는 nt^{n-1}이다), 미적분학에서 e^t이라는 함수가 만들어질 수밖에 없다. 하지만 모든 거듭제곱 t^n을 잘 조합하면 위 성질을 만족시킬 수도 있다(이들의 좋은 조합이 e^t라는 것은 1.3절에 나온다).

1, 2의 상수를 임의의 계수 a로 확장한 다음 마지막 예 (F)를 살펴보자.

(F) $\dfrac{dy}{dt} = ay$의 해는 $y = e^{at}$이다(그리고 $y = Ce^{at}$ 역시 해이다).

상수 성장률 a가 양수이면 해는 증가한다. $a = -1$인 $dy/dt = -y$와 같이 a가 음수라면 기울기는 음수이고 해 e^{-t}은 점점 감소하다가 0으로 수렴한다. [그림 1-1]은 dy/dt가 각각 y, $2y$, $-y$인 지수함수를 보여준다.

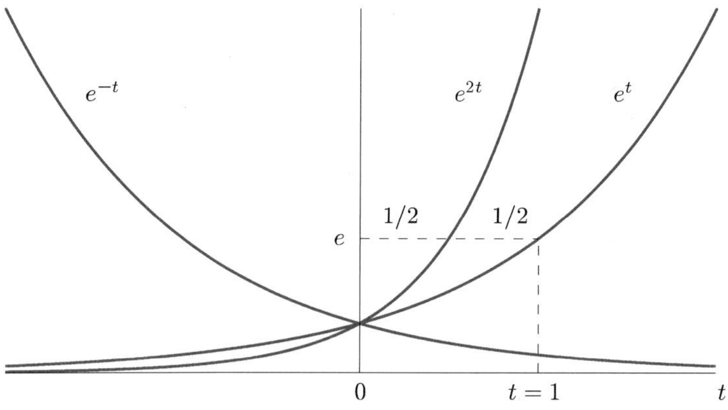

[그림 1-1] 증가, 더 빠른 증가, 감소. 해는 각각 e^t, e^{2t}, e^{-t}이다.

a가 1보다 클 때 해는 e^t보다 빠르게 증가한다. 이는 자연스럽다. 또한 새로운 해도 지수함수이다(이때 e^{at}은 더 빠르게 증가한다). 여러분은 시간 축의 규모를 조정해서 동일한 결과를 얻을 수 있다. [그림 1-1]에서 가장 경사가 급한 곡선($a = 2$)은 첫 번째 곡선과 똑같다. 그저 시간 축이 2배 압축되었을 뿐이다.

연쇄 법칙을 통해 e^{2t}을 미분하면 인수 2가 생긴다. e^{t^2}의 경우에도 인수 $2t$가 생긴다. 지수는 t^2이고, 인수 $2t$는 이의 도함수이기 때문이다.

$$\frac{d}{dt}(e^u) = e^u \frac{du}{dt} \qquad \frac{d}{dt}(e^{2t}) = e^{2t} \times 2 \qquad \frac{d}{dt}\left(e^{t^2}\right) = e^{t^2} \times 2t$$

1.1 연습문제

01 $-1 \le t \le 1$일 때 $y=e^t$의 그래프를 직접 그려라. $t=0$일 때의 기울기 dy/dt는 무엇인가? 직선 $y=et$의 그래프도 그려라. 두 그래프는 어디에서 만나는가?

02 $y_2=2e^t$의 그래프 위에 $y_1=e^{2t}$의 그래프를 그려라. $t=0$일 때 더 큰 함수는 어느 것인가? $t=1$일 때 더 큰 함수는 어느 것인가?

03 $t=0$에서 $y=e^{-t}$의 기울기는 얼마인가? $t=1$일 때 기울기 dy/dt를 찾아라.

04 $e^t=4$일 때 지수 t를 구하려면 어떤 '로그'를 사용해야 하는가?

05 u에 f를 합성한 $y(t)=f(u(t))$에서, dy/dt에 대해 연쇄 법칙을 서술하라.

06 e^t의 이계도함수는 e^t 자신이다. 따라서 $y=e^t$은 $d^2y/dt^2=y$의 해이다. 이계 미분방정식은 $y=Ce^t$과는 다른 해를 가져야 한다. 두 번째 해는 무엇인가?

07 비선형 미분방정식의 한 예인 $dy/dt=y^2$은 모든 상수 C에 대해 $y=C/(1-Ct)$를 해로 가짐을 보여라. $C=1$이면 초깃값 $y(0)=1$인 $y=1/(1-t)$을 얻는다.

08 $dy/dt=y^2$의 해가 $dy/dt=y$의 해보다 빠르게 증가하는 이유는 무엇인가(두 개의 해 모두 $t=0$일 때 $y=1$에서 시작한다고 가정하자)? 첫 번째 식의 해는 $t=1$일 때 무한대로 발산한다. 두 번째 식의 해는 기하급수적으로 증가하지만 무한대로 발산하지는 않는다.

09 $y(0)=1$로 시작하는 $dy/dt=-y^2$의 해를 찾아라. dy/y^2와 $-dt$를 적분하라(또는 $z=1/y$이라 놓고 $dz/dt=(dz/dy)(dy/dt)=(-1/y^2)(-y^2)=1$임을 이용하자. $dz/dt=1$을 통해 $z(t)$와 $y=1/z$을 알 수 있을 것이다).

10 다음 중 y에 대한 선형 미분방정식은 무엇인가?

(a) $y'+\sin y=t$

(b) $y'=t^2(y-t)$

(c) $y'+e^t y=t^{10}$

11 곱 미분 법칙으로 $e^t e^{-t}$을 미분하면 어떤 결과를 얻는가? 이 함수는 상수함수이며, $t=0$일 때 이는 1이다. 따라서 모든 t에 대해 $e^t e^{-t}=1$이다.

12 $dy/dt=y+1$은 $y=e^t+t$로 풀리지 않는다. 대입해서 y는 해가 아님을 보여라. 이는 $y'=y$와 $y'=1$의 해를 그냥 더하는 것으로는 $dy/dt=y+1$의 해가 되지 않는다는 것을 의미한다. 어떤 상수 c가 $y=e^t+c$를 올바른 해로 만드는가?

1.2 기본적으로 필요한 미적분학

미분방정식을 공부하기 위해 먼저 알아두어야 할 것은 미적분학이다. 이는 미분, 적분 계산 공식에 대한 여러 가지 생각과 숙제들로 수년을 보내야 한다는 뜻이기도 하다. 그러나 우리가 잘 알 듯이 어떤 주제들은 꼭 필요한 반면, 어떤 주제들은 반드시 그러한 것은 아니다. 미적분학의 가장 중요한 사실들을 종합하는 것이 이 절의 목표이다. 이 절은 읽고 보기 위한 절이므로 연습문제는 따로 없다.

이제 곱 미분 법칙, e^x의 미분, 미적분학의 기본 정리를 통해 미분방정식의 중요한 공식들을 살펴보자.

1. 주요 함수들의 미분

$$x^n \qquad \sin x \qquad \cos x \qquad e^x \qquad \ln x$$

x, x^2, x^3, $\cdots$의 도함수는 첫 번째 원칙인 $\Delta y/\Delta x$의 극한으로부터 얻는다. $\sin x$와 $\cos x$의 도함수는 $(\sin\Delta x)/\Delta x$의 극한에 집중한다. 그리고 위대한 함수 e^x이 나온다. e^x은 $y(0)=1$로 시작하는 미분방정식 $dy/dx=y$의 해이다. 이는 **e^x에 대한 지식이자 미적분학에서 알아야 할 가장 중요한 사실**이다.

2. 미분 법칙

덧셈 미분 법칙　　곱 미분 법칙　　역수 미분 법칙　　연쇄 법칙

주요 함수 다섯 개를 더하고 빼며, 곱하고 나눌 때 위의 법칙들을 사용하면 도함수를 구할 수 있다. 이때 덧셈 미분 법칙은 법칙으로 불리기보다는 당연하게 여겨진다. 이는 선형 미분방정식에서 항상 쓰이기 때문이다. 다음의 방정식들은 모두 선형(중요한 성질)이다.

$$\frac{dy}{dt}=ay+f(t)\text{와 }\frac{dz}{dt}=az+g(t)\text{를 더하면 }\frac{d}{dt}(\boldsymbol{y}+\boldsymbol{z})=a(\boldsymbol{y}+\boldsymbol{z})+(\boldsymbol{f}+\boldsymbol{g})\text{를 얻는다.}$$

$a=0$일 때 $y+z$의 도함수에 대한 덧셈 미분 법칙을 얻는다. $a(t)y$가 y에 대해 선형이기에 위와 같이 항상 방정식을 더할 수 있다. 이를 통해 서로 다른 해 y와 z의 중첩을 확인할 수 있다. 선형 방정식을 더하면 해 역시 더해진다.

연쇄 법칙chain rule은 주요 함수들을 미분할 때 더 광범위하게 영향을 끼친다. $\boldsymbol{y}=\boldsymbol{e}^{\boldsymbol{x}}$과 $\boldsymbol{x}=\sin \boldsymbol{t}$를 합성하면 $\boldsymbol{y}=\boldsymbol{e}^{\sin \boldsymbol{t}}$이 된다. 연쇄 법칙을 통해 dy/dt는 dy/dx와 dx/dt의 곱임을 알 수 있다.

$$\text{연쇄 법칙} \qquad \frac{dy}{dt}=\frac{dy}{dx}\frac{dx}{dt}=e^x\cos t=y\cos t$$

그러면 $e^{\sin t}$은 시간에 따라 변하는 성장률 $a=\cos t$를 갖는 $\dfrac{dy}{dt}=ay$의 해이다.

3. 미적분학의 기본 정리

$\boldsymbol{f(x)}$ 적분의 미분은 $\boldsymbol{f(x)}$이다. 도함수 df/dx를 0부터 x까지 적분하면 $f(x)-f(0)$이다. $f(0)=0$일 때, 이들은 서로 역으로 적용된다. 미분과 적분 모두 극한 $\Delta x\to 0$인 조건이 필요하므로 이를 증명하기 쉽지는 않다.

여기서 더 나아가기 위한 방법 중 하나는 수 y_0, y_1, $\cdots$, y_n으로 시작하는 것이다. 이들의 차는 미분과 비슷하고, 이들의 차를 더하는 것은 도함수의 적분과 비슷하다.

$$\text{차의 합} \quad (y_1-y_0)+(y_2-y_1)+\cdots+(y_n-y_{n-1})=y_n-y_0 \tag{1}$$

y_n과 $-y_0$만 남고 다른 수 y_1, y_2, …은 두 번씩 등장하여 서로 소거된다. 이를 더 미적분처럼 보이도록 하기 위해 모든 항에 $\Delta x/\Delta x = 1$을 곱하자.

$$\left[\frac{y_1 - y_0}{\Delta x} + \frac{y_2 - y_1}{\Delta x} + \cdots + \frac{y_n - y_{n-1}}{\Delta x}\right]\Delta x = y_n - y_0 \tag{2}$$

이전과 같이 이는 모든 수 y_0, y_1, …, y_n에 대해 참이다. 이들은 함수 $y(x)$ 그래프의 높이가 될 수 있다. 또 x_0, …, x_n은 $x = a$와 $x = b$ 사이에 균등하게 배치된 점들일 수 있다. 그러면 각각의 $\Delta y/\Delta x$는 그래프 위의 두 점 사이의 기울기이다.

$$\frac{\Delta y}{\Delta x} = \frac{y_k - y_{k-1}}{x_k - x_{k-1}} = \frac{\text{세로 거리}}{\text{가로 거리}} = \text{기울기} \tag{3}$$

만약 그래프가 x_{k-1}과 x_k 사이의 직선이라면 이때의 기울기는 위의 식과 정확히 일치한다. 반면 그래프가 곡선일 때에는 근사한 기울기 $\Delta y/\Delta x$는 $\Delta x \to 0$일 때 위의 식과 같아지게 된다.

여기서 주의해야 할 부분은 $n\Delta x = b - a$라는 점이다. 즉 점들을 $x_0 = a$와 $x_n = b$ 사이에 균등하게 배치하는 것이다. Δx가 감소할수록 n은 증가할 것이다. 시작점이 $y_0 = y(a)$, 끝점이 $y_n = y(b)$일 때 식 (2)는 매 단계에서 성립한다. $\Delta x \to 0$이고 $n \to \infty$일 때 기울기 $\Delta y/\Delta x$는 도함수 dy/dx로 수렴한다. 동시에 합은 dy/dx의 적분으로 수렴한다. 즉 다음과 같이 식 (2)가 식 (4)로 바뀐다.

미적분학의 기본 정리

$$\int_a^b \frac{dy}{dx}\,dx = y(b) - y(a) \qquad \frac{d}{dx}\int_a^x f(s)\,ds = f(x) \tag{4}$$

식 (3)에서 $\Delta y/\Delta x$의 극한은 dy/dx를, 식 (2)에서의 합은 도함수의 적분을 만든다. 미적분학의 기본 정리를 이와 같은 형태로 바꾸는 데 집중해야 한다. 식 (1)에서는 차의 합이라는 기본 아이디어를 보여주는데, 이는 도함수의 적분이 된다.

4. 기호와 연산의 의미

수학은 언어다. 이 수학이라는 언어를 배우려면 기호를 사용할 줄 알아야 한다. 이제 많이 등장하는 기호를 살펴보자.

$$y\text{의 도함수} \qquad \frac{dy}{dt}(t) = \lim_{\Delta t \to 0}\frac{y(t + \Delta t) - y(t)}{\Delta t} \tag{5}$$

y도 함수를 의미하고, y'도 함수를 의미한다. y'이 dy/dt보다 적절한 기호인가? 두 가지 기호 모두 이

책에서 표준으로 쓰인다. 미적분학에서는 $y(t)$를 잘 알지만 미분방정식에서는 그렇지 않다. 미분방정식에 대한 모든 것은 y와 y'을 연결하는 것이다. 그 관계에서 y와 y'이 무엇인지 알아낼 것이다.

첫 번째 예는 $y' = y$이다. 이 방정식은 미지의 함수 y가 기하급수적으로 증가하도록 한다. 즉 이 방정식의 해는 $y(t) = Ce^t$이다. 이 절의 마지막에서 더 복잡한 방정식과 해를 제시하고 싶지만 아직까지 필자는 e^t 보다 더 중요한 예를 찾지 못했다.

5. $dy/dx \approx \Delta y/\Delta x$를 사용하는 세 가지 방법

함수 $y(x)$의 그래프에서 정확한 기울기는 dy/dx이고 (주변 점들에 의한) 근사 기울기는 $\Delta y/\Delta x$이다. 만약 dy/dx, Δy, Δx 중 어느 두 가지 값만 알아도 남은 세 번째 값의 좋은 근삿값을 알게 된다. 모든 근사는 중요하다. 왜냐하면 dy/dx가 미적분학의 중심 아이디어이기 때문이다.

(A) Δx와 dy/dx를 알면 $\Delta y \approx (\Delta x)(dy/dx)$를 얻는다.

이는 선형근사이다. 점 x_0에서 시작하여 Δx의 거리만큼 이동하면 Δy에 변화가 나타난다. $y(x)$의 그래프는 위 또는 아래로 갈 수 있다. 이때 우리가 가진 최고의 정보는 x_0에서의 기울기 dy/dx이다(이 값은 그래프가 얼마나 휘어지는지에 대한 정보를 주지는 못한다. 이는 다음 도함수 d^2y/dx^2에서 알 수 있다).

다음과 같이 선형근사는 접선(곡선이 아니다)을 따라가는 것과 비슷하다.

$$\boldsymbol{\Delta y \approx \Delta x \frac{dy}{dx}} \qquad y(x_0 + \Delta x) \approx y(x_0) + \Delta x \frac{dy}{dx}(x_0) \tag{6}$$

(B) Δy와 dy/dx는 $\Delta x \approx (\Delta y)/(dy/dx)$를 알려준다. 이는 뉴턴법이다.

뉴턴법은 x_0에서 시작하는 $y(x) = 0$을 풀기 위한 방법이다. 우리는 $y(x)$가 $y(x_0)$으로부터 새로운 점 x_1에서 0이 되기를 원한다. 이를 위한 y의 변화량은 $\Delta y = 0 - y(x_0)$이다. 우리는 $x_1 = x_0 + \Delta x$가 되는 Δx를 모른다. 정확한 기울기 dy/dx는 $\Delta y/\Delta x$와 가까운 값이고, 이는 좋은 Δx를 알려준다.

$$\text{뉴턴법} \qquad \boldsymbol{\Delta x \approx \frac{\Delta y}{dy/dx}} \qquad x_1 - x_0 = \frac{-y(x_0)}{dy/dx(x_0)} \tag{7}$$

(C) Δy를 Δx로 나누면 $dy/dx \approx \Delta y/\Delta x$의 근사를 알 수 있다.

이는 식 (5)의 핵심이다. 하지만 여기서 중요한 것을 놓칠 수 있다. x와 $x + \Delta x$가 y를 계산하기에 가장 좋은 점인가? $\Delta y = y(x + \Delta x) - y(x)$라고 쓰면 다른 경우를 제공하지 않는 것처럼 보인다. Δx가 음수일 수 있다는 것을 인지한다면 이는 $x + \Delta x$가 x의 왼쪽에 있어도 괜찮다는 것을 의미한다. 최선의 선택은 앞뒤가 아닌 x를 중심에 둔 것이다. 즉 각각 반 간격만큼 떨어진 위치이다.

중심 차분 $\quad \dfrac{dy}{dx} \approx \dfrac{\Delta y}{\Delta x} = \dfrac{\boldsymbol{y\left(x+\frac{1}{2}\Delta x\right) - y\left(x-\frac{1}{2}\Delta x\right)}}{\boldsymbol{\Delta x}}$ (8)

왜 중심에 두는 것이 더 좋을까? $y = Cx + D$가 직선의 방정식일 때 모든 $\Delta y / \Delta x$는 정확한 기울기 C를 알려준다. 직선이 아닌 것 중에서 가장 단순한 포물선 $y = x^2$은 중심 차분에서만 정확한 기울기 $2x$를 구할 수 있다.

중심 차분으로 포물선의 정확한 기울기 구하기 $\quad \dfrac{\Delta y}{\Delta x} = \dfrac{\left(x+\frac{1}{2}\Delta x\right)^2 - \left(x-\frac{1}{2}\Delta x\right)^2}{\Delta x} = \dfrac{x\Delta x - (-x\Delta x)}{\Delta x} = \boldsymbol{2x}$

과학적인 계산에서 중요한 단계는 1차 정확도(전방 차분)를 2차 정확도(중심 차분)로 증가시키는 것이다. 적분에 대해 직사각형 법칙은 평행사변형 법칙으로 발전할 수 있다. 이는 좋은 알고리즘으로 나아가는 큰 한 걸음이다.

6. 테일러 급수 : $y(x)$를 $x = x_0$에서의 모든 미분 값으로 예측하기

x_0에서의 높이 y_0와 기울기 $y_0{}'$으로부터 근처에서의 $y(x)$를 예측할 수 있다. 식 (6)의 접선은 $y(x)$가 일정한 기울기를 갖고 있다고 가정한다. 이때 x_0에서의 이계도함수 y_0''을 이용하면 1차 예측은 (더 정확한) 2차 예측이 된다.

y_0''을 사용한 함수에 접하는 포물선 $\quad y(x_0 + \Delta x) \approx y_0 + (\Delta x) y_0{}' + \boldsymbol{\frac{1}{2}(\Delta x)^2 y_0''}$ (9)

이 $(\Delta x)^2$ 항을 사용함으로써 일정한 기울기가 일정하게 휘어진다. 포물선 $y = x^2$에 대해 식 (9)는 다음과 같은 방정식이 된다.

$$(x_0 + \Delta x)^2 = (x_0^2) + (\Delta x)(2x_0) + \frac{1}{2}(\Delta x)^2(2)$$

테일러 급수는 더 많은 (무한히 많은) 항을 더한다. 이 공식으로 x_0에서의 모든 도함수를 구할 수 있다. 패턴은 $\frac{1}{2}(\Delta x)^2 y_0''$과 같다. n번째 도함수 $y^{(n)}(x)$는 새로운 항 $\frac{1}{n!}(\Delta x)^n y_0^{(n)}$에 영향을 끼친다. 완전한 테일러 급수는 $x = x_0$에서의 모든 도함수를 포함하고 있다.

테일러 급수 $\quad y(x_0 + \Delta x) = y_0 + (\Delta x) y_0{}' + \cdots + \dfrac{1}{n!}(\Delta x)^n y_0^{(n)} + \cdots$

접선을 위해 y'에서 멈추자.

포물선을 위해 y''에서 멈추자. $\quad = \displaystyle\sum_{n=0}^{\infty} \boldsymbol{\frac{(\Delta x)^n}{n!} y^{(n)}(x_0)}$ (10)

이 등식이 항상 옳은 것은 아니다. x가 x_0으로부터 벗어난 후 $y(x)$가 급격히 변하는 것을 막을 수는 없다. $y(x_0 + \Delta x)$에 대한 테일러의 예측은 e^x, $\sin x$, $\cos x$와 같은 함수에는 완전히 맞았다. 이렇게 좋은 함수들은 모든 x에 대해 '해석적'이다.

$$y^{(n)}(0) = 1\text{인 거듭제곱급수} \qquad y = e^x = 1 + x + \frac{1}{2!}x^2 + \frac{1}{3!}x^3 + \cdots \tag{11}$$

$$y^{(n)}(0) = n!\text{인 등비급수} \qquad y = \frac{1}{1-x} = 1 + x + x^2 + x^3 + \cdots \tag{12}$$

중심점은 $x_0 = 0$이다. 급수 (11)은 모든 x에 대해 e^x 값을 알려주고, 급수 (12)는 x가 -1과 1 사이에 있을 때 $1/(1-x)$ 값을 알려준다. 이 함수의 도함수 $1 + 2x + 3x^2 + \cdots$ 는 $1/(1-x)^2$이다. $x = 2$에 대해 등비급수는 $1/(1-2) = -1$과 같은 결과가 나올 수 없다. $1 + x + x^2 + \cdots$ 은 $x = 1$일 때 무한대가 됨을 기억하자. 이는 $1/(1-x)$이 $1/0$이 되는 점이다.

e^x에서의 핵심은 $x = 0$에서 n번째 도함수가 1이라는 점이다. $x = 0$에서의 $1/(1-x)$의 n계 도함수는 $n!$이다. 다음과 같이 이 패턴은 $x = 0$일 때 y, y', y'', y''', 즉 1, 1, 2, 6으로 시작한다.

$$y = (1-x)^{-1} \qquad y' = (1-x)^{-2} \qquad y'' = 2(1-x)^{-3} \qquad y''' = 6(1-x)^{-4}$$

테일러 급수는 $y(x)$를 알기 위해 $x = 0$일 때의 모든 도함수를 조합하여 사용한다.

7. 응용 : 중요한 미분방정식

선형 미분방정식 $y' = ay + q(t)$는 여러 가지 용도로 쓰이는 완벽한 모델이다. 이는 성장률 a와 외부의 항 $q(t)$도 포함한다. 우리는 $y(0) = 0$을 만족하는 특별한 해를 원한다. 이것을 풀기 위해서는 적분에서 가장 중요한 아이디어를 사용한다. 해가 맞는지 확인할 때는 미분의 기본 법칙을 이용한다.

방정식을 해석했으니 이제는 간단한 형태로 $a = 1$일 때의 해 $y(t)$를 살펴보자.

$$\frac{dy}{dt} = y + q(t)\text{의 해는 } y(t) = \int_0^t e^{t-s} q(s)\,ds\text{이다.} \tag{13}$$

중요한 내용을 살펴보자. 0과 t 사이의 시간 s에 대해 입력 변수는 힘의 소스인 $q(s)$이다. 이 입력 변수는 남은 시간 $t-s$ 동안 증가하거나 감소한다. **입력 변수 $q(s)$는 시간 t일 때의 결과를 나타내기 위해 e^{t-s}과 곱하였다.** 그러면 최종 결과 $y(t)$는 $e^{t-s}q(s)$의 적분이다.

이제 다른 방법으로 $y(t)$를 살펴볼 것이다. 1.4절에서는 '적분 인수'를 사용하고, 1.6절에서는 '매개변수 변환법'을 설명한다. 핵심은 공식이 어디에서 온 것인지를 보는 것이다. 입력 변수를 통해 결과 값을 얻을 수 있으며, 이때 입력 변수와 결과 값의 관계는 선형이다. 그리고 중첩 원리를 이용해서 모든 결과의 합(위의 경우에는 적분)인 최종 결과를 얻는다.

이제 dy/dt를 계산함으로써 공식 (13)이 성립한다는 것을 확인할 것이다. 첫째로, e^{t-s}은 e^t과 e^{-s}의 곱이다. 그러면 e^t은 적분 $e^{-s}q(s)$ 밖으로 빠져나온다. 여기에 곱 미분 법칙을 사용하자.

$$\textbf{y+q를 만든다.} \qquad \frac{dy}{dt} = \left(\frac{de^t}{dt}\right)\int_0^t e^{-s}q(s)ds + (e^t)\frac{d}{dt}\int_0^t e^{-s}q(s)ds \tag{14}$$

우변의 첫 번째 항은 $y(t)$ 그 자체이다. 우리가 아는 것은 미적분학의 기본 정리이다. 이를 적용하면 **$e^{-t}q(t)$의 적분의 미분은 $e^{-t}q(t)$이다.** 그리고 $e^te^{-t}=1$이기 때문에 e^t을 곱함으로써 알고자 하는 답 $q(t)$를 구할 수 있다. $y(0)=0$에서 시작하는 선형 미분방정식 $y'=y+q$는 $e^{t-s}q(s)$의 적분으로 푼다.

1.3 지수함수 e^t과 e^{at}

$dy/dt=ay$의 해는 $y(t)=Ce^{at}$이다. 결정되지 않은 상수 C는 초깃값 $y(0)$과 같다. 그러면 $y(t)=y(0)e^{at}$이다. 이것이 이 절에서 말하고자 하는 핵심 내용이다.

이미 여러분은 함수 $y=e^t$에 대해 안다. 이 함수는 미적분학을 위한 준비 코스[precalculus]와 미적분학 내용의 핵심이며, 이제는 선형 미분방정식의 핵심이 된다. 함수 e^t에서 가장 중요한 다음 두 가지 성질에 집중해보자.

1. 기울기 dy/dt는 함수 y와 같다. y가 증가할 때 그래프는 더 가팔라진다.

$$\frac{d}{dt}e^t = e^t \tag{1}$$

2. $y(t)=e^t$은 지수의 덧셈 법칙을 따른다.

$$e^t\text{과 } e^T\text{의 곱은 } e^{t+T}\text{과 같다.} \tag{2}$$

이 지수함수 e^t은 어떻게 만들어지는가? 오직 미적분학으로만 이 함수를 만들 수 있다. 왜냐하면 미적분학 어딘가에서 '극한'을 다뤄야 하기 때문이다. 일반적인 대수학에서 나오는 함수들은 e^t과 가까워질 수 있으나 도달할 수는 없다. 만약 이 함수들을 e^t에 더 가깝도록 고르면 함수의 극한은 e^t이 된다. 이는 특수한 숫자 π에 접근하기 위해 분수를 사용하는 것과 비슷하다. π에 접근하도록 하는 분수는 $3/1$, $31/10$, $314/100$에서 시작한다. 더 깔끔한 분수 $22/7$가 π에 더 가깝다. 하지만 '극한을 취하는 과정'을 피할 수는 없다. π는 분수가 아니기 때문이다.

마찬가지로 e 역시 분수가 아니다. 함수 e^x을 만드는 다양한 방법 중에 다음이 가장 직접적인 방법이다.

$$\frac{dy}{dt}=y\text{를 만족하도록 } (t=0\text{일 때 } y=1\text{로 시작하는) 함수 } y=e^t\text{을 만들자.}$$

위와 같이 e^t을 얻는 방법에 대해 알아보기 위해 평범한 다항식 y와 dy/dt를 살펴보자.

1. $y=1+t+\frac{1}{2}t^2$ 도함수는 $dy/dt=0+1+t$이다.
2. $y=1+t+\frac{1}{2}t^2+\frac{1}{6}t^3$ 도함수는 $dy/dt=0+1+t+\frac{1}{2}t^2$이다.

이때 dy/dt는 y와 완전히 다르다는 것을 확인할 수 있다. 이는 항상 y보다 항이 한 개 적다. y에 $t^4/24$이 포함되어야 도함수에 $t^3/6$이 들어갈 수 있다. 하지만 이 경우 dy/dt에 $t^4/24$이 포함되지 않을 것이다. dy/dt가 y를 따라잡지 못한다는 것을 확인할 수 있다. 이를 해결하기 위해서는 무수히 많은 항을 가져야 한다. 그러면 $dy/dt=y$라는 결과를 얻을 것이다.

극한을 취하는 과정은 새로운 항을 계속해서 더하는 무한급수에 등장한다. 모든 항은 t^n이 $n!$로 나누어진 꼴을 갖고 있다. 이것의 도함수는 이전의 항이 된다.

$$\frac{t^n}{(n)\cdots(1)}=\frac{t^n}{n!}\text{의 도함수는 }\frac{t^{n-1}}{(n-1)\cdots(1)}=\frac{t^{n-1}}{(n-1)!}\text{이다.}\tag{3}$$

따라서 $t^n/n!$이 dy/dt에서 빠져 있다면 $t^{n+1}/(n+1)!$을 y에 포함함으로써 이를 해결할 수 있다. 물론 dy/dt는 절대 완벽하게 y와 같아질 수 없다. 우리가 무한급수를 허용하기 전까지는 말이다. 다음과 같이 모든 n에 대해 항이 $t^n/n!$인 급수가 있다. $n=0$일 때의 항은 $t^0/0!=1$이다.

e^t 만들기 $$y=e^t=1+t+\frac{t^2}{2}+\frac{t^3}{6}+\frac{t^4}{24}+\cdots=\sum_{n=0}^{\infty}\frac{t^n}{n!}\tag{4}$$

모든 항을 미분하면 처음 무한급수와 같은 항들을 만든다. 따라서 $dy/dt=y$이다. 모든 t를 at로 바꾸면, $y=e^{at}$의 도함수는 a와 e^{at}의 곱이 된다는 것에 주목하자.

$$\frac{d}{dt}\left(1+at+\frac{a^2t^2}{2}+\frac{a^3t^3}{6}+\cdots\right)=a\left(1+at+\frac{a^2t^2}{2}+\cdots\right)=ae^{at}\tag{5}$$

이렇게 e^t을 만드는 방법을 보면 두 가지 질문을 유도한다. 그리고 이는 1장 [메모]에서 다시 의논할 것이다. 무한급수는 유한한 수(t에 따라 다른 수)로 수렴하는가? $t^n/n!$ 각각의 도함수를 더해서 e^t 급수의 도함수를 안전하게 얻을 수 있는가? 운이 좋게도 두 질문에 대한 답은 모두 '그렇다'이다. 각 항은 n이 커질수록 아주 빠른 속도로 작아진다. 극한을 취하는 과정은 $n \to \infty$이고 이는 정확한 e^t을 만들어낸다.

$t = 1$일 때 모든 항이 작아지는 것을 확인할 수 있는데, 이때 $t = 1$일 때 가장 중요한 수 e를 알려준다.

$t = 1$일 때 e에 대한 급수는 $e = 1 + 1 + \frac{1}{2} + \frac{1}{6} + \frac{1}{24} + \cdots \approx 2.718$이다.

처음 세 개의 항을 더하면 2.5이고, 처음 다섯 개 항의 합은 2.71에 매우 가깝다. 이때 항끼리의 합은 절대 2.72에 도달하지 않는다. 항의 개수가 충분히 많다면 간신히 2.718728을 넘겠지만 총합인 e가 분수가 아니라는 것은 확실하다. 이는 대수학에서는 다루지 않지만 미적분학에서는 매우 중요한 숫자이다.

---

e^t의 급수와 테일러 급수

e^t에 대한 무한급수 (4)는 **테일러 급수**Taylor series와 똑같다. 1.2절에서 접선 $1 + t$와 접하는 포물선 $1 + t + \frac{1}{2}t^2$까지 살펴보았다. $t = 0$에서 삼계도함수 $y''' = 1$을 만족하기 위해서 그 다음 항은 $\frac{1}{6}t^3$일 것이다. 기본 방정식 $y' = y$로부터 시작할 때 모든 도함수는 $t = 0$일 때 1이어야 한다. 이 방정식을 통해 $y'' = y' = y$임을 알 수 있고 그 다음 미분을 통해 $y''' = y'' = y' = y$임을 알 수 있다.

결론적으로 $t^n/n!$은 $t = 0$일 때 알맞은 (그 값이 1인) n계 도함수를 갖는다. 모든 항은 테일러 급수에 포함되며 그 결과는 정확히 거듭제곱급수 (4)와 같다.

지수를 더함으로써 거듭제곱끼리 곱하기

우리는 3과 3의 곱을 3^2이라 쓰고, e와 e의 곱을 e^2이라 쓴다. 여기서 질문 하나! $e = 2.718\cdots$과 $e = 2.718\cdots$을 곱하는 것과 무한급수 e^t에 $t = 2$를 대입하면 그 결과가 모두 e^2으로 동일한가?

이번에도 답은 '그렇다'이다. 운 좋게 맞았다고 할 수 있지만, 이때 놀라운 사실은 **성질 1**($y' = y$는 확인되었다)이 자동으로 **성질 2**를 이끌어낸다는 것이다. 지수함수는 시간 $t = 0$일 때 $y(0) = e^0 = 1$로 시작한다.

성질 2 $\quad$ $\boldsymbol{e^t}$과 $\boldsymbol{e^T}$의 곱은 $\boldsymbol{e^{t+T}}$이다. 따라서 $(e^1)(e^1) = e^2$이다.

이 수업에서는 미분방정식을 배운다. 따라서 우리는 **성질 1**인 $dy/dt = y$를 사용하여 **성질 2**를 증명할 것이다.

⟦ **첫 번째 증명** $y(0)=1$에서 시작할 때 $y'=(a+b)y$를 두 가지 방법으로 풀 수 있다. 우리는 $y(t)=e^{(a+b)t}$이라는 것을 안다. 또 다른 해는 $y(t)=e^{at}e^{bt}$이다. 이를 곱 미분 법칙을 통해 확인해 보면 다음과 같다.

$$\frac{d}{dt}(e^{at}e^{bt})=(ae^{at})e^{bt}+e^{at}(be^{bt})=(a+b)e^{at}e^{bt} \tag{6}$$

해 $e^{at}e^{bt}$ 역시 $e^0e^0=1$에서 시작한다. 식 $y'=(a+b)y$의 해가 하나뿐이므로 이는 첫 번째 해인 $e^{(a+b)t}$과 같아야 한다. $t=1$일 때 이는 $e^{a+b}=e^ae^b$임을 보여준다. ⟧

⟦ **두 번째 증명** $t=0$일 때 $y=1$에서 시작하면 시간 t에서의 해는 e^t이고, 시간 $t+T$에서의 해는 e^{t+T}이다. 여기서 질문은 두 단계로 풀 때 동일한 답이 나오는지에 대한 것이다.

$t=0$일 때 $y=1$에서 시작하면 e^t을 얻는다. 또한 시간 t일 때 e^t에서 시작하여 추가된 시간 T까지 계속 가보자. 그러면 $y=1$에서 시작할 때는 e^T 값을 줄 것이다. 하지만 지금은 시작하는 값이 e^t이므로 $C=e^t$이 e^T에 곱해진다. 시간 $t+T$에서 우리는 다음과 같은 완벽한 등식을 얻는다.

e^t과 e^T의 곱(C와 e^T의 곱)은 하나의 큰 단계 e^{t+T}과 같다. ⟧

지수가 음수인 경우

$y=e^{-t}$을 해로 갖는 $dy/dt=-y$를 떠올려보자. 이때 지수 $-t$는 음수이므로 해는 0으로 감소한다. 지수법칙 $e^te^T=e^{t+T}$은 지수가 음수인 경우에도 여전히 성립한다. 특히 e^t과 e^{-t}을 곱하면 $e^{t-t}=e^0=1$이다.

지수가 음수인 경우 $\frac{1}{e^t}=e^{-t}$이고 $\frac{1}{e}=e^{-1}=1-1+\frac{1}{2}-\frac{1}{6}+\frac{1}{24}-\cdots$이다.

수 $1/e$은 약 0.36이다. 이 급수는 항상 성공한다! $y=e^{-t}$의 그래프는 e^{-t}이 양수임을 보여준다. $t>32$이면 그 값은 매우 작다. 여러분의 컴퓨터는 32비트 부동소수점을 사용할 것이고, 이 정도로 작은 수들은 무시할 것이다.

e^t은 왜 그렇게 빠르게 증가하는가? 기울기는 자기 자신인 y와 같다. 따라서 기울기는 함수가 증가할 때 증가한다. 급격한 기울기는 y를 빠르게 증가시키고, y의 기울기도 빠르게 증가한다.

이자율과 차분방정식

e^t과 e^{at}을 바라보는 다른 방법도 있다. 이 방법은 무한급수에 기반하지 않는다(적어도 처음에는 그렇다). 이는 은행 계좌의 이자율과 관련이 있다. e^t에 대해서 이자율은 $a=1=100\%$이며, e^{at}에 대한 미분방정식은 $dy/dt=ay$이고 이자율은 a이다.

또 다른 접근 방법은 복리의 극한을 이용해 e^t과 e^{at}을 도출하는 것이다.

$$\boxed{e^t = \lim_{N\to\infty}\left(1+\frac{t}{N}\right)^N \qquad e^{at} = \lim_{N\to\infty}\left(1+\frac{at}{N}\right)^N} \tag{7}$$

이 공식이 의미있는 이유는 계산 과학자들이 하는 것을 은행에서 똑같이 한다는 것이다. 은행과 계산 과학자는 $t=0$일 때 $y=1$인 초깃값을 갖는 미분방정식 $dy/dt=ay$로 시작한다. 은행과 계산 과학자들은 $y(t)$가 시간에 따라 연속적으로 바뀔 때 정확한 해를 알려줄 컴퓨터가 없다. 둘 다 무한소 간격 dt 대신 유한한 시간 간격 Δt를 사용한다. **또한 시간 간격이 $\boldsymbol{\Delta t=t/N}$이므로 $\boldsymbol{N}$단계 후에 시간 $\boldsymbol{t}$에 도달한다.** 이 근사들은 $Y_0=1$이고, Y_1, Y_2, $\cdots$, Y_N이다. 복리는 **차분방정식**difference equation을 만든다.

$$\frac{dy}{dt}=ay\text{는 }\frac{Y_{n+1}-Y_n}{\Delta t}=aY_n\text{이 되고, }\boldsymbol{Y_{n+1}=(1+a\Delta t)Y_n}\text{이 된다.} \tag{8}$$

각 단계마다 은행의 잔액에 $1+a\Delta t$를 곱한다. 새로운 잔액은 과거의 잔액 Y_n에 $a\Delta t\, Y_n$(시간 Δt에서 Y_n의 이자)을 더한 것이다. 이는 은행이 제안하는 일반적인 복리이며 dy/dt처럼 연속적인 복리는 아니다. 시간 간격은 $\Delta t=1$년 또는 1개월이 될 수 있다. $t=2$년$=24$개월일 때의 잔액은 다음과 같이 Y_2이거나 Y_{24}이다.

$$Y_2=(1+a)^2 Y_0 \qquad\qquad Y_{24}=\left(1+\frac{a}{12}\right)^{24} Y_0 \approx e^{2a}Y_0 \tag{9}$$

만약 이자율이 1년에 $a=3\%=0.03$이라면 2년 동안의 연속적인 복리는 지수가 이자율에 2를 곱한 값인 거듭제곱 $e^{0.06}\approx 1.06184$일 것이다. 또한 매달의 복리는 $(1.0025)^{24}\approx 1.06176$이 된다. 식 (8)의 차분방정식으로 미분방정식 $y'=ay$를 근사하여도 많은 걸 잃지는 않는다.

계산 과학자들은 일반적으로 Y에서 위와 같은 정확성을 잃지 않고 싶어 한다. 전방 차분forward difference $Y_{n+1}-Y_n$을 사용한 식 (8)을 **오일러 방법**Euler's method이라고 부르는데 이 방법은 정확성이 높지 않다. 그러나 정확성을 높이는 것은 어렵지 않다. 은행의 입장에서 이것은 자연스러운 선택이다. 왜냐하면 다음과 같은 후방 차분backward difference은 연속적인 복리보다 더 많은 비용이 들기 때문이다.

$$\text{후방 차분} \qquad \frac{Y_n - Y_{n-1}}{\Delta t} = aY_n \quad \text{또는} \quad Y_n = \frac{1}{1-a\Delta t} Y_{n-1} \tag{10}$$

Y_n은 거꾸로 이전의 Y_{n-1}과 연관된다. 이제 각 단계는 $1-a\Delta t$로 나눈다. 시간 간격이 $\Delta t = t/N$일 때 N단계 후 다시 e^{at}과 가까운 값을 얻는다. 하지만 후방 차분을 사용하고 $a>0$이면, 우리는 실제 미분 방정식의 해보다 더 큰 값을 얻었고, 은행은 많은 돈을 내야 한다.

$$(1+a\Delta)^N \text{은 } e^{at} \text{보다 작고, } \frac{1}{(1-a\Delta t)^N} \text{은 } e^{at} \text{보다 크다.}$$

지수가 복소수인 경우

아직 복소수에 대해 자세히 배울 시점은 아니다. 이 절에서는 허수 i를 모르면 나아갈 수 없는 진동과 $e^{i\omega t}$에 관한 내용을 다룬다. 이제 $dy/dt = ay$를 풀 것인데, 여기서는 $\boldsymbol{a = i}$를 골라보자. $\boldsymbol{dy/dt = iy}$를 풀기 위해 두 가지 방법을 생각할 수 있다. 빠른 방법은 사인 함수와 코사인 함수의 도함수를 사용하는 것이다.

$$\textbf{제안된 해} \qquad y = \cos t + i \sin t \tag{11}$$

우변 iy와 dy/dt를 비교하자.

$$\begin{aligned} dy/dt &= -\sin t + i\cos t \\ iy &= i\cos t + i^2 \sin t \end{aligned}$$

$dy/dt = iy$를 확인하기 위해서 마지막 두 줄을 비교하자. $\boldsymbol{i^2 = -1}$ ($x^2 = -1$ 인 어떤 실수 x도 없기에 i라는 수를 상상해야 한다)**과 같은 법칙**을 생각하면 $-\sin t$는 $i^2 \sin t$와 같다. 따라서 $\boldsymbol{y = \cos t + i\sin t}$는 방정식 $dy/dt = iy$의 해가 된다. 이 해는 $\cos 0 = 1$이고 $\sin 0 = 0$이기 때문에 $t = 0$일 때 $y = 1$에서 시작한다.

$dy/dt = iy$로의 더 느린 접근 방법은 무한급수를 사용하는 것이다. $a = i$이므로 해 e^{at}은 e^{it}이 된다. 형식적으로 $y = e^{it}$의 급수는 $dy/dt = iy$를 만족한다.

$$\textbf{지수가 복소수인 경우} \qquad \boldsymbol{y = e^{it}} = 1 + (it) + \frac{1}{2}(it)^2 + \frac{1}{6}(it)^3 + \cdots \tag{12}$$

각 항의 도함수는 i와 그 전의 항을 곱한 것이다. 항상 다음 항이 존재하기에 도함수 dy/dt는 iy와 완벽히 맞아떨어진다. 그리고 $t = 0$을 대입할 때 여전히 $y = 1$에서 시작한다. 따라서 **이 무한급수 $\boldsymbol{e^{it}}$은 첫 번째 해 $\boldsymbol{\cos t + i\sin t}$와 같다.**

이제 법칙 $i^2 = -1$을 사용하여, 여기서는 $(it)^2$을 $-t^2$이라 쓸 것이다. 그리고 $(it)^3$은 $-it^3$이며, i의 네제곱은 $i^4 = i^2 i^2 = (-1)^2 = 1$이다. i의 거듭제곱에 대한 이 수열 i, -1, $-i$, 1은 계속 반복된다.

$$i = i^5 \qquad i^2 = i^6 = -1 \qquad i^3 = i^7 = -i \qquad i^4 = i^8 = 1$$

무한급수 (12)는 이 네 가지 수와 t의 거듭제곱이 곱해진 것들을 포함하고 있다.

$$e^{it} = 1 + \left[it - 1\frac{t^2}{2!} - i\frac{t^3}{3!} + 1\frac{t^4}{4!}\right] + \left[i\frac{t^5}{5!} - 1\frac{t^6}{6!} - i\frac{t^7}{7!} + 1\frac{t^8}{8!}\right] + \cdots$$

여러분은 i, -1, $-i$, 1이 반복되는 것을 볼 수 있다. 핵심은 식 (11)의 해 $y = \cos t + i\sin t$가 급수의 해 e^{it}과 같아야 한다는 것이다. 모두 $dy/dt = iy$를 풀며, $t = 0$일 때 $y = 1$에서 시작한다. 두 개의 등식은 수학에서 손꼽히는 매우 훌륭한 공식이다.

$$\boxed{\textbf{오일러 공식은 } e^{it} = \cos t + i\sin t\textbf{이다.}} \tag{13}$$

그러면 $e^{i\pi} = \cos\pi + i\sin\pi = -1$이다. 그리고 $e^{i2\pi} = 1 + i2\pi + \frac{1}{2}(i2\pi)^2 + \cdots$의 합은 1이어야 한다! $\cos t + i\sin t$를 e^{it}의 급수와 계속해서 비교해보자. 급수의 **실수부**는 $\cos t$, (i가 곱해진) **허수부**는 $\sin t$여야 한다. 다음과 같이 짝수 거듭제곱 1, t^2, t^4, $\cdots$은 코사인 함수를 주며 홀수 거듭제곱 t, t^3, t^5, $\cdots$은 i와 곱해져 있다.

코사인은 짝함수 $$\cos t = 1 - \frac{1}{2}t^2 + \frac{1}{24}t^4 - \frac{t^6}{6!} + \cdots \tag{14}$$

사인은 홀함수 $$\sin t = t - \frac{1}{6}t^3 + \frac{1}{120}t^5 - \frac{t^7}{7!} + \cdots \tag{15}$$

e^{it}에 대한 급수의 두 식은 각각 잘 알려진 함수이고, 이제 이들의 테일러 급수를 살펴볼 것이다. 이들은 오일러 공식과 아름답게 연결되어 있다. 사인 급수의 도함수는 코사인 급수이다. 그리고 코사인 급수의 도함수는 사인 급수에 -1을 곱한 것이다.

$$\frac{d}{dt}\sin t = \cos t \qquad \frac{d}{dt}\left(t - \frac{1}{6}t^3 + \cdots\right) = 1 - \frac{1}{2}t^2 + \cdots = \text{코사인}$$

$$\frac{d}{dt}\cos t = -\sin t \qquad \frac{d}{dt}\left(1 - \frac{1}{2}t^2 + \frac{1}{24}t^4 - \cdots\right) = -t + \frac{1}{6}t^3 + \cdots = -\text{사인}$$

이 모든 중요한 정보는 e^{it}과 같이 지수에 허수가 들어가는 것을 허용함으로써 얻을 수 있었다. 그리고 e^{it}과 e^{-it}의 곱은 정확히 $\cos^2 t + \sin^2 t = 1$이다.

지수가 행렬인 경우

당장 다루지는 않겠지만 한 가지를 더 살펴보고자 한다. e^{at}의 지수는 **정사각행렬**square matrix이 될 수 있다. $dy/dt = ay$를 e^{at}으로 푸는 대신 행렬방정식 $d\boldsymbol{y}/dt = A\boldsymbol{y}$를 행렬 e^{At}으로 풀 수 있다. 숫자 1 대신 항등행렬 I로 시작한다.

$$e^{At}\text{은 행렬이다.} \qquad e^{At} = I + At + \frac{1}{2}(At)^2 + \frac{1}{6}(At)^3 + \cdots \tag{16}$$

이 급수는 수 a 대신 행렬 A가 들어갔을 뿐이며, 우리가 알고 있는 급수와 동일한 형태이다. 행렬에 대해서는 4장 연립방정식에서 자세히 나오기 때문에 여기서는 이 정도까지만 다루고자 한다. 행렬 A가 3×3일 때 식 $dy/dt = Ay$는 세 개의 상미분방정식을 나타낸다. 6.4절에서는 지금과 같이 1차이고 계수가 상수이면 e^{At}으로 풀리는 것을 확인할 수 있다.

행렬에 대해서 한 가지 큰 차이점이 있다. $e^{At}e^{Bt} = e^{(A+B)t}$**는 참이 아니다.** 두 수 a와 b에 대해서 이 식은 맞지만 행렬 A와 행렬 B에 대해서는 식 (6)의 어떤 부분 때문에 위의 식이 성립하지 않는다. 자세히 살펴보면 b가 e^{at} 앞으로 옮겨간 것을 확인할 수 있다. 하지만 $e^{At}B = Be^{At}$은 행렬에 대해서는 거짓이다.

1.3 요약

1. e^t의 급수에서 각 항 $t^n/n!$은 다음 항의 도함수이다.
2. 그렇게 되면 e^t의 도함수는 e^t이고, 지수법칙 $e^te^T = e^{t+T}$이 성립한다.
3. $dy/dt = y$에 대해 다르게 접근하는 방법은 유한 차분법 $(Y_{n+1} - Y_n)/\Delta t = Y_n$이다.
   $Y_{n+1} = Y_n + \Delta t\, Y_n$은 복리와 똑같다. 그러면 Y_n은 $e^{n\Delta t}Y_0$과 비슷하다.
4. $y = e^{at}$은 $y' = ay$의 해이고 $a = i$이면, 오일러 공식 $e^{it} = \cos t + i\sin t$가 성립한다.
5. $\cos t = 1 - t^2/2 + \cdots$ 와 $\sin t = t - t^3/6 + \cdots$ 는 e^{it}의 짝수, 홀수 부분이다.

1.3 연습문제

01 $t=2$라 하고 e^2의 무한급수를 생각하자. 무한급수의 합은 7.39에 가까운 $e \times e$이어야 한다. 합이 7 이상이 되려면 얼마나 많은 항이 필요한가? 또, 합이 7.3 이상이 되려면 얼마나 많은 항이 필요한가?

02 $y(0)=1$에서 시작해서 $t=1$일 때 $dy/dt=y$의 해를 구하라. $y(1)$에서 시작해서 $dy/dt=-y$를 시간 $t=2$까지 풀어라. $t=0$에서 $t=2$까지 $y(t)$의 그래프를 그려라. 이것이 $e^{-1} \times e$에 대해 알려주는 사실은 무엇인가?

03 $y(0)=5000$달러에서 시작하자. $dy/dt=0.02y$를 따라 $t=5$까지 증가하고, 그 후 $t=10$까지 $a=1$년당 0.04로 오른다면 $t=10$일 때의 잔액은 얼마인가?

04 [연습문제 03]을 5000달러에서 시작하여 처음 5년 동안은 $dy/dt=0.04y$를 따르고, $t=10$까지 $a=0.02$로 떨어진다고 하자. 이때 $t=10$에서의 잔액은 얼마인가?

05~08 $\boldsymbol{y=e^{at}}$과 이의 무한급수에 관한 문제이다.

05 e^{at}을 구하기 위해 다음과 같이 거듭제곱급수에서 t를 at로 대체하라.

$$e^{at}=1+at+\frac{1}{2}(at)^2+\cdots+\frac{1}{n!}(at)^n+\cdots$$

모든 항을 미분하라(다섯 개의 항은 적어라). a를 인수로 묶어서 e^{at}의 도함수가 e^{at}과 같다는 것을 보여라. e^{at}이 2에 도달하는 시간 T는 언제인가?

06 $y'=ay$에서 시작하는 이 방정식을 미분하라. 더 나아가 n번 미분하라. $a+at+\frac{1}{2}(at)^2$으로 시작해서 $t=0$일 때 모든 도함수가 일치하도록 테일러 급수를 만들어라. 이때 $y(t)$의 급수가 [연습문제 05]의 e^{at}의 급수인 것을 확인하라.

07 다음의 식이 성립하는 시간 t는 언제인가?

(a) $e^{at}=e$　　(b) $e^{at}=e^2$

(c) $e^{a(t+2)}=e^{at}e^{2a}$

08 [연습문제 05]에 나온 e^{at}의 급수에 자기 자신인 e^{at}을 곱한다면 e^{2at}의 급수를 얻어야만 한다. 처음 세 개의 항을 같은 세 개의 항과 곱해서 e^{2at}의 처음 세 개의 항과 같은지 확인하라.

---

09 **(추천)** $dy/dt=ay$, $(y(0)=1$대신$)$$\boldsymbol{y(T)=1}$일 때 $y(t)$를 구하라.

10 (a) $dy/dt=(\ln 2)y$이면 $y(1)=2y(0)$인 이유를 설명하라.

(b) $dy/dt=-(\ln 2)y$이면 $y(1)$은 $y(0)$과 어떻게 관련되어 있는가?

11 $y(0)=100$달러를 1년 동안 투자한다고 할 때, 6개월 후에 이자율은 6%에서 10%로 증가한다고 하자. 1년 동안 같은 이자율이라고 할 때, 8%, 8% 이하, 8% 이상 중 어떤 이자율과 동일한 수익을 얻는가?

12 연속적인 복리 4%로 $y(0)=100$달러를 투자하면, $dy/dt=0.04y$이다. 1년 후에 104달러보다 많아지는 이유는 무엇인가?

13 $y(t)=e^{\cos t}$를 해로 갖는 선형 미분방정식 $dy/dt=a(t)y$는 무엇인가?

14 만약 $y'=ay$에서 연이자율이 $a=0.1$일 때, 투자한 금액의 e배가 되는 것은 몇 년 후인가? 또, e^2배가 되는 것은 몇 년 후인가?

15 $y=e^{t^2}$의 급수에서 첫 네 개의 항을 적어라. $dy/dt=2ty$임을 확인하라.

16 $Y(t)=\left(1+\frac{t}{n}\right)^n$의 도함수를 구하라. n이 클 때 dY/dt는 Y와 가깝다!

17 $y=e^{u(t)}$의 지수가 $u(t)=(a(t)$의 적분$)$이라고 하자. 어떤 방정식 $dy/dt=$______y를 풀 수 있는가? 만약 $u(0)=0$이면 초깃값 $y(0)$은 무엇인가?

18 **(도전)** $e^{d/dx}=1+d/dx+\frac{1}{2}(d/dx)^2+\cdots$는 매우 높

은 계수의 미분의 합이다. 이 급수를 $x=0$일 때 $f(x)$에 적용하면 $x=0$일 때의 $f+f'+\frac{1}{2}f''+\cdots$이 된다. 테일러 급수를 통해 $x=$____일 때 $f(x)$와 같다는 것을 알 수 있다.

19 **(도전)** 컴퓨터 혹은 계산기를 사용하여 $e^t=10$일 때의 시간 t를 찾아라. 초기의 $y(0)$는 10배 늘어났다. 답은 $t=$____이다. e^t이 100에 도달하는 시간 t는 언제인가?

20 **(도전)** 확률에서 가장 중요한 곡선은 $e^{-t^2/2}$의 그래프인 종 모양 곡선이다. 컴퓨터 또는 계산기를 사용하여 $t=-2,\ -1,\ 0,\ 1,\ 2$에서 이 함수의 값을 구하라. $t=-\infty$부터 $t=\infty$까지 $e^{-t^2/2}$의 그래프를 그려라. 이 그래프는 절대 0 아래로 내려가지 않는다.

21 **(도전)** $y_1=e^{(a+b+c)t}$이 $y_2=e^{at}e^{bt}e^{ct}$과 같은 이유를 설명하라. 이들은 모두 $y(0)=1$에서 시작한다. 이들은 어떤 미분방정식의 해인가?

22 **(도전)** $a=1$인 $y'=y$에 대하여, 오일러의 첫 번째 단계는 $Y_1=(1+\Delta t)Y_0$을 선택한다. 후방 차분을 이용한 오일러 방법은 $Y_1=Y_0/(1-\Delta t)$을 선택한다. $1+\Delta t$가 $e^{\Delta t}$보다 작고, $1/(1-\Delta t)$이 $e^{\Delta t}$보다 큰 이유를 설명하라($1/(1-x)$과 e^x의 급수를 비교하라).

NOTE_ 3.5절에서는 오일러 방법보다 $e^{a\Delta t}$의 항을 세 개 더 포함했기에 더 정확한 **룬게-쿠타법**을 설명한다. 다음은 $dy/dt=ay$일 때 Y_{n+1}을 얻는 방법이다.

$y'=ay$에 대한 룬게-쿠타법 Runge- Kutta method

$$Y_{n+1}=\left(1+a\Delta t+\frac{a^2\Delta t^2}{2}+\frac{a^3\Delta t^3}{6}+\frac{a^4\Delta t^4}{24}\right)Y_n$$

1.4 네 개의 특수해

방정식 $dy/dt=ay$는 $y(t)=e^{at}y(0)$으로 풀린다. 모든 입력 변수는 초깃값이 $y(0)$이다. 해는 $a>0$일 때는 기하급수적으로 증가하고, $a<0$일 때는 감소한다. 이 절에서는 $t=0$ 이후에도 새로운 입력 $q(t)$를 허용한다. 이때 $y(t)$에 $q(t)$를 더할 때는 **소스**source, 뺄 때는 **흡입**sink이라 한다. 만약 $y(t)$가 시간 t에서의 통장 잔액이라면 $q(t)$는 새로운 예금과 인출이 된다.

기본적인 1차 선형 미분방정식 (1)은 이 과목에서 기본이 된다. 따라서 1.4절은 중요하다.

$$\frac{dy}{dt}=ay+q(t)\qquad t=0\text{일 때 } y(0)\text{에서 시작한다.}\tag{1}$$

여기서 중요한 것은 $y(t)$의 해를 두 부분으로 나누는 것이다. 한 부분은 초깃값 $y(0)$으로부터, 또 다른 부분은 소스 항 $q(t)$로부터 나온다. 이제 이 두 부분에 이름을 붙여보자. 여러분은 이미 $y_n=Ce^{at}$ 부분을 안다. 새로운 부분은 소스 $q(t)$로부터 나온 y_p 부분이다. 이렇게 나누는 것은 모든 선형 방정식에서 중요한 단계이다.

1. 소스가 없는 동차해homogeneous solution 혹은 영공간의 해null solution $y_n(t) : q=0$

$y_n(t) = Ce^{at}$ 부분은 $dy/dt = ay$의 해이며 소스 q는 0이다(없다). 우리는 실제로 $y' - ay = 0$, 즉 우변이 0인 방정식을 푼다. 이 방정식은 동차homogeneous(해에 어떤 상수를 곱해도 다른 해 $cy(t)$를 얻는다)이다. 미분방정식을 선형대수학과 연결해주기 위해서, 이 책에서는 더 간단한 용어로 영공간null과 첨자 n을 사용할 것이다.

2. 소스 $q(t)$가 있는 특수해particular solution $y_p(t)$

$y_p(t)$ 부분은 소스 $q(t)$로부터 생긴다. 이전 절에서는 소스가 없었으므로 $y_p(t)$를 언급할 필요가 없었다. 이제 특수해 $y_p(t)$를 찾는 것이 우리가 해야 할 일이다. 왜냐하면 영공간의 해 $y_n(t) = Ce^{at}$은 이미 정해져 있기 때문이다.

3. 완전해complete solution는 $y(t) = y_n(t) + y_p(t)$이다.

오직 선형 방정식에 대해서만 두 부분을 더하면 완전해 $y = y_n + y_p$가 된다. 이는 **일반해**general solution라고 불린다.

영공간	$y_n{}' - ay_n = 0$	y_n은 $y(0)$에서 시작한다.
특수	$y_p{}' - ay_p = q(t)$	y_p는 $y=0$에서 시작한다.
$y = y_n + y_p$	$\boldsymbol{y' - ay = q(t)}$	y는 $y(0)$에서 시작한다.

비선형 방정식은 이차항 y^2을 포함할 수 있다. 이 경우 y_n^2과 y_p^2을 더하는 것은 $(y_n + y_p)^2$이 되지 않는다. 영공간의 해 $y' - y^2 = 0$은 동차가 아니며 이때 y에 상수 C를 곱할 수 없다. 이는 1.7절의 로지스틱 방정식에서 $y(0)$이 해 $y(t)$에 좀 더 복잡하게 들어가는 것을 보게 될 것이다.

이 책의 앞부속에는 모든 해 y_n을 조합한 하나의 특수해 y_p를 보여준다. 이 중요한 그림은 행렬방정식과 선형대수학에서 반복된다.

특수해와 완전해

우리는 $u + v = 6$에 대한 완전해를 그릴 수 있다. 이때 점 (u, v)는 직선을 만든다. 또한 $u + v = 0$의 영공간의 해도 그릴 수 있다. 이들은 원점 $(0, 0)$을 지나며 평행한 직선을 만든다. [그림 1-2]는 영공간의 해가 하나의 특수해 $(3, 3)$과 조합하여 완전해의 직선을 만드는 것을 보여준다.

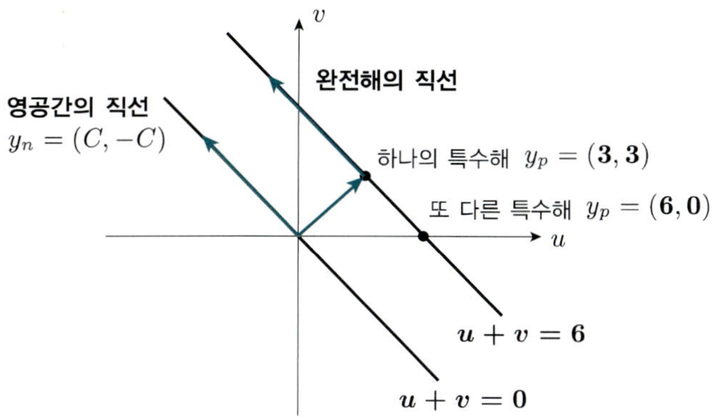

[그림 1-2] 모든 영공간의 해를 더하여 모든 해(완전한 선)를 얻는다. 이때 $u+v=6$을 푸는 어떤 특수해 y_p로 시작해도 가능하다.

$y_p=(3,3)$에서 시작하면 완전해는 $u=3+C,\ v=3-C$이다. 이는 **영공간의 해** $C+(-C)=0$를 포함하고, **특수해** $3+3=6$을 더한 것이다.

영공간	$u_n + v_n = 0$	$C + (-C) = 0$
특수	$u_p + v_p = 6$	$3 + 3 = 6$
완전	$u + v = 6$	$(3+C) + (3-C) = 6$

영공간의 해 $(C,-C)$는 ($y(0)$처럼) 어떤 상수 C가 되어도 괜찮다. 특수해는 더해서 6이 되는 두 개의 수 u_p와 v_p이면 된다. 이번에는 특별히 $u_p=3$과 $v_p=3$을 선택하였다. 방정식 $y'-ay=q$에서 특히 $y_p(0)=0$이 되도록 해를 선택할 것이다.

특수해는 무수히 많이 존재한다! 미분방정식에서 우리는 $y_p(0)=0$에서 시작하는 특수해를 구한다. 방정식 $u+v=6$에서 $u=3,\ v=3$을 선택했는데, $u=6,\ v=0$을 선택해도 된다. 두 개의 특수해는 서로 다르지만 우리는 동일한 완전해의 직선을 얻을 수 있다.

$$y_{\text{complete}}=(6+c,0-c)\text{는 } y_{\text{complete}}=(3+C,3-C)\text{와 동일한 해의 직선을 갖는다.}$$

만약 c가 5이면 C는 8이다. 모든 c와 C에 대해 동일한 직선을 얻는다. 여기서는 **상행렬방정식**ordinary matrix equation $A\boldsymbol{v}=\boldsymbol{b}$(행렬은 4장에서 설명할 것이다)에 대해 완전해가 어떤지 보여줌으로써 영공간의 해와 특수해의 합의 패턴을 반복하려 한다.

$$\text{영공간의 해 } A\boldsymbol{v}_n=0 \qquad \text{특수해 } A\boldsymbol{v}_p=\boldsymbol{b} \qquad \text{완전해 } \boldsymbol{v}=\boldsymbol{v}_n+\boldsymbol{v}_p$$

항상 핵심은 선형성이다. 즉 $A\boldsymbol{v}$는 $A\boldsymbol{v}_n+A\boldsymbol{v}_p$와 같다. 따라서 $A\boldsymbol{v}=\boldsymbol{0}+\boldsymbol{b}=\boldsymbol{b}$이다. 종종 $A\boldsymbol{v}_n=\boldsymbol{0}$의 유일한 해가 $\boldsymbol{v}_n=\boldsymbol{0}$인 경우가 있다. 그러면 특수해 $\boldsymbol{v}_p$는 완전해이기도 하다. 이는 A가 **가역 행렬**invertible matrix 일 때 가능한 상황이다.

입력 $q(t)$와 반응 $y(t)$

식 (4)를 이용해 임의의 소스 입력 $q(t)$에 대해 $dy/dt = ay + q(t)$를 풀 수 있다. 하지만 과학, 공학, 우리 사회에 수학이 적용될 때, 문제에는 '임의의 $q(t)$'가 포함되지 않는다. 즉, 특정한 함수 $q(t)$가 가장 중요하다. 이 함수는 응용수학에서 자주 등장한다. 특수한 입력을 몇 가지 살펴보자.

1. 상수 소스 $q(t) = q$
2. T에서의 계단 함수 $q(t) = H(t - T)$
3. T에서의 델타 함수 $q(t) = \delta(t - T)$
4. 지수함수 $q(t) = e^{ct}$

이 절에서는 위의 네 가지 함수에 대하여 $dy/dt = ay + q(t)$를 풀고, 다음 절에서는 다른 소스 $q(t)$를 추가할 것이다. 이는 사인 함수와 코사인 함수의 조합이며, $q(t)$는 다음과 같이 복소수를 지수로 갖는 지수함수가 될 수도 있다(보통 이 경우에는 한 개의 항만 있으므로 더 쉽다).

5. 사인곡선[sinusoid] $q(t) = A\cos\omega t + B\sin\omega t$ 또는 $Re^{i\omega t}$

적분 인수를 사용해 선형 미분방정식 풀기

방정식 $y' = ay + q$는 매우 중요하기 때문에 여러 가지 방법으로 풀어볼 것이다. 첫 번째 방법은 적분 인수 $M(t)$를 사용하는 것이다. y에 대한 두 개의 항을 좌변에, $q(t)$를 우변에 두자.

문제 임의의 $y(0)$으로 시작하는 $y' - ay = q(t)$를 풀어라.

방법 양변에 적분 인수 $M(t) = e^{-at}$을 곱하라.

이때 인수 e^{-at}을 사용해서 다음과 같이 M과 $y' - ay$의 곱이 My의 미분이 되도록 한다.

완벽한 미분 $e^{-at}(y' - ay)$는 $\dfrac{d}{dt}(e^{-at}y) = \dfrac{d}{dt}(My)$와 같다. (2)

$y' - ay = q$의 양변에 $M = e^{-at}$을 곱하면 적분이 가능하다. 이때 우변은 Mq이고 좌변은 My의 도함수이다.

$\dfrac{d}{dt}(My) = Mq$의 적분은 $M(t)y(t) - M(0)y(0) = \displaystyle\int_0^t M(s)q(s)ds$ 이다. (3)

우리는 이미 $t = 0$일 때 $M(0) = e^0 = 1$이라는 것을 알고 있다. $y(t) = y_n + y_p$를 얻기 위해 식 (3)의

양변에 e^{at} $(1/M$ 이다)을 곱하자. 이렇게 구한 해는 책 전반에 여러 번 등장한다. 공식 (4)에 의미를 부여하기 위해 이를 입력 $q(t)$에 적용할 것이다.

$y' = ay + q(t)$의 해에 대한 핵심 공식 $\quad y(t) = e^{at}y(0) + e^{at}\int_0^t e^{-as}q(s)ds \quad (4)$

상수 소스 $q(t) = q$

$q(t)$가 상수일 때, 식 (4)로 특수해를 구하기 위해 적분하는 것은 쉽다.

$$\int_0^t e^{-as}q\,ds = \left[\frac{qe^{-as}}{-a}\right]_{s=0}^{s=t} = \frac{q}{a}(1 - e^{-at})$$

$y_p(t)$를 찾기 위해 e^{at}을 곱해보자. 다음은 중요한 방정식의 중요한 해이다.

상수 소스 q에 대한 해 $\quad y(t) = e^{at}y(0) + \frac{q}{a}(e^{at} - 1) \quad (5)$

[예제 1]은 양의 성장률$(a > 0)$이다. 따라서 $q > 0$일 때 해는 증가할 것이다. [예제 2]는 음의 성장률$(a < 0)$이다. 이 경우 $y(t)$는 **정상상태**steady state에 도달한다.

예제 1 $y(0) = 2$에서 시작하는 $dy/dt - 5y = 3$을 풀어보자. 여기서 $a = 5$이고 $q = 3$이다. 이는 $y' - ay = q$에 완벽하게 들어맞는다. 다음과 같이 식 (5)를 통해 해 $y(t)$를 구할 수 있다.

풀이

$$y(t) = y_n + y_p = 2e^{5t} + \frac{3}{5}(e^{5t} - 1)$$

$t = 0$을 대입해 $y(0) = 2$임을 확인하자. 해의 모양을 보면, 위의 해가 $y' - 5y = 3$의 해라는 것을 바로 알기는 어렵다. 이는 두 부분(영공간의 해와 특수해)으로 분리하면 더 명확해진다.

$y_n(t) = 2e^{5t}$은 당연히 $y_n(0) = 2$이면서 $y_n' - 5y_n = 0$이다.

$y_p(t) = \frac{3}{5}(e^{5t} - 1)$은 $y_p' = 3e^{5t}$이다. 이는 $5y_p + 3$과 같다.

예제 2 $y(0)=2$일 때 $dy/dt=3-6y$를 풀어라.

풀이

여전히 공식 (5)를 사용해 답을 구할 수 있다. 하지만 이 $y(t)$는 a가 -6으로, 음수이기 때문에 감소한다.

$$y(t)=2e^{-6t}+\frac{3}{-6}(e^{-6t}-1)=\frac{3}{2}e^{-6t}+\frac{1}{2}$$

해는 $t=0$일 때 $y(0)=2$에서 시작하며 e^{-6t} 때문에 감소한다. **$t\to\infty$가 되면서 해는 $y_\infty=\frac{1}{2}$로 접근하고,** $t=\infty$에서 값 $-q/a$는 정상상태가 된다.

> $y=-\frac{q}{a}=\frac{1}{2}$일 때, 식 $\frac{dy}{dt}=3-6y$는 $\frac{dy}{dt}=0$이 된다. 즉, 아무것도 움직이지 않는다.

모든 초깃값 $y(0)$에 대해 정상상태가 $y_\infty=\frac{1}{2}$임을 명심하자. 이는 영공간의 해 $y_n=y(0)e^{-6t}$이 0으로 수렴하기 때문이다. 특수해는 소스 항 $q=3$과 감소하는 항 $ay=-6y$의 균형을 맞춰서 $y_\infty=-q/a=3/6$에 접근하도록 한다.

> Q_ $y(0)=\frac{1}{2}$이면 $y(t)$는 무엇인가?
>
> A_ **모든 시간에서 $y(t)=\frac{1}{2}$이다.** $6y$는 3이 된다.

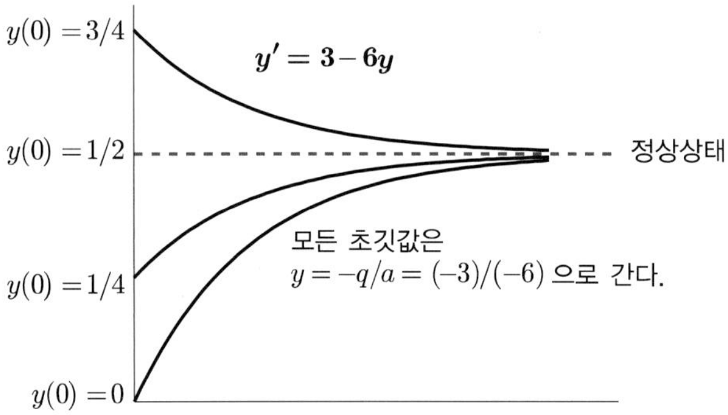

[그림 1-3] a가 음수일 때 e^{at}은 0으로 접근하고, $y(t)$는 $y_\infty=-q/a$로 접근한다.

이제 $a<0$일 때 기본적인 방정식 $y'=ay+q$를 나타내는 중요한 방법을 소개하겠다. 우변은 $a\left(y+\frac{q}{a}\right)$와 같지만 이때 $y+\frac{q}{a}$는 정확히 $y-y_\infty$의 거리이다. **$Y=y-y_\infty$라고 하면 $y'=ay+q$를 쉬운 방정식 $Y'=aY$로 다시 쓸 수 있다.**

새로운 함수 $Y = y - y_\infty$ **새로운 방정식** $Y' = aY$ **새로운 초깃값** $Y(0) = y(0) - y_\infty$

당연히 $Y' = aY$의 해는 $Y(t) = Y(0)e^{at}$이다. 이는 $a < 0$일 때 $Y_\infty = 0$으로 접근하고, $y = Y + y_\infty$는 여전히 $-q/a$인 y_∞로 접근한다([그림 1-3] 참고).

$(y - y_\infty)' = a(y - y_\infty)$**의 해는** $y(t) - y_\infty = e^{at}(y(0) - y_\infty)$**이다.** (6)

1.6절에서 $a < 0$인 실제 예를 살펴볼 것이다. 예를 들어, 뉴턴 냉각의 법칙, mRNA의 수준, 혈중 약물 농도의 감소 등이다.

계단 함수

단위 계단 함수 또는 **헤비사이드 계단 함수**[Heaviside step function] $H(t)$는 $t = 0$일 때 0에서 1로 점프[jump]한다. [그림 1-4(a)]는 이를 보여준다. 함수 $H(t)$는 스위치를 켜는 것 같다. [그림 1-4(b)]는 옆으로 평행이동한 계단 함수 $H(t - T)$이며, 시간 T에 0에서 1로 점프한다. 이는 $t - T = 0$일 때이다. 따라서 H는 시간 T에서 점프한다.

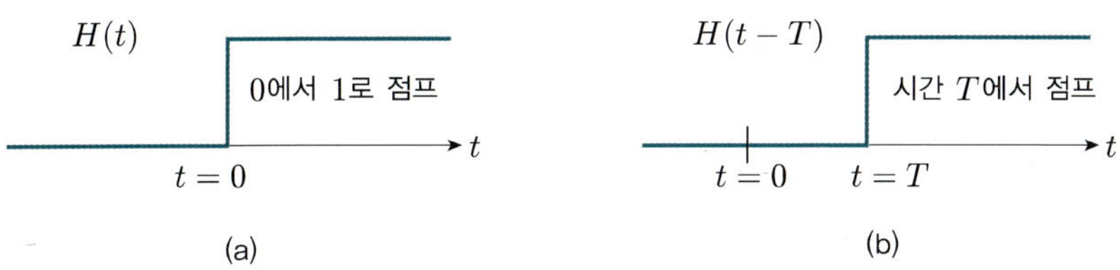

[그림 1-4] $H(t)$는 단위 계단 함수이다. 평행이동한 함수 $H(t - T)$는 $t = T$일 때 1로 점프한다.

계단이 $t = 0$에서 생길 때 $y' - ay = H(t)$의 해는 **계단 응답**[step response]이라고 한다. 이 계단 응답을 구하는 것은 쉽다. 이 방정식이 $y' - ay = 1$로 매우 간단하기 때문이다. 이때 초깃값은 $y(0) = 0$이다. $q = 1$을 공식 (5)에 대입하자.

계단 응답 $$y(t) = \frac{1}{a}(e^{at} - 1)$$ (7)

$a < 0$일 때 흥미로운 점이 있다. 이 경우 해는 $y(0) = 0$에서 시작하고, $y(\infty) = -1/a$로 증가한다. 스위치가 켜진 후에 시스템은 정상상태로 증가한다. $y(t)$의 그래프는 [그림 1-3]에서 정상상태의 아래에 있는 곡선이다. 다만 계단 함수는 $q = 1$이므로 y_∞는 $1/6$이다.

계단 응답은 계단 함수가 입력일 때의 결과 $y(t)$이다. 상수 $q=1$일 때, 즉 매번 같은 금액을 예금한다고 하자. 하지만 $a<0$이면 인플레이션이 발생하므로 실제 값에서 ay를 잃는다. 그러면 성장은 $y=-1/a$일 때 멈춘다. 이 시점은 성장과 손해가 균형을 이룬다.

이제 시간 0 대신에 시간 T일 때 스위치를 켜보자. 계단 함수 $H(t-T)$는 2개의 조각, 즉 0과 1을 갖는 조각 상수함수이다. 만약 어떤 상수 q를 곱하면 소스 $qH(t-T)$는 시간 T일 때 0에서 힘 q로 증가한다. 여전히 미분방정식의 좌변은 $y'-ay$이다. 따라서 적분 인수 $M=e^{-at}$도 여전히 이를 완전한 미분으로 만든다. 즉, $M(y'-ay)$는 $(My)'$과 같다. 여기서 변하는 것은 오직 우변뿐인데, 우변에서는 점프하는 시간 T까지 상수 소스가 영향을 주지 않는다는 것이다. 시간 T 이후에는 계단 함수 소스 $H(t-T)$가 0에서 1로 바뀌어 영향을 끼친다.

$$(e^{-at}y)'=e^{-at}H(t-T)\text{는 이제 } e^{-at}y(t)-e^{t(0)}y(0)=\int_T^t e^{-as}ds\text{가 된다.} \tag{8}$$

$t \geq T$일 때의 변화는 스위치가 켜지는 시간 T에서 적분을 시작한다는 것뿐이다.

$$\int_T^t e^{-as}ds=\left[\frac{e^{-as}}{-a}\right]_{s=T}^{s=t}=\frac{1}{a}(e^{-aT}-e^{-at}) \tag{9}$$

e^{at}을 곱하여 시간 T 이후의 특수해 $y_p(t)$를 얻은 다음, $y_n=e^{at}y(0)$을 더하자.

단위 계단 함수의 해 $\quad t \geq T$**에 대해** $y(t)=e^{at}y(0)+\dfrac{1}{a}(e^{a(t-T)}-1)$ (10)

지금까지와 마찬가지로 $y(0)$은 영공간의 해 y_n에서 e^{at}과 함께 증가하거나 감소한다. 계단 응답은 입력이 시작되는 순간부터 특수해가 되지만 시간 T까지 아무것도 생기지 않는다.

예제 3 $t=0$에서 입력이 시작되고 $t=T$에서 꺼진다고 하자. $y(t)$를 찾아라.

풀이

입력은 $H(t)-H(t-T)$이다. 결과는 $0 \leq t \leq T$일 때, $y(t)=\dfrac{1}{a}(e^{at}-e^{a(t-T)})$이다.

델타 함수

이제 우리는 중요한 함수 $\delta(t)$를 접할 것이다. 이 **델타 함수**delta function는 $t=0$인 순간을 제외하고는 모든 곳에서 0이다. $t=0$인 순간에 단위 입력이 발생한다. 시간 전체에 걸쳐 퍼져 있는 연속적인 소스 대신에 $\delta(t)$는 $t=0$에서 농축된 **점 소스**point source이다. 평행이동한 점 소스 $\delta(t-T)$에 대해 모든 것은 시간 T에 들어온다. T 이전과 이후에는 아무 소스도 없다. 즉, 델타 함수는 한 점을 제외한 모든 곳에서 0이다. 일반적인 함수에서 이러한 임펄스는 결코 나타나지 않는다.

$\delta(t)$에 대해 생각하는 한 가지 방법이 있다. **델타 함수는 단위 계단 함수 $\boldsymbol{H}(t)$의 도함수이다.** 하지만 H는 상수이고 dH/dt는 $t=0$을 제외한 모든 곳에서 0이다. $\delta(t)=dH/dt$를 임의의 음수 N부터 임의의 양수 P까지 적분하자.

$$\textbf{δ(t)의 적분은 1이다.} \qquad \int_N^P \delta(t)\,dt = \int_N^P \frac{dH}{dt}dt = H(P) - H(N) = 1 - 0 \tag{11}$$

'$\delta(t)$ 그래프 아래의 넓이는 1이다. 모든 넓이는 한 점 $t=0$ 위에 있다.' 이 문장에 작은 따옴표를 붙인 이유는 일반적인 함수는 한 점에서 넓이가 존재하지 않기 때문이다. $\delta(t)$는 새롭고 이상하게 보일 것이다(하지만 아주 유용하다). $dR/dt=H$와 $dH/dt=\delta$를 살펴보자.

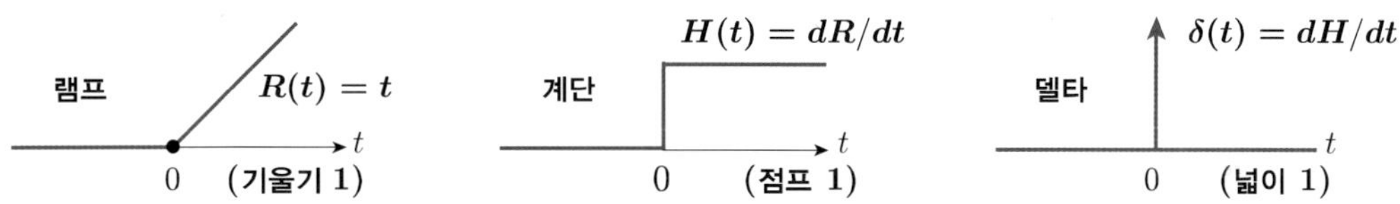

램프 함수의 기울기는 1로 점프한다. 계단 함수의 기울기는 델타 함수이다. $\delta(0)$의 값은 무한대이다. 하지만 이를 통해 모든 정보를 알 수는 없다. 델타 함수를 제대로 이해하는 방법은 델타 함수를 적분하는 것이다.

$$\int_{-\infty}^{\infty} \delta(t)dt = 1 \qquad \int_{-\infty}^{\infty} \delta(t)F(t)dt = \boldsymbol{F}(0) \qquad \int_{-\infty}^{\infty} \delta(t-T)F(t)dt = \boldsymbol{F}(\boldsymbol{T}) \tag{12}$$

$t=0$과 $t=h$ 사이에서 $1/h$인 얇고 높은 상자 모양을 가진 함수를 생각해보자. 이제 h가 0으로 간다고 생각하면 폭 h은 0, 높이 $1/h$은 무한대가 되며, 넓이는 계속 1이다. $\delta(t)F(t)$의 적분은 $t=0$에 모여 있다(마치 스파이크[spike]와 같다).

이제 $y'-ay=\delta(t)$를 푸는 빠른 방법을 소개하면서 더 자세하게 풀 것이다. 우리는 계단 함수 $H(t)$의 도함수가 델타 함수 $\delta(t)$라는 것을 안다. 따라서 다음과 같이 계단 응답의 도함수는 임펄스 응답이어야 한다.

$$\frac{d}{dt}(\text{계단 함수}) = \text{델타 함수} \qquad \frac{d}{dt}(\text{계단 응답}) = \frac{d}{dt}\left(\frac{e^{at}-1}{a}\right) = e^{at} = \text{임펄스 응답} \tag{13}$$

$y'-ay=\delta(t)$의 해는 임펄스 응답

다음에 제시한 여러 가지 상황에 대해 생각해보자. 예금 한 개로 첫 계좌를 시작한다. 심장이 급작스러운 충격으로 시작한다. 골프공을 친다. 총알을 발사한다. 이처럼 많은 운동은 **임펄스**[impulse]에서 시작한다. 그리고 소스항은 델타 함수 $\delta(t)$이다.

임펄스 응답 $y(t)$는 $y(0)=1$로 바로 점프한다. 이는 $dy/dt-ay=\delta(t)$의 모든 항을 적분함으로써 알 수 있다. $\delta(t)$를 $t=-h$에서 $t=h$까지 적분하면 1이다. dy/dt를 적분하면 $y(h)-y(-h)$인데, 이는 $\boldsymbol{y(h)}$이다. ay의 적분은 $h\to 0$일 때 0이 된다. 이 $h\to 0$의 극한을 취하면 $\boldsymbol{y(0)=1}$을 얻을 수 있다. $y(0)=1$로 점프한 후, 임펄스 $\delta(t)$는 즉시 0이 된다. 따라서 다음과 같이 $y(0)=1$에서 시작하는 평범한 영공간의 해 $y'=ay$를 얻는다.

$$\text{임펄스 응답} \qquad y'-ay=\delta(t) \qquad y(t)=e^{at} \tag{14}$$

임펄스 함수와 계단 함수의 응답이 다르다는 것을 인지하라. 임펄스는 $t=0$일 때 모든 것을 예금하는 반면 계단 함수는 영원히 계속 예금한다. 만약 $a<0$이고 인플레이션으로 인해 우리의 재산이 줄어들면 임펄스 응답은 $y_\infty=0$이 된다. 반면 계단 응답은 0에서, 인플레이션으로 예금과 손실이 균형을 이루는 $y_\infty=-1/a$로 증가한다.

여기서는 e^{at}이 모든 입력에 대해 성장 또는 감소 인수 $G(t)$라는 점을 강조하고자 한다. $y(0)$이 입력일 때 시간 t에서의 출력(결과)은 $e^{at}y(0)$이다. 시간 s일 때의 입력이 $q(s)$이면 시간 t 이후의 출력은 $e^{a(t-s)}q(s)$이다. 이때 남은 시간 $t-s$ 동안에만 성장한다. 핵심 공식 (4)는 모든 입력으로부터 나온 결과를 각각 더한다.

지연된 델타 함수

소스 $q(t)=\delta(t-T)$가 시간 T에 켜졌다가 바로 꺼진다고 하자. 시간 T인 순간에 y 값은 1만큼 점프한다. 그 순간 1달러를 예금했다고 할 수 있다. $dy/dt=\delta(t-T)$의 적분은 1이다. 이는 T 이전과 T 이후에 y의 변화이다. 시간 T에 도달할 때까지 해는 $y(t)=e^{at}y(0)$이며, 시간 T일 때 1을 더한다. 시간 T 이후에 입력은 더 짧은 시간 간격 $t-T$이고 해는 더 커진다. $e^{a(t-T)}$에 1을 곱하자.

$$q=\delta(t-T)\text{일 때의 해} \qquad y(t)=y_n(t)+y_p(t)=e^{at}y(0)+e^{a(t-T)} \tag{15}$$

두 번째 항이 $t=T$에서 나타날 때 y는 $e^{a(T-T)}=e^0=1$만큼 점프한다.

예제 4 $y(0)=2$에서 시작하는 $\boldsymbol{y'-5y=3\delta(t-4)}$를 풀어보자.

풀이

$y(0)=2$에서 시작하는 $y'-5y=0$의 영공간의 해는 $y_n(t)=2e^{5t}$이다. 우리는 이미 이것을 알고 있다.

$t=4$까지 특수해는 $y_p(t)=0$이다. 그 순간 3δ로 인해 y는 3만큼 점프한다. 이의 성장률은 $e^{5(t-4)}$이므로 $t=4$ 이후에 $y_p(t)=3e^{5(t-4)}$이다.

$$\textbf{크기가 3인 점프를 포함하는 완전해} \qquad y_n+y_p=2e^{5t}+3e^{5(t-4)}H(t-4) \tag{16}$$

점프 전에 계단 함수 $H(t-4)$는 $y_p=0$과 결합하고, 점프 후에는 위 공식의 y_p와 결합한다. $t=4$일 때 해는 3만큼 점프하고, 이 3은 $3e^{5(t-4)}$으로 증가한다.

NOTE 1_ 이 해를 통해 초깃값이 $y(0)$인 것이 $t=0$에서 델타 함수를 갖는 것과 같다는 것을 알 수 있다. 해는 $y(0)$으로 '점프'한다.

NOTE 2_ $q(t)=-\delta(t-T)$는 음수이다(소스가 아닌 싱크). 은행 계좌는 a의 증가율로 이자를 얻을 것이다. 이때 시간 T에 1을 인출한다고 하자. 잔액 $y(T)$는 $e^{aT}y(0)$일 것이고, 이는 1만큼 줄어들 것이다. T 이후에 성장 인수 $e^{a(t-T)}$은 새로운 잔액에 곱하고 $y(t)=e^{at}y(0)-e^{a(t-T)}$이다.

NOTE 3_ (심화) 우리는 평범한 연속 입력 $q(t)$를 많은 델타 함수, 즉 모든 시간 T에서 힘 $q(T)$를 갖는 델타 함수로 생각할 수 있다(여기서는 '많은' 대신에 '적분'이라는 말이 적절하다). 모든 연속함수 $q(t)$는 모든 T에 대해 $q(T)\delta(t-T)$의 적분과 같다. 이때 적분은 뾰족한 부분에서 $q(t)$를 가려낸다.

$$\textbf{임의의 } q(t)=\textbf{델타 함수의 조합}=\int q(T)\delta(t-T)\,dT \tag{17}$$

예제 5 $q=1$일 때, $T\geq 0$인 모든 임펄스의 적분은 계단 함수 $H(t)$이다.

그러면 모든 임펄스 응답의 적분은 계단 응답이다. e^{at}을 0에서 t까지 적분하면 $(e^{at}-1)/a$이다. 식 (13)에서와 같이 계단 응답의 도함수=임펄스 응답이다.

입력이 지수함수 e^{ct}일 때

소스 $q(t)=e^{ct}$은 시간 0에서 시작해서 영원히 계속된다. 이때 특수해 $y_p(t)$를 찾는 것은 쉽다. **y_p는 소스와 같은 지수함수 e^{ct}에 상수를 곱한 Ye^{ct} 형태**이기 때문이다. 지수함수는 가장 중요한 함수이면서 다루기 가장 좋은 함수이다. 이들은 $c>0$, $c<0$, $c=i\omega$를 통해 각각 성장, 감소, 진동을 나타낼 수 있다.

$$y'-ay=e^{ct}\textbf{에 } y_p=Ye^{ct}\textbf{을 대입하면 } cYe^{ct}-aYe^{ct}=e^{ct}\textbf{이다.}$$

여기서 e^{ct}을 소거하면 이는 Y에 관한 간단한 공식이 된다.

$$cY-aY=1\textbf{은 } Y=\frac{1}{c-a},\ y_p(t)=\frac{e^{ct}}{c-a}\textbf{이 된다.} \tag{18}$$

예제 6 $y(0)=2$에서 시작하는 $\boldsymbol{y'-5y=3e^{4t}}$을 풀자. 이제 $Y=\dfrac{3}{c-a}=\dfrac{3}{4-5}$이다.

풀이

영공간의 해는 e^{5t}을 포함하고, 특수해는 Y와 e^{4t}을 곱한 것이다!

$$\boldsymbol{y_p(t)=Ye^{4t}} \qquad y_p{}'-5y_p=(4Y-5Y)e^{4t}=3e^{4t} \text{ 그러면 } Y=-3\text{이다.}$$

이 특수해 $-3e^{4t}$은 -3에서 시작한다. $y(0)=2$이므로 다른 부분은 $+5$에서 시작한다.

$$\textbf{완전해} \qquad \boldsymbol{y(t)=5e^{5t}-3e^{4t}}$$

영공간의 해는 $a=5$의 성장률로 증가하고, 한 개의 특수해는 $c=4$의 성장률로 증가한다.

지금까지 $c\neq a$인 경우에서 $y'-ay=e^{ct}$을 풀었다. 마지막으로 두 가지를 추가로 언급하고자 한다.

1. 이 특수해 $y(t)=e^{ct}/(c-a)$은 $y_p(0)=0$에서 시작하는 '아주 특수한' 해는 아니다. 이는 $1/(c-a)$에서 시작한다는 점을 제외하고는 여전히 완벽하다. 따라서 $y(0)$에서 시작하는 완벽한 해는 $y(0)e^{at}$과 **시간이 0일 때 $\boldsymbol{1/(c-a)}$을 상쇄시킬 항**도 갖고 있어야 한다.

$$\boldsymbol{y'-ay=e^{ct} \qquad y_{\text{complete}}=y(0)e^{at}-\frac{e^{at}}{c-a}+\frac{e^{ct}}{c-a}} \tag{19}$$

   여러분은 여기서 영공간의 해 y_n(처음 두 개의 항)과 특수한 y_p(마지막 항)을 볼 수 있다. 혹은 마지막 두 개의 항을 합치면 아주 특수한 해 $(e^{ct}-e^{at})/(c-a)$이 된다.

2. $c=a$일 때 심각한 문제가 생긴다. 이 공식은 $c-a=0$으로 나눌 수 없기 때문에 식이 성립하지 않는다. 소스에서의 지수 c가 $y'=ay$부터 자연스럽게 성장할 때의 지수 a와 같은 역할을 한다면, 이 문제 $y'-ay=e^{at}$은 **공명**[resonance]과 비슷한 유형이 된다. 핵심 공식 (4)는 $\int e^{-as}e^{as}ds=\int 1ds=t$가 된다.

$$\textbf{공명} \qquad \boldsymbol{c=a \qquad y'-ay=e^{at} \qquad y=y(0)e^{at}+te^{at}} \tag{20}$$

   추가 성장 인수 t는 y_n이 y_p와 공명하기 때문에 존재한다. 이들은 모두 e^{at}을 갖고 있다.

1.4 요약

1. 선형 방정식의 **완전해** = **영공간의** 해 + **특수**해

2. 적분 인수 e^{-at}을 $y' - ay = q(t)$에 곱하면 $(e^{-at}y)' = e^{-at}q(t)$가 된다.

3. 적분하고 e^{at}을 곱하자. $y(t) = y_n + y_p = \boldsymbol{e^{at}y(0) + e^{at}\int e^{-as}q(s)ds}$

4. $y' - ay = \boldsymbol{q}$ = **상수**에 대해 $y_p(0) = 0$인 특수해는 $\boldsymbol{q(e^{at} - 1)/a}$이다.

5. $\boldsymbol{q(t) = H(t)}$: 단위 계단 함수의 응답은 $y_p = \boldsymbol{(e^{at} - 1)/a}$이다.

6. $\boldsymbol{q(t) = \delta(t)}$: 단위 델타 함수로의 임펄스 응답은 $y_p = \boldsymbol{e^{at}}$이다.

7. $\boldsymbol{q(t) = e^{ct}}$은 $y_p = (e^{ct} - e^{at})/(c - a)$가 된다. $c = a$일 때 $y_p = \boldsymbol{te^{at}}$으로 바꾸어라.

1.4 연습문제

01 $dy/dt = -y+2$의 모든 해는 dy/dt가 0이고 $y = y_\infty =$ ____인 정상상태에 접근한다. 이 상수 $y = y_\infty$는 특수해 y_p이다. 이 정상상태의 해 y_p와 합쳐지는 $y_n = Ce^{-t}$은 무엇인가? 이때 근은 $y(0) = 4$에서 시작한다. 이 질문은 $y_p + y_n$을 y_∞ +(순간)이 되도록 선택하게 한다(즉, 0으로 감소한다).

02 [연습문제 01]과 같은 방정식 $dy/dt = -y+2$에 대해 $y(0) = 4$에서 시작하는 영공간의 해 y_n을 하나 써라. $y(0) = 0$에서 시작하는 특수해를 하나 써라. 이와 같은 분리는 식 (4)에서 두 부분 $e^{at}y(0) + (e^{a(t-s)}q$의 적분)을 선택한다.

03 $dy/dt = -2y+8$을 두 개의 부분으로 자연스럽게 분리하면 $y_S + y_T = y_N + y_P$이다.

1. 꾸준함($y_S = y_\infty$)+일시성($y_T \to 0$). $y(0) = 6$일 때 이 부분들은 무엇인가?
2. ($y_N(0) = 6$으로부터 $y_N{}' = -2y_N$)+($y_P(0) = 0$에서 시작하는 $y_P{}' = -2y_P + 8$)

04 $u - 2v = 0$의 모든 영공간의 해는 $(u, v) = (c,$ ____$)$의 형태이다. $u - 2v = 3$의 한 개의 특수해는 $(u, v) = (7,$ ____$)$의 형태이다. $u - 2v = 3$의 모든 해는 $(7,$ ____$) + c(1,$ ____$)$의 형태이다. 하지만 모든 해도 마찬가지로 $C = c+4$에 대해 $(3,$ ____$) + C(1,$ ____$)$의 형태이다.

05 $y(0) = 2$일 때 방정식 $dy/dt = 5$는 $y =$ ____로 풀린다. $y_n = e^{at}y(0)$과 $y_p = \int e^{a(t-s)}5ds$에 따라 $y_n(t) =$ ____과 $y_p(t) =$ ____로 자연스럽게 분리된다.
이 간단한 예제는 $a = 0$(따라서 ay가 없다)과 $c = 0$(소스는 $q = 5e^{0t}$)이다. $a = c$일 때 우리는 **공명**을 얻고 이때 인수 t가 해 y에 나타날 것이다.

06~09 [연습문제 06]부터는 $y_p(0) = 0$에서 시작하는 특별한 특수해 y_p를 구하여라.

06 $y(0)=1$에서 시작하는 다음 방정식들에 대해 $y_n(t)$, $y_p(t)$, $y(t)=y_n+y_p$를 구하라.

(a) $y'-9y=90$ (b) $y'+9y=90$

07 $y_n(t)=e^{2t}$과 $y_p(t)=5(e^{8t}-1)$을 만드는 선형 미분방정식을 구하라.

08 $y_n(t)=e^{2t}$과 $y_p(t)=3te^{2t}$을 만드는 공명 방정식 $(a=c)$을 구하라.

09 $y'=3y+e^{3t}$은 $y_n=e^{3t}y(0)$을 갖는다. $y_p(0)=0$인 공명 y_p를 구하라.

10~13 다음은 $y'-ay=$ **상수 소스** q에 관한 문제이다.

10 $y_n=y(0)e^{at}$을 만족하면서 $y=y_n+y_p$의 형태를 갖는 선형 방정식을 풀어라. 또한 어떤 것이 정상상태를 갖는가?

(a) $y'-4y=-8$ (b) $y'+4y=8$

11 $y(0)=1$일 때 $y(t)$의 공식을 구하고 그래프를 그려라. y_∞는 얼마인가?

(a) $y'+2y=6$ (b) $y'+2y=-6$

12 [연습문제 11]의 방정식을 $Y=y-y_\infty$일 때 $Y'=-2Y$로 써라. $Y(0)$은 얼마인가?

13 링거액이 팔을 통해 분당 $q=0.3\text{g}$의 속력으로 투약되고, 몸에서는 약을 분당 $6y\text{g}$만큼 분해한다고 하자. 정상상태에서 농도 y_∞는 얼마인가? 이때 정상상태에서 들어오는 양과 나가는 양은 동일하며 y_∞는 상수이다. $Y=y-y_\infty$에 대해 미분방정식을 써라.

14~18 다음은 $y'-ay=$ 계단 함수 $H(t-T)$에 관한 문제이다.

14 y_∞가 $y'+y=H(t-2)$와 $y'+y=H(t-10)$에 대해 같은 이유는 무엇인가?

15 $y(0)=2$인 $y'=H(t-T)$를 푸는 램프 함수를 그려라.

16 $T=4$에서 시작하는 계단 함수를 입력으로 지닌 것에 대해 식 (10)처럼 $y_n(t)$와 $y_p(t)$를 찾아라. 또한, y_∞는 무엇인가?

(a) $y'-5y=3H(t-4)$ (b) $y'+y=7H(t-4)$

17 계단 함수가 $T=4$일 때 켜지고, $T=6$일 때 꺼진다고 하자. $q(t)=H(t-4)-H(t-6)$에 대하여 $y(0)=0$에서 시작해서 $y'+2y=q(t)$를 풀어라. y_∞는 얼마인가?

18 $y(0)=0$에서 시작해 $y'=H(t-1)+H(t-2)+H(t-3)$이라고 하자. 이때 $y(t)$를 구하라.

19~25 다음은 델타 함수와 $y'-ay=q\delta(t-T)$의 해에 관한 문제이다.

19 모든 $t>0$에 대해 점 소스의 적분 $a(t)$, $b(t)$, $c(t)$를 구하고 $b(t)$의 그래프를 그려라.

(a) $\int_0^t \delta(T-2)dT$

(b) $\int_0^t (\delta(T-2)-\delta(T-3))dT$

(c) $\int_0^t \delta(T-2)\delta(T-3)dT$

20 다음 등식이 성립하는 이유는 무엇인가?

(a) $\int_{-\infty}^{\infty} e^t\delta(t)dt=1$

(b) $\int_{-\infty}^{\infty} (\delta(t))^2dt=\infty$

(c) $\int_{-\infty}^{\infty} e^T\delta(t-T)dT=e^t$

21 $y'=2y+\delta(t-3)$의 해는 $t=3$일 때 1만큼 점프한다. $t=3$ 이전과 이후에 델타 함수는 0이고 y는 e^{2t}과 같이 증가한다. $y(t)$의 그래프를 그려라. $t=3$ 이전과 이후에 $y(t)$의 공식을 써라.

(a) $y(0)=0$일 때 (b) $y(0)=1$일 때

22 $y(0)=2$에서 시작하는 다음 미분방정식을 풀어라. 또한, y_∞는 얼마인가?

(a) $y'-y=\delta(t-2)$ (b) $y'+y=\delta(t-2)$

23 $y(0)=0$에서 시작하는 $dy/dt=H(t-1)+\delta(t-1)$을 풀어라(점프와 램프로).

24 $y'=-y+\delta(t-1)+H(t-3)$에 대해 정상상태 y_∞는 얼마인가?

25 $y'-3y=q(t)$의 미분방정식이 계단 함수인 $y(t)=H(t-1)$을 해로 갖는다면 q와 $y(0)$은 무엇인가?

26~31 다음은 지수함수 소스 $q(t)=Qe^{ct}$과 공명에 관한 것이다.

26 식 (19)처럼 $y(0)=2$에서 시작하는 $y'-ay=Qe^{ct}$ 형태인 다음 방정식들을 풀어라.

(a) $y'-y=8e^{3t}$

(b) $y'+y=8e^{-3t}$ (y_∞는 얼마인가?)

27 $c=2.01$이 $a=2$와 아주 가까울 때 $y(0)=1$에서 시작하는 $y'-2y=e^{ct}$을 풀어라. 공명이 일어나는 근처에서 $y(t)$의 그래프를 컴퓨터를 이용하거나 손으로 직접 그려라.

28 $c=2$가 $a=2$와 정확히 같을 때, $y(0)=1$에서 시작하는 $y'-2y=e^{2t}$을 풀어라. 이는 식 (20)과 동일한 공명이다. $y(t)$의 그래프를 컴퓨터를 이용하거나 손으로 직접 그려라.

29 $y(0)=0$에서 시작하는 $y'+4y=8e^{-4t}+20$을 풀어라. y_∞는 얼마인가?

30 $y'-ay=e^{ct}$의 해는 핵심 공식 (4)에서 만들어지지 않았지만 그렇게 될 수 있다. 식 (4)에서 $e^{-as}e^{cs}$을 적분하여 특수해 $(e^{ct}-e^{at})/(c-a)$을 구하라.

31 식 $y'=1$은 공명을 갖고 있다! 해 $y=t$는 인수 t를 보여준다. 성장률 a와 소스의 지수 c는 어떤 수인가?

32 $y'-a(t)y=q(t)$의 두 해 y_1, y_2를 안다고 가정하자.

(a) 영공간의 해 $y'-a(t)y=0$을 구하라.

(b) 모든 영공간의 해 y_n과 모든 특수해 y_p를 구하라.

33 1.4절의 첫 페이지를 찾아보지 않고 모든 소스 함수 q, $H(t)$, $\delta(t)$, e^{ct}에 대한 $y'-ay=q(t)$의 해를 쓸 수 있는가?

34 [연습문제 33]에서 만약 q, c, $y(0)$을 올바르게 고른다면 소스 중 세 가지는 같다. 이 값들은 얼마인가?

35 $y'=ay+q(t)$ 중 $y_1(t)$와 $y_2(t)$로 풀리는 미분방정식은 무엇인가? 점프, 램프, 각진 모서리가 모두 존재하기 때문에 보기보다 어려울 것이다.

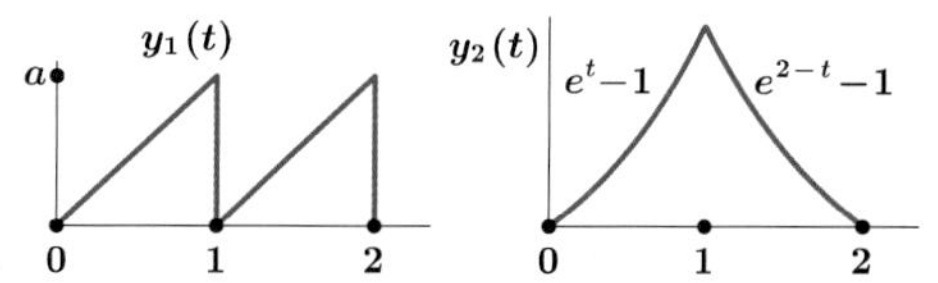

1.5 실수 사인곡선과 복소수 사인곡선

식 $y'-ay=e^{ct}$으로 1.4절을 마무리하였다. 이 식에서 e^{ct}을 소거해 특수해는 쉽게 만들 수 있었다. 우리는 $y_p(t)=Ye^{ct}$에서 적절한 승수 $Y=1/(c-a)$을 쉽게 선택하였다. **이 절에서는 실수 c를 허수 $i\omega$로 바꿀 것이다. 그러면 승수는 $Y=1/(i\omega-a)$이 된다.** 해의 공식 $Ye^{i\omega t}$은 변함이 없겠지만 복소수(실수부와 허수부)로 표현할 수 있어야 한다. 그 결과 우리는 모든 실수 문제 $y'-ay=A\cos\omega t+B\sin\omega t$를 동시에 풀 수 있을 것이다.

다양한 과학과 공학 응용 분야에서는 $\cos\omega t$, $\sin\omega t$(**사인곡선**)처럼 진동하는 소스 $q(t)$로 시작한다. 피스톤을 위아래로 움직여서 차를 움직이고, 전압이 위아래로 왔다 갔다 하면서 교류 전류가 흐른다. 이때 입력 주파수와 출력 주파수는 모두 ω이다. 문제는 출력(입력에 대한 응답)의 **진폭**과 **위상**을 찾는 것이며 이때 실수 해는 $y = M\cos\omega t + N\sin\omega t$가 될 것이다. 이때 $y(t)$는 특수해(정상해)이고, 일시적인 해 0으로 감소하는 $y_n(t)$가 아니다.

이제 우리는 소스 $q(t)$가 사인곡선일 때 $y' - ay = q(t)$를 풀어볼 것이다. 이 절과 다음 절을 통해 생물학, 화학, 약학, 그리고 더 많은 분야에서 응용되고 있음을 확인할 수 있다.
RLC 회로(저항기, 인덕터, 커패시터)는 이계도함수가 포함된 방정식을 만든다. 이는 2장에서 살펴보겠지만, RC 회로와 RL 회로(1차 미분방정식)는 이 절에서 살펴보자. 실수에 이어서 복소수까지 살펴보는 것이 우리의 목표이다.

1. **(실수)** $dy/dt - ay = q(t) = A\cos\omega t + B\sin\omega t$**를 풀어라.**
   이는 $y = M\cos\omega t + N\sin\omega t$의 계수 M, N에 대한 두 개의 방정식을 이끌어낸다.
2. **(복소수)** $dy/dt - ay = q(t) = Re^{i\omega t}$**을 풀어라.**
   이는 $y = Ye^{i\omega t}$ 안의 계수에 대해 간단한 방정식을 하나 도출한다. 하지만 Y는 복소수이므로, 우리는 두 실수, 즉 Y의 실수부와 허수부를 찾아야 한다.
3. **(핵심) 복소수** $1/(i\omega - a)$**을 극좌표** $Ge^{-i\alpha}$ **형태로 써라.**
   이때 양수 G는 **이득**gain을, 각 α는 **위상 지연**phase lag을 의미한다. 이는 중요한 의미를 지니고, 각각은 그래프를 따로 그리기에 용이하다. 대부분의 문제에서 G와 α는 $1/(i\omega - \alpha)$의 실수부, 허수부보다 더 유용하다.

따라서 우리는 복소수에 대해 복습하고 더 공부해야 한다. 복소수는 중요하며, 어렵지 않다. 다음 장에서 실수에 대한 **문제 1**과 복소수에 대한 **문제 2**를 풀 것이다. 이때 코사인만 사용해서는 실수에 대한 문제를 간단하게 만들 수 없다. 방정식에서 dy/dt 항이 $\sin\omega t$를 포함할 수밖에 없기 때문이다.

실수 사인곡선

우리는 소스 $q(t)$가 진동수 ω로 진동할 때 특수해이면서 실수해인 $y(t)$를 구하고자 한다.

1차 선형 방정식 $$\frac{dy}{dt} - ay = A\cos\omega t + B\sin\omega t \quad (1)$$

해는 소스 항과 같이 $y = M\cos\omega t + N\sin\omega t$의 형태를 갖는다. $\cos\omega t$ 항과 $\sin\omega t$ 항을 따로 비교하면 M과 N에 대해 두 개의 식을 얻을 수 있다. $dy/dt = -\omega M\sin\omega t + \omega N\cos\omega t$에서 $ay = aM\cos\omega t + aN\sin\omega t$를 빼면 된다.

$$\frac{dy}{dt} - ay = q \qquad \begin{array}{ll} \cos\omega t \text{ 항} & -aM + \omega N = A \\ \sin\omega t \text{ 항} & -\omega M - aN = B \end{array} \quad (2)$$

이 두 개의 방정식을 통해 실수 해 $y(t) = M\cos\omega t + N\sin\omega t$에서 M과 N을 알 수 있다. 이제 식 (2)의 해를 살펴본 다음 이를 찾는 두 가지 방법을 설명할 것이다.

소스 해 $\quad \begin{aligned} q &= A\cos\omega t + B\sin\omega t \\ y &= M\cos\omega t + N\sin\omega t \end{aligned} \qquad M = -\dfrac{aA+\omega B}{\omega^2+a^2} \quad N = \dfrac{\omega A - aB}{\omega^2+a^2} \qquad (3)$

첫 번째 방법은 식 (2)에서 M을 제거하여 N을 찾는 것이다. 첫 번째 식에 ω를, 두 번째 식에 a를 곱한 후 두 식을 빼면 M이 소거된다. 우변은 $\omega A - aB$가 되고, 좌변은 $(\omega^2 + a^2)N$이 된다. 이로써 식 (3)의 N에 대해 증명하였고, 동일한 방법으로 M을 구할 수 있다.

두 번째 방법은 두 개의 방정식을 2×2행렬 시스템으로 변환한 후 **역행렬**을 이용하여 M과 N을 구하는 것이다.

$$\begin{bmatrix} -a & \omega \\ -\omega & -a \end{bmatrix}\begin{bmatrix} M \\ N \end{bmatrix} = \begin{bmatrix} A \\ B \end{bmatrix} \text{는 } \begin{bmatrix} M \\ N \end{bmatrix} = \frac{1}{\omega^2+a^2}\begin{bmatrix} -a & -\omega \\ \omega & -a \end{bmatrix}\begin{bmatrix} A \\ B \end{bmatrix} \text{가 된다.}$$

역행렬의 분모 $\omega^2 + a^2$은 식 (3)의 해 M과 N에서 나온 것이다. 어떤 행렬과 그의 역행렬을 곱하면 항등행렬 I가 되는 것은 4장에서 살펴볼 것이다.

복소수 사인곡선 $e^{i\omega t}$

이제 아주 중요한 입력 $q(t) = Re^{i\omega t}$에 대해 살펴보고자 한다. 입력은 ω rad/s의 진동수로 진동하고, 출력 $y(t)$도 같은 진동수 ω rad/s로 진동할 것이다. 이는 미분방정식의 a가 상수이기 때문에 옳은 설명이다. $y(t) = Ye^{i\omega t}$이 같은 인수 $e^{i\omega t}$을 포함하고 있다면, 이 인수는 미분방정식의 모든 항에서 소거된다.

$$\begin{aligned} q(t) &= Re^{i\omega t} \\ y(t) &= Ye^{i\omega t} \end{aligned} \qquad y' - ay = q\text{는 } i\omega Ye^{i\omega t} - aYe^{i\omega t} = Re^{i\omega t} \qquad (4)$$

위의 식을 $e^{i\omega t}$으로 나누면, 복소수 Y에 관한 간단한 계산만 남는다.

응답 $Y(\omega)$ $\quad i\omega Y - aY = R$에서 $Y = \dfrac{R}{i\omega - a}$와 $y = Ye^{i\omega t}$을 얻는다. $\qquad (5)$

해 $y = Ye^{i\omega t}$의 간단함은 한 가지 중요한 사실에 의해 비롯된다. 이는 바로 $e^{i\omega t}$의 도함수가 $e^{i\omega t}$의 배수(곱해지는 수는 $i\omega$)라는 사실이다.

실수 사인곡선의 경우에서 $\cos\omega t$의 도함수는 이처럼 간단하지 않았는데, 이는 함수의 도함수가 $\sin\omega t$를 포함하기 때문이다. 따라서 우리는 M과 N에 대한 두 실수 방정식을 풀어야 했다. 한편 식 (5)는 Y에 대한 하나의 복소수 방정식이다.

복소수 : 직사각형, 극

복소수 $z = x + iy$는 실수부 x와 허수부 y로 구성된다. 기본적인 개념은 여기에서 설명하고, 더 자세한 내용은 2.2절에서 다룰 것이다. 우리는 모든 z를 복소평면(실수–허수 평면)에 나타낼 수 있으며 [그림 1–5]는 $x = \mathrm{Re}\, z = 4$이고 $y = \mathrm{Im}\, z = 3$인 특정한 복소수 $z = 4 + 3i$를 보여준다. 직사각형 형태의 $4 + 3i$는 xy 좌표에서 곱하고 나누기가 불편하다는 점을 제외하면 문제가 없다.

[그림 1–5(a)]는 같은 복소수 z에 대한 **극좌표**[polar form]를 보여준다. 이때 z의 크기(혹은 계수)는 r이고, 위상은 각 θ이다. 우리는 x, y를 통해 r, θ를 찾을 수 있다.

크기는 $r = \sqrt{x^2 + y^2} = \sqrt{25} = 5$이고, 각도 θ는 $\tan(y/x) = 3/4$이다.

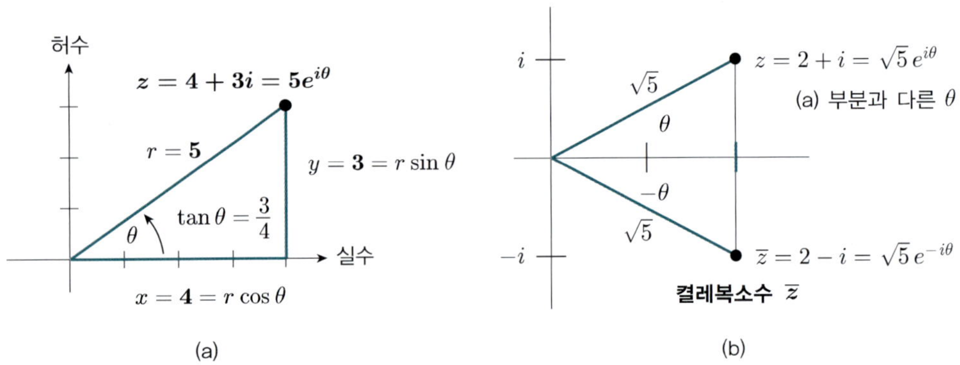

[그림 1–5] (a) $z = 4 + 3i$는 복소평면 위의 점이다. 이의 극좌표는 $z = 5e^{i\theta}$이다.

극좌표는 복소수에 대해 곱셈과 나눗셈이 가능하다. $re^{i\theta}$과 $Re^{i\alpha}$의 곱셈은 각을 더하고 r과 R을 곱하면 된다. 나눗셈은 각을 빼고 r을 R로 나누면 된다.

$$\textbf{곱셈}\quad (re^{i\theta})(Re^{i\alpha}) = \boldsymbol{rR}e^{i(\theta+\alpha)} \qquad \textbf{나눗셈}\quad \frac{re^{i\theta}}{Re^{i\alpha}} = \frac{\boldsymbol{r}}{\boldsymbol{R}}e^{i(\theta-\alpha)} \tag{6}$$

또한 극좌표는 복소수 $re^{i\theta}$의 제곱과 역수 $1/re^{i\theta}$도 가능하다.

$$\textbf{제곱}\quad z^2 = (re^{i\theta})(re^{i\theta}) = \boldsymbol{r}^2e^{2i\theta} \qquad \textbf{역수}\quad \frac{1}{z} = \frac{1}{re^{i\theta}} = \frac{1}{\boldsymbol{r}}e^{-i\theta} \tag{7}$$

이제 $1/z$과 $1/(x + iy)$의 극좌표 형태를 비교해보자. $(x - iy)/(x - iy) = 1$을 분자와 분모에 곱하자.

$$\frac{1}{z} = \frac{1}{x+iy} = \frac{1}{x+iy}\frac{x-iy}{x-iy} = \boldsymbol{\frac{x-iy}{x^2+y^2}} \qquad \frac{1}{4+3i} = \frac{4-3i}{4^2+3^2} = \frac{1}{5}e^{-i\theta}$$

$x-iy$는 자주 등장하는데, 이는 $z=x+iy$의 **켤레복소수** $\bar{z}$이다. $x+iy$와 $x-iy$의 곱은 x^2+y^2임에 주목하자. 다시 말해 z와 $\bar{z}$의 곱은 $|\boldsymbol{z}|^2 = \boldsymbol{r}^2$이다.

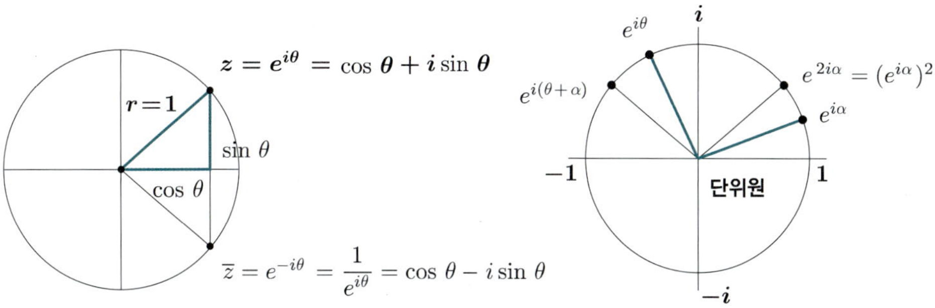

[그림 1-6] 단위원 위의 점 $e^{i\theta}$은 $r=1$이다. $e^{i\theta}$과 $e^{i\alpha}$을 곱할 때 두 각 θ와 α는 더해진다.

단위원

[그림 1-6]은 $r=1$인 **단위원**unit circle을 보여준다. 이때 곱셈은 각을 더하고, 제곱은 각을 2배로 만들고, 나눗셈은 각을 뺀다.

$$\textbf{원 위에서} \qquad (e^{i\theta})(e^{i\alpha}) = e^{i(\theta+\alpha)} \qquad (e^{i\theta})(e^{-i\theta}) = 1 \qquad \frac{1}{e^{i\theta}} = e^{-i\theta}$$

[그림 1-6]에서 축의 거울상인 $e^{-i\theta}$은 $e^{i\theta}$의 켤레복소수이다.

예제 1 복소평면에서 e^{st}, $e^{i\omega t}$, $e^{(s+i\omega)t}$의 경로를 설명하라(s, ω는 실수이다). 시간 t는 0에서 ∞가 되고, 모든 경로는 1에서 시작한다.

풀이

$s>0$이면 e^{st}은 1에서 실수 축을 따라 무한대로 간다. 반면 $s<0$이면 e^{st}은 1에서 0으로 가며 이때의 값은 모두 실수이다. $e^{i\omega t}$은 일정한 속력으로 단위원 위를 움직인다. 시간이 $T=2\pi/\omega$일 때(그리고 $2T$, $3T$, $\cdots$일 때) 이는 $e^{2\pi i}=1$로 다시 돌아온다. $\omega<0$일 때 경로는 시계 방향이다.

$e^{(s+i\omega)t}$의 경로는 $s>0$이면 **나선의 바깥쪽** 방향을 따라 무한대로 발산하고, $s<0$이면 나선의 안쪽 방향을 따라 0으로 간다. 시간 $T=2\pi/\omega$일 때 경로는 실수 e^{sT}이다. 왜냐하면 인수 $e^{i\omega T}=e^{2\pi i}$은 1이기 때문이다.

이득 G와 위상 지연 α

입력 $q(t) = Re^{i\omega t}$에 복소수 $1/(i\omega - a)$을 곱하면 출력 $y(t) = Ye^{i\omega t}$이 된다. **$1/(i\omega - \alpha)$의 크기와 각은 무엇인가?** 이 질문에 답하기 위해서는 복소수의 극좌표 형태 $1/(i\omega - a) = Ge^{-i\alpha}$을 살펴보아야 한다. $i\omega - a = re^{i\alpha}$으로 시작하여 역수를 취하자.

$$i\omega - a = re^{i\alpha} \qquad r = \sqrt{\omega^2 + \alpha^2}\,,\ \tan\alpha = \frac{\text{허수부}}{\text{실수부}} = -\frac{\omega}{a}$$

우리는 $1/(re^{i\alpha})$을 구하고자 한다. 이는 $Ge^{-i\alpha}$일 것이며, 이득 $G = 1/r = 1/\sqrt{\omega^2 + \alpha^2}$이다.

이득 G
위상각 α

$$\frac{1}{i\omega - a} = \frac{1}{r}e^{-i\alpha} = \frac{1}{\sqrt{\omega^2 + \alpha^2}}e^{-i\alpha} = Ge^{-i\alpha} \tag{8}$$

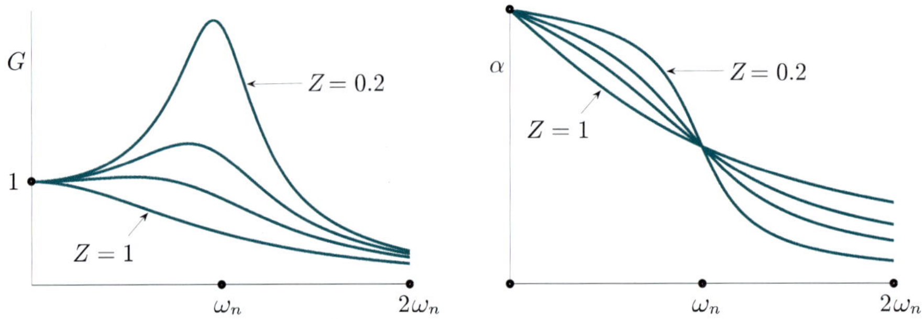

[그림 1-7] 단위가 없는 진동수 ω에 대한 이득 G와 위상각 α의 함수이다.

이득 $G(\omega)$와 각 $\alpha(\omega)$는 그래프로 자주 표현된다. [그림 1-7]은 **보데 선도**[Bode plots]를 변형한 것이다. 여기서 진폭 응답 $G(\omega)$는 특히 중요하다. 이후에 이득 G는 별도로 학습할 것이며, 추가 항 $|a|$를 포함한 것도 자주 보게 될 것이다.

NOTE_ 가장 많이 시도하는 변형 중 하나는 강제 항 $q(t) = aRe^{i\omega t}$에 속도 상수 a를 포함하는 것이다. 여전히 입력은 $Re^{i\omega t}$이고, a를 통해 적절한 물리량 q를 구할 수 있다. 이 인수 a는 출력에 나타날 것이므로 이득 G=|출력|/|입력|이 그 인수 $|a|$에 의해 증가한다. 그러면 진동수 $\omega = 0$일 때 $G = |a|/\sqrt{\omega^2 + a^2}$는 1이다.

사인곡선 $R\cos(\omega t - \phi)$

다음에서 $\cos\omega t$와 $\sin\omega t$를 임의로 조합하면 평행이동시킨 코사인 함수와 같음을 살펴볼 것이다. 이는 진동수 ω와 진폭 R, 그리고 위상 지연 ϕ를 보인다. 만약 ω, R, ϕ를 안다면 $y(t) = R\cos(\omega t - \phi)$를 그리는 것은 간단해진다. 또한 그래프에서 이 세 가지 수를 찾을 수도 있다. 여기에서 질문은 ω, R, ϕ를 찾는 것이다.

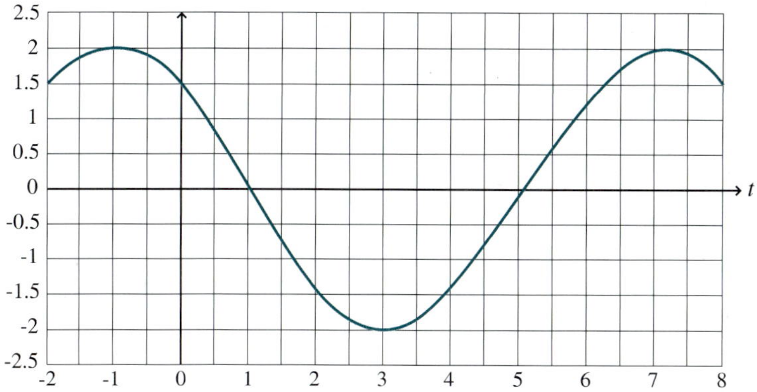

정현파 항등식

$A\cos\omega t + B\sin\omega t$가 $Re^{i(\omega t-\phi)}$의 실수부가 되도록 하는 진폭 R과 각 ϕ를 선택하자. 우리는 $y' - ay = Re^{i(\omega t-\phi)}$을 곧 풀 수 있고, 실제로 풀게 될 것이다. 이 미분방정식의 모든 항에 대해 실수부를 살펴보면 올바른 입력 $q(t) = R\cos(\omega t-\phi)$가 우변에, 올바른 출력 $y(t)$가 좌변에 나올 것이다. 이때 실수 방정식은 한 번에 풀릴 것이다. 따라서 우리는 입력 $q(t)$인 **정현파**[sinusoidal]에 관해 다음 항등식이 필요하다.

정현파 항등식 $$A\cos\omega t + B\sin\omega t = R\cos(\omega t-\phi) \tag{9}$$

우변의 주기는 좌변과 같은 $2\pi/\omega$이고, 오직 하나의 항을 갖는다.

R과 ϕ를 찾기 위해 $R\cos(\omega t-\phi)$를 $R\cos\omega t\cos\phi + R\sin\omega t\sin\phi$로 전개하자. 그리고 양변의 코사인을 비교하여 A를, 사인을 비교하여 B를 찾자.

$$A = R\cos\phi\text{이고 } B = R\sin\phi\text{이다.} \qquad \boldsymbol{A^2 + B^2 = R^2}\text{이고 } \boldsymbol{\tan\phi = \frac{B}{A}}\text{이다.} \tag{10}$$

따라서 정현파 항등식을 통해 $R = \sqrt{A^2+B^2}$, $\phi = \tan^{-1}(B/A)$임을 알 수 있다. R과 ϕ의 아름다움은 정현파가 복소수의 극좌표와 일치한다는 것이다.

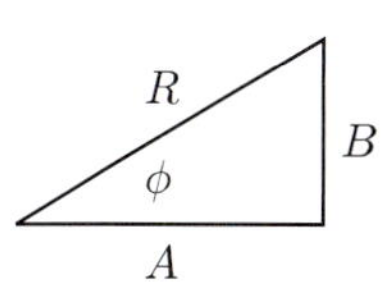

$A + iB = Re^{i\phi}$ $A + iB$의 극좌표가

$R = \sqrt{A^2+B^2}$ 정현파 항등식에서

$\tan\phi = B/A$ R과 ϕ를 만든다.

이 중요한 공식에 대해 [연습문제 01]에서는 조금 다른 형태로 증명할 것이다.

예제 2 $q(t) = \cos 3t + \sin 3t$를 $R\cos(3t-\phi)$로 써라. 이는 $Re^{i(3t-\phi)}$의 실수부이다.

풀이

$A=1$, $B=1$이므로 $R=\sqrt{2}$이다. 각도 $\phi=\frac{\pi}{4}$에 대하여 $\tan\phi = B/A = 1$이므로 $\cos 3t + \sin 3t$ $=\sqrt{2}\cos\left(3t-\frac{\pi}{4}\right)$이다.

예제 3 $e^{i5t}/(\sqrt{3}+i)$의 실수부를 $A\cos 5t + B\sin 5t$ 꼴로 써라.

풀이

$\sqrt{3}+i$는 $2e^{i\pi/6}$이다(이유는 무엇인가). 그러면 $e^{i5t}/(\sqrt{3}+i)$는 $\frac{1}{2}e^{i(5t-\pi/6)}$이고, 이의 실수부는 $\frac{1}{2}\cos\left(5t-\frac{\pi}{6}\right)=\frac{1}{2}\left(\cos 5t\cos\frac{\pi}{6}+\sin 5t\sin\frac{\pi}{6}\right)=\frac{\sqrt{3}}{4}\cos 5t+\frac{1}{4}\sin 5t$이다.

복소수 해 y_c로부터의 실수 해 y

정현파 항등식을 이용하여 $y' - ay = A\cos\omega t + B\sin\omega t$를 다음 세 단계로 푼다.

> 1단계 이 방정식은 복소수 방정식 $y_c{}' - ay_c = Re^{i(\omega t-\phi)}$의 실수부이다.
>
> 2단계 복소수 해는 $\boldsymbol{y_c = Re^{i(\omega t-\phi)}/(i\omega - a) = RGe^{i(\omega t-\phi-\alpha)}}$이다.
>
> 3단계 복소수 해 y_c의 실수부가 바로 우리가 원하는 실수 해 $y(t)$이다.

이 세 단계를 요약하면 1단계(실수 방정식의 복소수화), 2단계(복소수 방정식의 해 구하기), 3단계(복소수 해의 실수부 취하기)이다. 이를 요약하면 두 번째 단계는 $1/(i\omega-\alpha)$을 $Ge^{-i\alpha}$과 같이 극좌표 형태를 유지한 상태로 표현한다. 세 번째 단계는 $y = M\cos\omega t + N\sin\omega t$를 $\boldsymbol{y = RG\cos(\omega t-\phi-\alpha)}$ 형태로 만든다.

예제 4 실수–복소수–실수의 세 단계를 거쳐서 $y' - y = \cos t - \sin t$를 풀어라.

풀이

네 개의 수 $a=1$, $\omega=1$, $A=1$, $B=-1$을 통해 R, ϕ, G, α를 찾아야 한다. $\boldsymbol{RG=1}$임을 명심하자.

$$R=\sqrt{A^2+B^2}=\sqrt{2}, \qquad \tan\phi=\frac{B}{A}=-1, \qquad \phi=-\frac{\pi}{4}, \qquad G=\frac{1}{\sqrt{\omega^2+a^2}}=\frac{1}{\sqrt{2}}$$

$i\omega - a = i-1$의 각은 $\boldsymbol{\alpha=\frac{3\pi}{4}}$이며, 탄젠트 값은 $-\frac{\omega}{a}=-1$이다.

1단계 정현파 항등식은 $\cos t - \sin t = \sqrt{2}\cos(t-\phi) = \sqrt{2}\cos(t+\pi/4)$이다.

2단계 $y_{\text{complex}} = \dfrac{\sqrt{2}\,e^{i(t+\pi/4)}}{i-1}$이다. 여기서 $\dfrac{1}{i\omega - a} = \dfrac{1}{i-1} = Ge^{-i\alpha} = \dfrac{1}{\sqrt{2}}e^{-3\pi i/4}$이다.

3단계 $y_{\text{complex}} = RGe^{i(\omega t - \alpha - \phi)} = e^{i(t-\pi/2)}$이다. 그러면 $y_{\text{real}} = \cos\left(t - \dfrac{\pi}{2}\right) = \sin t$이다.

[예제 4]에서는 $R = \sqrt{2}$를 소거하기 위해 G의 값을 $1/\sqrt{2}$로 설정하였다. 여기서 R, ϕ, G, α의 기호를 그대로 쓰면, 3단계에서의 해 $y_{\text{real}} = RG\cos(\omega t - \phi - \alpha)$는 이 절의 처음에 나온 $M\cos\omega t + N\sin\omega t$와 같아야 한다.

다양한 응용 분야에서의 핵심은 $y(t)$에 대한 공식 안에 있는 수가 아니다. 목표는 미분방정식의 변수 a, ω에 따라 $y(t)$가 어떻게 변하는지를 보는 것이다. 이득 $G = |\text{출력}|/|\text{입력}|$은 아주 편리하면서 중요한 길잡이다.

진실은 복소수 해가 실수로 표현된 해보다 더 좋다는 것이다. 정현파 항등식은 모든 $A\cos\omega t + B\sin\omega t$의 조합이 어떻게 지수가 복소수인 $Re^{i(\omega t - \phi)}$의 실수부 $R\cos(\omega t - \phi)$가 되는지 보여준다. 따라서 우리는 실수를 복소수로, 복소수를 실수로 다시 되돌릴 수 있다. 우리는 앞에서 **진동수 응답 $1/(i\omega - a)$**을 이용하여 복소수 형태를 풀었다.

결론을 살펴보자. 입력 $q(t)$가 $Re^{i\omega t}$일 때, 출력 $y(t)$에 $1/(i\omega - a)$을 곱한다. 이때 곱하는 수는 복소수이며, 진동수 ω에 따라 바뀐다. 우리는 수 Y에 대해 충분히 이해한 다음 이의 진폭 G와 위상을 그려야 한다.

1.5 요약

1. (실수) $y' - ay = A\cos\omega t + B\sin\omega t$는 $y_{\text{real}} = M\cos\omega t + N\sin\omega t$를 이끌어낸다.

2. (정현파 항등식) $A\cos\omega t + B\sin\omega t$는 $R^2 = A^2 + B^2$에 대해 $R\cos(\omega t - \phi)$와 같다.

3. (복소수) $y' - ay = Re^{i(\omega t - \phi)}$은 $y_{\text{complex}} = Re^{i(\omega t - \phi)}/(i\omega - a)$를 이끌어낸다.

4. (복소수 이득) $G = 1/\sqrt{\omega^2 + a^2}$과 $\tan\alpha = -\omega/a$에 대해 $1/(i\omega - a) = Ge^{-i\alpha}$이다.

5. (복소수 해의 실수부) $y_{\text{real}} = \text{Re}(y_{\text{complex}}) = RG\cos(\omega t - \alpha - \phi)$이다.

1.5 연습문제

01~06 다음은 정현파 항등식 (9)에 관한 문제이다. 이는 [연습문제 01]에서 다시 언급한다.

01 아래의 과정을 거쳐 정현파 항등식을 다시 만들 수 있다. 이러한 접근은 $\cos(\omega t - \phi) = \cos\omega t\cos\phi + \sin\omega t\sin\phi$에서 시작하지 않는다. 항등식은 다음과 같다.

$$A + iB = Re^{i\phi} \text{ 이면}$$
$$A\cos\omega t + B\sin\omega t = R\cos(\omega t - \phi) \text{이다.}$$

$Re^{i(\omega t - \phi)}$의 실수부를 찾기 위해 네 단계를 거친다. 세 번째 단계의 $A - iB$를 설명하라.

$$R\cos(\omega t - \phi) = \text{Re}[Re^{i(\omega t - \phi)}] = \text{Re}[e^{i\omega t}(Re^{-i\phi})]$$
$$= (Re^{-i\phi}\text{은 무엇인가?})$$
$$= \text{Re}[(\cos\omega t + i\sin\omega t)(A - iB)] = A\cos\omega t + B\sin\omega t$$

02 $\sin 5t + \cos 5t$를 $R\cos(\omega t - \phi)$로 나타낼 때 R과 ϕ는 얼마인가?

03 $6\cos 2t + 8\sin 2t$를 $R\cos(2t - \phi)$로 나타낼 때 R, $\tan\phi$, ϕ는 얼마인가?

04 복소수를 사용해 $\cos\omega t$를 적분하여 $(\sin\omega t)/\omega$를 구하라.

(i) $dy_{\text{real}}/dt = \cos\omega t$는 $dy_{\text{complex}}/dt = e^{i\omega t}$의 실수부이다.

(ii) 복소수 해의 실수부를 구하라.

05 $A = 0$, $B = -1$인 정현파 항등식은 $-\sin\omega t = R\cos(\omega t - \phi)$가 된다. R과 ϕ를 찾아라.

06 $q(t) = \cos t + \sin 2t$에 정현파 항등식을 쓸 수 없는 이유는 무엇인가?

---

07 $2 + 3i$를 $re^{i\phi}$으로 쓰면 $\dfrac{1}{2+3i} = \dfrac{1}{r}e^{-i\phi}$이다. 그리고 $y = e^{i\omega t}/(2i + 3)$을 극좌표로 표현한 다음, y의 실수부와 허수부를 찾아라. 또 $(2 - 3i)e^{i\omega t}/(2 - 3i)(2 + 3i)$에서 실수부와 허수부를 찾아라.

08 다음 $A\cos\omega t + B\sin\omega t$를 $R\cos(\omega t - \phi)$ 형태로 써라(세 변의 길이가 A, B, R이고 각 ϕ를 갖는 직각삼각형이다).

(a) $\cos 3t - \sin 3t$ (b) $\sqrt{3}\cos\pi t - \sin\pi t$

(c) $3\cos(t - \phi) + 4\sin(t - \phi)$

09~15 M, N에 대한 실수 공식 (3)을 이용하여 실수 방정식을 풀어라.

09 a와 ω를 찾은 후 $dy/dt = 2y + 3\cos t + 4\sin t$를 풀어라. 영공간의 해는 Ce^{2t}이다.

10 $dy/dt = -y - \cos 2t$의 특수해를 찾아라.

11 $y = 3\cos 2t + 4\sin 2t$를 해로 갖는 방정식 $y' - ay = A\cos\omega t + B\sin\omega t$는 무엇인가?

12 우리가 1.4절에서 살펴본 $y' = y + \cos t$의 특수해는 $y_p = e^t \int e^{-s}\cos s\, ds$이다. 이를 이용하거나 $s = 0$에서 t까지 부분적분해서 y_p를 식 (3)과 비교하라.

13 $y' - 4y = \cos 3t + \sin 3t$의 해 $y = M\cos\omega t + N\sin\omega t$를 구하라.

14 $y(0) = 0$에서 시작하는 $y' - ay = A\cos\omega t + B\sin\omega t$의 해를 구하라.

15 $a = 0$일 때 식 (3)의 M과 N이 여전히 $y' = A\cos\omega t + B\sin\omega t$를 만족한다는 것을 보여라.

16~20 다음의 복소수 방정식 $y' - ay = Re^{i(\omega t - \phi)}$을 풀어라.

16 다음 세 개의 방정식에 대해 복소수 해 $y_p = Ye^{i\omega t}$을 구하라.

(a) $y' - 3y = 5e^{2it}$　　(b) $y' = Re^{i(\omega t - \phi)}$

(c) $y' = 2y - e^{it}$

17 다음 복소수 방정식에 대해 복소수 해 $z_p = Ze^{i\omega t}$을 구하라.

(a) $z' + 4z = e^{8it}$　　(b) $z' + 4iz = e^{8it}$

(c) $z' + 4iz = e^{8t}$

18 실수 방정식 $y' - ay = R\cos(\omega t - \phi)$로부터 시작하자. 이를 복소수 방정식 $z' - az = Re^{i(\omega t - \phi)}$으로 바꾼 다음 $z(t)$를 풀어라. 그리고 실수부 $y_p = \text{Re}\, z$를 구하라.

19 [연습문제 18]에서 특수해 y_p의 초깃값 $y_p(0)$은 무엇인가? 만약 초깃값이 $y(0)$이라면 y_p에 얼마만큼의 영공간의 해 $y_n = Ce^{at}$을 더해야 하는가?

20 $y(0) = 0$에서 시작하는 $y' - 2y = \cos\omega t$의 실수 해를 다음 세 단계로 구하라. 복소수 방정식 $z' - 2z = e^{i\omega t}$을 풀어라. $y_p = \text{Re}\, z$를 취하라. 그리고 올바른 C를 골라 영공간의 해 $y_n = Ce^{2t}$을 더하라.

21~27 다음은 복소수로 만듦으로써 실수 방정식을 푼다. α에 주목하라.

[예제 4]는 성장률 $a = 1$과 진동수 $\omega = 1$에 대해 $y' - y = \cos t - \sin t$이었다. $i\omega - a$의 진폭은 $\sqrt{2}$였고, 극좌표의 각에 대하여 $\tan\alpha = -\omega/a = -1$이었다. $\alpha = 3\pi/4$의 탄젠트 값과 $\alpha = -\pi/4$의 탄젠트 값은 같다! 올바른 각 α를 어떻게 고르는가? 복소수 $i\omega - a = i - 1$은 제2사분면에 있고, 이 각은 $\alpha = 3\pi/4$이다. 우리는 각의 탄젠트 값뿐만 아니라 실제 수를 봐야만 한다.

21 $i\omega - a$를 $re^{i\alpha}$으로 쓰도록 r과 α를 구하라. 그리고 $1/re^{i\alpha}$을 $Ge^{-i\alpha}$으로 써라.

(a) $\sqrt{3}i + 1$　　(b) $\sqrt{3}i - 1$

(c) $i - \sqrt{3}$

22 [연습문제 21]의 G와 α를 이용하여 다음을 풀어라. 그리고 각 방정식의 실수부와 해의 실수부를 구하라.

(a) $y' + y = e^{i\sqrt{3}t}$　　(b) $y' - y = e^{i\sqrt{3}t}$

(c) $y' - \sqrt{3}y = e^{it}$

23 $y' - y = \cos\omega t + \sin\omega t$를 다음 세 단계로 풀어라. 실수를 복소수로 바꾼 다음, 복소수를 풀고, 실수부를 구하자(이는 중요한 예제이다).

(1) 정현파 항등식에서 $\cos\omega t + \sin\omega t$가 $Re^{i(\omega t - \phi)}$의 실수부가 되도록 하는 R과 ϕ를 찾자.

(2) $y' - y = e^{i\omega t}$을 $y = Ge^{-i\alpha}e^{i\omega t}$으로 풀어라. $Re^{-i\phi}$을 곱해서 $z' - z = Re^{i(\omega t - \phi)}$을 풀어라.

(3) 실수부 $y(t) = \text{Re}\, z(t)$를 구하라. 그리고, 방정식 $y' - y = \cos\omega t + \sin\omega t$임을 확인하라.

24 $y' - \sqrt{3}\,y = \cos t + \sin t$를 $a = \sqrt{3}$과 $\omega = 1$에 대해 같은 세 단계로 풀어라.

25 **(도전)** $y' - ay = A\cos\omega t + B\sin\omega t$를 두 가지 방법으로 풀어라. 첫째로 우변의 R과 ϕ, 좌변의 G와 α를 찾아라. 그리고 최종 실수해 $RG\cos(\omega t - \phi - \alpha)$가 식 (2)의 $M\cos\omega t + N\sin\omega t$와 일치함을 보여라.

26 a와 $\omega \neq 0$이 실수일 때 $y' - ay = Re^{i\omega t}$에서 공명을 가지지 않는다. 그 이유는 무엇인가? (공명은 $y_n = Ce^{at}$과 $y_p = Ye^{ct}$이 동일한 지수 $a = c$를 가질 때 나타난다.)

27 $z' - az = Re^{i(\omega t - \phi)}$의 복소수 해의 허수부가 $y = \operatorname{Im} z$라고 하자. $y(t)$가 푸는 방정식은 무엇인가? $\phi = 0$인 경우부터 답하라.

28~31 다음은 1차 회로 방정식(RLC가 아닌 RL과 RC)에 관한 문제이다.

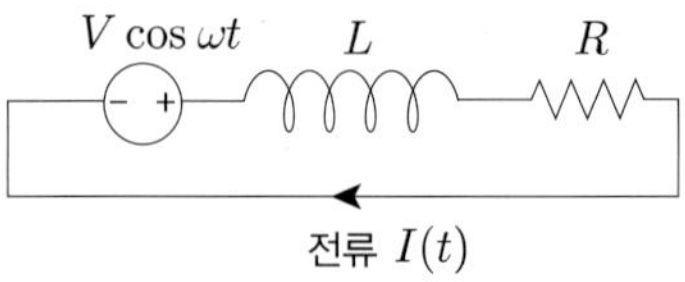

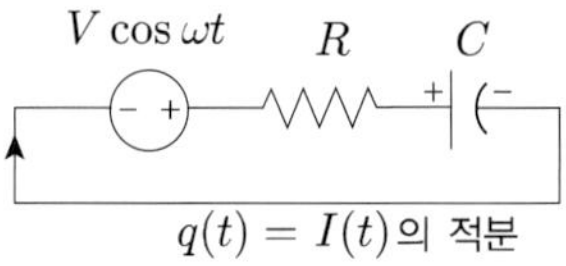

28 RL 회로에서 전류 $I(t) = I_n + I_p$에 대한 방정식 $L\,dI/dt + RI(t) = V\cos\omega t$를 풀어라.

29 $L = 0$, $\omega = 0$일 때 이 방정식은 직류에 대한 옴의 법칙 $V = IR$이 된다. $L \neq 0$, $I(t) = Ie^{i\omega t}$일 때 **복소임피던스**complex impedance $Z = R + i\omega L$은 R을 대체한다.

$$L\,dI/dt + RI(t) = (i\omega L + R)Ie^{i\omega t} = Ve^{i\omega t}\text{은}$$
$$ZI = V\text{이 된다.}$$

진폭 $|Z| = |R + i\omega L|$은 무엇인가? $Z = |Z|e^{i\theta}$에서의 위상각은 무엇인가? L로 인해 전류 $|I|$가 더 커지는가? 아니면 작아지는가?

30 RC 회로에서 전하 $q(t) = q_n + q_p$에 대해 $R\dfrac{dq}{dt} + \dfrac{1}{C}q(t) = V\cos\omega t$를 풀어라.

31 복소임피던스가 $Z = R + \dfrac{1}{i\omega C}$인 이유는 무엇인가? 이때 진폭 $|Z|$를 구하라(수학에서는 $i = \sqrt{-1}$을 선호하지만 여기서는 아직 $j = \sqrt{-1}$을 허용하지 않는다).

1.6 성장과 감소 모델

이 절에서는 공식과 그 예에 대해 살펴볼 것이다. 우선 공식을 이용해 주요 선형 방정식 $y' - a(t)y = q(t)$를 푼다. 우리는 앞 절에서 이 선형 방정식의 답이 무엇인지를 몇몇 상황에 대해 살펴보았다. 이제 이 해는 a는 t에 따라 변할 수 있고 이를 공식화할 것이다. 그리고 마지막 단계는 공식의 목적을 깨닫는 것이다. 이 과목의 핵심은 변화를 이해하는 것이다. 미적분학은 변화에 관한 것이고, 미분방정식은 변화에 관한 모델이다. 이는 입력/출력으로 dy/dt와 y를 연결한다. 또한 이를 수학적인 방정식으로 공식을 만들고자 한다.

여기서는 성장과 감소에 관한 다섯 가지 모델과 이를 설명하는 다섯 개의 방정식을 살펴보자. 가장 어려운 부분은 올바른 방정식을 얻는 것이다(올바른 해를 얻는 공식을 얻는 것보다 더 어렵다). 이 절에서는 응용수학의 두 단계를 보여준다.

1. **모델**에서 **방정식**으로　　　　2. **방정식**에서 **해**로

두 번째 단계(더 쉬운 단계)를 먼저 하자. 즉, 방정식을 푼다. 입력 $a(t)$, $q(t)$, $y(0)$에 대해 출력 $y(t)$을 찾자. 그리고 다시 모델을 보는 것이다.

다음은 $y(t)$에 대한 미분방정식이다. 우리는 이를 풀기 위해 공식을 살펴보자. 해 $y(t)$를 구하기 위해서는 세 개의 입력 $a(t)$, $q(t)$, $y(0)$을 이용해야 하는데, 이 입력이 문제를 정의하기 때문이다. **$a(t)$는 시간에 따라 변한다.**

$t = 0$일 때 $y(0)$에서 시작하는 미분방정식

$$\boxed{\frac{dy}{dt} = a(t)y + q(t)} \tag{1}$$

지금까지 살펴본 모델들은 입력에 대해 다음과 같이 제한된 조건을 갖고 있었다(그리고 a는 상수였다).

성장률 $a(t)$	지수함수 $y(t) = e^t$은 $a = 1$을 가졌다.
소스 항 $q(t)$	1.4절과 1.5절에는 e^{ct}, $e^{i\omega t}$을 포함해 다섯 개의 특별한 입력을 다뤘다.
초깃값 $y(0)$	$y(t) = e^t$의 초깃값은 $y(0) = 1$이었다.

초깃값 $y(0)$은 계좌를 만들기 위한 예금과 같다. 소스 또는 흡입 $q(t)$는 시간에 따른 저축 또는 소비에 의한 것이다. 해 $y(t)$는 시간 t일 때 계좌의 잔액이다. 여기서는 학습 방향을 제시하기 위하여 최종적인 공식을 먼저 공개한다.

시간 s부터 시간 t까지의 성장 인자 $G(s,t)$	$$y(t) = G(0,t)y(0) + \int_0^t G(s,t)q(s)ds \qquad (2)$$

공식 (2)는 두 부분으로 나눌 수 있다. 한 가지 부분은 $y_n = G(0,t)y(0)$은 $q=0$을 갖는다(소스가 없다). 나머지 부분 y_p는 소스 $q(t)$를 포함하는데 이는 성장 G와 q의 곱을 더한다($q(t)$가 음수일 때는 뺀다). 인자 $G(s,t)$는 57쪽을 살펴보자.

$$y = (q=0\text{인 영공간의 해}) + (\text{입력 } q\text{로 인한 특수해})$$

$q(t)$에 의한 특수해

여기에서 a가 상수인 경우만 살펴본다. 특수해 $y_p(t)$는 아주 중요하므로 세 가지 방법으로 살펴볼 것이다. 이 세 가지 방법은 서로 연관이 깊지만 다르고 개별적으로 중요하므로 따로 설명할 것이다.

1. 적분 인자 2. 매개변수 변환법 3. 결과 종합

1. 적분 인자 integrating factor

1.4절에서 언급했던 $M(t) = e^{-at}$은 $M' = -aM$을 푼다. 상수 성장률 a에 대해 방정식 $y' - ay = q(t)$에 $M = e^{-at}$을 곱하면 좌변을 My의 도함수로 바꾼다.

$$\frac{d}{dt}(e^{-at}y) = e^{-at}(y' - ay) = e^{-at}q(t) \qquad (3)$$

그리고 좌변과 우변을 적분해서 $y_p(0) = 0$인 $y = y_p(t)$를 얻는다.

$$e^{-at}y(t) = \int_0^t e^{-as}q(s)\,ds, \quad y(t) = \int_0^t e^{a(t-s)}q(s)\,ds \qquad (4)$$

2. 매개변수 변환법 variation of parameters

이 방법은 영공간 방정식 $y' - ay = 0$의 해 $y_n = Ce^{at}$에서 시작한다. 특수해에 한해 C가 시간에 따라 바뀌는 것을 허용하는 새로운 아이디어를 사용하자. $y' - ay = q(t)$에 $y = C(t)e^{at}$을 대입해서 $C'e^{at} = q(t)$를 찾자.

$$C(e^{at})' - aCe^{at} = C'e^{at} + aCe^{at} - aCe^{at} = C'e^{at} = q(t) \qquad (5)$$

그러면 $C' = e^{-at}q(t)$이다. 적분으로 C를 찾으면 우리가 구하고자 하는 해 공식은 다음과 같다.

$$C(t) = \int_0^t e^{-as}q(s)\,ds \qquad y(t) = C(t)e^{at} = \int_0^t \boldsymbol{e^{a(t-s)}q(s)\,ds} \tag{6}$$

적분 인자 M에 따라 방정식이 바뀌며, 변하는 $C(t)$에 따라 해가 바뀐다. $C(t)$는 n개의 연립방정식에서 중요하다(적분 인자는 필요 없어진다).

3. 결과 종합

입력 $q(s)$는 시간 s와 t 사이에서 $e^{a(t-s)}q(s)$로 증가한다. 그러면 해 $y(t)$는 입력 $q(t)$와 성장 인자 $G = e^{a(t-s)}$을 통해 구할 수 있다. 이 모든 결과를 더하자(적분하자).

$$q(s)\text{가 성장하는 시간 } t-s \qquad \text{출력 } y(t) = \int_0^t e^{a(t-s)}q(s)ds \tag{7}$$

이 세 가지 접근 방법은 식 (4), 식 (6), 식 (7)이 동일하다는 것을 의미한다. 또한 시간 $t-s$ 동안 인자 $G(s,t) = e^{a(t-s)}$으로 증가하는 각 입력 $q(s)$에 대해 생각해보고자 한다.

변화하는 성장 인자 $a(t)$

다음 단계는 시간에 따라 $a(t)$가 변한다. 예를 들어 $a(t)$는 2와 0 사이에서 변화하며 $1+\cos t$가 될 수도 있다. 이자율도 변하므로 여러분의 은행 잔액의 성장률은 높아지기도 하고, 낮아지기도 한다. 즉, **성장 인자 $G(0,t)$는 단순히 e^{at}이 아니다.**

$y_n{}' = a(t)y_n$의 영공간의 해는 시간 0에서 시간 t까지의 성장을 잘 보여준다.

0에서 t까지 a를 적분한 다음, 이를 지수로 취하자. $\boxed{G(0,t) = e^{\int_0^t a(s)ds}}$ $\quad y_n(t) = G(0,t)y(0) \quad (8)$

핵심은 $dG/dt = a(t)G$이다. 첫째, 미적분학의 기본 정리에 의해 $a(t)$의 적분에 대한 도함수는 $a(t)$이다. 둘째, 적분이 지수에 포함되어 있을 때 G의 도함수는 연쇄 법칙으로 구할 수 있다. 다음은 dG/dt이다.

$$\frac{d}{dt}(e^{a\text{의 적분}}) = (e^{a\text{의 적분}})\frac{d}{dt}(a\text{의 적분}) \qquad \frac{dG}{dt} = (G)(a(t)) \tag{9}$$

a가 상수일 때 적분은 at이고, 이는 평소의 성장 $G = e^{at}$이 된다. a가 변하면 지수는 at보다 지저분해지지만 아이디어는 $\boldsymbol{dG/dt = aG}$로 동일하다. 예를 들어, $a(t) = 1+\cos t$일 때를 살펴보자. $a(t)$의 적분은 $t+\sin t$이고 이는 지수가 된다.

$$\text{성장률 } G(0,t)=e^{t+\sin t} \qquad \text{영공간의 해 } y_n(t)=e^{t+\sin t}y(0)$$

이제 증가하는 입력 $q(t)$로부터의 특수해를 살펴보고자 한다. 이 y_p는 적분 인자 또는 매개변수 변환법 또는 모든 입력으로 인한 모든 출력의 적분을 통해 구할 수 있다.

1. 적분 인자

$M(t)=1/G(t)=e^{-\int_0^t a(s)ds}$ 일 때 $M'=-a(t)M$이다. 또한 $M'=-aM$일 때 My의 도함수는 Mq이다.

$$\begin{array}{ll}\text{곱 미분 법칙} \\ \text{연쇄 법칙}\end{array} \qquad \frac{d}{dt}(My)=My'+M'y=M(y'-a(t)y)=Mq(t) \tag{10}$$

$y_p(0)=0$에서 시작해서 $(My)'=Mq$의 양변을 적분한 다음 M으로 나누자.

$$M(t)y_p(t)=\int_0^t M(s)q(s)\,ds \qquad y_p(t)=e^{\int_0^t a(s)ds}\int_0^t e^{-\int_0^s a(s)ds}q(s)\,ds \tag{11}$$

거듭제곱을 곱할 때 지수법칙에 의해 지수끼리 더한다. 0에서 t까지의 적분 값에서 0에서 s까지의 적분 값을 빼낸 것은 s에서 t까지의 적분 값과 같다. 각 $q(s)$는 적분 범위 안의 s에서 적분 값에 영향을 미친다. **따라서 s부터 t까지 a의 적분의 지수는 다음과 같이 성장 인자 $G(s,t)$이다.**

$$\text{성장 인자 } G(s,t)=e^{\int_s^t a(T)dT} \qquad \text{해 } y_p(t)=\int_0^t G(s,t)q(s)ds \tag{12}$$

2. 매개변수 변환법

매개변수 변환법은 이계 미분방정식에 사용하기 위해서 지금은 살펴보지 않을 것이다(2장).

3. 출력의 적분

입력 $q(s)$는 시간 s일 때 값으로, 시간 t까지 증가하거나 감소한다. 시간 t까지 성장 인자는 $G(s,t)$에 q를 곱한다. 이때 $a(t)$가 바뀌므로 성장 인자에는 a의 적분이 필요하다. 따라서 입력은 $q(s)$, 출력은 $G(s,t)q(s)$이며, 총 출력 $y_p(t)$는 식 (13)과 같다.

$$G(s,t)=e^{\int_s^t a(T)dT} \qquad y_p(t)=\int_0^t G(s,t)q(s)ds \tag{13}$$

q가 시간 s에서의 델타 함수(임펄스)일 때, 반응은 시간 t에서의 $y_p=G(s,t)$이다.

예제 1 성장률 $a(t)=2t$는 심각한 인플레이션을 야기한다. $a(t)$의 적분은 $\int_s^t 2T\,dT = t^2 - s^2$이다. 그러면 G는 다음과 같이 s에서 t까지의 성장이다.

$$G(s,t)=e^{t^2-s^2} \qquad y' = 2ty + q(t)\text{는 } y_p(t) = \int_0^t e^{t^2-s^2} q(s)\,ds\text{를 갖는다.}$$

예제 2 이제 투자자들이 흥미를 가질만한 예를 소개한다. 이자율 a가 0으로 간다고 하자. 해 공식에 어떤 일이 일어나는가? 처음 항 y_n은 $y(0)$이 되어 이 예금은 증가하거나 사라지지 않는다. 즉, 예금은 변화 없이 원래의 상태를 유지한다. 이 경우 성장 인자는 $G=1$이고 모든 입력을 더하면 다음과 같다(이들은 증가하지 않았다).

$$a=0 \qquad y' = q(t)\text{는 특수해 } y_p(t) = \int_0^t q(s)\,ds\text{를 갖는다.}$$

여기서 $y' = ay + q$(상수 q)를 풀기 위해 공식을 시작할 때 문제가 생길 수 있다.

$$y(t) = e^{at}y(0) + \int_0^t e^{a(t-s)} q\,ds = e^{at}y(0) + q\frac{e^{at}-1}{a}$$

a로 나누는 상황이므로 $a=0$인 경우는 좋지 않다. 하지만 인수 $e^{at}-1$도 0이 되면서 로피탈의 정리를 적용할 수 있다. 0/0에 대한 경우도 고려할 수 있다는 점에서 좋은 정리라고 할 수도 있다.

$$\lim_{a\to 0}\frac{e^{at}-1}{a} = \frac{e^{at}-1\text{의 } a\text{에 대한 미분}}{a\text{의 } a\text{에 대한 미분}} = \frac{t}{1} = t$$

$y' = q$일 때의 특수해는 q와 t의 곱으로 줄어든다. 이는 시간 0에서 t까지 저축한 총 금액이며 $a=0$일 때 증가하지 않는다. $a=0$일 때는 침대 밑에 돈을 숨겨 놓듯이 돈을 잃을 위험도 없고 이득도 없다는 것을 의미한다. 그러면 $dy/dt = q$는 $y(t) = y(0) + qt$를 구할 수 있다. 이제 해 공식을 실전에 적용할 수 있다.

성장과 감소 모델

미분방정식의 중요한 관점은 현실에서 발생하는 문제에 대해 수학적인 모델을 제시하는 것이다. 그 예로, 이 절에서는 성장 방정식($a>0$), 감소 방정식($a<0$), 지구의 온도를 조절하는 균형 방정식을 볼 것이다(균형 방정식은 선형이 아니다).

선형 방정식은 실제의 근사에 불과하다. 뉴턴의 방정식 $F=ma$는 선형이고 생활 속에 항상 적용되고 있는 공식이다. 하지만 아인슈타인은 질량 m이 일정하지 않다는 것을 발견했다. 이는 속도와 함께 증가한다는 것이다(우리가 빛의 속도와 가까워지기 전까지 우리는 이 사실을 확인할 수 없다).

이와 비슷한 예로, 용수철은 (일정 수준까지) 힘에 비례하여 늘어난다. (일정 수준 이상의) 큰 힘이 가해진다면 용수철의 모양이 변형되며 늘어날 것이다. 이는 우리에게 비선형적인 탄력성을 보여준다. 용수철은 결국 망가질 것이다.

교통사고를 분석할 때에도 동일한 이론이 적용된다. 아주 느린 속도에서는 선형이지만, 보통 속도에서는 비선형, 높은 속도에서는 차가 완전히 망가진다. 휴대폰을 떨어트릴 때도 마찬가지이다. 계산 역학에서 충돌은 몹시 어려운 문제이며 이것에 대해 정교하게 연구하고 있다. 상수 a와 $y(0)$, q로 시작하여 선형 방정식에 대해 다시 알아보자.

■ 모델 1 : $y(t)$ = 예금 계좌의 돈

이는 이미 다루었던 예로, 이미 학습한 공식을 이제 사용할 것이다. 이 공식은 연속적인 이자율 $q(t)$를 기반으로 한다. 또한 이는 연속적인 이자 ay를 갖고 있다.[1] 연속적인 복리는 시간 단위를 작게 나누어 연속적으로 이자가 적용되므로, 자본이 급격하게 늘어나지 않고 순간마다 이자가 계산되어 수입이 조금씩 늘어난다.

이자율이 3% 일 때, 그 값은 $a = 0.03$ 이다. 이때 a의 '단위'는 무엇인가? 이자율은 **매년** 3% 이며 시간의 단위가 '월'이라면 같은 이자율은 이제 **매월** $a = \frac{3}{12}\% = 0.0025$ 이다.

$$a\text{의 단위} = \frac{1}{\text{시간}}$$ 연 단위에서 월 단위로 바꾸려면 a를 12로 나누면 된다.

여러분은 이를 방정식 $dy/dt = ay$에서 볼 수 있다. 이 식의 양변에는 모두 y가 있다. 따라서 우변의 a는 좌변의 $1/t$과 단위가 같다. 주파수의 단위 또한 1/시간이다. 이자율 q는 ay와 같은 단위를 갖는데, 이때 q의 단위는 돈/시간이며 '매달 $q = 100$달러'처럼 표현하기도 한다.

Q_ $y(t)$는 증가하는가? 아니면 감소하는가?

이는 $y(0)$, a, q에 의존한다. 지금까지 a와 q는 양수였다(예금하는 상황만 가정하였을 때). 만약 돈을 일정하게 지출한다면 q는 음수로 바뀐다. a가 양수이므로 여전히 이자는 입금될 것이다. 이때 q와 a 중 어떤 것이 더 큰 영향을 미칠까? 모든 예금을 다 사용하고 $y = 0$이 될까? 혹은 q만큼 지출함에도 불구하고 이자 $ay(t)$로 우리가 평생 살 수 있을까?

A_ $ay(0) + q > 0$ 에서 시작하면 $q < 0$ 이어도 $y(t)$는 증가할 것이다.

그 이유는 미분방정식 $dy/dt = ay(t) + q$에 있다. $t = 0$일 때 우변이 양수이면 y는 증가한다. 따라서 우변은 양수로 유지되고 y는 계속 증가한다.

상식적으로도 다음과 같은 결과를 얻는다. 만약 $ay + q > 0$ 이면 이자 ay가 지출 q보다 더 크다. 질문을 하나 해보자. $a < 0$, $q > 0$ 이라면 여러분의 투자금은 감소율 a로 감소하며 투자율 q로 새로운 투자를 추

1 (옮긴이) 이산적인 이자는 6개월, 1년과 같이 일정 기간 동안 이자를 적용하지만, 연속적인 이자는 시간 단위를 작게 나누어 연속적으로 이자를 적용하는 것을 의미한다.

가하고 있는 셈이다. 그러면 잔액은 증가하는가? 아니면 감소하는가?

여러분의 잔액이 0까지 줄어들지는 않을 것이다. $a < 0$이어도 e^{at}은 양수이기 때문이다. 이때 잔액은 정상상태 $y_\infty = -q/a$에 도달할 것이다. 하지만 현실에서는 더 이상 변하지 않을 것이다.

이제 여기서는 연속적인 복리(미분방정식)와 일반적인 복리(차분방정식)를 비교할 것이다. 차분방정식은 같은 $Y_0 = y(0)$에서 시작한다. 이는 Y_1로 변하고 그 다음에는 Y_2, Y_3으로 변한다. 시간 간격 Δt가 1년일 때, 이자율은 매년 A이고 저축률은 매년 Q달러이다.

$$\frac{dy}{dt} = ay + q\text{는 } \frac{Y_{n+1} - Y_n}{\Delta t} = AY_n + Q\text{로 변한다.} \tag{14}$$

차분방정식에서는 미적분학을 필요로 하지 않는다. 도함수는 시간 간격 Δt가 0으로 접근할 때 나타난다. Δt를 식 (14)에 곱하면 **모델 1**은 다음과 같이 간단하게 표현할 수 있다.

$$\textbf{n에서 $n+1$까지 하나의 단계} \qquad Y_{n+1} = (1 + A\,\Delta t)\,Y_n + Q\Delta t \tag{15}$$

n년 후에 은행은 잔액 Y_n에 이자를 $A\,\Delta t\,Y_n$만큼 지급한다. 또한 새로운 예금($Q < 0$일 때는 지출)을 하면 이듬해에 계좌는 Y_{n+1}로 시작할 것이다.

$A\,\Delta t = at/N$, $Q = 0$인 경우 $Y_{n+1} = (1 + at/N)\,Y_n$으로 다시 돌아온다.

$$\textbf{0에서 N까지의 N단계} \qquad Y_N = \left(1 + \frac{at}{N}\right)^N \text{은 } N \to \infty \text{ 일 때 } Y_0 \to e^{at}y(0)\text{이다.}$$

■ 모델 2 : 방사능 붕괴

이번에는 감소 모델에 대해서 다룰 것이다. 이때 성장률 a는 음수이며 해 y는 감소한다. $a < 0$일 때 감소할 것이라고 예상하는데, 이는 자연스러운 결과이다. 실제로 미분방정식은 모든 해가 0으로 수렴할 때 **안정적**이라고 말한다. 이는 많은 응용 분야에서 상당히 필요로 한다.

$a > 0$일 때 기하급수적으로 증가하는 것에 대해 은행 계좌는 좋은 예지만 혈중 약물의 농도에 대한 예는 좋지 않다. 다음은 시작하는 양 $y(0)$이 기하급수적으로 감소하는 예다.

- 탄소 C_{14}와 같은 방사선 동위 원소
- 뉴턴 냉각의 법칙
- 혈중에 있는 약물의 농도

반감기, 즉 C_{14}의 절반이 붕괴하는 데 걸리는 시간 혹은 혈중 약물의 절반이 사라지는 데 걸리는 시간에 대한 내용을 강조하고 싶나. 이는 방정식 $y' = ay$에서 감소율 $a < 0$에 의해 결정된다. 반감기 H는 $a > 0$이고 $e^{aD} = 2$인 **배가 시간 D**의 반대 개념이다.

반감기와 배가 시간

$y(t)$가 $y(0)$의 절반이 되기까지 얼마만큼의 시간이 걸릴까? 방정식 $y' = ay$의 해는 $e^{at}y(0)$이며, 이때 우리는 $a < 0$임을 알고 있다.

$$\text{반감기 } H \qquad e^{aH} = \frac{1}{2} \qquad aH = \ln\frac{1}{2} = -\ln 2 \qquad \boldsymbol{H = -\frac{\ln 2}{a}}$$

$a < 0$이므로 답 H는 양수이다. 탄소 C_{14}에 대해 반감기 H는 5730년이다.

10억×10억 행렬의 고윳값 8개를 알아내기 위해 슈퍼컴퓨터 Cray XT5를 이용해도 150시간이 걸린다. 이처럼 반감기는 아주 긴 시간이다. 질량이 다른 탄소의 동위원소의 반감기는 $H = 20$분이다. 반대로 H를 통해 감소율을 알 수 있다.

$$\text{감소율 } a \qquad a = -\frac{\ln 2}{5730} \approx \text{매년 } 1.216 \times 10^{-4}$$

e로 나눈 시간은 다음과 같다.

$$\text{이완 시간 } \tau \qquad e^{a\tau} = e^{-1} \approx 0.368 \qquad a\tau = -1 \qquad \boldsymbol{\tau = -\frac{1}{a}}$$

Q_ 60%만큼 남아 있는 탄소 C_{14}의 샘플을 채취했다고 하자. 이 샘플은 얼마나 오래됐을까? 만약 탄소가 나무에서 나온 것이라면 탄소의 붕괴는 나무가 죽은 시점부터 시작되었을 것이다.

A_ 시간 T는 $e^{aT} = 0.6$일 때이며 이 시간 T는 다음과 같다.

$$aT = \ln(0.6) \qquad T = -\frac{0.51}{a} = 4200\text{년}$$

배가 시간 D에도 동일한 원리를 적용한다. 다만 이 경우에 성장률은 $a > 0$이다.

$$\text{배가 시간} \qquad e^{aD} = 2 \qquad aD = \ln 2 \quad \boldsymbol{D = \frac{\ln 2}{a}}$$

5% 이자율($a = 0.05/$년)의 배가 시간은 14년보다 짧다. 즉, 20년이 아니다.

■ 모델 3 : 뉴턴 냉각의 법칙

물을 냉장고에 넣으면, 이 물은 냉각된다. 커피도 마찬가지이다. 냉각 속도는 온도 차이에 비례한다.

$$\text{뉴턴의 법칙} \qquad \boldsymbol{\frac{dT}{dt} = k(T_\infty - T)} \qquad \boldsymbol{T_\infty = \text{주변 온도}}$$

이는 상수 계수를 갖는 선형 방정식이며 해는 T_∞로 가까이 간다. 해를 명확하게 하기 위해 T_∞를 좌변에 포함하자.

$$\frac{d(T-T_\infty)}{dt}=k(T_\infty-T) \qquad \boldsymbol{T-T_\infty=e^{-kt}(T-T_0)}$$

Q_ 온도 차이의 처음 수치인 T_0-T_∞가 $80°$이고, 90분 후에 차이 T_1-T_∞는 $20°$로 줄어들었다고 하자. 온도 차이가 $10°$가 되는 때는 언제인가? 온도가 T_∞에 도달하는 때는 언제인가?

A_ 처음 온도 차이 $80°$는 90분 후에 4로 나누어졌다. 그러면 $20°$에서 $10°$로, 절반으로 줄어드는 데 45분이 걸린다는 것을 알 수 있다. 우리는 여기서 지수함수의 기본 법칙을 확인할 수 있다.

$$e^{90k}=1/4\text{이면 } e^{45k}=\sqrt{1/4}=1/2\text{이다. 이때 } k\text{는 고려하지 않아도 된다.}$$

온도는 절대 T_∞까지 정확하게 도달하지 않는다. 즉, 지수 e^{-kt}은 0까지 도달하지 않는다.

■ 모델 4 : 혈중 약물의 희석

혈중 약물의 농도 $C(t)$는 $C(t)$에 비례하는 속도로 감소하므로 $dC/dt=-kC$이다. 감소 상수 $k>0$는 신중히 측정되어야 하며 이때 $C(t)=e^{-kt}C(0)$이다.

여러분이 최소한 Gg만큼의 약물이 몸에 있도록 유지하고 싶다고 가정하자. 8시간마다 약을 투여한다고 하면 복용량은 어떻게 조정해야 하는가?

$$t=8\text{시간} \qquad k=\text{감소율/시간} \qquad e^{8k}G\text{g만큼 복용하라.}$$

■ 모델 5 : 인구 증가

세계 인구는 계속해서 증가한다. 이의 성장률 a는 태어나는 속도에서 사망하는 속도를 뺀 것이다. a의 합리적인 추정은 최근 1년 간 1.3%, 혹은 $a=0.013/$년이다(a의 단위는 1/시간이다). 처음 모델은 성장률이 일정하고, 영원히 계속된다고 가정한다. 우리는 이제 $y(0)$과 독립적인 배가 시간을 알아보고자 한다.

$$\textbf{배가 시간 } \boldsymbol{D} \qquad e^{aD}=2 \qquad \text{혹은 } D=\frac{\ln 2}{0.013}\text{년}=53\text{년}$$

$$\textbf{세계 인구} \qquad \frac{dy}{dt}=0.013y, \quad y(t)=e^{0.013t}y(0)$$

'영원히'라는 가정은 현실적이지 않다. 1000년 후에 이는 $e^{13}y(0)$의 결과를 보여주는데, 이때 e^{13}은 매우 큰 수이다. 만약 오늘부터 시작한다면(따라서 $t=0$일 때가 현재 연도이다) 결국 우리는 원자만큼 작아져야 모두가 지구에 존재할 수 있다. 이것은 말도 안 된다. 하지만 순수 성장 방정식 $y'=ay$가 짧은 시간 동안의 인구를 설명한다는 것은 꽤 그럴듯하다.

결국 방정식을 바르게 수정해야 한다. (y와 y의) 경쟁의 영향을 설명하는 $-by^2$ 같은 **비선형 항**nonlinear term을 추가해야 한다. y가 커질수록 y^2은 더 커진다. 그러면 dy/dt에서 by^2을 빼고 경쟁은 결국 성장을 멈추게 할 것이다.

이는 유명한 **로지스틱 방정식**logistic equation $\boldsymbol{dy/dt = ay - by^2}$인데, 이는 1.7절에서 풀어볼 것이다. 이제 과학적으로 중요한 문제인 지구의 온도 변화에 대해 다루며 이 절을 마무리하고자 한다. 이 방정식은 비선형이며, 자료가 불완전하므로 해는 구할 수 없다. 이것이 바로 과학의 현실이다.

에너지 평형 방정식

지구는 모든 에너지를 태양으로부터 얻으며 지구에 있던 많은 에너지는 우주로 다시 나간다. 이것이 바로 방사선의 유입과 유출이다. 밖으로 나가지 않는 에너지는 지구의 온도 T를 변화하는 역할을 한다.

이러한 에너지의 균형은 우리의 삶에 아주 중요하다. (너무 뜨거운) 수성과 (너무 차가운) 명왕성에 생명이 존재할 수 없는 이유가 바로 이 때문이다. 우리가 지구에 사는 것은 엄청난 행운이다. 온도 방정식의 형태는 다음과 같이 전형적인 응용수학의 균형 방정식이다.

유입되는 에너지와 유출되는 에너지의 차이는 온도 $\boldsymbol{T}$를 올린다.

$$C\frac{dT}{dt} = E_{\text{in}} - E_{\text{out}} \tag{16}$$

이와 비슷한 모든 방정식에는 상수 C가 있다. 문제가 바뀌어도 형태는 그대로라는 것을 보여주기 위해 다른 균형 방정식을 소개하겠다.

욕조로 들어오는 물의 양과 나가는 물의 양의 차이는 물의 높이 $\boldsymbol{H}$를 올린다.

$$A\frac{dH}{dt} = F_{\text{in}} - F_{\text{out}} \tag{17}$$

수도꼭지를 통해 들어오는 흐름 F_{in}을, 배수관을 통해 나가는 흐름 F_{out}을 조절한다. 물의 부피는 $dV/dt = F_{\text{in}} - F_{\text{out}}$에 의해 변한다. 이 부피 변화 $\boldsymbol{dV/dt}$는 높이 변화 $\boldsymbol{dH/dt}$와 $\boldsymbol{A} =$물 표면의 넓이를 곱한 것이다. 단위를 확인해보자.

$$H = \text{미터} \qquad A = (\text{미터})^2 \qquad V = (\text{미터})^3 \qquad t = \text{초} \qquad F = (\text{미터})^3/\text{초}$$

1. 들어오는 흐름의 속도와 나가는 흐름의 속도는 차는 속도 dV/dt이다.
2. 부피 변화 dV/dt는 $(A)(dH/dt) =$넓이와 높이 변화의 곱으로 나누어진다.

곡선 형태인 욕조에서는 물의 넓이 A가 높이 H에 따라 변한다. 그러면 식 (17)은 비선형이다. 모든 과학자들은 균형 방정식을 보고, 이 방정식이 선형이 될 수 있을지 생각한다. 계수는 상수가 될 수 있는가? 답은 '아니다'이지만 실용적인 답은 주로 '그렇다'이다(수치 기법들은 비선형성에 의해 느려지며, 해석적 기법들은 사용할 수 없다).

지구의 에너지 균형

에너지 균형 방정식 $CT' = E_{\text{in}} - E_{\text{out}}$에서 시작하며, 온도 단위는 절대온도이다(섭씨온도도 쓰인다). 열용량 C는 온도를 1도 올리는 데 드는 에너지이다. 당연하게도 열용량 C는 얼음, 바다, 땅에 의해 변화한다. 앞에서 말했던 것처럼 $C=$상수인 간단한 작업부터 시작해보자.

방정식의 우변에서 에너지 E_{in}은 태양으로부터 온다. 상당히 많은 비율 α의 에너지는 튕겨 나가고 절대 흡수되지 않는다. 이때 부분 α는 태양 광선 반사율인데, 이는 눈에 반사될 때 0.80에서 바다에 반사될 때 0.08까지 변할 수 있다. 지구 전체 규모에서 볼 때 우리는 태양 광선 반사율을 상수로 간단하게 해야 하며 이를 더 발전시켜야 한다.

$$\text{모든 } T\text{에 대해서 상수 } \alpha = 0.30 \qquad \text{조각 선형 } \alpha = \begin{cases} 0.60 & T \le 255K \text{ 일 때} \\ 0.20 & T \ge 290K \text{ 일 때} \end{cases}$$

핵심은 태양으로부터 지구의 단위 넓이에 흘러오는 에너지 Q에 대해 $E_{\text{in}} = (1-\alpha)Q$라는 것이다. 이제 우리는 E_{out}으로 넘어간다.

이론적으로 에너지의 방사선은 T^4에 비례한다(**스테판 볼츠만의 법칙**the Stefan-Boltzmann law). 양자역학에는 이상적인 상수 σ가 있지만 지구는 이상적이지 않다. 대기권 입자의 '온실 효과'는 σ를 $\epsilon = 0.62$에 가까운 방출 계수로 줄인다. 단위 넓이에서 방사선 E_{out}은 $\epsilon\sigma T^4$이고 방사선 E_{in}은 $(1-\alpha)Q$이다.

$$\text{에너지 균형 } E_{\text{in}} = E_{\text{out}} \qquad (1-\alpha)Q = \epsilon\sigma T^4 \qquad T = \left(\frac{(1-\alpha)Q}{\epsilon\sigma}\right)^{1/4}$$

이것은 아인슈타인의 $e = mc^2$처럼 고정된 법칙이 아니라는 것을 이해해야 한다. 위성은 실제 방사선을 측정할 수 있고, 감지기는 정확한 온도를 측정할 수 있다. 비선형인 T^4 공식은 가끔 선형인 $A+BT$로 대체된다. 이는 정상상태의 가장 기본적인 모델이다.

다중 정상상태

이제 우리는 실제 과학에 거의 다가갔다. 여러분은 태양 광선 반사율 α(태양에너지의 반사)가 온도에 따라 변화한다는 것을 알고 있다. 상수 A, B와 ϵ 또한 T에 따라 변화한다. 온도 균형 방정식 $CdT/dt =$

$E_{\text{in}} - E_{\text{out}}$과 정상상태 방정식 $E_{\text{in}} = E_{\text{out}}$은 **선형적이지 않다**. 비선형 모델에 대해 우리는 무엇을 배울 수 있는가?

1. $E_{\text{in}}(T) = E_{\text{out}}(T)$는 어렵지 않게 **하나의 해 T보다 더 많은 해**를 가질 수 있다.
2. $dT/dt = 0$일 때의 정상상태는 **안정적이거나 불안정적**일 수 있다.
3. E_{in}과 E_{out}에 대한 그래프에서 T_1(**안정**)과 T_3(**안정**)과 T_2(**불안정**)를 볼 수 있다.

왜 T_2는 불안정한가? 만약 T가 T_2보다 위에 있다면 $E_{\text{in}} > E_{\text{out}}$이다. 따라서 $dT/dt > 0$이고 온도는 T_2보다 위로 올라간다. 만약 T가 T_2보다 아래에 있다면 $E_{\text{in}} < E_{\text{out}}$이다. 따라서 $dT/dt < 0$이고 T는 T_2 아래로 떨어진다.

다음 1.7절에서는 $dT/dt = f(T)$ 또는 $dy/dt = f(y)$에 대해 안정성과 불안정성을 어떻게 결정하는지를 살펴볼 것이다. 이 절에서 살펴본 것처럼 각각의 정상상태는 $f(T) = 0$이다. **또한 안정적인 정상상태는 $df/dT < 0$ 또는 $df/dy < 0$이다.** 이는 간단하면서도 중요한 문제이다.

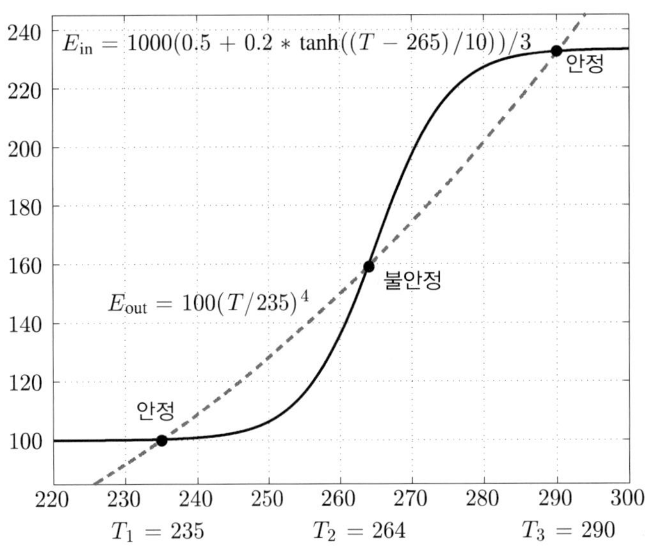

[그림 1-8] 한스 케이퍼Hans Kaper와 한스 엥글러Hans Engler의 저서 『Mathematics & Climate』(SIAM, 2013) 내의 그래프와 분석이다. $E_{\text{in}} - E_{\text{out}}$은 안정적인 두 정상상태에서 음수의 기울기를 갖는다.

1.6 연습문제

01 $y(0)=4$에서 시작하는 방정식 $dy/dt=y+1$을 시간 t까지 풀어라.

02 1000달러를 투자율 $a=1=100\%$인 곳에 투자한다고 하자. $q=0$이고 $y(0)=1000$을 당장 예금하는 것과 $q=1000$/년이고 $y(0)=0$일 때 1년 동안 연속적으로 예금하는 두 가지 경우의 1년 후 결과를 비교하자. 두 경우 모두 $dy/dt=y+q$이다.

03 $dy/dt=y-1$이면 언제 원래 예금이 $y(0)=\frac{1}{2}$에서 0으로 줄어드는가?

04 증가하는 소스 항 t^2이 있는 $\frac{dy}{dt}=y+t^2\,(y(0)=1)$을 풀어라.

05 지수 소스 항 e^t이 있는 $\frac{dy}{dt}=y+e^t\,(y(0)=1$, 공명 $a=c!)$을 풀어라.

06 초기 예금이 $y(0)=1$일 때 $\frac{dy}{dt}=y-t^2$을 풀어라. 이때 소비 $q(t)=-t^2$은 증가한다. (가능하다면) $y(t)$가 0으로 감소하는 때는 언제인가?

07 초기 예금이 $y(0)=1$일 때 $\frac{dy}{dt}=y-e^t$을 풀어라. 소비 항 $-e^t$은 초기 예금의 성장률 e^t과 동일한 비율로 증가한다. (가능하다면) $y(t)$가 0으로 감소하는 때는 언제인가?

08 $y(0)=1$일 때 $\frac{dy}{dt}=y-e^{2t}$을 풀어라. $y(T)=0$을 만족하는 시간 T는 언제인가?

09 $y(0)=0$, $Y(0)=0$일 때 어떤 해(y 또는 Y)가 결국 더 커지는가?

$$\frac{dy}{dt}=y+2t \quad \text{또는} \quad \frac{dY}{dt}=2Y+t$$

10 $y(0)=1$에서 시작하는 선형 방정식 $y'=y$를 변수 분리 방정식 $y'=y^2$과 비교하라. 어떤 해 $y(t)$가 더 빠르게 증가하는가? 이는 너무 빠르게 증가하는데, $y(T)=\infty$가 되는 시간 T는 언제인가?

11 $Y'=2Y$는 $y'=y+q(t)$보나 큰 성상률을 보인다 ($a=2$이기 때문에). 모든 시간에서 $y(t)=Y(t)$를 만족하기 위해 어떤 소스 $q(t)$가 필요한가?

12 $y(0)=Y(0)=1$에서 시작할 때, 다음 $y(t)$와 $Y(t)$는 결국 커지는가?

$$\frac{dy}{dt}=2y+e^t \qquad \frac{dY}{dt}=Y+e^{2t}$$

13~18 다음은 시간 s에서 시간 t까지 성장 인자 $G(s,t)$에 관한 문제이다.

13 시간이 0일 때 인자 $G(s,s)$는 무엇인가? $a=-1$일 때와 $a=1$일 때 $G(s,\infty)$를 찾아라.

14 방정식 (13) 이후에서 등장한 다음 내용에 대해 설명하라. 성장 인자 $G(s,t)$는 $y'=a(t)y+\delta(t-s)$의 해이고, 소스 $\delta(t-s)$는 시간 s일 때 1달러를 예금한다.

15 이제 t가 s보다 작을 때 $G(s,t)$의 의미를 설명하라. 시간을 거꾸로 거슬러 갈 때, 즉 $t<s$일 때 $G(s,t)$는 시간이 t에서 s가 되었을 때 값이 되는 t에서의 값이다. $t=0$일 때 $G(s,0)$은 시간 s에서 1달러를 지불할 능력에 대한 '현재 가치'이다. 만약 연이자율이 $a=0.1=10\%$라면 $s=10$년일 때 백만 달러의 현재 가치 $G(s,0)$은 얼마인가?

16 (a) 방정식 $y'=(\sin t)y+Q\sin t$에 대해 성장 인자 $G(s,t)$는 무엇인가?

(b) $y(0)=1$일 때 $y'=(\sin t)y$의 영공간의 해 $y_n=G(0,t)$는 무엇인가?

(c) 특수해 $y_p=\int_0^t G(s,t)Q\sin s\,ds$는 무엇인가?

17 (a) 방정식 $y'=y/(t+1)+10$에 대해 성장 인자 $G(s,t)$는 무엇인가?

(b) $y(0)=1$일 때 $y'=y/(t+1)$의 영공간의 해 $y_n=G(0,t)$는 무엇인가?

(c) 특수해 $y_p=10\int_0^t G(s,t)ds$는 무엇인가?

18 $G(t,s)=1/G(s,t)$이고, $G(s,t)=G(s,S)G(S,t)$인

이유는 무엇인가?

19~22 다음은 미분방정식의 '단위' 혹은 '차원'에 관한 문제이다.

19 **(추천)** t초와 y미터에 대해 $dy/dt = ay + qe^{i\omega t}$이면 a, q, ω의 단위는 각각 무엇인가?

20 로지스틱 방정식 $dy/dt = ay - by^2$은 시간 t를 보통 연으로 (y는 사람 수) 측정한다. a, b의 단위는 무엇인가?

21 뉴턴의 법칙은 $md^2y/dt^2 + ky = F$이다. 질량 m의 단위가 g, y는 m, t는 초일 때, 강성 k와 힘 F의 단위는 무엇인가?

22 우리가 가장 좋아하는 예 $y' = y + 1$은 단위 측면에서 봤을 때 왜 불완전한가? 우선 이 방정식에 대해 $y(0) = -1$과 $y(0) = 0$에서 시작하는 해를 구하라.

23 차분방정식 $Y_{n+1} = cY_n + Q_n$은 $Y_1 = cY_0 + Q_0$을 도출한다. 다음 단계에서는 $Y_2 = c^2 Y_0 + cQ_0 + Q_1$이 도출됨을 보여라. N 단계 이후 Y_N의 해 공식은 $y' = ay + q(t)$의 해 공식과 비슷하다. a의 지수는 c의 거듭제곱으로 바뀌고, 영공간의 해 $e^{at}y(0)$은 $c^N Y_0$이 된다. 이때 특수해 $Y_N = c^{N-1}Q_0 + \cdots + Q_{N-1}$은 $y(t) = \int_0^t e^{a(t-s)}q(s)\,ds$와 비슷하다.

24 하루가 지날 때 마다 크기가 2배가 되고, 10일이 지난 후에 무게가 1파운드인 균이 있다고 하자. 만약 다른 균으로 실험을 시작할 때 두 배로 큰 상태였다면, 5일 후에 1파운드의 무게가 나가는가?

1.7 로지스틱 방정식

이 절에서는 특정한 비선형 미분방정식인 **로지스틱 방정식**logistic equation을 다룬다. 이는 경쟁에 의해 성장의 속도가 느려지는 모델 중 하나이다. 여기서는 한 그룹 내의 경쟁을 살펴보고, 이후 다른 장에서 그룹 y_1은 그룹 y_2와 경쟁하는 모델을 다룰 것이다. 앞에서 살펴본 것과 동일하게, 성장은 ay에서, (y와 y끼리) 경쟁은 $-by^2$에서 알 수 있다. 우리는 다음 방정식의 의미와 해 $y(t)$에 대해 살펴볼 것이다.

로지스틱 방정식 / 비선형 $$\frac{dy}{dt} = ay - by^2 \tag{1}$$

하나의 핵심 원리인 정상상태를 당장 확인할 수 있다. 임의의 시간에 대해 우리는 $dy/dt = f(y)$를 가지며, 특히 $f(y)$가 0이 될 때가 중요하다. 이 시점에 성장이 멈추는데, 이때 dy/dt가 0이 되기 때문이다. 만약 Y가 $f(Y) = 0$의 해라고 하면 상수함수 $y(t) = Y$는 $dy/dt = f(y)$의 해이다(양변이 모두 0이다). 특별한 초깃값 $y(0) = Y$에 대해 해는 Y에 머무를 것이다. 이는 시간에 따라 변하지 않는, 정상상태의 해이다. 로지스틱 방정식은 $f(Y) = 0$인 두 정상상태를 갖는다.

$$aY = bY^2 \text{일 때 } \frac{dy}{dt} = ay - by^2 = 0\text{이다. 그러면 } \boldsymbol{Y = 0} \text{ 또는 } \boldsymbol{Y = a/b}\text{이다.} \tag{2}$$

점 a/b는 경쟁이 성장과 균형을 이룰 때이다. 이는 [그림 1-9]의 곡선이 평평해지는 S-곡선의 꼭대기이며 여기서 성장은 끝난다. 즉, 해 $y(t)$는 a/b 값을 넘어갈 수 없다. S-곡선의 시작에서 다른 정상상태 $Y=0$은 **불안정**하다. 곡선은 $Y=0$에서 멀어져가고, $Y=a/b$를 향해 움직인다.

어떤 응용 분야에서는 이 수 a/b를 시스템의 **수용 능력**[carrying capacity] K라고 한다. 만약 $a/b=K$이면 $b=a/K$이다. 따라서 로지스틱 방정식을 a와 K에 관해 쓸 수 있다.

$$\frac{dy}{dt}=ay-by^2=ay-\frac{a}{K}y^2=ay\left(1-\frac{y}{K}\right) \tag{3}$$

K는 b보다는 다루기 쉬울 것이다. 이를 통해 우리는 지구가 수용할 수 있는 최대 인구 $K=120$억 명과 같은 수치를 추정할 수 있다. 방정식을 새롭게 씀으로써 해를 바꾸지 않으면서 우리가 쉽게 이해할 수 있다.

로지스틱 방정식의 해

$y(t)$는 무엇인가? 로지스틱 방정식은 y^2으로 인해 비선형이다. 대부분의 비선형 방정식은 해 공식이 없지만 (해가 $y=Ce^{at}$일 가능성은 거의 없다) 특정한 방정식 $dy/dt=ay-by^2$은 풀 수 있다. 이제부터 이를 푸는 두 가지 방법을 소개하고자 한다.

방법 1 $z=1/y$에 대한 방정식은 $dz/dt=-az+b$와 같이 선형이다. 우리는 이 방정식을 풀 수 있고, y를 알 수 있다.

방법 2 부분분수를 이용한 이 체계적인 접근 방법은 위 방법보다 시간이 오래 걸린다. 원칙적으로 dy/dt가 y의 다항식으로 이루어진 분수라면 부분분수를 쓸 수 있다.

방법 2를 해본 후에는 (오직 두 단계 (A)와 (B)뿐인) **방법 1**이 더 효과적이라는 것을 알게 된다.

(A) 만약 $z=\frac{1}{y}$일 때 연쇄 법칙을 사용하면 $\frac{dz}{dt}=\frac{-1}{y^2}\frac{dy}{dt}$가 된다. $\frac{dy}{dt}$에 $ay-by^2$을 대입하자.

$$\frac{dz}{dt}=\frac{1}{y^2}(-ay+by^2)=-\frac{a}{y}+b=-az+b \tag{4}$$

(B) 이는 이전 절에서 풀었던 선형 방정식 $z'+az=b$이다. 해 공식에서 a를 $-a$로 바꾸고, y와 q를 각각 z와 b로 바꾸자.

$$\text{해} \qquad z(t)=e^{-at}z(0)-\frac{b}{a}(e^{-at}-1)=\frac{de^{-at}+b}{a} \tag{5}$$

수 d는 모든 상수 a, $y(0)$, b를 한 자리에 모은다.

$$\frac{d}{a}=z(0)-\frac{b}{a}\text{과 } z(0)=\frac{1}{y(0)}\text{을 이용하면 } \boldsymbol{d=\frac{a}{y(0)}-b}\text{가 된다.} \tag{6}$$

이제 방정식 (5)의 위아래를 바꿔서 $y=1/z$을 찾자.

로지스틱 방정식의 해 $$y(t)=\frac{a}{de^{-at}+b} \tag{7}$$

이는 아름다운 해이다. 아주 큰 양수 t와 아주 작은 음수 t에 대해 그 값을 살펴보자.

$t=+\infty$에 접근할 때 $e^{-at}\to 0$이고 $\boldsymbol{y(t)\to\frac{a}{b}}$이다.

$t=-\infty$에 접근할 때 $e^{-at}\to\infty$이고 $\boldsymbol{y(t)\to 0}$이다.

아주 오래 전 인구는 거의 $Y=0$ 근처였고, 많은 시간이 흐르면서 인구는 $Y=a/b$에 접근할 것이다. 이 둘은 각각 $ay-by^2$이 0인 정상상태, 즉 곡선이 평평해지는 정상상태이다. 그러면 dy/dt는 0이고 y는 절대 바뀌지 않는다. 중간에 인구 $y(t)$는 a/b로 올라가며 S-곡선을 따르는데, 이는 가운데에 있는 점 $y=a/2b$에 대하여 대칭이다. 현재 세계 인구는 이 점 근처에 있다.

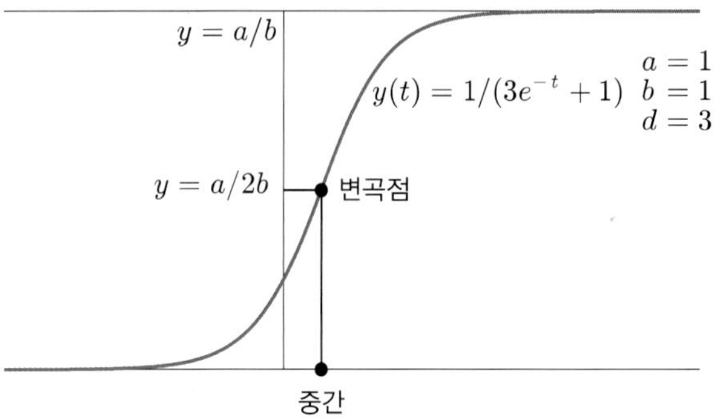

[그림 1-9] S-곡선은 로지스틱 방정식의 해이다. 변곡점 inflection point은 중간에 있다.

S-곡선의 가장 간단한 예

S-곡선의 가장 좋은 예는 $a=b=1$이다. S-곡선의 꼭대기는 $Y=a/b=1$이고, 밑바닥은 $Y=0$이며 중간일 때의 시간은 $y(0)=\frac{1}{2}$인 $t=0$이다. 그러면 로지스틱 방정식과 이 해는 다음과 같이 간단한 형태로 나타낼 수 있다.

$$\frac{dy}{dt} = y - y^2 \text{은 } y(0) = \frac{1}{2} \text{에서 시작하는 해 } \boldsymbol{y(t) = \frac{1}{1+e^{-t}}} \text{을 갖는다.} \tag{8}$$

이 해 $1/(1+e^{-t})$은 $t \to \infty$일 때 1로 수렴하고, $t \to -\infty$일 때 0으로 수렴한다. 로지스틱 방정식 $y' = y - y^2$을 풀기 위해 '$z = 1/y$ 방법'을 복습하자.

$$\frac{dz}{dt} = \frac{-1}{y^2}\frac{dy}{dt} = \frac{-y+y^2}{y^2} = -z+1$$

그러면 $z(t) = 1 + Ce^{-t}$이다. $y(0) = \frac{1}{2}$, $z(0) = 2$를 만족시키기 위해 $C = 1$로 두자. 그러면 $y = \frac{1}{1+e^{-t}}$이다.

세계 인구와 수용 능력 K

인구에 대한 수 a와 b는 얼마일까? 생태학자는 자연 성장률을 $a = 0.029$/년으로 추정하지만 b 때문에 이는 실제 성장률과는 차이가 있다. 1930년에 세계 인구는 거의 $y = 30$억이었다. ay 항에 따라 1년마다 $(0.029)(30\text{억}) = 8$천 7백 만 명만큼 증가할 것이라고 예측하지만 실제 성장률은 $dy/dt = 6$천 만/년에 가까웠다. 이 간단한 모델에서 실제 성장률과의 차 2천 7백 만/년은 by^2 때문에 생긴 것이다.

$$2\text{천 7백 만/년} = b(30\text{억})^2 \text{이기에 } b = 3 \times 10^{-12}/\text{년이 된다.}$$

b를 알면 정상상태 $y(\infty) = K = a/b$를 알 수 있다. 이 점에서 경쟁으로부터의 감소 by^2은 성장으로부터의 증가 ay와 균형을 이룬다.

$$\textbf{수용 능력의 추정} \qquad K = \frac{a}{b} = \frac{0.029}{3}10^{12} \approx 97\text{억(명)}$$

이 수는 작으며 y는 더 빠르게 증가한다. 2014년의 추정치는 $y(\infty) > 100$억이며 $y(2014) \approx 72$억에 더 가깝다. 이미 세계는 곡선의 중간 점인 $y = a/2b$를 넘어섰다. 이 점은 곡선의 대칭성에 의해 변곡점처럼 보인다. $d^2y/dt^2 = 0$ 판정법에 의해 실제로 변곡점이 맞다는 것을 확인할 수 있다. **$y'' = 0$인 변곡점은 [그림 1-9]에서 곡선의 중간에 있는 점이다.**

$$y = \frac{a}{2b} \text{일 때 } \frac{d}{dt}\left(\frac{dy}{dt}\right) = \frac{d}{dt}(ay - by^2) = (a - 2by)\frac{dy}{dt} = 0\text{이다.} \tag{9}$$

이 중간 점을 지난 후 S-곡선은 아래로 휘어진다. 인구 y는 여전히 증가하지만 성장률 dy/dt는 감소한다. 변곡점은 '위로 휜' 것과 '아래로 휜' 것을 구분하는 점이며, 여기에 성장률은 최대이다.

부분분수

로지스틱 방정식은 비선형이지만 **분리 가능**separable하다. 다음과 같이 y와 t를 분리시킬 수 있다.

$$\frac{dy}{dt} = ay - by^2 = a\left(y - \frac{b}{a}y^2\right)\text{은 } \frac{\boldsymbol{dy}}{\boldsymbol{y - \frac{b}{a}y^2}} = \boldsymbol{a\,dt}\text{를 이끌어낸다.} \tag{10}$$

분리된 형태에서 문제는 일반적인 두 개의 적분(좌변은 y에 대한, 우변은 t에 대한 적분)으로 바뀐다. 우변에서 $a\,dt$의 적분은 $at + C$이다. 좌변은 적분표 또는 Mathematica 같은 소프트웨어를 사용하여 계산하면 찾을 수 있다.

이제 이러한 적분을 계산하기 위한 **부분분수**partial fraction 원리를 설명할 것이다. 여러분은 1학년 때 수강한 미적분학으로부터 이를 '적분의 기술'로 알고 있을 수도 있다. 그저 계산에 불과하며, 이때 계획은 적분이 쉬워지도록 분수를 두 조각으로 분리하는 것이다.

$$\textbf{부분분수} \quad \frac{1}{y - \frac{b}{a}y^2}\text{은 } \frac{A}{y} + \frac{B}{1 - \frac{b}{a}y}\text{로 분리된다.} \tag{11}$$

여기서는 $y - \frac{b}{a}y^2$을 y와 $1 - \frac{b}{a}y$의 곱으로 분리했다. 즉, 각각을 분모로 갖는 두 개의 항을 우변에 놓았다. 이제 A와 B를 살펴보자. 좌변과 비교하기 위해 우변을 통분하자.

$$\textbf{공통분모} \quad \frac{A}{y} + \frac{B}{1 - \frac{b}{a}y} = \frac{A\left(1 - \frac{b}{a}y\right) + By}{y\left(1 - \frac{b}{a}y\right)} \tag{12}$$

올바른 A와 B는 분자에서 식 (11)의 1과 맞추기 위해 1을 만들어야 한다.

$$\boldsymbol{A = 1}\text{이고 } \boldsymbol{B = \frac{b}{a}}\text{일 때 } A\left(1 - \frac{b}{a}y\right) + By = 1\text{이다.} \tag{13}$$

식 (11)의 A와 B를 찾음으로써 부분분수의 계산이 완성된다.

$$\textbf{두 분수로 분리} \quad \frac{1}{y - \frac{b}{a}y^2} = \frac{1}{y\left(1 - \frac{b}{a}y\right)} = \frac{\boldsymbol{1}}{\boldsymbol{y}} + \frac{\boldsymbol{b/a}}{\boldsymbol{1 - \frac{b}{a}y}} \tag{14}$$

부분분수의 적분

$A=1$, $B=b/a$와 함께 두 부분분수를 따로 적분하자.

$$\int \frac{1\,dy}{y}+\int \frac{(b/a)dy}{1-(b/a)y}=\ln y-\ln\left(1-\frac{b}{a}y\right) \tag{15}$$

이는 미분적분학의 적분에서 로지스틱 방정식을 푸는 방법이다. 적분한 다음 $y(t)$를 좋은 형태로 만들기 위해 대수학을 사용하자. 이 $y(t)$의 좋은 형태는 이미 앞에서 다룬 첫 번째 방법으로 구했다. $z=1/y$은 선형 방정식 $dz/dt=-az+b$를 만든다. 그리고 $y=1/z$로 되돌려서 중요한 인수 e^{-at}을 식 (7)의 분모에 넣는다. 우리는 여기서 풀이를 반복한다.

$$\textbf{식 (7)의 해는 } y(t)=\frac{a}{de^{-at}+b}\text{이다. 이때 } d=\frac{a}{y(0)}-b\text{이다.} \tag{16}$$

부분분수를 사용해 적분한 식 (15)에서도 동일한 답을 얻어야 한다. 적분은 $\ln(y/x)$인 $\ln y-\ln x$ 형태를 갖고 있다(그리고 x는 $1-(b/a)y$이다).

$$\int \frac{dy}{y-\frac{b}{a}y^2}=\int a\,dt\text{는 } \ln\frac{y}{1-\frac{b}{a}y}=at+C=at+\ln\frac{y(0)}{1-\frac{b}{a}y(0)}\text{을 준다.} \tag{17}$$

여기서는 식 (17)이 $t=0$에서 성립하도록 적분 상수 C를 골랐다. 이제 양변에 지수를 취해보자.

$$\frac{y}{1-\frac{b}{a}y}=e^{at}\frac{y(0)}{1-\frac{b}{a}y(0)} \tag{18}$$

마지막으로 계산해야 하는 것은 이 방정식을 y에 대해 푸는 것이다. 이는 [연습문제 03]에서 확인할 수 있다. 그러면 우리는 $y=1/z$로부터 훨씬 빨리 좋은 공식 (16)을 얻게 된다.

부분분수는 2.7절에 다시 나온다. 부분분수는 **라플라스 변환**Laplace transform을 간단하게 하여 여러분이 역변환을 인지할 수 있도록 한다. 또한 2.7절에서는 두 분수의 분자 A와 B에 대해 **PF2** 공식을 주는데, 이는 [연습문제 14]에서 미리 살펴볼 수 있다. 다시 말해, 우리는 $\int dy/f(y)$와 $\int dt$를 분리시킴으로써 $dy/dt=f(y)$를 풀었다.

자율 방정식 $dy/dt=f(y)$

로지스틱 방정식은 **자율적**autonomous이다. 이는 $\boldsymbol{dy/dt=f(y)}$와 같이 f는 t가 아닌 y에 따라 변화한다는 뜻이다. 선형인 예는 $y'=y$이다. 자율 방정식의 큰 장점은 초깃값 $y(0)$이 변해도 해의 곡선은 그대로 유지된다는 것이다. 우리는 높이 $y(0)$에서 곡선을 따라 그대로 올라가면 된다.

[그림 1-9]에서 0과 a/b 사이의 모든 $y(0)$에 대해 같은 S-곡선을 갖는 것을 보았다. 방정식 $dy/dt = y$는 모든 $y(0) > 0$에 대해 같은 지수 곡선 $y = e^t$을 갖는다. 높이가 $y(0)$인 점은 $t = 0$으로 표시하면 된다. 이는 시간 t가 그래프에서 필수적이지 않다는 의미이다. y에 대한 $f(y)$의 그래프가 핵심이다. 로지스틱 방정식에서 포물선 $f(y) = ay - by^2$은 (각 y에 대한 시간을 제외하고는) 우리에게 모든 것을 말해준다. $y(t)$는 이 포물선 $f(y)$가 축 위에 있을 때 증가한다($f > 0$일 때 $dy/dt > 0$이기 때문이다). 따라서 여기서는 하나의 S-곡선만 그렸다.

$y(0) > a/b$에서 시작하여 감소하는 곡선도 있다. **이는 위에서부터 정상상태 $Y = a/b$에 도달한다.** 다른 곡선은 $Y = 0$ 아래에서 시작해 $-\infty$로 떨어진다. [그림 1-10]에서 $ay - by^2$의 양수 부분이 두 개의 음수 부분 사이에 끼어 있기 때문에 증가하는 S-곡선은 감소하는 두 개의 곡선 사이에 끼어 있다.

정상상태의 안정성

$dy/dt = f(y)$의 정상상태는 $f(Y) = 0$의 해이다. 즉, 이 미분방정식은 $y(t) = Y$가 상수(평형)일 때 $0 = 0$이 된다. 다음은 안정성stability에 대한 질문이다.

Y와 가까운 곳에서 시작할 때 $y(t)$가 Y에 접근하는가(안정)? 아니면 Y를 떠나는가(불안정)?

앞에서 S-곡선에 대한 공식을 다루었다. 따라서 우리는 안정성에 대한 질문에 답할 수 있다. $Y = a/b$일 때 정상상태는 안정적이고, $Y = 0$의 정상상태는 불안정적이다. $y(t)$에 대한 공식 없이 안정성을 판별하는 것은 중요하다(어렵지 않다).

모든 것은 안정값 $y = Y$에서의 도함수 df/dy에 의존한다. $f(y)$의 기울기를 c라고 하자. 다음은 안정성에 대한 판정법이다. 이후에 이 판정법이 성립하는 이유와 판정법의 예도 살펴볼 것이다.

$c < 0$이면 안정적이다. 정상상태 Y는 $y = Y$에서 $df/dy < 0$이면 안정적이다.

판정법이 성립하는 이유를 살펴보자. 정상상태 근처에서 $f(y)$는 $c(y - Y)$와 가깝고 따라서 $y' = f(y)$는 $(y - Y)' = c(y - Y)$와 가깝다. 따라서 $y - Y$는 e^{ct}로 근사되고 $c < 0$일 때 $y \to Y$, $e^{ct} \to 0$이다.

임의의 자율 방정식 $dy/dt = f(y)$에 대해 자세히 설명하겠다. $Y = 0$이 정상상태라면, $f(0) = 0$임을 의미한다. 미분적분학에서는 c가 접선의 기울기일 때 선형근사 $f(y) \approx cy$이다. 이때 c는 $Y = 0$일 때 $c = df/dy$이다. c가 음수이면 $y(t)$는 $Y = 0$을 향해 움직일 것이다(안정성).

작은 $y(0) > 0$에 대해 $dy/dt = f(y) \approx cy < 0$ $\quad$ $y(t)$는 0으로 감소한다.
작은 $y(0) < 0$에 대해 $dy/dt = f(y) \approx cy > 0$ $\quad$ $y(t)$는 0으로 증가한다.

또한 미분적분학에서는 다른 정상상태 Y에 대해서도 선형근사 $f(y) \approx c(y-Y)$를 알려준다. 이제 c는 $\boldsymbol{y=Y}$**에서** 접선의 기울기인 $c = df/dy$이다.

Y 바로 위에 있는 $y(0)$에 대해 $dy/dt = f(y) \approx c(y-Y) < 0$ **$y(t)$는 Y로 감소한다.**
Y 바로 아래에 있는 $y(0)$에 대해 $dy/dt = f(y) \approx c(y-Y) > 0$ **$y(t)$는 Y로 증가한다.**

예제 1 (로지스틱) $ay - by^2$의 도함수는 $\boldsymbol{df/dy = a - 2by}$이다.

정상상태 $Y=0$일 때 df/dy는 $a>0$이다. **$Y=0$은 불안정하다.** $Y=a/b$일 때, 이 도함수는 $a-2b(a/b) = -a$이다. **$Y=a/b$는 안정하다.** $dy/dt = ay - by^2$에 대해 안정성 선[stability line]은 $y(t)$가 임의의 $y(0)$으로부터 어느 방향으로 움직이는지를 보여준다.

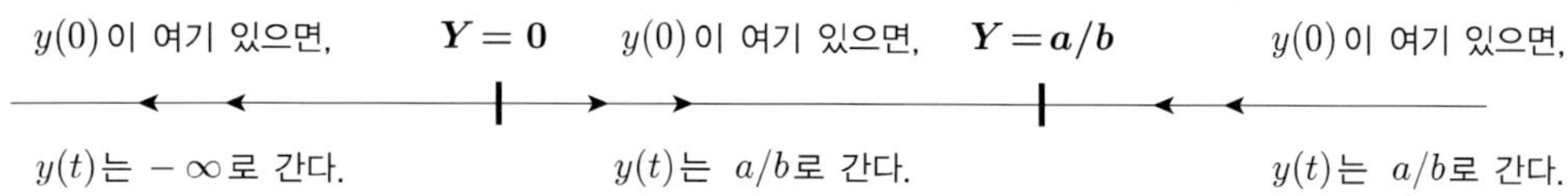

정상상태는 안정한 상태와 불안정한 상태가 번갈아 나온다. 이는 df/dy의 값이 음수 또는 양수로 번갈아 나오기 때문이다. 이때 $f(Y)=0$, $df/dy(Y)=0$과 같이 상태가 정해지지 않은 경우는 배제하고 있다. 이는 경계선에 있는 예시들로서 중요한 수확에 사용된다.

수확 방정식

로지스틱 방정식이 일정한 수확 비율[harvesting rate] $-h$를 갖고 있다고 하자. 이는 성장률 dy/dt를 감소시킨다. $Y=0$에서 정상상태 $Y=a/b=4/1$로 증가하는 S-곡선의 형태인, 로지스틱 방정식 $dy/dt = 4y - y^2$에서 시작해보자. 만약 새로운 수확 항이 $-h = -3$이면 정상상태 0과 4는 각각 1, 3으로 바뀐다.

$$\frac{dy}{dt} = 4y - y^2 - 3 \text{의 새로운 정상상태는 } Y=1\text{과 } Y=3\text{이다.} \tag{19}$$

여기서 $4Y - Y^2 - 3$을 $-(Y-1)(Y-3)$으로 인수분해하여 1과 3을 찾았다. 이때 $Y=1$과 $Y=3$은 $dy/dt=0$이 되는 점들이다. 그러면 $y=Y$는 평형에 머무른다.

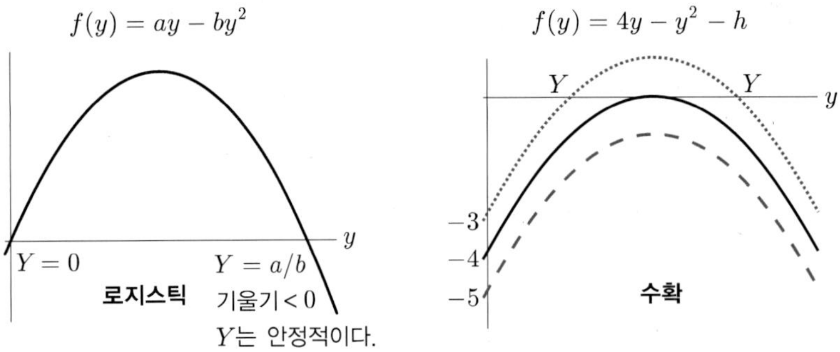

[그림 1-10] 수확은 포물선 $f(y)=ay-by^2-h$의 높이를 낮추고, 안정적인 정상상태 Y는 사라진다.

[그림 1-10]은 정상상태의 안정성 또는 불안정성을 보여준다. 로지스틱 그래프에서 $Y=0$인 점과 수확 그래프에서 $Y=1$인 점은 **불안정적**이다. 이 두 점에서 $f(y)$는 음수에서 양수로 올라간다. Y보다 큰 점에서 그래프는 $dy/dt=f(y)$가 양수라는 것을 보여준다. 따라서 $y(t)$는 증가하고, Y로부터 멀어진다.

로지스틱 그래프에서 $Y=a/b$, 수확 그래프에서 $Y=3$은 **안정적**이다. 이 두 점에서 $f(y)$는 음수이고, 이는 dy/dt이다. 따라서 $y(t)$는 Y로 감소한다. 그래프는 $y(t)$를 보여주지 않기 때문에 그래프를 읽기는 쉽지 않다. 여기서는 y에 대한 $y'=f(y)$의 평면을 볼 수 있고, 이때 위상 평면은 위치와 시간이 아닌 속도와 위치에 관한 것이다.

[그림 1-10]을 다시 보면 $h=4$일 때는 **임계 수확**critical harvesting, 즉 두 개가 중첩된 하나의 점 $Y=2$를 준다. 이 곡선은 $dy/dt=f(y)$가 항상 음수임을 보여준다. 따라서 $y(t)$는 감소할 것이다. 만약 $y(0)$이 2보다 크다면 $y(t)$는 $Y=2$로 다시 돌아와야 한다. 하지만 이는 한 방향으로의 안정성이다. $y(0)$이 2보다 작다면 $y(t)$는 감소하고 2로부터 멀어질 것이기 때문이다.

가장 낮은 곡선은 $h=5$를 갖고, 이때 **정상상태**는 존재하지 않는다. 모든 점에서 $dy/dt=f(y)$는 음수이므로 모든 해 $y(t)$는 감소한다. $y(t)$에 대한 공식을 찾을 수 있다면 $y(t)\to-\infty$와 같은 현상을 설명할 수 있다. 그리고 실제로, 우리는 $y(t)$를 찾을 수 있기 때문에 로지스틱 방정식과 수확 방정식은 좋은 비선형 방정식의 예이다.

수확 방정식의 풀이

다음과 같이 정상상태가 각각 2개, 1개, 0개인 세 종류의 수확 방정식이 있다.

$h<4$	$y'=4y-y^2-h$는 로지스틱 방정식과 같다.	**수확 부족**
$h=4$	$y'=-(y-2)^2$은 중복된 정상상태를 갖는다.	**임계 수확**
$h>4$	y'은 0보다 작고 $y(t)$는 $-\infty$로 접근한다.	**수확 과다**

모든 방정식은 자율적이므로 그들은 $dy/f(y) = dt$로 분리된다. $1/f(y)$을 적분하자.

수확 부족 $h = 3$ $f(y)$를 $-(y-1)(y-3)$으로 인수분해 **그러면 $Y=1$, $Y=3$이다.**

$y(t)$를 $v(t) = y(t) - 1$로 이동하여 정상상태를 $V = 0$과 $V = 2$로 아래로 이동해보자. $v(t)$에 관한 식은 로지스틱 방정식이고, 이때 S-곡선은 0에서 2까지 올라간다.

$$(1+v)' = -(v)(v-2) \text{는 } v' = 2v - v^2 \text{이다.} \tag{20}$$

v에 1을 더해 $y = 1 + v$를 다시 얻으면 S-곡선은 1에서 3까지 올라간다.

임계점 $h = 4$ $f(y) = 4y - y^2 - 4 = -(y-2)^2$ 을 인수분해하면 **$Y = 2$와 2**이다.

방정식은 $y' = -(y-2)^2$ 이고, $v(t) = y(t) - 2$로 이동하면 $\boldsymbol{dv/dt = -v^2}$ 을 얻는다. 이 장을 시작할 때, 방정식 $dy/dt = +y^2$ 이 등장했다(시간은 다른 방향으로 움직였다). 다음과 같이 해는 너무 단순하게 보인다.

$$v(t) = \frac{v(0)}{1 + tv(0)}$$

$v(0) > 0$이 주어지면 $t \to \infty$일 때 $v = 0$으로 완만하게 간다.

$1 + tv(0) = 0$이면 급격하게 $v = -\infty$ 로 간다.

이는 $y(0) > 2$이고 $v(0) > 0$이면 (한쪽 방향으로) 안정성을 갖는다는 것을 보여준다. 수확이 임계치보다 높을 때, 인구는 모든 $y(0)$에 대해 감소한다.

수확 과다 $h = 5$ $y' = 4y - y^2 - 5 = -1 - (y-2)^2$ 이라 쓰자. 이때 항상 $\boldsymbol{y' < 0}$이다.

이제 $v = y - 2$는 식을 $\boldsymbol{v' = -1 - v^2}$으로 간단하게 만든다. $dv/(1+v^2) = -dt$를 적분해서 $\tan^{-1} v = -t + C$를 얻자. 이때 $v(0) = 0$이면 $C = 0$이다. 이제 $y = v + 2$로 되돌아가자.

$$v(0) = 0 \text{일 때 } \frac{dv}{dt} = -1 - v^2 \text{은 } v(t) = \tan(-t) \text{가 된다. 그러면 } \boldsymbol{y(t) = 2 - \tan t} \text{이다.} \tag{21}$$

탄젠트 값이 2에 도달하면 $y = 0$이 되어 인구는 완전히 사라진다. 만약 해가 $t = \pi/2$까지 계속된다면 $\tan t$는 무한대가 된다. 따라서 이 경우 이 모델은 의미를 잃고 $y(\pi/2) = -\infty$ 가 된다.

이로써 이렇게 간단한 안정성 판정법이 어떻게 $y' = f(y)$에 대해 알려주는지 확인하였다.

1. $f(y) = 0$의 모든 해를 찾아라.
2. $y = Y$일 때 $df/dy < 0$이면 그 상태는 안정하다.

1.7 요약

1. 로지스틱 방정식 $dy/dt = ay - by^2$은 $Y=0$과 $Y=a/b$일 때 정상상태를 갖는다.
2. S-곡선 $y(t) = a/(de^{-at}+b)$는 수용 능력 $y(\infty) = a/b$에 접근한다.
3. $z = \dfrac{1}{y}$에 대한 방정식은 선형이다! 혹은 $dy\Big/\left(y - \dfrac{b}{a}y^2\right) = a\,dt$로 분리할 수 있다.
4. 안정성 판정법 $df/dy = a - 2by < 0$은 $Y = a/b$에서 성립하고, $Y=0$에서 실패한다.
5. 이 안정성 판정법은 $y' = ay - by^2 - h$를 포함한 모든 $y' = f(y)$에 적용할 수 있다.

1.7 연습문제

01 $y(0) = a/2b$이면 S-곡선의 중간은 $t=0$에 위치한다. $d=b$이고 $y(t) = \dfrac{a}{de^{-at}+b} = \dfrac{a}{b}\dfrac{1}{e^{-at}+1}$임을 보여라. 또, $y_{-\infty}=0$부터 $y_\infty = \dfrac{a}{b}$까지 곡선을 그려라.

02 만약 지구의 수용 능력이 $K=a/b=140$억 명이라면 변곡점에서의 인구는 얼마일까? 그 점에서 dy/dt는 얼마일까? 실제 인구는 2014년 1월 1일에 71.4억 명이었다.

03 식 (18)은 식 (16)의 해 $y(t)$에 대해 동일한 공식을 줘야 한다. 식 (18)의 우변을 R이라 하면 다음과 같이 y에 대한 방정식을 풀 수 있다.

$$y = R\left(1 - \frac{b}{a}y\right) \rightarrow \left(1 + R\frac{b}{a}\right)y = R \rightarrow y = \frac{R}{\left(1 + R\dfrac{b}{a}\right)}$$

계산을 통해 이 답을 간단히 하고 식 (16)의 $y(t)$에 관한 식을 만들어라.

04 로지스틱 방정식을 $y' = y + y^2$으로 바꿔라. 이제 비선형 항은 양수이고, y와 y 자신의 협동을 표현하는 y^2항은 성장을 촉진한다. $z = 1/y$을 이용하여 $z(0) = y(0) = 1$에서 시작하는 z의 선형 방정식을 구하고 풀어라. $e^{-T} = 1/2$일 때 $y(T) = \infty$임을 보여라. 이때 y끼리의 협동은 별로 좋지 않아 보인다. 인구는 $t = T$일 때 매우 급격히 증가할 것이다.

05 미국의 인구는 2012년 313873685명에서 2014년 316128839명으로 증가했다. 이에 대하여 로지스틱 S-곡선을 따르고 있다면, 어떤 방정식이 공식 (4)의 a, b와 식 (6)의 d를 줄 것인가? 로지스틱 방정식은 합당한가?

06 **베르누이 방정식**Bernoulli equation $y' = ay - by^n$은 경쟁 항 by^n을 갖고 있다. $n=2$일 때 로지스틱 방정식의 경우와 일치하는 $z = y^{1-n}$을 도입하자. 식 (4)를 따라 $z' = (n-1)(-az+b)$임을 보여라. $z(t)$를 식 (5), 식 (6)과 같이 적어라. 그러면 $y(t)$를 얻을 수 있다.

07~13 다음은 로지스틱 방정식과 수확 방정식에 관한 개념을 확장하는 문제이다.

07 $y' = y - y^2$은 $y(t) = 1/(de^{-t}+1)$로 풀린다. 이는 $y(0) = 1/2$, $d=1$일 때의 S-곡선이다. 하지만 $y(0) > 1$이거나 $y(0) < 0$이면 $y(t)$는 이전과 매우 달라짐을 보여라.

$y(0) = 2$이면 $d = \dfrac{1}{2} - 1 = -\dfrac{1}{2}$이다. 위로부터 $y(t) \rightarrow 1$임을 보여라.

$y(0)=-1$이면 $d=\frac{1}{-1}-1=-2$이다. 어떤 시간 T에서 $y(T)=-\infty$인가?

08 **(추천)** $y'=y-y^2$의 세 가지 해를 하나의 그래프에 보여라. 이들은 $y(0)=1/2,\ 2,\ -1$에서 시작하며 S-곡선은 $1/2$에서 1로 올라간다. S-곡선의 위에서 $y(t)$는 2에서 1로, 아래에서 $y(t)$는 -1에서 $-\infty$로 감소한다.

그림의 세 가지 영역인 $y=1$ 위에서는 떨어지는 곡선, 0과 1 사이에 끼어 있는 S-곡선, $y=0$ 아래에선 급락하는 곡선을 확인할 수 있는가?

09 $f(y)=y-y^2$의 그래프를 그려 불안정한 상태 $Y=0$과 안정한 $Y=1$을 보아라. 그리고 수확 $h=2/9$와 함께 $f(y)=y-y^2-2/9$를 그려라. 정상상태 Y_1과 Y_2는 무엇인가? [연습문제 08]의 세 가지 영역은 $y=2/3$ 위에서 Z-곡선을 갖고, $1/3$과 $2/3$ 사이에 끼어 있는 S-곡선을 가지며 $y=1/3$ 아래에서 급락하는 곡선을 갖는다.

10 $y_{\infty}=K$에서 $y_{-\infty}=L$로 올라가는 S-곡선을 갖는 방정식이 무엇인가?

11 $y'=y-y^2-\frac{1}{4}=-\left(y-\frac{1}{2}\right)^2$은 $y=Y=\frac{1}{2}$에서 중복 정상상태와 임계 수확을 보여준다. S-곡선의 층들은 한 개의 선으로 줄어든다. $y(0)=\frac{1}{2}$ 위에서 시작하여 떨어지는 곡선과 $y(0)=\frac{1}{2}$ 아래에서 시작하여 급락하는 곡선을 그려라.

12 $y'=-\left(y-\frac{1}{2}\right)^2$에 $v=y-\frac{1}{2}$을 대입한 다음 $v'=-v^2$을 풀어서 $y'=-(y-1/2)^2$의 해를 구하라.

13 수확 과다인 경우 모든 $y(t)$ 곡선은 $-\infty$로 떨어진다. 즉, 정상상태가 존재하지 않는다. $Y-Y^2-h=0$을 풀고 (근의 공식) $4h>1$이면 오직 복소수 해를 가짐을 보여라. 또한, $h=\frac{5}{4}$이면 해는 $y(t)=\frac{1}{2}-\tan(t+C)$이다. 그림을 그려서 $C=0$이면 급락함을 보여라.

14 다음은 두 개의 부분분수로 분리하여 $A=\frac{1}{r-s}$, $B=\frac{1}{s-r}$을 찾는 방법이다.

PF2 $$\frac{1}{(y-r)(y-s)}=\frac{1}{(y-r)(r-s)}+\frac{1}{(y-s)(s-r)}$$

이 방정식에서 우변의 공통분모는 $(y-r)(y-s)(r-s)$임을 확인하라. 두 개의 분수를 통분할 경우, 분자는 $r-s$를 소거해야 한다. $\frac{1}{y^2-1}$과 $\frac{1}{y^2-y}$을 두 개의 분수 $\frac{A}{y-r}+\frac{B}{y-s}$로 분리하라.

다음을 명심하라. y가 r로 접근할 때 PF2의 좌변은 발산하는 인수 $1/(y-r)$을 갖고 있다. 다른 인수 $1/(y-s)$은 알맞게 $A=1/(r-s)$로 접근한다. 따라서 PF2의 우변은 $y=r$일 때 좌변과 같은 발산을 필요로 한다. 처음 항 $A/(y-r)$는 이를 만족시킨다.

15 **임계 방정식**threshold equation은 시간에 대해 로지스틱 방정식을 거꾸로 한 것이다. $-\frac{dy}{dt}=ay-by^2$은 $\frac{dy}{dt}=-ay+by^2$과 같다.

이제 $Y=0$은 안정한 정상상태이고, $Y=a/b$는 불안정한 상태이다(이유가 무엇인가). 만약 $y(0)$이 임계점 a/b보다 아래에 있으면 $y(t)\to 0$이고 따라서 개체수가 $y(t)$인 종은 지구에서 사라질 것이다.

$y(0)<a/b$일 때 $y(t)$를 그려라(S-곡선의 반대). 또한 $y(0)>a/b$일 때 $y(t)$를 그려라.

16 (삼차 비선형) 방정식 $y'=y(1-y)(2-y)$는 세 개의 정상상태 $Y=0,\ 1,\ 2$를 갖는다. $y=0,\ 1,\ 2$에서의 도함수 df/dy를 계산해서 각 상태가 안정한지 아니면 불안정한지 결정하라.

이 방정식에 대해 안정성 선을 그려서 $y(t)$가 불안정한 Y에서 멀어지는 것을 보여라. $y(0)=\frac{1}{2},\ \frac{3}{2},\ \frac{5}{2}$에서 시작하는 $y(t)$를 보여주는 그래프를 각각 그려라.

17 (a) **곰베르츠 방정식**Gompertz equation $dy/dt=y(1-\ln y)$의 정상상태를 찾아라.

(b) $z=\ln y$는 선형 방정식 $dz/dt=1-z$를 만족함을 보여라.

(c) 해 $z(t)=1+e^{-t}(z(0)+1)$은 $y(0)$으로부터 $y(t)$에 대해 어떤 공식을 얻을 수 있는가?

18 다음 정상상태에 대해 안정한지 아니면 불안정한지 결정하라.

(a) $dy/dt=2(1-y)(1-e^{y})$

(b) $dy/dt=(1-y^2)(4-y^2)$

19 **방사선 스테판의 법칙**Stefan's law of radiation은 $dy/dt = K(M^4 - y^4)$이다. 이와 같이 네제곱이 있는 식은 흔하지 않다. 모든 실수 정상상태와 이들의 안정성을 찾아라. $y(0) = M/2$에서 시작할 때, $y(t)$의 그래프를 그려라.

20 $dy/dt = ay - y^3$은 $a<0$과 $a>0$에 대해 얼마나 많은 정상상태 Y를 갖는가? $Y(a)$를 그래프로 그려서, **갈퀴 쌍갈림**pitchfork bifurcation [2]을 확인하라.

21 **(추천)** 방정식 $dy/dt = \sin y$는 **무한히 많은 정상상태**를 갖는다. 이들은 무엇이고, 어떤 것들이 안정한가? 안정성 선을 그려 $y(0)$이 두 정상상태 사이에 있을 때 $y(t)$가 증가하는지 또는 감소하는지를 보여라.

22 [연습문제 21]을 $dy/dt = (\sin y)^2$으로 바꾸어라. 정상상태는 똑같지만, $f(y) = (\sin y)^2$의 도함수는 모든 상태에서 0이다($\sin y$가 0이기 때문에). $y(0)$이 두 상태 사이에 있으면 해는 실제로 어떻게 움직일까?

23 (연구 프로젝트) 1950, 1980, 그리고 2010년에 대한민국 인구의 실제 데이터를 찾아라. 이 값을 만족하는 해 공식 (7)의 a, b, d는 무엇인가? 2000년 공식은 정확한가? 또한 이에 따라 예상되는 2020년과 2100년에 인구는 얼마인가? 이때 $t=0$을 1950년으로 설정하고 시간을 다시 설계해서 $t=3$이 1980년이 되도록 할 수 있다.

24 다음과 같은 $f(y)$에 대하여 $dy/dt = f(y)$이면 각 점 $y(0)$에서 시작할 때 극한 $y(\infty)$는 얼마인가?

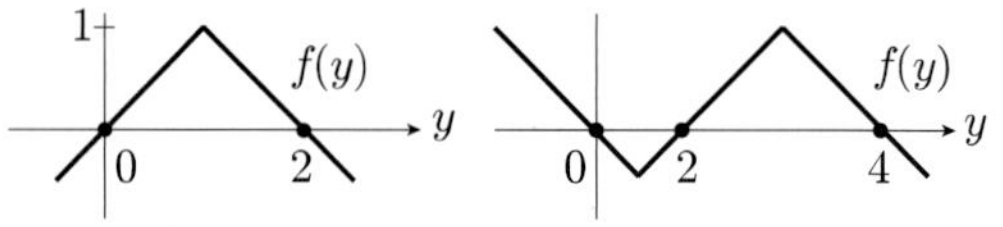

(a) (b)

25 (a) 모든 $y(0)$에 대해 $y(\infty) = 3$에 접근하도록 하는 함수 $f(y)$를 그려라.

(b) $y(0)>0$이면 $y(\infty) = 4$이고, $y(0)<0$이면 $y(\infty) = -2$가 되도록 하는 $f(y)$를 그려라.

26 $dy/dt = y^n$에서 어떤 지수 n이 유한한 시간 안에 $y(T) = \infty$로 발산하는 결과를 나타내는가? 이때 $dy/y^n = dt$로 식을 분리할 수 있고 $y(0) = 1$에서부터 적분할 수 있다.

27 $dy/dt = y^2 - y^4$의 정상상태를 찾고 안정 또는 불안정 또는 한쪽 방향으로 안정한지 결정하라. 각 초깃값 $y(0)$에 대한 $y(\infty)$를 보여주는 안정성 선을 그려라.

28 자율 방정식 $y' = f(y)$에 대해 어떤 시간 t_1에서 $y(t)$가 증가하는 동시에 또 다른 시간 t_2에서 $y(t)$가 감소하는 것은 왜 불가능한가?

2 갈퀴 쌍갈림이란 a가 0을 지나면서 새로운 정상상태가 갑작스럽게 나타나는 현상이다.

1.8 분리 방정식과 완전 방정식

이 절에서는 두 가지 특별한 일차 비선형 미분방정식을 살펴본다. 이 두 개의 방정식은 $y' = ay$와 아주 일반적인 형태 $y' = f(t, y)$를 연결하는 다리 역할을 한다. 여기에서는 일반적인 적분으로 이 두 종류의 방정식을 어떻게 푸는지 설명한다. 분리 방정식은 가장 간단하다. **완전 방정식**exact equation에 대해서는 공식 (12)와 (15)를 살펴보자.

분리 방정식	완전 방정식
$\dfrac{dy}{dt} = \dfrac{g(t)}{f(y)}$	$\dfrac{\partial f}{\partial t} = -\dfrac{\partial g}{\partial y}$일 때 $\dfrac{dy}{dt} = \dfrac{g(y,t)}{f(y,t)}$

1. 분리 방정식 $f(y)\,dy = g(t)\,dt$

$f(y)$가 좌변에 있고, $g(t)$가 우변에 있으므로 여러분은 분리의 의미를 파악할 수 있을 것이다. 이 방정식을 평범하게 쓰는 방법은 다음과 같다.

$$\text{시간 } t = 0\text{일 때 } y(0)\text{에서 시작하는 } \frac{dy}{dt} = \frac{g(t)}{f(y)} \tag{1}$$

dy/dt가 이렇게 분리된 형태일 때, $f(y)$와 dy, $g(t)$와 dt를 묶은 다음, 이 두 함수 f와 g를 적분한다. 적분 $F(y)$와 적분 $G(t)$는 $y = y(0)$과 $t = 0$에서 시작한다.

$$F(y) = \int_{y(0)}^{y} f(u)\,du \qquad G(t) = \int_{x=0}^{t} g(x)\,dx \tag{2}$$

y, t를 적분 위에 쓰기 위해 **더미변수**dummy variable u, x를 사용한다. 변수는 어떤 문자를 사용해도 상관없다. f와 g를 적분하면 다음과 같이 **암시적**implicit으로 미분방정식이 풀린다.

$$\textbf{해} \qquad \frac{dy}{dt} = \frac{g(t)}{f(y)}\text{는 } F(y) = G(t)\text{로 적분된다.} \tag{3}$$

명시적explicit인 해 $y = \cdots$를 얻기 위해 $F(y) = G(t)$를 풀어 y를 찾아야 한다.

예제 1 $\dfrac{dy}{dt} = \dfrac{t}{y}$는 $y\,dy = t\,dt$이다. 적분해서 $\dfrac{1}{2}(y(t)^2 - y(0)^2) = \dfrac{1}{2}t^2$을 구한 다음 이 암시적 방정식을 풀어 명시적인 $y(t)$를 구하자.

풀이

$\boldsymbol{y(t)=\sqrt{y(0)^2+t^2}}$ 이면 $\dfrac{dy}{dt}=\dfrac{t}{\sqrt{y(0)^2+t^2}}=\dfrac{t}{y}$ 이다.

예제 2 $\boldsymbol{dy/dt=2ty}$는 $\boldsymbol{g(t)=2t}$가 $\boldsymbol{f(y)=1/y}$로 나누어진 꼴을 갖는다.

풀이

$1/y$과 $2t$를 분리하고 적분하여 $F=\ln y-\ln y(0)$, $G=t^2$을 얻자.

$$\frac{dy}{y}=2t\,dt\text{는 } \int_{y(0)}^{y}\frac{du}{u}=\ln y-\ln y(0)\text{과 } \int_0^t 2x\,dx=t^2\text{을 이끌어낸다.}$$

이 예제에서 $F(y)=G(t)$는 $\ln y=\ln y(0)+t^2$을 만들었다. 양변에 지수를 취해서 y를 찾자.

$$\boldsymbol{Y=e^{\ln y(0)}e^{t^2}=y(0)e^{t^2}} \tag{4}$$

여기서는 항상 도함수 dy/dt와 초깃값 $y(0)$을 확인하는 것이 좋다.

$$\frac{d}{dt}\left(y(0)e^{t^2}\right)=2t\left(y(0)e^{t^2}\right)=2ty \qquad t=0\text{일 때 } y(0)e^{t^2}=y(0)\text{이다.} \tag{5}$$

예제 3 방정식 $\dfrac{dy}{dt}=ay+q$는 a와 q가 상수일 때 분리된다. $y+\dfrac{q}{a}$는 좌변의 dy 아래로 옮기고, $a\,dt$는 우변에 그대로 두자. 그리고 양변을 적분하면 여러분은 이 방정식을 한 번 더 풀게 된다!

$$\frac{dy}{y+\frac{q}{a}}=a\,dt\text{는 } \ln\left(y+\frac{q}{a}\right)=at+C\text{가 된다.} \tag{6}$$

지수를 취해 y를 찾고, $t=0$을 대입하여 C를 찾자.

$$\textbf{기하급수적 증가} \qquad y(t)+\frac{q}{a}=e^{at}e^{C},\ \ y(0)+\frac{q}{a}=e^{C} \tag{7}$$

대입해서 좌변의 e^C을 얻을 수 있고, 따라서 다음과 같이 우리가 아는 답을 얻는다.

$$y(t)+\frac{q}{a}=e^{at}\left(y(0)+\frac{q}{a}\right)\text{이면 } \boldsymbol{y(t)=e^{at}y(0)+\frac{q}{a}(e^{at}-1)}\text{이다.} \tag{8}$$

이는 1.4절에서 핵심이었고, 이번 절을 통해 공식을 더 빠르게 얻었다(식 (8)의 첫 번째 식은 매력적으로 보인다).

예제 4 (로지스틱 방정식)

$$\frac{dy}{dt} = ay - by^2 \qquad \int_{y(0)}^{y} \frac{du}{au - bu^2} = \int_{t(0)}^{t} dx \tag{9}$$

우변은 당연히 $G(t) = t - t(0)$이다. 여기서는 t가 초깃값이 y처럼 아무 값이나 가능하다는 것을 보여주기 위해 $t(0)$이라는 표현을 사용하였다. 우리는 지구에 인류가 언제 등장했는지 정확하게 알지 못하기 때문에 $t(0) = 2000$과 같이 특정 연도를 설정하여 작업을 한다. 핵심은 두 개의 적분 $F(y)$, $G(t)$가 답을 알려준다는 것이다. 1.7절에서 이 적분들을 계산하고 로지스틱 방정식을 풀었다.

---

2. 완전 방정식 $f(y,t)dy = g(y,t)dt$

분리 방정식은 $dy/dt = g(t)/f(y)$ 꼴이고, 우리는 이를 $f(y)dy = g(t)dt$로 썼고, 양변을 따로 적분해서 $F(y) = G(t)$를 얻은 다음 방정식을 풀었다.

완전 방정식exact equation은 분리될 필요가 없다. 함수 f와 g는 두 개의 변수 t와 y에 대한 함수이다. 방정식은 y에 대한 적분과 t에 대한 적분으로 나누어지지 않는다. 이때 $\boldsymbol{f(y,t)dy = g(y,t)dt}$를 갖는다. 실제로는 아니지만, t를 상수로 보고 좌변 $f(y,t)$를 y에 대하여 적분하는 것은 종종 성공한다.

1단계 **f를 y에 대하여 적분하자.** $\int f(y,t)dy = \boldsymbol{F(y,t) + C(t)}$ (10)

보통 임의의 상수 C를 적분에 더하는데, 그래도 답은 여전히 맞다. 왜냐하면 C의 미분이 0이기 때문이다. 여기서 t에 관한 어떤 함수이든지 적분에 더해질 수 있다. 왜냐하면 $C(t)$의 y에 대한 미분은 0이기 때문이다. 이제 $F(y,t) + C(t)$는 더 유연하게 볼 수 있다.

2단계 **(가능하다면)** $\boldsymbol{\frac{\partial}{\partial t}(F(y,t) + C(t)) = -g(y,t)}$이 **되도록** $C(t)$**를 고르자.** (11)

만약 이 $C(t)$의 선택이 가능하다면 g와 f를 동반하는 원래 방정식이 풀린다.

3단계 $\frac{dy}{dt} = \frac{g(y,t)}{f(y,t)}$**는** $\boldsymbol{F(y,t) + C(t)} =$ **임의의 상수로 풀린다.** (12)

이 작업이 왜, 언제 가능한지에 대해 보여주기 전에, 이 작업이 성공한 예를 살펴보자.

예제 5 $\dfrac{dy}{dt}=\dfrac{2yt-1}{y^2-t^2}$은 $g=2yt-1$, $f=y^2-t^2$을 갖는다.

풀이

1단계 $f\,dy=(y^2-t^2)dy$를 적분해서 $F(y,t)=\frac{1}{3}y^3-yt^2$을 찾자. 그러면 $\frac{\partial F}{\partial t}=-2ty$이다.

2단계 $C(t)$에 대해 식 (11)을 풀자. 특정 f와 g에 대해서 이것이 가능하다.

$$-2ty+\frac{dC}{dt}=-(2yt-1)\text{은 }\frac{dC}{dt}=1,\ C(t)=t\text{를 준다.}$$

3단계 원래 방정식 $\frac{dy}{dt}=\frac{g}{f}$는 $F(y,t)+C(t)=(\text{상수})$로 풀린다.

$F+C$로부터의 해
상수는 $y(0)$으로 설정 $$\frac{1}{3}y^3-yt^2+t=\frac{1}{3}y(0)^3$$

답을 확인하기 위해 이를 음함수의 미분법을 통해 시간에 대해 미분해보자.

음함수 미분 $$y^2\frac{dy}{dt}-t^2\frac{dy}{dt}-2yt+1=0$$

이는 우리가 원했던 식 $dy/dt=(2yt-1)/(y^2-t^2)$이다. 이제 그 이유를 설명하겠다.

완전성에 대한 조건

2단계가 가능한 때는 언제인가? 식 (11)을 풀 수 있는 $C(t)$는 가끔 존재한다(보통은 존재하지 않는다). 완전성의 조건을 찾기 위해, 양변을 y에 대하여 미분하자.

$$\frac{\partial}{\partial y}\frac{\partial}{\partial t}(F(y,t)+C(t))=-\frac{\partial}{\partial y}(g(y,t)) \tag{13}$$

$\frac{\partial}{\partial y}$와 $\frac{\partial}{\partial t}$의 순서는 항상 바뀔 수 있다. 당연히 $\frac{\partial}{\partial y}C(t)=0$, $\frac{\partial}{\partial y}F=f$이다.

$$\text{식 (13)의 좌변은 }\frac{\partial}{\partial t}f(y,t)\text{ 인 }\frac{\partial}{\partial y}\frac{\partial}{\partial t}F(y,t)=\frac{\partial}{\partial t}\frac{\partial}{\partial y}F(y,t)\text{이다.} \tag{14}$$

식 (13)을 식 (14)와 비교할 때, 2단계는 우리의 원래 미분방정식 $dy/dt=g/f$가 완전할 때만 가능하다.

$$\text{완전성의 조건}\qquad \frac{\partial}{\partial t}f(y,t)=-\frac{\partial}{\partial y}g(y,t) \tag{15}$$

우리의 방정식이 완전할 때, 2단계는 $C(t)$를 만들어 낼 것이다. 마지막 질문은 3단계에 관한 것이다. 원래의 미분방정식 $dy/dt = g/f$ 에 대해 $F(y,t) + C(t) =$ 상수인 이유는 무엇인가? 이를 보기 위해 (암시적) 연쇄 법칙을 이용하여 $F(y,t) + C(t)$를 시간에 대하여 미분해보자.

$$\frac{\partial F}{\partial y}\frac{dy}{dt} + \frac{\partial F}{\partial t} + \frac{\partial C}{\partial t} = 0 \tag{16}$$

1단계는 $\frac{\partial F}{\partial y} = f$를, 2단계는 $\frac{\partial F}{\partial t} + \frac{\partial C}{\partial t} = -g$를 만든다. 따라서 다음과 같이 3단계가 성립한다.

식 (16)은 $f\frac{dy}{dt} - g = 0$ 이다. 이는 우리의 원래 문제 $\frac{dy}{dt} = \frac{g}{f}$ 이다.

[예제 5]는 완전했다. 왜냐하면 $g = 2yt - 1$, $f = y^2 - t^2$ 이 $\frac{\partial f}{\partial t} = -\frac{\partial g}{\partial y} = -2t$를 만족하기 때문이다.

예제 6 1~3단계는 분리 불가능한 방정식이 완전하기 때문에 가능하다.

$$\frac{dy}{dt} = \frac{t-y}{t+y} = \frac{g(y,t)}{f(y,t)} \text{는 } \frac{\partial f}{\partial t} = -\frac{\partial g}{\partial y} = 1 \text{을 갖는다.} \tag{17}$$

풀이

1단계 $\int f\,dy = \int (t+y)dy$를 적분하여 $F = ty + \frac{1}{2}y^2$을 구하자.

2단계 $\frac{\partial}{\partial t}(F + C) = -g = y - t$ 에서 $C(t) = -\frac{1}{2}t^2$ 을 구하자.

3단계 [예제 6]은 $F + C = ty + \frac{1}{2}y^2 - \frac{1}{2}t^2 =$ 상수 $= \frac{1}{2}y(0)^2$에 의해 풀린다.

해를 확인하기 위해 연쇄 법칙으로 $F + C$의 총 시간에 대한 미분을 구해보자.

$t\frac{dy}{dt} + y + y\frac{dy}{dt} - t = 0$ 이는 원하던 대로 $\frac{dy}{dt} = \frac{t-y}{t+y}$ 이다.

마지막 메모 : 분리 가능하면 완전하다.

분리 방정식 $dy/dt = g(t)/f(y)$는 항상 완전함을 인지하라.

식 (15)를 만족한다. $\frac{\partial}{\partial t}f(y) = -\frac{\partial}{\partial y}g(t)$는 $0 = 0$이 된다.

$F(y)$와 $G(t) = -C(t)$ 를 구하기 위해 $\int f(y)\,dy$ 와 $\int g(t)\,dt$를 적분하는 데 아무 문제가 없다.

1.8 요약

1. 분리 방정식 $\dfrac{dy}{dt}=\dfrac{g(t)}{f(y)}$는 $\int f(y)\,dy=\int g(t)dt+$ 임의의 상수로 풀린다.

2. 이 해는 y를 암시적으로 준다. 이를 풀어서 명시적으로 t에 관한 함수로 표현된 y를 찾아보자.

3. 완전 방정식 $\dfrac{dy}{dt}=\dfrac{g(y,t)}{f(y,t)}$는 $\dfrac{\partial g}{\partial y}=-\dfrac{\partial f}{\partial t}$를 갖는다. 그러면 $F(y,t)+C(t)=$상수이다.

4. 해는 각각의 t에 대해 $F(y,t)=\int f(y,t)dy$를 갖는다. 그리고 $C(t)=-\int\left(\dfrac{\partial F}{\partial t}+g\right)dt$ 이다.

5. 완전성의 조건 **3**은 **4**의 $C(t)$의 적분으로부터 y를 소거한다.

1.8 연습문제

01 마침내 우리는 이 책의 1.1절의 $dy/dt=y^2$을 풀 수 있다. $y(0)=1$에서 시작하면 $\int_1^y \dfrac{dy}{y^2}=\int_0^1 dt$이다. y와 t에 대한 극한을 인지한 다음 $y(t)$를 찾아라.

02 같은 방정식 $dy/dt=y^2$을 임의의 값 $y(0)$에서 시작하라. 해가 무한대로 발산하는 시간 t는 언제인가? 이것이 절대 무한대로 발산하지 않는 초깃값 $y(0)$은 무엇인가?

03 $y(0)=1$에서 시작하는 함수 $f(y)=1/y$을 선택함으로써 $dy/dt=a(t)y$를 분리 방정식으로 풀어라. 이 방정식은 1.6절의 성장 인자 $G(0,t)$를 준다.

04 $y(0)=0$에서 시작하는 다음 분리 방정식을 풀어라.

(a) $\dfrac{dy}{dt}=ty$ (b) $\dfrac{dy}{dt}=t^m y^n$

05 $y(0)=1$에서 시작하는 $\dfrac{dy}{dt}=a(t)y^2=\dfrac{a(t)}{1/y^2}$를 분리 방정식으로 풀어라.

06 방정식 $\dfrac{dy}{dt}=y+t$는 분리되지 않고, 완전하지도 않다. 하지만 이는 선형이고 $y=$ _____이다.

07 식 $\dfrac{dy}{dt}=\dfrac{y}{t}$는 모든 상수 A에 대해 해 $y=At$를 갖는다. $f=1/y$과 $g=1/t$을 분리함으로써 이 해를 찾아라. 그리고 $dy/y=dt/t$를 적분하라. 상수 A가 어디에서 오는가?

08 어떤 수 A에 대해 $\dfrac{dy}{dt}=\dfrac{ct-ay}{At+by}$가 완전 방정식인가? 이 A에 대해 알맞은 함수 $F(y,t)+C(t)$를 구하여 방정식을 풀어라.

09 $dy/dt=y^2/t^2$을 갖는 $y=t$가 아닌 다른 함수 $y(t)$를 구하라.

10 다음 두 개의 방정식은 우변을 인수분해하면 분리할 수 있다. $\dfrac{dy}{dt}=e^{y+t}$과 $\dfrac{dy}{dt}=yt+y+t+1$을 풀어라.

11 다음 두 개의 방정식은 선형이고 분리할 수 있다. $\dfrac{dy}{dt}=(y+4)\cos t$와 $\dfrac{dy}{dt}=ye^t$을 풀어라.

12 $y(0)=1$에서 시작하는 다음 세 개의 분리 방정식을 풀어라.

(a) $\dfrac{dy}{dt}=-4ty$ (b) $\dfrac{dy}{dt}=ty^3$

(c) $(1+t)\dfrac{dy}{dt}=4y$

13~14 완전성의 조건 $\partial g/\partial y = -\partial f/\partial t$를 판정하여 다음을 풀어라.

13 (a) $\dfrac{dy}{dt} = \dfrac{-3t^2-2y^2}{4ty+6y^2}$ (b) $\dfrac{dy}{dt} = -\dfrac{1+ye^{ty}}{2y+te^{ty}}$

14 (a) $\dfrac{dy}{dt} = \dfrac{4t-y}{t-6y}$ (b) $\dfrac{dy}{dt} = -\dfrac{3t^2+2y^2}{4ty+6y^2}$

---

15 $\dfrac{dy}{dt} = -\dfrac{y^2}{2ty}$가 완전함을 보이고 방정식 $\dfrac{dy}{dt} = -\dfrac{y}{2t}$가 완전하지 않음을 보여라. 두 개의 방정식을 모두 풀어라(이는 적분 인자가 곱해지면 많은 방정식이 완전해진다는 것을 제시한다).

16 완전성은 같은 함수 $H(t, y)$에 대한 다음 두 방정식을 푸는 조건이 된다.

$\dfrac{\partial H}{\partial y} = f(t, y)$, $\dfrac{\partial H}{\partial t} = -g(t, y)$는 $\dfrac{\partial f}{\partial t} = -\dfrac{\partial g}{\partial y}$일 때, 풀린다.

$\partial H/\partial y$를 t에 대하여 미분하고, $\partial H/\partial t$를 y에 대하여 미분하여 완전성이 필요조건임을 보여라. 이는 또한 H의 해가 존재한다는 사실 덕분에 충분조건이기도 하다.

17 선형 방정식 $\dfrac{dy}{dt} = aty + q$는 완전하지 않거나 분리되지 않는다. 적분 인자 $e^{-\int at\,dt}$을 곱하여 $y(0)$에서 시작하는 방정식을 풀어라.

이차 방정식 $F(t, y, y', y'') = 0$은 이계도함수 y''을 포함한다. 이는 y'에 대한 중요한 두 일차방정식으로 줄어든다.

> I. F에 y가 없을 때, $y' = v$, $y'' = v'$으로 설정하자. 그러면 $F(t, v, v') = 0$이다.
>
> II. F에 t가 없을 때, $y'' = \dfrac{dv}{dt} = \dfrac{dv}{dy}\dfrac{dy}{dt} = v\dfrac{dv}{dy}$로 설정하자. 그러면 $F\left(y, v, v\dfrac{dv}{dy}\right) = 0$이다.

18 (y가 없다) $v(0) = 1$일 때 $v = y'$에 대해 다음 미분방정식을 풀어라. 그리고 $y(0) = 0$인 y에 대해 풀어라.

(a) $y'' + y' = 0$ (b) $2ty'' - y' = 0$

19 y와 t 모두 $y'' = (y')^2$에서 없다. $v = y'$으로 두고 다음 두 가지 방법으로 미분방정식을 풀어라.

I. (y가 없다) $y(0) = 0$, $y'(0) = 1$일 때, $v(t)$에 대해 $\dfrac{dv}{dt} = v^2$을 푼 다음 $\dfrac{dy}{dt} = v(t)$를 풀어라.

II. (t가 없다) $y(0) = 0$, $y'(0) = 1$일 때, $v(y)$에 대해 $v\dfrac{dv}{dy} = v^2$을 푼 다음 $\dfrac{dy}{dt} = v(y)$를 풀어라.

20 **자율 방정식 $y' = f(y)$**는 t를 포함하는 항이 없다(t가 없다). 모든 자율 방정식이 분리되는 이유를 설명하라. 자율적이지 않은 방정식은 분리될 수도 있고, 분리되지 않을 수도 있다. 선형 방정식에 대해 방정식이 자율적이면 우리는 보통 LTI[3]라고 부른다. 이때 계수는 상수이고 t에 따라 값이 바뀌지 않는다.

21 $my'' + ky = 0$은 아주 중요한 LTI 방정식이면서 **선형 진동 방정식**linear oscillation equation이다. 두 개의 해는 $\omega^2 = k/m$일 때 $\cos\omega t$와 $\sin\omega t$이다. 위에서처럼 $y' = dy/dt = v$, $y'' = v dv/dy$와 함께 일차방정식으로 줄이면서 두 가지 방법으로 풀어라.

$$mv\frac{dv}{dy} + ky = 0\text{을 적분하면,}$$

$$\frac{1}{2}mv^2 + \frac{1}{2}ky^2 = \text{상수}E\text{가 된다.}$$

용수철의 물체에 대해 운동에너지 $\frac{1}{2}mv^2$과 위치에너지 $\frac{1}{2}ky^2$의 합은 상수 에너지 E이다. $y = \cos\omega t$일 때 E는 무엇인가? 분리 방정식 $m(y')^2 = 2E - ky^2$을 푸는 적분은 무엇인가?

22 $my'' + k\sin y = 0$은 **비선형 진동 방정식**nonlinear oscillation equation이다(간단하지 않다). 이를 [연습문제 21]처럼 이차 방정식으로 줄여라.

$$mv\frac{dv}{dy} + k\sin y = 0\text{은 } \frac{1}{2}mv^2 - k\cos y = \text{상수}E\text{로 적분된다.}$$

$v = dy/dt$일 때 어떤 불가능한 적분이 이러한 일차 분리 방정식에 필요한가? 실제로 이 적분은 비선형 진동의 주기를 준다(이 적분은 비록 불가능할지라도 매우 중요하며 활발히 연구되고 있다).

---

3 (옮긴이) LTI(Linear Time-Invariant)는 선형적이며 시간에 따라 변하지 않는 상태를 의미한다.

1장 메모

미적분학에서 중요한 함수는 e^t이다. 이 지수함수를 정의하는 가장 좋은 방법은 무엇인가?

1.3절에서 $y = e^t$을 이의 무한급수 $1 + t + \frac{1}{2}t^2 + \frac{1}{6}t^3 + \cdots$ 으로부터 이끌어냈다. 오일러는 이에 동의할 것이다! 무한급수의 각 항을 미분하면 다시 e^t을 얻는다. 이 성질 $dy/dt = y$는 우리가 가진 가장 중요한 도구이자 미분방정식 과목의 토대이다.
다음 두 가지 이유 때문에 e^t에 대해 쉽게 접근할 수 있다.

1. 잘 알려진 t, t^2, t^n의 미분에 기반한다.
2. 3장 [메모]는 정확히 같은 방법으로 비선형 방정식을 푼다.

무한급수를 더하기 위해서 극한을 사용하는 단계가 필요하다. 우리는 $1 + \frac{1}{2} + \frac{1}{4} + \frac{1}{8} + \cdots = 2$와 같은 간단한 답을 기대하지 않는다. 하지만 e^t의 무한급수에서의 수 $1/n!$은 $1/2^n$보다 훨씬 작다. 여기서 $t^n/n!$ 항이 0으로 빠르게 접근한다는 것을 보는 것이 바로 핵심이다.

무한급수 $1 + t + t^2/2 + \cdots + t^n/n! + \cdots$은 모든 t에 대해 수렴한다.

증명 각 항 $t^n/n!$은 이전 항 $t^{n-1}/(n-1)!$에 t/n를 곱한 것이다. 어떤 $n = N$에 대해 t/N은 $\frac{1}{2}$ 아래로 갈 것이다. 이 점에서부터 우리는 다음을 알 수 있다.

$$\frac{t^N}{N!} + \frac{t^{N+1}}{(N+1)!} + \frac{t^{N+2}}{(N+2)!} + \cdots \text{ 은 } \frac{t^N}{N!}\left(1 + \frac{1}{2} + \frac{1}{4} + \cdots\right) \text{ 보다 작다.}$$

오른쪽 식은 $t^N/N!$에 2를 곱한 것과 같으며 왼쪽 식은 이보다 더 작다. $t^N/N!$ 이전의 처음 N개의 항은 이 급수의 수렴에 아무 영향을 끼치지 않는다(이들은 그저 최종적인 합에 더해질 뿐이다). 따라서 e^t의 급수는 항상 수렴한다. t가 음수인 경우에도 이의 절댓값 $|t|$를 쓰면 증명은 여전히 성공한다. e^t의 도함수에 대한 급수는 e^t의 급수와 같다. 따라서 이 급수는 절대수렴함을 알 수 있다. 또한 우리는 $y' = y$라고 확실하게 말할 수 있다. ∎

e^t에 대한 네 가지 접근 방법

1. 모든 항 $t^n/n!$을 더한다. 각 항의 미분은 이전 항인 $t^{n-1}/(n-1)!$이다.
2. 복리에서처럼 $(1+t/n)$에 n제곱을 취한다. n이 무한대로 가는 극한을 취하자.
3. b^t의 기울기는 C와 b^t의 곱이다. $C = 1$로 만드는 b의 값을 e로 고르자.
4. $1/y$을 적분해 $t = \ln y$를 만든 다음 이의 역으로 $y = e^t$을 구하자.

3과 4는 이해하기 어렵다. 함수를 직접적으로 만드는 것이 더 이해하기 쉬우며, 여러분은 함수의 성질로 설명하기 보다는 함수의 식을 보여주는 것을 선호할 것이다. 2에서는 $(1 + t/n)^n$을 통해 e^t를 설명한다(이는 나쁘지 않다). 1에서는 각 n에 대해 $dy/dt = y$임을 확인한다.

2장 이계 미분방정식

Second Order Equations

2.1 과학, 공학에서의 이계도함수

이차 방정식은 이계도함수 d^2y/dt^2까지 포함한다. 이계도함수는 y''으로, 일계도함수는 y'으로 표현한다. 물리적 문제에서 y'은 속도 v를 나타내고, $y''=a$는 가속도, 즉 속도가 변하는 비율 dy'/dt을 나타낸다. 역학에서 가장 중요한 방정식은 뉴턴의 제2법칙인 $\boldsymbol{F}=\boldsymbol{ma}$이다. 이계 미분방정식을 일계 미분방정식과 비교하고, 두 방정식이 모두 비선형일 수 있다고 생각하자.

$$\textbf{일계}\ y'=f(t,y) \qquad \textbf{이계}\ y''=F(t,y,y') \tag{1}$$

이계 미분방정식은 초기 위치 $y(0)$과 초기 속도 $y'(0)$을 나타내는 **두 개의 초기조건**이 필요하다. 이를 통해 $y''(0)$이 무엇인지 알 수 있으며 이를 통해 물체의 운동을 파악할 수 있다.

자동차의 가속 페달을 밟으면 가속도가 발생한다. 브레이크 페달을 밟아도 가속도가 발생하지만, 이 경우 속도가 줄어들기 때문에 가속도 값은 음수이다. 핸들 역시 가속도를 발생시킨다! 핸들은 속력 대신 속도의 방향을 변화시킨다.

이제 직선 운동과 일차원 문제를 계속해서 풀어보자.

$$\frac{d^2y}{dt^2}>0\ (\text{속력 증가}) \qquad \frac{d^2y}{dt^2}<0\ (\text{속력 감소})$$

$y''>0$일 때, $y(t)$의 그래프는 위쪽으로 구부러져 있다(정확하게 말하면, 볼록하다).[1] 그러면 속도 y'(그래프의 기울기)은 증가한다. 반면 $y''<0$일 때, 그래프는 아래쪽으로 구부러져 있다(오목하다). [그림 2-1]은 가속도가 $a=d^2y/dt^2=-\sin t$인 $\boldsymbol{y=\sin t}$의 그래프이다. 중요한 방정식인 $\boldsymbol{y''=-y}$는 $\sin t$와 $\cos t$를 해로 갖는다.

y의 해 사이에서 속도 dy/dt(그래프의 기울기)의 부호가 어떻게 변하는지 살펴보자.

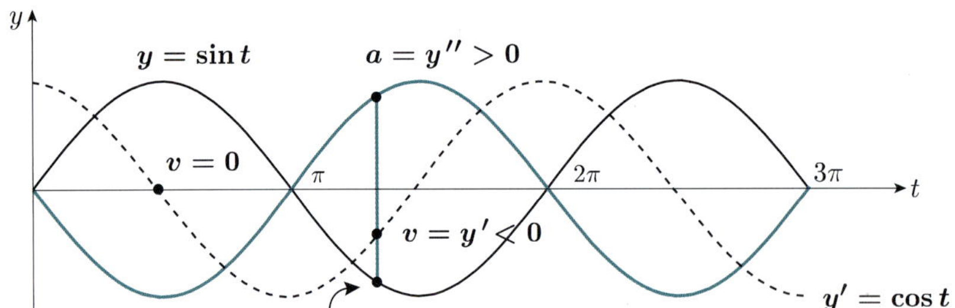

[그림 2-1] $y''>0$은 속도(혹은 기울기) y'이 증가함을 의미한다. 이때 곡선은 위로 구부러진다.

1 (옮긴이) '위로 볼록'은 '아래로 오목'과, '아래로 볼록'은 '위로 오목'과 동일한 의미이다.

$F = ma$의 가장 좋은 예는 힘 F가 $-ky$, 즉 상수 k에 '위치' 또는 '변위' $y(t)$가 곱해진 형태로 주어지는 경우이다. 이것은 진동 방정식을 생성한다.

기계학의 기본 방정식 $$m\frac{d^2y}{dt^2} + ky = 0 \qquad (2)$$

용수철에 달려있는 물체를 생각해보자([그림 2-2]). 용수철의 맨 윗부분은 고정되어 있고, 용수철은 늘어날 것이다. 이제 물체를 $y(0)$ 길이만큼 아래로 잡아당겨서 용수철이 조금 더 늘어나게 하고 그대로 두자. 그러면 용수철은 물체를 위로 다시 끌어올린다. 후크의 법칙Hooke's Law $F = -ky$는 힘 F와 늘어난 거리 y가 비례한다는 것을 알려준다. 이때 k는 후크의 상수이다.

용수철에 매달린 물체는 위아래로 진동할 것이고, 식 (2)는 어떠한 마찰력(감쇠 항 $b\,dy/dt$)도 포함하고 있지 않으므로 그 진동은 영원히 계속될 것이다. $y'' = -(k/m)y$를 만족시키기 위해 이계도함수가 k/m를 만들어야 하므로, 진동은 완벽한 코사인 함수인 $y = \cos\omega t$, $\omega = \sqrt{k/m}$로 표현된다.

진동수 $$\omega = \sqrt{\frac{k}{m}} \qquad y = y(0)\cos\left(\sqrt{\frac{k}{m}}\,t\right) \qquad (3)$$

이 식은 $t = 0$일 때 $y(0)$만큼의 길이가 추가되어 있음을 보여준다. $\cos\omega t$의 도함수는 $\omega = \sqrt{k/m}$ 항을 갖고 있다. 이때 이계도함수 y''은 필요했던 $\omega^2 = k/m$ 항을 가지며, $my'' = -ky$를 만족한다.

용수철 한 개와 그에 매달린 물체 한 개의 운동은 무척 간단한 형태이다. 이 운동에는 단 하나의 진동수 ω만 존재한다. N개의 물체를 한 줄로 늘어선 용수철들에 각각 매달면 N개의 진동수가 존재하며 이를 풀기 위해서는 6장에서 등장하는 $N \times N$ 행렬의 고윳값을 구하는 방법을 공부해야 한다.

$$m\frac{d^2y}{dt^2} = -ky$$

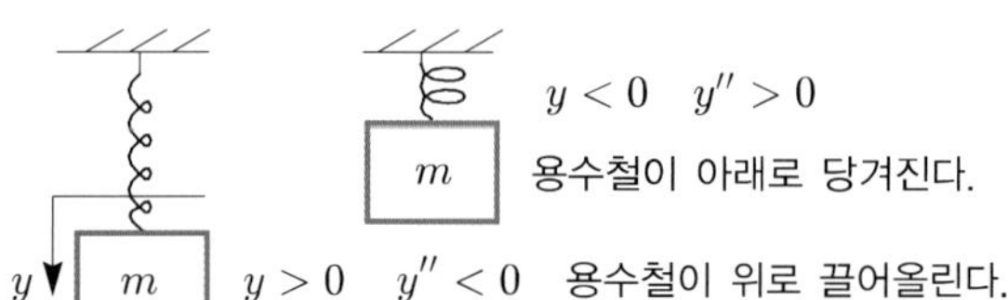

[그림 2-2] 더 큰 k=더 강한 용수철=더 빠른 ω. 더 큰 m=더 무거운 물체=더 느린 ω

초기 속도 $y'(0)$

이제 미분방정식은 두 개의 초기조건을 갖는다. 물체는 초기 위치 $y(0)$에서 움직이기 시작하고, 이때 초기 속도는 $y'(0)$이다. $my'' + ky = 0$의 완전해를 표현하기 위해 상수 c_1, c_2가 필요하고, 이를 결정하기 위해 $y(0)$과 $y'(0)$이 모두 필요하다.

$$\text{단진동 운동} \qquad y = c_1 \cos\left(\sqrt{\frac{k}{m}}\, t\right) + c_2 \sin\left(\sqrt{\frac{k}{m}}\, t\right) \tag{4}$$

지금까지 움직임은 정지 상태에서 시작되었다($y'(0) = 0$, 즉 초기 속도가 없다). 그러면 c_1은 $y(0)$, c_2는 0이 되어 코사인 함수만 남는다. 우리가 초기 속도를 허용하는 즉시 사인 함수인 해 $y = c_2 \sin \omega t$가 반드시 포함되어야 한다. 그러나 계수 c_2가 그저 $y'(0)$인 것은 아니다.

$$t = 0\text{에서 } \boldsymbol{c_2 = \frac{y'(0)}{\omega}}\text{일 때, } \frac{dy}{dt} = c_2 \omega \cos \omega t\text{와 } y'(0)\text{이 일치한다.} \tag{5}$$

원래의 해 $y = y(0)\cos \omega t$는 $t = 0$에서 $y(0)$과 일치했고, 이때 새로운 해 $y = (y'(0)/\omega)\sin \omega t$는 올바른 초기 속도 $y'(0)$을 가지며 0에서 시작한다. 이 두 개의 해를 조합할 때, $y(t)$는 두 조건 $y(0)$, $y'(0)$을 모두 만족시킨다.

$$\text{비강제 진동} \qquad y(t) = y(0)\cos \omega t + \frac{y'(0)}{\omega} \sin \omega t,\ \omega = \frac{\sqrt{k}}{m} \tag{6}$$

삼각 항등식을 이용하여 식 (6)의 두 가지 항(코사인과 사인)을 하나로 합칠 수 있다.

코사인과 위상 이동

미분방정식의 해 (6)을 $\boldsymbol{y(t) = R\cos(\omega t - \alpha)}$ 꼴로 다시 써보자. 그러면 $y(t)$의 진폭은 양수 R이고, 이 해의 위상 이동 혹은 시차는 각 α가 될 것이다. $\cos(\omega t - \alpha)$에 대한 항등식을 이용하여 $\cos \omega t$와 $\sin \omega t$ 모두를 연결할 수 있다.

$$R\cos(\omega t - \alpha) = R\cos \omega t \cos \alpha + R\sin \omega t \sin \alpha \tag{7}$$

이러한 $\cos \omega t$와 $\sin \omega t$의 결합은 식 (8)일 때, 해 (6)과 일치한다.

$$R\cos \alpha = y(0) \qquad\qquad R\sin \alpha = \frac{y'(0)}{\omega} \tag{8}$$

위의 두 식을 제곱한 뒤 더하면 R^2이 된다.

$$\text{진폭 } R \qquad R^2 = R^2(\cos^2 \alpha + \sin^2 \alpha) = (y(0))^2 + \left(\frac{y'(0)}{\omega}\right)^2 \tag{9}$$

식 (8)의 두 식을 이용하여 $\tan\alpha$를 알 수 있다.

$$\text{위상 지연 } \alpha \qquad \tan\alpha = \frac{R\sin\alpha}{R\cos\alpha} = \frac{y'(0)}{\omega y(0)} \tag{10}$$

[연습문제 14]에서 우리가 선택해야 하는 각도 α에 대해 논의할 것인데, 이는 서로 다른 각도에 대하여 같은 탄젠트 값을 가질 수 있기 때문이다. α에 π 혹은 π의 임의의 상수 배만큼 더하면 이 각도와 α는 동일한 탄젠트 값을 갖게 된다.

순수한 코사인 함수는 위상 이동을 하지 않는다. 즉, $\alpha=0$이다. 그러면 새로운 해의 형태 $y(t)=R\cos(\omega t-\alpha)$는 이전 형태인 $y(0)\cos\omega t$와 일치하게 된다.

진동수 ω 혹은 f

시간 t를 초 단위로 측정하는 경우, 진동수 ω는 1초당 라디안(rad/s)으로 측정된다. 그러면 ωt는 라디안으로 측정되고, 이는 각의 단위이며 $\cos\omega t$는 그 각의 코사인이 된다. 모든 사람이 라디안을 자연스럽게 생각하는 것은 아니지만, 라디안을 사용한 경우에 전체 사이클을 시각화하기는 더 쉽다. 따라서 진동수 또한 초당 사이클 단위로 측정된다. 가정에 존재하는 일반적인 진동수 f는 1초당 60사이클이다. 1초당 1사이클은 종종 $f=1$Hertz(헤르츠)로 줄여서 나타낸다. 전체 사이클은 2π라디안이므로 $f=60$Hz는 $\omega=120\pi$rad/s와 같은 진동수를 나타낸다.

주기[period]는 전체 사이클을 한 번 도는 데 걸리는 시간 T이고, 따라서 $T=1/f$이다. 이번에만 f를 진동수로 보고, 이외의 모든 부분에서는 f를 추진 함수[driving function]로 나타낼 것이다.

$$\text{진동수 } \omega = 2\pi f \qquad\qquad \text{주기 } T=\frac{1}{f}=\frac{2\pi}{\omega}$$

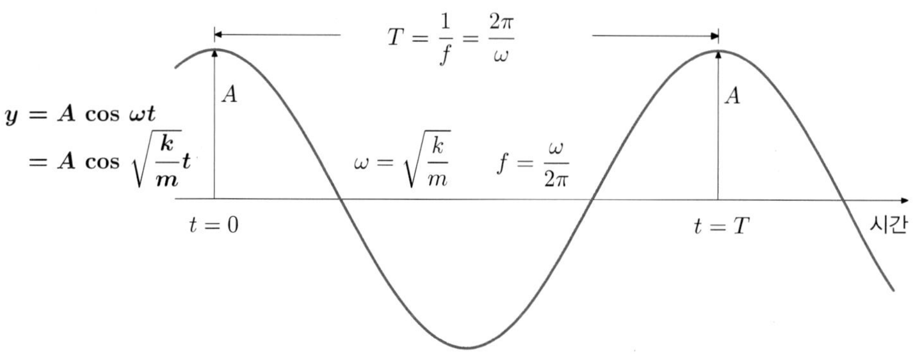

[그림 2-3] 진폭이 A이고, 진동수가 ω인 단진동 운동 $y=A\cos\omega t$이다.

조화운동과 원운동

조화운동harmonic motion은 위아래 또는 좌우로 움직인다. **하나의 점이 원운동을 하고 있을 때, 그 점의 x축, y축 방향으로의 정사영**projection**은 모두 조화운동을 한다.** 이러한 운동들은 밀접하게 연관되어 있고, 이러한 이유로 위아래로 움직이는 피스톤이 플라이휠[2]의 원운동을 가능하게 한다. 조화운동은 중간 부분에서 가속되었다가 끝부분에서 감속되는 반면 점은 원을 따라 동일한 속도로 움직인다.

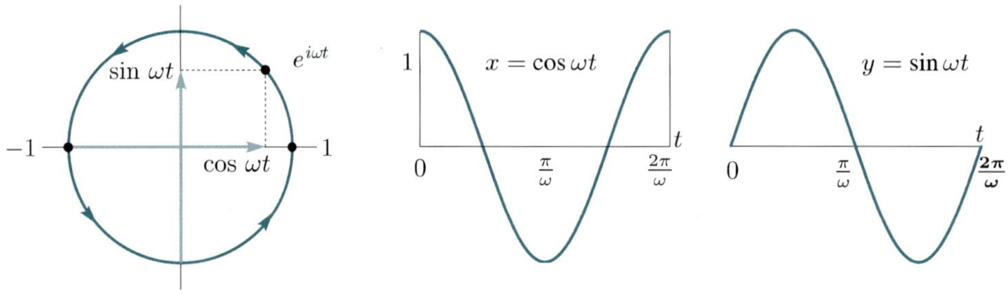

[그림 2-4] 등속 원운동은 축을 따라 코사인 운동과 사인 운동을 생성한다.

응답 함수

몇 가지 중요한 단어들을 소개하고자 한다. **응답**response은 출력 $y(t)$를 나타낸다. 지금까지 유일한 입력은 초깃값인 $y(0)$과 $y'(0)$뿐이었다. 이 경우 $y(t)$는 **초깃값 응답**initial value response이 될 것이다(하지만 이 단어는 거의 사용되지 않는다). 만약 운동의 몇 사이클만 관측한다고 하면 초깃값들은 큰 차이를 만든다. 장기적으로 볼 때 중요한 것은 $f = \cos\omega t$와 같은 하중 함수에 대한 응답이 된다.

이제 ω를 우변의 **운전 진동수**driving frequency라고 하고, $\omega_n = \sqrt{k/m}$를 좌변에 의해 결정되는 **고유 진동수**natural frequency라고 하자. 이때 ω는 y_p로부터, ω_n은 y_n으로부터 나온다. $\cos\omega t$에 의해 운동이 추진될 때, 특수해는 $y_p = Y\cos\omega t$이다.

$$\textbf{진동수 } \omega \textbf{의 강제 운동 } y_p(t) \qquad my'' + ky = \cos\omega t \qquad y_p(t) = \frac{1}{k - m\omega^2}\cos\omega t \tag{11}$$

$y_p(t)$를 찾기 위해 $my'' + ky$에 $Y\cos\omega t$를 대입하면 $(k - m\omega^2)Y\cos\omega t$의 결과를 얻는다. 이는 $Y = 1/(k - m\omega^2)$일 때의 추진 함수 $\cos\omega t$와 일치한다. 식 (11)에 초기조건은 없다. 이러한 조건들은 고유 진동수 $w_n = \sqrt{k/m}$로 진동하는 영공간의 해 y_n에 기여한다. 그러면 $k = m\omega_n^2$이다. 만약 응답 함수 $y_p(t)$에서 k를 $m\omega_n^2$으로 바꾸면 분모에서 $\omega_n^2 - \omega^2$을 볼 수 있다.

2 (옮긴이) 증기 기관이나 내연 기관 등에서 피스톤의 왕복운동은 크랭크crank를 통해 회전운동으로 변환된다. 이 과정에서 회전운동의 불규칙성이 발생하게 되는데, 회전운동을 고르게 하기 위해 크랭크의 축에 큰 원판형의 장치를 추가하게 된다. 이 장치를 플라이휠flywheel이라고 부른다.

$$\text{cos } \omega t \text{에의 응답} \qquad y_p(t) = \frac{1}{m(\omega_n^2 - \omega^2)} \cos \omega t \tag{12}$$

식 $my'' + ky = \cos \omega t$에는 감쇠 항이 없다. 감쇠 항은 2.3절에서 등장할 것이다. 감쇠 항은 위상 이동 α를 생성하며 진폭 $|Y(\omega)|$를 감소시킬 것이다. $Y(\omega)\cos \omega t$에서 우리가 볼 수 있는 것은 진폭뿐이다.

$$\text{진동수 응답} \qquad Y(\omega) = \frac{1}{k - m\omega^2} = \frac{1}{m(\omega_n^2 - \omega^2)} \tag{13}$$

물체와 용수철, 또는 인덕턴스^inductance^와 정전용량^capacitance^은 고유 진동수 ω_n을 결정한다. 추진 항 $\cos \omega t$ (혹은 $e^{i\omega t}$)에 대한 응답은 진동수 응답 $Y(\omega)$에 대한 곱으로 나타난다. 이 공식은 $\omega = \omega_n$일 때 변하며 우리는 곧 공명에 대해 공부할 것이다!

2.3절에서 다룰 감쇠 항이 포함되면 진동수 응답 $Y(\omega)$는 복소수가 될 것이다. 즉, 이때 복소수 연산을 피할 수 없다. 크기 $|Y(\omega)|$는 **크기 응답**^magnitude response^(혹은 **진폭 응답**^amplitude response^)을, 복소평면에서의 각 θ는 **위상 응답**^phase response^을 결정할 것이다(그러면 우리는 위상 지연을 측정할 것이므로 $\alpha = -\theta$이다).

$f(t) = e^{i\omega t}$의 응답은 $Y(\omega)e^{i\omega t}$이고 $f(t) = \delta(t)$의 응답은 $g(t)$이다. 이것은 식 (13)에서의 진동수 응답 Y와 식 (15)에서의 임펄스 응답 g를 보여준다. $Ye^{i\omega t}$과 $g(t)$는 $my'' + ky = f(t)$의 핵심적인 두 가지 해이다.

임펄스 응답 = 기본해

선형 미분방정식의 가장 중요한 해는 $g(t)$로 부른다. 수하에서 g는 기본해이고, 공하에서 g는 임펄스 응답이다. 이것은 우변 $f(t) = \delta(t)$가 임펄스(델타 함수)일 때의 특수해이다. 동일한 $g(t)$는 초기 속도 $g'(0) = 1/m$일 때 $mg'' + kg = 0$의 해가 된다.

$$mg'' + kg = \delta(t) \text{이고} \quad g(0) = 0,\ g'(0) = 0 \text{을 만족하는 기본해는} \tag{14}$$

$$g(t) = \frac{\sin \omega_n t}{m\omega_n} \text{이고} \quad g(0) = 0,\ g'(0) = \frac{1}{m} \text{인 영공간의 해이기도 하다.} \tag{15}$$

이러한 영공간의 해를 찾기 위해서 단지 이의 초기조건 0과 $1/m$을 식 (6)에 대입하였다. $g(0) = 0$이므로 코사인 항은 소거되었다.

이제부터 위에서 보여준 두 문제가 같은 정답을 준다는 것을 보일 것이다. 그러면 2장 전체에 걸쳐 $g(t)$가 왜 그렇게 중요한지 알게 될 것이다. 1장의 일계 미분방정식 $y' = ay + q$에서 **기본해**fundamental solution(임펄스 응답, 성장 인자)는 $g(t) = e^{at}$이었다. 기본해와 임펄스 응답이란 용어는 사용되지 않았지만, 1장 전체에서 e^{at}이 얼마나 큰 역할을 하는지 보았을 것이다.

먼저 물리적인 언어로 응답 $g(t)$가 무엇인지 설명할 것이다. 우리가 물체를 치면 그 물체는 움직이기 시작한다. 우리의 모든 힘은 한순간에 작용하는 임펄스라고 볼 수 있다. 한 순간 내의 유한한 힘은 일반적인 함수로는 표현이 불가능하고, 오직 델타 함수로만 표현할 수 있다. $\delta(t)$의 적분이 점 $t = 0$을 지날 때 1로 점프하는 것을 기억하자.

우리가 $mg'' = \delta(t)$를 적분하면 $t = 0$ 이전에는 아무 일도 일어나지 않는다. $t = 0$인 바로 그 시점에 적분은 1로 점프한다. 좌변 mg''의 적분은 mg'이므로 $t = 0$에서 즉시 $mg' = 1$이다. 즉, $g'(0) = 1/m$을 얻는다. 여러분은 임펄스 $\delta(t)$를 포함하여 계산할 때 (일반적인 함수가 아니라서 직관적으로 이해하기에는 어렵지만) 델타 함수에 대한 약간의 믿음이 필요하다는 것을 알 수 있다.

$g(t)$의 핵심은 그것이 임의의 하중 함수 $f(t)$에 대해 방정식을 해결한다는 것이다.

$$my'' + ky = f(t)\text{는 특수해 } y(t) = \int_0^t g(t-s)f(s)\,ds\text{를 갖는다.} \tag{16}$$

이것은 1장에서 $g(t-s)$가 $e^{a(t-s)}$이고 방정식이 1차일 때의 핵심 공식이었다. 2.3절에서 미분방정식이 감쇠 항을 포함할 때의 $g(t)$를 찾을 것이다. 방정식의 계수들은 $g(t)$에 대한 간단한 공식을 얻기 위해 상수로 유지될 것이다.

델타 함수를 사용하는 것에 대해 확신이 서지 않을 수도 있다. 우리는 최종 해 $y(t)$를 다음 세 가지 방법으로 검증할 것이다.

1. 식 (16)의 $y(t)$를 방정식에 직접 대입하기([연습문제 21])
2. 매개변수 변환법variation of parameters을 이용해 $y(t)$ 풀기(2.6절)
3. 라플라스 변환 $Y(s)$를 이용하여 다시 풀기(2.7절)

2.1 요약

1. $my''+ky=0$ 용수철에 매달린 물체는 고유 진동수 $\omega_n=\sqrt{k/m}$ 로 진동한다.

2. $my''+ky=\cos\omega t$ 이러한 추진력이 있을 때 해는 $y_p=(\cos\omega t)/m(\omega_n^2-\omega^2)$이다.

3. $\omega_n=\omega$일 때 공명이 나타난다. 해 $y_p=t\sin\omega t$는 새로운 항 t를 포함한다.

4. $mg''+kg=\delta(t)$를 풀면 $g'(0)=1/m$일 때의 영공간의 해인 $\boldsymbol{g(t)=(\sin\omega_n t)/m\omega_n}$를 얻는다.

5. 기본해 g : 임의의 추진 함수 f에 대해 $y(t)=\int_0^t g(t-s)f(s)\,ds$이다.

6. 진동수 : ω rad/s 혹은 f사이클/초(fHz)이고, 주기는 $T=1/f$이다.

2.1 연습문제

01 $d^2y/dt^2=-9y$를 푸는 코사인과 사인을 찾아라. 이것은 이계 미분방정식이므로 (두 번의 적분으로부터) 상수 C와 D를 찾을 수 있을 것이다. 다음의 단순 조화운동에 대해 ω는 무엇인가?

단순 조화운동 $y(t)=C\cos\omega t+D\sin\omega t$

만약 이 시스템이 정지 상태에서 시작한다고 할 때 ($t=0$일 때 $dy/dt=0$임을 의미), 두 상수 C와 D 중 어떤 상수가 0이 되겠는가?

02 [연습문제 01]에서 초기조건 $y(0)=0$과 $y'(0)=1$을 주는 C와 D는 무엇인가?

03 위상 $\alpha=\pi/3$, $\alpha=-\pi/2$에 대응되는 단순 조화운동 $y=A\cos(\omega t-\alpha)$를 [그림 2-3]과 같이 그려라.

04 [그림 2-4]에서 원의 반지름은 3이고, 진동수는 $f=60$ Hz이라고 하자. 점이 각 $-45°$에서 움직이기 시작한다고 할 때, 이 점의 x좌표 $A\cos(\omega t-\alpha)$를 구하라. 위상 지연은 $\alpha=45°$이다. 이 점이 x축과 처음으로 만나는 때는 언제인가?

05 반지름이 3마일인 원형 트랙을 시속 60마일로 운전한다고 할 때, 완전히 한 바퀴를 도는 데 걸리는 시간 T는 얼마인가? 이때 원 진동수는 $f=$____이고, 각 진동수는 $\omega=$____이다(단위는 어떻게 되는가?). 이때 주기는 T이다.

06 진동하는 용수철과 물체의 관계에서 총 에너지 E는 다음과 같다.

$$E=\text{물체의 }\textbf{운동}\text{에너지}+\text{용수철의 }\textbf{위치}\text{에너지}=\frac{m}{2}\left(\frac{dy}{dt}\right)^2+\frac{k}{2}y^2$$

$y=C\cos\omega t+D\sin\omega t$일 때, E를 구하라. 에너지는 일정하다!

07 다음은 총 에너지 E가 일정하다는 것을 보이는 또 다른 방법이다. $my''+ky=0$에 y'을 곱하고, $my'y''$와 kyy'을 적분하라.

08 **강제 진동**forced oscillation에 대한 방정식에는 또 다른 항이 있다. 그리고 해에는 $A\cos\omega t$라는 새로운

항이 나타난다. 그러면 $\frac{d^2y}{dt^2}+4y=F\cos\omega t$의 해는 $y=C\cos 2t+D\sin 2t+A\cos\omega t$이다.

(a) 방정식에 y를 대입하여 C와 D가 소거되는 것을 확인하라(이것은 y_n을 준다). 특수해 $y_p=A\cos\omega t$의 강제 진폭 A를 찾아라.

(b) $\omega=2$ (강제 진동수=고유 진동수)일 때, 여러분의 공식을 이용해 A를 구하면 어떻게 되는가? 이 경우 공식으로는 해 y를 구할 수 없다.

09 [연습문제 08]에 이어, 다음 방정식의 완전해 y_n+y_p를 구하라. 해 y는 $y(0)$, $y'(0)$을 결정하는 상수 C, D를 갖고 있다(A는 F로 고정되어 있다).

$$m\frac{d^2y}{dt^2}+ky=F\cos\omega t,$$

$$\omega\neq\omega_n=\sqrt{k/m}\ \text{(공명이 없는 경우)}$$

10 뉴턴의 법칙 $F=ma$에 대하여 F가 a와 같은 방향의 힘이라고 가정하자.

$$my''=+ky \qquad y''=4y$$

지수함수 해 $y=e^{st}$에 대하여 가능한 s를 두 개 찾아라. 해는 정현파 모양으로 변화하지 않으며 s는 실수이고 진동은 사라진다. 이제 y는 불안정하다.

11 여기 4차 미분방정식 $d^4y/dt^4=16y$가 있다. 지수함수 해 $y=e^{st}$을 주는 s를 4가지 찾아라. 이때 여러분은 y에 대한 4개의 초기조건을 기대할 수 있을 것이다. $y(0)$을 제외한 나머지 세 가지 조건은 무엇인가?

12 $y''+9y=e^{ct}$의 특수해를 구하기 위해 추진 함수의 상수 배인 $y_p(t)=Ye^{ct}$을 찾으려고 한다. 이때 Y의 값은 얼마인가? 또한, $Y=\infty$는 어떤 경우에 나오는가(공명은 Y에 대한 새로운 공식이 필요하다)?

13 $y''+9y=e^{i\omega t}$의 특수해 $y=Ae^{i\omega t}$에서 진폭 A는 얼마인가? 또한, 강제 진동수 ω가 고유 진동수의 몇 배일 때 해가 발산하는가?

14 식 (10)에서 위상각의 탄젠트가 $\tan\alpha=y'(0)/\omega y(0)$으로 주어졌다. 먼저 y의 단위가 미터이고 시간의 단위가 초일 때, $\tan\alpha$가 **무차원**dimensionless 값임을 확인하라. 그런 다음, $\tan\alpha=1$이라면 여러분은 $\alpha=\pi/4$ 혹은 $\alpha=5\pi/4$ 중 어떤 것을 택해야 하는가?

A_ 우리는 각각 $R\cos\alpha=y(0)$이고 $R\sin\alpha=y'(0)/\omega$이기를 원한다.

위의 두 식에서 우변이 양수이면 각 α를 0과 $\pi/2$ 사이에서 택하라. 위의 두 식에서 우변이 음수이면 π를 더한 다음 $\alpha=5\pi/4$를 택하라.

Q_ 만약 $y(0)>0$, $y'(0)<0$이면 α는 $\pi/2$와 π 사이 혹은 $3\pi/2$와 2π 사이에 있겠는가? 이때 $(0,0)$에서 $(y(0),y'(0)/\omega)$으로의 벡터를 그리면, 그것이 x축의 양의 방향과 이루는 각도는 α이다.

15 [그림 2-1]의 사인 곡선에서 $y>0$이지만 $v=y'<0$이고 $a=y''<0$인 점을 찾아라. 곡선은 아래로 기울어지면서 아래로 구부러진다. 그리고, $y<0$이지만 $y'>0$이고 $y''>0$인 점을 찾아라. 이 점은 x축 아래에 있지만 곡선은 이때 _____로 기울어지면서 _____로 구부러진다.

16 (a) $y''+100y=0$이고 초기조건이 $y(0)=1$, $y'(0)=10$인 미분방정식을 풀어라(이때 해는 y_n이다).

(b) $y''+100y=\cos\omega t$, $y(0)=0$, $y'(0)=0$을 풀어라. (이때 해는 y_p가 될 수 있다).

17 $y''+100y=\cos\omega t-\sin\omega t$의 특수해 $y_p=R\cos(\omega t-\alpha)$를 찾아라.

18 단순 조화운동은 (괘종시계 같은) 선형 진자에서도 볼 수 있다. 시점 t에서 높이는 $A\cos\omega t$이다. 만약 진자가 1초 후에 시작점으로 되돌아온다면 진동수 ω는 얼마인가? 이때 주기는 진폭에 의존하지 않는다(큰 시계나 작은 메트로놈 혹은 시계는 모두 $T=1$의 주기로 운동할 수 있다).

19 위상 지연이 α인 경우 $\cos(\omega t-\alpha)$의 그래프를 그릴 때 시간차는 얼마인가?

20 $my''+ky=\delta(t-T)$일 때, 지연된 임펄스[delayed impulse]에 대한 응답 $y(t)$는 무엇인가?

계단 응답 : $y(t)=\int_0^t \frac{\sin\omega_n(t-s)}{m\omega_n} 1\,ds = y_p + y_n$은 $\frac{1}{k}-\frac{1}{k}\cos\omega_n t$와 같다.

21 **(도전)** $y=\int_0^t g(t-s)f(s)\,ds$이면 $my''+ky=f(t)$임을 보여라.

1. $y'=\int_0^t g'(t-s)f(s)\,ds+g(0)f(t)$인 이유는 무엇인가? y가 두 개의 t를 갖고 있음에 주목하라.
2. $g(0)=0$으로 $y''=\int_0^t g''(t-s)f(s)ds+g'(0)f(t)$인 이유를 설명하라.
3. 이제 $g'(0)=1/m$과 $mg''+kg=0$을 이용하여 $my''+ky=f(t)$임을 확인하라.

22 $f=1$(직류일 때 $\omega=0$)인 방정식 $my''+ky=1$의 해 y가 다음을 만족함을 증명하라.

23 **(추천)** 방정식 $d^2y/dt^2=0$의 영공간의 해를 찾아라. 그리고 $d^2g/dt^2=\delta(t)$의 기본해를 찾아라(먼저 $g(0)=0$이고 $g'(0)=1$일 때, 영공간의 해를 찾아라). 식 (16)을 이용하여 $y''=f(t)$의 특수해를 찾아라.

24 방정식 $d^2y/dt^2=e^{i\omega t}$의 특수해 $y=Y(\omega)e^{i\omega t}$을 찾아라. 그러면 $Y(\omega)$는 진동수 응답이 된다. $\omega=0$일 때 영공간의 해 $y_n=1$과 함께 공명이 발생함에 주목하라.

25 $my''-ky=e^{i\omega t}$의 특수해 $Ye^{i\omega t}$을 찾아라. 이 방정식은 ky 대신 $-ky$를 갖고 있다. 진동수 응답 $Y(\omega)$는 무엇인가? Y가 무한대로 발산하려면 ω는 어떤 값을 가져야 하는가?

2.2 복소수에 대한 주요 사실

미분방정식의 해는 실수 a와 허수 $i\omega$를 포함하며 복소수 $s=a+i\omega$(실수부와 허수부)로 나타낸다. 아래에 세 개의 방정식과 각각의 해가 있다.

$\frac{dy}{dt}=ay$	$\frac{d^2y}{dt^2}+\omega^2y=0$	$\frac{d^2y}{dt^2}-2a\frac{dy}{dt}+(\omega^2+a^2)y=0$
$y=Ce^{at}$	$y=c_1e^{i\omega t}+c_2e^{-i\omega t}$	$y=c_1e^{(a+i\omega)t}+c_2e^{(a-i\omega)t}$

1장에서 $y'=ay$를 풀었고, 2.1절에서 $y''+\omega^2y=0$을 풀었으며, 2.3절에서 마지막 방정식 형태인 $Ay''+By'+Cy=0$을 풀 것이다. B^2과 $4AC$를 비교하면 실수 a와 허수 $i\omega$ 사이의 관계는 이차 방정식의 근의 공식으로부터 정확하게 파악할 수 있다.

이 과목은 복소수 없이는 진행할 수 없다. 여러분은 $s=a+i\omega$(실수부와 허수부)에서 복소수의 직교좌표계 형식을 볼 수 있다. 또 알아두어야 할 것은 복소수의 **극형식**[polar form]이다. 이는 e^{st} 꼴로서, 복소수 s 자체를 넘어선 극형식이다.

$$e^{st} = e^{(a+i\omega)t} = e^{at}e^{i\omega t}$$

e^{at}은 크기의 증가 혹은 감소를, $e^{i\omega t}$은 진동 혹은 회전을 준다.

실수부 a는 성장률이고, 허수부 ω는 진동의 진동수이다. 두 개의 합 $a+i\omega$는 두 항의 곱 $e^{at}e^{i\omega t}$으로 바뀌는데, 이는 지수법칙 때문이다. 지수함수가 임의의 상수 계수 방정식을 해결하기 때문에 우리는 모든 곳에서 지수함수를 볼 수 있다. 예를 들어 $y' = sy$의 해가 $y = Ce^{st}$인 것처럼 말이다. 추진 함수가 $e^{i\omega t}$일 때, $y' - sy = e^{i\omega t}$의 특수해는 $y_p = e^{i\omega t}/(i\omega - s)$으로서 복소수 함수이다.

오일러 공식 $e^{i\omega t} = \cos\omega t + i\sin\omega t$는 두 개의 실수함수(코사인과 사인)를 다시 가져온다. 이때 실수 방정식은 실수해를 갖는다. 우변의 추진 함수가 $f = A\cos\omega t + B\sin\omega t$일 때, 좋은 특수해는 $y_p = M\cos\omega t + N\sin\omega t$이다. 현실에서 두 진폭 $\sqrt{A^2+B^2}$과 $\sqrt{M^2+N^2}$은 모두 중요하다. 진폭은 우리가 (빛을) 보고 (소리를) 들으며 (진동을) 느끼는 것이다.

영공간의 해 y_n과 특수해 y_p는 복소수를 필요로 한다. y_n의 형태는 Ce^{st}이고, y_p의 형태는 $Ye^{i\omega t}$이다. 복소수 이득[3]은 Y이다. $s = a + i\omega$에서 ω는 영공간의 해 y_n의 고유 진동수임에 주목하자. 우변 $e^{i\omega t}$의 ω는 특수해 y_p의 운전 진동수이다. $\omega_{\text{natural}} = \omega_{\text{driving}}$일 때, 우리는 '공명'을 보게 되고 이에 따른 새로운 공식이 필요하다.

이 절의 계획은 다음과 같다.

1. (복습) 복소수 s_1과 s_2를 곱해보자.
2. (복습) 극형식 $s = re^{i\theta}$을 이용하여 거듭제곱 $s^n = r^n e^{in\theta}$을 구해보자.
3. 특히 방정식 $s^n = 1$을 살펴보자. 이 방정식은 모두 **단위원** 위에 있는 n개의 해를 갖는다.
4. **지수로 나타낸 e^{st}**을 찾고 이것이 복소평면에서 어떻게 움직이는지 살펴보자.

복소수 : 직교좌표계 형식과 극형식

복소수 $a + i\omega$는 실수부 a와 허수부 ω로 이루어진다. 두 복소수 $a_1 + i\omega_1$, $a_2 + i\omega_2$를 더하는 것은 간단하다. 실수부는 $a_1 + a_2$, 허수부는 $\omega_1 + \omega_2$가 된다. 식 (1)을 보면 알 수 있듯이 복소수에서 골치 아픈 것은 곱셈이다. 이때 좋은 방법은 식 (5)이다.

$$\textbf{곱셈} \qquad (a_1 + i\omega_1)(a_2 + i\omega_2) = (a_1a_2 - \omega_1\omega_2) + i(a_1\omega_2 + a_2\omega_1) \tag{1}$$

a_1과 $i\omega_1$ 각 부분에 a_2와 $i\omega_2$ 각 부분을 (곱셈법칙에 의해) 곱하고 정리하면 된다.

3 (옮긴이) 이득[gain]은 신호 조정 장치에서 입력에 대한 출력의 비이다.

$$\textbf{s와 } \bar{s}\textbf{를 곱하는 중요한 경우} \qquad (a+i\omega)(a-i\omega)=a^2+\omega^2 \in \mathbb{R} \tag{2}$$

$\bar{s}=a-i\omega$는 $s=a+i\omega$의 **켤레복소수**complex conjugate이다. 식 (2)는 $\boldsymbol{s\bar{s}=|s|^2}$임을 알려준다. 이때 $|s|=\sqrt{a^2+\omega^2}$은 $s=a+i\omega$의 절댓값 혹은 크기이다.

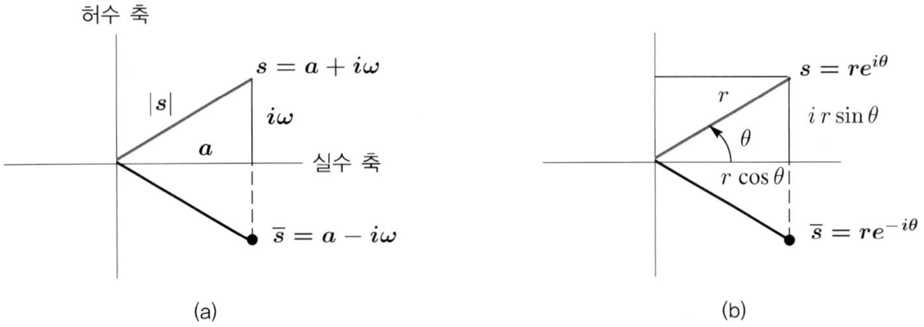

[그림 2-5] (a) 직교좌표계 형식 $s=a+i\omega$이다. (b) 극형식 $s=re^{i\theta}$이고 절댓값은 $r=|s|=\sqrt{a^2+\omega^2}$이다. 이때 s의 켤레복소수는 $\bar{s}=a-i\omega=re^{-i\theta}$이다.

s의 극형식은 원점 $(0,0)$으로부터의 거리 $r=|s|$를 이용한다. (직교좌표계 형식의) 실수 a, ω는 다음 식을 통해 (극형식의) r, θ와 연결된다.

$$a=r\cos\theta \qquad \omega=r\sin\theta \qquad s=a+i\omega=r(\cos\theta+i\sin\theta)=re^{i\theta} \tag{3}$$

여기서 여러분은 오일러 공식 $e^{i\theta}=\cos\theta+i\sin\theta$를 볼 수 있다. 또는 이것을 복소수 지수에 대한 정의로 생각할 수 있다. 혹은 $e^{i\theta}$의 무한급수를 그것의 실수부($\cos\theta$에 대한 급수)와 허수부($\sin\theta$에 대한 급수)로 분리할 수도 있다. 오일러 공식은 $e^{i\theta}$을 $\cos\theta$ 항과 $\sin\theta$ 항으로 표현하는 방법이다. 이 식은 반대로 코사인과 사인을 $e^{i\theta}$ 항과 $e^{-i\theta}$ 항으로 표현하는 데에도 유용하다.

$$\textbf{지수로 나타낸 코사인} \qquad \cos\theta=\frac{e^{i\theta}+e^{-i\theta}}{2} \qquad \sin\theta=\frac{e^{i\theta}-e^{-i\theta}}{2i} \tag{4}$$

사인은 두 항의 뺄셈으로부터 나온다. 즉, $\cos\theta$ 항을 소거하면 $2i\sin\theta$를 얻는다. 이때 사인을 얻으려면 $2i$로 나누어야만 한다.

s^n과 $1/s$의 극형식

극형식은 곱셈과 거듭제곱 s^n을 구하는 데 적절한 방법이다. s_1과 s_2의 절댓값을 곱하고, 각각의 편각[4]을 더하기만 하면 되기 때문이다. 즉, $r_1 r_2$, $\theta_1+\theta_2$가 된다.

$s_1 s_2$의 곱셈 $\quad (r_1 e^{i\theta_1})(r_2 e^{i\theta_2}) = r_1 r_2 e^{i(\theta_1+\theta_2)}$ (5)

$s = re^{i\theta}$의 거듭제곱 $\quad s^n = (re^{i\theta})^n = r^n e^{in\theta}$ (6)

$n=2$일 때, $re^{i\theta}$과 $re^{i\theta}$을 곱하면 $r^2 e^{i2\theta}$이 된다(θ와 θ를 더한다). $n=-1$이면 나눗셈을 해야 한다. 직교좌표계 형식 $1/(a+i\omega)$은 다음과 같이 극형식 $1/(re^{i\theta})$과 일치한다.

$$\frac{1}{a+i\omega} = \frac{1}{a+i\omega}\frac{a-i\omega}{a-i\omega} = \frac{a-i\omega}{a^2+\omega^2} \qquad \frac{1}{re^{i\theta}} = \frac{1}{r}\frac{1}{e^{i\theta}} = \frac{1}{r}e^{-i\theta} \tag{7}$$

이때 크기는 $r=|a+i\omega|=\sqrt{a^2+\omega^2}$이다. 또한 식 (7)은 $1/s$이 $\bar{s}/|s|^2$와 같음을 말해준다. $y'-ay=e^{i\omega t}$을 풀면 $y=e^{i\omega t}/(i\omega-a)$임을 알게 된다.

이득 G와 위상 α $\quad i\omega - a = re^{i\alpha} \qquad \frac{1}{i\omega-a} = \frac{1}{r}e^{-i\alpha} = Ge^{-i\alpha}$ (8)

필자는 이런 극형식을 선호한다. $s=re^{i\theta}$일 때, $1/s$의 절댓값은 $1/r$이며 편각은 $-\theta$이다.

예 $1+i$의 극형식은 $\sqrt{2}\,e^{i\pi/4}$이다(절댓값 $r=\sqrt{1+1}=\sqrt{2}$).

켤레복소수 $1-i$의 극형식은 $\sqrt{2}\,e^{-i\pi/4}$이다.

역수 $1/(1+i)$의 극형식은 $(1/\sqrt{2})e^{-\pi i/4}$이다.

편각 θ에 2π를 더할 수 있음에 주목하라. 이는 원을 돌아 같은 점으로 돌아오는 것과 같은 원리이다. 그러면 $e^{i\theta}=e^{i(\theta+2\pi)}$이고 $e^{-i\pi/4}=e^{7\pi i/4}$이다.

4 (옮긴이) 원문에는 각도angle로 표기되어 있다. 각도는 각을 이루는 두 변의 서로 벌어진 정도를 의미하는데, s_1과 (복소평면에서) x축의 양의 방향이 이루는 각의 크기임을 명확하게 표현하기 위해 '편각'을 사용하였다.

단위원

극형식은 복소평면에서 단위원이 중요하다는 것을 보여준다. 단위원은 절댓값이 $r=|s|=1$인 모든 복소수를 포함하며 단위원 위의 수는 정확히 $\boldsymbol{s=e^{i\theta}=\cos\theta+i\sin\theta}$ 꼴이다. $r=1$이므로 r의 임의의 거듭제곱 r^n 또한 1이다. 즉 s^2, s^{-1}과 같은 모든 거듭제곱이 단위원 위에 있다. [그림 2-6]에서 편각은 각각 2θ, $-\theta$가 되고, n제곱 s^n의 편각은 $n\theta$가 된다.

여기 복소수를 삼각법에 적용하기 좋은 예가 있다. $\cos 2\theta$와 $\sin 2\theta$를 구하는 **배각 공식**double angle formula은 외우기가 쉽지 않다. $\cos 3\theta$와 $\sin 3\theta$를 구하는 **삼배각 공식**triple angle formula은 더욱 어렵다. 그러나 이 모든 공식은 다음과 같은 하나의 간단한 사실로부터 나온다.

$$(e^{i\theta})^n=e^{in\theta} \qquad (\cos\theta+i\sin\theta)^n=\cos n\theta+i\sin n\theta \tag{9}$$

$n=2$라면, $e^{i\theta}=\cos\theta+i\sin\theta$를 제곱하여 $e^{i2\theta}$이 된다.

$$(\cos\theta+i\sin\theta)^2=\cos^2\theta-\sin^2\theta+2i\cos\theta\sin\theta=\cos 2\theta+i\sin 2\theta \tag{10}$$

실수부 $\cos^2\theta-\sin^2\theta$는 $\boldsymbol{\cos 2\theta}$이고, 허수부 $2\sin\theta\cos\theta$는 $\boldsymbol{\sin 2\theta}$이다. 한 번 더 $\cos\theta+i\sin\theta$를 곱하면 삼배각에 대한 공식을 확인할 수 있다([연습문제 04]).

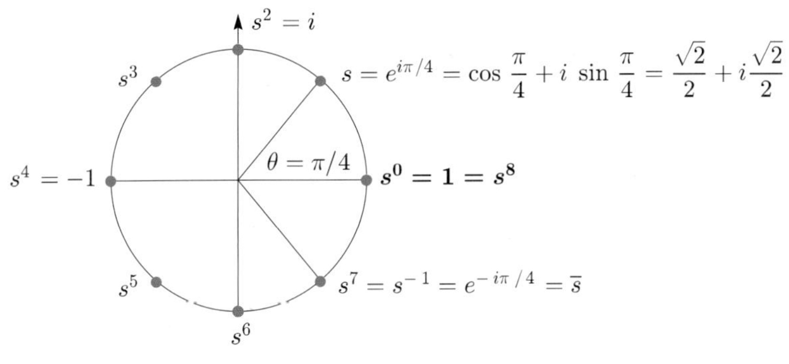

[그림 2-6] $s=e^{i\theta}$에 대해 $s^2=e^{i2\theta}$, $s^{-1}=e^{-i\theta}$이고 세 수 모두 $r=1$인 원 위에 있다. 이때 $\theta=45°$로 $\pi/4$라디안이다. 즉 $2\theta=90°$, $s^2=i$이고 따라서 $s^8=1$이다.

방정식 $s^n=1$

$s^2=1$인 수는 2개이다($s=1$과 $s=-1$). $s^4=1$인 수는 4개이다(1, -1, i, $-i$). 이 4개의 수는 단위원 둘레에 동일한 간격으로 위치한다. $s^n=1$ 꼴의 모든 방정식에서 $s=1$에서 시작하여, n개의 수가 단위원 둘레에 동일한 간격으로 위치하는 이러한 패턴이 존재한다. 대수학의 기본 법칙은 n차 방정식이 n개의 해(복소수일 수 있다)를 갖는다고 말해준다. 방정식 $s^n=1$도 예외는 아니며 이 식의 모든 해는 단위원 위에 있다.

$$\textbf{$s^n=1$에 대한 n개의 근} \qquad s=e^{2\pi i/n},\ s=e^{4\pi i/n},\ \cdots,\ s=e^{2n\pi i/n}=e^{2\pi i}=1$$

이 수들은 특별한 복소수 $s=e^{2\pi i/n}$의 거듭제곱 s, s^2, $\cdots$, s^n이다. 수 $s=e^{2\pi i/8}$은 [그림 2-6]에서 원 둘레에 위치해 있는 $s^8=1$에 대한 8개의 해 중 첫 번째 해이다.

$s^n=1$의 해는 다음 사실을 만족한다. **n개의 해를 모두 더하면 0이 된다.** [그림 2-6]에서 $s^5=-s$, $s^6=-s^2$, $s^7=-s^3$, $s^8=-s^4$임을 알 수 있다. 즉, 해들은 서로 짝을 지으며, 각 쌍을 더하면 0이 된다. 따라서 8개의 해를 모두 더하면 0이 된다.

$n=3$ 혹은 5 혹은 7일 때, 이러한 짝짓기는 더 이상 성립하지 않는다. $s^3=1$에 대하여 세 개의 해는 서로 $120°$를 이루며 떨어져 있다(s와 s^2은 $e^{2\pi i/3}$과 $e^{4\pi i/3}$으로 편각이 각각 $120°$, $240°$이다. 그 다음 해의 편각은 $360°$이다). 이 세 개의 수를 더해 0이 됨을 보이기 위해 $s^3-1=0$을 인수분해하자.

$$0=s^3-1=(s-1)(s^2+s+1)\text{로부터 } \boldsymbol{s^2+s+1=0}\text{이다.} \tag{11}$$

단위원 위에 있는 n개의 수는 **푸리에 행렬**Fourier matrix로 들어간다. 이들은 8.2절에서 **고속 푸리에 변환**fast Fourier transform을 성공적으로 수행하게 하는 핵심 도구이다.

지수함수 $e^{i\omega t}$과 e^{ist}

미분방정식을 풀기 위해 복소수를 사용한다. $dy/dt=ay$의 해 $y=Ce^{at}$은 실수이다. 그러나 이계 미분방정식은 e^{at}의 증감과 함께 $e^{i\omega t}$의 진동도 가질 수 있다. 이제 y는 사인과 코사인, 즉 복소수 지수를 가질 수 있다.

$$y=c_1e^{(a+i\omega)t}+c_2e^{(a-i\omega)t} \qquad \text{또는} \qquad y=C_1e^{at}\cos\omega t+C_2e^{at}\sin\omega t \tag{12}$$

우리의 목표는 이러한 $Ay''+By'+Cy=0$의 완전해의 조각들을 이해하는 것이다. 복소평면에서 점 $e^{(a+i\omega)t}$은 어떻게 움직이는가? 다음 절에서 a와 ω를 A, B, C와 연결하고 이 미분방정식을 풀 것이다. $e^{(a+i\omega)t}$의 경로를 추적하는 가장 좋은 방법은 a와 $i\omega$를 분리하는 것이다. $e^{i\omega t}$의 경로는 원이고 e^{at} 항은 이 원을 나선spiral으로 바꾼다.

지수법칙 $$e^{(a+i\omega)t} = e^{at}e^{i\omega t} \quad (13)$$

이것은 극형식이다! e^{at} 항의 절댓값은 r이고, 편각 ωt는 위상각 θ이다. 시간 t가 증가함에 따라, 우리는 다음 두 부분을 보게 된다.

절댓값 $a>0$이면 e^{at}은 t와 함께 증가하고, $a<0$이면 e^{at}은 감소한다.

위상각 t가 $2\pi/\omega$만큼 증가할 때, $e^{i\omega t}$은 단위원을 한 바퀴 돈다.

실수부 a는 해의 안정성을 결정하는데, 이는 1장에서 살펴본 것과 같다. 우리는 감쇠로 인해 안정성이 $a<0$가 되는 것을 확인할 수 있다. 그 경우 $y''+By'+Cy=0$에서 $B>0$이다.

이 절에서는 지수 s의 $i\omega$ 부분을 다룬다. 이것은 해 $y=e^{st}$에서 $e^{i\omega t}$ 부분을 생성한다. 2.1절의 순수한 진동들은 감쇠 항이 없는 $my''+ky=0$으로부터 나왔다. 그 진동은 오직 (단위원을 반대 방향으로 도는 $e^{-i\omega t}$에 대해) $e^{i\omega t}$ 부분만 갖는다. 이때 진동수는 $\omega = \sqrt{k/m}$이다.

$e^{i\omega t}$이 원을 도는 것을 보자. 만약 수평 방향의 움직임(x축 방향의 그림자)을 따른다면 $\cos\omega t$를 볼 수 있을 것이다. 반면, y축에 놓인 그래프의 높이를 따른다면 $\sin\omega t$를 볼 수 있을 것이다. $\omega t = 2\pi$일 때 원이 완성되므로 주기는 $T=2\pi/\omega$이다.

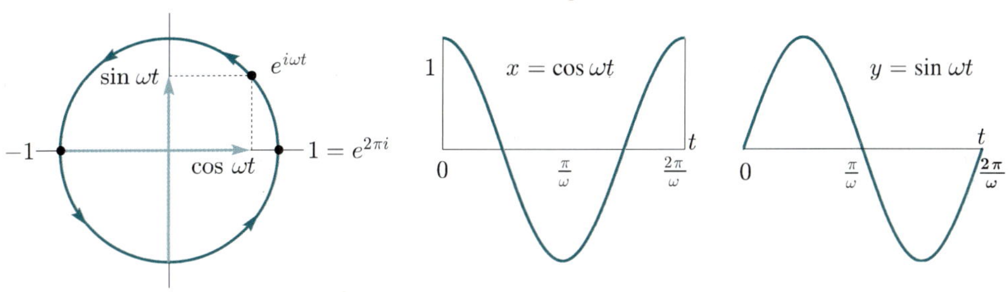

[그림 2-7] $y''+\omega^2y=0$에서 한 개의 복소수 해 $e^{i\omega t}$은 두 개의 실수 해를 생성한다.

$e^{i\omega t}$에 e^{at}을 곱할 때, 그 곱 e^{st}은 나선 모양이 된다. a가 음수일 때 나선은 원점을 향해 안으로 들어가고, $a>0$일 때 나선은 밖으로 나간다. 진동과 감쇠를 하나의 함수로 합칠 수 있는 것은 복소수의 혜택이다. 이때 실수함수는 $e^{at}\cos\omega t$와 $e^{at}\sin\omega t$이고, 복소수함수는 $e^{at}e^{i\omega t}=e^{st}$이다.

Q_ 나선이 한 개의 루프를 완성하고 x축의 양의 방향으로 돌아올 때, 시간 T와 교점 X는 어떻게 되겠는가?

A_ 나선이 각각의 루프를 완성시키는 데 필요한 시간 T는 $2\pi/\omega$이고, x축과의 교점은 $X=e^{aT}$이다 또한 $2T$ 시점에서 교점은 X^2이 될 것이다.

2.2 연습문제

01 복소평면 위에 수 $s_1 = 2+i$와 $s_2 = 1-2i$를 점으로 표시하라(복소평면은 실수 축과 허수 축으로 이루어진다). 그 다음 합 $s_1 + s_2$와 차 $s_1 - s_2$를 표시하라.

02 $s_1 = 2+i$와 $s_2 = 1-2i$를 곱하라. 이때 절댓값이 $|s_1||s_2| = |s_1 s_2|$임을 확인하라.

03 $1/(2+i)$의 실수부와 허수부를 구하라. $(2-i)/(2-i)$를 곱하여 다음 식을 완성하라.

$$\frac{1}{2+i}\frac{2-i}{2-i} = \frac{2-i}{|2+i|^2} = ?$$

04 다음은 삼배각에 대한 내용이다. 공식 (10)에 또 다른 $e^{i\theta} = \cos\theta + i\sin\theta$를 곱하여 $\cos 3\theta$와 $\sin 3\theta$에 대한 공식을 찾아라.

05 다음은 덧셈 공식에 대한 내용이다. $e^{i\theta} = \cos\theta + i\sin\theta$와 $e^{i\phi} = \cos\phi + i\sin\phi$를 곱해 $e^{i(\theta+\phi)}$을 찾아라. 이의 실수부는 $\cos(\theta+\phi) = \cos\theta\cos\phi - \sin\theta\sin\phi$이다. 이때 허수부 $\sin(\theta+\phi)$는 무엇인가?

06 1의 세제곱근 각각의 실수부와 허수부를 찾아라. 또한, 식 (11)을 통해 예측하였듯이 직접 계산하여 3개의 근을 더해 0이 됨을 확인하라.

07 $z = e^{2\pi i/3}$일 때, 1의 세제곱근은 $z,\ z^2,\ z^3 = 1$이다. 8의 세제곱근 3개와 i의 세제곱근 3개는 각각 무엇인가?(i의 편각은 90°, 즉 $\pi/2$이므로 i의 세제곱근 중 하나의 편각은 ______이다. 세제곱근들은 120°의 각을 이루고 있다.)

08 (a) i는 $e^{\pi i/2}$과 같다. 여기서 i의 i번째 거듭제곱 $\boldsymbol{i^i}$은 $(e^s)^t = e^{st}$이라는 사실을 이용하면 어떤 실수와 같아진다. 그 실수 $\boldsymbol{i^i}$은 무엇인가?

(b) $e^{i\pi/2}$은 $e^{5\pi i/2}$과 같다. 편각을 2π만큼 증가시키는 것은 $e^{i\theta}$을 변화시키지 않는다(원을 완전히 한 바퀴 돌아서 다시 i로 돌아온다). 그러면 i^i은 또 다른 실수 값 $(e^{5\pi i/2})^i = e^{-5\pi/2}$을 갖는다. i^i이 될 수 있는 모든 값은 무엇인가?

09 $\bar{s} = 3-i$는 $s = 3+i$의 켤레복소수이다. 그들의 합 $s+\bar{s} = -B$와 그들의 곱 $(s)(\bar{s}) = C$를 찾아라. 그런 다음 $s^2 + Bs + C = 0$이고 $\bar{s}^2 + B\bar{s} + C = 0$임을 보여라. 두 수 s와 $\bar{s}$는 이차 방정식 $x^2 + Bx + C = 0$에 대한 해이다.

10 $\bar{s} = a - i\omega$는 $s = a + i\omega$의 켤레복소수이다. 그들의 합 $s+\bar{s} = -B$와 그들의 곱 $(s)(\bar{s}) = C$를 찾아라. 그 다음 $s^2 + Bs + C = 0$임을 보여라. $x^2 + Bx + C = 0$의 두 개의 해는 s와 $\bar{s}$이다.

11 (a) $(1+i)^4$과 $(1+i)^8$의 값을 찾아라.

(b) $(1+i\sqrt{3})/(\sqrt{3}+i)$의 극형식 $re^{i\theta}$을 찾아라.

12 $z = e^{2\pi i/n}$은 $z^n = 1$의 해이고, $Z = e^{2\pi i/2n}$은 $Z^{2n} = 1$의 해이다. z와 Z는 어떤 관계가 있는가(이는 고속 푸리에 변환에서 큰 역할을 한다)?

13 (a) $e^{i\theta}$과 $e^{-i\theta}$을 알고 있을 때, $\sin\theta$는 어떻게 찾을 수 있는가?

(b) $e^{i\theta} = -1$을 만족하는 모든 편각 θ와 $e^{i\phi} = i$를 만족하는 모든 편각 ϕ를 찾아라.

14 하나의 복소평면 위에 모든 점을 나타내어라.

(a) $2+i$ (b) $(2+i)^2$

(c) $\dfrac{1}{2+i}$ (d) $|2+i|$

15 다음 (a)~(d)에 대해 절댓값 $r = |z|$를 찾아라. 만약 θ가 $6+8i$의 편각이면, 다음 (a)~(d)의 편각은 어떻게 되는가?

(a) $6-8i$ (b) $(6-8i)^2$

(c) $\dfrac{1}{6-8i}$ (d) $8i+6$

16 $e^{a+i\pi}$과 $e^{a+i\omega}$의 실수부와 허수부는 각각 무엇인가?

17 (a) $|s|=2$, $|z|=3$이면 sz와 s/z의 절댓값은 각각 얼마인가?

(b) $L \le |s+z| \le U$가 되는 $|s+z|$의 하한과 상한을 찾아라. $|s+z|=U$가 되는 때는 언제인가?

18 (a) 복소평면에서 곱 $(\sin\theta + i\cos\theta)(\cos\theta + i\sin\theta)$가 위치하는 곳은 어디인가?

(b) $S=\sin\theta + i\cos\theta$의 절댓값 $|S|$와 편각 θ를 찾아라.

19 나선 $e^{(1-i)t}$과 $e^{(2-2i)t}$을 그려라. 두 개의 식은 같은 곡선을 따라가는가? 두 개의 식은 시계 방향으로 도는가? 아니면 반시계 방향으로 도는가? 첫 번째 나선이 x축의 음의 방향에 도착할 때의 시간 T는 얼마인가? 그 시점에 두 번째 나선은 어떤 점에 도달하는가?

20 $d^2y/dt^2 = -y$의 해는 초기조건이 $y(0)=$______, $y'(0)=$_____일 때 $y=\cos t$이다. 초기조건이 $y(0)=$_____, $y'(0)=$_____일 때의 해는 $y=\sin t$이다. 각각의 해를 $c_1e^{it}+c_2e^{-it}$ 형태로 쓰고, 복소수 c_1과 c_2로부터 실수 해들을 구할 수 있음을 보아라.

21 $y(t)=e^{-t}e^{it}$이 $y''+By'+Cy=0$의 해일 때, B와 C는 각각 얼마인가? 만약 $y=e^{3it}$이 이 방정식을 푼다고 하면, B와 C는 각각 얼마인가?

22 $e^{iA}e^{-iB}=e^{i(A-B)}$으로부터 $\cos(A-B)$와 $\sin(A-B)$를 구하기 위한 뺄셈 공식을 유도하라.

23 (a) r, R이 각각 s, S의 절댓값일 때, 극형식을 사용하여 rR은 sS의 절댓값임을 보여라.

(b) $\bar{s}$, $\bar{S}$가 각각 s, S의 켤레복소수일 때, 극형식을 사용하여 $\bar{s}\bar{S}$는 sS의 켤레복소수임을 보여라.

24 복소수 s가 실수 계수 방정식 $s^3+As^2+Bs+C=0$ (A, B, C는 실수)의 해라고 하자. 켤레복소수 $\bar{s}$ 또한 이 방정식의 해가 되는 이유는 무엇인가?

NOTE_ 실수 계수 방정식의 복소수 해는 복소수 쌍 s와 $\bar{s}$이다.

25 (a) 두 복소수의 합이 $s+S=6$, 곱이 $sS=10$일 때, s와 S는 얼마인가(두 복소수는 서로 켤레복소수이다)?

(b) 두 수의 합이 $s+S=6$, 곱이 $sS=-16$일 때, s와 S는 얼마인가(이제 두 수는 실수이다)?

26 두 수 s와 S를 더하면 $s+S=-B$이고 곱하면 $sS=C$일 때, s와 S가 이차 방정식 $s^2+Bs+C=0$의 해가 됨을 보여라.

27 $s^3=-8i$에 대하여 세 개의 해를 찾고 복소평면에 세 점의 위치를 나타내라. 세 개의 해를 합한 값은 얼마인가?

28 (a) $t\to\infty$일 때 e^{st}이 0으로 수렴하도록 하는 복소수 $s=a+i\omega$들은 모두 무엇인가?

(b) $n\to\infty$일 때 s^n이 0으로 수렴하도록 하는 복소수 $s=a+i\omega$들은 모두 무엇인가? 이러한 수 s들은 복소평면의 어떤 부분을 채우는가(반평면[half-plane]은 아니다)?

2.3 상수 계수 A, B, C

2.1절에서 중요한 방정식 $my'' + ky = 0$을 제시하였다. 이것은 다음과 같은 계수가 상수인 이계 미분방정식의 특별한 경우이다. 우리는 여전히 두 개의 초기조건이 필요하다.

$$\boxed{A\frac{d^2y}{dt^2} + B\frac{dy}{dt} + Cy = 0} \qquad y(0)\text{과 } y'(0)\text{에서 시작} \tag{1}$$

계수 A, B, C는 임의의 상수가 될 수 있다. 순수한 진동에서 A는 질량 m이었고 C는 용수철 계수 k였으며, 두 상수 모두 양수였다. $B > 0$은 **감쇠**^damping^를 나타낸다. 이 절에서 A, B, C는 양수이거나 음수이거나 0일 수 있으며, 이에 따라 우리는 기하급수적으로 증가 혹은 감소 혹은 (감쇠된) 진동을 가질 수 있다. 식 (1)의 우변을 0으로 두고, 이 절에서는 영공간의 해 y_n을 찾을 것이다(비강제 운동).

먼저 식 (1)을 풀어보자. 계수들이 상수일 때, 항상 지수 e^{st}을 찾게 된다. s는 양수(y는 증가)일 수도 있고 음수(y는 감소)일 수도 있고 순허수(y는 진동)일 수도 있다. s가 복소수 $a + i\omega$일 때, 실수부 a는 증가와 감소를 조절하고, 허수부 ω는 진동을 조절한다.

A, B, C가 일정하므로 우리는 해를 명확하게 알 수 있다. 올바른 $y(0)$과 $y'(0)$을 선택하면 $g(t)$를 구할 수 있고, 모든 입력을 곱한 함수인 $g(t)$는 y_p를 준다. **핵심적인 단계는 $y = e^{st}$에서 s를 찾는 것이다.** 일반적으로 이차 방정식은 s_1, s_2를 갖는데, 이를 찾기 위해 $y = e^{st}$을 식 (1)에 대입하자.

$$As^2e^{st} + Bse^{st} + Ce^{st} = 0 \tag{2}$$

e^{st} 항은 0이 아니기 때문에 e^{st}으로 나눌 수 있다. e^{st}으로 나눠서 얻은 방정식은 s를 결정하기 위한 중요한 방정식이다(**특성 방정식**^characteristic equation^).

$$\textbf{특성 방정식} \qquad As^2 + Bs + C = 0 \tag{3}$$

이는 s에 대한 일반적인 이차 방정식이다. 모든 이차 방정식은 두 개의 근 s_1과 s_2를 갖는다. 두 근은 실수일 수도, 복소수일 수도 있으며 두 근이 서로 같을 수도 있다. 두 개의 근은 다음 이차 방정식의 근의 공식으로부터 나온다.

$$\textbf{두 근 } s \qquad s_1 = \frac{-B + \sqrt{B^2 - 4AC}}{2A} \qquad s_2 = \frac{-B - \sqrt{B^2 - 4AC}}{2A} \tag{4}$$

두 근을 더하면 $s_1 + s_2 = -B/A$이고, 두 근을 곱하면 $s_1 s_2 = C/A$이다. 실수 근인지, 복소수 근인지는 상당히 중요하며 다음과 같은 직접적인 답이 존재한다.

실수 근 $B^2 > 4AC$ 중근 $B^2 = 4AC$ 복소수 근 $B^2 < 4AC$

$B^2 - 4AC$가 양수일 때, 제곱근은 실수이다. 따라서 우리는 실수 근 $s_1 > s_2$를 갖는다. $B^2 - 4AC = 0$일 때, 제곱근은 0이고 $s_1 = s_2$이다(중근). $B^2 - 4AC$가 음수일 때, 제곱근은 허수이다. 근의 공식 (4)는 같은 실수부 $a = -B/2A$를 갖는 두 개의 복소수 $a + i\omega$와 $a - i\omega$를 만든다. 이제 예를 통해 세 가지 경우를 모두 살펴보자.

실수 근 2개, 중근 1개, 실수 근 0개

[그림 2-8]은 $B^2 - 4AC$가 근이 실수인지 복소수인지 결정하는 것을 보여준다. [그림 2-8]에서 세 개의 포물선은 (y절편으로) 각각 $C = 0$, $C = 1$, $C = 2$를 갖는다. C를 증가시킴에 따라 포물선은 위로 올라간다. 임계값은 $C = 1$로서, 이때 중간 포물선이 $s = 1$에서 $y = 0$과 만난다. $C = 1$일 때 중근을 얻고 이때 $B^2 = 4AC = 4$이다.

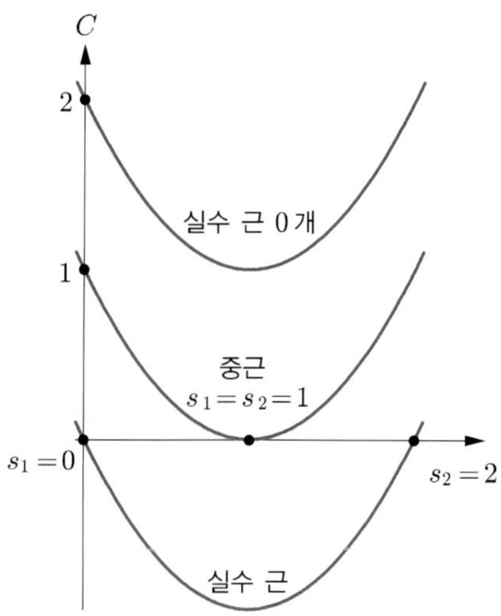

$$y = s^2 - 2s + \mathbf{2} \qquad \boldsymbol{s = 1 \pm i}$$

$$y = s^2 - 2s + \mathbf{1} = (s-1)^2 \qquad \boldsymbol{s = 1, 1}$$

$$y = s^2 - 2s + \mathbf{0} = s(s-2) \qquad \boldsymbol{s = 0, 2}$$

[그림 2-8] 맨 아래 곡선: $C = 0$일 때 두 실근. 중간 곡선: $C = 1$일 때 중근. 맨 위 곡선: $C = 2$일 때 실수 근 없음 → 복소수 근 $a + i\omega$

세 개의 포물선 모두 $A = 1$, $B = -2$이고 $B^2 = 4$이다. B^2과 $4AC$를 비교하는 것은 4와 $4C$를 비교하는 것과 같다. 이는 $C = 1$이 $B^2 = 4AC$의 중요한 경계선에 놓이는 것을 다시 보여준다. $C > 1$인 임의의 값은 포물선을 $y = 0$인 x축 위로 들어올린다. 그러면 $s^2 - 2s + C = 0$의 근은 복소수가 될 것이며, $y'' - 2y' + Cy = 0$은 감쇠된 진동을 줄 것이다. $C = 2$일 때 방정식은 $(s-1)^2 = -1$이 된다. 그러면 $s - 1 = i$ 또는 $s - 1 = -i$이다. 두 복소수 근은 $s = 1 + i$와 $s = 1 - i$이다. 이들은 이차 방정식의 근의 공식 (4)를 만족시킨다.

실수 근 $s_1 > s_2$

예제 1 $y = e^{st}$을 해로 갖는 미분방정식 $y'' + 3y' + 2y = 0$이 주어져 있다. (특성 방정식에) $A = 1$, $B = 3$, $C = 2$를 대입하여 s를 찾아라.

풀이

$$As^2 + Bs + C = \boldsymbol{s^2 + 3s + 2} = 0\text{은 } \boldsymbol{(s+1)(s+2)} = 0\text{으로 인수분해된다.} \tag{5}$$

두 근은 $s_1 = -1$ 또는 $s_2 = -2$이므로 모두 음수이다. 두 근은 근의 공식 (4)로부터 나오며 식 (5)를 이용하면 더 빠르게 구할 수 있다. 즉, $s_1 = -1$일 때 첫 번째 인수 $s+1$이 0이 되고, $s_2 = -2$일 때 $s+2 = 0$이 됨을 이용한다. **감쇠 → 음수 s → 안정성**

미분방정식의 완전해는 두 개의 순수한 지수 해에 대한 임의의 결합이다. 이것들은 영공간의 해(일반해)이다.

영공간의 해 $$\boldsymbol{y(t) = c_1 e^{s_1 t} + c_2 e^{s_2 t} = c_1 e^{-t} + c_2 e^{-2t}} \tag{6}$$

$t = 0$일 때 $y(0)$과 $y'(0)$을 만족하는 c_1과 c_2를 선택한다.

$t = 0$으로 두면 $$y(0) = c_1 + c_2\text{이고 } y'(0) = -c_1 - 2c_2 \tag{7}$$

위의 두 방정식으로부터 무사히 $c_1 = 2y(0) + y'(0)$과 $c_2 = -y(0) - y'(0)$을 구할 수 있다.

최종 해 $$\boldsymbol{y(t) = c_1 e^{-t} + c_2 e^{-2t}} = y(0)(2e^{-t} - e^{-2t}) + y'(0)(e^{-t} - e^{-2t})$$

예제 2 $y'' - 3y' + 2y = 0$을 풀어라. 계수 B는 3에서 -3으로 변하였다.

풀이

이전처럼 $y = e^{st}$을 대입한다. 음수 감쇠는 양수 s를 준다.

$$s^2 - 3s + 2 = 0 \qquad (s-1)(s-2) = 0 \qquad s_1 = 2 \text{ 또는 } s_2 = 1$$

완전해는 이제 $\boldsymbol{y(t) = c_1 e^{2t} + c_2 e^{t}}$이다. 기하급수적인 증가는 불안정성을 의미한다.

중근 $s_1 = s_2$

$As^2 + Bs + C = 0$의 두 근은 $B^2 = 4AC$일 때 서로 같아질 것이다. 이 이차식을 인수분해할 때, 여러분은 $(s-s_1)^2$과 A가 곱해진 형태임을 보게 된다. 인수 $s - s_1$은 두 번 등장한다. 즉, **$s = s_1$이 중근이 된다.**

앞에서 살펴본 e^{st} 방법은 하나의 중근 $s = s_1$을 찾았을 때 문제가 발생한다. $y = e^{s_1 t}$ 다음에 이차 방정식의 두 번째 해는 무엇이 될까?

$s_2 = s_1$일 때 $y = te^{s_1 t}$이 또 다른 해가 됨을 보일 것이다.

예제 3 $y'' - 2y' + y = 0$을 풀어라. 이 식의 계수 1, -2, 1에 대해 $B^2 = 4AC$이다.

풀이

마찬가지로 $y = e^{st}$을 대입한다. 근 $s = 1$은 중복되어 나온다(중근).

$$s^2 - 2s + 1 = 0 \qquad (s-1)^2 = 0 \qquad \boldsymbol{s_1 = 1 = s_2}$$

이 근을 이용하면 $y = e^t$은 방정식의 해가 되는데, 이는 쉽게 확인할 수 있다. 두 번째 해가 필요하다! 이제 $\boldsymbol{y = te^{st} = te^t}$이 $y'' - 2y' + y = 0$의 또 다른 해가 되는지 확인하자.

$$y' = (te^t)' = te^t + e^t \qquad y'' - 2y' + y = (te^t + 2e^t) - 2(te^t + e^t) + (te^t) = 0$$

> $As^2 + Bs + C = 0$의 중근은 반드시 $s_1 = -B/2A$이어야 한다.
> 그러면 $y_1 = e^{s_1 t}$과 $y_2 = te^{s_1 t}$ 또한 $Ay'' + By' + Cy = 0$의 해가 된다.

증명 단순근simple root[5]과 함께 [그림 2-8]의 맨 아래 포물선은 $Y = 0$을 분할한다. 중간의 포물선 $Y = (s-1)^2$은 중근 1, 1에서 $Y = 0$인 x축과 접한다. 이 경우 그래프는 같은 점 $s = s_1$에 두 번 닿는 셈이다. 또한 근은 $s_1 = s_2 = -B/2A$이다.

높이 0 **기울기 0**	$Y = As_1^2 + Bs_1 + C = 0$ 이고 또한 $\dfrac{dY}{ds} = 2As_1 + B = 0$이다.	(8)

5 (옮긴이) 단순근이란 중근이 아닌 근을 의미한다.

$y = te^{s_1 t}$이 $Ay'' + By' + Cy = 0$을 만족시키는지 확인하기 위해 y, y', y''을 살펴보자.

$$y' = s_1 te^{s_1 t} + e^{s_1 t} = \boldsymbol{s_1 y + e^{s_1 t}}$$
$$y'' = s_1 y' + s_1 e^{s_1 t} = s_1(s_1 y + e^{s_1 t}) + s_1 e^{s_1 t} = \boldsymbol{s_1^2 y + 2s_1 e^{s_1 t}}$$

y'', y', y를 $Ay'' + By' + Cy$에 대입하면 식 (8)로부터 $0+0$을 얻는다.

$$A(s_1^2 y + 2s_1 e^{s_1 t}) + B(s_1 y + e^{s_1 t}) + Cy = (As_1^2 + Bs_1 + C)y + (2As_1 + B)e^{s_1 t} = 0 + 0$$

$B^2 - 4AC = 0$이므로 근의 공식에 의해 $s_1 = -B/2A = s_2$와 같이 두 개의 근이 일치한다. $s_1 = s_2$인 중근과 두 번째 해에 인수 t를 갖는 가장 간단한 경우의 예제를 살펴보자.

예제 4 $y'' = 0$을 풀어라. 계수는 1, 0, 0으로서 $B^2 = 4AC$이다.

풀이

$y = e^{st}$을 대입하여 $s^2 e^{st} = 0$, $\boldsymbol{s^2 = 0}$을 찾았다. 따라서 중근은 $s = 0$이다. 일반해는 $y = e^{st} = e^{0t} = 1$로서 물론 $y'' = 0$이다. 우리는 두 번째 해가 필요하다. $y = te^{st}$에 대한 법칙은 $s = 0$일 때에도 여전히 적용된다. 즉, 두 번째 해는 $\boldsymbol{y = te^{0t} = t}$이다.

우리는 $y = 1$과 $y = t$가 $y'' = 0$의 해라는 사실을 이미 알고 있다.

고차 방정식

[연습문제 18]은 이러한 아이디어를 n차 방정식까지 확장시킨다(여전히 상수 계수이다). $y = e^{st}$을 대입하여 s에 대한 n차 방정식을 얻고, 이때 n개의 근이 존재한다. 만약 근 s_1, s_2, $\cdots$, s_n이 모두 다르다고 가정하면 그 근들은 서로 독립인 n개의 해 $y = e^{st}$을 준다. 그러나 만약 근 s_1이 두 번, 세 번, 혹은 m번 반복된다고 하면 $s = s_1$에 대해 m개의 서로 다른 해가 필요하다.

중복도 m $\quad m$개의 해는 $y = \boldsymbol{e^{s_1 t}}$, $y = \boldsymbol{te^{s_1 t}}$, $\cdots$, $y = \boldsymbol{t^{m-1} e^{s_1 t}}$이다. (9)

간단한 예로 방정식 $y'''' = 0$을 살펴보자. $y = e^{st}$을 대입하면 $s^4 = 0$이 된다. 이 방정식은 네 개의 0인 근(중복도 $m = 4$)을 얻는다. 식 (9)에 의해 예상되는 네 개의 해는 $y = 1$, t, t^2, t^3이다. 모든 해가 $y'''' = 0$을 만족하는 것은 당연하다. 실제로 이들의 4차 도함수는 0이다.

다음은 두 개의 실수 근과 두 개의 복소수 근을 갖는 4차 방정식이다.

$$y'''' - y = 0 \qquad y = e^{st}\text{이면 } s^4 - 1 = 0 \tag{10}$$

4차 방정식에 대한 네 개의 근은 $s_1 = 1$, $s_2 = -1$, $s_3 = i$, $s_4 = -i$이다. 그러면 $y'''' = y$의 완전해는 $y = c_1 e^t + c_2 e^{-t} + c_3 e^{it} + c_4 e^{-it}$이다.

복소수 근 $s_1 = a + i\omega$와 $s_2 = a - i\omega$

이차식에 대하여 근의 공식은 $B^2 - 4AC$의 제곱근을 포함한다. 그 값이 음수일 때, 제곱근은 허수이다. 한 예로 $y'' + y = 0$은 A, B, C가 각각 1, 0, 1이고, 따라서 $B^2 - 4AC = -4$이다. 이때 특성 방정식은 $As^2 + Bs + C = s^2 + 1$이다.

$s^2 + 1 = 0$의 근은 $s = i$ 또는 $s = -i$이고, $s^2 + 4 = 0$의 근은 $s = 2i$ 또는 $s = -2i$이다. $y'' + 4y = 0$으로부터의 진동은 다음 두 가지 방법으로 쓸 수 있다.

$$B = 0 : \textbf{감쇠 없음} \qquad \boxed{y = c_1 e^{2it} + c_2 e^{-2it} = C_1 \cos 2t + C_2 \sin 2t} \tag{11}$$

$B = 0$일 때 s의 실수부는 0이다(순수한 진동).

이제 감쇠가 있는 $y'' + y' + y = 0$일 때, 근의 공식을 사용해 $s^2 + s + 1 = 0$의 해를 구하자. 이때 A, B, C는 1, 1, 1이고, $B^2 - 4AC$는 -3이다.

$$s^2 + s + 1 = 0 \qquad s_1 = \frac{-1 + \sqrt{-3}}{2} = -\frac{1}{2} + \frac{\sqrt{3}}{2} i \qquad s_2 = -\frac{1}{2} - \frac{\sqrt{3}}{2} i$$

두 복소수 근 s_1과 s_2는 같은 실수부 $a = -1/2$을 가지며 허수부는 각각 ω와 $-\omega$로서 ($\sqrt{3}/2$와 $-\sqrt{3}/2$)서로 다른 부호를 갖는다. 이는 $B^2 - 4AC$의 제곱근에 각각 양의 부호를, 음의 부호를 붙인 것이다. A, B, C가 실수라고 가정하면 $As^2 + Bs + C = 0$의 두 근은 서로 켤레복소수이다. s_1과 s_2를 복소평면 위에 놓으면, 그것들은 실수 축에 대한 대칭 거울상이 된다.

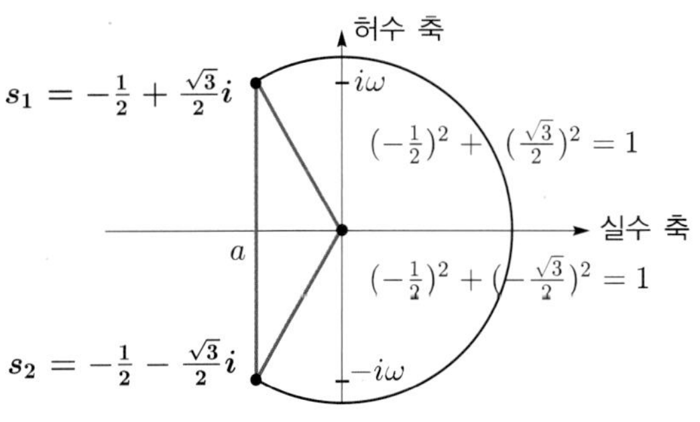

근은 $a + i\omega$와 $a - i\omega$이며 곱하면 $a^2 + \omega^2 = C/A = 1$이다.

$s = a + i\omega$의 **켤레복소수**는 $\overline{s} = a - i\omega$이며 그 크기는 $|s| = \sqrt{a^2 + \omega^2}$이다. $a = -1/2$, $\omega = \sqrt{3}/2$인 예에서 크기는 정확히 $|s| = 1$이다. 이는 $(-1/2)^2 + (\sqrt{3}/2)^2 = 1$이기 때문이다. 그림에서 원의 반지름은 1이다. 이와 같이 단위원을 인식하는 것은 매우 중요하다. 단위원 위의 복소수는 $s = \cos\theta + i\sin\theta$의 꼴인데, 이는 $(\cos\theta)^2 + (\sin\theta)^2 = 1$이기 때문이다. 편각 θ는 양의 실수 축으로부터 측정된다. 그림에서 이 편각은 $120°$, 즉 $2\pi/3$이다. 단위원 위의 점은 오일러 공식 $e^{i\theta} = \cos\theta + i\sin\theta$에 의해 주어진다. 우리는 $y(t)$의 복소수 형태를 이와 동등한 실수 형태로 서로 전환시킬 수 있다.

복소수 형태 $y(t) = e^{at}(c_1 e^{i\omega t} + c_2 e^{-i\omega t})$ **실수 형태** $y(t) = e^{at}(C_1\cos\omega t + C_2\sin\omega t)$

$e^{i\omega t}$과 $e^{-i\omega t}$에 대한 오일러 공식을 통해 $C_1 = c_1 + c_2$, $C_2 = ic_1 - ic_2$임을 알 수 있다.

복소수 $a + i\omega$에 대한 이러한 핵심적인 사실들과 함께, 우리는 $s^2 + s + 1 = 0$과 이를 파생시킨 미분방정식으로 돌아간다.

$$\frac{d^2y}{dt^2} + \frac{dy}{dt} + y = 0 \qquad y_1 = e^{s_1 t} = e^{(a+i\omega)t} \qquad y_2 = e^{s_2 t} = e^{(a-i\omega)t}$$

$e^{(a+i\omega)t}$은 단위원 위에 있지 않은데, 이는 실수부 $a = -1/2$ 때문이다. $a = 0$일 때 $e^{i\omega t}$은 단위원을 따라 움직이고, $a < 0$일 때, $e^{(a+i\omega)t}$은 0을 향해 나선을 그린다. 즉, 감쇠한다. $e^{i\omega t}$의 크기는 1이지만, e^{at}은 a의 부호에 따라 증가하거나 감소한다.

증가 $a > 0$ 크기 $|e^{(a+i\omega)t}| = e^{at} \to \infty$

감소 $a < 0$ 크기 $|e^{(a+i\omega)t}| = e^{at} \to 0$

실수부는 항상 $a = -B/2A$이다. A와 B가 양수이면 임의의 방정식 $Ay'' + By' + Cy = 0$은 감쇠와 감소가 있을 것이다. 여기 $B = -1$인 한 예가 있다.

음수 감쇠 → 증가 $y'' - y' + y = 0$ $s^2 - s + 1 = 0$

그것은 a를 $+\frac{1}{2}$로 바꾼다. 근 $a \pm i\omega$는 이제 $s^2 - s + 1 = 0$으로부터 나온다.

$$s_1 = a + i\omega = +\frac{1}{2} + \frac{\sqrt{3}}{2}i \text{의 크기는 } |s_1| = \sqrt{a^2 + \omega^2} = 1\text{이다.}$$

$|s_1| = 1$이므로 점 s_1은 단위원 위에 있다. 이때 실수부 a는 $+\frac{1}{2}$이고, 따라서 s_1은 허수 축의 (왼쪽이 아니라) 오른쪽에 있다. $s_1 = e^{i\theta}$의 편각은 $\theta = 60°$로 변한다. 이제 s_1과 s_2는 단위원의 오른쪽 반원(e^{st}

이 증가하는 불안전한 반원) 위에 있다.

$$\textbf{항-감쇠}^{\text{anti-damping}}\ B = -1 \qquad \textbf{성장률}\ a = \frac{1}{2} \qquad \textbf{크기}\ |e^{st}| = e^{at} = e^{t/2}$$

대부분의 물리적 문제에서 우리는 양수 감쇠 $B > 0$과 감소율 $a < 0$을 기대한다. 그러면 그 미분방정식은 안정적이고 그것의 영공간의 해는 $t \to \infty$일 때 0이 된다.

과감쇠와 저감쇠

이 절에서는 $B^2 > 4AC$ 일 때와 $B^2 < 4AC$일 때의 차이를 강조한다. 이는 실수 해와 복소수 해의 차이이며 여러분이 눈으로 보기만 해도 알 수 있는 차이점이다. [그림 2-9]를 보면, 감쇠 항 $B = 1,\ 2,\ 3$에 대해 $y'' + By' + y = 0$은 서로 다른 방식으로 0에 접근한다.

이번에는 **강도**stiffness C 대신에 **감쇠**damping B를 변화시킬 것이다.

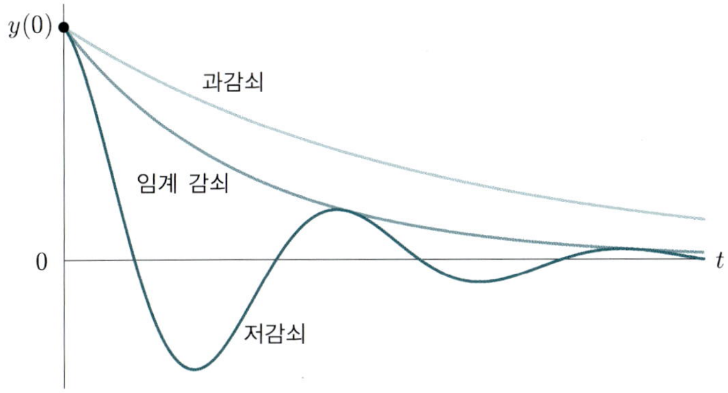

[그림 2-9] $y(t)$는 곧바로 0으로 가거나(과감쇠) 진동한다(저감쇠).

가능한 네 가지 감쇠는 $As^2 + Bs + C = 0$이 가질 수 있는 네 가지 종류의 해와 대응된다.

과감쇠overdamping	$B^2 > 4AC$	실수 근	$e^{s_1 t}$과 $e^{s_2 t}$
임계 감쇠critical damping	$B^2 = 4AC$	중근	$e^{s_1 t}$과 $te^{s_1 t}$
저감쇠underdamping	$B^2 < 4AC$	복소수 근	$e^{at}\cos\omega t,\ e^{at}\sin\omega t$
감쇠 없음no damping	$B = 0$	허근	$\cos\omega t$와 $\sin\omega t$

[그림 2-9]는 저감쇠일 때 그래프가 어떻게 0을 가로지르고 다시 돌아오는지를 보여준다. 이것은 아이가 그네에서 내릴 때 0으로 안착하는 그네와 같다. $B = 0$일 때 우리는 $a = 0$과 허근 $\pm i\omega$와, 용수철과 물체

사이에서의 순수한 진동을 얻는다.

[그림 2-10]은 모두 $A = C = 1$인 네 개의 포물선을 보여준다. 감쇠 계수는 각각 $B = 0, 1, 2, 3$이다. $B = 3$일 때 감쇠가 강해서 $s^2 + 3s + 1 = 0$은 실수 근을 갖는다. $B = 2$일 때 임계 감쇠이며 $s^2 + 2s + 1 = 0$은 중근 $s = -1, -1$을 갖는다. $B = 1$일 때는 감쇠가 약해서 근은 복소수가 된다. 해 $y = e^{at}\cos\omega t$와 $y = e^{at}\sin\omega t$는 e^{at} 항이 0으로 감에 따라 진동한다. $B = 0$일 때 감쇠는 없다.

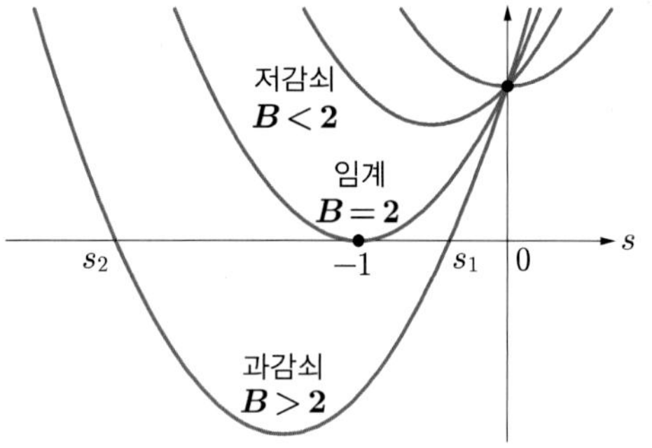

$y = s^2 + 0s + 1$	$s = i, -i$
$y = s^2 + 1s + 1$	$s = (-1 \pm \sqrt{3}i)/2$
$y = s^2 + 2s + 1$	$s = -1, -1$
$y = s^2 + 3s + 1$	$s = (-3 \pm \sqrt{5})/2$

[그림 2-10] B가 증가함에 따라 포물선의 꼭짓점은 왼쪽 아래로 움직인다.

기본해 = 성장 인자 = 임펄스 응답

$\boldsymbol{g(0) = 0}$, $\boldsymbol{g'(0) = 1/A}$과 같은 하나의 특별한 초기조건 선택은 매우 중요하다. y 대신 g라는 문자가 이 기본해를 알아보기 쉽게 한다. 이것은 $g'(0)$이라는 힘(혹은 부스트[boost])을 갖고 시작하는 영공간의 해이다. 이것은 또한 $Ag'' + Bg' + Cg = \delta(t)$의 특수해이기도 하다. 이러한 델타 함수의 기본해를 통해 우리는 모든 해를 얻을 수 있다.

복습하자면, $As^2 + Bs + C = 0$의 근은 s_1과 s_2이다. $s_1 \neq s_2$이면 두 개의 근은 이 영방정식[null equation]의 두 개의 해 $e^{s_1 t}$과 $e^{s_2 t}$을 준다. 이때 $g(0) = 0$과 $g'(0) = 1/A$을 만족하는 결합 $g = c_1 e^{s_1 t} + c_2 e^{s_2 t}$을 찾아야 한다. 올바른 c_1과 c_2를 선택하자.

$g(0) = c_1 + c_2 = 0$	s_2를 곱하면	$s_2 c_1 + s_2 c_2 = 0$
$\boldsymbol{g'(0) = s_1 c_1 + s_2 c_2 = 1/A}$	이 식에서 위 식을 빼면	$\boldsymbol{(s_1 - s_2) c_1 = 1/A}$

기본해 $$\boldsymbol{g(t) = \frac{e^{s_1 t} - e^{s_2 t}}{A(s_1 - s_2)}} \text{은 } c_1 = \frac{1}{A(s_1 - s_2)} = -c_2 \text{를 갖는다.} \qquad (12)$$

■ 감쇠 없음 진동 방정식 $my'' + ky = 0$에 대해 $ms^2 + k = 0$의 근은 $s_1 = i\sqrt{k/m} = i\omega$ 또는 $s_2 = -i\sqrt{k/m} = -i\omega$이므로 허수이다. 그러면 기본해는 $A = m$일 때 다음과 같이 간단한 형태를 갖는다.

$$\boldsymbol{g(t)} = \frac{e^{s_1 t} - e^{s_2 t}}{m(s_1 - s_2)} = \frac{e^{i\omega t} - e^{-i\omega t}}{m(2i\omega)} = \frac{2i\sin\omega t}{2im\omega} = \frac{\boldsymbol{\sin\omega t}}{\boldsymbol{A\omega}} \tag{13}$$

이것은 2.1절의 임펄스 반응이다. 위의 식에서 확실한 것은 $g(0) = 0$, $g'(0) = 1/A$이다.

■ 저감쇠 이제 $s_1 = a + i\omega$, $s_2 = a - i\omega$이다. $a = -B/2A$로부터 **감소**[decay]가 있고, ω로부터 진동이 있다. 곧 우리는 $B/2A$를 p로, ω를 ω_d로 쓸 것이다.

$$\boldsymbol{g(t)} = \frac{e^{(a+i\omega)t} - e^{(a-i\omega)t}}{A(2i\omega)} = e^{at}\frac{\boldsymbol{\sin\omega t}}{\boldsymbol{A\omega}} = e^{-pt}\frac{\boldsymbol{\sin\omega_d t}}{\boldsymbol{A\omega_d}} \tag{14}$$

■ 임계 감쇠 이제 $B^2 = 4AC$이고 근은 $\boldsymbol{s_1 = s_2 = -B/2A}$로 같다. 미분방정식의($e^{s_1 t}$ 다음의) 두 번째 해는 $g(t) = te^{s_1 t}$이다. A로 나누면 이것은 정확히 $g(0) = 0$이고 $g'(0) = 1/A$인 해이다.

$$\boldsymbol{g(t)} = \frac{te^{s_1 t}}{A} = \frac{\boldsymbol{te^{-Bt/2A}}}{\boldsymbol{A}} \tag{15}$$

■ 과감쇠 $B^2 > 4AC$일 때, 근 s_1과 s_2는 실수이다. 기본해는 식 (12)와 같이 주어진다.

$g(t)$의 실제 목적은 임의의 우변 $f(t)$에 대해 $Ay'' + By' + Cy = f(t)$를 푸는 것이다. 임펄스 응답 g는 다른 모든 해를 주는 기본해이다.

임의의 $f(t)$에 대한 해 $$\boldsymbol{y_p(t) = \int_0^t g(t-s)f(s)ds} \tag{16}$$

$f(t) = 1$의 **계단 응답**은 $y_p = g(t)$의 적분이다. 이것은 2.5절에서 다시 나온다.

델타 함수와 임펄스 응답

이 절에서 $g(t)$는 초기 속도가 $g'(0) = 1/A$인 **영공간의 해**이다. 반면 다음 절에서 $g(t)$는 초기 속도는 0이지만 임펄스 $f(t) = \delta(t)$에 의해 추진되는 **특수해**이다. $g(t)$가 하나의 문제에 대해 y_n이고, 또 다른 문제에 대해서는 y_p가 되는 이러한 특징을 가지기 경우는 소스항이 델타 함수일 때뿐이다.

이에 대해 비공식적인 설명은 $Ay'' + By' + Cg = \delta(t)$의 모든 항을 석분하는 것이다. 매우 짧은 구간인 0부터 Δ까지 우변을 적분하면 1이 된다. 이때 좌변에서 Ag''의 적분은 $Ag'(\Delta)$에 0으로 가는 Δ차의 항을 더한 것이다. 우변의 1과 대응시키기 위해 임펄스 응답 $g(t)$는 즉시 $g' = 1/A$로 시작한다.

예제 5 가장 좋은 예는 $g''(t) = \delta(t)$인 **램프 함수**[ramp function] $g(t) = t$이다.

풀이

램프 함수의 미분은 계단 함수이다. 여러분은 이 계단 함수에서 $g' = 1$로 점프를 볼 수 있다. 램프 함수 $g(t) = t$는 $A = 1$이고 $B = C = 0$인 경우의 식 (15)와 일치한다. $g(0) = 0$, $g'(0) = 1$에서 시작하는 영 방정식 $g'' = 0$은 $g(t) = t$에 의해 풀린다.

$t < 0$일 때 모든 함숫값은 0이다. 그러면 램프 함수 $g(t)$와 계단 함수 $g'(t)$에 대해 $g''(t) = \delta(t)$가 만족하는 것을 확인할 수 있다. 이는 식 (12)의 극한인 경우로서 B, C, s_1, s_2가 0으로 갈 때이다.

상수 계수로부터의 전이 불변

계수가 상수인 방정식에 대하여, 시간 s에서 시간 t까지의 증가는 정확히 0에서 $t-s$까지의 증가와 같다. 문제는 **전이 불변량**[shift invariant]이다. 우리는 어떤 점이든 시간의 구간에 대한 시작점을 선택할 수 있다. 동일한 길이인 모든 구간에 대해 같은 성장 인자 $g(t-s)$를 볼 것이다. 이것은 입력의 증가이다.

$$s \text{ 시점에서의 입력 } f(s) \qquad \textbf{총 출력 } \boldsymbol{y(t) = \int_0^t g(t-s)f(s)ds} \tag{17}$$

이것은 1장에서 살펴본 주요 식 $y(t) = \int e^{a(t-s)}q(s)ds$와 같다. 1장에서 성장 인자는 $g(t) = e^{at}$이었고, 방정식 $dy/dt - ay = q(t)$는 상수 a를 가졌다.

만약 계수 A, B, C 중 어느 하나라도 시간에 따라 변하면 전이 불변은 사라진다. 성장 인자는 $g(s, t)$가 되어 (단지 소요된 시간 $t-s$가 아니라) 특정한 시작점 s와 끝점 t에 따라 변화하게 된다.

일차 방정식에 대해, 1.6절에서 $g(s, t)$를 찾았다. 그러나 시간에 따라 변하는 계수를 갖는 이차 방정식은 보편적으로 알고 있는 함수를 이용해 푸는 것이 불가능하다. 우리는 종종 $g(s, t)$, 즉 t 시점에서의 응답과 s 시점에서의 임펄스에 대한 식을 갖고 있지 않다. 전이 불변(상수 계수들)은 성공적인 해의 식을 얻기 위한 핵심이다.

s_1과 s_2를 위한 더 좋은 식들

$As^2 + Bs + C = 0$의 근을 s_1과 s_2라고 할 때, 이러한 두 근에 대한 공식은 $B^2 - 4AC$를 포함한다. 우리는 $B^2 > 4AC$가 $B^2 < 4AC$와 매우 다르다는 것을 보았다. 과감쇠는 실수 근, 저감쇠는 복소수 근과 진동으로 이어진다. 이 식은 매우 중요해서 과학과 공학 분야에서는 이를 간단하게 만들기 위해 노력했다.

자연스럽게 시작해보자. $B/2A$와 C/A에 문자들을 부여할 것인데, 이때 우리는 C/A를 ω_n^2으로 알고 있다. 이것은 기계학에서는 k/m이며 감쇠 없는 '고유 진동수'를 준다. $B/2A$에 대해 여기서는 문자 p를 사용할 것이다. 이때 중요한 것은 s_1과 s_2를 간단히 하는 것이다.

$$s_1, s_2 = \frac{-B \pm \sqrt{B^2 - 4AC}}{2A} = -p \pm \sqrt{p^2 - \omega_n^2} \qquad (18)$$

이로써 식이 매우 개선되었다! $As^2 + Bs + C = 0$을 A로 나누었기 때문에 이제는 세 개가 아닌 두 개의 문자로 식이 표현된다. $p = B/2A$를 대입하여 식 (18)에서 2와 4가 소거되었다.

B^2과 $4AC$의 비교는 이제 p^2과 ω_n^2의 비교가 된다. $p^2 > \omega_n^2$일 때, 근들은 실수이다(과감쇠). $p^2 - \omega_n^2$이 음수일 때, s_1과 s_2는 복소수가 될 것이다. 우리는 다음과 같이 고유 진동수 ω_n보다 작은, 감쇠 진동수 ω_d으로의 진동을 갖는다.

$$\omega_d^2 = \omega_n^2 - p^2 \qquad s_1, s_2 = -p \pm i\sqrt{\omega_n^2 - p^2} = -p \pm i\omega_d \qquad (19)$$

감쇠 비율 Z

여기서 설명을 멈출 수도 있지만 우리는 p에 대한 ω_n의 비율이 매우 중요함을 알았으므로 이로부터 다음과 같은 마지막 단계를 제안하려고 한다. **$Z = p/\omega_n$은 감쇠 비율 Z이다.** 공학에서 이 비율은 제타[zeta]로 불린다(그리스 문자로는 ζ이다). 이를 나타낼 때, 그리스 문자 대신 대문자 Z로 쉽게 쓰는 것을 양해 부탁한다.[6] 그러면 우리는 p를 $Z\omega_n$으로 바꿀 수 있다. 이제 식 $s = -p \pm i\omega_d$를 ω_n과 Z를 사용하여 나타내면 다음과 같다.

$$\text{감쇠 비율} \quad Z = \frac{p}{\omega_n} \qquad s = -Z\omega_n \pm i\omega_d = -Z\omega_n \pm i\omega_n\sqrt{1 - Z^2} \qquad (20)$$

감쇠된 ω_d^2은 $\omega_n^2 - p^2 = \omega_n^2(1 - Z^2)$이다. 이의 제곱근 ω_d는 감쇠 진동수이고, 영공간의 해는 $y_n(t) = e^{-Z\omega_n t}(c_1 \cos \omega_d t + c_2 \sin \omega_d t)$이다.

저감쇠는 $Z < 1$, 임계 감쇠는 $Z = 1$, 과감쇠는 $Z > 1$이다. 감쇠 비율 Z는 무차원[dimensionless]이므로 다음과 같이 요점은 명확해진다.

---

6 (옮긴이) 그리스 문자에서의 대문자 제타 ζ = 로마자에서의 대문자 Z

$$\text{감쇠 비율} \qquad \boldsymbol{Z}=\frac{p}{\omega_n}=\frac{B/2A}{\sqrt{C/A}}=\frac{\boldsymbol{B}}{\sqrt{\boldsymbol{4AC}}}=\frac{b}{\sqrt{4mk}} \tag{21}$$

시간이 초 대신 분 단위로 측정되면 수 A, B, C는 각각 60^2, 60, 1로 변하는 반면 $\sqrt{4AC}$**에 대한** B**의 비율은 변하지 않는다.** 두 값 모두 60을 인수로 갖고 있기 때문이다. 이는 B^2-4AC가 이차 방정식의 근의 공식에 등장하기에 적당하다는 것을 알려주는데, B^2과 $4AC$가 같은 단위를 갖고 있기 때문이다.

마지막 요점은 Z가 작을 때의 좋은 근사이다. $1-Z^2$의 제곱근은 $1-\frac{1}{2}Z^2$과 가깝다. 이것은 미적분학(접선을 이용한 선형 근사)에서 나오며 이를 확인하는 좋은 방법은 양변을 제곱하는 것이다. 이때 제곱해서 생긴 항 $Z^4/4$은 매우 작다.

$$\sqrt{1-\boldsymbol{Z}^2}\approx 1-\frac{1}{2}\boldsymbol{Z}^2\text{은 } 1-Z^2\approx 1-Z^2+\frac{1}{4}Z^4\text{이 된다.} \tag{22}$$

감쇠에 대한 좋은 측정값은 비율 $Z=B/\sqrt{4AC}$이다. 이 핵심적인 무차원 수는 모든 것을 결정한다.

$\boldsymbol{Z}>1$	$B^2>4AC$와 실수근 : 과감쇠와 진동 없음
$\boldsymbol{Z}<1$	$B^2<4AC$와 복소수 근 : 저감쇠와 느린 진동
$\boldsymbol{Z}=1$	$B^2=4AC$와 중근 $-B/2A$: 임계 감쇠

특이한 사실이 있다. 매우 큰 B에 대해 근은 근사적으로 $s_1=-1/B$ 또는 $s_2=-B$이다. 근 s_2는 감소 속도가 빠르지만 $y(t)$의 실제 감소는 (0으로 접근하는) s_1에 의해 조절된다! 따라서 실제로 B가 증가하면 이러한 우세한 **감소 모드**decay mode는 느려진다.

많은 저자들이 s_1과 s_2를 **극**pole으로 언급한다. 그것들은 **전달 함수**transfer function $Y(s)=1/(As^2+Bs+C)$에서 Y가 $1/0$이 되도록 하는 극이다. 이후에 우리는 전달 함수를 다시 살펴볼 것이다. 지수함수 e^{-pt}은 시간 계수 $\tau=1/p$을 갖는다. 그 시간 τ에서 e^{-pt}은 e의 비율로 감소한다.

2.3 요약

1. 방정식 $Ay'' + By' + Cy = 0$은 $As^2 + Bs + C = 0$일 때 $y = e^{st}$을 해로 갖는다.

2. 두 근 s_1, s_2는 $B^2 > 4AC$일 때 실수이고, $B^2 = 4AC$일 때 서로 같으며, $B^2 < 4AC$일 때 복소수이다.

3. 음의 실수 근들은 안정성과 과감쇠를 보인다. $y(t) = c_1 e^{s_1 t} + c_2 e^{s_2 t} \to 0$

4. $B^2 = 4AC$일 때 중근 $s = -B/2A$이다. 두 번째 해를 $y_2 = te^{st}$로 바꾼다.

5. 복소수 근 $a \pm i\omega$는 저감쇠된 진동을 발생시킨다. $e^{at}(C_1 \cos \omega t + C_2 \sin \omega t)$

6. 초깃값 $g(0) = 0$과 $g'(0) = 1/A$은 $g(t) = (e^{s_1 t} - e^{s_2 t})/A(s_1 - s_2)$이 된다. 같은 $g(t)$는 $Ag'' + Bg' + Cg = \delta(t)$를 푼다. 이것은 기본해이다.

7. $p = B/2A$와 $\omega_d^2 = \omega_n^2 - p^2$을 이용하면 s_1과 s_2는 $-p \pm i\omega_d$가 된다. 감쇠 비율 $Z = B/\sqrt{4AC} < 1$을 이용하면 이러한 복소수 s_1과 s_2는 $-Z\omega_n \pm i\omega_n \sqrt{1 - Z^2}$이다.

2.3 연습문제

01 $y = e^{st}$을 대입하고 s에 대한 특성 방정식을 풀어라.

(a) $2y'' + 8y' + 6y = 0$ (b) $y'''' - 2y'' + y = 0$

02 $y = e^{st}$을 대입하고 $s = a + i\omega$에 대한 특성 방정식을 풀어라.

(a) $y'' + 2y' + 5y = 0$ (b) $y'''' + 2y'' + y = 0$

03 $y = c_1 e^{-2t} + c_2 e^{-4t}$에 의해 풀리는 이차 방정식은 무엇인가? 또한 $y = te^{5t}$을 해로 갖는 이차 방정식은 무엇인가?

04 $y = c_1 e^{-2t} \cos 3t + c_2 e^{-2t} \sin 3t$를 해로 갖는 이차 방정식은 무엇인가?

05 $4y'' + By' + 16y = 0$에 (저, 임계, 과)감쇠를 주는 수 B는 무엇인가?

06 $my'' + by' + ky = 0$으로부터의 진동을 원한다면 b는 반드시 _____ 아래에 놓여야 한다.

07~16 다음은 방정식 $As^2 + Bs + C = 0$과 근 s_1, s_2에 대한 문제이다.

07 두 근 s_1, s_2는 $s_1 + s_2 = -2p = -B/2A$와 $s_1 s_2 = \omega_n^2 = C/A$를 만족시킨다. 이를 다음 두 가지 방법으로 보여라.

(a) $As^2 + Bs + C = A(s - s_1)(s - s_2)$에서 시작하자. $s_1 s_2$와 $s_1 + s_2$를 알아보려면 곱하라.

(b) $s_1 = -p + i\omega_d$, $s_2 = -p - i\omega_d$에서 시작하자.

08 $y = As^2 + Bs + C$의 꼭짓점에서의 s와 y를 찾아라. 최솟값을 갖는 점 $s = s_{\min}$과 $y = y_{\min}$에서 기울기는 $dy/ds = 0$이다.

09 [그림 2-10]에서 포물선들은 $y = As^2 + Bs + C$의 그래프가 B가 증가함에 따라 어떻게 올라가는지 알 수

있다. [연습문제 08]을 이용하여 B가 ΔB만큼 증가할 때, 그래프의 꼭짓점이 왼쪽($s_{\min}$의 변화) 아래($y_{\min}$의 변화)로 이동함을 보여라.

10 **(추천)** $s^2+Bs+1=0$이고 감쇠가 $B=0$부터 $B=\infty$까지 증가할 때, s_1과 s_2의 경로를 나타내는 그림을 그려라. $B=0$에서 근들은 ______축 위에 있다. B가 증가함에 따라 근들은 원 위를 움직인다(이유는 무엇인가?). $B=2$일 때, 근들은 실수 축 위에서 만난다. $B>2$일 때, 근들은 분리되어 각각 0과 $-\infty$로 접근한다. 그들의 곱 s_1s_2가 항상 1과 같은 이유는 무엇인가?

11 **(심화)** $s^2+2s+k=0$이고 강도가 $k=0$에서 $k=\infty$까지 증가할 때, s_1과 s_2의 경로를 그려라. $k=0$일 때, 근은 ______이다. $k=1$에서 근들은 $s=$______에서 만난다. $k\to\infty$에 대해 두 근은 복소평면의 ______ 위에서 위/아래로 움직인다. 그들의 합 s_1+s_2가 항상 -2와 같은 이유는 무엇인가?

12 다항식 $P(s)$가 $s=s_1$에서 중근을 갖는다고 하면 $(s-s_1)^2$을 인수로 가지므로 $P(s)=(s-s_1)^2Q(s)$이다. 따라서 당연히 $s=s_1$에서 $P=0$이다. $s=s_1$에서 또한 $dP/ds=0$임을 보여라. dP/ds를 찾기 위해 곱 미분 법칙을 이용하라.

13 $y''=2ay'-(a^2+\omega^2)y$가 $s=a\pm i\omega$로 이어짐을 보여라. $y''-2y'+10y=0$을 풀어라.

14 감쇠되지 않은 고유 진동수는 $\omega_n=\sqrt{k/m}$이며 $ms^2+k=0$의 두 근은 $s=\pm i\omega_n$(순허수)이다. $p=b/2m$를 이용하면 $ms^2+bs+k=0$의 근은 $s_1, s_2=-p\pm\sqrt{p^2-\omega_n^2}$이다. 계수 $p=b/2m$의 단위는 1/시간이다. $s^2+0.1s+1=0$과 $s^2+10s+1=0$을 소수점 둘째 자리까지 정확하게 풀어라.

15 큰 과감쇠 $p>>\omega_n$에 대해 제곱근 $\sqrt{p^2-\omega_n^2}$은 $p-\omega_n^2/2p$과 비슷하다. $ms^2+bs+k=0$의 근이 $s_1\approx-\omega_n^2/2p$(작음)이고 $s_2\approx-2p=-b/m$(큼)임을 보여라.

16 작은 저감쇠 $p<<\omega_n$에 대해 $p^2-\omega_n^2$의 제곱근은 근사적으로 $i\omega_n-ip^2/2\omega_n$이다. 그것을 제곱하면 $p^2-\omega_n^2$과 비슷해진다. 그러면 저감쇠에 대한 진동수는 $\omega_d\approx\omega_n-p^2/2\omega_n$으로 감소한다.

---

17 $y=e^{st}$ 꼴의 해를 8개 갖는 8차 방정식이 있다. $\dfrac{d^8y}{dt^8}=y$는 $s^8e^{st}=e^{st}$과 $s^8=1$이 된다([그림 2-6]에서의 8가지 근).
진동하지 않는 (s가 실수인) 두 가지 해 e^{st}을 찾아라. 진동만 하는 (s가 허수인) 두 가지 해를 찾아라. 0을 향해 나선을 그리는 두 가지 해와 밖으로 나선을 그리는 두 가지 해를 찾아라.

18 $A_n\dfrac{d^ny}{dt^n}+\cdots+A_1\dfrac{dy}{dt}+A_0y=0$이면 $A_ns^n+\cdots+A_1s+A_0=0$이 된다. n개의 근 s_1, $\cdots$, s_n은 (그 근들이 서로 다르다면) n개의 해 $y(t)=e^{st}$을 만든다. $y(0)$, $y'(0)$, $\cdots$, $D^{n-1}y(0)$에 대한 n개의 초기조건을 대응시켜서 $y=c_1e^{s_1t}+\cdots+c_ne^{s_nt}$의 c_1에서 c_n까지의 상수를 구하는 n개의 방정식을 써보아라.

19 $d^{2015}y/dt^{2015}=dy/dt$의 두 개의 해를 찾아라. $s^{2015}=s$의 모든 해를 묘사하라.

20 $y(0)=y'(0)=0$에서 시작하는 $y''=1$의 해는 $y(t)=t^2/2$이다. $g''=\delta(t)$의 기본해는 [예제 5]에 의해 $g(t)=t$이다. 0에서 t까지의 적분 $\int g(t-s)f(s)\,ds=\int(t-s)\,ds$가 올바른 해 $y=t^2/2$을 주는가?

21 $y(0)=y'(0)=0$에서 시작하는 $y''+y=1$의 해는 $y=1-\cos t$이다. $\omega=1$, $A=1$일 때의 식 (13)을 이용하면 $g''+g=\delta(t)$의 해는 $\boldsymbol{g(t)=\sin t}$이다. $1-\cos t$가 적분 $\int g(t-s)f(s)\,ds=\int\sin(t-s)\,ds$와 일치함을 보여라.

22 계단 함수 $H(t)=1$ $(t\ge 0)$은 델타 함수의 적분이다. 따라서 계단 응답 $r(t)$는 임펄스 응답의 적분이다. 이는 또한 우리의 기본해 공식으로부터 반드시 성립해야 하는 사실이다.

$$Ar''+Br'+Cr=1,\ r(0)=r'(0)=0\text{은}$$

$$r(t)=\int_0^t g(t-s)1\,ds\text{를 갖는다.}$$

$t-s$를 τ로, ds를 $-d\tau$로 바꾸어 $r(t)=\int_0^t g(\tau)d\tau$임을 확인하라. 2.5절에서 계단 응답 $r(t)$에 대한 두 가지 좋은 공식을 찾을 것이다.

2.4 강제 진동과 지수 응답

방정식 $Ay'' + By' + Cy = 0$은 우변이 0이므로 **강제 항**forcing term을 가지고 있지 않다. 이 방정식은 동차이다. 영공간의 해 $y_n(t) = c_1 e^{s_1 t} + c_2 e^{s_2 t}$은 초기조건 $y(0)$과 $y'(0)$에 의해 조절된다. 이때 두 초기조건이 모두 0이면, 이 시스템은 절대 움직이지 않는다. 방정식 $Ay'' + By' + Cy = f(t)$는 새로운 항 $f(t)$에 의해 **강제**force되거나 **추진**drive된다. 이전에 $y = 0$은 가능한 해였고 이제 우리는 특수해 y_p를 기대할 수 있다.

이 절은 추진력 $f = e^{st}$, $e^{i\omega t}$, $\cos \omega t$, $\sin \omega t$에 대해 설명한다. $f = e^{st}$에 대해 다음 예는 y_p를 어떻게 찾는지 보여줄 것이다.

지수 추진력

이번 예제에서 한 특수해 $y_p(t) = Ye^{st}$은 입력 e^{4t}의 상수 배이다. 우리가 해야 할 것은 미분방정식에 대입하여 수 Y를 찾는 것이다.

예제 1 $\boldsymbol{y'' + 5y' + 6y = e^{4t}}$을 풀어라. 한 개의 특수해는 $\boldsymbol{y_p = Ye^{4t}}$이 된다.

풀이

방정식에 Ye^{4t}을 대입하면 모든 항은 e^{4t}을 포함한다.

$$y'' + 5y' + 6y = 16\,Ye^{4t} + 20\,Ye^{4t} + 6\,Ye^{4t} = e^{4t} \tag{1}$$

좌변은 $42\,Ye^{4t}$인데, 이는 $Y = 1/42$일 때 우변 e^{4t}과 일치한다.

특수해 y_p $\quad 42\,Ye^{4t} = e^{4t}$은 $42\,Y = 1$을 준다. $\quad y_p(t) = e^{4t}/42 \quad (2)$

완전해는 $y = y_p + y_n$의 형태를 갖는다. 동차 방정식(하중 항이 0인 영방정식)의 해 $y_n(t)$에는 두 개의 임의의 상수 c_1과 c_2가 있다. 이 두 개의 상수를 찾기 위해서 이차 방정식 $As^2 + Bs + C = 0$을 만족하는 지수 s_1과 s_2를 구한다. 우리는 영공간의 해 y_n을 어떻게 찾는지 알고 있다.

$y'' + 5y' + 6y = 0$에 $y = e^{st}$을 대입한 다음 e^{st}을 소거하여 $s^2 + 5s + 6 = 0$을 찾는다. 이 이차식은 $(s+2)(s+3)$으로 인수분해할 수 있다. 이것은 $\boldsymbol{s = -2}$ 또는 $\boldsymbol{s = -3}$일 때 0이 된다. **특성 방정식**에 대한 이러한 해들은 영공간의 해 $y_n(t)$의 지수들이 된다. 이것은 감쇠가 있으면 $t = \infty$일 때 0으로 감소하는 **일반해**homogeneous solution = **상보해**complementary solution = **일시적인 해**transient solution이다.

영공간의 해 $\quad y_n(t)=c_1e^{-2t}+c_2e^{-3t}$

마지막 단계는 c_1과 c_2를 골라 $y=y_p+y_n=\frac{1}{42}e^{4t}+y_n$이 초기조건을 만족시키도록 하는 것이다. 이를 통해 [예제 1]의 완전해를 구할 수 있다.

초기 위치 $\quad y(0)=\frac{1}{42}+c_1+c_2$

초기 속도 $\quad y'(0)=\frac{4}{42}-2c_1-3c_2$

이 두 방정식은 $y(0)$, $y'(0)$이 주어졌을 때, 우리에게 올바른 값 c_1과 c_2를 알려준다.

지수 응답 공식

우리는 [예제 1]을 만족하는 Y에 대한 공식을 찾을 수 있다. $y=Ye^{st}$을 방정식에 넣어라. 각각의 미분은 y에 s를 곱한다. 따라서 $Ay''+By'+Cy$는 $y=Ye^{st}$에 수 As^2+Bs+C를 곱한 것이다. Y를 구하기 위해 이 수로 나누어보자.

$$Ay''+By'+Cy=e^{st}\text{은 } y=Ye^{st}=\frac{1}{As^2+Bs+C}e^{st}\text{에 의해 풀린다.} \tag{3}$$

위의 분수 Y를 **전달 함수**transfer function라고 부른다. 이는 지수 입력 e^{st}을 지수 출력 $y_p=Ye^{st}$에 '전달'한다. 이 공식에서 s는 허수 $i\omega$나 임의의 복소수 $s=a+i\omega$가 될 수 있다. 추진력 f에 있는 지수 s를 사용하자.

$$Ay''+By'+Cy=e^{i\omega t}\text{이면 } y_p(t)=\frac{1}{A(i\omega)^2+B(i\omega)+C}e^{i\omega t}\text{이다.} \tag{4}$$

예제 2 $y''+y=e^{it}$은 $s=i\omega=i$를 갖는다. $y=Ye^{it}$을 대입하고 Y에 대해 풀면 다음과 같다.

$$i^2Ye^{it}+iYe^{it}=e^{it} \qquad (i^2+i)Y=1 \qquad y_p(t)=\frac{1}{-1+i}e^{it} \tag{5}$$

예제 3 (중요) $y'' + y' = \cos t$를 풀어라. 코사인은 e^{it}의 실수부이다.

여기에서 주의할 점을 살펴보자. 해는 $y = Y\cos t$ 형태가 아니다. 미분 $-Y\sin t$가 상쇄되지 않으므로 이 사인 항이 그대로 미분방정식에 등장할 것이다. 올바른 해는 $\cos t$와 $\sin t$를 모두 포함한다. 이때 y'으로부터의 감쇠는 코사인을 지연시킨다.

풀이

[예제 3]의 $y_p(t)$는 [예제 2]의 $y_p(t)$의 실수부이다. **입력 $e^{i\omega t}$의 실수부는 출력 $Ye^{i\omega t}$의 실수부를 생성한다**는 아이디어를 사용해보자.

1단계 $Y = \dfrac{1}{-1+i} = \dfrac{1}{-1+i}\left(\dfrac{-1-i}{-1-i}\right) = \dfrac{-1-i}{2}$로 쓴다.

2단계 $Ye^{it} = \dfrac{-1-i}{2}(\cos t + i\sin t)$의 실수부는 $\boldsymbol{y_p = \frac{1}{2}(-\cos t + \sin t)}$이다.

지수 응답 공식은 식 (3)과 식 (4)이다. 이 공식이 실패하는 유일한 때는 분모가 0인 경우이다. 그러면 공식은 $1/0$을 포함할 것이고, 그것은 추진 항의 지수 s가 영공간의 해 $y_n = c_1e^{s_1t} + c_2e^{s_2t}$의 지수 s_1과 s_2 중 어느 하나와 같아질 때 발생한다. 즉, $\boldsymbol{s = s_1}$ 혹은 $\boldsymbol{s = s_2}$일 때, **공명**이라고 부른다.

우리는 특수해 y_p를 영공간의 해 y_n들 사이에 포함시키는 것이 불가능하다는 것을 안다. y_p에 대한 우변이 $f \neq 0$으로 주어지면, y_p는 당연히 $f = 0$일 때의 해인 y_n들로 나타낼 수 없다. 우리는 **공명해**[resonant solution] y_p의 올바른 형태가 추가 인수 t를 포함해 Yte^{st}의 꼴임을 보게 될 것이다.

$s = i\omega$로 진동하는 경우에는 특별한 노력이 필요하다. 영공간의 해 $y_n = e^{st}$은 A, B, C에만 의존한다. 그 부분은 $As^2 + Bs + C = 0$의 근들로부터 나온다. 새로운 부분은 강제 진동 $y_p(t)$로서 $\cos\omega t$에 의해 추진된 특수해이다. 그것은 **위상 이동 α와 진폭의 이득 G**와 함께 $\boldsymbol{y_p(t) = G\cos(\omega t - \alpha)}$가 될 것이다.

N차 방정식과 이차 방정식

이번 절이 중요한 만큼 앞으로 할 일에 대한 개요를 말해보고자 한다. 이 절은 특정한 식 $y'' + 5y' + 6y = e^{4t}$을 예로 들면서 시작했다. 이때 수 1, 5, 6, 4는 문자 A, B, C, s로 바뀌었고, 해 Ye^{st}은 전달 함수 $Y = 1/(As^2 + Bs + C)$을 도입했다.

이제 우리는 두 가지 방법을 배웠으며, 이는 필수적이다. 첫 번째 방법은 **모든 계수가 상수인 방정식**에 대해 같은 식 $y = Ye^{st}$을 보는 것이다. Ye^{st}은 지수함수 $f(t) = e^{st}$에의 응답이기 때문에 Y는 '지수 응답 공식'으로부터 나온다. 이렇게 하나의 식은 거의 모든 방정식에 적용된다.(그러나 공명은 특별한 경우이므로, Y는 다르게 표현된다).

두 번째 방법은 **$f = e^{i\omega t}$에 의해 추진되는 이차 방정식**에 집중하는 것이다. 이 방정식은 공식 (4)에 의해 다뤄진다. 우리는 $Y(i\omega)$에서 멈추지 않을 것이고, 이 경우 그 복소수에 대한 직교좌표계 형식과 극형식이 필요하다.

$$\boldsymbol{Y(i\omega) = \frac{1}{A(i\omega)^2 + B(i\omega) + C} = M - iN = Ge^{-i\alpha}} \tag{6}$$

M, N, G, α는 식 (23)~(27)에 걸쳐 나올 것이다. $f = \cos\omega t$에 의해 추진된 해는 $y = M\cos\omega t + N\sin\omega t$가 된다. 감쇠된 운동($B > 0$)은 감쇠되지 않은 것과 비교된다. 그리고 2.5절에서 살펴볼 중요한 응용에서는 Z를 이용한 더 좋은 표기법을 사용하길 바란다.

$$\textbf{고유 진동수 } w_n^2 = \frac{C}{A} \qquad \textbf{감쇠 비율 } Z = \frac{B}{\sqrt{4AC}} \qquad \textbf{감쇠 진동수 } \omega_d^2 = \omega_n^2(1 - Z^2) \tag{7}$$

감쇠 비율 Z와 진동수 ω_n, ω_d는 해 $y(t)$에 의미를 부여한다.

완전해 $y_p + y_n$

감쇠되지 않은 강제 진동[undamped forced oscillation](추진력 $F\cos\omega t$)의 경우를 요약해보자. 만약 $B = 0$이면 $Ay'' + Cy = F\cos\omega t$에 대한 완전해는 하나의 특수해 y_p에 고유 진동수 $\omega_n = \sqrt{C/A}$인 임의의 영공간의 해 y_n을 더한 것이다. 다음 두 개의 ω에 주목하라.

특수해(ω)
비강제해(ω_n)

$$y = \frac{F}{C - A\omega^2}\cos\omega t + c_1 e^{i\omega_n t} + c_2 e^{-i\omega_n t} \tag{8}$$

반복해보자면, 선형 방정식 $\boldsymbol{Ly = f}$의 완전해는 $y = y_p + y_n$의 형태를 갖는다. 이때 특수해는 $Ly_p = f$를 만족하고, 영공간의 해는 $Ly_n = 0$을 만족한다. L의 선형성 덕분에 $y = y_p + y_n$이 $Ly = f$의 해가 된다.

$$\textbf{완전해 } \boldsymbol{y = y_p + y_n} \qquad Ly_p = f\text{이고 } Ly_n = 0\text{이면 } Ly = f\text{이다.} \tag{9}$$

이 책에서는 선형 방정식을 강조한다. 여러분은 선형성의 법칙 $Ly = Ly_p + Ly_n$과 함께 $y_p + y_n$을 다시 보게 될 것이다. 이것은 선형 미분방정식과 행렬방정식에 적용된다. 미분방정식에서 L은 선형연산자linear operator라고 불린다.

$$\textbf{선형연산자} \quad Ly = Ay'' + By' + Cy \quad \text{또는} \quad Ly = A_N \frac{d^N y}{dt^N} + \cdots + A_1 \frac{dy}{dt} + A_0 y$$

연산자 L에 대해 입력 y와 출력 Ly는 함수이다.

$Ly = f$의 모든 해는 $y_p + y_n$의 형태를 갖는다. 한 개의 특수해 y_p에서 시작한다고 가정하자. 만약 y가 또 다른 해이면 $L(y - y_p) = 0$이다.

$$\boldsymbol{y_n = y - y_p}\textbf{는 영공간의 해이다.} \qquad \boldsymbol{Ly_n} = Ly - Ly_p = f - f = 0 \tag{10}$$

예제 4 하나의 방정식에 두 개의 미지수 x_1과 x_2가 있는 선형 방정식 $\boldsymbol{Ly} = x_1 - x_2 = 1$을 가정하자. 그러면 해는 벡터 $\boldsymbol{y} = (x_1, x_2)$들이다. 이때 우변 $f = 1$은 0이 아니다. [그림 2-11]의 파란 직선은 모든 해를 그린 그래프이다.

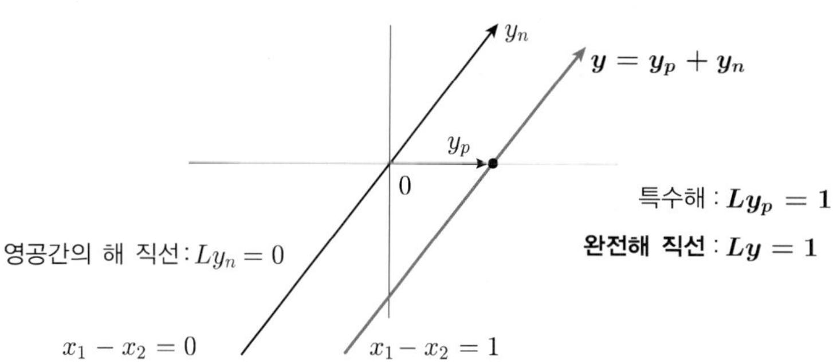

[그림 2-11] 완전해 = 하나의 특수해 + 모든 영공간의 해들

우리는 한 개의 점 y_p만 표시하였지만 파란 직선 위의 모든 점은 $x_1 - x_2 = 1$의 특수해이다. **영공간의 해들은 $(0, 0)$을 지나는 직선 $x_1 - x_2 = 0$과 평행인 직선 위에 있다.**

예제 5 이차 방정식 $Ay''+By'+Cy=e^{st}$ 혹은 $e^{i\omega t}$은 완전해 $y=y_p+y_n$을 갖는다. 특수해 $y_p=Ye^{st}$은 e^{st}의 상수 배이고, 영공간의 해들은 $y_n=c_1e^{s_1t}+c_2e^{s_2t}$이다. 만약 $s_2=s_1$이면 e^{s_2t}을 te^{s_1t}으로 대체하라.

예제 6 방정식 $5y=10$의 완전해는 $y=2$이다. 이것은 특수해 $y_p=2$에 대한 우리의 유일한 선택이다. 영공간의 해들은 $5y_n=0$을 만족하며, 유일한 가능성은 $y_n=0$이다. 따라서 이 방정식의 유일한 해는 $y=y_p+y_n=2+0$이다.

$y_n=0$을 유일한 영공간의 해로 갖는 경우는 너무 당연한 근처럼 보인다. 그러나 이러한 방정식은 우리가 행렬방정식에 대해 원하는 (그리고 종종 얻는) 것이다. A가 가역 행렬이면 $Ay=b$의 유일한 해는 $y=y_p=A^{-1}b$이다. 그러면 $Ay_n=0$의 유일한 영공간의 해는 $y_n=0$이다.

고차 방정식

지금까지 삼차 도함수는 등장하지 않았다(물리적 문제에서 자주 등장하지는 않는다). 그러나 지수 해 Ye^{st}과 $Ye^{i\omega t}$은 여전히 나타난다. 이때 하나의 조건이 필수적인데, 이는 방정식이 반드시 계수가 상수이어야 한다는 것이다.

$$N\text{차 방정식} \qquad A_N\frac{d^Ny}{dt^N}+\cdots+A_1\frac{dy}{dt}+A_0y=f(t) \tag{11}$$

$f=0$일 때, 영방정식에 대한 가장 좋은 해는 여전히 지수함수 $y_n=e^{st}$이다. 방정식에 e^{st}을 대입하여 N개의 가능한 지수 s_1, s_2, $\cdots$, s_N을 찾자.

$$f=0\text{이고 } y_n=e^{st} \qquad (A_Ns^N+\cdots+A_1s+A_0)e^{st}=0 \tag{12}$$

y_n의 지수 s는 그 방정식의 N개의 근이다. 따라서 우리는 (종종) N개의 독립인 해 e^{s_1t}, $\cdots$, e^{s_Nt}을 얻는다. 또한, 독립인 해를 모두 결합해도 여전히 해가 된다. 만약 식 (12)의 다항식이 s에서 중근을 가지면 우리가 찾는 두 개의 해는 e^{st}과 te^{st}이 된다.

예제 7 삼차 방정식 $y''' + 2y'' + y' = e^{3t}$ 을 풀어라.

풀이

영공간의 해 y_n 을 찾기 위해 우변을 0으로 두고 $y_n = e^{st}$ 을 대입하자.

$$s^3 + 2s^2 + s = 0 \qquad s(s^2 + 2s + 1) = 0 \qquad s(s+1)^2 = 0$$

이때 지수들은 $s = 0,\ -1,\ -1$ 이므로 영공간의 해들은 $c_1 e^{0t}$, $c_2 e^{-t}$, $c_3 t e^{-t}$ 이다(추가적인 t가 중근으로부터 나온다). 특수해 y_p는 Ye^{3t} 이다(3이 y_n의 지수 0과 1 중 하나가 아니기 때문이다). Ye^{3t} 을 대입하여 $Y = 1/48$을 찾자.

$$27\,Ye^{3t} + 18\,Ye^{3t} + 3\,Ye^{3t} = e^{3t} \text{ 이고 } 48\,Y = 1 \text{ 이고 } y_p = e^{3t}/48 \text{ 이다.}$$

전달 함수는 $Y(s) = 1/(s^3 + 2s^2 + s)$ 이다. e^{3t} 이므로 $s = 3$을 넣자. 그러면 $Y = 1/48$이다.

강제 진동을 갖는 계수가 상수인 방정식을 다루는 이 절을 위한 계획은 다음과 같다.

1. 추진 함수 $f(t) = e^{st}$ 의 **지수 응답** $\boldsymbol{y(t) = Y(s)e^{st}}$을 찾는다.
2. **공명**에 의해 $Y(s) = \infty$ 인 경우에는 식을 조정한다.
3. 감쇠의 효과를 보기 위해 **실수 방정식** $Ay'' + By' + Cy = \cos\omega t$를 푼다.

다음은 응용을 위한 핵심 예이다. y는 $s = i\omega$일 때 $Y(s)e^{st}$의 실수부이다. 식 (23)의 해는 $\boldsymbol{y(t) = M\cos\omega t + N\sin\omega t = G\cos(\omega t - \alpha)}$ 이다.

지수 응답 함수 = 전달 함수

이 책에서는 일차 방정식과 이차 방정식에 집중한다. 계수가 상수이고 우변이 지수함수일 때, 다음과 같은 중요한 세 가지 문제를 풀어 왔다.

일차	$y' - ay = e^{ct}$	$y_p = e^{ct}/(c-a)$
진동	$my'' + ky = e^{i\omega t}$	$y_p = e^{i\omega t}/(k - m\omega^2)$
이차	$Ay'' + By' + Cy = e^{st}$	$y_p = e^{st}/(As^2 + Bs + C)$

모든 차수의 계수가 상수인 방정식을 하나의 공식으로 해결하는 것은 (수학자에게) 자연스러운 일이다. 우리도 거의 이처럼 할 수 있지만, 공명에 방해받는다.

각각의 미분 d/dt를 D로 쓰자. 그러면 D^2은 d^2/dt^2이다. 우리의 모든 방정식은 D의 거듭제곱을 포함하며 N차 방정식은 D^N을 포함한다. 여기에서는 $N=2$이다.

다항식 $P(D)$ $$Ay''+By'+Cy=(AD^2+BD+C)y=P(D)y \tag{13}$$

영공간의 해들과 특수해는 이 다항식 $P(D)$로부터 나온다.

N개의 영공간의 해 $y_n = e^{st}$ 찾기 $As^2+Bs+c=0$은 정확히 $P(s)=0$이다. (14)

한 개의 특수해 $y_p = Ye^{ct}$ 찾기 $P(D)y=e^{ct}$은 숫자 $Y=1/P(c)$을 준다. (15)

전달 함수의 값 Y는 지수 응답 $y_p=e^{ct}/P(c)$을 준다.

여러분이 다음을 반드시 이해했으면 한다. 영공간의 해에서 s는 N개의 특정한 값 s_1, $\cdots$, s_N을 가지며 그것들은 N차 특성 방정식 $P(s)=0$의 근이다. 특수해 $e^{ct}/P(c)$에서 특정한 값 $s=c$는 우변에 있는 $f=e^{ct}$의 지수이다. 지수 c와 s는 허수 혹은 복소수라도 무방하다.

$$P(D)y=e^{ct} \qquad y=y_p+y_n=\frac{e^{ct}}{P(c)}+c_1e^{s_1t}+\cdots+c_Ne^{s_Nt} \tag{16}$$

분수 $Y=1/P(c)$은 입력 $f=e^{ct}$을 출력 $y=Ye^{ct}$으로 '전달'한다. 이를 종종 변수 s와 함께 $1/P(s)$로 보게 되며 이것을 **시스템 함수**system function라고 부른다. 이 간단하고 아름다운 지수 응답 공식에 단 한 가지 예외가 있다. **강제 지수**forcing exponent c가 영공간의 해의 지수 s_1, $\cdots$, s_N 중 하나일 수 있으며 이 경우 $P(c)$는 0이다. $P(c)$가 0이면 $P(c)$로 나눌 수 없다.

예외 $P(c)=0$이면 $y=e^{ct}/P(c)$은 $P(D)y=e^{ct}$을 풀 수 없다.

$P(c)=0$은 **공명**이라는 예외적인 경우이다. $e^{ct}/P(c)$의 식에는 변함이 없다.

공명

그네를 고유 진동수로 밀면, $c = i\omega_n = i\sqrt{k/m}$ 이다. $my'' + ky$로부터 구할 수 있는 다항식 $P(D)$는 $mD^2 + k$이고, 이 고유 진동수에서 $P(c) = 0$을 갖는다. 다음은 공명에 대해 조정된 지수 응답 공식이다.

공명 응답 $\quad$ **$P(c) = 0$이면 $y_p = \dfrac{t}{P'(c)} e^{ct}$이다.** $\quad$ (17)

$P(c) = 0$일 때 추가 인수 t가 해에 들어간다. 이때 $1/P(c)$을 $\boldsymbol{t/P'(c)}$로 바꾼다. '이중 공명'이 있고 $P'(c)$가 0이 아닌 이상 이 식은 성립한다. 그렇게 되면 이 식은 P의 이계도함수로 이동하고, $y_p(t) = t^2 e^{ct}/P''(c)$이다. 이중 공명의 요점은 방정식 $\boldsymbol{P(D)y = e^{ct}}$이 다항식 P의 항을 이용한 근사한 해를 갖는다는 것이다(종종 $\boldsymbol{y = e^{ct}/P(c)}$이다).

여기서는 $P(c) = 0$이고 $P'(c) \neq 0$일 때, 공명해가 $y = te^{ct}/P'(c)$임을 설명할 수 있다. 우리는 1.5절에서 일차 방정식 $y' - ay = e^{ct}$에 대해 이 식이 성립함을 이미 살펴보았다. 그 방정식은 $P(D) = D - a$와 $P(c) = c - a$를 가지며 $c = a$일 때 공명을 갖는다.

$$y' - ay = e^{ct}\text{은 매우 특수한 해 } \boldsymbol{y_{vp} = \frac{e^{ct} - e^{at}}{c - a}}\text{을 갖는다.}$$

$$c\text{가 } a\text{로 접근함에 따라 } y_{vp}\text{는 } \frac{\text{분자의 미분}}{\text{분모의 미분}} = \boldsymbol{\frac{te^{at}}{1}}\text{으로 접근한다.}$$

이것은 로피탈의 정리 L'Hôspital's theorem 이다! 한 가지 특이한 점은 x 대신에 c를 갖고, x에 대한 미분이 아닌 c에 대한 미분을 갖는다는 것이다. 매우 특수한 해는 $t = 0$일 때 $y_{vp} = 0$에서 시작한다. 공명해 te^{at}은 식 $te^{ct}/P'(c)$과 일치하는데, 이는 $c = a$이고 $P(c) = c - a$이며 $P'(c) = 1$이기 때문이다.

방정식이 N차일 때, 다항식 P도 N차이다. 지수 c가 a(영공간의 해의 지수 s_1, $\cdots$, s_n 중 하나)와 비슷하다고 가정하자. 그러면 $P(a) = 0$이고 e^{at}은 영공간의 해이며 $e^{ct}/P(c)$은 한 개의 특수해가 된다.

$$P(D)y = e^{ct}\text{의 매우 특수한 해는 } \boldsymbol{y_{vp} = \frac{e^{ct} - e^{at}}{P(c) - P(a)}}\text{이다.} \tag{18}$$

여기에서 강조하고 싶은 것은 a와 비슷한 c는 괜찮지만 $c = a$는 괜찮지 않다는 것이다. $c = a$일 때 식 (16)은 다음과 같이 변한다.

공명 $\quad$ **$c = a$이면 식 (16)의 로피탈의 극한은 $y_{vp} = \dfrac{te^{at}}{P'(a)}$이다.** $\quad$ (19)

$c = a$에서 $e^{ct} - e^{at}$과 $P(c) - P(a)$를 c에 대하여 미분하면 te^{at}과 $P'(a)$를 얻는다.

> **요약** 전달 함수는 $Y(s) = 1/P(s)$이다. 이 함수는 $P(s) = 0$의 N개의 근에서 '극'들을 이 함수는 영공간의 해 $y_n(t)$의 지수들이다. 특수해 $y_p = Ye^{ct}$은 추진 항 $f = e^{ct}$과 같은 지수 c를 갖는다. 전달 함수 $Y(c) = 1/P(c)$은 $y_p(t)$의 진폭을 결정한다. 만약 c가 Y의 극이면 우리는 공명을 갖는다.

예제 8 4차 방정식 $D^4 y = d^4 y/dt^4 = 1$은 사중 공명[7]을 갖는다.

$y'''' = 0$의 영공간의 해들은 무엇인가? $y = e^{st}$을 시도하면 우리는 $s^4 = 0$을 얻는다. 이로써 네 개의 근은 모두 $s = 0$일 때 존재한다. 그러면 하나의 영공간의 해는 $y = e^{0t}$으로, $y = 1$이다. 다른 영공간의 해들은 사중근 0 때문에 t, t^2, t^3을 인수로 갖는다. 이를 모두 종합하면 다음과 같다.

$y'''' = 0$의 영공간의 해들은 $y_n(t) = c_1 + c_2 t + c_3 t^2 + c_4 t^3$의 형태를 갖는다.

이제 $y'''' = e^{ct}$의 특수해를 찾아보자. 대부분의 지수 c에 대해 우리는 $\boldsymbol{y_p = e^{ct}/c^4}$을 얻을 수 있는데, 이는 정확히 $e^{ct}/P(c)$이다. 그러나 $c^4 = 0$은 사중근을 가지므로 $c = 0$은 **사중 공명**을 준다.

네 번의 로피탈의 정리는 4차 미분 P''''와, 여러분이 이 수업을 듣기 전에, 그리고 이 책을 보기 전에 알았던 $y'''' = 1$에 대한 매우 특수한 해를 제시한다.

$y'''' = 1 = e^{0t}$은 $c = a = 0$과 $P = s^4$을 갖는다. $\qquad y_p(t) = \dfrac{t^4 e^{0t}}{P''''(0)} = \dfrac{t^4}{24}$

7 (옮긴이) 사중 공명quadruple resonance은 공명이 4번 겹쳐서 일어나는 경우이다.

감쇠를 갖는 실수 이차 방정식

이제 우리는 핵심 방정식인 **이차 방정식**에 집중한다. 이차 방정식의 좌변은 $Ay'' + By' + Cy$이고, 전달 함수는 $Y(s) = 1/(As^2 + Bs + C)$이다. 우변이 $f(t) = e^{i\omega t}$일 때, 지수는 $s = i\omega$이다. A, B, C가 0이 아닐 때, 공명이 없을 것이다.

$$\textbf{공명 없음} \qquad A(i\omega)^2 + B(i\omega) + C = (C - A\omega^2) + i(B\omega) \neq 0$$

우리는 $f(t) = e^{i\omega t}$의 응답이 $y_p(t) = Y(i\omega)e^{i\omega t}$임을 안다. 이러한 함수들이 실수가 아니라는 점만 제외하면 이 예는 완벽하다.

실생활에서 응용할 때, 우리는 $f(t) = \cos\omega t$를 원한다. 또한 우리는 반드시 이 문제를 풀어야 한다. 여러분은 단지 $e^{i\omega t}$과 $e^{-i\omega t}$에 대해 문제를 풀고, 각각의 해를 반으로 나누라고 말할 것이다. 이보다 더 빨리 구하기 위해 $e^{i\omega t}$에 대해 풀고 $y_p(t)$의 실수부를 취하라고 할 것이다. 또는 완전히 실수에 머물러서 해 $y(t) = M\cos\omega t + N\sin\omega t$를 찾을 수도 있다.

이러한 모든 아이디어는 성공할 것이며 각각의 아이디어는 모두 다른 방법으로 동일한 결과를 나타낸다. 가장 좋은 방법은 답 $y(t)$에 대해 가장 중요한 수를 제시하는 것이다. 이 수는 바로 강제 진동의 진폭 G이다. 따라서 해를 구하기 위한 제일 좋은 방법은 극형식 $y(t) = G\cos(\omega t - \alpha)$인데, 왜냐하면 이것이 이득 G를 보여주기 때문이다.

영공간의 해는 감소하는데, 이는 $As^2 + Bs + C = 0$의 해 s_1과 s_2가 음의 실수부 $-B/2A$를 갖기 때문이다. 특수해 $G\cos(\omega t - \alpha)$는 절대 멈추지 않는 추진 함수 $f = \cos\omega t$로부터 추진되므로, 감소하지 않는다.

다음 페이지에서 G와 α를 찾아보자. 여기서 대수학을 활용하고, 물리량을 나타내는 문자 A, B, C로 쓸 것이다. 2.5절에서 이들은 질량-감쇠-강도 혹은 인덕턴스inductance-저항resistance-역 정전용량inverse capacitance일 것이다. 그 외에도 물리량 A, B, C에 대응되어 감소된 진동운동을 나타내는 다양한 예들이 있다! 생물학, 화학, 경영학, 경제학의 모든 분야에서 이를 볼 수 있으며 여러분이 이러한 모델들을 찾을 수 있기를 바란다.

직교좌표계 형식의 감쇠된 진동

직교좌표계 형식 $y(t) = M\cos\omega t + N\sin\omega t$에서 시작할 것이다. 이는 극형식처럼 유용하지는 않지만 계산하기에 더 쉽다. 미분방정식 $Ay'' + By' + Cy = \cos\omega t$에 $y(t)$를 대입한 다음 코사인 항과 사인 항을 일치시키자.

양변의 코사인 항	$-A\omega^2 M + B\omega N + CM = 1$	(20)
좌변의 사인 항	$-A\omega^2 N - B\omega M + CN = 0$	(21)

M에 대해 풀기 위해 식 (20)에 $C - A\omega^2$을 곱한 다음, 식 (21)에 $B\omega$를 곱한 것을 식 (20)에서 빼자. N의 계수는 0이 될 것이다. N이 소거되면서 M만의 방정식을 얻는다. M에는 다음과 같이 중요한 수 D가 곱해져 있는 상태이다.

$C - A\omega^2$와 식 (20)의 곱에서 $B\omega$와 식 (21)의 곱을 뺀다

$$[(C - A\omega^2)^2 + (B\omega)^2]M = DM = C - A\omega^2 \tag{22}$$

이때 D로 나누어 $M = (C - A\omega^2)/D$을 찾으면 식 (21)을 통해 $N = B\omega/D$를 얻는다. 그리고 식 (27)을 통해 $M^2 + N^2 = 1/D$임을 확인할 수 있을 것이다.

실수 해 y_p는 $M\cos\omega t + N\sin\omega t$ 이다.

$$M = \frac{C - A\omega^2}{D} \qquad N = \frac{B\omega M}{C - A\omega^2} = \frac{B\omega}{D} \tag{23}$$

여기서 중요한 점을 살펴보자. **복소수 $Y(i\omega)$는 $M - iN$이며**, 이는 실수와 복소수, 그리고 직교좌표계 형식과 극형식을 연결할 것이다. $Y(-i\omega)$로 곱하고 나누면 $Y(i\omega)$의 분모가 $D = (C - A\omega^2)^2 + (B\omega)^2$임을 보게 될 것이다.

$$\frac{1}{(C - A\omega^2) + iB\omega} \times \frac{(C - A\omega^2) - iB\omega}{(C - A\omega^2) - iB\omega} = \frac{(C - A\omega^2) - iB\omega}{D} = M - iN \tag{24}$$

$Y = M - iN$이 정확히 우리가 구하고자 하는 것이다. 입력 $f = \cos\omega t$는 $e^{i\omega t}$의 실수부가 되므로 출력 y는 $Ye^{i\omega t}$의 실수부가 된다. 출력 y의 실수부는 직교좌표계 형식 $y = M\cos\omega t + N\sin\omega t$이다.

$$Re(Ye^{i\omega t}) = Re[(M - iN)(\cos\omega t + i\sin\omega t)] = M\cos\omega t + N\sin\omega t \tag{25}$$

감쇠된 진동의 극형식

우리가 원하는 해는 $Y(i\omega)e^{i\omega t}$의 실수부이다. 식 (25)는 그 해를 직교좌표계 형식으로 계산하였다. $y(t)$를 극형식으로 계산하기 위한 첫 번째 단계(거의 유일한 단계)는 $Y(i\omega)$를 극형식에 넣는 것인데, 이 수는 복소수 이득^complex gain^이다.

$$\text{복소수 이득} \quad \boldsymbol{Y(i\omega) = M - iN = Ge^{i\alpha}}, \quad \boldsymbol{G = \frac{1}{\sqrt{D}}} \text{ 이고 } \tan\alpha = \boldsymbol{\frac{N}{M}} \tag{26}$$

이때 진폭 G는 **이득**이라고 부른다. 입력 $\cos\omega t$의 진폭이 1이면 출력 $y(t)$는 진폭 G를 갖는다. 물론 출력은 $y = G\cos\omega t$가 아니다! 감쇠는 위상 지연 α를 만들어내는 동시에 출력의 진폭을 감소시킨다. 감쇠되지 않은 진폭 $|Y| = 1/|C - A\omega^2|$은 $G = 1/\sqrt{D}$로 감소한다.

$$G = \sqrt{M^2 + N^2} = \left(\frac{(C - A\omega^2)^2}{D^2} + \frac{(B\omega)^2}{D^2}\right)^{1/2} = \left(\frac{D}{D^2}\right)^{1/2} = \frac{1}{\sqrt{D}} \tag{27}$$

이렇게 중요한 식은 예제를 하나만 더 살펴보고 모두 모아 다시 정리할 것이다.

예제 9 $y'' + y' + 2y = \cos t$를 직교좌표계 형식으로 풀고, 극형식으로도 풀어라.

풀이

방정식은 $A = 1$, $B = 1$, $C = 2$와 $\omega = 1$을 갖는다. 우리는 특수해를 찾는 중이므로 공식들을 바로 쓴 다음 간단하게 설명하겠다. 위의 수들은 $C - A\omega^2 = 1$과 $B\omega = 1$을 주므로 $D = 1^2 + 1^2 = 2$이다. 따라서 해는 $G = \sqrt{1/2}$과 $M = N = \dfrac{1}{2}$, $\tan\alpha = 1$과 $\alpha = \pi/4$를 갖는다.

$$\textbf{직교좌표계 형식} \quad y(t) = M\cos\omega t + N\sin\omega t = \frac{1}{2}(\cos t + \sin t)$$

$$\textbf{극형식} \quad y(t) = \mathrm{Re}(Ge^{-i\alpha}e^{i\omega t}) = G\cos(\omega t - \alpha) = \frac{1}{\sqrt{2}}\cos\left(t - \frac{\pi}{4}\right)$$

[예제 9]에서 바로 **극형식**=**직교좌표계 형식**임을 다음과 같이 확인하자.

$$G\cos\left(t - \frac{\pi}{4}\right) = \frac{1}{\sqrt{2}}\left(\cos t\cos\frac{\pi}{4} + \sin t\sin\frac{\pi}{4}\right) = \frac{1}{2}(\cos t + \sin t)$$

직교좌표계 형식은 더 간단한 수를 갖지만 극형식은 가장 중요한 수인 $G = 1/\sqrt{2}$을 갖는다. 이득 G는 감쇠 없는 이득 $|Y|$보다 작아져서 그것의 $\cos\alpha$ 배가 된다.

$$\text{감쇠 없는 } |Y| = \frac{1}{|C - A\omega^2|} = 1 \qquad \text{감쇠된 } G = \frac{1}{\sqrt{D}} = \frac{1}{\sqrt{2}} = \cos\alpha$$

감쇠가 없을 때와 감쇠됐을 때

감쇠가 없는 방정식 $Ay''+Cy=\cos\omega t$는 $B=0$과 $Y=1/(C-A\omega^2)$을 갖는다. 2.1절에서 나온 $y(t)=Y\cos\omega t$의 진폭과 우리가 방금 푼 더 어려운 문제를 비교해보자. 이러한 비교는 입력 $e^{i\omega t}$을 증가시키는 전달 함수의 $Bs=Bi\omega$에, 감쇠가 어떻게 작용하는지를 보여준다. 감쇠는 위상 지연 α를 만들면서 진폭을 $G=Y\cos\alpha$로 감소시킨다. 여기 중요한 공식들이 있다.

	감쇠가 없을 때	감쇠됐을 때
방정식	$Ay''+Cy=\cos\omega t$	$Ay''+By'+Cy=\cos\omega t$
해	$y=Y\cos\omega t$	$y=G\cos(\omega t-\alpha)$
진폭	$\lvert Y\rvert=\dfrac{1}{\lvert C-A\omega^2\rvert}$	$G=\dfrac{1}{\sqrt{D}}=Y\cos\alpha$
위상 지연	0	$\tan\alpha=\dfrac{N}{M}=\dfrac{B\omega}{C-A\omega^2}$

추진 함수가 $F\cos\omega t$일 때, 해는 추가 인자 F를 포함한다. 추진 함수가 $\sin\omega t$일 때, 이 함수는 $\cos\left(\omega t-\dfrac{\pi}{2}\right)$와 같다. 따라서 해는 $y=G\cos(\omega t-\alpha-\pi/2)=G\sin(\omega t-\alpha)$와 같이 $\phi=\pi/2$를 추가적인 위상 지연으로 갖는다.

추진 함수가 $A\cos\omega t+B\sin\omega t$일 때, 이 함수는 $R\cos(\omega t-\phi)$와 같다. 이것은 1.5절의 정현파 항등식에서 나온다. 그러면 해는 $\boldsymbol{RG\cos(\omega t-\alpha-\phi)}$이다. 이는 특수해 y_p로서 입력에서와 같은 진동수 ω로 진동한다.

이득이 감쇠 없는 이득 $\lvert Y\rvert=1/\lvert C-A\omega^2\rvert$로부터 $G=Y\cos\alpha$로 감소하는 이유를 보여주겠다. 우리는 식 (27)을 통해 $G=\sqrt{M^2+N^2}=1/\sqrt{D}$임을, 식 (23)을 통해 $YM=1/D$임을 확인한다.

감쇠된 이득 $$\boldsymbol{Y\cos\alpha}=\frac{YM}{\sqrt{M^2+N^2}}=\frac{1/D}{1/\sqrt{D}}=\boldsymbol{G} \tag{28}$$

더 좋은 표기법

식 $my''+by'+ky=kF(t)$를 나타내는 좋은 방법은 다음과 같이 질량 m으로 나누는 것이다.

$$y''+\frac{b}{m}y'+\frac{k}{m}y=\frac{k}{m}F(t) \tag{29}$$

식 (29)처럼 나타내면 일단 y''의 계수는 1이 된다. 두 번째로, k/m를 ω_n^2으로 바꾸는 것에 의미를 부여한다. 세 번째로, 입력 F는 출력 y와 동일한 단위를 갖는다. 따라서 이제 이득 $G = |y|/|F|$는 무차원이다. 이는 부적절한 단위를 가졌던 기존의 $f(t)$를 $kF(t)$(지금은 m으로 나누어진다)로 바꾸었기 때문에 생긴 현상이다.

가장 중요한 것은 B/A인 감쇠 항 b/m를 쓰는 새로운 방법이다. 중요한 것은 b^2과 mk가 동일한 차원이라는 것이다. 방정식으로부터 my'', by', ky는 모두 동일한 차원이다. 그러면 $(by')^2$과 $(my'')(ky)$도 동일한 차원이다. 또한 $(y')^2$과 $(y'')(y)$도 같은 차원으로서 그것들은 모두 $1/(\text{시간})^2$을 포함하며 b^2과 mk를 남긴다.

$Z = b/\sqrt{4mk}$는 매우 유용하다. 과감쇠는 $Z > 1$이고, 저감쇠는 $Z < 1$이다. 식 (29)의 계수 b/m는 식 (30)에서 더 좋은 형태 $2Z\omega_n$을 갖는다.

$$\frac{b}{m} = \frac{2b}{\sqrt{4mk}}\sqrt{\frac{k}{m}} = 2Z\omega_n \qquad y'' + 2Z\omega_n y' + \omega_n^2 y = \omega_n^2 F(t) \tag{30}$$

Z는 감쇠 비율이고, 올바른 기호는 그리스 문자 제타[zeta] ζ이다. 그러나 대문자 제타 Z가 더 쉽게 읽고 쓸 수 있다(MATLAB 명령어도 제타라고 부른다). $\sqrt{4AC}$에 대한 B의 비율이 모든 공식의 중요한 부분을 어떻게 이끌어내는지 보아라. 만약 $Z < 1$이면 고유 진동수 ω_n은 **감쇠 진동수** $\boldsymbol{\omega_d = \omega_n\sqrt{1 - Z^2}}$으로 감소한다.

두 근 s_1과 s_2	$s^2 + 2Z\omega_n s + \omega_n^2 = 0$의 근은 $s = -Z\omega_n \pm \omega_n\sqrt{Z^2 - 1}$이다.	(31)
저감쇠	$Z^2 = \dfrac{b^2}{4mk} < 1$이고 $s = -Z\omega_n \pm i\omega_d$	(32)
영공간의 해	$y_n(t) = e^{-Z\omega_n t}(c_1 \cos\omega_d t + c_2 \sin\omega_d t)$	(33)

영공간의 해들은 순수한 진동이 아니다. 그것들은 지수 $e^{-Z\omega_n t}$을 포함하며 진동수는 ω_d로 변한다. $y(t)$의 그래프는 초기 시점에는 진동하다가 점점 0으로 수렴하고, $y = y_{\max}$일 때의 꼭짓점을 찍는 시간 간격은 $2\pi/\omega_d$이다.

연습문제 뒤에 해 공식들을 모아 두었다.

2.4 요약

1. $Ay'' + By' + Cy = e^{st}$의 특수해는 $e^{st}/(As^2 + Bs + C)$이다.

2. 계수가 상수인 방정식 $P(D)y = e^{ct}$의 해는 $\boldsymbol{y_p = e^{ct}/P(c)}$이다.

3. 공명은 e^{ct}이 $P(D)y = 0$의 영공간의 해일 때 발생한다. 이것은 $P(c) = 0$임을 의미한다.

4. 공명은 추가적인 t로 이어진다. 즉, $P(c) = 0$이고 $P'(c) \neq 0$일 때, $\boldsymbol{y_p(t) = te^{ct}/P'(c)}$이다.

5. $f = \cos \omega t$인 이차 방정식에 대해 이득은 $G = 1/|P(i\omega)| = 1/\sqrt{D}$이다.

6. 실수 해는 $M\cos \omega t + N\sin \omega t = G\cos(\omega t - \alpha)$이고 이때 $\tan \alpha = N/M$이다.

7. 감쇠 비율 $Z = B/\sqrt{4AC}$와 함께, 방정식은 $y'' + 2\omega_n Zy' + \omega_n^2 y = \omega_n^2 F(t)$이다.

8. $Z < 1$이면 감쇠 진동수는 $\omega_d = \omega_n\sqrt{1 - Z^2}$이다. 그러면 s_1, s_2는 $-Z\omega_n \pm i\omega_d$이다.

2.4 연습문제

01~04 다음은 지수 응답 $y_p = e^{ct}/P(c)$을 이용하여 $P(D)y = e^{ct}$을 푸는 문제이다.

01 지수 추진력을 갖는 계수가 상수인 방정식을 풀어라.

(a) $y_p'' + 3y_p' + 5y_p = e^t$ (b) $2y_p'' + 4y_p = e^{it}$

(c) $y'''' = e^t$

02 $P(D)y = e^{ct}$은 d/dt를 위한 기호로 D를 사용한다. $y_p(t)$에 대해 풀어라.

(a) $(D^2+1)y_p(t) = 10e^{-3t}$

(b) $(D^2+2D+1)y_p(t) = e^{i\omega t}$

(c) $(D^4+D^2+1)y_p(t) = e^{i\omega t}$

03 $y_p = e^{ct}/P(c)$이 어떻게 $y'' + y = e^t e^{it}$을 풀고, 그 다음 $y'' + y = e^t \cos t$를 풀 수 있는가?

04 (a) $y_n''' - y_n = 0$의 s_1에서 s_3까지의 근은 무엇이며 영공간의 해들은 무엇인가?

(b) $y_p''' - y_p = e^{it}$과 $y_p''' - y_p = e^t - e^{i\omega t}$의 특수해를 찾아라.

05~06 다음의 문제는 y_n에서 중근 s와, y_p에서 공명 $P(c) = 0$을 포함한다.

05 $y'' + Cy = e^{i\omega t}$에서 공명을 주는 값 C는 무엇인가? $y'' + 5y' + Cy = e^{i\omega t}$에서 절대 공명을 얻을 수 없는 이유는 무엇인가?

06 삼차 방정식 $P(D)y_n = 0$이 $y = c_1e^t + c_2e^{2t} + c_2e^{3t}$을 해로 갖는다고 하자. 6차 방정식 $P(D)P(D)y_n = 0$의 영공간의 해들은 무엇인가?

---

07 다음을 근 s_1과 s_2, 해 y_n과 y_p에 대한 방정식으로 완성하라.

감쇠 없는 자유 진동 $my''+ky=0$

$y_n =$ ______

감쇠 없는 강제 진동 $my''+ky=e^{i\omega t}$

$y_p =$ ______

감쇠된 자유 진동 $my''+by'+ky=0$

$y_n =$ ______

감쇠된 강제 진동 $my''+by'+ky=e^{ct}$

$y_p =$ ______

08 계수가 $1,\ 2Z\omega_n,\ \omega_n^2$이면서 $Z<1$일 때, 다음을 완성하라.

감쇠 없는 자유 진동 $y''+\omega_n^2 y=0$

$y_n =$ ______

감쇠 없는 강제 진동 $y''+\omega_n^2 y=e^{i\omega t}$

$y_p =$ ______

감쇠된 자유 진동 $y''+2Z\omega_n y'+\omega_n^2 y=0$

$y_n =$ ______

감쇠된 강제 진동 $y''+2Z\omega_n y'+\omega_n^2 y=e^{ct}$

$y_p =$ ______

09 다음과 같은 해를 갖는 방정식 $y''+By'+Cy=f$는 무엇인가?

(a) $y=c_1\cos 2t+c_2\sin 2t+\cos 3t$

(b) $y=c_1e^{-t}\cos 4t+c_2e^{-t}\sin 4t+\cos 5t$

(c) $y=c_1e^{-t}+c_2te^{-t}+e^{i\omega t}$

10 $y_p=te^{-6t}\cos 7t$가 이차 방정식 $Ay''+By'+Cy=f$를 푼다고 하자. 이때 y_p가 $A,\ B,\ C$ 그리고 f에 대해 알려 주는 것은 무엇인가?

11 (a) $y''+4y'+3y=5\cos\omega t$를 푸는 안정된 진동 $y_p(t)$를 찾아라.

(b) $y_p(t)$의 진폭 A와 위상 지연 α를 찾아라.

(c) 최대 진폭(최대 이득)을 주는 진동수 ω는 무엇인가?

12 $y(0)=0,\ y'(0)=0$에서 시작하는 $y''+y=\sin\omega t$를 풀어라. ω가 1로 접근하고, 주어진 미분방정식이 공명에 접근할 때, $y(t)$의 극한값을 찾아라.

13 $y''+2y'+y=e^{ct}$의 임계 감쇠와 중근 $s=1$이 영공간의 해 y_n이나 (e^{ct}에 비례하는) 특수해 y_p에 추가적인 인수 t를 생성하는가? 상수 $c_1,\ c_2$를 갖는 y_n은 무엇인가? $y_p=Ye^{ct}$은 무엇인가?

14 [연습문제 13]에서 $c=i\omega$이면 $y''+2y'+y=e^{i\omega t}$의 해 y_p는 _____이다. 이 분수 Y는 $i\omega$에서의 전달 함수이다. $Y=Ge^{-i\alpha}$에서 진폭과 위상은 어떻게 되는가?

t와 y 각각의 비율을 재조정하면 우리는 $A=C=1$에 도달할 수 있다. 그러면 $\omega_n=1$이고 $B=2Z$이다. 모형 문제는 $y''+2Zy'+y=f(t)$이다.

15 $s^2+2Zs+1=0$의 근은 무엇인가? $Z=0,\ \frac{1}{2},\ 1,\ 2$에 대한 두 개의 근을 찾고 각각의 감쇠 유형을 확인하라. 고유 진동수는 이제 $\omega_n=1$이다.

16 $Z=1,\ -1$을 제외한 모든 Z에 대해 $y''+2Zy'+y=0$의 두 해를 찾아라. $g(0)=0,\ g'(0)=1$에서 시작하는 해 $g(t)$는 무엇인가? $Z=1$일 때에는 어떤 점이 달라지는가?

17 방정식 $my''+ky=\cos\omega_n t$는 정확히 공명 상태에 있다. 우변의 추진 진동수는 좌변의 고유 진동수 $\omega_n=\sqrt{k/m}$와 같다. $y=Rt(\sin\sqrt{k/m}\,t)$를 대입하여 R을 찾아라. 이러한 공명해는 인수 t에 의해 시간이 지나면서 커진다.

18 $Ay''+By'+Cy=f(t)$와 $4Az''+Bz'+(C/4)z=f(t)$를 비교할 때, 두 방정식의 해의 차이점은 무엇인가?

19 $g''-3g'+2g=\delta(t)$의 기본해를 구하라.

20 **(도전)** $y(0)=0,\ y'(0)=0$에서 시작하는 $y''+By'+y=\cos t$의 해를 구하라. 그런 다음 감쇠 계수 B가 0으로 접근하게 하여, [연습문제 17]의 $m=k=1$인 공명 방정식 $y''+y=\cos t$로 도달하도록 하자.

여러분의 해 $y(t)$가 공명해 $\frac{1}{2}t\sin t$로 접근하고 있음을 보여라.

21 $y''+B(t)y'+C(t)y=f(t)$에 대하여 세 개의 해 $y_1,\ y_2,\ y_3$을 알고 있다고 가정하자. $B(t),\ C(t),\ f(t)$는 어떻게 찾을 수 있는가?

계수가 상수인 선형 방정식의 해 공식

일차 $\frac{dy}{dt} = ay + f(t)$ 　　이차 $A\frac{d^2y}{dt^2} + B\frac{dy}{dt} + Cy = f(t)$

N차 $A_N\frac{d^Ny}{dt^N} + \cdots + A_1\frac{dy}{dt} + A_0y = (A_ND^N + \cdots + A_0)y = P(D)y = f(t)$

영공간의 해 y_n은 $f(t) = 0$을 갖는다. 　　**$y = e^{st}$을 대입하여 N개의 지수 s를 찾는다.**

일차 $\frac{d}{dt}e^{st} = ae^{st}$ 　　$s = a$이고 $y_n = ce^{at}$

이차 $As^2 + Bs + C = 0$ 　　$y_n = c_1e^{s_1t} + c_2e^{s_2t}$

N차 $P(s) = 0$ 　　$y_n = c_1e^{s_1t} + \cdots + c_Ne^{s_Nt}$

$f(t) = e^{ct}$의 지수 응답 　　**$c = 0$에 대한 계단 응답 $y = Ye^{ct}$ 찾기**

일차 $\frac{d}{dt}(Ye^{ct}) - aYe^{ct} = e^{ct}$ 　　$y_p = \frac{e^{ct}}{c-a}$은 $Y = \frac{1}{c-a}$을 갖는다.

이차 $Y(Ac^2 + Bc + C)e^{ct} = e^{ct}$ 　　$y_p = \frac{e^{ct}}{Ac^2 + Bc + C} = Ye^{ct}$

N차 $YP(c)e^{ct} = e^{ct}$ 　　$P(c) = 0$일 때 $y_p = \frac{e^{ct}}{P(c)}$ 혹은 $\frac{te^{ct}}{P'(c)}$

$f(t) = \delta(t)$일 때 기본해 $g(t) =$ 임펄스 응답

일차 $g(t) = e^{at}$ 　　$g(0) = 1$에서 시작

이차 $g(t) = \frac{e^{s_1t} - e^{s_2t}}{A(s_1 - s_2)}$ 　　$g(0) = 0$이고 $g'(0) = 1/A$에서 시작

감쇠된 $g(t) = \frac{\sin\omega_n t}{A\omega_n}$ 　　감쇠되지 않은 $g(t) = e^{-Z\omega_n t}\frac{\sin\omega_d t}{A\omega_d}$

N차 $g(t) = y_n(t)$ 　　$g(0) = g'(0) = \cdots = 0$, $g^{(N-1)}(0) = 1/A_N$

각각의 추진력 $f(t)$에 대한 매우 특수한 해: y_{vp}에 대한 초기조건 0

모든 시간 s에 대한 입력에
$t-s$의 성장 인자 곱하기 　　$y(t) = \int_0^t g(t-s)f(s)ds$

미정계수법 undetermined coefficients 　　2.6절에서 특별한 $f(t)$에 대한 직접적인 해

매개변수 변환법 variation of parameters 　　2.6절에서 $y_p(t)$는 $y_n(t)$로부터 나온다.

라플라스 변환 Laplace transform에 의한 해 　　2.7절에서 전달 함수$=$($g(t)$의 변환)

콘볼루션 convolution에 의한 해 　　8.6절에서 $y(t) = g(t) * f(t)$

2.5 전기 회로와 기계 시스템

2.4절에서 방정식 $Ay'' + By' + Cy = \cos\omega t$를 풀었다. 이제 실제 응용에서 A, B, C가 의미하는 바가 무엇인지 살펴보고자 한다. 이는 추진력이 사인 곡선일 때, 미지수가 한 개인 시스템에 대한 공학에서 사용할 수 있는 기본적인 방정식이다. 입력과 응답을 연결함으로써 전달 함수를 사용할 완벽할 기회가 된다.

기계 공학자들에게 미지수 y는 왔다 갔다 하거나 회전하거나 진동하는 어떤 물체의 위치를 알려준다. 전기 공학자들에게 미지수 y는 루프 하나짜리 RLC 회로[one-loop RLC circuit]에서 전압 $V(t)$ 혹은 전류 $I(t)$이다. 문자 R, L, C는 각각 저항기[resistor], 인덕터[inductor], 커패시터[capacitor]를 나타낸다.

응용수학에서 중요한 미분방정식은 1차 혹은 2차이다. 그 중에서도 우리가 가장 잘 이해하고 있는 방정식은 상수 계수를 갖는 선형 방정식이다.

이후의 장들에서 하나의 미지수는 벡터가 된다. 벡터의 계수는 $d\boldsymbol{y}/dt = A\boldsymbol{y}$와 $d^2\boldsymbol{y}/dt^2 = -S\boldsymbol{y}$에서 정사각행렬이 된다. 우리는 노드에서의 전압, 모서리를 흐르는 전류, 물체 n개의 위치 등에 대한 n개의 방정식 시스템을 갖는다. 선형대수학을 통해 이 방정식들과 해를 구성할 것이다. 또한 행렬 미분방정식을 통해 응용수학을 표현할 수 있다.

우리의 목표는 실제 응용에서 방정식을 풀어 $y(t)$를 구하는 것이다. 이것들은 힘의 균형 혹은 전류의 균형에 대한 **균형 방정식**[balance equation]이다. 이때 **들어오는 것은 나가는 것과 같다.**

용수철 – 물체 – 제동 장치 방정식과 루프 방정식

역학에서 y, y', y''은 각각 위치, 속도, 가속도이다. A, B, C는 각각 질량 m, 감쇠 b, 강도 k를 나타낸다.

$$\text{뉴턴의 법칙 } F = ma \qquad my'' + by' + ky = (\text{작용되는 힘}) \tag{1}$$

[그림 2-12]는 용수철과 **제동 장치**[dashpot]에 달려 있는 질량이 m인 물체를 보여준다. 그 둘은 힘 $-ky$와 $-by'$의 소스가 된다. 늘어난 용수철은 물체를 뒤로 당기는데, 후크의 법칙에 의해 그 힘은 $-ky$이다. 감쇠되는 힘은 제동 장치로부터 나온다. 기름처럼 밀도가 높은 액체 속을 움직이는 물체를 상상해보자. 이때 마찰력은 $-by'$으로, 속도와 비례하며 속도와 반대 방향으로 작용한다.

전기 회로에 대한 균형 방정식을 제시한 물리학자는 뉴턴이 아니라 키르히호프[Kirchhoff]이다. 키르히호프의 전압 법칙은 임의의 폐회로에서 **전압 강하**[voltage drop]의 합이 0임을 알려준다. 전류는 $I(t)$이며 하나의 **루프**[loop]를 갖고 시작하자.

$$\text{전압 법칙 KVL} \qquad L\frac{dI}{dt} + RI + \frac{1}{C}\int I\,dt = (\text{작용된 전압}) \tag{2}$$

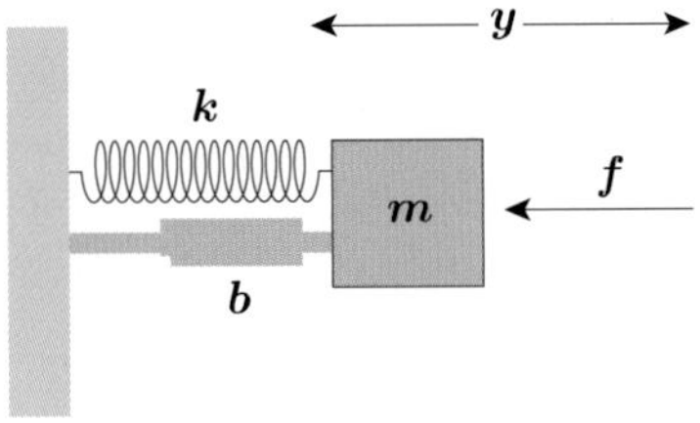

[그림 2-12] 용수철 힘 ky, 마찰력 by', 추진력 f의 세 가지 힘이 $F=my''$에 들어간다.

L, R, C는 각각 인덕턴스 inductance, 저항 resistance, 정전용량 capacitance 이다(정전용량 C로 나누어야 하며 결국 방정식은 상수 계수를 갖고, 문자에 상관없이 방정식을 푼다). $I(t)$에 대한 이계 미분방정식을 만들기 위해, 그리고 식 (2)에서 적분을 제거하기 위해 모든 항에 미분을 취하면 다음과 같다.

전류 $I(t)$를 위한 루프 방정식 $$LI'' + RI' + \frac{1}{C}I = F\cos\omega t \tag{3}$$

힘 $F\cos\omega t$는 스위치를 닫을 때, 배터리나 발전기에서 발생한다. 우리는 **특수해 $I_p(t)$**를 찾을 것이며 이 해는 작용된 힘에 의해 생성된다. 이때 초기조건과 $y_n(t)$는 고려하지 않는다. 영공간의 해 y_n은 $f=0$과 함께 일시적인 것이다. 즉, 기하급수적으로 빠르게 사라진다.

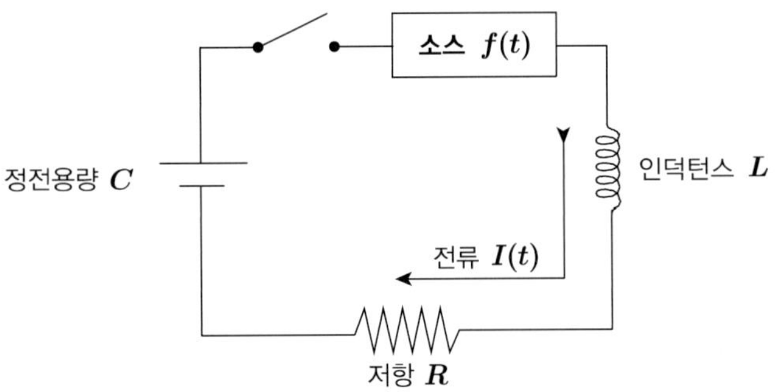

[그림 2-13] 소스와 스위치가 달린 루프 하나짜리 RLC 회로

기계학 - 전기 공학적인 유추

두 가지 응용 모두 이계 미분방정식 $Ay'' + By' + Cy = f(t)$를 만든다. 이는 우리가 두 가지 문제 모두 (수학적으로뿐만 아니라 물리적으로도) 한 번에 풀 수 있음을 뜻한다. 간단한 전기 회로를 사용하는 것이 더 편리할 때, 기계 시스템의 행동을 전기 공학적 유추에 대한 시험을 통해 예상할 수 있다. 기본적인 아이디어는 수 m, b, k를 L, R, $1/C$과 대응시키는 것이다.

기계 시스템		전기 시스템
질량 m	$\longleftrightarrow$	인덕턴스 L
감쇠 계수 b	$\longleftrightarrow$	저항 R
용수철 상수 k	$\longleftrightarrow$	정전용량의 역수 $1/C$
고유 진동수 $\omega_n^2 = k/m$	$\longleftrightarrow$	고유 진동수 $\omega_n^2 = 1/LC$

루프 전류 $I(t)$에 대해 풀기 전에 세 가지 방법(과거의 방법, 현재의 방법, 미래의 방법)의 개요를 살펴보자.

$\cos\omega t$로부터 $e^{i\omega t}$에서 $Y(\omega)$까지

■ 과거의 방법

2.4절에서 $Ay'' + By' + Cy = F\cos\omega t$를 풀었다. 방정식은 실수였고, 해도 실수였다. 해는 사인-코사인 형태를 가졌고, 진폭-위상 형태도 가졌다.

$$y(t) = M\cos\omega t + N\sin\omega t = G\cos(\omega t - \alpha) \tag{4}$$

$y(t)$를 미분방정식에 대입하고 항을 일치시킴으로써 입력 F와 출력 M, N 사이가 연결된다. 그러면 $G^2 = M^2 + N^2$이고 $M = G\cos\alpha$이다.

■ 현재의 방법

$\cos\omega t$, $\sin\omega t$ 대신, **복소수 입력 $Ve^{i\omega t}$**이 더 깔끔하다. 그러면 출력(전류)은 $Ve^{i\omega t}$의 상수이며 배수 Y는 복소수이다. 이는 우리에게 진폭과 위상 이동에 대해 알려준다. 이것은 루프 하나짜리 RLC 회로의 응답을 보는 올바른 방법이다. 입력 진동수가 ω일 때, 출력 진동수 또한 ω이다.

방정식 $$L\frac{dI}{dt} + RI + \frac{1}{C}\int I dt = (\text{적용된 전압}) = Ve^{i\omega t} \tag{5}$$

해 $$I(t) = \frac{Ve^{i\omega t}}{i\omega L + R + 1/i\omega C} = \frac{\text{입력}}{\text{임피던스}} \tag{6}$$

우리는 복소수 임피던스에 대해 자세하게 공부할 것이다.

■ 미래의 방법

복소수 $e^{i\omega t}$의 이득을 보기 시작하면, 더 이상 이전의 방법이 생각나지 않을 것이다. 우리가 실제로 하고 있는 것은 **시간 영역**에서 y에 대한 미분방정식을 **진동수 영역**의 Y에 대한 대수 방정식으로 바꾸는 것이다.

$y = Ye^{i\omega t}$으로 놓자. $Ay'' + By' + Cy = e^{i\omega t}$은 $(i^2\omega^2 A + i\omega B + C)Y = 1$이 된다.

$y(t)$의 미분은 $i\omega$의 곱이 된다. 우리는 지금 응용수학에서 가장 중요하고 유용한 단순화에 대해 말하고 있다. 이는 상수 계수 A, B, C가 필요하며 $e^{i\omega t}$을 묶을 수 있게 한다.

전달 함수 $Y(s)$는 미분에서 대수학으로 두 단계를 더 가야 한다.[8] 먼저 전달 함수는 $e^{i\omega t}$을 e^{st}으로 바꾼다. 지수 s는 순허수 $(s = i\omega)$일 수도, 임의의 복소수 $(s = a + i\omega)$일 수도 있다. 그저 $As^2 + Bs + C = 0$을 풀 때 나오는 특별한 s_1과 s_2가 아닌, 모든 s에 관심을 갖는다.

지수함수 $e^{s_1 t}$과 $e^{s_2 t}$은 일시적인 해 $y_n(t)$에 들어갔다. 이제 작용된 힘 Fe^{st}으로부터 나오는 긴 시간의 해 $y_p(t)$를 다룰 것이다.

전달 함수의 두 번째 역할은 시스템에서 지극히 중요한 역할을 하는 곱하는 수에 이름을 준다는 것이다. 이 수는 입력에 곱해서 출력을 준다.

$$\textbf{전달 함수는 } Y(s) = \frac{1}{As^2 + Bs + C} \textbf{ 이다. 출력은 } \boldsymbol{Y(s)}\textbf{에 } e^{st}\textbf{을 곱한 것이다.}$$

미분과 적분은 (s에 의한) 곱셈과 나눗셈이 된다. 여기서 이름이 하나 더 필요하다. $Y(s)$는 임펄스 응답 $g(t)$의 **라플라스 변환**Laplace transform이다.

입력 $f = \delta(t)$	**출력** $y = g(t) =$ 임펄스 응답	**변환** $Y(s)$
입력 $f =$ 계단 함수	**출력** $y = r(t) =$ 계단 응답	**변환** $Y(s)/s$

계단 함수는 임펄스 $\delta(t)$의 적분이고, 계단 응답은 임펄스 응답 $g(t)$의 적분이다. 이들의 라플라스 변환에서 적분은 s에 의한 나눗셈이 된다. 즉, 시간 영역에서의 미적분학은 진동수 영역에서의 대수학이 된다. dy/dt, $\int y(t)dt$의 변환에 대한 법칙들과 $Y(s)$로부터 $y(t)$를 복원하는 **역 라플라스 변환**inverse Laplace transform에 대한 표는 2.7절에서 살펴볼 것이다.

복소수 임피던스

현재 방법은 $Ve^{i\omega t}$을 교류 입력으로 사용하고 있다. 출력은 그 입력을 임피던스 Z로 나눈다. 이것은 마치 옴의 법칙 $I = E/R$와 같지만, 저항 R이 이 RLC 회로에서의 임피던스 Z로 변한다.

$$\textbf{전류} \qquad I(t) = \frac{Ve^{i\omega t}}{i\omega L + R + 1/i\omega C} = \frac{Ve^{i\omega t}}{Z} = \frac{\textbf{입력}}{\textbf{임피던스}} \tag{7}$$

복소수 임피던스 Z는 ω에 의존한다. Z의 실수부는 저항 R이고, 허수부는 유도 저항 $\omega L - 1/\omega C$이다.

---

8 (옮긴이) '$\cos \omega t$에서 $e^{i\omega t}$로, $e^{i\omega t}$에서 $Y(s)$로 바꾸었다.'는 의미로 쓰였다.

직교좌표 $\mathrm{Re}\, Z$와 $\mathrm{Im}\, Z$로부터 이 복소수의 극형식 $|Z|e^{i\alpha}$을 알 수 있다.

$$\text{크기} \qquad |Z| = \sqrt{R^2 + (\omega L - 1/\omega C)^2} \tag{8}$$

$$\text{위상각} \qquad \tan\alpha = \frac{\mathrm{Im}\, Z}{\mathrm{Re}\, Z} = \frac{\omega L - 1/\omega C}{R} \tag{9}$$

$$\text{루프 전류} \qquad I(t) = \frac{Ve^{i\omega t}}{Z} = \frac{V}{|Z|} e^{i(\omega t - \alpha)} \tag{10}$$

위상각 α는 전압에 대한 전류의 시간 지연을 알려준다. $Ay'' + By' + Cy$의 계수 B와 같이 R은 감쇠 계수임을 기억하라. 2.4절에서 학습한 용어로 말하면 강제된 감쇠 운동을 한다. 이 감쇠는 우리를 $\omega L = 1/\omega C$, $\omega = 1/\sqrt{LC}$인 자유로운 감쇠 없는 운동의 고유 진동수에 의한 공명으로부터 막아준다. 고유 진동수에서 크기 $|Z|$는 가장 작고 $V/|Z|$는 가장 크다. 우리는 이 ω로 라디오를 조정하여 크고 선명한 신호를 얻기도 한다.

예제 1 RLC 회로가 저항 $R = 10$(옴), 인덕턴스 $L = 0.1$(헨리), 정전용량 $C = 10^{-4}$(패럿)을 갖는다고 하자. 이때 R, ωL, $1/\omega C$의 단위는 모두 일치해야 한다. 진동수 ω가 초의 역수 단위로 측정되므로, 모든 세 가지 단위는 V=볼트, (전류에 대한) A=암페어, 초를 이용한다.

$\boldsymbol{R}$	옴 Ω	$= V/A$	$= 1$	볼트/암페어
$\boldsymbol{L}$	헨리 H	$= V \cdot \sec/A$	$= 1$	볼트-초/암페어
$\boldsymbol{C}$	패럿 F	$= A \cdot \sec/V$	$= 1$	암페어-초/볼트

예제 2 $\omega = 60$사이클/초$= 60\mathrm{Hz} = 120\pi$라디안/초일 때, RLC 회로의 임피던스 Z와 Z의 크기 $|Z|$, 위상각 α를 찾아라.

풀이

이 회로의 임피던스는 $\quad Z = R + i\left(\omega L - \dfrac{1}{\omega C}\right) = |Z|e^{-i\alpha}$이다.

임피던스의 크기는 $\quad |Z| = \cdots$

시간 지연을 만드는 위상각은 $\quad \alpha = \cdots$

예제 3 진동수가 ω인 방송국으로 라디오를 조정하고자 할 때, (조정해야 하는) 정전용량 C는 무엇이 되어야 하는가? R과 L은 고정되어 있고 이를 알고 있다고 가정하자.

풀이

조정의 목표는 $\omega L = 1/\omega C$이 되도록 하는 것이다. 그러면 Z의 허수부는 0이다. 즉, 인덕턴스가 정전용량을 소거한다. 조정은 $Z=R$을 달성하고, 그 실수부 R은 고정되어 있다.

$$\omega L=\frac{1}{\omega C} \qquad \omega^2=\frac{1}{LC} \qquad C=\frac{1}{L\omega^2}$$

예제 4 **두 개의 RLC 가지를 병렬로** 포함한 회로가 있다. 분리된 두 가지의 임피던스 Z_1과 Z_2로부터 총 임피던스 Z_{12}를 찾아라.

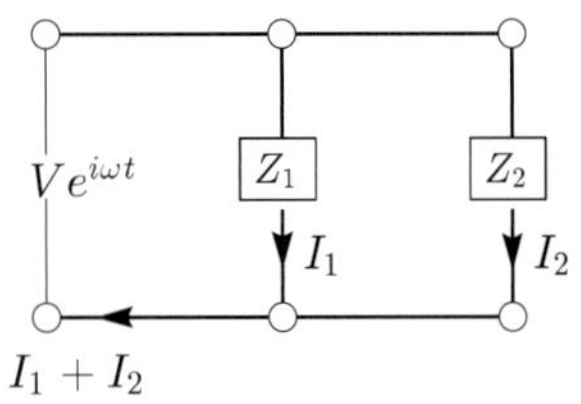

$$\frac{1}{Z_{12}}=\frac{1}{Z_1}+\frac{1}{Z_2}=\frac{Z_1+Z_2}{Z_1Z_2}$$

$$I_{12}=I_1+I_2 \qquad =\frac{Z_1Z_2}{Z_1+Z_2}Ve^{i\omega t}$$

루프 방정식과 노드 방정식 : KVL 또는 KCL

식 (2)는 키르히호프의 전압 법칙[Kirchhoff's Voltage Law] KVL로 표현한다. **폐회로를 도는 전압 강하의 합은 0이다.** 원칙적으로, 우리는 임의의 전기 회로가 주어질 때 그 회로의 일부를 구성하는 독립된 루프를 찾을 수 있다. 그러고 나면 전압 법칙은 각각의 독립된 루프는 식 (2)와 같은 식을 만족할 것이다. 그러한 루프 전류는 회로의 모든 모서리에 흐르는 전류와 모든 노드에서의 전압을 결정한다.

큰 회로에서 발생하는 문제를 해결하기 위해, 대부분의 코드는 전압 법칙을 사용하지 않는다! 보통 선호하는 방법은 **각 노드로 들어가는 순전류**[net current]**는 0이라는 키르히호프의 전류 법칙**[Kirchhoff's Circuit Laws] KCL이다. KCL의 균형 방정식은 모든 노드에서 '들어가는 전류=나가는 전류'를 의미한다.

[그림 2-14]의 회로를 통해 노드에 대해 분석해보자. 이때 미지수는 전압 V_1과 V_2이다. 전압을 알면 전류는 쉽게 찾을 수 있다.

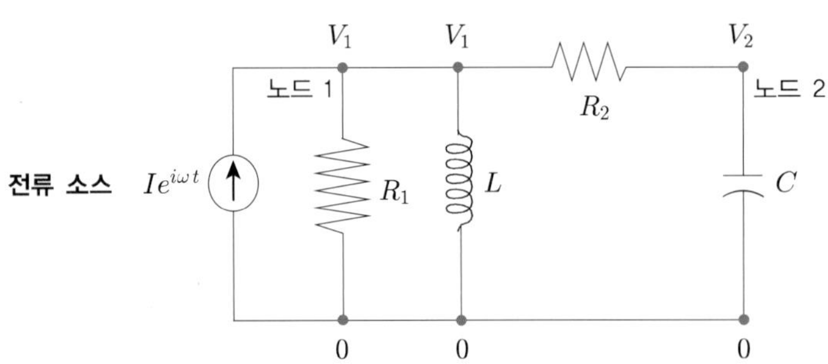

[그림 2-14] [노드 1]로 네 개의 전류가 흘러 들어가며 나간다. [노드 2]로 전류가 들어가며 나간다.

이 정도의 문제들은 문자를 이용해서 풀거나 수치적으로도 풀 수 있다.

■ 문자를 이용한 풀이

s 영역에서 작업하여 전달 함수를 찾자. R_1이 L과 병렬로 있고, R_2가 C와 직렬로 있으므로 V_1과 V_2를 통해 모든 모서리의 전류를 찾을 수 있다. 이 노드에서의 키르히호프의 전류 법칙은 다음과 같다.

$$\frac{V_1}{R_1}+\frac{V_1}{L_s}+\frac{V_1-V_2}{R_2}=I, \qquad \frac{V_2-V_1}{R_2}+sCV_2=0 \tag{11}$$

■ 수치적으로 풀이

R_1, L, R_2, C, ω에 값을 부여한 다음, 노드의 전류 균형을 통해 V_1, V_2를 구하자. 또한 V_1/R_1과 $V_2/iL\omega$로부터 전류들을 구하자.

더 큰 회로에서 s 영역($i\omega$ 영역)에서의 대수학을 직접 풀기는 쉽지 않다. 심볼릭 컴퓨터 패키지[9] 문자를 이용하는 컴퓨터 패키지를 이용하면 더 풀 수도 있지만, 최후에는 (그리고 비선형적인 회로에서는) 수치적인 방법으로 풀게 될 것이다. 널리 알려진 코드들은 캘리포니아 대학교 버클리 캠퍼스(UC 버클리)에서 만들어진 SPICE 코드에서 개발되었다. 현실적인 회로를 위해 SPICE 코드들은 루프 분석 대신 노드 분석을 이용한다.

계산 역학에서도 노드 분석과 루프 분석 중 어떤 방법을 택할지 결정해야 했고, 이 또한 위와 동일한 결론에 도달하였다. 복잡한 구조들은 선형 혹은 이차 근사로 표현할 수 있는 작은 조각, 즉 유한 요소로 분해한다. 노드에서의 변위와 요소 내부의 응력[stress] 중 어떤 것을 주요한 미지수로 선택해야 할까? 회로 시뮬레이션 커뮤니티에서 했던 것처럼, 유한 요소 커뮤니티는 노드에서의 변위를 미지수로 택하여 노드 분석을 한다. 회로는 간단한 RLC 요소에 대한 선형 방정식, 트랜지스터 같은 원형 요소에 대한 비선형 방정식과 같은 큰 방정식 시스템을 만든다. **모서리로 연결된 노드들은 그래프를 형성한다.** 방정식을 구성하기 위해서는 5.5절에서 나오는 그래프 이론에 대한 기본 개념이 필요하다.

근접 행렬[incidence matrix]	A는 어떤 노드 쌍이 어떤 모서리들로 연결되는지 보여준다.
전도 행렬[conductivity matrix]	C는 각각의 모서리를 따라 물리적 성질들을 나타낸다.

그러면 전체 전도도를 나타내는 행렬은 $\boldsymbol{K}=\boldsymbol{A}^{\mathrm{T}}\boldsymbol{CA}$이다. 우리가 푸는 시스템은 회로 시뮬레이션과 구조역학의 선형 문제들로 행렬 형태 $\boldsymbol{Ky}=\boldsymbol{f}$를 갖는다.

4장에서는 행렬에 대해 설명하고, 5.5절에서 그래프의 근접 행렬 A에 집중할 것이다. 이는 모든 노드에서의 키르히호프의 방정식을 위해 필수적으로 학습해야 하는 개념이다. 그러면 7.4절과 7.5절에서 응용수학의 기본 아이디어인 **강성 행렬**[stiffness matrix] K와 (회로에 대한) **그래프 라플라시안 행렬**[graph Laplacian matrix]을 만들 것이다.

9 (옮긴이) 심볼릭 컴퓨터 패키지는 문자 연산이 가능한 컴퓨터 프로그램을 의미한다.

계단 응답

이 책에서는 미분방정식의 기본적인 두 가지 문제를 강조한다. 하나는 델타 함수에서의 응답이고, 다른 하나는 계단 함수에서의 응답이다. 이차 방정식에서 임펄스 응답 $g(t)$는 2.3절에서 살펴보았다. 이는 우리가 계단 응답을 찾을 수 있는 기회이며 또한 이를 받아들여야 한다.

두 개의 입력이 관련되어 있기 때문에 두 가지 응답도 밀접하게 연관되어 있다. 델타 함수는 계단 함수 $H(t)$의 미분이다. 계단 함수는 델타 함수의 적분이다. 우리는 계수가 상수인 방정식의 모든 항을 적분할 수 있다. **임펄스 응답 $g(t)$의 적분은 계단 응답 $r(t)$이다.**

임펄스 응답 $g(t)$	$Ag'' + Bg' + Cg = C\delta(t)$	(12)
계단 응답 $r(t)$	$Ar'' + Br' + Cr = CH(t)$	(13)

이때 우변에 계수 C를 포함하도록 표기하는 것이 더 좋다. 이는 출력 y 혹은 g 혹은 r을 추진 항과 같은 단위로 만들기 위함이다. 그러면 이득 $G = |$출력/입력$|$은 무차원이 된다. 입력 $H(t) = 1$을 갖는 계단 함수에 대해 **계단 응답의 안정 상태는 $r(\infty) = 1$이 될 것이다.**

계단 응답을 계산하는 방법을 두 가지 살펴보자. 방법 1은 임펄스 응답을 적분하는 것이다. 방법 2는 방정식 (13)을 직접 푸는 것이다. 그것의 특수해는 $r_p(t) = 1$이다. 영공간의 해는 $As^2 + Bs + C = 0$의 두 해 s_1과 s_2를 이용한 $e^{s_1 t}$와 $e^{s_2 t}$의 선형결합이다. $r(t)$는 다음의 두 가지 방법으로 찾는 것이 합리적이다.

방법 1 임펄스 응답 $g(t) = \dfrac{C}{A}\dfrac{e^{s_1 t} - e^{s_2 t}}{s_1 - s_2}$을 적분하기 (14)

방법 2 $Ar'' + Br' + Cr = C,\ r(0) = r'(0) = 0$ 풀기 (15)

계단 응답 계산

방법 2는 미분방정식을 푸는 일반적인 방법이다. s_1을 찾기 위해 e^{st}을 대입하면

영공간 해 e^{st} $As^2 + Bs + C = 0$은 두 근 s_1과 s_2를 갖는다.

$Ar'' + Br' + Cr = C$의 완전해는 특수해와 영공간 해의 조합이다.

$$r(t) = 1 + c_1 e^{s_1 t} + c_2 e^{s_2 t} \tag{16}$$

계단 응답은 $r(0) = 0$, $r'(0) = 0$에서 시작한다. 스위치는 $t = 0$ 시점에 켜지고, 해는 $r(\infty) = 1$로 증가한다. 이때 $t = 0$에서의 조건이 c_1과 c_2를 결정한다.

$$r(0)=1+c_1+c_2=0 \qquad r'(0)=c_1s_1+c_2s_2=0 \tag{17}$$

계수는 $c_1=s_2/(s_1-s_2)$, $c_2=-s_1/(s_1-s_2)$이고, 이를 통해 $r(t)$를 찾을 수 있다.

계단 응답 $$r(t)=1+\frac{1}{s_1-s_2}(s_2e^{s_1t}-s_1e^{s_2t}) \tag{18}$$

식 (14)의 $g(t)$를 0에서 t까지 적분해도 동일한 답이 나와야 한다. 임의의 이차 방정식에 대하여 두 근을 곱하면 $s_1s_2=C/A$가 된다.

계단 응답 = $g(t)$의 적분 $$r(t)=\frac{s_1s_2}{s_1-s_2}\left[\frac{e^{s_1t}-1}{s_1}-\frac{e^{s_2t}-1}{s_2}\right] \tag{19}$$

e^{s_1t}의 계수는 식 (18)에서의 계수 $s_2/(s_1-s_2)$와 같다. e^{s_2t}의 계수에 대해서도 비슷하다. 상수 항은 1로 같고, 따라서 식 (18)과 식 (19)는 같다.

$$\frac{s_1s_2}{s_1-s_2}\left[-\frac{1}{s_1}+\frac{1}{s_2}\right]=\frac{s_1s_2}{s_1-s_2}\left[\frac{s_1-s_2}{s_1s_2}\right]=1$$

더 좋은 표기법

계단 응답에 대한 공식을 식 (18)에서 멈추지 말고 더 학습해보자. 두 개의 근 s_1과 s_2는 물리적 매개변수 A, B, C에 의존해야 할 것이다. 역학에서 이 수는 m, b, k이다. 루프 하나짜리 회로에서 이 수는 L, R, $1/C$이다. 이때 $r(t)$를 s_1과 s_2가 아닌, 우리가 알고 있는 수로 표현해야 한다.
A, B, C의 결합이 특히 유용하다는 것을 기억하자. 가장 간단하게 $p=B/2A$와 ω_n^2을 선택한다.

$$r''+\frac{B}{A}r'+\frac{C}{A}r=\frac{C}{A}\text{는 } \boldsymbol{r''+2pr'+\omega_n^2r=\omega_n^2}\text{이 된다.} \tag{20}$$

같은 지수 s_1과 s_2는 $s^2+2ps+\omega_n^2=0$의 근이 된다. $p<\omega_n$이라고 가정하자.

영공간 해 e^{st} $$\boldsymbol{s_1, s_2}=-p\pm\sqrt{p^2-\omega_n^2}=\boldsymbol{-p\pm i\omega_d} \tag{21}$$

식 (18)의 s_1과 s_2를 대입하면 다음과 같이 $r(t)$에 대해 아름다운 표현을 얻을 수 있다.

계단 응답 $$r(t)=1-\frac{\omega_n}{\omega_d}e^{-pt}\sin(\omega_dt+\phi) \tag{22}$$

각도 ϕ는 ω_n, p, ω_d를 세 변으로 갖는 직각삼각형의 한 내각이다.

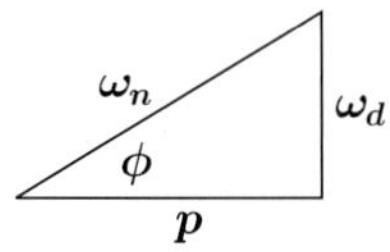

$$\omega_d^2 + p^2 = \omega_n^2 \qquad \sin\phi = \frac{\omega_d}{\omega_n} \qquad \cos\phi = \frac{p}{\omega_n}$$

이제 우리는 식 (22)가 $r(0) = 0$, $r'(0) = 0$을 만족하는지 확인해야 한다.

$$r(0) = 1 - \frac{\omega_n}{\omega_d}\sin\phi = 0 \qquad r'(0) = \frac{\omega_n}{\omega_d}(p\sin\phi - \omega_d\cos\phi) = 0$$

최종 해 (22)는 $e^{-pt}\sin\omega_d t$와 $e^{-pt}\cos\omega_d t$의 결합이다. 예상했던 것처럼, 이 영공간의 해는 $s = -p \pm i\omega_d$일 때 $e^{s_1 t}$과 $e^{s_2 t}$의 결합이고, 특수해는 $r(\infty) = 1$이다. 이때 일시적인 것들이 e^{-pt}과 함께 0으로 감소할 때 이러한 정상상태가 나타나며 계단 응답은 1로 증가한다.

원하는 경우에는 $p = B/2A$를, ω_n에 감쇠 비율을 곱한 것으로 대체할 수도 있다.

실질적인 공명 : 최솟값 D, 최댓값 이득

이득은 $1/\sqrt{D}$이므로 만약 D가 작으면 이득은 크다. 이것은 D를 최소화하여 G를 최대화하는 진동수 ω_{res}를 찾음으로써, 원하는 라디오 채널을 찾는 것과 같은 방법이다. 이것은 (이득이 무한대가 되는) 완벽한 공명은 아니지만 현실에서의 공명이다.

실질적인 공명	$D = (C - A\omega^2)^2 + (B\omega)^2$의 최소화
D의 미분은 0	$-4A\omega(C - A\omega^2) + 2B^2\omega = 0$

ω를 소거하고 $2B^2 = 4A(C - A\omega^2)$을 풀면, 이득은 가장 크고 진동수는 ω_{res}이 된다. $B = 0$일 때 진동수는 무한대의 이득을 가진 고유 진동수 ω_n이다($A\omega_n^2 = C$).

$2Z^2 < 1$에 대해 $2B^2 = 4A(C - A\omega^2)$일 때, ω_{res}에서 실질적인 공명이 있다.

가장 큰 이득 $$\omega_{\text{res}}^2 = \frac{C}{A} - \frac{B^2}{2A^2} = \frac{C}{A}\left(1 - \frac{B^2}{2AC}\right) = \omega_n^2(1 - 2Z^2)$$

2.5 요약

1. $LI'' + RI' + \frac{1}{C}I = e^{i\omega t}$의 L, R, C는 각각 인덕턴스, 저항, 정전용량이다.
2. 회로에서 노드 방정식은 루프 방정식으로 교체된다(KVL 대신 KCL).
3. 계단 함수의 응답은 $r(0) = 0$에서 안정 상태의 값 $r(\infty) = 1$로 증가한다.
4. 실질적인 공명(최대 이득)은 진동수 $\omega_{\text{res}} = \omega_n\sqrt{1-2\zeta^2}$에서 생긴다.

NOTE _ 우리는 시간 영역에서 계단 응답 $r(t)$를 구했다. 2.7절의 라플라스 변환을 이용하면 이 계산은 s 영역으로 이동할 수 있다. 예를 들어, 단위 계단 함수를 변환하면 $1/s$이다. 다시 말해, t에 대한 미분은 s의 곱으로 표현된다.

상태 방정식state equation $Ar'' + Br' + Cr = C$는 $(As^2 + Bs + C)R(s) = \frac{C}{s}$로 변환된다.

문제는 이 함수 $R(s)$의 역 라플라스 변환 $r(t)$를 찾는 것으로, 부분분수를 활용하는 좋은 연습문제이다. 이 절에서는 시간 영역(상태 공간)의 해는 $r(t)$에 성공적으로 도달했다.

2.5 연습문제

01 두 개의 병렬 저항 R_1과 R_2가 전압이 V인 노드를 전압이 0인 노드와 연결하면 전류는 각각 V/R_1와 V/R_2이다. 두 개의 노드 사이에 흐르는 총 전류 I는 얼마인가? V/I를 R_{12}로 쓰면, R_{12}를 R_1과 R_2로 어떻게 나타나는가?

02 병렬로 연결된 인덕터와 커패시터가 전압 $Ve^{i\omega t}$인 노드를 전압이 0인 노드(바닥 상태의 노드)와 연결하면 전류는 각각 $(V/i\omega L)e^{i\omega t}$과 $(V/i\omega C)e^{i\omega t}$이다. 두 노드 사이에 흐르는 총 전류 $Ie^{i\omega t}$은 두 전류의 합이다. 비율 $Ve^{i\omega t}/Ie^{i\omega t}$을 Z_{12}로 쓸 때, Z_{12}를 $i\omega L$과 $i\omega C$로 어떻게 나타내는가?

03 RLC 회로의 임피던스는 $Z = i\omega L + R + 1/i\omega C$이다. 임피던스 Z는 $\omega =$ _____일 때 실수이고, _____일 때 순허수이며 _____일 때 0이다.

04 $R = L = C = 1$일 때 RLC 회로의 임피던스 Z는 무엇인가? 크기 $|Z|$를 ω의 함수로 보여주는 그래프를 그려라.

05 저항이 없는 LC 회로가 전류와 전압 사이에 $90°$ 위상 이동을 만드는 이유는 무엇인가? 전류는 루프 안의 전압 V의 배터리에 의해 루프를 따라 흐른다.

06 저항 0에 대한 역학적인 등식 $my'' + ky = \cos\omega t$는 감쇠가 0임을 보여준다. $y(0) = 0$, $y'(0) = 0$에서 시작하고 $\omega_n^2 = k/m$일 때, c_1과 Y를 찾아라.

$$y(t) = c_1 \cos\omega_n t + Y\cos\omega t$$

그 답은 다음과 같이 동등한 두 가지 방법으로 쓸 수 있다.

$$y = Y(\cos\omega t - \cos\omega_n t) = 2Y\sin\frac{(\omega_n - \omega)t}{2}\sin\frac{(\omega_n + \omega)t}{2}$$

07 추진 진동수 ω가 [연습문제 06]의 ω_n과 비슷하다고 하자. 빠른 진동 $\sin[(\omega_n + \omega)t/2]$와 매우 느린 진동 $2Y\sin[(\omega_n - \omega)t/2]$를 곱하였다. 컴퓨터를 이용하거나 (손으로) 직접 0에서 2π까지 $y = (\sin t)(\sin 9t)$의 그래프를 그려라. 여러분은 느린 사인 곡선 안의 빠른 사

인 곡선을 확인할 수 있을 것이다.

08 회로에서의 키르히호프의 전압 법칙에 대응되는 물체-제동 장치-용수철-힘에 대한 m, b, k, F 방정식은 무엇인가? 또한 키르히호프의 전류 법칙에 대응되는 물체에 대한 힘의 균형 방정식은 무엇인가?

09 만약 물체와 용수철에 대한 고유 진동수 ω_n, 감쇠 계수 b만 알고 있다면 이 정보가 감쇠 진동수 ω_d를 구하는 데 충분하지 않은 이유는 무엇인가? 만약 m, b, k를 모두 알고 있다면 ω_d는 무엇인가?

10 일계 미분방정식 $y'-ay=1$의 수 a를 변화시키면 응답의 속도가 바뀐다. 이계 미분방정식 $y''+By'+Cy=1$의 B와 C를 변화시키면 응답의 형태가 변한다. 두 가지 경우의 차이점이 무엇인지 설명하라.

11 과감쇠된 다음 시스템의 계단 응답 $r(t)=y_p+y_n$을 찾아라.

$$r''+2.5r'+r=1,\ r(0)=0\text{이고 } r'(0)=0$$

12 임계 감쇠된 다음 시스템의 계단 응답 $r(t)=y_p+y_n$을 찾아라. 중근 $s=-1$은 영공간 해를 어떤 형태로 만드는가?

$$r''+2r'+r=1,\ r(0)=0\text{이고 } r'(0)=0$$

13 식 (22)를 이용하여 저감쇠된 다음 시스템의 계단 응답 $r(t)$를 찾아라.

$$r''+r'+r=1,\ r(0)=0\text{이고 } r'(0)=0$$

14 감쇠가 없는 다음 시스템의 계단 응답 $r(t)$를 찾고 식 (22)와 비교하라.

$$r''+r=1,\ r(0)=0\text{이고 } r'(0)=0$$

15 $b^2<4mk$로 저감쇠일 때, 계단 응답 $r(t)$가 $r(\infty)=1$로 증가하는 속도를 결정하는 매개변수는 무엇인가? $r=1$로 안정되기 이전에 $r(t)$가 최댓값에 도달하는 **피크 시점**peak time이 $T=\pi/\omega_d$임을 보여라(피크 시점에 $r'(T)=0$이다).

16 RLC 회로의 전압 소스 $V(t)$가 단위 계단 함수일 때 $C=10^{-6}$패럿이고 $L=1$헨리이면 어떤 저항 R이 $r_{\max}=1.2$로의 **오버슈트**overshoot [10]를 만들겠는가([연습문제 15]에서 $r(T)=r_{\max}$가 되는 피크 시점 T를 찾았다)? 또한, $p_1<p_2$일 때 $r(t)$의 그래프들을 그려라. ω_d가 증가할 때 $r(t)$의 그래프들을 그려라.

17 계단 응답 $r(t)=1-\sqrt{2}e^{-t}\sin\left(t+\frac{\pi}{4}\right)$를 주는 m, b, k의 값은 무엇인가?

18 감쇠 비율 ω_n/p이 1(임계 감쇠)로 증가함에 따라, $p-\omega_d-\omega_n$ 직각삼각형에는 어떤 일이 생기는가? 감쇠 비율이 1이 될 때 감쇠 진동수 ω_d는 _____되고, 계단 응답은 $r(t)=$_____가 된다.

19 근 $s_1,\ s_2=-p\pm i\omega_d$는 전달 함수 $1/(As^2+Bs+C)$의 극이다. $s_1=-p+i\omega_d$와 $s_2=-p-i\omega_d$의 곱이 $s_1s_2=\omega_n^2$이 되는 것을 직접 보여라. 두 근의 합은 $-2p$이다. 또한 이 두 개의 근을 갖는 이차 방정식은 $s^2+2ps+\omega_n^2=0$이다.

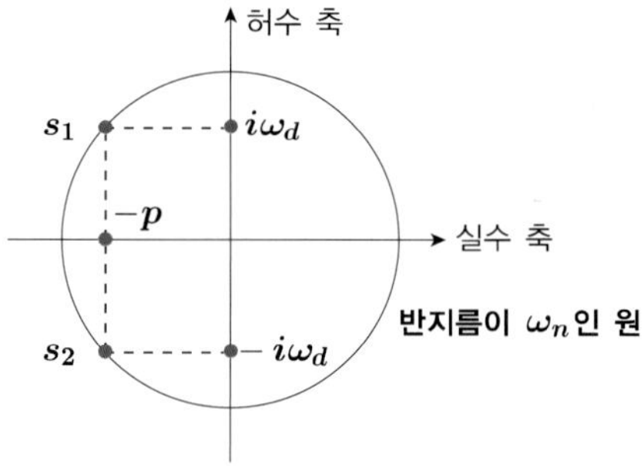

20 ω_n이 상수로 있는 동안 p가 증가했다고 가정하자. 두 개의 근 s_1과 s_2는 어떻게 움직이는가?

21 계수 b와 k가 변하지 않는 동안 질량 m이 증가했다고 하자. 두 개의 근 s_1과 s_2에 어떤 일이 생기는가?

22 $F=t$가 램프 함수일 때, 어떻게 $y(t)$를 찾는가?

$$y''+2py'+\omega_n^2y=\omega_n^2t,\quad y(0)=0\text{이고 } y'(0)=0$$

특수해(직선)는 $y_p=$_____이고, 영공간의 해는 여전히 $y_n=$_____의 형태이다. $t=0$에서의 두 개의 조건으로부터 영공간의 해의 계수 c_1과 c_2를 찾아라.

이 램프 응답 $y(t)$는 또한 _____의 적분으로도 볼 수 있다.

---

10 (옮긴이) 오버슈트란 계단 응답에 있어서 출력 신호가 과도하게 최종 정상값을 초과했을 때 그 초과량의 최댓값을 의미한다.

2.6 이계 미분방정식의 해

지금까지 이계 미분방정식의 추진 항 $f(t)$는 모두 e^{st}이거나 $\cos \omega t$였다. $f(t)$가 사인 곡선이 아니거나 지수함수가 아닐 때, 여러분은 특수해를 어떻게 찾을 수 있는가? 이 절에서는 상수 계수 A, B, C에 대해 한 가지 답 UC를 제시하고, 그 다음에 일반적인 답 VP를 제시한다.

> UC **$f(t)$가 t에 대한 다항식이면 $y_p(t)$도 t에 대한 다항식이다.**
>
> VP **영공간의 해가 $y_n = c_1 y_1(t) + c_2 y_2(t)$라면 특수해는 $y_p = c_1(t) y_1(t) + c_2(t) y_2(t)$의 형태를 갖는다.**

이러한 방법은 **미정계수법**undetermined coefficients 혹은 **매개변수 변환법**variation of parameters이라고 부른다.

$f(t)$가 이차식일 때, 하나의 해도 $y_p(t) = at^2 + bt + c$와 같이 이차식이다. 이때 a, b, c는 모두 **미정계수**undetermined coefficient인데, 미분방정식으로 이 수들을 결정할 것이다. 이것은 임의의 상수 계수 미분방정식에 대해 성립하지만 $f(t)$에 대해서는 특별한 경우에 대해서만 허용된다.

UC 방법은 다양한 함수에 적용할 수 있다. $f(t)$가 다항식과 지수함수를 곱한 함수라면, $y_p(t)$도 동일한 형태를 갖는다. y_p에서 t의 최고 차수는 f의 최고 차수와 같다. 일반적으로, 그러한 다항식들은 차수가 동일하다.

우리는 공명이 있는 경우에만 해에 추가적인 인수 t가 포함되는 것을 허용한다. 이것은 2.4절에서 $f(t) = e^{ct}$의 지수 응답과 같고, $y_p(t) = Ye^{st}$의 미정계수 Y에 대한 완벽한 예를 보여주었다. 즉, 계수 $Y = 1/(As^2 + Bs + C)$은 주어진 미분방정식에 의해 결정되었다. 모든 방정식 $P(D)y = e^{st}$에 대해 $Y = 1/P(s)$이다. 공명이 있을 때 특수해는 $y_p = te^{st}/P'(s)$으로 변한다.

매개변수 변환법은 모든 $f(t)$에 적용되므로 조금 더 강력한 방법이다. 심지어 방정식 $A(t)y'' + B(t)y' + C(t)y = f(t)$가 **가변 계수**variable coefficient를 갖고 있을 때에도 적용된다. 그러나 이는 다음처럼 중요한 가정 하에 가능하다. **우리는 영공간 해 $y_1(t)$와 $y_2(t)$를 반드시 알고 있어야 한다.**

이 방법은 A, B, C가 상수일 때 완벽하게 성공할 것이며, 이때 중요한 경우에는 식 (17)을 준다. 매개변수 변환법은 1장에서 일계 미분방정식 $y' - a(t)y = q(t)$에 대해서도 성립했다. 그 경우에 우리는 $y' = a(t)y$의 영공간의 해를 구할 수 있었다. **에어리 방정식**Airy's equation $y'' = ty$와 같이 가변 계수를 갖는 이계 미분방정식에 대해 영방정식은 어려운 장애물이다.

이렇듯 우리는 모든 문제가 단순한 공식으로 이어지는 것은 아니라는 사실을 깨달아야 한다.

미정계수법

이 직접적인 방법은 강제 항 $f(t)$가 특수한 형태를 가질 때, 특수해 y_p를 찾는 것이다. 여기서는 다음 네 가지 예제를 통해 미정계수법을 설명하고자 한다.

예제 1 $y''+y=t^2$은 $y=at^2+bt+c$ 형태의 해를 갖는다.

풀이

이러한 y를 선택한 이유는 y'과 y''이 비슷한 형태를 가질 것이기 때문이다. 그것들은 또한 t^2, t, 1의 결합이고, $y''+y=t^2$의 모든 항이 이러한 특수한 형태를 가질 것이다.

이 미분방정식을 만족하는 세 개의 수 a, b, c를 선택하자.

$$y''+y=(at^2+bt+c)''+(at^2+bt+c)=t^2 \tag{1}$$

중요한 것은 **우리는 식 (1)의 t^2, t, 1의 계수들을 분리해서 다음과 같이 각각 일치시킬 수 있다**는 것이다.

$$(\boldsymbol{t^2})\ a=1 \qquad (\boldsymbol{t})\ b=0 \qquad (\boldsymbol{1})\ 2a+c=0 \tag{2}$$

그러면 $c=-2a=-2$이고 답은 $y=at^2+c=\boldsymbol{t^2-2}$이다. 이것은 $y''+y=t^2$을 푼다.

예제 2 $\boldsymbol{y''+4y'+3y=e^{-t}+t}$의 완전해를 찾아라.

풀이

먼저 $y_n''+4y_n'+3y_n=0$에 $y_n=e^{st}$을 대입하여 영공간의 해를 찾는다.

$$(s^2+4s+3)e^{st}=0\text{이면 } s^2+4s+3=(s+1)(s+3)=0\text{이다.}$$

근은 $s_1=-1$, $s_2=-3$이다. 따라서 영공간의 해는 $y_n=c_1e^{-t}+c_2e^{-3t}$이다.

이제 하나의 특수해를 찾는다. $f=e^{-t}+t$와 함께, 미정계수들이 있는 일반적인 형태는 $y_p=ae^{-t}+bt+c$가 될 것이다(다항식의 c에 주목하라). 그러나 e^{-t}은 영공간의 해이므로 y를 위해 가정된 형태는 t에 e^{-t}을 곱한 추가적인 인수를 필요로 한다.

$y=ate^{-t}+bt+c$를 미분방정식에 대입하고, $y'=ae^{-t}-ate^{-t}+b$도 대입하면 다음과 같다.

$$y''+4y'+3y=(-2ae^{-t}+ate^{-t})+4(ae^{-t}-ate^{-t}+b)+3(ate^{-t}+bt+c)=e^{-t}+t$$

te^{-t}의 계수는 $a-4a+3a=0$이다. 이 te^{-t} 항에 문제는 없다. 이때 e^{-t}, t, 1의 계수를 맞춰야 한다.

$$a,\ b,\ c \text{ 찾기} \qquad -2a+4a=1 \qquad 3b=1 \qquad 4b+3c=0$$

그러면 $a=\frac{1}{2}$, $b=\frac{1}{3}$, $c=-\frac{4}{9}$는 특수해 $y_p=\frac{1}{2}te^{-t}+\frac{1}{3}t-\frac{4}{9}$를 풀며 영공간의 해는 $c_1e^{-t}+c_2e^{-3t}$이다. 완전해는 항상 $y=y_p+y_n$이다.

이 방법은 매우 특별한 추진 함수에 대해서만 적용되지만, 이 방법이 성공하기만 한다면 풀이 과정이 아주 빠르고 간단해진다. 미분방정식 $Ay''+By'+Cy=f(t)$의 계수가 **상수**일 때 특별한 입력 $f(t)$와 해 $y(t)$의 형태를 다음과 같이 나열하였다.

1. $f(t)=t$에 대한 다항식	$y(t)=t$에 대한 (같은 차수의) 다항식
2. $f(t)=A\cos\omega t+B\sin\omega t$	$y(t)=M\cos\omega t+N\sin\omega t$
3. $f(t)=$지수함수 e^{st}	$y(t)=Ye^{st}$
4. $f(t)=$곱 t^2e^{st}	$y(t)=(at^2+bt+c)e^{st}$

t^2e^{st}은 1과 3의 가능성이 합해져서 4에 포함되었다. $y(t)$에 대한 좋은 형태는 1과 3의 해들을 곱한 것이다. 계수 M, N, Y, a, b, c는 $y(t)$를 미분방정식에 대입하기 전까지는 결정되어 있지 않다(미정이다). 즉, $y(t)$를 대입한 미분방정식이 a, b, c를 결정한다.

NOTE _ 다항식에 e^{t^2}을 곱한 식은 핵심적인 특성을 공유하는 것으로 보인다. 그 식(다항식에 e^{t^2}을 곱한 식)의 미분은 원래 식과 같은 형태(다항식에 e^{t^2}을 곱한 형태)이지만, 미분할 때 그것의 다항식 차수는 높아지므로 좋은 방법은 아니다.

예제 3 $y''+y=te^{st}=$ **(다항식)** $\times e^{st}$의 특수해를 찾아라.

풀이

$y(t)$를 추정하기 좋은 형태는 $(at+b)e^{st}$이다. 이때 be^{st}이 포함된다는 것에 주목하라. 심지어 f가 그 자체로 e^{st}을 가지고 있지 않더라도, 이는 te^{st}의 미분에 나타날 것이다. 곧 te^{st}의 미분이 가질 수 있는 모든 경우를 고려하기 위해, $at+b$는 반드시 상수 b를 포함해야만 한다.

이제 결정되지 않은 $\boldsymbol{y(t)=(at+b)e^{st}}$의 이계도함수를 구해보자.

$$y'=s(at+b)e^{st}+ae^{st} \qquad y''=s^2(at+b)e^{st}+2as\,e^{st}$$

$y''+y=te^{st}$에 y와 y''을 대입하고 a, b를 찾기 위해 항을 일치시키자.

$$\textbf{te}^{st}\text{의 계수} \qquad as^2+a-1$$
$$\textbf{e}^{st}\text{의 계수} \qquad bs^2+2as+b=0$$

두 방정식은 $a=\dfrac{1}{1+s^2}$, $b=\dfrac{-2as}{1+s^2}=\dfrac{-2s}{(1+s^2)^2}$를 만든다. (3)

이제 $y(t)=(at+b)e^{st}$은 $y''+y=te^{st}$의 특수해이다.

이 방법을 사용했을 때 나타날 수 있는 어려움을 살펴보자. 강제 항 $f=te^{st}$에서 $s=i$ 또는 $-i$라고 가정하자. 그러한 지수 $s=i$와 $s=-i$는 $1+s^2=0$이 된다. 이 경우 a와 b를 찾기 위한 식 (3)은 0으로 나누는 셈이 된다. 즉, 결과는 쓸모없다. 어디에서 잘못되었는가?

$s=i$이면 가정된 형태 $y=(at+b)e^{it}$은 $y''+y=0$의 해 be^{it}을 포함한다. 이로써 뜻하지 않게 영공간의 해 $y_n=be^{it}$을 포함하게 된다. 이 경우 b를 결정할 수 없다. 따라서 계수 b는 결정되지 않고 그대로 유지된다.

우리는 기대하고 있던 y_p가 이미 y_n의 일부분일 때의 공명에 대한 문제를 보고 있다. 2.4절의 결과는 공명해가 추가 인수 t를 갖고 있으며 또한 이를 필요로 한다는 것이었다. 여기에서도 마찬가지다. $s=i$이거나 $s=-i$일 때, 추정하기 좋은 형태는 $y_p=t(at+b)e^{st}$이다. 이 y_p를 $y''+y=te^{st}$에 대입하면 계수 a와 b는 적절하게 결정될 것이다. 만약 $s=i$이면 $a=-1/4$, $b=i/4$임을 증명할 수 있겠는가?

예제 4 우리가 이미 알고 있는 방정식에 미정계수법을 적용해보자.

$$Ay''+By'+Cy=\cos\omega t \tag{4}$$

풀이

$y(t)=M\cos\omega t+N\sin\omega t$를 구하자. 계수 M과 N은 2.4절의 식 (21)에도 있다.

$$M=\frac{C-A\omega^2}{D}\qquad N=\frac{B\omega}{D}\qquad D=(C-A\omega^2)^2+B^2\omega^2$$

이 풀이는 완벽한가? 그렇다고 할 수는 없다. 분모가 $D=0$이 되는 경우에 이 방법은 실패할 것이다. 바로 정확히 공명인 경우로, $A\omega^2=C$이고 $B=0$일 때이며 계수 M과 N은 $0/0$이 된다. 또한 방정식은 $A(y''+\omega^2y)=\cos\omega t$가 된다. 특수해 y_p는 $M\cos\omega t+N\sin\omega t$가 될 수 없는데, 이는 $\cos\omega t$와 $\sin\omega t$가 영공간의 해 y_n이기 때문이다. 그것들은 $y''+\omega^2y=0$을 갖는다. 또한 같은 ω가 방정식의 양변에 있다.

공명해 $D=0$인 경우, 특수해는 다시 추가 인수 t를 갖는다.

그 다음 식 (4)에 $y_p=Mt\cos\omega t+Nt\sin\omega t$를 대입해서 $M=0$, $N=1/2$을 찾는다.

미정계수법의 요약

강제 항 $f(t)$가 다항식 또는 사인 곡선 또는 지수함수일 때, 같은 형태의 특수해 $y_p(t)$를 찾아보자. 다항식의 미분은 다항식이고, 사인 곡선의 미분은 사인 곡선이며, 지수함수의 미분은 지수함수이다. 그러면 $Ay'' + By' + Cy = f$의 모든 항은 동일한 형태를 공유할 것이다.

$f(t)$가 지수함수의 합일 때, $y(t)$도 지수함수의 합임을 확인하자. f가 다항식에 사인 곡선이나 지수함수를 곱한 것일 때, $y(t)$도 동일한 형태를 갖는다. f의 사인 곡선이나 지수함수가 영공간의 해가 될 때(공명), y_p에 추가적인 t를 포함하라.

Q_ $f(t) = 4e^t + 5\cos 2t + t$일 때, $y(t)$에 대해 어떤 형태를 가정하겠는가?

A_ $y(t) = Ye^t + M\cos 2t + N\sin 2t + at + b$를 찾는다. 이때 미분방정식의 계수는 모두 상수이어야 한다. 그러면 Ay'', By', Cy, f는 모두 y와 같은 형태이다.

매개변수 변환법

이제 우리는 임의의 추진력 $f(t)$를 적용하고 싶다. 심지어 방정식은 **가변 계수**variable coefficient를 가질 수도 있다. 영공간의 해를 알고 있다면, **매개변수 변환법**variation of parameters으로 특수해를 찾을 수 있다.

$f = 0$의 영공간의 해가 $y_n(t) = c_1 y_1(t) + c_2 y_2(t)$라고 가정하자. 우리는 y_1과 y_2를 알고 있다. $f(t) \neq 0$일 때의 특수해에 대해 다음과 같이 c_1과 c_2가 시간에 따라 변한다고 하자.

매개변수 변환법 $$y_p(t) = c_1(t)y_1(t) + c_2(t)y_2(t) \tag{5}$$

이 아이디어는 다음과 같은 임의의 선형 이계 미분방정식에 적용된다.

$$\frac{d^2y}{dt^2} + B(t)\frac{dy}{dt} + C(t)y = f(t) \tag{6}$$

식 (6)에 식 (5)의 $y_p(t)$를 대입하면 c_1'과 c_2'에 대한 일차 방정식을 얻는다. 이들은 t에 따라 변하는 매개변수이다. c_1'과 c_2'에 대한 편리한 두 번째 방정식을 알아보기 위해 곱 미분 법칙을 이용하여 y_p의 미분을 계산하자.

$$y_p' = (c_1(t)y_1' + c_2(t)y_2') + (c_1'(t)y_1 + c_2'(t)y_2) \tag{7}$$

이어 두 번째 합을 0으로 만든다.

$$\textbf{c_1', c_2'에 대한 두 번째 식} \qquad c_1'(t)y_1(t) + c_2'(t)y_2(t) = 0 \tag{8}$$

이제 식 (7)의 두 번째 합은 0이 되고 우리는 다시 곱 미분 법칙을 이용하여 y_p''을 계산한다.

$$y_p'' = (c_1(t)y_1'' + c_2(t)y_2'') + (c_1'(t)y_1' + c_2'(t)y_2') \tag{9}$$

식 (5)의 y_p, 식 (7)의 y_p', 식 (9)의 y_p''을 미분방정식에 대입하면 다음과 같이 환상적인 결과를 얻는다.

$$\textbf{c_1', c_2'에 대한 첫 번째 식} \qquad c_1'(t)y_1'(t) + c_2'(t)y_2'(t) = f(t) \tag{10}$$

영공간의 해 y_1과 y_2가 $y'' + B(t)y' + C(t)y = 0$을 만족했기 때문에 식이 간단해졌다.

이제 우리는 두 개의 미지수 $c_1'(t)$와 $c_2'(t)$에 대한 두 개의 식 (8)과 식 (10)을 구했다. 각각의 시간 t에서 두 방정식에 대해 네 개의 계수 P, Q, R, S는 $y_1(t)$, $y_2(t)$, $y_1'(t)$, $y_2'(t)$이다. 먼저 P, Q, R, S를 이용해 두 개의 방정식을 풀자.

$$\begin{array}{l} Pc_1' + Qc_2' = 0 \\ Rc_1' + Sc_2' = f \end{array} \text{ 이면 } \quad c_1' = \frac{-Qf}{PS - QR}, \qquad c_2' = \frac{Pf}{PS - QR} \text{ 이다.} \tag{11}$$

위 두 분수에 각각 P와 Q를 곱하면, 그것들은 소거된다. 두 분수에 각각 R과 S를 곱하고 더하면, 결과는 두 번째 식 $Rc_1' + Sc_2' = f(t)$가 된다.

선형 방정식은 4장에서 다시 나온다. 이번에는 각 시간 t에 대해 분리된 문제를 갖고, 해 (11)은 P, Q, R, S가 각각 $y_1(t)$, $y_2(t)$, $y_1'(t)$, $y_2'(t)$일 때 12가 된다. 이때 $PS - QR$을 W로 쓸 것이다.

$$c_1'(t) = \frac{-y_2(t)f(t)}{W(t)} \qquad c_2'(t) = \frac{y_1(t)f(t)}{W(t)} \qquad W(t) = y_1y_2' - y_2y_1' \tag{12}$$

분모 $W(t)$는 영공간의 해 $y_1(t)$와 $y_2(t)$의 **론스키 행렬식**^Wronskian^이다. 이는 2.1절에서 소개되었고, $y_1(t)$와 $y_2(t)$의 독립성이 $W(t) \neq 0$임을 보장한다. 식 (12)에서 $W(t)$로 나누는 것은 안전하다. 변화하는 매개변수 $c_1(t)$와 $c_2(t)$는 각각 식 (12)의 $c_1'(t)$와 $c_2'(t)$의 적분이다.

지금까지 미분방정식 식 (6)의 특수해 $c_1y_1 + c_2y_2$를 찾았다. 만약 y_1과 y_2가 $y'' + B(t)y' + C(t)y = 0$의 독립인 영공간의 해라면, 우변이 $f(t)$인 특수해 $y_p(t)$는 $c_1(t)y_1(t) + c_2(t)y_2(t)$이다.

$$\textbf{매개변수 변환법} \qquad y_p(t) = -y_1(t)\int \frac{y_2(t)f(t)}{W(t)}dt + y_2(t)\int \frac{y_1(t)f(t)}{W(t)}dt \tag{13}$$

예제 5 매개변수 변환법을 이용해서 $y''+y=t$의 특수해를 찾아라.

풀이

우변 $f(t)=t$는 사인 곡선이 아니다. 영방정식 $y''+y=0$의 독립인 해 $y_1(t)=\cos t$와 $y_2(t)=\sin t$를 찾는 데 문제는 없다. 이때 다음과 같이 론스키 행렬식은 1이다.

$$W(t)=y_1y_2{}'-y_2y_1{}'=\cos^2 t+\sin^2 t=1$$

특수해 $y_p(t)=c_1(t)\cos t+c_2(t)\sin t$는 $c_1{}'$과 $c_2{}'$의 적분을 필요로 한다.

$$c_1(t)=\int\frac{(-\sin t)t\,dt}{1}=t\cos t-\sin t \qquad c_2(t)=\int\frac{(\cos t)t\,dt}{1}=t\sin t+\cos t$$

매개변수 변환법은 특수해 $c_1y_1+c_2y_2$를 찾았고, 이는 다음과 같이 식을 간단히 한다.

$$y_p=(t\cos t-\sin t)\cos t+(t\sin t+\cos t)\sin t=t \tag{14}$$

사실 우리는 매개변수 변환법을 사용하지 않고도 $y=t$가 $y''+y=t$의 해가 되는 것을 알 수 있었을 것이다. 그리고 미정계수법으로 $y=t$를 적분 없이 더 빠르게 찾아낼 수도 있었다.

예제 6 매개변수 변환법을 이용해서 $y''+y=\delta(t)$를 풀어라.

풀이

영공간의 해 $\cos t$와 $\sin t$는 여전히 $W(t)=1$이다. 델타 함수 f는 c_1과 c_2를 위한 적분에 들어간다.

$$c_1=\int\frac{(\sin t)\delta(t)\,dt}{1}=\sin 0=0 \qquad c_2=\int\frac{(\cos t)\delta(t)dt}{1}=\cos 0=1$$

그러면 $y_p(t)=(1)y_2(t)=\sin t$이다. $f=\delta(t)$와 함께 이것은 기본해 $g(t)$(임펄스 응답)이다. 그러면 $\sin t$ 또한 $y(0)=0$, $y'(0)=1$에서 시작하는 $y''+y=0$의 해가 된다. 우리는 식 (17)에서 $s_1=-s_2=i$를 갖고 이 성장 인자를 다시 찾을 것이다.

상수 계수와 해의 공식

우리가 영공간의 해 y_1과 y_2를 확실히 알 수 있는 한 가지 경우는 미분방정식이 상수 계수를 가질 때이다. $Ay''+By'+Cy=0$에 $y=e^{st}$을 대입하면 $As^2+Bs+C=0$에 이른다. 이때 두 근은 s_1과 s_2이고, 영공간의 해는 e^{s_1t}과 e^{s_2t}이다. 우리가 $A=1$이라고 자유롭게 가정할 수 있다는 것에 주목하자(만약 그렇지 않으면, 방정식을 A로 나누면 된다).

매개변수 변환법을 사용하면 해는 식 (13)과 같다. 우리에게 필요한 모든 것은 론스키 행렬식 $W(t)$이고, 그러한 영공간의 해에 대해 이것은 매우 멋진 식으로 표현된다.

$$\boldsymbol{W(t)} = y_1y_2' - y_2y_1' = (e^{s_1t})(s_2e^{s_2t}) - (e^{s_2t})(s_1e^{s_1t}) = \boldsymbol{(s_2 - s_1)e^{s_1t}e^{s_2t}} \tag{15}$$

식 (15)로부터 $s_1 = s_2$가 아니면 $W(t) \neq 0$임을 알 수 있다. 중근을 가질 때 우리는 특별한 영공간의 해 $y_2 = te^{st}$이 필요할 것이라고 생각한다. 심지어 그 경우에도 론스키 행렬식은 멋져 보인다.

$$\boldsymbol{W(t)} = (e^{st})(te^{st})' - (te^{st})(e^{st})' = (e^{st})(ste^{st} + e^{st}) - (te^{st})(se^{st}) = \boldsymbol{e^{2st}} \tag{16}$$

식 (13)에 y_1과 y_2와 W를 대입할 때, VP 공식은 $y_p(t)$를 만든다.

서로 다른 두 근 $s_1 \neq s_2$를 가질 때, 첫 번째 적분은 $y_2/W = e^{-s_1t}/(s_2 - s_1)$을, 두 번째 적분은 $y_1/W = e^{-s_2t}/(s_2 - s_1)$을 갖는다. 이를 식 (13)에 넣으면 다음과 같다.

특수해
상수 계수

$$y_p(t) = \frac{-e^{s_1t}}{s_2 - s_1}\int_0^t e^{-s_1T}f(T)dT + \frac{e^{s_2t}}{s_2 - s_1}\int_0^t e^{-s_2T}f(T)dT$$

여기에서 성장 인자 $g(t-T)$는 입력 $f(T)$에 곱하는 것이다. 적분들은 그저 출력들을 더하고 있다. $g(t)$로 나타낸 $y_p(t)$에 대한 같은 공식을 아래에 소개한다.

성장 인자 $g(t) = \dfrac{e^{s_1t} - e^{s_2t}}{s_1 - s_2}$ **해** $y_p(t) = \displaystyle\int_0^t g(t-T)f(T)dT$ (17)

이는 이 책에서 가장 멋있는 공식일 것이다. 이제 $s_1 = s_2$인 경우를 살펴보자.

중근 $s_1 = s_2 = s$이고 $W = e^{2st}$일 때, 식 (13)의 첫 번째 적분은 여전히 $y_1 = e^{st}$이고 이제 $y_2/\omega = te^{-st}$이다. 두 번째 적분은 $y_2 = te^{st}$과 $y_1/W = e^{-st}$을 갖는다.

특수해 y_p
영공간 해 e^{st}, te^{st}

$$y_{p(t)} = -e^{st}\int_0^t Te^{-sT}f(T)dT + te^{st}\int_0^t e^{-sT}f(T)dT$$

이것은 또한 f에 곱하는 인자 $g(t-T)$를 발견하면 다음과 같은 완벽한 형태를 갖는다.

$$\text{성장 인자} \quad g(t) = te^{st} \qquad \text{해} \quad y_p(t) = \int_0^t g(t-T)f(T)dT \tag{18}$$

좋은 공식은 절대 우연히 생기지 않는다. $g(t)$는 반드시 무언가 중요한 것을 의미해야만 한다. **성장 인자 $g(t)$는 임펄스 응답이다. 즉, $f(t)$가 $\delta(t)$일 때, $y_p(t)$는 $g(t)$이다.**

2.6절을 화려하게 마무리하고자 한다. 그런 다음 2.7절에서는 성장 인자 $g(t)$에 라플라스 변환을 취해 **전달 함수 $Y(s)$**를 얻을 것이다.

$$g(t) = \frac{e^{s_1 t} - e^{s_2 t}}{s_1 - s_2} \text{의 변환은 } \frac{1}{(s-s_1)(s-s_2)} = \frac{1}{s^2 + Bs + C} = Y(s) \text{이다.}$$

$$s_1 = s_2 \text{일 때, } g(t) = te^{s_1 t} \text{의 변환은 } \frac{1}{(s-s_1)^2} = \frac{1}{s^2 + Bs + C} \text{이다.}$$

$Y(s)$는 B와 C로부터 나온다. **해 $y(t)$는 $g(t)$ = 그린 함수**Green's function**에서 나온다.** 이 책의 마지막에서 $g(t-T)f(t)$의 적분을 **콘볼루션**convolution으로 여길 것이다.

2.6 요약

1. y_p에 대한 **미정계수법**은 $f(t)$가 e^{st}, $\cos\omega t$, $\sin\omega t$, t^n만을 포함할 때 적용된다.
2. y_p = 지수함수/사인 곡선/다항식으로 놓자. $f(t)$와 일치하도록 계수 a, b, $\cdots$를 찾아라.
3. **매개변수 변환법**은 $y_p = c_1(t)y_1(t) + c_2(t)y_2(t)$에서 알 수 있듯이 y_p의 c_1과 c_2는 t에 따라 변한다.
4. c_1'과 c_2'에 대한 두 개의 방정식은 c_1과 c_2가 각각 $-y_2 f/W$와 $-y_1 f/W$의 적분이라는 사실에 이른다.
5. 상수 계수 c_1과 c_2에 대해 그것들은 각각 $e^{-s_1 t}f(t)$와 $e^{-s_2 t}f(t)$의 적분이다.
6. 그러면 $g(t)$가 임펄스 $f = \delta(t)$에 대한 응답일 때, $y_p = \int g(t-s)f(s)ds$이다.

2.6 연습문제

01~03 추정 혹은 미정계수법을 이용하여 다음의 특수해를 찾아라.

01 (a) $y''+y=4$ (b) $y''+y'=4$

(c) $y''=4$

02 (a) $y''+y'+y=e^t$ (b) $y''+y'+y=e^{ct}$

03 (a) $y''-y=\cos t$ (b) $y''+y=\cos 2t$

(c) $y''+y=t+e^t$

---

04 다음 $f(t)$에 대하여 미정계수법을 이용해서 $y(t)$의 형태를 추측하라.

(a) $f(t)=t^3$ (b) $f(t)=\cos 2t$

(c) $f(t)=t\cos t$

05 우변이 다음과 같이 주어질 때 $y(t)$의 형태를 추측하라.

(a) $f(t)=e^{ct}$ (b) $f(t)=te^{ct}$

(c) $f(t)=e^t\cos t$

06 $f(t)=e^{ct}$에 대하여 $y(t)$에 대한 추측이 Ye^{ct}과 달라지는 때는 언제인가?

07~11 미정계수법을 사용하여 다음의 특수해 $y_p(t)$를 찾아라.

07 (a) $y''+9y=e^{2t}$ (b) $y''+9y=te^{2t}$

08 (a) $y''+y'=t+1$ (b) $y''+y'=t^2+1$

09 (a) $y''+3y=\cos t$ (b) $y''+3y=t\cos t$

10 (a) $y''+y'+y=t^2$ (b) $y''+y'+y=t^3$

11 (a) $y''+y'+y=\cos t$ (b) $y''+y'+y=t\sin t$

12~14 다음은 공명을 포함한다. y_p의 일반적인 형태에 t를 곱하라.

12 (a) $y''+y=e^{it}$ (b) $y''+y=\cos t$

13 (a) $y''-4y'+3y=e^t$ (b) $y''-4y'+3y=e^{3t}$

14 (a) $y'-y=e^t$ (b) $y'-y=te^t$

(c) $y'-y=e^t\cos t$

---

15 $y''+4y=e^t\sin t$(지수함수에 사인 곡선을 곱한 것)에 대해 다음과 같은 두 가지 선택권이 있다.

A. **(실수)** $y_p=Me^t\cos t+Ne^t\sin t$를 대입한 다음 M과 N을 결정한다.

B. **(복소수)** $z''+4z=e^{(1+i)t}$을 푼다. 그러면 y는 z의 허수부이다.

두 가지 방법을 모두 이용해 똑같은 $y(t)$를 찾아라. 여러분은 어떤 방법을 선호하는가?

16 (a) $y''+3y'-4y=te^{ct}$에 대해 어떤 값 c가 공명을 주는가?

(b) 만약 공명이 없다면 여러분은 $y(t)$에 어떠한 형태를 대입할 것인가?

(c) c가 공명을 만들 때, 여러분은 어떠한 형태를 이용할 것인가?

17 다음은 공명 $P(c)=0$을 가질 때, 방정식 $P(D)y=e^{ct}$에 대한 법칙이다. $P(c)=0$이고 $P'(c)\neq 0$일 때, 해 $y_p=Cte^{ct}$을 찾아라($m=1$).

만약 c가 중복도[11] m인 근이면, y_p는 다음과 같은 형태 ________________를 갖는다.

18 (a) $d^4y/dt^4-y=t^3e^{5t}$을 풀기 위해, 여러분은 $y(t)$에 대해 어떠한 형태를 기대하는가?

(b) 만약 우변이 $t^3\cos 5t$가 되면, 어떤 8개의 계수들을 결정해야 하는가?

19 $y'-ay=f(t)$에 대해, 미정계수법은 일반적인 공식

---

11 (옮긴이) 방정식 $P(x)=0$의 근 $x=c$ 가 m번 중복되어 나타날 때, $x=c$를 중복도 m인 근이라고 한다.

$y_p = e^{at} \int e^{-as} f(s)\, ds$를 적분하기 쉽도록 하는 모든 $f(t)$를 찾는다. 이러한 적분들을 '좋은 함수' $f = e^{ct}$, $f = e^{i\omega t}$, $f = t$ 각각에 대해 구하라.

$$\int e^{-as} e^{cs}\, ds \qquad \int e^{-as} e^{i\omega s}\, ds \qquad \int e^{-as} s\, ds$$

20~27 다음은 매개변수 변환법을 사용하여 푸는 문제이다.

20 $y'' + 3y' + 2y = 0$에 대해 두 개의 해 y_1, y_2를 찾아라. 공식 (13)에 두 개의 해를 사용하여 다음 미분방정식을 풀어라.

(a) $y'' + 3y' + 2y = e^t$ (b) $y'' + 3y' + 2y = e^{-t}$

21 $y'' + 4y' = 0$에 대해 두 개의 해를 찾고 다음에 대해 매개변수 변환법을 사용하라.

(a) $y'' + 4y' = e^{2t}$ (b) $y'' + 4y' = e^{-4t}$

22 $y_1 = e^t$, $y_2 = te^t$에 의해 풀리는 방정식 $y'' + By' + Cy = 0$을 찾아라. 만약 우변이 $f(t) = 1$이면, VP 공식 (13)으로부터 무엇이 나오는가?

23 $y'' - 5y' + 6y = 0$은 $y_1 = e^{2t}$, $y_2 = e^{3t}$에 의해 풀리는데, 이는 $s = 2$와 $s = 3$이 $s^2 - 5s + 6 = 0$에서 나오기 때문이다. 이제 $y'' - 5y' + 6y = 12$를 다음 두 가지 방법으로 풀자.

A. 미정계수법 (혹은 추정)

B. 식 (13)을 이용한 매개변수 변환법

두 방법에 의한 답은 서로 다르다. 초기조건이 다른가?

24 임의의 y_1, y_2에서 시작한 매개변수 변환법에 의해 나오는 해 (13)의 초기조건 $y(0)$과 $y'(0)$은 무엇인가?

25 방정식 $y'' = 0$은 $y_1 = 1$, $y_2 = t$에 의해 풀린다. 매개변수 변환법을 사용하여 $y'' = t$를 푼 다음 $y'' = t^2$도 풀어라.

26 영공간의 해 $y_1 = \cos t$와 $y_2 = \sin t$에서 시작하는 매개변수 변환법을 사용하여 계단 응답을 위한 $y_s'' + y_s = 1$을 풀어라.

27 영공간의 해 $y_1 = e^{-t}$과 $y_2 = e^{-2t}$에서 시작하는 매개변수 변환법을 사용하여, 계단 응답을 위한 $y_s'' + 3y_s' + 2y_s = 1$을 풀어라.

28 $A\omega^2 = C$일 때(공명인 경우) $Ay'' + Cy = \cos \omega t$를 풀어라. [예제 4]는 $y = Mt \cos \omega t + Nt \sin \omega t$를 대입하는 방법을 추천한다. M과 N을 찾아라.

29 $g(t)$를 위대한 두 공식 (17), (18)에 넣어 그 식들 바로 위에 있는 특수해를 구하는 방정식이 성립하는지 알아보아라.

2.7 라플라스 변환 $Y(s)$와 $F(s)$

여러분이 이 책에서 중요한 함수 목록을 작성해보면, 그렇게 많지 않을 것이다. 그것들은 선형 미분방정식의 우변이고 또한 해 $y(t)$이다.

1. 지수함수 e^{at}
2. 사인 곡선 $\cos \omega t$와 $\sin \omega t$
3. 1, t, t^2으로 시작하는 다항식
4. 계단 함수 $H(t-T)$
5. 델타 함수 $\delta(t \quad T)$
6. 1에서 5까지의 곱

이러한 해들이 특별한 이유는 무엇인가?

앞에서 나온 목록의 함수들에 대한 미분과 적분 또한 그 목록에 있다(거의 대부분).

이는 처음부터 사실이었다. 1장의 [예제 1]은 $y = e^t$ 이었다. 그것의 기본적인 성질은 $dy/dt = y$ 이다. 미분은 원래 함수에 변화를 주지 않은 채 목록에 있는 함수가 된다. 그리고 두 지수함수의 곱은 또 다른 지수함수가 된다.

코사인과 사인은 서로 분리되어 적었지만, 이들은 $e^{i\omega t}$ 과 $e^{-i\omega t}$ 의 결합이다. 미분은 원래 함수에 변화를 주지 않은 채 목록에 포함된다. 상수 다항식은 $e^{0t} = 1$ 이다. 다항식의 적분과 미분은 다항식이다. 곱 미분 법칙(과 역 법칙인 부분적분법)은 목록을 유지한다. 즉, 새로운 함수가 생기지 않는다.

여기서 결점이 하나 있지만 이는 쉽게 고칠 수 있다. 델타 함수 $\delta(t)$ 는 계단 함수 $H(t)$ 의 미분이지만, 우리는 모든 미분과 적분이 필요하다. 그것들을 목록에 포함시켜라! $dy/dt =$ 계단 함수를 풀면 $y(t) =$ 램프 함수를 얻는다. 이것은 $t \le 0$ 일 때 0이고, $t \ge 0$ 일 때 $y(t) = t$ 이다. 이것의 그래프는 모서리를 갖고, 기울기는 점프를 갖는다. 선형 램프의 적분은 포물선 램프parabolic ramp이고, 그 다음 적분은 3차 스플라인cubic spline에 이른다. 델타 함수의 미분은 매우 이상한 성질을 가지고 있다([연습문제 25]를 보자).

이러한 이상적인 함수까지 살펴보고 나면, 이를 포함한 목록이 완전하게 채워진다.

미분방정식의 대수학

그러한 특수한 함수들과 함께, 계수가 상수인 미분방정식을 푸는 것은 그렇게 어렵지 않다. 이는 대수 문제로 간단하게 만들 수 있기 때문이다. 영공간의 해 y_n 은(t 의 거듭제곱이 곱해질 수도 있는) 지수함수들의 결합이다. 특수해 y_p 는 $Ye^{i\omega t}$ 과 같이 잘 알려진 형태를 갖는다. 이때 미분방정식은 미정계수 Y를 결정할 것이다.

매개변수 변환법을 이용한 1에서 6까지 함수의 적분은 이미 앞쪽의 목록에 있다.

라플라스 변환은 대수학을 할 수 있도록 체계적인 방법을 준다. 이 변환에 의해 t 에 대한 함수는 s 에 대한 함수가 된다. dy/dt 의 미분 대신 곱 $s\,Y(s)$ 을 갖는다. 그러면 t 에 대한 미분방정식은 s 에 대한 대수 방정식이 된다. 다음 예를 살펴보자.

좌변 $y(t) \to Y(s)$	$y(0) = y'(0) = 0$ 일 때, $y'(t) \to \boldsymbol{s\,Y(s)}$ 이고 $y''(t) \to \boldsymbol{s^2\,Y(s)}$ 이다.
우변 $f(t) \to F(s)$	$f = e^{at} \to F = \boldsymbol{1/(s-a)}$ 이고 임펄스 $f = \delta(t) \to F = \boldsymbol{1}$ 이다.

라플라스 변환을 이용해 미분방정식을 푸는 것은 다음 세 단계를 포함한다.

1. 모든 항을 변환한다. 2. $Y(s)$에 대해 푼다. 3. $Y(s)$로 변환되는 $y(t)$를 찾는다.

여러분은 이제 $Y(s)$에 대한 s 방정식에 초깃값 $y(0)$과 $y'(0)$이 어떻게 적용되는지 보게 될 것이다. 그리고 가장 중요한 내용인, 방정식 $s^2+Bs+C=0$의 **근**들이 어떻게 $Y(s)$의 **극**이 되는지 보게 될 것이다. 그러한 지수 s_1과 s_2는 우리에게 영공간의 해 $y_n(t)$를 주었고, 그 다항식으로 나누어 전달 함수 $1/(s^2+Bs+C)$을 얻었다. 이제 우리는 이것들을 라플라스 변환의 자연스러운 한 부분으로 보게 될 것이다.

예제 1 $y(0)=0$, $y'(0)=0$에서 시작하자. 두 개의 초기조건과 함께, y'의 변환은 sY가 되고, y''의 변환은 s^2Y가 된다. 이제 우리는 전체 방정식을 변환할 수 있다.

1단계 $\boldsymbol{y''-4y'+3y=e^{at}}$은 $\boldsymbol{(s^2-4s+3)Y(s)=\dfrac{1}{s-a}}$로 변환된다.

2단계 $y(t)$의 변환은 $Y(s)=\dfrac{1}{(s^2-4s+3)(s-a)}=\boldsymbol{\dfrac{1}{(s-3)(s-1)(s-a)}}$이다.

3단계 $Y(s)$의 역 라플라스 변환은 $\boldsymbol{y(t)=C_1e^{3t}+C_2e^t+Ge^{at}}$이다.

C_1과 C_2는 초기조건 $y(0)=0$과 $y'(0)=0$을 일치시키는 데에서 나온다. 이득 $G=1/(a^2-4a+3)$은 $s=a$에서의 전달 함수이다. $Y(s)$의 역변환은 식 (12)와 식 (14)에서 계산된다. 2단계에서는 $Y(s)$의 극들을 밝혀낸다.

$$\frac{1}{(s-3)(s-1)(s-a)} \text{은 } s=3,\ s=1,\ s=a\text{를 극으로 갖는다.}$$

이 세 수는 $y(t)=C_1e^{3t}+C_2e^t+Ge^{at}$에서 지극히 중요한 지수들이며 이제 $\boldsymbol{Y(s)}$를 무한대로 만드는 극 3, 1, a로 볼 수 있다.

예제 2 $f=e^{at}$에서 $\boldsymbol{f=\delta(t)=}$**임펄스**로 바꾸자. 이때 $y(0)=y'(0)=0$을 유지하자.

1단계 $\boldsymbol{y''+By'+Cy=\delta(t)}$는 $\boldsymbol{(s^2+Bs+C)Y(s)=1}$로 변환된다.

2단계 $y(t)$의 변환은 $\boldsymbol{Y(s)=\dfrac{1}{s^2+Bs+C}}=$**전달 함수**이다.

3단계 $y(t)$**의 역변환**$=\boldsymbol{g(t)=\dfrac{e^{s_1t}-e^{s_2t}}{s_1-s_2}}=$**임펄스 응답**이다.

$s^2+Bs+c=(s-s_1)(s-s_2)=0$의 두 근 s_1과 s_2는 $Y(s)$의 극과 $y(t)$의 지수들을 준다. 여러분은 풀이의 세 단계가 이러한 가장 중요한 사실에 매우 빠르게 이르렀다는 사실에 감명 받았을 것이다.

$f = \delta(t)$일 때, 임펄스 응답 g의 변환은 전달 함수 Y이다.

라플라스 변환

우리의 첫 번째 변환표는 핵심적인 함수들만 포함할 것이며, 이 변환에 대한 더 복잡한 설명은 책의 마지막을 위해 남겨둘 것이다. 여기서 $Y(s)$를 정의할 것이지만, 변환에 대한 이동 법칙은 8장에서 전개될 것이다. 모든 계단 함수 $H(t-T)$는 이번에 한 번만 언급한 후, 나머지는 8장을 위해 남겨질 것이다.

특별히 이번 내용은 8.6절에서 다루는 콘볼루션과 연결된다. 이것들은 곱 $Y(s) = F(s)G(s)$의 역변환이다. 콘볼루션은 $f(t)$가 e^{at}과 같은 간단한 함수가 아니고, $F(s)$가 $1/(s-a)$과 같은 간단한 함수가 아닐 때, 우리에게 정확히 필요한 것이다.

변환표를 만들기 위해 $F(s)$를 정의하는 적분에서 시작하자.

$$f(t)\text{의 라플라스 변환은 } F(s) = \int_0^\infty f(t)e^{-st}dt\text{이다.} \tag{1}$$

변환할 첫 번째 함수는 분명히 $f(t) = e^{at}$이다. 그러면 예상했던 것처럼 $F(s) = 1/(s-a)$이다.

$$F(s) = \int_0^\infty e^{at}e^{-st}dt = \left[\frac{e^{(a-s)t}}{a-s}\right]_{t=0}^{t=\infty} = 0 - \frac{1}{a-s} = \frac{1}{s-a} \tag{2}$$

이 적분은 $a \geq s$일 때 무한대이다. 이렇듯 라플라스 변환에서는 $s > a$를 요구하는 것이 일반적이다. 그러면 적분의 e^{-st} 항이 $t = \infty$에서 우리를 안전하게 0으로 데려다 준다. 다음은 $t = 0$에서 $t = \infty$까지의 적분 (1)을 볼 때, 모든 함수 $f(t)$에게 자연스러운 법칙이다.

정의로부터 모든 $t < 0$에 대해 $f(t) = 0$이다. $t = 0$ 이전까지 함수는 시작되지 않는다.

그러면 계단 함수 $H(t)$와 상수 함수 $f = 1$은 같은 변환을 갖는다!

$$f(t) = 1\text{의 변환은 } F(s) = \int_0^\infty 1e^{-st}dt = \frac{1}{s}\text{이다.} \tag{3}$$

이것은 지수 a가 0으로 가고 $1/(s-a)$이 $1/s$로 갈 때의 e^{at}의 변환이다.

미분의 변환

이제 가장 중요한 법칙, 즉 미분방정식을 푸는 모든 기반이 나온다. 만약 $y(t)$의 변환이 $Y(s)$라면, 미분 dy/dt의 변환은 무엇인가?

미분 법칙 dy/dt의 변환은 $\boldsymbol{sY(s)-y(0)}$이다.

미분 법칙을 통해 미분은 $Y(s)$에 대한 방정식으로 변환되고, 이때 분리되어 있던 초기조건 $y(0)$은 변환된 방정식 안으로 직접 들어가게 된다. 증명은 부분적분법을 이용한다. dy/dt의 적분은 $y(t)$이고, e^{-st}의 미분은 $-se^{-st}$이다.

$$\int_0^\infty \frac{dy}{dt}e^{-st}dt = -\int_0^\infty y(t)(-se^{-st})dt + [y(t)e^{-st}]_0^\infty$$

$$\boldsymbol{dy/dt\text{의 변환} = sY(s)-y(0)} \tag{4}$$

$y(t)e^{-st}$이 $t=\infty$에서 0으로 떨어지는 것을 보장하기 위해서 s는 다시 충분히 큰 수이어야 한다. 더 정확하게 말하자면, s의 실수부가 충분히 커야만 한다. 풀이의 세 단계는 $Y(s)$와 핵심적인 지수 $s=a$, $s=c$에서(s의 발산하는 값[blowup value]인) 극을 만든다.

예제 3 임의의 $y(0)$에서 시작하는 $\boldsymbol{\frac{dy}{dt}-ay=e^{ct}}$을 풀어라.

1단계 방정식을 $sY(s)-y(0)-aY(s)=\frac{1}{s-c}$로 변환한다. (5)

2단계 $(s-a)Y(s)=y(0)+\frac{1}{s-c}$은 $Y(s)=\frac{y(0)}{s-a}+\frac{1}{(s-a)(s-c)}$을 준다. (6)

3단계 $\frac{y(0)}{s-a}$의 역변환은 영공간 해 $\boldsymbol{y_n(t)=y(0)e^{at}}$이다. (7)

$\frac{1}{(s-a)(s-c)}$의 역변한은 매우 특수한 해 $\boldsymbol{\frac{e^{ct}-e^{at}}{c-a}}$이다. (8)

위의 풀이는 아름답다고 말할 수밖에 없다. 1장에서 우리가 했던 노력들은 최소한으로 줄어들었다. 이제 풀이에서는 미분 법칙, 지수함수들의 변환, 부분분수만 필요하다. 이때 부분분수가 2단계에서 3단계, 즉 대수학으로 가는 열쇠가 된다. 다시 말해, 부분분수를 이용하여 두 개의 극 a와 c를 갖는 $1/(s-a)(s-c)$을 각각 **하나의 극을 갖는 두 개의 분수**로 분리한다.

$$\text{PF2} \qquad \frac{1}{\boldsymbol{(s-a)(s-c)}} = \frac{1}{\boldsymbol{(s-a)}(a-c)} + \frac{1}{(c-a)\boldsymbol{(s-c)}} \tag{9}$$

PF2는 [예제 2]에서 임펄스 응답을 찾기 위해 사용되었다. 그 경우 a와 c는 s_1과 s_2이었다. 부분분수는 또한 [예제 1]에서 $f = e^{at}$과 세 개의 극 3, 1, a와 함께 사용되었다.

부분분수

[예제 1]에서는 $Y(s) = 1/(s+3)(s+1)(s-a)$에 도달했지만 역변환 $y(t)$를 즉시 알지 못했다. 그러나 $Y(s)$를 **각각 하나의 극을 갖는 세 개의 항**으로 분리했을 때, $y(t)$는 간단하게 찾을 수 있다. **그러한 세 조각이 PF3의 부분분수들이다.**

$$\frac{1}{(s-3)(s-1)(s-a)} = \frac{1}{(s-3)(3-1)(3-a)} + \frac{1}{(1-3)(s-1)(1-a)} + \frac{1}{(a-3)(a-1)(s-a)}$$

보통은 이러한 PF3 공식이 어떻게 나왔는지 보여주고자 한다. 하지만 이 경우에는 이것이 올바르다는 것을 보여주고자 한다. 무엇보다도, 반드시 다음 요점을 알아보아야 한다. 각각 하나의 극에서 세 개의 분리된 항들은 즉시 세 부분 C_1e^{3t}, C_2e^{t}, Ye^{at}에 이른다.

공식적으로, PF3에 $(s-3)(s-1)(s-a)$를 곱해서 증명할 수 있다.

$$1 = \frac{(s-1)(s-a)}{(3-1)(3-a)} + \frac{(s-3)(s-a)}{(1-3)(1-a)} + \frac{(s-3)(s-1)}{(a-3)(a-1)} \tag{10}$$

$s=3$에서 마지막 두 항은 사라지고 (바라는 대로) $1=1$을 얻는다. $s=1$에서 두 번째 항은 1과 같고, $s=a$에서 세 번째 항은 1과 같다. 따라서 식 (10)은 $1 = As^2 + Bs + C$ 형태의 방정식이며, 그 식은 세 개의 값 $s = 3$, 1, a에서 정확하다. 따라서 방정식은 항등식이 되고, PF3이 사실이라는 것이 확인된다. 부분분수의 이론은 주로 다음 식이 성립하도록 C_1, C_2, Y를 선택하는 것이다.

$$\frac{1}{(s-3)(s-1)(s-a)} = \frac{C_1}{s-3} + \frac{C_2}{s-1} + \frac{Y}{s-a} \tag{11}$$

우변을 좌변의 공통분모로 통분한 다음 s^2, s, 1의 계수들을 각각 일치시키면 C_1, C_2, Y에 대한 세 개의 방정식을 얻는다. 이로 인해 PF3의 C_1, C_2, Y를 바로 구할 수 있다.

$$C_1 = \frac{1}{(3-1)(3-a)} \qquad C_2 = \frac{1}{(1-3)(1-a)} \qquad Y = \frac{1}{(a-3)(a-1)} \tag{12}$$

여기서는 이러한 패턴이, 매번 극 3, 1, a를 바꿀 때마다 새로워지는 C_1, C_2, Y에 대해 푸는 것보다 더 기억하기 쉽다고 생각한다. 반복하면, 우리는 PF3의 세 부분분수로부터 식 (12)의 계수 C_1, C_2, Y를 읽어낸다.

매우 특수한 해

이러한 세 부분에서 무엇을 가지고 있는지 보자. 마지막 부분 Ye^{at}은 특수해로서 전달 함수와 지수 응답 공식에서 나오는 것이다. 방정식은 $y''-4y'+3y=e^{at}$였고, e^{at}의 응답은 다음과 같다.

$$y_p(t) = Ye^{at} = \frac{1}{a^2-4a+3}e^{at} = \frac{1}{(a-3)(a-1)}e^{at} \tag{13}$$

위의 해는 우리에게 익숙하다. 이는 매우 특수한 해가 아니며 $y(0)=0$과 $y'(0)=0$에서 시작하지 않는다. $y(0)=0$, $y'(0)=0$인 다음 해는 라플라스 변환으로부터 나오는 것이다.

$$\textbf{매우 특수한 해는 전부 } y_{vp}(t) = C_1e^{3t} + C_2e^t + Ye^{at}\textbf{의 형태이다.} \tag{14}$$

임의의 영공간 해 y_n이 하나의 특수해 y_p에 더해질 수 있다는 것을 기억하자. 그것은 또 다른 y_p를 준다. 매우 특수한 해 y_{vp}는 정지 상태에서 시작한다.

완전해는 자유 상수 c_1과 c_2(소문자 c에 주의하라)가 임의의 초깃값 $y(0)$, $y'(0)$에 대응되도록 조정한다.

$$y_{\text{complete}} = c_1e^{3t} + c_2e^t + Ye^{at} \tag{15}$$

여러분은 평소처럼 y와 y'에서 $t=0$으로 두어 c_1과 c_2를 풀 수 있다. 이는 시간 영역에서의 풀이다. 또는 먼저 방정식을 변형할 때, $y(0)$과 $y'(0)$을 $Y(s)$를 찾는 데에 이용할 수도 있다. 여러분에게 이 방법을 보통의 방법과 비교하여 보여주겠다.

변환에 $y(0)$과 $y'(0)$ 포함하기

우리는 y'의 변환이 $sY(s)-y(0)$임을 안다. y''의 변환을 찾기 위해 일차 미분 법칙을 두 번 하면 $y(0)$과 $y'(0)$을 알 수 있다.

$$\begin{aligned}\textbf{y''의 변환} &= s(y'\text{의 변환}) - y'(0)\\ &= s(sY(s)-y(0)) - y'(0)\\ &= \boldsymbol{s^2Y(s) - sy(0) - y'(0)}\end{aligned} \tag{16}$$

이제 우리는 전적으로 라플라스 변환을 사용하여 $y''-4y'+3y=e^{at}$을 풀 수 있다.

1단계 $(s^2Y(s)-sy(0)-y'(0))-4(sY(s)-y(0))+3Y(s)=\dfrac{1}{s-a}$로 변환한다.

2단계 $(s^2-4s+3)Y(s)=(s-4)y(0)+y'(0)+1/(s-a)$로 다시 쓴다.

$$Y(s)\text{에 대해 푼다.}\quad Y(s) = \frac{(s-4)y(0)+y'(0)}{s^2-4s+3} + \frac{1}{(s^2-4s+3)(s-a)} \tag{17}$$

3단계 $Y(s)$의 두 부분을 역변환하여 $y_n(t)+y_p(t)$를 찾는다.

위 풀이는 매우 복잡해 보인다. $Y(s)$의 마지막 부분은 우리가 이미 y_p를 찾기 위해 작업한 것이므로 그나마 괜찮다. 그것의 역변환은 식 (14)의 매우 특수한 해이다. $Y(s)$의 첫 번째 부분은 $y(0)$과 $y'(0)$을 포함한다. 이때 부분분수를 다시 사용해야 한다.

분모 s^2-4s+3은 두 개의 인수 $(s-3),(s-1)$을 가지며 세 개의 인수를 갖지 않는다. 하지만 여기서는 $t=0$으로 두고 다음 두 방정식을 풀어서 완전해 (15)의 c_1과 c_2를 구하는 것을 선호한다.

$$\begin{aligned} c_1 + c_2 + \quad Y &= y(0) \\ 3c_1 + c_2 + aY &= y'(0) \end{aligned} \tag{18}$$

$y(0)$, $y'(0)$이 0일 때가 c_1, c_2, y, C_1, C_2이 y_{vp}와 같아질 때이다.

공명에서의 변환

여러분은 두 지수가 함께 나오고, 두 개의 해가 e^{at}과 같은 하나의 해가 되었을 때, 새로운 해가 생기는 것을 기억할 것이다. 그것은 마치 핵분열 혹은 핵융합과 같다. 새로운 해는 te^{at}의 형태를 갖는데, 우리는 이것의 라플라스 변환을 찾고자 한다.

동일한 지수는 $y''+By'+Cy=f(t)$에 대해 다음 두 방식으로 생길 수 있다.

1. (영공간 해) 특성 방정식의 두 근 s_1과 s_2가 같아진다.
2. (특수해) $f=e^{at}$의 지수가 영공간 해의 s_1 혹은 s_2와 같아진다.

$s_1=s_2=a$로서 지수 세 개가 같은 극단적인 경우도 생각할 수 있다. 그러면 영공간 해는 $c_1e^{at}+c_2te^{at}$이고, 특수해는 Gt^2e^{at}이다.

우리는 '시간 영역'에서 이러한 가능성을 확인하였고, '진동수 영역'에서도 마찬가지다. **t 영역에서의 중근은 $Y(s)$의 쌍극**double pole**이 된다.**

$$\textbf{te^{at}의 라플라스 변환은 쌍극을 갖는 } \frac{1}{(s-a)^2} \textbf{ 이다.} \tag{19}$$

좋은 증명은 변환에서 단순극simple pole을 갖는 경우로 시작한다. e^{at}의 변환은 $1/(s-a)$이다. 이제 양변의 a에 대한 미분을 취하면 다음과 같다.

$$\int_0^\infty e^{at}e^{-st}dt = \frac{1}{s-a} \qquad \int_0^\infty te^{at}e^{-st}dt = \frac{d}{da}\left(\frac{1}{s-a}\right) = \frac{1}{(s-a)^2}$$

만약 우리가 또 다른 a에 대한 미분을 취하면, t^2e^{at}의 변환은 삼중극을 갖는 $\mathbf{2(s-a)^{-3}}$임을 알 수 있다. 이런 극단적인 경우의 가장 간단한 예는 방정식 $y''=2$이다.

$y''=2$는 영공간의 해 $y_n(t)=c_1+c_2t$에서 지수 0과 0을 가지고, $y_p(t)=t^2e^{0t}=t^2$에서 $a=0$이다. 초기조건은 $c_1=y(0)$과 $c_2=y'(0)$을 준다. 해는 쉽게 확인할 수 있다.

$$\mathbf{y=y(0)+ty'(0)+t^2\text{은 } y''=2\text{를 푼다.}} \tag{20}$$

라플라스 변환을 이용해 이 해를 찾기 위해, 우선 y''과 2를 변환시키자.

$$s^2Y(s)-y(0)s-y'(0)=\frac{2}{s}\text{는 } Y(s)=\frac{y(0)}{s}+\frac{y'(0)}{s^2}+\frac{2}{s^3}\text{를 준다.} \tag{21}$$

$1/s$과 $1/s^2$의 역변환은 각각 1과 t이다. $2/s^3$의 역변환은 t^2이다. 따라서 $Y(s)$의 역변환은 식 (20)과 같은 $y=y(0)+ty'(0)+t^2$이다. 이는 실제로 세 지수가 모두 0으로서 정말로 극단적인 경우인 e^{0t}, te^{0t}, t^2e^{0t}이다.

식 (19)의 역은 우리에게 전달 함수 $1/(s^2+Bs+C)$이 쌍극을 갖고 $s^2+Bs+C=0$이 $s_1=s_2$를 가질 때 기본해 $g(t)$에 대해 알려준다.

만약 $s^2+Bs+C=(s-s_1)^2$이면 기본해는 $g(t)=te^{s_1t}$이다.

$\cos\omega t$와 $\sin\omega t$의 변환

이 절에서 라플라스 변환에 관해, a가 실수이어야 한다는 조건은 없다. 즉, 지수는 $i\omega$ 또는 $-i\omega$ 또는 임의의 복소수 $a+i\omega$일 수 있다. 항등식 $\cos\omega t=\frac{1}{2}(e^{i\omega t}+e^{-i\omega t})$으로부터, 그리고 $F(s)=\int f(t)e^{-st}dt$에 대하여 식의 선형성을 이용하면 우리가 이미 알고 있는 $e^{i\omega t}$, $e^{-i\omega t}$의 변환을 결합할 수 있다.

$$f(t)=\mathbf{\cos\omega t}\text{의 변환은 } F(s)=\frac{1}{2}\left(\frac{1}{s-i\omega}+\frac{1}{s+i\omega}\right)=\frac{\mathbf{s}}{\mathbf{s^2+\omega^2}}\text{이다.} \tag{22}$$

쌍둥이 항등식 $\sin\omega t=\frac{1}{2i}(e^{i\omega t}-e^{-i\omega t})$ 또한 오일러 공식에서 나온다.

$$f(t)=\mathbf{\sin\omega t}\text{의 변환은 } F(s)=\frac{1}{2i}\left(\frac{1}{s-i\omega}+\frac{1}{s+i\omega}\right)=\frac{\boldsymbol{\omega}}{\mathbf{s^2+\omega^2}}\text{이다.} \tag{23}$$

이러한 변환들은 용수철에 매달려 있는 물체에 대한 기본적인 예에서 나타난다.

1단계 $my''+ky=\cos\omega t$는 $m(s^2Y(s)-sy(0)-y'(0))+kY(s)=\dfrac{s}{s^2+\omega^2}$로 변환된다.

변환 $Y(s)$는 ms^2+k가 곱해진다. **전달 함수는 $1/(ms^2+k)$이다.** 전달 함수에 입력을 곱하면 출력이 된다. 이때 입력은 우변에 있고, 출력은 해이다. 이 둘 모두 이제 변형된 공간 안에 있다!

$$\text{2단계}\quad Y(s)=\frac{1}{ms^2+k}\left(sy(0)+y'(0)+\frac{s}{s^2+\omega^2}\right)\text{에 대해 푼다.} \tag{24}$$

3단계를 시작할 준비는 되어 있지만, 그다지 쉬워 보이지는 않는다. 3단계에서는 $Y(s)$의 역변환을 필요로 한다. 간단한 물체-용수철 문제는 우리를 4차의 분모 $(ms^2+k)(s^2+\omega^2)$으로 이끈다. 따라서 $Y(s)$를 분모가 2차인 두 조각으로 분리하기 위해 부분분수가 필요하다. 이 과정에서의 대수학은 그렇게 어렵지 않으며 이는 [연습문제 26]에서 다룬다.

결과는 $y(t)$가 $\cos\omega t$ 항과 새로운 항 $\cos\omega_n t$를 갖는다는 것이다. 추진 진동수는 ω이고, 고유 진동수 $\omega_n=\sqrt{k/m}$는 $ms^2+k=0$의 근에서 나온다. **해 $y(t)$의 진동수들은 $y(t)$의 변환 $Y(s)$의 극들 $\pm i\omega$와 $\pm i\omega_n$이다.**

굵게 표시된 문장은 라플라스 변환에서 정말로 중요한 내용이다. 우리는 그러한 극들을 이동시킴으로써 시스템이나 회로를 제작한다. 종종 불안정성을 회피하기 위해 그 극들을 잘 분리한 채로 놔둔다. 그리고 감쇠를 추가해 $ms^2+bs+k=0$의 근들($Y(s)$의 극들)을 허수 축과 Re $s<0$인 안정한 왼쪽 반평면으로 밀어낸다.

$f(t)$	$1,\ t,\ t^2$	$e^{at},\ te^{at},\ t^2e^{at}$	$\cos\omega t,\ \sin\omega t$	$y,\ y',\ y''$
$F(s)$	$\frac{1}{s},\ \frac{1}{s^2},\ \frac{2}{s^3}$	$\frac{1}{s-a},\ \frac{1}{(s-a)^2},\ \frac{2}{(s-a)^3}$	$\frac{s}{s^2+\omega^2},\ \frac{\omega}{s^2+\omega^2}$	$Y,\ sY-s(0),$ $s^2Y-sy(0)-y'(0)$

복소수 근 $a\pm i\omega$

마침내 물리적 시스템에서 가장 전형적인 경우에 도달했다. 그것은 감쇠와 진동을 갖는다. $s^2+2s+5=0$의 근들은 복소수이다. 이때 두 근의 실수부는 $a=-2/2=-1$이고, 허수부 $\pm\sqrt{B^2-4AC}/2$는 $\pm i\omega=\pm\sqrt{-16}/2=\pm 2i$이다. 이제 감쇠 없는 경우를 다룰 것이며 $y''+2y'+5y=0$의 해는 다음 두 가지 방법으로 쓸 수 있다.

$$y=c_1e^{(-1+2i)t}+c_2e^{(-1-2i)t}\quad\text{또는}\quad y=e^{-t}(C_1\cos 2t+C_2\sin 2t) \tag{25}$$

이 문제는 라플라스 변환을 한 다음 s 영역에서 어떻게 보일까?

$$y''+2y'+5y=0\text{은 }(s^2+2s+5)Y(s)-(s+2)y(0)-y'(0)=0\text{으로 변환된다.} \tag{26}$$

이차식 s^2+2s+5는 항상 그랬듯이 $Y(s)$의 분모로 갈 것이다. **$Y(s)$의 이 부분은 전달 함수 $1/(s^2+2s+5)$이다.** 분자는 초기조건으로부터 $(s+2)y(0)+y'(0)$이다. 영공간의 해 (26)의 우변은 0

이고 전달 함수는 입력 $y(0)$, $y'(0)$을 해와 연결시키고 있다.

$$y(t)\text{의 변환은 } Y(s)=\frac{(s+2)y(0)+y'(0)}{s^2+2s+5}\text{이다.} \tag{27}$$

s^2+2s+5를 $(s-s_1)(s-s_2)$로 인수분해할 수 있으므로, 부분분수를 이용해 위 식을 더 분해할 수도 있다. 하지만 그렇게 하지 않기를 추천한다. 두 개의 근 s_1과 s_2는 복소수이고, 하나의 실수 이차식에 머무르는 것이 더 쉽다.

우리는 이미 앞의 표에 있는 $\cos\omega t$와 $\sin\omega t$의 변환에 가까이 왔다. 새로운 항은 실수부로부터 나오는 $e^{at}=e^{-t}$이며, 이는 감소를 준다.

$$\boldsymbol{e^{at}\cos\omega t\text{와 } e^{at}\sin\omega t\text{는 } \frac{s-a}{(s-a)^2+\omega^2}\text{와 } \frac{\omega}{(s-a)^2+\omega^2}\text{로 변환된다.}} \tag{28}$$

식 (27)의 핵심은 s^2+2s+5를 $(s+1)^2+4$로 분리하는 것이다. 이로부터 기대한 대로 $a=-1$과 $\omega=2$임을 인식할 수 있다. 그러면 역변환은 $e^{-t}\cos 2t$와 $e^{-t}\sin 2t$의 결합이다. 식 (27)의 분자는 선형이므로 이를 $Hs+K$로 놓자. 식 (28)의 분자 $s-a$와 완벽하게 맞아떨어지도록, 임의의 $Hs+K$를 $H(s-a)+(K+Ha)$로 분리할 수 있다:

$$\frac{Hs+K}{(s-a)^2+\omega^2}\text{의 역변환은 } He^{at}\cos\omega t+(K+Ha)e^{at}\frac{\sin\omega t}{\omega}\text{이다.} \tag{29}$$

더 높은 차수의 방정식과 지수 추진 함수 $f(t)$를 갖는 방정식에 대해, 변환 $Y(s)$는 더 높은 차수의 다항식을 포함한다. 원칙적으로, 부분분수는 1차와 2차로 줄어들 수 있다. 그것들은 $Y(s)$의 실수 극과 복소수 극, 즉 $y(t)$의 e^{st}의 실수와 복소수 지수를 생성한다. 2.6절에서 다룬 미정계수법은 가장 먼저 사용해보는 것이 좋은 것이다.

라플라스 변환은 $1/(As^2+Bs+C)$과 같은 전달 함수와 그것의 극에 집중한다는 것이 가장 중요한 사실이다.

2.7 요약

1. $f(t)$의 라플라스 변환은 $F(s)=\int_0^\infty f(t)e^{-st}dt$이다. $f=e^{at} \rightarrow F=\frac{1}{s-a}$
2. $Ay''+By'+Cy$는 $(As^2+Bs+C)Y(s)-(As+B)y(0)-Ay'(0)$으로 변환된다.
3. 1단계에서 방정식을 변환하고, 2단계에서 $Y(s)$에 대해 푼 다음 3단계에서 $Y(s)$를 $y(t)$로 역변환한다.
4. 해 $y_n(t)$와 $y_p(t)$의 지수들은 $Y(s)$의 극들이다.
5. $y(t)$로 역변환하려면 PF2, PF3을 이용해서 $Y(s)$를 부분분수로 간단히 하면 된다.

2.7 연습문제

01 방정식의 각 항에 라플라스 변환을 취하고 $y(0)=0$, $y'(0)=1$을 이용해 $Y(s)$에 대해 풀어라. $Y(s)$의 극인 두 근 s_1과 s_2를 찾아라.

감쇠 없는	$y''+0y'+16y=0$
저감쇠의	$y''+2y'+16y=0$
임계 감쇠의	$y''+8y'+16y=0$
과감쇠의	$y''+10y'+16y=0$

과감쇠인 경우 PF2를 이용하여 $Y(s)=A/(s-s_1)+B/(s-s_2)$로 나타내어라.

02 [연습문제 01]의 네 개의 변환 $Y(s)$를 각각 역변환하여 $y(t)$를 찾아라.

03 (a) 방정식 $y'=e^{at}$, $y(0)=A$로부터 라플라스 변환 $Y(s)$를 찾아라.

(b) PF2를 이용해 $Y(s)$를 두 개의 분수 $C_1/(s-a)+C_2/s$로 분리하라.

(c) $Y(s)$를 역변환하여 $y(t)$를 찾고 $y'=e^{at}$, $y(0)=A$임을 확인하라.

04 (a) $y''=e^{at}$, $y(0)=A$이고 $y'(0)=B$일 때 변환 $Y(s)$를 찾아라.

(b) $Y(s)$를 $C_1/(s-a)+C_2/(s-a)^2+C_3/s$으로 분리하라.

(c) $Y(s)$를 역변환하여 $y(t)$를 찾아라. $y''=e^{at}$, $y(0)=A$이고 $y'(0)=B$임을 확인하라.

05 다음 미분방정식을 변환하여 $Y(s)$를 찾아라.

(a) $y''-y'=1$, $y(0)=4$이고 $y'(0)=0$

(b) $y''+y=\cos\omega t$, $y(0)=y'(0)=0$이고 $\omega\neq 1$

(c) $y''+y=\cos t$, $y(0)=y'(0)=0$. $\omega=1$일 때 무엇이 변했는가?

06 함수 f_1, f_2, f_3의 라플라스 변환 F_1, F_2, F_3을 찾아라.

$$f_1(t)=e^{at}-e^{bt} \qquad f_2(t)=e^{at}+e^{-at} \qquad f_3(t)=t\cos t$$

07 임의의 실수 혹은 복소수 a에 대해 $f=te^{at}$의 변환은 ______이다. $\cos\omega t$를 $(e^{i\omega t}+e^{-i\omega t})/2$과 같이 쓸 때, $g(t)=t\cos\omega t$와 $h(t)=te^t\cos\omega t$를 변환하라(h의 변환은 새로운 것임에 주목하라).

08 PF2와 PF3을 이용해 F_1, F_2, F_3을 역변환하고 함수 f_1, f_2, f_3을 찾아라.

$$F_1(s)=\frac{1}{(s-a)(s-b)} \qquad F_2(s)=\frac{s}{(s-a)(s-b)}$$

$$F_3(s) = \frac{1}{s^3 - s}$$

09 **1단계**에서 방정식들과 초기조건들을 변환하고, **2단계**에서 $Y(s)$에 대해 푼 다음 **3단계**에서 $y(t)$를 찾기 위해 역변환한다. 이 세 단계를 이용하여 다음을 풀어라.

(a) $y' - ay = t,\ y(0) = 0$

(b) $y'' + a^2 y = 1,\ y(0) = 1$이고 $y'(0) = 2$

(c) $y'' + 3y' + 2y = 1,\ y(0) = 4$이고 $y'(0) = 5$

'미정계수법'을 사용하면 (c)의 특수해 y_p는 무엇인가?

10~16 다음은 부분분수에 관한 것이다.

10 식 (9)에서 PF2가 성립함을 보여라. 양변에 $(s-a)(s-b)$를 곱하라.

$$(*)\quad 1 = \underline{\qquad\qquad} + \underline{\qquad\qquad}$$

(a) $s = a,\ s = b$에서 일치하는 (*)의 두 분수는 무엇인가?

(b) 방정식 (*)은 두 점 a와 b에서 성립한다. 이것은 ______의 방정식이다. 그래서 왜 모든 s에 대해 이 방정식이 성립하는가?

11 분자와 함께 있는 PF2 공식이 다음과 같다. 식 (*)은 $K = 1$과 $H = 0$인 경우이다.

$$\text{PF2}'\quad \frac{Hs+K}{(s-a)(s-b)} = \frac{Ha+K}{(s-a)(a-b)} + \frac{Hb+K}{(b-a)(s-b)}$$

PF2'이 정확함을 보이기 위해 양변에 $(s-a)(s-b)$를 곱하라. 그러면 ______의 방정식이 남는다. 이 방정식이 $s = a$와 $s = b$에서 성립하는지 확인하라. 이제 그것은 모든 s에 대해 성립해야만 하고, PF2'이 증명된다.

12 PF2와 PF2'을 이용하여 다음 함수를 두 개의 부분분수로 분해하라.

(a) $\dfrac{1}{s^2 - 4}$ (b) $\dfrac{s}{s^2 - 4}$ (c) $\dfrac{Hs+K}{s^2 - 5s + 6}$

13 [연습문제 12]에서 세 개의 함수에 대해 각각의 부분분수를 적분하여라. $C/(s-a)$와 $D/(s-b)$의 적분은 로그함수이다.

14 PF2를 PF2'으로 확장한 것과 똑같은 방법으로 PF3을 PF3'으로 확장하라.

$$\text{PF3}'\quad \frac{Gs^2+Hs+K}{(s-a)(s-b)(s-c)} = \frac{Ga^2+Ha+K}{(s-a)(a-b)(a-c)} + \frac{?}{?} + \frac{?}{?}$$

15 선형다항식 $(s-b)/(a-b)$는 $s = a$에서 1이고 $s = b$에서 0이다. $s = a$에서 1이고 $s = b$와 $s = c$에서 0인 이차다항식을 써 보아라.

16 $s = a$에서 $C(s-b)(s-c)(s-d)$가 1과 같도록 하는 수 C는 무엇인가?

NOTE_ 부분분수의 완벽한 이론은 중근($b = a$일 때)인 경우에도 성립해야만 한다. 그 공식은 b가 a에 다가갈 때, (예를 들어 PF3에서) 로피탈의 정리로부터 발견할 수 있다. 중근은 PF3와 PF3'의 아름다움을 잃게 한다 (단순근 $a,\ b,\ c$에 머무르는 것이 행복하다).

17~21 다음은 델타 함수 $f(t) = \delta(t)$의 변환 $F(s) = 1$을 포함한다.

17 $f(t) = \delta(t-T),\ T \ge 0$일 때, 정의 $\int_0^\infty f(t)e^{-st}dt$로부터 $F(s)$를 구하라.

18 $y'' - 2y' + y = \delta(t)$를 변환하라. 임펄스 응답 $y(t)$는 전달 함수 $Y(s)$로 변환된다. 중근 $s_1 = s_2 = 1$은 쌍극과 새로운 $y(t)$를 준다.

19 전달 함수 $Y(s)$의 역변환 $y(t)$를 찾아라.

(a) $\dfrac{s}{s-a}$ (b) $\dfrac{s}{s^2 - a^2}$ (c) $\dfrac{s^2}{s^2 - a^2}$

20 $y(0) = y'(0) = 0$일 때, 라플라스 변환을 이용해서 $y'' + y = \delta(t)$를 풀어라. 만약 $y(t) = \sin t$를 찾는다면 문제가 생긴다. 사인 함수는 $y'' + y = 0$을 풀지만, $y'(0) = 0$을 가지지 않는다. $\delta(t)$는 어디에서 왔을까? 다시 말해서, $t < 0$일 때 모든 함수가 0이라면 $y' = \cos t$의 미분은 무엇인가?

만약 $y = \sin t$이면, 왜 $y'' = -\sin t + \delta(t)$인지 설명하라. $t < 0$일 때 $y = 0$임을 기억하라.

[연습문제 20]은 주목할 만한 사실로 연결된다. 같은 임펄스 응답 $y=g(t)$가 두 개의 방정식을 모두 푼다. $t=0$에서의 응답은 속도 $y'(0)$이 1만큼 점프하도록 만든다. 두 개의 방정식 모두 $y(0)=0$에서 시작한다.

$$y''+By'+Cy=\boldsymbol{\delta(t)}\text{이고 } y'(0)=\mathbf{0}$$
$$y''+By'+Cy=\mathbf{0} \quad \text{이고 } y'(0)=\mathbf{1}$$

21 다음 두 개의 미분방정식은 동일한 $Y(s)=s/(s^2+1)$와 동일한 임펄스 응답 $y(t)=g(t)=\cos t$를 준다. 어떻게 이럴 수 있는가?

$$y'=-\sin t\text{이고 } y(0)=\mathbf{1}$$
$$y'=-\sin t+\boldsymbol{\delta(t)}\text{이고 } `y(0)=0'$$

22~24 다음은 $y(t)$의 적분의 라플라스 변환을 포함하는 문제이다.

22 $f(t)$가 $F(s)$로 변환된다고 하자. 그러면 적분 $h(t)=\int_0^t f(T)\,dT$의 변환은 무엇인가? 방정식 $dh/dt=f(t)$, $h(0)=0$을 변환하여 답하라.

23 **미적분 방정식** integro-differential equation $y'+\int_0^t y\,dt=1$, $y(0)=0$을 변환하고 풀어라.

[연습문제 20]과 같은 미스터리 : $y=\cos t$가 $y'+\int_0^t y\,dt=0$, $y(0)=1$을 푸는 것처럼 보인다.

24 놀라운 방정식 $dy/dt+\int_0^t y\,dt=\delta(t)$를 변환하고 풀어라.

---

25 델타 함수의 미분은 쉽게 상상하기 힘들다. 이는 **더블릿** doublet 이라 불리는데, $+\infty$로 점프하였다가 $-\infty$로 내려가기 때문이다. 미분의 변환 법칙으로부터 더블릿 $d\delta/dt$의 라플라스 변환을 찾아라(더블릿 $\delta'(t)$는 다음과 같이 그것의 적분으로 알 수 있다).

$$\int \delta'(t)F(t)\,dt=-\int \delta(t)F'(t)\,dt=\boldsymbol{-F'(0)}$$

26 **(도전)** 변환 $Y(s)=1/(s^2+\omega^2)(s^2+a^2)$을 갖는 함수 $y(t)$는 무엇인가? 먼저 부분분수를 이용해 H와 K를 찾아라.

$$Y(s)=\frac{H}{s^2+\omega^2}+\frac{K}{s^2+a^2}$$

27 단위 계단 함수 $H(t)$의 라플라스 변환이 상수 함수 $f(t)=1$의 라플라스 변환과 같은 이유는 무엇인가?

3장 도식법과 수치계산법

Graphical and Numerical Methods

3.1 비선형 방정식 $y' = f(t, y)$
3.2 소스, 흡입, 안장, 나선
3.3 2차원과 3차원에서 선형화와 안정성
3.4 기본적인 오일러 방법
3.5 룬게-쿠타법을 이용한 더 높은 정확도

미분방정식의 세계는 매우 방대하다. 여기서는 지금까지 학습한 내용은 무엇이고, 앞으로 어떤 내용을 더 학습할 것인지 살펴볼 것이다. 1장과 2장에서는 우리가 풀 수 있는 방정식에 집중했다. 석탄을 채굴하거나 석유를 시추하는 것에 비교한다면 이는 금을 채취하는 것으로, 해는 우리가 찾아주기만을 기다리고 있었다. 되돌아보면, (2장에서는 그렇게 쉽지 않았지만) 우리는 이 해들을 적었을 뿐이었다.
무엇보다도 필자는 1장의 e^{at}, 2장의 e^{st}, 6장에서 (고윳값과 고유벡터와 함께) 나올 $e^{\lambda t}\boldsymbol{x}$를 생각하고 있다. 방정식이 선형이고 계수가 상수일 때, 해는 지수함수가 된다.

1장 일계 미분방정식(선형/변수분리형/완전/특별 방정식)
2장 이계 미분방정식 $Ay''+By'+Cy=f(t)$
6장 일계 미분방정식계 $y'=Ay+f(t)$, 행렬 A와 벡터 $\boldsymbol{y}$

3장은 이들과는 다를 것이다. 여기서는 $f(t)$ 대신에 $f(t,y)$를 사용한다. 대부분의 비선형 문제들은 $y(t)$에 대한 공식이 성립하지 않는다. 즉, '해는 존재하지만 공식을 갖지는 않는다.' 이로 인해 미분방정식 $y'=f(t,y)$는 현실적으로 쉽지 않다. 이 방정식은 중요하지만 지수함수의 해를 갖지는 않는다. 이 장에서는 해를 **그리고**, 해를 **계산하고**, 해가 **안정적인지** 결정한다.

3.1절 선형 방정식 $y'=f(t,y)$에 대한 그림 : $\partial f/\partial y$에 의해 결정되는 안정성
3.2절 선형인 이계 미분방정식과 2×2 시스템에 대한 그림 : 안정성 여부
3.3절 방정식을 선형화 한 시스템의 임계점에서 안정성에 대한 테스트
3.4절 (안전하지만 느린) 오일러 방법을 이용해 y의 근삿값 계산
3.5절 오일러 방법보다 더 효율적인 방법을 이용해 빠르고 정확하게 계산
과학과 공학과 금융에서 끊임없이 **룬게-쿠타법**Runge-Kutta을 이용

이 장 이후에 책은 더 높은 차원의 **선형대수학**을 학습하게 될 것이다. 입자 한 개, 저항기 한 개, 용수철 한 개, 임의의 한 개와 같은 예는 시작에 불과했다. 현실은 네트워크(뇌, 살아 있는 몸, 현대적 기계, 프로세서의 망)로 연결되어 있고, 모든 네트워크는 행렬로 이어진다. 여러분은 행렬을 어떻게 읽는지 배울 것이다.

3.1 비선형 방정식 $y'=f(t,y)$

이 절의 목표는 $y(t)$에 대한 공식이 아니라 그림을 얻는 것이다. 그림은 t-y 평면(t는 가로축, $y(t)$는 세로축)에 대한 그래프가 될 것이다. 미분방정식은 $dy/dt=f(t,y)$이고 모든 것은 함수 f에 의해 결정된다. 선형 방정식 $y'=2y$로 시작해보자.

$y'=2y$의 해는 $y(t)=Ce^{2t}$이다. 임의의 수 C에 대해 이것은 $t=-\infty$에서 $t=\infty$까지 해 곡선을 보여

준다. 이러한 곡선들은 t-y 평면의 모든 점을 덮고 있으며 우리가 비선형 방정식 $y' = f(t, y)$에 대해 원하는 **해의 그림**이다.
해 $y = Ce^{2t}$는 그래프를 갖고, 평면은 C가 변함에 따라 형성되는 다양한 그래프들로 이루어진다. (적당한 C를 택하여) 곡선들 중 하나가 임의의 점 t, y를 지나도록 할 수 있다. 미분방정식 $y' = (\sin t)y$는 공식을 갖지 않을 것이다. 해의 그림은 다음과 같은 사실로부터 시작한다.

$$\boldsymbol{dy/dt = (\sin t)y} \qquad \text{점 } t,\ y\text{를 지나는 해 곡선의 기울기는 } (\sin t)y\text{이다.}$$

특정한 점 t, y로부터 우리는 곡선 그림을 만들어야 한다. 이 절에서는 해당 점을 통과하는 해 곡선에 점의 작은 화살표를 연결하려고 한다. 점 t, y의 화살표의 올바른 기울기는 $f(t, y)$인데, 이를 다른 화살표로 연결하는 것이 어렵다.
여기서는 $y(t)$에 대한 사실과 $y(t)$에 대한 그림으로 분리하여 설명할 것이다.

$y(t)$에 대한 사실

$y(t)$에 대한 사실은 다음 질문에 대한 답이 될 것이고, 3장 [메모]에 관련된 내용을 추가하였다.

> Q1_ $t = 0$일 때 $y(0)$에서 시작하면 $dy/dt = f(t, y)$는 해를 갖는가?
> Q2_ 같은 $y(0)$에서 시작하는 두 개, 혹은 더 많은 해가 존재할 수 있는가?

Q1은 $y(t)$의 **존재성**에 대한 것이다. $t = 0$, $y = y(0)$을 지나는 해 곡선이 있는가?
Q2는 $y(t)$의 **유일성**에 대한 것이다. 두 개의 해 곡선이 한 점을 지날 수 있는가?
$f(t, y)$가 적절할 때, 우리는 모든 점 t, y를 지나는 한 개의 곡선을 기대한다(존재성과 유일성). 어떤 함수가 합당한가? 그 답을 살펴보자.

> **A1_ 0 근방의 t와 $y(0)$ 근방의 y에 대해 $f(t, y)$가 연속 함수이면 해가 존재한다.**
> **A2_ $\partial f / \partial y$ 또한 연속일 때, 같은 $y(0)$을 갖는 두 개의 해는 존재할 수 없다.**

'연속'이라는 단어는 정확한 기술적 의미를 갖지만 먼저 직관적으로 생각해보자. 한 점에서의 연속성은 그 점의 작은 근방에서의 점프와 무한대를 제외시킨다. 예를 들어 특정한 함수 $f = y/t$는 확실히 $t = 0$인 점에서 성립하지 않는다.

$$\frac{dy}{dt} = \frac{y}{t} \text{이고 } y(0) = 0\text{은 무수히 많은 해 } \boldsymbol{y = Ct}\text{를 갖는다.}$$

특정한 함수 $f = t/y$ 또한 $y(0) = 0$에서 성립하지 않는다(0으로 나눌 수 없다).

$$\frac{dy}{dt} = \frac{t}{y} \text{이고 } y(0) = 0 \text{은 두 개의 해 } \boldsymbol{y(t) = t} \text{와 } \boldsymbol{y(t) = -t} \text{를 갖는다.}$$

앞에서 살펴본 예 y/t와 t/y는 $0/0$에서 시작한다. 해는 물론 존재하지만 그 해는 유일하지 않다(놀랍지 않다). 우리는 $f(t, y)$로부터 더 많은 것을 알아낼 수 있다. 여기에서 중요하지만 놓치기 쉬운 사실 하나는 다음과 같다.

f와 $\dfrac{\partial f}{\partial y}$의 모든 점에서의 연속성은 해들이 $t = \infty$에 도달하는 것을 보장하지 않는다.

그렇다. $y(0)$에서 시작하는 해는 존재하며 그 해는 유일할 것이다. 그러나 $y(t)$는 어떤 유한한 시간 t에서 폭발blow-up할 수 있다. 책의 첫 번째 비선형 방정식(1.1절)은 다음과 같이 초기 폭발의 예이다.

$t = 1$에서의 폭발 $\qquad \dfrac{dy}{dt} = y^2$이고 $y(0) = 1$인 해는 $y(t) = \dfrac{1}{1-t}$이다.

이때 함수 $f = y^2$은 분명히 연속이고, 도함수 $\partial f/\partial y = 2y$도 연속이다. 그러나 도함수 $2y$는 해가 증가함에 따라 증가한다. 유한한 시간 t에서 폭발이 없다는 것을 확신하기 위해서는 연속 함수 $\partial f/\partial y$에 대한 상계upper bound L의 존재를 확인해야 한다.

모든 t와 y에 대해 $\left|\dfrac{\partial f}{\partial y}\right| \le L$이면, $y(0)$을 지나고 모든 t에 도달하는 유일한 해가 존재한다.

선형 미분방정식 $y' = a(t)y + q(t)$에 대하여 우변의 도함수 $\partial f/\partial y$는 $a(t)$이다. 만약 $|a(t)| \le L$이고 $q(t)$가 모든 시간에서 연속이면, 해 곡선은 $t = -\infty$에서 $t = \infty$까지 간다. 1장에서는 이렇게 선형인 경우에서 $y(t)$에 대한 공식을 찾았다.

여기서는 한 가지 비선형적인 사실로 마무리하고자 한다. 정확히 $\partial f/\partial y = L$일 때, $|\partial f/\partial y| \le L$은 극한에 접근해간다. 이때 $y' = Ly + q(t)$이다. 이 선형 방정식과 비교함으로써 $|\partial f/\partial y| \le L$인 비선형 방정식의 정보를 얻을 수 있다.

$$y' = f(t, y) \text{이고 } z' = f(t, z) \text{이면, } |y(t) - z(t)| \le e^{Lt}|y(0) - z(0)| \text{이다.} \tag{1}$$

$y(t)$와 $z(t)$가 매우 근접한 상태에서 시작한다면, 이 둘은 계속 근접하게 있을 것이다. 이것은 여러분이 이 책의 표지에서 본 것과 정반대의 상황이다. 표지는 (해들이 미쳐 날뛰는) 혼돈chaos에 대한 유명한 예를 나타내고 있다. $y(0)$에 대한 작은 변화가 해들을 완전히 다른 (그리고 먼) 경로로 보낸다. 명왕성의 궤도는 혼돈 상태로서, 예측이 거의 불가능하다. 방정식을 보면, $|\partial f/\partial y| \le L$을 갖고 있지 않다. 이러한 점에서 볼 때, 명왕성의 궤도는 (다른 행성의 궤도와 달리) 예측이 불가능한 혼돈 상태에 있기 때문에 '명왕성은 행성이 아니다.'라고 할 수 있다.

해의 그림

예제 1 $dy/dt = 2 - y$ 해 $y(t) = 2 + Ce^{-t}$ $y(\infty) = 2$

$y' = 2 - y$의 완벽한 그림은 모든 점 t, y에서 작은 화살표를 보여준다. 그 화살표의 기울기는 $s = 2 - y$이다. 가장 중요한 '정상상태의 선' $y = 2$를 따라 이 기울기는 0이 된다. 화살표들은 그 선을 따라 평평$(s = 0)$한데, 이는 상수 해이다.

그 안정된 선의 위에서 기울기 $2 - y$는 음수이다. 벡터들은 가로로 dt 성분과 아래로 $dy = (2 - y)dt$ 성분을 갖는다. 모든 점에 화살표 필드가 존재하는 것은 아니지만, 우리는 [그림 3-1]을 통해 아이디어를 얻을 수 있다. MATLAB에서는 화살표 필드를 퀴버[quiver]라고 부른다.

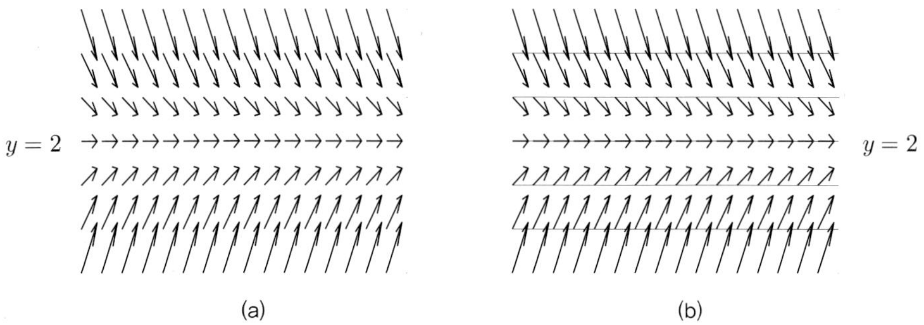

[그림 3-1] (a) 기울기 $f(t, y)$를 갖는 화살표는 해 곡선 $y(t)$의 방향을 보여준다. (b) 등경사선[isocline] $f(t, y) = s$를 따라서, 모든 화살표의 기울기는 s이다. 여기서 $s = 2 - y$이다.

모든 화살표가 $y = 2$를 **향하고** 있는 것에 주목하라. 정상상태의 해는 **안정적**이다. 식 $y(t) = 2 + Ce^{-t}$을 통해 해가 $y = 2$로 다가가는 것을 확인할 수 있다.

■ 첫 번째 핵심 아이디어

해 곡선 $y(t) = 2 + Ce^{-t}$은 화살표들에 접한다. 접한다는 의미는 곡선의 기울기가 화살표의 기울기와 동일한 $s = 2 - y$라는 것이다! 곡선을 통해 방정식을 풀 수 있고, 방정식으로 기울기를 구할 수 있으며, 이때 화살표는 올바른 기울기를 갖게 된다.

■ 두 번째 핵심 아이디어

등경사선에 따라 화살표들을 두어라. 등경사선은 $f(t, y) =$(상수)인 곡선인데, 이 아이디어는 화살표를 그리기 쉽게 만든다. 방정식 $y' = 2 - y$에 대한 모든 등경사선 $2 - y = s$는 수평선이다. 미분방정식이 $dy/dt = f(t, y)$일 때, **기울기 s를 어떻게 선택하는가에 따라 그에 상응하는 등경사선 $f(t, y) = s$를 얻는다.** 예에서 등경사선 $2 - y = s$는 평평한데, $f(t, y) = 2 - y$가 t에 의존하지 않기 때문이다(즉, 자율 방정식이다). 우선 몇 개의 등경사선으로 그림을 그려보자. 필자는 항상 등경사선 $f(t, y) = 0$을 그린다(여기서 $2 - y = 0$은 정상상태의 선 $y = 2$이다). 이 방정식에서 $s = 0$인 곡선 또한 **해 곡선**이다. 화살표들은 $y = 2$일 때 기울기가 0이고, 따라서 이 화살표들은 그 평평한 선을 향한다.

이 그림들을 어떻게 이해해야 할까? **화살표들은 해 곡선을 따라 가리키고,** 곡선은 등경사선들을 가로지른다. 하지만 그들은 등경사선 $y = 2$를 가로지르지 않는다. 모든 화살표는 직선 $y = 2$를 향하고 있으며 이 화살표들은 결국 다른 등경사선을 가로지르게 될 것이다. [그림 3-2]를 통해 해 곡선 $y(t)$가 직선 $y = 2$를 점근선으로 갖는다는 것을 알 수 있다. 우리는 방정식 $dy/dt = 2 - y$의 해가 $y = 2 + Ce^{-t}$임을 안다.

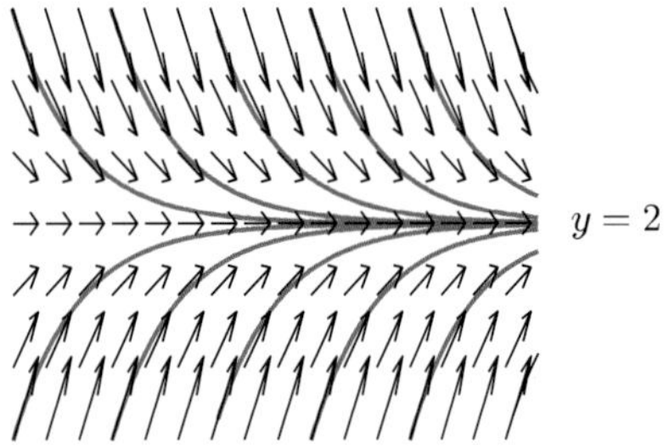

[그림 3-2] (화살표에 접하는) 해 곡선은 등경사선 $y' = 2 - y$를 지난다.

예제 2 $\dfrac{dy}{dt} = y - y^2$ 　　해 $y(t) = \dfrac{1}{1 + Ce^{-t}}$ 　　$y(t) \to 1$ 또는 $-\infty$

모든 화살표의 기울기는 $y - y^2$이다. $0 < y < 1$의 영역에서 y는 y^2보다 크기 때문에 이 영역 안에서 화살표의 기울기 $y - y^2$은 양의 기울기이다($y = 0$ 근방에서 작은 기울기, $y = 1$ 근방에서 작은 기울기, 모두 오른쪽 위를 향한다). 다른 두 영역은 $y = 1$보다 크거나 $y = 0$보다 작은 것이다. 이 영역에서는 기울기 $y - y^2$이 음수이다(화살표들은 아래와 오른쪽을 향한다). 해 곡선은 y가 클 때 가파른데, 이는 $y^2 >> y$이기 때문이다.

[그림 3-3]은 $f(t, y) = y - y^2 = s = $(상수)인 등경사선을 보여준다. 마찬가지로 f는 t에 의존하지 않는다! 방정식은 자율적이고, 등경사선들은 평평한 선이다. **기울기가 0인 등경사선은 2개가 있는데, $y = 1$과 $y = 0$이다.** 이때 $dy/dt = 0$이고 y값은 일정하다. 이러한 화살표들의 기울기는 0이고 $y(t)$에 대한 그래프는 각각의 기울기가 0인 등경사선(정상상태)을 따라간다.

1~3은 가능한 모든 해 곡선에 대한 것이다. (기울기가 0인 등경사선 이외에) 다른 해 곡선들은 어떻게 움직일까? 우리는 $y(t)$에 대한 공식을 구했지만, 이때 핵심은 $y(t)$에 대한 공식을 필요로 하지는 않는다는 것이다. [그림 3-3]은 로지스틱 방정식 $y' = y - y^2$의 해 곡선에 대한 세 가지 유형을 보여준다.

1. **아래로 미끄러져 가는**[dropin] **곡선** : $y = 1$ 위의 곡선은 $+\infty$에서 직선 $y = 1$을 향해 내려간다.
2. **S-곡선** : $y = 0$과 $y = 1$ 사이의 곡선은 직선 $y = 1$을 향해 올라간다.
3. **툭 떨어지는**[dropoff] **곡선** : $y = 0$ 아래의 곡선은 $y = -\infty$를 향해 (빠르게) 내려간다.

해 곡선은 $y - y^2 = 0$인 기울기가 0인 두 개의 등경사선을 제외한 모든 등경사선을 건넌다.

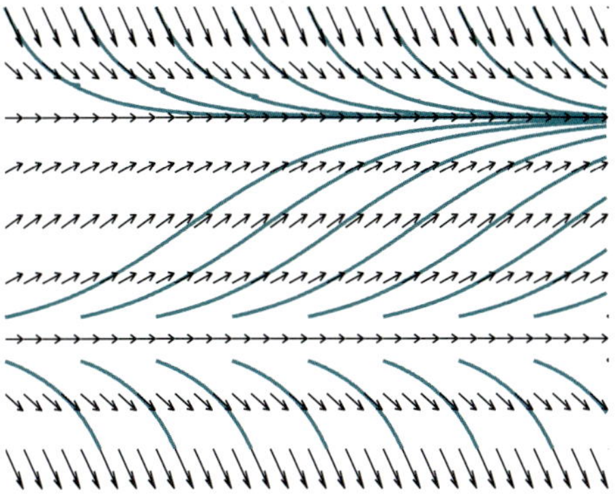

[그림 3-3] 화살표들은 방향장을 형성한다. 등경사선 $y - y^2 = s$들은 서로 끌어당기거나 밀어낸다.

[그림 3-3]에서 0과 1 사이에 있는 S-곡선을 볼 수 있다. 화살표들은 $y = 0$에서 평평하고, $y = \frac{1}{2}$에서 가장 가파르게 증가하다가 $y = 1$에 도달하면 다시 평평해진다. 이때 툭 떨어지는 곡선은 $y = 0$ 아래에 있다. 이러한 화살표들은 매우 가파르며 곡선은 절대 $t = \infty$에 도달하지 못한다($y = 1/(1 - e^{-t})$은 $t = 0$일 때 $1/0 = -\infty$가 된다). 이 툭 떨어지는 곡선은 제3사분면을 벗어나지 않는다.

중요한 내용을 살펴보자. 해 곡선들은 자율 방정식 $y' = f(y)$에 대해 특별한 성질을 갖는다. 곡선 $y(t)$가 오른쪽 혹은 왼쪽으로 이동하여 곡선 $Y(t) = y(t + C)$가 되었다고 가정하자. 그러면 $Y(t)$는 양변이 모두 동일한 방법으로 이동한 것이기 때문에 $Y' = f(Y)$로 같아진다.

결론적으로, 자율 방정식 $y' = f(y)$에 대한 해 곡선들은 모양에 변화가 없이 단지 평행이동한 것이다. 여러분은 분리 방정식 $dy/f(y) = dt$를 적분하면 이를 확인할 수 있을 것이다. 우변을 적분하면 $t + C$가 된다. 이때 우리는 모든 C를 허용함으로써 모든 해를 가질 수 있다.

로지스틱 방정식의 예에서 모든 S-곡선, 아래로 미끄러져 가는 곡선, 아래로 툭 떨어지는 곡선은 하나의 S-곡선, 아래로 미끄러져 가는 곡선, 아래로 툭 떨어지는 곡선을 평행이동하여 얻어진다.

서로 만나지 않는 해 곡선

임의의 점 (t, y)를 지나는 해 곡선이 있는가? 그 점에서 두 개의 해 곡선이 만날 수 있는가? 한 점에서 해 곡선이 갑자기 끝날 수 있는가? 이러한 '그림에 대한 궁금증'은 앞에서 살펴본 사실을 통해 이미 해결되었다.

이 절을 시작할 때 함수 f와 $\partial f/\partial y$는 $t = 0$과 $y = y(0)$ 근방에서 연속임을 전제하였다. 그러면 그 점에서 시작하는 $y' = f(t, y)$의 유일한 해가 존재한다. 그림에서 이는 '**그 점을 지나는 해 곡선이 정확히 하나만 존재한다.**'는 것을 의미하며 이 해 곡선은 멈추지 않는다. f와 $\partial f/\partial y$가 모든 점과 그 근방에서 연속임을 전제함으로써, 우리는 모든 점을 지나는 멈추지 않는 해 곡선 하나를 보장한다.

[예제 3]에서는 위의 내용이 성립하지 않을 것이다! $dy/dt = -t/y$에 대한 해 곡선은 전체 원이 아닌 반원이다. 이는 ($f = -t/y$가 **불연속**인) **직선 $y = 0$ 위에서 시작하고 멈추며 만난다.** 정확히 하나의 반원 곡선이 $y \neq 0$인 모든 점을 지난다.

예제 3 $dy/dt = -t/y$는 분리 방정식이다. 그러면 $y\,dy = -t\,dt$는 $y^2 + t^2 = C$가 된다.

풀이

그림을 살펴보면서 다시 시작해보자. 등경사선 $f(t, y) = -t/y = s$는 직선 $y = (-1/s)t$이다. 이러한 모든 등경사선은 매우 특이한 점인 $(0, 0)$을 지난다. 이 예제에서 기울기가 s인 방향 화살표는 기울기가 $dy/dt = -1/s$인 등경사선과 수직이다.

등경사선들은 $(0, 0)$에서 나오는 광선과 같다. 화살표 방향은 이러한 광선들과 수직이고 해 곡선과 접한다. 이때 해 곡선은 반원 $\boldsymbol{y^2 + t^2 = C}$이다. 축 반대쪽에 또 다른 반원이 있다. 따라서 두 개의 해는 시간이 $-T$일 때 $y = 0$에서 시작하여 시간이 T일 때 $y = 0$으로 나아간다. 해 곡선은 함수 $f = -t/y$가 연속성을 잃고 해가 생명을 잃는 $y = 0$일 때 멈춘다.

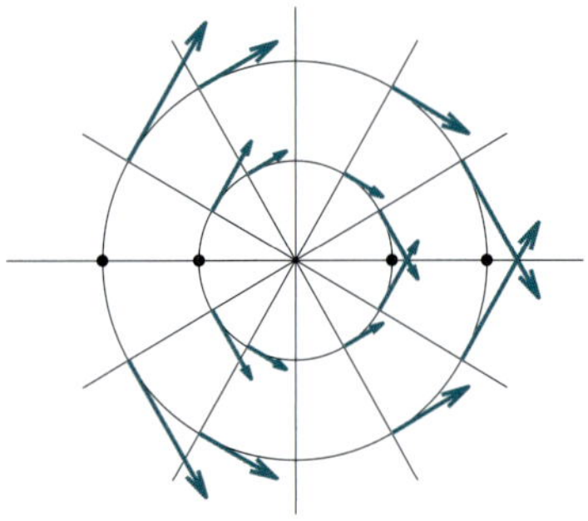

[그림 3-4] $y' = -t/y$에 대해 등경사선들은 광선이고, 해 곡선들은 반원이다.

예제 4 $y' = 1 + t - y$는 선형이지만 분리 방정식이 아니다. 등경사선들이 해를 가둔다.

이 그림에서 주목해야 할 부분은 해 곡선이 등경사선 사이에 끼어 있는 것이다. 그것은 화살표를 기반으로 한다. **모든 화살표가 등경사선을 따라 한 방향으로 가기 때문에 모든 해가 그 방향으로 간다.** 등경사선을 가로지르는 해는 뒤로 넘어갈 수 없다. [그림 3-5]의 기울기가 0인 등경사선 $f(t, y) = 1 + t - y = 0$은 직선 $y = t + 1$이다. 그 등경사선을 따라서 화살표들의 기울기는 0이다. 해 곡선은 위에서 아래로 건너가야 한다.

[그림 3-5]에서 중앙의 등경사선 $1 + t - y = 1$은 $45°$ 선 $y = t$인데, 이는 미분방정식을 만족한다! 화살표 방향은 기울기 $s = 1$을 유지하며 정확하게 선을 따라 움직인다. 다른 해 곡선은 이 선과 절대 만날 수 없다.

[그림 3-5]는 선들 사이에 있는 **갯가재 덫**lobster trap 안의 해 곡선을 보여준다(곡선들은 이 덫을 벗어날 수 없다). 이는 직선 $y=t$와 모든 등경사선 $1+t-y=s$의 위 혹은 아래에 갇혀 있다. s가 0에서 1로 증가함에 따라 덫은 점점 더 조이고, 등경사선은 $y=t$에 가까이 다가간다. 그림을 통해 얻을 수 있는 결론은 다음과 같다. **해 $y(t)$는 반드시 t에 접근해야 한다.**

이것은 선형 방정식 $y'+y=1+t$이다. $y'+y=0$의 영공간의 해는 Ce^{-t}이고, 강제 항 $1+t$는 다항식이다. $y_p(t)=at+b$를 방정식에 대입한 다음 미정계수 a와 b에 대해 풀면 특수해를 얻을 수 있다.

$$(at+b)'=1+t-(at+b) \qquad a=1\text{이고 } b=0 \qquad y=y_n+y_p=Ce^{-t}+t \tag{2}$$

해 곡선 $y=Ce^{-t}+t$는 $t\to\infty$에 따라 점진적으로 직선 $y=t$로 접근한다.

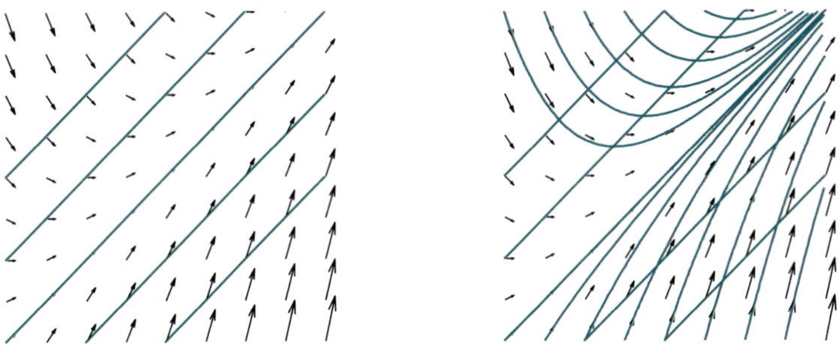

(a) (b)

[그림 3-5] $y'=1+t-y$의 해 곡선은 45° 등경사선 사이에 갇혀 있다.

3.1 요약

1. $y'=f(t,y)$의 **방향장**direction field은 각각의 점 t, y에서 기울기 f인 화살표를 갖는다.
2. 등경사선 $f(t,y)=s$를 따라서, 모든 화살표의 기울기는 s로 같다.
3. 해 곡선 $y(t)$는 화살표와 접한다. 등경사선을 통과하여 한 방향으로 나아간다.
4. f와 $\partial f/\partial y$가 연속일 때 곡선들은 평면을 덮으며 서로 만나지 않는다.
5. 사율 방정식 $y'=f(y)$의 해 곡신은 좌우로 이동하여 $Y(t)-y(t-T)$가 된다.

3.1 연습문제

01 (a) 두 개의 등경사선 $f(t,y)=s_1$과 $f(t,y)=s_2$가 절대로 만나지 않는 이유는 무엇인가?

(b) 등경사선 $f(t,y)=s$를 따르는, 모든 화살표의 기울기는 무엇인가?

(c) 그러면 모든 해 곡선은 ____을 가로질러 한 방향으로만 이동한다.

02 (a) 두 등경사선 $f(t,y)=s_1$과 $f(t,y)=s_2$는 항상 평행한가? 그리고 항상 직선인가?

(b) 등경사선 $f(t,y)=s$는 기울기가 ____와 같을 때의 해 곡선이다.

(c) 기울기가 0인 등경사선 $f(t,y)=0$은 y가 ____일 때에만 해 곡선이다(기울기는 0이다).

03 $y_1(0)<y_2(0)$일 때, $f(t,y)$의 어떠한 연속성이 모든 t에 대해 $y_1(t)<y_2(t)$를 만족하게 하는가?

04 $y(0)\neq 0$이면 방정식 $dy/dt=t/y$는 완벽하게 안전하다. 방정식을 $y\,dy=t\,dt$와 같이 쓰고 $y(0)=-1$에서 시작하는 유일한 해를 찾아라. 이때 해 곡선은 쌍곡선이다. 같은 좌표평면 위에 두 개의 해 곡선을 그릴 수 있는가?

05 방정식 $dy/dt=y/t$는 $y(0)=0$인 경우 많은 해 $y=Ct$를 갖고, $y(0)\neq 0$이면 해를 갖지 않는다. 여러분이 모든 해 곡선 $y=Ct$를 볼 때, 통과하는 곡선이 없는 t, y평면 위의 점은 무엇인가?

06 $y'=ty$에 대해 두 개의 등경사선 $ty=1$과 $ty=2$를 그려라(쌍곡선). 각각의 등경사선 위에서 네 개의 화살표를 그려라(기울기는 각각 1과 2이다). 여러분의 그림에 맞는 해 곡선의 조각들을 등경사선 사이에 그려라.

07 $y'=y$의 해는 $y=Ce^t$이다. C를 변화시키면 더 높거나 더 낮은 곡선을 얻는다. 그러나 $y'=y$는 자율적이므로, 그것의 해 곡선은 오른쪽이나 왼쪽으로 이동해야만 한다! $y=2e^t$과 $y=-2e^t$을 그린 후, 이들이 $y=e^t$과 $y=-e^t$을 좌우로 평행이동한 곡선임을 보여라. $y'=y$의 평행이동된 해는 e^{t+C}과 $-e^{t+C}$이다.

08 $y'=1-y^2$에 대해 평평한 선 y=상수는 등경사선 $1-y^2=s$이다. 세 개의 직선 $y=0$, $y=1$, $y=-1$을 그려라. 각각의 선 위에서 기울기가 $1-y^2$인 화살표들을 그려라. 그림은 $y=$ ____와 $y=$ ____이 정상상태의 해임을 말해준다. $y=0$ 위의 화살표들로부터 해 곡선 $y=(e^t-e^{-t})/(e^t+e^{-t})$의 모양을 추측하라.

09 포물선 $y=t^2/4$과 직선 $y=0$은 모두 $y'=\sqrt{|y|}$의 해 곡선이다. 이 두 개의 곡선은 $t=0$, $y=0$인 점에서 만난다. $f(y)=\sqrt{|y|}$에서 실패해서, 그 점을 통과하는 하나 이상의 해를 갖게 하는 연속성 조건은 무엇인가?

10 시간 T까지는 $y=0$이고, T 이후에는 $y=(t-T)^2/4$으로 주어지는 곡선을 생각해보자. 이것이 $y'=\sqrt{|y|}$를 푸는가? 평평한 등경사선 $\sqrt{|y|}=1$, 2를 통과하는 $y(t)$를 그려라.

11 방정식 $y'=y^2-t$는 쉽지는 않지만 MIT 수업 18.03에서 종종 등장하는 인기 소재이다. $y(t)$가 $y^2=t$ 위에서 최댓값까지 증가한 다음 감소하는 이유는 무엇인가?

12 해 곡선이 높은 등경사선을 통해 올라가고, 다른 해 곡선은 낮은 등경사선을 통해 내려가도록 두 개의 등경사선과 $f(t,y)$를 그려라. 그리고 다음 문장의 참 또는 거짓을 판별하라. 몇몇 해 곡선은 이 두 개의 등경사선 사이에 놓일 것이다(**대륙 분수령** continental divide).

3.2 소스, 흡입, 안장, 나선

이 절에서 등장하는 그림들은 $Ay'' + By' + Cy = 0$의 해를 보여준다. 이것은 상수 계수 A, B, C를 갖는 선형 방정식이다. 그래프는 가로축 위의 해 y와 세로축 위의 해의 기울기 $y' = dy/dt$를 보여준다. $(y(t), y'(t))$는 시간에 의존하지만, 시간은 그림에 표현되어 있지 않다. 즉, 경로는 해가 어디로 가는지는 보여주지만, 언제 가는지는 알려주지 않는다.

각각의 특정한 해는 초기조건에 의해 주어지는 특정한 점 $(y(0), y'(0))$에서 시작한다. 시간 t가 $t = 0$으로부터 커질 때 점은 곡선 $(y(t), y'(t))$의 경로를 따라 이동한다. 우리는 $Ay'' + By' + Cy = 0$의 해가 $As^2 + Bs + C = 0$(s에 대한 보편적인 이차 방정식)에 대한 두 개의 해에 의존한다는 것을 알고 있다. 즉, 이차 방정식의 두 근 s_1과 s_2를 찾으면 우리는 모든 가능한 해들을 찾는 것이다.

$$y = c_1 e^{s_1 t} + c_2 e^{s_2 t} \qquad y' = c_1 s_1 e^{s_1 t} + c_2 s_2 e^{s_2 t} \tag{1}$$

s_1과 s_2는 그래프의 형태를 알려준다. 그리고 나서 두 개의 수 c_1과 c_2는 우리가 어떤 경로 위에 있는지 말해준다. 각 방정식에서 s_1과 s_2에 의해 그림이 결정되므로 두 개의 수에 대한 6가지 가능성을 살펴봐야 한다. 이를 비교하기 위해 다음과 같이 한 줄에 6가지를 모두 정리하였다. 이들은 나중에 각각의 그림과 함께 다른 곳에서 등장할 것이다. 처음 3개는 실수 해 s_1과 s_2를, 나머지 3개는 복소수 쌍 $\boldsymbol{s = a \pm i\omega}$를 갖는다.

소스	흡입	안장	밖으로 나선	안으로 나선	중심
$s_1 > s_2 > 0$	$s_1 < s_2 < 0$	$s_2 < 0 < s_1$	$a = \text{Re } s > 0$	$a = \text{Re } s < 0$	$a = \text{Re } s = 0$

$s = 0$, $s_1 = s_2$(공명에서와 같이)처럼 위의 6가지가 아닌 제한적인 경우도 있을 것이다.

안정성stability이라는 단어는 미분방정식에서 매우 중요하다. 해가 0으로 감소하는가? 해들은 $e^{s_1 t}$과 $e^{s_2 t}$에 의해 (6장에서는 $e^{\lambda_1 t}$과 $e^{\lambda_2 t}$에 의해) 조절된다. 우리는 완전한 안정성을 보여주는 (6개 중에) 2개의 그림(흡입)을 식별할 수 있다. **중심 $\boldsymbol{s = \pm i\omega}$는 안정성의 가장자리에 있다**($e^{i\omega t}$은 감소하지도 않고, 증가하지도 않는다).

2. 흡입은 안정적이다.	$s_1 < s_2 < 0$	그러면 $y(t) \to 0$이다.
5. 나선 흡입spiral sink은 안정적이다.	$\text{Re } s_1 = \text{Re } s_2 < 0$	그러면 $y(t) \to 0$이다.

NOTE_ 이 6가지 그림은 두 개의 일차 방정식 시스템에도 적용된다는 것을 언급하고자 한다. 이때 일차 방정식은 y와 y' 대신에 두 개의 미지수 y_1과 y_2를, 상수 계수 A, B, C 대신에 2×2 행렬을 갖는다. 또한 이 경우 두 개의 근 s_1과 s_2 대신에 그 행렬은 고윳값 λ_1과 λ_2를 갖는다. 이 두 개의 고윳값은 s_1과 s_2와 마찬가지로 방정식 $A\lambda^2 + B\lambda + C = 0$의 근이다.

우리는 λ에 대해 위와 같이 6가지 경우와 각각의 그림을 볼 것이다. 2×2 행렬의 고윳값은 s_1과 s_2를 대신하여 성장률과 감소율을 알려준다.

$$\begin{bmatrix} y_{1'} \\ y_{2'} \end{bmatrix} = \begin{bmatrix} a\ b \\ c\ d \end{bmatrix} \begin{bmatrix} y_1 \\ y_2 \end{bmatrix} \text{의 해는 } \begin{bmatrix} y_1(t) \\ y_2(t) \end{bmatrix} = \begin{bmatrix} v_1 \\ v_2 \end{bmatrix} e^{\lambda t} \text{이다.}$$

이때 고윳값은 λ, 고유벡터는 $v = (v_1, v_2)$이고, 해는 $\boldsymbol{y(t) = ve^{\lambda t}}$이다.

첫 번째 경우의 그림 세 개

두 개의 실수 근 s_1과 s_2인 경우, 방정식 $Ay'' + By' + C = 0$에서 $\boldsymbol{B^2 \geq 4AC}$임을 의미한다. 이차 방정식에 대한 근의 공식에서 제곱근은 실수 $\sqrt{B^2 - 4AC}$이다. 만약 A, B, C가 같은 부호를 가지면 우리는 과감쇠와 **음의 근**과 안정성을 갖는다. 이 경우 해는 $(0, 0)$으로 감소하므로 **흡입**sink이다.

$y'' - 3y' + 2y = 0$에서와 같이 A와 C가 B와 다른 부호를 가지면, 우리는 음의 감쇠와 양수 근 s_1, s_2를 갖는다. 이 경우 해는 성장하므로 불안정하고 $(0, 0)$에서 **소스**source이다.

■ 첫 번째 예

$y'' - 3y' - 2y = 0$처럼 A와 C의 부호가 서로 다르다고 가정하자. 그러면 s_1과 s_2도 **다른 부호**를 갖고 그림은 **안장**saddle을 보여준다. 움직이는 점 $(y(t),\ y'(t))$는 점이 무한대로 가기 전에 $(0, 0)$을 향해 안으로 들어갈 수 있다. 이때 양수 s는 $e^{st} \to \infty$가 된다.

■ 두 번째 예

$y'' - 4y = 0$은 $s^2 - 4 = (s-2)(s+2) = 0$으로 이어지며 근 $s_1 = \mathbf{2}$와 $s_2 = \mathbf{-2}$는 서로 다른 부호를 갖는다. 해 $c_1e^{2t} + c_2e^{-2t}$은 $c_1 = 0$이 아닌 이상 커진다. $c_1 = 0$을 만족하는 한 개의 선만이 안으로 향하는 화살표들을 갖는다.

$B^2 \geq 4AC$인 경우 두 개의 두 개의 근은 모두 실수이다. 해 $y(t)$는 증가하는 지수함수이거나 감소하는 지수함수를 갖는다. 따라서 이 경우에 우리는 사인 함수, 코사인 함수, 진동을 볼 수 없다.

$0 < s_2 < s_1$인 첫 번째 그림은 증가를 보여준다. e^{s_1t}이 e^{s_2t}보다 더 빨리 증가하기 때문에 더 큰 수 s_1이 해의 전체적인 모습을 좌우할 것이다. (y, y')에 대한 해 경로는 기울기가 s_1인 직선으로 접근할 것이다. 이는 $y = c_1e^{s_1t}$에 대한 $y' = c_1s_1e^{s_1t}$의 비율이 정확히 s_1이기 때문이다. 만약 초기조건이 's_1 선' 위에 있다면 해 $(y,\ y')$은 그 선 위에 그대로 머무른다($c_2 = 0$이다). 만약 초기조건이 's_2 선' 위에 있다면 해는 그 두 번째 선 위에 그대로 머무른다($c_1 = 0$이다). $c_1 \neq 0$이면 $t \to \infty$가 됨에 따라 $c_1e^{s_1t}$ 부분이 더 커지는 것을 볼 수 있을 것이다.

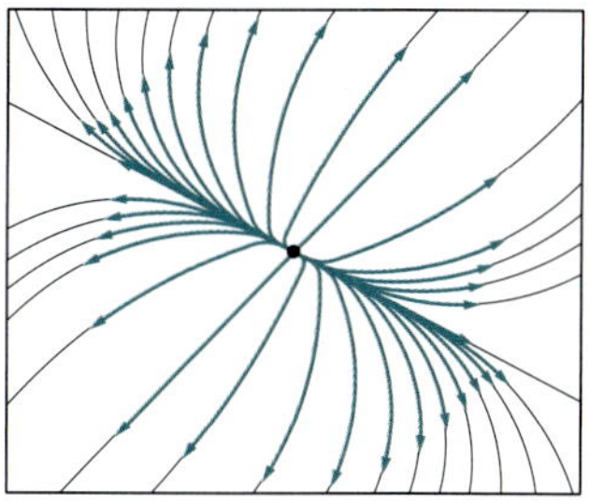

왼쪽 그림에서
모든 화살표를
뒤집어라.
경로는 **(0, 0)**을
향해 안으로 간다.

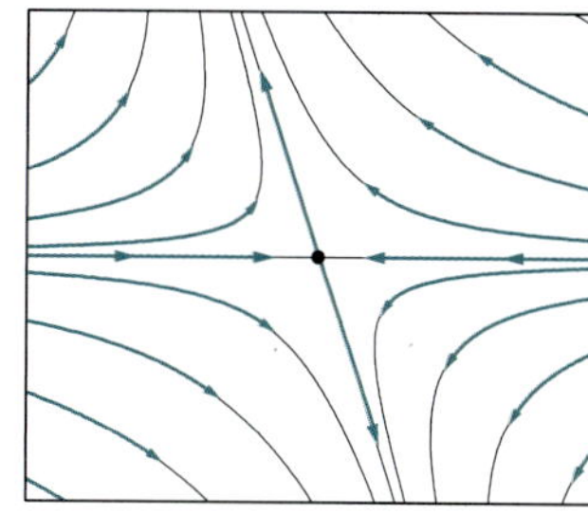

(a) 소스($\mathbf{0} < \boldsymbol{s_2} < \boldsymbol{s_1}$) : 불안정 (b) 흡입($\boldsymbol{s_1} < \boldsymbol{s_2} < \mathbf{0}$) : 안정 (c) 안장($\boldsymbol{s_2} < \mathbf{0} < \boldsymbol{s_1}$) : 불안정

[그림 3-6] 두 실수 근 s_1과 s_2이다. 점 $(y(t), y'(t))$의 경로는 근들이 양수일 때는 밖으로, 근들이 음수일 때는 안으로 이어진다. $s_2 < 0 < s_1$일 때, s_2 선은 안으로 가지만 다른 모든 경로는 결국에는 s_1 선 근처로 나간다. 즉, 오른쪽 그림은 **안장점**saddle point을 보여준다.

■ 소스에 대한 예

$y'' - 3y' + 2y = 0$은 $s^2 - 3s + 2 = (s-2)(s-1) = 0$으로 이어진다. 이때 두 개의 근 **1**과 **2**는 양수이며 해는 증가하고 e^{2t}이 이를 지배한다.

■ 흡입에 대한 예

$y'' + 3y' + 2y = 0$은 $s^2 + 3s + 2 = (s+2)(s+1) = 0$으로 이어진다. 이때 두 개의 근 $-\mathbf{2}$와 $-\mathbf{1}$은 음수이며 해는 감소하고 e^{-t}이 이를 지배한다.

두 번째 경우의 그림 세 개

이제 두 개의 **복소수 근** s_1과 s_2를 살펴보자. 이는 방정식 $Ay'' + By' + Cy = 0$에서 $B^2 < 4AC$임을 의미한다. 그러면 A와 C의 부호는 같고, B는 상대적으로 작다(저감쇠). 따라서 이차 방정식에 대한 근의 공식 (2)에서 제곱근은 허수가 되며 두 개의 지수 s_1과 s_2는 이제 복소수 쌍 $a \pm i\omega$가 된다.

$\boldsymbol{As^2 + Bs + C = 0}$의 복소수 해 $$s_1,\ s_2 = -\frac{B}{2A} \pm \frac{\sqrt{B^2 - 4AC}}{2A} = a \pm i\omega \qquad (2)$$

(y, y')의 경로는 **중심을 빙 둘러 나선형으로 돈다.** $a > 0$이면 e^{at}이므로 나선은 밖으로 나간다(**나선 소스**spiral source). **반면** $a < 0$이면 해는 안으로 나선을 그린다(**나선 흡입**spiral sink). 진동수 ω는 해가 얼마나 빨리 진동하고, 나선이 $(0, 0)$ 주위로 얼마나 빨리 가는지를 조절한다.

$a = -B/2A$가 0인 (감쇠 없는) 경우에 우리는 $(0, 0)$에서 **중심**center을 갖는다. y에 남은 유일한 항은 $e^{i\omega t}$과 $e^{-i\omega t}$이고, 다른 말로는 $\cos\omega t$와 $\sin\omega t$이다. 그러한 경로는 [그림 3-7(c)]이 타원이다. 해 $y(t)$는 **주기적**인데, 이는 t를 $2\pi/\omega$만큼 증가시켜도 $\cos\omega t$와 $\sin\omega t$를 변화시키지 않기 때문이다. 이때 순환

시간 $2\pi/\omega$가 **주기**period이다.

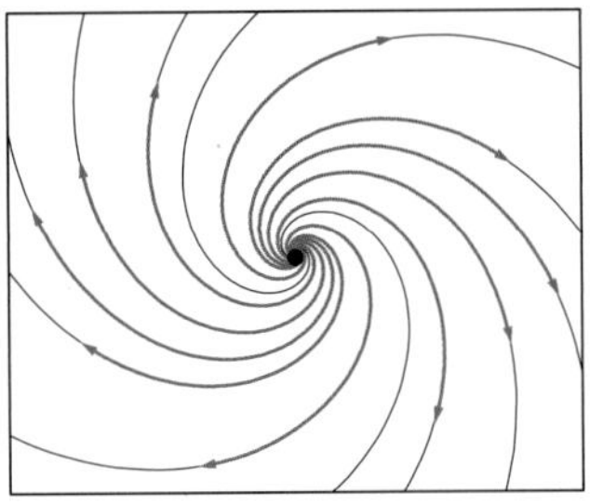

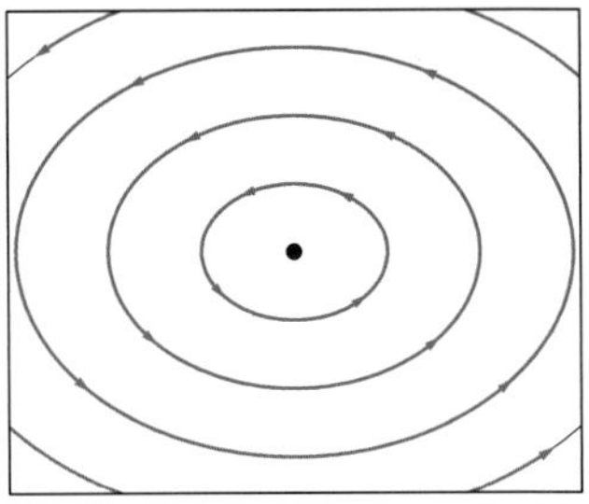

(a) 나선 소스($a = \mathbf{Re}\ s > 0$)
:불안정

(b) 나선 흡입($a = \mathbf{Re}\ s < 0$)
:안정

(c) 중심($a = \mathbf{Re}\ s = 0$)
:중립적으로 안정

[그림 3-7] 두 개의 복소수 근은 s_1과 s_2이다. t가 $2\pi/\omega$만큼 증가할 때, 경로는 $(0,0)$을 향해 한 번 안으로 간다. A와 B의 부호가 같아서 $a=-B/2A$가 음수일 때, 경로는 안으로 나선을 그린다. 반면 a가 양수일 때는 밖으로 나선을 그린다. 만약 $B=0$(감쇠 없음)이고 $4AC>0$이면, 우리는 중심을 갖는다. 가장 간단한 중심은 $y''+y=0$으로부터 $y=\sin t$, $y'=\cos t$(원)이다.

y_1과 y_2에 대한 일계 미분방정식

이 절의 첫 번째 장에 나타나는 NOTE는 같은 그림에 대해 다른 응용을 언급했었다. 하나의 이계 미분방정식에 대한 $(y(t), y'(t))$의 경로를 그리는 것 대신에, 우리는 **두 개의 일계 미분방정식** $(y_1(t), y_2(t))$의 경로를 통해 살펴볼 것이다. 두 개의 방정식은 다음과 같은 형태이다.

일계 미분방정식 시스템 $y' = Ay$

$$\begin{aligned} dy_1/dt &= ay_1 + by_2 \\ dy_2/dt &= cy_1 + dy_2 \end{aligned} \tag{3}$$

초깃값이 $y_1(0)$, $y_2(0)$일 때, 점 (y_1, y_2)는 수 a, b, c, d에 따라 여섯 가지 그림 중 하나의 경로를 따라 움직일 것이다.

미리 말하자면, 이 네 개의 수는 2×2 행렬 A 안에 들어갈 것이다. 즉, 방정식 (3)은 $d\boldsymbol{y}/dt = A\boldsymbol{y}$가 될 것이다. 굵은 글꼴의 기호 $\boldsymbol{y}$는 벡터 $\boldsymbol{y} = (y_1, y_2)$를 의미한다. 해 $y(t)$의 지수 s_1과 s_2는 행렬 A의 고윳값 $\boldsymbol{\lambda_1}$과 $\boldsymbol{\lambda_2}$이고, 이는 여섯 가지 그림에서 가장 중요하다.

동반 행렬

이제 이차 방정식과 두 개의 일차 방정식을 연결하는 방법을 소개할 것이다. 다음 장에 등장하는 모든 방정식은 선형이고 모든 계수는 상수이다. 여기서는 여러분이 일차 방정식 $\boldsymbol{y}' = A\boldsymbol{y}$에 등장하는 특별한 **동반 행렬**companion matrix을 학습했으면 한다.

$\boldsymbol{y}$가 벡터이기 때문에 굵은 글꼴로 표시되었다는 것에 주목하라. 이는 두 개의 성분 y_1과 y_2로 구성된다(이것들은 따로 굵게 표시되지 않았다). 첫 번째 성분 y_1은 이차 방정식의 미지수 y와 같고, 두 번째 성분 y_2는 dy/dt이다.

$$\begin{matrix} y_1 = y \\ y_2 = y' \end{matrix} \qquad \boldsymbol{y'' + 4y' + 3y = 0\text{은 } y_2{}' + 4y_2 + 3y_1 = 0\text{이 된다.}} \tag{4}$$

이를 통해 y_1과 y_2를 연결하는 일차 방정식을 확인할 수 있다. 이때 두 번째 방정식이 필요하다(두 개의 미지수에 대한 두 개의 방정식). 그것은 식 (4)의 가장 왼쪽에 숨어 있다! 여기서 $\boldsymbol{y_1{}' = y_2}$임을 보게 될 것이다. 원래의 이차 방정식 문제에서 이것은 당연한 얘기인 $y' = y'$과 같지만 이는 벡터 형태 $\boldsymbol{y}' = A\boldsymbol{y}$를 통해 시스템에서의 첫 번째 방정식을 준다. 행렬에서 첫 번째 행은 **0 1**이다. y와 y'이 각각 y_1과 y_2가 될 때,

$$y'' + 4y' + 3y = 0\text{은 } \begin{cases} y_1{}' = & y_2 \\ y_2{}' = & -3y_1 - 4y_2 \end{cases} = \begin{bmatrix} \mathbf{0} & \mathbf{1} \\ \mathbf{-3} & \mathbf{-4} \end{bmatrix} \begin{bmatrix} y_1 \\ y_2 \end{bmatrix} \text{가 된다.} \tag{5}$$

첫 번째 행 **0 1**은 위의 행렬을 2×2 **동반 행렬**로 만든다. 이 행렬은 이차 방정식과 동반자이다. 핵심은 두 개의 일차 방정식 문제가 (변환된) 이차 방정식 문제와 같은 문제이므로 동일한 특성 방정식[characteristic equation]을 갖는다는 것이다.

$$\text{방정식 } s^2 + 4s + 3 = 0\text{은 지수} \quad s_1 = \mathbf{-3}\text{과 } s_2 = \mathbf{-1}\text{을 얻는다.}$$
$$\text{방정식 } \lambda^2 + 4\lambda + 3 = 0\text{은 고윳값 } \lambda_1 = \mathbf{-3}\text{과 } \lambda_2 = \mathbf{-1}\text{을 얻는다.}$$

같은 문제이므로 지수도 -3과 -1로 동일하고, 해 경로의 그림들도 같을 것이다. 이러한 그림들은 -3과 -1이 실수이고 모두 음수이므로, **흡입**을 보여주며 해들은 $(0, 0)$에 접근한다. 이러한 방정식들은 **안정적**이다.

$$\boldsymbol{y'' + By' + Cy = 0\text{에 대한 동반 행렬은 } A = \begin{bmatrix} 0 & 1 \\ -C & -B \end{bmatrix}\text{이다.}}$$

$y' = Ay$의 1행은 $y_1{}' = y_2$이고, 2행은 $y_2{}' = -Cy_1 - By_2$이다. 여러분이 y_2를 $y_1{}'$으로 바꾸면 이는 $y_1{}'' + By_1{}' + Cy_1 = 0$임을 의미한다(올바르다).

2×2 행렬의 안정성

여기서는 2×2 행렬 $\boldsymbol{y}' = A\boldsymbol{y}$가 언제 안정적인지 설명할 수 있다. 이것은 모든 해 $\boldsymbol{y}(t) = (y_1(t), y_2(t))$가 $t \to \infty$임에 따라 0으로 가는 것을 확인함으로써 알 수 있다. 행렬 A가 동반 행렬일 때, 2×2 시스템

은 이차 방정식 $y''+By'+Cy=0$으로부터 나온다. 그 경우에 우리는 안정성이 $s^2+Bs+C=0$의 근에 의존한다는 것을 알고 있다. **동반 행렬은 $B>0$, $C>0$일 때 안정적이다.**

> 이차 방정식의 근의 공식으로부터 $s_1+s_2=-B$, $s_1s_2=C$이다.
>
> 만약 s_1과 s_2가 음수이면 이것은 $B>0$, $C>0$임을 의미한다.
>
> 만약 $s_1=a+i\omega$, $s_2=a-i\omega$, $a<0$이면 이는 다시 $B>0$, $C>0$임을 의미한다.

이러한 두 복소수 근을 더하면 $s_1+s_2=2a$이다. 음수 a(안정성)는 양수 B를 의미한다($s_1+s_2=-B$이기 때문이다). 또한 두 복소수 근의 곱은 $s_1s_2=a^2+\omega^2$이다. 이는 C가 양수임을 의미하는데, $s_1s_2=C$이기 때문이다.

동반 행렬에 대해서 안정성은 $B>0$, $C>0$에 의해 결정된다. **임의의 2×2 행렬에 대한 안정성 시험은 무엇인가?** 이것은 핵심 질문이며 6장에서도 등장할 것이다. 우리는 임의의 행렬에 대한 고윳값의 방정식을 찾을 것이다(6.1절). 또한 안정성을 위해 이러한 고윳값을 시험할 것이다(6.4절). 고윳값과 고유벡터는 주요한 화제이며 미분방정식과 선형대수학 사이의 가장 중요한 연결고리이다. 다행히도 2×2 행렬의 고윳값은 간단하다.

> 행렬 $A=\begin{bmatrix} a & b \\ c & d \end{bmatrix}$의 고윳값은 $\lambda^2-T\lambda+D=0$을 갖는다.
>
> 수 T는 $a+d$이고, 수 D는 $ad-bc$이다.

동반 행렬이 $a=0$, $b=1$, $c=-C$, $d=-B$이면, 특성 방정식 $\lambda^2-T\lambda+D=0$은 정확히 $s^2+Bs+C=0$이다.

> 동반 행렬은 $\begin{bmatrix} 0 & 1 \\ -C & -B \end{bmatrix}$이며 이때 $T=a+d=-B$, $D=ad-bc=C$이다.

$B>0$, $C>0$인 안정성 시험은 $T<0$, $D>0$인 안정성 시험으로 변하게 된다. 이것은 임의의 2×2 행렬에 대한 시험이다. 안정성은 $T<0$, $D>0$의 조건을 필요로 한다. 네 개의 예를 살펴본 다음 안정성에 대한 주요 사실들을 함께 정리하도록 하겠다.

$A_1=\begin{bmatrix} 0 & 1 \\ -2 & 3 \end{bmatrix}$은 불안정한데, 이는 $T=0+3$이 양수이기 때문이다.

$A_2=\begin{bmatrix} 0 & 1 \\ 2 & -3 \end{bmatrix}$은 불안정한데, 이는 $D=-(1)(2)$가 음수이기 때문이다.

$A_3=\begin{bmatrix} 0 & 1 \\ -2 & -3 \end{bmatrix}$은 안정적인데, 이는 $T=-3$이고 $D=+2$이기 때문이다.

$A_4=\begin{bmatrix} -1 & 1 \\ -1 & -1 \end{bmatrix}$은 안정적인데, 이는 $T=-1-1$이 음수이고, $D=1+1$이 양수이기 때문이다.

고윳값들은 항상 $\lambda^2 - T\lambda + D = 0$에서 나온다. 마지막 행렬 A_4에 대해서 이 고윳값 방정식은 $\lambda^2 + 2\lambda + 2 = 0$이고, 고윳값은 $\lambda_1 = -1 + i$이고 $\lambda_2 = -1 - i$이다. 이 둘의 합은 $T = -2$이고, 둘의 곱은 $D = +2$이다. 따라서 이는 나선 흡입이고, 안정적이다.

2×2 행렬에 대한 안정성 $A = \begin{bmatrix} a & b \\ c & d \end{bmatrix}$는 $T = a + d < 0$이고 $D = ad - bc > 0$일 때 안정적이다.

(y, y')에 대한 여섯 가지 그림은 (y_1, y_2)에 대한 그림이 된다. 첫 번째 세 개의 그림은 $T^2 \geq 4D$이므로 실수 고윳값을 갖고, 두 번째 세 개의 그림은 $T^2 < 4D$이므로 복소수 고윳값을 갖는다. 이것은 $y'' + By' + Cy = 0$과 그것의 동반 행렬에 대한 시험과 완벽히 대응된다.

실수 고윳값	$T^2 \geq 4D$	$B^2 \geq 4C$	과감쇠
복소수 고윳값	$T^2 < 4D$	$B^2 < 4C$	저감쇠

이는 고윳값 λ에 대해 한 개의 그림을 얻는다(실수이거나 복소수이거나). 두 번째 그림은 다르다(안정적이거나 불안정하거나). 이러한 두 가지 분할 모두 T와 D(혹은 $-B$와 C)에 의해 결정된다.

1. 소스	$T > 0,\ D > 0,\ T^2 \geq 4D$	불안정
2. 흡입	$T < 0,\ D > 0,\ T^2 \geq 4D$	안정
3. 안장	$D < 0,\ T^2 \geq 4D$	불안정
4. 나선 소스	$T > 0,\ D > 0,\ T^2 < 4D$	불안정
5. 나선 흡입	$T < 0,\ D > 0,\ T^2 < 4D$	안정
6. 중심	$T = 0,\ D > 0,\ T^2 < 4D$	중립

중립적으로 안정적인 중심은 고윳값 $\lambda_1 = i\omega$, $\lambda_2 = -i\omega$와, **감쇠되지 않은 진동**[undamped oscillation]을 갖는다. 비선형 방정식의 안정성을 결정하기 위해 3.3절에서 이 정보를 이용할 것이다.

동반 행렬의 고유벡터

A의 고윳값은 고유벡터와 함께 나온다. 만약 우리가 동반 행렬을 조금 더 살펴보면 그것의 고유벡터를 볼 수 있다. 6장에서 임의의 행렬에 대해 이 아이디어를 발전시킬 것이고, 이를 제대로 이해하기 위해 더 많은 선형대수학을 필요로 한다. 그러나 우리의 벡터 (y_1, y_2)는 미분방정식의 (y, y')으로부터 나오고, 그 연결은 동반 행렬의 고유벡터를 특별히 간단하게 만든다.

계수가 상수인 선형 방정식에 대한 근본적인 아이디어는 항상 같다. **지수함수 해를 찾는 것이다.** 이차 방정식에 대해 그러한 해들은 $y=e^{st}$이고, 두 개의 일차 방정식 시스템에 대해서는 $\boldsymbol{y}=\boldsymbol{v}e^{\lambda t}$이다. **벡터 $\boldsymbol{v}=(v_1, v_2)$는 고윳값 λ와 함께 가는 고유벡터이다.**

방정식 $y_1{}'=ay_1+by_2$와 $y_2{}'=cy_1+dy_2$에 $y_1=v_1e^{\lambda t}$과 $y_2=v_2e^{\lambda t}$을 대입하여 $e^{\lambda t}$을 소거한다.

$e^{\lambda t}$은 y_1과 y_2 모두에게 같으므로, 모든 항에 등장할 것이다. 모든 인수 $e^{\lambda t}$이 소거되었을 때, 우리는 v_1과 v_2에 대한 방정식을 보게 된다. 이때 벡터 $\boldsymbol{v}=(v_1, v_2)$는 고유벡터 방정식 $A\boldsymbol{v}=\lambda\boldsymbol{v}$를 만족할 것이고, 이는 6장의 핵심이다.

여기서는 동반 행렬의 고유벡터만 다룰 것인데, v가 특별히 좋은 형태를 갖기 때문이다. 방정식은 $y_1{}'=y_2$와 $y_2{}'=-Cy_1-By_2$를 만족한다.

$y_1=v_1e^{\lambda t}$과 $y_2=v_2e^{\lambda t}$을 대입하면 $\lambda v_1e^{\lambda t}=v_2e^{\lambda t}$이고 $\lambda v_2e^{\lambda t}=-Cv_1e^{\lambda t}-Bv_2e^{\lambda t}$이다.

모든 $e^{\lambda t}$을 소거하면 첫 번째 방정식은 $\lambda v_1=v_2$가 된다. 이것이 우리의 답이다.

동반 행렬의 고유벡터는 벡터 $\boldsymbol{v}=\begin{bmatrix}1\\ \lambda\end{bmatrix}$의 상수 배이다.

3.2 요약

1. $B^2-4AC\neq 0$이면 여섯 가지 그림은 $Ay''+By'+Cy=0$의 (y, y')에 대한 경로를 보여준다.
2. $As^2+Bs+C=0$의 실수 근은 $(0, 0)$에서의 소스, 흡입, 안장으로 이어진다.
3. 복소수 근 $s=a\pm i\omega$는 $(0, 0)$ 둘레의 나선(혹은 $a=0$이면 폐회로[closed loop])을 준다.
4. 근 s는 $\begin{bmatrix}y\\ y'\end{bmatrix}'=\begin{bmatrix}0 & 1\\ -C & -B\end{bmatrix}\begin{bmatrix}y\\ y'\end{bmatrix}$에 대한 고윳값 λ가 되며, 여섯 가지 그림은 같다.

3.2 연습문제

01 $y=c_1e^{-2t}+c_2e^{-t}$에 대하여 흡입을 나타내는 [그림 3-6(b)]를 그려라. $t\to\infty$로 감에 따라 어떠한 항이 지배하는가? 경로는 0을 향해 안으로 감에 따라 지배하는 선에 접근한다. 그 선들의 기울기는 -2와 -1(두 개의 수 s_1과 s_2)이다.

02 근 $s=-1\pm i$를 갖는 나선 흡입에 대한 [그림 3-7(b)]를 그려라. 이때 해는 $y=C_1e^{-t}\cos t+C_2e^{-t}\sin t$인데, 이는 인수 e^{-t} 때문에 0으로 접근하고, $\cos t$와 $\sin t$

때문에 원점 근방을 나선형으로 돈다.

03 해가 $y=e^t+e^{t/2}$이면 [그림 3-6] 중 어떤 경로를 택하겠는가? $t=0$일 때 $(y, y')=(2, 1.5)$에서 시작하는 곡선 $(y(t), y'(t))$를 그려라.

04 해가 $y=e^{t/2}+e^{-t}$이면 [그림 3-6]에서 안장 주위를 도는 경로는 무엇인가? $t=0$일 때 $(y, y')=\left(2, -\frac{1}{2}\right)$에서 시작하는 곡선을 그려라.

05 해가 $s_1=s_2=1$이고 $y=c_1e^t+c_2te^t$으로 근이 같을 때, [그림 3-6(a)]를 다시 그려라. 이때 s_2 선은 없다. $y=e^t+te^t$에 대한 경로를 그려라.

06 해 $y=e^{2t}-4e^t$은 $y'=2e^{2t}-4e^t$과 함께 소스를 준다([그림 3-6]). $(y, y')=(-3, -2)$와 함께 $t=0$에서 시작하여, $e^t=1.1$, $e^t=0.25$, $e^t=2$일 때 (y, y')은 각각 어디에 있는가?

07 해 $y=e^t(\cos t+\sin t)$는 $y'=2e^t\cos t$를 가지며 이것은 e^t 때문에 밖으로 나선을 그린다. $t=0,\ \pi/2,\ \pi$일 때 점 (y, y')을 각각 그리고, 나선으로 그것들을 연결해보라. 이때 $e^{\pi/2}\approx 4.8$이고 $e^{\pi}\approx 23$이다.

08 미분방정식이 _____일 때, 두 개의 근 s_1과 s_2는 $\pm 2i$이다. $y(0)=1$과 $y'(0)=0$에서 시작하여, 중심 근방에서 $(y(t), y'(t))$의 경로를 그려라. $t=\pi/2,\ \pi,\ 3\pi/2,\ 2\pi$일 때 점들을 각각 표시하라. 경로는 시계 방향으로 움직이는가?

09 방정식 $y''+By'+y=0$은 $s^2+Bs+1=0$으로 이어진다. $B=-3,\ -2,\ -1,\ 0,\ 1,\ 2,\ 3$에 대해서, 여섯 가지 그림 중 어떤 것이 관련되어 있는지 결정하라. $B=-2$와 2에 대해 소스, 흡입일 때와 완벽히 같은 그림을 가질 수 없는 이유는 무엇인가?

10 감쇠 $B=1$을 갖는 $y''+y'+Cy=0$에 대해 특성 방정식은 $s^2+s+C=0$이 될 것이다. 어떠한 C가 흡입(과감쇠)으로부터 나선 흡입(저감쇠)으로의 전환을 주는가? 어떠한 그림이 $C<0$을 갖는가?

11~18 다음은 동반 행렬 $\begin{bmatrix} 0 & 1 \\ -C & -B \end{bmatrix}$를 갖는 $dy/dt=Ay$에 관한 문제이다.

11 고윳값 방정식은 $\lambda^2+B\lambda+C=0$이다. 어떠한 값 B와 C가 복소수 고윳값을 주는가? 어떠한 값 B와 C가 $\lambda_1=\lambda_2$를 주는가?

12 $B=8$이고 $C=7$일 때, λ_1과 λ_2를 찾아라. $t\to\infty$로 갈 때 어떠한 고윳값이 더 중요한가? 이것은 흡입인가? 아니면 안장인가?

13 고윳값이 $\lambda_1+\lambda_2=-B$를 갖는 이유는 무엇인가? 또한, $\lambda_1\lambda_2=C$인 이유는 무엇인가?

14 어떠한 이차 방정식으로부터 다음 행렬들이 나오는가?

$$A_1=\begin{bmatrix} 0 & 1 \\ 1 & 0 \end{bmatrix}\ (\text{안장}) \qquad A_2=\begin{bmatrix} 0 & 1 \\ -1 & 0 \end{bmatrix}\ (\text{중심})$$

15 방정식 $y''=4y$는 안장점 $(0, 0)$을 갖는다. 해 $y=c_1e^{s_1t}+c_2e^{s_2t}$에서 $s_1>0$과 $s_2<0$을 찾아라. 만약 $c_1c_2\neq 0$이면 이 해는 $t\to\infty$로 감에 따라, 그리고 $t\to-\infty$로 감에 따라 (커질 것이다 / 감소할 것이다).
$t\to\infty$로 감에 따라 안장 $(y, y')=(0, 0)$을 향해 가는 유일한 방법은 $c_1=0$이다.

16 만약 $B=5$이고 $C=6$이면 고윳값은 $\lambda_1=3$이고 $\lambda_2=2$이다. 벡터 $v=(1, 3)$과 $v=(1, 2)$는 행렬 A의 고유벡터이다. Av를 곱해서 $3v$와 $2v$를 얻어라.

17 [연습문제 16]에서 방정식 $y'=Ay$의 두 개의 해 $y=ve^{\lambda t}$을 구하라. 또한, 이 두 개의 해를 조합하여 완전해를 구하라.

18 동반 행렬의 고유벡터는 $v=(1, \lambda)$의 형태를 갖는다. A를 곱해서 $Av=\lambda v$가 하나의 자명한 방정식과 함께 특성 방정식 $\lambda^2+B\lambda+C=0$을 주는 것을 보여라.

$$\begin{bmatrix} 0 & 1 \\ -C & -B \end{bmatrix}\begin{bmatrix} 1 \\ \lambda \end{bmatrix}=\lambda\begin{bmatrix} 1 \\ \lambda \end{bmatrix}\text{는}$$

$$\lambda=\lambda\text{이고 } -C-B\lambda=\lambda^2\text{이다.}$$

$A=\begin{bmatrix} 3 & 1 \\ 1 & 3 \end{bmatrix}$의 고윳값과 고유벡터를 찾아라.

---

19 ($s_1<0$이거나 $s_2<0$일 때 / $s_1<0$이고 $s_2<0$일 때 / $\operatorname{Re} s_1<0$이고 $\operatorname{Re} s_2<0$일 때) 방정식이 안정적이고 모든 해 $y=c_1e^{s_1t}+c_2e^{s_2t}$이 정확히 $y(\infty)=0$으로 간다. 올바른 경우를 선택하라.

20 $Ay''+By'+Cy=D$가 안정적일 때, $y(\infty)$는 무엇인가?

3.3 2차원과 3차원에서 선형화와 안정성

로지스틱 방정식 $y' = y - y^2$에서 정상상태는 $Y = 0$과 $Y = 1$이다. 이는 **임계점**critical point으로, 함수 $f(y) = y - y^2$이 0이 되는 점이다. $Y = 0$과 $Y = 1$인 선을 따라서 방정식 $y' = f(y)$는 $0 = 0$이 된다. 우리는 정상상태인 해를 구했으며, 이제 이 두 개의 해가 안정한지 불안정한지가 중요하다. 근처의 해들이 Y로 접근하는가?

안정성 시험은 Y에서 $df/dy < 0$인지를 확인한다. 이는 $f(y)$에 접하는 기울기이다.

$$f(y - Y) \approx f(Y) + \left(\frac{df}{dy}\right)(y - Y) = 0 + A(y - Y) \tag{1}$$

$y' = f(y)$의 임계점 $y = Y$에서 선형화는 $f \approx A(y - Y)$로부터 나온다. f를 이렇게 선형으로 바꾸고 좌변에 있는 상수 Y도 포함하자.

임계점 Y 근방의 선형화된 방정식 $\quad (y - Y)' = A(y - Y) \quad (2)$

해 $y - Y = Ce^{At}$은 $A > 0$일 때 증가(불안정성)하고, $A < 0$일 때 감소한다. 로지스틱 방정식은 $f(y) = y - y^2$이고, 미분하면 $A = 1 - 2y$가 된다. 정상상태 $Y = 0$에서 이것은 불안정성($A = +1$)을 보여주고, 다른 임계점 $Y = 1$에서는 안정적이다($A = -1$).

1.7절의 **안정성 선**stability line 혹은 **위상 선**phase line은 끌어당김으로써 $Y = 1$을 보여주었다.

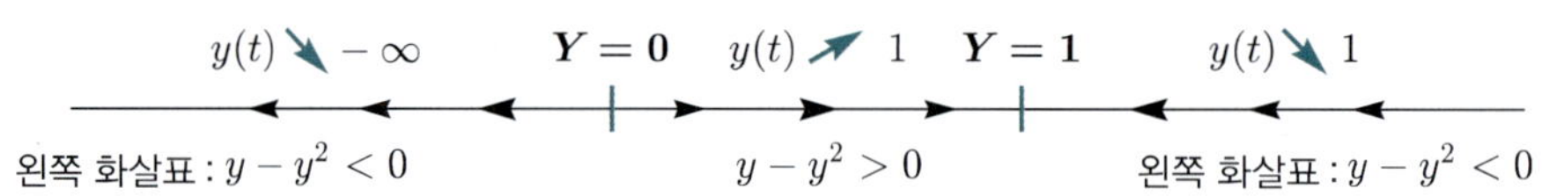

3.1절에서 살펴본 것처럼 화살표의 기울기는 $f(t, y)$이다. 안정성은 기울기 df/dy에 의해 결정된다.

NOTE_ 가장 기본적인 예는 $y' = y$이다. 이때 유일한 정상상태의 해는 $Y = 0$이고, 불안정해야만 하는데, $f = y$가 $A = df/dy = 1$을 갖기 때문이다. 다른 모든 해 $y(t) = Ce^t$은 심지어 $C = y(0)$이 0과 가까워도 $Y = 0$으로부터 멀리 떨어져서 이동한다. 반대의 경우에, $y' = 6 - y$는 안정적이며($A = -1$) 해들은 $Y = y_\infty = 6$에 접근한다.

yz 평면에서 해 곡선

앞에서 살펴본 내용들은 하나의 미지수 $y(t)$에 대해 다시 살펴본 것이었다. 3.2절에서는 두 개의 일차 방정식에서 두 개의 미지수 y와 z(혹은 선형 이차 방정식에서 y와 y')를 가졌다.

이제 비선형인 경우를 살펴보자. 방정식은 자율적이며 모든 시간 t에서도 마찬가지일 것이다.

$$y(0)\text{과 } z(0)\text{에서 시작하는 } \frac{dy}{dt} = f(y, z)\text{와 } \frac{dz}{dt} = g(y, z) \tag{3}$$

임계점 Y, Z는 $f(Y, Z) = 0$과 $g(Y, Z) = 0$을 만족한다. 이는 정상상태의 해로, 상수 $y = Y$와 상수 $z = Z$이다.

$$\text{임계점} \quad f(Y, Z) = 0\text{이고 } g(Y, Z) = 0 \tag{4}$$

모든 임계점 Y, Z에 대해 우리는 반드시 다음을 확인해야 한다. **안정적인가? 불안정한가? 중립적인가?**
해를 그리기 위해 y, z, t에 대한 문제를 살펴보자. 세 개의 변수는 이차원 그림에 적합하지 않다. 즉, 자율 방정식에 대한 해 곡선은 t를 제외할 것이다. $y(t)$, $z(t)$ 곡선은 yz 평면에서 해의 경로를 보여주지만 경로에 대한 시간은 알 수 없다.
그림에서 해가 움직일 때 시간 t를 확인할 수 없다. 미분방정식 $dy/dt = cf(y, z)$와 $dz/dt = cg(y, z)$는 모든 $c \neq 0$에 대해 같은 그림을 만들 것이다. 상수 c는 동일한 경로 $y(ct)$, $z(ct)$를 따라 시간과 속력만을 변하게 한다(시간과 속력은 그림에 나타나지 않는다).
각각의 정상상태 $y(t) = Y$, $z(t) = Z$는 그림에서 한 점이 될 것이다! 안정성 질문은 그 점 근방에서 해의 경로가 Y, Z를 향해 들어가는지, Y, Z로부터 나오는지 혹은 Y, Z 둘레를 도는지에 대한 것이다. 이는 각각 안정적이고, 불안정하고, 중립적으로 안정적임을 의미한다.
이 안정성 질문은 2×2 행렬 A의 고윳값에 의해 해결된다.

임계점 근방의 해

여기 이 절의 핵심이 있다. $f(Y, Z) = 0$**이고** $g(Y, Z) = 0$**를 만족하는 임계점에 비슷하게, 해 곡선은 앞에서 우리가 이미 확인한 여섯 가지 유형으로 나누어진다.**

안정	흡입	**불안정**	소스
	나선 흡입		나선 소스
중립	중심		안장점

선형 방정식에 대한 그림은 3.2절에 있었다. [그림 3-6]과 [그림 3-7]은 $As^2 + Bs + C = 0$에 대한 근의 여섯 가지 유형과 2×2 행렬 A의 여섯 가지 유형으로부터 나왔다.

선형 방정식 $y' = ay + bz$
상수 계수 $z' = cy + dz$ $\begin{bmatrix} y \\ z \end{bmatrix}' = \begin{bmatrix} a\,b \\ c\,d \end{bmatrix} \begin{bmatrix} y \\ z \end{bmatrix}$ (5)

2차원 모델 문제는 $Y=0$, $Z=0$인 임계점을 갖는데, 이는 $f(y,z)=ay+bz=0$이고 $g(y,z)=cy+dz=0$인 점이다. 3.2절에서 등장한 그림들의 중심에는 하나의 임계점 $(0,0)$이 있다. 이제 **비선형 방정식의 임계점 근방을 자세히 살펴보면 선형 방정식과 비슷하다**는 것을 확인하고자 한다.

1개의 방정식 $(y-Y)' = A(y-Y)$를 2차원에서 생각해보자. 1차원에서 A는 df/dy였다. 이제 우리는 두 개의 미지수 y와 z, 두 개의 함수 $f(y,z)$와 $g(y,z)$에 대해서 생각한다. 이때 **f와 g에 대한 네 개의 편미분이 있고, 이는 2×2 행렬 A에 들어간다.**

일계도함수 행렬
야코비 행렬 Jacobian matrix $A = \begin{bmatrix} \partial f/\partial y & \partial f/\partial z \\ \partial g/\partial y & \partial g/\partial z \end{bmatrix}$ (6)

비선형 방정식의 선형화

하나의 방정식에 대해 선형화는 접선에 기반을 둔다. Y 근방에서 테일러 전개는 $f(Y) + (df/dy)(y-Y)$에서 시작한다. 임계점은 $f(Y)=0$을 가지므로 상수 항을 제거한다. 두 개의 변수 y와 z도 같은 원리를 따르는데, 이는 접평면이다.

$$\begin{aligned} f(y,z) &\approx f(Y,Z) + \left(\frac{\partial f}{\partial y}\right)(y-Y) + \left(\frac{\partial f}{\partial z}\right)(z-Z) \\ g(y,z) &\approx g(Y,Z) + \left(\frac{\partial g}{\partial y}\right)(y-Y) + \left(\frac{\partial g}{\partial z}\right)(z-Z) \end{aligned} \tag{7}$$

임계점은 $f(Y,Z) = g(Y,Z) = 0$이다. 이때 다음과 같이 네 개의 선형 항이 df/dy를 대체한다.

$$\begin{bmatrix} (y-Y)' \\ (z-Z)' \end{bmatrix} \approx \begin{bmatrix} \partial f/\partial y & \partial f/\partial z \\ \partial g/\partial y & \partial g/\partial z \end{bmatrix} \begin{bmatrix} y-Y \\ z-Z \end{bmatrix} = A \begin{bmatrix} y-Y \\ z-Z \end{bmatrix} \tag{8}$$

이제 방정식이 선형화되었다. 이는 특별한 점 (Y,Z) 근방을 중심으로 선형화되어 있다. 만약 우리가 (Y,Z)를 $(0,0)$으로 옮겨 재설정한다면, 방정식 (8)은 모델 문제가 된다.

$$\begin{bmatrix} y' \\ z' \end{bmatrix} = A \begin{bmatrix} y \\ z \end{bmatrix} = \begin{bmatrix} a\,b \\ c\,d \end{bmatrix} \begin{bmatrix} y \\ z \end{bmatrix} \tag{9}$$

예제 1 $y' = \sin(ay+bz)$와 $z' = \sin(cy+dz)$를 $Y=0,\ Z=0$에서 선형화하라.

풀이

우선 다음을 확인하자. $f = \sin(ay+bz)$이고 $g = \sin(cy+dz)$는 $(Y, Z) = (0, 0)$에서 0이다. 이는 임계점이다. 여기에서 f와 g의 일차 미분은 A에 들어간다.

$$(y, z) = (0, 0)\text{일 때, } \partial f/\partial y = a\cos(ay+bz) = a\cos 0 = a$$

다른 세 개의 편미분은 $b,\ c,\ d$를 주고, 이는 행렬 A에 들어간다.

$$\begin{matrix} y' = \sin(ay+bz) \\ z' = \sin(cy+dz) \end{matrix} \text{는 } \begin{matrix} y' = ay+bz \\ z' = cy+dz \end{matrix} = \begin{bmatrix} a & b \\ c & d \end{bmatrix}\begin{bmatrix} y \\ z \end{bmatrix} \text{로 선형화된다.} \tag{10}$$

이 예제는 간단한 선형화 $\sin x \approx x$를 두 개의 변수로 이동시킨 것이다.

예제 2 **(포식자–먹이 방정식) 모든 임계점에서** $\begin{matrix} y' = y - yz \\ z' = yz - z \end{matrix}$**를 선형화하라.**

포식자–먹이 방정식의 의미　먹이 y는 토끼의 개체수와 같고, 포식자 z는 여우의 개체수와 같다. 여우가 없을 때, 토끼들은 풀을 먹으며 자란다($y' = y$). 반면 토끼가 없으면 여우들은 잘 먹지 못하고 $z' = -z$가 된다. 먹이와 포식자의 곱 yz는 토끼 y와 여우 z 사이의 상호 작용을 설명한다. 그러한 상호 작용을 통해 결국 여우의 개체수는 더 많아지고, 토끼의 개체수는 더 적어진다.

[예제 2]는 간소화한 계수 1과 -1이 y와 z와 yz에 곱해진다. 포식자–먹이 모델은 중요한 예이며 우리는 이를 더 학습할 것이다.

임계점에서 선형화된 포식자–먹이 모델

$f = Y - YZ = 0,\ g = YZ - Z = 0$으로 두고, 모든 임계점 $Y,\ Z$에 대해 다음을 풀어보자.

$$\boldsymbol{Y - YZ = Y(1-Z) = 0}\text{이고}\qquad \boldsymbol{YZ - Z = (Y-1)Z = 0}$$

임계점 $Y,\ Z$는 0, 0과 1, 1이다. 행렬 A를 이용해 그것들의 안정성을 확인해보자.

$$\boldsymbol{Y, Z = 0, 0}\text{에서 } A = \begin{bmatrix} \partial f/\partial y & \partial f/\partial z \\ \partial g/\partial y & \partial g/\partial z \end{bmatrix} = \begin{bmatrix} \boldsymbol{1-Z} & \boldsymbol{-Y} \\ \boldsymbol{Z} & \boldsymbol{Y-1} \end{bmatrix} = \begin{bmatrix} 1 & 0 \\ 0 & -1 \end{bmatrix}$$

이것은 **안장점이다(불안정)**. 0, 0 근방에서 시작하여 토끼의 개체수 $y(t)$는 증가할 것이다. $y' = y$와 $z' = -z$로부터 (토끼에 대한) 고윳값은 1이고 (여우에 대한) 고윳값은 -1이다. 따라서 여우의 개체수는 감소할 것이다(이것이 안장점으로 가는 유일한 경로이다).

$$Y, Z = 1, 1\text{에서}\ A = \begin{bmatrix} 1-Z & -Y \\ Z & Y-1 \end{bmatrix} = \begin{bmatrix} 0 & -1 \\ 1 & 0 \end{bmatrix}$$

이 행렬은 허수 고윳값 $\lambda_1 = i$와 $\lambda_2 = -i$를 갖는다. 이때 이들의 실수부는 0이고, 안정성은 **중립**이다. **임계점 $Y=1$, $Z=1$은 중심이다.** 그 점 근방에서 시작하는 해는 1, 1 근방을 돌다가 시작했던 점으로 다시 돌아올 것이다.

토끼 개체수 ↑ → 여우 개체수 ↑ → 토끼 개체수 ↓ → 여우 개체수 ↓ → **토끼 개체수 ↑**

우리는 고윳값 없이도 선형화된 방정식의 해가 (1, 1) 주위에서 완벽한 원을 만드는 것을 볼 수 있다. 행렬 A는 1행에 -1을, 2행에 $+1$을 갖는다.

$$\begin{matrix} (y-1)' = -(z-1) \\ (z-1)' = +(y-1) \end{matrix}\text{은}\quad \begin{matrix} y-1 = r\cos t \\ z-1 = r\sin t \end{matrix}\text{에 의해 풀린다.} \tag{11}$$

실제로, 비선형 해 $y(t)$와 $z(t)$는 완벽한 원을 만들지 않을 것이다. 종종 이 두 해의 정확한 경로를 찾을 수 없지만, 이 경우에는 가능하다. 다음과 같이 $y-z$ 방정식을 분리할 수 있으며 풀 수 있다.

$$\frac{dy}{dz} = \frac{dy/dt}{dz/dt} = \frac{f}{g} = \frac{y(1-z)}{(y-1)z}\text{는}\ \frac{\boldsymbol{y-1}}{\boldsymbol{y}}\boldsymbol{dy} = \frac{\boldsymbol{1-z}}{\boldsymbol{z}}\boldsymbol{dz}\text{로 분리된다.} \tag{12}$$

1, $1/y$, $1/z$의 적분에 의해 위의 식은 $\boldsymbol{y - \ln y = \ln z - z + C}$이 된다. $y = z = 1$(임계)일 때, $C=2$이다. [그림 3-8]에는 $C = 2.1$, 2.2, 2.3, 2.4일 때의 해 곡선이 그려져 있으며 해 곡선은 $C=2$ 근방에서 거의 원형이다. 이것이 바로 선형화다!

C가 증가함에 따라, y와 z는 1로부터 더 멀리 떨어져서 움직이고, 원은 없어진다. 그러나 비선형 해는 여전히 **주기적**이다. 토끼와 여우의 개체수는 초기 개체수로 돌아오고 다시 순환과정을 반복한다.

방정식 (12)는 시간과 관련이 없다. 수치적인 해(오일러 혹은 룬게-쿠타법)는 시간을 다시 포함한다. 이 유명한 모델은 1925년 로트카[Lotka]와 볼테라[Volterra]에 의해 나왔다.

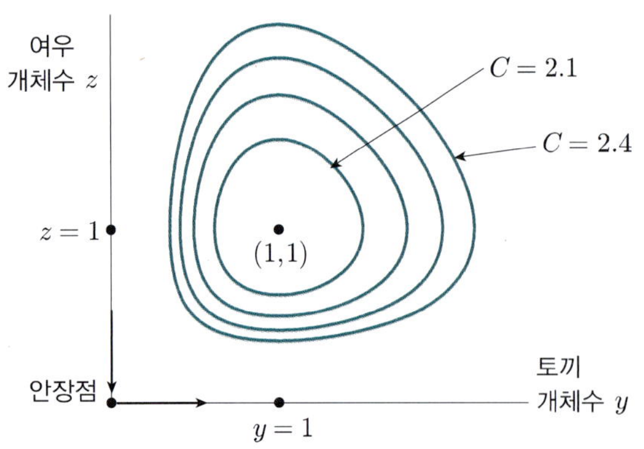

[그림 3-8] 임계점 주변의 해 경로 $y + z - \ln y - \ln z = C$ (중심)

포식자-먹이-로지스틱 방정식

[예제 2]에서 여우가 없을 때($z=0$), 토끼의 방정식은 $y'=y$이다. 토끼에 대해 통제는 없으며 $y=Ce^t$이다. 우리가 $-qy^2$과 같은 로지스틱 항(풀이 부족해서 토끼끼리 서로 경쟁하게 되는 상황)을 추가할 때, 방정식은 좀 더 현실적이 된다.

또한, 이제는 다른 항에 (모두 1이나 -1이 아닌) 다른 계수 p, r, s, t를 허용한다.

토끼	$y'=y(p-qy-rz)$	**첫 번째 임계점**	$(Y,Z)=(0,0)$
여우	$z'=z(-s+wy)$	**두 번째 임계점**	$(Y,Z)=(p/q,0)$
		세 번째 임계점	$s=wY$이고 $p=qY+rZ$

그러한 임계점에서 y'과 z'은 0이고, 해는 정상상태 $y=Y$, $z=Z$이다. 이러한 점 근방에서 안정성을 확인하기 위해 방정식을 선형화한다. $f(y,z)$와 $g(y,z)$는 통제할 수 있는데, 이는 임계점에서 $f=g=0$이기 때문이다.

일계도함수
0, 0에서 야코비 행렬

$$\begin{bmatrix}\partial f/\partial y & \partial f/\partial z\\ \partial g/\partial y & \partial g/\partial z\end{bmatrix}=\begin{bmatrix}p-2qy-rz & -ry\\ wz & -s+wy\end{bmatrix}=\begin{bmatrix}p & 0\\ 0 & -s\end{bmatrix}$$

$(0,0)$은 안장점이다(불안정하다). 작은 인구는 $y'\approx py$와 $z'\approx -sz$를 만족한다. 즉, 토끼의 개체수는 증가하고 여우의 개체수는 감소한다. 이때 한 고윳값 p는 양수이고, 다른 고윳값 $-s$는 음수이다. 점 $(0,0)$ 근방에서 세 개의 경쟁 항 $-qy^2$, $-ryz$, wyz는 더 높은 차수이고, 그러한 항들은 선형화할 때 사라진다.

두 번째 임계점은 $Y=p/q$와 $Z=0$를 갖는다. 이 점은 흡입이거나 안장이다.

$(p/q,0)$ 근방의 선형화 $\begin{bmatrix}y-Y\\ z-Z\end{bmatrix}'=A\begin{bmatrix}y-Y\\ z-Z\end{bmatrix}$이고 $A=\begin{bmatrix}-q & -rp/q\\ 0 & -s+wp/q\end{bmatrix}$

만약 $s>wp/q$이면 행렬 A의 마지막 성분은 음수이고, $-q$도 마찬가지이다. 따라서 이 경우에는 흡입을 갖는다. 즉, 두 개의 음수인 고윳값이 나온다. 반면 $s<wp/q$이면 행렬 A의 마지막 성분은 양수이다. 이 경우에는 안장을 갖는다.

세 번째 임계점 (Y,Z)는 다르다. 이 점에서 $p=qY+rZ$이고 $s=wY$이다. 이것은 위의 일계도함수 행렬에 다음과 같이 오직 세 개의 간단한 항만을 남긴다.

(Y,Z) 근방의 선형화 $\begin{bmatrix}y-Y\\ z-Z\end{bmatrix}'=A\begin{bmatrix}y-Y\\ z-Z\end{bmatrix}$이고 $A=\begin{bmatrix}-qY & -rY\\ wZ & 0\end{bmatrix}$

토끼 방정식의 새로운 항 $-qy^2$은 행렬 A의 $-qY=-qs/w$를 만들었다. 이는 음수이며 방정식을 안정화하고, (이전에 허수였던) 고윳값 두 개를 모두 음의 실수부로 끌어당긴다. 즉, **중립적 안정성이 완전한 안정성으로 변한다.**

2×2 행렬은 (오직 두 개의 고윳값 λ_1과 λ_2를 가지며) 특별하다. 행렬 A의 고윳값을 통해 알 수 있는 두 가지 사실은 다음과 같다. λ를 더하고, 곱하라.

합 $\lambda_1+\lambda_2$는 대각선 성분의 합 $\boldsymbol{T}$와 같다. $\boldsymbol{T=-qY}$

곱 $\lambda_1\lambda_2$는 행렬의 행렬식 $\boldsymbol{D}$와 같다. $\boldsymbol{D=rYwZ}$

행렬은 $\boldsymbol{\lambda_1+\lambda_2<0}$이고 $\boldsymbol{\lambda_1\lambda_2>0}$이다. 이를 통해 고윳값 λ_1, λ_2(흡입)는 음수임을 알 수 있고, $\lambda_1=a+ib$와 $\lambda_2=a-ib(a<0$, 나선 흡입)를 허용한다.

따라서 결론은 세 번째 임계점 Y, Z는 안정적이라는 것이다.

안정성을 위한 마지막 시험 : 대각합과 행렬식

3.3절을 종합하여 정리해보자. 이 절은 임계점 Y, Z를 찾고, 미분방정식을 선형화하는 것에서 시작했다. 이제 우리는 선형화된 2×2 행렬 A에 대해 간단한 시험을 할 수 있다. 그 전에 고윳값을 계산할 필요는 없다. 왜냐하면 행렬을 통해 즉시 고윳값들의 합 $\lambda_1+\lambda_2$와 곱 $\lambda_1\lambda_2$를 알 수 있기 때문이다. 그 합과 곱(**$\boldsymbol{A}$의 대각합**[trace]**과 행렬식**[determinant])은 우리가 필요로 하는 모든 것이다.

1단계 $f(Y,Z)=0$과 $g(Y,Z)=0$을 풀어서 $y'=f(y,z)$와 $z'=g(y,z)$의 모든 임계점(정상상태)을 찾는다.

2단계 각각의 임계점에서 f와 g를 미분해서 행렬 A 찾는다.

$$\text{점 } Y, Z\text{에서 } A=\begin{bmatrix} a & b \\ c & d \end{bmatrix}=\begin{bmatrix} \partial f/\partial y & \partial f/\partial z \\ \partial g/\partial y & \partial g/\partial z \end{bmatrix}$$

3단계 **대각합 $\boldsymbol{T=a+d}$와 행렬식 $\boldsymbol{D=ad-bc}$**를 통해 안정성을 결정한다.

불안정	$T>0$ 또는 $D<0$ 또는 둘 다
중립	$T=0$이고 $D\ge0$
안정	$T<0$이고 $D>0$

만약 $T^2\ge4D>0$이면 안정적인 임계점은 **흡입**이다. 즉, 0보다 작은 실수 고윳값이다. 반면 $T^2<4D$

이면 안정적인 임계점은 **나선 흡입**이다. 즉, $\text{Re}\,\lambda < 0$을 갖는 복소수 고윳값이다. 6.4절에서 이러한 법칙에 대해 설명하고 안정적인 영역 $T < 0$, $D > 0$을 그릴 것이다.

해 곡선 $y(t)$, $z(t)$는 yz 평면의 경로이다. 각각의 임계점 Y, Z 근방에서 경로는 3.2절의 6가지 유형 중 하나와 가깝다. 실수 고윳값에 대해서는 **소스**, **흡입**, 혹은 **안장**이고, 복소수 고윳값에 대해서는 **나선 소스**, **나선 흡입**, 혹은 **중심**이다.

특별한 3×3 시스템 : 회전하는 상자

3×3 시스템이 더 복잡할 것이라는 것을 쉽게 예상할 수 있다. 이 경우 그림은 평면에 머무르지 않으며 x, y, z에 대한 f, g, h의 9개의 편미분이 있다. 이 성분으로 이루어진 행렬 A는 3×3 행렬이고, 이 행렬에 대한 세 개의 고윳값이 안정성을 결정한다(T와 D로는 충분하지 않다).

우리는 3차원에서 살고 있다. 대부분의 운동은 평면 곡선이 아니라 공간 곡선에서 이루어진다. 3차원 공간에 이러한 곡선들이 가득 차는 것을 상상할 수는 있지만 직접 그림을 그리는 것은 어렵다. 그럼에도 우리가 이해할 수 있는 (그리고 스스로 시험할 수 있는) 중요하고 특별한 운동이 있다. 회전하는 상자[tumbling box]를 포함한 여러 가지 예를 살펴보자.

밀폐된 상자를 공중에 던져라. 휴대폰을 던져라. 이 책을 던져라. 이들은 모두 다른 변 $s_1 < s_2 < s_3$으로 이루어져 있다. 중력은 던진 책과 상자를 다시 아래로 끌겠지만, 이는 흥미로운 부분이 아니다. 중요한 것은 던진 물체들이 공간에서 어떻게 회전하는가이다.

상자를 던지는 특별한 세 가지 방법이 있다. 상자는 가장 짧은 변 s_1를 축으로 회전할 수도 있고, 가장 긴 변 s_3을 축으로 회전할 수 있으며, 상자의 중간 변 s_2를 축으로 회전하도록 시도할 수도 있다. 이 세 가지 운동이 임계점이 될 것이다. 또한 여러분은 곧 이 실험이 위의 세 가지 회전 중 두 가지는 안정적이고 한 가지는 불안정하다는 것을 알아낼 것이다. 지금 당장 실험해보자.

(출처 : http://math.mit.edu/dela)

중력에 의한 상하 운동은 중요하지 않기 때문에 이는 고려하지 않을 것이다. 원점 $(0, 0, 0)$을 상자의 중심에 위치하자. 상자는 그 중심점 둘레를 회전한다. 모든 시점에서 3차원 회전은 **축**을 중심으로 발생한다. 이때 상자가 공중에서 흔들린다면 그 회전축은 시간에 따라 변할 것이다.

상자 외에 또 다른 중요한 예를 생각해보자. 미식축구공을 던져라. 만약 여러분이 미식축구공의 긴 축을 중심으로 회전하도록 던진다면 그것은 부드럽게 날아갈 것이다. 쿼터백들은 자연스럽게 이 방법으로 공을 던진다. 그러나 던질 때 여러분의 팔이 부딪힌다면, 공은 흔들린다. 미식축구공은 하나의 긴 축과 두 개의 동일한 짧은 축을 가지므로 $s_1 = s_2 < s_3$이다.

예를 한 가지만 더 살펴보자. 잘 던진 원반은 원반의 (매우) 짧은 축을 중심으로 회전한다. 원반의 긴 축의 길이는 원반의 지름과 같으므로, $s_1 < s_2 = s_3$이다. 잘못 던진 원반은 흔들린다. **흔들림은 운동 방정식에서 불안정한 임계점을 나타낸다.**

운동 방정식 : 가장 간단한 형태

직육면체 모양의 상자에 대해 오일러는 세 가지 방정식을 찾았다. 미지수 x, y, z는 1(짧은 길이), 2(중간 길이), 3(긴 길이)축 중심의 **각 운동량**angular momentum을 준다.

$\boldsymbol{f(x,y,z)}$	$dx/dt = yz$	임계점 X, Y, Z는 $f = g = h = 0$을 갖는다.
$\boldsymbol{g(x,y,z)}$	$dy/dt = -2xz$	구 위에는 6개의 임계점이 있다.
$\boldsymbol{h(x,y,z)}$	$dz/dt = xy$	$(X, Y, Z) = (\pm 1, 0, 0)\ (0, \pm 1, 0)\ (0, 0, \pm 1)$

세 개의 방정식에 각각 x, y, z를 곱하고 이를 모두 더하면 구sphere가 된다.

$$x\frac{dx}{dt} + y\frac{dy}{dt} + z\frac{dz}{dt} = xyz - 2xyz + xyz = 0 \qquad x^2 + y^2 + z^2 = \text{상수}$$

세 점 x, y, z는 구 위를 움직이며 이때 구 위에는 6개의 임계점(정적 회전) X, Y, Z가 존재한다. 여기서 질문은 '어떤 정상상태가 안정적인가?'이다. 책을 위로 던지는 실험을 해보라.

각 임계점에서의 선형화

$f = yz$, $g = -2xz$, $h = xy$에 대해 9개의 편미분을 취하면 3×3 야코비 행렬 J를 얻을 수 있다. 이때 첫 번째 행 $0\ z\ y$는 $f = yz$의 편미분을 포함한다. 각 임계점에서 X, Y, Z를 J에 대입하여 선형화된 방정식의 행렬 A를 보아라. 6개의 임계점 (X, Y, Z)는 $(\pm 1, 0, 0)$, $(0, \pm 1, 0)$, $(0, 0, \pm 1)$이다.

$$J = \begin{bmatrix} 0 & z & y \\ -2z & 0 & -2x \\ y & x & 0 \end{bmatrix} \qquad \pm A = \begin{bmatrix} 0 & 0 & 0 \\ 0 & 0 & -\mathbf{2} \\ 0 & \mathbf{1} & 0 \end{bmatrix}, \quad \begin{bmatrix} 0 & 0 & \mathbf{1} \\ 0 & 0 & 0 \\ \mathbf{1} & 0 & 0 \end{bmatrix}, \quad \begin{bmatrix} 0 & \mathbf{1} & 0 \\ -\mathbf{2} & 0 & 0 \\ 0 & 0 & 0 \end{bmatrix}$$

두 개의 1을 갖는 중간 행렬 A는 점 $(0, 1, 0)$ 주변에서 불안정하다. $(0, 1, 0)$ 근방의 점 $(c, 1, c)$에서 선형화된 방정식에서 시작하자.

$$\begin{bmatrix} x' \\ y' \\ z' \end{bmatrix} = \begin{bmatrix} 0 & 0 & 1 \\ 0 & 0 & 0 \\ 1 & 0 & 0 \end{bmatrix} \begin{bmatrix} x \\ y \\ z \end{bmatrix} \text{는} \quad \begin{matrix} x' = z \\ y' = 0 \\ z' = x \end{matrix} \text{이다.} \quad \text{그러면} \quad \begin{matrix} x = ce^t \\ y = 1 \\ z = ce^t \end{matrix} \quad \text{이다.} \tag{13}$$

e^t을 갖는 해는 임계점을 떠난다. 여러분은 고윳값 $\lambda = 1$을 보는 중이다. 다른 고윳값은 0과 -1로, **안장점**이다. 여러분이 그것의 중간 축을 중심으로 회전시키려고 시도하면, 더 빠르게 흔들리게 된다. 축이 불안정하기 때문에 상자를 완벽하게 돌리는 것은 현실적으로 불가능하다.

다른 두 개의 축은 중립적으로 안정적이다. 그들의 행렬 A들은 -2와 $+1$을 가지며 고윳값들은 $\sqrt{2}\,i$, $-\sqrt{2}\,i$, 0이다. 짧은 축 $(1,0,0)$ 둘레로 보면 A의 핵심적인 부분은 2×2 행렬이다. 이때 우리는 (e^t과 불안정성이 아니라) 사인 함수와 코사인 함수를 본다.

$$\begin{bmatrix} x' \\ y' \\ z' \end{bmatrix} = \begin{bmatrix} 0 & 0 & 0 \\ 0 & 0 & -2 \\ 0 & 1 & 0 \end{bmatrix} \begin{bmatrix} x \\ y \\ z \end{bmatrix} = \begin{bmatrix} \mathbf{0} \\ -\mathbf{2z} \\ \boldsymbol{y} \end{bmatrix} \qquad \text{그러면 } \begin{aligned} x &= 1 \\ y &= \sqrt{2}\,c\cos(\sqrt{2}\,t) \text{이다.} \\ z &= c\sin(\sqrt{2}\,t) \end{aligned}$$

회전축 (x, y, z)는 $(1, 0, 0)$ 둘레의 타원을 움직이며 이는 중심을 나타낸다. 타원형 원기둥 $y^2 + 2z^2 = C$를 보기 위해 비선형 방정식으로 돌아가자.

$x' = yz$, $y' = -2xz$, $z' = xy$에 각각 0, y, $2z$를 곱한 다음, 더해서 $yy' + 2zz' = 0$을 얻자. $y^2 + 2z^2$의 미분은 0이고, 모든 경로 $x(t)$, $y(t)$, $z(t)$는 구 위의 타원이다.

알라 툼리의 해의 그림

이 시점에서 우리는 $x' = yz$, $y' = -2xz$, $z' = xy$의 모든 해에 대해 많은 것을 알고 있다.

구 위에 있다.	$x^2 + y^2 + z^2 = C_1$	방정식에 x, y, z를 곱한다.
타원형 원기둥에 머무른다.	$2x^2 + y^2 = C_2$	$2x, y, 0$을 곱한 다음 더한다.
타원형 원기둥에 머무른다.	$y^2 + 2z^2 = C_3$	$0, y, 2z$를 곱한 다음 더한다.
쌍곡형 원기둥에 머무른다.	$x^2 - z^2 = C_4$	$x, 0, -z$를 곱한 다음 더한다.

알라 툼리[Alar Toomre] 교수는 MIT 학생들 사이에서 유명한, 회전하는 상자를 만들었다. 필자가 그의 18.03 강의를 들으러 갔던 해에 그는 (모든 세 가지 방법으로) 책을 여러 번 위로 던졌다. 책은 짧은 축, 중간 길이의 축, 긴 축을 중심으로 회전하거나 흔들렸으며 각각의 축에서 안정적, 불안정적, 안정적이었다. 사실 안정성은 중립적일 뿐이고, 흔들림은 커지거나 사라지지는 않는다.

아마 여러분은 두 개의 임계점 주변에 있는 타원들을 볼 수 있을 것이다(원기둥이 구면과 교차한다). 다양한 원기둥 중 $(1, 0, 0)$ 주위를 도는 원기둥을 살펴보자(중립적으로 안정적인 경우이다). 불안정한 점 $(0, 1, 0)$ 주위의 쌍곡선 $x^2 - z^2 = C_4$를 시각화하기에는 더 어렵다.

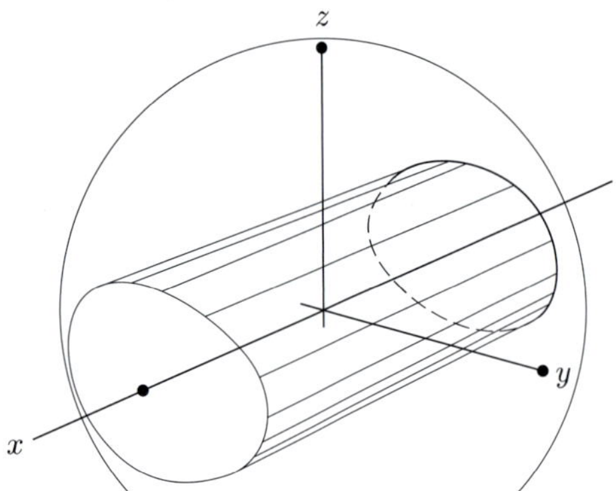

(출처 : http://math.mit.edu/dela)

이 그림은 단지 그것의 공식이 아니라 해를 보는 것이 중요하다는 것을 의미한다. 이 실험에 대한 여러 가지 그림은 책의 웹사이트 **http://math.mit.edu/dela**에 게재되어 있다.

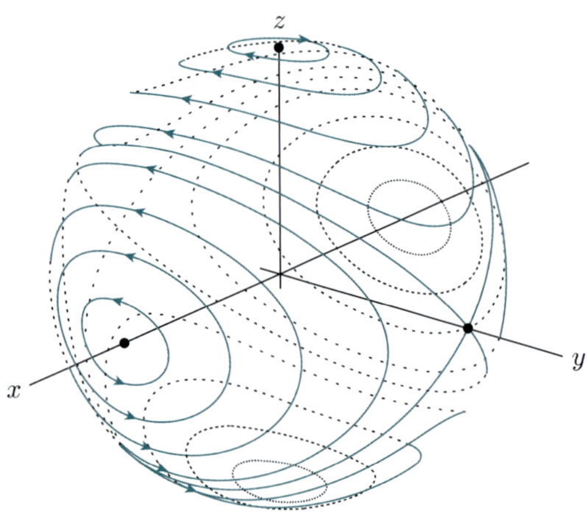

[그림 3-9] 오일러의 세 방정식에서 나온 $x(t)$, $y(t)$, $z(t)$의 해 경로에 대한 튤리의 그림

이 예를 두 개의 동일한 축을 가진 정사각형 상자에 적용하면서 마무리하고자 한다. 지구 자체는 북극과 남극 근처에서 더 평평하고, 그것의 짧은 축을 중심으로 대칭을 이룬다. (우리에게) 매우 다행히도 이 경우는 중립적으로 안정적이다. 지구의 흔들림은 사라지지 않지만, 더 나빠지지도 않는다. 회전축은 북극으로부터 약 5 m 떨어진 곳을 지난다.

평평해진 구면	$dx/dt = \quad 0$	**극에서의 임계점** $(\pm 1, 0, 0)$
정사각형 모양의 책	$dy/dt = -xz$	**임계 평면** $(0, y, z)$
두 개의 동일한 축	$dz/dt = \quad xy$	**(적도의 평면)**

$-xz$와 xy의 편미분은 $(X, Y, Z)=(1,0,0)$에서 빠르게 계산할 수 있다.

$$A=\begin{bmatrix}0 & 0 & 0\\ 0 & 0 & -1\\ 0 & 1 & 0\end{bmatrix}\text{은 고윳값 } \lambda=i,\ \lambda=-i,\ \lambda=0\text{을 갖는다.}$$

x, y, z의 경로는 북극 중심의 원이다(비선형 방정식일 때도 동일하다). 지구는 회전하면서 흔들리지만, x, y, z의 경로는 안정적으로 머무른다. 회전하는 상자와는 다르다.

전염병과 SIR모형

전염병은 많은 사람들을 전염시킬 수도 있고, 일찍 사라질 수도 있다. 각각 불안정과 안정을 의미하며, 이는 항상 중요한 질문이다. (독감 예방 주사가 없다고 가정하고) 폐쇄된 캠퍼스에서 독감이 유행한다고 가정해 보자. 그러면 인구는 다음과 같이 세 가지 집단으로 나누어진다.

$S=$ 민감군 Susceptible	(독감에 걸릴 수도 있음)
$I=$ 감염군 Infected	(독감에 걸린 상태)
$R=$ 회복군 Recovered	(독감에 걸린 이후)

$S(t)$, $I(t)$, $R(t)$에 대한 방정식은 감염 상수 β와 회복 상수 α를 포함할 것이다. 감염 비율은 βSI로, 민감한 비율 S와 감염된 (그리고 전염되는) 비율 I를 곱한 것에 비례한다. 회복 비율은 αI이다. 이처럼 간단한 모델은 다양한 방법으로 발전되었다. SIR은 이제 고도로 발달된 기술이다. 전염병학은 매우 중요하며, 다음 모델을 제시하고자 한다.

$$\begin{aligned} dS/dt &= -\beta SI = f(S, I)\\ dI/dt &= \beta SI - \alpha I = g(S, I)\\ dR/dt &= \alpha I \end{aligned}$$

우리는 전체 인구에 대한 비율을 다루므로 $S+I+R=1$이다. 방정식들을 더하면 $S+I+R$이 상수임을 확인할 수 있다(세 개 항의 미분을 더하면 0이 된다). S와 I를 공부하는 것으로 충분하다. 이때 출생과 사망은 무시한다(시스템은 닫혀 있다고 가정하며 전염병은 빠르게 확산된다).

중요한 임계점은 $S=1$, $I=0$이다. 사람들은 아직 건강하지만, 모든 사람이 민감한 상태이다. 독감이 발생하고 있는 상태에서 일부 사람이 독감에 걸린다면, 그 임계점은 안정적일까?

$$S=1,\ I=0\text{에서}\quad \begin{bmatrix}\partial f/\partial S & \partial f/\partial I\\ \partial g/\partial S & \partial g/\partial I\end{bmatrix}=\begin{bmatrix}-\beta I & -\beta S\\ \beta I & \beta S-\alpha\end{bmatrix}=\begin{bmatrix}0 & -\beta\\ 0 & \boldsymbol{\beta-\alpha}\end{bmatrix}$$

위 행렬의 고윳값은 0과 $\beta-\alpha$이다. 안정성을 확인하기 위해 $\beta<\alpha$인지 살펴봐야 한다.

'아픈 사람은 건강이 나빠지는 속도보다 더 빨리 회복해야 한다.' 다른 고윳값 $\lambda=0$은 철저하게 분석해야 하고, 모델 자체의 개선이 필요하다.

$\lambda = 0$과 같은 중립적 고윳값은 비선형 항에 의해 어느 쪽으로든 밀릴 수 있다. 비선형 안정성을 만족하기 위해서는 t를 제거한 뒤에 방정식을 풀면 된다.

$$\frac{dI}{dS} = \frac{dI/dt}{dS/dt} = \frac{(\beta S-1)I}{-\beta SI} = -1 + \frac{1}{\beta S}\text{은 } \boldsymbol{I = -S + \frac{\ln S}{\beta} + C}\text{를 준다.}$$

점은 곡선 $I + S - (\ln S)/\beta = I(0) + S(0) - (\ln S(0))/\beta$을 따라 움직인다.

전염병에 대해 중요한 사실은 α와 β를 추정하는 것이 매우 어렵다는 것이다. $R_0 = \beta/\alpha$는 병의 전파 속도를 조절한다. 즉, 전염병은 $R_0 < 1$이면 사라진다. β를 추정하는 것에 대해 한 가지를 언급하자면, 전염병이 끝났을 때 여러분은 $t = 0$일 때와 $t = \infty$일 때의 $I + S - (\ln S)/\beta$를 비교할 수 있다. 더 많은 것은 브라우어[Brauer]와 카스틸로 차베즈[Castillo Chavez]의 책에서 찾아볼 수 있다. 특히 『Mathematical Models in Population Biology and Epidemiology』에 있다.

질량 작용의 법칙

두 종류의 화학 물질이 반응할 때, 다음과 같이 **질량 작용의 법칙**[Law of mass action]이 비율을 결정한다.

$$\boldsymbol{S + E \to SE} \qquad \frac{dy}{dt} = kse \qquad \begin{array}{l} s = S\text{의 질량} \\ e = E\text{의 질량} \end{array}$$

이것은 마치 포식자-먹이 모델, 전염병과 같다(하나의 인구를 다른 것과 곱한다. 즉, $s \times e$). 그러면 y는 SE의 농도이다. E가 효소일 때, 역반응 $SE \to S + E$와 정반응 $SE \to P + E$ 또한 존재한다. 이때 화학자가 원하는 생산물은 P이다. 다음과 같이 세 비율 k_1, k_{-1}, k_2에 대한 세 개의 질량 작용 법칙이 있다.

$$\frac{dy}{dt} = k_1 se - k_{-1}y - k_2 y \qquad \frac{ds}{dt} = -k_1 se + k_{-1}y \qquad \frac{de}{dt} = -k_1 se + k_{-1}y + k_2 y = -\frac{dy}{dt}$$

생물은 효소에 의존한다. 효소의 농도는 $e(0) << s(0)$으로 매우 낮지만 반응 속도는 매우 빠르다. E가 없다면 피가 응고하는 데 수년이 걸릴 것이고, 스테이크를 소화시키는 데 수십 년이 걸릴 것이다. 효소는 촉매이다(마치 촉매 변환 장치에서 백금과 같다).

E가 작용하는 빠른 반응이 끝난 후, 느린 반응을 통해 효소가 다시 생성된다. 이 두 작용을 분리하면 다음과 같이 y에 대한 분리 방정식을 만들 수 있다.

$$\textbf{미하엘리스-멘텐}^{\text{Michaelis-Menten}}\textbf{ 방정식} \qquad \frac{dy}{dt} = -\frac{cy}{y+K} \tag{14}$$

이는 생물학에서 비선형 미분방정식의 한 가지 예일 뿐이다. 수학은 해의 중요한 특성을 밝혀낼 수 있다. 상세한 그림을 위해 우리는 정확한 수치 해법을 필요로 하며 이는 다음 절에 나온다.

연속 혼돈과 비연속 혼돈

이 절에서는 안정성에 대해 살펴보았으며, 이제 극심한 불안정성을 가진 **혼돈**chaos으로 마무리할 것이다. 이를 위해 우리는 세 개의 미분방정식(혹은 두 개의 미분방정식)이 필요하다. 혼돈 문제는 최근에 발견한 것이지만, 이제 우리는 혼돈이 어디에나 존재한다는 것을 알고 있다. 혼돈은 안정적인 방정식보다 더 흔하고, 보통의 불안정성보다는 더 흔하다. 이는 심오한 주제이지만, 간단한 실험을 통해 놀라운 성질을 확인할 수 있다. 이를 확인할 수 있는 유명한 세 가지 실험을 살펴보자.

1. 21쪽에 있는 **뉴턴법**Newton's method은 $f(x) = x^2 - c = 0$을 풀어서 제곱근을 구한다. x_1을 계산한 다음 x_2, 그 다음 x_3, $\cdots$을 계산한다. **그러면 x_n은 $\pm\sqrt{c}$에 접근한다.**

$$x_{n+1} = x_n - \frac{f(x_n)}{f'(x_n)} = x_n - \frac{x_n^2 - c}{2x_n} = \frac{1}{2}\left(x_n + \frac{c}{x_n}\right)$$

   그러나 만약 $c = -1$이면 이러한 실수 x들은 허수 제곱근 $x = \pm i$로 접근할 수 없다. x_n은 $x_{n+1} = \frac{1}{2}(x_n - x_n^{-1})$일 때 수렴하거나 발산하지 않고 불규칙하게 진동한다. $x_0 = \sqrt{3}$, $x_0 = 2$로부터 각각 100단계를 시험해보자.

2. **헤논 맵**Hénon map은 xy 평면의 **이상한 끌개**strange attractor [1]에 접근한다.

$$\textbf{늘리고 접기} \qquad x_{n+1} = 1 + y_n - 1.4x_n^2 \text{이고 } y_n = 0.3x_n$$

   -1과 1 사이의 많은 다른 x_0, y_0에서 시작하여 네 단계를 시험해보자.

3. **로렌츠 방정식**Lorenz equation은 내기의 내류와 날씨를 예측하는 과정에서 발생한다.

$$x' = a(y - x) \qquad y' = x(b - z) - y \qquad z' = xy - cz$$

   로렌츠는 스스로 $a = 10$, $b = 28$, $c = 8/3$을 선택했다. 그러면 시스템은 혼돈이 된다. 해는 초깃값의 변화에 극도로 민감하다.

1 끌개attractor는 동역학계의 시간 변화에 따라서 초기 상태에 상관 없이 최종 상태가 근접하게 되는 일련의 구역을 말한다. 이때 어느 일정한 위상 공간 안에 갇혀 있으면서도 그것이 그리는 궤적은 자신이 지났던 길을 다시는 지나지 않도록 하는 끌개를 이상한 끌개strange attractor라고 한다.

3.3 요약

1. $y' = f(y, z)$, $z' = g(y, z)$의 임계점은 $f(Y, Z) = g(Y, Z) = 0$을 만족한다. 정상상태는 $y(t) = Y$, $z(t) = Z$이다.
2. 정상상태 근방에서 $f(y, z) \approx (\partial f/\partial y)(y - Y) + (\partial f/\partial z)(z - Z)$이다. 유사하게 $g(y, z)$는 Y, Z에서 '선형화'된다. 이러한 f와 g의 미분은 2×2 행렬 A를 구성한다.
3. 선형화된 방정식 $(y - Y, z - Z)' = A(y - Y, z - Z)$가 안정적일 때, 방정식 $(y, z)' = (f, g)$는 Y, Z에서 안정적이다. 그러면 λ_1과 λ_2는 음의 실수부를 갖는다.
4. 임계점 Y, Z에서의 안정성은 $\dfrac{\partial f}{\partial y} + \dfrac{\partial g}{\partial z} < 0$과 $\dfrac{\partial f}{\partial y}\dfrac{\partial g}{\partial z} > \dfrac{\partial f}{\partial z}\dfrac{\partial g}{\partial y}$를 필요로 한다. 이것은 고윳값들이 $\lambda_1 + \lambda_2 = a + d < 0$과 $\lambda_1 \lambda_2 = ad - bc > 0$을 만족함을 의미한다.
5. 상자와 책은 중간 축 중심으로 불안정하게 회전한다. 미식축구공은 중립이다.
6. 균류 1이 균류 2를 증식시키는 경우 : $y' = kyz$일 때, 전염병학과 역학은 비선형적이다.

3.3 연습문제

01 $y' = 2y + 3z + 4y^2 + 5z^2$이고 $z' = 6z + 7yz$일 때 $Y = 0$, $Z = 0$이 임계점인지 어떻게 알 수 있는가? $(0, 0)$ 주변의 선형화를 위한 2×2 행렬 A는 무엇인가? 이 정상상태는 분명히 불안정한데, ______하기 때문이다.

02 [연습문제 01]에서 $2y$와 $6z$를 각각 $-2y$와 $-6z$로 바꿔라. 이제 $(0, 0)$ 주변을 선형화하기 위한 2×2 행렬 A는 무엇인가? 여러분은 이 정상상태가 안정적인지 어떻게 알 수 있는가?

03 시스템 $y' = f(y, z) = 1 - y^2 - z$, $z' = g(y, z) = -5z$는 $Y = 1$, $Z = 0$에서 임계점을 갖는다. 그 점에서 f, g의 편미분의 행렬 A를 찾아라. 안정적인가? 불안정한가?

04 미분을 하면 0이 되기는 하지만, 이 선형화는 잘못되었다. 무엇이 빠졌는가? $Y = 0$, $Z = 0$은 $y' = \cos(ay + bz)$, $z' = \cos(cy + dz)$의 임계점이 아니다.

$$\begin{bmatrix} y' \\ z' \end{bmatrix} = \begin{bmatrix} -a\sin 0 & -b\sin 0 \\ -c\sin 0 & -d\sin 0 \end{bmatrix}\begin{bmatrix} y \\ z \end{bmatrix} = \begin{bmatrix} 0 & 0 \\ 0 & 0 \end{bmatrix}\begin{bmatrix} y \\ z \end{bmatrix}$$

05 모든 임계점에서 선형화된 행렬 A를 찾아라. 그 점은 안정적인가?

(a) $y' = 1 - yz$, $z' = y - z^3$　　(b) $y' = -y^3 - z$, $z' = y + z^3$

06 여러분은 $(1, 1)$, $(1, -1)$, $(-1, 1)$, $(-1, -1)$에서 네 개의 임계점을 갖는 두 개의 방정식 $y' = f(y, z)$와 $z' = g(y, z)$를 만들 수 있는가?

NOTE_ 필자는 모든 네 개의 점이 안정적일 수 있다고 생각하지 않는다. 이것은 마치 최소인 점이 4개 있지만 최댓값은 없는 표면과 같다.

07 감쇠된 추의 이차 비선형 방정식은 $y'' + y' + \sin y = 0$이다. 감쇠 항 y'에 대해 z를 사용하면 방정식은 $z' + z + \sin y = 0$이 된다.

- $Y=0$, $Z=0$이 추의 맨 아래에서 안정적인 임계점임을 보여라.
- $Y=\pi$, $Z=0$이 추의 꼭대기에서 불안정한 임계점임을 보여라.

08 추 방정식 $y'=z$와 $z'=-\sin y-z$는 무한히 많은 임계점을 갖는다! [연습문제 07]에서 제시된 2개 임계점 외에 임계점을 2개 더 찾아라. 그 점들은 안정적인가?

09 리나르트[Liénard] 방정식 $y''+p(y)y'+q(y)=0$은 일차 시스템 $y'=z$와 $z'=$_____를 준다. 임계점을 위한 방정식은 무엇인가? 또한, 언제 안정적인가?

10 다음 행렬들은 안정적인가, 중립적으로 안정적인가, 아니면 불안정한가(소스인가 아니면 안장인가)?

$$\begin{bmatrix}2 & 1\\0 & -3\end{bmatrix}\quad\begin{bmatrix}0 & 9\\-1 & 0\end{bmatrix}\quad\begin{bmatrix}-1 & 2\\-1 & -1\end{bmatrix}\quad\begin{bmatrix}-1 & -2\\-1 & -1\end{bmatrix}\quad\begin{bmatrix}0 & 9\\-1 & -1\end{bmatrix}$$

11 더 작은 z를 먹는 먹이 y를 포식자 x가 먹는다고 하자.

$dx/dt=-x+xy$	모든 임계점 X, Y, Z를 찾아라.
$dy/dt=-xy+y+yz$	각각의 임계점에서 A를 찾아라.
$dz/dt=-yz+2z$	(9개의 편미분)

12 $y''+(y')^3+y=0$의 감쇠는 속도 $y'=z$에 의존한다. 그러면 $z'+z^3+y=0$은 시스템을 완전하게 하며 감쇠는 이 비선형 시스템을 안정적으로 만든다. 이때 선형화된 시스템은 안정적인가?

13 임계점 $(0,0)$과 $(2,1)$의 안정성을 결정하라.

(a) $\begin{aligned}y'&=-y+4z+yz\\z'&=-y-2z+2yz\end{aligned}$ (b) $\begin{aligned}y'&=-y^2+4z\\z'&=y-2x^4\end{aligned}$

14~17 다음은 회전하는 상자에 대한 오일러 방정식에 관한 문제이다.

14 올바른 계수들은 축 주위의 관성 모멘트 I_1, I_2, I_3을 포함하며 미지수 x, y, z는 세 개의 주축[principal axis] 주위에서 각각 운동량을 갖는다.

$$\begin{aligned}dx/dt&=ayz, & a&=(1/I_3-1/I_2)\\dy/dt&=bxz, & b&=(1/I_1-1/I_3)\\dz/dt&=cxy, & c&=(1/I_2-1/I_1)\end{aligned}$$

위의 방정식에 x, y, z를 곱한 다음 더하라. 이것은 $x^2+y^2+z^2$이 _____임을 증명한다.

15 세 개의 우변 f, g, h로부터 3×3 일차 미분 행렬을 찾아라. 동일한 6개의 임계점에서 6개의 선형화된 행렬 A는 무엇인가?

16 여러분은 거의 항상 책이 평평할 때 불안정하게 떨어지는 책을 잡는다. 이것은 우리에게 다음을 말해준다. 점 $x(t)$, $y(t)$, $z(t)$는 임계점 $(0,1,0)$ (주변에서) (멀리 떨어져서) 대부분의 시간을 보낸다. 이것은 그림에 이동 시간 t를 가져온다.

17 현실에서 여러분이 다음과 같이 하면 어떤 일이 일어나는가?

(a) 회전 없이 야구공을 던졌을 때(너클볼)

(b) 테니스공을 오버스핀[overspin]으로 칠 때

(c) 중심의 왼쪽 방향으로 골프공을 칠 때

(d) 역회전[underspin]을 주면서 농구공을 던질 때(자유투)

3.4 기본적인 오일러 방법

대부분의 미분방정식에 대해서 해는 수치적[numerical]이다. 우리는 모델 방정식을 풀어서 더 복잡한 문제에 무엇을 기대해야 하는지 이해한다. 그러면 우리가 필요로 하는 수(정확한 값에 가깝지만, 절대 완벽하지는 않은)는 유한한 시간 단계 Δt로부터 나온다.

이 절에서는 여러분에게 핵심 아이디어를 보여줄 것이다. 근사는 간단하고 확실하겠지만, 아주 정확한 것은

아니다. 다음 절에서는 보다 현대적인 코드를 다룬다. 룬게-쿠타법은 두 명의 창작자가 분명 생각하지도 못했을 개선된 방법으로 여전히 자주 이용된다. **$t+\Delta t$에서 예측하고, $t+\Delta t$에서 정정하며,** 다음 단계를 위한 **단계크기**stepsize **Δt를 조절**하는 순환은 이제 고도로 발전하였다.

국소적 정확도는 작은 단계크기에서 나오지만, 속도는 큰 단계크기로부터 나온다. 올바른 균형은 특정한 방정식과 사용자의 정확도에 대한 필요에 의존한다. 항상 안정성에 대한 요구 조건이 있는데, 이는 작은 오차를 피할 수 없기 때문이다. 그러나 수치적 오차가 계산에 포함되어도, 이 오차가 해 그 자체보다 빠르게 커져서는 안 된다.

오일러의 첫 번째 단계 $y_1 = y_0 + \Delta t f_0$

풀고자 하는 방정식은 $dy/dt = f(t, y)$이다. 이때 초깃값은 $y(0)$이고, 이는 우리의 시작점 y_0이다. **차분방정식**difference equation은 y_1로 나아간다. 그것이 우리의 $t_1 = \Delta t$(첫 번째 시간 단계의 끝과 다음 단계의 시작)에서의 정확한 해에 대한 근삿값이다. 단계크기가 Δt_1, Δt_2, $\cdots$로 나아감에 따라 정확한 해에 가까운 값 y_1, y_2, $\cdots$를 계산할 수 있다.

우리는 $t=0$에서 두 가지 사실을 알고 있다. y의 값은 y_0이고 그 점에서 기울기 dy/dt는 방정식의 f에 의해 주어진다. 이 기울기를 f_0이라고 하며, $y = y_0$이고 $t=0$일 때의 우변 $f(t, y)$이다. y_0 값과 기울기 f_0을 알면 우리는 곡선 $y(t)$의 접선 $y = y_0 + tf_0$을 알 수 있다. 따라서 그 접선을 따라 Δt의 단계크기를 취할 수 있다. 이때 계단크기가 너무 크면 안 되는데, 그렇지 않으면 정확한 곡선 $y(t)$로부터 너무 멀리 떨어져 돌아다니게 될 것이다.

접선을 따르는 단계크기 Δt $\qquad y_1 = y_0 + \Delta t f_0 \qquad (1)$

[그림 3-10]은 모델 방정식 $y' = 2y$에 대한 y_1을 보여준다. $y_0 = 1$에서 기울기는 $f_0 = 2$이다($f(y) = 2y$이기 때문이다). **우리는 $y_1 = 1 + 2\Delta t$일 때까지 접선을 따라간다.**

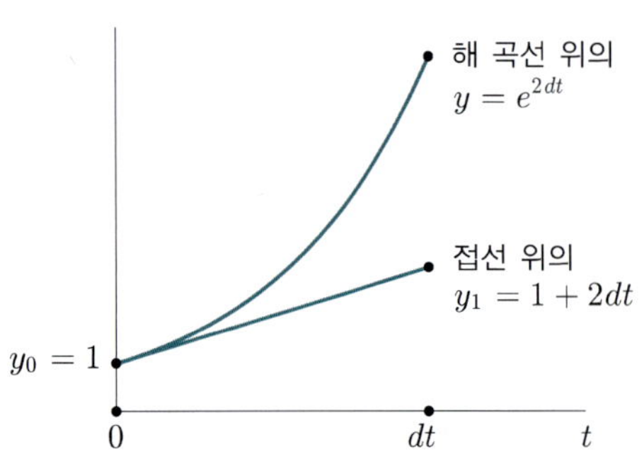

[그림 3-10] 접선 $y = y_0 + tf_0$은 y_0에서 시작한다. 오일러 방법에 의하면 $y_1 = y_0 + \Delta t f_0$에서 멈춘다.

오일러 방법 $y_{n+1}=y_n+\Delta t f_n$

우리는 그래프에서 접선의 일부를 따라가는 중이다. 이것은 (시간 단계 동안 상수로 유지되는) **전방 차분**forward difference $\Delta y/\Delta t$를 이용해 미분 dy/dt를 근사하는 것과 같다.

$$\frac{dy}{dt}=f(t,y)\text{는 } \frac{y_1-y_0}{\Delta t}=f_0\text{이 된다.} \tag{2}$$

두 번째 시간 단계에는 새로운 접선이 있다. 그 단계는 (우리가 방금 계산한) y_1에서 시작하며 해당 시점의 기울기는 $f_1=f(\Delta t, y_1)$이다. 우리는 매 시간 단계에서 시작 시점의 기울기 f_0, f_1, f_2, $\cdots$를 알아내기 위해 미분방정식 $y'=f(t,y)$를 이용하고 있다.

$$n\text{번째 시간 단계} \quad \frac{\Delta y}{\Delta t}=f(t_n, y_n)\text{은 오일러 방법 } \frac{y_{n+1}-y_n}{\Delta t}=f_n\text{이다.} \tag{3}$$

모델 방정식 $dy/dt=2y$는 정확한 해 $y(t)=e^{2t}$을 갖는다. 오일러 방법 $y_{n+1}=y_n+\Delta t f_n$은 모든 단계의 y_n에 $1+2\Delta t$를 곱한다.

$$y_{n+1}=y_n+\Delta t(2y_n)=(1+2\Delta t)y_n\text{은 } \boldsymbol{y_n=(1+2\Delta t)^n y_0}\text{으로 이어진다.} \tag{4}$$

우리는 1.3절의 복리에서 $\left(1+\dfrac{1}{n}\right)$과 $\left(1+\dfrac{a}{n}\right)$의 거듭제곱을 보았다. 잔액은 y_n이었고 이자율 a의 이자는 $a\Delta t\, y_n$이므로 새로운 잔고는 $y_{n+1}=(1+a\Delta t)y_n$이 되었다. 이것은 정확히 $dy/dt=ay$를 푸는 **오일러 방법**Euler's method이고, 우리의 예는 $a=2$를 갖는다.

$$\boldsymbol{e^{2t}} \textbf{ 근사하기} \qquad y_n=(1+2\Delta t)^n\approx(e^{2\Delta t})^n=e^{2n\Delta t} \tag{5}$$

오차 y_n-y는 n이 증가함에 따라 커진다. 그러나 각각의 단계에서 오차는 또한 $\Delta t\to 0$이 됨에 따라 줄어든다. 만약 우리가 $n\Delta t$를 어떤 값 T로 고정해 놓는다면, 우리는 시간 T에 도달하기 위해 n단계를 취할 것이다. n이 증가하고 Δt는 감소함에 따라, 단계크기는 작아지고 접선은 더 가까워진다. 그러면 오일러의 y_n은 정확한 $y(T)=e^{2T}$에 접근한다.

오일러의 오차

오차 E_n은 $y(n\Delta t)-y_n$이며 이는 정확한 해에 $n\Delta t$ 시점에서 계산된 해 y_n을 뺀 것이다. 이는 모든 시간 단계에서 작은 오차들을 모음으로써 구할 수 있다(접선은 $y(t)$의 실제 그래프에서 멀어진다).
먼저, n개의 독립된 시간 단계에서 그러한 작은 오차들을 추정하라. Δt 단계 이후에 접선은 곡선으로부터 얼마나 떨어져 있는가? 답은 미적분학을 이용해 구할 수 있다.

국소적 오차
테일러 급수 $$y(t+\Delta t)=y(t)+\Delta t y'(t)+\frac{1}{2}(\Delta t)^2 y''(t)+\cdots \tag{6}$$

이때 두 개의 항을 유지하고 세 번째 항을 제외하면 (오차) $\le \frac{1}{2}(\Delta t)^2|y''|_{\max}$이다.

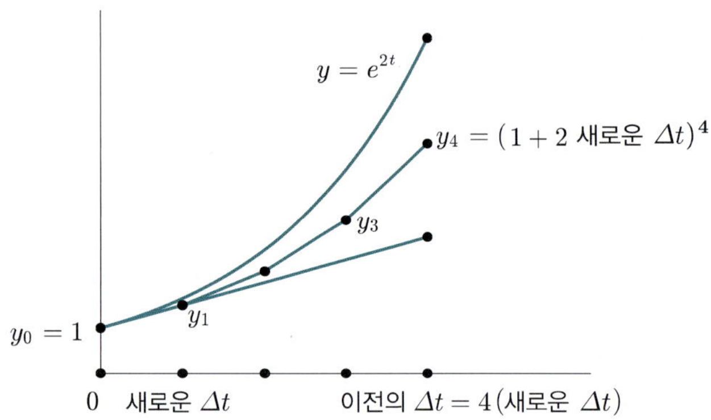

[그림 3-11] 오일러 방법은 크기 $\Delta t=T/n$의 n단계를 갖고, $n\to\infty$가 됨에 따라 $y(T)$로 수렴한다.

평균값 정리에 의해 $(\Delta t)^2$ 차수의 경계가 수립된다. 이것은 곡선으로부터 떨어져 움직이는 접선인 한 단계에서의 오차이다. 시간 $n\Delta t=T$에 도달하기 위해 n단계를 취해야 하며 만약 모든 과정이 잘 진행되면 한 단계의 오차 $C(\Delta t)^2$은 n단계에서 $CT\Delta t$로 커진다.

$$n\text{단계 이후 } T \text{ 시점에서의 오차는 } |y(T)-y_n|\le Cn(\Delta t)^2=CT\Delta t\text{이다.} \tag{7}$$

결론을 살펴보자. 오일러 방법은 **1차로 정확**first-order accurate하며 오차는 Δt에 비례한다. 만약 우리가 크기 $\Delta t/2$의 $2n$단계를 택하고, 그러한 일을 2배로 하면 (근사적으로) 오차는 반으로 줄어들 것이다. 이는 최소한의 정확도이다.

룬게-쿠타법은 $(\Delta t)^4$에 비례하는 오차를 갖는다. Δt를 $\Delta t/2$로 줄이면 오차는 약 $1/16$배로 감소한다. 이 방법을 통해 오일러가 일차 미분을 일치시켰던 테일러 급수에서 더 많은 항을 일치시킬 것이다. 우리는 예 $y'=2y$에서 $y(T)=e^{2T}$임을 안다.

1차 정확도first-order accuracy $$(1+2\Delta t)^n=\left(1+\frac{2T}{n}\right)^n\approx e^{2T}\text{이고 오차는 }\frac{C}{n}\text{이다.} \tag{8}$$

다음의 표는 테일러 급수에서 더 많은 항을 유지함으로써 빠르게 개선하는 방법과, 기존의 오일러 방법을 비교하여 오일러 방법이 n이 증가함에 따라 더 느리게 개선됨을 보여준다.

n	오일러 방법을 이용한 $\left(1+\frac{1}{n}\right)^n$	e에 대한 테일러 급수
1	2.0000000	2.0000000
2	2.2500000	2.5000000
3	2.3703704	2.6666667
4	2.4414062	2.7083333
5	2.4883200	2.7166667
6	2.5216264	2.7180556
7	2.5464997	2.7182540
8	2.5657845	2.7182788
9	2.5811748	2.7182815
10	2.5937425	2.7182818

안정성

크기 $(\Delta t)^2$인 n개의 국소적 오차를 크기 Δt인 하나의 전체적 오차로 변환할 때, 우리는 중요한 지점을 뛰어넘었다. 국소적 오차는 각 단계에서 발생하며 T에서 전체적 오차는 n개의 국소적 오차를 합성한 것이다. 우리는 이른 시점의 국소적 오차들이 최종 시점 T 이전에 크게 커지지 않을 것이라고 가정했다.

매일 적은 금액만큼 은행에 예금하는 것을 국소적 오차라고 해보자. 연말($T = 365\Delta t$)의 전체적 오차는 365개의 작은 오차들을 포함하며 이 적은 예금들은 1년 동안 커져야만 한다(이자도 얻는다). 방정식 (8)에는 상수 C가 있기 때문에 이렇게 증가할 수 있다.

방정식이 $dy/dt = -100y$이면 어떠한가? 이는 증가가 아니라, 감소를 보여준다. $y(0) = 1$에서 시작하는 해는 $y(T) = e^{-100T}$으로, 매우 작다. 그러나 방정식이 $f_n = -100y_n$이라면, 과연 오일러 방법은 근사해에서도 동일하게 빠른 감소를 보여줄까?

$$y_{n+1} = y_n + \Delta t f_n = (1 - 100\Delta t)y_n \qquad \boldsymbol{y_n = (1 - 100\Delta t)^n y_0} \tag{9}$$

만약 $100\Delta t$가 작으면 $1 - 100\Delta t$는 1보다 작고 이 숫자의 거듭제곱은 거듭제곱을 할수록 감소한다. 그러나 $\Delta t = 0.03$일 때 $\boldsymbol{100\Delta t = 3}$이다. 단계가 작아 보이지만, 그렇지 않다. $1 - 100\Delta t$는 -2가 될 것이고, 그러면 방정식 (9)를 통해 모든 단계에 -2가 곱해질 것이다. 이때 -2의 거듭제곱은 기하급수적으로 증가한다!

$$y_n = 1,\ -2,\ 4,\ -8,\ \cdots \qquad y_n = (1 - 100\Delta t)^n y_0 = (-2)^n y_0 \text{은 지수적으로 불안정하다.}$$

결론은 다음과 같다. $y' = -100y$에 대한 안정성은 $|1 - 100\Delta t| \le 1$을 만족해야 한다. **우리는 $\Delta t \le 2/100$를 필요로 한다.**

어느 정도는 이러한 ΔT에 대한 오차는 용인된다. 오일러 방법은 e^{-100t}에 대한 테일러 급수의 $\frac{1}{2}(100\Delta t)^2$ 항을 무시한다. 다만, 우리는 합리적인 정확도를 구하기 위해서 $100\Delta t < 1$이길 바랄 것이다. 안정성을 위해 $100\Delta t < 2$를 만족해야 한다는 조건은 그리 힘든 일은 아니다. 그러나 이후에 더 학습하면 더 좋은 방법을 찾을 수 있다.

강성 방정식

e^{-t}과 e^{-100t}을 해로 갖는 방정식을 살펴보자. 그러면 e^{-t}이 지배할 것인데, e^{-t}이 e^{-100t}보다 더 느리게 감소하기 때문이다. 이때 감소 비율은 각각 $s=-1$과 $s=-100$이다.

$$y''+101y'+100y=0 \text{이고 } s^2+101s+100=(s+1)(s+100) \text{이다.} \tag{10}$$

이것은 분명히 과감쇠되어 있다. 두 근 $s=-1$과 $s=-100$은 실수이기 때문이다. 이는 중요한 해이기 때문에 오일러 방법은 e^{-t}을 정확하게 따라가야 한다. **그러나 안정성은 여전히 $\Delta t \le 2/100$를 요구한다.** 이때 중요하지 않은 해 e^{-100t}은 방해가 된다. 이것은 1차 정확도의 평범한 요구를 넘어서서 Δt를 줄이고, 따라서 더 많은 단계를 추가한다. 방정식 (10)과 같은 문제를 강성 문제라고 한다. 일반적인 오일러 방법을 이용해 안정성을 구하려면 계산 비용이 너무 크게 든다.

우리는 이러한 이차 방정식 문제를 두 개의 일차 방정식 문제로 볼 수 있다. y'을 두 번째 미지수로 도입하자. 3.1절에서처럼 동반 행렬에 벡터 (y, y')을 곱해보자.

$$y''+101y'+100y=0 \text{은 } \frac{d}{dt}\begin{bmatrix} y \\ y' \end{bmatrix} = \begin{bmatrix} 0 & 1 \\ -100 & -101 \end{bmatrix}\begin{bmatrix} y \\ y' \end{bmatrix} \text{과 같다.} \tag{11}$$

행렬의 고윳값은 위의 방정식의 근과 같은 -1과 -100이다. 이런한 문제를 **강성 문제**라 한다. 즉, 빠른 감소와 함께 느린 감소가 있다.

이 행렬방정식에 대한 오일러 방법은 $y'=Ay$에 대한 오일러 방법과 같다.

$$\frac{\boldsymbol{y}_{n+1}-\boldsymbol{y}_n}{\Delta t} = A\boldsymbol{y}_n \text{ 또는 } \boldsymbol{y}_{n+1} = (\boldsymbol{I}+\boldsymbol{A}\boldsymbol{\Delta t})\boldsymbol{y}_n \tag{12}$$

모든 단계에서 $I+A\Delta t$가 곱해진다. 그 행렬은 $1-\Delta t$와 $1-100\Delta t$를 고윳값으로 갖는다. 이때 보통 $1-\Delta t$가 더 중요하고 더 크다. 그러나 만약 $100\Delta t$가 2보다 크면 두 번째 수 $1-100\Delta t$는 -1보다 작아진다. 이 둘의 거듭제곱은 극심한 불안정성을 보일 것이다.

강성 시스템^stiff system^을 위한 해결책은 **음함수적 방법**^implicit method^으로 전환하는 것이다.

후방 오일러 = 음함수적 오일러

음함수적 방법의 아이디어는 **후방 차분**backward difference을 이용하는 것이다. y_n과 t_n과 f_n으로부터 앞으로 가는 것 대신에, y_{n+1}과 t_{n+1}과 f_{n+1}로부터 뒤로 간다.

후방 오일러backward Euler $$\frac{\boldsymbol{y}_{n+1}^{B}-\boldsymbol{y}_n}{\Delta t}=\boldsymbol{f}_{n+1}=\boldsymbol{f}(t_{n+1},\ \boldsymbol{y}_{n+1}^{B}) \qquad (13)$$

$y'=-100y$인 예는 $1-100\Delta t$를 곱하는 대신 $1+100\Delta t$로 나눈다.

$$\frac{y_{n+1}^{B}-y_n}{\Delta t}=-100y_{n+1}^{B}\text{은 } (1+100\Delta t)\boldsymbol{y}_{n+1}^{B}=\boldsymbol{y}_n\text{이다.}$$

이와 같은 나눗셈은 모든 시간 단계에서 발생한다. n단계 이후에 이 방법은 매우 안정적으로 남아 있다.

음함수적 오일러implicit Euler $$y_n^B=\left(\frac{1}{1+100\Delta t}\right)^n y_0\text{은 올바르게 감소한다.}$$

이 선형 방정식에 대해 나눗셈은 곱셈보다 용이하다. 그러나 문제가 비선형적일 때에는 음함수적 방법에 대해 더 많은 값을 치러야 한다. **양함수적 오일러**explicit Euler 방법에서 $f_n=f(n\Delta t,\ y_n)$을 찾기 위해 알고 있는 y_n을 대입하는 것 대신에, 이제 비선형 방정식을 풀어서 미지수 y_{n+1}^{B}을 구해야 한다.

각 단계에서 $\boldsymbol{y}_{n+1}^{B}$에 대해 풀어야 한다. $$y_{n+1}^{B}-\Delta t f(t_{n+1},\ y_{n+1}^{B})=y_n \qquad (14)$$

하중 함수forcing function f가 복잡하다면, y_{n+1}^{B}에 대한 근사 해도 복잡할 것이다. **음함수적 방법은 비교적 안정적이지만 느리다**는 점에서 끊임없는 갈등을 유발할 것이다. $\boldsymbol{y}'=A\boldsymbol{y}$에 대해 역행렬을 구할 행렬은 $(I-\Delta t A)\boldsymbol{y}_{n+1}^{B}=\boldsymbol{y}_n$ 안에 있다.

차분방정식과 미분방정식

a^n과 e^{at}을 비교하면 각각 거듭제곱과 지수함수이다. 거듭제곱은 차분방정식 $Y_{n+1}=aY_n$으로부터, 지수함수는 미분방정식 $y'=ay$로부터 나온다. 안정성은 그러한 해들이 0으로 접근하는 것을 의미한다. (복소수를 포함한) 보통의 수에 대해 a에 대한 시험은 쉽다.

$$|a|<1\text{일 때, } a^n\to 0 \qquad \operatorname{Re} a<0\text{일 때, } e^{at}\to 0$$

우리가 행렬 A를 가질 때, 같은 시험이 고윳값에도 적용된다.

모든 $|\lambda|<1$일 때, $A^n \to 0$이다.　　모든 $\text{Re}\,\lambda_i<0$일 때, $e^{At}\to 0$이다.

3.4 요약

1. 오일러 방법은 $(y_{n+1}-y_n)/\Delta t = f_n$ 혹은 $\boldsymbol{y_{n+1}=y_n+\Delta t f(n\Delta t,\, y_n)}$이다.
2. y_{n+1}로의 단계는 곡선 $y(t)$가 아니라 y_n에서의 접선을 따른다. 오차$\approx(\Delta t)^2$
3. 시간 $T=n\Delta t$로의 n단계 이후에 오차는 Δt에 비례한다(1차 정확도).
4. 안정성은 y_n이 정확한 $y(t)$보다 더 빠르게 커지지 않는 것을 요구한다. 안정성은 종종 Δt에 대한 크기 제한이 필요하다.
5. **후방 오일러**는 $y_{n+1}^B - y_n = \Delta t f(y_{n+1}^B)$이다. y_{n+1}^B을 찾기는 어렵지만 더 안정적인 방법이다.

3.4 연습문제

01 오일러 방법 $y_{n+1}=y_n+\Delta t f_n$을 적용하여 $\Delta t=\frac{1}{2}$일 때, y_1과 y_2를 찾아라(모두 $y(0)=y_0=1$을 갖는다).

(a) $y'=y$　　(b) $y'=y^2$

(c) $y'=2ty$

02 [연습문제 01]의 방정식에서 단계크기를 $\Delta t=\frac{1}{4}$로 줄여서 y_1과 y_2를 찾아라. 이제 y_2 값은 어떤 시간 t에서 정확한 $y(t)$의 근삿값인가? 그러면 여기에서 y_2는 [연습문제 01]의 어떤 y_n과 일치하는가?

03 (a) $y_0=1$에서 시작하는 $dy/dt=y$에 대해 $\Delta t=1$일 때 오일러의 y_n은 무엇인가?

(b) (a)의 y_n은 시간 $t=n$에서 정확한 해 $y=e^t$보다 더 큰가? 작은가?

(c) $\Delta t=\frac{1}{2}$일 때 오일러의 y_{2n}은 무엇인가(이것은 정확한 $y(n)=e^n$과 더 가깝다)?

04 $y_0=1$에서 시작하는 $dy/dt=-y$에 대해 크기 Δt의 n단계 이후에 오일러 근사 y_n은 무엇인가? $\Delta t=1$일 때와 $\Delta t=2$일 때 모든 y_n을 각각 찾아라. 이 방정식에서 그러한 시간 단계들은 너무 크다.

05 $y(0)=1$에서 시작하는 $y'=y^2$의 정확한 해는 $y(t)=1/(1-t)$이며 이는 $t=1$에서 폭발한다. $\Delta t=\frac{1}{3}$로 오일러 방법의 3단계를 취하고, $\Delta t=\frac{1}{4}$로 4단계를 취하라. 이를 통해 해가 무한히 커질 것을 예측할 수 있는가?

06 $y(0)=1$인 $dt/dt=-2ty$의 정확한 해는 종 모양의 곡선 $y=e^{-t^2}$이며 이는 빠르게 0으로 감소한다. 오일러 방법의 $n+1$단계가 $y_{n+1}=(1-2n\Delta t^2)y_n$을 주는 것을 보여라. y_n이 0을 향해 감소하는가? y_n은 0 근처에서 머무는가?

07 방정식 $y' = -y$와 $z' = -10z$는 분리되어 있다. 만약 우리가 $\frac{2}{10}$와 2 사이의 같은 Δt를 가지고 두 개의 방정식에 오일러 방법을 이용하면 $y_n \to 0$이지만 $|z_n| \to \infty$임을 보여라(오일러 방법은 가장 빠르게 감소해야 하는 해 $z = e^{-10t}$에 대해 실패이다).

08 $y_0 = 1$에서 시작하는 $dy/dt = -y$에 대한 후방 오일러 방법에서 나오는 y_1과 y_2 값은 얼마인가? 심지어 Δt가 매우 크더라도 $y_1^B < 1$이고 $y_2^B < 1$임을 보여라. 이때 Δt의 크기에 제한이 없으므로 절대적 안정성을 갖는다.

09 로지스틱 방정식 $y' = y - y^2$은 $y(\infty) = 1$에 접근하는 1.7절의 S-곡선 해를 갖는다. 이것은 $y = 1$일 때 $y' = 0$이므로 정상상태이다.

단계크기 Δt를 이용하여 이 로지스틱 방정식의 오일러 근사 $y_{n+1} =$＿＿＿를 찾아라. 이것이 동일한 정상상태를 갖는 것을 보여라($y_n = 1$이면 $y_{n+1} = y_n$이다).

10 [연습문제 09]의 중요한 질문은 정상상태 $y_n = 1$의 안정성 여부이다. 오일러의 $y_{n+1} = y_n + \Delta t(y_n - y_n^2)$의 양변에서 1을 빼라.

$$y_{n+1} - 1 = y_n + \Delta t(y_n - y_n^2) - 1 = (y_n - 1)(1 - \Delta t y_n)$$

각각의 단계는 1에서 $(1 - \Delta t\, y_n)$까지의 거리를 곱한다. 정상상태 $y_\infty = 1$ 근방에서 $1 - \Delta t y_n$은 크기 $|1 - \Delta t|$를 갖는다. 안정성을 주기 위해 1보다 작은 Δt는 무엇인가?

11 후방 오일러 방법 $y_{n+1}^B = y_n + \Delta t f_{n+1}^B = y_n + \Delta t\left[y_{n+1}^B - (y_{n+1}^B)^2\right]$을 로지스틱 방정식 $y' = f(y) = y - y^2$에 적용하라. $y_0 = \frac{1}{2}$이고 $\Delta t = \frac{1}{4}$이면 y_1^B는 무엇인가?

여러분은 y_1^B를 구하기 위해 이차식을 풀어야 한다.

12 종 모양의 곡선 방정식 $y' = -2ty$에 대해, 후방 오일러 방법을 사용해 y_{n+1}^B를 찾을 때 y_n을 $1 + 2n(\Delta t)^2$으로 나누는 것을 보여라. $n \to \infty$가 됨에 따라, [연습문제 06]의 전방 오일러 방법과의 큰 차이점은 무엇인가?

13 방정식 $y' = \sqrt{|y|}$는 $y(0) = 0$에서 시작하는 해가 많다. 하나의 해는 $y(t) = 0$에 머무르고, 다른 해는 $y = t^2/4$이다(그러면 $y' = t/2$는 $\sqrt{y}$와 일치한다). 또 다른 해는 $y = 0$에서 $t = T$까지 머무르다가 포물선 $y = (t - T)^2/4$으로 전환될 수 있다. y가 $f(y) = y^{1/2}$이 무한대의 기울기를 갖는 점 $y = 0$을 벗어나자마자, 방정식은 오직 하나의 해만 갖게 된다.

후방 오일러 $y_1 - \Delta t\sqrt{|y_1|} = y_0 = 0$은 두 개의 올바른 값 $y_1^B = 0$과 $y_1^B = (\Delta t)^2$을 준다. y_2^B의 (가능한) 세 가지 값은 무엇인가?

14 **유한 차분법**finite difference을 알고 있는 사람이라면 누구나 다음과 같은 전방 오일러와 후방 오일러의 평균을 생각할 것이다.

중앙 오일러centered Euler**/ 사다리꼴**trapezoidal

$$y_{n+1}^C - y_n = \Delta t\left(\frac{1}{2}f_n + \frac{1}{2}f_{n+1}^C\right)$$

$y' = -y$에 대해 핵심 질문은 **정확성**과 **안정성**이다. $y(0) = 1$에서 시작하자.

$$y_1^C - y_0 = \Delta t\left(-\frac{1}{2}y_0 - \frac{1}{2}y_1^C\right)\text{를 풀면}$$

$$y_1^C = \frac{1 - \Delta t/2}{1 + \Delta t/2}\,y_0\text{이 된다.}$$

안정성 : 모든 Δt에 대해 $|1 - \Delta t/2| < |1 + \Delta t/2|$임을 보여라. Δt에 대한 안정선 제한은 없다.

정확성 : $y_0 = 1$에 대해 정확한 y_1을 y_1^C와 비교하라.

$$y_1 = e^{-\Delta t} = 1 - \Delta t + \frac{1}{2}\Delta t^2 - \cdots$$

$$y_1^C = (1 - \frac{1}{2}\Delta t)/(1 + \frac{1}{2}\Delta t)$$
$$= (1 - \frac{1}{2}\Delta t)(1 - \frac{1}{2}\Delta t + \frac{1}{4}\Delta t^2 - \cdots)$$

Δt의 추가적인 거듭제곱도 정확하다(2차 정확도). 따라서 이는 좋은 방법이다.

3.5 룬게-쿠타법을 이용한 더 높은 정확도

기본적인 오일러 방법에 대한 절에서는 두 가지 메시지를 포함하고 있었다. 첫째로, 오일러 방법은 이해하기 쉽다(접선을 따라간다). 둘째로, 오일러 방법은 좋은 정확도 또는 적합한 정확도를 주기에는 너무 간단하다. 이 절에서는 이를 개선한 다른 방법들을 소개한다. 4차 룬게-쿠타법은 $y' = f(t, y)$를 풀기 위해 사용하는 MATLAB 코드 중 많이 사용하는 **ode 45**의 기초이다.

이 방정식이 선형이든 거의 비선형에 가깝든, 일차 미분 y'만 포함하고 더 높은 미분은 포함하지 않는다는 것에 주목하자. 원래 방정식이 $y'' = F(t, y, y')$인 경우, 원래의 방정식이 $y_2{}' = F(t, y, y_2)$가 되도록 $y' = y_2$를 도입하자. 미지수 $y_1 = y$와 $y_2 = y'$은 벡터 y에, 우변 y_2와 F는 벡터 f에 들어간다.

n개의 미지수 $\boldsymbol{y}$들을 위한	$y_1{}' = y_2$	$y_1{}' = f_1(t, y_1, \cdots, y_n)$
n개의 방정식	$y_2{}' = F(t, y_1, y_2)$	$y_n{}' = f_n(t, y_1, \cdots, y_n)$

가운데에 $y'' = F$에서 나온 두 개의 방정식 시스템이 있다. 오른쪽에는 n개의 미지수 벡터 $\boldsymbol{y}$에 대한 n개의 방정식 시스템이 있다. n개의 방정식 $\boldsymbol{y}' = \boldsymbol{f}(t, \boldsymbol{y})$는 n개의 초기조건 $y_1(0)$, $\cdots$, $y_n(0)$에서 시작하고, $\boldsymbol{f}$는 n개의 우변의 벡터이다.

이로써 $y' = f(t, y)$와 $\boldsymbol{y}' = f(t, \boldsymbol{y})$를 보다 정교하게 근사하기 위한 준비가 다 되었다.

개선된 오일러 방법 = 단순화된 룬게-쿠타법

오일러의 일차 방법은 $y^E_{n+1} = y_n + \Delta t f_n$이다. 이제 오차의 크기 $(\Delta t)^2$을 의미하는, 2차 정확도로의 개선에 대하여 설명하고자 한다. 이것은 룬게-쿠타법의 원리를 이용한다. **오일러의 $\boldsymbol{y^E_{n+1}}$를 한 번 더 $\boldsymbol{f}$에 대입하면 더 좋은 $\boldsymbol{y^S_{n+1}}$를 얻을 수 있다.**

개선된 오일러
단순화된 R-K

$$\frac{y^S_{n+1} - y_n}{\Delta t} = \frac{1}{2} f(t_n, y_n) + \frac{1}{2} f(t_{n+1}, y^E_{n+1}) \tag{1}$$

이번에는 $y' = ay$에 대한 개선을 살펴보자. 이 경우 $f(t, y)$는 ay인데, 이때 y^E를 다음 값 y_{n+1}에 대한 **예측**prediction으로, y^S를 **정정**correction으로 볼 수 있다.

$$\boldsymbol{y^E = y_n + a\Delta t y_n}\text{은 } \boldsymbol{y^S} = y_n + \frac{1}{2} a\Delta t y_n + \frac{1}{2} a\Delta t(\boldsymbol{y_n + a\Delta t y_n})\text{에 들어간다.} \tag{2}$$

마지막 항을 곱하면, 올바른 $(\Delta t)^2$ 항이 y^S_{n+1}에 포함되어 있는 것을 확인할 수 있다.

$$\textbf{선형인 경우 } \boldsymbol{y' = ay} \qquad y^S_{n+1} = y_n + a\Delta t\, y_n + \frac{1}{2}a^2(\Delta t)^2 y_n \tag{3}$$

우리는 y_n에서 시작하는 접포물선을 따라가고 있다. 포물선은 접선보다 정확한 $y(t)$ 곡선에 더 가깝게 머무른다. 이 개선은 각각의 단계에서 $(\Delta t)^3$ 오차를 의미한다. 이 오차는 안정성을 갖고, $n = T/\Delta t$ 단계 이후에 전체 오차는 $(\Delta t)^2$이 된다.

정확한 $y(t+\Delta t)$는 $e^{a\Delta t}y(t)$이다. 방정식 (3)은 $e^{a\Delta t}$에 대해 세 개의 정정 항을 갖는다. 오일러는 단지 시간 단계의 시작 시점에서 기울기 $y' = f(t, y)$만 이용했지만, 방정식 (1)의 개선 y^S는 단계의 시작 시점과 끝 시점에서 기울기에 대한 평균을 낸다.

단순화된 아담스 방법

2차 정확도를 얻을 수 있는 또 다른 방법이 있다. **이전 시점 $t - \Delta t$에서의 값 y_{n-1}을 저장하고 다시 이용한다.** 올바른 계수 $3/2$, $-1/2$를 통해, 추가적인 작업을 하지 않고 우리는 오일러가 놓친 $\frac{1}{2}(\Delta t)^2 y''$ 항을 다시 찾을 수 있다.

$$\text{아담스-베시포스 다단계 방법} \qquad y^A_{n+1} = y_n + \frac{3}{2}\Delta t\, f(t_n, y_n) - \frac{1}{2}\Delta t\, f(t_{n-1}, y_{n-1}) \tag{4}$$

우리는 계산된 값 f_n을 한 단계 더 저장해야 한다. 그 값은 식 (4)에서 f_{n-1} 항이 되며 식 (4)의 우변은 올바른 y'과 y''항을 준다.

$$y_n + \frac{3}{2}\Delta t\, y_n' - \frac{1}{2}\Delta t\, y_{n-1}' \approx y_n + \frac{3}{2}\Delta t\, y_n' - \frac{1}{2}\Delta t(y_n' - \Delta t\, y_n'') = \boldsymbol{y_n + \Delta t\, y_n' + \frac{1}{2}(\Delta t)^2 y_n''}$$

y_{n-2}, y_{n-3}, ⋯ 각각의 추가적인 단계는 정확도를 1만큼 증가시킬 수 있다. 이러한 다단계 방법은 룬게-쿠타법과 비교되며 결국에는 **아담스-베시포스 다단계 방법**Adams-Bashforth multistep method이 더 효율적이라는 것을 확인할 수 있다. 그러나 4차에서는 여전히 룬게-쿠타법을 많이 이용한다. 아담스 방법에서는 첫 번째 단계를 시작하기 전에 y_{-1}을 계산하는 추가적인 노력이 필요한 반면, 룬게-쿠타법은 이러한 작업을 하지 않고 바로 시작할 수 있다.

룬게-쿠타법은 한 단계에서 다음 단계로의 Δt를 쉽게 변하게 한다. 한편, 룬게-쿠타법의 $f(t, y)$에 대한 네 번의 계산은 복잡할 수 있다. 강성 시스템은 후방 차분을 필요로 하기 때문이다.

4차 룬게-쿠타법

(가장 유명한) 룬게-쿠타법은 우변에서 네 번 계산하는 형태이다. t_n에서 해 y_n^{RK}를 갖고 시작하며 $t_{n+1} = t_n + \Delta t$에 도달할 때 근사 해 y_{n+1}^{RK}를 갖는다. 룬게-쿠타법은 $t_{n+1/2} = t_n + \frac{1}{2}\Delta t$에서 정확도를 높이는 $\boldsymbol{k}_2$와 $\boldsymbol{k}_3$단계를 위해 중간에 두 번 멈춘다.

t_n에서 t_{n+1}까지의	$\boldsymbol{k}_1 = f(t_n, y_n)/2$
각각의 단계에서	$\boldsymbol{k}_2 = f(t_{n+1/2},\, y_n + \Delta t\,\boldsymbol{k}_1)/2$
$\boldsymbol{k}_1, \boldsymbol{k}_2, \boldsymbol{k}_3, \boldsymbol{k}_4$를	$\boldsymbol{k}_3 = f(t_{n+1/2},\, y_n + \Delta t\,\boldsymbol{k}_2)/2$
계산한다.	$\boldsymbol{k}_4 = f(t_{n+1},\, y_n + 2\Delta t\,\boldsymbol{k}_3)/2$

네 개의 k에 대한 결합은 y_{n+1}^{RK}에 대한 4차 정확도를 준다.

룬게-쿠타 단계 $$\frac{\boldsymbol{y}_{n+1}^{RK} - \boldsymbol{y}_n}{\boldsymbol{\Delta t}} = \frac{1}{3}(\boldsymbol{k}_1 + 2\boldsymbol{k}_2 + 2\boldsymbol{k}_3 + \boldsymbol{k}_4) \tag{5}$$

식 (5)는 이 책에서 가장 중요한 공식 중 하나다. 매우 정확한 방법 중에서 룬게-쿠타법은 코드를 짜고 돌리기에 유난히 쉽다(아마도 가장 쉬울 것이다). 각 단계 전에, 우리는 Δt를 결정한다. 모델 문제 $y' = y$에 대해 룬게-쿠타 조합은 $e^{\Delta t}$의 급수에 대한 다섯 개의 정정 항을 만든다. 여러분은 $k_1 = f_n/2 = y/2$에서 시작한 f에 대한 계산 내의 f에 대한 계산을 다음 식에서 확인할 수 있다.

$$k_2 = \frac{1}{2}\left(y + \frac{\Delta t}{2}y\right) \qquad k_3 = \frac{1}{2}\left(y + \frac{\Delta t}{2}\left(y + \frac{\Delta t}{2}y\right)\right) \qquad k_4 = \frac{1}{2}\left(y + \Delta t\left(y + \frac{\Delta t}{2}\left(y + \frac{\Delta t}{2}y\right)\right)\right)$$

[연습문제 01]에서는 $k_1 + 2k_2 + 2k_3 + k_4$를 간단하게 할 것이다. 단계의 끝 지점에서 새로운 y_{n+1}은 $\boldsymbol{y}_{n+1} = \left(1 + \Delta t + \cdots + \frac{1}{4!}(\Delta t)^4\right)\boldsymbol{y}_n$이다. 모든 항은 $e^{\Delta t}$에 대해 올바르며 4차 정확도를 갖는다.

룬게-쿠타법의 안정성

안정성의 한계를 결정하기 위해 $y' = -y$에 룬게-쿠타법을 적용하자. 정확한 해 $y = e^{-t}y(0)$은 감소할 것이다. 그러나 만약 Δt가 너무 크면 근삿값 y_n의 크기는 증가할 것이다. 가능한 불안정성의 첫 번째 예는 오일러 방법이다.

$\Delta t > 2$에 대한 오일러 불안정성 $y_{n+1}^E = (1 - \Delta t)y_n$은 $|1 - \Delta t| > 1$을 갖는다.

우리가 같은 시험을 룬게-쿠타법에 적용하면, $\boldsymbol{\Delta t > 2.78}$일 때 불안정성이 시작된다.

$$\Delta t \geq 3\text{에 대한 R–K 불안정성} \qquad 1-3+\frac{1}{2}9-\frac{1}{6}27+\frac{1}{24}81=\frac{\mathbf{11}}{\mathbf{8}}>1$$

완전한 무한급수를 계산한 결과, 작은 수 e^{-3}이 준다. 그러나 이러한 다섯 개의 항을 계산하면 1보다 큰, 곱하는 수 $11/8$을 얻는다. 만약 우리가 지나치게 큰 n단계를 취한다면, 룬게–쿠타 근사 $y_n = (11/8)^n$은 거대해지고, 완전히 잘못된 결과가 나타날 것이다. $y' = ay$에 대한 보다 정확한 안정성 한계는 $a\Delta t < 2.78$이다.

예제 1 $\boldsymbol{dy/dt = y}$에 세 가지 방법을 모두 적용하라. 정확한 해 $\boldsymbol{y = e^t}$은 $t=1$일 때 $y = e = 2.71828\cdots$에 도달한다. $\Delta t = 0.2$와 0.1에 대해 시험해보자.

$\Delta t = 0.2$	y^E	y^S	y^{RK}	$\Delta t = 0.1$	y^E	y^S	y^{RK}
$t=0$	1	1	1	$t=0$	1	1	1
				0.1	1.10	1.1050	1.1051708
$t=0.2$	1.20	1.220	1.221400	0.2	1.21	1.2210	1.2214026
				0.3	1.33	1.3492	1.3498585
$t=0.4$	1.44	1.488	1.491818	0.4	1.46	1.4909	1.4918242
				0.5	1.61	1.6474	1.6487206
$t=0.6$	1.73	1.816	1.822106	0.6	1.77	1.8204	1.8221180
				0.7	1.95	2.0116	2.0137516
$t=0.8$	2.07	2.215	2.225521	0.8	2.14	2.2228	2.2255396
				0.9	2.36	2.4562	2.4596014
$t=1$	2.49	2.703	2.718251	1.0	2.59	2.7141	2.7182797

Δt가 반으로 줄어들 때, y^S의 오차는 $1/4$로 줄어든다($t=1$일 때 0.015에서 0.004가 된다). 이론을 살펴볼 때 예상했던 것처럼 이는 단순화된 룬게–쿠타법에 대한 2차 정확도를 보여준다. 하지만 계산량은 2배로 늘어난다.

---

ode45와 ODEPACK 그 외 더 많은 프로그램

룬게–쿠타법은 정확하고 코드화하기 쉽다. 심지어 마지막 값 y_{n+1}은 더 좋아질 수도 있다. 이때 우리는 또한 f에 대해 (4번이 아니라) 6번의 계산을 하여 5차 정확도를 갖는 Y^5_{n+1}를 계산할 수 있다. y^{RK}_{n+1}와 비교하여 우리는 더 큰 Δt가 가능한지, 혹은 더 작은 Δt가 필요한지를 제시하는, 오차에 대한 추정을 얻는다. 이것이 MATLAB의 **ode45** 코드에 대한 핵심이다. 강성 시스템에 대한 좋은 해결사는 **ode15s**이다. ODEPACK과 SUNDIALS는 리버모어 연구실[Livermore Laboratory]의 Fortran 77 코드의 집합이다. 여기서는 아담스 방법(강성 시스템에 대한 후방 차분)을 강조한다.

Mathematica는 해 공식을 위한 DSolve와 수치적인 해를 위한 NDSolve를 갖는다. 울프람 알파[Wolfram Alpha]는 매우 다양한 범위의 문제들을 풀 수 있다는 것만으로도 중요하다. SciPy와 SymPy와 Scilab 같은 고급 프로그램도 무료로 제공되고 있다. 인터넷을 참고하라.

3.5 요약

1. $y'' + y' + y = F(t, y, y')$과 같은 고차 방정식은 $\boldsymbol{y}' = \boldsymbol{f}(t, \boldsymbol{y})$로 줄어든다. 대부분의 유한 차분법은 $y = (y, y')$을 이용한 일차 시스템을 선호한다.
2. $y_{n+1}^E = y_n + \Delta t f_n$은 또한 $f(t_{n+1}, y_{n+1}^E)$를 이용하여 2차 정확도로 개선된다.
3. 4차 룬게-쿠타법은 각 단계에서 4번씩 $f(t, y)$ 안으로의 대입을 이용한다.
4. Δt가 2로 나눠질 때, 룬게-쿠타 오차는 거의 $2^4 = 16$만큼 나눠진다.
5. $y' = ay$에 대한 안정성은 $a\Delta t^E > -2$, $a\Delta t^S > -2$, $a\Delta t^{RK} > -2.78$을 만족해야 한다. 그렇지 않으면 $a < 0$일 때 근삿값 Y_n이 커지기 시작하는 문제가 발생한다.

3.5 연습문제

01 $y(0) = 1$인 $y' = y$에 대해 단순화된 룬게-쿠타법과 완전한 룬게-쿠타법이 $y(\Delta t) = e^{\Delta t}$의 근삿값으로 다음과 같은 y_1을 얻음을 보여라.

$$y_1^S = 1 + \Delta t + \frac{1}{2}(\Delta t)^2$$
$$y_1^{RK} = 1 + \Delta t + \frac{1}{2}(\Delta t)^2 + \frac{1}{6}(\Delta t)^3 + \frac{1}{24}(\Delta t)^4$$

02 $\Delta t = 0.1$일 때, y_1^S와 y_1^{RK}를 계산한 다음 정확한 $y = e^{\Delta t}$에서 빼라. 오차는 반드시 각각 $(\Delta t)^3/6$과 $(\Delta t)^5/120$에 가까워야 한다.

03 y_1^S와 y_1^{RK}는 $(\Delta t)^3$과 $(\Delta t)^5$ 차수의 오차를 갖는다. 모든 시간 단계에서 이러한 크기의 오차는 크기 $\Delta t = T/n$의 N단계로부터, 시간 T에서 크기 _____와 _____만큼의 전체 오차가 생긴다.

이때 전체 오차는 오차가 커지지 않는다는 전제 하에 올바르다(안정성).

04 $y(0) = 0$인 $dy/dt = f(t)$는 f가 y를 포함하지 않을 때 적분을 이용해서 풀 수 있다. 시간 $t = 0$에서 Δt까지 단순화된 룬게-쿠타법은 $f(t)$의 적분을 근사한다.

$y_1^S = \Delta t\left(\frac{1}{2}f(0) + \frac{1}{2}f(\Delta t)\right)$는 $y(\Delta t) = \int_0^{\Delta t} f(t)\,dt$에 가깝다.

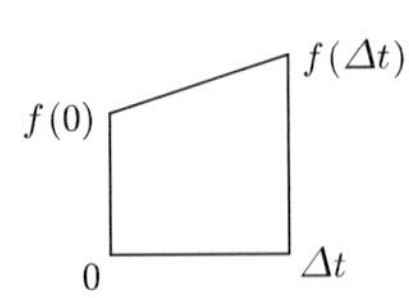

$f(t)$의 그래프가 보이는 것처럼 직선이라고 하면, 그래프의 영역은 사다리꼴이다. 이 사다리꼴 영역이 정확히 y_1^S임을 확인하라. 2차는 선형 함수 f에 대해 정확함을 의미한다.

05 다시 f가 y를 포함하지 않는다고 가정하고, $dy/dt = f(t)$이고 $y(0)=0$이라고 하자. 그러면 $t=0$에서 Δt까지의 완전한 룬게-쿠타법은 $f(t)$의 적분을 y_1^{RK}로 근사한다.

$$y_1^{RK} = \Delta t(c_1 f(0) + c_2 f(\Delta t/2) + c_3 f(\Delta t))$$

c_1, c_2, c_3을 찾아라.

$\int_0^{\Delta t} f(t)dt$에 대한 이러한 근사는 **심슨 방법**Simpson's rule이라고 하고, 이는 4차 정확도를 갖는다.

06 다음 이차 방정식을 벡터 $\boldsymbol{y}=(y, y')$에 대한 일차 시스템 $\boldsymbol{y}' = \boldsymbol{f}(t, \boldsymbol{y})$로 줄여라. y_1^E와 y_1^S의 두 성분을 각각 써라.

(a) $y'' + yy' + y^4 = 1$

(b) $my'' + by' + ky = \cos t$

07 [연습문제 06]의 $my'' + by' + ky = \cos t$가 벡터 방정식 $\boldsymbol{y}' = A\boldsymbol{y} + \boldsymbol{f}$로 줄어들었을 때, 초기 벡터 $\boldsymbol{y}_0$으로부터 y_1^E와 y_1^S를 찾아라.

08 $y' = -y$와 $y_0 = 1$에 대해 정확한 해 $y = e^{-t}$은 시간 Δt에서 2개, 혹은 3개, 혹은 5개의 항으로 근사된다.

$$y_1^E = 1 - \Delta t$$

$$y_1^S = 1 - \Delta t + \frac{1}{2}(\Delta t)^2$$

$$y_1^{RK} = 1 - \Delta t + \frac{1}{2}(\Delta t)^2 - \frac{1}{6}(\Delta t)^3 + \frac{1}{24}(\Delta t)^4$$

(a) $\Delta t = 1$일 때, 정확한 e^{-1}에 이러한 세 가지 수를 비교하라. 오차 E는 무엇인가?

(b) $\Delta t = 1/2$일 때, 정확한 $e^{-1/2}$에 이러한 세 가지 수를 비교하라. 오차가 $E/16$ 근처인가?

09 $y' = ay$에 대해 단순화된 룬게-쿠타법은 $y_{n+1}^S = \left(1 + a\Delta t + \frac{1}{2}(a\Delta t)^2\right)y_n$을 준다. $a\Delta t = -2$일 때, y_n에 대한 이러한 곱하는 수는 $1-2+2=1$에 도달한다(안정성 한계이다).

(컴퓨터 실험) $N = 1, 2, \cdots, 10$에 대해 e^{-L}의 급수에서 $N+1$ 항 이후를 잘라낼 때, 안정성 한계 $L = L_N$을 발견하라. 우리는 $N=1$, $N=2$에 대해 $L=2$임을 안다. 룬게-쿠타법은 $N=4$에 대해 $L=2.78$을 갖는다.

$$\left|1 - L + \frac{1}{2}L^2 - \frac{1}{6}L^3 + \cdots \pm \frac{1}{N!}L^N\right| = 1$$

3장 메모

$y' = f(t, y)$가 해를 갖는다는 증명해보자. **함수 y_0, y_1, y_2, $\cdots$는 $y(t)$에 접근한다.**

3.1절에서 한 가지 사실을 언급했다. f가 좋은 함수, 즉 f와 df/dy가 모든 점에서 연속일 때, $dy/dt = f(t, y)$는 $y(0)$에서 시작하는 하나의 해를 갖는다. y에 대한 공식을 모르는 상태인데, 우리는 해가 존재하는 것을 어떻게 알 수 있는가?

하나의 좋은 답은 $y_0 = y(0)$으로부터 y_1을, 그 다음 y_1로부터 y_2를, 그 다음 y_2로부터 y_3을, $\cdots$ 계산하는 것이다.

$$\textbf{방정식} \quad \frac{dy_{n+1}}{dt} = f(t, y_n(t)) \qquad \textbf{해} \quad y_{n+1} = y_0 + \int_0^t f(s, y_n(s))\, ds \tag{6}$$

$y' = y$와 $y(0) = 1$로 연습해보자. 이 미분방정식의 해는 e^t이다. y_3으로 세 단계를 취해보자.

$$\begin{array}{llll} y_0{}' = 0 & y_1{}' = y_0 & y_2{}' = y_1 & y_3{}' = y_2 \\ y(0) = 1 & y_1 = 1 + t & y_2 = 1 + t + \dfrac{t^2}{2} & y_3 = 1 + t + \dfrac{t^2}{2} + \dfrac{t^3}{6} \end{array}$$

e^t에 대한 동일한 계산이 1.3절에 있었다. 이제 더 나아가서 비선형 방정식 $y' = f(t, y)$를 풀어보자. 핵심 아이디어는 $y_{n+1} - y_n$과 이전의 $y_n - y_{n-1}$을 비교하는 것이다. y_n에 대한 방정식 (6)을 y_{n+1}에 대한 방정식 (6)에서 빼면 다음과 같다.

$$y_{n+1}(t) - y_n(t) = \int_0^t [f(s, y_n(s)) - f(s, y_{n-1}(s))]\, ds \tag{7}$$

$|\partial f/\partial y| \le L$일 때, 차 $|f(y_n) - f(y_{n-1})|$은 $L|y_n - y_{n-1}|$보다 크지 않다.

$$|y_2 - y_1| \le \int_0^t L|y_1 - y_0|\, ds \le Lt|y_1 - y_0|_{\max}$$

$$|y_3 - y_2| \le \int_0^t L|y_2 - y_1|\, ds \le \int_0^t L^2 t|y_1 - y_0|_{\max} \le \frac{L^2 t^2}{2}|y_1 - y_0|_{\max}$$

우리는 Lt와 $L^2t^2/2$을 보았고, 다음은 $L^3t^3/6$일 것이다. 이와 같은 수 $L^nt^n/n!$은 n 때문에 0으로 빠르게 접근한다! n이 크고 N이 더 클 때는 다음과 같다.

$$|y_N - y_n| \le |y_N - y_{N-1}| + |y_{N-1} - y_{N-2}| + \cdots + |y_{n+1} - y_n| \le C\frac{L^n t^n}{n!}$$

우리가 알아야 하는 사실은 다음과 같다. $y_N(t) - y_n(t)$의 차는 0으로 접근한다. 코시[Cauchy]는 $y_n(t)$가 반드시 극한 $y(t)$로 접근해야 한다는 것을 보였다(물론 y_{n+1}도 같은 극한으로 접근한다). 바로 이 극한 함수 $y(t)$가 우리가 원하는 해일 것이다.

$$y_{n+1}(t) = y_0 + \int_0^t f(s, y_n(s))ds \to y(t) = y_0 + \int_0^t f(s, y(s))\, ds \quad \text{그러면 } y' = f(t, y)\text{이다.}$$

4장 선형 방정식과 역행렬

Linear Equations and Inverse Matrices

4.1 선형 방정식의 두 그림

선형대수학의 핵심은 연립방정식을 푸는 것이고, 이때 방정식들은 선형이다. 선형은 미지수에 수만 곱한 것을 의미한다. 따라서, 여기서는 x^2이나 x와 y를 곱한 항을 보지 못할 것이다. 처음 살펴볼 행렬은 크기가 상당히 작은 '2×2'이다. 하지만 여러분은 이 선형 시스템을 앞으로 얼마나 사용하게 되는지 알게 될 것이다.

$$\begin{array}{ll} \textbf{두 개의 방정식} & x-2y=1 \\ \textbf{두 개의 미지수} & 2x+y=7 \end{array} \tag{1}$$

한 번에 하나의 행을 다루는 것부터 시작해보자. 첫 번째 방정식 $x-2y=1$은 xy 평면에서 직선을 만든다. 점 $x=1$, $y=0$은 이 방정식을 만족하기 때문에, 이 점은 직선 위에 있다. 마찬가지로 점 $x=3$, $y=1$은 $3-2=1$이기 때문에 이 점도 직선 위에 있다. 또한 우리는 $x=101$일 때 $y=50$이라는 것을 알 수 있다.
[그림 4-1]에서 직선은 x가 2만큼 변할 때 y가 1만큼 변하므로 기울기는 $\frac{1}{2}$이다. 하지만 기울기는 미적분에서 중요한 개념이며, 우리는 지금 선형대수학을 학습하고 있다!

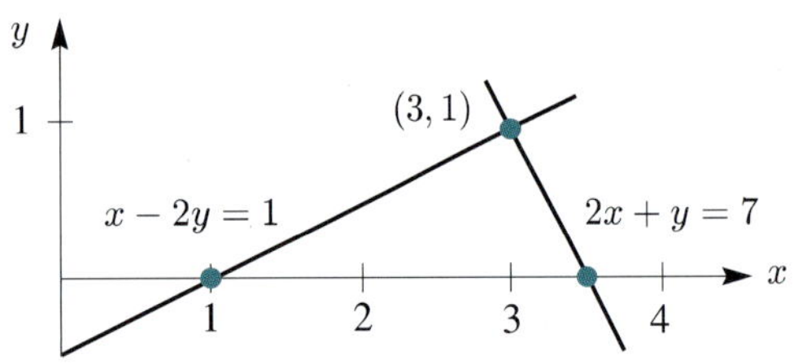

[그림 4-1] 행 그림: 두 직선이 만나는 점 $(3, 1)$이 해이다.

[그림 4-1]의 행 그림에서 두 번째 직선은 두 번째 방정식 $2x+y=7$이다. 이때 두 직선이 만나는 교점을 잘 살펴보아야 한다. 점 $x=3$, $y=1$은 두 직선 위에 있으므로 두 개의 방정식을 동시에 만족한다. 즉, $x=3$, $y=1$은 두 개의 방정식에 대한 해이다.

> **행** 행 그림은 두 직선이 한 점(해)에서 만나는 것을 보여준다.

이제 열 그림을 살펴보자. 여기서는 같은 선형 시스템을 **벡터 방정식**vector equation으로 생각해보자. 즉, 수 대신에 벡터를 살펴볼 필요가 있다. 만약 원래의 시스템을 행이 아니라 열로 분리한다면, 다음과 같이 벡터 방정식을 얻는다.

$$\textbf{선형결합은 } b\textbf{와 같다.} \qquad x\begin{bmatrix} 1 \\ 2 \end{bmatrix} + y\begin{bmatrix} -2 \\ 1 \end{bmatrix} = \begin{bmatrix} 1 \\ 7 \end{bmatrix} = b \tag{2}$$

식 (2)는 좌변에 두 개의 열벡터를 갖는다. 문제는 우변의 벡터와 같아지게 하는 선형결합을 찾는 것이다. 우리는 첫 번째 열에 x를 곱하고 두 번째 열에 y를 곱한 다음 벡터를 더한다. (이전의 수와 같은) $x=3$, $y=1$을 선택하여 3(1**열**)+1(2**열**)$=\boldsymbol{b}$를 만든다.

열 열 그림은 방정식 좌변의 열벡터를 선형결합해서 우변의 벡터 $\boldsymbol{b}$를 만든다.

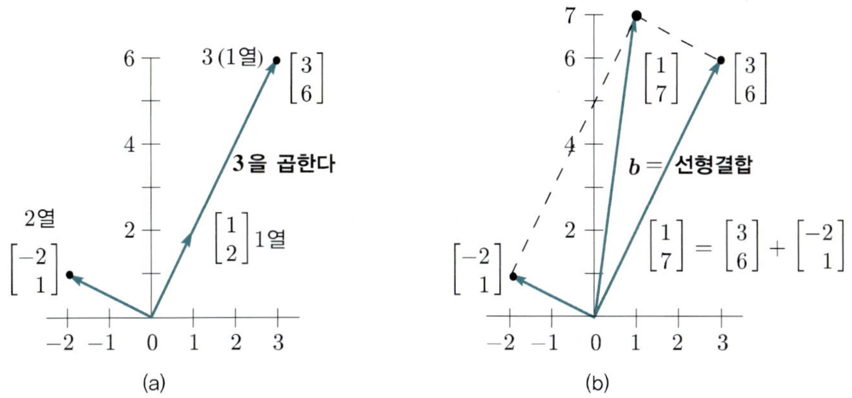

[그림 4-2] 열 그림 : 선형결합 3(1열)+1(2열)은 벡터 b가 된다.

[그림 4-2]는 미지수 두 개에 대한 두 방정식의 열 그림이다. 좌변은 서로 다른 두 개의 열을 보여주고, 1열은 3을 곱한 상태이다. 이 스칼라(수)에 의한 곱셈은 선형대수학에서 기본적인 두 가지 연산 중 하나이다.

$$\text{스칼라 곱셈} \qquad 3\begin{bmatrix}1\\2\end{bmatrix}=\begin{bmatrix}3\\6\end{bmatrix}$$

벡터 $\boldsymbol{v}$의 성분이 v_1, v_2이면 cv의 성분은 cv_1, cv_2이다.

또 하나의 기본 연산은 벡터의 덧셈이다. 이때 첫 번째 성분과 두 번째 성분을 분리해서 더한다. $3-2$와 $6+1$은 벡터 합 $(1,7)$이 된다.

$$\text{벡터의 덧셈} \qquad \begin{bmatrix}3\\6\end{bmatrix}+\begin{bmatrix}-2\\1\end{bmatrix}=\begin{bmatrix}1\\7\end{bmatrix}$$

[그림 4-2(b)]는 이 덧셈을 보여준다. 대각선 위의 합은 선형 방정식의 우변에 있는 벡터 $\boldsymbol{b}=(1,7)$이다.

이전의 내용을 다시 살펴보자. 벡터 방정식의 좌변은 열들의 선형결합linear combination이다. 이때 문제는 올바른 계수 $x=3$과 $y=1$을 찾는 것이다. 우리는 스칼라 곱셈과 벡터의 덧셈을 하나의 단계로 합치고 있다. 이 결합 단계는 매우 중요하다. 왜냐하면 이는 벡터의 기본 연산인 곱셈과 덧셈을 포함하기 때문이다.

$$\textbf{두 열의 선형결합} \qquad 3\begin{bmatrix}1\\2\end{bmatrix}+\begin{bmatrix}-2\\1\end{bmatrix}=\begin{bmatrix}1\\7\end{bmatrix}$$

물론 해 $x=3$, $y=1$은 행 그림과 같다. 여러분이 어떤 그림을 선호할지 모르겠다! 초반에는 교차하는 두 직선을 나타낸 그림이 더 익숙하기 때문에 행 그림을 선호할 수 있지만 이 그림의 장점은 오래 가지 않을 것이다. 열벡터를 결합하는 그림에 익숙해지는 것은 어떤가? 4차원에서 네 개의 벡터를 결합하는 것은 4차원에서 네 개의 평면plane이 한 점에서 만나는 것을 그리는 것보다 훨씬 쉽다(심지어 4차원에 있는 3차원 평면 하나를 그리는 것도 충분히 어려운 일이다).

방정식 (1)에서 좌변의 **계수 행렬**coefficient matrix은 2×2 행렬 A이다.

$$\textbf{계수 행렬} \qquad A=\begin{bmatrix}1 & -2\\ 2 & 1\end{bmatrix}$$

선형대수학에서 행렬을 행이나 열로 보는 것은 일반적이다. 행은 행 그림을, 열은 열 그림을 나타낸다. 같은 수이지만 다른 그림이고, 다른 그림이지만 같은 방정식이다. 우리는 이 방정식을 $Av=b$와 같이 행렬 문제로 바꾸어 생각할 수 있다.

$$\textbf{행렬과 벡터를 곱한다.} \qquad \begin{bmatrix}1 & -2\\ 2 & 1\end{bmatrix}\begin{bmatrix}x\\ y\end{bmatrix}=\begin{bmatrix}1\\ 7\end{bmatrix}$$

행 그림은 A의 두 행을 다루고, 열 그림은 열들을 결합한다. $x=3$과 $y=1$은 해 벡터 $\boldsymbol{v}$에 들어간다. 다음은 행렬-벡터 곱셈이다. 행렬 A와 벡터 $\boldsymbol{v}$를 곱한 $\boldsymbol{Av}$를 보자.

$$\begin{array}{ll}\textbf{행들과의 내적} & \boldsymbol{Av=b}\text{는}\\ \textbf{열들의 선형결합} & \begin{bmatrix}1 & -2\\ 2 & 1\end{bmatrix}\begin{bmatrix}3\\ 1\end{bmatrix}=\begin{bmatrix}1\\ 7\end{bmatrix}\text{이다.}\end{array} \qquad (3)$$

벡터의 선형결합

3차원을 살펴보기 전에 벡터에서 가장 중요한 연산을 살펴보고자 한다. 벡터 $v=(3,1)$은 순서쌍 또는 평면의 점 또는 $(0,0)$에서 시작하는 화살표를 의미한다. [그림 4-3]처럼 화살표는 점 $(3,1)$에서 끝난다.

$$\boldsymbol{v}=\begin{bmatrix}3\\ 1\end{bmatrix}$$

(a) 열벡터

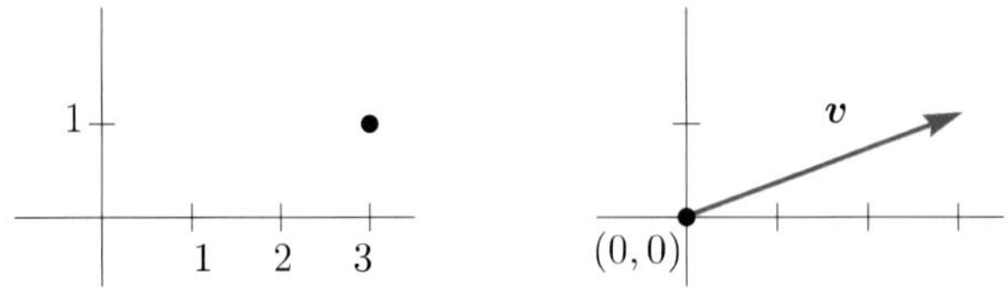

(b) 점 (3, 1) (c) (3, 1)로의 화살표

[그림 4-3] 벡터 v는 순서쌍 또는 점 또는 $(0,0)$에서 시작하는 화살표를 의미한다.

첫 번째 단계는 임의의 수 c를 벡터에 곱하는 것이다. 예를 들어 $c=2$이면 벡터는 $2\boldsymbol{v}$로 두 배가 되고, $c=-1$이면 이는 $-\boldsymbol{v}$로 방향을 바꾼다. **스칼라**^scalar c는 항상 벡터의 각각 다른 성분(여기서는 3과 1)에 곱해진다. 화살표는 $2\boldsymbol{v}$일 때 길이가 두 배로 늘어나고, $-\boldsymbol{v}$일 때 방향이 반대가 된다.

$$2\boldsymbol{v}=\begin{bmatrix}6\\2\end{bmatrix} \quad -\boldsymbol{v}=\begin{bmatrix}-3\\-1\end{bmatrix}$$

열벡터들

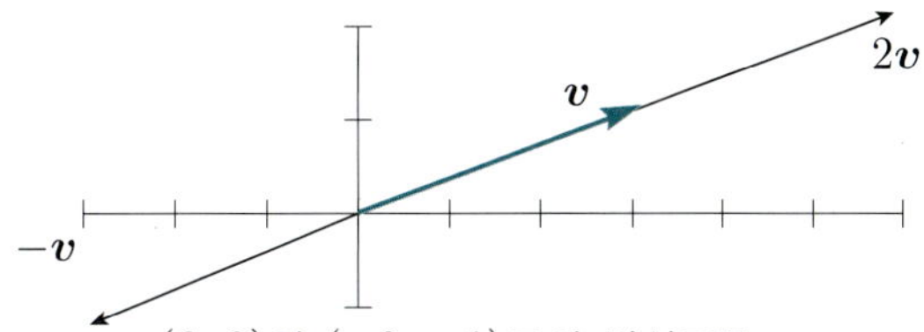

(6, 2)와 (−3, −1)로의 화살표들

[그림 4-4] 벡터 $v=(3,1)$에 스칼라 $c=2$와 -1을 곱하면 $cv=(3c,c)$가 된다.

다른 벡터 $\boldsymbol{w}=(-1,1)$을 $\boldsymbol{v}$에 더할 수 있다. 벡터의 덧셈 $\boldsymbol{v}+\boldsymbol{w}$는(평범하게) 성분끼리 더할 수도 있고, ($\boldsymbol{v}+\boldsymbol{w}$를 그리기 위해) 화살표를 사용할 수 있다. [그림 4-5]의 화살표는 머리에서 꼬리로 (점에서 화살표로) 간다. **$\boldsymbol{v}$의 끝에 $\boldsymbol{w}$의 시작점을 놓는다.**

$$\boldsymbol{v}+\boldsymbol{w}=\begin{bmatrix}3\\1\end{bmatrix}+\begin{bmatrix}-1\\1\end{bmatrix}=\begin{bmatrix}2\\2\end{bmatrix}$$

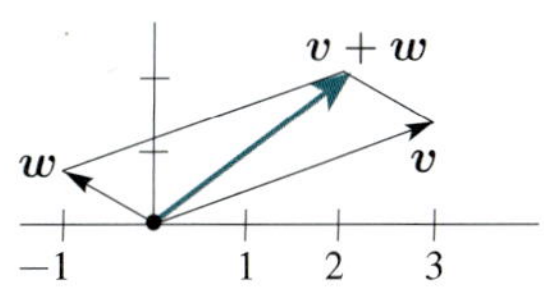

[그림 4-5] $v=(3,1)$과 $w=(-1,1)$의 합은 $v+w=(2,2)$이다. 이는 또한 $w+v$이다.

$\boldsymbol{v}+\boldsymbol{w}$을 더하는 것과 $c\boldsymbol{v}$를 곱하는 것은 매우 간단하므로 각각의 연산은 그다지 흥미롭지 않다. 진짜 중요한 것은 두 가지 연산을 한 번에 할 때이다. c와 $\boldsymbol{v}$를 곱하고, d와 $\boldsymbol{w}$를 곱하라. 그런 다음 둘을 더해서 **선형결합** $c\boldsymbol{v}+d\boldsymbol{w}$를 얻자.

선형결합 $2v+3w$ $\qquad 2\begin{bmatrix}3\\1\end{bmatrix}+3\begin{bmatrix}-1\\1\end{bmatrix}=\begin{bmatrix}3\\5\end{bmatrix}$

이는 선형대수학에서 기본적인 연산이다! 두 개의 5차원 벡터 $\boldsymbol{v}=(1,1,1,1,2)$와 $\boldsymbol{w}=(3,0,0,1,0)$에 대하여, $\boldsymbol{v}$에 2를 곱하고 $\boldsymbol{w}$에 1을 곱한 다음 이를 결합해서 $2\boldsymbol{v}+\boldsymbol{w}=(5,2,2,3,4)$를 얻을 수 있다. 모든 결합 $c\boldsymbol{v}+d\boldsymbol{w}$는 큰 5차원 공간 $\mathbb{R}^5$ 안의 벡터이다.

$\mathbb{R}^5$ 안의 벡터들을 보여줄 수 있는 그림은 없다. 여기서는 어떻게든 $\boldsymbol{v}$와 $\boldsymbol{w}$로 가는 화살표를 상상해보자. 만약 모든 벡터 $c\boldsymbol{v}$를 생각한다면, 이들은 $\mathbb{R}^5$에서 직선을 형성한다. 직선은 $(0,0,0,0,0)$에서 두 방향 모두로 간다. 왜냐하면 c는 양수 또는 음수 또는 0일 수 있기 때문이다.

마찬가지로 dw 형태의 모든 벡터로 이루어진 직선이 있다. 어렵지만 가장 중요한 것은 모든 결합 $cv+dw$를 상상하는 것이다. 한 직선의 모든 벡터와 다른 직선의 모든 벡터를 더하자. 그러면 어떤 도형을 얻게 되는가? 이는 큰 5차원 공간 안에 존재하는 '2차원 평면'이다. 여러분은 이 평면을 그리고자 애쓰지 않아도 된다(5개의 숫자를 사용하는 데 아무 문제가 없다). 즉, 높은 차원의 선형결합에서 선형대수학이 최고이다.

v와 w의 내적

또 다른 중요한 벡터의 연산은 곱셈의 한 종류이다. 이는 평범한 곱셈이 아니므로 $\boldsymbol{vw}$라고 적지 않는다. $\boldsymbol{v}$와 $\boldsymbol{w}$의 결과는 하나의 수이며 이를 **내적** $\boldsymbol{v}\cdot\boldsymbol{w}$라고 부른다.

> 정의 $\boldsymbol{v}=(v_1, v_2)$와 $\boldsymbol{w}=(w_1, w_2)$의 내적dot product은 수 $\boldsymbol{v}\cdot\boldsymbol{w}$이다.
>
> $$\boldsymbol{v}\cdot\boldsymbol{w}=v_1w_1+v_2w_2 \tag{4}$$

예를 들어, $\boldsymbol{v}=(3,1)$과 $\boldsymbol{w}=(-1,1)$의 내적은 $\boldsymbol{v}\cdot\boldsymbol{w}=(3)(-1)+(1)(1)=-2$이다.

예제 1 열벡터 $(1,2)$와 $(-2,1)$의 내적은 0이다.

내적이 0이다.
서로 수직인 벡터들

$$\begin{bmatrix}1\\2\end{bmatrix}\cdot\begin{bmatrix}-2\\1\end{bmatrix}=-2+2=0$$

수학에서 0은 항상 특별한 숫자이다. 내적에서 이는 두 벡터가 서로 수직이라는 것을 말해준다. 즉, 두 벡터가 이루는 각은 $90°$이다. 서로 수직인 벡터의 명확한 예는 x축을 따르는 $\boldsymbol{i}=(1,0)$과 y축을 따르는 $\boldsymbol{j}=(0,1)$이다. 이때 내적은 $\boldsymbol{i}\cdot\boldsymbol{j}=0+0=0$이며 두 벡터 $\boldsymbol{i}$와 $\boldsymbol{j}$는 직각을 형성한다. 이들은 2×2 **항등행렬** I의 열이다.

$\boldsymbol{v}=(3,1)$과 $\boldsymbol{w}=(1,2)$의 내적은 5이다. $\boldsymbol{v}\cdot\boldsymbol{w}$가 $90°$가 아님을 알 수 있다. 또한, $\boldsymbol{w}\cdot\boldsymbol{v}$도 5임을 확인하자.

행렬 A와 벡터 v와의 곱셈

선형 방정식은 $A\boldsymbol{v}=\boldsymbol{b}$의 형태를 갖는다. 이때 우변 $\boldsymbol{b}$는 열벡터이고, 좌변은 계수 행렬 A와 미지의 열벡터 $\boldsymbol{v}$를 곱한 것이다. 이때 내적과는 달리 $A\boldsymbol{v}$는 둘 사이에 '점'을 쓰지 않는다. 가장 중요한 사실은 $A\boldsymbol{v}$가 행 그림에서는 내적으로 계산하고, **열 그림에서는 '열들의 선형결합'으로 계산한다**는 것이다.

여기서는 '열들의 선형결합'을 강조했다. 보통 선형대수학에서 정의는 한 가지로 충분하다. 하지만 Av의 경우 두 가지로 정의한다. 행과 열은 같은 결과인 벡터 $A\boldsymbol{v}$를 만든다.

A가 n개의 열 a_1, $\cdots$, a_n을 가져도 법칙은 똑같이 성립한다. 그러면 $\boldsymbol{v}$는 n개의 성분을 가지며 벡터 $A\boldsymbol{v}$는 여전히 열들의 선형결합인 $Av = v_1a_1 + v_2a_2 + \cdots + v_na_n$이다. 즉, **$\boldsymbol{v}$의 값들을 A의 열에 곱한다.** 이제 $n=2$에서 시작해보자.

$$\textbf{행으로 } Av = \begin{bmatrix} (1\text{행}) \cdot \boldsymbol{v} \\ (2\text{행}) \cdot \boldsymbol{v} \end{bmatrix} \qquad \textbf{열로 } Av = v_1(1\text{열}) + v_2(2\text{열})$$

예제 2 방정식 (3)에서 '행들과의 내적'과 '열들의 선형결합'이라고 적었다. 이제 여러분은 이것이 의미하는 바를 안다. 이 두 가지는 $A\boldsymbol{v}$를 푸는 방법이다.

$$\begin{matrix}\textbf{행들과의 내적} \\ \textbf{열들의 선형결합}\end{matrix} \quad \begin{bmatrix} av_1 + bv_2 \\ cv_1 + dv_2 \end{bmatrix} = v_1\begin{bmatrix} a \\ c \end{bmatrix} + v_2\begin{bmatrix} b \\ d \end{bmatrix} \tag{5}$$

'어떤 방법으로 $A\boldsymbol{v}$를 찾는가?' 라는 질문이 자연스럽게 나올 것이다. 행으로 계산하고 열로 그림을 그린다(그리고 이해한다). 이처럼 열들의 선형결합은 필수적이다. 하지만 $A\boldsymbol{v}$를 계산하기 위해서는 한 번에 한 개의 성분만 찾아야 한다. 다음과 같이 $A\boldsymbol{v}$의 성분들은 A의 행들과의 내적이다.

$$\begin{bmatrix} 2 & 3 \\ 4 & 5 \end{bmatrix}\begin{bmatrix} v_1 \\ v_2 \end{bmatrix} = \begin{bmatrix} 2v_1 + 3v_2 \\ 4v_1 + 5v_2 \end{bmatrix} = v_1\begin{bmatrix} 2 \\ 4 \end{bmatrix} + v_2\begin{bmatrix} 3 \\ 5 \end{bmatrix}$$

비가역 행렬과 평행선

행 그림과 열 그림은 실패할 수 있다. 2×2 행렬에 대해 행 그림은 1행과 2행의 직선이 평행할 때 실패한다. 이때 두 직선은 만나지 않으며 $A\boldsymbol{v} = \boldsymbol{b}$는 해를 갖지 않는다.

$$A = \begin{bmatrix} 2 & 3 \\ 4 & 6 \end{bmatrix} \qquad \begin{matrix} 2v_1 - 3v_2 = 6 \\ 4v_1 - 6v_2 = 0 \end{matrix}$$

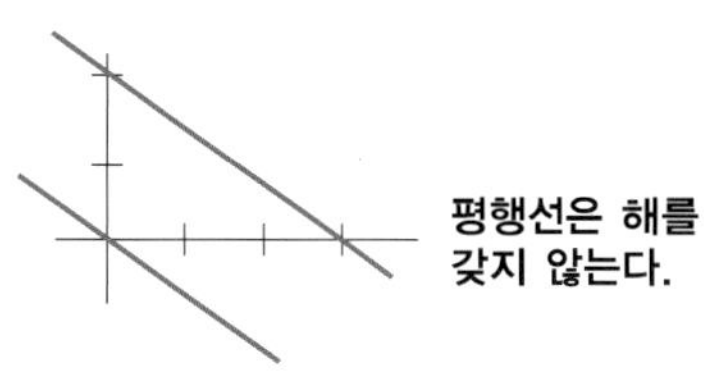

열 그림은 문제를 보는 것과 동시에 계산도 보여준다. 첫 번째 방정식에 2를 곱하면 $4v_1 - 6v_2 = 12$가 되고, 두 번째 방정식은 $4v_1 - 6v_2 = 0$이다. 이때 두 번째 방정식의 우변은 0이므로 직선이 원점 $(0, 0)$을 지난다는 것을 알 수 있다.

열 그림은 어떻게 실패하는 걸까? 1열과 2열은 같은 방향을 가리킨다. 행이 **종속**[dependent]이면 열 또한 종속이다. 즉, 열 $(2,4)$와 $(3,6)$의 모든 선형결합은 같은 방향에 놓인다. 이때 우변 $\boldsymbol{b}=(6,0)$은 이 직선 위에 없으므로 $\boldsymbol{b}$는 A의 두 열벡터의 선형결합이 아니다. [그림 4-6(a)]에서 이 방정식에 해가 없음을 확인할 수 있다.

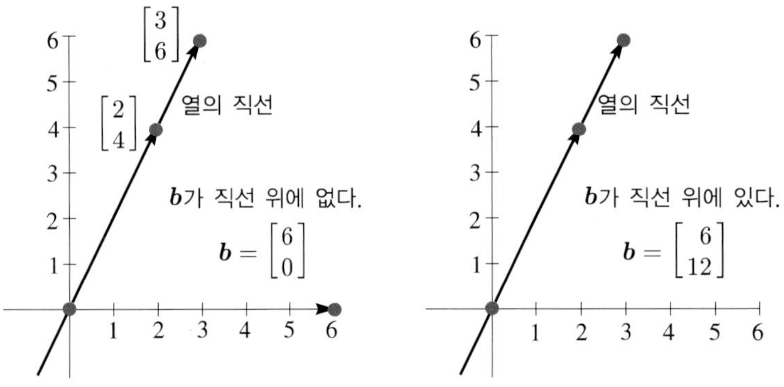

(a) 해가 없다.　　(b) 무한히 많은 해

[그림 4-6] 열 그림

예제 3 같은 행렬 A에 대해서 $\boldsymbol{b}=(6,12)$이면 $A\boldsymbol{v}=\boldsymbol{b}$는 무수히 많은 해가 존재한다.

$$A=\begin{bmatrix}2 & 3\\4 & 6\end{bmatrix} \qquad \begin{aligned}2v_1-3v_2&=6\\4v_1-6v_2&=12\end{aligned}$$

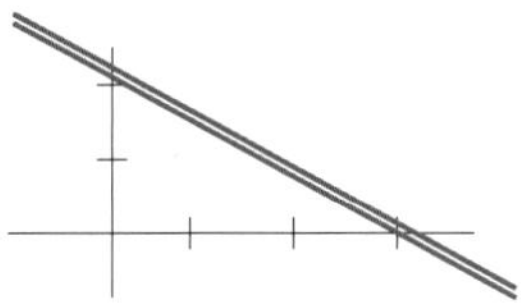

행 그림에서 두 개의 직선은 같으며 이 직선에 있는 모든 점은 두 방정식의 해가 된다. 첫 번째 방정식에 2를 곱하면 두 번째 방정식이 되며 이 두 직선은 일치한다.

위의 열 그림에서 우변의 $\boldsymbol{b}=(6,12)$는 정확히 열의 직선 위에 있다. 이후에 우리는 다음과 같이 말할 것이다. $\boldsymbol{b}$는 A의 열 공간에 속한다. 열의 선형결합으로 $(6,12)$를 만들 방법은 무수히 많다. 무수히 많은 방법 중에 하나를 사용하여 $b=(0,0)$을 만든다. **임의의 c를 골라** $\boldsymbol{b}=(6,12)=3(2,4)$를 만들어보자.

$$\begin{bmatrix}0\\0\end{bmatrix}=\boldsymbol{3c}\begin{bmatrix}2\\4\end{bmatrix}+\boldsymbol{2c}\begin{bmatrix}-3\\-6\end{bmatrix} \qquad \begin{bmatrix}6\\12\end{bmatrix}=\boldsymbol{3}\begin{bmatrix}2\\4\end{bmatrix}+\boldsymbol{0}\begin{bmatrix}-3\\-6\end{bmatrix} \tag{6}$$

벡터 $\boldsymbol{v}_n=(\boldsymbol{3c},\boldsymbol{2c})$는 **영공간의 해**이고 $\boldsymbol{v}_p=(3,0)$은 **특수해**이다. 이때 $\boldsymbol{A}\boldsymbol{v}_n$**은 0이고** $\boldsymbol{A}\boldsymbol{v}_p$**는** $\boldsymbol{b}$**이다.** 그러면 $A(\boldsymbol{v}_p+\boldsymbol{v}_n)=\boldsymbol{b}$이므로 이를 합치면 $\boldsymbol{v}_p$와 $\boldsymbol{v}_n$은 A의 열의 선형결합으로 $\boldsymbol{b}=(6,12)$를 만드는 완전해를 얻는다.

$$Av = b\text{의 완전해} \qquad v_{\text{complete}} = v_p + v_n = \begin{bmatrix} 3 \\ 0 \end{bmatrix} + \begin{bmatrix} 3c \\ 2c \end{bmatrix} \tag{7}$$

3차원에서 방정식과 그림

3차원에서 $x+y+2z=6$과 같은 선형 방정식은 평면을 만든다. 우변이 0이면 평면은 $(0,0,0)$을 지나는데, 이 방정식의 경우 우변이 6이므로 원점 $(0,0,0)$을 지나지 않도록 평행한 평면으로 옮긴다.
두 번째 선형 방정식은 다른 평면을 만들 것이다. 일반적으로 두 개의 평면이 만나면 직선이 생긴다. 그러면 (세 번째 방정식으로부터) 세 번째 평면은 이 직선을 점에서 만난다. 이 점은 모든 평면에 놓여 있고, 따라서 이 점은 세 개의 방정식을 만족한다.

지금까지 3차원 안에서 3개의 평면에 대한 행 그림을 설명했다. 이 평면들은 모두 해에서 만난다. 여기서 한 가지 큰 문제는 3개의 평면을 행 그림으로 그리기 어렵다는 것이다. 세 개의 평면은 너무 많아서 이들이 어떻게 만나는지 명확히 보기 어렵다.
반면, $Av=b$의 열 그림은 훨씬 쉽다. 이는 3차원에서 세 개의 열벡터로 시작한다. 우리는 A의 열들을 선형결합하여 벡터 $v_1(1\text{열})+v_2(2\text{열})+v_3(3\text{열})=b$를 만들고자 한다. 한 가지 방법이 있는데, 이는 해 (v_1, v_2, v_3)을 준다. 그리고 이는 행 그림에서 만나는 점이기도 하다.

여기서는 성공한 예(한 개의 해를 갖는)와 실패한 예(해가 없는)를 소개하고자 한다. 이 두 예제는 간단하지만 이를 살펴봄으로써 선형대수학으로 한층 더 깊이 들어가게 될 것이다.

예제 4 A가 가역 행렬인 경우, 임의의 우변 b에 대해 한 개의 해 v가 존재한다.

$$Av = b\text{는} \quad \begin{bmatrix} 1 & 0 & 0 \\ -1 & 1 & 0 \\ 0 & -1 & 1 \end{bmatrix} \begin{bmatrix} v_1 \\ v_2 \\ v_3 \end{bmatrix} = \begin{bmatrix} 1 \\ 3 \\ 5 \end{bmatrix}\text{이다.} \tag{8}$$

이 행렬은 **아래삼각**lower triangular **행렬**인데, 주대각선 위의 성분이 0이다. 아래삼각 시스템은 위에서 아래로 푸는 **전진대입**forward substitution으로 빠르게 풀린다. 위의 방정식에서 v_1을 바로 구할 수 있고 아래로 움직이므로 $v_1=1$이다. 그러면 $-v_1+v_2=3$로부터 $v_2=4$를, $-v_2+v_3=5$는 $v_3=9$가 된다. [그림 4-7(a)]는 세 열 a_1, a_2, a_3을 보여준다. 1, 4, 9와 이들을 결합하면 $b=(1,3,5)$를 만든다. 거꾸로 $v=(1,4,9)$는 $Av=b$의 해여야 한다.

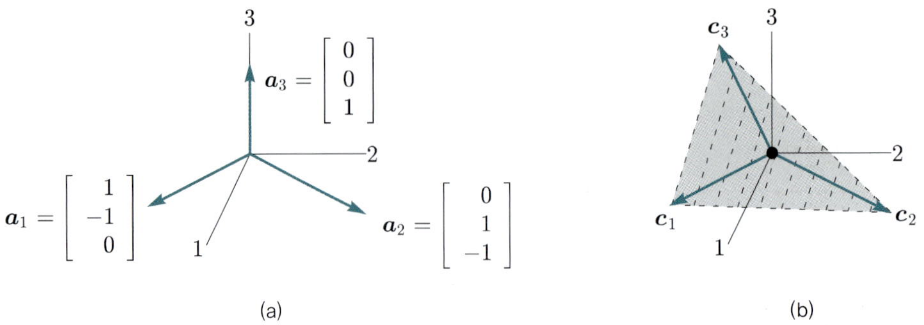

[그림 4-7] 서로 독립인 세 열 a_1, a_2, a_3은 평면 위에 없다. 서로 종속인 세 열 c_1, c_2, c_3은 같은 평면 위에 있는 세 벡터이다.

예제 5 **비가역 행렬**singular matrix은 $Cw = b$에 해가 없거나 (b에 의존하는) 무수히 많은 해 w가 존재한다.

$$\begin{aligned} w_1 - w_3 &= b_1 \\ -w_1 + w_2 &= b_2 \\ -w_2 + w_3 &= b_3 \end{aligned} \qquad \begin{bmatrix} 1 & 0 & -1 \\ -1 & 1 & 0 \\ 0 & -1 & 1 \end{bmatrix}\begin{bmatrix} w_1 \\ w_2 \\ w_3 \end{bmatrix} = \begin{bmatrix} 1 \\ 3 \\ 5 \end{bmatrix} \text{ 또는 } \begin{bmatrix} 0 \\ 0 \\ 0 \end{bmatrix} \text{ 또는 } \begin{bmatrix} 1 \\ 2 \\ -3 \end{bmatrix} \tag{9}$$

이 행렬 C는 **순환**한다. 대각성분은 모두 1 또는 0 또는 -1인 상수이며 대각성분은 서로 순환한다. 따라서 각 대각선을 이루는 성분은 같은 값을 지닌다. 순환 행렬은 8장에서 다루게 될 **빠른 푸리에 변환**fast Fourier transform FFT에 최적인 행렬이다.

$Cw = b$가 해를 갖는지 확인하기 위해서 이 세 방정식을 더해 $0 = b_1 + b_2 + b_3$을 얻자.

$$\textbf{좌변} \qquad (w_1 - w_3) + (-w_1 + w_2) + (-w_2 + w_3) = 0 \tag{10}$$

$Cw = b$는 $0 = b_1 + b_2 + b_3$이 아닌 이상 해를 갖지 않는다. 예를 들어 $b = (1, 3, 5)$의 성분을 더하면 0이 되지 않는다. 따라서 $Cw = (1, 3, 5)$는 해를 갖지 않는다.

[그림 4-7(b)]에는 문제가 있다. **C의 세 개의 열이 평면에 놓여 있고, 이 열들의 모든 결합 Cw는 같은 평면에 놓여 있을 것이다.** 만약 우변의 벡터 b가 평면 위에 없다면 $Cw = b$는 풀릴 수 없다. 예를 들어 벡터 $b = (1, 3, 5)$가 평면 위에 없는 이유는 평면의 방정식이 $b_1 + b_2 + b_3 = 0$을 만족하기 때문이다.

물론 $Cw = (0, 0, 0)$은 항상 자명한 해 $w = (0,0,0)$을 갖는다. 하지만 (지금과 같이) C의 열들이 평면에 있을 때, $Cw = 0$인 영벡터가 아닌 해가 있다. 이 세 방정식은 $w_1 = w_3$, $w_1 = w_2$, $w_2 = w_3$이다. **영공간의 해**는 $w_n = (c, c, c)$이다. 모든 세 성분이 같을 때, $Cw_n = 0$을 만족한다.

벡터 $b = (1, 2, -3)$ 또한 열의 평면에 있다. 왜냐하면 $b_1 + b_2 + b_3 = 0$이기 때문이다. 이러한 경우에는 $Cw_p = b$인 **특수해**가 있어야 한다. 이때 어떤 해도 특수해가 될 수 있기 때문에 많은 특수해 w_p가 있다. 여기서는 $w_3 = 0$으로 끝나는 $w_p = (1, 3, 0)$으로 특수해를 고를 것이다.

$$Cw_p = \begin{bmatrix} 1 & 0 & -1 \\ -1 & 1 & 0 \\ 0 & -1 & 1 \end{bmatrix} \begin{bmatrix} 1 \\ 3 \\ 0 \end{bmatrix} = \begin{bmatrix} 1 \\ 2 \\ -3 \end{bmatrix}$$

완전해는 $w_{\text{complete}} = w_p +$ 임의의 w_n

내용을 요약하면 다음과 같다. 세 번째 열 a_3를 갖는 행렬 A와 세 번째 열 c_3를 갖는 행렬 C에 대해 선형대수학의 핵심 단어인 **독립**과 **종속**을 이야기해보자. 이 책에서는 이 개념을 더 확장하여 살펴볼 것이다.

a_1, a_2, a_3은 **독립**이다.	A는 **가역**이다.	$Av = b$는 **한 해** v를 갖는다.
c_1, c_2, c_3은 **종속**이다.	C는 **비가역**이다.	$Cw = 0$은 **많은 해** w_n을 갖는다.

결국, n열 벡터와 n차원 공간을 다룰 것이며 행렬은 $n \times n$일 것이다. 핵심 질문은 $Av = 0$이 오직 0인 해만을 갖는지이다. 그러면 이때 열들은 어떤 **초평면**hyperplane에도 같이 놓여있지 않을 것이다. 열들이 서로 독립일 때 행렬은 가역이다.

4.1 연습문제

01~08 다음은 $Av = b$의 행 그림과 열 그림에 관한 문제이다.

01 $A = I$ 일 때, 행 그림의 평면들을 그려라. 박스의 세 변이 해 $v = (x, y, z) = (2, 3, 4)$에서 만난다.

$$\begin{aligned} 1x + 0y + 0z &= 2 \\ 0x + 1y + 0z &= 3 \\ 0x + 0y + 1z &= 4 \end{aligned} \quad \text{또는} \quad \begin{bmatrix} 1 & 0 & 0 \\ 0 & 1 & 0 \\ 0 & 0 & 1 \end{bmatrix} \begin{bmatrix} x \\ y \\ z \end{bmatrix} = \begin{bmatrix} 2 \\ 3 \\ 4 \end{bmatrix}$$

열 그림에 대해 네 개의 벡터를 그려라. 이때 2×1열$+ 3 \times 2$열$+ 4 \times 3$열은 우변의 b와 같다.

02 만약 [연습문제 01]의 방정식에 2, 3, 4를 곱했다면, $DV = B$가 된다.

$$\begin{aligned} 2x + 0y + 0z &= 4 \\ 0x + 3y + 0z &= 9 \\ 0x + 0y + 4z &= 16 \end{aligned} \quad \text{또는} \quad DV = \begin{bmatrix} 2 & 0 & 0 \\ 0 & 3 & 0 \\ 0 & 0 & 4 \end{bmatrix} \begin{bmatrix} x \\ y \\ z \end{bmatrix} = \begin{bmatrix} 4 \\ 9 \\ 16 \end{bmatrix} = B$$

행 그림이 같은 이유는 무엇인가? 해 V는 v와 같은가? 열 그림에서 열벡터와 선형결합 중 어느 부분이 바뀌었는가?

03 만약 첫 번째 행의 방정식이 두 번째 행의 방정식에 더해진다면 어떤 것이 바뀌는가(행 그림의 평면, 열 그림의 벡터, 계수 행렬, 해)? [연습문제 01]의 새로운 방정식은 $x = 2$, $x + y = 5$, $z = 4$가 될 것이다.

04 $z = 2$이면서 $x + y + 3z = 6$과 $x - y + z = 4$의 공통 부분인 직선을 지나는 점을 찾아라. 또한, $z = 0$일 때 이 점을 찾아라. 이 중간에 있는 세 번째 점을 찾아라.

05 첫 번째 방정식과 두 번째 방정식을 더하면 세 번째 방정식이 된다.

$$\begin{aligned} x + y + z &= 2 \\ x + 2y + z &= 3 \\ 2x + 3y + 2z &= 5 \end{aligned}$$

처음 두 평면은 직선에서 만나고, 세 번째 평면은 이 직선을 포함한다. x, y, z가 처음 두 개의 방정식을 만족하면 그들은 또한 ________하기 때문이다. 방정식은 무수히 많은 해를 갖는다(직선 $\mathbf{L}$ 위의 모든 점). 직선 $\mathbf{L}$ 위에 있는 세 점을 찾아라.

06 [연습문제 05]에서 세 번째 평면을 이와 평행한 평면인 $2x+3y+2z=9$로 옮기자. 이제 세 방정식은 해를 갖지 않는다. 이유는 무엇인가? 처음 두 평면은 선 $\mathbf{L}$에서 만난다. 하지만 세 번째 평면은 직선과 _____지 않는다.

07 [연습문제 05]에서 열은 $(1,1,2)$, $(1,2,3)$, $(1,1,2)$이다. 이는 비가역인 경우이다. 왜냐하면 세 번째 열이 _____이기 때문이다. $\boldsymbol{b}=(2,3,5)$를 얻을 수 있는 열들의 선형결합을 두 개 찾아라. 이는 $c=$_____일 때, $\boldsymbol{b}=(4,6,c)$에 대해 가능하다.

08 보통 4차원에서 네 개의 '평면'은 _____에서 만나는데, 이러한 네 개의 벡터는 선형결합되어 $\boldsymbol{b}$를 만들 수 있다. $(1,0,0,0)$, $(1,1,0,0)$, $(1,1,1,0)$, $(1,1,1,1)$을 선형결합해서 $b=(3,3,3,2)$를 만드는 방법은 무엇인가?

09~14 다음은 행렬과 벡터의 곱에 관한 문제이다.

09 각 $A\boldsymbol{x}$를 행과 열벡터의 내적으로 계산하라.

(a) $\begin{bmatrix} 1 & 2 & 4 \\ -2 & 3 & 1 \\ -4 & 1 & 2 \end{bmatrix}\begin{bmatrix} 2 \\ 2 \\ 3 \end{bmatrix}$ (b) $\begin{bmatrix} 2 & 1 & 0 & 0 \\ 1 & 2 & 1 & 0 \\ 0 & 1 & 2 & 1 \\ 0 & 0 & 1 & 2 \end{bmatrix}\begin{bmatrix} 1 \\ 1 \\ 1 \\ 2 \end{bmatrix}$

10 [연습문제 09]의 각 $A\boldsymbol{x}$를 열의 선형결합으로 계산하라. [연습문제 09(a)]는 $A\boldsymbol{x}=2\begin{bmatrix} 1 \\ -2 \\ -4 \end{bmatrix}+2\begin{bmatrix} 2 \\ 3 \\ 1 \end{bmatrix}+3\begin{bmatrix} 4 \\ 1 \\ 2 \end{bmatrix}$ $=\begin{bmatrix} \\ \\ \end{bmatrix}$이 된다. 행렬이 3×3일 때 $A\boldsymbol{x}$에 대해 몇 번의 곱셈을 해야 하는가?

11 행 또는 열로 $A\boldsymbol{x}$의 두 성분을 구하라.

$$\begin{bmatrix} 2 & 3 \\ 5 & 1 \end{bmatrix}\begin{bmatrix} 4 \\ 2 \end{bmatrix},\ \begin{bmatrix} 3 & 6 \\ 6 & 12 \end{bmatrix}\begin{bmatrix} 2 \\ -1 \end{bmatrix},\ \begin{bmatrix} 1 & 2 & 4 \\ 2 & 0 & 1 \end{bmatrix}\begin{bmatrix} 3 \\ 1 \\ 1 \end{bmatrix}$$

12 A에 $\boldsymbol{x}$를 곱해서 $A\boldsymbol{x}$의 세 성분을 구하라.

$$\begin{bmatrix} 0 & 0 & 1 \\ 0 & 1 & 0 \\ 1 & 0 & 0 \end{bmatrix}\begin{bmatrix} x \\ y \\ z \end{bmatrix},\ \begin{bmatrix} 2 & 1 & 3 \\ 1 & 2 & 3 \\ 3 & 3 & 6 \end{bmatrix}\begin{bmatrix} 1 \\ 1 \\ -1 \end{bmatrix},\ \begin{bmatrix} 2 & 1 \\ 1 & 2 \\ 3 & 3 \end{bmatrix}\begin{bmatrix} 1 \\ 1 \end{bmatrix}$$

13 (a) m행과 n열의 행렬은 _____성분을 갖는 벡터와 곱해 _____성분으로 구성된 벡터가 된다.

(b) m개의 방정식 $A\boldsymbol{x}=\boldsymbol{b}$에 대한 평면은 _____차원에 있다. A의 열들의 선형결합은 _____차원에 있다.

14 $2x+3y+z+5t=8$을 행렬 A로 쓴 다음(해가 몇 개인가?) 이 행렬 A와 열벡터 $\boldsymbol{x}=(x,y,z,t)$와 곱해서 b가 나오게 하라. 해 x는 평면을 채우거나 4차원에서 초평면이다. 이 평면은 4차원에서 부피가 0인 3차원 평면이다.

15~22 다음은 벡터에 특별하게 작용하는 행렬에 관한 문제이다.

15 (a) 2×2 항등 행렬 I는 무엇인가? I와 $\begin{bmatrix} x \\ y \end{bmatrix}$의 곱은 $\begin{bmatrix} x \\ y \end{bmatrix}$와 같다.

(b) 2×2 교환 행렬 P는 무엇인가? P와 $\begin{bmatrix} x \\ y \end{bmatrix}$의 곱은 $\begin{bmatrix} y \\ x \end{bmatrix}$와 같다.

16 (a) 벡터를 90° 회전시키는 2×2 행렬 R은 무엇인가? R과 $\begin{bmatrix} x \\ y \end{bmatrix}$의 곱은 $\begin{bmatrix} y \\ -x \end{bmatrix}$이다.

(b) 벡터를 180° 회전시키는 2×2 행렬 R^2은 무엇인가?

17 (x,y,z)와 곱하면 (y,z,x)가 되는 행렬 P를 찾아라. (y,z,x)를 (x,y,z)로 되돌리는 행렬 Q를 찾아라.

18 처음 성분을 두 번째 성분에서 빼는 2×2 행렬 E는 무엇인가? 그리고, 동일한 작용을 하는 3×3 행렬은 무엇인가?

$$E\begin{bmatrix} 3 \\ 5 \end{bmatrix}=\begin{bmatrix} 3 \\ 2 \end{bmatrix}\text{이고 } E\begin{bmatrix} 3 \\ 5 \\ 7 \end{bmatrix}=\begin{bmatrix} 3 \\ 2 \\ 7 \end{bmatrix}$$

19 (x,y,z)에 곱하면 $(x,y,z+x)$가 되는 3×3 행렬은 무엇인가? 그리고, (x,y,z)에 곱하면 $(x,y,z-x)$가 되는 행렬 E^{-1}는 무엇인가? $(3,4,5)$를 E에 곱한 다음 E^{-1}에 곱하면 두 결과는 각각 (_____)와 (_____)이다.

20 벡터 (x,y)를 x축에 정사영하면 $(x,0)$이 되는 2×2 행렬 P_1는 무엇인가? y축에 정사영하면 $(0,y)$가 되는 행렬 P_2는 무엇인가? 만약 $(5,7)$을 P_1에 곱하고, 다시 P_2에 곱하면 각각 (_____)와 (_____)을 얻는다.

21 모든 벡터를 $45°$ 회전시키는 2×2 행렬 R은 무엇인가? 벡터 $(1,0)$은 $(\sqrt{2}/2,\ \sqrt{2}/2)$가 되고, 벡터 $(0,1)$은 $(-\sqrt{2}/2,\ \sqrt{2}/2)$가 된다. 이들은 행렬을 결정한다. 특정한 벡터들을 xy 평면에 그린 다음 R을 찾아라.

22 $(1,4,5)$와 (x,y,z)의 내적을 행렬 곱 $A\boldsymbol{v}$의 형태로 써라. 행렬 A는 하나의 행으로 구성된다. $A\boldsymbol{v}=0$의 해는 벡터 _____에 수직인 _____에 위치한다. A의 열들은 오직 _____차원 공간이다.

---

23 MATLAB 표기법을 사용하여, 다음 행렬 A와 두 개의 열벡터 $\boldsymbol{v}$와 $\boldsymbol{b}$를 정의하는 명령어를 써라. 어떤 명령어가 $A\boldsymbol{v}=\boldsymbol{b}$인지를 판정하는가?

$$A=\begin{bmatrix}1&2\\3&4\end{bmatrix}\qquad \boldsymbol{v}=\begin{bmatrix}5\\-2\end{bmatrix}\qquad \boldsymbol{b}=\begin{bmatrix}1\\7\end{bmatrix}$$

24 만약 모든 성분이 1인 4×4 행렬 A = ones(4)와 열 v = ones(4,1)을 곱하면 A*v는 무엇인가(컴퓨터를 사용하지 않아도 된다)? 그리고, B = eye(4) + ones(4)와 w = zeros(4,1)+2*ones(4,1)을 곱하면 B*w는 무엇인가?

25~27 다음은 $2\sim4$차원에서 행 그림과 열 그림에 관한 복습 문제이다.

25 $x-2y=0,\ x+y=6$에 대해 행 그림과 열 그림을 그려라.

26 미지수 $x,\ y,\ z$에 대한 두 개의 선형 방정식에서 행 그림은 (2차원/3차원)에서 (2개/3개)의 (직선/평면)을 나타낼 것이다. 열 그림은 (2차원 / 3차원)에 있다. 해는 보통 _____에 놓여있다.

27 미지수 $x,\ y$에 대한 네 개의 선형 방정식에서 행 그림은 네 _____을 보여준다. 열 그림은 _____ 차원에 있다. 방정식은 우변의 벡터가 _____의 선형결합에 놓여 있지 않으면 해가 존재하지 않는다.

---

28 **(도전)** 성분이 $1,\ 2,\ \cdots,\ 9$인 3×3 **마법 행렬**magic matrix M_3을 만들어라. 행, 열, 대각선을 더한 값이 각각 15가 되어야 한다. 첫 행은 $8,\ 3,\ 4$일 수 있다. M_3과 $(1,1,1)$의 곱은 무엇인가? 성분이 $1,\ \cdots,\ 16$인 4×4 마법 행렬 M_4와 $(1,1,1,1)$의 곱은 무엇인가?

29 **(도전)** u와 v가 3×3 행렬 A의 처음 두 열이라고 하자. 행렬을 비가역 행렬로 만드는 세 번째 열 w은 무엇인가? 비가역인 경우에 (임의의 b에 대해) $Av=b$의 일반적인 열 그림과, 일반적인 행 그림을 설명하라.

30 **(도전)** **A를 곱하는 것은 선형변환**이다. 이 중요한 말은 다음을 의미한다.

- $\boldsymbol{w}$가 $\boldsymbol{u}$와 $\boldsymbol{v}$의 선형결합이면 $A\boldsymbol{w}$도 와 $A\boldsymbol{v}$의 선형결합이다.
- '선형성' $A\boldsymbol{w}=cA\boldsymbol{u}+dA\boldsymbol{v}$은 '선형'대수학의 핵심이다.
- $\boldsymbol{u}=\begin{bmatrix}1\\0\end{bmatrix},\ \boldsymbol{v}=\begin{bmatrix}0\\1\end{bmatrix}$이면 $A\boldsymbol{u}$와 $A\boldsymbol{v}$는 A의 열이다.
- $\boldsymbol{w}=c\boldsymbol{u}+d\boldsymbol{v}$를 선형결합할 때, $\boldsymbol{w}=\begin{bmatrix}5\\7\end{bmatrix}$이면 $A\boldsymbol{w}$가 $A\boldsymbol{u},\ A\boldsymbol{v}$와 어떻게 연결되는가?

31 **(도전)** 9×9 스도쿠 행렬 S는 행, 열, 모든 3×3블록 각각에 $1,\ \cdots,\ 9$를 사용한다. 모든 성분이 1인 벡터 $v=(1,\cdots,1)$에 대하여, Sv는 무엇인가?

조금 바꾸어 질문하자면, 또 다른 스도쿠 행렬을 구성하기 위해서 어떤 행 변환이 시행되어야 하는가? 그리고, 또 다른 스도쿠 행렬을 구성하기 위해서 어떤 블록 행의 변환이 시행되어야 하는가?

4.5절에서 모든 가능한 행 치환(재배열)에 대해 살펴볼 것이다. 모든 스도쿠 행렬을 구성하기 위해 처음 3행을 배열하는 방법은 $(1,2,3),\ (1,3,2),\ (2,1,3),\ (2,3,1),\ (3,1,2),\ (3,2,1)$로 6가지이다. 다음 3개 행과 마지막 3개 행도 마찬가지이다. 또한, 블록 3개가 행을 이루는데, 블록을 행 치환하는 방법도 6가지이다.

32 **(도전)** A의 두 번째 행이 수 c와 첫 번째 행의 곱이라고 하자.

$$A=\begin{bmatrix}a&b\\ca&cb\end{bmatrix}$$

$a\neq0$일 때, A의 두 번째 열은 첫 번째 열에 어떤 수 d를 곱한 것인가? **종속적인 행을 갖는 정사각행렬도 종속적인 열을 갖는다.** 이는 곧 살펴볼 중요한 사실이다.

4.2 소거법으로 선형 방정식 풀기

이 절에서는 선형 방정식을 풀기 위한 시스템적인 방법에 대해 설명할 것이다. 이는 우리가 알고 있는 방법 중 가장 좋은 방법이며, **소거법**elimination라고 한다. 그리고 이를 다음과 같은 2×2 예에서 확인할 수 있다. 소거를 하기 전에는 x, y가 모두 두 개의 방정식에 나타나고, 소거를 한 후에 첫 번째 미지수 x는 두 번째 방정식 $5y=5$에서 사라졌다.

$x-2y=1$(첫 번째 식에 2를 곱하자)
$2x+y=7$($2x$를 소거하기 위해 빼자)

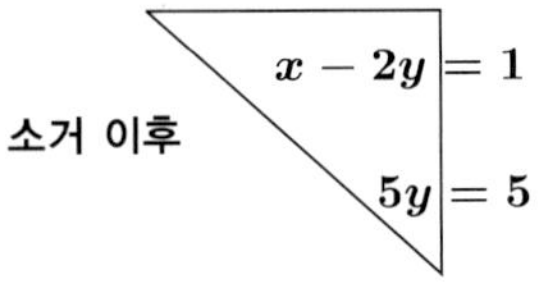

새로운 방정식 $5y=5$는 $y=1$이 된다. $y=1$을 첫 번째 방정식에 대입하면 $x-2=1$이다. 따라서 $x=3$이고 해 $(x,y)=(3,1)$은 완전하다.

소거는 **위삼각 시스템**upper triangular system을 만든다. 이는 우리의 목표이다. 0이 아닌 성분 1, -2, 5는 삼각형을 만든다. 이 시스템은 아래에서 위로 푼다. 첫 번째로 $y=1$을 구하고, 그 다음 $x=3$을 구할 수 있다. 이 (빠른) 단계를 **역대입법**back substitution이라고 한다. 이는 소거법으로 삼각형을 만든 후 임의의 크기의 위삼각 시스템에 사용된다. 중요한 점은 원래 방정식은 같은 해 $x=3$과 $y=1$을 갖는다는 것이다. 소거하기 전과 소거한 후, 직선은 같은 점 $(3,1)$에서 만난다. 모든 단계에서 원래의 방정식의 양변에 적용되었다.

두 번째 방정식에서 x를 제거하는 단계는 이 장에서 사용하는 기본 연산이다. 이를 자주 사용할 것이므로 자세하게 살펴보자.

$2x$를 소거하기 위해 첫 번째 방정식의 곱을 두 번째 방정식에서 빼자.

$x-2y=1$에 2를 곱하면 $2x-4y=2$가 되고, 이를 $2x+y=7$에서 빼면 우변은 $7-2=5$가 된다. 핵심은 $2x$가 $2x$를 소거한다는 것이다. 이제 **시스템은 삼각이 된다.**

곱하는 수multiplier $l=2$를 어떻게 찾았는지 살펴보자. 첫 번째 방정식은 $1x$를 갖고 있으므로 **첫 번째 피봇은 1**이었다(x의 계수). 두 번째 방정식은 $2x$를 갖고 있었으므로 **곱하는 수는 2**였다. 그리고 뺄셈 $2x-2x$는 0과 삼각형을 만들었다.

만약 첫 번째 방정식을 $3x-6y=3$으로 바꾸면 **승수 법칙**multiplier rule을 확인할 수 있다(같은 직선이지만, 첫 번째 피봇이 3이 된다). 올바른 곱하는 수는 이제 $l=\frac{2}{3}$이다. 이 곱하는 수를 찾기 위해 소거되어야 할 계수 **2**를 피봇 **3**으로 나누자.

$3x-6y=3$	**첫 번째 방정식에 $\frac{2}{3}$를 곱하자.**	$3x-6y=3$
$2x+y=7$	**두 번째 방정식에서 빼자.**	$5y=5$

마지막 시스템은 삼각이고 마지막 방정식은 여전히 $y = 1$이다. 역대입법을 하면 $3x - 6 = 3$, $3x = 9$, $x = 3$이 된다. 우리는 수를 바꿨지만, 직선과 해를 바꾸지 않았다. **피봇으로 나누어 곱하는 수 $l = \frac{2}{3}$를 찾자.**

> **피봇** = 소거를 하는 행에서 처음으로 **0**이 아닌 성분
> **곱하는 수** = (성분을 제거하기 위해) 피봇으로 나눈 수

새로운 두 번째 방정식은 두 번째 피봇으로 시작한다. 이는 5이다. 우리는 이를 이용하여 (y가 존재한다면) 세 번째 방정식에서 y를 소거할 수 있다. n개의 방정식을 풀기 위해 우리는 n개의 피봇을 원한다. **피봇들은 소거 이후 삼각형의 대각선에 있다.**

여러분은 이 책을 읽지 않고도 x와 y에 대한 방정식을 풀 수 있었을 것이다. 이는 매우 간단한 문제이지만 여기에 시간을 더 들이고자 한다. 2×2 시스템에 대해 소거법은 실패할 수 있다. (우리가 피봇 전체를 알 수 없을 때) 실패할 수 있는 예들을 살펴봄으로써, 여러분은 소거법의 모든 과정을 이해할 수 있을 것이다.

소거의 실패

일반적으로, 소거법을 사용하면 해를 구할 수 있는 피봇이 나온다. 하지만 실패할 수도 있다. 어떤 경우에 소거법은 0으로 나누는 경우를 만들기도 하는데, 이때 해를 구하는 것은 불가능하다. 즉, 이 경우 소거법은 어떠한 방식으로든 수정되어야 한다.

아래의 [예제 1]은 $0y = 5$가 되어 **해가 존재하지 않으므로** 소거에 실패한다. [예제 2]는 $0y = 0$이 되어 **무수히 많은 해가 존재하므로** 소거에 실패한다. [예제 3]은 방정식을 교환함으로써 소거에 성공한다.

예제 1 다음 연립방정식을 푼 다음 해를 살펴보자.

풀이

해가 존재하지 않아 무조건 실패한다. 소거는 이를 명확히 한다.

$x - 2y = 1$	두 번째 방정식에서	$x - 2y = 1$
$2x - 4y = 7$	(첫 번째 방정식)$\times 2$를 뺀다.	$0y = 5$

$0y = 5$인 해는 존재하지 않는다. 이 시스템은 두 번째 피봇을 갖지 않는다(0은 피봇에서 허용되지 않는다). 만약 해가 없다면 소거법은 $0y = 5$와 같이 불가능한 방정식을 만든다.

실패한 행 그림은 평행한 선이 되며, 이들은 절대 만나지 않는다. 열 그림은 두 개의 열 $(1, 2)$와 $(-2, -4)$도 같은 방향으로 평행한 선이 된다. 모든 열의 결합은 직선에 놓인다. 하지만 우변의 열은 다른

방향 $(1, 7)$에 있으므로 그 어떤 열의 선형결합도 우변을 만들 수 없다. 따라서 해가 없다.

이때 우변을 $(1,7)$에서 $(1,2)$로 바꾸면 선 위의 모든 점이 해가 된다. 해가 없었던 [예제 1]의 상황에서 **무수히 많은 해**를 갖는 [예제 2]의 상황으로 바뀐다.

예제 2 다음 연립방정식을 푼 다음 해를 살펴보자.

풀이

무수히 많은 해가 존재하는 실패이다. $b=(1,7)$을 $(1,2)$로 바꾸자.

$x-2y=1$	두 번째 방정식에서	$x-2y=1$	**너무 작은 피봇**
$2x-4y=2$	(첫 번째 방정식)$\times 2$를 뺀다.	$0y=0$	**너무 많은 해**

모든 y는 $0y=0$을 만족하며 오직 한 개의 방정식 $x-2y=1$이 존재한다. 미지수 y를 자유롭게 선택하면, x는 $x=1+2y$로 결정된다. 여기서는 $v=v_p+v_n$에서 특수해를 $v_p=(1, 0)$으로, 영공간의 해에 대한 직선을 $v_n=c(2, 1)$으로 해보자.

$$\textbf{완전해} \quad \begin{bmatrix} x \\ y \end{bmatrix} = \begin{bmatrix} 1 \\ 0 \end{bmatrix} + c\begin{bmatrix} 2 \\ 1 \end{bmatrix} = \textbf{특수해 } v_p + \textbf{영공간의 해 } v_n \qquad (1)$$

행 그림에서 두 직선은 일치한다. 이 직선 위의 모든 점 (x, y)는 두 개의 방정식을 모두 만족한다.

열 그림에서 $b=(1, 2)$는 1열과 같다. 따라서 우리는 $x=1$과 $y=0$을 선택할 수 있고, $x=0$과 $y=-\dfrac{1}{2}$을 선택할 수도 있다. (2열) $\times -\dfrac{1}{2}$은 b와 같다. 행 문제를 만족하는 모든 (x, y)는 열 문제를 만족한다.

실패 n개의 방정식에 대해서 n개의 피봇을 갖지 못하면 실패한다. 이 경우 행들이 결합되어 0인 행을 만든다.

성공 n개의 피봇을 가지면 성공한다. 하지만 이 경우 n개의 방정식을 서로 교환해야 할 수도 있다.

소거법은 세 번째 방법에서 잘못될 수도 있다. 하지만 여기서 이를 고칠 수 있다. 첫 번째 피봇 위치가 0을 포함한다고 하자. 피봇을 0으로 쓰지 않을 것이기 때문에 첫 번째 방정식에서 x를 포함하는 항이 없을 때, 우리는 이를 다음에 있는 방정식과 바꾼다.

예제 3 다음 연립방정식을 푼 다음 해를 살펴보자.

풀이

일시적으로 실패(피봇이 0)한다. 행을 교환하면 두 개의 피봇을 만든다.

$0x+2y=4$	두 방정식을	$3x-2y=5$
$3x-2y=5$	바꾸어라.	$2y=4$

새로운 시스템은 이미 삼각이다. [예제 3]은 이미 역대입법을 사용할 준비가 되었다. 마지막 방정식을 풀면 $y=2$가 되고, 첫 번째 방정식에 대입하면 $x=3$이 된다. 행 그림은 두 직선이 교차하는 평범한 형태이다. 열 그림도 열벡터들이 같은 방향에 있지 않아 평범한 형태이다. 피봇 3과 2도 평범하다. 하지만 이때 **행 교환**이 필요하다.

[예제 1]과 [예제 2]의 시스템은 **비가역**이었다. 즉, 두 번째 피봇이 없었다. [예제 3]은 **가역**이다. 다시 말해 완전한 피봇이 있고 정확히 한 개의 해가 존재한다. 비가역 방정식은 해를 갖지 않거나 무수히 많은 해를 갖는다. 해를 구하려면 피봇으로 나누어야 하기 때문에 피봇은 0이면 안 된다.

세 개의 미지수에 대한 세 개의 방정식

가우스 소거법(Gauss elimination)을 이해하려면 2×2 시스템을 넘어서야 한다. 이때 3×3 시스템은 규칙을 살펴보기에 충분하다. 이제 행렬은 열과 행의 개수가 같은 정사각행렬이다. 모든 단계에서 곱해지는 수가 분수가 아닌 정수인 3×3 시스템을 살펴보자.

$$\begin{aligned} \mathbf{2}x+4y-2z&=2 \\ 4x+9y-3z&=8 \\ -2x-3y+7z&=10 \end{aligned} \tag{2}$$

첫 번째 피봇은 굵은 **2**이다(왼쪽 위). 이 피봇 아래에 우리는 4를 소거하고자 하므로 처음 승수는 $4/2=2$이다. 피봇 방정식에 $l_{21}=2$를 곱한 다음 빼자. 뺄셈은 두 번째 방정식에서 $4x$를 소거한다.

■ 1단계 : 두 번째 방정식에서 (첫 번째 방정식)$\times2$를 빼자. 이는 $y+z=4$가 된다.

우리는 또한 $-2x$를 세 번째 방정식에서 소거하며 여전히 첫 번째 피봇을 사용한다. 빠른 방법은 세 번째 방정식에 첫 번째 방정식을 더하는 것이다. 그러면 $2x$가 $-2x$를 소거한다 (실제로는 더하지만 이 책에서 우리는 더한다고 하기 보단 뺀다고 할 것이다). 대칭적인 패턴은 곱하는 수 $l_{31}=-2/2=-1$을 갖는다. 방정식에 -1을 곱한 다음 빼는 것은 사실 더하는 것과 같다.

■ 2단계 : 세 번째 방정식에서 (첫 번째 방정식)$\times(-1)$을 빼자. 이는 $y+5z=12$를 남긴다.

새로운 두 개의 방정식에는 오직 y와 z만 나온다. 두 번째 피봇(굵은 글씨)는 1이다.

$$\textbf{x가 소거되었다.} \qquad \begin{aligned} 1y + 1z &= 4 \\ 1y + 5z &= 12 \end{aligned}$$

이로써 2×2 시스템이 되었다. 마지막 단계는 y를 소거해서 1×1 시스템으로 만드는 것이다.

■ 3단계 : 방정식 3_{new}에서 방정식 2_{new}을 빼자. 승수는 $1/1 = 1$이고, $4z = 8$가 된다. 원래의 $A\boldsymbol{v} = \boldsymbol{b}$는 위삼각 행렬 $U\boldsymbol{v} = \boldsymbol{c}$로 바뀌었다.

$$\begin{aligned} 2x + 4y - 2z &= 2 \\ 4x + 9y - 3z &= 8 \\ -2x - 3y + 7z &= 10 \end{aligned} \qquad \begin{gathered} A\boldsymbol{v} = \boldsymbol{b}\text{는} \\ U\boldsymbol{v} = \boldsymbol{c}\text{가 되었다.} \end{gathered} \qquad \begin{aligned} \mathbf{2}x + 4y - 2z &= 2 \\ \mathbf{1}y + 1z &= 4 \\ \mathbf{4}z &= 8 \end{aligned} \tag{3}$$

전진소거에 의해 A에서 U까지 완성되었으므로 우리는 목표를 달성하였다. 이때 **U의 대각성분인 2, 1, 4가 피봇이다.** 피봇인 1과 4는 원래 시스템에서는 숨어 있었는데, 소거법이 이들을 나타나게 했다. $U\boldsymbol{v} = \boldsymbol{c}$는 (아주 빠른) **역대입법**을 적용할 수 있다.

$4z = 8$은 $z = 2$가 된다 → $y + z = 4$에서 $y = 2$가 된다 → 첫 번째 방정식에서 $x = -1$이 된다

해는 $(x, y, z) = (-1, 2, 2)$이다. 행 그림은 세 개의 방정식에 대해 세 개의 평면을 가지며 평면들은 모두 해를 지난다. 이 그림은 그리기 쉽지 않다(더 큰 시스템에서는 불가능한 일이다).

열 그림은 우변의 $\boldsymbol{b}$를 만드는 열벡터의 선형결합 $A\boldsymbol{v}$를 보여준다. 선형결합에서의 계수는 -1, 2, 2(해)이다.

$$A\boldsymbol{v} = (-1)\begin{bmatrix} 2 \\ 4 \\ -2 \end{bmatrix} + \mathbf{2}\begin{bmatrix} 4 \\ 9 \\ -3 \end{bmatrix} + \mathbf{2}\begin{bmatrix} -2 \\ -3 \\ 7 \end{bmatrix} \text{은 } \begin{bmatrix} 2 \\ 8 \\ 10 \end{bmatrix} = \boldsymbol{b}\text{와 같다.} \tag{4}$$

$A\boldsymbol{v} = \boldsymbol{b}$에서 1열, 2열, 3열에 각각 수 x, y, z를 곱한다. 이는 삼각 행렬 $U\boldsymbol{v} = \boldsymbol{c}$에서도 마찬가지이다.

4×4 문제 혹은 $n \times n$ 문제에서 소거법은 동일한 방법으로 진행한다. 다음은 소거법이 성공할 때, A에서 U까지 열 순서대로 가는 원리의 전체를 나타낸 것이다.

> 1열 : 첫 번째 방정식을 사용하여 첫 번째 피봇 아래에 0을 만들어라.
> 2열 : 새로운 두 번째 방정식을 이용하여 두 번째 피봇 아래에 0을 만들어라.
> 3열에서 n까지 : 계속하면 모든 n개의 피봇을 찾고, 삼각 행렬 U를 찾을 수 있다.

$$\text{2열 이후 우리는 } \begin{bmatrix} \boldsymbol{x} & x & x & x \\ 0 & \boldsymbol{x} & x & x \\ 0 & 0 & x & x \\ 0 & 0 & x & x \end{bmatrix} \text{를 얻고, } U = \begin{bmatrix} \boldsymbol{x} & x & x & x \\ & \boldsymbol{x} & x & x \\ & & \boldsymbol{x} & x \\ & & & \boldsymbol{x} \end{bmatrix} \text{를 구할 수 있다.} \tag{5}$$

전진소거법을 시행하면 위삼각 시스템이 된다. 행렬은 전체 n개의 피봇(0이 되면 안 된다)이 존재할 때만 가역일 것이다.

다음은 역대입법을 이용해 원래 $A\boldsymbol{v}=\boldsymbol{b}$와 삼각 시스템 $U\boldsymbol{v}=\boldsymbol{c}$와 해 $\boldsymbol{v}=(x, y, z)$를 보여주기 위한 마지막 예이다.

$$\begin{array}{l} x+\ \ y+\ \ z=6 \\ x+2y+2z=9 \quad \text{앞} \\ x+2y+3z=10 \ \text{앞} \end{array} \qquad \begin{array}{r} x+y+z=6 \\ y+z=3 \\ z=1 \end{array} \qquad \begin{bmatrix} x \\ y \\ z \end{bmatrix}=\begin{bmatrix} 3 \\ 2 \\ 1 \end{bmatrix} \begin{array}{l} \text{뒤} \\ \text{뒤} \\ \ \end{array}$$

모든 승수는 1이고 모든 피봇은 1이며 모든 평면은 해 $\boldsymbol{v}=(3,2,1)$에서 만난다. A의 열들은 계수 3, 2, 1과 결합하여 $\boldsymbol{b}=(6,9,10)$이 된다.

$$A\boldsymbol{v}=\begin{bmatrix} 1 & 1 & 1 \\ 1 & 2 & 2 \\ 1 & 2 & 3 \end{bmatrix}\begin{bmatrix} 3 \\ 2 \\ 1 \end{bmatrix}=3\begin{bmatrix} 1 \\ 1 \\ 1 \end{bmatrix}+2\begin{bmatrix} 1 \\ 2 \\ 2 \end{bmatrix}+1\begin{bmatrix} 1 \\ 2 \\ 3 \end{bmatrix}=\begin{bmatrix} 6 \\ 9 \\ 10 \end{bmatrix}$$

수 6, 9, 10은 **내적**의 결과값이다. 예를 들어 처음 수 6은 첫 행 $(1,1,1)$과 $\boldsymbol{v}=(3,2,1)$의 내적이다.

Q_ 세 번째 방정식에서 어떤 계수 z가 시스템을 비가역으로 만드는가?

A_ **만약 $3z$가 $2z$로 바뀌면 세 번째 피봇은 1에서 0으로 바뀔 것이다. 그러면 행 그림에서의 평면들은 공통으로 갖는 점이 존재하지 않게 된다.**

새로운 $A\boldsymbol{v}=\boldsymbol{b}$에 해는 없다. 열 그림에서 세 개의 열은 같은 평면에 놓이지만, $\boldsymbol{b}=(6,9,10)$은 그 평면 위에 있지 않을 것이다. 따라서 만약 세 번째 열이 $(1,2,2)$가 된다면 $\boldsymbol{b}$는 열의 선형결합이 아니다. 이 예에서 3열은 2열과 같아진다. 즉, 이 경우 3열은 쓸모가 없다. 우리는 **독립적인** 열을 원한다.

Q_ 두 번째 방정식에서 y의 어떤 계수가 처음 소거 단계 이후 0이 되는가? 시스템이 비가역이 되는가?

A_ (예를 들어) 두 번째 방정식을 $x+y+2z=7$로 바꾸자. y의 계수는 이제 1이다. 첫 번째 방정식을 빼면 $0y+z=3$이 남는다. **이제 우리는 두 번째 방정식과 세 번째 방정식을 교환할 수 있다.** 이 시스템은 가역이다. 방정식이 잘못된 순서로 있다는 것 외에 다른 문제가 없기 때문이다.

4.2 요약

1. 선형 시스템 $A\boldsymbol{v}=\boldsymbol{b}$는 소거법에 의해 위삼각 행렬($U\boldsymbol{v}=\boldsymbol{c}$)이 된다.
2. 방정식 i에서 (방정식 j)$\times l_{ij}$를 빼서 (i, j) 성분을 0으로 만든다.
3. **곱하는 수는** $l_{ij}=\dfrac{i\text{행에서 소거할 성분}}{j\text{행의 피봇}}$이다. 피봇은 0이 아닐 수 있다!
4. 피봇이 0일 때, 이 피봇 밑에 0이 아닌 성분이 있으면 0인 피봇은 바뀔 수 있다.
5. 역대입법으로 위삼각 행렬을 풀 수 있다(아래에서 위로).
6. 실패가 무조건적이면, 시스템은 해가 없거나 무수히 많은 해를 갖는다.

4.2 연습문제

01~10 다음은 2×2 시스템에서의 소거에 관한 문제이다.

01 첫 번째 방정식에 어떤 수 l_{21}이 곱한 다음 두 번째 방정식에서 빼야 하는가?

$$2x+3y=1$$
$$10x+9y=11$$

이 단계 이후 역대입법을 사용해 삼각 시스템을 풀어라. $x\times(2,10)$과 $y\times(3,9)$의 합이 $(1,11)$이 됨을 확인하라. 만약 우변이 $(4,44)$로 바뀐다면, 새로운 해는 무엇인가?

02 $A\boldsymbol{v}=\boldsymbol{b}$와 $A\boldsymbol{w}=\boldsymbol{c}$의 해 $\boldsymbol{v}$와 $\boldsymbol{w}$에 대하여 $A\boldsymbol{u}=\boldsymbol{b}+\boldsymbol{c}$의 해 $\boldsymbol{u}$는 무엇인가? $A\boldsymbol{U}=3\boldsymbol{b}+4\boldsymbol{c}$의 해 $\boldsymbol{U}$는 무엇인가? (우리는 선형 미분방정식에서 **중첩**[superposition]을 보았다. 이는 모든 선형 방정식에 같은 방법으로 사용된다.)

03 첫 번째 방정식의 몇 배를 한 후 두 번째 방정식에서 빼야 하는가?

$$2x-4y=6$$
$$-x+5y=0$$

이 소거법을 한 후 삼각 시스템을 풀어라. 만약 우변이 $(-6,0)$으로 바뀐다면 새로운 해는 무엇인가?

04 cx를 소거하기 위해 첫 번째 방정식에 어떤 수 l이 곱한 다음 두 번째 방정식에서 빼야 하는가?

$$ax+by=f$$
$$cx+dy=g$$

첫 번째 피봇은 a이다(0이 아니라고 하자). 소거법은 어떤 공식으로 두 번째 피봇을 얻는가? 두 번째 피봇은 $ad=bc$일 때 빠져 있으며 이는 비가역인 경우이다.

05 다음 시스템이 해를 갖지 않도록 우변을 선택하라. 또한, 무수히 많은 해를 갖도록 우변을 선택하고, 이러한 해들 중 두 개를 구하라.

가역 시스템 $\quad \begin{aligned} 3x+2y&=10 \\ 6x+4y&= \end{aligned}$

06 비가역 시스템이 되도록 상수 b를 선택하고 우변 g를 골라서 이를 풀 수 있게 하라. 비가역인 경우 두 개의 해를 찾아라.

$$2x+by=16$$
$$4x+8y=g$$

07 어떤 a에 대해 소거가 (a) 무조건적으로 또는 (b) 일시적으로 실패하는가?

$$ax + 3y = -3$$
$$4x + 6y = 6$$

일시적인 실패를 행 교환으로 고친 후 x와 y에 대해 풀어라.

08 소거법이 실패하는 수 k를 3개 찾아라. 행 교환을 하면 어느 부분이 수정되는가? 이러한 세 가지 경우에 대해 해의 개수는 $0,\ 1,\ \infty$ 중 어디에 해당하는가?

$$kx + 3y = 6$$
$$3x + ky = -6$$

09 다음 두 방정식이 해를 갖도록 하는 b_1, b_2에 관한 판정법은 무엇인가? 이들은 얼마나 많은 해를 갖는가? $\boldsymbol{b} = (1, 2)$와 $(1, 0)$에 대해 열 그림을 그려라.

$$3x - 2y = b_1$$
$$6x - 4y = b_2$$

10 xy 평면에서 두 직선 $x + y = 5$, $x + 2y = 6$과 소거법 후 얻을 수 있는 방정식 $y =$ ___을 그려라. $c =$ ___일 때, 직선 $5x - 4y = c$는 이 직선들을 지나간다.

---

11 **(추천)** 선형 방정식의 시스템은 해가 정확히 2개일 수 없다. 만약 (x, y)와 (X, Y)가 $A\boldsymbol{v} = \boldsymbol{b}$에 대한 두 개의 해라면 다른 해는 무엇인가?

12~20 다음은 3×3 시스템에서의 소거(그리고 가능한 실패)에 관한 문제이다.

12 이 시스템을 두 번의 행 연산으로 위삼각 행렬 형태로 줄여라. 또한 피봇을 순환시켜라. 그리고 역대입법으로 $z,\ y,\ x$를 풀어라.

$$\begin{aligned} & 2x + 3y + z = 8 \\ x\ \text{소거} \rightarrow \quad & 4x + 7y + 5z = 20 \\ y\ \text{소거} \rightarrow \quad & -2y + 2z = 0 \end{aligned}$$

13 소거를 적용해라(피봇을 순환하라). 그리고 역대입법으로 다음을 풀어라.

$$\begin{aligned} 2x - 3y \quad &= 3 \\ 4x - 5y + z &= 7 \\ 2x - y - 3z &= 5 \end{aligned}$$

다음 세 행 연산의 빈칸을 채워라.

_____행 - _____×_____행

14 행 교환을 필요로 하는 수 d는 무엇인가? 그 d에 대해 (가역인) 삼각 시스템은 무엇인가? 시스템을 비가역(세 번째 피봇이 없다)으로 만드는 d는 무엇인가?

$$\begin{aligned} 2x + 5y + z &= 0 \\ 2x + dy + z &= 2 \\ y - z &= 3 \end{aligned}$$

15 나중에 행 교환을 하게 되는 수 b는 무엇인가? 행 교환으로 고칠 수 없는 비가역 문제로 만드는 수 b는 무엇인가? 비가역인 경우 0이 아닌 해 $x,\ y,\ z$를 구하라.

$$\begin{aligned} x + by \quad &= 0 \\ x - 2y - z &= 0 \\ y + z &= 0 \end{aligned}$$

16 (a) 삼각 형태에 도달하기 위해 두 번의 행 교환을 필요로 하는 3×3 시스템을 만들어라.

(b) 피봇 2에 대해 행 교환을 필요로 하지만 피봇 3이 실패하는 3×3 시스템을 만들어라.

17 만약 1행과 2행이 같다면 여러분은 소거(행 교환이 가능할 때)를 얼마나 할 수 있는가? 만약 1열과 2열이 같다면 어떤 피봇이 없는가?

$$\text{같은 행}\ \begin{aligned} 2x - y + z &= 0 \\ 2x - y + z &= 0 \\ 4x + y + z &= 2 \end{aligned} \qquad \begin{aligned} 2x + 2y + z &= 0 \\ 4x + 4y + z &= 0 \\ 6x + 6y + z &= 2 \end{aligned}\ \text{같은 열}$$

18 왼쪽에 9개의 다른 계수를 갖지만 소거로 인해 2행과 3행이 0이 되는 3×3 행렬을 만들어라. $\boldsymbol{b} = (1, 10, 100)$일 때와 $\boldsymbol{b} = (0, 0, 0)$일 때 얼마나 많은 해를 가지는가?

19 이 시스템을 비가역으로 만드는 수 q는 무엇인가? 또한, 이를 무수히 많은 해를 갖게 하는 우변의 t는 무엇인가? $z = 1$인 해를 찾아라.

$$\begin{aligned} x + 4y - 2z &= 1 \\ x + 7y - 6z &= 6 \\ 3y + qz &= t \end{aligned}$$

20 세 평면은 어떤 두 평면도 평행하지 않으면서 세 평면의 교점이 없을 수도 있다. 이 시스템은 만약 3행이 처음 두 행의 결합이면 비가역이다. $x + y + z = 0$, $x - 2y - z = 1$과 함께 풀 수 없는 세 번째 방정식을 찾아라.

21 시스템 $A\boldsymbol{v}=\boldsymbol{b}$와 $S\boldsymbol{w}=\boldsymbol{b}$에 대해 피봇과 해를 찾아라.

$$\begin{aligned} 2x+y\quad\quad &=0 \\ x+2y+z\quad &=0 \\ y+2z+t &=0 \\ z+2t &=5 \end{aligned}\qquad\qquad \begin{aligned} 2x-y\quad\quad &=0 \\ -x+2y-z\quad &=0 \\ -y+2z-t &=0 \\ -z+2t &=5 \end{aligned}$$

22 [연습문제 21]을 1, 2, 1 패턴이나 $-1,\ -2,\ -1$ 패턴을 따르게 확장할 때, 다섯 번째 피봇은 무엇인가? n번째 피봇은 무엇인가?

23 만약 소거가 $x+y=1,\ 2y=3$으로 이끌 때, 가능한 원래 문제를 3개 찾아라.

24 어떤 두 개의 수 a에 대해 $A=\begin{bmatrix} a & 2 \\ a & a \end{bmatrix}$에서 소거법이 실패하는가?

25 소거가 세 개의 피봇을 주는 데 실패하는 수 a 세 개를 구하여라.

$A=\begin{bmatrix} a & 2 & 3 \\ a & a & 4 \\ a & a & a \end{bmatrix}$는 세 값의 a에 대해 비가역이다.

26 행의 합이 4와 8이고, 열의 합이 2와 s인 다음 행렬을 보아라.

행렬 $=\begin{bmatrix} a & b \\ c & d \end{bmatrix}\qquad \begin{matrix} a+b=4 & a+c=2 \\ c+d=8 & b+d=s \end{matrix}$

네 개의 방정식은 $s=$_____이어야만 풀 수 있다. 그때 올바른 행과 열의 합을 가진 다른 두 행렬을 찾아라. 추가로, $\boldsymbol{v}=(a,b,c,d)$일 때, $A\boldsymbol{v}=(4,8,2,s)$인 4×4 시스템을 적어라. 그리고 소거법으로 A를 삼각 행렬로 만들어라.

27 다음의 '아래삼각' 시스템에 대해 소거를 하면 어떤 행렬 U와 어떤 해 (x,y,z)를 얻는가? 우리는 실제로 전진대입으로 풀고 있다.

$$\begin{aligned} 3x\qquad\quad &=3 \\ 6x+2y\quad &=8 \\ 9x-2y+z &=9 \end{aligned}$$

28 행렬 A를 알고 있을 때, 새로운 2행이 (원래의 2행) $-3\times$(1행)이 되도록하는 A(2,:) = ...인 MATLAB 명령어를 만들어라.

29 A의 마지막 모서리 성분이 $A(5,5)=11$이고, A의 마지막 피봇이 $U(5,5)=4$일 때, 어떤 다른 성분 $A(5,5)$가 A를 비가역으로 만드는가?

30 **(도전)** A를 U까지 행 교환을 하지 않고 소거법을 진행한다고 하자. 그러면 U의 i행은 A의 어떤 행들의 선형결합인가? 만약 $A\boldsymbol{v}=\boldsymbol{0}$이면 $U\boldsymbol{v}=\boldsymbol{0}$인가? 그리고, $A\boldsymbol{v}=\boldsymbol{b}$이면 $U\boldsymbol{v}=\boldsymbol{b}$인가?

31 **(도전)** 100개의 미지수 $\boldsymbol{v}=(v_1,\cdots,v_{100})$에 대해 100개의 방정식인 $A\boldsymbol{v}=\boldsymbol{0}$으로 시작하자. 소거법을 통해 100번째 방정식이 $0=0$으로 줄어든다고 하자. 따라서 시스템은 '비가역'이다.

(a) 소거는 행의 선형결합을 취한다. 따라서 이 비가역 시스템은 비가역 성질을 갖는다. 어떤 100개의 **행들**의 선형결합은 _____이다.

(b) 비가역 시스템 $A\boldsymbol{v}=\boldsymbol{0}$은 무수히 많은 해를 갖는다. 이는 100개의 **열들**의 어떤 선형결합이 _____라는 것을 의미한다.

(c) 0을 성분으로 갖지 않는 100×100 행렬을 만들어라.

(d) 여러분의 행렬에 대해 $A\boldsymbol{v}=\boldsymbol{0}$의 행 그림과 열 그림을 말로 설명하라. 100차원 공간을 그릴 필요는 없다.

4.3 행렬의 곱셈

이전 절에서 우리는 행렬 A와 열벡터 $\boldsymbol{v}$를 어떻게 곱하는지 살펴보았다. 이제 행렬 A와 행렬 B를 곱하고 싶다(행렬-행렬 곱).

> **A를 B의 각 열과 곱해서 AB의 열을 얻자.**
> **AB의 i행과 j열의 성분은 (A의 i행) · (B의 j열)이다.**

만약 B가 오직 한 개의 열(이를 $\boldsymbol{v}$라고 하자)로 이루어졌다면 앞에서 학습한 행렬-벡터 곱과 같다. B가 n개의 열을 가지면 AB도 n개의 열을 갖는다. 행렬의 크기에 관한 법칙은 내적을 가능하게 한다.

> **법칙** A의 열의 개수는 B의 행의 개수와 같아야 한다.

[그림 4-8]은 행렬의 곱 AB에서 일반적인 (i행) · (j열)을 보여준다.

$$\begin{bmatrix} & * & & \\ a_{i1} & a_{i2} & \cdots & a_{i5} \\ & * & & \\ & * & & \end{bmatrix} \begin{bmatrix} * & * & b_{1j} & * & * & * \\ & & b_{2j} & & & \\ & & \vdots & & & \\ & & b_{5j} & & & \end{bmatrix} = \begin{bmatrix} & & * & & & \\ * & * & (AB)_{ij} & * & * & * \\ & & * & & & \\ & & * & & & \end{bmatrix}$$

A는 4×5 B는 5×6 AB는 4×6

[그림 4-8] $i=2$이고 $j=3$이면 $(AB)_{23}$은 (A의 2행) · (B의 3열)이다.

일반적으로 AB와 BA는 완전히 다르다. 또한 A와 B가 같은 크기의 정사각행렬이 아닌 이상 AB와 BA는 다른 형태를 갖는다. 하지만 심지어 BA의 왼쪽 맨 위 모서리는 AB의 왼쪽 맨 위 모서리와 아무 관련이 없다($BA \neq AB$).

왼쪽 맨 위 (B의 1행) · (A의 1열) $\neq$ (A의 1행) · (B의 1열)

예제 1 A는 두 개의 열, B는 두 개의 행을 가질 때, AB로 곱할 수 있다.

$$A_{2\times 2}B_{2\times 3} = (AB)_{2\times 3} \qquad \begin{bmatrix} a & b \\ c & d \end{bmatrix}\begin{bmatrix} 1 & 0 & \mathbf{1} \\ 0 & 1 & \mathbf{1} \end{bmatrix} = \begin{bmatrix} a & b & \mathbf{a+b} \\ c & d & \mathbf{c+d} \end{bmatrix}$$

B의 3열은 $(1, 1)$이다. 그러면 AB의 3열은 A와 $(1, 1)$의 곱이다.

예제 2 다음 B는 3×3 **항등 행렬**($B=I$)이다.

$$\textbf{B = 단위행렬 } I \quad \textbf{AI = A 크기가 맞을 때} \qquad \begin{bmatrix}1&1&1\\1&2&2\\1&2&3\end{bmatrix}\begin{bmatrix}1&0&0\\0&1&0\\0&0&1\end{bmatrix}=\begin{bmatrix}1&1&1\\1&2&2\\1&2&3\end{bmatrix}$$

답의 첫 번째 열은 A와 $B=I$의 첫 번째 열 $(1,0,0)$의 곱이다. 이는 그저 A의 첫 번째 행을 다시 나타낼 뿐이다. 마찬가지로 A의 각 열은 AI에서 바뀌지 않는다.

이제 IB처럼 항등 행렬을 먼저 곱해보자. 곱셈은 모든 B($B=A$를 포함하여)에 대해 $IB=B$가 된다. 여기서 우리는 AI와 IA가 일치하는 특수한 경우를 얻는다. 만약 A가 임의의 정사각행렬이고, I가 이와 같은 크기를 가지면 $\boldsymbol{AI=IA=A}$이다.

예제 3 다른 특별한 행렬은 **$\boldsymbol{A}$의 역행렬**이다. 이 행렬 B는 A^{-1}이라고 쓴다.

$$A\textbf{와 } A^{-1}\textbf{의 곱은 } I\textbf{이다.} \qquad \begin{bmatrix}1&1&1\\1&2&2\\1&2&3\end{bmatrix}\begin{bmatrix}2&-1&0\\-1&2&-1\\0&-1&1\end{bmatrix}=\begin{bmatrix}1&0&0\\0&1&0\\0&0&1\end{bmatrix}$$

A의 행과 A^{-1}의 열의 내적은 1 또는 0이다. A^{-1}와 A의 곱도 I이다.

A^{-1}을 찾으려면 4.4절까지 봐야 한다(이는 긴 계산이다). 당장 가능할지라도 A^{-1}의 계산을 피하고자 한다. 좋은 선형대수학 코드도 나중에 소개하겠다.

행렬의 곱의 핵심은 $(AB)C=A(BC)$라는 것이다. (1)

행렬 A, B, C를 곱하려면 일단 이들을 순서대로 놓아야 한다. 하지만 AB나 BC 중 먼저 곱할 것을 결정할 수 있다. 즉, 세 개의 행렬의 곱에서 괄호는 움직일 수 있고, 삭제할 수도 있다.

예제 4 A와 C가 3×1 행렬(열벡터)이고, B가 1×3 행렬(행벡터)라고 하자. $(AB)C$와 $A(BC)$를 계산하고, 두 곱을 비교하라.

풀이

BC는 1×3 행렬과 3×1 행렬의 곱인 1×1 행렬이다. 다음과 같이 하나의 내적으로부터 하나의 수 d가 나온다.

$$A\textbf{와 } BC\textbf{의 곱} \qquad \begin{bmatrix}a_1\\a_2\\a_3\end{bmatrix}\left(\begin{bmatrix}b_1\ b_2\ b_3\end{bmatrix}\begin{bmatrix}c_1\\c_2\\c_3\end{bmatrix}\right)=\begin{bmatrix}a_1d\\a_2d\\a_3d\end{bmatrix} \tag{2}$$

한편 AB는 3×1 행렬과 1×3 행렬의 곱인 3×3 행렬이다. 이 AB는 꽉 찬 크기의 행렬이다!

$$\textbf{AB와 C의 곱} \qquad \left(\begin{bmatrix} a_1 \\ a_2 \\ a_3 \end{bmatrix}\begin{bmatrix} b_1 \, b_2 \, b_3 \end{bmatrix}\right)\begin{bmatrix} c_1 \\ c_2 \\ c_3 \end{bmatrix} = \begin{bmatrix} a_1b_1 & a_1b_2 & a_1b_3 \\ a_2b_1 & a_2b_2 & a_2b_3 \\ a_3b_1 & a_3b_2 & a_3b_3 \end{bmatrix}\begin{bmatrix} c_1 \\ c_2 \\ c_3 \end{bmatrix} \tag{3}$$

만약 AB의 첫 번째 행과 C를 곱하면 a_1d가 된다. 마찬가지로 다른 행을 C와 곱하면 a_2d와 a_3d가 된다. 따라서 **방정식 (3)의** $(AB)C$**는 방정식 (2)의** $A(BC)$**와 같다.**

행렬의 연산법칙

행렬이 따르지 않는 법칙을 강조하면서 행렬이 만족하는 6가지 법칙을 살펴보자. 행렬은 정사각형 또는 직사각형 형태가 될 수 있다. 그리고 $A+B$를 포함하는 법칙은 모두 간단하며, 행렬의 덧셈은 모두 이 법칙을 따른다. 다음은 세 가지 덧셈 법칙이다.

$$A+B=B+A \qquad \text{(교환법칙)}$$
$$c(A+B)=cA+cB \qquad \text{(분배법칙)}$$
$$A+(B+C)=(A+B)+C \qquad \text{(결합법칙)}$$

곱셈에 대해서는 다음 세 가지 법칙이 더 성립한다. 하지만 $AB=BA$는 다음 중 한 법칙을 따르지 않는다.

$$\boldsymbol{AB \neq BA} \qquad \text{(교환법칙은 보통 성립하지 않는다)}$$
$$A(B+C)=AB+AC \qquad \text{(왼쪽에서의 분배법칙)}$$
$$(A+B)C=AC+BC \qquad \text{(오른쪽에서의 분배법칙)}$$
$$\boldsymbol{A(BC)=(AB)C} \qquad \text{(}ABC\text{에 대한 결합법칙)(\textbf{괄호는 의미가 없다})}$$

A와 B가 정사각행렬이 아닐 때, AB와 BA의 크기는 다르다. 이 두 행렬은 같을 수 없다. 심지어 두 곱셈이 모두 허용된다 할지라도 말이다. 정사각행렬에 대한 거의 대부분의 예에서는 AB와 BA가 다르다는 것을 볼 수 있다.

$$AB=\begin{bmatrix} 0 & 0 \\ 1 & 0 \end{bmatrix}\begin{bmatrix} 0 & 1 \\ 0 & 0 \end{bmatrix}=\begin{bmatrix} 0 & 0 \\ 0 & \mathbf{1} \end{bmatrix} \qquad BA=\begin{bmatrix} 0 & 1 \\ 0 & 0 \end{bmatrix}\begin{bmatrix} 0 & 0 \\ 1 & 0 \end{bmatrix}=\begin{bmatrix} \mathbf{1} & 0 \\ 0 & 0 \end{bmatrix}$$

AI가 IA가 되는 것은 참이다. 모든 정사각행렬은 I를 포함한 모든 cI와 곱했을 때, 교환법칙이 성립한다. 즉, 오직 이 cI들만이 다른 모든 행렬들과 교환된다.

법칙 $A(B+C)=AB+AC$는 한 번에 한 열씩 증명한다. 첫 번째 열의 $A(\boldsymbol{b}+\boldsymbol{c})=A\boldsymbol{b}+A\boldsymbol{c}$로 시작하자. 이는 모든 것의 핵심인 선형성[linearity]이다. 더 이상의 설명은 생략하겠다.

행렬의 거듭제곱

'$A=B=C=$정사각행렬'인 특수한 경우를 살펴보자. 그러면 A와 A^2을 곱한 것은 A^2과 A를 곱한 것과 같다. 어떤 순서로 곱해도 결과는 A^3이다. 행렬의 거듭제곱 A^p은 수에서와 같은 법칙을 따른다.

$$A^p = AAA \cdots A(p\text{개의 인자}) \qquad (A^p)(A^q) = A^{p+q} \qquad (A^p)^q = A^{pq}$$

이는 지수에 대한 일반적인 법칙이다. A^3과 A^4의 곱은 A^7이다(7개의 인자 A). A^3을 네제곱하면 A^{12}이다(12개의 인자 A). A가 역행렬 A^{-1}인 '-1 거듭제곱'일 때와 같이 p와 q가 0이거나 음수일 때도 이 법칙들은 여전히 유효하다. 그러면 $A^0=I$는 항등 행렬이다(인자가 없다).

수에 대해 a^{-1}은 $1/a$이다. 행렬에서 역행렬은 A^{-1}로 쓰인다(이는 절대로 I/A가 아니다. 하지만 역슬래시 $A\backslash I$는 MATLAB에서 허용된다). $a=0$을 제외한 모든 수는 역을 갖는다. A가 역행렬을 갖는지 결정하는 것은 선형대수학에서 중요한 문제이다. 이 절은 언제 A와 B를 곱하고, 어떻게 곱하는지 알려주는 행렬에 대한 사전과 같다.

소거 행렬

이제 우리는 소거와 행렬에 대한 두 가지 원리를 합쳐보려 한다. 목표는 모든 소거의 단계를 최대한 명확하게 표현하는 것이다. 이제 행렬 E를 사용하여 어떻게 i행에서 승수 l_{ij}와 j행의 곱을 빼는지 살펴보자. 소거 행렬^elimination matrix E에 열벡터 $\boldsymbol{b}$를 곱한다.

$$b_2\textbf{에서 } 2b_1\textbf{을 빼자.} \qquad E\boldsymbol{b} = \begin{bmatrix} 1 & 0 & 0 \\ \mathbf{-2} & \mathbf{1} & 0 \\ 0 & 0 & 1 \end{bmatrix} \begin{bmatrix} b_1 \\ b_2 \\ b_3 \end{bmatrix} = \begin{bmatrix} b_1 \\ \boldsymbol{b_2 - 2b_1} \\ b_3 \end{bmatrix} \tag{4}$$

$A\boldsymbol{v}=\boldsymbol{b}$의 한쪽 변에서 하는 것은 반대쪽 변에도 동일하게 해야 한다. 소거는 양변에 E를 곱하는 것이다. 좌변에서 우리는 행 연산을 볼 수 있다.

$$EA = \begin{bmatrix} 1 & 0 & 0 \\ \mathbf{-2} & \mathbf{1} & 0 \\ 0 & 0 & 1 \end{bmatrix} \begin{bmatrix} 1\text{행} \\ 2\text{행} \\ 3\text{행} \end{bmatrix} = \begin{bmatrix} 1\text{행} \\ \mathbf{2\text{행} - 1\text{행}} \\ 3\text{행} \end{bmatrix} \tag{5}$$

EA는 소거 첫 번째 단계 이후의 행렬일 것이다. 2행 1열 위치에서 0을 만들기 위해 승수 2를 선택한다. 행렬 E의 이름은 E_{21}이다. 왜냐하면 이는 원래의 성분 a_{21}을 제거하여 0을 남기기 때문이다.

소거의 다음 단계는 행렬 E_{31}(a_{31}자리에 0을 만든다)로부터 온다. 그러면 E_{32}는 승수 l_{32}를 사용하여 3행 2열을 0으로 만든다. 종합하면, 행렬 A에서 위삼각 행렬 U로의 세 단계는 세 개의 소거 행렬을 통해 이루어진다.

행렬로 소거 A는 $E_{32}E_{31}E_{21}A=U$(위삼각 행렬)가 된다.

우변에도 동일한 연산을 해야 한다. 즉, $E_{32}E_{31}E_{21}\boldsymbol{b}$는 새로운 벡터 $\boldsymbol{c}$가 된다. 그러면 역대입법을 사용해 $U\boldsymbol{v}=\boldsymbol{c}$를 풀 수 있다.

예제 5 승수 $l_{21}=c/a$를 선택한 다음 $E=E_{21}$을 사용하여 U_{21}을 0으로 만들어라.

풀이

$$EA=\begin{bmatrix}1 & 0\\ -\boldsymbol{c/a} & 1\end{bmatrix}\begin{bmatrix}a & b\\ c & d\end{bmatrix}=\begin{bmatrix}a & b\\ 0 & d-(c/a)b\end{bmatrix}=U \tag{6}$$

(c/a와 U의 1행을 곱한 후) U의 2행을 **더해서** 위 소거를 취소하라.

$$E^{-1}U=\begin{bmatrix}1 & 0\\ \boldsymbol{c/a} & 1\end{bmatrix}\begin{bmatrix}a & b\\ 0 & d-(c/a)b\end{bmatrix}=\begin{bmatrix}a & b\\ c & d\end{bmatrix}=A$$

따라서 $U=EA$이고 $A=E^{-1}U$이다. 우리는 이를 주로 $A=LU$로 쓴다.

AB를 곱하는 네 가지 방법

AB를 계산하는 네 가지 방법에 대해 설명하면서 이 절을 마무리하고자 한다. 네 가지 방법의 답은 모두 동일하므로 결국 우리는 같은 계산을 하는 셈이다. 하지만 각 단계들을 서로 다른 관점에서 살펴보자.

1. (A의 행)과 (B의 열)의 곱 (내적)
2. A와 (B의 열)의 곱 (행렬-벡터 곱)
3. (A의 행)과 B의 곱 (벡터-행렬 곱)
4. (A의 열)과 (B의 행)의 곱 (n개의 열$\times$행 행렬을 더한다)

AB의 위 모서리의 1, 1을 보자. 보통의 방법은 내적이다.

$$(A\text{의 1행})\cdot(B\text{의 1열})=(AB)_{11}=a_{11}b_{11}+a_{12}b_{21}+\cdots+a_{1n}b_{n1} \tag{7}$$

방법 2와 방법 3은 AB에서 각 성분의 내적이 같다. 다음은 열과 행을 곱하는 방법 4이다.

$$(A\text{의 1열})(B\text{의 1행})=\begin{bmatrix}a_{11}\\ a_{21}\\ \cdot\end{bmatrix}\begin{bmatrix}b_{11} & b_{12} & \cdot\end{bmatrix}=\begin{bmatrix}a_{11}b_{11} & \cdot & \cdot\\ \cdot & \cdot & \cdot\\ \cdot & \cdot & \cdot\end{bmatrix} \tag{8}$$

열과 행을 곱한 다음 행렬은 (A의 2열)(B의 2행)이다. 이는 왼쪽 위 모서리에서 $a_{12}b_{21}$로 시작한다. 우리는 A의 j열과 B의 j행을 곱할 때, $a_{1j}b_{j1}$을 얻을 수 있다. 이 간단한 행렬들을 더하는 것은 왼쪽 위 모서리에서 정확한 내적($a_{1j}b_{j1}$의 합들)을 만들어낸다. 그리고 이는 AB의 모든 성분에서 똑같다.

A와 B가 각각 $n \times n$ 행렬일 때, AB도 $n \times n$ 행렬이다. 이는 n^2개의 내적을 포함하므로 n^3개의 서로 다른 곱셈을 해야 한다. $n = 100$인 행렬에 대해 이는 백만 개의 곱셈이지만 이는 아무 문제가 되지 않는다. 컴퓨터를 사용해 계산하면 1초 밖에 걸리지 않는다. A가 $m \times n$ 행렬일 때, 그리고 B가 $n \times p$ 행렬일 때, 곱 AB는 $m \times p$ 행렬이다. 이는 mp개의 내적을 포함하므로 mnp개의 서로 다른 곱셈을 해야 한다. $n = 10000$인 행렬은 10^{12}개의 곱셈을 해야 한다. 코드를 사용하면 가능한 한 꽉 찬 행렬을 곱하는 것을 피하고 특히 대부분의 성분이 0인 **성긴 행렬**sparse matrix에 집중하여 0을 곱함으로써 시간을 절약한다.

4.3 연습문제

01~16 다음은 행렬의 곱의 법칙에 관한 문제이다.

01 A는 3×5, B는 5×3, C는 5×1, D는 3×1이다. 이때 각 행렬의 모든 성분은 1이다. 다음 중 연산이 가능한 행렬은 무엇이고, 그 결과는 무엇인가?

$BA \qquad AB \qquad ABD \qquad DBA \qquad A(B+C)$

02 [연습문제 01]의 행렬에서 어떤 행, 열 또는 행렬을 곱해서 다음을 찾을 수 있는가?

(a) AB의 세 번째 열

(b) AB의 첫 번째 행

(c) AB의 3행 4열

(d) CDE의 1행 1열

03 AB를 AC에 더한 후 $A(B+C)$와 비교하라.

$$A = \begin{bmatrix} 1 & 5 \\ 2 & 3 \end{bmatrix} \qquad B = \begin{bmatrix} 0 & 2 \\ 0 & 1 \end{bmatrix} \qquad C = \begin{bmatrix} 3 & 1 \\ 0 & 0 \end{bmatrix}$$

04 [연습문제 03]에서 A와 BC를 곱하라. 그리고 AB와 C를 곱하라. 그리고 두 결과를 비교하라.

05 다음 두 개의 행렬에 대하여 A^2과 A^3을 각각 계산하라. 또한, A^5과 A^n에 대해 예측하라.

$$A = \begin{bmatrix} 1 & b \\ 0 & 1 \end{bmatrix} \qquad A = \begin{bmatrix} 2 & 2 \\ 0 & 0 \end{bmatrix}$$

06 두 행렬 A, B가 다음과 같다. 이때 $(A+B)^2$이 $A^2 + 2AB + B^2$과 다르다는 것을 보여라.

$$A = \begin{bmatrix} 1 & 2 \\ 0 & 0 \end{bmatrix} \qquad B = \begin{bmatrix} 1 & 0 \\ 3 & 0 \end{bmatrix}$$

$(A+B)(A+B) = A^2 +$ ______ $+ B^2$의 등식이 성립하도록 빈칸을 채워라.

07 다음이 참 또는 거짓임을 판별하라. 거짓인 경우에는 구체적인 예를 들어라.

(a) B의 1열과 3열이 같으면, AB의 1열과 3열도 같다.

(b) B의 1행과 3행이 같으면, AB의 1행과 3행도 같다.

(c) A의 1행과 3행이 같으면 ABC의 1행과 3행도 같다.

(d) $(AB)^2 = A^2B^2$

08 행렬 A, D, E가 다음과 같을 때, DA와 EA의 각 행이 어떻게 A의 행과 연관되어 있는가? 그리고, AD와 AE의 각 열이 어떻게 A의 열과 연관되어 있는가?

$$A=\begin{bmatrix} a & b \\ c & d \end{bmatrix} \qquad D=\begin{bmatrix} 3 & 0 \\ 0 & 5 \end{bmatrix} \qquad E=\begin{bmatrix} 0 & 1 \\ 0 & 1 \end{bmatrix}$$

09 A의 1행을 2행에 더하면 아래의 EA가 된다. 그리고 EA의 1열이 2열에 더해져 $(EA)F$가 된다. 굵은 글씨로 표시된 E와 F를 명심하라.

$$EA=\begin{bmatrix} \mathbf{1} & \mathbf{0} \\ \mathbf{1} & \mathbf{1} \end{bmatrix}\begin{bmatrix} a & b \\ c & d \end{bmatrix}=\begin{bmatrix} a & b \\ a+c & b+d \end{bmatrix}$$

$$(EA)F=(EA)\begin{bmatrix} \mathbf{1} & \mathbf{1} \\ \mathbf{0} & \mathbf{1} \end{bmatrix}=\begin{bmatrix} a & a+b \\ a+c & a+c+b+d \end{bmatrix}$$

이 단계를 반대 순서로 하라. 먼저 AF를 곱하고, 그 다음에 $E(AF)$를 계산하라. 그런 다음 $(EA)F$와 비교하라. 행렬의 곱은 어떤 법칙을 따르는가?

10 A의 1행을 2행에 더하여 EA를 만든다. 그리고 EA의 2행을 1행에 더하여 F가 된다. F는 왼쪽에서 행 연산하면 결과는 $F(EA)$이다.

$$F(EA)=\begin{bmatrix} 1 & 1 \\ 0 & 1 \end{bmatrix}\begin{bmatrix} a & b \\ a+c & b+d \end{bmatrix}=\begin{bmatrix} 2a+c & 2b+d \\ a+c & b+d \end{bmatrix}$$

이 단계를 반대 순서로 하라. 먼저 FA의 2행을 1행에 더하고, FA의 1행을 2행에 더하라. 행렬의 곱은 어떤 법칙을 따르고, 어떤 법칙을 따르지 않는가?

11 모든 3×3 행렬 A에 대해 다음을 만족시키는 유일한 3×3 행렬 B를 골라라.

(a) $BA=4A$

(b) $BA=4B$

(c) BA는 A의 1행과 3행이 바뀌어 있고, 2행은 바뀌어 있지 않은 행렬이다.

(d) BA의 모든 행은 A의 1행과 같다.

12 행렬 B와 C에 대해 $AB=BA$이고 $AC=CA$라고 하자. A는 B, C와 곱할 때, 각각 교환법칙이 성립한다. 이때 $a=d$, $b=c=0$임을 증명하라. 그러면 A는 I의 배수이다. B, C를 포함한 다른 모든 행렬들과 교환되는 행렬은 $A=I$의 배수 뿐이다.

$$A=\begin{bmatrix} a & b \\ c & d \end{bmatrix} \qquad B=\begin{bmatrix} 1 & 0 \\ 0 & 0 \end{bmatrix} \qquad C=\begin{bmatrix} 0 & 1 \\ 0 & 0 \end{bmatrix}$$

13 다음 행렬 중 $(A-B)^2$과 같은 것은 무엇인가?

$$A^2-B^2,\ (B-A)^2,\ A^2-2AB+B^2,$$
$$A(A-B)-B(A-B),\ A^2-AB-BA+B^2$$

14 다음이 참 또는 거짓임을 판별하라.

(a) A^2이 정의되면 A는 정사각행렬이어야만 한다.

(b) AB와 BA가 정의되면 A와 B는 정사각행렬이다.

(c) AB와 BA가 정의되면 AB와 BA는 정사각행렬이다.

(d) $AB=B$이면 $A=I$이다.

15 A가 $m\times n$ 행렬이면 다음의 경우에 얼마나 많은 곱셈이 필요한가?

(a) A와 n개의 성분을 가진 벡터 x를 곱할 때

(b) A와 $n\times p$ 행렬 B를 곱할 때

(c) A^2을 만들 때(이때 $m=n$이고 A는 정사각행렬)

16 $A=\begin{bmatrix} 2 & -1 \\ 3 & -2 \end{bmatrix}$, $B=\begin{bmatrix} 1 & 0 & 4 \\ 1 & 0 & 6 \end{bmatrix}$에 대해 다음을 구하라.

(a) AB의 2열 (b) AB의 2행

(c) A^2의 2행 (d) A^3의 2행

17~19 다음은 행렬 A의 i행 j열 성분을 a_{ij}로 표현한 문제이다.

17 성분이 다음과 같은 3×3 행렬 A를 적어라.

(a) $a_{ij}=i$와 j 중 최솟값 (b) $a_{ij}=(-1)^{i+j}$

(c) $a_{ij}=i/j$

18 다음 행렬에 대해 설명하고 각각 3×3 행렬의 예를 들어라. 네 가지 성질을 만족하는 행렬을 찾아보자.

(a) $i\neq j$일 때 $a_{ij}=0$ (b) $i<j$일 때 $a_{ij}=0$

(c) $a_{ij}=a_{ji}$ (d) $a_{ij}=a_{1j}$

19 A의 성분들은 a_{ij}이다. 0인 성분이 없을 때, 다음을 구하라.

(a) 첫 번째 피봇

(b) 3행에서 빼야 할 1행의 승수 l_{31}

(c) 위의 뺄셈 이후 a_{32}를 대체하는 새로운 성분

(d) 두 번째 피봇

20~24 다음은 A의 거듭제곱에 관한 문제이다.

20 다음에 대해 A^2, A^3, A^4과 Av, A^2v, A^3v, A^4v를

계산하라.

$$A=\begin{bmatrix}0&2&0&0\\0&0&2&0\\0&0&0&2\\0&0&0&0\end{bmatrix}\qquad v=\begin{bmatrix}x\\y\\z\\t\end{bmatrix}$$

21 다음 A, B에 대해 A^2, A^3, ⋯와 AB, $(AB)^2$, ⋯의 모든 거듭제곱을 구하라.

$$A=\begin{bmatrix}0.5&0.5\\0.5&0.5\end{bmatrix}\qquad B=\begin{bmatrix}1&0\\0&-1\end{bmatrix}$$

22 여러 가지 방법을 시도하여 다음을 만족하는 2×2 행렬들을 찾아라.

$$A^2=-I\qquad BC=O$$

$$DE=-ED(DE=O\text{이 되지 않도록})$$

23 (a) $A^2=O$인 영행렬이 아닌 행렬 A를 찾아라.

(b) $A^2\neq O$이지만 $A^3=O$인 행렬을 찾아라.

24 다음 행렬들에 대해 $n=2$와 $n=3$일 때의 실험을 통해, A^n을 예측하라.

$$A_1=\begin{bmatrix}2&1\\0&1\end{bmatrix}\qquad A_2=\begin{bmatrix}1&1\\1&1\end{bmatrix}\qquad A_3=\begin{bmatrix}a&b\\0&0\end{bmatrix}$$

25~31 다음은 열-행 곱셈과 블록 곱셈을 사용하는 문제이다.

25 3×3 행렬 A와 I의 곱을 A의 열과 I의 행을 이용하여 계산하라.

26 AB를 열-행 곱셈으로 곱하라.

$$AB=\begin{bmatrix}1&0\\2&4\\2&1\end{bmatrix}\begin{bmatrix}3&3&0\\1&2&1\end{bmatrix}=\begin{bmatrix}1\\2\\2\end{bmatrix}\begin{bmatrix}3&3&0\end{bmatrix}+\underline{\qquad}$$

$$=\underline{\qquad}$$

27 두 개의 위삼각 행렬의 곱은 항상 위삼각 행렬임을 보여라.

$$AB=\begin{bmatrix}x&x&x\\0&x&x\\0&0&x\end{bmatrix}\begin{bmatrix}x&x&x\\0&x&x\\0&0&x\end{bmatrix}=\begin{bmatrix}x&&\\0&&\\0&0&x\end{bmatrix}$$

(a) 내적을 사용하여 증명하라(행과 열의 곱). (A의 2행) · (B의 1열)=0이다. 이때 결과가 0인 다른 내적은 무엇인가?

(b) 꽉 찬 행렬을 이용하여 증명하라(열과 행의 곱). (A의 2열) · (B의 2행)에 있는 x들과 0들을 그려라. 또한 (A의 3열) · (B의 3행)을 구하라.

28 2×3 행렬 A의 행이 1, 1, 1과 2, 2, 2이고, 3×4 행렬 B의 열이 1, 1, 1과 2, 2, 2와 3, 3, 3과 4, 4, 4이다. 다음 네 가지 곱셈 법칙을 이용하여 AB를 찾아라.

(1) A의 행과 B의 열의 곱 **내적**(AB의 각 성분)

(2) 행렬 A와 B의 곱 **AB의 열**

(3) A의 행과 행렬 B의 곱 **AB의 행**

(4) A의 열과 B의 행의 곱 **외적**(AB에 3개의 행렬 더하기)

29 어떤 행렬 E_{21}과 E_{31}이 $E_{21}A$와 $E_{31}A$의 $(2,1)$과 $(3,1)$ 자리에 0을 만드는가?

$$A=\begin{bmatrix}2&1&0\\-2&0&1\\8&5&3\end{bmatrix}$$

두 자리를 동시에 0으로 만드는 하나의 행렬 $E=E_{31}E_{21}$을 찾아라. EA를 구하여라.

30 **블록 곱셈**block multiplication은 하나의 큰 단계에 피봇 아래를 0으로 만든다. 세 개의 벡터 0, b, c에 대해

$$EA=\begin{bmatrix}1&\mathbf{0}\\-\mathbf{c}/a&I\end{bmatrix}\begin{bmatrix}a&\mathbf{b}\\\mathbf{c}&D\end{bmatrix}=\begin{bmatrix}a&\mathbf{b}\\\mathbf{0}&D-\mathbf{cb}/a\end{bmatrix}$$

이다. [연습문제 29]에서 $\mathbf{c}$와 D는 무엇인가? 또 블록 $D-\mathbf{cb}/a$는 무엇인가?

31 $i^2=-1$일 때, $(A+iB)$와 $(\boldsymbol{x}+i\boldsymbol{y})$의 곱은 $A\boldsymbol{x}+iB\boldsymbol{x}+iA\boldsymbol{y}-B\boldsymbol{y}$이다. 블록을 사용하여 i가 없는 실수부와 i가 곱해진 허수부를 분리하라.

$$\begin{bmatrix}A&-B\\?&?\end{bmatrix}\begin{bmatrix}\boldsymbol{x}\\\boldsymbol{y}\end{bmatrix}=\begin{bmatrix}A\boldsymbol{x}-B\boldsymbol{y}\\?\end{bmatrix}\begin{matrix}\text{실수부}\\\text{허수부}\end{matrix}$$

---

32 **(중요)** $A\boldsymbol{v}=\boldsymbol{b}$를 다음과 같이 특별한 세 개의 우변에 대해 푼다고 하자.

$$A\boldsymbol{v}_1=\begin{bmatrix}1\\0\\0\end{bmatrix}\qquad A\boldsymbol{v}_2=\begin{bmatrix}0\\1\\0\end{bmatrix}\qquad A\boldsymbol{v}_3=\begin{bmatrix}0\\0\\1\end{bmatrix}$$

만약 세 개의 해 v_1, v_2, v_3이 행렬 X의 열이면 A와

X의 곱은 무엇인가?

33 $\boldsymbol{b}=(3,5,8)$일 때, [연습문제 32]의 해가 $\boldsymbol{v}_1=(1,1,1)$, $\boldsymbol{v}_2=(0,1,1)$. $\boldsymbol{v}_3=(0,0,1)$이라 하자. $A\boldsymbol{v}=\boldsymbol{b}$를 풀어라. **(도전)** A는 무엇인가?

34 A가 $m\times n$ 행렬, B가 $n\times p$ 행렬, C가 $p\times q$ 행렬이라고 하자. 그러면 행렬 $(AB)C$에서 곱셈의 개수는 $mnp+mpq$이다. 행렬 $A(BC)$에 대해서도 답은 같고 $mnq+npq$개의 곱셈이 있다. BC의 npq를 주목하라.

(a) A가 2×4 행렬, B가 4×7 행렬, C가 7×10 행렬일 때, 여러분은 $(AB)C$와 $A(BC)$ 중 어떤 계산을 더 선호하는가?

(b) N-성분 벡터에 대해 여러분은 $(\boldsymbol{u}^{\mathrm{T}}\boldsymbol{v})\boldsymbol{w}^{\mathrm{T}}$와 $\boldsymbol{u}^{\mathrm{T}}(\boldsymbol{v}\boldsymbol{w}^{\mathrm{T}})$ 중 어떤 것을 고를 것인가?

(c) $mnpq$로 나누어 $n^{-1}+q^{-1}<m^{-1}+p^{-1}$일 때, $(AB)C$로 계산하는 것이 더 빠름을 보여라.

35 필자의 동료는 다음과 같은 2×2 행렬의 거듭제곱을 살펴보았다.

$$A=\begin{bmatrix}1&2\\3&4\end{bmatrix}\qquad A^2=\begin{bmatrix}7&10\\15&22\end{bmatrix}$$

$$A^3=\begin{bmatrix}37&54\\81&118\end{bmatrix}\qquad A^4=\begin{bmatrix}A&B\\C&D\end{bmatrix}$$

그는 세 개의 분수 $2/3$, $10/15$, $54/81$가 모두 같다는 것을 알아냈다. 이는 모든 거듭제곱에 대해 참이다. 이는 $n\times n$ 행렬에서는 행렬이 삼중대각 행렬이 아닌 이상 성립하지 않는다. A가 삼중대각 행렬일 때 가장 깔끔한 증명은 A^nA와 AA^n의 $(1,1)$ 성분이 같음을 이용하는 것이다. 이 원리를 이용하여 $B/C=2/3$임을 보일 수 있는가?

4.4 역행렬

A가 정사각행렬일 때, A^{-1}과 A를 곱하면 I가 되는 동일한 크기의 **역행렬**inverse matrix A^{-1}을 살펴보자. A가 어떤 연산을 하든지 A^{-1}은 이를 무효가 되게 한다. 이 곱은 항등 행렬이 되며, 따라서 모든 벡터의 변화를 무효가 되게 한다. 따라서 $A^{-1}A\boldsymbol{v}=\boldsymbol{v}$이다. 하지만 A^{-1}는 존재하지 않을 수도 있다.

행렬에서는 주로 벡터 $\boldsymbol{v}$를 곱한다. $A\boldsymbol{v}=\boldsymbol{b}$에 A^{-1}를 곱하면 $A^{-1}A\boldsymbol{v}=A^{-1}\boldsymbol{b}$가 된다. **이는 $\boldsymbol{v}=A^{-1}\boldsymbol{b}$ 이다.** 곱 $A^{-1}A$는 수를 곱한 다음 다시 그 수로 나누는 것과 같다. 수는 (0이 아닐 때) 역수가 된다. 행렬은 더 복잡하지만 더 흥미롭다. 행렬 A^{-1}은 'A 인버스'라고 읽을 수 있다.

> 정의 A^{-1}가 존재하여 다음을 만족할 때, 행렬 A를 **가역**invertible이라고 한다.
>
> $$A^{-1}A=I\text{이고, } AA^{-1}=I \tag{1}$$

모든 행렬이 역행렬을 갖는 것은 아니다. 다음은 우리가 정사각행렬에 대해 살펴볼 첫 번째 질문이다. A는 가역인가? 이 질문은 A^{-1}을 즉시 계산하라는 의미가 아니다. 대부분의 문제에서 A^{-1}을 직접 계산하지는 않는다. 여기 A^{-1}에 관한 여섯 개의 성질이 있다.

성질 1_ A^{-1}이 존재하는 것과 소거가 n개의 피봇을 만드는 것은 동치이다(행 교환은 가능하다). 소거는 직접적으로 A^{-1}을 사용하지 않으면서 $A\boldsymbol{v}=\boldsymbol{b}$를 푼다.

성질 2_ 행렬 A는 서로 다른 역행렬을 가질 수 없다. $BA=I$, $AC=I$라고 하자. 그러면 결합법칙에 의해 $B=C$이다.

$$B(AC)=(BA)C\text{로부터 } BI=IC\text{이고 } B=C\text{를 얻는다.} \tag{2}$$

이는 (A의 왼쪽에서 곱해져 $BA=I$가 되는) 왼쪽 역행렬 B와 (A의 오른쪽에서 곱해져 $AC=I$가 되는) 오른쪽 역행렬 C가 같은 행렬이어야 한다는 것을 보여준다.

성질 3_ A가 가역이면 $A\boldsymbol{v}=\boldsymbol{b}$의 유일한 해는 $\boldsymbol{v}=A^{-1}\boldsymbol{b}$이다.

$$A\boldsymbol{v}=\boldsymbol{b}\text{에 } A^{-1}\text{을 곱하라. 그러면 } \boldsymbol{v}=A^{-1}A\boldsymbol{v}=A^{-1}\boldsymbol{b}\text{이다.}$$

성질 4_ **(중요)** 영벡터가 아닌 벡터 $\boldsymbol{v}$에 대해 $A\boldsymbol{v}=\boldsymbol{0}$이라고 하자. 그러면 A는 역행렬을 가질 수 없다. 그 어떤 행렬도 $\boldsymbol{0}$을 $\boldsymbol{v}$로 되돌릴 수 없다.

A가 가역이면 $A\boldsymbol{v}$는 오직 0인 해 $\boldsymbol{v}=A^{-1}\boldsymbol{0}=\boldsymbol{0}$을 갖는다.

성질 5_ 2×2 행렬이 가역인 것과 $ad-bc$가 0이 아닌 것은 동치이다.

2×2 역행렬
$ad-bc$로 나눈다.

$$\begin{bmatrix} a & b \\ c & d \end{bmatrix}^{-1} = \frac{1}{ad-bc}\begin{bmatrix} d & -b \\ -c & a \end{bmatrix} \tag{3}$$

이 수 $ad-bc$는 A의 **행렬식**[determinant]이다. 행렬은 행렬식이 0이 아닐 때 가역이다. 이때 A^{-1}가 항상 행렬식으로 나누어지는 형태를 갖는 것은 아니다.

성질 6_ 대각 행렬은 모든 대각성분이 0이 아니라는 가정 하에 역행렬을 갖는다.

$$\text{만약 } A = \begin{bmatrix} d_1 & & \\ & \ddots & \\ & & d_n \end{bmatrix} \text{이면 } A^{-1} = \begin{bmatrix} 1/d_1 & & \\ & \ddots & \\ & & 1/d_n \end{bmatrix} \text{이다.}$$

예제 1 2×2 행렬 $A = \begin{bmatrix} 1 & 2 \\ 1 & 2 \end{bmatrix}$는 가역이 아니다.

풀이

이는 성질 5의 판정을 만족하지 않는다. 왜냐하면 $ad-bc$는 $2-2=0$이기 때문이다. 또한 $\boldsymbol{v}=(2,-1)$일 때 $A\boldsymbol{v}=\mathbf{0}$이기 때문이므로 성질 3의 판정도 실패한다. 성질 1에서 요구되는 두 개의 피봇을 가지는 데에도 실패한다. 이 경우 소거에 의해 행렬 A의 두 번째 행이 0이 된다.

곱 AB의 역행렬

0이 아닌 a와 b에 대해 $a+b$는 역수를 가질 수도, 안 가질 수도 있다. 두 수 $a=3$과 $b=-3$은 각각 역수 $\frac{1}{3}$과 $-\frac{1}{3}$을 갖는 반면, 합 $a+b=0$은 역수를 갖지 않는다. 하지만 이들의 곱 $ab=-9$는 $\frac{1}{3}$과 $-\frac{1}{3}$의 곱인 역수를 갖는다.

행렬 A와 B에 대해서도 상황은 비슷하다. $A+B$가 역행렬을 가질 가능성에 대해 말하기는 상당히 어렵다. 하지만 곱 AB가 역행렬을 갖는 것과 두 개의 인자 A와 B가 각각 가역인 것(두 행렬은 같은 크기)은 동치이다. 중요한 점은 A^{-1}과 B^{-1}이 다음과 같이 **순서가 반대로** 온다는 것이다.

행렬 A와 B가 가역일 때, AB도 가역이다. 곱 AB의 역행렬은 다음과 같다.

$$(AB)^{-1} = B^{-1}A^{-1} \tag{4}$$

왜 순서가 바뀌었는지 보려면 AB를 $B^{-1}A^{-1}$과 곱하라. 안에 있는 곱에서 $BB^{-1}=I$이다.

AB의 역행렬 $\qquad (AB)(B^{-1}A^{-1}) = AIA^{-1} = AA^{-1} = I$

우리는 괄호를 움직여서 BB^{-1}를 먼저 곱했다. 이와 비슷하게 $B^{-1}A^{-1}$와 AB의 곱은 I와 같다. 이는 역은 반대 순서로 온다는 수학의 기본적인 법칙을 보여준다. 다음과 같이 상식적으로도 이해할 수 있다. 여러분이 양말을 신은 다음 신발을 신으면, 가장 먼저 벗어야 하는 것은 ______이다. 이와 같은 반대 순서는 3개 혹은 더 많은 행렬에도 적용된다.

$$\textbf{반대 순서} \qquad (ABC)^{-1} = C^{-1}B^{-1}A^{-1} \tag{5}$$

예제 2 **(소거 행렬의 역행렬)** 만약 E가 1행에 5를 곱한 것을 2행에서 빼면 E^{-1}은 1행에 5를 곱한 것을 2행에 더한다.

풀이

$$\begin{array}{l}\boldsymbol{E}\textbf{는 뺀다.}\\ \boldsymbol{E^{-1}}\textbf{는 더한다.}\end{array} \qquad E = \begin{bmatrix} 1 & 0 & 0 \\ \mathbf{-5} & 1 & 0 \\ 0 & 0 & 1 \end{bmatrix} \text{이고 } E^{-1} = \begin{bmatrix} 1 & 0 & 0 \\ \mathbf{5} & 1 & 0 \\ 0 & 0 & 1 \end{bmatrix} \text{이다.}$$

EE^{-1}를 곱하거나 $E^{-1}E$를 곱하여 항등 행렬 I를 얻자. 우리는 1행에 5를 곱한 것을 더하고, 빼고 있다. 더한 후에 빼든(EE^{-1}) 뺀 후에 더하든($E^{-1}E$) 처음으로 돌아간다.

정사각행렬에 대해 한쪽 방향의 역행렬은 자동적으로 다른 쪽 방향의 역행렬이다. 만약 $AB = I$이면 정사각행렬에 대해 자동적으로 $BA = I$이다. 이 경우 B는 A^{-1}이다. 이를 알면 매우 유용하지만 증명에 대한 준비는 아직 덜 되어 있다.

예제 3 F가 3행에서 2행과 4의 곱을 뺀다고 하자. 그러면 F^{-1}은 대신 이를 더한다.

풀이

$$F = \begin{bmatrix} 1 & 0 & 0 \\ 0 & 1 & 0 \\ 0 & -4 & 1 \end{bmatrix} \text{이고 } F^{-1} = \begin{bmatrix} 1 & 0 & 0 \\ 0 & 1 & 0 \\ 0 & 4 & 1 \end{bmatrix} \text{이다.}$$

이제 F를 [예제 2]의 E에 곱하면 FE를 얻는다. 또 E^{-1}과 F^{-1}을 곱하면 $(FE)^{-1}$을 얻을 수 있다. 역행렬을 구할 때에는 순서를 주의하여 $(FE)^{-1} = E^{-1}F^{-1}$임을 기억하자.

$$\begin{array}{l}\textbf{올바른 순서}\\ \textbf{맞는 역행렬}\end{array} \qquad FE = \begin{bmatrix} 1 & 0 & 0 \\ -5 & 1 & 0 \\ 20 & -4 & 1 \end{bmatrix}, \quad E^{-1}F^{-1} = \begin{bmatrix} 1 & 0 & 0 \\ \mathbf{5} & 1 & 0 \\ 0 & \mathbf{4} & 1 \end{bmatrix} \tag{6}$$

결과를 살펴보면 곱 FE는 20을 포함하지만, 이의 역행렬은 그렇지 않다. E는 1행과 5의 곱을 2행에서 뺀다. 그리고 F는 (1행에 의해 바뀐) 새로운 2행과 4의 곱을 3행에서 뺀다. **이 순서의 FE에서 3행은 1행의 영향을 받는다.**

$E^{-1}F^{-1}$의 순서에서 3행은 1행의 영향을 받지 않는다. F^{-1}은 2행과 4의 곱을 3행에 더한다. 그 다음 E^{-1}은 1행과 5의 곱을 2행에 더한다. 3행이 더 변하지 않기 때문에 20은 없다. **이 순서의 $E^{-1}F^{-1}$에서 3행은 1행의 영향을 받지 않는다.**

$E^{-1}F^{-1}$로 계산하면, 승수 5, 4는 대각성분 1의 아래에 위치한다.

가우스-조던 소거법으로 계산한 A^{-1}

앞에서 A^{-1}가 직접적으로 필요하지 않을 것이라고 힌트를 주었다. $A\boldsymbol{v}=\boldsymbol{b}$의 방정식은 $\boldsymbol{v}=A^{-1}\boldsymbol{b}$로 풀 수 있다. 하지만 A^{-1}을 계산하고 이를 $\boldsymbol{b}$에 곱하는 것은 비효율적이다. **가우스-조던 소거법**Gauss-Jordan elimination은 $\boldsymbol{v}$로 직접 간다. 이제부터 소거 또한 A^{-1}을 찾을 수 있다는 것을 살펴보자.

가우스-조던 원리는 $AA^{-1}=I$를 푸는 것이다. A^{-1}의 각 열을 찾자.

A는 A^{-1}의 첫 번째 열 $\boldsymbol{v}_1$과 곱하면 I의 첫 번째 열 $\boldsymbol{e}_1$이 된다. 이는 방정식 $A\boldsymbol{v}_1=\boldsymbol{e}_1=(1,0,0)$이다. 이때 두 개의 방정식이 더 있을 것이다. A^{-1}의 각 열 v_1, v_2, v_3은 A와 곱하면 I의 열이 된다.

A^{-1}의 세 열 $$AA^{-1}=A[\boldsymbol{v}_1\,\boldsymbol{v}_2\,\boldsymbol{v}_3]=[\boldsymbol{e}_1\,\boldsymbol{e}_2\,\boldsymbol{e}_3]=I \tag{7}$$

3×3 행렬 A의 역행렬을 구하려면 세 방정식의 시스템 $A\boldsymbol{v}_1=\boldsymbol{e}_1=(1,0,0)$, $A\boldsymbol{v}_2=\boldsymbol{e}_2=(0,1,0)$, $A\boldsymbol{v}_3=\boldsymbol{e}_3=(0,0,1)$을 풀어야 한다. 가우스-조던 소거법은 A^{-1}을 이런 방법으로 찾는다. **가우스-조던 방법**은 A^{-1}을 **모든 n개의 방정식을 함께 풀어서** A^{-1}을 계산한다.

일반적으로 **첨가 행렬**augmented matrix $[A\,\boldsymbol{b}]$는 추가된 열 $\boldsymbol{b}$를 더 갖고 있다. 우리는 이제 세 우변(I의 열들)을 갖는다. 따라서 첨가 행렬은 **블록 행렬**block matrix $[A\;I]$이다.

$$[A\;\; e_1\;\; e_2\;\; e_3]=\begin{bmatrix}2&-1&0&1&0&0\\-1&2&-1&0&1&0\\0&-1&2&0&0&1\end{bmatrix}\quad \textbf{[}A\;\;I\textbf{] 에서 가우스-조던 소거법을 시작하자.}$$

$$\rightarrow\begin{bmatrix}2&-1&0&1&0&0\\0&\frac{3}{2}&-1&\frac{1}{2}&1&0\\0&-1&2&0&0&1\end{bmatrix}\quad\left(\frac{1}{2}\times1\text{행}+2\text{행}\right)$$

$$\rightarrow\begin{bmatrix}2&-1&0&1&0&0\\0&\frac{3}{2}&-1&\frac{1}{2}&1&0\\0&0&\frac{4}{3}&\frac{1}{3}&\frac{2}{3}&1\end{bmatrix}\quad\left(\frac{2}{3}\times2\text{행}+3\text{행}\right)$$

이로써 A^{-1}의 절반까지 구했다. 처음 세 열의 행렬은 U(위삼각 행렬)이다. 피봇 2, $\frac{3}{2}$, $\frac{4}{3}$는 이들의 대각선에 있다. 가우스는 역대입법으로 마무리할 것이고, 조던의 아이디어는 소거를 계속하는 것이다. **항등 행렬**을 만들기 위해 계속하자. 위의 행에서 행이 빼어지고, **피봇 위에** 0을 만든다.

$$\begin{pmatrix}\text{세 번째 피봇}\\ \text{위에 } 0\end{pmatrix} \rightarrow \begin{bmatrix} 2 & -1 & 0 & 1 & 0 & 0 \\ 0 & \frac{3}{2} & 0 & \frac{3}{4} & \frac{3}{2} & \frac{3}{4} \\ 0 & 0 & \frac{4}{3} & \frac{1}{3} & \frac{2}{3} & 1 \end{bmatrix} \qquad \left(\frac{3}{4}\times 3\text{행} + 2\text{행}\right)$$

$$\begin{pmatrix}\text{두 번째 피봇}\\ \text{위에 } 0\end{pmatrix} \rightarrow \begin{bmatrix} 2 & 0 & 0 & \frac{3}{2} & 1 & \frac{1}{2} \\ 0 & \frac{3}{2} & 0 & \frac{3}{4} & \frac{3}{2} & \frac{3}{4} \\ 0 & 0 & \frac{4}{3} & \frac{1}{3} & \frac{2}{3} & 1 \end{bmatrix} \qquad \left(\frac{2}{3}\times 2\text{행} + 1\text{행}\right)$$

가우스-조던 소거법의 마지막 단계는 각 행을 이의 피봇으로 나누는 것이다. 이때 새로운 피봇은 1이다. 다음과 같이 행렬의 왼쪽에 있는 절반에서 우리는 I를 구했다. 이는 A가 가역이기 때문이다. **A^{-1}의 세 열은 $[I\,A^{-1}]$의 오른쪽에 있는 절반이다.**

$$\begin{matrix}(2\text{로 나누자.})\\ \left(\frac{3}{2}\text{으로 나누자.}\right)\\ \left(\frac{4}{3}\text{로 나누자.}\right)\end{matrix} \quad \begin{bmatrix} 1 & 0 & 0 & \frac{3}{4} & \frac{1}{2} & \frac{1}{4} \\ 0 & 1 & 0 & \frac{1}{2} & 1 & \frac{1}{2} \\ 0 & 0 & 1 & \frac{1}{4} & \frac{1}{2} & \frac{3}{4} \end{bmatrix} = [I\,x_1\,x_2\,x_3] = [I\,A^{-1}]$$

3×6 행렬 $[A\,I]$에서 시작해서 $[I\,A^{-1}]$로 끝났다. 다음은 임의의 가역 행렬 A에 대한 모든 가우스-조던 소거법을 한 줄로 설명한 것이다.

가우스-조던 소거법	$[A\,I]$에 A^{-1}을 곱해 $[I\,A^{-1}]$를 얻어라.

A를 I로 바꾸면서 소거 단계는 역행렬을 만든다. 큰 행렬 A의 A^{-1}은 구하고 싶지 않겠지만, 작은 행렬에 대해 역행렬을 아는 것은 의미가 있다. 우리는 특정한 A^{-1}에 대해 세 개의 성질을 살펴보자. 왜냐하면 이는 중요한 예제이기 때문이다. 이제 대칭symmetric, 삼중대각tridiagonal, 행렬식determinant이란 단어를 소개한다.

1. A가 주대각성분을 가로질러 **대칭**이면 A^{-1}도 그렇다.
2. A가 **삼중대각**(0이 아닌 오직 세 개의 대각성분)이다. 하지만 A^{-1}은 0이 없이 꽉 찬 행렬full matrix이다. 이는 우리가 역행렬을 계산하지 않는 다른 이유이다. 성긴 행렬의 역행렬은 보통 꽉 찬 행렬이다.

3. 피봇의 곱은 $2\left(\frac{3}{2}\right)\left(\frac{4}{3}\right)=4$이다. 이 수 4는 A의 **행렬식**이다.

$$\textbf{A^{-1}은 행렬식으로 나누는 나눗셈을 포함한다.} \qquad A^{-1}=\frac{1}{4}\begin{bmatrix}3&2&1\\2&4&2\\1&2&3\end{bmatrix} \tag{8}$$

예제 4 $A=\begin{bmatrix}2&3\\4&7\end{bmatrix}$로 시작해서 가우스-조던 소거법을 이용해 A^{-1}을 찾아라. 두 개의 행 연산과 피봇을 1로 만들기 위한 나눗셈을 하자.

$$[\,A\quad I\,]=\begin{bmatrix}2&3&1&0\\4&7&0&1\end{bmatrix}\to\begin{bmatrix}2&3&1&0\\0&1&-2&1\end{bmatrix}\quad (\text{이는 } [\,U\,L^{-1}\,] \text{ 이다.})$$

$$\to\begin{bmatrix}2&0&7&-3\\0&1&-2&1\end{bmatrix}\to\begin{bmatrix}1&0&\frac{7}{2}&-\frac{3}{2}\\0&1&-2&1\end{bmatrix}\quad (\text{이는 } [\,I\,A^{-1}\,] \text{ 이다.})$$

이 A^{-1}은 행렬식 $ad-bc=2\cdot 7-3\cdot 4=2$로 나누는 나눗셈을 포함한다. 행렬 A는 가역이거나 소거가 I($[\,I\,A^{-1}\,]$의 왼쪽 절반)로 만들 수 없어야 한다.

가우스-조던 소거법은 A^{-1}의 계산량이 많은 이유를 보여준다. 우리는 n개의 열에 대해 n개의 방정식을 풀어야 한다.

A^{-1} 없이 $Av=b$를 풀기 위해 열 b를 이용해서 열 v를 찾는다.

우리는 A^{-1}을 구하는 데 필요한 계산량[1]이 예상과 달리 n과 행렬 시스템의 계산량의 곱이 아니라고 말하고 싶다. 놀랍게도 n열에 대한 계산량은 오직 3만 곱해진다. n개의 방정식 $A\boldsymbol{v}_i=e_i$가 같은 행렬 A를 사용하기 때문에 이와 같이 절약할 수 있다. 우변만 갖고 작업하는 것은 상대적으로 계산량이 적다. 이는 소거가 A에 대해 한 번만 행해지기 때문이다.
하나의 방정식은 $n^3/3$을 필요로 하는 데 비해, 완전한 A^{-1}은 n^3번의 소거 단계를 필요로 한다.

1 (옮긴이) 여기서 계산량은 긴 연산(곱셈, 나눗셈)을 수행하는 횟수를 의미한다.

비가역과 가역

이제 핵심 질문으로 돌아오자. 어떤 행렬이 역행렬을 갖는가? 이 절을 시작할 때 다음과 같이 피봇 판정법을 제안하였다. **A^{-1}은 A가 꽉 찬 n개의 피봇을 가질 때 존재**한다(행 교환도 가능). 이제 우리는 가우스-조던 소거법을 증명할 수 있다.

1. n개의 피봇과 함께 소거로 모든 방정식 $Av_i = e_i$를 푼다. 열 $\boldsymbol{v}_i$는 A^{-1}로 간다. 그러면 $AA^{-1} = I$이고 A^{-1}은 최소한 오른쪽 역행렬(right inverse)이다.
2. 소거는 실제로 E와 P와 D^{-1}의 곱의 수열이다.

$$A\text{의 왼쪽 역행렬 } (D^{-1} \cdots E \cdots P \cdots E)A = I \tag{9}$$

D^{-1}은 피봇으로 나누어지며 행렬 E는 피봇 위와 아래를 0으로 만든다. 치환 P는 필요한 경우 행을 바꾼다. 식 (9)에서 행렬의 곱은 왼쪽 역행렬(left inverse)이다. n개의 피봇과 함께 우리는 $A^{-1}A = I$임을 확인하였다.

오른쪽 역행렬은 왼쪽 역행렬과 같다. 이는 이 절 시작에 등장한 성질 2였다. 따라서 꽉 찬 피봇을 갖고 있는 정사각행렬은 항상 양쪽 역행렬(two-sided inverse)을 갖는다.

이에 대한 근거를 역으로 보면 $AC = I$이면 A가 n개의 피봇을 가져야 한다는 것을 확인하게 될 것이다(그러면 우리는 C는 왼쪽 역행렬이고 $CA = I$임을 추론할 수 있다). 다음은 그 결론에 도달하기 위한 하나의 방법이다.

1. 만약 A가 n개의 피봇을 갖지 않으면 소거는 0행으로 이끌 것이다.
2. 이 소거 단계는 가역 행렬 M에 행해진다. 따라서 MA의 행은 0이다.
3. $AC = I$를 만족하면 $MAC = M$이다. MA의 0인 행과 C의 곱은 M 자신의 0인 행을 준다.
4. 가역 행렬인 M은 0인 행을 가질 수 없다! 따라서 A는 $AC = I$이면 n개의 피봇을 가져야만 한다.

이 주장은 네 단계를 거친다. 하지만 결과는 짧고 중요하다.

소거는 정사각행렬의 가역성에 대한 완전한 판정법을 제시한다. **A^{-1}은 A가 n개의 피봇을 가질 때에만 존재**한다(그리고 가우스-조던 소거법은 이를 찾는다). 위의 주장은 더 많은 것을 보여준다.

$$AC = I\text{이면 } CA = I,\ C = A^{-1}\text{이다.}$$

예제 5 여기서 L은 대각성분이 1인 아래삼각 행렬이다. 그러면 L^{-1}도 그러하다.

삼각 행렬이 가역인 것과 어떤 대각성분도 0이 아닌 것은 동치이다.

L은 1을 가지므로 L^{-1}도 1을 갖는다. 가우스-조던 소거법을 사용하여 L^{-1}을 만들어 보자. 아래의 행들로부터 피봇 행의 곱을 뺌으로써 시작한다. 보통 이는 역행렬의 절반 정도의 정보를 준다. 하지만 L에 대해 이는 모든 것을 준다. I가 왼쪽에 나타날 때, L^{-1}는 오른쪽에 나타난다. L^{-1}이 어떻게 $3\times5-4$로부터 11을 갖고 있는지 살펴보자.

$$\textbf{삼각 행렬 } L\textbf{에 대한 가우스-조던 소거법}\quad \begin{bmatrix} 1 & 0 & 0 & 1 & 0 & 0 \\ 3 & 1 & 0 & 0 & 1 & 0 \\ 4 & 5 & 1 & 0 & 0 & 1 \end{bmatrix} = [L\ \ I]$$

$$\rightarrow \begin{bmatrix} 1 & 0 & 0 & 1 & 0 & 0 \\ 0 & 1 & 0 & -3 & 1 & 0 \\ 0 & 5 & 1 & -4 & 0 & 1 \end{bmatrix} \begin{matrix} (2\text{행} - 1\text{행} \times 3) \\ (3\text{행} - 1\text{행} \times 4) \\ (3\text{행} - 2\text{행} \times 5) \end{matrix}$$

$$\rightarrow \begin{bmatrix} 1 & 0 & 0 & 1 & 0 & 0 \\ 0 & 1 & 0 & -3 & 1 & 0 \\ 0 & 0 & 1 & 11 & -5 & 1 \end{bmatrix} = [I\ \ L^{-1}]$$

L은 소거 행렬의 곱 $E_{32}E_{31}E_{21}$에 의해 I로 간다. 따라서 곱은 L^{-1}이다. 이때 $E_{21}^{-1}E_{31}^{-1}E_{32}^{-1}=L$에 의해 L의 3, 4, 5를 0으로 만든 L^{-1}의 11은 결코 L에 포함되지 않는다.

4.4 요약

1. 역행렬 A^{-1}는 $AA^{-1}=I$와 $A^{-1}A=I$를 만족한다.
2. A가 n개의 피봇을 가질 때(행 교환은 가능) 가역이고, 그 역도 참이다.
3. 0이 아닌 벡터 $\boldsymbol{v}$에 대해 $A\boldsymbol{v}=\mathbf{0}$이면, A의 역행렬은 존재하지 않는다.
4. AB의 역행렬은 (거꾸로 곱하는) $B^{-1}A^{-1}$이다. 그리고 $(ABC)^{-1}=C^{-1}B^{-1}A^{-1}$이다.
5. 가우스-조던 소거법은 AA^{-1}을 풀어서 A^{-1}의 n개의 열을 찾는다. 첨가 행렬 $[A\ I]$는 행이 감소되어 $[I\ A^{-1}]$가 된다.

4.4 연습문제

01 다음 A, B, C의 역행렬을 직접 또는 2×2의 공식을 사용하여 찾아라.

$$A=\begin{bmatrix}0&3\\4&0\end{bmatrix}\qquad B=\begin{bmatrix}2&0\\4&2\end{bmatrix}\qquad C=\begin{bmatrix}3&4\\5&7\end{bmatrix}$$

02 다음 **치환 행렬**permutation matrix에 대해 1과 0로 이루어진 P^{-1}을 추측해서 구하라.

$$P=\begin{bmatrix}0&0&1\\0&1&0\\1&0&0\end{bmatrix}\qquad P=\begin{bmatrix}0&1&0\\0&0&1\\1&0&0\end{bmatrix}$$

03 A^{-1}의 첫 번째 열 (x, y)와 두 번째 열 (t, z)를 풀어라.

$$\begin{bmatrix}10&20\\20&50\end{bmatrix}\begin{bmatrix}x\\y\end{bmatrix}=\begin{bmatrix}1\\0\end{bmatrix}\qquad \begin{bmatrix}10&20\\20&50\end{bmatrix}\begin{bmatrix}t\\z\end{bmatrix}=\begin{bmatrix}0\\1\end{bmatrix}$$

04 $AA^{-1}=I$에서 A^{-1}의 1열을 풀어서 $\begin{bmatrix}1&2\\3&6\end{bmatrix}$이 가역이 아님을 보여라.

$\begin{bmatrix}1&2\\3&6\end{bmatrix}\begin{bmatrix}x\\y\end{bmatrix}=\begin{bmatrix}1\\0\end{bmatrix}$ (다른 A에 대해 A^{-1}의 1열을 찾을 수 있지만 2열을 못 찾는 경우가 가능한가?)

05 $U^2=I$이기에 $U^{-1}=U$를 주는 (대각 행렬이 아닌) 위삼각 행렬 U를 찾아라.

06 (a) A가 가역이고 $AB=AC$일 때, $B=C$임을 빠르게 증명하라.

(b) $A=\begin{bmatrix}1&1\\1&1\end{bmatrix}$일 때, $AB=AC$인 서로 다른 두 행렬 B, C를 찾아라.

07 **(중요)** A가 1행+2행=3행을 만족할 때, A가 가역이 아님을 보여라.

(a) $A\boldsymbol{v}=(1, 0, 0)$이 해를 가질 수 없는 이유를 설명하라.

(b) 어떤 우변 (b_1, b_2, b_3)에 대하여 $A\boldsymbol{v}=\boldsymbol{b}$가 해를 갖는가?

(c) 3행의 소거에서 어떤 일이 일어나는가?

08 A가 1열+2열=3열이면 A가 가역이 아님을 보여라.

(a) $A\boldsymbol{x}=\mathbf{0}$인 0이 아닌 해 $\boldsymbol{x}$를 찾아라. 이때 행렬은 3×3이다.

(b) 소거는 계속 1열+2열=3열을 유지한다. 왜 세 번째 피봇은 없는가?

09 A가 가역이고, 처음 두 행을 바꿔 B를 얻는다고 하자.

새로운 행렬 B는 가역인가? 그리고 A^{-1}에서 B^{-1}를 어떻게 찾을 것인가?

10 (유효한 임의의 방법으로) 역행렬을 찾아라.

$$A=\begin{bmatrix}0&0&0&2\\0&0&3&0\\0&4&0&0\\5&0&0&0\end{bmatrix} \qquad B=\begin{bmatrix}3&2&0&0\\4&3&0&0\\0&0&6&5\\0&0&7&6\end{bmatrix}$$

11 (a) $A+B$가 가역이 아닌 두 가역 행렬 A와 B를 찾아라.

(b) $A+B$가 가역인 두 비가역 행렬 A와 B를 찾아라.

12 행렬 A와 B가 정사각행렬일 때, 곱 $C=AB$가 가역이면 A는 가역이다. C^{-1}와 B가 들어가는 A^{-1}에 대한 공식을 찾아라.

13 만약 세 정사각행렬의 곱 $M=ABC$가 가역이면, B는 가역이다(A와 C도 가역이다). M^{-1}와 A와 C가 들어가는 B^{-1}에 대한 공식을 찾아라.

14 A의 2행에 1행을 더하여 B를 얻었다면, A^{-1}로부터 B^{-1}를 어떻게 얻는가?

순서에 주목하라. $B=\begin{bmatrix}1&0\\1&1\end{bmatrix}A$의 역행렬은 _____이다.

15 모든 성분이 0인 열을 갖는 행렬이 역행렬을 갖지 못함을 증명하라.

16 $\begin{bmatrix}a&b\\c&d\end{bmatrix}$와 $\begin{bmatrix}d&-b\\-c&a\end{bmatrix}$를 곱하라. $ad\neq bc$일 때, 각 행렬의 역행렬은 무엇인가?

17 (a) 어떤 3×3 행렬 E가 다음 세 단계와 같은 효과를 가지는가? 2행에서 1행을 빼고, 3행에서 1행을 빼고, 3행에서 2행을 뺀다.

(b) 어떤 하나의 행렬 L이 다음 세 반대 단계와 같은 효과를 가지는가? 3행에 2행에 더하고, 3행에 1행을 더하고, 2행에 1행을 더한다.

18 B가 A^2의 역행렬일 때, AB가 A의 역행렬임을 보여라.

19 **(추천)** A가 대각성분이 1인 4×4 행렬이고 $-a$, $-b$, $-c$를 대각선 위에 갖고 있을 때, 이 이중대각 행렬에 대해 A^{-1}를 찾아라.

20 5*eye(4)-ones(4,4)의 역행렬을 주는 수 a와 b를 찾아라.

$$[5I-\text{ones}]^{-1}=\begin{bmatrix}4&-1&-1&-1\\-1&4&-1&-1\\-1&-1&4&-1\\-1&-1&-1&4\end{bmatrix}^{-1}=\begin{bmatrix}a&b&b&b\\b&a&b&b\\b&b&a&b\\b&b&b&a\end{bmatrix}$$

6*eye(5)-ones(5,5)의 역행렬에서 a와 b는 무엇인가? MATLAB에서 $I=$eye이다.

21 0과 1만 포함하는 16개의 2×2 행렬에 대하여 가역인 행렬은 몇 개인가?

22~28 다음은 A^{-1}를 계산할 때 사용하는 가우스-조던 소거법에 관한 문제이다.

22 A를 I로 줄이면서 (행 연산으로) I를 A^{-1}로 바꾸어라.

$$[A\ I]=\begin{bmatrix}1&3&1&0\\2&7&0&1\end{bmatrix}\text{이고 }[A\ I]=\begin{bmatrix}1&4&1&0\\3&9&0&1\end{bmatrix}$$

23 모든 성분이 양수인 A에 대해 가우스-조던 소거법의 3×3 예를 따르라. 피봇 아래와 위를 소거한 다음 $[A\ I]$를 $[I A^{-1}]$로 줄여라.

$$[A\ I]=\begin{bmatrix}2&1&0&1&0&0\\1&2&1&0&1&0\\0&1&2&0&0&1\end{bmatrix}$$

24 $[U\ I]$에 대해 가우스 조던 소거법을 이용해서 위삼각행렬 U^{-1}를 찾아라.

$$UU^{-1}=I \qquad \begin{bmatrix}1&a&b\\0&1&c\\0&0&1\end{bmatrix}\begin{bmatrix}x_1&x_2&x_3\end{bmatrix}=\begin{bmatrix}1&0&0\\0&1&0\\0&0&1\end{bmatrix}$$

25 $[A\ I]$와 $[B\ I]$를 소거로 (만약 존재한다면) A^{-1}와 B^{-1}를 찾아라.

$$A=\begin{bmatrix}2&1&1\\1&2&1\\1&1&2\end{bmatrix},\quad B=\begin{bmatrix}2&-1&-1\\-1&2&-1\\-1&-1&2\end{bmatrix}$$

26 어떤 세 개의 행렬 E_{21}, E_{12}, D^{-1}가 $A=\begin{bmatrix}1&2\\2&6\end{bmatrix}$을

항등 행렬로 만드는가? $D^{-1}E_{12}E_{21}$을 곱해서 A^{-1}을 찾아라.

27 다음 행렬 A를 $[A\ I]$에서 시작하는 가우스–조던 소거법을 이용하여 역행렬을 구하라.

$$A=\begin{bmatrix}1&0&0\\2&1&3\\0&0&1\end{bmatrix}\text{과 } A=\begin{bmatrix}1&1&1\\1&2&2\\1&2&3\end{bmatrix}$$

28 행을 바꾸고 가우스–조던 소거법을 계속 사용하여 A^{-1}을 찾아라.

$$[A\ I]=\begin{bmatrix}0&2&1&0\\2&2&0&1\end{bmatrix}$$

---

29 참 또는 거짓임을 판별하라. 거짓이면 반례를 들고, 참이면 이유를 말하라.

(a) 모든 성분이 0인 행을 갖는 4×4 행렬은 가역이 아니다.

(b) 주대각성분 아래에 1을 갖는 행렬은 가역이다.

(c) 만약 A가 가역이면 A^{-1}과 A^2도 가역이다.

30 어떤 세 수 c에 대해 다음 행렬이 가역이 아닌가? 그 이유는 무엇인가?

$$A=\begin{bmatrix}2&c&c\\c&c&c\\8&7&c\end{bmatrix}$$

31 $a\neq0$, $a\neq b$이면 A가 가역임을 보여라(A^{-1} 또는 피봇을 찾아라).

$$A=\begin{bmatrix}a&b&b\\a&a&b\\a&a&a\end{bmatrix}$$

32 다음 행렬은 주목할 만한 역행렬을 가지고 있다. $[A\ I]$의 소거로 A^{-1}을 찾아라. 5×5 **교대 행렬**alternating matrix로 이를 확장하고, 이의 역행렬을 유추하라. 그리고 A와 A^{-1}을 곱해서 I가 되는지 확인하라.

$$A=\begin{bmatrix}1&-1&1&-1\\0&1&-1&1\\0&0&1&-1\\0&0&0&1\end{bmatrix}\text{의 역행렬을 구하고}$$

$$A\boldsymbol{v}=\begin{bmatrix}1\\1\\1\\1\end{bmatrix}\text{을 풀어라.}$$

33 4×4 행렬 A가 모든 행이 네 개의 수 0, 1, 2, 3을 어떤 순서로 포함한다면 가역일 수 있는가? 만약 B의 모든 행이 0, 1, 2, -3을 어떤 순서로 포함한다면 어떻게 되는가?

34 다음 블록 행렬의 역행렬을 찾고 확인하라(A, C, D의 역행렬이 존재한다는 가정 하에 풀어라).

$$\begin{bmatrix}I&0\\C&I\end{bmatrix}\quad\begin{bmatrix}A&0\\C&D\end{bmatrix}\quad\begin{bmatrix}0&I\\I&D\end{bmatrix}$$

4.5 대칭 행렬과 직교 행렬

이 절에서는 행렬의 전치[transpose]를 소개하고자 한다. $m\times n$ 행렬 A에서 시작하자. 그러면 A의 행들은 A^{T}의 열들이 된다. 이를 A의 전치라고 한다. 마찬가지로, A의 열들은 A^{T}의 행들이다. $m\times n$ 행렬은 주대각성분을 중심으로 뒤집힌다. 그러면 A^{T}는 $n\times m$ 행렬이다.

$$\text{전치} \qquad A=\begin{bmatrix}1&2&6\\0&0&5\end{bmatrix}\text{이면 } A^{T}=\begin{bmatrix}1&0\\2&0\\6&5\end{bmatrix}\text{이다.}$$

A^{T}의 i행 j열은 A의 j행 i열에서 온다. 따라서 $(A^{\mathrm{T}})_{ij}=A_{ji}$이다. 아래삼각 행렬의 전치는 위삼각 행렬이다. 다음은 이에 대한 중요한 두 가지 법칙이다.

곱 AB	AB의 전치는 $(AB)^{\mathrm{T}}=B^{\mathrm{T}}A^{\mathrm{T}}$이다.	(1)
역행렬 A^{-1}	A^{-1}의 전치는 $(A^{-1})^{\mathrm{T}}=(A^{\mathrm{T}})^{-1}$이다.	(2)

특히 $B^{\mathrm{T}}A^{\mathrm{T}}$가 어떻게 반대 순서로 곱해졌는지 확인하라. 역행렬에 대해 역 순서는 빠르게 확인할 수 있다. $B^{-1}A^{-1}$와 AB의 곱은 $B^{-1}(A^{-1}A)B=I$를 만들기 때문이다. 전치에 대한 두 가지 법칙 (1), (2)는 연습문제에서 확인하고 설명할 것이다. 이제 우리는 이 절에서 필수적인 행렬을 살펴보자.

대칭 행렬[symmetric matrix]	**A^{T}는 A와 같다.** 그러면 A는 정사각행렬이고 $a_{ij}=a_{ji}$이다.
직교 행렬[orthogonal matrix]	**A^{T}는 A^{-1}와 같다.** 그러면 A는 정사각행렬이고 $A^{\mathrm{T}}A=I$이다.

다음은 대칭 행렬의 예 S와 직교 행렬의 예 Q이다.

$$\textbf{대칭}\ S=\begin{bmatrix}1&4\\4&6\end{bmatrix} \qquad \textbf{직교}\ Q=\begin{bmatrix}\cos\theta&-\sin\theta\\\sin\theta&\cos\theta\end{bmatrix}$$

S에서 $4=4$이므로 대칭을 쉽게 볼 수 있다. 이제 직교에 대해 $Q^{\mathrm{T}}Q=I$임을 확인할 것이다.

$$\begin{matrix}\textbf{열은 직교한다.}\\\textbf{열은 단위벡터이다.}\end{matrix} \qquad \begin{bmatrix}\cos\theta&\sin\theta\\-\sin\theta&\cos\theta\end{bmatrix}\begin{bmatrix}\cos\theta&-\sin\theta\\\sin\theta&\cos\theta\end{bmatrix}=\begin{bmatrix}1&0\\0&1\end{bmatrix} \qquad (3)$$

왼쪽의 두 문장은 두 열 q_1, q_2에 대해 핵심적인 사실을 알려준다.

$$Q^{\mathrm{T}}Q=I \qquad \begin{bmatrix} q_1^{\mathrm{T}} \\ q_2^{\mathrm{T}} \end{bmatrix}\begin{bmatrix} q_1 & q_2 \end{bmatrix}=\begin{bmatrix} q_1^{\mathrm{T}}q_1 & q_1^{\mathrm{T}}q_2 \\ q_2^{\mathrm{T}}q_1 & q_2^{\mathrm{T}}q_2 \end{bmatrix}=\begin{bmatrix} 1 & 0 \\ 0 & 1 \end{bmatrix} \tag{4}$$

이때 대각성분이 아닌 곳에서 $q_1^{\mathrm{T}}q_2=0$과 $q_2^{\mathrm{T}}q_1=0$임을 알 수 있다. 즉, 열들은 서로 수직인 벡터들이다. 반면 대각성분에서 $q_1^{\mathrm{T}}q_1=1$이고 $q_2^{\mathrm{T}}q_2=1$이다. 즉, q들은 **길이가 1**인 단위열벡터이다.

대칭 행렬 $S=A^{\mathrm{T}}A$

대칭 행렬의 가장 큰 장점은 그들의 고윳값 λ와 고유벡터 $\boldsymbol{x}$에서 온다. 여러분은 핵심 방정식 $A\boldsymbol{x}=\lambda\boldsymbol{x}$를 볼 것이다(이는 $A\boldsymbol{x}$를 $\boldsymbol{x}$와 같은 방향에 둔다). 일단 다음의 두 가지 사실을 통해 대칭 행렬이 특별한 이유를 살펴보자.

$S\boldsymbol{x}=\lambda\boldsymbol{x}$ 대칭 행렬은 **실수인 고유값** λ와 **수직인 고유벡터** $\boldsymbol{x}$를 갖는다.

이 사실은 대칭 시스템 $\boldsymbol{y}'=S\boldsymbol{y}$와 $\boldsymbol{y}''+S\boldsymbol{y}=\boldsymbol{0}$을 풀 때 아주 중요하게 쓰일 것이다. 대칭 행렬이 어디서 오는지를 아는 것도 상당히 중요하다. 응용수학과 공학수학의 한 부분은 방정식을 푸는 것이다. 우리는 $A\boldsymbol{v}=\boldsymbol{b}$를 풀었으며 곧 $d\boldsymbol{y}/dt=A\boldsymbol{y}$를 풀 것이다. 이를 푸는 것은 우리가 배우는 주제의 절반이고, 나머지 절반은 방정식을 먼저 찾는 것이다.

물리학, 생물학, 경제학적인 문제로 시작해보자. 일단 방정식으로 모델링한다. $F=ma$와 $e=mc^2$을 풀려면 생각해야 한다. 하지만 이 방정식을 발견한 뉴턴과 아인슈타인 덕분에 이 과정은 넘어갈 수 있다.

대칭 행렬은 어디서 오는지 다시 한 번 살펴보자. 행렬 A에서 시작하면, 주로 직사각형($m\times n$)이며 이의 대칭 역시 직사각형이다(A^{T}는 $n\times m$이다). 나중에는 $A^{\mathrm{T}}A$를 살펴보게 될 것인데, 이는 $n\times n$ 정사각행렬을 갖게 된다.

$$S=A^{\mathrm{T}}A\text{는 항상 대칭이다. 이의 전치 } S^{\mathrm{T}}\text{는 } (A^{\mathrm{T}}A)^{\mathrm{T}}=A^{\mathrm{T}}A^{\mathrm{TT}}=S\text{이다.} \tag{5}$$

이 행렬 $A^{\mathrm{T}}A$는 자동적으로 정사각행렬이다. 왜냐하면 $(n\times m)$행렬과 $(m\times n)$행렬의 곱은 $(n\times n)$ 행렬이기 때문이다.

예제 1 $A^{\mathrm{T}}A=\begin{bmatrix} 1 & 1 & 3 \\ 0 & 0 & 4 \end{bmatrix}\begin{bmatrix} 1 & 0 \\ 1 & 0 \\ 3 & 4 \end{bmatrix}=\begin{bmatrix} 11 & 12 \\ 12 & 16 \end{bmatrix}$

수 12는 $A^{\mathrm{T}}A$에서 두 번 나온다. 이는 (A^{T}의 1행) · (A의 2열)이고 또 (A^{T}의 2행) · (A의 1열)이다. 두 수 11과 16은 열의 자기 자신과의 내적이다. 따라서 이들은 열의 길이의 제곱을 준다. 즉, 이 $A^{\mathrm{T}}A$의 대각성분은 음수가 될 수 없다.

A가 3×2 행렬이므로 시스템 $A\boldsymbol{v} = \boldsymbol{b}$는 세 개의 방정식을 갖지만 미지수는 v_1, v_2로 오직 두 개 뿐이다. 대부분 해가 없다고 확신할 수 있다. 하지만 만약 수 b_1, b_2, b_3을 정확하게 (실험적으로) 측정했다고 한다면, 우리는 "해가 없다."고 말하고 멈출 수 없다. 우리는 $A\boldsymbol{v} = \boldsymbol{b}$의 '최고의 해' 또는 '가장 가까운 해'를 찾고 싶다.

현실에서 우리는 $A\hat{\boldsymbol{v}}$가 $\boldsymbol{b}$에 가장 가까워지는 $\hat{\boldsymbol{v}}$를 고른다. 오차벡터 $\boldsymbol{e} = \boldsymbol{b} - A\hat{\boldsymbol{v}}$는 가장 짧다. 우리는 제곱된 오차 $\|\boldsymbol{e}\|^2 = \boldsymbol{e}^{\mathrm{T}}\boldsymbol{e}$를 최소화할 것이며 최고의 벡터 $\hat{\boldsymbol{v}}$는 **최소제곱해**least squares solution이다.

7.1절에서 다룰 내용인 오차를 최소화하는 것은 미적분학 문제인 동시에 선형대수학 문제이다. 두 가지 접근법 모두 $A^{\mathrm{T}}A\hat{\boldsymbol{v}} = A^{\mathrm{T}}\boldsymbol{b}$의 결과를 보여준다. 최선의 $\hat{\boldsymbol{v}}$에 $A^{\mathrm{T}}A$가 사용된다.

차이 행렬

이제 진짜 중요한 $A^{\mathrm{T}}A$의 더 큰 예를 보여주고자 한다. **후방 차분 행렬**backward difference matrix A로 시작하자. 이는 $n+1$행과 n열을 가질 수 있다. 다음은 $n=3$일 때이다.

차이 행렬difference matrix
$\boldsymbol{v}$의 차들

$$A = \begin{bmatrix} 1 & & \\ -1 & 1 & \\ & -1 & 1 \\ & & -1 \end{bmatrix} \quad A\boldsymbol{v} = \begin{bmatrix} v_1 \\ v_2 - v_1 \\ v_3 - v_2 \\ -v_3 \end{bmatrix} \tag{6}$$

선형대수학에서의 벡터 $A\boldsymbol{v}$는 미적분학의 dv/dx와 대응한다. 여러분은 미적분학에서 후방 차분 $\Delta v = [v(x) - v(x - \Delta x)]/\Delta x$를 보았다. 이는 단계크기 Δx가 0으로 접근할 때, $\Delta v/\Delta x$가 dv/dx로 접근하는 것의 전 단계이다.

여러분은 작은 Δx가 x 앞으로 가는 전방 차분 $[v(x+\Delta x) - v(x)]/\Delta x$를 더 자주 볼 것이다. 이는 우리가 행렬 A를 전치할 때 선형대수학에서 나타난다. 하지만 처음 차분은 **비대칭**anti-symmetric이고, A^{T}는 전방 차분에 -1을 곱한 것이다. 따라서 벡터 $A^{\mathrm{T}}\boldsymbol{w}$는 $-dw/dx$와 대응한다.

3×4 행렬
$\boldsymbol{w}$의 차분

$$A^{\mathrm{T}} = \begin{bmatrix} 1 & -1 & & \\ & 1 & -1 & \\ & & 1 & -1 \end{bmatrix} \quad A^{\mathrm{T}}\boldsymbol{w} = \begin{bmatrix} w_1 - w_2 \\ w_2 - w_3 \\ w_3 - w_4 \end{bmatrix} \tag{7}$$

이제 대칭 행렬 $S = A^{\mathrm{T}}A$를 살펴보자. 이는 3×3 행렬일 것이다. A, A^{T}가 1과 -1이 있는 **첫 번째 차분**이므로 $A^{\mathrm{T}}A$는 -1, 2, -1이 있는 **두 번째 차분**일 것이다.

$$\textbf{두 번째 차분} \qquad S = \begin{bmatrix} 2 & -1 & 0 \\ -1 & 2 & -1 \\ 0 & -1 & 2 \end{bmatrix} \qquad Sv = \begin{bmatrix} 2v_1 - v_2 \\ -v_1 + 2v_2 - v_3 \\ - v_2 + 2v_3 \end{bmatrix} \tag{8}$$

S의 주대각성분은 2이다. A의 각 열이 $1^2 + (-1)^2 = 2$를 만들기 때문이다. 대각선 아래와 대각선 위는 -1을 갖는데, 이는 A의 열과 그 옆에 있는 열의 내적이기 때문이다.

7장은 미적분학과 연결고리를 만든다. 이때 일계도함수의 도함수는 **이계도함수**second derivative이다.

$$\textbf{Sv는 } -\frac{d^2v}{dx^2} \textbf{ 에 대응된다.} \qquad \frac{v(x+\Delta x) - 2v(x) + v(x-\Delta x)}{(\Delta x)^2} \approx \frac{d^2v}{dx^2} \tag{9}$$

2장의 모든 것은 y''을 포함하는 이차 방정식이었다. 뉴턴의 법칙 $F = ma$는 이계도함수(가속도 a)를 물리학의 중심에 둔다. 용수철이 진동할 때, 그리고 전류가 회로에서 흐를 때 행렬 $S = A^{\mathrm{T}}A$가 나타날 것이다. 우리는 S에 대한 모든 것을 알아야 한다. 그리고 이의 피봇, 행렬식, 역행렬, 고윳값, 고유벡터 등 모든 것을 알게 될 것이다.

행렬 $L = AA^{\mathrm{T}}$ 역시 중요하다. L 역시 대칭임을 인지하자. 하지만 L은 S와는 다르다. A가 n개의 열과 $n+1$개의 행이 있을 때, $S = A^{\mathrm{T}}A$는 $n \times n$ 행렬이었다. 하지만 $L = AA^{\mathrm{T}}$의 크기는 $n+1$의 제곱이다. $n = 3$이고 $n+1 = 4$인 예를 살펴보자.

$$\begin{array}{l}\textbf{L에서 두 번째 차분} \\ \textbf{새로운 경계조건}\end{array} \qquad L = AA^{\mathrm{T}} = \begin{bmatrix} 1 & -1 & & \\ -1 & 2 & -1 & \\ & -1 & 2 & -1 \\ & & -1 & 1 \end{bmatrix} \tag{10}$$

이 행렬은 역행렬이 없다! $Lw = 0$인 벡터 w를 볼 수 있는가? 이는 모든 성분이 1인 벡터 $w = (1, 1, 1, 1)$이다. L의 각 행을 더하면 0이 되고, 이는 $Lw = 0$을 만든다.

치환 행렬

직교 행렬을 만드는 빠른 방법은 항등 행렬의 열을 사용하는 것이다. 어느 순서이든지 I의 열들은 서로 **정규직교**orthonormal [2]한다. 새로운 순서는 원래 순서의 **치환**이라고 한다. 따라서 새로운 행렬은 **치환 행렬** permutation matrix이라고 부른다.

중요한 것은 I의 행들을 새로운 순서로 둘 수도 있는데, 이 또한 치환 행렬을 만든다는 것이다. 만약 이 행 교환 행렬이 P라면, 열 교환 행렬은 P^{T}이다. 다음과 같이 항등 행렬에서 시작하는 3×3 행렬에서 전치를 볼 수 있다.

$$\begin{array}{ll} \textbf{행}\text{의 순서} \\ 2,\ 3,\ 1 \end{array} \quad P=\begin{bmatrix}0&1&0\\0&0&1\\1&0&0\end{bmatrix} \qquad \begin{array}{ll} \textbf{열}\text{의 순서} \\ 2,\ 3,\ 1 \end{array} \quad P^{\mathrm{T}}=\begin{bmatrix}0&0&1\\1&0&0\\0&1&0\end{bmatrix} \tag{11}$$

P와 벡터 $\boldsymbol{v}$를 곱할 때, 이는 $\boldsymbol{v}$의 성분을 새로운 순서 y, z, x로 놓는다. 그러면 P^{T}는 원래의 순서 x, y, z로 되돌려 놓는다.

$$P\begin{bmatrix}x\\y\\z\end{bmatrix}=\begin{bmatrix}y\\z\\x\end{bmatrix} \qquad\qquad P^{\mathrm{T}}\begin{bmatrix}y\\z\\x\end{bmatrix}=\begin{bmatrix}x\\y\\z\end{bmatrix}$$

이들은 직교 행렬이고 따라서 P^{-1}는 P^{T}와 같다. 그러면 $P^{\mathrm{T}}P=PP^{\mathrm{T}}=I$이다.

우리는 (아무것도 바꾸지 않는 항등 행렬인 항등치환을 포함하여) 모든 3×3 치환 행렬의 목록을 만들 수 있다. 다른 치환들은 I의 두 행 또는 두 열을 바꾼다. 식 (11)의 P와 P^{T}에 이어서 다음과 같이 네 개가 더 있다.

$$I=\begin{bmatrix}1&&\\&1&\\&&1\end{bmatrix},\ P_{12}=\begin{bmatrix}0&1&0\\1&0&0\\0&0&1\end{bmatrix},\ P_{13}=\begin{bmatrix}0&0&1\\0&1&0\\1&0&0\end{bmatrix},\ P_{23}=\begin{bmatrix}1&0&0\\0&0&1\\0&1&0\end{bmatrix}$$

$n=3$일 때, 모두 6개의 치환 행렬이 있다. 그리고 크기 n에 대해서는 $n!$개의 치환 행렬이 있다. $P_{12}A$나 $P_{12}\boldsymbol{b}$를 곱할 때, P_{12}의 효과는 1행과 2행을 교환(치환)하는 것이다.

$$P_{12}\begin{bmatrix}A\text{의 1행}\\A\text{의 2행}\\A\text{의 3행}\end{bmatrix}=\begin{bmatrix}\boldsymbol{A}\textbf{의 2행}\\\boldsymbol{A}\textbf{의 1행}\\A\text{의 3행}\end{bmatrix} \qquad\qquad P_{12}\begin{bmatrix}b_1\\b_2\\b_3\end{bmatrix}=\begin{bmatrix}\boldsymbol{b_2}\\\boldsymbol{b_1}\\b_3\end{bmatrix}$$

이는 0이 첫 번째 피봇에서 나타날 때 하는 소거 과정이다. 만약 $a_{11}=0$, $a_{21}\neq0$이면 P_{12}는 행을 바꿔

2 (옮긴이) 벡터들의 크기가 1이고 서로 직교할 때 우리는 이 벡터들이 '정규직교한다'고 한다.

서 0이 아닌 피봇을 만든다.

행렬로의 소거 E_{ij}로 소거하고, P_{jk}로 행을 바꿔라.

소거 행렬 E_{ij}는 l_{ij}와 j행의 곱을 더 낮은 $i > j$행에서 뺀다. 그 전에 치환 행렬 P_{jk}가 피봇 자리에 더 좋은 수(큰 수)를 넣기 위해 k행을 j행 자리에 놓을 수도 있다.

우리는 P_{jk}를 사용하여 0이 아닌 피봇을 얻어야 하며 P_{jk}를 사용하여 더 큰 피봇을 얻을 수 있다. LAPACK 코드(오픈 소스)는 가장 큰 수를 피봇으로 정한다. (j열의) j번째 피봇은 j행 아래에 있는 수 중에서 가장 큰 수일 것이다. LAPACK은 많은 MATLAB을 포함하는 많은 소프트웨어 시스템에서 선형대수학 부분의 토대이다.

직교 행렬

A가 직교 열을 갖고 있을 때, 대칭 행렬 $A^{\mathrm{T}}A$는 대각 행렬이다. 대각성분이 아닌 성분은 A의 다른 열들의 내적이다. 따라서 이들은 모두 0이다. A의 열들이 단위 벡터(길이 1)일 때, $A^{\mathrm{T}}A$의 모든 대각성분은 1이다. 이 성분들은 (A^{T}의 i행) $\cdot$ (A의 i열) $=$ (길이)$^2 = 1$이다. 열의 자기 자신과의 내적은 $A^{\mathrm{T}}A$의 주대각성분이다.

가장 좋은 경우는 **정규직교** 열들이다. 이들은 두 성질을 동시에 만족하며 서로 직교하는 단위 벡터들이다. 이 경우 우리는 벡터에 대해 $\boldsymbol{q}$라 쓰고, 행렬에 대해 Q라고 쓴다.

$$\textbf{정규직교벡터} \qquad \begin{matrix} q_i^{\mathrm{T}} q_j = 0 \\ q_i^{\mathrm{T}} q_i = 1 \end{matrix} \qquad Q^{\mathrm{T}}Q = \begin{bmatrix} q_1^{\mathrm{T}} \\ \cdots \\ q_n^{\mathrm{T}} \end{bmatrix} \begin{bmatrix} q_1 \cdots q_n \end{bmatrix} = \begin{bmatrix} 1 & 0 & 0 \\ 0 & 1 & 0 \\ 0 & 0 & 1 \end{bmatrix} \qquad (12)$$

Q가 정사각행렬일 때 (정규직교 행렬이 더 좋은 이름일지도 모르지만) 이를 **직교 행렬**orthogonal matrix이라 부른다. 또한, $m > n$인 직사각형 행렬에 대해서도 문자 Q를 쓴다. 하지만 직사각형 행렬 Q^{T}는 오직 Q의 **왼쪽–역행렬**이다.

$$(\boldsymbol{m} = \boldsymbol{n}) \quad Q^{\mathrm{T}}Q = QQ^{\mathrm{T}} = I \qquad (m > n) \quad Q^{\mathrm{T}}Q = I \text{이지만 } \boldsymbol{QQ}^{\mathrm{T}} \neq \boldsymbol{I} \text{이다.} \qquad (13)$$

$Q^{\mathrm{T}}Q = I$는 아주 강력한 성질이다. 우리가 아무 벡터 Q를 곱해도 이의 길이는 변하지 않을 것이다.

$$\textbf{같은 길이} \qquad \text{모든 벡터 } \boldsymbol{v}\text{에 대해 } \|Q\boldsymbol{v}\| = \|\boldsymbol{v}\| \qquad (14)$$

$\|Q\boldsymbol{v}\|^2 = (Q\boldsymbol{v})^{\mathrm{T}}(Q\boldsymbol{v}) = v^{\mathrm{T}}Q^{\mathrm{T}}Qv$를 통해 바로 증명할 수 있다. 행렬 $Q^{\mathrm{T}}Q$는 항등 행렬이다. 따라서 $\boldsymbol{v}^{\mathrm{T}}\boldsymbol{v} = \|\boldsymbol{v}\|^2$만 남는다.

길이가 변하지 않는다는 사실은 직교 행렬을 계산할 때 아주 안전하다. 발산하지도 않고, 너무 작아지지도 않는다(오버플로overflow, 언더플로underflow가 없다). 선형대수학에서의 기본 계산은 연립방정식의 해이다. (정사각행렬과) 직교 행렬에 대해서 이는 매우 쉽다.

$$\boldsymbol{Q}^{-1} = \boldsymbol{Q}^{\mathrm{T}} \qquad Q\boldsymbol{v} = \boldsymbol{b}\text{의 해는 } \boldsymbol{v} = Q^{\mathrm{T}}\boldsymbol{b}\text{이다.} \tag{15}$$

방정식을 풀기 위해 행렬을 전치한다. 가장 위대한 예는 **푸리에 행렬**Fourier matrix이다. 이는 신호 $\boldsymbol{b}$를 다른 순수한 주파수로 분해한다. 시간에서의 벡터 $\boldsymbol{b}$는 주파수의 $\boldsymbol{v}$로 바뀐다. 에너지는 어느 곳에서든 측정될 수 있다. 왜냐하면 $\|\boldsymbol{b}\|^2$은 $\|\boldsymbol{v}\|^2$과 같기 때문이다. 우리는 이를 위에서 확인했다.

푸리에 행렬 F는 예외이다. 왜냐하면 F와 F^{-1}의 곱이 아주 빠르기 때문이다. 이들은 대각 행렬과 치환 행렬로 분해되며 이는 빠른 푸리에 변환 속에 들어있는 내용이다(FFT는 8.2절에서 나온다).

Q가 2×2 행렬일 때, 방정식 $Q\boldsymbol{v}=\boldsymbol{b}$는 명백하게 기하학적인 의미를 갖고 있다. $Q\boldsymbol{v}$는 벡터 $\boldsymbol{b}$가 Q의 열들의 결합으로 표현된다. 이 두 열 $\boldsymbol{q}_1$, $\boldsymbol{q}_2$는 [그림 4-9]에서 수직 축을 이룬다. 우리는 각 방향에서의 $\boldsymbol{b}$의 성분을 찾고 있다.

이 두 성분은 $v_1 = \boldsymbol{q}_1 \cdot \boldsymbol{b}$와 $v_2 = \boldsymbol{q}_2 \cdot \boldsymbol{b}$이다. $Q\boldsymbol{v}=\boldsymbol{b}$를 $\boldsymbol{v}=Q^{\mathrm{T}}\boldsymbol{b}$로 푸는 것은 xy축을 q_1q_2축으로 바꾸는 것에 불과하다.

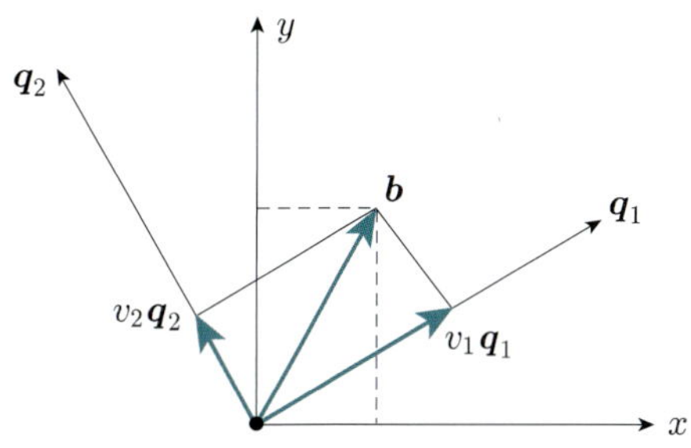

[그림 4-9] 모든 $\boldsymbol{b}=(x,y)$는 $\boldsymbol{b}=v_1\boldsymbol{q}_1+v_2\boldsymbol{q}_2$로 나뉜다. 그리고 $\|\boldsymbol{b}\|^2=x^2+y^2=v_1^2+v_2^2$이다.

대칭인 동시에 직교인 경우

대칭 행렬은 응용수학의 대부분의 부분에서 사용된다. 직교 행렬은 푸리에 행렬과 회전 행렬 다음으로 중요하다. 대부분의 대칭 행렬은 직교가 아니고, 대부분의 직교 행렬은 대칭이 아니다. 이들이 동시에 언제 성립하고, 또 성립하면 어떻게 되는지 의문을 갖는 건 자연스러운 현상이다.

다음 교환 행렬, 대칭 행렬, **하다마드 행렬**Hadamard matrix은 대칭이고 직교한다.

$$P = \begin{bmatrix} 0 & 1 \\ 1 & 0 \end{bmatrix} \qquad R = \begin{bmatrix} -\cos\theta & \sin\theta \\ \sin\theta & \cos\theta \end{bmatrix} \qquad H = \frac{1}{2}\begin{bmatrix} -1 & 1 & 1 & 1 \\ 1 & -1 & 1 & 1 \\ 1 & 1 & -1 & 1 \\ 1 & 1 & 1 & -1 \end{bmatrix} \tag{16}$$

$\frac{1}{4}((-1)^2+1^2+1^2+1^2)=1$이므로 H의 열들은 단위벡터이다. 아무도 어떤 차원이 1과 -1을 성분으로 갖는 n개의 직교벡터를 허용하는지 모른다(홀수 차원에 대해서도 아니다!).

다음과 같은 직교 행렬의 중요한 사실을 사용해, 더 많은 대칭직교 행렬을 찾을 수 있다.

만약 Q_1과 Q_2가 직교 행렬이면, 이들의 곱 $Q=Q_1Q_2$ 또한 직교 행렬이다.

판정법은 항상 $Q^{\mathrm{T}}Q=I$를 확인하는 것이다. 여기에서 이들은 $(Q_1Q_2)^{\mathrm{T}}(Q_1Q_2)=Q_2^{\mathrm{T}}Q_1^{\mathrm{T}}Q_1Q_2$이고, 가운데에서 $Q_1^{\mathrm{T}}Q_1=I$이다. 그러면 바깥쪽은 $Q_2^{\mathrm{T}}Q_2=I$이다.

결론은 직교 행렬들을 곱해도 직교 행렬이라는 것이다. 하지만 문제는 대칭 행렬들을 곱해도 항상 대칭 행렬이 되지 않는다는 점이다.

다음은 두 가지 성질이 모두 설명하는 접근 방법이다. 1로 시작하여 뒤에는 -1인 대각 행렬 D로 시작하자.

$$\textbf{대칭이면서 직교} \qquad D=\mathrm{diag}(1,\cdots,1,-1,\cdots,-1) \tag{17}$$

임의의 직교 행렬 Q에 대하여 좌변의 D에 Q를 곱하고, 우변에 Q^{T}를 곱하자. 이 **대칭 곱셈**symmetric multiplication은 행렬 QDQ^{T}를 대칭으로 만든다.

$$\textbf{대칭이면서 직교} \qquad (QDQ^{\mathrm{T}})^{\mathrm{T}}=Q^{\mathrm{TT}}D^{\mathrm{T}}Q^{\mathrm{T}}=QDQ^{\mathrm{T}} \tag{18}$$

이 직교 행렬의 곱 또한 직교이다. 6장에서 고윳값을 보면 모든 대칭직교 행렬은 QDQ^{T}와 같은 형태를 갖고 있음을 볼 것이다.

행렬의 인수분해

앞에서 살펴본 내용보다 지금 다룰 내용이 더 중요하다. '대칭 행렬 S는 실수 r과 같다.' '직교 행렬 Q는 크기가 1인 복소수 $e^{i\theta}$과 같다.' 모든 복소수는 극좌표 $re^{i\theta}$ 형태로 쓸 수 있다. 그리고 우리가 원하는 것은 다음과 같은 사실이다.

> 모든 정사각행렬 A는 **극좌표 형태** $A=SQ$로 쓸 수 있다.

$A=SQ$는 **특잇값 분해**singular value decomposition(이는 7.2절에서 다룬다)와 같다. SVD는 선형대수학의 기본 정리의 마지막이자 가장 중요한 단계이다. 극좌표 형태는 7장 [메모]에 있다.

4.5 요약

1. 전치는 $A^{\mathrm{T}}_{ij} = A_{ji}$이다. 그러면 $(AB)^{\mathrm{T}} = B^{\mathrm{T}}A^{\mathrm{T}}$이고 $A\boldsymbol{v} \cdot \boldsymbol{w}$는 $\boldsymbol{v} \cdot A^{\mathrm{T}}\boldsymbol{w}$와 같다.
2. 대칭 행렬은 $S^{\mathrm{T}} = S$를, 직교 행렬은 $Q^{\mathrm{T}} = Q^{-1}$를 만족하는 행렬이다.
3. $A^{\mathrm{T}}A$는 항상 대칭 행렬이다. 대표적인 예는 이계 차분 행렬이다.
4. 직교 행렬 Q의 열들은 길이가 1이고 직교하는 벡터들이다. 모든 $\boldsymbol{x}$에 대해 $\|Q\boldsymbol{x}\| = \|\boldsymbol{x}\|$이다.
5. $n!$개의 치환 행렬 P는 $I(n \times n)$의 행들을 재배열한다. 이때 $P^{\mathrm{T}} = P^{-1}$이다.

4.5 연습문제

01~09 다음은 전치 행렬 A^{T}와 대칭 행렬 $S = S^{\mathrm{T}}$에 관한 문제이다.

01 다음에 대해 A^{T}, A^{-1}, $(A^{-1})^{\mathrm{T}}$, $(A^{\mathrm{T}})^{-1}$를 각각 찾아라.

$$A = \begin{bmatrix} 1 & 0 \\ 9 & 3 \end{bmatrix} \qquad A = \begin{bmatrix} 1 & c \\ c & 0 \end{bmatrix}$$

02 (a) AB가 대칭 행렬이 되지 않는 2×2 대칭 행렬 A, B를 찾아라.

(b) $A^{\mathrm{T}} = A$, $B^{\mathrm{T}} = B$일 때, $AB = BA$이면 AB가 대칭 행렬이 됨을 보여라. 곱은 A가 B와 교환될 때만 대칭이다.

03 (a) 행렬 $((AB)^{-1})^{\mathrm{T}}$는 $(A^{-1})^{\mathrm{T}}$와 $(B^{-1})^{\mathrm{T}}$에서 온다. 어떤 순서로 곱해지는가?

(b) 만약 U가 위삼각 행렬이면 $(U^{-1})^{\mathrm{T}}$는 _____삼각 행렬이다.

04 $A^2 = 0$은 가능하지만 (A가 영행렬이 아닌 이상) $A^{\mathrm{T}}A = 0$이 불가능함을 보여라.

05 모든 정사각행렬은 대칭 부분과 비대칭 부분으로 나뉜다.

$$A = \text{대칭} + \text{비대칭} = \left(\frac{A + A^{\mathrm{T}}}{2}\right) + \left(\frac{A - A^{\mathrm{T}}}{2}\right)$$

비대칭 부분을 전치하면 원래 행렬에 -1을 곱한 것과 같음을 얻어라. 다음을 두 부분으로 나누어라.

$$A = \begin{bmatrix} 3 & 5 \\ 7 & 9 \end{bmatrix} \qquad A = \begin{bmatrix} 1 & 4 & 8 \\ 0 & 2 & 6 \\ 0 & 0 & 3 \end{bmatrix}$$

06 블록 행렬 $M = \begin{bmatrix} A & B \\ C & D \end{bmatrix}$을 전치하면 $M^{\mathrm{T}} =$ _____이다. 이 예를 판정하라. A, B, C, D가 대칭인 블록 행렬이 되도록 하는 조건은 무엇인가?

07 참 또는 거짓임을 판별하라.

(a) 블록 행렬 $\begin{bmatrix} 0 & A \\ A & 0 \end{bmatrix}$은 자동적으로 대칭이다.

(b) A와 B가 대칭이면 이들의 곱 AB도 대칭이다.

(c) A가 대칭이 아니면 A^{-1}도 대칭이 아니다.

(d) 만약 A, B, C가 대칭이면 ABC의 전치는 CBA이다.

08 (a) 만약 $S = S^{\mathrm{T}}$이고 S가 5×5 행렬이라면 S의 얼마나 많은 성분을 독립적으로 고를 수 있는가?

(b) 만약 A가 비대칭($A^{\mathrm{T}} = -A$)이라면 얼마나 많은

성분을 고를 수 있는가?

09 식 $A^{-1}A=I$를 전치하라. 결과는 A^{T}의 역행렬이 ______라고 알려준다. 만약 S가 대칭이라면 어떻게 S^{-1}이 대칭인지 알 수 있는가?

10~14 다음은 치환 행렬에 관한 문제이다.

10 크기 n에 대해 $n!$개의 치환 행렬이 존재하는 이유는 무엇인가? 이들은 $1, \cdots, n$의 $n!$개의 순서를 준다.

11 P_1과 P_2가 치환 행렬이면, P_1P_2도 치환 행렬이다. 이들의 행들은 I의 행들과 순서만 다르다. $P_1P_2 \neq P_2P_1$이면서 $P_3P_4 = P_4P_3$인 예를 찾아라.

12 $(1,2,3,4)$에는 교환이 짝수 번 일어나는 12개의 **짝치환**even permutation이 있다. 이 중 둘은 교환이 없는 $(1,2,3,4)$이고, 하나는 교환이 두 번 일어난 $(4,3,2,1)$이다. 나머지 10개를 나열하라. 4×4 행렬을 모두 적는 대신에 수를 나열하라.

13 P가 $(1,n)$에서 $(n,1)$까지 반대각선 방향에 1을 가질 때, PAP를 설명하라. P는 짝치환인가?

14 (a) $P^3=I$인 (하지만 $P=I$가 아닌) 3×3 치환 행렬을 찾아라.

(b) $P^4 \neq I$인 4×4 치환 행렬을 찾아라.

15~18 다음은 일계 차분 행렬 A와 이계 차분 행렬 $A^{\mathrm{T}}A$, AA^{T}에 관한 문제이다.

15 5×4 후방 차분 행렬 A를 찾아라.

(a) 대칭 이계 차분 행렬 $S=A^{\mathrm{T}}A$와 $L=AA^{\mathrm{T}}$를 계산하라.

(b) S^{-1}을 찾아서 S가 가역임을 보여라. L이 비가역임을 보여라.

16 [연습문제 15]에서 S와 L(4×4와 5×5)의 피봇을 찾아라. 방정식 (8)에서 S의 피봇은 2, 3/2, 4/3이다. 방정식 (10)에서 L의 피봇은 1, 1, 1, 0(실패)이다.

17 컴퓨터를 사용하여 9×10 후방 차분 행렬 A를 만들어라. 곱해서 $S=A^{\mathrm{T}}A$와 $L=AA^{\mathrm{T}}$를 찾아라. 만약 여러분이 선형대수학 소프트웨어를 사용할 수 있다면, $\det(S)$와 $\det(L)$을 구하라.

(도전) $S=A^{\mathrm{T}}A$가 $n\times n$일 때, 실험으로 $\det(S)$를 찾아라.

18 컴퓨터를 사용하여 무한히 큰 이계 차분 행렬 S를 생각하자. 2와 -1의 대각성분은 $-\infty$에서 $+\infty$까지 간다.

$$\textbf{무한 삼각 행렬} \quad S=\begin{bmatrix} \cdot & \cdot & & & \\ -1 & 2 & -1 & & \\ & -1 & 2 & -1 & \\ & & \cdot & \cdot & \end{bmatrix}$$

(a) S에 모든 성분이 무한히 1인 벡터 $\boldsymbol{v}=(\cdots,1,1,1,1,\cdots)$을 곱하라.

(b) S에 무한한 선형 벡터 $\boldsymbol{w}=(\cdots,0,1,2,3,\cdots)$을 곱하라.

(c) S에 무한한 제곱 벡터 $\boldsymbol{u}=(\cdots,0,1,4,9,\cdots)$를 곱하라.

(d) S에 무한한 세제곱 벡터 $\boldsymbol{c}=(\cdots,0,1,8,27,\cdots)$을 곱하라.

답은 (음의 부호가 있는) 1, x^2, x^3의 이계도함수에 대응된다.

19~28 다음은 $Q^{\mathrm{T}}Q=I$인 행렬에 관한 문제이다. Q가 정사각행렬이면 Q는 직교 행렬이고, $Q^{\mathrm{T}}=Q^{-1}$이고 $QQ^{\mathrm{T}}=I$이다.

19 다음 행렬들이 직교 행렬이 되도록 하라.

(a) $Q=\begin{bmatrix} 1/2 & \\ & 1/2 \end{bmatrix}$ (b) $Q=\dfrac{1}{3}\begin{bmatrix} -1 & & \\ 2 & & \\ 2 & & \end{bmatrix}$

(c) $Q=\dfrac{1}{2}\begin{bmatrix} 1 & 1 & & \\ 1 & 1 & & \\ 1 & -1 & & \\ 1 & -1 & & \end{bmatrix}$

20 (a) Q가 직교 행렬이라고 하자. $Q^{-1}=Q^{\mathrm{T}}$가 직교 행렬인 이유는 무엇인가?

(b) $Q^{\mathrm{T}}Q=I$에서 Q의 열은 직교단위벡터이다(정규직교벡터). Q의 행들(제곱 행렬)도 정규직교벡터인 이유는 무엇인가?

21 (a) 어떤 벡터들이 직교 행렬의 첫 번째 열이 될 수 있

는가?

(b) $Q_1^T Q_1 = I$, $Q_2^T Q_2 = I$일 때 $(Q_1 Q_2)^T (Q_1 Q_2) = I$는 참인가? 행렬의 모양이 곱셈 $Q_1 Q_2$가 가능한 형태라고 가정하자.

22 $\boldsymbol{u}$가 단위 열벡터($\boldsymbol{u}^T\boldsymbol{u}=1$)일 때, $H=I-2\boldsymbol{u}\boldsymbol{u}^T$가 (a), (b)를 만족하는 이유는 각각 무엇인가?

(a) 대칭 행렬 : $H=H^T$

(b) 직교 행렬 : $H^T H = I$

23 만약 $\boldsymbol{u}=(\cos\theta, \sin\theta)$이면 $H=I-2\boldsymbol{u}\boldsymbol{u}^T$의 네 성분은 무엇인가? $\boldsymbol{v}=(-\sin\theta, \cos\theta)$에 대해 $H\boldsymbol{u}=-\boldsymbol{u}$이고 $H\boldsymbol{v}=\boldsymbol{v}$임을 보여라. 이 H는 **반사 행렬**reflection matrix이다. $\boldsymbol{v}$선은 거울이고 $\boldsymbol{u}$선은 거울을 지나 반사된다.

24 행렬 Q가 직교 행렬이며 위삼각 행렬이라고 하자. Q는 어떻게 생겼는가? 이는 대각 행렬이어야 하는가?

25 (a) 첫 열의 방향이 $\boldsymbol{w}$인 3×3 직교 행렬 Q의 첫 번째 열 $\boldsymbol{q}_1 = c\boldsymbol{w}$에서 c는 어떤 값인가?

(b) 다음 열 $\boldsymbol{q}_2$는 $\boldsymbol{q}_1$에 수직인 단위 벡터면 모두 가능하다. $\boldsymbol{q}_3$을 찾기 위해 $\boldsymbol{q}_1^T\boldsymbol{v}=0$이고 $\boldsymbol{q}_2^T\boldsymbol{v}=0$인 두 방정식의 해 $\boldsymbol{v}=(v_1, v_2, v_3)$를 골라라. 왜 항상 0이 아닌 해 $\boldsymbol{v}$가 있는가?

26 왜 $A\boldsymbol{v}=0$의 모든 해 $\boldsymbol{v}$는 A의 모든 행과 직교하는가?

27 $Q^T Q = I$이지만 Q가 정사각행렬이 아니라고 하자. 행렬 $P=QQ^T$는 I가 아니다. 하지만 P가 대칭이고, $P^2=P$임을 보여라. 이는 **사영 행렬**projection matrix이다.

28 5×4 행렬 Q는 $Q^T Q = I$를 가질 수 있다. 하지만 이는 $QQ^T = I$를 가질 수는 없다. 왜 네 방정식 $Q^T\boldsymbol{v}=0$이 0이 아닌 해 $\boldsymbol{v}$를 가져야만 하는지 글로 설명하라. 그러면 $\boldsymbol{v}$는 $QQ^T\boldsymbol{v}$와는 다르고, I는 QQ^T와 같지 않다.

---

29 **(도전)** QDQ^T가 치환 행렬이 되는 회전 행렬 Q를 찾을 수 있는가?

$$\begin{bmatrix}\cos\theta & -\sin\theta\\ \sin\theta & \cos\theta\end{bmatrix}\begin{bmatrix}1 & \\ & -1\end{bmatrix}\begin{bmatrix}\cos\theta & \sin\theta\\ -\sin\theta & \cos\theta\end{bmatrix}\text{는}$$

$$\begin{bmatrix}0 & 1\\ 1 & 0\end{bmatrix}\text{과 같다.}$$

30 **(도전)** 직교 행렬($Q^T Q = QQ^T = I$)을 다음과 같은 직사각형 모양의 두 부분행렬로 나누어라.

$$Q=[\,Q_1 \mid Q_2\,]\text{이고 } Q^T Q = \begin{bmatrix} Q_1^T Q_1 & Q_1^T Q_2\\ Q_2^T Q_1 & Q_2^T Q_2\end{bmatrix}$$

(a) $Q^T Q = I$의 네 블록은 무엇인가?

(b) $QQ^T = Q_1 Q_1^T + Q_2 Q_2^T = I$는 열과 행의 곱이다. 대각 행렬 $D=\begin{bmatrix} I & 0\\ 0 & -I\end{bmatrix}$를 넣은 다음 QDQ^T에 대해 같은 곱셈을 하라.

NOTE_ 식 (18)의 모든 대칭직교 행렬 S는 $S=QDQ^T = Q_1Q_1^T - Q_2Q_2^T$가 된다. 이는 정확히 반사 행렬 $I-2Q_2Q_2^T$이다.

31 **(도전)** 전치가 A를 '주대각성분을 기준으로 뒤집는' 진짜 이유는 내적 법칙인 $(A\boldsymbol{v})\cdot\boldsymbol{w}=\boldsymbol{v}\cdot(A^T\boldsymbol{w})$를 따르기 위해서이다. 이 법칙 $(A\boldsymbol{v})^T\boldsymbol{w}=\boldsymbol{v}^T(A^T\boldsymbol{w})$에서 $A=d/dx$, $A^T=-d/dx$로 보면 미적분학에서의 부분적분과 같아진다.

(a) 2×2 행렬에 대해 양변(네 개의 항)을 모두 쓰고 비교하라.

$$\left(\begin{bmatrix}a\,\boldsymbol{b}\\ \boldsymbol{c}\,d\end{bmatrix}\begin{bmatrix}v_1\\ v_2\end{bmatrix}\right)\cdot\begin{bmatrix}w_1\\ w_2\end{bmatrix}\text{는 }\begin{bmatrix}v_1\\ v_2\end{bmatrix}\left(\begin{bmatrix}a\,\boldsymbol{c}\\ \boldsymbol{b}\,d\end{bmatrix}\cdot\begin{bmatrix}w_1\\ w_2\end{bmatrix}\right)\text{와 같다.}$$

(b) 이 법칙 $(AB)^T = B^T A^T$는 (a)로 오래 걸리지만 직접적으로 확인할 수 있다.

$$(AB)\boldsymbol{v}\cdot\boldsymbol{w} = A(B\boldsymbol{v})\cdot\boldsymbol{w} = B\boldsymbol{v}\cdot A^T\boldsymbol{w}$$
$$= \boldsymbol{v}\cdot B^T(A^T\boldsymbol{w}) = \boldsymbol{v}\cdot(B^TA^T)\boldsymbol{w}$$

1단계와 4단계는 _____ 법칙이고, 2단계와 3단계는 내적 법칙이다.

32 **(도전)** 대각성분과 그 위의 성분에 의해 어떻게 행렬 $S=S^T$가 결정되는가? 정규직교인 열들을 가진 Q가 대각성분 아래의 성분에 의해 어떻게 결정되는가? 합쳐서 이는 $n\times n$ 행렬의 성분과 같다. 따라서 모든 행렬이 ($re^{i\theta}$과 같이) $A=SQ$로 인수분해된다는 것은 그럴 듯하다.

4장 메모

Q_ 행렬-행렬 곱셈 AB의 법칙은 어디서 오는가?

A_ 행렬-벡터 곱 Av에서 온다. 행렬 AB는 다음이 성립하도록 정의된다.

AB와 $\boldsymbol{v}$의 곱은 A와 $B\boldsymbol{v}$의 곱과 같다. 그러면 AB와 C의 곱은 A와 BC의 곱과 같다.

특수한 벡터 $\boldsymbol{v} = (1, 0, \cdots, 0)$을 선택하라. 그러면 AB와 $\boldsymbol{v}$의 곱은 AB의 첫 번째 열이며 $B\boldsymbol{v}$는 B의 첫 번째 열이다. 따라서 AB의 첫 번째 열은 A와 B의 첫 번째 열을 곱한 것이다. 모든 다른 AB의 열들도 비슷한 방법으로 구한다. 즉, $\boldsymbol{v}$의 1을 옮긴다.

따라서 $(AB)\boldsymbol{v} = A(B\boldsymbol{v})$이다. 여러 v가 들어간 행렬 C에서 이는 $(AB)C = A(BC)$가 된다.

소거는 A를 LU = (아래삼각 행렬)×(위삼각 행렬)로 인수분해한다.

MATLAB 조작 $[L, U] = lu(A)$는 행 변화가 없는 이상 결과 L과 U를 출력할 것이다. L과 U는 $A\boldsymbol{v} = \boldsymbol{b}$의 좌변을 소거한 것에 대한 기록들이다. 해 $\boldsymbol{v}$는 두 삼각 시스템을 풀면 우변 $\boldsymbol{b}$에서 온다.

b에서 c까지 전진대입 $L\boldsymbol{c} = \boldsymbol{b}$ 　　 c에서 v까지 후진대입 $U\boldsymbol{v} = \boldsymbol{c}$

그러면 $\boldsymbol{v}$는 올바른 답이다($A\boldsymbol{v} = LU\boldsymbol{v} = L\boldsymbol{c} = \boldsymbol{b}$). 전진대입은 소거가 $[A\ \ \boldsymbol{b}]$에 진행되면서 $\boldsymbol{b}$에 일어난 것이다.

만약 첫 번째 대각성분이 2가 아닌 1이면 이계 차분 행렬은 아름다운 역행렬과 LU 분해를 갖는다. 다음은 3×3 삼중대각 행렬 T와 이의 역행렬이다.

$$T_{11} = 1 \qquad T = \begin{bmatrix} 1 & -1 & 0 \\ -1 & 2 & -1 \\ 0 & -1 & 2 \end{bmatrix} \qquad T^{-1} = \begin{bmatrix} 3 & 2 & 1 \\ 2 & 2 & 1 \\ 1 & 1 & 1 \end{bmatrix}$$

하나의 접근 방법은 $[T\ I]$에 가우스-조던 소거법을 쓰는 것이지만 너무 기계적으로 보인다. 여기서는 차라리 T를 일계 차분 L과 U를 사용하여 쓸 것이다. 역행렬은 덧셈 행렬sum matrix U^{-1}과 L^{-1}이다.

$$T = \underset{\textbf{차}}{\begin{bmatrix} 1 & & \\ -1 & 1 & \\ 0 & -1 & 1 \end{bmatrix}} \underset{\textbf{차}}{\begin{bmatrix} 1 & -1 & 0 \\ & 1 & -1 \\ & & 1 \end{bmatrix}} \qquad T^{-1} = \underset{\textbf{합}}{\begin{bmatrix} 1 & 1 & 1 \\ & 1 & 1 \\ & & 1 \end{bmatrix}} \underset{\textbf{합}}{\begin{bmatrix} 1 & & \\ 1 & 1 & \\ 1 & 1 & 1 \end{bmatrix}}$$

Q_ (4×4) T의 피봇은 무엇인가? 4×4 역행렬은 무엇인가?

5장 벡터공간과 부분공간

Vector Spaces and Subspaces

5.1 행렬의 열공간

행렬에 익숙하지 않은 이들에게 행렬 계산은 그저 많은 숫자를 다루는 것으로 느껴질 것이다. 그러나 이제 여러분은 벡터를 사용해 행렬을 계산할 수 있다는 것을 알게 되었다. $A\boldsymbol{v}$와 AB의 각 열은 행렬 A의 열벡터 n개의 선형결합이다. 낮은 단계의 수와 벡터를 넘어 이 장에서는 가장 높은 수준인 세 번째 단계로 이동한다. 각 열 대신에 우리는 벡터들의 '공간'에 대하여 살펴볼 것이다. **벡터공간**vector space과 그 **부분공간**subspace을 살펴보지 않고서는 $A\boldsymbol{v}=\boldsymbol{b}$의 모든 것을 안다고 할 수 없다.

이 장은 조금 더 깊은 내용을 다루므로 다소 어렵게 느낄 수 있지만 이는 자연스러운 현상이다. 우리는 계산의 내부 과정을 들여다보고 그 속에서 수학을 찾을 것이다. 이 책의 역할은 내부에 있는 수학들을 분명하게 보여주는 것이다. 5.5절에서는 '선형대수학의 기본 정리'를 다룰 것이다.

가장 중요한 벡터공간 $\mathbb{R}^1$, $\mathbb{R}^2$, $\mathbb{R}^3$, $\mathbb{R}^4$, $\cdots$에서 시작한다. 이 각각의 공간 $\mathbb{R}^n$은 벡터 전체의 모임으로 구성되어 있다. $\mathbb{R}^5$는 다섯 개의 성분으로 이루어진 모든 열벡터를 원소로 갖고 있으며 이 공간을 **5차원 공간**이라고 한다.

> 정의 **공간 $\mathbb{R}^n$은 n개의 성분으로 구성된 모든 열벡터 $\boldsymbol{v}$를 원소로 갖는 집합이다.**

$\boldsymbol{v}$의 성분들은 실수이므로 기호 $\mathbb{R}$로 표시하였다. n개의 성분이 복소수일 때는 $\boldsymbol{v}$는 공간 $\mathbb{C}^n$에 속하는 원소이다.

일반적으로 벡터공간 $\mathbb{R}^2$는 xy 평면으로 표시한다. $\mathbb{R}^2$의 각 벡터 $\boldsymbol{v}$는 두 개의 성분을 갖는다. **공간**이라는 단어는 이들 모든 벡터를 나타내는 전체 평면을 생각하도록 유도한다. 각 벡터 $\boldsymbol{v}=(x,y)$는 평면의 한 점에 대응되는 x좌표와 y좌표를 나타낸다. 비슷하게 $\mathbb{R}^3$에서의 벡터는 3차원 공간의 점 (x,y,z)에 대응된다. 1차원 공간 $\mathbb{R}^1$은 x축과 같은 직선이다. 이전과 마찬가지로, 우리는 대괄호 사이의 열로 쓰거나 괄호와 쉼표를 사용하여 일렬로 벡터를 나타낸다.

$$\begin{bmatrix}4\\\pi\end{bmatrix}\text{는 } \mathbb{R}^2\text{의 원소, } (1,1,0,1,1)\text{은 } \mathbb{R}^5\text{의 원소, } \begin{bmatrix}1+i\\1-i\end{bmatrix}\text{는 } \mathbb{C}^2\text{의 원소}$$

선형대수학의 가장 큰 장점은 5차원 공간을 쉽게 다룰 수 있다는 것이다. 벡터를 그릴 필요 없이 5개의 수(혹은 n개의 수)만 있으면 5차원 공간(혹은 n차원 공간)의 원소를 나타낼 수 있기 때문이다.

$\boldsymbol{v}$에 7을 곱하려면 $\boldsymbol{v}$의 모든 성분에 7을 곱한다. 여기서 7은 스칼라scalar이다. $\mathbb{R}^5$에서 두 개의 벡터를 더하기 위해서는 각 성분별로 더한다(5번의 덧셈을 한다). 이 두 가지 기본적인 연산은 벡터공간 내부에서 진행되며 선형결합을 만든다.

$\mathbb{R}^n$의 어떤 벡터들도 서로 더할 수 있고, 어떤 벡터 v에도 임의의 스칼라 c를 곱할 수 있다.

'벡터공간 내부에서'라는 말은 **'계산 결과가 여전히 그 공간의 원소가 된다.'**는 것을 의미하며 이는 상당히 중요하다.

$\boldsymbol{v}$가 $\mathbb{R}^4$의 원소이고 그 성분이 1, 0, 0, 1일 때, $2\boldsymbol{v}$는 $\mathbb{R}^4$의 원소이며 그 성분은 2, 0, 0, 2이다(이때 2는 스칼라). 이로써 $\mathbb{R}^n$에서 다음과 같은 성질들을 입증할 수 있다. 교환법칙은 $\boldsymbol{v}+\boldsymbol{w}=\boldsymbol{w}+\boldsymbol{v}$이고, 분배법칙은 $c(\boldsymbol{v}+\boldsymbol{w})=c\boldsymbol{v}+c\boldsymbol{w}$이다. 모든 벡터공간은 $\mathbf{0}+\boldsymbol{v}=\boldsymbol{v}$를 만족하는 유일한 **영벡터**를 갖고 있다. 이 성질들은 5장 [메모]에 나열된 8개의 법칙에 포함된다.

모든 벡터공간은 이 8가지 법칙을 모두 만족해야 한다. 열벡터 이외의 벡터도 있고, $\mathbb{R}^n$ 이외의 벡터공간도 있다. 모든 벡터공간은 8가지 법칙을 따라야 한다.

실수 벡터공간은 **벡터**들의 집합으로서 벡터 덧셈과 실수 곱을 연산으로 갖는 집합이다. 덧셈과 곱셈의 결과는 반드시 그 공간에 있는 원소이어야 하며 8개의 법칙을 반드시 만족해야 한다(대부분의 경우 이 조건에 문제가 없다). 여러분은 $\mathbb{R}^n$ 이외에 세 개의 벡터공간을 살펴보는 것이 좋다.

M : 모든 2×2 실수 행렬로 이루어진 벡터공간
Y : $Ay''+By'+Cy=0$의 모든 해 $y(t)$로 이루어진 벡터공간
Z : 영벡터만으로 이루어진 벡터공간

실제로 **M**을 구성하는 **벡터**는 행렬이다. **Y**를 구성하는 벡터는 $y=e^{st}$과 같이 t에 대한 함수이다. **Z**에서 유일한 덧셈은 $0+0=0$이다. 각 공간에서 행렬끼리 혹은 함수끼리 혹은 영벡터끼리 더할 수 있다. 또한 실수 4를 행렬 혹은 함수 혹은 영벡터에 곱할 수 있다. 그 계산 결과들은 여전히 각각 **M**, **Y**, **Z**에 있다.

공간 $\mathbb{R}^4$는 4차원이며 2×2 행렬들로 이루어진 공간 **M**도 4차원이다. 이 공간에서 벡터는 네 개의 수로 이루어진다. 이계 미분방정식은 두 개의 독립적인 해를 갖기 때문에 해공간 **Y**는 2차원이다. 5.4절에서는 이 두 가지 핵심 단어인 벡터의 선형독립성과 공간의 차원에 대하여 명확히 정의할 것이다.

공간 **Z**는 0차원이다(차원을 정의할 수 있는 어떤 (합리적인) 수단을 사용하더라도 마찬가지이다). 이 공간은 가장 작은 벡터공간이며 이를 $\mathbb{R}^0$으로 표시하게 되면 마치 벡터가 없는 것으로 생각할 수 있으므로 표기법을 신중히 사용하기로 한다. 벡터공간 **Z**는 정확히 한 개의 벡터를 원소로 갖는다. 이 영벡터가 없는 공간은 없다. 모든 벡터공간은 영행렬, 영함수, $\mathbb{R}^3$에서의 벡터 $(0,0,0)$과 같이 각자의 영벡터를 갖고 있다.

부분공간

상황에 따라 행렬과 함수를 벡터로 생각해야 할 때가 있다. 그러나 항상 가장 필요한 벡터는 일반적인 열벡터이다. 이 벡터들은 n개의 성분을 갖지만 때로는 n개의 성분을 갖는 벡터 전체가 필요하지 않을 수도 있다. **$\mathbb{R}^n$ 안에** 중요한 벡터공간이 있는데, 이것이 바로 $\mathbb{R}^n$의 부분공간[subspace]이다.

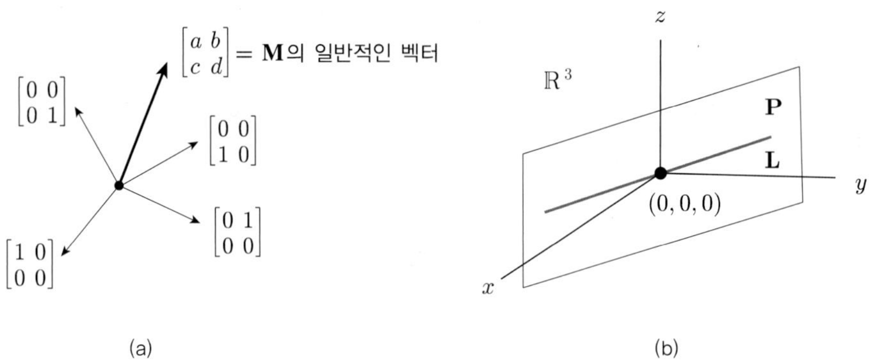

[그림 5-1] (a) **4차원** 행렬공간 M, (b) $\mathbb{R}^3$의 3개의 부분공간인 평면 $\mathbf{P}$, 직선 $\mathbf{L}$, 점 $\mathbf{Z}$

일반적인 3차원 공간 $\mathbb{R}^3$에서 시작해보자. 원점 $(0, 0, 0)$을 지나는 평면을 선택하면 **이 평면은 그 자체로 벡터공간이다.** 만일 이 평면에 있는 두 개의 벡터를 더하면 그 합벡터 역시 동일한 평면 위에 있다. 또한 이 평면에 있는 벡터에 2 혹은 -5를 곱하면 그 벡터도 동일한 평면 위에 있다. 3차원 공간에서의 평면은 비록 $\mathbb{R}^2$와 비슷해 보일지라도 $\mathbb{R}^2$와는 다른 대상이다. 이 평면에 속한 벡터들은 3개의 성분을 가지며 $\mathbb{R}^3$에 속한다. 즉, 평면 $\mathbf{P}$는 **$\mathbb{R}^3$ 안의** 벡터공간이다.

이러한 논의는 선형대수학에서 가장 기본적인 아이디어 중의 하나를 보여준다. 점 $(0, 0, 0)$을 지나는 평면은 전체 벡터공간 $\mathbb{R}^3$의 **부분공간**이다.

> 정의 벡터공간의 **부분공간**은 **0**(영벡터)을 포함한 벡터들의 집합으로서 다음 두 조건을 만족한다.
> **v와 w가 부분공간에 속한 벡터이며 c가 임의의 스칼라일 때,**
> 조건 1 $v+w$는 부분공간에 속한다.
> 조건 2 cv는 부분공간에 속한다.

벡터들의 집합은 덧셈 $\boldsymbol{v}+\boldsymbol{w}$와 곱 $c\boldsymbol{v}$(그리고 $d\boldsymbol{w}$)에 대하여 닫혀있다. 부분공간에서 이 연산을 시행하면 그 결과 역시 부분공간에 속한다. 또한 두 벡터를 뺄 수도 있다. $-\boldsymbol{w}$가 부분공간에 속하는데, 이를 $\boldsymbol{v}$와 더한 $\boldsymbol{v}-\boldsymbol{w}$ 역시 부분공간에 속하기 때문이다. 요약하자면 **모든 선형결합 $c\boldsymbol{v}+d\boldsymbol{w}$도 부분공간에 속한다.**

중요한 사실은 **모든 부분공간이 영벡터를 포함한다**는 것이다. $\mathbb{R}^3$에서의 평면은 점 $(0, 0, 0)$을 지나야 한다. 우리는 이 사실을 강조하기 위하여 따로 언급하며, 조건 2로부터 이를 바로 얻을 수 있다. $c=0$일 때, 조건 2는 $0\boldsymbol{v}$가 부분공간에 속함을 설명하고 있다.

원점을 포함하지 않은 평면은 이 조건을 만족하지 않는다. $\boldsymbol{v}$가 이러한 평면 위의 벡터이면 $-\boldsymbol{v}$와 $0\boldsymbol{v}$는 이 평면 위에 있지 않다. 즉, 원점을 지나지 않는 평면은 부분공간이 될 수 없다.

원점을 지나는 직선 또한 $\mathbb{R}^3$의 부분공간이다. 우리가 5를 곱하거나 직선 위의 두 벡터를 더하면 여전히 그 결과는 직선 위에 있다. 하지만 이 직선은 반드시 점 $(0, 0, 0)$을 지나야 한다.

또 다른 부분공간으로 $\mathbb{R}^3$ 전체가 있다. 전체 공간은 그 자신의 부분공간이 된다. 이 공간은 [그림 5-1(b)]

이다. 다음은 $\mathbb{R}^3$의 가능한 모든 부분공간이다.

(**L**) $(0,0,0)$을 지나는 임의의 직선　　(**$\mathbb{R}^3$**) 전체 공간
(**P**) $(0,0,0)$을 지나는 임의의 평면　　(**Z**) 하나의 벡터 $(0,0,0)$

만일 우리가 평면 혹은 직선의 일부분을 택하려고 하면 부분공간에 대한 요구 조건을 더 이상 만족하지 않는다. $\mathbb{R}^2$에 대해 다음 두 가지 예제를 살펴보자.

예제 1 벡터 (x, y) 중 각 성분이 0이거나 양수인 것만 선택하자(이 벡터들은 사분면에 속한다). 예를 들어 벡터 $(2,3)$은 포함되지만 $(-2,-3)$은 포함되지 않는다. 따라서 $c=-1$을 선택하여 곱하면 조건 2를 만족하지 않는다. 따라서 **사분면은 $\mathbb{R}^2$의 부분공간이 아니다.**

예제 2 [예제 1]의 벡터들로 이루어진 공간에 두 성분이 모두 음수인 벡터들도 포함해보자. 이제 이 벡터들이 포함된 공간은 두 개의 사분면이다. 이는 조건 2를 만족한다. 즉, 어떤 스칼라 c를 곱해도 그 결과는 이 공간의 벡터이다. 하지만 이제는 조건 1을 만족하지 않는다. 예를 들어 $\boldsymbol{v}=(2,3)$과 $\boldsymbol{w}=(-3,-2)$의 합은 $(-1,1)$이며 이 벡터는 사분면 밖에 있다. 따라서 **두 개의 사분면은 부분공간을 이루지 못한다.**

조건 1과 조건 2는 벡터 덧셈 $\boldsymbol{v}+\boldsymbol{w}$와 스칼라 곱 $c\boldsymbol{v}$, $d\boldsymbol{w}$를 포함한다. 이 조건들을 조합하여 다음과 같이 하나의 조건으로 쓸 수 있으며 이것이 바로 부분공간이 되기 위한 조건이다.

$\boldsymbol{v}$와 $\boldsymbol{w}$를 포함하는 부분공간은 모든 선형결합 $c\boldsymbol{v}+d\boldsymbol{w}$를 포함하고 있어야 한다.

예제 3 모든 2×2 행렬로 이루어진 벡터공간 **M** 안에 다음과 같은 두 부분공간이 있다.

(**U**) 모든 위삼각 행렬 $\begin{bmatrix} a & b \\ 0 & d \end{bmatrix}$　　(**D**) 모든 대각 행렬 $\begin{bmatrix} a & 0 \\ 0 & d \end{bmatrix}$

U의 어떤 두 행렬을 더하여도 그 합은 **U**의 원소이다. 두 대각 행렬을 더하면 대각 행렬이 된다. 이 경우 **D**는 **U**의 부분공간이기도 하다! 영행렬 하나로 이루어진 집합도 부분공간이며 이 경우 a, b, d가 모두 0이다.

대각 행렬들로 이루어진 부분공간보다 더 작은 부분공간을 만들려면 추가적인 조건 $a=d$가 필요하다. 이때 행렬들은 항등 행렬 I의 상수 배가 된다. 이 행렬 aI들은 **M**, **U**, **D**에서 '행렬로 이루어진 직선'을 형성한다.

행렬 I는 그 자체로 부분공간이 되는가? 분명 아닐 것이다. 그 자체로 부분공간이 되는 행렬은 영행렬뿐이다. 여러분은 머릿속에서 2×2 행렬들로 이루어진 공간의 다른 부분공간들을 만들어낼 것이다. [연습문제 06]을 대비해 그 부분공간들을 미리 적어 두어라.

A의 열공간

가장 중요한 부분공간은 행렬 A와 직접적인 연관이 있다. 우리는 $A\boldsymbol{v}=\boldsymbol{b}$를 풀어보려 한다. A가 가역이 아니라면 이 시스템은 어떤 $\boldsymbol{b}$에 대해서는 해가 있지만 그 외의 $\boldsymbol{b}$에 대해서는 해가 존재하지 않는다. 우리는 A와 $\boldsymbol{v}$의 곱으로 표현할 수 있는 우변의 $\boldsymbol{b}$들이 무엇인지 찾으려 한다. 이러한 $\boldsymbol{b}$들은 **A의 열공간**을 이룬다.

$A\boldsymbol{v}$는 A의 열벡터들의 선형결합임을 기억하자. 가능한 모든 $\boldsymbol{b}$를 얻기 위하여 가능한 모든 $\boldsymbol{v}$를 사용해야 한다. A의 열벡터에서 시작하여 **그들의 모든 선형결합을 선택해보자. 이렇게 선택한 벡터들은 A의 열공간을 이룬다.** 이 공간에는 A의 n개의 열벡터만 있는 것이 아니다!

> **정의** **열공간**은 열벡터들의 모든 선형결합으로 이루어지는 공간이다.

선형결합은 가능한 모든 $A\boldsymbol{v}$ 벡터들이다. 이 벡터들은 열공간 $\boldsymbol{C}(A)$를 이룬다. 이 열공간은 책 전체에서 아주 중요하며 그 이유는 다음과 같다. **$A\boldsymbol{v}=\boldsymbol{b}$를 푸는 것은 $\boldsymbol{b}$를 열벡터들의 선형결합으로 표현하는 것과 같다. 즉, 우변의 $\boldsymbol{b}$는 좌변의 A가 생성하는 열공간에 속해야만 한다.** 만일 $\boldsymbol{b}$가 $\boldsymbol{C}(A)$에 속하지 않는다면 $A\boldsymbol{v}=\boldsymbol{b}$는 해를 갖지 않는다.

> 시스템 $A\boldsymbol{v}=\boldsymbol{b}$가 해를 갖기 위한 필요충분조건은 $\boldsymbol{b}$가 A의 열공간에 속하는 것이다.

$\boldsymbol{b}$가 열공간에 속할 때, $\boldsymbol{b}$는 열벡터들의 선형결합으로 표현된다. 이 선형결합에서의 계수들은 이 시스템 $A\boldsymbol{v}=\boldsymbol{b}$의 해 $\boldsymbol{v}$를 나타낸다.

A가 $m\times n$ 행렬이라 가정하자. A의 열벡터들은 (n이 아닌) m개의 성분을 갖는다. 따라서 열벡터들은 $\mathbb{R}^m$의 원소이다. 다시 말해 **A의 열공간은 ($\mathbb{R}^n$이 아닌) $\mathbb{R}^m$의 부분공간이다.** 열벡터들의 모든 선형결합 $A\boldsymbol{x}$의 집합은 부분공간이 되기 위한 조건 1과 조건 2를 만족한다. 이는 선형결합을 더하거나 스칼라를 곱하여도 여전히 열벡터들의 선형결합이기 때문이다. 원소들에 대해 가능한 모든 선형결합을 취함으로써 '부분공간'임을 입증할 수 있다.

[그림 5-2]에서는 열공간이 $\mathbb{R}^3$의 부분공간인 3×2 행렬 A를 살펴본다. A의 열공간은 [그림 5-2]에서 나타낸 평면이다.

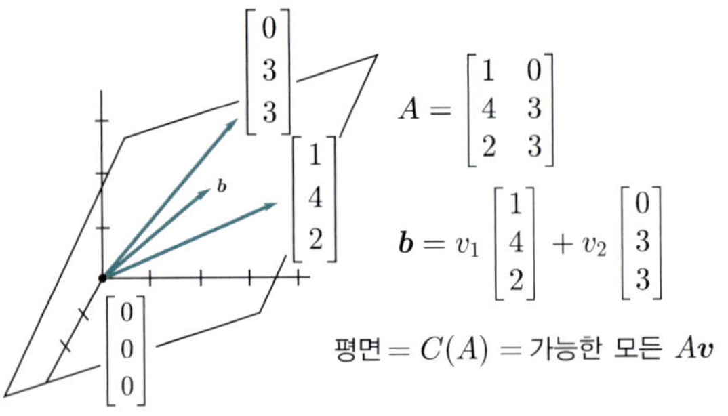

[그림 5-2] 열공간 $\boldsymbol{C}(A)$는 A의 두 열벡터를 포함하는 평면이다. $Av=b$는 b가 이 평면 위에 있을 때에만 해를 갖는다. 이때 b는 두 열벡터의 선형결합이다.

하나의 특수한 $\boldsymbol{b}$를 [그림 5-2]에 표시하였다(이 벡터 $\boldsymbol{b}$는 두 열벡터의 선형결합이다). 이 $\boldsymbol{b} = A\boldsymbol{v}$는 평면에 놓인다. 이 평면의 두께는 0이기 때문에 $\mathbb{R}^3$에 속하는 대부분의 $\boldsymbol{b}$는 열공간 위에 있지 않다. 대부분의 $\boldsymbol{b}$에 대하여 2개의 미지수를 갖는 3개의 방정식은 해를 갖지 않는다.
물론 $(0, 0, 0)$은 열공간에 있다. 따라서 이 평면은 원점을 지난다. $A\boldsymbol{v} = \mathbf{0}$에는 명백히 해가 있으며 그 해는 $\boldsymbol{v} =$ ______이다.

앞 내용을 반복하자면 얻을 수 있는 $\boldsymbol{b}$는 정확히 열공간에 속한 벡터들이다. 가능한 하나의 예시는 첫 번째 열벡터 그 자체이며, 이때 $v_1 = 1$, $v_2 = 0$으로 선택하면 된다. 다른 결합은 두 번째 열벡터이며, 이때 $v_1 = 0$, $v_2 = 1$을 택하면 된다. 이제 새롭게 이해해야 할 단계는 모든 결합을 살펴보는 것이며 이 부분공간 전체는 두 열벡터에 의하여 생성된다.

표기법 A의 열공간은 $\boldsymbol{C}(A)$로 표기한다. A의 열벡터로 시작하여 그 열벡터들의 모든 선형결합을 취하라. 이때 $\mathbb{R}^m$ 전체를 얻을 수도 있지만 작은 부분공간만을 얻을 수도 있다.

중요 $\mathbb{R}^m$에서의 열벡터들 대신에 벡터공간 $\mathbf{V}$에 속한 임의의 벡터들의 집합으로부터 시작할 수 있다. $\mathbf{V}$의 부분공간 $\mathbf{SS}$를 얻기 위하여 이 집합에 속한 벡터들의 모든 선형결합을 취한다.

$\mathbf{S}$ = $\mathbf{V}$에 속하는 벡터 $\boldsymbol{s}$의 집합($\mathbf{S}$는 부분공간이 아닐 수 있다)
$\mathbf{SS}$ = $\mathbf{S}$에 속하는 벡터들의 모든 선형결합($\mathbf{SS}$는 $\mathbf{V}$의 부분공간이다)
$\mathbf{SS}$ = 모든 $c_1 s_1 + \cdots + c_N s_N$ = $\mathbf{S}$에 의해 '생성'되는 $\mathbf{V}$의 부분공간

$\mathbf{S}$가 열벡터들의 집합일 때, $\mathbf{SS}$는 열공간이다. $\mathbf{S}$에 영벡터가 아닌 단 하나의 벡터 $\boldsymbol{v}$가 있을 때, 부분공간 $\mathbf{SS}$는 $\boldsymbol{v}$를 지나는 직선이다. 항상 $\mathbf{SS}$는 $\mathbf{S}$를 포함하는 가장 작은 부분공간이다. 이는 부분공간을 만드는 기본적인 방법이며 나중에 이에 대하여 다시 살펴볼 것이다.

부분공간 SS는 S의 '생성집합'이며 S에 속한 벡터들의 모든 선형결합을 포함한다.

예제 4 다음 행렬들에 대하여 열공간($\mathbb{R}^2$의 부분공간이다)을 묘사하라.

$$I=\begin{bmatrix}1&0\\0&1\end{bmatrix} \qquad A=\begin{bmatrix}1&2\\2&4\end{bmatrix} \qquad B=\begin{bmatrix}1&2&3\\0&0&4\end{bmatrix}$$

풀이

I의 열공간은 $\mathbb{R}^2$ 전체이다. 즉, 모든 벡터는 I의 열벡터들의 선형결합이다. 벡터공간에 대한 언어로 표현하면 $\boldsymbol{C}(I)$는 $\mathbb{R}^2$와 같다.

A의 열공간은 직선이다. 두 번째 열 $(2, 4)$는 첫 번째 열 $(1, 2)$의 상수 배이기 때문이다. 이 두 벡터들은 다르지만 우리는 벡터**공간**에 초점을 맞추고 있다. 열공간은 $(1, 2)$와 $(2, 4)$를 포함하고 있으며 이 직선 위의 다른 벡터들 $(c, 2c)$도 포함하고 있다. 방정식 $A\boldsymbol{v}=\boldsymbol{b}$는 $\boldsymbol{b}$가 이 직선 위에 있을 때에만 해를 갖는다.

세 개의 열을 갖는 세 번째 행렬 $\boldsymbol{B}$에 대하여 $\boldsymbol{C}(B)$는 $\mathbb{R}^2$ 전체이다. 모든 $\boldsymbol{b}$를 B의 열벡터들의 선형결합으로 표현할 수 있다. 벡터 $\boldsymbol{b}=(5, 4)$는 두 번째 열벡터와 세 번째 열벡터의 합이므로 $\boldsymbol{v}$는 $(0, 1, 1)$이 가능하다. 또한 같은 벡터 $(5, 4)$는 2(첫 번째 열벡터)+(세 번째 열벡터)이기도 하므로 $\boldsymbol{v}$로 $(2, 0, 1)$도 가능하다. 이 행렬은 I와 같은 열공간을 가지며 어떤 $\boldsymbol{b}$도 열벡터들의 선형결합으로 표현할 수 있다. 하지만 마지막 경우에서는 $\boldsymbol{v}$의 성분이 더 많아 $A\boldsymbol{v}=\boldsymbol{b}$에도 더 많은 해가 있다. 즉, 선형결합이 $\boldsymbol{b}$가 되는 조합이 더 많다.

이 절에서는 선형결합으로 표현할 수 있는 모든 우변 $\boldsymbol{b}$를 묘사하기 위하여 열공간 $\boldsymbol{C}(A)$를 살펴보았다. 다음 절에서는 $A\boldsymbol{v}=\boldsymbol{0}$의 모든 해를 묘사하기 위하여 행렬 A의 영공간 $\boldsymbol{N}(A)$를 살펴볼 것이다.

5.1 요약

1. $\mathbb{R}^n$은 n개의 실수 성분을 갖는 모든 열벡터의 집합이다.
2. $\mathbf{M}$ $(2\times 2$ 행렬$)$, $\mathbf{Y}$(함수), $\mathbf{Z}$(영벡터 하나만 원소로 가지는 집합)는 벡터공간이다.
3. $\boldsymbol{v}$와 $\boldsymbol{w}$를 포함한 부분공간은 $\boldsymbol{v}$와 $\boldsymbol{w}$의 모든 선형결합 $c\boldsymbol{v}+d\boldsymbol{w}$를 원소로 갖는다.
4. 행렬 A의 열벡터들의 선형결합의 집합은 열공간 $\boldsymbol{C}(A)$를 이룬다. 이때 열공간은 열벡터들에 의하여 '생성'되었다고 한다.
5. $A\boldsymbol{v}=\boldsymbol{b}$는 $\boldsymbol{b}$가 A의 열공간에 있을 때 해를 갖는다.

5.1 확인문제

5.1A 서로 다른 세 개의 벡터 $\boldsymbol{b}_1, \boldsymbol{b}_2, \boldsymbol{b}_3$에 대하여 방정식 $A\boldsymbol{v}=\boldsymbol{b}_1$, $A\boldsymbol{v}=\boldsymbol{b}_2$는 해를 갖지만 $A\boldsymbol{v}=\boldsymbol{b}_3$에는 해가 존재하지 않도록 하는 행렬 A를 구성하라. 이러한 행렬 A를 구성하는 것이 가능한지 여부는 어떻게 알 수 있는가? 가능하다면 어떻게 A를 구성할 것인가?

풀이

$\boldsymbol{b}_1, \boldsymbol{b}_2$가 A의 열공간에 있다면 방정식 $A\boldsymbol{v}=\boldsymbol{b}_1$, $A\boldsymbol{v}=\boldsymbol{b}_2$는 해를 가질 것이다. 가장 빠른 방법으로는 $\boldsymbol{b}_1$과 $\boldsymbol{b}_2$를 A의 두 열벡터로 선택하는 것이다. 이때 각 방정식의 해는 $\boldsymbol{v}=(1,0)$, $\boldsymbol{v}=(0,1)$이 된다. 또한 방정식 $A\boldsymbol{v}=\boldsymbol{b}_3$에 해가 존재하지 않도록 해야 한다. 따라서 열공간을 너무 크게 만들어서는 안 된다! 여기서 해야 하는 질문은 열벡터 $\boldsymbol{b}_1, \boldsymbol{b}_2$만을 가지고 $\boldsymbol{b}_3$을 만들 수 있느냐는 것이다. 다시 말해, 다음과 같다.

$$A\boldsymbol{v}=\begin{bmatrix}\boldsymbol{b}_1 & \boldsymbol{b}_2\end{bmatrix}\begin{bmatrix}v_1\\v_2\end{bmatrix}=\boldsymbol{b}_3\text{에 해가 있는가? } \boldsymbol{b}_3\text{은 } \boldsymbol{b}_1\text{과 } \boldsymbol{b}_2\text{의 선형결합인가?}$$

만약 질문에 대한 대답이 '그렇지 않다'이면 우리는 A를 구성해냈다고 할 수 있다. 만약 $\boldsymbol{b}_3$이 $\boldsymbol{b}_1$과 $\boldsymbol{b}_2$의 선형결합이라면 문제의 조건을 만족하는 A를 구성할 수 없다. 이 경우 열공간 $\boldsymbol{C}(A)$는 $\boldsymbol{b}_3$을 포함하고 있을 수밖에 없다.

5.1B 다음 벡터공간 $\mathbf{V}$에 대하여 부분공간 $\mathbf{S}$를 묘사하고, $\mathbf{S}$의 부분공간 $\mathbf{SS}$도 묘사하라.

$\mathbf{V}_3=(1,1,0,0),\ (1,1,1,0),\ (1,1,1,1)$의 모든 선형결합

$\mathbf{V}_2=\boldsymbol{u}=(1,2,1)$에 수직인 모든 벡터 $\boldsymbol{v}$, 즉 $\boldsymbol{u}\cdot\boldsymbol{v}=0$인 $\boldsymbol{v}$들의 집합

$\mathbf{V}_4=$ 미분방정식 $d^4y/dx^4=0$의 모든 해 $y(x)$의 집합

각각의 $\mathbf{V}$를 두 가지 방법 (1) ⋯의 선형결합 (2) ⋯의 모든 해로 묘사하라.

풀이

$\mathbf{V}_3$은 세 벡터로 시작한다. 부분공간 $\mathbf{S}$는 처음 두 벡터 $(1,1,0,0)$과 $(1,1,1,0)$에 대해 모든 선형결합을 취함으로써 얻을 수 있다. $\mathbf{S}$의 부분공간 $\mathbf{SS}$는 첫 번째 벡터의 모든 상수 배인 $(c,c,0,0)$들의 집합으로 만들 수 있다. 이와 같이 여러 방법으로 부분공간을 만들 수 있다.

$\mathbf{V}_2$의 부분공간 $\mathbf{S}$는 $(1,-1,1)$을 지나는 직선이며, 이 직선은 $\boldsymbol{u}$에 수직이다. 영벡터 $\boldsymbol{z}=(0,0,0)$은 $\mathbf{S}$의 원소이고, 가장 작은 부분공간 $\mathbf{SS}$는 $\mathbf{Z}$이다.

$\mathbf{V}_4$는 $d^4y/dx^4=0$을 만족하는 모든 삼차 다항식 $y=a+bx+cx^2+dx^3$을 포함하고 있다. x^3 항이 없

는 이차 다항식들의 집합은 부분공간 **S**이다. **SS**의 한 예로 일차 다항식들의 집합을 들 수 있다. 상수함수 $y=a$의 집합은 부분공간 **SSS**가 될 수 있다.

모든 세 경우에서 $\mathbf{S}=\mathbf{V}$로 취할 수 있으며, $\mathbf{SS}=$ 영공간 **Z**로 택할 수 있다. 각각의 **V**는 ⋯의 모든 선형결합, ⋯의 모든 해로서 다음과 같이 묘사될 수 있다.

$\mathbf{V}_3=$ 세 벡터의 모든 선형결합	$\mathbf{V}_3=v_1-v_2=0$의 모든 해
$\mathbf{V}_2=$ $(1,0,-1)$과 $(1,-1,1)$의 모든 선형결합	$\mathbf{V}_2=\boldsymbol{u}\cdot\boldsymbol{v}=0$의 모든 해
$\mathbf{V}_4=$ $1,\ x,\ x^2,\ x^3$의 모든 선형결합	$\mathbf{V}_4=d^4y/dx^4=0$의 모든 해

5.1 연습문제

01~10 다음은 부분공간이 되기 위한 조건에 관한 문제이다. $\boldsymbol{v}+\boldsymbol{w}$와 $c\boldsymbol{v}$(및 모든 선형결합 $c\boldsymbol{v}+d\boldsymbol{w}$)가 부분공간에 속해야 한다.

01 부분공간이 되기 위한 조건 한 개는 충족하지만 다른 조건은 충족하지 않을 수 있다. 다음에 해당하는 예를 각각 찾아보라.

(a) $\mathbb{R}^2$에서의 벡터들로 이루어져 있으며 $\boldsymbol{v}+\boldsymbol{w}$는 그 집합에 여전히 속하지만 $\frac{1}{2}\boldsymbol{v}$는 속하지 않을 수 있는 집합

(b) $\mathbb{R}^2$에서의 벡터들로 이루어져 있으며 모든 $c\boldsymbol{v}$는 그 집합에 여전히 속하지만 $\boldsymbol{v}+\boldsymbol{w}$는 속하지 않을 수 있는 집합(두 개의 사분면 외에 다른 예를 찾아라)

02 다음 $\mathbb{R}^3$의 부분집합 중 실제로 부분공간이 되는 것은 무엇인가?

(a) $b_1=b_2$인 벡터 (b_1,b_2,b_3)들로 이루어진 평면

(b) $b_1=1$인 벡터들로 이루어진 평면

(c) $b_1b_2b_3=0$을 만족하는 벡터들로 이루어진 공간

(d) $\boldsymbol{v}=(1,4,0)$과 $\boldsymbol{w}=(2,2,2)$의 모든 선형결합의 집합

(e) $b_1+b_2+b_3=0$을 만족하는 모든 벡터의 집합

(f) $b_1\le b_2\le b_3$을 만족하는 모든 벡터의 집합

03 행렬공간 $\boldsymbol{M}$의 부분공간 중 다음 행렬을 포함한 가장 작은 부분공간을 구하라.

(a) $\begin{bmatrix}1&0\\0&0\end{bmatrix}$과 $\begin{bmatrix}0&1\\0&0\end{bmatrix}$ (b) $\begin{bmatrix}1&1\\0&0\end{bmatrix}$

(c) $\begin{bmatrix}1&0\\0&0\end{bmatrix}$과 $\begin{bmatrix}1&0\\0&1\end{bmatrix}$

04 **P**는 $\mathbb{R}^3$에서 방정식 $x+y-2z=4$로 주어지는 평면이다. 이때 원점 $(0,0,0)$은 **P**에 속한 점이 아니다! **P**에 속한 두 벡터를 찾고 그 두 벡터의 합이 **P**에 속하지 않음을 확인하라.

05 $\mathbf{P}_0$을 [연습문제 04]에서의 **P**와 평행하며 $(0,0,0)$을 지나는 평면이라 하자. 평면 $\mathbf{P}_0$의 방정식은 무엇인가? $\mathbf{P}_0$에 속한 두 개의 벡터를 찾고, 그 벡터의 합이 $\mathbf{P}_0$에 속함을 확인하라.

06 $\mathbb{R}^3$의 부분공간은 평면, 직선, $\mathbb{R}^3$ 그 자체, $(0,0,0)$만 포함하고 있는 **Z**이다.

(a) $\mathbb{R}^2$의 부분공간에는 세 종류가 있다. 이 세 부분공간을 모두 구하라.

(b) 2×2 대각 행렬에 대한 공간인 **D**의 모든 부분공간을 구하라.

07 (a) $(0,0,0)$을 지나는 두 평면의 교집합은 아마도 _____일 것이지만 _____일 수도 있다. 하지만 그 교집합이 **Z**일 수는 없다!

(b) $(0,0,0)$을 지나는 평면과 $(0,0,0)$을 지나는 직선의 교집합은 아마도 _____일 것이지만 _____일 수도 있다.

(c) 만일 $\mathbf{S}$와 $\mathbf{T}$가 $\mathbb{R}^5$의 부분공간이면 그 둘의 교집합 $\mathbf{S}\cap\mathbf{T}$는 $\mathbb{R}^5$의 부분공간임을 증명하라. 여기서 $\mathbf{S}\cap\mathbf{T}$는 두 부분공간 $\boldsymbol{S}$와 $\boldsymbol{T}$ 모두에 속한 벡터들의 집합이다. $\boldsymbol{v}+\boldsymbol{w}$와 $c\boldsymbol{v}$에 대한 요구 조건을 확인하라.

08 $\mathbf{P}$가 $(0,0,0)$을 지나는 평면, $\mathbf{L}$이 $(0,0,0)$을 지나는 직선이라고 가정하자. $\mathbf{P}$와 $\mathbf{L}$을 모두 포함하는 가장 작은 벡터공간 $\boldsymbol{P}+\boldsymbol{L}$은 _____ 또는 _____이다.

09 (a) $\mathbf{M}$에서 가역 행렬들의 집합은 $\mathbf{M}$의 부분공간이 아님을 보여라.

(b) $\mathbf{M}$에서 비가역 행렬들의 집합은 $\mathbf{M}$의 부분공간이 아님을 보여라.

10 참 또는 거짓임을 판별하라(각각의 경우 덧셈은 예를 통해 확인하라).

(a) $\mathbf{M}$에서 대칭 행렬들의 집합($A^{\mathrm{T}}=A$)은 $\mathbf{M}$의 부분공간을 이룬다.

(b) $\mathbf{M}$에서 **비대칭 행렬**skew-symmetric matrix들의 집합($A^{\mathrm{T}}=-A$)은 $\mathbf{M}$의 부분공간을 이룬다.

(c) $\mathbf{M}$에서 **대칭이 아닌 행렬**unsymmetric matrix들의 집합($A^{\mathrm{T}}\neq A$)은 $\mathbf{M}$의 부분공간을 이룬다.

11~19 다음은 열공간 $\boldsymbol{C}(A)$와 방정식 $A\boldsymbol{v}=\boldsymbol{b}$에 관한 문제이다.

11 다음 행렬들에 대하여 각 행렬의 열공간(직선 혹은 평면)을 구하라.

$$A=\begin{bmatrix}1&2\\0&0\\0&0\end{bmatrix}\qquad B=\begin{bmatrix}1&0\\0&2\\0&0\end{bmatrix}\qquad C=\begin{bmatrix}1&0\\2&0\\0&0\end{bmatrix}$$

12 다음 시스템이 해를 갖도록 하는 우변은 무엇인가? b_1, b_2, b_3에 대한 조건을 찾아라.

(a) $$\begin{bmatrix}1&4&2\\2&8&4\\-1&-4&-2\end{bmatrix}\begin{bmatrix}v_1\\v_2\\v_3\end{bmatrix}=\begin{bmatrix}b_1\\b_2\\b_3\end{bmatrix}$$

(b) $$\begin{bmatrix}1&4\\2&9\\-1&-4\end{bmatrix}\begin{bmatrix}v_1\\v_2\end{bmatrix}=\begin{bmatrix}b_1\\b_2\\b_3\end{bmatrix}$$

13 A의 1행을 2행에 더하여 행렬 B를, A의 1열을 2열에 더하여 C를 얻을 수 있다. 같은 열공간을 갖는 행렬은 무엇인가? 같은 행공간을 갖는 행렬은 무엇인가?

$$A=\begin{bmatrix}1&3\\2&6\end{bmatrix}\qquad B=\begin{bmatrix}1&3\\3&9\end{bmatrix}\qquad C=\begin{bmatrix}1&4\\2&8\end{bmatrix}$$

14 다음 시스템들이 각각 해를 갖도록 하는 벡터 (b_1, b_2, b_3)는 무엇인가?

$$\begin{bmatrix}1&1&1\\0&1&1\\0&0&1\end{bmatrix}\begin{bmatrix}x_1\\x_2\\x_3\end{bmatrix}=\begin{bmatrix}b_1\\b_2\\b_3\end{bmatrix}\qquad \begin{bmatrix}1&1&1\\0&1&1\\0&0&0\end{bmatrix}\begin{bmatrix}x_1\\x_2\\x_3\end{bmatrix}=\begin{bmatrix}b_1\\b_2\\b_3\end{bmatrix}$$

$$\begin{bmatrix}1&1&1\\0&0&1\\0&0&1\end{bmatrix}\begin{bmatrix}x_1\\x_2\\x_3\end{bmatrix}=\begin{bmatrix}b_1\\b_2\\b_3\end{bmatrix}$$

15 **(추천)** 만약 행렬 A의 오른쪽 끝에 열벡터 $\boldsymbol{b}$를 추가한다면 행렬 A의 열공간은 _____ 가 아닌 이상 더 커진다. 열공간이 커지는 예와 그렇지 않은 예를 들어라. 열공간이 더 커지지 않을 때에만 방정식 $A\boldsymbol{v}=\boldsymbol{b}$가 해를 갖는 이유는 무엇인가? 이때 A와 $[A\ \ \boldsymbol{b}]$의 열공간은 같다.

16 AB의 열은 A의 열의 선형결합이다. 이는 AB의 열공간은 A의 열공간에 속한다는 것을 의미한다(같을 수도 있다). A와 AB의 열공간이 같지 않은 예를 들어라.

17 $A\boldsymbol{v}=\boldsymbol{b}$와 $A\boldsymbol{w}=\boldsymbol{b}^*$가 모두 해를 갖는다고 하자. 그러면 $A\boldsymbol{z}=\boldsymbol{b}+\boldsymbol{b}^*$도 해를 갖는다. 이때 $\boldsymbol{z}$는 무엇인가? 이를 해석하면 $\boldsymbol{b}$와 $\boldsymbol{b}^*$가 열공간 $\boldsymbol{C}(A)$에 속하면 $\boldsymbol{b}+\boldsymbol{b}^*$도 $\boldsymbol{C}(A)$에 속한다는 것이다.

18 A가 5×5 가역 행렬일 때, A의 열공간은 _____이다. 그 이유는 무엇인가?

19 참 또는 거짓임을 판별하라. 거짓인 경우 반례를 들어라.

(a) 열공간 $\boldsymbol{C}(A)$에 속하지 않은 벡터 $\boldsymbol{b}$의 집합은 부분공간을 이룬다.

(b) $\boldsymbol{C}(A)$가 영벡터만을 포함한다면 A는 영행렬이다.

(c) $2A$의 열공간은 A의 열공간과 같다.

(d) $A-I$의 열공간은 A의 열공간과 같다(이를 시험해보자).

20 열공간이 $(1,1,0)$, $(1,0,1)$은 포함하지만 $(1,1,1)$은 포함하지 않는 3×3 행렬의 예를 들어라. 열공간이 하나의 직선이 되는 3×3 행렬의 예를 들어라.

21 9×12 시스템 $A\boldsymbol{v}=\boldsymbol{b}$가 모든 $\boldsymbol{b}$에 대하여 해를 갖는다면 $\boldsymbol{C}(A)$는 반드시 _____이어야 한다.

22 **(도전)** $\mathbf{S}$와 $\mathbf{T}$가 벡터공간 $\mathbf{V}$의 두 부분공간일 때, 합 $\mathbf{S}+\mathbf{T}$는 $\mathbf{S}$에 속한 모든 벡터 s와 $\mathbf{T}$에 속한 모든 벡터 t에 대하여 그 합 $s+t$를 모두 포함하는 집합이며, $\mathbf{S}+\mathbf{T}$는 벡터공간이다.

$\mathbf{S}$와 $\mathbf{T}$가 $\mathbb{R}^m$에서의 직선일 때, $\mathbf{S}+\mathbf{T}$와 $\mathbf{S}\cup\mathbf{T}$의 차이점은 무엇인가? 이때 합집합은 $\mathbf{S}$와 $\mathbf{T}$의 모든 원소를 포함한 집합이다. 다음 명제를 증명하라.

> $\mathbf{S}\cup\mathbf{T}$의 **생성집합**spanning set은 $\mathbf{S}+\mathbf{T}$이다.

23 **(도전)** $\mathbf{S}$가 A의 열공간이고 $\mathbf{T}$가 $\boldsymbol{C}(B)$일 때, $\mathbf{S}+\mathbf{T}$는 어떤 행렬 M의 열공간인가? A와 B 그리고 M의 모든 열은 $\mathbb{R}^m$의 원소이다($A+B$가 항상 문제의 조건을 만족하는 M은 아니다).

24 **(도전)** 행렬 A와 $[A\ \ AB]$(이 행렬은 더 많은 열을 갖는다)는 같은 열공간을 가짐을 보여라. 하지만 정사각행렬 중 $\boldsymbol{C}(A^2)$이 $\boldsymbol{C}(A)$보다 작게 되는 A를 찾아라.

25 **(도전)** $n\times n$ 행렬이 $\boldsymbol{C}(A)=\mathbb{R}^n$을 만족하는 경우는 A가 정확히 _____행렬일 때이다.

5.2 $A\boldsymbol{v}=\mathbf{0}$을 만족하는 A의 영공간

이 절에서는 $A\boldsymbol{v}=\mathbf{0}$의 모든 해를 포함한 부분공간에 대해 다룬다. $m\times n$ 행렬 A는 정사각행렬일 수도 있고 아닐 수도 있다. 이 방정식의 하나의 **자명한 해**immediate solution는 $\boldsymbol{v}=\mathbf{0}$이다. A가 가역 행렬인 경우 이 해가 유일한 해이다. 다른 행렬들(가역이 아닌 행렬)의 경우 방정식 $A\boldsymbol{v}=\mathbf{0}$에 $\mathbf{0}$이 아닌 해가 존재한다. 이 각각의 해 $\boldsymbol{v}$는 영공간 $\boldsymbol{N}(A)$에 속한다. 소거법을 통해 이 방정식의 모든 해와 이를 포함하는 부분공간을 파헤칠 것이다.

> A의 **영공간**은 **방정식 $A\boldsymbol{v}=\mathbf{0}$에 대한 모든 해의 집합**을 일컫는다. 이 벡터 $\boldsymbol{v}$들은 $\mathbb{R}^n$의 원소이다.

이 해 벡터들의 집합이 부분공간을 이룸을 확인해보자. 만약 $\boldsymbol{v}$와 $\boldsymbol{w}$가 영공간의 원소라면 $A\boldsymbol{v}=\mathbf{0}$, $A\boldsymbol{w}=\mathbf{0}$이다. 행렬 곱의 분배법칙에 의하여 $A(\boldsymbol{v}+\boldsymbol{w})=\mathbf{0}+\mathbf{0}$이다. 또한 $A(c\boldsymbol{v})=c\mathbf{0}$이다. 이때 두 우변은 여전히 영벡터이다. 따라서 $\boldsymbol{v}+\boldsymbol{w}$와 $c\boldsymbol{v}$는 $\boldsymbol{N}(A)$의 원소이다. 원소들을 더하거나 상수 배를 하여도 영공간을 벗어나지 않으므로 영공간은 부분공간이 된다.

해 벡터 $\boldsymbol{v}$는 n개의 성분을 갖는다. 이 벡터들은 $\mathbb{R}^n$의 원소이며, 따라서 영공간 $\boldsymbol{N}(A)$는 $\mathbb{R}^n$의 부분공간이다. 또한 열공간 $\boldsymbol{C}(A)$는 $\mathbb{R}^m$의 부분공간이다.

우변의 벡터 $\boldsymbol{b}$가 영벡터가 아니라면 방정식 $A\boldsymbol{v}=\boldsymbol{b}$의 해들은 부분공간을 이루지 않는다. 벡터 $\boldsymbol{v}=\mathbf{0}$이 해가 될 때는 $\boldsymbol{b}=\mathbf{0}$일 때이다. 그러므로 해들의 집합이 $\boldsymbol{v}=\mathbf{0}$을 포함하지 않는다면 그 집합은 부분공간이

될 수 없다. 5.3절에서는 (만약 해가 있다면) 방정식 $A\boldsymbol{v}=\boldsymbol{b}$의 해들이 하나의 특수해 $\boldsymbol{v}_p$에 의해 원점에서 이동할 수 있는지 살펴볼 것이다.

예제 1 방정식 $x+2y+3z=0$은 1×3 행렬 $A=[1\,2\,3]$으로부터 나온다. 이 방정식 $A\boldsymbol{v}=\mathbf{0}$의 해는 원점 $(0,0,0)$을 지나는 평면이다. 이 평면은 $\mathbb{R}^3$의 부분공간이며 A의 영공간이다.
그리고, 방정식 $x+2y+3z=6$의 해들 또한 평면을 이루지만 부분공간은 아니다.

예제 2 비가역 행렬 $A=\begin{bmatrix}1&2\\3&6\end{bmatrix}$의 영공간을 묘사하라.

풀이
일차방정식 $A\boldsymbol{v}=\mathbf{0}$에 소거법을 적용해보자.

$$\begin{aligned}v_1+2v_2&=0\\3v_1+6v_2&=0\end{aligned}\quad\longrightarrow\quad\begin{aligned}v_1+2v_2&=0\\\mathbf{0}&=\mathbf{0}\end{aligned}$$

실제로 여기에는 하나의 방정식만 있다. 두 번째 방정식은 첫 번째 방정식에 3을 곱한 것에 불과하다. 행 그림에서 직선 $v_1+2v_2=0$은 직선 $3v_1+6v_2=0$과 같은 직선을 나타낸다. 이 직선은 영공간 $\boldsymbol{N}(A)$이고 이 영공간은 모든 해 $\boldsymbol{v}=(v_1,v_2)$를 포함한다.

해로 이루어진 이 직선을 묘사하기 위해서는 다음 방법이 효율적이다. 직선 위의 한 점(하나의 **특별한 해**)을 선택하라. 이때 직선 위의 모든 점은 이 점의 상수 배이다. 두 번째 성분 $v_2=1$(특수하게 선택)이 되도록 선택하면 방정식 $v_1+2v_2=0$으로부터 첫 번째 성분은 $v_1=-2$이어야만 한다. 따라서 특수해 s는 $(-2,1)$이다.

> **특별한 해** $A=\begin{bmatrix}1&2\\3&6\end{bmatrix}$의 영공간은 $s=\begin{bmatrix}-2\\1\end{bmatrix}$의 모든 상수 배를 포함하고 있다.

이와 같이 $A\boldsymbol{v}=\mathbf{0}$의 특별한 해를 계산하는 것이 A의 영공간을 묘사하기 위한 가장 좋은 방법이다.

영공간은 특별한 해들의 모든 선형결합으로 구성된다.

[예제 1]에서의 평면 $x+2y+3z=0$은 두 개의 특별한 해를 갖는다.

$$[1\ 2\ 3]\begin{bmatrix}x\\y\\z\end{bmatrix}=\mathbf{0}\text{의 특별한 해는 } s_1=\begin{bmatrix}-2\\1\\0\end{bmatrix}\text{과 } s_2=\begin{bmatrix}-3\\0\\1\end{bmatrix}\text{이다.}$$

이 두 벡터 s_1과 s_2는 $A = [1\,2\,3]$의 영공간인 평면 $x + 2y + 3z = 0$ 위에 놓여 있다. 이 평면 위의 모든 벡터는 s_1과 s_2의 선형결합이다. s_1과 s_2가 무엇이 특별한지에 주목하자. 이 두 벡터는 마지막 두 성분으로 0과 1을 갖는다. 이 성분들은 '자유'로우며 우리는 특별히 그 성분을 1과 0으로 정하였다. 이때 첫 번째 성분 -2와 -3은 방정식 $A\boldsymbol{v} = \mathbf{0}$에 의해 결정되었다.

$A = [1\,2\,3]$의 첫 번째 열은 피봇을 포함하고 있으므로 첫 번째 성분 v_1은 자유롭지 않다. 자유로운 성분은 피봇이 없는 열에 대응한다. 특별한 해에 대해 이러한 묘사는 하나의 예제를 더 다룬 후 완성할 것이다.

이와 같은 특별한 선택(1 혹은 0)은 특별한 해에서 자유로운 변수들에 대해서만 가능하다.

예제 3 다음 행렬에 대하여 영공간 $\boldsymbol{N}(A)$, $\boldsymbol{N}(B)$, $\boldsymbol{N}(C)$를 묘사하라.

$$A = \begin{bmatrix} 1 & 2 \\ 3 & 8 \end{bmatrix}, \quad B = \begin{bmatrix} A \\ 2A \end{bmatrix} = \begin{bmatrix} 1 & 2 \\ 3 & 8 \\ 2 & 4 \\ 6 & 16 \end{bmatrix}, \quad C = [\,A \;\; 2A\,] = \begin{bmatrix} 1 & 2 & 2 & 4 \\ 3 & 8 & 6 & 16 \end{bmatrix}$$

풀이

방정식 $A\boldsymbol{v} = \mathbf{0}$은 유일한 해 $\boldsymbol{v} = \mathbf{0}$을 갖는다. 따라서 영공간은 $\mathbf{Z}$이며 $\mathbb{R}^2$의 벡터인 $\boldsymbol{v} = \mathbf{0}$만을 원소로 갖는다. 이 사실은 소거법을 통해 알 수 있다.

$$\begin{bmatrix} 1 & 2 \\ 3 & 8 \end{bmatrix}\begin{bmatrix} v_1 \\ v_2 \end{bmatrix} = \begin{bmatrix} 0 \\ 0 \end{bmatrix} \text{으로부터 } \begin{bmatrix} 1 & 2 \\ 0 & 2 \end{bmatrix}\begin{bmatrix} v_1 \\ v_2 \end{bmatrix} = \begin{bmatrix} 0 \\ 0 \end{bmatrix} \text{ 및 } v_1 = 0, v_2 = 0\text{을 얻을 수 있다.}$$

A는 가역 행렬이며 방정식 $A\boldsymbol{v} = \mathbf{0}$에는 특별한 해가 존재하지 않는다. 이 A의 모든 열에는 피봇이 있다.

직사각행렬 B의 영공간도 A와 마찬가지로 $\mathbf{Z}$이다. $B\boldsymbol{v} = \mathbf{0}$의 처음 두 개의 방정식을 통해 다시 $\boldsymbol{v} = \mathbf{0}$을 얻으며, 마지막 두 방정식에서 역시 $\boldsymbol{v} = \mathbf{0}$을 얻는다. 이때 방정식을 더 추가하더라도 영공간은 분명히 더 커질 수 없다. 추가된 행들이 영공간에 속하는 벡터 $\boldsymbol{v}$에 더 많은 조건을 부여하기 때문이다.

직사각행렬 C는 다르다. 이 행렬에는 행 대신 열이 추가되었다. 즉, 해 벡터 $\boldsymbol{v}$는 4개의 성분을 갖고 있다. 소거법을 시행하면 C의 처음 두 열에 피봇이 생성되며 마지막 두 열은 자유롭다. 이 마지막 두 열에는 피봇이 없다.

2개의 피봇 열과
2개의 자유로운 열

$$C = \begin{bmatrix} 1 & 2 & 2 & 4 \\ 3 & 8 & 6 & 16 \end{bmatrix} \text{은 } U = \begin{bmatrix} 1 & 2 & 2 & 4 \\ 0 & 2 & 0 & 4 \end{bmatrix} \text{가 된다.}$$

↑ ↑ ↑ ↑
피봇 열 자유 열

자유 변수 v_3와 v_4는 0과 1을 사용하여 특별하게 선택할 수 있다. 첫 번째 선택으로 $v_3 = 1$, $v_4 = 0$이 가능하며, 두 번째 선택으로 $v_3 = 0$, $v_4 = 1$이 가능하다. 이때 피봇 변수 v_1과 v_2는 결정되고, $U\boldsymbol{v} = \mathbf{0}$을

풀면 다음과 같이 C(그리고 U)의 영공간에 속하는 두 개의 특수해를 얻는다.

특별한 해 s_1과 s_2 $\quad s_1 = \begin{bmatrix} -2 \\ 0 \\ 1 \\ 0 \end{bmatrix}$ 및 $s_2 = \begin{bmatrix} 0 \\ -2 \\ 0 \\ 1 \end{bmatrix}$ $\begin{matrix} \leftarrow \\ \leftarrow \\ \leftarrow \\ \leftarrow \end{matrix}$ 피봇 변수 / 자유 변수

앞으로 학습할 것을 살짝 살펴보자면 소거법은 위삼각 행렬 U에서 멈추지 않는다! 우리는 다음 두 가지 방법으로 이 행렬을 더 간단히 만들어 진행할 수 있다.

1. 피봇 위에 0들을 만든다. 위로 소거하라.
2. 피봇에 1들을 만든다. 각 행을 그 행의 피봇으로 나누어라.

이 두 가지 방법은 우변의 영벡터를 바꾸지 않으며 영공간은 여전히 유지된다. 이러한 영공간은 우리가 기약행 사다리꼴 형태 reduced row echelon form R에 도달했을 때 가장 쉽게 살펴볼 수 있다. U의 2행을 피봇인 2로 나누면 피봇이 있는 열은 I가 되도록 만든다.

기약행 사다리꼴 형태 R $\quad U = \begin{bmatrix} 1 & 2 & 2 & 4 \\ 0 & 2 & 0 & 4 \end{bmatrix}$는 $R = \begin{bmatrix} 1 & 0 & 2 & 0 \\ 0 & 1 & 0 & 2 \end{bmatrix}$가 된다.

$\uparrow \; \uparrow$

이때 피봇 열들은 I를 포함하게 된다.

이때 U의 1행에서 2행을 빼고, 2행에 $\frac{1}{2}$을 곱하였다. 원래의 두 방정식은 $x_1 + 2x_3 = 0$과 $x_2 + 2x_4 = 0$으로 간단해졌다.

첫 번째 특별한 해는 여전히 $s_1 = (-2, 0, 1, 0)$이다. 모든 특별한 해는 바뀌지 않는다. 이러한 특별한 해들은 기약행 사다리꼴 형태의 시스템 $R\boldsymbol{v} = \mathbf{0}$에서 훨씬 찾기 쉽다.

$m \times n$ 행렬 A와 그들의 영공간 $\boldsymbol{N}(A)$와 특별한 해에 대하여 살펴보기 전에 간단한 설명을 덧붙이고자 한다. 많은 행렬에 대하여 $A\boldsymbol{v} = \mathbf{0}$의 유일한 해는 $\boldsymbol{v} = \mathbf{0}$이다. 따라서 그 행렬들의 영공간 $\boldsymbol{N}(A) = \mathbf{Z}$는 이 영벡터만을 원소로 갖는다. $\boldsymbol{b} = \mathbf{0}$을 만들어내는 유일한 열들의 선형결합은 영 결합 zero combination 혹은 자명한 결합 trivial combination 이다. 이 해는 자명한 해이지만($\boldsymbol{v} = \mathbf{0}$) 그 아이디어는 자명하지 않다.

영공간이 $\mathbf{Z}$가 되는 이 경우는 가장 중요한 경우이다. 영공간이 $\mathbf{Z}$라는 것은 A의 열들이 **일차독립**임을 알려준다. 영 결합을 제외하고는 열들의 어떤 선형결합도 영벡터를 만들어낼 수 없다. 모든 열은 피봇을 가지며, 어떠한 열도 자유로울 수 없다. 여러분은 이 독립성에 대한 아이디어를 다시 보게 될 것이다.

소거법으로 $Av = 0$ 풀기

이 부분은 중요하다. A**는 직사각행렬이고 우리는 여전히 소거법을 사용하여** n개의 미지수를 갖는 m개의 방정식을 푼다. A가 U 혹은 R로 축소되면 해(혹은 해들)를 구할 수 있다. $A\boldsymbol{v}=\mathbf{0}$을 풀기 위한 두 단계(전진소거과 후진대입)를 꼭 기억하자.

> **1. 전진소거 : A를 삼각 행렬 U(혹은 기약행 사다리꼴 형태 R)로 바꾼다.**
> **2. 후진대입 : $U\boldsymbol{v}=\mathbf{0}$ 또는 $R\boldsymbol{v}=\mathbf{0}$에서 해 $\boldsymbol{v}$를 찾는다.**

여러분은 A와 U가 n개보다 작은 피봇을 가질 때 후진대입 과정에서의 차이를 확인하게 될 것이다. 우리는 이 장에서 역행렬을 갖는 정사각행렬과 같이 좋은 행렬들뿐만 아니라 모든 행렬에 대하여 살펴볼 것이다. 피봇들은 여전히 0이 아니다. 피봇 원소 아래의 모든 열의 성분은 0이다. 하지만 특정 열이 피봇 원소를 갖지 않을 수 있다. 이러한 자유 열이 있을 경우 계산을 멈추지 말고 다음 열로 진행하라. 첫 번째 예는 두 개의 피봇을 가지는 3×4 행렬이다.

$$A=\begin{bmatrix}1&1&2&3\\2&2&8&10\\3&3&10&13\end{bmatrix}\text{에 }\textbf{소거법}\text{을 적용하라.}$$

명백하게 $a_{11}=1$이 첫 번째 피봇이다. 이 피봇 아래의 성분 2와 3을 0으로 만들자.

$$A\rightarrow\begin{bmatrix}1&1&2&3\\0&0&4&4\\0&0&4&4\end{bmatrix}\qquad\begin{matrix}(2\text{행}-1\text{행}\times 2)\\(3\text{행}-1\text{행}\times 3)\end{matrix}$$

두 번째 열에서 피봇 위치의 성분은 0이 된다. 행 교환을 시행하기 위하여 이 0 아래에서 0이 아닌 성분을 찾아야 하는데, 아래의 성분들 역시 모두 0이다. 이때 두 번째 열에서는 소거법으로 더 이상 할 수 있는 것이 없다. 이러한 상황은 직사각행렬의 경우에서 예상할 수 있는 문제점이다. 하지만 여기서 소거법을 멈춰야 할 이유가 없으므로 그 다음 열인 세 번째 열로 넘어간다.

두 번째 피봇은 4이며, 세 번째 열에 있다. 3행에서 2행을 뺌으로써 세 번째 열에서 피봇 아래의 성분들을 0으로 만들 수 있다. 이때 **피봇 열은 1열과 3열이다.**

$$\text{삼각 행렬}\quad U=\begin{bmatrix}1&1&2&3\\0&0&4&4\\0&0&0&0\end{bmatrix}\textbf{는 두 개의 피봇 성분을 가지며 마지막 방정식은 }\mathbf{0=0}\textbf{이 된다.}$$

네 번째 열은 피봇 위치에 성분 0을 갖지만 더 이상 아무것도 할 수 없다. 이는 아래에 바꿀 수 있는 행이 더 이상 없기 때문이다. 이로써 전진소거가 완료되었다. 이 행렬은 세 개의 행과 네 개의 열을 가지며 2개의 피봇 성분을 갖는다. $A\boldsymbol{v}=\mathbf{0}$에서 세 번째 방정식은 처음 두 개의 방정식을 더한 것이다. 따라서 이 세 번째 방정식은 처음 두 방정식이 성립하면 자동적으로 성립한다($0=0$). 소거법은 $A\boldsymbol{v}=\mathbf{0}$에 숨어 있는 진실을 밝혀낸다. 우리는 곧 U에서 R로 바꾸는 과정을 살펴볼 것이다.

이제 $U\boldsymbol{v}=\mathbf{0}$의 모든 해를 찾기 위한 후진대입 과정에 대하여 살펴보자. 네 개의 미지수가 있고 피봇은 두 개뿐이므로 해는 매우 많다. 여기에서의 질문은 이렇게 많은 해를 어떻게 표현하느냐이다. 이를 수행하기 위한 좋은 방법은 **피봇 변수**pivot variable와 **자유 변수**free variable를 분리하는 것이다.

P **피봇** 변수는 v_1과 v_3이다. 1열과 3열에는 피봇 성분이 있다.

F **자유** 변수는 v_2과 v_4이다. 2열과 4열에는 피봇 성분이 없다.

자유 변수 v_2와 v_4에는 어떤 값이든 주어질 수 있으며, 후진대입으로 피봇 변수 v_1과 v_3을 찾는다(2장에서 살펴본 행렬은 자유 변수가 없었다. A가 가역일 때, 모든 변수는 피봇 변수이다). 자유 변수를 가장 간단하게 선택하는 법은 1과 0으로 선택하는 것이다. 이렇게 선택하면 영공간에 속하는 특별한 해[1]를 얻을 수 있다.

$v_1+v_2+2v_3+3v_4=0$, $4v_3+4v_4=0$에 대한 **특별한 해**들을 구하기 위해서는

- $v_2=1$, $v_4=0$으로 두자. 후진대입에 의해 $v_3=0$, $v_1=-1$을 얻을 수 있다.
- $v_2=0$, $v_4=1$으로 두자. 후진대입에 의해 $v_3=-1$, $v_1=-1$을 얻을 수 있다.

이 특별한 해들은 $U\boldsymbol{v}=\mathbf{0}$의 해이고, 따라서 $A\boldsymbol{v}=\mathbf{0}$의 해이다. 따라서 이 해들은 영공간에 속한다. 여기서 좋은 점은 영공간에 속하는 모든 해가 특별한 해들의 선형결합이라는 것이다.

$$A\boldsymbol{v}=\mathbf{0}\text{ 의 완전해}\qquad \boldsymbol{v}=v_2\underset{\text{특별한 해}}{\begin{bmatrix}-1\\1\\0\\0\end{bmatrix}}+v_4\underset{\text{특별한 해}}{\begin{bmatrix}-1\\0\\-1\\1\end{bmatrix}}=\underset{\text{완전해}}{\begin{bmatrix}-v_2-v_4\\v_2\\-v_4\\v_4\end{bmatrix}}\qquad(1)$$

이 답이 이 절의 주요 목표이므로 다시 살펴보기 바란다. 벡터 $s_1=(-1,1,0,0)$은 $v_2=1$, $v_4=0$일 때의 특별한 해이다. 두 번째 특별한 해는 $v_2=0$이고 $v_4=1$일 때의 해인 $s_2=(-1,0,-1,1)$이다. **모든 해는 s_1과 s_2의 선형결합이다.** 특별한 해들은 영공간 $\boldsymbol{N}(A)$에 속하며 그들의 선형결합이 영공간 전체

1 (옮긴이) speical solution과 particular solution을 명확히 구분할 필요가 있다. special solution은 이 책에서 특별한 해로 번역되었으며 영공간의 기저가 되는 해들을 말한다. 반면, particular solution은 이 책에서 특수해로 번역되었으며 우변이 영벡터가 아닌 방정식 $Ax=b$의 특정한 해를 말한다.

를 채운다.

각 자유 변수에 대해 특별한 해가 있다. 만약 어떠한 변수도 자유 변수가 아니라면(즉, 모든 n개의 열에 피봇이 있다면) $U\boldsymbol{v}=\mathbf{0}$과 $A\boldsymbol{v}=\mathbf{0}$의 해는 유일하고 그 해는 자명한 해 $\boldsymbol{v}=\mathbf{0}$이다. 즉, 자유 변수가 없을 때 영공간은 $\mathbf{Z}$이다.

예제 4 $U=\begin{bmatrix}1&5&7\\0&0&9\end{bmatrix}$의 영공간을 구하라.

풀이

U의 두 번째 열에는 피봇이 없으므로 v_2는 자유 변수이다. 특별한 해는 $v_2=1$일 때 구할 수 있다. 후진 대입을 시행하면 $9v_3=0$으로부터 $v_3=0$을 얻는다. 이때 $v_1+5v_2=0$으로부터 $v_1=-5$를 얻는다. $U\boldsymbol{v}=\mathbf{0}$의 해는 하나의 특별한 해 s_1의 상수 배이다.

$$\boldsymbol{v}=c\begin{bmatrix}-5\\1\\0\end{bmatrix}$$

U의 영공간은 $\mathbb{R}^3$에서의 직선이다. 이 직선은 특별한 해 $s_1=(-5,1,0)$의 상수 배인 벡터들을 포함하고 있다. 자유 변수는 한 개이다.

행렬 R은 피봇 성분의 위아래에 0인 성분들을 가지며, 피봇의 값은 1이다. U에 소거법을 계속 적용하면 7은 제거되어 0이 되고, 피봇은 9에서 1로 바뀐다. 그 결과 얻어지는 최종 행렬은 **기약행 사다리꼴 행렬** R이다.

$$U=\begin{bmatrix}1&5&7\\0&0&9\end{bmatrix}\text{는 } R=\begin{bmatrix}\mathbf{1}&5&0\\0&0&\mathbf{1}\end{bmatrix}=\mathrm{rref}(U)\text{로 축소된다.}$$

사다리꼴 행렬

전진소거는 A부터 U까지 진행된다. 그 과정은 행 교환을 포함한 행 연산들을 통해 수행되며, 현재 열에 피봇이 없을 때 다음 열로 진행한다. $m\times n$의 계단형staircase 행렬 U가 **사다리꼴 행렬**이다.

다음은 4×7 사다리꼴 행렬으로서 3개의 피봇 p는 굵게 표시하였다.

$$U=\begin{bmatrix}\boldsymbol{p}&\boldsymbol{x}&x&x&x&\boldsymbol{x}&x\\0&\boldsymbol{p}&x&x&x&\boldsymbol{x}&x\\0&0&0&0&0&\boldsymbol{p}&x\\0&0&0&0&0&0&0\end{bmatrix}$$

세 개의 피봇 변수 v_1, v_2, v_6

네 개의 자유 변수 v_3, v_4, v_5, v_7

$\boldsymbol{N}(U)$에서 네 개의 특별한 해

R에서는 $p=1$ 및 진하게 표시된 $\boldsymbol{x}=0$의 값을 갖는다.

Q_ 이 행렬에 대한 열공간과 영공간은 무엇인가?

A_ 열들은 4개의 성분을 가지므로 $\mathbb{R}^4$의 원소이다($\mathbb{R}^3$의 원소가 아니다!). 모든 열의 네 번째 성분은 0이다. 즉, 열공간 $\boldsymbol{C}(U)$는 $(b_1, b_2, b_3, 0)$ 형태의 벡터로 구성되어 있다. 이 벡터들에 대하여 $U\boldsymbol{v} = \boldsymbol{b}$를 후진대입으로 풀 수 있다. 이들 벡터 $\boldsymbol{b}$는 7개의 열에 대하여 가능한 모든 선형결합이다.

영공간 $\boldsymbol{N}(U)$는 $\mathbb{R}^7$의 부분공간이다. $U\boldsymbol{v} = \mathbf{0}$의 모든 해는 네 개의 특별한 해(각각의 자유 변수당 하나씩)의 모든 선형결합이다.

1. 3, 4, 5, 7열은 피봇이 없다. 자유 변수는 v_3, v_4, v_5, v_7이다.
2. 하나의 자유 변수를 1로 두고 다른 자유 변수들은 0으로 두어라.
3. $U\boldsymbol{v} = \mathbf{0}$을 피봇 변수 v_1, v_2, v_6에 대해 풀어서 특별한 해를 얻어라.

사다리꼴 행렬의 영벡터가 아닌 행들은 계단과 같은 형태로 아래로 내려간다. 피봇들은 각 행에서 첫 번째로 0이 아닌 성분이다.

셈에 대한 정리

피봇을 세는 것은 매우 중요한 정리로 이어진다. A에서 열의 개수가 행의 개수보다 많다고 가정하자. **$n > m$일 때 적어도 하나의 자유 변수가 있다.** 시스템 $A\boldsymbol{v} = \mathbf{0}$은 적어도 하나의 특별한 해를 갖는다. 이 특별한 해는 영벡터가 아니다!

$A\boldsymbol{v} = \mathbf{0}$이 방정식보다 미지수가 더 많다면($n > m$, 열의 개수가 행의 개수보다 많은 경우) $\boldsymbol{N}(A)$에는 **영벡터가 아닌 해**가 있다. 또한 피봇이 없는 자유 열이 있어야만 한다.

세로 방향으로 짧고 가로로 긴 모양의 행렬($n > m$)은 항상 그 영공간에 영벡터가 아닌 벡터를 원소로 가지며 적어도 $(n-m)$개의 자유 변수를 갖는다. 이는 피봇의 개수가 m을 넘을 수 없기 때문이다(행렬은 m개의 행을 갖고 있을 뿐이며, 각 행에 2개의 피봇을 가질 수 없기 때문이다). 물론 하나의 행은 피봇을 갖지 않을 수 있으며, 이런 행이 있는 경우 자유 변수의 개수가 하나 증가한다. 여기서 중요한 것은 다음과 같다. 자유 변수가 있을 때, 그 변수의 값을 1로 둘 수 있다. 이때 방정식 $A\boldsymbol{v} = \mathbf{0}$은 영벡터가 아닌 해를 갖는다.

다시 살펴보자면, m개의 피봇이 있다. $n > m$일 때 시스템 $A\boldsymbol{v} = \mathbf{0}$은 영벡터가 아닌 해를 갖는다. 이 시스템에는 실제로 무수히 많은 해가 있는데, 이는 $\boldsymbol{v}$가 해일 때 임의의 상수 배 $c\boldsymbol{v}$도 해가 되기 때문이다. 따라서 영공간은 적어도 해들로 구성된 직선을 포함하고 있다. 두 개의 자유 변수가 있는 경우, 두 개의 특별한 해가 있을 것이며 영공간은 더 커진다.

영공간은 부분공간이다. 그 공간의 **차원**dimension은 특별한 해의 개수이다. 이 장에서는 부분공간의 차원이라는 이 핵심적인 아이디어를 정의하고 설명할 것이다.

n개의 열을 갖는	$\boldsymbol{C}(A)$의 차원 = 행렬의 **계수** = 피봇 열의 개수
행렬에 대한 셈 정리	$\boldsymbol{N}(A)$의 차원 = 행렬의 **퇴화차수** = 자유 열의 개수

계수 r과 퇴화차수nullity **$n-r$의 합은 n과 같다.**

기약행 사다리꼴 행렬 R

이제 우리는 사다리꼴 행렬 U로부터 한 단계 더 나아간다. 3×4 행렬에 대한 예에서 계속 이어서 살펴보자.

$$U=\begin{bmatrix}1&1&2&3\\0&0&4&4\\0&0&0&0\end{bmatrix}$$

두 번째 행을 4로 나누면 두 피봇은 모두 1이 된다. 이 새로운 행 $[0\ \ 0\ \ 1\ \ 1]$의 두 배를 그 위에 있는 행에서 빼면 기약행 사다리꼴 행렬이 되고 **기약행 사다리꼴 행렬 R은 피봇의 위아래 모든 성분이 0인 행렬이다.**

기약행 사다리꼴 행렬 $\quad R=\mathrm{rref}(A)=\begin{bmatrix}\mathbf{1}&1&\mathbf{0}&1\\\mathbf{0}&0&\mathbf{1}&1\\0&0&0&0\end{bmatrix}\quad$ **피봇 행들은 항등 행렬 I를 포함한다.**

R은 피봇들로 1을 갖는 행렬이다. 피봇 위의 0들은 위에 있는 행들에 소거법을 적용하여 나온다.

중요 만약 A가 가역 행렬이면 A의 기약행 사다리꼴은 항등 행렬이 되어 $R=I$이다. 이 결과는 행 축소 과정에 있어 최종적인 것이다. 당연히 그 때 행렬 A의 영공간은 $\mathbf{Z}$이다.

R에 포함된 성분 0은 특별한 해를 찾기 쉽게 한다(이전과 마찬가지이다).

1. $v_2=1,\ v_4=0$으로 두어라. $R\boldsymbol{v}=\mathbf{0}$을 풀면 $v_1=-1, v_3=0$이다.
   이때 구한 -1과 0은 R의 2열에서 양의 부호를 붙인 상태로 있는 것을 볼 수 있다.
2. $v_2=0,\ v_4=1$로 두어라. $R\boldsymbol{v}=\mathbf{0}$을 풀면 $v_1=-1, v_3=-1$이다.
   이때 구한 -1과 -1은 R의 4열에서 양의 부호를 붙인 상태로 있는 것을 볼 수 있다.

부호를 바꿈으로써 R로부터 특별한 해들을 찾아낼 수 있다. 영공간 $\boldsymbol{N}(A)=\boldsymbol{N}(U)=\boldsymbol{N}(R)$은 특별한 해들의 모든 선형결합을 포함하고 있다.

$$\boldsymbol{v} = v_2\begin{bmatrix} -1 \\ 1 \\ 0 \\ 0 \end{bmatrix} + v_4\begin{bmatrix} -1 \\ 0 \\ -1 \\ 1 \end{bmatrix} = (A\boldsymbol{v} = \mathbf{0} \text{ 의 완전해})$$

다음 절에서는 U에서 기약 사다리꼴 형태 R로 바꾸는 방법에 대하여 살펴볼 것이다. MATLAB 명령어 $[R, pivcol] = \text{rref}(A)$를 실행하면 R과 피봇 열의 목록을 알아낼 수 있다.

5.2 요약

1. 영공간 $\boldsymbol{N}(A)$는 $\mathbb{R}^n$의 부분공간이며 $A\boldsymbol{v} = \mathbf{0}$의 모든 해를 포함하고 있다.
2. 소거법을 시행하면 사다리꼴 행렬 U를 얻을 수 있으며, 그 후 피봇이 1인 기약행 사다리꼴 R을 만든다.
3. U 혹은 R의 모든 자유 열은 대응되는 특별한 해들을 만든다. 하나의 자유 변수를 1로 두고 다른 자유 변수는 0으로 두어라. 그런 다음 후진대입으로 $A\boldsymbol{v} = \mathbf{0}$을 풀어 특별한 해들을 찾는다.
4. $A\boldsymbol{v} = \mathbf{0}$의 완전해는 특별한 해들의 선형결합이다.
5. $n > m$이면 A는 적어도 하나의 자유 열과 적어도 하나의 특별한 해를 갖는다. 따라서 $\boldsymbol{N}(A)$는 $\mathbf{Z}$가 아니다.
6. 피봇 열과 자유 열의 수는 각각 r, $n-r$이고, 이를 합하면 $r+(n-r)=n$이다.

5.2 확인문제

5.2A 다음과 같이 s_1과 s_2이 $R\boldsymbol{v} = \mathbf{0}$의 특별한 해가 되도록 3×4 행렬 R을 만들어라.

$$s_1 = \begin{bmatrix} -3 \\ 1 \\ 0 \\ 0 \end{bmatrix}, \quad s_2 = \begin{bmatrix} -2 \\ 0 \\ -6 \\ 1 \end{bmatrix}$$

피봇 열은 1열과 3열,
자유 변수는 v_2와 v_4

영공간 $\boldsymbol{N}(A)$가 s_1과 s_2의 모든 선형결합이 되도록 하는 모든 행렬 A를 구하라.

풀이

기약 행렬 R은 1열과 3열에 피봇 1을 갖는다. 세 번째 피봇은 없으므로 R의 세 번째 행의 성분들은 모두 0이다. 자유 열은 2열과 4열이며 이 열들은 피봇 열의 선형결합이다.

$$R = \begin{bmatrix} 1 & 3 & 0 & 2 \\ 0 & 0 & 1 & 6 \\ 0 & 0 & 0 & 0 \end{bmatrix} \text{은 } R\boldsymbol{s}_1 = \mathbf{0} \text{과 } R\boldsymbol{s}_2 = \mathbf{0} \text{을 만족한다.}$$

R의 성분들인 3, 2, 6은 특별한 해에 포함된 성분 -3, -2, -6에 음의 부호를 붙인 것이다!

주어진 영공간을 갖는 행렬은 R이 유일하다(이 행렬이 문제의 조건을 만족하는 행렬 중 하나인 A이다). 우리는 R의 행을 교환하거나 행에 0이 아닌 상수 c를 곱하거나 한 행의 상수 배를 다른 행에서 빼는, 세 가지 연산으로 구성된 행 연산을 시행할 수 있다. **R의 왼쪽에 어떠한 가역 행렬을 곱하여도 그 영공간은 변하지 않는다.** 모든 3×4 행렬은 적어도 하나의 특별한 해를 갖는다. 이 행렬에 대해서는 두 개의 특별한 해가 있다.

5.2B 다음 행렬 A와 A_2에 대하여 방정식 $A\boldsymbol{v} = \mathbf{0}$, $A_2\boldsymbol{v} = \mathbf{0}$의 특별한 해와 완전해를 구하라.

$$A = \begin{bmatrix} 3 & 6 \\ 1 & 2 \end{bmatrix} \qquad A_2 = [\,A \quad A\,] = \begin{bmatrix} 3 & 6 & 3 & 6 \\ 1 & 2 & 1 & 2 \end{bmatrix}$$

어떤 열이 피봇 열인가? 어떤 변수가 자유 변수인가? 각 경우의 R은 무엇인가?

풀이

$A\boldsymbol{v} = \mathbf{0}$은 하나의 특별한 해 $\boldsymbol{s} = (-2, 1)$을 갖는다. 이 $\boldsymbol{s}$의 상수 배인 $c\boldsymbol{s}$로 이루어진 직선이 완전해이다. A의 첫 번째 열은 피봇 열이며 v_2는 자유 변수이다.

$$A = \begin{bmatrix} 3 & 6 \\ 1 & 2 \end{bmatrix} \to R = \begin{bmatrix} 1 & 2 \\ 0 & 0 \end{bmatrix} \qquad [\,A \quad A\,] \to R_2 = \begin{bmatrix} 1 & 2 & 1 & 2 \\ 0 & 0 & 0 & 0 \end{bmatrix}$$

R_2는 딱 하나의 피봇 열(첫 번째 열)을 가짐에 주목하라. 변수 v_2, v_3, v_4는 모두 자유 변수이다. $A_2\boldsymbol{v} = \mathbf{0}$에는 세 개의 특별한 해가 있다($R_2\boldsymbol{v} = \mathbf{0}$도 마찬가지이다).

$$\boldsymbol{s}_1 = (-2, 1, 0, 0),\ \boldsymbol{s}_2 = (-1, 0, 1, 0),\ \boldsymbol{s}_3 = (-2, 0, 0, 1) \qquad \textbf{완전해 } \boldsymbol{v} = c_1\boldsymbol{s}_1 + c_2\boldsymbol{s}_2 + c_3\boldsymbol{s}_3$$

r개의 피봇이 있을 때 A는 $(n-r)$개의 자유 변수를 가지며 $A\boldsymbol{v} = 0$은 $(n-r)$개의 특별한 해를 갖는다.

5.2 연습문제

01~04 다음은 [연습문제 01]에서의 행렬에 관한 문제이다.

01 다음 행렬들을 보통의 사다리꼴 행렬 U의 형태로 축소하라. 어떤 변수가 자유 변수이고 어떤 변수가 피봇 변수인가?

$$A=\begin{bmatrix}1&2&2&4&6\\1&2&3&6&9\\0&0&1&2&3\end{bmatrix}\qquad B=\begin{bmatrix}2&4&2\\0&4&4\\0&8&8\end{bmatrix}$$

02 [연습문제 01]의 행렬들에 대하여 각 자유 변수에 대응되는 특별한 해를 구하라(자유 변수를 1로 두고, 다른 자유 변수들은 0으로 두자).

03 [연습문제 02]의 특별한 해들을 선형결합하여 $A\boldsymbol{v}=\boldsymbol{0}$, $B\boldsymbol{v}=\boldsymbol{0}$의 모든 해를 구하라. _____이(가) 없을 때, 영공간은 $\boldsymbol{v}=\boldsymbol{0}$만을 원소로 갖는다.

04 [연습문제 01]의 각 U에 행 연산들을 더 적용하여 기약행 사다리꼴 형태 R을 찾아라. 이때 R의 영공간은 U의 영공간과 같은가?

05~08 다음은 [연습문제 05]에서의 행렬에 관한 문제이다.

05 행 연산을 통해 아래의 새로운 행렬 A와 B를 삼각 사다리꼴 형태 U로 바꾸어라. $B=LU$가 되는 2×2 아래삼각 행렬 L을 적어라.

$$A=\begin{bmatrix}-1&3&5\\-2&6&10\end{bmatrix}\qquad B=\begin{bmatrix}-1&3&5\\-2&6&7\end{bmatrix}$$

06 같은 행렬 A와 B에 대하여 $A\boldsymbol{v}=\boldsymbol{0}$, $B\boldsymbol{v}=\boldsymbol{0}$의 특별한 해들을 구하라. $m\times n$ 행렬에 대하여 피봇 변수의 개수와 자유 변수의 개수의 합은 _____이다.

07 [연습문제 05]에서 A와 B의 영공간을 두 가지 방법을 통해 묘사하라.

(a) 첫 번째 방법 : 평면 혹은 직선에 대한 방정식을 제시

(b) 두 번째 방법 : 이 방정식은 만족하는 모든 벡터 $\boldsymbol{v}$를 특별한 해들의 선형결합으로 제시

08 [연습문제 05]에서의 사다리꼴 형태 U를 R로 축소하라. 각 R에 대하여 피봇 행과 열에 위치한 항등 행렬 주변에 네모 박스를 그려라.

09~17 다음은 자유 변수와 피봇 변수에 관한 문제이다.

09 참 또는 거짓임을 판별하라. 거짓이면 반례를 들고, 참이면 이유를 들어라.

(a) 정사각행렬은 자유 변수를 갖지 않는다.

(b) 가역 행렬은 자유 변수를 갖지 않는다.

(c) $m\times n$ 행렬은 n개보다 많은 피봇 변수를 가질 수 없다.

(d) $m\times n$ 행렬은 m개보다 많은 피봇 변수를 가질 수 없다.

10 가능하다면, 다음 조건 각각을 만족하는 3×3 행렬 A를 구하라.

(a) A는 0인 성분을 갖지 않지만 $U=I$이다.

(b) A는 0인 성분을 갖지 않지만 $R=I$이다.

(c) A는 0인 성분을 갖지 않지만 $R=U$이다.

(d) $A=U=2R$

11 4×7 사다리꼴 행렬 U에 가능한 한 1을 많이 넣어 피봇 열이 다음 열들이 되도록 하라.

(a) 2, 4, 5열

(b) 1, 3, 6, 7열

(c) 4열과 6열

12 4×8 기약 사다리꼴 행렬 R에 가능한 한 1을 많이 넣어 자유 열이 다음 열이 되도록 하라.

(a) 2, 4, 5, 6열

(b) 1, 3, 6, 7, 8열

13 3×5 행렬의 네 번째 열의 성분이 모두 0이라 가정하자. 이때 v_4는 확실한 _____변수이다. 이 변수에 대한 특별한 해는 $\boldsymbol{s}=$_____이다.

14 3×5 행렬의 첫 번째 열과 마지막 열이 같다고 하자

(단, 영벡터로서 같지는 않다). 이때 _____는 자유 변수이다. 이 변수에 대한 특별한 해를 구하라.

15 $m \times n$ 행렬이 r개의 피봇을 갖는다고 가정하자. 특별한 해의 개수는 _____이다. 영공간에 $\boldsymbol{v}=\mathbf{0}$만 포함될 때는 $r=$ _____일 때이다. 열공간이 $\mathbb{R}^m$ 전체일 때는 $r=$ _____일 때이다.

16 5×5 행렬의 영공간에 $\boldsymbol{v}=\mathbf{0}$만 포함될 때 이 행렬은 _____개의 피봇을 갖는다. 열공간이 $\mathbb{R}^5$일 때에는 _____개의 피봇을 갖는다. 각각의 이유를 설명하라.

17 방정식 $x-3y-z=0$은 $\mathbb{R}^3$에서의 평면을 결정한다. 이 방정식에서 행렬 A는 무엇인가? 이때 자유 변수는 무엇인가? 특별한 해는 $(3,1,0)$과 _____이다.

---

18 **(추천)** 평면 $x-3y-z=12$는 [연습문제 17]에서의 평면 $x-3y-z=0$과 평행하며 이 평면 위의 한 점으로 $(12,0,0)$이 있다. 이 평면 위의 모든 점은 다음과 같은 형태를 갖는다. 비어 있는 첫 번째 성분들을 채워라.

$$\begin{bmatrix} x \\ y \\ z \end{bmatrix} = \begin{bmatrix} \\ 0 \\ 0 \end{bmatrix} + y\begin{bmatrix} \\ 1 \\ 0 \end{bmatrix} + z\begin{bmatrix} \\ 0 \\ 1 \end{bmatrix}$$

19 L이 가역 행렬일 때, U와 $A=LU$는 같은 영공간을 가짐을 증명하라. $U\boldsymbol{v}=\mathbf{0}$이면 $LU\boldsymbol{v}=\mathbf{0}$임은 자명하다. 하지만 $LU\boldsymbol{v}=\mathbf{0}$일 때 $U\boldsymbol{v}=\mathbf{0}$임을 어떻게 알 수 있는가?

20 네 개의 피봇을 갖는 4×5 행렬에서 1열과 3열, 5열의 합이 영벡터이다. 피봇이 확실히 없는 열은 무엇인가(그리고 어떤 변수가 자유 변수인가)? 특별한 해는 무엇인가? 그리고 이 행렬의 영공간은 무엇인가?

21~28 다음은 (가능한 성질이라면) 특별한 성질을 갖는 행렬을 찾는 문제이다.

21 영공간이 $(2,2,1,0)$과 $(3,1,0,1)$의 모든 선형결합으로 구성된 행렬을 구하라.

22 영공간이 $(4,3,2,1)$의 모든 상수 배로 이루어진 행렬을 구하라.

23 열공간이 $(1,1,5)$와 $(0,3,1)$을 포함하고, 영공간이 $(1,1,2)$를 포함하는 행렬을 구하라.

24 열공간이 $(1,1,0)$과 $(0,1,1)$을 포함하고, 영공간이 $(1,0,1)$과 $(0,0,1)$을 포함하는 행렬을 구하라.

25 열공간은 $(1,1,1)$을 포함하고 영공간이 $(1,1,1,1)$의 상수 배인 벡터들로 이루어진 직선이 되는 행렬을 구하라.

26 2×2 행렬 중 영공간이 열공간과 같은 행렬을 구하라(이러한 행렬은 존재한다).

27 3×3 행렬 중 영공간이 열공간과 같은 행렬은 왜 없는가?

28 **(중요)** $AB=O$이면 B의 열공간은 A의 _____에 포함된다. A와 B의 예를 찾아라.

---

29 각 성분을 무작위로 선택한 3×3 행렬의 기약행 사다리꼴 형태 R은 거의 확실히 _____이다. 만약 A가 4×3 행렬이면 어떤 기약행 사다리꼴 형태 R이 거의 확실히 나오겠는가?

30 다음 명제가 일반적으로 거짓임을 예를 들어서 증명하라.

(a) A와 A^{T}는 같은 영공간을 갖는다.

(b) A와 A^{T}는 같은 자유 변수를 갖는다.

(c) R이 A의 기약행 사다리꼴 형태일 때, R^{T}는 A^{T}의 기약행 사다리꼴 형태이다.

31 A의 영공간이 $\boldsymbol{v}=(2,1,0,1)$의 모든 상수 배로 이루어져 있다면 U에 몇 개의 피봇이 나타나겠는가? 이때의 R은 무엇인가?

32 $R\boldsymbol{v}=\mathbf{0}$의 특별한 해가 다음과 같은 N의 열들이라고 하자. 특별한 해를 찾는 과정을 역으로 수행하여 기약행렬 R에서 영벡터가 아닌 행들을 찾아라.

$$N=\begin{bmatrix} 2 & 3 \\ 1 & 0 \\ 0 & 1 \end{bmatrix} \qquad N=\begin{bmatrix} 0 \\ 0 \\ 1 \end{bmatrix}$$

33 (a) 모든 성분이 0과 1로 이루어진 5개의 2×2 기약행 사다리꼴 행렬을 구하라.

(b) 모든 성분이 0과 1로 이루어진 8개의 1×3 행렬을 구하라. 이 8개 모두가 기약행 사다리꼴 행렬

R이 되는가?

34 A와 $-A$가 항상 같은 기약행 사다리꼴 형태 R을 갖는 이유를 설명하라.

35 **(도전)** A가 4×4 가역 행렬일 때, 4×8 행렬 $B=[A\ \ A]$의 영공간에 속하는 모든 벡터를 묘사하라.

36 **(도전)** $C=\begin{bmatrix}A\\B\end{bmatrix}$일 때, 이 행렬의 영공간 $\boldsymbol{N}(C)$는 $\boldsymbol{N}(A)$, $\boldsymbol{N}(B)$와 어떻게 연관되어 있는가?

37 **(도전)** **키르히호프의 법칙**Kirchhoff's law은 각 점에서 들어오는 전류의 총합과 나가는 전류의 총합이 같다는 것이다. 다음의 네트워크에는 6개의 전류 y_1, y_2, $\cdots$, y_6이 흐르고 있다(각 화살표는 양의 방향을 나타내며 각 y_i는 양수이거나 음수일 수 있다). 네 개의 점에서 키르히호프 법칙을 적용하여 네 개의 방정식으로 이루어진 $A\boldsymbol{y}=\boldsymbol{0}$을 찾아라. 이를 $U\boldsymbol{y}=\boldsymbol{0}$으로 축소하고 A의 영공간에 속하는 세 개의 특별한 해를 찾아라.

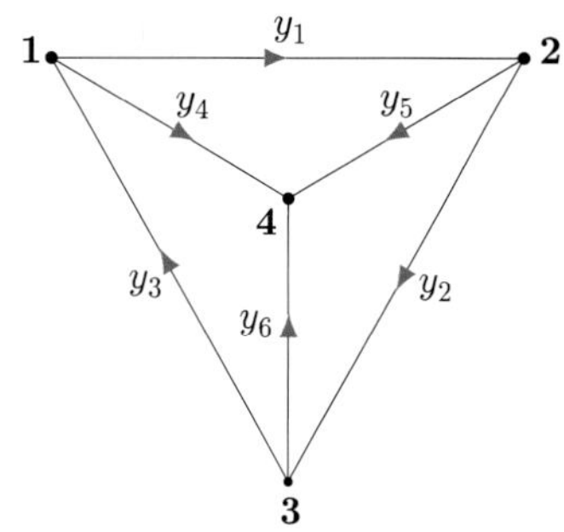

5.3 $Av=b$의 완전해

$A\boldsymbol{v}=\boldsymbol{b}$를 소거법으로 풀기 위하여 A의 n개 열 오른쪽에 $\boldsymbol{b}$를 새로운 열로 추가하자. 이 **첨가 행렬**augmented matrix은 $[A\ \ \boldsymbol{b}]$이다. 소거법의 각 단계가 A에 적용될 때 (방정식의 좌변) 그 단계는 우변의 $\boldsymbol{b}$에도 동일하게 적용된다. 따라서 우리는 해가 같아지도록 방정식들을 유지할 수 있으며, 방정식들의 형태는 풀기 쉽게 변한다.

A에는 여전히 r개의 피봇 열과 $(n-r)$개의 자유 열이 있다. 각 자유열을 통해 $A\boldsymbol{v}=\boldsymbol{0}$의 특별한 해를 구할 수 있다. 여기에서 새로운 과제는 $A\boldsymbol{v}_p=\boldsymbol{b}$를 만족하는 특수해를 찾는 것이다. 이 해는 소거법의 과정 중 성립 불가능한 방정식(좌변이 영벡터로 이루어진 행이고 우변에 0이 아닌 수가 있는 경우)이 나타나지 않는다면 존재한다. 이때 후진대입을 통해 $\boldsymbol{v}_p$를 찾을 수 있다. **$A\boldsymbol{v}=\boldsymbol{b}$의 모든 해는 $\boldsymbol{v}_p+\boldsymbol{v}_n$의 형태를 갖는다.**

소거법을 시행하는 과정에서 A의 **계수**rank를 찾을 수 있다. A의 계수는 피봇의 개수와 같다. 또한 이는 소거법을 완료한 후에 남아 있는 행들 중 영벡터가 아닌 행의 개수와도 같다. 우리는 m개의 방정식 $A\boldsymbol{v}=\boldsymbol{0}$에서 시작하지만 실제로 의미 있는 방정식의 개수는 계수 r과 같다. 또한 반복되는 행들이나 이전 행들의 선형결합으로 이루어진 행들, 그리고 영벡터 행을 의미 있는 방정식으로 세는 것을 원하지 않는다. 이제 여러분은 선형독립인 행의 개수를 세면 그 값이 곧 r이 된다는 것을 학습하게 될 것이다. 그리고 더 좋은 사실은 (증명하고 설명해야 하지만) 선형독립인 열의 개수를 세어도 계수 r이 된다는 것이다. 다음은 5.5절에서 다루게 될 선형대수학의 기본 정리의 일부분이다.

피봇의 개수 = **선형독립인 행**의 개수 = **선형독립인 열**의 개수

$A\boldsymbol{v}=\boldsymbol{b}$의 예를 들면 앞에서 다룬 사실들이 더 명확하게 보일 것이다.

$$\text{시스템} \begin{bmatrix} 1 & 3 & 0 & 2 \\ 0 & 0 & 1 & 4 \\ 1 & 3 & 1 & 6 \end{bmatrix} \begin{bmatrix} v_1 \\ v_2 \\ v_3 \\ v_4 \end{bmatrix} = \begin{bmatrix} 1 \\ 6 \\ 7 \end{bmatrix} \text{에 대한 첨가 행렬은} \begin{bmatrix} 1 & 3 & 0 & 2 & \mathbf{1} \\ 0 & 0 & 1 & 4 & \mathbf{6} \\ 1 & 3 & 1 & 6 & \mathbf{7} \end{bmatrix} = [\,A \;\; \boldsymbol{b}\,] \text{이다.}$$

첨가 행렬은 단지 $[\,A \;\; \boldsymbol{b}\,]$**이다.** A와 $\boldsymbol{b}$에 일반적인 소거법 단계들을 적용하면 모든 방정식의 해는 변하지 않는다. 이 소거법을 통해 R과 $\boldsymbol{d}$를 구할 수 있다.

이 예에서는 3행에서 1행을 뺀 후 3행에서 2행을 뺀다. 이 과정을 통해 R의 마지막 행이 영벡터가 되며, 우변의 $\boldsymbol{b}$는 새로 바뀌어 $\boldsymbol{d}=(1,6,0)$이 된다.

$$\text{시스템} \begin{bmatrix} 1 & 3 & 0 & 2 \\ 0 & 0 & 1 & 4 \\ \mathbf{0} & \mathbf{0} & \mathbf{0} & \mathbf{0} \end{bmatrix} \begin{bmatrix} v_1 \\ v_2 \\ v_3 \\ v_4 \end{bmatrix} = \begin{bmatrix} 1 \\ 6 \\ \mathbf{0} \end{bmatrix} \text{에 대한 첨가 행렬은} \begin{bmatrix} 1 & 3 & 0 & 2 & \mathbf{1} \\ 0 & 0 & 1 & 4 & \mathbf{6} \\ 0 & 0 & 0 & 0 & \mathbf{0} \end{bmatrix} = [\,R \;\; \boldsymbol{d}\,] \text{이다.} \quad (1)$$

위에서 마지막 0이 중요하다. 세 번째 방정식은 $0=0$이 되므로 항상 성립한다. 따라서 이 시스템이 해를 갖는다는 것을 알 수 있다. 원래 행렬 A에서 첫 번째 행과 두 번째 행의 합은 세 번째 행이다. 만약 방정식이 해를 갖는다면 우변의 벡터에 대해서도 동일한 관계가 성립해야 한다! 우변에서 가장 중요한 성질은 $1+6=7$이다.

다음은 임의의 벡터 $\boldsymbol{b}=(b_1,b_2,b_3)$에 대하여 같은 과정으로 첨가 행렬을 구한 것이다.

$$[\,A \;\; \boldsymbol{b}\,] = \begin{bmatrix} 1 & 3 & 0 & 2 & \boldsymbol{b}_1 \\ 0 & 0 & 1 & 4 & \boldsymbol{b}_2 \\ 1 & 3 & 1 & 6 & \boldsymbol{b}_3 \end{bmatrix} \rightarrow \begin{bmatrix} 1 & 3 & 0 & 2 & \boldsymbol{b}_1 \\ 0 & 0 & 1 & 4 & \boldsymbol{b}_2 \\ 0 & 0 & 0 & 0 & \boldsymbol{b}_3-\boldsymbol{b}_1-\boldsymbol{b}_2 \end{bmatrix} = [\,R \;\; \boldsymbol{d}\,]$$

이제 $b_3-b_1-b_2=0$이면 세 번째 방정식은 $0=0$이 된다. 이 조건은 $b_1+b_2=b_3$이다. 이 예에서는 $1+6=7$로 이 조건을 만족한다. 여러분은 $[A \;\; \boldsymbol{b}]$에 소거법 과정을 적용하여 $A\boldsymbol{v}=\boldsymbol{b}$가 해를 갖기 위한 $\boldsymbol{b}$의 조건을 어떻게 테스트할 수 있는지를 살펴보았다.

하나의 특수해

쉬운 해 $\boldsymbol{v}_p$를 구하기 위해 자유 변수를 $v_2=v_4=0$으로 선택하자. 이때 방정식 (1) 시스템의 두 개의 영이 아닌 방정식으로부터 두 개의 피봇 변수 v_1, v_3의 값이 각각 $v_1=1$, $v_3=6$임을 알 수 있다. $A\boldsymbol{v}=\boldsymbol{b}$

(및 $Rv = d$)의 한 특수해는 $v_p = (1, 0, 6, 0)$이다. 자유 변수들은 0으로 두고 피봇 변수들은 d로부터 나온다. 이 방법은 항상 사용 가능하다.

방정식 $Rv = d$가 해를 갖기 위해서는 R에서 영벡터로 이루어진 행에 해당하는 우변의 d 값도 0이어야 한다. R의 피봇 행과 열에 I가 있을 때, 피봇 변수는 d에 있어야 한다.

$$Rv_p = d \qquad \begin{bmatrix} 1 & 3 & 0 & 2 \\ 0 & 0 & 1 & 4 \\ 0 & 0 & 0 & 0 \end{bmatrix} \begin{bmatrix} 1 \\ 0 \\ 6 \\ 0 \end{bmatrix} = \begin{bmatrix} 1 \\ 6 \\ 0 \end{bmatrix} \qquad \begin{matrix} \textbf{피봇 변수 } 1,\ 6 \\ \textbf{자유 변수 } 0,\ 0 \end{matrix}$$

여기서 자유 변수를 어떻게 모두 0으로 택하였는지, 피봇 변수를 구하였는지에 주목하자. A의 행을 축소하여 R이 되면 이 과정은 빨라진다. 자유 변수들이 0이 되면 v_p의 피봇 변수들은 우변의 벡터 d에 이미 나타나게 된다.

$v_{\text{particulr}}$	특수해 v_p는 $Av_p = b$의 해이다.
$v_{\text{nullspace}}$	$(n-r)$개의 특별한 해들은 $Av_n = 0$의 해이다.

$Av = b$와 $Rv = d$의 특수해는 $(1, 0, 6, 0)$이다. $Rv = \mathbf{0}$의 (영공간에 속하는) 두 개의 특별한 해는 R의 두 개의 자유 열로부터 나오며, 3, 2, 4의 부호를 반대로 취하여 구할 수 있다. **$Av = b$의 완전해 $v_p + v_n$을 구하기 위해 사용한 형식에 주목하기 바란다.**

완전해   **하나의 v_p** / **많은 v_n들**

$$v = v_p + v_n = \begin{bmatrix} 1 \\ 0 \\ 6 \\ 0 \end{bmatrix} + v_2 \begin{bmatrix} -3 \\ 1 \\ 0 \\ 0 \end{bmatrix} + v_4 \begin{bmatrix} -2 \\ 0 \\ -4 \\ 1 \end{bmatrix}$$

Q_ A가 정사각행렬이고 가역이면 $m = n = r$이다. 이때 v_p와 v_n은 무엇인가?

A_ A^{-1}이 존재한다면 특수해는 단 하나이며 $v = A^{-1}b$이다. 즉, 특별한 해나 자유 변수는 없고, $R = I$는 영벡터인 행이 없다. 영공간에 속한 유일한 벡터는 $v_n = \mathbf{0}$이다. 따라서 완전해는 $v = v_p + v_n = A^{-1}b + \mathbf{0}$이다.

이는 4장에서의 상황과 같다. 4장에서는 영공간에 대하여 언급하지 않았다. $N(A)$는 영벡터만 포함하고 있으므로 $[A\ b]$를 축소하면 $[I\ A^{-1}b]$가 된다. 원래 방정식 $Av = b$는 결국 $v = A^{-1}b$로 간단해지며 d는 $A^{-1}b$와 같다. 여기에서는 이 예를 특별한 경우로 다루지만 가역인 정사각행렬은 실제로 가장 많이 보게 되는 행렬이다. 따라서 선형대수학을 시작할 때 이러한 행렬들을 처음에 다루게 되는 것이다.

작은 크기의 행렬에 대한 예에서는 $[A\ \boldsymbol{b}]$를 축소하여 $[R\ \boldsymbol{d}]$로 만들 수 있다. 크기가 큰 행렬에 대해서는 MATLAB으로 이 과정을 수월하게 할 수 있다. 하나의 특수해는 백슬래시(\) 명령어 $A \setminus \boldsymbol{b}$를 사용하여 구할 수 있다. 다음 예는 꽉 찬 열 계수를 가지는 행렬의 예이다. 즉, 두 개의 열 모두 피봇을 갖는다.

예제 1 A와 $\boldsymbol{b}$가 다음과 같이 주어진 경우 $A\boldsymbol{v}=\boldsymbol{b}$가 해를 갖기 위한 (b_1, b_2, b_3)의 조건을 찾아라.

$$A=\begin{bmatrix} 1 & 1 \\ 1 & 2 \\ -2 & -3 \end{bmatrix}, \qquad \boldsymbol{b}=\begin{bmatrix} b_1 \\ b_2 \\ b_3 \end{bmatrix}$$

이 조건은 $\boldsymbol{b}$를 A의 열공간에 속하도록 한다. 이때 완전해 $\boldsymbol{v}=\boldsymbol{v}_p+\boldsymbol{v}_n$을 구하라.

풀이

$\boldsymbol{b}$를 추가된 열로 갖는 첨가 행렬을 사용하자. $[A\ \boldsymbol{b}]$의 2행에서 1행을 빼고, 1행의 2배를 3행에 더하여 $[R\ \boldsymbol{d}]$에 도달할 수 있다.

$$\begin{bmatrix} 1 & 1 & b_1 \\ 1 & 2 & b_2 \\ -2 & -3 & b_3 \end{bmatrix} \to \begin{bmatrix} 1 & 1 & b_1 \\ 0 & 1 & b_2-b_1 \\ 0 & -1 & b_3+2b_1 \end{bmatrix} \to \begin{bmatrix} 1 & 0 & 2b_1-b_2 \\ 0 & 1 & b_2-b_1 \\ 0 & 0 & b_3+b_1+b_2 \end{bmatrix}$$

$b_1+b_2+b_3=0$일 때 마지막 방정식은 $0=0$이다. 이것이 $\boldsymbol{b}$가 A의 열공간에 속하기 위한 조건이며 이때 $A\boldsymbol{v}=\boldsymbol{b}$는 해를 갖는다. A의 행들을 더하면 영벡터가 된다. 따라서 이 방정식이 해를 갖기 위해서는 $\boldsymbol{b}$의 성분들을 합하여 0이 되어야 한다. 이 예시에서는 $n-r=2-2$이므로 자유 변수가 없다. 따라서 영공간에 속하는 특별한 해도 없다. 계수는 $r=n$이므로 유일한 영공간의 원소는 $\boldsymbol{v}_n=\boldsymbol{0}$이다. $A\boldsymbol{v}=\boldsymbol{b}$ 및 $R\boldsymbol{v}=\boldsymbol{d}$의 특수해는 첨가 행렬의 추가된 열 $\boldsymbol{d}$의 윗부분에 있다.

$$\textbf{하나의 유일한 해} \qquad \boldsymbol{v}=\boldsymbol{v}_p+\boldsymbol{v}_n=\begin{bmatrix} 2b_1-b_2 \\ b_2-b_1 \end{bmatrix}+\begin{bmatrix} 0 \\ 0 \end{bmatrix}$$

만일 $b_3+b_1+b_2$가 0이 아니라면 $A\boldsymbol{v}=\boldsymbol{b}$에는 해가 없다($\boldsymbol{v}_p$는 존재하지 않는다).

[예제 1]은 가장 중요한 경우, 즉 A는 꽉 찬 열 계수를 갖고 각 열은 피봇을 가질 때의 전형적인 예이며, 이때의 계수는 $r=n$이다. 행렬은 세로 방향으로 길고 가로 방향으로 짧다($m \ge n$). 소거법을 시행하여 A를 R로 축소하면 그 행렬의 계수도 여전히 n이며, I가 가장 위에 나오게 된다.

$$\textbf{꽉 찬 열 계수} \qquad R=\begin{bmatrix} I \\ 0 \end{bmatrix}=\begin{bmatrix} n\times n \text{ 항등행렬} \\ (m-n)\text{개의 영벡터 행} \end{bmatrix} \tag{2}$$

여기서 자유 열이나 자유 변수는 하나도 없으며 영공간은 $\mathbf{Z}$이다. 이러한 종류의 행렬을 인식하기 위한 다른 방법들을 다음과 같이 정리하였다.

꽉 찬 열 계수($r=n$)를 갖는 모든 행렬 A는 다음과 같은 성질을 갖는다.

1. A의 모든 열은 피봇 열이며, 그 열들은 서로 독립이다.
2. 자유 변수나 특별한 해는 없다.
3. 영벡터 $\boldsymbol{v}=0$만이 $A\boldsymbol{v}=0$의 해가 되며 $\boldsymbol{N}(A)$의 원소가 된다.
4. 만일 $A\boldsymbol{v}=\boldsymbol{b}$가 해를 갖는다면(갖지 않을 수도 있다), 오직 하나의 해만을 갖는다.

다음 절에서 나올 언어로 말하자면, $r=n$인 경우 A는 **선형독립인 열들**을 가지며 $A\boldsymbol{v}=0$은 $\boldsymbol{v}=0$일 때만 해를 갖는다. 결국 우리는 위의 4가지 성질에 다음 사실을 하나 더 추가하게 될 것이다. 정사각행렬 $A^{\mathrm{T}}A$는 열들이 선형독립일 때 가역 행렬이 된다.

[예제 1]에서 A와 R의 영공간은 영벡터만으로 줄어든다. 만약 존재한다면 $A\boldsymbol{v}=\boldsymbol{b}$의 해는 유일하다. R에는 $(m-n)$(여기서는 $3-2$)개의 영벡터 행이 있다. 이들 행이 나타내는 방정식이 $0=0$이 되기 위한 $(m-n)$개의 조건들이 $\boldsymbol{b}$에 주어지며 이 조건들이 만족될 때 $\boldsymbol{b}$는 A의 열공간에 있게 된다.

A가 꽉 찬 열 계수로 구성될 때, 방정식 $A\boldsymbol{v}=\boldsymbol{b}$는 한 개의 해를 갖거나 혹은 해를 갖지 않는다. $m>n$인 경우는 과다하게 조건이 결정된 시스템이다.

완전해

또 다른 극단적인 경우는 꽉 찬 행 계수를 가질 때이다. 이제 $A\boldsymbol{v}=\boldsymbol{b}$는 하나의 해를 갖거나 혹은 무수히 많은 해를 갖는다. 이 경우 A는 세로로 짧고 가로로 긴 모양의 행렬이다($m \le n$). 행렬이 **꽉 찬 행 계수**full row rank를 갖는다는 것은 $r=m$일 때이다(선형독립인 행들). 즉, 모든 행은 피봇을 갖는다. 이러한 행렬의 예제를 살펴보자.

예제 2 다음 방정식은 $n=3$개의 미지수를 갖지만 $m=2$개의 방정식으로 구성되어 있다.

$$\textbf{꽉 찬 행 계수} \quad \begin{aligned} x+y+z&=3 \\ x+2y-z&=4 \end{aligned} \quad (\text{행렬의 계수 } r=m=2)$$

이 두 개의 방정식은 xyz 공간에서의 평면이다. 이 두 평면은 서로 평행하지 않으므로 교선이 존재하고, 이 교선은 소거법을 통해 구하게 될 해와 같다. **특수해는 이 직선 위의 한 점이 될 것이다. 여기에 영공간에 속하는 벡터 $\boldsymbol{v}_n$을 더하면 해들이 직선 위에서 움직이게 된다.** 이때 $\boldsymbol{v}=\boldsymbol{v}_p+\boldsymbol{v}_n$은 해로 구성된 직선 전체를 나타낸다.

$[A\ \boldsymbol{b}]$에 소거법을 시행하여 $\boldsymbol{v}_p$와 $\boldsymbol{v}_n$을 찾는다. 2행에서 1행을 뺀 후에 다시 1행에서 2행을 빼라.

$$\begin{bmatrix} 1 & 1 & 1 & \mathbf{3} \\ 1 & 2 & -1 & \mathbf{4} \end{bmatrix} \to \begin{bmatrix} 1 & 1 & 1 & \mathbf{3} \\ 0 & 1 & -2 & \mathbf{1} \end{bmatrix} \to \begin{bmatrix} 1 & 0 & 3 & \mathbf{2} \\ 0 & 1 & -2 & \mathbf{1} \end{bmatrix} = [R\ \ \boldsymbol{d}]$$

이 특수해는 자유 변수 $v_3 = 0$에 대응되는 것이다. 영공간의 특별한 해는 $v_3 = 1$에 대응된다.

$\boldsymbol{v}_p$는 우변의 $\boldsymbol{d}$로부터 바로 나온다. $\boldsymbol{v}_p = (2, 1, 0)$

$\boldsymbol{s}$는 R의 세 번째 열(자유 열)로부터 나온다.

$\boldsymbol{s} = (-3, 2, 1)$

$\boldsymbol{v}_p$와 $\boldsymbol{s}$가 원래의 방정식 $A\boldsymbol{v}_p = \boldsymbol{b}$와 $A\boldsymbol{s} = \mathbf{0}$을 만족하는지 확인해보는 것이 좋다.

$$2+1=3 \qquad\qquad -3+2+1=0$$
$$2+2=4 \qquad\qquad -3+4-1=0$$

영공간의 해 $\boldsymbol{v}_n$은 $\boldsymbol{s}$의 상수 배이다. 이 해는 해들로 이루어진 직선 위를 $\boldsymbol{v}_p$부터 시작하여 움직이게 된다. **완전해를 어떻게 기술하는지에 다시 주목하기 바란다.**

완전해 $\quad \boldsymbol{v} = \boldsymbol{v}_p + \boldsymbol{v}_n = \begin{bmatrix} 2 \\ 1 \\ 0 \end{bmatrix} + v_3 \begin{bmatrix} -3 \\ 2 \\ 1 \end{bmatrix}$

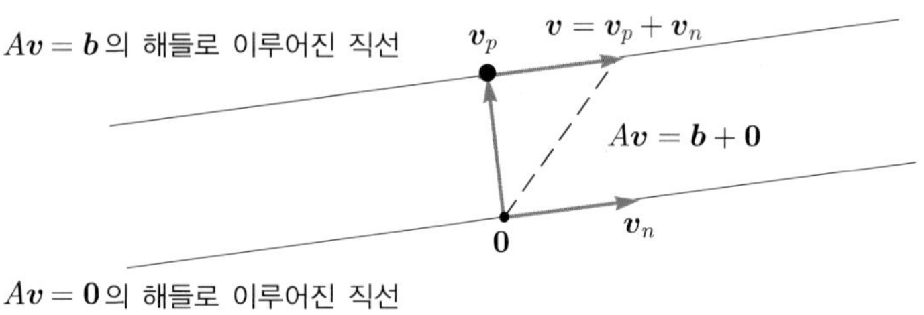

[그림 5-3] 완전해 = 하나의 특수해 + 모든 영공간의 해

[그림 5-3]에 해들로 이루어진 직선이 그려져 있다. 직선 위의 어떤 점이든 특수해로 선택될 수 있지만, 우리는 이들 중 $v_3 = 0$인 것으로 선택하였다. 이 특수해에는 임의의 상수 배를 곱하지 않는다! 영공간의 특별한 해를 선택할 때는 임의의 상수 배를 곱할 수 있는데, 여러분은 그 이유를 알 수 있을 것이다.

이제 세로로 짧고 가로로 긴 형태의 꽉 찬 행 계수로 이루어진 행렬이 갖는 성질에 대하여 요약해보자. $m < n$이면 방정식 $A\boldsymbol{v} = \boldsymbol{b}$는 부족결정 시스템 underdetermined system 이다(이 방정식에 해가 존재한다면 무수히 많은 해가 있다).

꽉 찬 행 계수($r=m$)를 가지는 모든 행렬 A는 다음과 같은 성질을 갖는다.

1. A의 모든 m개의 행은 피봇 열이며, R은 영벡터 행이 없다.
2. $A\boldsymbol{v}=\boldsymbol{b}$는 임의의 우변 $\boldsymbol{b}$에 대해서도 해가 존재한다.
3. 열공간은 $\mathbb{R}^m$ 전체이다.
4. A의 영공간에는 $(n-r=n-m)$개의 특별한 해가 있다.

m개의 피봇을 갖는 이 경우에는 행들이 **선형독립**linearly independent이다. 아래와 같이 행렬의 계수에 따른 해의 가능성들을 요약하면 이제 선형독립의 아이디어를 받아들일 준비가 충분히 되었다고 볼 수 있다. r, m, n이 어떻게 중요한 수가 되는지 주목하자.

행렬의 계수 r에 따라 선형 방정식의 해에는 다음과 같은 네 가지의 가능성이 있다.

$\boldsymbol{r=m}$ **및** $\boldsymbol{r=n}$	정사각행렬, 가역 행렬	$A\boldsymbol{v}=\boldsymbol{b}$는 한 개의 해를 갖는다.
$\boldsymbol{r=m}$ **및** $r<n$	세로로 짧고 가로로 넓은 행렬	$A\boldsymbol{v}=\boldsymbol{b}$는 무수히 많은 해를 갖는다.
$r<m$ **및** $\boldsymbol{r=n}$	세로로 길고 가로로 좁은 행렬	$A\boldsymbol{v}=\boldsymbol{b}$는 해가 없거나 한 개의 해를 갖는다.
$r<m$ **및** $r<n$	꽉 차지 않은 계수의 행렬	$A\boldsymbol{v}=\boldsymbol{b}$는 해가 없거나 무수히 많은 해를 갖는다.

축소된 행렬 R은 A와 같은 분류에 속하게 된다. 즉, 두 행렬은 같은 계수를 갖는다.
피봇 열이 처음으로 나오는 경우에 우리는 R에 대한 네 가지 가능성을 나타낼 수 있다. $R\boldsymbol{v}=\boldsymbol{d}$와 $A\boldsymbol{v}=\boldsymbol{b}$가 해를 가지려면 $\boldsymbol{d}$의 마지막 $(m-r)$개의 성분이 0이어야 한다.

네 가지 종류	$R=[\boldsymbol{I}]$	$[\boldsymbol{I}\ \boldsymbol{F}]$	$\begin{bmatrix}\boldsymbol{I}\\0\end{bmatrix}$	$\begin{bmatrix}\boldsymbol{I} & \boldsymbol{F}\\0 & 0\end{bmatrix}$
각 경우 행렬의 계수	$r=m=n$	$r=m<n$	$r=n<m$	$r<m, r<n$

첫 번째와 두 번째의 경우에는 꽉 찬 행 계수 $r=m$을 갖고, 첫 번째와 세 번째의 경우에는 꽉 찬 열 계수 $r=n$을 갖는다. 네 번째 경우는 이론적으로 가장 일반적이지만 실제로는 가장 흔하지 않은 경우이다.

5.3 요약

1. 행렬의 계수 r은 피봇의 개수이다. 축소된 행렬 R에는 $(m-r)$개의 영벡터 행이 있다.
2. $A\boldsymbol{v}=\boldsymbol{b}$가 해를 가질 필요충분조건은 $R\boldsymbol{v}=\boldsymbol{d}$의 마지막 $(m-r)$개의 방정식이 $0=0$인 것이다.
3. 하나의 특수해 $\boldsymbol{v}_p$는 모든 자유 변수를 0으로 두어 구할 수 있다.
4. r개의 피봇 변수는 $(n-r)$개의 자유 변수가 선택되면 결정된다.
5. 꽉 찬 열 계수 $r=n$을 갖는 경우 자유 변수는 없으며 이때 방정식의 해는 한 개 있거나 혹은 없다.
6. 꽉 찬 행 계수 $r=m$을 갖는 경우 $m=n$이면 딱 하나의 해를 가지며 $m<n$이면 무수히 많은 해를 갖는다.

5.3 확인문제

5.3A 이 문제는 소거법(**피봇 열과 후진대입**)과 **열 공간-영공간-계수-해를 가짐의 여부**를 연결한다. A는 계수가 2인 3×4 행렬이다.

$$A\boldsymbol{v}=\boldsymbol{b}\text{는}\quad \begin{aligned} v_1+2v_2+3v_3+\ \ 5v_4&=b_1\\ 2v_1+4v_2+8v_3+12v_4&=b_2\\ 3v_1+6v_2+7v_3+13v_4&=b_3\end{aligned}\quad\text{이다.}$$

1. $[A\ \boldsymbol{b}]$를 $[U\ \boldsymbol{c}]$로 축소하여 $A\boldsymbol{v}=\boldsymbol{b}$가 삼각시스템 $U\boldsymbol{v}=\boldsymbol{c}$가 되도록 하라.
2. $A\boldsymbol{v}=\boldsymbol{b}$가 해를 갖기 위한 b_1, b_2, b_3의 조건을 구하라.
3. A의 열공간을 묘사하라. $\mathbb{R}^3$의 어떤 평면이 열공간이 되는가?
4. A의 영공간을 묘사하라. $\mathbb{R}^4$에 속한 특별한 해는 무엇인가?
5. $A\boldsymbol{v}=(0,6,-6)^{\mathrm{T}}$의 특수해를 찾고 이를 이용하여 완전해를 구하라.

풀이

1. 소거법에서의 승수는 2, 3, -1이다. 소거법을 통해 다음과 같이 $[A\ \boldsymbol{b}]$에서 $[U\ \boldsymbol{c}]$로 바꾼다.

$$\begin{bmatrix}1&2&3&5&b_1\\2&4&8&12&b_2\\3&6&7&13&b_3\end{bmatrix}\rightarrow\left[\begin{array}{cccc|c}1&2&3&5&b_1\\0&0&2&2&b_2-2b_1\\0&0&-2&-2&b_3-3b_1\end{array}\right]\rightarrow\left[\begin{array}{cccc|c}1&2&3&5&b_1\\0&0&2&2&b_2-2b_1\\0&0&0&0&b_3+b_2-5b_1\end{array}\right]$$

2. 마지막 방정식은 해를 가질 조건이 $b_3 + b_2 - 5b_1 = 0$임을 알려준다. 이때 마지막 방정식은 $0 = 0$이 된다.

3. **첫 번째 묘사** : 열공간은 피봇 열 $(1, 2, 3)$ 및 $(3, 8, 7)$의 모든 선형결합을 포함하는 평면이다. 이들 열은 A에는 있지만 U나 R에는 없다.

   두 번째 묘사 : 열공간은 $b_3 + b_2 - 5b_1 = 0$인 모든 벡터를 포함하고 있다. 이 조건이 $A\boldsymbol{v} = \boldsymbol{b}$가 해를 갖기 위한 $\boldsymbol{b}$의 조건이다. A의 모든 열은 이 조건을 만족한다. 따라서 이 식은 열공간에 대한 첫 번째 묘사에서 언급한 평면의 방정식이 된다.

4. 영공간의 특별한 해는 자유 변수의 값이 $v_2 = 1$, $v_4 = 0$인 경우, $v_2 = 0$, $v_4 = 1$인 경우 에 구해질 수 있으며 각 경우 $\boldsymbol{s}_1 = (-2, 1, 0, 0)$이고 $\boldsymbol{s}_2 = (-2, 0, -1, 1)$이다. 영공간은 이 특별한 해들의 모든 선형결합 $c_1\boldsymbol{s}_1 + c_2\boldsymbol{s}_2$를 포함하고 있다.

5. 하나의 특수해 $\boldsymbol{v}_p$는 자유 변수의 값을 모두 0으로 준 후 $U\boldsymbol{v} = \boldsymbol{c}$에서 후진대입으로 피봇 변수의 값을 찾아 구할 수 있다.

   $A\boldsymbol{v}_p = \boldsymbol{b} = (0, 6, -6)^{\mathrm{T}}$**의 특수해**
   이 벡터 $\boldsymbol{b}$**는** $b_3 + b_2 - 5b_1 = 0$**을 만족한다.**
   완전해는 $\boldsymbol{v} = \boldsymbol{v}_p + \boldsymbol{v}_n$ **이다.**

$$\boldsymbol{v}_p = \begin{bmatrix} -9 \\ 0 \\ 3 \\ 0 \end{bmatrix}$$

5.3B 다음과 같이 주어진 방정식에 대하여 $[A \ \boldsymbol{b}]$에 전진소거를 적용하여 완전해 $\boldsymbol{v} = \boldsymbol{v}_p + \boldsymbol{v}_n$을 구하라.

$$\begin{bmatrix} 1 & 2 & 1 & 0 \\ 2 & 4 & 4 & 8 \\ 4 & 8 & 6 & 8 \end{bmatrix} \begin{bmatrix} v_1 \\ v_2 \\ v_3 \\ v_4 \end{bmatrix} = \begin{bmatrix} 4 \\ 2 \\ 10 \end{bmatrix}$$

$y_1(1\text{행}) + y_2(2\text{행}) + y_3(3\text{행}) = \mathbf{0}$이 되는 수 y_1, y_2, y_3을 구하라.

$\boldsymbol{b} = (4, 2, 10)$는 조건 $y_1b_1 + y_2b_2 + y_3b_3 = 0$을 만족함을 보여라. 왜 이 조건이 방정식이 해를 갖기 위한 조건이고 $\boldsymbol{b}$가 A의 열공간에 있기 위한 조건인가?

풀이

$[A \ \boldsymbol{b}]$에 전진소거를 적용하면 $[U \ \boldsymbol{c}]$에 영벡터 행들이 생겨난다. 즉, 세 번째 방정식은 $0 = 0$이 되고, 따라서 이 방정식은 해를 갖는다.

$$\begin{bmatrix} 1 & 2 & 1 & 0 & \mathbf{4} \\ 2 & 4 & 4 & 8 & \mathbf{2} \\ 4 & 8 & 6 & 8 & \mathbf{10} \end{bmatrix} \to \begin{bmatrix} 1 & 2 & 1 & 0 & \mathbf{4} \\ 0 & 0 & 2 & 8 & \mathbf{-6} \\ 0 & 0 & 2 & 8 & \mathbf{-6} \end{bmatrix} \to \begin{bmatrix} 1 & 2 & 1 & 0 & \mathbf{4} \\ 0 & 0 & 2 & 8 & \mathbf{-6} \\ 0 & 0 & 0 & 0 & \mathbf{0} \end{bmatrix}$$

1열과 3열에 피봇이 있고, 변수 v_2와 v_4는 자유 변수이다. 만약 $v_2 = v_4 = 0$이면 후진대입을 통해 특수해 $\boldsymbol{v}_p = (7, 0, -3, 0)$을 얻을 수 있다. 7과 -3은 아래와 같이 소거법을 기약행 사다리꼴 형태 $[R\ \boldsymbol{d}]$까지 진행하였을 때 다시 나타난다.

$$\begin{bmatrix} 1 & 2 & 1 & 0 & \mathbf{4} \\ 0 & 0 & 2 & 8 & \mathbf{-6} \\ 0 & 0 & 0 & 0 & \mathbf{0} \end{bmatrix} \to \begin{bmatrix} 1 & 2 & 1 & 0 & \mathbf{4} \\ 0 & 0 & 1 & 4 & \mathbf{-3} \\ 0 & 0 & 0 & 0 & \mathbf{0} \end{bmatrix} \to \begin{bmatrix} 1 & 2 & 0 & -4 & \mathbf{7} \\ 0 & 0 & 1 & 4 & \mathbf{-3} \\ 0 & 0 & 0 & 0 & \mathbf{0} \end{bmatrix}$$

$\boldsymbol{b} = \mathbf{0}$인 영공간에 속하는 해 $\boldsymbol{v}_n$을 구하기 위해 자유 변수 v_2와 v_4를 각각 1, 0과 0, 1으로 두어라.

$$\textbf{영공간의 특별한 해들} \qquad \boldsymbol{s}_1 = (-2, 1, 0, 0),\ \boldsymbol{s}_2 = (4, 0, -4, 1)$$

이때 $A\boldsymbol{v} = \boldsymbol{b}$ 및 $R\boldsymbol{v} = \boldsymbol{d}$의 완전해는 $\boldsymbol{v}_{\text{complete}} = \boldsymbol{v}_p + c_1\boldsymbol{s}_1 + c_2\boldsymbol{s}_2$이다.

A의 행들은 $2(1\text{행}) + (2\text{행}) - (3\text{행}) = (0, 0, 0, 0)$을 만족한다. 따라서 $\boldsymbol{y} = (2, 1, -1)$이다. $\boldsymbol{b} = (4, 2, 10)$에 대하여 같은 선형결합은 $2(4) + (2) - (10) = 0$이다. $\boldsymbol{y}^{\mathrm{T}}A = \mathbf{0}$을 주는 선형결합은 반드시 $\boldsymbol{y}^{\mathrm{T}}\boldsymbol{b} = 0$을 만족해야 한다. 그렇지 않다면 해가 없다.

나중에 우리는 이를 '$\boldsymbol{y} = (2,1,-1)$이 A^{T}**의 영공간에 있다.**'와 같이 다른 방식으로 말할 것이다. 이때 $\boldsymbol{y}$는 A의 열공간에 있는 모든 $\boldsymbol{b}$에 수직이다.

5.3 연습문제

01 **(추천)** [확인문제 5.3A]의 5단계를 수행하여 A의 열공간과 영공간을 묘사한 후 $A\boldsymbol{v} = \boldsymbol{b}$의 완전해를 구하라.

$$A = \begin{bmatrix} 2 & 4 & 6 & 4 \\ 2 & 5 & 7 & 6 \\ 2 & 3 & 5 & 2 \end{bmatrix} \qquad \boldsymbol{b} = \begin{bmatrix} b_1 \\ b_2 \\ b_3 \end{bmatrix} = \begin{bmatrix} 4 \\ 3 \\ 5 \end{bmatrix}$$

02 계수 1인 아래의 행렬 A에 대하여 같은 5단계를 수행하라. $A\boldsymbol{v} = \boldsymbol{b}$가 해를 갖기 위한 b_1, b_2, b_3의 두 가지 조건을 찾게 될 것이다. 이 두 가지 조건을 $\boldsymbol{b}$에 부여하면 $\boldsymbol{b}$는 _____ 공간에 속하게 된다.

$$A = \begin{bmatrix} 1 \\ 3 \\ 2 \end{bmatrix} \begin{bmatrix} 2 & 1 & 3 \end{bmatrix} = \begin{bmatrix} 2 & 1 & 3 \\ 6 & 3 & 9 \\ 4 & 2 & 6 \end{bmatrix} \qquad \boldsymbol{b} = \begin{bmatrix} b_1 \\ b_2 \\ b_3 \end{bmatrix} = \begin{bmatrix} 10 \\ 30 \\ 20 \end{bmatrix}$$

03~15 다음은 $A\boldsymbol{v} = \boldsymbol{b}$의 해에 관한 문제이다. 본문의 $\boldsymbol{v}_p$와 $\boldsymbol{v}_n$을 찾는 단계를 적용하라. 첨가 행렬 $[A\ \boldsymbol{b}]$부터 시작하라.

03 다음 방정식의 완전해를 $\boldsymbol{v}_p$와 영공간에 속한 해 $\boldsymbol{s}$의 상수 배의 합으로 적어라.

$$\begin{aligned} x + 3y + 3z &= 1 \\ 2x + 6y + 9z &= 5 \\ -x - 3y + 3z &= 5 \end{aligned}$$

04 다음 방정식의 완전해(일반해라고도 부른다)를 구하라.

$$\begin{bmatrix} 1 & 3 & 1 & 2 \\ 2 & 6 & 4 & 8 \\ 0 & 0 & 2 & 4 \end{bmatrix} \begin{bmatrix} x \\ y \\ z \\ t \end{bmatrix} = \begin{bmatrix} 1 \\ 3 \\ 1 \end{bmatrix}$$

05 b_1, b_2, b_3에 대한 어떤 조건 하에서 아래 시스템이 해를 갖겠는가? $\boldsymbol{b}$를 네 번째 열로 포함하여 소거법을 시행하라. 이 조건이 성립할 때의 시스템의 모든 해를 구하라.

$$\begin{aligned} x+2y-2z&=b_1 \\ 2x+5y-4z&=b_2 \\ 4x+9y-8z&=b_3 \end{aligned}$$

06 다음 각 시스템이 해를 갖도록 하는 b_1, b_2, b_3, b_4의 조건을 찾아라. 그리고 각 경우 해 $\boldsymbol{v}$를 구하라.

$$\begin{bmatrix} 1 & 2 \\ 2 & 4 \\ 2 & 5 \\ 3 & 9 \end{bmatrix}\begin{bmatrix} v_1 \\ v_2 \end{bmatrix}=\begin{bmatrix} b_1 \\ b_2 \\ b_3 \\ b_4 \end{bmatrix} \qquad \begin{bmatrix} 1 & 2 & 3 \\ 2 & 4 & 6 \\ 2 & 5 & 7 \\ 3 & 9 & 12 \end{bmatrix}\begin{bmatrix} v_1 \\ v_2 \\ v_3 \end{bmatrix}=\begin{bmatrix} b_1 \\ b_2 \\ b_3 \\ b_4 \end{bmatrix}$$

07 $b_3-2b_2+4b_1=0$일 때, 소거법을 시행하여 $(b_1, b_2, b_3)^t$이 A의 열공간에 있음을 보여라.

$$A=\begin{bmatrix} 1 & 3 & 1 \\ 3 & 8 & 2 \\ 2 & 4 & 0 \end{bmatrix}$$

어떤 선형결합 $y_1(1\text{행})+y_2(2\text{행})+y_3(3\text{행})$이 영벡터 행을 만들어내는가?

08 다음 행렬 A에 대하여 어떤 벡터 $(b_1, b_2, b_3)^t$이 A의 열공간에 속하는가? A의 행들의 어떤 선형결합이 영벡터를 만들어내는가?

(a) $A=\begin{bmatrix} 1 & 2 & 1 \\ 2 & 6 & 3 \\ 0 & 2 & 5 \end{bmatrix}$ (b) $A=\begin{bmatrix} 1 & 1 & 1 \\ 1 & 2 & 4 \\ 2 & 4 & 8 \end{bmatrix}$

09 [확인문제 5.3A]에서 특수해 $\boldsymbol{v}_p$의 -9와 3을 계수로 하여 A의 피봇 열들을 선형결합 해보자. 그 선형결합은 무엇이며 그렇게 되는 이유는 무엇인가?

10 특수해 $\boldsymbol{v}_p=(2, 4, 0)$과 영공간의 해(동차해) $\boldsymbol{v}_n=(1, 1, 1)$의 상수 배를 갖는 2×3 시스템 $A\boldsymbol{v}=\boldsymbol{b}$를 구하라.

11 1×3 시스템에서 $\boldsymbol{v}_p=(2, 4, 0)$ 및 $\boldsymbol{v}_n=(1, 1, 1)$의 상수 배가 되도록 하는 것이 불가능한 이유는 무엇인가?

12 (a) $A\boldsymbol{v}=\boldsymbol{b}$가 서로 다른 두 개의 해 $\boldsymbol{v}_1$, $\boldsymbol{v}_2$를 가질 때, $A\boldsymbol{v}=\boldsymbol{0}$의 두 해를 구하라.

(b) 그 후 $A\boldsymbol{v}=\boldsymbol{b}$의 또 다른 해를 구하라.

13 다음 명제들이 모두 거짓인 이유를 설명하라.

(a) 완전해는 $\boldsymbol{v}_p$와 $\boldsymbol{v}_n$의 임의의 선형결합이다.

(b) 시스템 $A\boldsymbol{v}=\boldsymbol{b}$는 기껏해야 하나의 특수해를 갖는다.

(c) 모든 자유 변수들이 0인 해 $\boldsymbol{v}_p$는 가장 짧은(최소 길이 $\|\boldsymbol{v}\|$를 갖는) 해이다. 2×2의 경우 반례를 찾아라.

(d) A가 가역 행렬이면 영공간에 속하는 해 $\boldsymbol{v}_n$은 없다.

14 5열에 피봇이 없다고 가정하자. 이때 v_5는 _____변수이고, 영벡터는 $A\boldsymbol{v}=\boldsymbol{0}$의 유일한 (해이다/해는 아니다). 만약 $A\boldsymbol{v}=\boldsymbol{b}$가 해를 갖는다면 _____개의 해를 갖는다.

15 3행에 피봇이 없다고 가정하자. 이때 그 행은 _____이다. 방정식 $R\boldsymbol{v}=\boldsymbol{d}$는 _____일 때만 해를 갖고, 방정식 $A\boldsymbol{v}=\boldsymbol{b}$는 해를 (갖는다/갖지 않는다/갖지 않을 수도 있다).

16~21 다음은 $r=m$ 혹은 $r=n$인 꽉 찬 계수full rank의 행렬에 관한 문제이다.

16 3×5 행렬이 가질 수 있는 가장 큰 계수의 값은 _____이다. 이때 U와 R의 모든 _____에는 피봇이 있다. $A\boldsymbol{v}=\boldsymbol{b}$의 해는 (항상 존재한다/유일하다). A의 열공간은 _____이다. 이러한 행렬의 예로는 $A=$_____가 있다.

17 6×4 행렬이 가질 수 있는 가장 큰 계수의 값은 _____이다. 이때 U와 R의 모든 _____에는 피봇이 있다. $A\boldsymbol{v}=\boldsymbol{b}$의 해는 (항상 존재한다/유일하다). A의 영공간은 _____이다. 이러한 행렬의 예로는 $A=$_____가 있다.

18 소거법을 시행하여 다음의 행렬 A에 대하여 A와 A^{T}의 계수를 구하라(이 행렬의 계수는 q의 값에 의존한다).

$$A=\begin{bmatrix} 1 & 4 & 0 \\ 2 & 11 & 5 \\ -1 & 2 & 10 \end{bmatrix} \qquad A=\begin{bmatrix} 1 & 0 & 1 \\ 1 & 1 & 2 \\ 1 & 1 & q \end{bmatrix}$$

19 다음의 행렬 A에 대하여 A, $A^{\mathrm{T}}A$, AA^{T}의 계수를 구하라.

$$A=\begin{bmatrix}1&1&5\\1&0&1\end{bmatrix} \qquad A=\begin{bmatrix}2&0\\1&1\\1&2\end{bmatrix}$$

20 다음의 행렬 A 각각을 사다리꼴 행렬 U로 축소하라. 그 후 $A=LU$가 되는 삼각 행렬 L을 구하라.

$$A=\begin{bmatrix}3&4&1&0\\6&5&2&1\end{bmatrix} \qquad A=\begin{bmatrix}1&0&1&0\\2&2&0&3\\0&6&5&4\end{bmatrix}$$

21 다음 각각의 꽉 찬 계수 시스템에 대하여 완전해를 $\boldsymbol{v}_p+\boldsymbol{v}_n$의 형태로 구하라.

(a) $x+y+z=4$ (b) $\begin{matrix}x+y+z=4\\x-y+z=4\end{matrix}$

---

22 $A\boldsymbol{v}=\boldsymbol{b}$가 무수히 많은 해를 갖는 경우 $A\boldsymbol{v}=\boldsymbol{B}$(새로운 우변)가 오직 하나의 해만을 갖는 것이 불가능한 이유는 무엇인가? $A\boldsymbol{v}=\boldsymbol{B}$가 해를 갖지 않는 경우는 가능한가?

23 다음 행렬들의 계수가 (가능하다면) (a) 1, (b) 2, (c) 3 이 되도록 하는 수 q를 구하라.

$$A=\begin{bmatrix}6&4&2\\-3&-2&-1\\9&6&q\end{bmatrix} \qquad B=\begin{bmatrix}3&1&3\\q&2&q\end{bmatrix}$$

24 $A\boldsymbol{v}=\boldsymbol{b}$의 해의 개수가 다음과 같은 행렬 A의 예를 들어라.

(a) $\boldsymbol{b}$에 따라 0개 혹은 1개

(b) $\boldsymbol{b}$에 상관없이 무수히 많은 해

(c) $\boldsymbol{b}$에 따라 0개 혹은 무수히 많은 해

(d) $\boldsymbol{b}$에 상관없이 1개

25 방정식 $A\boldsymbol{v}=\boldsymbol{b}$의 해가 다음과 같을 때 r, m, n 사이에 알 수 있는 관계를 모두 적어라.

(a) 어떤 $\boldsymbol{b}$에 대해서는 해가 없다.

(b) 모든 $\boldsymbol{b}$에 대하여 무수히 많은 해를 갖는다.

(c) 어떤 $\boldsymbol{b}$에 대하여 정확히 하나의 해를 갖지만, 다른 $\boldsymbol{b}$들에 대해서는 해가 없다.

(d) 모든 $\boldsymbol{b}$에 대하여 정확히 하나의 해를 갖는다.

26~33 다음은 가우스-조던 소거법과 기약행 사다리꼴 행렬 R에 관한 문제이다.

26 다음 주어진 U로부터 R까지 소거법을 계속 진행하라. 각 행을 그 행의 피봇으로 나누어 새로운 피봇들이 1이 되도록 하라. 그 후 이 피봇들 위에 위치한 성분들이 0이 되도록 하여 R을 구하라.

$$U=\begin{bmatrix}2&4&4\\0&3&6\\0&0&0\end{bmatrix} \qquad U=\begin{bmatrix}2&4&4\\0&3&6\\0&0&5\end{bmatrix}$$

27 U가 n개의 피봇을 가지는 정사각행렬이라 할 때(가역행렬이다), $R=I$인 이유를 설명하라.

28 $U\boldsymbol{v}=\boldsymbol{0}$과 $U\boldsymbol{v}=\boldsymbol{c}$에 가우스-조던 소거법을 적용하여 $R\boldsymbol{v}=\boldsymbol{0}$과 $R\boldsymbol{v}=\boldsymbol{d}$에 도달하라.

$$[U\ \boldsymbol{0}]=\begin{bmatrix}1&2&3&\mathbf{0}\\0&0&4&\mathbf{0}\end{bmatrix} \qquad [U\ \boldsymbol{c}]=\begin{bmatrix}1&2&3&\mathbf{5}\\0&0&4&\mathbf{8}\end{bmatrix}$$

$R\boldsymbol{v}=\boldsymbol{0}$을 풀어 $\boldsymbol{v}_n$을 구하라(이때 자유 변수의 값은 $v_2=1$이다). $R\boldsymbol{v}=\boldsymbol{d}$를 풀어 특수해 $\boldsymbol{v}_p$를 구하라(이때 자유 변수의 값은 $v_2=0$이다).

29 가우스-조던 소거법을 적용하여 다음을 $R\boldsymbol{v}=\boldsymbol{0}$과 $R\boldsymbol{v}=\boldsymbol{d}$ 형태로 축소하라.

$$[U\ \boldsymbol{0}]=\begin{bmatrix}3&0&6&\mathbf{0}\\0&0&2&\mathbf{0}\\0&0&0&\mathbf{0}\end{bmatrix} \qquad [U\ \boldsymbol{c}]=\begin{bmatrix}3&0&6&\mathbf{0}\\0&0&2&\mathbf{4}\\0&0&0&\mathbf{5}\end{bmatrix}$$

$U\boldsymbol{v}=\boldsymbol{0}$ 혹은 $R\boldsymbol{v}=\boldsymbol{0}$을 풀어 $\boldsymbol{v}_n$을 구하라(자유 변수는 1이다). $R\boldsymbol{v}=\boldsymbol{d}$의 해는 무엇인가?

30 다음 시스템을 $U\boldsymbol{v}=\boldsymbol{c}$(가우스 소거법)의 형태로 축소한 후 $R\boldsymbol{v}=\boldsymbol{d}$(가우스-조던 소거법)로 축소하라.

$$A\boldsymbol{v}=\begin{bmatrix}1&0&2&3\\1&3&2&0\\2&0&4&9\end{bmatrix}\begin{bmatrix}v_1\\v_2\\v_3\\v_4\end{bmatrix}=\begin{bmatrix}2\\5\\10\end{bmatrix}=\boldsymbol{b}$$

특수해 $\boldsymbol{v}_p$를 구하고 모든 동차해(영공간의 해) $\boldsymbol{v}_n$을 구하라.

31 다음 성질을 갖는 행렬 A, B를 구하거나 구할 수 없는 이유를 설명하라.

(a) $A\boldsymbol{v}=\begin{bmatrix}1\\2\\3\end{bmatrix}$의 유일한 해는 $\boldsymbol{v}=\begin{bmatrix}0\\1\end{bmatrix}$이다.

(b) $B\boldsymbol{v}=\begin{bmatrix}0\\1\end{bmatrix}$의 유일한 해는 $\boldsymbol{v}=\begin{bmatrix}1\\2\\3\end{bmatrix}$이다.

32 $[A\ \boldsymbol{b}]$를 $[R\ \boldsymbol{d}]$로 축소하여 $A\boldsymbol{v}=\boldsymbol{b}$의 완전해를 구하라.

$A=\begin{bmatrix}1&3&1\\1&2&3\\2&4&6\\1&1&5\end{bmatrix}$로 주어졌을 때,

(a) $\boldsymbol{b}=\begin{bmatrix}1\\3\\6\\5\end{bmatrix}$인 경우 (b) $\boldsymbol{b}=\begin{bmatrix}1\\0\\0\\0\end{bmatrix}$인 경우

(c) 모든 $\boldsymbol{b}$에 대하여 $A\boldsymbol{v}=\boldsymbol{b}$가 해를 갖는 것을 어떻게 알 수 있는가?

33 $A\boldsymbol{v}=\begin{bmatrix}1\\3\end{bmatrix}$의 완전해는 $\boldsymbol{v}=\begin{bmatrix}1\\0\end{bmatrix}+c\begin{bmatrix}0\\1\end{bmatrix}$이다. A를 구하라.

---

34 **(도전)** 3×4 행렬 A에 대하여 벡터 $A\boldsymbol{v}=\boldsymbol{0}$이 $\boldsymbol{s}=(2,3,1,0)^t$을 유일한 특별한 해로 갖는다고 가정하자.

(a) A의 계수와 $A\boldsymbol{v}=\boldsymbol{0}$의 완전해를 구하라.

(b) A의 기약행 사다리꼴 형태 R은 무엇인가?

35 **(도전)** 하나의 주어진 $\boldsymbol{b}$에 대하여 $A\boldsymbol{v}=\boldsymbol{b}$의 해에 대한 정보가 다음과 같다면 A의 모양(m과 n)에 대해 무엇을 말할 수 있는가? r과 $\boldsymbol{b}$에 대해서도 말할 수 있을 것이다.

(1) 오직 하나의 해가 있다.

(2) $A\boldsymbol{v}=\boldsymbol{b}$의 모든 해가 $\boldsymbol{v}=\begin{bmatrix}2\\1\end{bmatrix}+c\begin{bmatrix}1\\1\end{bmatrix}$ 형태이다.

(3) 해가 없다.

(4) $A\boldsymbol{v}=\boldsymbol{b}$의 모든 해가 $\boldsymbol{v}=\begin{bmatrix}1\\1\\0\end{bmatrix}+c\begin{bmatrix}1\\0\\1\end{bmatrix}$ 형태이다.

(5) 무수히 많은 해가 있다.

36 **(도전)** $A\boldsymbol{v}=\boldsymbol{b}$와 $C\boldsymbol{v}=\boldsymbol{b}$가 모든 $\boldsymbol{b}$에 대하여 같은 (완전)해를 갖는다고 하자. $A=C$인가?

5.4 선형독립, 기저, 차원

이번 절은 중요한데, 부분공간의 실제 크기에 관하여 다룬다. $m\times n$ 행렬에는 n개의 열이 있다. 하지만 열공간의 실제 **차원**dimension이 n일 필요는 없다. 차원은 선형독립인 열의 개수를 세어 측정할 수 있으며 이것이 무슨 의미인지 알아야 한다. **열공간의 실제 차원이 행렬의 계수 r과 같음**을 곧 보게 될 것이다.

선형독립의 아이디어는 임의의 벡터공간에 속한 임의의 벡터들 $\boldsymbol{u}_1, \cdots, \boldsymbol{u}_n$에 대하여서도 적용된다. 이 절의 대부분은 우리가 알고 사용하는 부분공간들, 특히 행렬 A의 열공간과 영공간 같은 부분공간에 집중한다. 이 절의 미지막 부분에서는 열벡터가 아닌 '벡터들'에 대해서도 실펴볼 것이다. 그 벡터들은 행렬일 수도 있고, 미분방정식의 해일 수도 있다. 그들 역시 선형독립(혹은 종속)일 수 있다. 우선 열벡터를 대상으로 한 핵심적인 예들을 살펴보자.

목표는 **선형독립이며 '공간을 생성'하는 벡터들**인 **기저**basis에 대하여 이해하는 것이다.

> **모든 기저** 공간에 속한 각 벡터는 기저 벡터의 유일한 선형결합으로 쓸 수 있다.

이제 우리는 지금까지 다룬 주제의 가장 핵심적인 부분에 도달하였으며 기저라는 개념 없이는 더 이상 진행할 수 없다. 이 절의 핵심적인 아이디어는 다음과 같다.

1. **선형독립인 벡터들**	추가되는 벡터가 없다.
2. **공간의 생성**	벡터들의 선형결합이 전체 공간을 만든다.
3. **공간의 기저**	선형독립이며 공간을 생성한다. 너무 많거나 적지 않다.
4. **공간의 차원**	기저에 속한 벡터의 개수이다.

중요한 공간의 기저

여기서는 기저에 대해 정의하기 전에 세 가지 예를 통해 기저가 어떻게 생겼는지 살펴보자. 기저는 공간에 있는 모든 벡터를 완벽히 묘사하는 벡터들의 집합이다. 즉, 공간에 있는 모든 벡터를 얻으려면 기저 벡터의 모든 선형결합을 취하면 된다.

1. A의 열공간의 기저
   자연스러운 선택은 r개의 피봇 열이다. 이들의 선형결합으로 A의 모든 열을 얻을 수 있다.
2. A의 영공간의 기저
   자연스러운 선택은 $A\boldsymbol{v}=\mathbf{0}$에 대한 $(n-r)$개의 특별한 해의 집합이다.
3. 미분방정식 $Ay''+By'+Cy=0$의 해공간의 기저
   자연스러운 선택은 해의 쌍 $y_1=e^{s_1t}$과 $y_2=e^{s_2t}$이다. 이 두 해의 지수 s_1, s_2는 방정식 $As^2+Bs+C=0$의 해이며, 이때 y_1, y_2는 미분방정식의 해가 된다. 만일 s가 이차 방정식의 중근이라면 $y_2=te^{st}$은 기저의 두 번째 원소가 된다(차수가 2인 선형 미분방정식이므로 항상 두 개의 y가 있어야 한다). 다른 모든 해는 y_1과 y_2의 선형결합이다. 다시 말해 y_1과 y_2는 해공간을 **생성**[span]한다.

공간의 차원은 아주 쉽다. 기저에 속한 벡터의 개수만 세면 된다.

열공간	영공간	해공간
r차원	$(n-r)$차원	2차원

이 기저들은 자연스러운 선택이긴 하지만 각각의 해당 공간에서 유일한 기저는 아니다. 공간은 서로 다른 많은 기저를 갖고 있다. 아래 주어진 행렬 A의 열공간은 $\mathbb{R}^2$ 전체이다.

$$A=\begin{bmatrix}1&3&7\\2&5&9\end{bmatrix}$$

$\boldsymbol{C}(A)$의 기저

1. 피봇 열인 1, 2열
2. 1, 3열 또는 2, 3열
3. $\mathbb{R}^2$에서 선형독립인 임의의 $\boldsymbol{v}$, $\boldsymbol{w}$

두 벡터 $(1,0)$과 $(0,1)$은 이 A의 열공간에 대한 완벽한 기저가 된다.

선형독립성

선형독립에 대한 정의를 살펴보자.

> **정의** $A\boldsymbol{v}=\boldsymbol{0}$의 유일한 해가 $\boldsymbol{v}=\boldsymbol{0}$일 때, A의 열들을 **선형독립**linearly independent이라고 한다. 즉, **어떠한 선형결합 $A\boldsymbol{v}$도 $\boldsymbol{v}=\boldsymbol{0}$이 아닌 이상 영벡터가 되지 않을 때, A의 열들은 선형독립이 된다.**

영공간 $\boldsymbol{N}(A)$가 영벡터만을 포함하고 있을 때, 열들은 선형독립이다. $\mathbb{R}^3$에서 3개의 벡터들로 선형독립(그리고 선형종속)을 설명해보자.

1. 만일 세 개의 벡터가 같은 평면에 있지 않다면 이 세 벡터는 서로 독립이다. [그림 5-4]의 $\boldsymbol{u}_1$, $\boldsymbol{u}_2$, $\boldsymbol{u}_3$의 ($0\boldsymbol{u}_1+0\boldsymbol{u}_2+0\boldsymbol{u}_3$을 제외한) 어떠한 선형결합도 영벡터를 만들어낼 수 없다.
2. 만일 $\boldsymbol{w}_1$, $\boldsymbol{w}_2$, $\boldsymbol{w}_3$이 같은 평면에 있으면 이 세 벡터는 서로 종속이다.

이 독립성에 대한 아이디어는 12차원에 있는 7개의 벡터들에 대해서도 적용된다. 만일 그 벡터들이 A의 열이고 서로 독립이라면 그 행렬의 영공간에는 $\boldsymbol{v}=\boldsymbol{0}$만 있을 것이다. 이 7개의 벡터 중 어느 것도 다른 6개의 벡터의 선형결합이 되지 못한다.

이제 우리는 같은 아이디어를 다른 방식으로 표현하려고 한다. 독립에 대한 다음 정의는 어떠한 벡터공간에 있는 임의의 벡터들에 대해서도 적용된다. 벡터들이 A의 열들일 때, 두 정의는 정확히 같다.

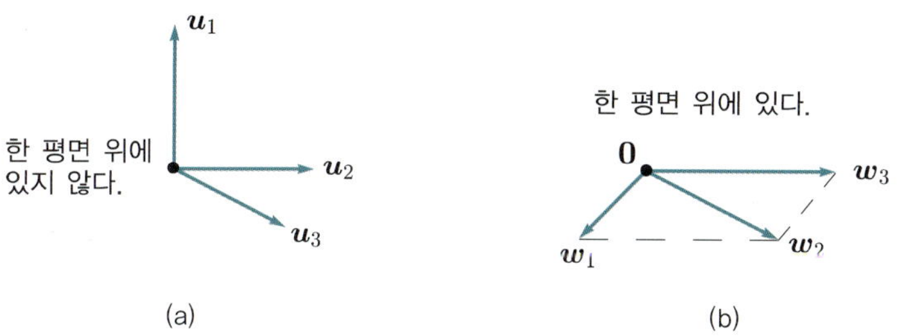

[그림 5-4] (a) 서로 독립인 벡터 $\boldsymbol{u}_1$, $\boldsymbol{u}_2$, $\boldsymbol{u}_3$에 대하여 선형결합 $0\boldsymbol{u}_1+0\boldsymbol{u}_2+0\boldsymbol{u}_3$만이 영벡터가 된다. (b) 서로 종속인 벡터 $\boldsymbol{w}_1$, $\boldsymbol{w}_2$, $\boldsymbol{w}_3$에 대하여 선형결합 $\boldsymbol{w}_1-\boldsymbol{w}_2+\boldsymbol{w}_3$은 $(0,0,0)$이 된다.

> **정의** 벡터 $\boldsymbol{u}_1,\cdots,\boldsymbol{u}_n$이 **선형독립**이라는 것은 **영벡터를 만드는 유일한 선형결합이** $0\boldsymbol{u}_1+0\boldsymbol{u}_2+\cdots+0\boldsymbol{u}_n$일 때이다.
>
> $$x_1\boldsymbol{u}_1+x_2\boldsymbol{u}_2+\cdots+x_n\boldsymbol{u}_n=\boldsymbol{0}\text{은 모든 } x_i\text{가 0일 때만 성립한다.} \quad (1)$$

만약 모든 x_i가 0은 아닌 선형결합이 영벡터를 만들면 이 벡터들은 선형종속이다.[2]

벡터들은 선형종속이거나 선형독립이다. 즉, 벡터들은 모두는 0이 아닌 x들로 선형결합하여 영벡터를 만들 수 있거나 그렇지 않다. 따라서 핵심적인 질문은 벡터들의 어떤 선형결합이 영벡터를 만드는가이다. 우선 $\mathbb{R}^2$에서의 간단한 예를 통해 시작해보자.

(a) 벡터 $(1, 0)$과 $(1, 0.00001)$은 독립이다.
(b) 벡터 $(1, 1)$과 $(-1, -1)$은 원점을 지나는 같은 직선 위에 있으며 종속이다.
(c) 벡터 $(1, 1)$과 $(0, 0)$은 영벡터의 존재로 인해 종속이다.
(d) $\mathbb{R}^2$에서 임의의 세 벡터 (a, b), (c, d), (e, f)는 종속이다.

A의 열들은 A의 영공간에 영이 아닌 벡터가 있을 때 (그리고 그때에만) 종속이 된다. 만일 $\boldsymbol{u}$들 중 하나가 영벡터이면 $\boldsymbol{u}$들이 독립일 수 없다. 이유는 무엇인가?

$\mathbb{R}^2$에서의 세 벡터는 독립일 수 없다! 이 세 벡터를 열로 갖는 행렬 A는 반드시 자유 변수를 가져야 하며 그 때 $A\boldsymbol{s}=\mathbf{0}$을 만족하는 특수해도 있다. 따라서 영공간은 $\mathbf{Z}$보다 크다. 이제 $\mathbb{R}^3$에서의 세 벡터를 행렬의 열들로 넣은 후 $A\boldsymbol{v}=\mathbf{0}$을 풀어 볼 것이다.

예제 1 다음 A의 열들은 종속이다. 따라서 영벡터가 아닌 $\boldsymbol{v}$가 $A\boldsymbol{v}=\mathbf{0}$을 만족한다.

$$A\boldsymbol{v}=\begin{bmatrix}1&0&3\\2&1&5\\1&0&3\end{bmatrix}\begin{bmatrix}-3\\1\\1\end{bmatrix} \text{은 } -3\begin{bmatrix}1\\2\\1\end{bmatrix}+1\begin{bmatrix}0\\1\\0\end{bmatrix}+1\begin{bmatrix}3\\5\\3\end{bmatrix}=\begin{bmatrix}0\\0\\0\end{bmatrix} \text{과 같다.}$$

행렬의 계수는 $r=2$이다. 열들이 독립이면 행렬은 꽉 찬 열 계수 $r=n$을 갖는다.

이 행렬에서 행들 또한 종속이다. 1행에서 3행을 빼면 영벡터가 된다. 우리는 정사각행렬에 대하여 열들이 종속이면 행들도 종속임을 보일 것이다.

Q_ $A\boldsymbol{v}=\mathbf{0}$의 해를 어떻게 찾을 수 있는가?
A_ 전형적인 방법은 소거법을 사용하는 것이다.

$$A=\begin{bmatrix}1&0&3\\2&1&5\\1&0&3\end{bmatrix} \text{는 } R=\begin{bmatrix}1&0&3\\0&1&-1\\0&0&0\end{bmatrix} \text{로 축소된다.}$$

해 $\boldsymbol{v}=(-3, 1, 1)^t$은 정확히 영공간의 특별한 해이다. 소거법은 자유 열(3열)이 어떻게 피봇 열들의 선형결합이 되는지를 보여준다. 이것이 바로 독립성을 파괴한다!

2 '벡터들의 집합이 선형독립이다.'는 올바른 표현이고, '벡터들은 독립이다.'는 용인될 수 있는 요약된 표현이다. 하지만 '행렬이 독립이다.'는 용인될 수 없다.

꽉 찬 열 계수 n을 갖는 행렬	계수가 $r=n$일 때 A의 열들은 선형독립이다. 이때 n개의 피봇이 있고 자유 변수는 없다. 즉, 영공간에는 $\boldsymbol{v}=\mathbf{0}$만 존재한다.

$n>m$인 경우 종속인 열들을 살펴보자. 5개의 성분으로 이루어진 7개의 열은 종속일 수밖에 없다($m=5$는 $n=7$보다 작다). 즉, $\mathbb{R}^5$의 어떤 7개의 벡터도 종속이며 A의 계수는 5보다 클 수 없다. 다시 말해 5개의 행에 5개보다 많은 피봇이 있을 수 없다. $A\boldsymbol{v}=\mathbf{0}$은 적어도 $7-5=2$개의 자유 변수를 갖는다. 따라서 영벡터가 아닌 해를 갖는다. 이는 열들이 종속임을 의미한다.

$n>m$일 때 $\mathbb{R}^m$의 임의의 n개의 벡터는 **선형종속**이다.

이러한 종류의 행렬은 행보다 열의 수가 많으므로 세로로 짧고 가로로 길게 생긴 모양의 행렬이다. $n>m$이면 $A\boldsymbol{v}=\mathbf{0}$이 영벡터가 아닌 해를 가지므로 열들은 확실히 종속이다. 소거법을 시행하면 r개의 피봇 열이 무엇인지 알 수 있을 것이다. 이 r개의 피봇 열들은 독립이다.

NOTE_ 선형종속을 정의하는 다른 방법은 '하나의 벡터가 다른 벡터의 선형결합이 된다.'이다. 이는 명백해 보임에도, 우리가 이렇게 정의하지 않은 이유는 무엇인가? 우리가 살펴본 정의는 이것보다 더 길었다. '모든 $v=0$인 선형결합 이외의 어떤 다른 선형결합이 영벡터가 된다.' 우리가 택한 정의에서는 특정한 하나의 벡터에 한정하지 않는다.

A의 모든 열은 똑같이 취급된다. 우리는 방정식 $A\boldsymbol{v}=\mathbf{0}$을 풀어 그 방정식이 영벡터가 아닌 해를 갖는지를 살펴본다. 결국 이러한 방식은 마지막 열(혹은 첫 번째 열, 아니면 중간에 있는 열)이 다른 열벡터들의 선형결합인지를 따져보는 것보다 낫다.

부분공간의 생성

이 책에서의 첫 번째 부분공간은 열공간이었다. 열 $\boldsymbol{a}_1, \boldsymbol{a}_2, \cdots, \boldsymbol{a}_n$에서 시작하여 열공간은 이 벡터들의 모든 $\boldsymbol{v}$-선형결합 $\boldsymbol{v}_1 a_1 + \cdots + \boldsymbol{v}_n a_n$을 포함시킴으로써 채워졌다. 즉, 열공간은 열벡터들의 모든 선형결합 $A\boldsymbol{v}$로 구성되어 있다. 이제 우리는 하나의 단어 '생성'을 사용하여 이를 다음과 같이 묘사한다. 열공간은 열벡터들에 의하여 **생성**된다.

정의 벡터들의 선형결합이 공간을 채우면 그 벡터의 집합이 공간을 생성[span]한다고 한다.

행렬의 열들은 열공간을 생성한다. 이 열들은 종속일 수도 있다.

예제 2 $\boldsymbol{u}_1=\begin{bmatrix}1\\0\end{bmatrix}$과 $\boldsymbol{u}_2=\begin{bmatrix}0\\1\end{bmatrix}$은 2차원 공간 $\mathbb{R}^2$ 전체를 생성한다.

예제 3 $\boldsymbol{u}_1 = \begin{bmatrix} 1 \\ 0 \end{bmatrix}$, $\boldsymbol{u}_2 = \begin{bmatrix} 0 \\ 1 \end{bmatrix}$, $\boldsymbol{u}_3 = \begin{bmatrix} 4 \\ 7 \end{bmatrix}$ 또한 2차원 공간 $\mathbb{R}^2$ 전체를 생성한다.

예제 4 $\boldsymbol{w}_1 = \begin{bmatrix} 1 \\ 1 \end{bmatrix}$과 $\boldsymbol{w}_2 = \begin{bmatrix} -1 \\ -1 \end{bmatrix}$은 $\mathbb{R}^2$에서의 직선만을 생성한다. $\boldsymbol{w}_1$ 하나만으로 생성되는 공간도 같은 직선이다.

3차원 공간의 $(0, 0, 0)$에서 나오는 두 개의 벡터를 생각하자. 일반적으로 이 벡터는 평면을 생성한다. 여러분은 머릿속으로 이 두 벡터를 선형결합하여 평면을 채우는 상상할 수 있을 것이다. 더불어 수학적으로 다른 가능성이 있다는 것도 알 수 있다. 두 개의 벡터는 직선을 생성할 수도 있고, 세 개의 벡터는 $\mathbb{R}^3$ 전체를 생성하거나 평면을 생성하거나 혹은 직선, $\mathbf{Z}$를 생성할 수도 있다.

$\mathbb{R}^5$에서 3개의 벡터가 직선만을 생성할 수도 있으며, 10개의 벡터가 평면만을 생성할 수도 있다. 그 벡터들은 확실히 선형독립은 아닐 것이다!

열들은 열공간을 생성한다. 이제 행들에 의해 생성되는 새로운 부분공간을 소개한다. **'행공간'은 행들의 선형결합으로 만들어진다.**

> 정의 행렬의 **행공간**은 행들에 의해 생성되는 $\mathbb{R}^n$의 부분공간이다.
>
> **A의 행공간은 A^{T}의 열공간 $\boldsymbol{C}(A^{\mathrm{T}})$로 볼 수 있다.**

$m \times n$ 행렬의 행들은 n개의 성분을 가지므로 $\mathbb{R}^n$의 벡터들이다. 혹은 이 벡터들을 열벡터로 쓸 수도 있다. 이렇게 바꾸어 쓰기 위한 빠른 방법이 있다. 행렬을 전치하자. A의 행 대신 A^{T}의 열을 보자. 같은 수들로 이루어진 이 벡터들은 이제 A^{T}의 열공간에 속한다. 이 A의 행공간 $\boldsymbol{C}(A^{\mathrm{T}})$는 $\mathbb{R}^n$의 부분공간이다.

예제 5 다음 A의 열공간은 평면이며 행공간은 $\mathbb{R}^2$ 전체이다.

$$A = \begin{bmatrix} 1 & 4 \\ 2 & 7 \\ 3 & 5 \end{bmatrix}, \quad A^{\mathrm{T}} = \begin{bmatrix} 1 & 2 & 3 \\ 4 & 7 & 5 \end{bmatrix} \text{일 때, 여기서 } m = 3,\ n = 2\text{이다.}$$

행공간은 A의 세 행(A^{T}의 세 열이기도 하다)에 의해 생성된다. 열들은 $\mathbb{R}^m$의 원소이며 열공간을 생성한다.

벡터공간의 기저

두 개의 벡터는 그들이 독립이라 하더라도 $\mathbb{R}^3$ 전체를 생성할 수는 없다. 네 개의 벡터는 $\mathbb{R}^3$을 생성한다 하더라도 선형독립일 수 없다. 우리는 **공간을 생성하기 위한 충분한 수의 독립인 벡터**를 원한다(그 이상을 원하지 않는다). **기저**는 이러한 요구에 정확히 부합하는 개념이다.

> 정의 벡터공간의 **기저**는 다음 두 가지 성질을 가지는 벡터들의 집합이다.
>
> **기저 벡터들은 선형독립이며 공간을 생성한다.**

선형대수학에서 이러한 두 가지 성질의 조합은 아주 근본적인 것이다. 기저 벡터들이 공간을 생성하므로 공간의 임의의 벡터 $\boldsymbol{u}$는 기저 벡터들의 선형결합이다. 뿐만 아니라 기저벡터들이 선형독립이므로 벡터 $\boldsymbol{u}$를 만들어내는 기저들의 선형결합은 유일하다.

> **$\boldsymbol{u}$를 기저 벡터들의 선형결합으로 쓰는 방법은 유일하다.**

《 이유 $\boldsymbol{u} = a_1\boldsymbol{u}_1 + \cdots + a_n\boldsymbol{u}_n$ 및 $\boldsymbol{u} = b_1\boldsymbol{u}_1 + \cdots + b_n\boldsymbol{u}_n$이라 가정하자. 두 식을 빼면 $(a_1 - b_1)\boldsymbol{u}_1 + \cdots + (a_n - b_n)\boldsymbol{u}_n$이 영벡터가 되고, 기저 벡터 $\boldsymbol{u}$들의 선형독립성에 의하여 $a_i - b_i = 0$이다. 따라서 $a_i = b_i$이므로 $\boldsymbol{u}$를 만드는 서로 다른 두 가지 방법은 존재하지 않는다. 》

예제 6 **항등 행렬** I의 열들은 $\mathbb{R}^n$의 표준기저[standard basis]이다.

두 개의 기저 벡터 $\boldsymbol{i} = \begin{bmatrix} 1 \\ 0 \end{bmatrix}$과 $\boldsymbol{j} = \begin{bmatrix} 0 \\ 1 \end{bmatrix}$은 선형독립이고 $\mathbb{R}^2$를 생성한다.

대부분이 이 기저를 처음으로 생각할 것이다. 벡터 $\boldsymbol{i}$는 오른쪽을 향하고 벡터 $\boldsymbol{j}$는 위를 향한다. 3×3 항등 행렬의 열들은 $\mathbb{R}^3$의 표준기저 $\boldsymbol{i}, \boldsymbol{j}, \boldsymbol{k}$이다.

이제 우리는 무수히 많은 다른 기저들을 찾는다. 공간의 기저는 유일하지 않다!

예제 7 (중요) 모든 $n \times n$ 가역 행렬의 열들은 $\mathbb{R}^n$의 기저가 된다.

가역 행렬 선형독립인 열들 열공간은 $\mathbb{R}^3$이다.	$A = \begin{bmatrix} 1 & 0 & 0 \\ 1 & 1 & 0 \\ 1 & 1 & 1 \end{bmatrix}$	**비가역 행렬** 선형종속인 열들 열공간은 $\mathbb{R}^3$이 아니다.	$B = \begin{bmatrix} 1 & 0 & 1 \\ 1 & 1 & 2 \\ 1 & 1 & 2 \end{bmatrix}$

$A\boldsymbol{v} = \boldsymbol{0}$의 유일한 해는 $\boldsymbol{v} = A^{-1}\boldsymbol{0} = \boldsymbol{0}$이다. 즉, 열들은 선형독립이다. 모든 벡터 $\boldsymbol{b}$가 열들의 선형결합으로 나타나기 때문에 이 열들은 전체 공간 $\mathbb{R}^n$을 생성한다. $A\boldsymbol{v} = \boldsymbol{b}$는 항상 $\boldsymbol{v} = A^{-1}\boldsymbol{b}$라는 해를 갖는다. 가역 행렬의 경우 흐름이 어떻게 똑같이 진행되는지 보이는가? 다음 한 문장으로 이를 요약하였다.

> 벡터 $\boldsymbol{v}_1, \cdots, \boldsymbol{v}_n$이 **$\mathbb{R}^n$의 기저**일 필요충분조건은 이 벡터들이 $n \times n$ **가역 행렬의 열들**일 때이다. 벡터 공간 $\mathbb{R}^n$은 무수히 많은 서로 다른 기저들을 갖는다.

열들이 종속이면 우리는 열공간을 생성하기 위해 피봇 열만 선택할 수 있다. 위의 행렬 B의 경우 처음 두 개의 열이 피봇 열이다. 이 피봇 열들은 선형독립이며 열공간을 생성한다.

> A**의 피봇 열들은 열공간의 기저**이고, 피봇 행들은 행공간의 기저이다. 축소된 R의 피봇 행 또한 행공간의 기저이다.

예제 8 다음 행렬은 가역 행렬이 아니다.

하나의 피봇 열
하나의 피봇 행$(r=1)$ $A=\begin{bmatrix} 2 & 4 \\ 3 & 6 \end{bmatrix}$은 $R=\begin{bmatrix} 1 & 2 \\ 0 & 0 \end{bmatrix}$으로 축소된다.

A의 1열은 피봇 열이다. 즉, A의 열공간의 기저는 이 열 하나이다. R의 1열은 A의 열공간의 기저가 **아니다**. 심지어 R의 1열인 $(1,0)$은 A의 열공간에 속하지 않는다. 소거법을 시행하면 행렬의 열공간은 변화한다(하지만 그 차원은 유지된다. 여기서는 1차원이다).

반면 A의 행공간은 R의 행공간과 같다. 그 행공간은 $(2,4)$, $(1,2)$와 이 벡터들의 모든 상수 배를 포함하고 있다. 항상 그렇듯이 선택할 수 있는 무수히 많은 기저가 있다. 그 중 하나의 자연스러운 선택은 R의 영벡터가 아닌 행들(피봇이 있는 행)을 고르는 것이다. 따라서 계수가 1인 이 행렬은 기저에 하나의 벡터만을 원소로 갖는다.

$$\text{열공간의 기저} \begin{bmatrix} 2 \\ 3 \end{bmatrix} \qquad \text{행공간의 기저} \begin{bmatrix} 1 \\ 2 \end{bmatrix}$$

예제 9 다음 계수가 2인 행렬 R에 대하여 열공간과 행공간의 기저를 찾아라.

$$R=\begin{bmatrix} 1 & 2 & 0 & 3 \\ 0 & 0 & 1 & 4 \\ 0 & 0 & 0 & 0 \end{bmatrix}$$

1열과 3열은 피봇 열이며 이 두 열은 R의 열공간의 기저이다. 이 열공간에 있는 벡터들은 모두 $\boldsymbol{b}=(x,y,0)$ 형태이다. 이 공간은 xyz 전체 공간 내부에 있는 'xy 평면'이다. 이 평면은 $\mathbb{R}^2$와는 다르며 $\mathbb{R}^3$의 부분공간이다. 2열과 3열도 같은 열공간의 기저이다. 열공간의 기저가 되지 않는 R의 열벡터 쌍은 무엇인가?

R의 행공간은 $\mathbb{R}^4$의 부분공간이다. 이 행공간의 가장 간단한 기저는 R의 영벡터가 아닌 두 행이다. 영벡터인 세 번째 행 역시 행공간에 속한다. 하지만 영벡터는 행공간의 기저의 원소가 될 수 없다. 기저 벡터들은 독립이어야만 한다.

Q_ $\mathbb{R}^7$에 속한 5개의 벡터가 주어져 있을 때, 그들이 생성하는 공간의 기저를 어떻게 찾을까?

A1_ 그 벡터들을 행렬 A의 행들로 놓은 후 소거법을 적용하여 R의 영벡터가 아닌 행들을 찾는다.

A2_ 다섯 개의 벡터를 A의 열들로 놓는다. 소거법을 사용하여 A의 피봇 열들을 찾는다(R의 피봇 열을 찾으면 안 된다!). 다른 기저는 더 많은 벡터 혹은 더 적은 수의 벡터를 가질 수 있을까? 이 질문은 좋은 답을 갖고 있다. 그렇지 않다! **벡터공간의 모든 기저는 같은 수의 벡터를 갖고 있다.**

벡터공간의 차원

어떤 혹은 임의의 기저에 포함된 벡터의 수를 그 벡터공간의 차원[dimension]**이라 한다.**

우리는 위의 사실을 증명해야 한다. 기저 벡터에 대한 무수히 많은 선택이 가능하지만 그 기저 벡터의 원소 수는 변하지 않는다. $\boldsymbol{u}_1, \cdots, \boldsymbol{u}_m$과 $\boldsymbol{w}_1, \cdots, \boldsymbol{w}_n$이 같은 벡터공간의 기저일 때, $m=n$이다.

증명 만약 $\boldsymbol{w}$의 개수가 $\boldsymbol{u}$의 개수보다 많다고 가정하자. 우리는 $n>m$인 상태에서 모순을 찾아낼 것이다. $\boldsymbol{u}$들은 기저이므로 $\boldsymbol{w}_1$은 $\boldsymbol{u}$들의 선형결합이어야 한다. 만약 $\boldsymbol{w}_1$이 $a_{11}\boldsymbol{u}_1+\cdots+a_{m1}\boldsymbol{u}_m$이면 이는 행렬 곱 UA의 첫 번째 열에 해당한다.

각각의 w는 u들의 선형결합이다.

$$\begin{bmatrix} \boldsymbol{w}_1 & \boldsymbol{w}_2 & \ldots & \boldsymbol{w}_n \end{bmatrix} = \begin{bmatrix} \boldsymbol{u}_1 & \boldsymbol{u}_2 & \ldots & \boldsymbol{u}_m \end{bmatrix} \begin{bmatrix} a_{11} & & a_{1n} \\ \vdots & & \\ a_{m1} & & a_{mn} \end{bmatrix} = UA$$

우리는 각각의 수 a_{ij}는 모르지만 A가 $m\times n$ 형태임을 안다. 두 번째 벡터 $\boldsymbol{w}_2$ 역시 $\boldsymbol{u}$들의 선형결합이다. 이 선형결합에서의 계수들이 A의 두 번째 열을 구성한다. 여기에서의 핵심은 A는 모든 $\boldsymbol{u}$ 각각에 대하여 하나의 행을 가지며 모든 $\boldsymbol{w}$ 각각에 대하여 하나의 열을 갖는다는 것이다. $n>m$이므로 A는 세로로 짧고 가로로 긴 형태의 행렬이다. 따라서 $A\boldsymbol{v}=0$은 **영벡터가 아닌 해를 갖는다.**

$A\boldsymbol{v}=0$으로부터 $UA\boldsymbol{v}=0$, 즉 $W\boldsymbol{v}=0$을 얻는다. $\boldsymbol{w}$들의 선형결합이 영벡터가 된다! 그러면 $\boldsymbol{w}$들은 기저가 될 수 없다. 따라서 두 개의 기저에 대해서 $n>m$인 가정은 **불가능하다.**

만약 $m>n$이면 우리는 $\boldsymbol{u}$와 $\boldsymbol{w}$를 바꾸어 같은 단계를 반복할 수 있다. 모순이 없는 유일한 경우는 $m=n$일 때이다. 이것으로 $m=n$임에 대한 증명을 마친다. ∎

기저 벡터의 수는 공간에 의존하지만, 기저에 따라 바뀌지는 않는다. 한 공간에 대한 모든 기저에 대하여 그 수는 같으며 그 공간에서의 **자유도**[degree of freedom]를 결정한다. $\mathbb{R}^n$은 n차원이다. 이제 다른 벡터공간들에 대해서도 중요한 단어인 **차원**을 도입해보자.

정의 **벡터공간의 차원**은 임의의 기저에 포함된 **벡터의 수**이다.

이 정의는 우리가 직관적으로 알 수 있는 사실과 일치한다. 원점 $(0, 0, 0)$과 $(1, 5, 2)$를 지나는 직선은 1차원이다. 이 직선은 $\mathbb{R}^3$의 부분공간으로서 그 기저는 하나의 벡터 $\boldsymbol{u} = (1, 5, 2)$를 원소로 갖는다. 이 직선에 수직인 평면은 $x + 5y + 2z = 0$이고 이 평면은 2차원이다. 이를 증명하려면 기저 $(-5, 1, 0)$과 $(-2, 0, 1)$을 찾으면 된다. 기저가 두 개의 벡터를 포함하고 있으므로 2차원이 되는 것이다.

이 평면은 행렬 $A = [1\ 5\ 2]$의 영공간이며 두 개의 자유 변수를 갖는다. 기저 벡터 $(-5, 1, 0)$과 $(-2, 0, 1)$은 $A\boldsymbol{v} = \boldsymbol{0}$의 '특별한 해'이다. $(n - r)$개의 영공간의 특별한 해로부터 영공간의 기저를 얻을 수 있으며, 따라서 $\boldsymbol{N}(A)$는 $(n - r)$차원이다.

NOTE_ 선형대수학의 언어 중에서, 우리는 '공간의 계수', '기저의 차원', '행렬의 기저'라는 표현을 사용하지 않는다. 이 표현은 아무 의미가 없다. 의미가 있는 표현은 **열공간의 차원이 행렬의 계수와 같다는 것**이다.

행렬공간과 함수공간의 기저

'독립', '기저', '차원'과 같은 용어들이 열벡터에만 한정된 것은 아니다. 우리는 세 행렬 A_1, A_2, A_3이 선형독립인지 알아볼 수 있다. 그 행렬들이 모든 3×4 행렬의 공간에 있을 때, 어떤 선형결합은 영행렬이 될 수 있다. 또한 3×4 행렬로 이루어진 벡터공간 전체의 차원에 대하여 알아볼 수도 있다(실제로 이 벡터공간은 12차원이다).

미분방정식에서 $\dfrac{d^2y}{dx^2} = y$의 해들은 벡터공간을 이룬다. 기저 중 하나는 $y = e^x$과 $y = e^{-x}$이다. 기저 함수는 2개이므로 모든 해가 이루는 벡터공간은 2차원임을 알 수 있다(이계도함수의 존재로 인해 이 공간은 2차원이 된다).

행렬공간과 함수공간은 지금까지 다루었던 $\mathbb{R}^n$보다 다소 낯설게 느껴질 수 있다. 하지만 어떤 면에서는 열벡터가 아닌 다른 '벡터'들에 기저와 차원의 아이디어를 적용할 수 없다는 뜻이므로 그 아이디어에 대하여 완벽히 이해하지 못한 것이다.

예제 10 3×3 대칭 행렬 전체의 공간에 대한 기저를 찾아라.

기저 벡터는 행렬이 될 것이다! 우리는 이 공간을 생성할 만큼 충분한 수의 행렬이 필요하다(이때 이 행렬들의 모든 선형결합은 $A = A^{\mathrm{T}}$를 만족해야 한다). 또한 그 행렬들은 선형결합이 영행렬을 만들지 않도록 반드시 서로 독립이어야 한다. 다음은 대칭 행렬공간에 대한 하나의 기저이다(이외에도 많은 기저들이 있다).

$$\begin{bmatrix} 1 & 0 & 0 \\ 0 & 0 & 0 \\ 0 & 0 & 0 \end{bmatrix} \begin{bmatrix} 0 & 0 & 0 \\ 0 & 1 & 0 \\ 0 & 0 & 0 \end{bmatrix} \begin{bmatrix} 0 & 0 & 0 \\ 0 & 0 & 0 \\ 0 & 0 & 1 \end{bmatrix} \begin{bmatrix} 0 & 1 & 0 \\ 1 & 0 & 0 \\ 0 & 0 & 0 \end{bmatrix} \begin{bmatrix} 0 & 0 & 1 \\ 0 & 0 & 0 \\ 1 & 0 & 0 \end{bmatrix} \begin{bmatrix} 0 & 0 & 0 \\ 0 & 0 & 1 \\ 0 & 1 & 0 \end{bmatrix}$$

여러분은 $A = A^{\mathrm{T}}$를 만족하는 모든 행렬 A를 위 여섯 개 행렬의 선형결합으로 만들 수 있다. 세 개의 행이 순서대로 1, 4, 5와 4, 2, 8과 5, 8, 9인 행렬을 만드는 선형결합의 계수들은 무엇인가? 이 방법은 한 가지뿐이다. 따라서 6개의 행렬은 독립이다. 3×3 대칭 행렬이 이루는 벡터공간은 6차원이다.

이를 더 확장하여 모든 $n \times n$ 행렬이 이루는 벡터공간에 대하여 생각해보자. 가능한 하나의 기저는 한 위치에만 영이 아닌 성분(그 성분은 1이다)을 갖는 1이 위치할 수 있는 곳이 n^2개 있으므로 n^2개의 기저 행렬이 있다.

모든 $n \times n$ 행렬로 이루어진 벡터공간은 n^2차원이다.

위삼각 행렬로 이루어진 부분공간은 $\left(\frac{1}{2}n^2 + \frac{1}{2}n\right)$차원이다.

대각 행렬로 이루어진 부분공간은 n차원이다.

대칭 행렬로 이루어진 부분공간은 $\left(\frac{1}{2}n^2 + \frac{1}{2}n\right)$차원이다.

■ 함수공간

미분방정식 $d^2y/dt^2 = 0$, $d^2y/dt^2 = -y$, $d^2y/dt^2 = y$는 이계도함수를 포함하고 있다. 미적분학에서는 이 미분방정식을 풀어 함수 $y(t)$를 찾는다.

$y'' = 0$의 해는 임의의 일차함수 $y = ct + d$이다.

$y'' = -y$의 해는 $\sin t$와 $\cos t$의 임의의 선형결합 $y = c\sin t + d\cos t$이다.

$y'' = y$의 해는 e^t과 e^{-t}의 임의의 선형결합 $y = ce^t + de^{-t}$이다.

$y'' = -y$를 만족하는 해들의 공간은 두 개의 기저 함수 $\sin t$와 $\cos t$를 갖는다. $y'' = 0$의 해공간의 기저는 t와 1이다. 이 공간은 이계도함수에 대한 '영공간'이다! 각 해공간은 2차원이다(이 미분방정식들은 이계 미분방정식이다). 이로써 영공간의 해 y_n을 찾았다.

$y'' = 2$의 해들은 부분공간을 이루지 않는다. 우변의 $b = 2$는 0이 아니며 이때의 특수해는 $y = t^2$이다. 즉, 완전해는 $y = y_p + y_n = t^2 + ct + d$이다. 이 완전해는 하나의 특수해에 영공간의 어떤 함수를 더한 것이다. 선형 미분방정식은 선형 행렬 방정식 $A\boldsymbol{v} = \boldsymbol{b}$와 유사하다. 하지만 우리는 이 미분방정식들을 선형대수학이 아닌 미적분학으로 풀게 된다.

마지막으로 영벡터만을 원소로 갖는 공간 $\mathbf{Z}$에 대하여 언급하려고 한다. 이 공간은 0차원이다. (아무 원소도 포함하고 있지 않은) **공집합이 $\mathbf{Z}$의 기저이다.** 여기서는 영벡터가 기저에 포함되는 것을 절대 허용하지 않는데, 이는 영벡터가 포함되는 경우 선형독립성을 잃기 때문이다.

5.4 요약

1. $Av = 0$의 유일한 해가 $v = 0$일 때, A의 열들은 서로 **독립**이다.
2. 벡터들 $u_1, \cdots, u_r$의 선형결합이 공간을 완벽히 채우면 벡터 $u_1, \cdots, u_r$이 공간을 **생성**한다고 한다. 공간을 생성하는 벡터들은 서로 종속일 수도 있고 독립일 수도 있다.
3. **공간의 기저는 선형독립이며 그 공간을 생성하는 벡터들의 집합**이다. 이때 그 공간의 모든 벡터는 기저 벡터의 유일한 선형결합으로 이루어진다.
4. 공간의 모든 기저는 같은 수의 벡터를 갖는다. 기저에 포함된 벡터의 수를 공간의 **차원**이라고 한다.
5. **피봇 열들**은 열공간의 기저 중 하나이다. 열공간의 차원은 행렬의 계수 r과 같다.
6. $(n-r)$개의 영공간의 특별한 해는 영공간의 기저로 볼 수 있다.

5.4 확인문제

5.4A 벡터 $u_1 = (1, 2, 0)$과 $u_2 = (2, 3, 0)$으로부터 시작하자.

(a) 이 벡터들은 선형독립인가?

(b) 이 벡터들은 어떤 공간의 기저가 될 수 있는가?

(c) 이 벡터들이 생성하는 공간 $\mathbf{V}$는 무엇인가?

(d) $\mathbf{V}$의 차원은 얼마인가?

(e) $\mathbf{V}$를 열공간으로 갖는 행렬 A는 무엇인가?

(f) $\mathbf{V}$를 영공간으로 갖는 행렬은 무엇인가?

풀이

(a) u_1과 u_2는 선형독립이다. 영벡터를 만들어내는 유일한 선형결합은 $0u_1 + 0u_2$이기 때문이다.

(b) 그렇다. 이 벡터들은 공간을 생성하는 기저가 된다.

(c) 이 공간 $\mathbf{V}$는 $(x, y, 0)$ 형태의 모든 벡터를 포함한다. 이 공간은 $\mathbb{R}^3$에서의 xy 평면이다.

(d) 기저가 두 개의 벡터를 포함하고 있으므로 $\mathbf{V}$는 2차원이다.

(e) 이 $\mathbf{V}$는 계수가 2이고 3행이 영벡터인 임의의 $3 \times n$ 행렬 A의 열공간이다. 특별히 A는 u_1과 u_2를 열로 갖는 행렬일 수 있다.

(f) 이 $\mathbf{V}$는 계수가 1이고 모든 행이 $(0, 0, c)$인 임의의 $m \times 3$ 행렬 B의 영공간이다. 특히 $B = [0\ 0\ 1]$로 선택하면 $B\boldsymbol{u}_1 = \mathbf{0}$이고 $B\boldsymbol{u}_2 = \mathbf{0}$이다.

5.4B **(중요)** $\boldsymbol{u}_1, \cdots, \boldsymbol{u}_n$이 $\mathbb{R}^n$의 기저이고 $n \times n$ 행렬 A가 가역이라고 하자. $A\boldsymbol{u}_1, \cdots, A\boldsymbol{u}_n$ 또한 $\mathbb{R}^n$의 기저임을 보여라.

풀이

- **행렬의 언어를 사용** 기저 벡터 $\boldsymbol{u}_1, \cdots, \boldsymbol{u}_n$을 가역 행렬 U의 열들로 두어라. 이때 $A\boldsymbol{u}_1, \cdots, A\boldsymbol{u}_n$은 AU의 열들이다. A와 U가 가역이므로 AU도 가역이고 AU의 열들도 기저가 된다.
- **벡터의 언어를 사용** $c_1A\boldsymbol{u}_1 + \cdots + c_nA\boldsymbol{u}_n = \mathbf{0}$이라 하자. 이는 $\boldsymbol{v} = c_1\boldsymbol{u}_1 + \cdots + c_n\boldsymbol{u}_n$이면 $A\boldsymbol{v} = \mathbf{0}$임을 나타낸다. A가 가역이므로 A^{-1}을 곱하면 $\boldsymbol{v} = \mathbf{0}$이 된다. 또한 $\boldsymbol{u}$들이 선형독립이므로 각 c_i는 0이 된다. 따라서 $A\boldsymbol{u}$들은 선형독립이다.

$A\boldsymbol{u}$들이 $\mathbb{R}^n$을 생성함을 살펴보기 위하여 $c_1A\boldsymbol{u}_1 + \cdots + c_nA\boldsymbol{u}_n = \boldsymbol{b}$를 풀어보자. 이는 $c_1\boldsymbol{u}_1 + \cdots + c_n\boldsymbol{u}_n = A^{-1}\boldsymbol{b}$를 푸는 것과 같다. $\boldsymbol{u}$들이 기저이므로 이 방정식은 모든 $\boldsymbol{b}$에 대하여 해를 갖는다.

5.4 연습문제

01~10 다음은 선형독립과 선형종속에 관한 문제이다.

01 다음 벡터들에 대하여 $\boldsymbol{u}_1, \boldsymbol{u}_2, \boldsymbol{u}_3$은 선형독립이지만 $\boldsymbol{u}_1, \boldsymbol{u}_2, \boldsymbol{u}_3, \boldsymbol{u}_4$는 선형종속임을 보여라.

$$\boldsymbol{u}_1 = \begin{bmatrix} 1 \\ 0 \\ 0 \end{bmatrix}, \quad \boldsymbol{u}_2 = \begin{bmatrix} 1 \\ 1 \\ 0 \end{bmatrix}, \quad \boldsymbol{u}_3 = \begin{bmatrix} 1 \\ 1 \\ 1 \end{bmatrix}, \quad \boldsymbol{u}_4 = \begin{bmatrix} 2 \\ 3 \\ 4 \end{bmatrix}$$

$c_1\boldsymbol{u}_1 + c_2\boldsymbol{u}_2 + c_3\boldsymbol{u}_3 + c_4\boldsymbol{u}_4 = \mathbf{0}$ 또는 $A\boldsymbol{c} = \mathbf{0}$을 풀어라. 벡터 $\boldsymbol{u}$들은 행렬 A의 열들이 된다.

02 **(추천)** 다음 벡터들 중 가능한 한 가장 많은 개수의 벡터를 선택하여 이 벡터들이 선형독립이 되게 하려 한다. 이때 선택되는 벡터들을 골라라.

$$\boldsymbol{u}_1 = \begin{bmatrix} 1 \\ -1 \\ 0 \\ 0 \end{bmatrix}, \quad \boldsymbol{u}_2 = \begin{bmatrix} 1 \\ 0 \\ -1 \\ 0 \end{bmatrix}, \quad \boldsymbol{u}_3 = \begin{bmatrix} 1 \\ 0 \\ 0 \\ -1 \end{bmatrix},$$

$$\boldsymbol{u}_4 = \begin{bmatrix} 0 \\ 1 \\ -1 \\ 0 \end{bmatrix}, \quad \boldsymbol{u}_5 = \begin{bmatrix} 0 \\ 1 \\ 0 \\ -1 \end{bmatrix}, \quad \boldsymbol{u}_6 = \begin{bmatrix} 0 \\ 0 \\ 1 \\ -1 \end{bmatrix}$$

03 다음 각 경우에 대하여 행렬 U의 열들은 종속임을 증명하라.

$$U = \begin{bmatrix} a & b & c \\ 0 & d & e \\ 0 & 0 & f \end{bmatrix}$$

(a) $a = 0$　　(b) $d = 0$　　(c) $f = 0$

04 [연습문제 03]의 a, d, f가 모두 0이 아니라면 $U\boldsymbol{v} = \mathbf{0}$의 유일한 해는 $\boldsymbol{v} = \mathbf{0}$임을 보여라. 이때 위삼각 행렬 U의 열들은 독립이다.

05 다음 벡터들이 선형종속인지 선형독립인지 결정하라.

(a) $(1, 3, 2)$, $(2, 1, 3)$, $(3, 2, 1)$

(b) $(1, -3, 2)$, $(2, 1, -3)$, $(-3, 2, 1)$

06 U와 A에서 각각 세 개의 독립인 열을 선택하라. 그리고 세 개의 열을 선택하는 다른 두 가지 방법을 찾아라.

$$U=\begin{bmatrix}2&3&4&1\\0&6&7&0\\0&0&0&9\\0&0&0&0\end{bmatrix},\quad A=\begin{bmatrix}2&3&4&1\\0&6&7&0\\0&0&0&9\\4&6&8&2\end{bmatrix}$$

07 벡터 $\boldsymbol{w}_1, \boldsymbol{w}_2, \boldsymbol{w}_3$이 서로 독립일 때, 그들의 차 $\boldsymbol{v}_1=\boldsymbol{w}_2-\boldsymbol{w}_3$, $\boldsymbol{v}_2=\boldsymbol{w}_1-\boldsymbol{w}_3$, $\boldsymbol{v}_3=\boldsymbol{w}_1-\boldsymbol{w}_2$는 종속임을 보여라. $\boldsymbol{v}$ 들의 선형결합이 $\mathbf{0}$가 되도록 하는 결합을 찾아라. $[\boldsymbol{v}_1\,\boldsymbol{v}_2\,\boldsymbol{v}_3]=[\boldsymbol{w}_1\,\boldsymbol{w}_2\,\boldsymbol{w}_3]A$를 만족하면서 비가역 행렬 A는 무엇인가?

08 벡터 $\boldsymbol{w}_1, \boldsymbol{w}_2, \boldsymbol{w}_3$이 서로 독립일 때, 벡터들의 합 $\boldsymbol{v}_1=\boldsymbol{w}_2+\boldsymbol{w}_3$, $\boldsymbol{v}_2=\boldsymbol{w}_1+\boldsymbol{w}_3$, $\boldsymbol{v}_3=\boldsymbol{w}_1+\boldsymbol{w}_2$도 독립임을 보여라. ($c_1\boldsymbol{v}_1+c_2\boldsymbol{v}_2+c_3\boldsymbol{v}_3=\mathbf{0}$으로 두고 $\boldsymbol{w}$ 들에 대한 식으로 표현하라. c에 대한 방정식을 찾고, 그 방정식을 풀어 모두 0임을 보여라.)

09 $\boldsymbol{u}_1, \boldsymbol{u}_2, \boldsymbol{u}_3, \boldsymbol{u}_4$가 $\mathbb{R}^3$에서의 벡터라고 하자.

(a) 이 네 개의 벡터는 종속인데, 그 이유는 _____이기 때문이다.

(b) 벡터 $\boldsymbol{u}_1, \boldsymbol{u}_2$는 _____이면 선형종속이 된다.

(c) 벡터 $\boldsymbol{u}_1$과 $(0,0,0)$은 종속이며 그 이유는 _____이다.

10 $\mathbb{R}^4$의 평면 $x+2y-3z-t=0$ 위에서 서로 독립인 두 개의 벡터를 찾아라. 그리고 서로 독립인 세 개의 벡터를 찾아라. 서로 독립인 네 개의 벡터는 찾을 수 없는 이유는 무엇인가? 이 평면은 어떤 행렬의 영공간이 되는가?

11~14 다음은 벡터의 집합에 의해 생성되는 공간에 관한 문제이다. 벡터들이 생성하는 공간을 찾기 위해 벡터들의 모든 선형결합을 구하라.

11 다음 벡터들에 의해 생성되는 $\mathbb{R}^3$의 부분공간들에 대하여 그것들이 직선 혹은 평면 혹은 $\mathbb{R}^3$ 전체인지 구하라.

(a) 두 개의 벡터 $(1,1,-1)$, $(-1,-1,1)$

(b) 세 개의 벡터 $(0,1,1)$, $(1,1,0)$, $(0,0,0)$

(c) 세 성분이 모두 정수인 $\mathbb{R}^3$의 모든 벡터

(d) 세 성분이 모두 양수인 $\mathbb{R}^3$의 모든 벡터

12 _____가 해를 가질 때, 벡터 $\boldsymbol{b}$는 A의 열들이 생성하는 부분공간에 속한다. _____가 해를 가질 때, 벡터 $\boldsymbol{c}$는 A의 행공간에 속한다. 다음 명제에 대해 참 또는 거짓을 판별하라. 만약 행공간에 영벡터가 존재하면 행들은 종속이다.

13 행렬 A, U에 대하여 (a)~(d)의 차원을 찾아라. 다음 중 어떤 공간이 완전히 같은 공간인가?

$$A=\begin{bmatrix}1&1&0\\1&3&1\\3&1&-1\end{bmatrix},\quad U=\begin{bmatrix}1&1&0\\0&2&1\\0&0&0\end{bmatrix}$$

(a) A의 열공간　　(b) U의 열공간

(c) A의 행공간　　(d) U의 행공간

14 $\boldsymbol{v}+\boldsymbol{w}$와 $\boldsymbol{v}-\boldsymbol{w}$는 $\boldsymbol{v}$와 $\boldsymbol{w}$의 선형결합이다. $\boldsymbol{v}$와 $\boldsymbol{w}$를 $\boldsymbol{v}+\boldsymbol{w}$와 $\boldsymbol{v}-\boldsymbol{w}$의 선형결합으로 써라. 이 두 쌍의 벡터는 같은 공간을 _____한다. 이 두 쌍의 벡터가 같은 공간의 기저가 될 때는 언제인가?

15~25 다음은 기저가 되기 위한 조건에 관한 문제이다.

15 $\boldsymbol{v}_1,\cdots,\boldsymbol{v}_n$이 선형독립이라면 이 벡터들이 생성하는 공간은 _____차원이다. 이 벡터들은 그 공간의 _____가 된다. 벡터들이 $m\times n$ 행렬의 열이라면 m은 n보다 _____. 그리고 $m=n$이면 이 행렬은 _____이다.

16 $\mathbb{R}^4$에서 6개의 벡터 $\boldsymbol{v}_1,\boldsymbol{v}_2,\cdots,\boldsymbol{v}_6$을 가정하자.

(a) 이 벡터들은 $\mathbb{R}^4$를 (생성한다/생성하지 못한다/생성하지 못할 수 있다).

(b) 이 벡터들은 선형독립(이다/아니다/일 수 있다).

(c) 이 벡터들 중 어떤 네 개는 $\mathbb{R}^4$의 기저(이다/아니다/일 수 있다).

17 $U=\begin{bmatrix}1&0&1&0&1\\0&1&0&1&0\end{bmatrix}$의 열공간에 대한 서로 다른 세 가지의 기저를 찾아라. 그 후 U의 행공간에 대한 서로 다른 두 가지의 기저를 찾아라.

18 다음 $\mathbb{R}^4$의 부분공간들에 대하여 기저를 찾아라.

(a) 모든 성분이 같은 벡터들

(b) 모든 성분의 합이 0인 벡터들

(c) $(1, 1, 0, 0)$과 $(1, 0, 1, 1)$에 수직인 모든 벡터

(d) 4×4 항등 행렬 I의 열공간과 영공간

19 A의 열들은 $\mathbb{R}^m$에 속한 n개의 벡터이다. 만약 그 벡터들이 선형독립이라면 A의 계수는 얼마인가? 만약 그 벡터들이 $\mathbb{R}^m$을 생성하면 A의 계수는 얼마인가? 만약 그 벡터들이 $\mathbb{R}^m$의 기저이면 그 때의 계수는 얼마이겠는가? 행렬의 계수 r은 _____인 열의 개수를 결정한다.

20 $\mathbb{R}^3$에서의 평면 $x-2y+3z=0$의 기저를 찾아라. 이 평면과 xy 평면의 교집합에 대한 기저를 찾아라. 그 후 평면에 수직인 모든 벡터의 집합에 대한 기저를 찾아라.

21 5×5 행렬 A의 열들이 $\mathbb{R}^5$의 기저라고 하자.

(a) 방정식 $A\boldsymbol{v}=\boldsymbol{0}$는 유일한 해 $\boldsymbol{v}=\boldsymbol{0}$을 갖는데, 이는 _____이기 때문이다.

(b) $\boldsymbol{b}$가 $\mathbb{R}^5$의 원소라면 $A\boldsymbol{v}=\boldsymbol{b}$는 해를 갖는데, 이는 기저 벡터가 $\mathbb{R}^5$를 _____하기 때문이다.

결론적으로, A는 가역이며 계수는 5이다. A의 행들도 $\mathbb{R}^5$의 기저이다.

22 $\mathbf{S}$가 $\mathbb{R}^6$의 5차원 부분공간일 때, 참 또는 거짓임을 판별하라. 거짓이면 반례를 들어라.

(a) $\mathbf{S}$의 모든 기저는 하나의 벡터를 추가하여 $\mathbb{R}^6$의 기저로 확장될 수 있다.

(b) $\mathbb{R}^6$의 모든 기저는 하나의 벡터를 제거하여 $\boldsymbol{S}$의 기저로 축소할 수 있다.

23 다음 행렬 A와 U에 대하여 U는 A의 3행에서 1행을 빼서 얻을 수 있다.

$$A=\begin{bmatrix}1&3&2\\0&1&1\\1&3&2\end{bmatrix}\qquad U=\begin{bmatrix}1&3&2\\0&1&1\\0&0&0\end{bmatrix}$$

A와 U의 열공간의 기저를 찾아라. A와 U의 행공간의 기저를 찾아라. 두 행렬의 영공간의 기저를 찾아라. 어떤 공간들이 소거법의 과정 중에 바뀌지 않는가?

24 참 또는 거짓임을 판별하라. 합당한 이유를 들어라.

(a) 만일 행렬의 열들이 종속이면, 행들도 종속이다.

(b) 2×2 행렬의 열공간은 그 행렬의 행공간과 같다.

(c) 2×2 행렬에 대하여 열공간의 차원은 행공간의 차원과 같다.

(d) 행렬의 열들은 열공간의 기저이다.

25 다음 행렬 A, B의 계수가 2가 되도록 하는 수 c, d를 모두 찾아라.

$$A=\begin{bmatrix}1&2&5&0&5\\0&0&c&2&2\\0&0&0&d&2\end{bmatrix}\qquad B=\begin{bmatrix}c&d\\d&c\end{bmatrix}$$

26~28 다음은 '벡터들'이 행렬인 벡터공간에 대한 문제이다.

26 3×3 행렬 전체의 공간의 다음 부분공간들에 대하여 그 기저와 차원을 구하라.

(a) 모든 대각 행렬의 공간

(b) 모든 비대칭 행렬($A^{\mathrm{T}}=-A$를 만족하는 행렬)의 공간

27 6개의 선형독립인 3×3 사다리꼴 행렬 $U_1, \cdots, U_6$을 찾고 그들이 생성하는 3×3 행렬의 공간은 무엇인지 구하라.

28 열벡터들을 더하면 영벡터가 되는 모든 2×3 행렬의 공간에 대하여 기저를 찾아라. 행벡터도 더하면 역시 영벡터가 되는 행렬들의 부분공간에 대하여 그 기저를 찾아라.

29~32 다음은 '벡터들'이 함수인 공간에 관한 문제이다.

29 (a) $\dfrac{dy}{dx}=0$을 만족하는 모든 함수를 찾아라.

(b) $\dfrac{dy}{dx}=3$을 만족하는 특수한 함수를 찾아라.

(c) $\dfrac{dy}{dx}=3$을 만족하는 모든 함수를 찾아라.

30 코사인 공간 $\boldsymbol{F}_3$은 모든 선형결합 $y(x)=A\cos x+B\cos 2x+C\cos 3x$를 원소로 갖는다. $\boldsymbol{F}_3$의 함수들 중 $y(0)=0$을 만족하는 부분공간 $\boldsymbol{S}$의 기저를 찾아라. $\boldsymbol{S}$

의 차원은 얼마인가?

31 다음 각각의 미분방정식을 만족하는 함수들의 공간에 대하여 그 기저를 찾아라.

(a) $\frac{dy}{dx}-2y=0$ (b) $\frac{dy}{dx}-\frac{y}{x}=0$

32 y_1, y_2, y_3가 x에 관한 서로 다른 세 개의 함수라 하자. 이 함수들이 생성하는 공간은 1차원 또는 2차원 또는 3차원이 될 수 있다. 각 경우에 대하여 예를 들라.

---

33 벡터 (a, b, c, d) 중 $a+c+d=0$을 만족하는 벡터들의 공간을 $\mathbf{S}$, $a+b=0$이고 $c=2d$를 만족하는 벡터들의 공간을 $\mathbf{T}$라 하자. $\mathbf{S}$와 $\mathbf{T}$에 대한 기저를 찾아라. 그리고 $\mathbf{S}\cap\mathbf{T}$의 차원을 구하라.

34 다음 중 어느 것이 $\mathbb{R}^3$의 기저인가?

(a) $(1, 2, 0)$, $(0, 1, -1)$

(b) $(1,1,-1)$, $(2, 3, 4)$, $(4, 1, -1)$, $(0, 1, -1)$

(c) $(1,2,2)$, $(-1, 2, 1)$, $(0, 8, 0)$

(d) $(1,2,2)$, $(-1, 2, 1)$, $(0, 8, 6)$

35 5×4 행렬 A의 계수가 4이다. 5×5 행렬 $[A\,\boldsymbol{b}]$가 가역일 때, 방정식 $A\boldsymbol{v}=\boldsymbol{b}$의 해가 없음을 보여라. 행렬 $[A\,\boldsymbol{b}]$가 가역이 아닐 때, 방정식 $A\boldsymbol{v}=\boldsymbol{b}$의 해가 있음을 보여라.

36 (a) 미분방정식 $d^4y/dx^4=y(x)$의 해공간에 대해 그 기저를 찾아라.

(b) $d^4y/dx^4=y(x)+1$의 특수해와 완전해를 찾아라.

37 **(도전)** 3×3 항등 행렬을 다른 5개의 치환 행렬들의 선형결합으로 써라! 그리고 이 5개의 행렬이 선형독립임을 보여라(선형결합 $c_1P_1+\cdots+c_5P_5$가 영행렬이 된다고 가정하고 각 c_i가 0임을 보여라).

38 **(도전)** 두 부분공간의 교집합과 부분공간의 합에 대한 차원은 공식 $\dim(\mathbf{V})+\dim(\mathbf{W})=\dim(\mathbf{V}\cap\mathbf{W})+\dim(\mathbf{V}+\mathbf{W})$를 만족한다. 이를 증명하기 위해 $\mathbf{V}\cap\mathbf{W}$의 기저 $\boldsymbol{u}_1, \cdots, \boldsymbol{u}_r$로부터 시작하자. 이 기저에 $\boldsymbol{v}_1, \cdots, \boldsymbol{v}_s$를 추가하여 $\mathbf{V}$의 기저로 확장하고, $\boldsymbol{w}_1, \cdots, \boldsymbol{w}_t$를 추가하여 $\mathbf{W}$의 기저로 확장하자. $\boldsymbol{u}$, $\boldsymbol{v}$, $\boldsymbol{w}$ 모두를 합한 벡터의 집합이 선형독립임을 증명하라. 이때 위 공식은 $(r+s)+(r+t)=(r)+(r+s+t)$로 성립하게 된다.

39 **(도전)** $\mathbb{R}^n$의 두 부분공간 $\mathbf{V}$, $\mathbf{W}$에 대하여 $\dim(\mathbf{V})+\dim(\mathbf{W})>n$이라 하자. $\mathbf{V}$, $\mathbf{W}$ 모두에 속하는 영벡터가 아닌 원소가 존재하는 이유는 무엇인가? 기저 $\boldsymbol{v}_1, \cdots, \boldsymbol{v}_p$와 $\boldsymbol{w}_1, \cdots, \boldsymbol{w}_q$에서 시작하라. 이때 $p+q>n$이다.

40 **(도전)** 10×10 행렬 A가 $A^2=0$(영행렬)을 만족한다고 하자. 즉, A와 각 A의 열의 곱이 영벡터이다. 이것은 A의 열공간이 ______에 속한다는 뜻이다. 만일 A의 계수가 r이면 이들 부분공간의 차원을 비교하여 $r\le 10-r$임을 얻을 수 있다. 따라서 $A^2=0$이면 A의 계수는 $r\le 5$이다.

5.5 네 가지 기본 부분공간

[그림 5-5]는 선형대수학에 대한 큰 그림이다. 이는 $\mathbb{R}^n$에서 수직인 두 개의 부분공간과 $\mathbb{R}^m$에서 수직인 두 개의 부분공간으로 구성된 네 가지 기본 부분공간을 나타낸 것이다. 열공간에 있는 임의의 $\boldsymbol{b}$에 대하여 $A\boldsymbol{v}=\boldsymbol{b}$의 완전해는 행공간에 있는 하나의 특수해 $\boldsymbol{v}_p$와 영공간에 있는 임의의 해 $\boldsymbol{v}_n$의 합으로 나타난다.

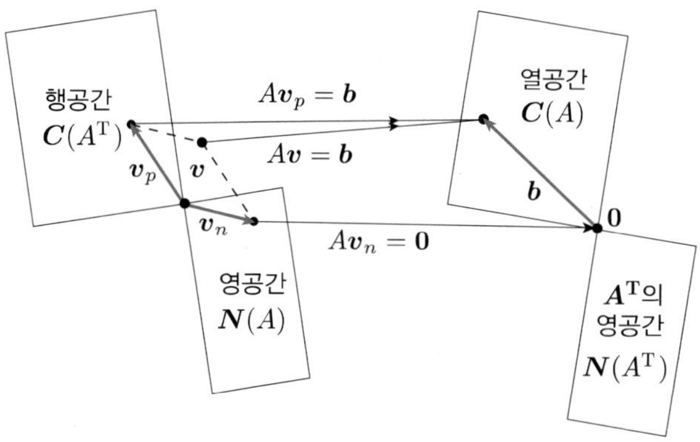

[그림 5-5] 네 가지 기본 부분공간이며, $A\boldsymbol{v}=\boldsymbol{b}$의 완전해는 $\boldsymbol{v}_p+\boldsymbol{v}_n$이다.

이 장의 중요 정리는 행렬의 **계수**와 **차원**을 연결한다. 행렬의 **계수**는 피봇의 개수이고, 부분공간의 **차원**은 그 기저에 있는 벡터의 개수이다. 우리는 이를 구하기 위해 피봇 혹은 기저 벡터를 셀 것이다. A의 계수를 통해 기본 부분공간들의 차원을 알 수 있을 것이다. 새로운 하나의 부분공간을 포함하여 4개의 기본 부분공간을 다음과 같이 요약하였다.

두 개의 부분공간은 A에서 바로 찾을 수 있고, 다른 두 개는 A^{T}에서 찾을 수 있다.

네 가지 기본 부분공간	차원
1. **행공간** $\boldsymbol{C}(A^{\mathrm{T}})$: $\mathbb{R}^n$의 부분공간	r
2. **열공간** $\boldsymbol{C}(A)$: $\mathbb{R}^m$의 부분공간	r
3. **영공간** $\boldsymbol{N}(A)$: $\mathbb{R}^n$의 부분공간	$n-r$
4. **좌영공간** $\boldsymbol{N}(A^{\mathrm{T}})$: $\mathbb{R}^m$의 부분공간(새로운 부분공간)	$m-r$

이 책에서는 열공간과 영공간을 먼저 살펴보았다. 우리는 이제 $\boldsymbol{C}(A)$와 $\boldsymbol{N}(A)$에 대하여 충분히 알고 있다. 이제 다른 두 개의 부분공간을 살펴보자. 행공간은 행들의 모든 선형결합을 포함하는 공간이며, 이는 A^{T}의 열공간과 같다.

좌영공간을 구하기 위해서는 $A^{\mathrm{T}}\boldsymbol{y}=\boldsymbol{0}$을 풀어야 하며, 이 시스템은 $n\times m$이다. 이 공간은 영공간 $\boldsymbol{N}(A^{\mathrm{T}})$이다. 벡터 $\boldsymbol{y}$는 위 방정식을 전치하여 $\boldsymbol{y}^{\mathrm{T}}A=\boldsymbol{0}^{\mathrm{T}}$가 될 때 A의 왼쪽으로 간다. 행렬 A와 A^{T}는

일반적으로 다르며 그들의 열공간과 영공간 역시 다르다. 하지만 이 두 공간은 아주 아름다운 방식으로 연결되어 있다.

선형대수학의 기본 정리 1은 이 네 부분공간의 차원을 알려준다. 이때 다음과 같은 사실을 하나 알 수 있다. **행공간과 열공간의 차원은 모두 r이다.** 이 차원은 행렬의 계수와 같다. 다른 중요한 사실은 두 영공간에 대한 것이다.

$\boldsymbol{N}(A)$와 $\boldsymbol{N}(A^{\mathrm{T}})$의 차원은 각각 $n-r$, $m-r$으로,
행공간과 열공간의 차원과 합치면 각각 전체 공간의 차원 n과 m이 된다.

선형대수학의 기본 정리 2는 이 네 개의 공간이 어떻게 서로 연관되는지를 설명한다. 이 공간들 중 두 개는 $\mathbb{R}^n$의 부분공간이며 나머지 두 개는 $\mathbb{R}^m$의 부분공간이다. 이것으로 $A\boldsymbol{v}=\boldsymbol{b}$의 모든 것을 이해하는 올바른 방법에 대한 설명을 마친다.

R에 대한 네 개의 부분공간

A를 축소하여 기약행 사다리꼴 형태 R로 바꾸었다고 가정하자. 이 특별한 형태에 대해서는 네 개의 부분공간을 쉽게 구할 수 있다. 우리는 각 부분공간의 기저를 찾고 그 차원을 확인할 것이다. 그 후 A로 돌아가서 이들 부분공간이 어떻게 바뀌는지 살펴볼 것이다(네 개의 부분공간 중 두 개는 바뀌지 않는다). 요점은 A와 R에 대한 네 공간의 차원이 같다는 것이다.

구체적인 3×5 행렬의 예로 다음 사다리꼴 행렬 R에 대하여 네 개의 부분공간을 살펴보자.

$$\begin{matrix} m=3 \\ n=5 \\ r=2 \end{matrix} \qquad \begin{bmatrix} 1&3&5&0&7 \\ 0&0&0&1&2 \\ 0&0&0&0&0 \end{bmatrix} \qquad \begin{matrix} \textbf{피봇 행 1, 2행} \\ \\ \textbf{피봇 열 1, 4열} \end{matrix}$$

이 행렬 R의 계수는 $r=2$이다(두 개의 피봇이 있다). 네 개의 부분공간을 순서대로 보자.

1. R의 행공간의 차원은 2이며, 계수와 일치한다.

이유 처음 두 행이 기저이다. 행공간은 모든 세 행의 선형결합을 포함하고 있지만, 세 번째 행(영벡터)은 새로운 벡터를 추가하지 못한다. 따라서 1행과 2행은 행공간 $\boldsymbol{C}(R^{\mathrm{T}})$를 생성한다.
피봇 행인 1행과 2행은 독립이다. 여기서 이 사실은 분명하며 항상 참이다. 피봇 열만 본다면 $r\times r$ 항등 행렬을 볼 수 있다. (모든 계수가 0인 선형결합 이외에는) 1이 포함된 행들을 조합하여 영벡터의 행을 만들 방법은 없다. 따라서 r개의 피봇 행은 행공간에 대한 기저이다.

행공간의 차원은 행렬의 계수 r이다. R의 영벡터가 아닌 행들이 기저가 된다.

2. R의 열공간의 차원 또한 2이며, 계수와 일치한다.

이유 피봇 열인 1, 4열은 $\boldsymbol{C}(R)$의 기저가 된다. 이 벡터들은 $r \times r$ 항등 행렬로 시작하므로 선형독립이다. (모든 계수가 0인 경우를 제외하고) 이들 피봇 열의 어떤 선형결합도 영벡터를 만들 수 없다. 그리고 이 벡터들은 열공간을 생성한다. 다른 열들(자유 열)은 피봇 열의 선형결합이다.
세 개의 영공간의 특별한 해로부터 우리가 알고 싶은 선형결합이 다음과 같이 드러난다.

2열 = 1열 × 3	**영공간의 특별한 해는 $(-3, 1, 0, 0, 0)$이다.**
3열 = 1열 × 5	**영공간의 특별한 해는 $(-5, 0, 1, 0, 0)$이다.**
5열 = 1열 × 7 + 4열 × 2	**영공간의 특별한 해는 $(-7, 0, 0, -2, 1)$이다.**

피봇 열들은 서로 독립이고 $\boldsymbol{C}(R)$을 생성하므로 $\boldsymbol{C}(R)$의 기저이다.

열공간의 차원은 행렬의 계수 r이다. 즉, 피봇 열들이 기저가 된다.

3. R의 영공간의 차원은 $n-r=5-2$이다. $n-r=3$개의 자유 변수가 있다. v_2, v_3, v_5는 자유 변수이다(이들 열에는 피봇이 없다). 이 자유 변수들로부터 $R\boldsymbol{v}=\boldsymbol{0}$의 세 개의 특별한 해 $\boldsymbol{s}_2$, $\boldsymbol{s}_3$, $\boldsymbol{s}_5$를 얻는다. 하나의 자유 변수를 1로 두고 피봇 변수 v_1, v_4에 대하여 풀면 특별한 해들을 얻을 수 있다.

$$\boldsymbol{s}_2 = \begin{bmatrix} -3 \\ 1 \\ 0 \\ 0 \\ 0 \end{bmatrix}, \quad \boldsymbol{s}_3 = \begin{bmatrix} -5 \\ 0 \\ 1 \\ 0 \\ 0 \end{bmatrix}, \quad \boldsymbol{s}_5 = \begin{bmatrix} -7 \\ 0 \\ 0 \\ -2 \\ 1 \end{bmatrix}$$

$R\boldsymbol{v}=\boldsymbol{0}$의 완전해는
$\boldsymbol{v} = v_2\boldsymbol{s}_2 + v_3\boldsymbol{s}_3 + v_5\boldsymbol{s}_5$이다.

각 자유 변수에 대하여 대응되는 영공간의 특별한 해가 있다. 총 n개의 변수가 있고 그 중 r개가 피봇 변수라면 $(n-r)$개의 자유 변수가 있으며 이로부터 $(n-r)$개의 특별한 해가 나온다. 따라서 $\boldsymbol{N}(R)$의 차원은 $(n-r)$이다.

영공간의 차원은 $(n-r)$이다. 특별한 해들이 기저가 된다.

특별한 해들은 서로 독립인데, 이는 2행, 3행, 5행에 항등 행렬이 포함되어 있기 때문이다. 그리고 모든 해는 v_2, v_3, v_5를 올바른 위치에 두어 특별한 해들의 선형결합 $\boldsymbol{v}= v_2\boldsymbol{s}_2 + v_3\boldsymbol{s}_3 + v_5\boldsymbol{s}_5$로 쓸 수 있다. 이때 피봇 변수 v_1, v_4는 방정식 $R\boldsymbol{v}=\boldsymbol{0}$에 의해 완전히 결정된다.

4. R^{T}의 영공간(R의 좌영공간)의 차원은 $m-r=3-2$이다.

☞ 이유 방정식 $R^{\mathrm{T}}\boldsymbol{y}=\mathbf{0}$은 R^{T}의 열들(R의 행들)의 선형결합이 영벡터가 되도록 하는 선형결합을 찾는다. 여러분은 y_1과 y_2가 반드시 0이 되어야 하며, 따라서 y_3이 자유 변수인 이유를 알 수 있을 것이다.

$$\begin{array}{rr} & y_1[1,3,5,0,7] \\ & +y_2[0,0,0,1,2] \\ & +y_3[0,0,0,0,0] \\ \hline \textbf{좌영공간} & [0\ 0\ y_3]R=[0,0,0,0,0] \end{array} \tag{1}$$

모든 경우에 R은 $(m-r)$개의 영벡터 행으로 끝난다. 이들 $(m-r)$개의 행은 선형결합을 어떻게 하여도 영벡터가 된다. r개의 피봇 행은 선형독립이므로 이 방법은 R의 행들을 선형결합하여 영벡터를 만드는 유일한 방법이다. 따라서, 방정식 $R^{\mathrm{T}}\boldsymbol{y}=\mathbf{0}$의 해들로 구성된 R의 좌영공간은 $\boldsymbol{y}=(0,0,\cdots,0,y_{r+1},\cdots,y_m)$의 형태의 벡터들로 이루어져 있다.

만약 $m\times n$ 행렬 A의 계수가 r이면 그 좌영공간의 차원은 $(m-r)$이다.

이 부분공간은 네 번째로 나오며, 선형대수학의 그림을 완성한다.

$\mathbb{R}^n$에서 행공간과 영공간의 차원은 각각 r과 $n-r$이며, 이 두 차원의 합은 n이다.
$\mathbb{R}^m$에서 열공간과 좌영공간의 차원은 각각 r과 $m-r$이며, 이 두 차원의 합은 m이다.

지금까지 사다리꼴 행렬 R에 대하여 이 사실을 증명하였다. [그림 5-6]에서는 A에 대하여서도 같은 사실을 표시해 놓았다.

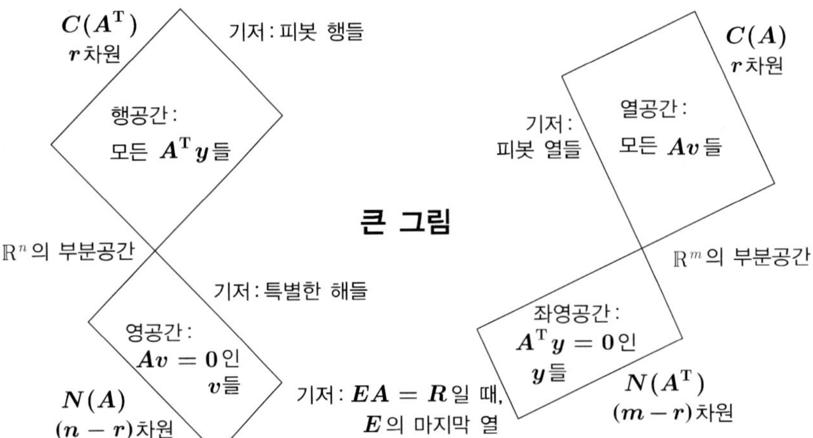

[그림 5-6] 네 가지 기본 부분공간에 대한 기저와 차원

A의 네 부분공간

아직 해야 할 작업이 남아 있다. **A에 대한 부분공간의 차원들은 R의 차원과 같다.** 이것이 왜 그런지 설명해야 한다. 이제 A는 $R = \text{rref}(A)$로 축소되는 임의의 행렬이다.

$$A\text{는 } R\text{로 축소된다.} \qquad A = \begin{bmatrix} 1 & 3 & 5 & 0 & 7 \\ 0 & 0 & 0 & 1 & 2 \\ 1 & 3 & 5 & 1 & 9 \end{bmatrix} \qquad \boldsymbol{C}(A) \neq \boldsymbol{C}(R)\text{임에 주목하라.} \tag{2}$$

소거법에 사용되는 행렬들은 A를 R로 바꾼다. 큰 그림([그림 5-6])은 두 행렬 모두에 적용된다. 가역 행렬 E는 A를 R로 축소하는 기본행렬들의 곱이다.

$$A\text{에서 } R\text{로, 그리고 되돌아오기} \qquad EA = R \text{ 및 } A = E^{-1}R \tag{3}$$

1. **A는 R과 같은 행공간을 갖는다. 두 공간은 동일한 차원 r 및 동일한 기저를 갖는다.**

《 이유 A의 모든 행은 R의 행들의 선형결합이다. 또한 R의 모든 행은 A의 행들의 선형결합이다. 소거법의 과정에서 행들은 바뀌지만 행공간은 변하지 않는다.

A와 R은 같은 행공간을 가지므로 우리는 R의 처음 r개의 행을 행공간의 기저로 택할 수 있다. A의 처음 r개의 행은 종속일 수도 있다. 기저로 택할 수 있는 A의 r개의 행은 결국 피봇 행이다. 》

2. **A의 열공간의 차원은 r이다.** A의 r개의 피봇 열이 기저가 된다.

선형독립인 열의 개수는 선형독립인 행의 개수와 같다.

《 틀린 이유 'A와 R은 같은 열공간을 갖는다.' 이는 거짓이다. R의 열들은 종종 영벡터로 끝난다. 하지만 A의 열들은 영벡터로 잘 끝나지 않는다. 열공간은 다를 수 있다! 하지만 그 두 열공간의 차원은 모두 r로 같다. 》

《 올바른 이유 A와 R에 대하여 그 열들의 선형결합이 영벡터가 되는 계수들의 **조합은 같다.** 이를 다른 방식으로 말하면 $A\boldsymbol{v} = \mathbf{0}$은 $R\boldsymbol{v} = \mathbf{0}$과 동치이다. 이때 피봇 열들은 독립이다.

우리는 방금 선형대수학에서 가장 위대한 정리인 **행렬의 행 계수는 열 계수와 같다**는 정리를 증명하였다. 이 증명은 R에 대해서는 쉬웠으며 행렬 A도 R과 같은 행 계수와 열 계수를 가졌다. 5장 [메모]에서 R을 사용하지 않는 직접적인 세 가지 증명도 다룰 것이다. 》

3. **A는 R과 같은 영공간을 갖는다. 두 공간은 동일한 차원 $(n-r)$ 및 동일한 기저를 갖는다.**

《 이유 소거법 단계들은 해를 바꾸지 않는다. (우리가 알고 있듯이) 영공간의 특별한 해들은 영공간에 대한 기저가 된다. $(n-r)$개의 자유 변수가 있으며, 따라서 영공간의 차원은 $(n-r)$이다. $r+(n-r)$이 n임에 주목하라. 》

(열공간의 차원) + (영공간의 차원) = $\mathbb{R}^n$의 차원

이 사실은 바로 셈 정리counting theorem이다. 이 정리를 A^{T}에도 적용해보자.

4. A의 좌영공간(A^{T}의 영공간)의 차원은 $(m-r)$이다.

이유 A^{T}는 A만큼이나 좋은 행렬이다. 우리가 A에 대한 차원들을 알고 있을 때, A^{T}에 대해서도 같은 것을 알 수 있다. 그 열공간의 차원이 r임을 이미 증명하였다. A^{T}는 $n\times m$ 행렬이므로 '전체 공간'은 이제 $\mathbb{R}^m$이다. A에 대한 셈 정리는 $r+(n-r)=n$이었고, A^{T}에 대한 셈 정리는 $r+(m-r)=m$이다. 우리는 이제 주요 정리의 모든 세부 사항을 알게 되었다.

> 선형대수학의 기본 정리 1
> 열공간과 행공간의 차원은 모두 r이다. 영공간들의 차원은 $n-r$과 $m-r$이다.

각각의 수 혹은 벡터가 아닌 벡터들의 공간에 초점을 맞추면 이와 같이 명확한 법칙들을 얻을 수 있다. 여러분은 곧 이 법칙들을 당연하게 생각하게 될 것이다. 하지만 187개의 0이 아닌 성분을 갖는 11×17 행렬에 대해서, 대부분의 사람들은 위의 사실이 참인지 알지 못할 것이다.

두 개의 핵심 사실

$$\boldsymbol{C}(A)\text{의 차원} = \boldsymbol{C}(A^{\mathrm{T}})\text{의 차원} = A\text{의 계수}$$
$$\boldsymbol{C}(A)\text{의 차원} + \boldsymbol{N}(A)\text{의 차원} = 17$$

예제 1 $A=[1\,2\,3]$은 $m=1$, $n=3$이며 계수는 $r=1$이다.

이 행공간은 $\mathbb{R}^3$에서의 직선이고, 영공간은 $A\boldsymbol{v}=x+2y+3z=0$인 평면이다. 이 평면은 2(3 − 1과 같다)차원이며 두 차원의 합은 $1+2=3$이다.
이 1×3 행렬의 열은 $\mathbb{R}$의 원소이며 열공간은 $\mathbb{R}$ 전체이다. 좌영공간은 영벡터만을 포함하고 있다. 즉, $A^{\mathrm{T}}\boldsymbol{y}=\boldsymbol{0}$의 유일한 해는 $\boldsymbol{y}=\boldsymbol{0}$이며 $[1\,2\,3]$의 어떤 다른 상수 배도 영벡터 행을 만들지 않는다. 따라서 $\boldsymbol{N}(A^{\mathrm{T}})$는 차원이 $0(m-r$과 같다)인 $\mathbf{Z}$이다. $\mathbb{R}^m$에서 차원의 합은 $1+0=1$이다.

예제 2 $A=\begin{bmatrix}1&2&3\\2&4&6\end{bmatrix}$은 $m=2$, $n=3$이며 계수는 $r=1$이다.

이 행공간은 $(1,2,3)$을 지나는 $\mathbb{R}^3$에서의 같은 직선이고, 영공간은 같은 평면 $x+2y+3z=0$이다. 이 두 공간의 차원의 합은 $1+2=3$과 같이 여전히 n이 된다.

모든 열은 첫 번째 열 $(1,2)$의 상수 배이다. 첫 번째 행의 2배에서 두 번째 행을 빼면 영벡터가 된다. 따라

서 $A^{\mathrm{T}}\boldsymbol{y}=0$은 해 $\boldsymbol{y}=(2,-1)$을 갖는다. 열공간과 좌영공간은 $\mathbb{R}^2$에서 **서로 수직인 두 직선**이다. 그 차원의 합은 $1+1=2$와 같이 여전히 m이 된다.

$$\begin{bmatrix}0\\0\end{bmatrix}\text{과 }\begin{bmatrix}1\\2\end{bmatrix}\text{를 지나는 직선} \qquad \begin{bmatrix}0\\0\end{bmatrix}\text{과 }\begin{bmatrix}2\\-1\end{bmatrix}\text{을 지나는 직선}$$

만약 A가 3개의 같은 행을 가지면 A의 계수는 ______이다. A의 좌영공간에 있는 y들 중 두 개는 무엇인가?

좌영공간에 속한 y들은 행들과 선형결합하여 영벡터 행을 이루는 계수들이다.

계수가 1인 행렬들

위의 예에서는 행렬의 계수가 $r=1$이었으며, 이러한 행렬들은 아주 특수하다. 우리는 계수가 1인 행렬들을 모두 묘사할 수 있다. 여러분은 다시 행공간의 차원과 열공간의 차원이 같음을 보게 될 것이다. $r=1$일 때 모든 행은 하나의 같은 행 $\boldsymbol{r}^{\mathrm{T}}$의 상수 배이다.

$$\boldsymbol{A}=\boldsymbol{c}\,\boldsymbol{r}^{\mathrm{T}} \qquad A=\begin{bmatrix}1&2&3\\2&4&6\\-3&-6&-9\\0&0&0\end{bmatrix}\text{은 }\boldsymbol{c}=\begin{bmatrix}1\\2\\-3\\0\end{bmatrix}\text{과 }\boldsymbol{r}^{\mathrm{T}}=\begin{bmatrix}1&2&3\end{bmatrix}\text{의 곱이다.}$$

열벡터와 행벡터(4×1행렬과 1×3행렬의 곱)의 곱은 4×3 행렬이 된다. 이때 모든 행은 행 $\boldsymbol{r}^{\mathrm{T}}=[1\,2\,3]$의 상수 배이고, 모든 열은 첫 번째 열 $\boldsymbol{c}=(1,2,-3,0)$의 상수 배이다. 또한 행공간은 $\mathbb{R}^n$에서의 직선, 열공간은 $\mathbb{R}^m$에서의 직선이다.

모든 계수가 1인 행렬들은 특별한 형태 $A=\boldsymbol{c}\boldsymbol{r}^{\mathrm{T}}=$(열벡터)(행벡터)를 갖는다.

모든 열은 $\boldsymbol{c}$의 상수 배이고, 모든 행은 $\boldsymbol{r}^{\mathrm{T}}$의 상수 배이다. 영공간은 $\boldsymbol{r}$에 수직인 평면이다($A\boldsymbol{v}=0$은 $\boldsymbol{c}(\boldsymbol{r}^{\mathrm{T}}\boldsymbol{v})=0$임을 의미하고 이로부터 $\boldsymbol{r}^{\mathrm{T}}\boldsymbol{v}=0$이어야 한다). 이러한 부분공간의 직교성은 선형대수학의 기본 정리 2가 될 것이다.

열벡터 $\boldsymbol{c}$와 행벡터 $\boldsymbol{r}^{\mathrm{T}}$의 곱은 때때로 외적이라 부르기도 한다. 내적 $\boldsymbol{r}^{\mathrm{T}}\boldsymbol{c}$는 수이고 외적 $\boldsymbol{c}\boldsymbol{r}^{\mathrm{T}}$는 행렬이다.

수직인 부분공간

방정식 $A\boldsymbol{v}=\boldsymbol{0}$을 살펴보자. 이 방정식은 $\boldsymbol{v}$가 A의 영공간에 속해 있음을 말해줄 뿐만 아니라 **$\boldsymbol{v}$가 A의 모든 행에 수직**perpendicular**임을 말한다.** 다음과 같이 첫 행과 $\boldsymbol{v}$의 곱은 $A\boldsymbol{v}=\boldsymbol{0}$의 첫 번째 0이 된다.

$$Av = \begin{bmatrix} \textbf{1행} \\ \cdots \\ m\text{행} \end{bmatrix} \begin{bmatrix} \\ v \\ \\ \end{bmatrix} = \begin{bmatrix} 0 \\ \vdots \\ 0 \end{bmatrix} \qquad \begin{bmatrix} \mathbf{1} & \mathbf{1} & \mathbf{1} \\ 3 & 1 & 0 \\ 0 & 2 & 3 \end{bmatrix} \begin{bmatrix} \mathbf{1} \\ \mathbf{-3} \\ \mathbf{2} \end{bmatrix} = \begin{bmatrix} \mathbf{0} \\ 0 \\ 0 \end{bmatrix}$$

영공간에 있는 벡터 $\boldsymbol{v} = (1, -3, 2)$는 첫 행 $(1, 1, 1)$에 수직이다. 즉, 두 벡터의 내적은 $1-3+2=0$이다. 이 벡터 $\boldsymbol{v}$는 두 행 $(3, 1, 0)$과 $(0, 2, 3)$에도 각각 수직이며 이는 우변의 0들을 통해 확인할 수 있다. 다시 말해 모든 행과 $\boldsymbol{v}$의 내적은 0이다.

영공간에 속한 임의의 v는 행공간 전체와 수직이다. v는 각 행과 수직이므로 모든 행들의 선형결합과도 수직이다. 우리는 이로써 A의 영공간을 묘사할 새로운 단어를 찾았다.

$\boldsymbol{N}(A)$는 A의 행공간에 수직인 모든 벡터 v를 포함한다.

이들 두 기본 부분공간 $\boldsymbol{N}(A)$와 $\boldsymbol{C}(A^{\mathrm{T}})$는 이제 공간에서 중요한 공간들이다. 둘은 $\mathbb{R}^3$에서의 xy 평면과 z축과 같이 '수직인 부분공간'이다. 그 그림을 기울여도 여전히 수직인 부분공간들을 얻을 수 있다. 각각 2차원과 1차원이며, 더하면 전체 공간의 차원인 3차원이 된다. 임의의 행렬에 대하여 r차원 행공간은 $(n-r)$차원 영공간에 수직이다. 이때 행렬이 A가 아닌 A^{T}라면 우리는 $\mathbb{R}^m$의 부분공간들을 얻는다.

($\mathbb{R}^n$에서) $A\boldsymbol{v} = \mathbf{0}$의 모든 해는 A의 모든 행에 수직이다.

($\mathbb{R}^m$에서) $A^{\mathrm{T}}\boldsymbol{y} = \mathbf{0}$의 모든 해는 A의 모든 열에 수직이다.

만일 A가 정사각행렬이고 가역이라면 두 영공간은 영벡터만을 포함하고 있는 $\mathbf{Z}$이다. 즉, 행공간과 열공간은 전체 공간이다. 이 두 부분공간은 전체 그리고 아무것도 없는(영벡터만을 포함한), 가장 극단적으로 수직인 부분공간들이다. 영벡터는 모든 벡터와 수직이다.
이 새로운 수직인 부분공간들을 사용하여 큰 그림을 다시 그려 보겠다.

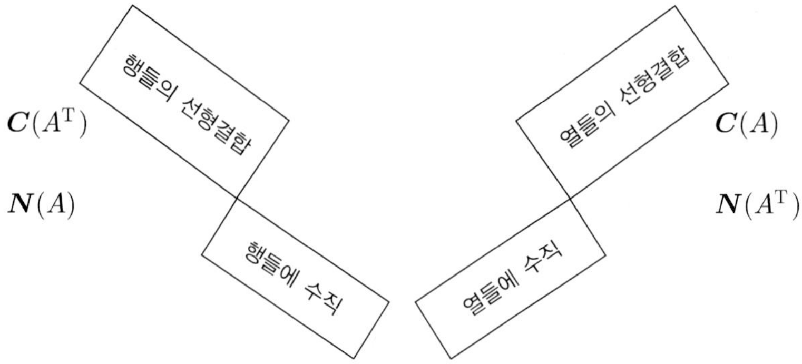

이 수직성이 바로 선형대수학의 기본 정리 2이다. 이제 새로운 기호 $\boldsymbol{S}^{\perp}$를 도입해보자. '$\boldsymbol{S}$ 펄프'라고 발음하고, $\boldsymbol{S}$의 직교여공간이라 부른다. 이를 사용하여 부분공간 $\boldsymbol{S}$에 수직인 모든 벡터의 집합을 나타낼 것이다.

> 선형대수학의 기본 정리 2
>
> $$\boldsymbol{N}(A) = \boldsymbol{C}(A^{\mathrm{T}})^{\perp} \text{ 이고 } \boldsymbol{N}(A^{\mathrm{T}}) = \boldsymbol{C}(A)^{\perp}$$

여기서 우리는 (공간에서의 두 개의 직선과 같이 일부만이 아니라) 모든 수직인 벡터를 갖고 있어야 한다는 것을 안다. 차원 r과 $(n-r)$은 합하여 전체 공간의 차원 n이 된다. $\mathbb{R}^3$에서의 직선과 평면에 대해서는 (공간에서의 직선)$^{\perp}$ =(공간에서의 평면)이며 $1+2=3$차원이다.

$(\boldsymbol{S}^{\perp})^{\perp} = \boldsymbol{S}$인 이유를 [연습문제 37]에서 살펴보자.

5.5 요약

1. R의 r개의 피봇 행은 R과 A의 행공간(두 공간은 같은 공간이다)의 기저이다.
2. A(R이 아니다)의 r개의 피봇 열은 열공간 $\boldsymbol{C}(A)$의 기저이다.
3. $(n-r)$개의 영공간의 특별한 해들은 A와 R의 영공간(두 공간은 같은 공간이다)의 기저이다.
4. I의 마지막 $(m-r)$개의 행은 R의 좌영공간의 기저이다.
5. $EA=R$이면 E의 마지막 $(m-r)$개의 행은 A의 좌영공간의 기저이다.
6. $\boldsymbol{C}(A^{\mathrm{T}})$는 $\boldsymbol{N}(A)$에 수직이다. 그리고 $\boldsymbol{C}(A)$는 $\boldsymbol{N}(A^{\mathrm{T}})$에 수직이다.

5.5 확인문제

5.5A A와 E, R이 다음과 같이 주어질 때, 네 기본 부분공간의 기저와 차원을 각각 찾아라.

$$A = \begin{bmatrix} 1 & 0 & 0 \\ 2 & 1 & 0 \\ 5 & 0 & 1 \end{bmatrix} \begin{bmatrix} 1 & 3 & 0 & 5 \\ 0 & 0 & 1 & 6 \\ 0 & 0 & 0 & 0 \end{bmatrix} = E^{-1}R$$

R에서 성분 하나만을 바꾸어 네 부분공간의 차원을 모두 바꾸어 보아라.

풀이

이 행렬은 1열과 3열에 피봇을 갖는다. 행렬의 계수는 $r=2$이다.

행공간 기저	R로부터 $(1,3,0,5)$와 $(0,0,1,6)$, 차원은 2이다.
열공간 기저	E^{-1}(및 A)로부터 $(1,2,5)$와 $(0,1,0)$, 차원은 2이다.
영공간 기저	R로부터 $(-3,1,0,0)$과 $(-5,0,-6,1)$, 차원은 2이다.
A^{T} **의 영공간** 기저	E의 3행으로부터 $(-5,0,1)$, 차원은 $3-2=1$이다.

이제 좌영공간 $\boldsymbol{N}(A^{\mathrm{T}})$에 대하여 언급할 필요가 있다. $EA=R$은 E의 마지막 행이 A의 세 열과 선형결합하여 R의 영벡터 행을 만들어낸다는 것을 나타낸다. 따라서 E의 마지막 행은 좌영공간의 기저 벡터가 된다. 만약 R이 두 개의 영벡터 행을 가지면 E의 마지막 두 열이 기저가 될 것이다(소거법과 마찬가지로 $\boldsymbol{y}^{\mathrm{T}}A=\boldsymbol{0}^{\mathrm{T}}$는 A의 행들을 선형결합하여 R의 영벡터 행을 만든다).

이 부분공간들의 차원을 모두 바꾸기 위해서는 행렬의 계수 r을 바꾸어야 하며 이를 위해서는 R의 영벡터 행을 바꾸어야 한다. **바꾸기 가장 좋은 성분은 R_{34}이고, 이를 1로 바꾸는 것**이다.

5.5B 행렬의 모든 성분이 0인 5×6 행렬의 네 곳에 1을 넣어 행공간의 차원이 1이 되게 하려면 어떻게 해야 하는가? 열공간의 차원이 1이 되도록 하는 모든 방법을 묘사하라. 영공간 $\boldsymbol{N}(A)$의 차원을 가능한 한 작게 만드는 방법을 묘사하라. 네 부분공간의 차원의 합을 작게 만들 수 있는가?

풀이

만일 네 개의 1이 같은 행 혹은 같은 열에 들어가면 계수가 1이 된다. 또한 1들을 두 개의 열과 두 개의 행에 넣을 수 있다(이때 $a_{ii}=a_{ij}=a_{ji}=a_{jj}=1$이 된다). 열공간과 행공간은 항상 같은 차원을 가지므로 이것이 처음 두 질문에 대한 대답이 된다. 이때 가장 작은 차원은 1이다.

행렬의 계수가 $r=4$일 때, 영공간은 가능한 가장 작은 차원 $6-4=2$를 갖는다. 행렬의 계수가 4가 되게 하려면 네 개의 1은 서로 다른 네 개의 열과 행에 들어가야 한다.

네 공간의 차원의 합 $r+(n-r)+r+(m-r)=n+m$에 대해서는 아무것도 할 수 없다. 어떻게 1을 넣는지에 상관없이 그 합은 $6+5=11$이 된다.

만약 A의 모든 성분이 0이 아니라 2라면, 이 답들은 어떻게 변하는가?

5.5 연습문제

01 (a) 7×9 행렬의 계수가 5일 때, 네 기본 부분공간 각각의 차원은 얼마인가? 그 네 개의 차원의 합을 구하라.

(b) 3×4 행렬의 계수가 3일 때, 열공간과 좌영공간을 구하라.

02 다음 행렬 A와 B에 대하여 네 기본 부분공간의 기저와 차원을 각각 구하라.

$$A=\begin{bmatrix}1&2&4\\2&4&8\end{bmatrix},\ B=\begin{bmatrix}1&2&4\\2&5&8\end{bmatrix}$$

03 다음 A에 대하여 네 기본 부분공간의 기저를 찾아라.

$$A=\begin{bmatrix}0&1&2&3&4\\0&1&2&4&6\\0&0&0&1&2\end{bmatrix}=\begin{bmatrix}1&0&0\\1&1&0\\0&1&1\end{bmatrix}\begin{bmatrix}0&1&2&3&4\\0&0&0&1&2\\0&0&0&0&0\end{bmatrix}$$

04 다음 성질을 만족하는 행렬을 찾거나 왜 만족할 수 없는지 설명하라.

(a) 열공간은 $\begin{bmatrix}1\\1\\0\end{bmatrix}$, $\begin{bmatrix}0\\0\\1\end{bmatrix}$을 포함하고 행공간은 $\begin{bmatrix}1\\2\end{bmatrix}$, $\begin{bmatrix}2\\5\end{bmatrix}$를 포함한다.

(b) 열공간의 기저는 $\begin{bmatrix}1\\1\\3\end{bmatrix}$이고 영공간의 기저는 $\begin{bmatrix}3\\1\\1\end{bmatrix}$이다.

(c) 영공간의 차원이 좌영공간의 차원보다 1만큼 더 크다.

(d) 좌영공간은 $\begin{bmatrix}1\\3\end{bmatrix}$을 포함하고, 행공간은 $\begin{bmatrix}3\\1\end{bmatrix}$을 포함한다.

(e) 행공간과 열공간이 같지만, 영공간은 좌영공간과 다르다.

05 $\boldsymbol{V}$가 $(1,1,1)$과 $(2,1,0)$에 의해 생성되는 부분공간일 때, $\boldsymbol{V}$를 행공간으로 갖는 행렬 A를 구하라. 또한, $\boldsymbol{V}$를 영공간으로 갖는 행렬 B도 찾아라.

06 소거법을 사용하지 않고, 다음 A와 B의 네 기본 부분공간의 차원과 기저를 각각 구하라.

$$A=\begin{bmatrix}0&3&3&3\\0&0&0&0\\0&1&0&1\end{bmatrix}\qquad B=\begin{bmatrix}1\\4\\5\end{bmatrix}$$

07 3×3 행렬 A가 가역이라 하자. A의 네 기본 부분공간의 기저를 적어라. 또한 3×6행렬 $B=[A\ A]$에 대하여 같은 질문에 답하라.

08 다음과 같이 주어진 A, B, C에 대하여 네 기본 부분공간의 차원은 각각 얼마인가? 단, 아래에서 I는 3×3 항등 행렬이고 O는 3×2 영행렬이다.

$$A=[I\ O]\qquad B=\begin{bmatrix}I&I\\O^{\mathrm{T}}&O^{\mathrm{T}}\end{bmatrix}\qquad C=[O]$$

09 크기가 다른 다음 행렬들에 대하여 어떤 기본 부분공간들이 같은지 구하라.

(a) $[A]$와 $\begin{bmatrix}A\\A\end{bmatrix}$ (b) $\begin{bmatrix}A\\A\end{bmatrix}$와 $\begin{bmatrix}A&A\\A&A\end{bmatrix}$

이 세 행렬이 모두 A와 같은 계수 r을 가짐을 보여라.

10 3×3 행렬의 각 성분이 0과 1 사이에서 무작위로 선택된다면 네 가지 기본 부분공간의 차원이 될 가능성이 가장 높은 수들은 무엇인가? 그리고, 행렬이 3×5이면 답은 어떻게 되는가?

11 **(중요)** A는 계수가 r인 $m\times n$ 행렬이다. $A\boldsymbol{v}=\boldsymbol{b}$가 해가 존재하지 않도록 하는 우변 $\boldsymbol{b}$가 있다고 가정하자.

(a) m, n, r 사이에 반드시 성립하는 모든 부등식($<$, $\leq$)을 찾아라.

(b) 방정식 $A^{\mathrm{T}}\boldsymbol{y}=\boldsymbol{0}$에 $\boldsymbol{y}=\boldsymbol{0}$이 아닌 해가 있음을 어떻게 알 수 있는가?

12 $(1,0,1)$과 $(1,2,0)$을 행공간과 열공간의 기저로 갖는 행렬을 구하라. 왜 이 두 벡터를 행공간과 영공간 모두의 기저로 갖는 행렬은 없는가?

13 참 또는 거짓임을 판별하라. 참이면 이유를 들고, 거짓이면 반례를 들라.

(a) $m=n$일 때, A의 행공간은 A의 열공간과 같다.

(b) A와 $-A$의 네 가지 기본 부분공간은 같다.

(c) 만일 A와 B가 같은 네 가지 기본 부분공간을 가

지면 A는 B의 상수 배이다.

14 A를 직접 계산하지 않고, A의 네 기본 부분공간의 기저를 찾아라.

$$A=\begin{bmatrix}1&0&0\\6&1&0\\9&8&1\end{bmatrix}\begin{bmatrix}1&2&3&4\\0&1&2&3\\0&0&1&2\end{bmatrix}$$

15 만일 A의 처음 두 행을 바꾸었을 때, 네 가지 기본 부분공간 중 변하지 않는 것은 무엇인가? $\boldsymbol{v}=(1,2,3,4)$가 A의 좌영공간에 있을 때, 바뀐 새로운 행렬에 대하여 그 행렬의 좌영공간에 있는 벡터를 적어라.

16 $\boldsymbol{v}=(1,0,-1)$은 A의 행인 동시에 A의 영공간에 있을 수 없는 이유를 설명하라.

17 다음 행렬들에 대하여 $\mathbb{R}^3$의 네 가지 기본 부분공간을 구하라.

$$A=\begin{bmatrix}0&1&0\\0&0&1\\0&0&0\end{bmatrix}\qquad I+A=\begin{bmatrix}1&1&0\\0&1&1\\0&0&1\end{bmatrix}$$

18 (좌영공간) 열 $\boldsymbol{b}$를 추가하여 A를 사다리꼴 형태로 축소하자.

$$[A\ \boldsymbol{b}]=\begin{bmatrix}1&2&3&b_1\\4&5&6&b_2\\7&8&9&b_3\end{bmatrix}\to\begin{bmatrix}1&2&3&b_1\\0&-3&-6&b_2-4b_1\\0&0&0&b_3-2b_2+b_1\end{bmatrix}$$

A의 행들의 선형결합이 영벡터 행을 만든다. 그 선형결합은 무엇인가(우변의 $b_3-2b_2+b_1$을 보라)? A^{T}의 영공간에 있는 벡터와 A의 영공간에 있는 벡터는 각각 무엇인가?

19 [연습문제 18]의 방법을 따라 A를 사다리꼴 형태로 축소하고 영벡터 행을 살펴보라. $\boldsymbol{b}$열은 여러분이 어떤 선형결합을 해야 하는지 알려줄 것이다.

(a) $\begin{bmatrix}1&2&b_1\\3&4&b_2\\4&6&b_3\end{bmatrix}$ (b) $\begin{bmatrix}1&2&b_1\\2&3&b_2\\2&4&b_3\\2&5&b_4\end{bmatrix}$

소거법을 시행한 후의 $\boldsymbol{b}$열로부터 좌영공간에 속하는 $(m-r)$개의 기저 벡터를 구하라. 이 $\boldsymbol{y}$들은 행들의 선형결합이 영벡터가 되는 계수들이다.

20 (a) 다음 A에 대하여 $A\boldsymbol{v}=\mathbf{0}$의 해를 구하라. $\boldsymbol{v}$가 행들에 수직임을 확인하라.

$$A=\begin{bmatrix}1&0&0\\2&1&0\\3&4&1\end{bmatrix}\begin{bmatrix}4&2&0&1\\0&0&1&3\\0&0&0&0\end{bmatrix}=E^{-1}R$$

(b) $A^{\mathrm{T}}\boldsymbol{y}=\mathbf{0}$의 선형독립인 해는 몇 개인가? $\boldsymbol{y}^{\mathrm{T}}$이 E의 마지막 행이 되는 이유는 무엇인가?

21 A가 계수가 1인 행렬 2개의 합으로 주어진다고 하자. 즉, $A=\boldsymbol{u}\boldsymbol{v}^{\mathrm{T}}+\boldsymbol{w}\boldsymbol{z}^{\mathrm{T}}$이다.

(a) A의 열공간을 생성하는 벡터들은 무엇인가?

(b) A의 행공간을 생성하는 벡터들은 무엇인가?

(c) 만일 _____이거나 _____ 이면 A의 계수는 2보다 작다.

(d) $\boldsymbol{u}=\boldsymbol{z}=(1,0,0)$, $\boldsymbol{v}=\boldsymbol{w}=(0,0,1)$일 때 A를 구하고 A의 계수를 구하라.

22 $A=\boldsymbol{u}\boldsymbol{v}^{\mathrm{T}}+\boldsymbol{w}\boldsymbol{z}^{\mathrm{T}}$의 열공간의 기저가 $(1,2,4)$, $(2,2,1)$이고 행공간의 기저가 $(1,0)$, $(1,1)$이 되도록 하는 A를 구하라. 이때 A를 3×2 행렬과 2×2 행렬의 곱으로 표현하라.

23 아래의 행렬을 곱하지 않고 A의 행공간과 열공간의 기저를 구하라.

$$A=\begin{bmatrix}1&2\\4&5\\2&7\end{bmatrix}\begin{bmatrix}3&0&3\\1&1&2\end{bmatrix}$$

여러분은 이 모양으로부터 3×2 행렬과 2×3 행렬의 곱인 A가 가역일 수 없음을 어떻게 알 수 있는가?

24 **(중요)** $A^{\mathrm{T}}\boldsymbol{y}=\boldsymbol{d}$는 $\boldsymbol{d}$가 네 가지 기본 부분공간 중 어디에 속해 있을 때 해를 갖는가? _____가 영벡터만을 포함하고 있을 때 이러한 해 $\boldsymbol{y}$는 유일하다.

25 참 또는 거짓임을 판별하라. 참이면 이유를 들고, 거짓이면 반례를 들라.

(a) A와 A^{T}는 같은 개수의 피봇을 갖는다.

(b) A와 A^{T}는 같은 좌영공간을 갖는다.

(c) 만약 행공간과 열공간이 같으면 $A^{\mathrm{T}}=A$이다.

(d) $A^{\mathrm{T}}=-A$이면 A의 행공간은 A의 열공간과 같다.

26 (AB**의 계수** $\le A$, B**의 계수**) 만약 $AB=C$이면 C의 행들은 _____의 행들의 선형결합이다. 따라서 C의 계수는 _____의 계수보다 크지 않다. 한편 $B^{\mathrm{T}}A^{\mathrm{T}}=C^{\mathrm{T}}$이므로 C의 계수는 또한 _____의 계수보다 크지

않다.

27 a, b, c가 주어져 있고 $a \neq 0$일 때, 행렬 $\begin{bmatrix} a & b \\ c & d \end{bmatrix}$가 계수 1을 갖도록 d를 어떻게 골라야 하는가? 이때 행공간과 영공간의 기저를 찾고 그들이 수직임을 보여라!

28 다음과 같이 주어지는 8×8 체커보드 행렬 B와 체스 행렬 C의 계수를 구하라.

$$B=\begin{bmatrix} 1 & 0 & 1 & 0 & 1 & 0 & 1 & 0 \\ 0 & 1 & 0 & 1 & 0 & 1 & 0 & 1 \\ 1 & 0 & 1 & 0 & 1 & 0 & 1 & 0 \\ \vdots & \vdots & \vdots & \vdots & \vdots & \vdots & \vdots & \vdots \\ 0 & 1 & 0 & 1 & 0 & 1 & 0 & 1 \end{bmatrix},$$

$$C=\begin{bmatrix} r & n & b & q & k & b & n & r \\ p & p & p & p & p & p & p & p \\ & & \text{네 개의 영벡터 행들} & & & & & \\ p & p & p & p & p & p & p & p \\ r & n & b & q & k & b & n & r \end{bmatrix}$$

여기서 r, n, b, q, k, p는 모두 다른 수이다. B와 C의 행공간과 좌영공간의 기저를 구하라.

(도전) C의 영공간의 기저를 찾아라.

29 3×3 틱택토 게임에서는 두 사람이 번갈아가며 비어 있는 3×3 행렬의 각 성분에 1과 0을 차례로 기입한다. 이때 어느 한 사람이 가로 혹은 세로 혹은 대각선 방향으로 같은 수를 기입하게 되면 승리한다. 틱택토 게임에서 9개의 수를 모두 기입하여도 승부가 나지 않으며, 그 때의 완성된 행렬의 계수가 2가 되게 할 수 있는가?

30~33 다음은 기본 부분공간들의 직교성에 관한 문제이다 (두 개의 수직인 쌍이 있다).

30 여러분이 있는 방의 바닥과 벽은 $\mathbb{R}^3$에서 수직인 부분공간이 아니다. 그 이유는 무엇인가? 여기서는 바닥과 벽을 $\mathbb{R}^3$의 평면으로 확장하여 생각한다.

31 $\boldsymbol{N}(A^{\mathrm{T}})$에 속한 모든 $\boldsymbol{y}$가 A의 모든 열들에 수직인 이유를 설명하라.

32 $\mathbb{R}^4$의 평면 $v_1+v_2+v_3+v_4=0$을 $\boldsymbol{P}$라고 하자. $\boldsymbol{P}^{\perp}$의 기저를 구하라. $\boldsymbol{N}(A)=\boldsymbol{P}$인 행렬 A를 찾아라.

33 행렬 A의 행공간에 $(1,4,5)$가 포함되고 영공간에 $(4,5,1)$이 포함될 수 없는 이유는 무엇인가?

---

34 **(도전)** $A=\boldsymbol{u}\boldsymbol{v}^{\mathrm{T}}$는 계수가 1인 2×2 행렬일 때, $\boldsymbol{u}$, $\boldsymbol{v}$에 주어진 조건에 따라 네 가지 기본 부분공간을 명확히 보여주는 [그림 5-6]을 다시 그려보라. 만약 다른 행렬 B가 A와 같은 네 가지 기본 부분공간을 갖는다면 A와 B의 정확한 관계는 무엇인가?

35 **(도전)** $\mathbf{M}$은 3×3 행렬들을 원소로 가지는 9차원 공간이다. $\mathbf{M}$에 속한 행렬 X에 다음과 같이 주어진 A를 곱한다.

$$A=\begin{bmatrix} 1 & 0 & -1 \\ -1 & 1 & 0 \\ 0 & -1 & 1 \end{bmatrix}, \qquad \text{주목 : } A\begin{bmatrix} 1 \\ 1 \\ 1 \end{bmatrix}=\begin{bmatrix} 0 \\ 0 \\ 0 \end{bmatrix}$$

(a) AX가 영행렬이 되는 행렬 X들은 어떤 행렬인가?

(b) $\mathbf{M}$에 속한 어떤 행렬들이 $\mathbf{M}$에 속한 행렬 X에 대하여 AX의 형태를 가지는가?

(a)는 연산 AX의 '영공간'을 찾고 (b)는 '열공간'을 찾는다. $\mathbf{M}$의 이 두 부분공간의 차원은 각각 얼마인가? 이 두 차원의 합은 더하여 $(n-r)+r=9$가 되는 이유는 무엇인가?

36 **(도전)** $m\times n$ 행렬 A, B가 네 개의 같은 기본 부분공간을 갖는다고 하자. 만약 두 행렬이 이미 다음과 같이 기약행 사다리꼴 형태라고 할 때, $F=G$임을 보여라.

$$A=\begin{bmatrix} I & F \\ 0 & 0 \end{bmatrix}, \qquad B=\begin{bmatrix} I & G \\ 0 & 0 \end{bmatrix}$$

37 **(도전)** $\mathbb{R}^n$의 임의의 부분공간 $\boldsymbol{S}$에 대하여 $(\boldsymbol{S}^{\perp})^{\perp}=\boldsymbol{S}$인 이유는 무엇인가? 만약 $\boldsymbol{S}^{\perp}$가 $\boldsymbol{S}$에 수직인 모든 벡터를 포함하고 있다면, $\boldsymbol{S}$는 $\boldsymbol{S}^{\perp}$에 수직인 모든 벡터를 포함하고 있다. 이때 두 공간의 차원의 합은 n이 된다.

38 **(도전)** 만약 $A^{\mathrm{T}}A\boldsymbol{v}=\mathbf{0}$이면 $A\boldsymbol{v}=\mathbf{0}$이 된다.

이유 : 이 $A\boldsymbol{v}$는 A^{T}의 영공간에 있다. 또한 모든 $A\boldsymbol{v}$는 A의 열공간에 있다(그 이유는?). 이 두 공간은 수직이므로 $A\boldsymbol{v}=\mathbf{0}$만이 자기 자신에 수직일 수 있다. 따라서 $A^{\mathrm{T}}A$와 A는 같은 영공간을 갖는다.

5.6 그래프와 네트워크

이 절을 시작하면서 아주 기본적이고 유용한 모형을 제시하고자 한다. 이 모형은 **모서리들로 연결된 꼭짓점**들로 구성되어 있으며 그래프[graph]라고 부른다.

일반적으로 우리가 이야기하는 그래프는 함수 $f(x)$를 나타낸다. 반면 꼭짓점과 선분으로 구성된 이 그래프는 행렬과 관계가 있다. 이 절에서는 그래프의 꼭짓점 n개가 어떻게 m개의 모서리로 연결되어 있는지를 알려주는 근접 행렬[incidence matrix]에 대하여 다룬다. 일반적으로 $m > n$, 즉 모서리의 개수가 꼭짓점의 개수보다 더 많다.

근접 행렬은 0, 1, -1의 값을 성분으로 갖는다. 소거법을 진행하여도 각 성분의 값은 여전히 0, 1, -1이다. 즉, 모든 피봇과 승수는 ± 1이 된다. 이때 소거법을 시행한 후의 사다리꼴 행렬 R의 모든 성분도 0, 1, -1로 이루어져 있다. 따라서 영공간의 특별한 해들도 이들 성분으로 구성되어 있다! 네 가지 기본 부분공간 모두 그 기저는 아주 간단한 성분을 갖는 벡터들이 된다. 이 행렬들은 교과서에 예로 들기 위해 만들어진 행렬이 아니라 순수수학과 응용수학에서 절대적으로 필수적인 모형으로부터 나오는 행렬이다. 이러한 근접 행렬들에 대하여 네 가지 기본 부분공간은 각각 중요한 의미를 갖는다. 지금부터 열공간과 영공간을 보여주기 위해 크기가 작은 행렬들의 예를 살펴보자. 이제 이산수학에서 가장 가치 있는 모형인 그래프와 그 행렬들에 대해 배울 기회가 왔다.

그래프와 근접 행렬

[그림 5-7]은 $m = 6$개의 모서리와 $n = 4$개의 꼭짓점으로 구성된 그래프를 나타낸다. 이 그래프의 근접 행렬의 크기는 6×4이다. 이 행렬 A는 어떤 꼭짓점이 어떤 모서리로 연결되어 있는지를 알려주고, 성분 -1, $+1$은 각 화살표의 방향도 알려준다. A의 첫 행 -1, 1, 0, 0은 첫 번째 모서리가 꼭짓점 1에서 꼭짓점 2로 향함을 보여준다.

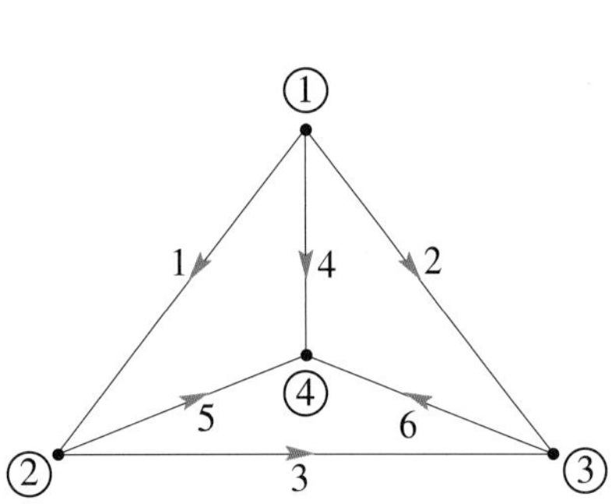

꼭짓점
① ② ③ ④

$$A = \begin{bmatrix} \mathbf{-1} & \mathbf{1} & \mathbf{0} & \mathbf{0} \\ -1 & 0 & 1 & 0 \\ 0 & -1 & 1 & 0 \\ -1 & 0 & 0 & 1 \\ 0 & -1 & 0 & 1 \\ 0 & 0 & -1 & 1 \end{bmatrix} \begin{matrix} \mathbf{1} \\ 2 \\ 3 \\ 4 \\ 5 \\ 6 \end{matrix} \quad \text{모서리}$$

[그림 5-7] $m = 6$개의 모서리와 $n = 4$개의 꼭짓점을 가지는 완전 그래프이다. 모서리 1은 1행을 나타낸다.

A의 행 번호는 그래프에 있는 모서리 번호와 같고, 열 번호는 꼭짓점 번호와 같다. 이 특수한 그래프는 **완전 그래프**complete graph이다. 즉, 임의의 두 꼭짓점 쌍이 하나의 모서리에 의해 연결되어 있다. 여러분은 그래프를 보고 바로 그래프의 근접 행렬 A를 적을 수 있다. 즉, 그래프와 행렬은 같은 정보를 갖는다.

만일 모서리 6을 그래프에서 삭제하면 A의 6행도 행렬에서 제거된다. 상수 벡터 $(1, 1, 1, 1)$은 여전히 A의 영공간에 있다. 우리의 목표는 A의 네 개의 모든 기본 부분공간을 이해하는 것이다.

영공간과 행공간

영공간을 찾기 위해 우리는 $A\boldsymbol{v}=\mathbf{0}$을 푼다. 이 m개의 방정식을 적으면 $A\boldsymbol{v}$가 $\boldsymbol{v}$들의 차이들로 구성된 행렬임을 알 수 있다.

$$A\boldsymbol{v}=\begin{bmatrix}-1 & 1 & 0 & 0\\ -1 & 0 & 1 & 0\\ 0 & -1 & 1 & 0\\ -1 & 0 & 0 & 1\\ 0 & -1 & 0 & 1\\ 0 & 0 & -1 & 1\end{bmatrix}\begin{bmatrix}v_1\\ v_2\\ v_3\\ v_4\end{bmatrix}=\begin{bmatrix}v_2-v_1\\ v_3-v_1\\ v_3-v_2\\ v_4-v_1\\ v_4-v_2\\ v_4-v_3\end{bmatrix} \tag{1}$$

수 v_1, v_2, v_3, v_4는 각 점에서의 **전압**을 나타낼 수 있다. 이때 $A\boldsymbol{v}$는 여섯 개의 모서리 각각의 양 끝에서의 **전압 차이**를 나타낸다. 이러한 전압 차이로 인해 전류가 흐를 수 있는 것이다.

영공간은 $A\boldsymbol{v}=\mathbf{0}$의 해들을 포함하고 있다. 모든 여섯 개의 전압 차가 0이다. 이것은 네 꼭짓점에서의 전압이 같음을 의미한다. **영공간에 속하는 모든 $\boldsymbol{v}$는 상수 벡터 $\boldsymbol{v}=(c, c, c, c)$이다.** 즉, A의 영공간은 $\mathbb{R}^n$에서의 직선이다. 그 차원은 $n-r=1$이므로 $\boldsymbol{r}=\mathbf{3}$이다.

셈 정리 $\quad r+(n-r)=3+1=4=$ **열의 개수**

우리는 모든 전압을 같은 c만큼 증가시키거나 감소시켜 각 모서리에서의 전압차를 유지할 수 있다. $\boldsymbol{v}$에는 '임의의 상수'가 포함된다. 함수들에 대해서는 함수에 상수 C를 더하거나 빼어 그 도함수를 변화시키지 않을 수 있다.

미적분학에서는 부정적분에 임의의 상수 "$+C$"를 더하고, 그래프 이론에서는 전압들에 (c, c, c, c)를 더한다. 선형대수학에서는 $A\boldsymbol{v}=\boldsymbol{b}$의 특수해 하나에 영공간에 있는 임의의 벡터 $\boldsymbol{v}_n$을 더한다.

A의 **행공간** 또한 $\mathbb{R}^4$의 부분공간이다. 각 행의 모든 성분의 합은 -1과 1이 소거되므로 0이다. 따라서 행들의 모든 선형결합들도 모든 성분의 합은 영이 된다. 이는 영공간에 속한 $\boldsymbol{v}=(c, c, c, c)$가 행공간의 모든 벡터와 수직이라는 것을 의미할 뿐이다.

n개의 꼭짓점을 가지는 임의의 연결된 그래프에 대해서도 같은 상황이 발생한다. 벡터 $\boldsymbol{v}=(c, \cdots, c)$는 $\mathbb{R}^n$의 영공간을 채운다. 모든 행은 $\boldsymbol{v}$에 수직이며 각 행의 성분들을 더하면 0이 된다. 따라서 **행공간 $\boldsymbol{C}(A^{\mathrm{T}})$은 $(n-1)$차원이다.** 이 $(n-1)$은 또한 A의 계수이다.

열공간과 좌영공간

열공간은 네 열의 모든 선형결합으로 이루어져 있다. 행렬의 계수가 $r=n-1=3$이므로 서로 독립인 세 개의 열이 있을 것으로 예상할 수 있다. 처음 3개의 열은 독립이다(사실 어떤 세 개의 열벡터를 잡더라도 독립이다) 하지만 네 열을 더하면 영벡터가 되므로 다시 $(1, 1, 1, 1)$이 영공간에 있음을 알 수 있다. **특정한 벡터 $\boldsymbol{b}$가 근접 행렬의 열공간에 있는지 어떻게 알 수 있는가?**

■ 첫 번째 대답

$A\boldsymbol{v}=\boldsymbol{b}$에 소거법을 적용하라. 좌변이 의미하는 것은 어떤 행들의 선형결합이며, 때때로 영벡터가 될 것이다. 이때 우변의 $\boldsymbol{b}$에 동일한 선형결합을 한 결과도 0이 되어야 한다! 다음은 소거법을 사용해 영벡터를 만드는 행들의 선형결합이다.

$$(1\text{행})-(2\text{행})+(3\text{행})=\mathbf{0}.\ \text{우변의 } \boldsymbol{b} \text{ 또한 } b_1-b_2+b_3=0\text{이 되어야 한다.} \tag{2}$$

A는 $m=6$개의 행을 가지며 계수가 $r=3$이므로 소거법을 시행한 후 기약행렬 R에 $(6-3)$개의 영벡터 행이 있다. 벡터 $\boldsymbol{b}$가 열공간에 있는지를 확인하기 위한 조건 세 개가 있을 것이다. 소거법은 $A\boldsymbol{v}=\boldsymbol{b}$가 해를 가지기 위한 세 가지 조건을 보여줄 것이다.

이 조건들을 더 나은 방법을 통해 찾고 싶은데, 이 경우 그래프는 세 개의 작은 루프를 갖는다.

■ 루프를 사용한 두 번째 대답

$A\boldsymbol{v}$는 $\boldsymbol{v}$의 차들을 성분으로 갖고 있다. 그래프에서 닫힌 루프를 따라 그 차들을 더하면 소거되어 0이 된다. 모서리 1, 3, -2(모서리 2에서 화살표는 반대 방향이다)에 의해 생기는 큰 삼각형을 따라 이 차들은 소거된다.

$$\textbf{루프를 따라} \quad (v_2-v_1)+(v_3-v_2)-(v_3-v_1)=0$$

모든 루프를 따라 $A\boldsymbol{v}$의 성분들은 합치면 0이 된다. $\boldsymbol{b}$가 A의 열공간에 있을 때, $A\boldsymbol{v}=\boldsymbol{b}$이다. 벡터 $\boldsymbol{b}$는 반드시 전압 법칙을 따라야 한다.

KVL (전형적인 루프에서) **키르히호프의 전압 법칙** $b_1+b_3-b_2=0$

우리는 모든 루프를 테스트함으로써 $\boldsymbol{b}$가 열공간에 있는지 결정한다. $A\boldsymbol{v}=\boldsymbol{b}$는 $\boldsymbol{b}$의 성분들이 A의 행들의 종속성과 같은 종속성을 만족할 때 해를 갖는다. 이때 키르히호프의 전압 법칙이 만족되며 소거법을 시행하였을 때 방정식 $0=0$이 나온다. 즉, $A\boldsymbol{v}=\boldsymbol{b}$는 해가 존재한다.

Q_ 그래프에서 세 개의 작은 루프와 하나의 큰 루프를 포함하여 총 네 개의 루프를 볼 수 있다. 우리는 $\boldsymbol{b}$가 $\boldsymbol{C}(A)$에 있는지 확인하기 위해 세 개의 테스트를 해야 한다. 이에 대한 설명은 무엇인가?

A_ 이 네 개의 루프는 서로 독립이 아니다. 만약 여러분이 [그림 5-8]의 작은 루프들을 결합하면 큰 루프를 얻게 된다. 따라서 작은 루프들에서의 테스트를 조합하면 큰 루프에서의 테스트가 되므로 우리는 키르히호프 전압 법칙을 작은 루프에서만 테스트하면 된다.

지금까지 A의 열공간을 두 가지 방법으로 묘사하였다. 첫 번째로 $\boldsymbol{C}(A)$는 열벡터들의 모든 선형결합을 포함하고 있다. 이때 $(n-1)$개의 열벡터면 충분하며 n번째의 열벡터는 이전 벡터들의 선형결합으로 쓰여진다. 두 번째로 $\boldsymbol{C}(A)$는 전압 법칙을 만족하는 모든 벡터 $\boldsymbol{b}$를 포함하고 있다. 각 루프마다 $\boldsymbol{b}$의 성분들의 합은 0이다. 우리는 이제 이 조건이 $\boldsymbol{b}$가 A^{T}의 영공간에 있는 임의의 벡터 $\boldsymbol{y}$에 수직인 것과 같음을 살펴볼 것이다. 즉, $\boldsymbol{C}(A)$는 좌영공간 $\boldsymbol{N}(A^{\mathrm{T}})$에 수직이다.

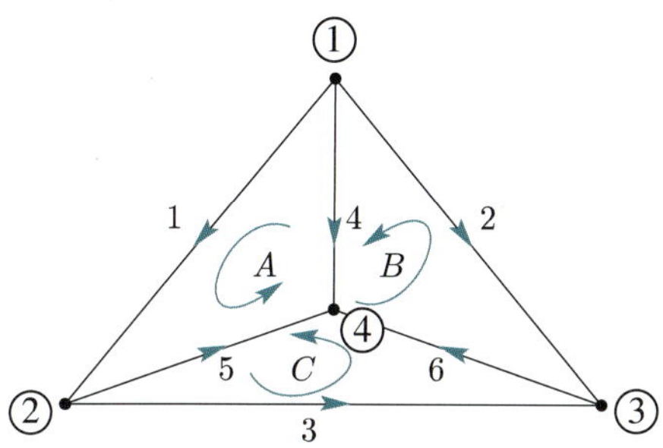

	전압 법칙
루프 A	$b_1-b_4+b_5=0$
루프 B	$b_4-b_6-b_2=0$
루프 C	$b_3+b_6-b_5=0$
큰 루프 $A+B+C$:	$b_1-b_2+b_3=0$

[그림 5-8] 루프들은 A의 열공간, A^{T}의 영공간 그리고 $\boldsymbol{b}$에 대한 테스트들을 알려준다.

$\boldsymbol{N}(A^{\mathrm{T}})$는 $A^{\mathrm{T}}\boldsymbol{y}=\boldsymbol{0}$의 모든 해를 포함하며 그 차원은 $m-r=6-3=3$이다. 따라서 다음과 같이 **3개의 기저** y가 있다.

$$A^{\mathrm{T}}\boldsymbol{y}=\begin{bmatrix}-1&-1&0&-1&0&0\\1&0&-1&0&-1&0\\0&1&1&0&0&-1\\0&0&0&1&1&1\end{bmatrix}\begin{bmatrix}y_1\\y_2\\y_3\\y_4\\y_5\\y_6\end{bmatrix}=\begin{bmatrix}0\\0\\0\\0\end{bmatrix} \tag{3}$$

의미 있는 방정식의 개수는 $n=4$가 아닌 $r=3$이다.

그 이유는 네 개의 방정식을 더하면 $0=0$이 되어, 네 번째 방정식은 처음 세 개의 방정식으로부터 자동적으로 나온다.

이 세 개의 방정식이 의미하는 것은 무엇일까? 첫 번째 방정식은 $-y_1-y_2-y_4=0$이다. **점 1에서의 알짜 전류는 0이다.** 네 번째 방정식은 $y_4+y_5+y_6=0$이다. **각 꼭짓점으로 들어가는 전류에서 나가는 전류를 빼면 0이 된다.** 이 방정식들은 유명하며 기초적인 것이다.

> **키르히호프의 전류 법칙** $A^{\mathrm{T}}\boldsymbol{y}=0$ 각 점으로 들어오는 전류는 각 꼭짓점에서 나가는 전류와 같다.

이 법칙은 응용수학의 여러 방정식들 중 첫 번째로 나올 만큼 중요하다. 이 방정식은 '보존', '연속성', '균형'을 포함하고 있다. 소멸되는 것도 없고, 생성되는 것도 없다. 전류나 힘들이 균형을 이루고 있을 때, 풀어야 할 방정식은 $A^{\mathrm{T}}\boldsymbol{y}=\boldsymbol{0}$이다. 이 균형을 나타내는 방정식에서의 행렬이 근접 행렬 A의 전치행렬이라는 사실에 주목하자.

$A^{\mathrm{T}}\boldsymbol{y}=\boldsymbol{0}$의 실제 해는 무엇일까? 전류들은 그들끼리 균형을 이루어야 한다. 가장 쉬운 방법은 루프를 따라 돌려 보는 것이다. 단위 전류가 큰 삼각형(모서리 1과 3은 정방향, 모서리 2는 역방향)을 따라 흐를 때 벡터는 $\boldsymbol{y}=(1,-1,1,0,0,0)$이다. 이 벡터는 $A^{\mathrm{T}}\boldsymbol{y}=\boldsymbol{0}$을 만족한다. 즉, 모든 루프 전류는 키르히호프 전류 법칙의 해이다.

루프를 따라, 각 꼭짓점으로 들어오는 전류와 나가는 전류는 같다. 작은 루프 A는 모서리 1과 5에서 정방향, 모서리 4에서 역방향으로 구성되어 있다. 이때의 $\boldsymbol{y}$는 $\boldsymbol{y}=(1,0,0,-1,1,0)$이며, 이때 $\boldsymbol{y}$는 $A^{\mathrm{T}}\boldsymbol{y}=\boldsymbol{0}$을 만족한다. **그래프에서의 각 루프로부터 $\boldsymbol{N}(A^{\mathrm{T}})$에 있는 벡터 $\boldsymbol{y}$를 구할 수 있다.**

$6-3=3$이므로 세 개의 독립인 $\boldsymbol{y}$가 있을 것으로 예상된다. 그래프에서 세 개의 작은 루프는 서로 독립이다. 큰 삼각형은 네 번째 $\boldsymbol{y}$를 주는 것처럼 보이지만, 실제로는 작은 루프들의 합이다. 작은 루프 A, B, C를 통해 A^{T}의 영공간의 기저 $\boldsymbol{y}_1$, $\boldsymbol{y}_2$, $\boldsymbol{y}_3$을 찾을 수 있다.

$A^{\mathrm{T}}\boldsymbol{y}=\boldsymbol{0}$의 해들
세 개의 작은 루프로부터
나오는 큰 루프

$$\boldsymbol{y}_1+\boldsymbol{y}_2+\boldsymbol{y}_3=\underset{A}{\begin{bmatrix}1\\0\\0\\-1\\1\\0\end{bmatrix}}+\underset{B}{\begin{bmatrix}0\\0\\1\\0\\-1\\1\end{bmatrix}}+\underset{C}{\begin{bmatrix}0\\-1\\0\\1\\0\\-1\end{bmatrix}}=\underset{A+B+C}{\begin{bmatrix}1\\-1\\1\\0\\0\\0\end{bmatrix}}$$

요약 $m\times n$ 근접 행렬 A는 n개의 꼭짓점과 m개의 모서리를 갖는 연결 그래프로부터 나온다. 행공간과 열공간의 차원은 모두 $r=n-1=(A$의 계수$)$이다. A와 A^{T}의 영공간의 차원은 각각 1과 $(m-r=m-n+1)$이다.

1. 상수 벡터 $(c, c, \cdots, c)$가 영공간 $\boldsymbol{N}(A)$의 원소이다.
2. 루프가 없는 (트리) $(n-1)$개의 모서리로부터 $r=(n-1)$개의 독립인 행이 있다.
3. 전압 법칙을 통해 $\boldsymbol{C}(A)$를 구한다. $A\boldsymbol{v}$의 성분들은 각 루프마다 합하면 0이 된다.
4. 전류 법칙 $A^{\mathrm{T}}\boldsymbol{y}=0$ $(m-r)$개의 독립적인 루프의 전류로부터 $\boldsymbol{N}(A^{\mathrm{T}})$을 구한다.

평면의 모든 그래프에 대해서, 선형대수학에서는 다음 오일러 공식^Euler's formula^을 유도한다.

(꼭짓점의 개수) − (모서리의 개수) + (작은 루프의 개수) = 1

이는 $(n)-(m)+(m-n+1)=1$이다. 앞에서의 예시 그래프에서는 $4-6+3=1$로써 공식이 성립한다. 하나의 삼각형에 대해서는 (3개의 꼭짓점)−(3개의 모서리)+(1개의 루프)이다. 모서리는 9개, 꼭짓점은 10개이며 루프가 없는 트리에서 오일러 수는 $10-9+0=1$이다. 즉, 모든 평면 그래프에 대하여 오일러 수는 1이 된다.

트리

트리^tree^는 루프가 없는 그래프이다. [그림 5-9]는 $n=4$개의 꼭짓점을 갖는 두 개의 트리를 나타낸다. 이들 그래프(그리고 우리가 살펴본 모든 그래프들)는 연결되어 있다. 즉, 임의의 두 점 사이를 연결하는 모서리들로 구성된 경로가 있고, 따라서 그래프들은 독립적인 부분들로 분리될 수 없다. n개의 모든 꼭짓점을 연결하기 위하여 트리는 반드시 $m=(n\quad 1)$개의 모서리를 가져야 한다. 근접 행렬의 계수 또한 $r=n-1$이다. 이때 트리에서의 루프의 개수는 $m-r=0$임을 다시 확인할 수 있다.

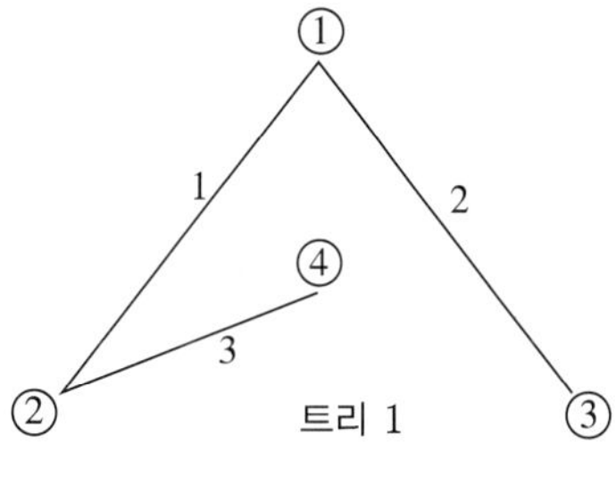

$$A_1=\begin{bmatrix}-1 & 1 & 0 & 0\\ -1 & 0 & 1 & 0\\ 0 & -1 & 0 & 1\end{bmatrix}$$

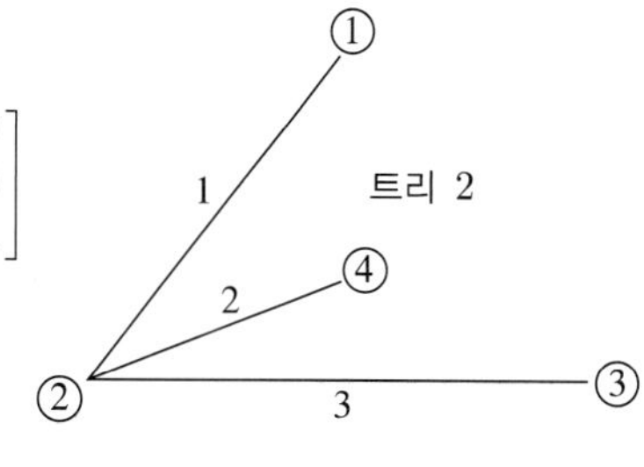

(a) (b)

[그림 5-9] $n=4$개의 꼭짓점과 $m=3$개의 모서리를 갖는 두 개의 트리로, A_1의 계수는 $r=m$이다.

트리의 근접 행렬 A는 독립인 행들을 갖는다. 실제로 A_1의 3개의 행은 앞의 완전 그래프에 대한 6×4 행렬에서의 서로 독립인 세 개의 1, 2, 5행이다. 원래의 그래프는 16개의 서로 다른 트리를 갖는다.

인접 행렬과 그래프 라플라시안

인접 행렬 W는 정사각행렬이다. 그래프에 n개의 꼭짓점이 있으면 이 행렬은 $n\times n$ 행렬이다. 만약 꼭짓점 i로부터 꼭짓점 j로의 모서리가 있으면 $W_{ij}=1$이고, 모서리가 없다면 $W_{ij}=0$이다. 모서리를 통해 양방향으로 갈 수 있으므로 W는 대칭 행렬이고, W의 대각성분은 0이다. 그래프에 대한 모든 정보는 인접 행렬 W에 있지만 모서리 번호, 화살표 방향에 대한 정보는 포함되어 있지 않다.

W의 대각선 위에는 m개의 1이 있으며, 대각선 아래에도 m개의 1이 있다. 7.5절에서는 **그래프 라플라시안 행렬** $A^{\mathrm{T}}A$(여기서 A는 근접 행렬)에 대하여 다루며 다음 공식을 유도한다.

그래프 라플라시안 $\quad \boldsymbol{A}^{\mathrm{T}}\boldsymbol{A}=\boldsymbol{D}-\boldsymbol{W}=$(차수 행렬) - (인접 행렬)

대각 행렬 D는 각 꼭짓점에서의 '차수'를 알려준다. 차수는 그 점에서 들어오거나 나가는 모서리의 개수이다. 다음은 여섯 개의 모서리를 갖는 완전 그래프에 대한 W와 $A^{\mathrm{T}}A$이다.

$$\textbf{인접 행렬 } \boldsymbol{W}=\begin{bmatrix}0&1&1&1\\1&0&1&1\\1&1&0&1\\1&1&1&0\end{bmatrix}\qquad \textbf{그래프 라플라시안 } A^{\mathrm{T}}A=\begin{bmatrix}3&-1&-1&-1\\-1&3&-1&-1\\-1&-1&3&-1\\-1&-1&-1&3\end{bmatrix}$$

$A^{\mathrm{T}}A$의 모든 행은 각 성분을 더하면 0이 된다. 대각선의 차수 3은 대각성분이 아닌 성분 -1들과 합하여 소거된다. 벡터 A의 영공간에 속한 벡터 $(1,1,1,1)$은 $A^{\mathrm{T}}A$의 영공간에도 속한다.

다음 문제를 도전해보자. 다음과 같이 근접 행렬 A가 주어져 있을 때, 이로부터 유향 그래프[3]를 복원하라. 또한 다음과 같이 인접 행렬 W가 주어져 있을 때, 이로부터 방향이 없는 그래프를 복원하라.

$$A=\begin{bmatrix}1&0&0&-1\\0&-1&1&0\\0&0&-1&1\\1&-1&0&0\end{bmatrix}\qquad W=\begin{bmatrix}0&1&0&1\\1&0&1&0\\0&1&0&1\\1&0&1&0\end{bmatrix}$$

---

3 (옮긴이) 유향 그래프는 모서리에 방향이 있는 그래프를 의미한다.

5.6 요약

1. n개의 꼭짓점과 m개의 모서리를 갖는 그래프는 A에서 각각 n개의 열과 m개의 행을 갖는다.
2. 근접 행렬의 각 열의 성분은 -1과 1뿐이다(각 모서리가 시작하는 꼭짓점에서 -1을, 끝나는 꼭짓점에서 1을 갖는다).
3. **$C(A)$에 관한 전압 법칙** : 임의의 루프를 따라 $A\boldsymbol{v}$의 성분들의 합은 0이 된다.
4. **$N(A^{\mathrm{T}})$에 관한 전류 법칙** : 각 꼭짓점에서 $A^{\mathrm{T}}\boldsymbol{y}=$(들어오는 전류)−(나가는 전류)$=0$이다.
5. A의 계수는 $(n-1)$이다. 이때 $(m-n+1)$개의 작은 루프를 따라 전류 y는 $A^{\mathrm{T}}\boldsymbol{y}=\boldsymbol{0}$을 만족한다.
6. 인접 행렬 W와 그래프 라플라시안 $A^{\mathrm{T}}A$는 $n\times n$ 대칭 행렬이다.

5.6 연습문제

01~13 다음은 두 그래프에 대한 근접 행렬에 관한 것이다. [연습문제 01~07]은 그림 (a), [연습문제 08~13]은 그림 (b)에 관한 문제이다.

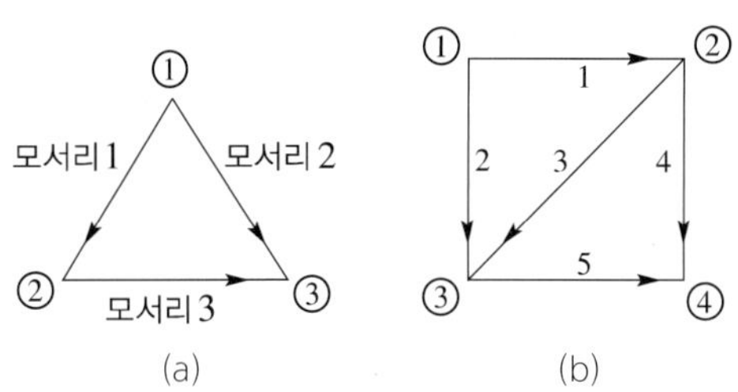

01 삼각형 그래프에 대하여 3×3 근접 행렬 A를 적어라. 첫째 행은 1열에 성분 -1, 2열에 성분 1을 갖는다. 이 행렬의 영공간에 있는 벡터들 (v_1, v_2, v_3)은 무엇인가? 또한 이 행렬의 행공간에 $(1,0,0)$이 없음을 어떻게 알 수 있는가?

02 삼각형 그래프에 대하여 A^{T}를 적어라. 이 행렬의 영공간에 있는 $\boldsymbol{y}$를 구하라. $\boldsymbol{y}$의 각 성분들은 모서리에서 흐르는 전류들이다. 삼각형 주위를 흐르는 전류는 얼마인가?

03 A에 소거법을 적용하여 사다리꼴 행렬 R을 구하라. R의 영벡터가 아닌 행 두 개에 대응되는 트리는 무엇인가?

$$A\boldsymbol{v}=\boldsymbol{b} \qquad \begin{aligned} -v_1+v_2&=b_1\\ -v_1+v_3&=b_2\\ -v_2+v_3&=b_3 \end{aligned}$$

04 $A\boldsymbol{v}=\boldsymbol{b}$의 해가 있도록 하는 벡터 (b_1, b_2, b_3)와 해가 존재하지 않도록 하는 벡터 $\boldsymbol{b}$를 구하라. $\boldsymbol{y}=(1,-1,1)$에 대하여 그 내적 $\boldsymbol{y}^{\mathrm{T}}\boldsymbol{b}$는 무엇인가?

05 $A^{\mathrm{T}}\boldsymbol{y}=\boldsymbol{f}$가 해를 갖도록 하는 벡터 (f_1, f_2, f_3)와 해가 존재하지 않도록 하는 벡터 $\boldsymbol{f}$를 구하라. 이들 $\boldsymbol{f}$는 $\boldsymbol{v}=(1,1,1)$과 어떤 관계가 있는가? 방정식 $A^{\mathrm{T}}\boldsymbol{y}=\boldsymbol{f}$는 키르히호프의 _____ 법칙이다.

06 행렬들을 곱하여 $A^{\mathrm{T}}A$를 구하라. $A^{\mathrm{T}}A\boldsymbol{v}=\boldsymbol{f}$가 해를 갖도록 하는 벡터 $\boldsymbol{f}$를 하나 고르고 이때의 $\boldsymbol{v}$도 구하라. 이 전압 $\boldsymbol{v}$들과 전류 $\boldsymbol{y}=-A\boldsymbol{v}$들을 삼각형 그래프 위에 표시하라. 벡터 $\boldsymbol{f}$는 '전류 소스'들을 표현한다.

07 $A^{\mathrm{T}}A$의 영공간을 구하라. 이 답은 반드시 $\boldsymbol{N}(A)$와 같

아야 한다. 이 행렬의 열공간에 있는 벡터 $\boldsymbol{f}$들은 어떤 벡터들인가?

08 두 개의 루프를 갖는 사각형 그래프에 대하여 5×4 근접 행렬 A를 구하라. $A\boldsymbol{v} = \boldsymbol{0}$의 한 개의 해 및 $A^{\mathrm{T}}\boldsymbol{y} = \boldsymbol{0}$의 두 개의 해를 구하라. 이 행렬의 계수는 _____이다.

09 다섯 개의 차 $v_2 - v_1$, $v_3 - v_1$, $v_3 - v_2$, $v_4 - v_2$, $v_4 - v_3$이 b_1, b_2, b_3, b_4, b_5와 같아지기 위해 $\boldsymbol{b}$가 만족해야 할 두 조건을 구하라. 여러분이 찾은 두 개의 조건은 키르히호프의 _____ 법칙을 그래프에서의 두 _____을 따라 적용한 것이다.

10 소거법을 적용하여 A를 U로 축소하라. 영벡터가 아닌 세 개의 행은 어떤 그래프의 근접 행렬이 되는가? 여러분은 사각형 그래프에서의 하나의 트리를 찾았다. 다른 7개의 트리도 찾아라.

11 $A^{\mathrm{T}}A$를 곱하고 그 성분들이 어떻게 A의 열들로부터 (그리고 그래프들로부터) 나왔는지를 설명하라.

(a) 라플라시안 행렬 $A^{\mathrm{T}}A$의 대각성분들은 각 점으로 연결되는 모서리의 수(차수)를 세어 준다. 이 모서리의 수들이 열벡터와 그 자신의 내적과 같은 이유는 무엇인가?

(b) 대각선 밖의 성분 -1과 0은 어떤 점 i와 j가 연결되었는지를 알려준다. -1 혹은 0이 i열과 다른 열 j열 간의 내적이 되는 이유는 무엇인가?

12 $A^{\mathrm{T}}A$의 영공간과 계수를 구하라. 왜 $f_1 + f_2 + f_3 + f_4 = 0$일 때에만 $A^{\mathrm{T}}A\boldsymbol{v} = \boldsymbol{f}$가 해를 갖는가?

13 정사각형 그래프에 대한 4×4 인접 행렬 W를 구하라. 그 성분인 1 또는 0은 꼭짓점들 사이에서 길이가 1인 경로(모서리)의 수를 센다.

(중요) W^2을 계산하고 그 성분들이 길이가 2인 두 꼭짓점을 연결하는 경로의 수임을 확인하라. $(W^2)_{ii}$가 꼭짓점 i의 차수인 이유는 무엇인가? 이 경로들은 그 점을 나갔다가 다시 돌아오는 경로이다.

14 7개의 꼭짓점과 7개의 모서리를 갖는 연결된 그래프는 몇 개의 루프를 갖는가?

15 4개의 꼭짓점, 6개의 모서리 그리고 3개의 루프를 갖는 그래프에 대하여 새로운 꼭짓점 한 개를 추가하자. 만일 새로 추가한 꼭짓점을 원래 있던 꼭짓점 하나와 모서리로 연결하면 오일러 공식은 ( )$-$( )$+$( )$=1$이 된다. 만약 새로 추가한 꼭짓점을 원래의 꼭짓점 두 개와 모서리로 연결하면 오일러 공식은 ( )$-$( )$+$( )$=1$이 된다.

16 A가 연결 그래프로부터 나온 12×9 근접 행렬이라고 하자.

(a) A의 열들 중 독립인 것은 몇 개인가?

(b) $A^{\mathrm{T}}\boldsymbol{y} = \boldsymbol{f}$가 해를 갖기 위한 $\boldsymbol{f}$의 조건은 무엇인가?

(c) $A^{\mathrm{T}}A$의 대각성분들은 각 점으로 들어가는 모서리의 개수를 알려준다. 이 대각성분들의 합은 얼마인가?

17 $n = 6$개의 꼭짓점이 있는 완전 그래프는 왜 $m = 15$개의 모서리를 갖는가? 6개의 점을 연결하는 트리는 _____개의 모서리를 갖고, _____개의 루프를 갖는다.

18 근접 행렬 A의 어떠한 $(n-1)$개의 열벡터도 서로 독립이 됨을 어떻게 알 수 있는가? 만약 그 열벡터들이 종속이라면 영공간은 0인 성분을 가지는 벡터를 포함하고 있을 것이다. 하지만 A의 영공간은 실제로 _____인 벡터들을 포함하고 있다.

19 (a) n개의 꼭짓점을 가지는 완전 그래프에 대하여 라플라시안 행렬 $A^{\mathrm{T}}A$를 구하라.

(b) 꼭짓점 1에서 꼭짓점 3으로의 모서리가 제거된다면, $A^{\mathrm{T}}A$에는 어떠한 변화가 생기는가?

20 m개의 모서리에 기전력 $b_1, \cdots, b_m$의 전지가 삽입되었다고 가정하자. 이때 각 모서리 양 끝의 전압 차이는 $A\boldsymbol{v} - \boldsymbol{b}$가 된다. 각 모서리에 단위 저항이 있다면 전류 역시 $A\boldsymbol{v} - \boldsymbol{b}$가 되며, 키르히호프 전류 법칙은 $A^{\mathrm{T}}(A\boldsymbol{v} - \boldsymbol{b}) = \boldsymbol{0}$이 된다. $\boldsymbol{b} = (1, 1, \cdots, 1)$일 때, 위의 정사각형 그래프에 대하여 이 시스템을 풀어라.

5장 메모

벡터들이 꼭 열벡터일 필요는 없다. 벡터공간의 정의에서 덧셈 $\boldsymbol{x}+\boldsymbol{y}$와 스칼라 곱 $c\boldsymbol{x}$는 다음 8개의 법칙을 만족해야 한다.

1. $\boldsymbol{x}+\boldsymbol{y}=\boldsymbol{y}+\boldsymbol{x}$
2. $\boldsymbol{x}+(\boldsymbol{y}+\boldsymbol{z})=(\boldsymbol{x}+\boldsymbol{y})+\boldsymbol{z}$
3. 모든 $\boldsymbol{x}$에 대하여 $\boldsymbol{x}+\boldsymbol{0}=\boldsymbol{x}$을 만족하는 유일한 '영벡터'가 있다.
4. 각 $\boldsymbol{x}$에 대하여 $\boldsymbol{x}+(-\boldsymbol{x})=\boldsymbol{0}$이 되는 유일한 $-\boldsymbol{x}$가 존재한다.
5. 1과 $\boldsymbol{x}$의 곱은 $\boldsymbol{x}$이다.
6. $(c_1c_2)\boldsymbol{x}=c_1(c_2\boldsymbol{x})$
7. $c(\boldsymbol{x}+\boldsymbol{y})=c\boldsymbol{x}+c\boldsymbol{y}$
8. $(c_1+c_2)\boldsymbol{x}=c_1\boldsymbol{x}+c_2\boldsymbol{x}$

다음은 이 8개의 법칙의 의미를 나타내는 문제이다.

1. $(x_1, x_2)+(y_1, y_2)$를 (x_1+y_2, x_2+y_1)로 정의한다고 하자. 스칼라 곱은 보통과 같이 $c\boldsymbol{x}=(cx_1, cx_2)$로 정의한다고 할 때, 위 8개의 법칙 중 만족되지 않는 것은 무엇인가?

2. 이번에는 스칼라 곱 $c\boldsymbol{x}$를 (cx_1, cx_2)가 아닌 $(cx_1, 0)$으로 정의한다고 가정하자. 덧셈은 $\mathbb{R}^2$에서의 덧셈으로 정의한다고 할 때, 8개의 법칙은 모두 만족되는가?

3. (a) 실수 $\mathbb{R}$에서 양수만을 택한다면 어떤 법칙이 더 이상 성립하지 않겠는가? 이때 모든 실수 c가 허용되어야 한다. 반직선은 부분공간이 아니다.

(b) 양수 x, y에 대하여 $\boldsymbol{x}+\boldsymbol{y}$와 $c\boldsymbol{x}$를 실수에서의 연산 xy와 x^c으로 정의하면 8개의 법칙을 만족한다. $c=3$, $x=2$, $y=1$일 때, 법칙 7을 테스트해보자(이때 $\boldsymbol{x}+\boldsymbol{y}=2$이고 $c\boldsymbol{x}=8$이다). 어떤 수가 '영벡터'의 역할을 하는가?

4. 행렬 $A=\begin{bmatrix} 2 & -2 \\ 2 & -2 \end{bmatrix}$는 모든 2×2 행렬로 이루어진 공간 $\mathbf{M}$에 속하는 벡터이다. 이 공간에서의 영벡터를 적고, 벡터 $\frac{1}{2}A$와 $-A$를 적어라. A를 포함하는 가장 작은 부분공간에는 어떠한 행렬들이 있겠는가?

5. 함수 $\boldsymbol{f}(x)=x^2$, $\boldsymbol{g}(x)=5x$는 '함수공간에 속한 벡터들'이다. $\boldsymbol{f}(x)$에 c를 곱하는 규칙을 $c\boldsymbol{f}(x)$ 대신 $\boldsymbol{f}(cx)$로 정의하면 어떤 법칙이 더 이상 성립하지 않겠는가? 단, 여기서 함수의 덧셈 $\boldsymbol{f}(x)+\boldsymbol{g}(x)$는 원래의 정의를 유지한다.

6. 만약 '벡터들' $\boldsymbol{f}(x)$, $\boldsymbol{g}(x)$의 합을 함수 $\boldsymbol{f}(\boldsymbol{g}(x))$로 정의한다면 이때의 '영벡터'는 $g(x)=x$이다. 스칼라 곱 연산은 $c\boldsymbol{f}(x)$로 유지할 때, 더 이상 성립하지 않는 두 개의 법칙을 찾아라.

행렬의 행 계수는 열 계수와 같다 : 첫 번째 큰 정리

행공간 $\boldsymbol{C}(A^{\mathrm{T}})$의 차원은 열공간 $\boldsymbol{C}(A)$의 차원과 같다. 네 가지 증명을 다음과 같이 간략히 제시한다. 증명 2~4는 소거법을 사용하지 않는다.

증명 1 행공간과 열공간의 차원이 유지되도록 A를 R로 축소한다. 이 과정 중에 행공간은 실제로 변하지 않는다. 열공간은 A로부터 R로 바뀌면서 변하지만 그 차원은 변하지 않는다. 따라서 이 정리는 R에 대해서는 명백히 성립한다.

$$R\text{에서 } r\text{개의 영벡터가 아닌 행} \quad \leftrightarrow \quad r = \text{행 공간의 차원}$$
$$R\text{에서 } r\text{개의 피봇 열} \quad \leftrightarrow \quad r = \text{열 공간의 차원}$$

증명 2 (G.Mackiw의 Mathematics Magazine 68 1995에 실린 증명) $\boldsymbol{x}_1, \cdots, \boldsymbol{x}_r$이 A의 행공간에 대한 기저라고 하자. 다음 문단에서 $A\boldsymbol{x}_1, \cdots, A\boldsymbol{x}_r$이 열공간에서 선형독립임을 보일 것이다. 이때 (행공간의 차원) $= r \leq$ (열 공간의 차원) 이다. 같은 논의가 A^{T}에 대해서도 적용되므로 방향이 바뀐 부등식도 성립한다. 따라서 두 차원은 반드시 같아야 한다.

$c_1A\boldsymbol{x}_1 + \cdots + c_rA\boldsymbol{x}_r = A(c_1\boldsymbol{x}_1 + \cdots + c_r\boldsymbol{x}_r) = A\boldsymbol{v} = \boldsymbol{0}$이라 가정하자. 이때 $\boldsymbol{v}$는 A의 영공간에 있으며 행공간에도 있다(이 벡터는 $\boldsymbol{x}$들의 선형결합이다). 따라서 $\boldsymbol{v}$는 자기 자신에 수직이므로 $\boldsymbol{v} = \boldsymbol{0}$이고, $\boldsymbol{x}$들이 기저이므로 모든 c들은 0이어야 한다.

이는 $c_1A\boldsymbol{x}_1 + \cdots + c_rA\boldsymbol{x}_r = \boldsymbol{0}$일 때, 모든 c_i가 0임을 보인 것이다. 따라서 $A\boldsymbol{x}_1, \cdots, A\boldsymbol{x}_r$은 열공간에서 독립인 벡터이며, $\boldsymbol{C}(A)$의 차원은 r 이상이다.

증명 3 A가 r개의 독립인 행과 s개의 독립인 열을 가질 때, 이 독립인 행들을 A의 위쪽으로, 독립인 열들을 A의 왼쪽으로 보낼 수 있을 것이다. 이 행과 열들은 $r \times s$ 부분 행렬 B에서 만날 것이다.

$$A = \begin{bmatrix} B & C \\ D & E \end{bmatrix} \; r\text{개의 행} \qquad \begin{bmatrix} B & C \\ D & E \end{bmatrix}\begin{bmatrix} \boldsymbol{v} \\ 0 \end{bmatrix} = \begin{bmatrix} 0 \\ 0 \end{bmatrix}$$

$s > r$이라 가정하자. $B\boldsymbol{v} = \boldsymbol{0}$은 미지수가 s개인 r개의 방정식이므로 $\boldsymbol{v} \neq 0$인 해를 갖는다. 이때 $\boldsymbol{w} = \begin{bmatrix} \boldsymbol{v} \\ 0 \end{bmatrix}$이라 두고 곱 $A\boldsymbol{w}$를 계산하면 위와 같이 행렬의 윗부분에서는 $B\boldsymbol{v} + C0 = \boldsymbol{0}$이다. 한편 행렬의 아랫부분에서도 $D\boldsymbol{v} + E0 = \boldsymbol{0}$인데, 이는 A의 아랫부분에 위치한 행들이 윗부분에 위치한 행들의 선형결합으로 표현되기 때문이다. 하지만 이때 A의 처음 s개의 독립인 열 $\begin{bmatrix} B \\ D \end{bmatrix}$의 $\boldsymbol{v}$를 계수로 하는 선형결합이 영벡터가 된다. 이는 s개의 열이 독립이라는 가정에 모순이다.

결론적으로, $s > r$은 일어날 수 없다. A^{T}에 대해서도 같은 방식으로 생각하면 $r > s$도 불가능하다.

증명 4 r개의 열벡터 $\boldsymbol{u}_1, \cdots, \boldsymbol{u}_r$이 열공간 $\boldsymbol{C}(A)$의 기저라고 하자. 이때 A의 각 열은 $\boldsymbol{u}$들의 선형결합이다. A의 1열은 적당한 계수 w들에 의하여 $w_{11}\boldsymbol{u}_1 + \cdots + w_{r1}\boldsymbol{u}_r$로 나타낼 수 있고, 따라서 전체 행렬 A는 $UW = (m \times r$ 행렬$) \times (r \times n$ 행렬$)$과 같다.

$$A = \begin{bmatrix} & & \\ \boldsymbol{u}_1 & \cdots & \boldsymbol{u}_r \\ & & \end{bmatrix} \begin{bmatrix} w_{11} & \cdots & w_{1n} \\ \vdots & & \vdots \\ w_{r1} & \cdots & w_{rn} \end{bmatrix} = UW$$

이제 $A = UW$를 다르게 살펴보자. A의 각 행은 W의 r개 행들의 선형결합이다! 따라서 A의 행공간의 차원은 r보다 작거나 같다.

이것으로 임의의 A에 대하여 (행 공간의 차원) $\leq$ (열 공간의 차원) 임을 보였다. 이 논의를 A^{T}에 대하여 적용하면 결국 두 공간의 차원이 같아야 함을 알 수 있다.

전치 행렬과 d/dt의 행공간

이 책에서는 선형 미분방정식과 행렬 방정식 사이의 유사함에 대하여 꾸준히 강조하고 있다. 각 경우 모두 영공간의 해와 특수해가 있다. 미분방정식 $D\boldsymbol{y} = 0$의 해는 영공간의 해 y_n을 포함하고 있다.

행렬 A $\quad A\boldsymbol{v}_n = 0$ $\qquad$ **도함수** $\boldsymbol{D}$ $\quad Dy_n = y_n'' + By_n' + Cy_n = 0$

이 D에 대한 영공간은 2차원이며 이것이 바로 y에 두 개의 초기조건이 필요한 이유이다. 우리는 $y_n = e^{st}$ 형태의 해를 찾으며 일반적으로 두 개의 s_1, s_2를 찾아 해 $e^{s_1 t}$, $e^{s_2 t}$을 얻는다. 이 두 함수는 영공간의 기저이다. $s_2 = s_1$인 경우, 두 번째 기저 함수는 $te^{s_1 t}$이다. 다음과 같은 질문이 나오기 전까지는 모든 것은 완전히 행렬 방정식을 푸는 것과 평행하게 진행된다.

미분연산자에는 행이 없는데, D의 '행공간'은 무엇인가?

여기서는 이 질문에 대한 두 가지 답을 제시하려 한다. 이 답은 선형대수학의 기본 정리를 충실히 모방하여 얻을 수 있다. $\boldsymbol{D}$ 또한 선형이므로 선형대수학의 기본 정리는 $\boldsymbol{D}$에도 적용될 수 있다.

A1_ $\boldsymbol{D}$의 행공간은 $e^{s_1 t}, e^{s_2 t}$에 수직인 모든 함수 $y_r(t)$들의 공간이다.

A2_ $\boldsymbol{D}$의 행공간은 모든 입력 $q(t)$에 대한 모든 출력 $y_r(t) = D^{\mathrm{T}} q(t)$로 이루어진 공간이다.

이 대답들은 좋아 보이지만, 함수들을 언제 '수직'이라 하는가? 연산자 $\boldsymbol{D}$의 '전치'는 무엇인가?

함수의 내적
y_n과 y_r의 내적 $\qquad (y_n(t), y_r(t)) = \int_{-\infty}^{\infty} y_n(t) y_r(t) dt$

여러분은 위의 정의가 합리적으로 보이는가? 벡터의 내적은 곱 $v_j w_j$를 더하고, 함수의 경우의 경우 $y_n y_r$을 적분한다. 만약 벡터나 함수가 복소수 값을 갖는다면 우리는 $\overline{v}_j w_j$를 더하거나 $\overline{y}_n y_r$를 적분한다. 이때 $(\boldsymbol{v}, \boldsymbol{v})$나 (y_r, y_r)은 길이의 제곱 $\|\boldsymbol{v}\|^2$ 및 $\|y_r\|^2$을 나타낸다.

내적은 전치의 올바른 의미에 대해 알려준다. 행렬에 대하여 A^{T}는 내적 법칙 $(Av, w) = (v, A^{\mathrm{T}}w)$를 만족하는 행렬이다. 미분방정식에 대해 이를 모방하면 $\boldsymbol{D}$의 전치는 다음을 만족해야 한다.

$$(\boldsymbol{Df}, \boldsymbol{g}) = \int_{-\infty}^{\infty} (f'' + Bf' + Cf)g(t)dt = \int_{-\infty}^{\infty} f(t)(g'' - Bg' + Cg)dt = (\boldsymbol{f}, \boldsymbol{D}^{\mathrm{T}}\boldsymbol{g})$$

여기에서 부분적분법을 통해 $\int f'g = -\int fg'$ 및 $\int f''g = \int fg''$을 사용하였다. 공식적으로는 이 내적에 대한 식이 $\boldsymbol{D}^{\mathrm{T}}$에 대하여 다음과 같이 알려 준다.

$$D = \frac{d^2}{dt^2} + B\frac{d}{dt} + C\text{에 대하여 } D^{\mathrm{T}} = \frac{d^2}{dt^2} - B\frac{d}{dt} + C\text{이다}\left(\frac{d}{dt}\text{는 } \textbf{반대칭적}\right).$$

이제 모든 $D^{\mathrm{T}}q(t)$로 이루어진 행공간이라는 개념은 D가 행을 갖지 않더라도 정의될 수 있다. 행공간에 속한 함수 $D^{\mathrm{T}}q(t)$가 영공간에 속한 임의의 함수 $y_n(t)$에 수직임을 보일 수 있는가?

$$(y_n(t),\ D^{\mathrm{T}}q(t)) = (Dy_n(t),\ q(t)) = \int_{-\infty}^{\infty} (0)q(t)dt = 0$$

6장 고윳값과 고유벡터

Eigenvalues and Eigenvectors

6.1 고윳값에 대한 소개

고윳값은 n개의 미분방정식으로 이루어진 시스템의 핵심이다. $dy/dt = ay$는 $d\boldsymbol{y}/dt = A\boldsymbol{y}$가 된다. 이제 A는 행렬이고 $\boldsymbol{y}$는 벡터 $(y_1(t), \cdots, y_n(t))$이며, 벡터 $\boldsymbol{y}$는 시간에 따라 변한다. 다음 2개의 방정식으로 이루어진 시스템과 2×2 행렬 A를 살펴보자.

$$\begin{matrix} y_1{}' = 4y_1 + \ \ y_2 \\ y_2{}' = 3y_1 + 2y_2 \end{matrix} \text{는} \begin{bmatrix} y_1 \\ y_2 \end{bmatrix}' = \begin{bmatrix} 4 & 1 \\ 3 & 2 \end{bmatrix} \begin{bmatrix} y_1 \\ y_2 \end{bmatrix} \text{이다.} \tag{1}$$

이 두 식에서 y_1, y_2에 대해 연결된 시스템 $\boldsymbol{y}' = A\boldsymbol{y}$를 어떻게 풀어야 하는가? 좋은 방법은 문제를 '분해'하는 근을 찾는 것이다. 우리는 ($e^{\lambda t}$과 같이) 동일한 방법으로 증가하거나 감소하는 y_1과 y_2를 원한다.

$$\begin{matrix} y_1(t) = e^{\lambda t}a \\ y_2(t) = e^{\lambda t}b \end{matrix} \text{를 찾는다.} \qquad \text{이것의 벡터 형태는 } \boldsymbol{y}(t) = e^{\lambda t}\boldsymbol{x} \text{이다.} \tag{2}$$

벡터 $\boldsymbol{x} = (a, b)$는 고유벡터^eigenvector^라 부르고, 증가율 λ는 고윳값^eigenvalue^이다. 이 절에서는 이 $\boldsymbol{x}$와 λ를 어떻게 찾는지를 학습할 것이다. 여기서는 (1)의 행렬에 대한 $\boldsymbol{x}$와 λ의 의미를 살펴보고자 한다.

첫 번째 고유벡터 $\boldsymbol{x} = \begin{bmatrix} a \\ b \end{bmatrix} = \begin{bmatrix} 1 \\ 1 \end{bmatrix}$과 $\boldsymbol{y} = e^{5t}\boldsymbol{x}$에서 첫 번째 고윳값은 $\boldsymbol{\lambda} = 5$이다.

$$\begin{matrix} y_1 = e^{5t} \\ y_2 = e^{5t} \end{matrix} \text{은} \begin{matrix} y_1{}' = 5e^{5t} = 4y_1 + \ \ y_2 \\ y_2{}' = 5e^{5t} = 3y_1 + 2y_2 \end{matrix} \text{를 만족한다.}$$

두 번째 고유벡터 $\boldsymbol{x} = \begin{bmatrix} a \\ b \end{bmatrix} = \begin{bmatrix} 1 \\ -3 \end{bmatrix}$과 $\boldsymbol{y} = e^{t}\boldsymbol{x}$에서 두 번째 고윳값은 $\boldsymbol{\lambda} = 1$이다.

이 $\boldsymbol{y}(t) = e^{\lambda t}\boldsymbol{x}$는 두 번째 해를 갖는다. $\begin{matrix} y_1 = \ \ \ \ e^{t} \\ y_2 = -3e^{t} \end{matrix}$은 $\begin{matrix} y_1{}' = \ \ \ \ e^{t} = 4y_1 + \ \ y_2 \\ y_2{}' = -3e^{t} = 3y_1 + 2y_2 \end{matrix}$를 만족한다.

임의의 c_1, c_2에 대해 $\boldsymbol{x}$와 $\boldsymbol{\lambda}$를 결합하면 $\boldsymbol{y}' = A\boldsymbol{y}$의 완전해를 구할 수 있다.

$$\textbf{완전해} \qquad \boldsymbol{y}(t) = c_1 \begin{bmatrix} e^{5t} \\ e^{5t} \end{bmatrix} + c_2 \begin{bmatrix} e^{t} \\ -3e^{t} \end{bmatrix} = c_1 e^{5t} \begin{bmatrix} 1 \\ 1 \end{bmatrix} + c_2 e^{t} \begin{bmatrix} 1 \\ -3 \end{bmatrix} \tag{3}$$

위의 식은 정확히 상수 A를 갖는 다른 식 $\boldsymbol{y}' = A\boldsymbol{y}$에 대해서 우리가 구하고자 했던 것이다. 우리가 구하고자 하는 해는 $\boldsymbol{y}(t) = e^{\lambda t}\boldsymbol{x}$와 같은 특별한 형태를 갖는다. 고윳값 λ와 이의 고유벡터 $\boldsymbol{x}$에 대한 식 $A\boldsymbol{x} = \lambda\boldsymbol{x}$를 확인하기 위해 해를 $\boldsymbol{y}' = A\boldsymbol{y}$에 대입한다.

$$\frac{d}{dt}(e^{\lambda t}\boldsymbol{x}) = A(e^{\lambda t}\boldsymbol{x}) \text{는 } \lambda e^{\lambda t}\boldsymbol{x} = Ae^{\lambda t}\boldsymbol{x} \text{이다. 이때 양변을 } e^{\lambda t} \text{으로 나눈다.}$$

$$A\text{의 고윳값과 고유벡터} \qquad Ax = \lambda x \tag{4}$$

이 고윳값들(이 A에 대해서 5와 1)은 행렬의 중심을 살펴보는 새로운 방법이다. 이 장은 $\boldsymbol{Ax} = \lambda\boldsymbol{x}$에 기반을 둔, 선형대수학의 다른 부분으로 들어간다. **6장 [메모]에서 다른 많은 다른 행렬들에 관한 고윳값-고유벡터의 정보를 볼 것이다.**

---

det$(\boldsymbol{A}-\boldsymbol{\lambda I})=0$으로부터 고윳값 찾기

거의 모든 벡터는 A와 곱해질 때 방향이 변한다. **특별히 예외적인 벡터 $\boldsymbol{x}$들은 Ax와 같은 방향을 가리킨다. 이들은 '고유벡터'이다.** ($\boldsymbol{x}$와 같은 방향의) 벡터 $A\boldsymbol{x}$는 λ와 원래의 $\boldsymbol{x}$의 곱이다.

고윳값 λ는 고유벡터 $\boldsymbol{x}$와 A를 곱할 때 늘어나는지, 줄어드는지, 뒤집히는지, 변하지 않는지를 알려준다. 우리는 $\lambda=2$ 또는 $\frac{1}{2}$ 또는 -1 또는 1을 찾을 수 있다. 고윳값 λ는 0이 될 수 있다! $A\boldsymbol{x}=0\boldsymbol{x}$는 이 고유벡터 $\boldsymbol{x}$를 A의 영공간^nullspace^으로 넣는다.

A가 항등 행렬이면 모든 벡터는 $A\boldsymbol{x}=\boldsymbol{x}$를 갖는다. 모든 벡터는 I의 고유벡터이다. 대부분의 2×2 행렬은 두 개의 고유벡터 방향과 두 개의 고윳값 λ_1과 λ_2를 갖는다. 고윳값을 찾기 위해 $A\boldsymbol{x}=\lambda\boldsymbol{x}$를 좋은 형태인 $(A-\lambda I)\boldsymbol{x}=\boldsymbol{0}$으로 쓰자. $(A-\lambda I)\boldsymbol{x}=\boldsymbol{0}$인 경우 $A-\lambda I$는 **비가역 행렬**^singular matrix^이다. 이 행렬의 행렬식은 **0**이어야 한다.

$$A-\lambda I=\begin{bmatrix} a-\lambda & b \\ c & d-\lambda \end{bmatrix}\text{의 행렬식은 } (\boldsymbol{a}-\boldsymbol{\lambda})(\boldsymbol{d}-\boldsymbol{\lambda})-\boldsymbol{bc}=\boldsymbol{0}\text{이다.}$$

우리의 목표는 A를 λI만큼 이동시켜서 $(A-\lambda I)\boldsymbol{x}=\boldsymbol{0}$이 근을 갖도록 하는 것이다. 그러면 $\boldsymbol{x}$는 고유벡터, λ는 고윳값이고, $A-\lambda I$는 가역이 아니다. 따라서 $\det(A-\lambda I)=0$을 만족하는 수 λ를 구한다. 식 (1)의 행렬 A로 시작해보자.

예제 1 $A=\begin{bmatrix} 4 & 1 \\ 3 & 2 \end{bmatrix}$에 대해 대각선에서 λ를 빼고 행렬식을 찾아라.

$$\det(\boldsymbol{A}-\boldsymbol{\lambda I})=\det\begin{bmatrix} 4-\lambda & 1 \\ 3 & 2-\lambda \end{bmatrix}=\lambda^2-6\lambda+5=(\boldsymbol{\lambda}-5)(\boldsymbol{\lambda}-1) \tag{5}$$

이차식을 인수분해하여 두 고윳값이 $\lambda_1=5$와 $\lambda_2=1$임을 확인했다. 행렬 $A-5I$와 $A-I$는 비가역 행렬이다. 우리는 $\det(A-\lambda I)=0$으로부터 λ들을 찾았다. 각각의 고윳값 5와 1에 대해 **고유벡터 $\boldsymbol{x}$**를 찾는다.

$$(A-5I)\boldsymbol{x}=0\text{은 } \begin{bmatrix} -1 & 1 \\ 3 & -3 \end{bmatrix}[\boldsymbol{x}]=\begin{bmatrix} 0 \\ 0 \end{bmatrix}\text{이고 } \boldsymbol{x}=\begin{bmatrix} 1 \\ 1 \end{bmatrix}\text{이다.}$$

$$(A-1I)\boldsymbol{x}=0\text{은 } \begin{bmatrix} 3 & 1 \\ 3 & 1 \end{bmatrix}[\boldsymbol{x}]=\begin{bmatrix} 0 \\ 0 \end{bmatrix}\text{이고 } \boldsymbol{x}=\begin{bmatrix} 1 \\ -3 \end{bmatrix}\text{이다.}$$

이는 특별한 해인 $\boldsymbol{y}=e^{\lambda t}\boldsymbol{x}$의 벡터 (a, b)였고, $\boldsymbol{y}$의 모든 성분의 증가율은 λ이다. 따라서 미분방정식은 $\boldsymbol{y}=e^{\lambda t}\boldsymbol{x}$로 쉽게 풀린다. 두 개의 고유벡터는 두 개의 근을, 결합 $c_1\boldsymbol{y}_1+c_2\boldsymbol{y}_2$는 모든 근을 준다.

예제 2 마르코프 행렬 $A=\begin{bmatrix} 0.8 & 0.3 \\ 0.2 & 0.7 \end{bmatrix}$의 고윳값과 고유벡터를 찾아라.

풀이

$$\det(\boldsymbol{A}-\boldsymbol{\lambda I})=\det\begin{bmatrix} 0.8-\lambda & 0.3 \\ 0.2 & 0.7-\lambda \end{bmatrix}=\lambda^2-\frac{3}{2}\lambda+\frac{1}{2}=(\boldsymbol{\lambda}-1)\left(\boldsymbol{\lambda}-\frac{1}{2}\right)$$

이차식을 $\lambda-1$과 $\lambda-\frac{1}{2}$의 곱으로 인수분해하여 두 고윳값이 $\lambda=1$과 $\frac{1}{2}$임을 확인했다. 고유벡터 $\boldsymbol{x}_1$과 $\boldsymbol{x}_2$는 각각 $A-I$와 $A-\frac{1}{2}I$의 영공간에 있다.

$$(A-I)\boldsymbol{x}_1=\mathbf{0}\text{은 } A\boldsymbol{x}_1=\boldsymbol{x}_1 \qquad \text{첫 번째 고유벡터는 } \boldsymbol{x}_1=(\mathbf{0.6},\ \mathbf{0.4})\text{이다.}$$

$$(A-\frac{1}{2}I)\boldsymbol{x}_2=\mathbf{0}\text{은 } A\boldsymbol{x}_2=\frac{1}{2}x_2 \qquad \text{두 번째 고유벡터는 } \boldsymbol{x}_2=(\mathbf{1},\ \mathbf{-1})\text{이다.}$$

$$\boldsymbol{x}_1=\begin{bmatrix} 0.6 \\ 0.4 \end{bmatrix},\ A\boldsymbol{x}_1=\begin{bmatrix} 0.8 & 0.3 \\ 0.2 & 0.7 \end{bmatrix}\begin{bmatrix} 0.6 \\ 0.4 \end{bmatrix}=\boldsymbol{x}_1\ \ (A\boldsymbol{x}=\boldsymbol{x}\text{는 } \lambda_1=1\text{을 의미한다})$$

$$\boldsymbol{x}_2=\begin{bmatrix} 1 \\ -1 \end{bmatrix},\ A\boldsymbol{x}_2=\begin{bmatrix} 0.8 & 0.3 \\ 0.2 & 0.7 \end{bmatrix}\begin{bmatrix} 1 \\ -1 \end{bmatrix}=\begin{bmatrix} 0.5 \\ -0.5 \end{bmatrix}\ \ (\text{이는 } \frac{1}{2}\boldsymbol{x}_2\text{이므로 } \lambda_2=\frac{1}{2}\text{이다})$$

$\boldsymbol{x}_1$에 A를 다시 곱하면 여전히 $\boldsymbol{x}_1$을 얻을 수 있다. A의 모든 제곱은 $A^n\boldsymbol{x}_1=\boldsymbol{x}_1$이 된다. $\boldsymbol{x}_2$에 A를 곱하면 $\frac{1}{2}\boldsymbol{x}_2$가 되고, 다시 한 번 곱하면 $\left(\frac{1}{2}\right)^2$과 $\boldsymbol{x}_2$의 곱이 된다.

A가 제곱이 되었을 때, 고유벡터 x는 변하지 않는다. $A^2x=A(\lambda x)=\lambda(Ax)=\lambda^2x$

λ^2에 주목하자. 이 패턴은 계속 진행되는데, 이는 고유벡터가 그들의 방향에 머물러 있기 때문이다. 고유벡터끼리는 절대로 섞이지 않는다. A^{100}의 고유벡터는 $\boldsymbol{x}_1$과 $\boldsymbol{x}_2$와 같다. A^{100}의 고윳값은 $1^{100}=1$과 $\left(\frac{1}{2}\right)^{100}=$매우 작은 숫자이다.

이 특별한 A를 **마르코프 행렬**Markov matrix이라고 한다. 이 행렬의 성분은 양수이고, 모든 열의 합은 1이다. 이 두 성질은 가장 큰 고윳값이 $\lambda=1$이어야 함을 알려준다.

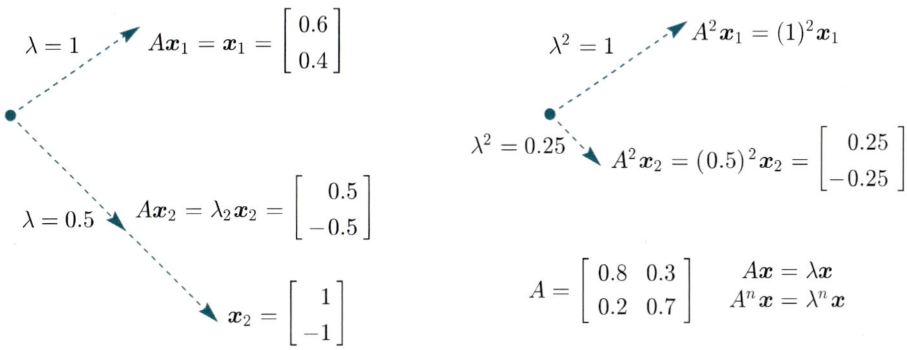

[그림 6-1] 고유벡터는 그들의 방향을 유지한다. A^2은 고윳값 1^2과 $(0.5)^2$을 갖는다.

A^k의 모든 열은 $A\boldsymbol{x}_1 = \boldsymbol{x}_1$로 가까워지고, 이는 **정상상태**steady state이다. 거대한 마르코프 행렬은 구글 탐색 알고리즘의 핵심이다. 이 행렬은 웹 페이지들을 연결시킨다. 선형대수학이 구글을 세계에서 가장 가치 있는 회사 중 하나로 만든 셈이다.

행렬의 거듭제곱

A의 고윳값을 알 때, 모든 거듭제곱 A^k의 고윳값과 평행이동 $A+cI$와 A의 모든 함수를 알게 된다. A의 각 고유벡터도 역시 A^k, A^{-1}, $A+cI$의 고유벡터와 같다.

$$A\boldsymbol{x} = \lambda\boldsymbol{x}\text{이면 } A^k\boldsymbol{x} = \lambda^k\boldsymbol{x},\ A^{-1}\boldsymbol{x} = \frac{1}{\lambda}\boldsymbol{x},\ (A+cI)\boldsymbol{x} = (\lambda+c)\boldsymbol{x}\text{이다.} \tag{6}$$

A와 $A\boldsymbol{x} = \lambda\boldsymbol{x}$의 곱인 $A^2\boldsymbol{x}$에서 다시 시작해보자. 그러면 $A\lambda\boldsymbol{x}$는 임의의 수 λ에 대해서 $\lambda A\boldsymbol{x}$와 같고 $\lambda A\boldsymbol{x}$는 $\lambda^2\boldsymbol{x}$이다. 이로써 $A^2\boldsymbol{x} = \lambda^2\boldsymbol{x}$임을 증명했다. 차수가 더 높은 $A^k\boldsymbol{x}$에 대해서 $A\boldsymbol{x} = \lambda\boldsymbol{x}$에 A를 계속 곱한다. 우리는 점차 $A^k\boldsymbol{x} = \lambda^k\boldsymbol{x}$에 도달한다. A^{-1}의 고윳값에 대해 먼저 A^{-1}을 곱하고 λ로 나눈다.

$$A^{-1}\text{의 고윳값은 } \frac{1}{\lambda}\text{이다.} \qquad A\boldsymbol{x} = \lambda\boldsymbol{x} \qquad \boldsymbol{x} = \lambda A^{-1}\boldsymbol{x} \qquad A^{-1}\boldsymbol{x} = \frac{1}{\lambda}\boldsymbol{x} \tag{7}$$

A^{-1}이 존재한다고 가정하자! 만약 A가 가역 행렬이면 λ는 절대로 0이 될 수 없다.

가역 행렬은 $\lambda \neq 0$인 모든 λ를 갖고, 비가역 행렬은 고윳값 $\lambda = 0$을 갖는다.

A에서 $A+cI$로의 평행이동은 모든 고윳값에 c를 더할 뿐이다. $\boldsymbol{x}$를 변화시키지 않는다.

$$\textbf{A의 평행이동} \qquad A\boldsymbol{x} = \lambda\boldsymbol{x}\text{이면 } (A+cI)\boldsymbol{x} = A\boldsymbol{x}+c\boldsymbol{x} = (\lambda+c)\boldsymbol{x}\text{이다.} \tag{8}$$

같은 고유벡터 $\boldsymbol{x}$를 유지하는 한 A의 어떤 함수도 허용할 수 있다.

$$\textbf{A의 함수} \qquad (A^2+2A+5I)\boldsymbol{x} = (\lambda^2+2\lambda+5)\boldsymbol{x} \qquad e^A\boldsymbol{x} = e^\lambda\boldsymbol{x} \tag{9}$$

여기서는 $e^A = I + A + \frac{1}{2}A^2 + \cdots$을 추가하여 무한급수도 행렬을 생성한다는 것을 증명하였다. [예제 2]의 마르코프 행렬 A의 거듭제곱을 살펴보자. 몇 단계 후에는 시작 행렬을 알아볼 수 없게 된다.

$$\underset{A}{\begin{bmatrix} 0.8 & 0.3 \\ 0.2 & 0.7 \end{bmatrix}} \underset{A^2}{\begin{bmatrix} 0.70 & 0.45 \\ 0.30 & 0.55 \end{bmatrix}} \underset{A^3}{\begin{bmatrix} 0.650 & 0.525 \\ 0.350 & 0.475 \end{bmatrix}} \cdots \underset{A^{100}}{\begin{bmatrix} 0.6000 & 0.6000 \\ 0.4000 & 0.4000 \end{bmatrix}} \tag{10}$$

100개의 행렬을 일일이 곱하지 않고도 $\lambda=1$과 고유벡터 $[0.6, 0.4]$를 사용해서 A^{100}을 찾았다. A의 고윳값은 1과 $\frac{1}{2}$이므로 A^{100}의 고윳값은 1과 $\left(\frac{1}{2}\right)^{100}$이다. 이 마지막 수는 매우 작으며 A^{100}의 소숫점 아래 30자리에서도 이 숫자를 볼 수 없다.

$\boldsymbol{v}=(0.8, 0.2)$와 같은 다른 벡터에 어떻게 A^{99}을 곱할 수 있는가? 이 벡터 $\boldsymbol{v}$는 고유벡터가 아니지만, 고유벡터의 결합이다. 임의의 벡터 $\boldsymbol{v}$를 고유벡터를 사용해서 표현하는 것, 이것이 주요 아이디어이다.

$$\textbf{고유벡터로의 분리} \qquad \boldsymbol{v} = \boldsymbol{x}_1 + (0.2)\boldsymbol{x}_2 \qquad \boldsymbol{v} = \begin{bmatrix} 0.8 \\ 0.2 \end{bmatrix} = \begin{bmatrix} 0.6 \\ 0.4 \end{bmatrix} + \begin{bmatrix} 0.2 \\ -0.2 \end{bmatrix} \tag{11}$$

벡터에 A를 곱할 때, 각각의 고유벡터에 대응하는 고윳값과 곱한다. 99단계 이후, $\boldsymbol{x}_1$은 변하지 않고 $\boldsymbol{x}_2$는 $\left(\frac{1}{2}\right)^{99}$을 곱한다.

$$A^{99}\begin{bmatrix} 0.8 \\ 0.2 \end{bmatrix} \text{는 } A^{99}(\boldsymbol{x}_1+0.2\boldsymbol{x}_2) = \boldsymbol{x}_1 + (0.2)\left(\frac{1}{2}\right)^{99}\boldsymbol{x}_2 = \begin{bmatrix} 0.6 \\ 0.4 \end{bmatrix} + \begin{bmatrix} \text{매우} \\ \text{작은} \\ \text{벡터} \end{bmatrix}$$

이는 A^{100}의 첫 번째 열인데, $\boldsymbol{v}=(0.8, 0.2)$는 A의 첫 번째 열이기 때문이다. 우리가 원래 0.6000이라 썼던 숫자는 정확하지 않다. 이때 소수점 아래 30자리가 나타나지 않도록 $(0.2)\left(\frac{1}{2}\right)^{99}$을 배제했다.

$\lambda_1=1$이기 때문에 고유벡터 $\boldsymbol{x}_1=(0.6, 0.4)$는 변하지 않는 '정상상태'이다. $\lambda_2=1/2$이기 때문에 고유벡터 $\boldsymbol{x}_2$는 거의 사라지는 '감소하는 극'이다. A의 거듭제곱이 클수록 이 행렬의 열은 정상상태에 더 가까워진다.

AB와 $A+B$에 관한 안 좋은 소식

보통 A와 B의 (독립적인) 고윳값들은 AB의 고윳값을 알려주지 않는다. 우리는 $A+B$에 관해서도 알지 못한다. A와 B의 고유벡터가 다를 때, 우리의 추론은 실패한다. AB와 BA가 다를 때, AB와 $A+B$의 거듭제곱에 대해서 곱셈법칙이 성립하지 않는다. 즉, 고윳값은 A와 B로부터 독립적으로 오지 않는다.

$$A=\begin{bmatrix}0&1\\0&0\end{bmatrix}\qquad B=\begin{bmatrix}0&0\\1&0\end{bmatrix}\qquad AB=\begin{bmatrix}1&0\\0&0\end{bmatrix}\qquad BA=\begin{bmatrix}0&0\\0&1\end{bmatrix}\qquad A+B=\begin{bmatrix}0&1\\1&0\end{bmatrix}$$

A와 B의 모든 고윳값은 0이다. 하지만 AB는 고윳값 $\lambda=1$을 가지고 $A+B$는 고윳값 1과 -1을 갖는다. 하지만 다음과 같은 하나의 법칙은 성립한다. **AB와 BA의 고윳값은 같다.**

행렬식

행렬식은 놀라운 성질을 지닌 수이다. 행렬이 역행렬을 갖지 않을 때, 행렬식은 0이다. 이는 고윳값 방정식 $\det(A-\lambda I)=0$이다. A가 가역 행렬일 때, A^{-1}의 행렬식은 $1/(\det A)$이다. A^{-1}의 모든 성분은 두 행렬식의 비율이다.

이제 대수학을 요약하고자 한다. $\det(A-\lambda I)=0$이 갖는 어려움은 $n\times n$ 행렬식이 $n!$개의 항과 관련이 있다는 것이다. $n=3$이면 6개의 항이 있는데, 이 중 3개의 항은 양의 부호를, 3개의 항은 음의 부호를 갖는다. 이 6개의 각각의 항은 **모든 행과 모든 열로부터의 수 한 개를 포함한다.**

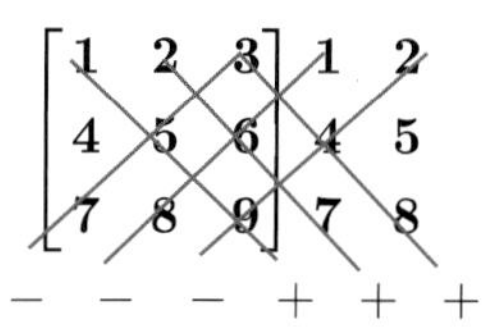

$n!=6$개의 항으로부터의 행렬식

3개의 양의 부호, 3개의 음의 부호

$+(1)(5)(9)\qquad +(2)(6)(7)\qquad +(3)(4)(8)$

$-(3)(5)(7)\qquad -(1)(6)(8)\qquad -(2)(4)(9)$

이는 6개의 항을 어떻게 찾는지를 보여준다. 이 특별한 행렬에 대해 $\det A=0$이어야 하는데, 1행+3행은 $2\times$(2행)과 같으므로 이 행렬이 비가역 행렬이 되기 때문이다.

모든 정사각행렬에 대해서 유용한 행렬식의 성질과 함께 시작하고자 한다.

행렬식의 성질

성질 1. 다른 행에서 한 행의 배수를 빼는 것은 $\det A$를 변화시키지 않는다.

성질 2. 두 행의 위치를 바꿀 때, 행렬식의 부호가 바뀐다.

성질 3. A가 삼각 행렬이면 $\det A=$대각성분들의 곱이다.

성질 4. AB의 행렬식은 $(\det A)$와 $(\det B)$의 곱과 같다.

성질 5. A^{T}의 행렬식은 A의 행렬식과 같다.

성질 1~3을 조합하면 행렬식이 소거법으로부터 어떻게 나오는지 알 수 있다.

행렬식은 ±(피봇들의 곱)과 같다. (12)

성질 1은 행의 위치를 바꾸지 않는 한 A와 U는 같은 행렬식을 갖는다는 것을 의미한다.

성질 2는 행의 위치를 홀수 번 바꾸면 $\det A = -\det U$가 됨을 의미한다.

성질 3은 $\det U$는 주요 대각성분의 피봇들의 곱임을 의미한다.

소거법을 통해 A를 U로 바꿀 때, $\det A = \pm$(피봇들의 곱)임을 얻는다. 이는 (MATLAB 또는 Python 또는 Julia와 같은) 모든 수치 소프트웨어를 사용해 $\det A$를 계산하는 방법이다. 양과 음의 부호는 행렬식에서 큰 부분을 차지한다. $n!$개의 항 중 절반은 양의 부호를 갖고, 절반은 음의 부호를 갖는다. $n=3$인 위 예에서 한 행 교환은 주요 대각선의 $3-5-7$ 또는 $1-6-8$ 또는 $2-4-9$에서 이루어진다. 한 행 교환으로써 음의 부호가 붙는다.

두 행 교환(짝수 번)은 우리를 $(2)(6)(7)$과 $(3)(4)(8)$로 다시 이동시킨다. 이는 $n=4$일 때 24개의 항이 어떻게 되는지를 알려주는데, 이는 12개의 양의 부호 항과 12개의 음의 부호 항으로 이루어져 있다. 짝수 순열 행렬은 $\det P = 1$을 갖고 홀수 순열 행렬은 $\det P = -1$을 갖는다.

A의 역행렬 $\det A \neq 0$이면 행렬식을 사용해서 A^{-1}을 찾고 $A\boldsymbol{v} = \boldsymbol{b}$를 풀 수 있다.

크래머의 법칙 Cramer's Rule $\quad v_1 = \dfrac{\det B_1}{\det A} \quad v_2 = \dfrac{\det B_2}{\det A} \quad \cdots \quad v_n = \dfrac{\det B_n}{\det A} \qquad (13)$

행렬 B_j는 A의 j번째 열을 벡터 $\boldsymbol{b}$로 대체한 행렬이다. 크래머의 법칙은 계산량이 많다!

A^{-1}의 열들을 찾기 위해 $AA^{-1} = I$를 풀어보자. 이는 가우스-조던 소거법인데, I의 각각의 열 $\boldsymbol{b}$에 대해서 A^{-1}의 열 $\boldsymbol{v}$를 찾기 위해 $A\boldsymbol{v} = \boldsymbol{b}$를 푼다. $\boldsymbol{b}$가 I의 열인 이 특별한 경우, 크래머의 법칙에서 수 $\det B_j$를 **여인수**cofactor라 부른다. 여인수들은 크기가 $(n-1)$인 행렬식으로 줄어드는데, 이는 $\boldsymbol{b}$가 매우 많은 0을 갖고 있기 때문이다. A^{-1}의 모든 성분은 A의 여인수를 A의 행렬식으로 나눈 것이다.

행렬의 **대각합**trace을 소개하고 실수 행렬이 허수 (또는 복소수) 고윳값과 고유벡터를 가질 수 있다는 것을 보여주기 위해 세 개의 행렬과 함께 이 절을 마무리하려 한다.

예제 3 $S = \begin{bmatrix} 2 & 1 \\ 1 & 2 \end{bmatrix}$의 고윳값과 고유벡터를 찾아라.

풀이

$\boldsymbol{x} = (1, 1)$은 $S\boldsymbol{x} = (3, 3)$과 같은 방향이라는 것을 확인할 수 있다. 그러면 $\boldsymbol{x}$는 $\lambda = 3$인 S의 고유벡터이다. 우리는 $S - \lambda I$가 비가역 행렬이기를 바란다.

$$S = \begin{bmatrix} 2 & 1 \\ 1 & 2 \end{bmatrix} \qquad \det(S - \lambda I) = \begin{bmatrix} 2-\lambda & 1 \\ 1 & 2-\lambda \end{bmatrix} = \lambda^2 - 4\lambda + 3 = 0$$

3이 (λ 없이) S의 행렬식임에 주목하자. 그리고 4는 S의 중앙 대각선을 아래 방향으로 더한 합 $2+2$이다. **대각성분의 합 4는 S의 대각합이다. 이는 $\lambda_1+\lambda_2=3+1$과 같다.**

이제 $\lambda^2-4\lambda+3$을 $(\lambda-3)(\lambda-1)$로 인수분해하자. 행렬 $S-\lambda I$는 $\lambda=3$과 $\lambda=1$에 대해서 (행렬식이 0인) 비가역 행렬이다. 각 고윳값은 다음의 고유벡터를 갖는다.

$$\lambda_1=3 \qquad (S-3I)\boldsymbol{x}_1=\begin{bmatrix}-1 & 1\\ 1 & -1\end{bmatrix}\begin{bmatrix}1\\1\end{bmatrix}=\begin{bmatrix}0\\0\end{bmatrix}$$

$$\lambda_2=1 \qquad (S-I)\boldsymbol{x}_2=\begin{bmatrix}1 & 1\\ 1 & 1\end{bmatrix}\begin{bmatrix}1\\-1\end{bmatrix}=\begin{bmatrix}0\\0\end{bmatrix}$$

이때 고윳값 3과 1은 실수이고, 고유벡터 $(1,1)$과 $(1,-1)$은 서로 수직이다. **대칭 행렬**symmetric matrix에 대해서 이 성질들은 항상 동반된다(6.5절).

아래에 $A^{\mathrm{T}}=-A$인 **비대칭 행렬**antisymmetric matrix이 있다. 이 행렬은 모든 실수 벡터를 $\theta=90°$만큼 회전시킨다. 실수 벡터는 이 회전 행렬의 고유벡터가 될 수 없는데, 이는 회전 행렬이 그들의 방향을 변화시키기 때문이다.

예제 4 이 실수 행렬은 허수 고윳값 $i,-i$와 복소수 고유벡터를 갖는다.

$$A=\begin{bmatrix}0 & -1\\ 1 & 0\end{bmatrix}=-A^{\mathrm{T}} \qquad \det(A-\lambda I)=\det\begin{bmatrix}-\lambda & -1\\ 1 & -\lambda\end{bmatrix}=\lambda^2+1=0$$

풀이

이 행렬식 λ^2+1은 $\lambda=i$와 $\lambda=-i$일 때 0이다. 고유벡터는 $(1,-i)$와 $(1,i)$이다.

$$\begin{bmatrix}0 & -1\\ 1 & 0\end{bmatrix}\begin{bmatrix}1\\-i\end{bmatrix}=\begin{bmatrix}i\\1\end{bmatrix}=i\begin{bmatrix}1\\-i\end{bmatrix} \qquad \begin{bmatrix}0 & -1\\ 1 & 0\end{bmatrix}\begin{bmatrix}1\\i\end{bmatrix}=\begin{bmatrix}-i\\1\end{bmatrix}=-i\begin{bmatrix}1\\i\end{bmatrix}$$

아무튼 이 두 복소 벡터 $\boldsymbol{x}_1$과 $\boldsymbol{x}_2$는 회전되지 않는다(실제로 어떻게 되는지 모른다).

고윳값의 곱 $(i)(-i)$는 $\det A=1$을, 고윳값의 합은 $(i)+(-i)=0$이 된다. 이는 A의 대각성분을 아래 방향으로 더한 $0+0$의 값과 같다.

$$\textbf{고윳값의 곱 = 행렬식} \qquad \textbf{고윳값의 합 = 대각합} \tag{14}$$

식 (14)는 모든 정사각행렬에 대해서 참인 명제이다. **대각합은 A의 주대각성분을 아래 방향으로 더한 합 $a_{11}+\cdots+a_{nn}$이다.** 이 합과 곱은 특히 행렬식 $\lambda_1\lambda_2=ad-bc$와 대각합 $\lambda_1+\lambda_2=a+d$가 λ_1과 λ_2를 완벽하게 결정하는 2×2 행렬에서 중요하다. 이제 임의의 각 θ에 대한 평면에서의 회전을 살펴보자.

예제 5 회전은 직교 행렬 Q로부터 온다. 이때 $\lambda_1 = e^{i\theta}$이고 $\lambda_2 = e^{-i\theta}$이다.

$$Q = \begin{bmatrix} \cos\theta & -\sin\theta \\ \sin\theta & \cos\theta \end{bmatrix} \qquad \begin{matrix} \lambda_1 = \cos\theta + i\sin\theta \\ \lambda_2 = \cos\theta - i\sin\theta \end{matrix} \qquad \begin{matrix} \lambda_1 + \lambda_2 = 2\cos\theta = \textbf{대각합} \\ \lambda_1\lambda_2 = 1 = \textbf{행렬식} \end{matrix}$$

여기서 $(\lambda_1)(\lambda_2)$를 곱하면 $\cos^2\theta + \sin^2\theta = 1$을 얻는다. 극좌표 형식에서 $e^{i\theta}$과 $e^{-i\theta}$의 곱은 1이다. Q의 고유벡터는 모든 회전 각 θ에 대해서 $(1, -i)$와 $(1, i)$이다.

큰 행렬에 대해서 고윳값과 고유벡터를 찾는 것은 쉽지 않다. 식 $\det(A - \lambda I) = 0$은 2×2 행렬과 3×3 행렬에 대해서 더 혹은 덜 제한적이다. 큰 행렬에 대해서 우리는 고윳값을 변화시키지 않고 점진적으로 이 행렬을 삼각 행렬로 만들 수 있다. 삼각 행렬에 대해서 고윳값은 대각성분들이기 때문이다.

6.1 요약

1. $A\boldsymbol{x} = \lambda\boldsymbol{x}$를 통해, 고유벡터 $\boldsymbol{x}$와 A를 곱할 때 같은 방향을 유지한다는 것을 알 수 있다.
2. $A\boldsymbol{x} = \lambda\boldsymbol{x}$를 통해, $\det(A - \lambda I) = 0$임도 알 수 있다. 이 식은 n개의 고윳값을 결정한다.
3. A^2과 A^{-1}의 고윳값은 각각 λ^2과 λ^{-1}이고 A와 같은 고유벡터를 갖는다.
4. 비가역 행렬은 $\lambda = 0$을 갖는다. 삼각 행렬은 그들의 대각성분이 λ들이다.
5. A의 주대각성분을 아래 방향으로 더한 합(대각합)은 고윳값의 합이다.
6. 행렬식은 λ들의 곱이다. 이는 $\pm$(피봇들의 곱)이기도 하다.

6.1 연습문제

01 [예제 2]는 다음 마르코프 행렬 A의 거듭제곱들을 갖는다.

$$A = \begin{bmatrix} 0.8 & 0.3 \\ 0.2 & 0.7 \end{bmatrix}, \quad A^2 = \begin{bmatrix} 0.70 & 0.45 \\ 0.30 & 0.55 \end{bmatrix}, \quad A^\infty = \begin{bmatrix} 0.6 & 0.6 \\ 0.4 & 0.4 \end{bmatrix}$$

(a) A는 고윳값 1과 $\frac{1}{2}$을 갖는다. A^2과 A^∞의 고윳값을 찾아라.

(b) A^∞의 고유벡터는 무엇인가? 한 고유벡터는 영공간이다.

(c) A^2과 A^∞의 행렬식을 확인하라. $(\det A)^2$과 $(\det A)^\infty$을 비교하라.

02 다음 두 행렬의 고윳값과 고유벡터를 찾아라.

$$A = \begin{bmatrix} 1 & 4 \\ 2 & 3 \end{bmatrix} \qquad A + I = \begin{bmatrix} 2 & 4 \\ 2 & 4 \end{bmatrix}$$

$A + I$는 A와 같이 _____ 고유벡터를 갖는다. 고윳값들은 1에 의해 _____이다.

03 A와 A^{-1}의 고윳값과 고유벡터를 계산하라.

$$A=\begin{bmatrix}0&2\\1&1\end{bmatrix} \qquad A^{-1}=\begin{bmatrix}-1/2&1\\1/2&0\end{bmatrix}$$

A^{-1}은 A와 같이 _____ 고유벡터를 갖는다. A가 고윳값 λ_1과 λ_2를 가질 때, A의 역행렬은 고윳값 _____를 갖는다. $\lambda_1+\lambda_2=A$**의 대각합**$=0+1$임을 확인하라.

04 A와 A^2의 고유벡터와 고윳값을 계산하라.

$$A=\begin{bmatrix}-1&3\\2&0\end{bmatrix} \qquad A^2=\begin{bmatrix}7&-3\\-2&6\end{bmatrix}$$

A^2은 A와 같은 _____를 갖는다. A가 고윳값 λ_1과 λ_2를 가질 때, A^2의 고윳값은 _____이다. 이 예에서 왜 $\lambda_1^2+\lambda_2^2=13$인가?

05 A와 B(삼각 행렬의 경우 더 쉽다) 그리고 $A+B$의 고윳값을 찾아라.

$$A=\begin{bmatrix}3&0\\1&1\end{bmatrix},\quad B=\begin{bmatrix}1&1\\0&3\end{bmatrix},\quad A+B=\begin{bmatrix}4&1\\1&4\end{bmatrix}$$

$A+B$의 고윳값은 A의 고윳값과 B의 고윳값의 합과 (같다 / 같지 않을 수도 있다).

06 A와 B 그리고 AB와 BA의 고윳값을 각각 찾아라.

$$A=\begin{bmatrix}1&0\\1&1\end{bmatrix},\quad B=\begin{bmatrix}1&2\\0&1\end{bmatrix},$$
$$AB=\begin{bmatrix}1&2\\1&3\end{bmatrix},\quad BA=\begin{bmatrix}3&2\\1&1\end{bmatrix}$$

(a) AB의 고윳값은 A의 고윳값과 B의 고윳값의 곱과 같은가?

(b) AB의 고윳값은 BA의 고윳값과 같은가?

07 소거법을 이용하면 삼각 행렬 U가 된다. U의 고윳값은 이 행렬의 대각성분이고(이유는 무엇인가?), 그들은 A의 고윳값이 아니다. 2×2 행렬인 A와 U의 예를 들어라.

08 (a) $\boldsymbol{x}$가 고유벡터임을 알 때 λ를 찾는 방법은 _____이다.

(b) λ가 고윳값임을 알 때 $\boldsymbol{x}$를 찾는 방법은 ____이다.

09 다음을 증명하기 위해 식 $A\boldsymbol{x}=\lambda\boldsymbol{x}$에 무엇을 해야 하는가?

(a) [연습문제 04]에서와 같이 λ^2은 A^2의 고윳값이다.

(b) [연습문제 03]에서와 같이 λ^{-1}은 A^{-1}의 고윳값이다.

(c) [연습문제 02]에서와 같이 $\lambda+1$은 $A+I$의 고윳값이다.

10 다음 마르코프 행렬 A와 A^{∞} 모두의 고윳값과 고유벡터를 찾아라. 그 답을 통해 A^{100}과 A^{∞}가 가까운 이유가 무엇인지 설명하라.

$$A=\begin{bmatrix}0.6&0.2\\0.4&0.8\end{bmatrix} \qquad A^{\infty}=\begin{bmatrix}1/3&1/3\\2/3&2/3\end{bmatrix}$$

11 3×3 행렬 B는 고윳값 0, 1, 2를 갖는다. 이 정보는 다음을 찾을 수 있게 한다.

(a) B의 계수rank (b) B^2의 고윳값

(c) $(B^2+I)^{-1}$의 고윳값

12 행렬 P의 세 고유벡터를 찾아라. 사영 행렬은 $\lambda=1$과 0만 가지므로 고유벡터들은 P가 투영되는 부분공간에 속하거나 서로 수직이다.

$$\textbf{사영 행렬} \quad P^2=P=P^T \qquad P=\begin{bmatrix}0.2&0.4&0\\0.4&0.8&0\\0&0&1\end{bmatrix}$$

두 고유벡터 $\boldsymbol{x}$와 $\boldsymbol{y}$가 같은 중복된 고윳값 λ를 공유한다면 이는 모든 결합 $c\boldsymbol{x}+d\boldsymbol{y}$에 대해서도 그렇다. 성분 중 0이 없는 P의 고유벡터를 찾아라.

13 단위벡터 $\boldsymbol{u}=\left(\frac{1}{6},\frac{1}{6},\frac{3}{6},\frac{5}{6}\right)$에 대해서 계수가 1인 사영 행렬 $P=\boldsymbol{u}\boldsymbol{u}^{\mathrm{T}}$를 구성하라. 이 행렬은 $P^2=P$인데, 이는 $\boldsymbol{u}^{\mathrm{T}}\boldsymbol{u}=1$이기 때문이다.

(a) $P\boldsymbol{u}=(\boldsymbol{u}\boldsymbol{u}^{\mathrm{T}})\boldsymbol{u}$가 $\boldsymbol{u}$인 이유를 설명하라. 그러면 $\boldsymbol{u}$는 $\lambda=1$인 고유벡터이다.

(b) $\boldsymbol{v}$가 $\boldsymbol{u}$에 수직이라면 $P\boldsymbol{v}=0$임을 보여라. 그러면 $\lambda=0$이다.

(c) 고윳값 $\lambda=0$인 P의 독립적인 세 고유벡터를 찾아라.

14 이차 방정식의 근의 공식으로 $\det(Q-\lambda I)=0$을 풀어서 $\lambda=\cos\theta\pm i\sin\theta$를 얻어라.

$Q=\begin{bmatrix}\cos\theta&-\sin\theta\\\sin\theta&\cos\theta\end{bmatrix}$는 xy 평면을 각 θ만큼 회전시키고 이 때 실수인 λ는 없다.

$(Q-\lambda I)\boldsymbol{x}=\mathbf{0}$을 풀어서 Q의 고유벡터를 찾아라. $i^2=-1$을 사용하라.

15 $\lambda_1=\lambda_2=0$을 갖는 2×2 행렬을 세 개 찾아라. 이때 대각합은 0이고 행렬식은 0이다. A는 영행렬이 아닐 수도 있지만 A^2은 모두 영행렬임을 확인하라.

16 계수가 1인 행렬은 비가역 행렬이다. 다음 행렬의 세 개의 λ와 세 개의 고유벡터를 찾아라.

$$\text{계수 } 1 \qquad A=\begin{bmatrix}1\\2\\1\end{bmatrix}\begin{bmatrix}2&1&2\end{bmatrix}=\begin{bmatrix}2&1&2\\4&2&4\\2&1&2\end{bmatrix}$$

17 $a+b=c+d$일 때, $(1,1)$은 고유벡터임을 보이고 모든 고윳값을 찾아라.

λ_2를 찾기 위해 대각합을 사용하라.

$$A=\begin{bmatrix}5&1\\2&4\end{bmatrix}\qquad A=\begin{bmatrix}a&b\\c&d\end{bmatrix}$$

18 A가 $\lambda_1=4,\ \lambda_2=5$를 가지면 $\det(A-\lambda I)=(\lambda-4)(\lambda-5)=\lambda^2-9\lambda+20$이다. 대각합이 $a+d=9$이고 행렬식이 20임으로 인해 $\lambda=4,\ 5$인 행렬 세 개를 찾아라.

19 $A\boldsymbol{u}=0\boldsymbol{u},\ A\boldsymbol{v}=3\boldsymbol{v},\ A\boldsymbol{w}=5\boldsymbol{w}$라고 가정하자. 고윳값은 0, 3, 5이다.

(a) A의 영공간에 대한 기저와 열 공간에 대한 기저를 제시하라.

(b) $A\boldsymbol{x}=\boldsymbol{v}+\boldsymbol{w}$의 특수해를 찾아라. 모든 해를 찾아라.

(c) $A\boldsymbol{x}=\boldsymbol{u}$는 해가 없다. 만약 해가 있다면 _____는 열 공간에 속할 것이다.

20 (a) 고윳값 4와 7, (b) 임의의 λ_1과 λ_2를 생산하는 A의 마지막 행을 선택하라.

$$\text{동반 행렬} \qquad A=\begin{bmatrix}0&1\\ *&*\end{bmatrix}$$

21 $\det(A-\lambda I)$는 $\det(A^{\mathrm{T}}-\lambda I)$와 같으므로 **$A$의 고윳값은 A^{T}의 고윳값과 같다.** 이는 _____ 때문에 사실이다. 예를 통해서 A와 A^{T}의 고유벡터는 같지 않음을 보여라.

22 성분이 양수이고 각 열의 합은 1인 3×3 마르코프 행렬 M을 구성하라. $M^{\mathrm{T}}(1,1,1)=(1,1,1)$임을 보여라. [연습문제 21]에 의해 $\lambda=1$도 M의 고윳값이다.

(도전) 대각합 $\frac{1}{2}$을 가진 3×3 비가역 마르코프 행렬의 λ는 얼마인가?

23 A와 B는 같은 독립적인 고유벡터 $\boldsymbol{x}_1,\cdots,\boldsymbol{x}_n$을 갖는 같은 고윳값 $\lambda_1,\cdots,\lambda_n$을 갖는다고 가정하자. **그러면 $A=B$임을 보여라.**

힌트 : 임의의 벡터 $\boldsymbol{v}$는 결합 $c_1\boldsymbol{x}_1+\cdots+c_n\boldsymbol{x}_n$이다. $A\boldsymbol{v}$는 무엇인가? $B\boldsymbol{v}$는 무엇인가?

24 블록 B는 고윳값 1, 2를, C는 고윳값 3, 4를, D는 고윳값 5, 7을 갖는다. 4×4 행렬 A의 고윳값을 찾아라.

$$A=\begin{bmatrix}B&C\\0&D\end{bmatrix}=\begin{bmatrix}0&1&3&0\\-2&3&0&4\\0&0&6&1\\0&0&1&6\end{bmatrix}$$

25 A와 C의 네 개의 고윳값과 계수를 찾아라.

$$A=\begin{bmatrix}1&1&1&1\\1&1&1&1\\1&1&1&1\\1&1&1&1\end{bmatrix}\qquad C=\begin{bmatrix}1&0&1&0\\0&1&0&1\\1&0&1&0\\0&1&0&1\end{bmatrix}$$

26 [연습문제 25]의 A에서 I를 빼자. B와 $-B$의 고윳값을 찾아라.

$$B=A-I=\begin{bmatrix}0&1&1&1\\1&0&1&1\\1&1&0&1\\1&1&1&0\end{bmatrix}\qquad -B=\begin{bmatrix}0&-1&-1&-1\\-1&0&-1&-1\\-1&-1&0&-1\\-1&-1&-1&0\end{bmatrix}$$

27 **(복습)** $A,\ B,\ C$의 고윳값을 찾아라.

$$A=\begin{bmatrix}1&2&3\\0&4&5\\0&0&6\end{bmatrix},\quad B=\begin{bmatrix}0&0&1\\0&2&0\\3&0&0\end{bmatrix},\quad C=\begin{bmatrix}2&2&2\\2&2&2\\2&2&2\end{bmatrix}$$

28 모든 순열 행렬은 $\boldsymbol{x}=(1,1,\cdots,1)$을 변화시키지 않는다. 그러면 $\lambda=1$이다. $\det(P-\lambda I)=0$으로부터 다음 순열 행렬의 λ(복소수도 가능)를 두 개 더 찾아라.

$$P=\begin{bmatrix}0&1&0\\0&0&1\\1&0&0\end{bmatrix}\text{과 } P=\begin{bmatrix}0&0&1\\0&1&0\\1&0&0\end{bmatrix}$$

29 **A의 행렬식은 곱 $\lambda_1\lambda_2\cdots\lambda_n$과 같다.** n개의 인수로 분해된 다항식 $\det(A-\lambda I)$로부터 시작하여 $\lambda=0$으로 설정하자.

$$\det(A-\lambda I) = (\lambda_1-\lambda)(\lambda_2-\lambda)\cdots(\lambda_n-\lambda)$$

따라서 $\det A =$ _____

30 대각성분의 합(대각합)은 고윳값의 합과 같다.

$$A = \begin{bmatrix} a & b \\ c & d \end{bmatrix}\text{는}$$

$\det(A-\lambda I) = \lambda^2-(a+d)\lambda+ad-bc=0$을 갖는다.

이차 방정식의 근의 공식은 $\lambda = (a+d+\sqrt{})/2$와 $\lambda =$ _____를 주고, 이들의 합은 _____이다. 만약 A가 $\lambda_1=3$과 $\lambda_2=4$를 가지면 $\det(A-\lambda I)=$ _____이다.

6.2 행렬의 대각화

$\boldsymbol{x}$가 고유벡터일 때, A를 곱하는 것은 $A\boldsymbol{x}=\lambda\boldsymbol{x}$와 같이 그저 수 λ를 곱하는 것이다. 이제 행렬은 더 이상 어렵지 않다. 서로 연관된 시스템 대신에 우리는 독립적인 고유벡터를 살펴볼 것이다. 이는 대각성분이 아닌 성분과 연관이 없는 대각 행렬을 갖는 것과 같다. 대각 행렬의 경우 100제곱은 쉽다.

이 절의 요점은 매우 직접적이다. **고유벡터를 적절하게 사용하면 행렬 A는 대각 행렬 Λ로 바뀐다.** 이는 우리의 주요 아이디어의 행렬 형태이다. 필수적으로 계산해야 하는 것으로부터 바로 시작해보자.

> 대각화 $n\times n$ 행렬 A가 n개의 선형독립 고유벡터 $\boldsymbol{x}_1,\cdots,\boldsymbol{x}_n$을 갖는다고 가정하자. 이들을 **고유벡터 행렬** V의 열들로 넣자. 그러면 $V^{-1}AV$는 고윳값 행렬 Λ이고 Λ는 대각 행렬이다.
>
> **고유벡터 행렬 V**
> **고윳값 행렬 Λ**
> $$V^{-1}AV=\Lambda=\begin{bmatrix}\lambda_1 & & \\ & \ddots & \\ & & \lambda_n\end{bmatrix} \quad (1)$$

위 식에서 행렬 A는 '대각화'되었다. 우리는 고윳값 행렬에 대해 대문자 람다를 사용하는데, 이는 이 행렬의 대각성분은 소문자 λ들(고윳값)이기 때문이다.

증명 V의 열인 행렬의 고유벡터를 A에 곱한다. 그러면 AV의 첫 번째 열은 $A\boldsymbol{x}_1$이고, 이는 $\lambda_1\boldsymbol{x}_1$이다. V의 각 열은 고윳값 λ_i에 의해 곱해진다.

A와 V의 곱
$$AV = A\begin{bmatrix}\boldsymbol{x}_1 & \cdots & \boldsymbol{x}_n\end{bmatrix} = \begin{bmatrix}\lambda_1\boldsymbol{x}_1 & \cdots & \lambda_n\boldsymbol{x}_n\end{bmatrix}$$

여기서 행렬 AV를 V와 Λ의 곱으로 나누어 교묘하게 변행해보자.

V와 Λ의 곱
$$\begin{bmatrix}\lambda_1\boldsymbol{x}_1 & \cdots & \lambda_n\boldsymbol{x}_n\end{bmatrix} = \begin{bmatrix}\boldsymbol{x}_1 & \cdots & \boldsymbol{x}_n\end{bmatrix}\begin{bmatrix}\lambda_1 & & \\ & \ddots & \\ & & \lambda_n\end{bmatrix} = V\Lambda$$

올바른 순서로 이 행렬들을 유지하자! 그러면 위에서 보인 것처럼 λ_1은 첫 번째 열 $\boldsymbol{x}_1$에 곱해진다. 이로

써 대각화는 마무리되었고, 다음 두 가지 좋은 방법으로 $AV = V\Lambda$로 쓸 수 있다. ☒

$$AV = V\Lambda \text{는 } V^{-1}AV = \Lambda \text{ 또는 } A = V\Lambda V^{-1} \text{이다.} \tag{2}$$

행렬 V는 역행렬을 가지는데, 이는 이 행렬의 열들(A의 고유벡터들)이 선형독립이라 가정했기 때문이다. n개의 독립적인 고유벡터가 없다면 대각화를 할 수 없다. A와 Λ는 같은 고윳값 $\lambda_1, \cdots, \lambda_n$을 갖지만, 고유벡터들은 다르다. 원래의 고유벡터 $\boldsymbol{x}_1, \cdots, \boldsymbol{x}_n$의 일은 A를 대각화하는 것이었다. V의 고유벡터들은 $A = V\Lambda V^{-1}$을 만족시킨다. 여러분은 곧 k제곱 $A^k = V\Lambda^k V^{-1}$의 의미와 중요성 그리고 단순함을 보게 될 것이다.

6.2절과 6.3절에서는 1차 차분과 미분방정식을 푼다.

$$\textbf{6.2절} \quad \boldsymbol{u}_{k+1} = A\boldsymbol{u}_k \qquad \boldsymbol{u}_k = A^k\boldsymbol{u}_0 = c_1\lambda_1^k\boldsymbol{x}_1 + \cdots + c_n\lambda_n^k\boldsymbol{x}_n$$

$$\textbf{6.3절} \quad d\boldsymbol{y}/dt = A\boldsymbol{y} \qquad \boldsymbol{y}(t) = e^{At}\boldsymbol{y}(0) = c_1e^{\lambda_1 t}\boldsymbol{x}_1 + \cdots + c_ne^{\lambda_n t}\boldsymbol{x}_n$$

두 문제에 대한 아이디어는 다음과 같다. n**개의 독립적인 고유벡터들은 기저를 형성한다**. 우리는 $\boldsymbol{u}_0$과 $\boldsymbol{y}(0)$을 고유벡터의 결합으로 쓸 수 있다. 그러면 k가 증가하고 t가 증가할 때, 각각의 고유벡터를 따른다. 즉, $A^k\boldsymbol{x}$**는** $\lambda^k\boldsymbol{x}$ **이고** $e^{At}\boldsymbol{x}$**는** $e^{\lambda t}\boldsymbol{x}$ **이다**.

어떤 행렬은 n개의 독립적인 고유벡터를 갖지 않는다(이는 중복된 λ 때문이다). 이 경우 $A^k\boldsymbol{u}_0$과 $e^{At}\boldsymbol{y}(0)$은 여전히 맞지만, 그들은 $k\lambda^k\boldsymbol{x}$와 $te^{\lambda t}\boldsymbol{x}$의 결과를 준다(그렇게 좋지 않다).

예제 1 아래에 대각선 성분이 λ들인 삼각 행렬 A가 있다($\lambda = 1$과 $\lambda = 6$).

$$V\text{에서의 고유벡터들} \quad \underset{\boldsymbol{V^{-1}}}{\begin{bmatrix} 1 & -1 \\ 0 & 1 \end{bmatrix}} \underset{\boldsymbol{A}}{\begin{bmatrix} 1 & 5 \\ 0 & 6 \end{bmatrix}} \underset{\boldsymbol{V}}{\begin{bmatrix} 1 & 1 \\ 0 & 1 \end{bmatrix}} = \underset{\boldsymbol{\Lambda}}{\begin{bmatrix} \mathbf{1} & 0 \\ 0 & \mathbf{6} \end{bmatrix}}$$

풀이

다른 말로 하면 $A = V\Lambda V^{-1}$이다. 이때 $A^2 = V\Lambda V^{-1}V\Lambda V^{-1}$임에 주의하자. $V^{-1}V = I$를 제거하면 이는 $A^2 = V\Lambda^2 V^{-1}$이 된다. **A와 A^2의 같은 고유벡터들은 V 안에 있고, 고윳값의 제곱은 Λ^2에 있다.** k 제곱은 $A^k = V\Lambda^k V^{-1}$이며, Λ^k은 그저 1^k과 6^k을 포함하고 있을 뿐이다.

$$k \text{ 제곱 } A^k \qquad \begin{bmatrix} 1 & 5 \\ 0 & 6 \end{bmatrix}^k = \begin{bmatrix} 1 & 1 \\ 0 & 1 \end{bmatrix}\begin{bmatrix} 1 & 0 \\ 0 & 6^k \end{bmatrix}\begin{bmatrix} 1 & -1 \\ 0 & 1 \end{bmatrix} = \begin{bmatrix} 1 & 6^k - 1 \\ 0 & 6^k \end{bmatrix}$$

$k=1$이면 A를, $k=0$이면 $A^0=I$를 얻는다(고윳값은 $\lambda^0=1$이다). $k=-1$이면 우리는 역행렬 A^{-1}을 얻을 수 있다. 또한 $k=2$일 때, $A^2=[1\ 35;\ 0\ 36]$이 어떻게 이 식에 적합한지 확인할 수 있다. ❳

Λ를 다시 사용하기 전에 주목해야 할 네 가지 사항을 소개하겠다.

1. 고윳값 λ_1, $\cdots$, λ_n들이 서로 다를 때, 고유벡터 $\boldsymbol{x}_1$, $\cdots$, $\boldsymbol{x}_n$들은 독립이다. **중복된 고윳값이 없는 임의의 행렬들은 대각화가 가능하다.**
2. **고유벡터에 0이 아닌 임의의 상수를 곱할 수 있다.** $A\boldsymbol{x}=\lambda\boldsymbol{x}$는 여전히 참이다. [예제 1]에서 고유벡터 $(1,1)$을 $\sqrt{2}$로 나눠서 단위벡터를 만들 수 있다.
3. V 안의 고유벡터들은 Λ 안의 고윳값과 같은 순서로 이루어져 있다. Λ에서 1, 6의 순서를 바꾸기 위해 V에서 고유벡터 $(1,1)$을 $(1,0)$ 앞에 위치시킨다.

   새로운 순서 1, 6
   V에서 새로운 순서
   $$\begin{bmatrix}0 & 1\\ 1 & -1\end{bmatrix}\begin{bmatrix}1 & 5\\ 0 & 6\end{bmatrix}\begin{bmatrix}1 & 1\\ 1 & 0\end{bmatrix}=\begin{bmatrix}6 & 0\\ 0 & 1\end{bmatrix}=\Lambda_{\text{new}}$$

   A를 대각화하려면 고유벡터 행렬을 사용해야 한다. $V^{-1}AV=\Lambda$를 통해 우리는 $AV=V\Lambda$임을 알고 있다. V의 첫 번째 열은 $\boldsymbol{x}$라 가정하자. 그러면 AV와 $V\Lambda$의 첫 번째 열은 각각 $A\boldsymbol{x}$와 $\lambda_1\boldsymbol{x}$이다. 이들이 같으려면 $\boldsymbol{x}$는 고유벡터이어야 한다.
4. **중복된 고윳값에 대해 살펴보자.** 어떤 행렬들은 (n보다 작은) 매우 작은 수의 고유벡터를 갖는다. 이 행렬들은 대각화할 수 없다. 이에 대한 예는 다음과 같다.

   대각화 불가능
   오직 1개의 고유벡터
   $$A=\begin{bmatrix}1 & -1\\ 1 & -1\end{bmatrix}\text{과 } B=\begin{bmatrix}0 & 1\\ 0 & 0\end{bmatrix}$$

   이들의 고윳값들은 0과 0이다. 여기서의 문제점은 λ의 값이 반복된다는 것이다.

   오직 한 줄로 이루어진 고유벡터 $A\boldsymbol{x}=0\boldsymbol{x}$는 $\begin{bmatrix}1 & -1\\ 1 & -1\end{bmatrix}\begin{bmatrix}\boldsymbol{x}\end{bmatrix}=\begin{bmatrix}0\\ 0\end{bmatrix}$과 $\boldsymbol{x}=c\begin{bmatrix}1\\ 1\end{bmatrix}$을 의미한다.

   이때 두 번째 고유벡터는 없으므로 이와 같이 흔치 않은 행렬 A는 대각화될 수 없다. 이들은 고윳값에 대한 임의의 명제를 테스트하기에 가장 좋은 예이다. 많은 참-거짓 문제들에서 비대각화 행렬들은 거짓의 결과를 준다.

가역성과 대각화 가능성 사이에 연관 관계가 없음을 기억하자.

- 가역성[invertibility]은 고윳값과 관련이 있다($\lambda=0$ 또는 $\lambda\neq 0$).
- 대각화 가능성[diagonalizability]은 **n개의 독립적인 고유벡터를 필요로 한다.**

각 고윳값은 적어도 하나의 고유벡터를 갖는다! $A-\lambda I$는 비가역 행렬이다. 이때 $(A-\lambda I)\boldsymbol{x}=0$이 $\boldsymbol{x}=0$

이 된다면 λ는 고윳값이 아니다. $\det(A-\lambda I)=0$의 풀이 과정에서 실수를 찾아라.

n개의 서로 다른 λ에 대한 고유벡터들은 서로 독립이면 $V^{-1}AV=\Lambda$는 성공한다.
중복된 λ에 대한 고유벡터들은 서로 독립일 수 없다. V는 가역 행렬이 아닐 수 있다.

예제 2 **(A의 거듭제곱)** 이전 절에서의 마르코프 행렬 A는 $\lambda_1=1$과 $\lambda_2=0.5$를 가졌다. 고윳값이 행렬 Λ에 있는 $A=V\Lambda V^{-1}$는 다음과 같다.

$$\begin{bmatrix} 0.8 & 0.3 \\ 0.2 & 0.7 \end{bmatrix} = \begin{bmatrix} 0.6 & 1 \\ 0.4 & -1 \end{bmatrix} \begin{bmatrix} 1 & 0 \\ 0 & 0.5 \end{bmatrix} \begin{bmatrix} 1 & 1 \\ 0.4 & -0.6 \end{bmatrix} = V\Lambda V^{-1}$$

고유벡터 $(0.6, 0.4)$와 $(1,-1)$은 V의 두 열이며 이는 A^2의 고유벡터이기도 하다. A^2이 어떻게 같은 V를 갖는지와 **A^2의 고윳값 행렬이 Λ^2임**에 주의하라.

$$A^2\text{에 대해 같은 } V \qquad \boldsymbol{A^2 = V\Lambda V^{-1} V\Lambda V^{-1} = V\Lambda^2 V^{-1}} \tag{3}$$

계속 진행하면 높은 차수의 A^k이 왜 '정상상태'에 가까이 가는지를 확인할 수 있다.

$$A\text{의 거듭제곱} \qquad A^k = V\Lambda^k V^{-1} = \begin{bmatrix} 0.6 & 1 \\ 0.4 & -1 \end{bmatrix} \begin{bmatrix} 1^k & 0 \\ 0 & (0.5)^k \end{bmatrix} \begin{bmatrix} 1 & 1 \\ 0.4 & -0.6 \end{bmatrix}$$

k가 커짐에 따라 $(0.5)^k$은 작아지며 극한에서 이는 완전히 사라진다. 각 성분의 극한값으로 이루어진 행렬이 A^∞이다.

$$\text{극한 } k\to\infty \qquad A^\infty = \begin{bmatrix} 0.6 & 1 \\ 0.4 & -1 \end{bmatrix} \begin{bmatrix} 1 & 0 \\ 0 & 0 \end{bmatrix} \begin{bmatrix} 1 & 1 \\ 0.4 & -0.6 \end{bmatrix} = \begin{bmatrix} 0.6 & 0.6 \\ 0.4 & 0.4 \end{bmatrix} \tag{4}$$

극한은 모든 열에서 정상상태인 고유벡터 $\boldsymbol{x}_1$을 갖는다.

Q_ 언제 $A^k\to$영행렬로 가는가?

A_ $|\lambda|<1$인 모든 λ에 대하여 영행렬로 간다.

피보나치 수

이제 고윳값을 통해 피보나치 수가 얼마나 빨리 증가하는지를 알려주는 유명한 예를 제시하고자 한다. **모든 새로운 피보나치 수는 이전 두 F의 합이다.**

수열 0, 1, 1, 2, 3, 5, 8, 13, $\cdots$은 $\boldsymbol{F_{k+2} = F_{k+1} + F_k}$에서 얻어진다.

이 수는 다양한 응용에서 환상적으로 나타난다. 식물은 위의 잎에 가리지 않고 최대한 햇빛을 받기 위해 나선형으로 자라고, 3번 회전하는 동안 잎이 8개 나온다. 더 좋은 예는 해바라기인데, 144번째 루프에서 233개의 씨를 갖는다. 이들은 각각 피보나치 수 F_{12}과 F_{13}이다. 우리가 살펴볼 문제는 이보다 더 기본적이다.

피보나치 수 F_{100}을 찾아보자. 느린 방법은 한 번에 하나씩 법칙 $F_{k+2} = F_{k+1} + F_k$를 적용하는 것이다. $F_6 = 8$과 $F_7 = 13$을 더함으로써 $F_8 = 21$이 되며, 반복하면 F_{100}을 얻을 수 있다. 이때 선형대수학은 더 좋은 방법을 제시한다.

핵심은 행렬방정식 $\boldsymbol{u}_{k+1} = A\boldsymbol{u}_k$로 시작하는 것이다. 이는 벡터에 대해서는 한 단계 법칙인 반면 피보나치는 스칼라에 대해서는 두 단계 법칙이다. 우리는 두 개의 피보나치 수를 한 벡터 $\boldsymbol{u}_k$에 넣음으로써 이 두 법칙을 일치시킨다. 그러면 여러분은 행렬 A를 보게 될 것이다.

$$\boldsymbol{u_k} = \begin{bmatrix} \boldsymbol{F_{k+1}} \\ \boldsymbol{F_k} \end{bmatrix} \qquad \text{법칙 } \begin{matrix} F_{k+2} = F_{k+1} + F_k \\ F_{k+1} = F_{k+1} \end{matrix} \text{은 } \boldsymbol{u_{k+1}} = \begin{bmatrix} 1 & 1 \\ 1 & 0 \end{bmatrix} \boldsymbol{u_k}\text{이다.} \tag{5}$$

매 단계마다 $A = \begin{bmatrix} 1 & 1 \\ 1 & 0 \end{bmatrix}$을 곱한다. 100단계 이후에 우리는 $\boldsymbol{u}_{100} = A^{100}\boldsymbol{u}_0$에 도달한다.

$$\boldsymbol{u}_0 = \begin{bmatrix} 1 \\ 0 \end{bmatrix}, \quad \boldsymbol{u}_1 = \begin{bmatrix} 1 \\ 1 \end{bmatrix}, \quad \boldsymbol{u}_2 = \begin{bmatrix} 2 \\ 1 \end{bmatrix}, \quad \boldsymbol{u}_3 = \begin{bmatrix} 3 \\ 2 \end{bmatrix}, \quad \boldsymbol{u}_4 = \begin{bmatrix} 5 \\ 3 \end{bmatrix}, \quad \cdots, \quad \boldsymbol{u}_{100} = \begin{bmatrix} F_{101} \\ F_{100} \end{bmatrix}$$

이 문제는 고윳값에 대해서만 적용된다. 고윳값을 찾기 위해 A에서 λI를 뺀다. $A - \lambda I = \begin{bmatrix} 1-\lambda & 1 \\ 1 & -\lambda \end{bmatrix}$는 $\det(A - \lambda I) = \lambda^2 - \lambda - 1$이 된다. 방정식 $\lambda^2 - \lambda - 1 = 0$은 근의 공식 $(-b \pm \sqrt{b^2 - 4ac})/2a$에 의해 풀린다.

고윳값 $\qquad \lambda_1 = \dfrac{1+\sqrt{5}}{2} \approx 1.618$과 $\lambda_2 = \dfrac{1-\sqrt{5}}{2} \approx -0.618$

이 두 고윳값들은 $\boldsymbol{x}_1 = (\lambda_1, 1)$과 $\boldsymbol{x}_2 = (\lambda_2, 1)$을 준다. 2단계는 $\boldsymbol{u}_0 = (1, 0)$을 주는 이 고유벡터들의 결합을 찾는다.

$$\begin{bmatrix} 1 \\ 0 \end{bmatrix} = \frac{1}{\lambda_1 - \lambda_2}\left(\begin{bmatrix} \lambda_1 \\ 1 \end{bmatrix} - \begin{bmatrix} \lambda_2 \\ 1 \end{bmatrix}\right) \quad \text{또는} \quad \boldsymbol{u}_0 = \frac{\boldsymbol{x}_1 - \boldsymbol{x}_2}{\lambda_1 - \lambda_2} \tag{6}$$

3단계는 고유벡터 $\boldsymbol{x}_1$과 $\boldsymbol{x}_2$에 각각 $(\lambda_1)^{100}$과 $(\lambda_2)^{100}$을 곱한다.

$$A^{100}\text{과 } \boldsymbol{u}_0\text{의 곱} \qquad \boldsymbol{u}_{100} = \frac{(\lambda_1)^{100}\boldsymbol{x}_1 - (\lambda_2)^{100}\boldsymbol{x}_2}{\lambda_1 - \lambda_2} \tag{7}$$

우리는 $F_{100} = (\boldsymbol{u}_{100}$의 두 번째 성분)을 원한다. $\boldsymbol{x}_1$과 $\boldsymbol{x}_2$의 두 번째 성분은 모두 1이다. $(1+\sqrt{5})/2$와 $(1-\sqrt{5})/2$의 차는 $\lambda_1 - \lambda_2 = \sqrt{5}$이다. 이로써 다음과 같이 F_{100}을 얻는다.

$$F_{100} = \frac{1}{\sqrt{5}}\left[\left(\frac{1+\sqrt{5}}{2}\right)^{100} - \left(\frac{1-\sqrt{5}}{2}\right)^{100}\right] \approx 3.54 \cdot 10^{20} \tag{8}$$

이는 자연수인가? 그렇다. 분수와 제곱근은 반드시 사라지는데, 이는 피보나치 법칙 $F_{k+2} = F_{k+1} + F_k$가 정수로만 이루어지기 때문이다. 식 (8)에서 두 번째 항은 $\frac{1}{2}$보다 작고, 따라서 이는 첫 번째 항을 가장 가까운 자연수로 이동시켜야 한다.

$$k\text{번째 피보나치 수} = \frac{\lambda_1^k - \lambda_2^k}{\lambda_1 - \lambda_2} = \frac{1}{\sqrt{5}}\left(\frac{1+\sqrt{5}}{2}\right)^k \text{에 가장 가까운 정수} \tag{9}$$

F_5에 대한 F_6의 비는 $8/5 = 1.6$이다. 비 F_{101}/F_{100}은 극한에서의 비 $(1+\sqrt{5})/2$와 매우 가까워야 한다. 그리스인들은 이 수를 **황금비**golden ratio [1]라고 불렀다. 두 변의 길이가 1.618, 1인 직사각형은 우아해 보인다.

행렬의 거듭제곱 A^k

피보나치의 예는 전형적인 차분방정식 $\boldsymbol{u}_{k+1} = A\boldsymbol{u}_k$이다. 각 단계에서 A를 곱하며 해는 $\boldsymbol{u}_k = A^k\boldsymbol{u}_0$이다. 여기서는 행렬의 대각화가 A^k을 계산하고 $\boldsymbol{u}_k$를 3단계 안에 찾는 빠른 방법을 어떻게 주는지 명확히 하고자 한다.

고유벡터 행렬 V는 $A = V\Lambda V^{-1}$를 만든다. 이는 거듭제곱의 계산에 완벽하게 적합한데, **V^{-1}을 V에 곱할 때마다 I를 얻기** 때문이다.

$$A\text{의 거듭제곱} \qquad A^k\boldsymbol{u}_0 = (V\Lambda V^{-1})\cdots(V\Lambda V^{-1})\boldsymbol{u}_0 = V\Lambda^k V^{-1}\boldsymbol{u}_0$$

여기서는 $V\Lambda^k V^{-1}\boldsymbol{u}_0$을 3단계로 나누고자 한다. 식 (10)은 이 단계들을 $\boldsymbol{u}_k$로 모두 합친 것이다.

---

1 (옮긴이) 원문에서는 '황금 평균'이라고 서술하지만, 한국의 교육과정에 맞게 '황금비'로 번역하였다.

1단계 : $\boldsymbol{u}_0$**을 고유벡터의 결합** $c_1\boldsymbol{x}_1+\cdots+c_n\boldsymbol{x}_n$**으로 쓴다.** 그러면 $\boldsymbol{c}=V^{-1}\boldsymbol{u}_0$이다.

2단계 : **각 수** c_i**에** $(\lambda_i)^k$**을 곱한다.** 이제 우리는 $\Lambda^k V^{-1}\boldsymbol{u}_0$을 얻는다.

3단계 : **조각** $c_i(\lambda_i)^k\boldsymbol{x}_i$**를 더해서 해** $\boldsymbol{u}_k=A^k\boldsymbol{u}_0$**을 얻는다.** 이는 $V\Lambda^k V^{-1}\boldsymbol{u}_0$이다.

$$\boldsymbol{u}_k=A^k\boldsymbol{u}_0=c_1(\lambda_1)^k\boldsymbol{x}_1+\cdots+c_n(\lambda_n)^k\boldsymbol{x}_n \tag{10}$$

$A^k\boldsymbol{u}_0$은 행렬의 언어로 $(V\Lambda V^{-1})^k\boldsymbol{u}_0$과 같다. 3단계를 요약하면 V와 Λ^k과 $V^{-1}\boldsymbol{u}_0$의 곱이다.

지금까지 $A^k\boldsymbol{u}_0$을 계산하는 3단계에 시간을 투자하였다. 이는 차분방정식과 e^{At}에 대해서도 정확히 같은 단계들을 보게 될 것이기 때문이다. 이때 방정식은 $d\boldsymbol{y}/dt=A\boldsymbol{y}$이다. 6.3절에서 이 식의 근 $e^{At}\boldsymbol{y}(0)$과 $A^k\boldsymbol{u}_0$에 대한 식 (10)을 비교하라.

$$d\boldsymbol{y}/dt=A\boldsymbol{y}\text{를 푼다.} \qquad \boldsymbol{y}(t)=e^{At}\boldsymbol{y}(0)=c_1e^{\lambda_1 t}\boldsymbol{x}_1+\cdots+c_ne^{\lambda_n t}\boldsymbol{x}_n \tag{11}$$

이 평행한 두 개의 방정식 (10)과 (11)은 고윳값과 고유벡터의 핵심을 보여준다. 그들은 방정식의 해를 n개의 간단한 조각들로 나눈다. 각각의 고유벡터를 독립적으로 따라가면 (이는 행렬의 대각화의 결과이다) 우리는 n개의 스칼라 방정식을 얻는다. **식 (10)에서 성장 인자** λ^k**은 식 (11)에서** $e^{\lambda t}$**과 같다.**

이전 내용을 요약해보자. 여기서는 각 단계에서의 행렬을 나타낼 것이다. $\boldsymbol{u}_0=V\boldsymbol{c}$이다.

$$\text{1단계} \qquad \boldsymbol{u}_0=\begin{bmatrix} \boldsymbol{x}_1 & \cdots & \boldsymbol{x}_n \end{bmatrix}\begin{bmatrix} c_1 \\ \vdots \\ c_n \end{bmatrix} \text{ 이는 } \boldsymbol{u}_0=c_1\boldsymbol{x}_1+\cdots+c_n\boldsymbol{x}_n\text{을 말한다.} \tag{12}$$

1단계에서 계수들은 $\boldsymbol{c}=V^{-1}\boldsymbol{u}_0$이다. 그 다음 **2단계**는 Λ^k을 곱하며 마지막 **3단계**는 모든 $c_i(\lambda_i)^k\boldsymbol{x}_i$를 더해서 V와 Λ^k와 $V^{-1}\boldsymbol{u}_0$의 곱을 얻는다.

$$A^k\boldsymbol{u}_0=V\Lambda^k V^{-1}\boldsymbol{u}_0=\begin{bmatrix} \boldsymbol{x}_1 & \cdots & \boldsymbol{x}_n \end{bmatrix}\begin{bmatrix} (\lambda_1)^k & & \\ & \ddots & \\ & & (\lambda_n)^k \end{bmatrix}\begin{bmatrix} c_1 \\ \vdots \\ c_n \end{bmatrix} \tag{13}$$

이 결과는 정확히 $\boldsymbol{u}_k=c_1(\lambda_1)^k\boldsymbol{x}_1+\cdots+c_n(\lambda_n)^k\boldsymbol{x}_n$이다. 이는 $\boldsymbol{u}_{k+1}=A\boldsymbol{u}_k$를 푼다.

예제 3 $\boldsymbol{u}_0=(1,0)$부터 시작하고, V와 Λ가 이 고유벡터와 고윳값들을 포함할 때, 행렬 $A=\begin{bmatrix} 1 & 2 \\ 1 & 0 \end{bmatrix}$에 대하여 $A^k\boldsymbol{u}_0$을 계산하자.

$$A = \begin{bmatrix} 1 & 2 \\ 1 & 0 \end{bmatrix}\text{은 } \lambda_1 = 2\text{와 } \boldsymbol{x}_1 = \begin{bmatrix} 2 \\ 1 \end{bmatrix}, \ \lambda_2 = -1\text{과 } \boldsymbol{x}_2 = \begin{bmatrix} 1 \\ -1 \end{bmatrix}\text{을 갖는다.}$$

이 행렬 A는 법칙이 $F_{k+2} = F_{k+1} + 2F_k$로 바뀐 것을 제외하고는 피보나치의 경우와 비슷하다. 이 새로운 수들 0, 1, 1, 3, $\cdots$은 더 빠르게 증가하는데, 이는 $\lambda = 2$는 $(1+\sqrt{5})/2$보다 크기 때문이다.

3단계로 푸는 [예제 3] $\boldsymbol{u}_0 = c_1\boldsymbol{x}_1 + c_2\boldsymbol{x}_2$와 $\boldsymbol{u}_k = c_1(\lambda_1)^k\boldsymbol{x}_1 + c_2(\lambda_2)^k\boldsymbol{x}_2$를 찾는다.

1단계 $\boldsymbol{u}_0 = \begin{bmatrix} 1 \\ 0 \end{bmatrix} = \frac{1}{3}\begin{bmatrix} 2 \\ 1 \end{bmatrix} + \frac{1}{3}\begin{bmatrix} 1 \\ -1 \end{bmatrix}$이고 따라서 $c_1 = c_2 = \frac{1}{3}$이다.

2단계 두 고유벡터에 $(\lambda_1)^k = 2^k$과 $(\lambda_2)^k = (-1)^k$을 곱한다.

3단계 이 조각들을 $\boldsymbol{u}_k = \frac{1}{3}2^k\begin{bmatrix} 2 \\ 1 \end{bmatrix} + \frac{1}{3}(-1)^k\begin{bmatrix} 1 \\ -1 \end{bmatrix}$로 합친다.

이 예제 속에는 기본적인 아이디어가 깔려 있다. **각각의 고유벡터를 따르라.**

대각화 불가능 행렬(선택적)

λ가 A의 고윳값이라 가정하자. 우리는 두 가지 방법에서 다음 사실을 발견한다.

1. 고유벡터(기하) $A\boldsymbol{x} = \lambda\boldsymbol{x}$는 0이 아닌 해가 있다.
2. 고윳값(대수) $A - \lambda I$의 행렬식은 0이다.

수 λ는 단일의 고윳값이거나 중복된 고윳값이고, 우리는 고윳값의 중복도multiplicity를 알기를 바란다. 대부분의 고윳값은 중복도 $M = 1$을 갖는다(단일의 고윳값). 그러면 한 줄의 고유벡터들을 가지며 $\det(A - \lambda I)$는 중복 인수를 갖지 않는다.

예외적인 행렬에 대해서 고윳값은 **반복**될 수 있다. 이때 이 고윳값의 중복도를 셀 수 있는 서로 다른 두 가지 방법이 있다. 각 고윳값에 대해서 항상 $\mathrm{GM} \le \mathrm{AM}$이다.

1. (기하적 중복도 = GM) λ에 대한 **독립적인 고유벡터**를 센다. 이는 $A - \lambda I$의 영공간의 차원이다.
2. (대수적 중복도 = AM) 고윳값 중에서 **같은 λ의 반복**을 센다. $\det(A - \lambda I) = 0$의 n개의 근을 본다.

만약 A가 $\lambda = 4, 4, 4$를 갖는다면 이 고윳값은 $\mathrm{AM} = 3$(삼중근)과 $\mathrm{GM} = 1$ 또는 2 또는 3을 갖는다.

다음 행렬 A는 문제가 되는 전형적인 예이다. 이 행렬의 고윳값 $\lambda=0$은 반복되며 이 행렬은 오직 하나의 고유벡터(GM $=1$)와 중근인 고윳값(AM $=2$)을 갖는다.

$$\begin{matrix}\textbf{AM} = \mathbf{2} \\ \textbf{GM} = \mathbf{1}\end{matrix} \quad A=\begin{bmatrix}0 & 1\\ 0 & 0\end{bmatrix}\text{은 } \det(A-\lambda I)=\begin{vmatrix}-\lambda & 1\\ 0 & -\lambda\end{vmatrix}=\lambda^2\text{을 갖는다.} \quad \begin{matrix}\lambda=0,\ 0\textbf{이지만 } 1\textbf{개의} \\ \textbf{고유벡터를 갖는다.}\end{matrix}$$

두 개의 고유벡터가 있어야 하는데, 이는 $\lambda^2=0$이 중근을 갖기 때문이다. 중복 인수 λ^2은 AM $=2$를 만든다. 하지만 오직 하나의 고유벡터 $\boldsymbol{x}=(1,0)$이 있다. **GM이 AM보다 작을 때, 이러한 고유벡터 수의 부족은 행렬 A가 대각화가 가능하지 않다는 것을 의미한다.**

다음 세 행렬은 $\lambda=5, 5$를 갖는다. 이때 대각합은 10이고, 행렬식은 25이다. 이들은 오직 하나의 고유벡터를 갖는다.

$$A=\begin{bmatrix}5 & 1\\ 0 & 5\end{bmatrix}, \qquad A=\begin{bmatrix}6 & -1\\ 1 & 4\end{bmatrix}, \qquad A=\begin{bmatrix}7 & 2\\ -2 & 3\end{bmatrix}$$

이들은 모두 $\det(A-\lambda I)=(\lambda-5)^2$을 가지며 대수적 중복도는 AM $=2$이다. 하지만 각각 $A-5I$는 계수 $r=1$을 갖는다. 즉, 기하적 중복도는 GM $=1$이다. $\lambda=5$에 대한 오직 한 줄의 고유벡터가 있다. 따라서 이 행렬들은 대각화가 불가능하다.

6.2 요약

1. A가 n개의 독립적인 고유벡터 $\boldsymbol{x}_1,\cdots,\boldsymbol{x}_n$을 갖는다면, 그들은 V의 열이 된다.

$$A\textbf{는 } V\textbf{에 의해서 대각화 가능하다.} \qquad V^{-1}AV=\Lambda\textbf{이고 } A=V\Lambda V^{-1}\textbf{이다.}$$

2. A의 거듭제곱은 $A^k=V\Lambda^k V^{-1}$이다. 이때 V 안의 고유벡터들은 변하지 않는다.

3. A^k의 고윳값들은 $(\lambda_1)^k,\cdots,(\lambda_n)^k$이고 행렬 Λ^k 안에 있다.

4. $\boldsymbol{u}_0$에서 시작하는 $\boldsymbol{u}_{k+1}=A\boldsymbol{u}_k$에 대한 근은 $\boldsymbol{u}_k=A^k\boldsymbol{u}_0=V\Lambda^k V^{-1}\boldsymbol{u}_0$이다.

$$\boldsymbol{u}_0=c_1\boldsymbol{x}_1+\cdots+c_n\boldsymbol{x}_n\text{일 때, } \boldsymbol{u}_k=c_1(\lambda_1)^k\boldsymbol{x}_1+\cdots+c_n(\lambda_n)^k\boldsymbol{x}_n\text{이다.}$$

이는 1단계, 2단계, 3단계를 보여준다($V^{-1}\boldsymbol{u}_0$으로부터 c들, Λ^k으로부터 거듭제곱 λ^k, V로부터 $\boldsymbol{x}$들).

6.2 확인문제

6.2A A의 역행렬, 고윳값, 행렬식을 찾아라.

$$A = 5*\mathbf{eye}(4) - \mathbf{ones}(4) = \begin{bmatrix} 4 & -1 & -1 & -1 \\ -1 & 4 & -1 & -1 \\ -1 & -1 & 4 & -1 \\ -1 & -1 & -1 & 4 \end{bmatrix}$$

$V^{-1}AV = \Lambda$를 주는 고유벡터 행렬 V를 묘사하라.

풀이

모든 항이 1인 행렬 $\mathbf{ones}(4)$의 고윳값들은 무엇인가? 이 행렬의 계수는 당연히 1이고, 따라서 세 개의 고윳값은 $\lambda = 0, 0, 0$이다. 이 행렬의 대각합은 4이고, 따라서 나머지 고윳값은 $\lambda = 4$이다. $5I$에서 모든 항이 1인 행렬을 빼서 우리의 행렬 $A = 5I - \mathbf{ones}(4)$를 얻는다.

고윳값 4, 0, 0, 0을 5, 5, 5, 5에서 뺀다. A의 고윳값은 1, 5, 5, 5이다. λ의 합은 16이다. 따라서 $\mathbf{diag}(A)$로부터 $4+4+4+4$ 역시 16이다. λ들을 곱하면 $\det A = 125$이다.

$\lambda = 1$에 대한 고유벡터는 $\boldsymbol{x} = (1, 1, 1, 1)$이다. 다른 고유벡터들은 $\boldsymbol{x}$에 수직이다(A가 대칭이기 때문이다). 가장 좋은 고유벡터 행렬 V는 대칭직교 하다마드 행렬이다. $1/2$을 곱해서 이 행렬의 열들이 단위벡터가 되도록 한다.

정규직교 고유벡터들 $$V = Q = \frac{1}{2}\begin{bmatrix} 1 & 1 & 1 & 1 \\ 1 & -1 & 1 & -1 \\ 1 & 1 & -1 & -1 \\ 1 & -1 & -1 & 1 \end{bmatrix} = Q^{\mathrm{T}} = Q^{-1}$$

A^{-1}의 고윳값은 $1, \frac{1}{5}, \frac{1}{5}, \frac{1}{5}$이며 고유벡터들은 A의 고유벡터들과 같다. 역행렬 $A^{-1} = Q\Lambda^{-1}Q^{-1}$는 놀랍게도 다음과 같이 정돈되어 있다.

$$A^{-1} = \frac{1}{5}*(\mathbf{eye}(4) + \mathbf{ones}(4)) = \frac{1}{5}\begin{bmatrix} 2 & 1 & 1 & 1 \\ 1 & 2 & 1 & 1 \\ 1 & 1 & 2 & 1 \\ 1 & 1 & 1 & 2 \end{bmatrix}$$

$AA^{-1} = I$를 확인하기 위해 $(\mathbf{ones})(\mathbf{ones}) = 4(\mathbf{ones})$를 사용하라.

Q_ A^3을 찾을 수 있는가?

6.2 연습문제

01~07 다음은 고윳값과 고유벡터 행렬 Λ와 V에 관한 문제이다.

01 (a) 아래의 두 행렬을 $A=V\Lambda V^{-1}$로 분해하라.

$$A=\begin{bmatrix}1 & 2\\0 & 3\end{bmatrix}\qquad A=\begin{bmatrix}1 & 1\\3 & 3\end{bmatrix}$$

(b) $A=V\Lambda V^{-1}$이면 $A^3=(\quad)(\quad)(\quad)$이고 $A^{-1}=(\quad)(\quad)(\quad)$이다.

02 A가 고유벡터 $\boldsymbol{x}_1=\begin{bmatrix}1\\0\end{bmatrix}$인 $\lambda_1=2$와 $\boldsymbol{x}_2=\begin{bmatrix}1\\1\end{bmatrix}$인 $\lambda_2=5$를 가질 때, $V\Lambda V^{-1}$을 사용하여 A를 찾아라. 다른 어떤 행렬도 같은 λ와 같은 $\boldsymbol{x}$를 가질 수 없다.

03 $A=V\Lambda V^{-1}$라 가정하자. $A+2I$의 고윳값 행렬은 무엇인가? 고유벡터 행렬은 무엇인가? $A+2I=(\quad)(\quad)(\quad)^{-1}$임을 확인하라.

04 V의 열(A의 고유벡터)들이 선형독립일 때, 참 또는 거짓임을 판별하라.

(a) A는 가역 행렬이다.

(b) A는 대각화 가능하다.

(c) V는 가역 행렬이다.

(d) V는 대각화 가능하다.

05 A의 고유벡터들이 I의 열들일 때, A는 ____ 행렬이다. 만약 고유벡터 행렬 V가 삼각 행렬이면 V^{-1}은 삼각 행렬이다. A도 역시 삼각 행렬임을 증명하라.

06 아래의 행렬 A를 대각화하는 모든 행렬 V를 묘사하라(모든 고유벡터를 찾아라).

$$A=\begin{bmatrix}4 & 0\\1 & 2\end{bmatrix}$$

그리고 A^{-1}을 대각화하는 모든 행렬을 묘사하라.

07 고유벡터 $\begin{bmatrix}1\\1\end{bmatrix}$과 $\begin{bmatrix}1\\-1\end{bmatrix}$을 갖는 가장 일반적인 행렬을 써라.

08~10 다음은 피보나치와 기보나치 수에 관한 문제이다.

08 V^{-1}을 완성함으로써 피보나치 행렬을 대각화하라.

$$\begin{bmatrix}1 & 1\\1 & 0\end{bmatrix}=\begin{bmatrix}\lambda_1 & \lambda_2\\1 & 1\end{bmatrix}\begin{bmatrix}\lambda_1 & 0\\0 & \lambda_2\end{bmatrix}\begin{bmatrix} & \\ & \end{bmatrix}$$

곱셈 $V\Lambda^k V^{-1}\begin{bmatrix}1\\0\end{bmatrix}$을 해서 이 행렬의 두 번째 성분을 찾아라. 이는 k번째 피보나치 수 $F_k=(\lambda_1^k-\lambda_2^k)/(\lambda_1-\lambda_2)$이다.

09 기보나치 수 G_{k+2}를 이전 수 G_{k+1}과 G_k의 평균이라 가정하자.

$$\begin{aligned}G_{k+2}&=\frac{1}{2}G_{k+1}+\frac{1}{2}G_k\\G_{k+1}&=G_{k+1}\end{aligned}\text{은}$$

$$\begin{bmatrix}G_{k+2}\\G_{k+1}\end{bmatrix}=\begin{bmatrix} & A & \end{bmatrix}\begin{bmatrix}G_{k+1}\\G_k\end{bmatrix}\text{ 이다.}$$

(a) A와 이 행렬의 고윳값, 고유벡터를 각각 찾아라.

(b) $n\to\infty$가 됨에 따라 행렬 $A^n=V\Lambda^n V^{-1}$의 극한을 찾아라.

(c) $G_0=0,\ G_1=1$일 때, 기보나치 수는 $\frac{2}{3}$에 가까이 감을 보여라.

10 $0,\ 1,\ 1,\ 2,\ 3,\ \cdots$에서 매 3번째마다 짝수가 등장함을 보여라.

11~14 다음은 대각화에 관한 문제이다.

11 A의 고윳값이 $2,\ 2,\ 5$일 때, 다음이 참 또는 거짓임을 판별하라.

(a) 가역이다.

(b) 대각화 가능하다.

(c) 대각화 불가능하다.

12 A의 고유벡터들이 $(1,4)$의 상수 배 뿐이라면, A는 다음을 갖는다. 이때 참 또는 거짓임을 판별하라.

(a) 역행렬

(b) 중복된 고윳값

(c) 대각화 $V\Lambda V^{-1}$를 갖지 않는다.

13 $\det A=25$가 되도록 아래의 행렬들을 완성하라. 그리고 $\lambda=5$가 중복됨을 확인하라. 대각합은 10이고 따라서 $A-\lambda I$의 행렬식은 $(\lambda-5)^2$이다. $A\boldsymbol{x}=5\boldsymbol{x}$인 고유벡터를 찾아라. 고유벡터의 두 번째 줄이 없기 때문에 이 행렬들은 대각화가 불가능하다.

$$A=\begin{bmatrix} 8 & \\ & 2 \end{bmatrix} \quad A=\begin{bmatrix} 9 & 4 \\ & 1 \end{bmatrix} \quad A=\begin{bmatrix} 10 & 5 \\ -5 & \end{bmatrix}$$

14 행렬 $A=\begin{bmatrix} 3 & 1 \\ 0 & 3 \end{bmatrix}$은 대각화가 불가능한데, 이는 $A-3I$의 계수가 _____이기 때문이다. A가 대각화 가능하도록 한 성분을 바꿔라. 어떤 성분을 바꾸어야 하는가?

15~19 다음은 행렬의 거듭제곱에 관한 문제이다.

15 명제 '$A^k=V\Lambda^kV^{-1}$는 $k\to\infty$일 때 영행렬에 가까워진다'와 동치는 '모든 λ의 절댓값이 _____보다 작다'이다. 아래의 행렬 중 어느 것이 $A^k\to 0$인가?

$$A_1=\begin{bmatrix} 0.6 & 0.9 \\ 0.4 & 0.1 \end{bmatrix}\text{과 } A_2=\begin{bmatrix} 0.6 & 0.9 \\ 0.1 & 0.6 \end{bmatrix}$$

16 **(추천)** [연습문제 15]에서 A_1을 대각화하는 Λ와 V를 찾아라. $k\to\infty$일 때 Λ^k의 극한은 얼마인가? $V\Lambda^kV^{-1}$의 극한은 얼마인가? 이 극한 행렬의 열들에서 _____를 확인할 수 있다.

17 [연습문제 15]에서 A_2를 대각화하는 Λ와 V를 찾아라. 아래의 $\boldsymbol{u}_0$에 대해서 $(A_2)^{10}\boldsymbol{u}_0$은 얼마인가?

$$\boldsymbol{u}_0=\begin{bmatrix} 3 \\ 1 \end{bmatrix},\quad \boldsymbol{u}_0=\begin{bmatrix} 3 \\ -1 \end{bmatrix},\quad \boldsymbol{u}_0=\begin{bmatrix} 6 \\ 0 \end{bmatrix}$$

18 A를 대각화한 다음 A^k에 대한 아래의 식을 증명하기 위해 $V\Lambda^kV^{-1}$을 계산하라.

$$A=\begin{bmatrix} 2 & -1 \\ -1 & 2 \end{bmatrix}\text{는 } A^k=\frac{1}{2}\begin{bmatrix} 1+3^k & 1-3^k \\ 1-3^k & 1+3^k \end{bmatrix}\text{을 갖는다.}$$

19 B를 대각화한 다음 B^k에 대한 아래의 식을 증명하기 위해 $V\Lambda^kV^{-1}$을 계산하라.

$$B=\begin{bmatrix} 5 & 1 \\ 0 & 4 \end{bmatrix}\text{는 } B^k=\begin{bmatrix} 5^k & 5^k-4^k \\ 0 & 4^k \end{bmatrix}\text{를 갖는다.}$$

---

20 $A=V\Lambda V^{-1}$일 때, 행렬식을 취해서 $\det A=\det\Lambda=\lambda_1\lambda_2\cdots\lambda_n$임을 증명하라. 이 빠른 증명은 A가 _____일 때만 유효하다.

21 VT와 TV의 대각성분을 각각 더함으로써 $\mathrm{trace}\,VT=\mathrm{trace}\,TV$임을 보여라.[2]

$$V=\begin{bmatrix} a & b \\ c & d \end{bmatrix} \qquad T=\begin{bmatrix} q & r \\ s & t \end{bmatrix}$$

T를 ΛV^{-1}으로 두자. 그러면 $V\Lambda V^{-1}$은 $\Lambda VV^{-1}=\Lambda$와 같은 대각합을 갖는다. A의 대각합은 Λ의 대각합과 같은데, 이는 당연히 고윳값들의 합이다.

22 $AB-BA=I$는 불가능한데, 이는 좌변이 대각합 = _____를 갖기 때문이다. 하지만 $A=E$, $B=E^{\mathrm{T}}$가 되도록 하는 소거 행렬을 찾으면 아래의 결과를 준다.

$$\text{대각합이 0인 } AB-BA=\begin{bmatrix} -1 & 0 \\ 0 & 1 \end{bmatrix}$$

23 $A=V\Lambda V^{-1}$일 때, 블록 행렬 $B=\begin{bmatrix} A & 0 \\ 0 & 2A \end{bmatrix}$를 대각화하라. 이 행렬의 고윳값과 고유벡터 블록 행렬을 찾아라.

24 고정된 동일한 고유벡터 행렬 V에 의해 대각화된 모든 4×4 행렬을 생각하자. A들은 부분공간을 형성함을 보여라(cA와 A_1+A_2는 같은 V를 갖는다). $V=I$일 때, 이 부분공간은 무엇인가? 또한 이 공간의 차원은 얼마인가?

25 $A^2=A$라 가정하자. 좌변의 경우 A의 각 열에 A를 곱한다. $\lambda=1$인 고유벡터를 포함하는 4개의 부분공간은 어떤 것들인가? 어떤 부분공간이 $\lambda=0$인 고유벡터를 포함하는가? 이 부분공간들의 차원으로부터 A는 독립적인 고유벡터의 완전한 집합을 갖는다. 따라서 $A^2=A$인 모든 행렬은 대각화가 가능하다.

26 **(추천)** $A\boldsymbol{x}=\lambda\boldsymbol{x}$라 가정하자. $\lambda=0$이면 $\boldsymbol{x}$는 영공간에 있고, $\lambda\neq 0$이면 $\boldsymbol{x}$는 열공간에 있다. 이 공간들은 $(n-r)+r=n$ 차원을 갖는다. 이로써 모든 정사각행렬이 n개의 독립적인 고유벡터를 갖지는 않는 이유는

---

2 (옮긴이) 여기서는 $\mathrm{trace}\,VT$는 VT의 대각합을 의미한다. 보통 $\mathrm{tr}(VT)$의 기호를 많이 쓰지만, 저자의 의도를 반영하여 $\mathrm{trace}\,VT$로 그대로 번역하였다.

무엇인가?

27 A의 고윳값은 1과 9이고, B의 고윳값은 -1과 9이다.

$$A=\begin{bmatrix}5&4\\4&5\end{bmatrix}\text{와 } B=\begin{bmatrix}4&5\\5&4\end{bmatrix}$$

$R=V\sqrt{\Lambda}\,V^{-1}$로부터 A의 제곱근을 찾아라. 왜 B의 실수 행렬인 제곱근은 없는가?

28 거듭제곱 A^k은 모든 $|\lambda_i|<1$이면 0에 가까이 가고, 임의의 λ_i에 대해서 $|\lambda_i|>1$이면 발산한다. 피터 랙스 Peter Lax는 그의 선형대수학 책에서 다음과 같이 인상적인 예를 제시하였다.

$$A=\begin{bmatrix}3&2\\1&4\end{bmatrix}\qquad \|A^{1024}\|>10^{700}$$

$$B=\begin{bmatrix}3&2\\-5&-3\end{bmatrix}\qquad B^{1024}=I$$

$$C=\begin{bmatrix}5&7\\-3&-4\end{bmatrix}\qquad C^{1024}=-C$$

$$D=\begin{bmatrix}5&6.9\\-3&-4\end{bmatrix}\qquad \|D^{1024}\|<10^{-78}$$

B와 C의 고윳값 $\lambda=e^{i\theta}$을 찾아서 $B^4=I$와 $C^3=-I$임을 보여라.

29 A와 B의 λ들이 서로 같고, 상응하는 고유벡터들의 집합이 같으며 완전할 때, ______로의 그들의 분해는 같다. 따라서 $A=B$이다.

30 같은 V가 A와 B를 동시에 대각화한다고 가정하자. 그들은 $A=V\Lambda_1V^{-1}$와 $B=V\Lambda_2V^{-1}$에서 같은 고유벡터를 갖는다. $AB=BA$임을 증명하라.

31 (a) $A=\begin{bmatrix}a&b\\0&d\end{bmatrix}$일 때, $A-\lambda I$의 행렬식은 $(\lambda-a)(\lambda-d)$이다. $(A-aI)(A-dI)=$영행렬인 **케일리-해밀턴 정리** Cayley-Hamilton theorem를 확인하라.

(b) 피보나치 행렬 $A=\begin{bmatrix}1&1\\1&0\end{bmatrix}$에 대해 케일리-해밀턴 정리를 시험하라. 이 정리를 통해 $A^2-A-I=0$을 예측할 수 있는데, 이는 다항식 $\det(A-\lambda I)$가 $\lambda^2-\lambda-1$이기 때문이다.

32 $A=V\Lambda V^{-1}$을 곱 $(A-\lambda_1I)(A-\lambda_2I)\cdots(A-\lambda_nI)$에 대입하고, 영행렬이 생기는 이유가 무엇인지 설명하라. 우리는 다항식 $p(\lambda)=\det(A-\lambda I)$에서 수 λ에 행렬 A를 대입한다. **케일리-헤밀턴 정리**는 A가 대각화가 가능하지 않을지라도 이 곱은 항상 $p(A)=$영행렬이라는 것을 말해준다.

33 **(도전)** θ만큼 회전의 n제곱은 $n\theta$만큼 회전하는 것과 같다.

$$A^n=\begin{bmatrix}\cos\theta&-\sin\theta\\\sin\theta&\cos\theta\end{bmatrix}^n=\begin{bmatrix}\cos(n\theta)&-\sin(n\theta)\\\sin(n\theta)&\cos(n\theta)\end{bmatrix}$$

대각화 $A=V\Lambda V^{-1}$에 의해 정렬된 식을 증명하라. 고유벡터(V의 열)들은 $(1,i)$와 $(i,1)$이다. 여러분은 오일러의 공식 $e^{i\theta}=\cos\theta+i\sin\theta$를 알 필요가 있다.

34 **(도전)** $A=V\Lambda V^{-1}$의 전치는 $A^{\mathrm T}=(V^{-1})^{\mathrm T}\Lambda V^{\mathrm T}$이다. $A^{\mathrm T}\boldsymbol{y}=\lambda\boldsymbol{y}$에서의 고유벡터들은 행렬 $(V^{-1})^{\mathrm T}$의 열들이다. 이들은 종종 **왼쪽 고유벡터** left eigenvector라고 불린다. A에 대한 이 식을 찾기 위해 세 행렬 $V\Lambda V^{-1}$를 어떻게 곱해야 하는가?

계수가 1인 행렬의 합

$$A=V\Lambda V^{-1}=\lambda_1\boldsymbol{x}_1\boldsymbol{y}_1^{\mathrm T}+\cdots+\lambda_n\boldsymbol{x}_n\boldsymbol{y}_n^{\mathrm T}$$

35 **(도전)** $A=\mathbf{eye}(n)+\mathbf{ones}(n)$의 역행렬은 $A^{-1}=\mathbf{eye}(n)+C^*\mathbf{ones}(n)$이다. AA^{-1}를 곱해서 (n에 의존하는) 수 C를 찾아라.

6.3 선형 시스템 $y' = Ay$

이 절은 선형 미분방정식의 1차 시스템에 관한 것이며 주요 단어는 시스템과 선형이다. 시스템은 n개의 미지 함수 $y_1(t)$, $\cdots$, $y_n(t)$에 대해서 n개의 식을 허용한다. 선형 시스템은 미지수 벡터 $\boldsymbol{y}(t)$에 행렬 A를 곱한다. 그러면 1차 선형 시스템은 다음과 같이 소스 항 $\boldsymbol{q}(t)$를 포함할 수도 있고 안 할 수도 있다.

소스가 없을 때 $\dfrac{d\boldsymbol{y}}{dt} = A\boldsymbol{y}(t)$　　　**소스가 있을 때** $\dfrac{d\boldsymbol{y}}{dt} = A\boldsymbol{y}(t) + \boldsymbol{q}(t)$

소스 항이 없을 때, 유일한 입력은 시작점에서의 $\boldsymbol{y}(0)$이다. $\boldsymbol{q}(t)$가 포함된 경우에는 시간 t와 $t+dt$ 사이에 연속적인 입력 $\boldsymbol{q}(t)dt$도 있다. 시간 t에서 시작하면서 이 입력은 t이전에서 온 $\boldsymbol{y}(t)$를 따라서 증가하거나 감소한다. 이 점이 중요하다.

일시적인 해 transient solution $\boldsymbol{y}_n(t)$는 $\boldsymbol{q}(t) = 0$일 때 $\boldsymbol{y}(0)$으로부터 시작한다. 소스 $\boldsymbol{q}(t)$로부터 얻어지는 출력물은 하나의 특수해 $\boldsymbol{y}_p(t)$이다. 선형성은 중첩을 허용한다! **소스가 포함된 완전해는 (항상 그랬듯이) $\boldsymbol{y}(t) = \boldsymbol{y}_n(t) + \boldsymbol{y}_p(t)$이다.**

이 절에서 중요한 작업은 $\boldsymbol{y}_n(t)$를 찾는 것인데, 이는 $\boldsymbol{y}_n' - A\boldsymbol{y}_n = 0$의 영공간의 해이다. 그러고 나서 6.4절에서 소스 항 $\boldsymbol{q}(t)$를 고려하여 특수해를 찾는다.

우리는 A의 고윳값과 고유벡터를 사용하기를 원하며 이들이 시간에 따라 변하기를 원치 않는다. 따라서 우리는 상수 행렬 A와 함께 우리의 식을 시간에 따라 변하지 않도록 time-invariant 유지하고자 한다. 다행히도 중요한 많은 시스템은 처음에 $A =$(상수)를 갖는다. 시스템의 상태만 변할 뿐, 시스템 자체는 변하지 않는다(상수 A, 변화하는 단계 $\boldsymbol{y}(t)$).

우리는 $\boldsymbol{y}(t)$를 A의 고유벡터의 결합으로 나타낼 것이다. 6.4절에서는 e^{At}을 사용한다.

고유벡터와 고윳값에 의한 해

$n \times n$ 행렬 A가 n개의 독립적인 고유벡터를 갖는다고 가정하자. 이는 A가 n개의 서로 다른 고윳값 λ를 가질 때 자연스럽게 성립하는 사실이다. 그러면 고유벡터 $\boldsymbol{x}_1$, $\cdots$, $\boldsymbol{x}_n$은 다음과 같이 임의의 시작 벡터 $\boldsymbol{y}(0)$을 나타낼 수 있는 기저이다.

초기조건　　어떤 수 $c_1, \cdots, c_n$에 대해서 $\boldsymbol{y}(0) = c_1\boldsymbol{x}_1 + \cdots + c_n\boldsymbol{x}_n$　　(1)

λ와 $\boldsymbol{x}$를 찾은 다음 c를 찾는 것은 해에서의 1단계와 같다.

2단계는 $\boldsymbol{y}= e^{\lambda t}\boldsymbol{x}$를 사용해서 방정식 $\boldsymbol{y}' = A\boldsymbol{y}$를 푼다. 임의의 고유벡터로 시작한다.

$$A\boldsymbol{x} = \lambda\boldsymbol{x}\text{일 때 } \boldsymbol{y}(t) = e^{\lambda t}\boldsymbol{x}\text{는 } \frac{d\boldsymbol{y}}{dt} = A\boldsymbol{y}\text{를 만족한다.} \tag{2}$$

이 해 $\boldsymbol{y}= e^{\lambda t}\boldsymbol{x}$는 상수 벡터 $\boldsymbol{x}$로부터 시간에 의존하는 $e^{\lambda t}$을 분리시킨다.

$$\frac{d\boldsymbol{y}}{dt} = A\boldsymbol{y}\text{는 } \frac{d}{dt}(e^{\lambda t}\boldsymbol{x}) = \lambda e^{\lambda t}\boldsymbol{x} = A(e^{\lambda t}\boldsymbol{x})\text{가 된다.} \tag{3}$$

3단계는 해를 구하는 최종 단계이다. n개의 고유벡터로부터 n개의 분리된 근을 더한다.

$$\text{중첩} \qquad \boldsymbol{y}(t) = c_1 e^{\lambda_1 t}\boldsymbol{x}_1 + \cdots + c_n e^{\lambda_n t}\boldsymbol{x}_n \tag{4}$$

이는 $t = 0$에서 식 (1)의 $\boldsymbol{y}(0)$과 일치한다. 이것이 1단계였으며 여기서 우리는 c를 선택했다.

예제 1 $\boldsymbol{y}' = \begin{bmatrix} -2 & 1 \\ 1 & -2 \end{bmatrix}\boldsymbol{y}$의 해를 찾아라. 어떤 근이 $\boldsymbol{y}(0) = \begin{bmatrix} 6 \\ 2 \end{bmatrix}$를 갖는가?

풀이

우선 $\lambda = -1$과 $\lambda = -3$을 찾는다. 그들의 고유벡터 $\boldsymbol{x}_1$과 $\boldsymbol{x}_2$는 V에 들어간다.

$$\det\begin{bmatrix} -2-\lambda & 1 \\ 1 & -2-\lambda \end{bmatrix} = \lambda^2 + 4\lambda + 3\text{은 } (\lambda+1)(\lambda+3)\text{으로 인수분해된다.}$$

$$\begin{aligned} A\boldsymbol{x}_1 &= -1\boldsymbol{x}_1 \\ A\boldsymbol{x}_2 &= -3\boldsymbol{x}_2 \end{aligned} \qquad \begin{bmatrix} -2 & 1 \\ 1 & -2 \end{bmatrix}\begin{bmatrix} 1 \\ 1 \end{bmatrix} = \begin{bmatrix} -1 \\ -1 \end{bmatrix} \qquad \begin{bmatrix} -2 & 1 \\ 1 & -2 \end{bmatrix}\begin{bmatrix} 1 \\ -1 \end{bmatrix} = \begin{bmatrix} -3 \\ 3 \end{bmatrix}$$

1단계 $\boldsymbol{y}(0) = Vc$를 푼다. 이때 $\boldsymbol{y}(0)$은 고유벡터의 조합 $4\boldsymbol{x}_1 + 2\boldsymbol{x}_2$이다.

$$Vc = \begin{bmatrix} 1 & 1 \\ 1 & -1 \end{bmatrix}\begin{bmatrix} c_1 \\ c_2 \end{bmatrix} = \begin{bmatrix} 6 \\ 2 \end{bmatrix}\text{는 } \begin{bmatrix} c_1 \\ c_2 \end{bmatrix} = \begin{bmatrix} 4 \\ 2 \end{bmatrix}\text{가 된다. 그러면 } \begin{bmatrix} 6 \\ 2 \end{bmatrix} = 4\begin{bmatrix} 1 \\ 1 \end{bmatrix} + 2\begin{bmatrix} 1 \\ -1 \end{bmatrix}\text{이다.}$$

2단계 주어진 $4e^{-t}\boldsymbol{x}_1$과 $2e^{-3t}\boldsymbol{x}_2$에 의해 분리된 근 $ce^{\lambda t}\boldsymbol{x}$를 찾는다. 이제 각각을 더한다.

3단계 $$\boldsymbol{y}(t) = 4e^{-t}\begin{bmatrix} 1 \\ 1 \end{bmatrix} + 2e^{-3t}\begin{bmatrix} 1 \\ -1 \end{bmatrix} = \begin{bmatrix} 4e^{-t} + 2e^{-3t} \\ 4e^{-t} - 2e^{-3t} \end{bmatrix} \tag{5}$$

큰 행렬에서 계산은 더 어려워지지만 아이디어는 변하지 않는다. 이제 복소 고윳값과 고유벡터를 갖는 행렬을 살펴보고자 한다. 이는 $\boldsymbol{y}(t)$에서 복소수를 얻게 해준다. 하지만 A는 실수행렬이고 $\boldsymbol{y}(0)$은 실수이므로 $\boldsymbol{y}(t)$는 실수이어야 한다! 오일러의 공식 $e^{it} = \cos t + i\sin t$는 우리로 하여금 다시 실수로 돌아가도록 한다.

예제 2 $y' = \begin{bmatrix} -2 & 1 \\ -1 & -2 \end{bmatrix} y$의 해를 찾아라. 어떤 근이 $y(0) = \begin{bmatrix} 6 \\ 2 \end{bmatrix}$를 갖는가?

풀이

다시 고윳값과 고유벡터를 찾는데, 이번에는 복소수이다.

$$\det(A - \lambda I) = 0 \qquad \det\begin{bmatrix} -2-\lambda & 1 \\ -1 & -2-\lambda \end{bmatrix} = \lambda^2 + 4\lambda + 5 \text{ (실수 인자는 없다)}$$

근의 공식을 이용해 $\lambda^2 + 4\lambda + 5 = 0$을 풀면 고유벡터는 $x = (1, \pm i)$이다.

$$\begin{matrix} \lambda_1 = -2 + i \\ \lambda_2 = -2 - i \end{matrix} \qquad \lambda = \frac{-4 \pm \sqrt{4^2 - 4(5)}}{2} = \frac{-4 \pm 2i}{2} = -2 \pm i$$

$$\begin{bmatrix} -2 & 1 \\ -1 & -2 \end{bmatrix}\begin{bmatrix} 1 \\ i \end{bmatrix} = (-2+i)\begin{bmatrix} 1 \\ i \end{bmatrix} \qquad \begin{bmatrix} -2 & 1 \\ -1 & -2 \end{bmatrix}\begin{bmatrix} 1 \\ -i \end{bmatrix} = (-2-i)\begin{bmatrix} 1 \\ -i \end{bmatrix}$$

$y' = Ay$를 풀기 위해 1단계는 $y(0) = (6, 2)$를 고유벡터들의 결합으로 표현한다.

$$y(0) = Vc = c_1x_1 + c_2x_2 \qquad \begin{bmatrix} 6 \\ 2 \end{bmatrix} = (3-i)\begin{bmatrix} 1 \\ i \end{bmatrix} + (3+i)\begin{bmatrix} 1 \\ -i \end{bmatrix}$$

2단계는 해 $c_1e^{\lambda_1 t}x_1$과 $c_2e^{\lambda_2 t}x_2$를 찾고, 3단계는 이들을 $y(t)$로 합친다.

해 $$y(t) = c_1e^{\lambda_1 t}x_1 + c_2e^{\lambda_2 t}x_2 = (3-i)e^{(-2+i)t}\begin{bmatrix} 1 \\ i \end{bmatrix} + (3+i)e^{(-2-i)t}\begin{bmatrix} 1 \\ -i \end{bmatrix}$$

예상대로 이는 복소수를 포함한다. 이는 실수이어야 한다. e^{-2t}을 공통으로 묶으면 다음이 남는다.

$$(3-i)(\cos t + i\sin t)\begin{bmatrix} 1 \\ i \end{bmatrix} + (3+i)(\cos t - i\sin t)\begin{bmatrix} 1 \\ -i \end{bmatrix} = \begin{bmatrix} 6\cos t + 2\sin t \\ 2\cos t - 6\sin t \end{bmatrix} \tag{6}$$

인수 e^{-2t}을 다시 넣으면 (실수) $y(t)$를 찾을 수 있다. 이때 $y' = Ay$를 확인하는 것은 현명한 일이다.

$$y(0) = \begin{bmatrix} 6 \\ 2 \end{bmatrix}, \quad y(t) = e^{-2t}\begin{bmatrix} 6\cos t + 2\sin t \\ 2\cos t - 6\sin t \end{bmatrix} \tag{7}$$

λ의 실수부로부터 오는 인수 e^{-2t}은 감소를 의미하고, 허수부에서 오는 $\cos t$와 $\sin t$는 진동을 의미한다. $\cos t = \cos(\omega t)$에서 진동수는 $\omega = 1$이다.

NOTE_ A의 대각성분에 있는 -2(정확히는 $-2I$)들은 λ에서의 실수부 -2를 만드는 역할을 하며 그들은 감소 인자 e^{-2t}을 준다. -2 없이 우리는 오직 사인과 코사인만 가질 것이고 이는 y_1y_2 **평면에서의 원형 움직임**으로 변환시켜 준다. 이 자체를 확인하는 것만으로도 이 예는 매우 중요하다.

예제 3 **순수한 원형 움직임과 순수한 허수 고윳값** $\boldsymbol{y}' = \begin{bmatrix} y_1' \\ y_2' \end{bmatrix} = \begin{bmatrix} 0 & 1 \\ -1 & 0 \end{bmatrix}\begin{bmatrix} y_1 \\ y_2 \end{bmatrix} = \begin{bmatrix} y_2 \\ -y_1 \end{bmatrix}$은 $\boldsymbol{y}$를 원의 둘레로 보낸다.

논의

방정식은 $y_1' = y_2$와 $y_2' = -y_1$이며 하나의 근은 $y_1 = \sin t$, $y_2 = \cos t$이고, 두 번째 근은 $y_1 = \cos t$, $y_2 = -\sin t$이다. 구하고자 하는 $y_1(0)$과 $y_2(0)$을 일치시키기 위해서는 두 개의 근이 필요하다. 이 근들은 고윳값 $\lambda = \pm i$와 고유벡터로부터 보통의 방법으로 얻어질 것이다.

[그림 6-2(a)]는 나선형으로 (e^{-2t} 때문에) 0에 가까이 가는 [예제 2]의 근을 보여준다. [그림 6-2(b)]는 (사인과 코사인 때문에) 원 위에 머무르는 [예제 3]의 근을 보여준다. 이들은 축이 y_1과 $y_1' = y_2$인 **위상 평면**phase plane을 보여주는 좋은 예제들이다.

-2가 없을 때, 행렬 $A = \begin{bmatrix} 0 & 1 \\ -1 & 0 \end{bmatrix}$은 $90°$ 만큼의 회전을 나타내는 행렬이다. 따라서 모든 순간에 $\boldsymbol{y}'$은 $\boldsymbol{y}$와 $90°$ 각을 이룬다. 이는 $\boldsymbol{y}$가 원 안에서 움직이도록 유지하므로 길이가 일정하다.

$$\textbf{상수 길이 원형 궤도} \qquad \frac{d}{dt}(y_1^2 + y_2^2) = 2y_1y_1' + 2y_2y_2' = 2y_1y_2 - 2y_2y_1 = 0 \tag{8}$$

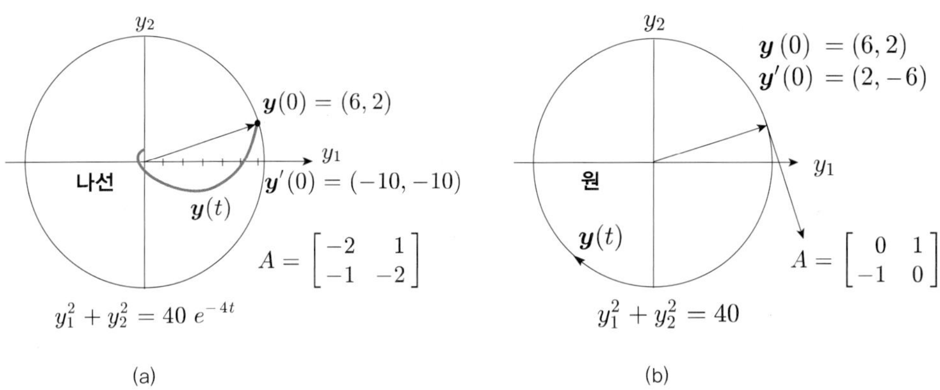

[그림 6-2] (a) e^{-2t}을 포함하는 식 (7)의 해, (b) e^{-2t}이 없는 식 (6)의 해

보존되는 운동

원의 둘레를 도는 것은 $n = 2$에 대한 보존되는 운동의 예이다. 이때 $\boldsymbol{y}$의 길이는 변하지 않는다. 즉, **에너지는 보존된다.** $n = 3$일 때에는 이는 구의 겉넓이를 도는 운동이 될 것이고, $n > 3$인 경우에는 벡터 $\boldsymbol{y}$는 초구hypersphere 위를 일정한 길이로 움직이게 될 것이다.

어떤 선형 미분방정식이 이 보존되는 운동을 보여주는가? 우리는 길이의 제곱 $\|\boldsymbol{y}\|^2 = \boldsymbol{y}^{\mathrm{T}}\boldsymbol{y}$가 일정하게 유지되기를 바란다. 따라서 이의 미분은 0이다.

$$\frac{d}{dt}(\boldsymbol{y}^{\mathrm{T}}\boldsymbol{y}) = \left(\frac{d\boldsymbol{y}}{dt}\right)^{\mathrm{T}}\boldsymbol{y} + \boldsymbol{y}^{\mathrm{T}}\frac{d\boldsymbol{y}}{dt} = (A\boldsymbol{y})^{\mathrm{T}}\boldsymbol{y} + \boldsymbol{y}^{\mathrm{T}}(A\boldsymbol{y}) = \boldsymbol{y}^{\mathrm{T}}(A^{\mathrm{T}} + A)\boldsymbol{y} = 0 \tag{9}$$

첫 번째 단계는 곱 미분 법칙이었다. 그리고 $d\boldsymbol{y}/dt$는 $A\boldsymbol{y}$로 대치되었다. **결론**은 다음과 같다.

$$\|\boldsymbol{y}\|^2\text{은 } A\text{가 비대칭일 때 상수이다. } A^{\mathrm{T}} + A = 0\text{과 } A^{\mathrm{T}} = -A \tag{10}$$

가장 간단한 예는 $A = \begin{bmatrix} 0 & 1 \\ -1 & 0 \end{bmatrix}$이다. 이때 $\boldsymbol{y}$는 [그림 6-2(b)]의 원 주위를 움직인다. 모든 시간에 대해서 $\|\boldsymbol{y}(t)\| = \|\boldsymbol{y}(0)\|$이므로 초기 벡터 $\boldsymbol{y}(0)$은 원의 크기를 결정한다. A가 비대칭일 때, 이 행렬의 고윳값은 순허수이다. 이는 6.5절에서 살펴볼 것이다.

안정적인 움직임

원 둘레의 운동은 오직 중립적인 안정성neutral stability을 지닌다. **실제로 안정적인 선형 시스템에 대해서 근 $\boldsymbol{y}(t)$는 항상 0에 가까이 간다.** [그림 6-2(a)]의 나선은 안정성을 보여준다.

$$A = \begin{bmatrix} -2 & 1 \\ -1 & -2 \end{bmatrix}\text{는 고윳값 } \lambda = -2 \pm i\text{를 갖는다. 이 } A\text{는 안정적인 행렬stable matrix이다.}$$

핵심은 A의 고윳값에 있는데, 이는 간단한 근 $\boldsymbol{y} = e^{\lambda t}\boldsymbol{x}$를 준다. A가 대각화 가능(n개의 독립적인 고유벡터)할 때, 모든 근은 $e^{\lambda_1 t}\boldsymbol{x}_1, \cdots, e^{\lambda_n t}\boldsymbol{x}_n$의 결합이다. 따라서 우리는 이 간단한 해들이 언제 0에 가까이 가는지만 질문하면 된다.

> 안정성 **λ의 실수부가 음수일 때, $e^{\lambda t}\boldsymbol{x} \to 0$이다.** $\mathrm{Re}\,\lambda < 0$

실수부 -2는 해 $\boldsymbol{y}$에서 지수 감소 인자 e^{-2t}을 준다. 이 인자는 [그림 6-2(a)]에서 나선 안쪽 부분을 만들고, 식 $\boldsymbol{y}' = A\boldsymbol{y}$의 안정성이 확보된다. $\lambda = -2 \pm i$의 허수부는 진동을 준다(유계가 유지되는 사인과 코사인).

$n = 2$일 때 안정성을 위한 시험

2×2 행렬에 대해 대각합과 행렬식은 두 개의 고윳값을 알려준다. 따라서 대각합과 행렬식은 안정성을 결정해야 한다. 실수 행렬 A는 다음과 같이 두 가지 가능성 **R**과 **C**를 갖는다.

R 실수 고윳값들 λ_1과 λ_2

C 복소 켤레쌍 $\lambda_1 = s + i\omega$와 $\lambda_2 = s - i\omega$

고윳값을 더하는 것은 A의 대각합을, 고윳값을 곱하는 것은 A의 행렬식을 준다. 우리는 언제 $\mathrm{Re}(\lambda) < 0$ 인지를 확인하기 위해 두 가지 가능성 **R**과 **C**를 확인한다.

R $\lambda_1 < 0$이고 $\lambda_2 < 0$이면 **대각합**$= \lambda_1 + \lambda_2 < 0$이고 **행렬식**$= \lambda_1\lambda_2 > 0$이다.

C $\lambda = s \pm i\omega$ **이고** $s < 0$이면 **대각합**$= 2s < 0$이고 **행렬식**$= s^2 + \omega^2 > 0$이다.

양쪽 경우 모두 같은 안정성 요구사항(음의 대각합과 양의 행렬식)을 갖는다.

$$A = \begin{bmatrix} a & b \\ c & d \end{bmatrix} \text{는 정확히 } \begin{matrix} \textbf{대각합} = a + d < 0 \\ \textbf{행렬식} = ad - bc > 0 \end{matrix} \text{ 일 때 안정하다.} \tag{11}$$

두 가능성 **R**과 **C**, 실수 또는 복소수를 결정하는 것은 근의 공식이었다. 고윳값을 위한 방정식 $\det(A - \lambda I) = 0$을 기억하자.

$$\det\begin{bmatrix} a-\lambda & b \\ c & d-\lambda \end{bmatrix} = \lambda^2 - (a+d)\lambda + (ad-bc) = \lambda^2 - (\text{대각합})\lambda + (\text{행렬식}) = 0$$

두 개의 고윳값을 위한 근의 공식은 중요한 모든 제곱근을 포함한다.

$$\textbf{실수 또는 복소수 } \lambda \qquad \lambda = \frac{1}{2}\left[\text{대각합} \pm \sqrt{(\text{대각합})^2 - 4(\text{행렬식})}\,\right] \tag{12}$$

$(\text{대각합})^2 \geq 4(\text{행렬식})$일 때, 근은 실수이다(**R**의 경우). $(\text{대각합})^2 < 4(\text{행렬식})$일 때, 근은 복소수이다(**C**의 경우). 안정성 그림에서 **R**과 **C** 사이의 직선은 포물선이다.

$$(\text{대각합})^2 = 4(\text{행렬식}) \qquad \begin{bmatrix} -1 & 2 \\ 0 & -1 \end{bmatrix} \text{은 안정하다.} \qquad \begin{bmatrix} 1 & 2 \\ 0 & 1 \end{bmatrix} \text{은 불안정하다.}$$

안정적인 행렬은 대각합–행렬식 평면에서 하나의 사분면(대각합 < 0, 행렬식 > 0)만을 채운다.

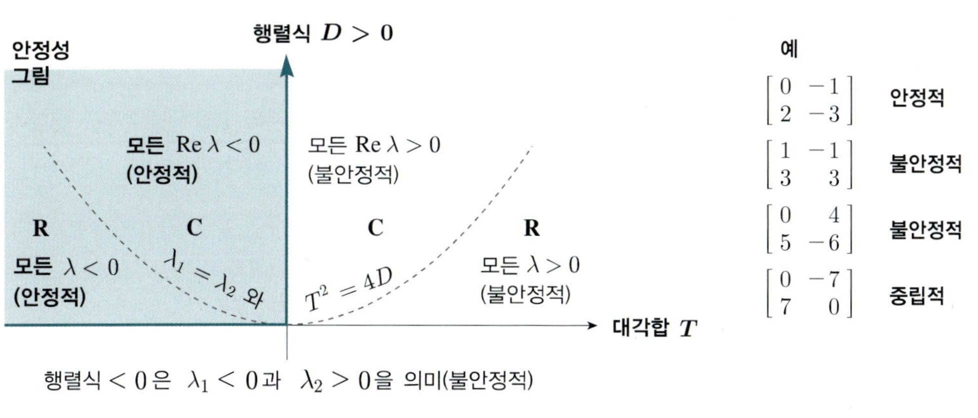

이차 방정식에서 1차 시스템으로

이 책의 2장에서는 이계 미분방정식 $y'' + By' + Cy = 0$에 대해 학습하였다. 이는 종종 감쇠가 부족한 진동이다. 이차 방정식 $s^2 + Bs + C = 0$에서 $y = e^{st}$ 꼴의 근을 찾을 때, 두 개의 근 $y = e^{(a+i\omega)t}$, $e^{(a-i\omega)t}$을 얻는다. B^2이 $4C$보다 크면 근들은 실수이고 해는 $e^{s_1 t}$과 $e^{s_2 t}$이다. 과감쇠인 경우에는 진동은 사라진다.

여기서는 정확히 같은 근을 $\boldsymbol{y}' = A\boldsymbol{y}$에 대한 언어로 보여주고 싶다. y''에 대한 한 개의 방정식 대신, $\boldsymbol{y}' = (y_1{}', y_2{}')$**에 대한 두 개의 방정식**을 얻을 것이다. 여러분은 이전에 다음과 같은 핵심 아이디어를 보았다. 원래의 y와 y'은 y_1과 y_2가 된다. 그러면 행렬 A는 **동반 행렬**이다.

$$y'' + By' + Cy = 0 \qquad \begin{bmatrix} y_1 \\ y_2 \end{bmatrix}' = \begin{bmatrix} y' \\ y'' \end{bmatrix} = \begin{bmatrix} 0 & 1 \\ -C & -B \end{bmatrix}\begin{bmatrix} y \\ y' \end{bmatrix} = A\boldsymbol{y} \tag{13}$$

근 s_1과 s_2가 왜 고윳값 λ_1과 λ_2인지 확인하는 것은 중요하다. 그 이유는 이들이 여전히 같은 방정식 $s^2 + Bs + C = 0$의 근이기 때문이다. 즉, 문자 s가 λ로 바뀌었을 뿐이다.

$$\det(A - \lambda I) = \det\begin{bmatrix} -\lambda & 1 \\ -C & -B-\lambda \end{bmatrix} = \lambda^2 + B\lambda + C = 0 \tag{14}$$

3.2절에서 6개의 근의 경로를 그렸을 때, 이에 대한 전조를 보았다(소스, 싱크, 나선, 안장점). 이 그림들은 yy' 평면(위상평면)에 있었다. 이제 같은 그림들은 $y_1 y_2$ 평면에 있다. 여기서는 여러분에게 다시 한 번 A의 대각합과 행렬식 그리고 안정성에 대해 기존 개념과 새로운 개념 모두를 보여주고자 한다.

$$\begin{bmatrix} 0 & 1 \\ -C & -B \end{bmatrix} \text{는 대각합} = -B\text{와 행렬식} = C\text{를 만족한다.}$$

우선 $s^2 + Bs + C = 0$의 실근과 A의 실수 고윳값에 대해서 시험하자.

R	실근과 실수 고윳값	$B^2 \geq 4C$	$(\text{대각합})^2 \geq 4(\text{행렬식})$
C	복소근과 복소 고윳값 $\lambda = a \pm i\omega$	$B^2 < 4C$	$(\text{대각합})^2 < 4(\text{행렬식})$

앞의 그림에서 점선으로 된 포물선 $T^2 = 4D$는 복소수로부터 실수를, 즉 **C**로부터 **R**을 구분한다. 계다가 표시된 사분면은 감쇠에 대한 세 가지 가능성을 보여준다. 이들은 모두 안정적이다($B > 0$과 $C > 0$).

저감쇠	**복소근**	**포물선 위로** $B^2 < 4AC$
임계 감쇠	**중근**	**포물선 위의** $B^2 = 4AC$
과감쇠	**실수근**	**포물선 아래의** $B^2 > 4AC$

감쇠되지 않은 경우 $B=0$은 수직 축 위에 있는 경우이다($\omega^2 = C$에 대하여 고윳값 $\pm iw$).

$$\boldsymbol{x}_1 = \begin{bmatrix} 1 \\ \lambda_1 \end{bmatrix} \quad \boldsymbol{x}_2 = \begin{bmatrix} 1 \\ \lambda_2 \end{bmatrix} \text{는 } t=0 \text{에서 } \begin{bmatrix} y \\ y' \end{bmatrix} = \begin{bmatrix} e^{\lambda t} \\ \lambda e^{\lambda t} \end{bmatrix} = \begin{bmatrix} 1 \\ \lambda \end{bmatrix} \text{와 일치한다.} \tag{15}$$

n개의 진동자를 갖는 시스템에 동일한 방법을 적용하면 B와 C는 행렬이 된다. 두 벡터 $\boldsymbol{y}$와 $\boldsymbol{y}'$은 n개의 성분을 가지며 공동의 벡터 $\boldsymbol{z} = (\boldsymbol{y}, \boldsymbol{y}')$은 $2n$개의 성분을 갖는다. 네트워크는 $\boldsymbol{y}$에 대한 n개의 이계 미분방정식 또는 $\boldsymbol{z}$에 관한 $2n$개의 일계 미분방정식으로 연결된다.

$$\boldsymbol{y}'' + B\boldsymbol{y}' + C\boldsymbol{y} = 0 \qquad \boldsymbol{z}' = \begin{bmatrix} \boldsymbol{y}' \\ \boldsymbol{y}'' \end{bmatrix} = \begin{bmatrix} 0 & I \\ -C & -B \end{bmatrix} \begin{bmatrix} \boldsymbol{y} \\ \boldsymbol{y}' \end{bmatrix} = A\boldsymbol{z} \tag{16}$$

고유벡터는 영공간의 해 $\boldsymbol{y}_n$을 준다. 실제 문제는 힘과 관련된 항 $\boldsymbol{q} = Fe^{st}$과 함께 등장한다.

여기서는 반복된 근과 반복된 고윳값에 대해서 단 하나의 사실만 언급한다. **만약 $\lambda_1 = \lambda_2$라면 동반 행렬 A의 두 번째 고유벡터는 없다.** 이 행렬은 대각화될 수 없으며 고유벡터 방법은 실패한다. 다음 절에서는 완전한 고유벡터의 집합이 없음에도 e^{At}과 함께 성공할 것이다.

고차 미분방정식과 1차 시스템

삼차 방정식(또는 더 높은 차수)은 같은 방법으로 일차 방정식으로 줄어든다. **$\boldsymbol{y}$의 미분을 새로운 변수로 도입하자.** 이는 계수가 상수인 단일의 3계 미분방정식에 대해 쉽게 확인할 수 있다.

$$y''' + By'' + Cy' + Dy = 0 \tag{17}$$

원리는 미지의 벡터 $\boldsymbol{z} = (y, y', y'')$을 만드는 것이다. 첫 번째 성분 y는 매우 간단한 방정식을 만족시킨다. 이 성분의 미분은 두 번째 성분 y'이기 때문이다. 그 다음 아래의 행렬은 행렬의 첫 행에 0, 1, 0을 갖는다. 비슷하게 y'의 미분은 y''이다. 동반 행렬의 두 번째 행은 0, 0, 1이고, 세 번째 행은 원래의 미분방정식 (17)을 포함하고 있다.

$$\boldsymbol{z}' = A\boldsymbol{z} \qquad \begin{bmatrix} y \\ y' \\ y'' \end{bmatrix}' = \begin{bmatrix} 0 & 1 & 0 \\ 0 & 0 & 1 \\ -D & -C & -B \end{bmatrix} \begin{bmatrix} y \\ y' \\ y'' \end{bmatrix} \tag{18}$$

동반 행렬은 행렬의 초대각성분^{superdiagonal}에 1들을 갖는다. 우리는 이 행렬의 고윳값을 알고자 한다.

동반 행렬의 고윳값=다항식의 근

2×2 동반 행렬의 고윳값에서 시작하자.

$$\det(A - \lambda I) = \det\begin{bmatrix} -\lambda & 1 \\ -C & -B-\lambda \end{bmatrix} = \lambda^2 + B\lambda + C = 0 \tag{19}$$

단일 방정식 $y'' + By' + C = 0$에 $y = e^{\lambda t}$을 대입한 것과 비교하자.

$$\lambda^2 e^{\lambda t} + B\lambda e^{\lambda t} + Ce^{\lambda t} \text{은 } \lambda^2 + B\lambda + C = 0 \text{이 된다.} \tag{20}$$

이 방정식들은 서로 같다. 특별한 해 $y = e^{\lambda t}$에서의 λ들은 특별한 해 $\boldsymbol{z} = e^{\lambda t}\boldsymbol{x}$에서의 고윳값과 같다. 이는 우리의 핵심이며 3×3 행렬에 대해서도 참이다. 고윳값 방정식 $\det(A - \lambda I) = 0$은 정확히 $y''' + By'' + Cy' + Dy = 0$에 $y = e^{\lambda t}$을 대입한 다항식과 같다.

$$\det\begin{bmatrix} -\lambda & 1 & 0 \\ 0 & -\lambda & 1 \\ -D & -C & -B-\lambda \end{bmatrix} = -(\lambda^3 + B\lambda^2 + C\lambda + D) = 0 \tag{21}$$

이 동반 행렬의 고유벡터는 특별한 형태 $\boldsymbol{x} = (1, \lambda, \lambda^2)$을 갖는다. 4계 미분방정식은 $\boldsymbol{z} = (y, y', y'', y''')$인 $\boldsymbol{z}' = A\boldsymbol{z}$가 된다. 4×4 동반 행렬의 고윳값은 $\lambda^4 + B\lambda^3 + C\lambda^2 + D\lambda + E = 0$으로부터 얻는다.

예제 4 $(\lambda - 2)^2 = \lambda^2 - 4\lambda + 4 = 0$은 $y'' - 4y' + 4y = 0$에서 얻는다.

동반 행렬 A
반복된 근 $\lambda = 2, 2$

$$A = \begin{bmatrix} 0 & 1 \\ -4 & 4 \end{bmatrix} \qquad \det(A - \lambda I) = \lambda^2 - 4\lambda + 4$$

$\lambda = 2$는 하나의 고유벡터를 가져야 하고, 이는 $\boldsymbol{x} = (1, 2)$이다. 이때 두 번째 고유벡터는 없다. 1차 시스템 $\boldsymbol{z}' = A\boldsymbol{z}$와 이계 미분방정식 $y'' - 4y' + 4y = 0$은 같은 문제가 발생한다. **유일하게 순수한 지수 근은 $y = e^{2t}$이다.**

$\boldsymbol{y}$에 대한 탈출구는 근 te^{2t}이다. 이는 (t를 포함하는) 새로운 형태를 필요로 한다. $\boldsymbol{z}$에 대한 탈출구는 '일반화된 고유벡터'이지만 이 책에서 거기까지 다루지는 않는다.

6.3 요약

1. $\boldsymbol{y}(0)$에서 시작하는 상수 계수를 갖는 시스템 $\boldsymbol{y}' = A\boldsymbol{y}$는 선형이다.

2. 이 시스템의 근은 보통 지수 $e^{\lambda t}$의 결합과 고유벡터 $\boldsymbol{x}$의 곱이다.

$$n\text{개의 독립적인 고유벡터} \qquad \boldsymbol{y}(t) = c_1 e^{\lambda_1 t}\boldsymbol{x}_1 + \cdots + c_n e^{\lambda_n t}\boldsymbol{x}_n$$

3. 계수 $c_1, \cdots, c_n$은 $\boldsymbol{y}(0) = c_1\boldsymbol{x}_1 + \cdots + c_n\boldsymbol{x}_n$에 의해서 결정된다. 이는 Vc이다!

4. 모든 λ가 음의 부호인 실수부를 갖는다면 $\boldsymbol{y}(t)$는 0에 가까이 간다(안정성). $\mathrm{Re}\lambda < 0$

5. **대각합** $T = a + d < 0$이고 $\det D = ad - bc > 0$일 때, 2×2 시스템은 안정적이다.

6. $y'' + By' + Cy = 0$은 대각합 $= -B$이고 행렬식 $= C$인 동반 행렬과 연결된다.

6.3 연습문제

01 $y' = \begin{bmatrix} 3 & 1 \\ 3 & 5 \end{bmatrix}\boldsymbol{y}$에 대한 모든 근 $\boldsymbol{y} = c_1 e^{\lambda_1 t}\boldsymbol{x}_1 + c_2 e^{\lambda_2 t}\boldsymbol{x}_2$를 찾아라. 어떤 근이 $\boldsymbol{y}(0) = c_1\boldsymbol{x}_1 + c_2\boldsymbol{x}_2 = (2, 2)$로부터 시작하는가?

02 $y' = \begin{bmatrix} 3 & 10 \\ 2 & 4 \end{bmatrix}\boldsymbol{y}$에 대한 $\boldsymbol{y} = e^{\lambda t}\boldsymbol{x}$ 형태로 된 두 개의 근을 찾아라.

03 $a \neq d$일 때, $\boldsymbol{y}' = A\boldsymbol{y}$에 대한 고윳값과 고유벡터 그리고 완전해를 찾아라. 이 식은 a와 d가 _____일 때 안정적이다.

$$\boldsymbol{y}' = \begin{bmatrix} a & b \\ 0 & d \end{bmatrix}\boldsymbol{y}$$

04 $a \neq -b$일 때, $\boldsymbol{y}' = A\boldsymbol{y}$에 대한 근 $e^{\lambda_1 t}\boldsymbol{x}_1$과 $e^{\lambda_2 t}\boldsymbol{x}_2$를 찾아라. 다음이 안정적이지 않은 이유는 무엇인가?

$$A = \begin{bmatrix} a & b \\ a & b \end{bmatrix} \qquad \boldsymbol{y}' = A\boldsymbol{y}$$

05 A의 고윳값 $\lambda_1, \lambda_2, \lambda_3$과 고유벡터 $\boldsymbol{x}_1, \boldsymbol{x}_2, \boldsymbol{x}_3$을 찾아라. $\boldsymbol{y}(0) = (0, 1, 0)$을 결합 $c_1\boldsymbol{x}_1 + c_2\boldsymbol{x}_2 + c_3\boldsymbol{x}_3 = Vc$ 형태로 쓰고 $\boldsymbol{y}' = A\boldsymbol{y}$를 풀어라. $t \to \infty$일 때, $\boldsymbol{y}(t)$의 극한은 무엇인가(정상상태는 $\lambda = 0$일 때 얻어진다)?

$$A = \begin{bmatrix} -1 & 1 & 0 \\ 1 & -2 & 1 \\ 0 & 1 & -1 \end{bmatrix}$$

06 독립적인 두 고유벡터를 가지지 않는 가장 간단한 2×2 행렬은 $\lambda = 0, 0$을 갖는다.

$$\begin{bmatrix} y_1 \\ y_2 \end{bmatrix}' = A\boldsymbol{y} = \begin{bmatrix} 0 & 1 \\ 0 & 0 \end{bmatrix}\begin{bmatrix} y_1 \\ y_2 \end{bmatrix}\text{는}$$

$$\text{첫 번째 근 } \begin{bmatrix} y_1 \\ y_2 \end{bmatrix} = e^{0t}\begin{bmatrix} 1 \\ 0 \end{bmatrix}\text{을 갖는다.}$$

방정식 $y_1{}' = y_2$와 $y_2{}' = 0$에 대한 두 번째 근을 찾아라. 이 두 번째 근은 첫 번째 근에 t를 곱한 것에서 시작해서 $y_1 = t$가 된다. y_2는 무엇인가?

NOTE_ 반복된 λ의 모든 경우에 대한 $\boldsymbol{y}' = A\boldsymbol{y}$의 완전한 논의는 A의 **조던 형태**Jordan form와 관련이 있을 것이다. 6.4절은 삼각 형태에 관한 것을 보여주는데, 이는 [연습문제 06]과 [연습문제 08]에서 확인할 수 있다. 우리는 y_2를 풀 수 있고 그리고 나서 y_1을 얻는다.

07 $\boldsymbol{y}=e^{\lambda t}\boldsymbol{x}$가 다음을 풀도록 하는 두 개의 λ와 $\boldsymbol{x}$를 찾아라. 어떤 결합 $\boldsymbol{y}=c_1e^{\lambda_1 t}\boldsymbol{x}_1+c_2e^{\lambda_2 t}\boldsymbol{x}_2$가 $\boldsymbol{y}(0)=(5,-2)$에서 시작하는가?

$$\frac{d\boldsymbol{y}}{dt}=\begin{bmatrix}4 & 3\\ 0 & 1\end{bmatrix}\boldsymbol{y}$$

08 $\boldsymbol{y}=(y,z)$에 대해 역대입으로 [연습문제 07]을 풀어라. 여기서 y 이전에 z를 풀어라.

$$z(0)=-2\text{로부터 } \frac{dz}{dt}=z\text{를 풀어라.}$$

$$\text{그리고 } y(0)=5\text{로부터 } \frac{dy}{dt}=4y+3z\text{를 풀어라.}$$

y에 대한 근은 e^{4t}과 e^{t}의 결합일 것이다. 즉, λ는 4와 1이다.

09 (a) A의 모든 열의 성분의 합이 0일 때 한 고윳값이 왜 $\lambda=0$인가?

(b) 대각성분은 음수이고, 대각성분을 제외한 성분은 양수이며 이들의 합은 0일 때, $\boldsymbol{y}'=A\boldsymbol{y}$는 '연속적인' 마르코프 방정식일 것이다. 고윳값과 고유벡터, 그리고 $t\to\infty$일 때 정상상태를 찾아라.

$$\boldsymbol{y}(0)=\begin{bmatrix}4\\1\end{bmatrix}\text{일 때, } \frac{d\boldsymbol{y}}{dt}=\begin{bmatrix}-2 & 3\\ 2 & -3\end{bmatrix}\boldsymbol{y}\text{를 풀어라.}$$

$\boldsymbol{y}(\infty)$는 얼마인가?

10 $v(0)=30$명과 $w(0)=10$명의 사람이 있는 방 사이에 열리는 문이 있다고 하자. 방 사이의 움직임은 차 $v-w$에 비례한다.

$$\frac{dv}{dt}=w-v,\quad \frac{dw}{dt}=v-w$$

전체 $v+w$가 상수임을 보여라(40명). $d\boldsymbol{y}/dt=A\boldsymbol{y}$에서 행렬을 찾고 이 행렬의 고유벡터와 고윳값을 찾아라. $t=1$과 $t=\infty$에서 v와 w는 얼마인가?

11 $d\boldsymbol{z}/dt=-A\boldsymbol{z}$에 대해 [연습문제 10]에서 사람들이 확산하는 것의 역문제inverse problem를 풀어라.

$$\frac{dv}{dt}=v-w,\quad \frac{dw}{dt}=w-v$$

전체 $v+w$는 여전히 상수이다. A가 $-A$로 변함에 따라 λ는 어떻게 변하는가? 이 때 $v(0)=30$으로부터 $v(t)$는 무한대로 증가함을 보여라.

12 A는 실수인 고윳값을 가지지만 B는 복소수인 고윳값을 갖는다.

$$A=\begin{bmatrix}a & 1\\ 1 & a\end{bmatrix}\qquad B=\begin{bmatrix}b & -1\\ 1 & b\end{bmatrix}\ (a\text{와 } b\text{는 실수})$$

$t\to\infty$일 때, $d\boldsymbol{y}/dt=A\boldsymbol{y}$와 $d\boldsymbol{z}/dt=B\boldsymbol{z}$의 모든 근이 0에 가까이 가는 a와 b의 안정성 조건을 찾아라.

13 P를 $\mathbb{R}^2$에서 45° 직선 $y=x$로 투영하는 투영 행렬이라 가정하자. 이 행렬의 고윳값은 1, 0인데, 이들은 각각 고유벡터 $(1,1)$, $(1,-1)$을 갖는다. $d\boldsymbol{y}/dt=-P\boldsymbol{y}$ (음의 부호에 주목하자)일 때, $\boldsymbol{y}(0)=(3,1)$에서 시작하면 $t=\infty$에서 $\boldsymbol{y}(t)$의 극한을 찾을 수 있는가?

14 토끼의 개체수는 ($6r$에서) 빠르게 증가하지만 늑대에 의해서 ($-2w$에서) 감소한다. 늑대의 개체수는 이 모델에서 항상 증가한다($-w^2$이 늑대의 개체수를 제어할 것이다).

$$\frac{dr}{dt}=6r-2w,\quad \frac{dw}{dt}=2r+w$$

고윳값과 고유벡터들을 찾아라. $r(0)=w(0)=30$일 때, 시간 t에서의 개체수는 얼마인가? 긴 시간이 흐른 뒤 늑대 개체수에 대한 토끼 개체수의 비율은 얼마인가?

15 (a) 아래의 A의 두 고유벡터의 결합 $c_1\boldsymbol{x}_1+c_2\boldsymbol{x}_2$로 $(4,0)$을 써라.

$$\begin{bmatrix}0 & 1\\ -1 & 0\end{bmatrix}\begin{bmatrix}1\\ i\end{bmatrix}=i\begin{bmatrix}1\\ i\end{bmatrix}$$
$$\begin{bmatrix}0 & 1\\ -1 & 0\end{bmatrix}\begin{bmatrix}1\\ -i\end{bmatrix}=-i\begin{bmatrix}1\\ -i\end{bmatrix}$$

(b) $(4,0)$에서 시작한 $d\boldsymbol{y}/dt=A\boldsymbol{y}$에 대한 근은 $c_1e^{it}\boldsymbol{x}_1+c_2e^{-it}\boldsymbol{x}_2$이다. $e^{it}=\cos t+i\sin t$와 $e^{-it}=\cos t-i\sin t$를 대입해서 $\boldsymbol{y}(t)$를 찾아라.

16~19 다음은 이계 미분방정식을 (y,y')에 대한 1차 시스템으로 줄이는 문제이다.

16 스칼라 방정식 $y''=5y'+4y$를 $\boldsymbol{y}=(y,y')$에 대한 벡터 방정식으로 변화시키는 A를 찾아라.

$$\frac{d\boldsymbol{y}}{dt}=\begin{bmatrix} y' \\ y'' \end{bmatrix}=\begin{bmatrix} \quad & \quad \\ \quad & \quad \end{bmatrix}\begin{bmatrix} y \\ y' \end{bmatrix}=A\boldsymbol{y}$$

A의 고윳값들은 무엇인가? 이 고윳값들을 $y''=5y'+4y$에 $y=e^{\lambda t}$을 대입하는 방법으로도 찾아라.

17 $y''=6y'-9y$에 $y=e^{\lambda t}$을 대입해서 $\lambda=3$이 중복된 근임을 보여라. 여기에는 문제점이 있는데, 우리는 e^{3t} 이후에 두 번째 근이 필요하다. 주어진 미분방정식에 상응하는 행렬방정식은

$$\frac{d}{dt}\begin{bmatrix} y \\ y' \end{bmatrix}=\begin{bmatrix} 0 & 1 \\ -9 & 6 \end{bmatrix}\begin{bmatrix} y \\ y' \end{bmatrix}$$

이다. 이 행렬은 $\lambda=3, 3$과 한 줄의 고유벡터를 가짐을 보여라. 여기에도 문제점이 있다. $y''=6y'-9y$에 대한 두 번째 근은 $y=te^{3t}$임을 보여라.

18 (a) 방정식 $d^2y/dt^2=-9y$를 푸는, 두 개의 익숙한 함수를 써라. 어느 함수가 $y(0)=3$과 $y'(0)=0$에서 시작하는가?

(b) 이계 미분방정식 $y''=-9y$는 벡터 방정식 $\boldsymbol{y}'=A\boldsymbol{y}$를 만든다.

$$\boldsymbol{y}=\begin{bmatrix} y \\ y' \end{bmatrix} \qquad \frac{d\boldsymbol{y}}{dt}=\begin{bmatrix} y' \\ y'' \end{bmatrix}=\begin{bmatrix} 0 & 1 \\ -9 & 0 \end{bmatrix}\begin{bmatrix} y \\ y' \end{bmatrix}=A\boldsymbol{y}$$

A의 고윳값과 고유벡터를 사용해서 $\boldsymbol{y}(t)$를 찾아라 $(\boldsymbol{y}(0)=(3,0))$.

19 c가 A의 고윳값이 아닐 때 $\boldsymbol{y}=e^{ct}\boldsymbol{v}$를 대입해서 $d\boldsymbol{y}/dt=A\boldsymbol{y}-e^{ct}\boldsymbol{b}$의 특별한 근을 찾아라. c가 A의 고윳값인 경우 이 방법에 어떤 문제점이 생기는가?

---

20 A가 역행렬을 가질 때, $d\boldsymbol{y}/dt=A\boldsymbol{y}-\boldsymbol{b}$의 특수해는 $\boldsymbol{y}_p=A^{-1}\boldsymbol{b}$이다. $d\boldsymbol{y}/dt=A\boldsymbol{y}$의 일반해는 $\boldsymbol{y}_n$을 준다. 완전해 $\boldsymbol{y}=\boldsymbol{y}_p+\boldsymbol{y}_n$을 찾아라.

(a) $\dfrac{dy}{dt}=y-4$

(b) $\dfrac{d\boldsymbol{y}}{dt}=\begin{bmatrix} 1 & 0 \\ 1 & 1 \end{bmatrix}\boldsymbol{y}-\begin{bmatrix} 4 \\ 6 \end{bmatrix}$

21 안정성 그림에서 각각의 불안정한 영역을 묘사하는 행렬 A를 찾아라.

(a) $\lambda_1<0$과 $\lambda_2>0$ (b) $\lambda_1>0$과 $\lambda_2>0$

(c) $a>0$일 때 $\lambda=a\pm ib$

22 아래의 행렬 중 어떤 것이 안정적인가? 그러면 $\text{Re}\,\lambda<0$, 대각합<0, 행렬식>0이다.

$$A_1=\begin{bmatrix} -2 & -3 \\ -4 & -5 \end{bmatrix} \quad A_2=\begin{bmatrix} -1 & -2 \\ -3 & -6 \end{bmatrix} \quad A_3=\begin{bmatrix} -1 & 2 \\ -3 & -6 \end{bmatrix}$$

23 $\text{trace}(A)=T$이고 $\det(A)=D$인 $n\times n$ 행렬에 대해서 $-A$의 대각합과 행렬식을 찾아라. $\boldsymbol{y}'=A\boldsymbol{y}$가 안정적일 때, 왜 $\boldsymbol{z}'=-A\boldsymbol{z}$는 불안정적인가?

24 (a) 안정적인 고윳값($\text{Re}\lambda<0$)을 가진 3×3 실수 행렬에 대해서 대각합<0이고 행렬식<0임을 보여라. 이 경우 세 개의 음의 실수 λ이거나 $\lambda_2=\overline{\lambda}_1$이고 λ_3은 실수이다.

(b) 3×3 행렬의 대각합과 행렬식은 모든 세 개의 고윳값을 결정하지 않는다! 대각합<0, 행렬식<0임에도 A가 불안정함을 보여라.

$$A=\begin{bmatrix} 1 & 2 & 3 \\ 0 & 1 & 4 \\ 0 & 0 & -5 \end{bmatrix}$$

25 여러분은 A의 고윳값들을 제곱하기 때문에 $\boldsymbol{y}'=-A^2\boldsymbol{y}$가 항상 안정적이라고 생각할지 모른다. 하지만 $A=\begin{bmatrix} 0 & 1 \\ -1 & 0 \end{bmatrix}$에 대한 방정식이 불안정한 이유는 무엇인가?

26 A에 대한 세 개의 고윳값과 $s^3-s^2+s-1=0$에서 ($s=1$을 포함한) 세 개의 근을 찾아라. 방정식 $y'''-y''+y'-y=0$은 다음과 같다.

$$\begin{bmatrix} y \\ y' \\ y'' \end{bmatrix}'=\begin{bmatrix} 0 & 1 & 0 \\ 0 & 0 & 1 \\ 1 & -1 & 1 \end{bmatrix}\begin{bmatrix} y \\ y' \\ y'' \end{bmatrix} \quad \text{또는} \quad \boldsymbol{z}'=A\boldsymbol{z}$$

각각의 고윳값 λ는 고유벡터 $\boldsymbol{x}=(1,\lambda,\lambda^2)$을 갖는다.

27 A의 두 고윳값과 $s^2+6s+9=0$의 중근을 찾아라.

$$y''+6y'+9y=0\text{은 } \begin{bmatrix} y \\ y' \end{bmatrix}'=\begin{bmatrix} 0 & 1 \\ 9 & 6 \end{bmatrix}\begin{bmatrix} y \\ y' \end{bmatrix}$$

또는 $\boldsymbol{z}'=A\boldsymbol{z}$가 된다.

중복된 고윳값은 오직 하나의 근 $\boldsymbol{z}=e^{\lambda t}\boldsymbol{x}$를 준다. 두 번째 근 $y=te^{\lambda t}$으로부터 두 번째 근 $\boldsymbol{z}$를 찾아라.

28 3×3 동반 행렬은 왜 고유벡터 $\boldsymbol{x}=(1, \lambda, \lambda^2)$을 갖는지 설명하라.

방법 1: 첫 번째 성분이 $x_1=1$이면 $A\boldsymbol{x}=\lambda\boldsymbol{x}$의 첫 번째 행은 두 번째 성분 $x_2=$____를 준다. 그리고 $A\boldsymbol{x}=\lambda\boldsymbol{x}$의 두 번째 행은 세 번째 성분 $x_3=\lambda^2$을 준다.

방법 2: $\boldsymbol{y}'=A\boldsymbol{y}$는 $y_1{}'=y_2$와 $y_2{}'=y_3$에서 시작한다. $\boldsymbol{y}=e^{\lambda t}\boldsymbol{x}$은 이 식들을 푼다. $y=0$에서 방정식은 $\lambda x_1=x_2$, _____가 된다.

29 스칼라 방정식 $y''=5y'-4y$를 $\boldsymbol{z}=(y,y')$에 대한 벡터 방정식으로 바꾸는 A를 찾아라.

$$\frac{d\boldsymbol{z}}{dt}=\begin{bmatrix} y' \\ y'' \end{bmatrix}=\begin{bmatrix} \quad & \quad \\ \quad & \quad \end{bmatrix}\begin{bmatrix} y \\ y' \end{bmatrix}=A\boldsymbol{z}$$

동반 행렬 A의 고윳값들은 무엇인가? $y=e^{\lambda t}$을 $y''=5y'-4y$에 대입함으로써 이 고윳값들을 찾아라.

30 (a) 방정식 $d^2y/dt^2=-9y$를 푸는, 두 개의 익숙한 함수를 적어라. 어느 것이 $y(0)=3$과 $y'(0)=0$에서 시작하는가?

(b) 이계 미분방정식 $y''=-9y$는 벡터 방정식 $\boldsymbol{z}'=A\boldsymbol{z}$를 만든다.

$$\boldsymbol{z}=\begin{bmatrix} y \\ y' \end{bmatrix} \qquad \frac{d\boldsymbol{z}}{dt}=\begin{bmatrix} y' \\ y'' \end{bmatrix}=\begin{bmatrix} 0 & 1 \\ -9 & 0 \end{bmatrix}\begin{bmatrix} y \\ y' \end{bmatrix}=A\boldsymbol{z}$$

A의 고윳값과 고유벡터를 이용해 $\boldsymbol{z}(t)$를 찾아라 $(\boldsymbol{z}(0)=(3,0))$.

31 (a) 미지수 $\boldsymbol{z}=(y,y',y'')$에 대해서 3계 미분방정식 $y'''-2y''-y'+2y=0$을 1차 시스템 $\boldsymbol{z}'=A\boldsymbol{z}$로 바꿔라. 이때 동반 행렬 A는 3×3이다.

(b) $y=e^{\lambda t}$을 대입해서 $\det(A-\lambda I)$도 찾아라. 이는 같은 λ를 준다.

(c) 하나의 근은 $\lambda=1$이다. 다른 근과 아래의 완전해들을 찾아라.

$$y=c_1e^{\lambda_1 t}+c_2e^{\lambda_2 t}+c_3e^{\lambda_3 t}$$
$$\boldsymbol{z}=C_1e^{\lambda_1 t}\boldsymbol{x}_1+C_2e^{\lambda_2 t}\boldsymbol{x}_2+C_3e^{\lambda_3 t}\boldsymbol{x}_3$$

32 다음 두 개의 동반 행렬은 각각 $\lambda=2, 1$과 $\lambda=4, 1$을 갖는다. 이들의 고유벡터를 각각 찾아라(대각합과 행렬식에 주목하자).

$$A=\begin{bmatrix} 0 & 1 \\ -2 & 3 \end{bmatrix}\text{과 } B=\begin{bmatrix} 0 & 1 \\ -4 & 5 \end{bmatrix}$$

6.4 행렬의 지수

이 절은 시스템 $d\boldsymbol{y}/dt=A\boldsymbol{y}$에 대한 근을 다른 방법으로 표시한다. 고유벡터 근 $e^{\lambda t}\boldsymbol{x}$를 결합하는 대신 새로운 형태는 **행렬지수**matrix exponential e^{At}을 사용한다.

$$\boldsymbol{y}'=A\boldsymbol{y}\text{의 해} \qquad \boldsymbol{y}(t)=e^{At}\boldsymbol{y}(0) \tag{1}$$

이 행렬 e^{At}은 $n=1$(스칼라인 경우)일 때 e^{at}과 일치한다. 행렬에 대해서 우리는 여전히 지수를 무한급수로 쓴다. 이는 고유벡터에 의존한 방법보다 나아보이지만 실전에서는 아닐 수 있다.

장점 : e^{At}에 대한 n개의 독립적인 고유벡터를 필요로 하지 않는다.
단점 : 보통 무한급수는 그렇게 실용적이지 않다.

새로운 방법은 **근 행렬**solution matrix에 대한 하나의 간단한 기호 e^{At}을 사용한다. 우리는 여전히 종종 고유벡터를 통한 예전 방법으로 계산한다. 이는 선형 시스템 $A\boldsymbol{v}=\boldsymbol{b}$와 비슷한데, A^{-1}이 근 행렬임에도 $\boldsymbol{v}$를 소거법으로 계산한다. 큰 행렬에 대해서 $\boldsymbol{y}'=A\boldsymbol{y}$는 완전히 다른 방법을 사용한다(때때로 유한 차분법을 사용한다).

거듭제곱급수

행렬 e^{At}을 정의하는 가장 직접적인 방법은 A의 거듭제곱의 무한급수에 의한 것이다.

$$\text{행렬지수} \qquad e^{At}=I+At+\frac{1}{2}(At)^2+\cdots=\sum_{n=0}^{\infty}(At)^n/n! \tag{2}$$

이 급수는 1장의 스칼라 경우인 e^{at}과 같이 항상 수렴한다. e^{At}은 행렬 미적분의 위대한 함수이다. 빠르게 증가하는 인자 $n!$은 여전히 수렴성을 보증한다. a가 행렬 A가 된 경우에도 e^{at}의 두 가지 주요 성질들이 계속 성립한다.

성질 1. e^{At}**의 미분은** Ae^{At}**이다.**　　성질 2. $(e^{At})(e^{AT})=e^{A(t+T)}$

성질 1은 $\boldsymbol{y}(t)=e^{At}\boldsymbol{y}(0)$이 미분 $\boldsymbol{y}'=A\boldsymbol{y}$를 갖는다는 것을 말해준다. 그리고 $\boldsymbol{y}(t)$는 정확하게 $t=0$에서 $\boldsymbol{y}(0)$으로부터 시작하는데, 이는 식 (2)에서의 $e^{A0}=I$이기 때문이다. **따라서** $e^{At}\boldsymbol{y}(0)$**은** $\boldsymbol{y}'=A\boldsymbol{y}$**를 푼다.**
성질 2에서 $T=-t$로 설정했다고 가정하자. 그러면 $t+T=0$이다.

$$e^{At}\text{의 역행렬은 } e^{-At}\text{이다.} \qquad T\text{가 } -t\text{일 때, } e^{At}e^{AT}=e^0=I\text{ 이다.} \tag{3}$$

e^{At}은 A가 대각화가 불가능할 때조차도 성질 1과 성질 2를 갖는다. A가 n개의 독립적인 고유벡터를 가질 때, 같은 고유벡터 행렬 V는 A와 e^{At}을 대각화한다. 다음 페이지에서는 $e^{At}=Ve^{\Lambda t}V^{-1}$을 보여주는데 이는 e^{At}을 찾는 좋은 방법이다.

A가 n개의 독립적인 고유벡터를 갖고 따라서 대각화 가능하다고 가정하자. $A=V\Lambda V^{-1}$을 e^{At}에 대한 급수에 대입한 다음 $V\Lambda V^{-1}V\Lambda V^{-1}$이 등장할 때마다 $V^{-1}V=I$로 소거한다.

급수를 사용한다.	$e^{At} = I + V\Lambda V^{-1}t + \frac{1}{2}(V\Lambda V^{-1}t)(V\Lambda V^{-1}t) + \cdots$
V와 V^{-1}을 소거한다.	$= V[I + \Lambda t + \frac{1}{2}(\Lambda t)^2 + \cdots]V^{-1}$ (4)
e^{At}을 대각화한다.	$e^{At} = Ve^{\Lambda t}V^{-1}$

수 $e^{\lambda_i t}$은 $e^{\Lambda t}$의 대각선에 있으며 $\boldsymbol{y}(t)$를 확인하기 위해 $Ve^{\Lambda t}V^{-1}\boldsymbol{y}(0)$을 곱한다. 두 번째 증명 e^{At}은 A와 같은 고유벡터 $\boldsymbol{x}$를 갖는다. **e^{At}의 고윳값은 $e^{\lambda t}$이다.**

$$A^n\boldsymbol{x} = \lambda^n\boldsymbol{x}\text{는 } e^{At}\boldsymbol{x} = \left(1 + \lambda t + \frac{1}{2}(\lambda t)^2 + \cdots\right)\boldsymbol{x} = e^{\lambda t}\boldsymbol{x}\text{이다.} \tag{5}$$

따라서 같은 고유벡터 행렬 V는 A와 e^{At}을 대각화한다. e^{At}에 대한 고윳값 행렬은 $\mathrm{diag}(e^{\lambda_1 t}, \cdots, e^{\lambda_n t})$이고, 이는 정확히 $e^{\Lambda t}$이다. 다시 언급하지만 $e^{At} = Ve^{\Lambda t}V^{-1}$이다. 역행렬 e^{-At}의 고윳값은 $e^{-\lambda t}$이다. 예상했듯이 이는 $1/e^{\lambda t}$이다.

예제 1 회전 행렬 $A = \begin{bmatrix} 0 & 1 \\ -1 & 0 \end{bmatrix}$은 고윳값 $\lambda_1 = i$와 $\lambda_2 = -i$를 갖는다.

$$e^{At} = Ve^{\Lambda t}V^{-1} = \begin{bmatrix} 1 & 1 \\ i & -i \end{bmatrix}\begin{bmatrix} e^{it} & 0 \\ 0 & e^{-it} \end{bmatrix}\frac{1}{2}\begin{bmatrix} 1 & -i \\ 1 & i \end{bmatrix} = \begin{bmatrix} \cos t & \sin t \\ -\sin t & \cos t \end{bmatrix} \tag{6}$$

이는 무한급수를 더하지 않고도 e^{At}을 생산한다. 다음과 같이 급수로 시작할 수도 있다.

$$\begin{bmatrix} 1 & 0 \\ 0 & 1 \end{bmatrix} + \begin{bmatrix} 0 & t \\ -t & 0 \end{bmatrix} + \frac{1}{2}\begin{bmatrix} -t^2 & 0 \\ 0 & -t^2 \end{bmatrix} + \frac{1}{6}\begin{bmatrix} 0 & -t^3 \\ t^3 & 0 \end{bmatrix} = \begin{bmatrix} 1 - \frac{1}{2}t^2 & t - \frac{1}{6}t^3 \\ -t + \frac{1}{6}t^3 & 1 - \frac{1}{2}t^2 \end{bmatrix}$$

코사인 급수는 $1 - \frac{1}{2}t^2$에서, 사인 급수는 $t - \frac{1}{6}t^3$에서 시작한다. e^{At}의 완전한 급수는 $\cos t$와 $\sin t$의 완전한 급수를 준다(매우 예외적이다).

Q_ ([예제 1]에 이어서) $\boldsymbol{y}(0) = (1, 0)$인 $dy/dt = A\boldsymbol{y}$에 대한 근은 무엇인가?

A_ 우리는 $\boldsymbol{y}(t) = (y_1, y_2)$는 $e^{At}\boldsymbol{y}(0)$임을 알고 있으며 식 (6)은 e^{At}을 준다.

$$\begin{matrix} \boldsymbol{y}_1{}' = \boldsymbol{y}_2 \\ \boldsymbol{y}_2{}' = -\boldsymbol{y}_1 \end{matrix} \qquad \begin{bmatrix} y_1(t) \\ y_2(t) \end{bmatrix} = \begin{bmatrix} \cos t & \sin t \\ -\sin t & \cos t \end{bmatrix}\begin{bmatrix} 1 \\ 0 \end{bmatrix} = \begin{bmatrix} \cos t \\ -\sin t \end{bmatrix} \tag{7}$$

그렇다! $\cos t$의 미분은 $-\sin t$이므로 $y_2=-\sin t$의 미분은 $-\cos t$이다. 이로써 방정식 $\boldsymbol{y}'=A\boldsymbol{y}$가 성립한다. $t=0$일 때, 우리는 정확히 $\boldsymbol{y}(0)=(1,0)$에서 시작한다.

이 근은 물리학과 공학에서 중요하다. 점 $\boldsymbol{y}(t)$는 단위원 $y_1^2+y_2^2=\cos^2 t+\sin^2 t=1$ 위에 있으며 이 점은 일정한 속도로 원 위를 움직인다. 이계도함수(가속도)는 $\boldsymbol{y}''=(-\sin t,-\cos t)$인데, 이는 $A^2=-I$이기 때문이다. 이 벡터 $\boldsymbol{y}''$은 중심 $(0,0)$쪽으로 향한다. 이처럼 우리는 태양을 중심으로 도는 행성에 살고 있다.

예제 2 A가 삼각 행렬이지만 대각화할 수 없다고 가정하자(오직 하나의 고유벡터를 갖는다).

$$\boldsymbol{y}'=A\boldsymbol{y}=\begin{bmatrix}1&1\\0&1\end{bmatrix}\begin{bmatrix}y_1\\y_2\end{bmatrix}\qquad\begin{aligned}y_1'&=y_1+y_2\\y_2'&=0+y_2\end{aligned}\tag{8}$$

A는 역행렬이 존재하는 고유벡터 행렬 V를 갖지 않는다. 두 개의 고유벡터 없이 어떻게 $\boldsymbol{y}(t)$를 찾는가?

풀이

A가 삼각 행렬이므로 역대입은 $\boldsymbol{y}'=A\boldsymbol{y}$를 푼다. 마지막 방정식 $y_2'=y_2$를 푸는 것으로 시작한다. 그런 다음 y_1에 대해 푼다.

$$y_2(t)=e^t y_2(0)\qquad \text{그리고 } y_1'=y_1+y_2=y_1+e^t y_2(0)$$

y_1에 대한 이 식은 소스 항 $q(t)=e^t y_2(0)$이다. 1장에서는 근 $y_1(t)$를 찾았다.

$$e^t y_1(0)+\int_0^t e^{t-s}q(s)ds=e^t y_1(0)+e^t y_2(0)\int_0^t ds=e^t y_1(0)+te^t y_2(0)\tag{9}$$

마침내 우리는 추가 인자 t에 대한 근거를 얻는다. y_1의 자연스러운 증가율 역시 y_2의 증가율이다. 이는 $y_1'=y_1+y_2$에서 '공명'으로 이어지고, te^t는 특히 빠르게 증가한다. 우리는 2장에서 te^{st}과 함께 공명을 살펴보았다. 이제 e^{At}에서 t를 확인한다.

$$\begin{aligned}y_1(t)&=e^t y_1(0)+te^t y_2(0)\\y_2(t)&=\qquad\quad\ \ e^t y_2(0)\end{aligned}\ \text{은 } e^{At}=\begin{bmatrix}e^t&te^t\\0&e^t\end{bmatrix}\text{을 의미한다.}\tag{10}$$

예제 2 (e^{At}을 사용해서) 이 삼각 행렬 A에 대해서 우리는 e^{At}의 급수를 더할 수도 있다.

$te^t=t+t^2+\frac{1}{2}t^3+\cdots$이므로 e^{At}은 다음과 같다.

$$e^{At} = I + At + \frac{1}{2}(At)^2 + \frac{1}{6}(At)^3 + \cdots$$
$$= \begin{bmatrix} 1 & 0 \\ 0 & 1 \end{bmatrix} + \begin{bmatrix} t & t \\ 0 & t \end{bmatrix} + \frac{1}{2}\begin{bmatrix} t^2 & 2t^2 \\ 0 & t^2 \end{bmatrix} + \frac{1}{6}\begin{bmatrix} t^3 & 3t^3 \\ 0 & t^3 \end{bmatrix} + \cdots \tag{11}$$
$$= \begin{bmatrix} e^t & te^t \\ 0 & e^t \end{bmatrix}$$

삼각 행렬의 모든 거듭제곱은 삼각 행렬이다. 따라서 A의 대각성분은 e^{At}의 대각성분을 준다. 이들은 e^{At}의 고윳값이고 이 경우 고윳값은 모두 e^t이다.

$y' = Ay + q$에서의 소스 항

우리는 단일 방정식(1×1)에 대한 $y' = ay + q$를 풀 수 있다. 이제 행렬 A를 허용한다.

$$\textbf{이전 방법} \quad y(t) = e^{at}y(0) + \frac{e^{at}-1}{a}q \qquad \textbf{새로운 방법} \quad \frac{d\boldsymbol{y}}{dt} = A\boldsymbol{y} + \boldsymbol{q} \tag{12}$$

a**를** A**로 바꿨다**! 상수 $\boldsymbol{q}$에 대해서 이는 $\boldsymbol{y}$에 대한 식에서 유일한 변화이다.

$$\boldsymbol{y}' = A\boldsymbol{y} + \boldsymbol{q}\text{는 } \boldsymbol{y}(t) = e^{At}\boldsymbol{y}(0) + (e^{At} - I)A^{-1}\boldsymbol{q}\text{로 푼다.} \tag{13}$$

$\boldsymbol{y}$의 미분은 미분$=0$인 상수 $A^{-1}\boldsymbol{q}$를 제외한 $A\boldsymbol{y}$를 준다. 하지만 이 항 $A^{-1}\boldsymbol{q}$는 $A\boldsymbol{y} + \boldsymbol{q}$에서 안전하게 사라지는데, 이는 $-AA^{-1}\boldsymbol{q} + \boldsymbol{q} = 0$이기 때문이다.

1장에서는 y_p에 대한 적분에서 증가하는 인자 e^{at}을 만들었다. 이제 이것은 e^{At}이다!

원리 각각의 입력 $\boldsymbol{q}(s)$는 시간 s에서 시간 t까지 증가하는 인자 $e^{A(t-s)}$을 갖는다. 상수 A에 대해서 시간 $t-s$가 지남에 따른 증가(또는 감소)는 $e^{A(t-s)}$과의 곱일 뿐이다.

$$\boldsymbol{y}' = A\boldsymbol{y} + \boldsymbol{q}(t)\text{는 } \boldsymbol{y}(t) = e^{At}\boldsymbol{y}(0) + \int_0^t e^{A(t-s)}\boldsymbol{q}(s)\,ds\text{로 푼다.} \tag{14}$$

유사 행렬 A와 B

이 절을 마무리하면서 $\boldsymbol{y}' = A\boldsymbol{y}$를 또 다른 방법으로 풀 것이다. 같은 결과가 나오는 새로운 접근법이다.

변수 변환 $y(t)$를 새로운 변수 $z(t)$로 변환하기 위해 $y = Vz$로 쓴다.

$$\frac{dy}{dt} = Ay\text{는 } V\frac{dz}{dt} = A\,Vz\text{가 되는데, 이는 } \frac{dz}{dt} = V^{-1}A\,Vz\text{이다.} \tag{15}$$

행렬 A는 $B = V^{-1}A\,V$로 바뀌었다. 그러면 z에 대한 근은 e^{Bt}과 관련이 있다.

$$B = V^{-1}A\,V \qquad z' = Bz\text{는 } z(t) = e^{Bt}z(0)\text{을 생산한다.} \tag{16}$$

$y = Vz$로 다시 되돌림으로써 근은 $y(t) = Ve^{Bt}z(0) = Ve^{Bt}V^{-1}y(0)$이 된다.

$$A = VBV^{-1}\text{의 지수는 } e^{At} = Ve^{Bt}V^{-1}\text{이다.} \tag{17}$$

특별한 경우를 살펴보자. V가 고유벡터 행렬일 때, B는 고윳값 행렬 Λ이다.

여기서 중요한 것을 살펴보자. 식 (17)은 임의의 가역 행렬 V에 대해서 참이다. A의 고유벡터 행렬을 선택하면 B를 대각 행렬로 만든다(사실 $B = V^{-1}A\,V = \Lambda$이다). 이는 V에 대한 좋은 선택이며 A가 n개의 독립적인 고유벡터를 가질 때 $B = \Lambda$를 만든다. 하지만 임의의 가역 행렬 V가 허용되는 것은 아니며 이 경우 B를 **유사 행렬**similar matrix이라고 한다.

모든 행렬 $B = V^{-1}A\,V$는 A와 '유사'하며, 이들은 같은 고윳값을 갖는다.

여기서는 고윳값이 변하지 않는다는 것을 빠르게 증명할 수 있다. **고유벡터는 $u = V^{-1}x$로 바뀐다.**

$$Ax = \lambda x\text{이면 } V^{-1}Ax = \lambda V^{-1}x\text{인데, 이는 } V^{-1}A\,Vu = Bu = \lambda u\text{이다.} \tag{18}$$

모든 가역 행렬 V를 허용함으로써 $B = V^{-1}A\,V$형태인 전체 행렬을 얻는다. 모든 행렬은 A와 유사하며 A와 같은 고윳값을 갖는다. 오직 고유벡터만 V와 함께 바뀐다.

A가 대각화 가능하지 않은 경우, V에 대해 좋은 선택은 B를 위삼각 행렬로 만든다. V는 계산이 쉽지 않지만, 이는 문제를 굉장히 간단하게 만든다. [예제 2]는 $z' = Bz$에서 $z(t)$가 어떻게 역대입으로부터 오는지를 보여준다. 그런 다음 $y(t) = Vz(t)$는 A의 n개의 독립적인 고유벡터 없이 $y' = A(t)y$를 푼다.

기초 행렬(선택적 주제)

$y_1(t)$에서 $y_n(t)$까지 n개의 독립적인 근을 가질 때, 선형 시스템 $dy/dt = A(t)y$는 완전하게 풀린다. 이 근들은 $n \times n$ 행렬 $M(t)$의 열에 위치시킨다.

$$\text{기초 행렬} \qquad M(t) = [\boldsymbol{y}_1(t) \cdots \boldsymbol{y}_n(t)]\text{는 } \frac{\boldsymbol{dM}}{\boldsymbol{dt}} = \boldsymbol{AM(t)}\text{를 갖는다.} \tag{19}$$

dM/dt의 모든 열은 $dy/dt = Ay$를 가지며 모든 열을 합치면 $dM/dt = AM$을 준다. '선형독립'은 M이 가역 행렬이란 것을 의미한다. 즉, M의 행렬식은 0이 아니다. 이 행렬식 $W(t)$는 M의 열에서 n개의 근의 **론스키 행렬식**Wronskian determinant이라 부른다.

$$W(t) = \boldsymbol{y}_1(t), \cdots, \boldsymbol{y}_n(t)\text{의 론스키 행렬식} = M(t)\text{의 행렬식} \tag{20}$$

중요한 것은 바로 다음 문장이다. **론스키 행렬식이 시간 $t=0$일 때 $W \neq 0$에서 시작한다면 모든 t에 대해서 $W(t) \neq 0$이다.** 시작에서의 독립성은 영원한 독립성을 의미한다. 결합 $\boldsymbol{y}(t) = c_1\boldsymbol{y}_1(t) + \cdots + c_n\boldsymbol{y}_n(t)$는 $\boldsymbol{y}(0) = 0$에서 시작했을 때 유일하게 시간 t에서 0이 될 수 있다. $\boldsymbol{y}' = A\boldsymbol{y}$의 근은 0이 되지 않는다! 따라서 $W(t) = 0$은 $W(0) = 0$을 필요로 하는데, 이 정렬된 식은 6장 [메모]에서 살펴볼 것이다(지수는 절대로 0이 아니다).

$$\frac{dW}{dt} = (\text{trace}\, A(t))\, W \text{ 이므로 } W(t) = e^{\int \text{trace}\, A(t) dt} W(0)\text{이다.} \tag{21}$$

이제 미분방정식 $y'' + B(t)y' + C(t)y = 0$에 대한 $M(t)$와 $W(t)$는 무엇인가? 우리는 이를 1차 시스템 $\boldsymbol{y}' = A(t)\boldsymbol{y}$로 변환하는 방법을 안다. 미지의 벡터는 $\boldsymbol{y} = (y, y')$이고 $A(t)$는 $-B(t)$, $-C(t)$를 포함하는 동반 행렬이다. $M(t)$의 열에서 두 독립적인 근은 $(y_1, y_1{}')$과 $(y_2, y_2{}')$이다.

$$\textbf{행렬 } M(t) = \begin{bmatrix} y_1 & y_2 \\ y_1{}' & y_2{}' \end{bmatrix} \qquad \textbf{론스키 행렬식 } W(t) = \det M = y_1 y_2{}' - y_2 y_1{}' \tag{22}$$

y_1과 y_2의 독립 여부에 대한 시험은 다시 $W(t) \neq 0$이다. 이 시험은 $W(0) \neq 0$이면 모든 t에 대해서 통과한다. 식 (21)에서 $A(t)$의 대각합은 $-B(t)$이다.

여러분은 자연스럽게 다음과 같이 질문할 것이다. 이 기초 행렬 $M(t)$는 무엇인가? 지금에서야 이를 보게 된 이유는 무엇인가? 이에 대해 하나를 답하자면, 여러분은 이미 1장에서 성장 인자 G를 살펴보았다는 것이다($M = G(0, t) = \exp\left(\int a(t)dt\right)$). 또한 시스템에 대해서 $M = e^{At}$임도 알고 있다. 이는 A가 상수일 때 완전한 답이다. e^{At}은 가능한 최선의 $M(t)$인데, 이는 $M(0) = I$로부터 시작하기 때문이다.

행렬 A가 t에 의존할 때, $M(t)$를 찾는 것은 종종 어렵다(그러면 쉬운 게 하나도 없다). 우리는 $\boldsymbol{y}' = A(t)\boldsymbol{y}$가 n개의 독립적인 근 $\boldsymbol{y}(t)$를 갖는 것을 알고 있다. 하지만 대부분의 경우 그 해들이 무엇인지는 모른다. 기초 행렬의 요점은 우리가 M을 알 때, 근 $y(t)$들은 $M(t)$로부터 직접 얻어진다는 것이다.

$$\text{임의의 } M(t)\text{에 대해서 } \boldsymbol{y}(t) = M(t)M(0)^{-1}\boldsymbol{y}(0) \tag{23}$$

상수 A와 변하는 $A(t)$에 관해서 조금 더 살펴보고 마무리하도록 하겠다.

■ V에서 n개의 독립적인 고유벡터를 갖는 상수 A

우리는 n개의 근 $\boldsymbol{y} = e^{\lambda t}\boldsymbol{x}$를 안다. 이 $\boldsymbol{y}$들을 $M(t) = [e^{\lambda_1 t}\boldsymbol{x}_1 \ e^{\lambda_2 t}\boldsymbol{x}_2 \ \cdots \ e^{\lambda_n t}\boldsymbol{x}_n] = Ve^{\Lambda t}$에 대입한다. 이는 e^{At}과 어떻게 다른가? $M(t)$가 V일 때, $t=0$에서 모든 것을 확인할 수 있다. 만약 $t=0$에서 기초 행렬이 I와 같기를 원한다면, 그냥 $M(0)^{-1} = V^{-1}$를 곱하면 된다. $A = V\Lambda V^{-1}$일 때, 최선의 기초 행렬은 $M = Ve^{\Lambda t}V^{-1}$이며 이는 e^{At}이다.

■ 시간에 따라 변하는 고유벡터를 갖는 시간에 따라 변하는 $A(t)$

방정식 $\boldsymbol{y}' = A(t)\boldsymbol{y}$는 더 어렵다. 다음 페이지에서 예상된 근의 공식이 어떻게 실패하는지를 보여준다. 그 이유는 연쇄 법칙이 잘못되었기 때문이다. 한 근 $\boldsymbol{y}_1(t)$를 찾는 것도 큰 난제이다. 긍정적인 부분은 만약 우리가 $\boldsymbol{y}_1(t)$를 찾을 수 있다면 '변수의 변동'은 $\boldsymbol{y}_2 = C(t)\boldsymbol{y}_1$을 준다는 것이다.

이제 위대한 수학자가 연구해왔던 유명한 방정식에 초점을 두고자 한다.

$$\text{베셀의 방정식}^{\text{Bessel's eqaution}} \qquad x^2\frac{d^2y}{dx^2} + x\frac{dy}{dx} + (x^2 - p^2)y = 0 \tag{24}$$

근은 p차의 베셀 함수[Bessel functions of order p]이다. 차수가 $p = \frac{1}{2}$일 때, 두 개의 근 y_1과 y_2는 매우 특별하다(변수 t는 종종 x로 바뀐다).

$$y_1(x) = \sqrt{\frac{2}{\pi x}}\sin x \text{와 } y_2(x) = \sqrt{\frac{2}{\pi x}}\cos x \text{는 } M = \begin{bmatrix} y_1 & y_2 \\ y_1{}' & y_2{}' \end{bmatrix}\text{에 들어간다.}$$

이들은 독립적인 근이며, 론스키 행렬식 $W = y_1 y_2{}' - y_2 y_1{}'$은 절대로 0이 되지 않는다. 가장 중요한 베셀 함수는 $p = 0, 1, 2, \cdots$를 가지며, 책 전체가 이 함수에 관해 쓰여 있다. 이 함수들은 간단하지 않다! 첫 번째이자 가장 유명한 베셀 함수는 차수 $p=0$인 $y = J_0(x)$이다. $J_0(x) = 1 - \frac{x^2}{2^2} + \frac{x^4}{2^2 4^2} - \frac{x^6}{2^2 4^2 6^2} + \cdots$은 감쇠된 코사인과 유사하다.

J_0과 독립적인 두 번째 근 Y_0은 $x=0$에서 발산한다. 베셀 방정식 (24)를 x^2으로 나누고, y''에서 방정식을 시작하면 여러분은 이 방정식의 계수들이 특이점임을 확인할 수 있을 것이다. $1/x$과 $1 - p^2/x^2$ 역시 $x=0$에서 발산한다(특이점).

공식의 실패

단일 방정식 $dy/dt = a(t)y$는 정렬된 근 $y = e^{P(t)}y(0)$을 갖는다. 이때 우리는 $P(t)$를 $a(t)$의 적분으로 선택한다. 연쇄 법칙에 의해서 dy/dt는 원하는 인자 $a(t) = dP/dt$를 갖는다. 여기서 $\boldsymbol{y} = e^{P(t)}\boldsymbol{y}(0)$이 행렬 $A(t)$와 시스템 $\boldsymbol{y}' = A(t)\boldsymbol{y}$에 실패한다는 사실이 조금 실망스럽다.

시간에 따라 변하는 $A(t)$의 적분의 미분이 $A(t)$인 것은 당연하다. 행렬에 대해서도 이 부분은 마찬가지이다.

$$\text{미적분학의 기본 정리} \qquad \frac{d}{dt}\int_0^t A(s)ds = \frac{dP}{dt} = A(t) \tag{25}$$

A가 상수 행렬일 때, 적분은 $P = At$이며 이 적분의 미분은 A이다. 따라서 e^{At}의 미분은 Ae^{At}이다. 우리는 $A(t)$가 변하고, 상수가 아닐 때에도 동일한 연쇄 법칙으로 인해 정답을 확인하기를 바란다.

$$G = \exp\left(\int_0^t A(s)ds\right)\text{의 미분은 } A(t)G \text{ '이어야 한다'. 그러나 항상 그렇지는 않다!} \tag{26}$$

행렬 $A(t)$가 시간에 따라 변할 때, 식 (26)의 연쇄 법칙은 우리를 실망시킨다. 이는 $\boldsymbol{y}(t)$에 대한 간단한 공식을 주지 않는다. 어디서 잘못된 것인가?

여기서의 어려움은 e^A과 e^B의 곱이 e^{A+B}와 같지 않을 수도 있다는 것이다. [연습문제 07]은 A와 B의 예제를 준다. 이 행렬들은 $AB = BA$를 만족시키지 않으며 이는 지수법칙을 만족시키지 않는다. $AB = BA$일 때, $e^Ae^B = e^{A+B}$은 참이지만 이 경우에는 아니다.

[연습문제 07]의 이 행렬들을 이용해 다음과 같이 두 부분으로 이루어진 예를 만들자.

$$t \le 1\text{일 때 } \boldsymbol{y}' = B\boldsymbol{y}\text{이고, } t > 1\text{일 때 } \boldsymbol{y}' = A\boldsymbol{y} \tag{27}$$

시간에 따라 변하는 우리의 행렬 $A(t)$는 $t = 1$일 때 B에서부터 A로 점프한다. $A(t)$의 적분은 $P(t)$이다.

$$P(t) = \int_0^t A(s)ds = Bt \ (t \le 1)\text{이고,} \quad A(t-1) + B \ (t > 1) \tag{28}$$

하지만 $P(t)$의 지수는 $t = 2$에서 미분방정식 (27)을 만족하지 않는다.

$$P(2) = \int_0^2 A(s)ds = A + B\text{는 맞지만 } \boldsymbol{y}(2) = e^{A+B}\boldsymbol{y}(0)\text{은 } \textbf{틀렸다.}$$

올바른 답은 $\boldsymbol{y}(2) = e^Ae^B\boldsymbol{y}(0)$이다. 즉, B가 먼저이고 A가 나중이다. B가 A로 변할 때, 해는 시간 $t = 1$까지 $e^{Bt}\boldsymbol{y}(0)$이다. $y = 1$ 이후 해는 $e^{A(t-1)}e^By(0)$이다. **식 (26)의 연쇄 법칙은 틀렸는데, 이는 e^Ae^B이 e^{A+B}과 다르기 때문이다.**

6.4 요약

1. At의 지수는 $e^{At} = I + At + \frac{1}{2}(At)^2 + \frac{1}{6}(At)^3 + \cdots$이다.
2. $\boldsymbol{y}' = A\boldsymbol{y}$에 대한 근은 $\boldsymbol{y}(t) = e^{At}\boldsymbol{y}(0)$이다. 이는 V^{-1}이 존재할 때 $Ve^{\Lambda t}V^{-1}\boldsymbol{y}(0)$이다.
3. 이 근은 $\boldsymbol{c} = V^{-1}\boldsymbol{y}(0)$일 때 $c_1e^{\lambda_1 t}\boldsymbol{x}_1 + \cdots + c_ne^{\lambda_n t}\boldsymbol{x}_n$과 같다.
4. $\boldsymbol{y}' = A\boldsymbol{y} + \boldsymbol{q}$ (일정한 소스)에 대한 근은 $\boldsymbol{y}(t) = e^{At}\boldsymbol{y}(0) + (e^{At} - I)A^{-1}\boldsymbol{q}$이다.
5. (임의의 V에 대해서) 모든 유사 행렬 $B = VAV^{-1}$은 A와 같은 고윳값을 갖는다.
6. $A(t)$가 시간에 따라 변한다면 기초 행렬 $M(t)$에 대한 쉬운 공식들은 실패한다.

6.4 확인문제

$y(0) = Vc$일 때, $y(t) = e^{At}y(0)$은 정확히 $c_1e^{\lambda_1 t}x_1 + \cdots + c_ne^{\lambda_n t}x_n$임을 보여라.

1단계 $\boldsymbol{y}(0) = c_1\boldsymbol{x}_1 + \cdots + c_n\boldsymbol{x}_n$으로 쓴다. 이는 $\begin{bmatrix} \boldsymbol{x}_1 & \cdots & \boldsymbol{x}_n \end{bmatrix}\begin{bmatrix} c_1 \\ \vdots \\ c_n \end{bmatrix} = Vc$이다.

2단계 고유벡터 $\boldsymbol{x}$에서 시작하면 근은 $\boldsymbol{y} = ce^{\lambda t}\boldsymbol{x}$이다.

3단계 이 n개의 근을 더해서 $Ve^{\Lambda t}c = Ve^{\Lambda t}V^{-1}\boldsymbol{y}(0) = e^{At}\boldsymbol{y}(\mathbf{0})$을 얻는다.

다음의 삼각 행렬 A에 대해 위 세 단계를 적용해보자. $\boldsymbol{y}(0) = (5, 3)$이라 가정하자. 첫 번째로 Λ와 V를 찾는다.

$$A = \begin{bmatrix} 1 & 1 \\ 0 & 2 \end{bmatrix} \text{는 } \lambda_1 = 1 \text{과 } \boldsymbol{x}_1 = \begin{bmatrix} 1 \\ 0 \end{bmatrix}, \ \lambda_2 = 2 \text{와 } \boldsymbol{x}_2 = \begin{bmatrix} 1 \\ 1 \end{bmatrix} \text{을 갖는다.}$$

1단계 $\boldsymbol{y}(0) = \begin{bmatrix} 5 \\ 3 \end{bmatrix} = \mathbf{2}\begin{bmatrix} 1 \\ 0 \end{bmatrix} + \mathbf{3}\begin{bmatrix} 1 \\ 1 \end{bmatrix} = \begin{bmatrix} 1 & 1 \\ 0 & 1 \end{bmatrix}\begin{bmatrix} \mathbf{2} \\ \mathbf{3} \end{bmatrix} = Vc$

2단계 고유벡터에서 얻은 독립적인 근들 $ce^{\lambda t}\boldsymbol{x}$는 $\mathbf{2}e^t\boldsymbol{x}_1$과 $\mathbf{3}e^{2t}\boldsymbol{x}_2$이다.

3단계 최종 $\boldsymbol{y}(t) = e^{At}\boldsymbol{y}(0) = Ve^{\Lambda t}V^{-1}\boldsymbol{y}(0)$은 합 $2e^t\boldsymbol{x}_1 + 3e^{2t}\boldsymbol{x}_2$이다.

(도전) 동반 행렬 $\begin{bmatrix} 0 & 1 \\ -C & 0 \end{bmatrix}$과 $\begin{bmatrix} 0 & 1 \\ -C & -B \end{bmatrix}$에 대한 e^{At}을 찾아라. $Ve^{\Lambda t}V^{-1}$에서의 고유벡터는 항상 $(1, \lambda)$이다.

6.4 연습문제

01 $A\boldsymbol{x}=\lambda\boldsymbol{x}$일 때, e^{At}과 $-e^{-At}$의 고윳값과 고유벡터를 찾아라.

02 (a) 무한급수 $e^{At}=I+At+\cdots$로부터 이 급수의 미분은 Ae^{At}임을 보여라.

(b) e^{At}에 대한 급수는 $A=\begin{bmatrix}0&1\\0&0\end{bmatrix}$일 때 빠르게 끝나는데, 이는 $A^2=\begin{bmatrix}0&0\\0&0\end{bmatrix}$이기 때문이다. e^{At}과 그 미분(이는 Ae^{At}와 같다)을 구하라.

03 $V=\begin{bmatrix}1&1\\0&1\end{bmatrix}$에 열이 고유벡터인 $A=\begin{bmatrix}1&1\\0&2\end{bmatrix}$에 대해 $e^{At}=Ve^{\Lambda t}V^{-1}$을 계산하라.

04 $e^{(A+3I)t}$이 e^{At}과 e^{3t}을 곱한 것과 같은 이유는 무엇인가?

05 $e^{A^{-1}}$이 e^A의 역행렬이 아닌 이유는 무엇인가? e^A의 올바른 역행렬은 무엇인가?

06 $A^n=\begin{bmatrix}1&c\\0&0\end{bmatrix}^n$을 계산하라. 또한 급수를 더해서 $e^{At}=\begin{bmatrix}e^t&c(e^t-1)\\0&1\end{bmatrix}$을 찾아라.

07 $c=4$와 $c=-4$에 대해서 [연습문제 06]을 바탕으로 e^A과 e^B을 찾아라. 세 행렬 e^Ae^B, e^Be^A, e^{A+B}이 모두 다르다는 것을 보이기 위해 각각 곱해서 확인하라.

$$A=\begin{bmatrix}1&4\\0&0\end{bmatrix}\qquad B=\begin{bmatrix}1&-4\\0&0\end{bmatrix}\qquad A+B=\begin{bmatrix}2&0\\0&0\end{bmatrix}$$

08 e^A의 첫 번째 항들 $I+A+\frac{1}{2}A^2$에 e^B의 처음 항들 $I+B+\frac{1}{2}B^2$을 곱하라. e^{A+B}의 올바른 처음 세 개의 항을 얻는가?

결론 : e^{A+B}은 항상 $(e^A)(e^B)$와 같지는 않다. 지수법칙은 $AB=BA$일 때만 적용 가능하다.

09 $A=\begin{bmatrix}1&4\\0&0\end{bmatrix}$을 $V\Lambda V^{-1}$의 형태로 써라. $Ve^{\Lambda t}V^{-1}$로부터 e^{At}을 찾아라.

10 $\boldsymbol{y}(0)$에서 시작하는 시간 t에서의 근은 $e^{At}\boldsymbol{y}(0)$이다. 추가 시간 t만큼 더 이동해서 $e^{At}e^{At}\boldsymbol{y}(0)$에 도달하라.

결론 : e^{At}과 e^{At}의 곱은 _____와 같다.

11 V에 의해 A를 대각화하고 $Ve^{\Lambda t}V^{-1}$을 사용하여 e^{At}에 대한 이 공식을 확인하라.

$$A=\begin{bmatrix}2&4\\0&3\end{bmatrix}\qquad e^{At}=\begin{bmatrix}e^{2t}&4(e^{3t}-e^{2t})\\0&e^{3t}\end{bmatrix}$$

$t=0$에서 이 행렬은 _____이다.

12 (a) 중복된 고윳값 $\lambda=1, 1$을 갖는 $A=\begin{bmatrix}1&1\\0&1\end{bmatrix}$에 대해 A^2, A^3, A^n을 찾아라.

(b) 무한급수를 더해서 e^{At}을 찾아라($Ve^{\Lambda t}V^{-1}$ 방법은 적용되지 않는다).

13 (a) 행렬 A의 고유벡터들의 결합으로 $\boldsymbol{y}'=A\boldsymbol{y}$를 풀어라.

$$\boldsymbol{y}(0)=\begin{bmatrix}3\\5\end{bmatrix}\text{인 } \boldsymbol{y}'=\begin{bmatrix}0&1\\1&0\end{bmatrix}\boldsymbol{y}$$

(b) 위의 식을 $y'_1=y_2$와 $y'_2=y_1$로 써라. y_2가 소거된 y''_1에 대한 방정식을 찾아라. $y_1(t)$를 풀고 (a)와 비교하라.

14 V가 가역 행렬일 때, 유사 행렬 A와 $B=V^{-1}AV$는 같은 고윳값을 갖는다. 두 번째 증명 : $\det(V^{-1}AV-\lambda I)=(\det V^{-1})(\det(A-\lambda I))(\det V)$이 참인 이유는 무엇인가? 그러면 $\det(A-\lambda I)=0$일 때, 양변은 모두 0이다.

15 B가 A와 유사하면 $\boldsymbol{z}'=B\boldsymbol{z}$의 증가율은 $\boldsymbol{y}'=A\boldsymbol{y}$의 증가율과 같다. 이 방정식은 $B=V^{-1}AV$일 때 $\boldsymbol{z}$에 대한 방정식으로 변환되고 $\boldsymbol{z}=$_____이다.

16 $A\boldsymbol{x}=\lambda\boldsymbol{x}\neq 0$일 때, $(e^{At}-I)A^{-1}$의 고윳값과 고유벡터는 무엇인가?

17 행렬 $B=\begin{bmatrix}0&-4\\0&0\end{bmatrix}$은 $B^2=0$을 갖는다. (짧은) 무한급수로부터 e^{Bt}을 찾아라. e^{Bt}의 미분은 Be^{Bt}임을 확인하라.

18 $\boldsymbol{y}(0)=0$에서 시작해 고유벡터의 결합으로 $\boldsymbol{y}'=A\boldsymbol{y}+\boldsymbol{q}$를 풀어라. 소스는 $\boldsymbol{q}=q_1\boldsymbol{x}_1+\cdots+q_n\boldsymbol{x}_n$이라 가정하자. 스칼라 방정식 $y'=ay+q$에 대한 근 $y(t)=(e^{at}-1)q/a$를 사용하여 한 번에 하나씩 고유벡터를 구하라. 그러면 $\boldsymbol{y}(t)=(e^{At}-I)A^{-1}\boldsymbol{q}$는 모든 $\lambda_i\neq 0$에 대하여 고유벡터의 결합이다.

19 $\boldsymbol{y}(t)$를 고유벡터 $\boldsymbol{x}_1=(1,0)$과 $\boldsymbol{x}_2=(1,1)$의 결합으로 풀어라.

$$\boldsymbol{y}'=A\boldsymbol{y}+\boldsymbol{q}$$

$$\begin{matrix} y_1(0)=0 \\ y_2(0)=0 \end{matrix}\text{에 대한 } \begin{bmatrix} y_1' \\ y_2' \end{bmatrix}=\begin{bmatrix} 1 & 1 \\ 0 & 2 \end{bmatrix}\begin{bmatrix} y_1 \\ y_2 \end{bmatrix}+\begin{bmatrix} 4 \\ 3 \end{bmatrix}$$

20 $\boldsymbol{y}'=A\boldsymbol{y}=\begin{bmatrix} 2 & 3 \\ 2 & 1 \end{bmatrix}\boldsymbol{y}$를 3단계로 풀어라. 우선 λ와 $\boldsymbol{x}$들을 찾아라.

1단계 : $\boldsymbol{y}(0)=(3,1)$을 결합 $c_1\boldsymbol{x}_1+c_2\boldsymbol{x}_2$로 써라.

2단계 : c_1과 c_2에 각각 $e^{\lambda_1 t}$과 $e^{\lambda_2 t}$을 곱하라.

3단계 : 근을 더해서 $c_1e^{\lambda_1 t}\boldsymbol{x}_1+c_2e^{\lambda_2 t}\boldsymbol{x}_2$를 얻어라.

21 e^{At}에 대한 무한급수의 처음 5개의 항을 쓴 다음 각 항을 t로 미분하라. 이로써 Ae^{At}의 처음 4개의 항을 얻음을 보여라.

결론 : $e^{At}\boldsymbol{y}(0)$은 $d\boldsymbol{y}/dt=A\boldsymbol{y}$를 푼다.

22~25 다음은 시간에 따라 변하는 시스템 $\boldsymbol{y}'=A(t)\boldsymbol{y}$에 관한 문제이다. 이는 성공한 다음 실패한다.

22 상수 행렬 C는 $C\boldsymbol{x}=\lambda\boldsymbol{x}$를 가지고, $p(t)$는 $a(t)$의 적분이라 가정하자. $\boldsymbol{y}=e^{\lambda p(t)}\boldsymbol{x}$를 대입해서 $d\boldsymbol{y}/dt=a(t)C\boldsymbol{y}$임을 보여라. 고유벡터들은 여전히 시간에 따라 변하는 이 특별한 시스템을 푼다(상수 행렬 C에 스칼라 $a(t)$를 곱한다).

23 [연습문제 22]에 이어 $M(t)=e^{p(t)C}$으로부터 $dM/dt=a(t)CM$임을 보여라. 그러면 M은 특별한 시스템 $\boldsymbol{y}'=a(t)C\boldsymbol{y}$에 대한 기초 행렬이다. 만약 $a(t)=1$이면 이것의 적분은 $p(t)=t$이고 우리는 $M=e^{Ct}$을 다시 얻을 수 있다.

24 $A=\begin{bmatrix} 1 & 2t \\ 0 & 0 \end{bmatrix}$의 적분은 $P=\begin{bmatrix} t & t^2 \\ 0 & 0 \end{bmatrix}$이며 P의 지수는 $e^P=\begin{bmatrix} e^t & t(e^t-1) \\ 0 & 1 \end{bmatrix}$이다. 우리는 연쇄 법칙으로부터 $e^{P(t)}$의 미분이 $P'e^{P(t)}=Ae^{P(t)}$이기를 바란다. $e^{P(t)}$의 미분을 계산하고 잘못된 답인 $Ae^{P(t)}$과 비교하라.

NOTE_ 연쇄 법칙을 $(d/dt)e^P=e^PdP/dt$로 쓰는 것은 Ae^P 대신에 e^PA를 줄 것이다. 이것도 역시 잘못되었다.

25 [연습문제 24]에 대하여 y_2, y_1의 순서로 푼 다음 $\boldsymbol{y}'=A(t)\boldsymbol{y}$에 대한 근을 구하라.

$$\begin{bmatrix} y_1(0) \\ y_2(0) \end{bmatrix}\text{에서 시작해서}$$

$$\begin{bmatrix} dy_1/dt \\ dy_2/dt \end{bmatrix}=\begin{bmatrix} 1 & 2t \\ 0 & 0 \end{bmatrix}\begin{bmatrix} y_1 \\ y_2 \end{bmatrix}\text{를 풀어라.}$$

당연히 $y_2(t)$는 $y_2(0)$에서 머무른다. $y_1(t)$를 '미정 계수' A, B, C를 이용하여 풀어라. $y_1'=y_1+2ty_2(0)$은 $y_1=y_p+y_n=At+B+Ce^t$에 의해 풀린다. 이 식을 만족하도록 A, B, C를 선택한 다음 초기조건 $y_1(0)$과 일치시켜라. [연습문제 24]에서의 잘못된 답은 $e^{P(t)}$에서의 잘못된 인자 te^t을 포함한다.

6.5 2차 시스템과 대칭 행렬

이 절에서는 공학과 물리학에서 중요한 미분방정식을 풀어 보고자 한다.

진동 방정식 $$\frac{d^2y}{dt^2}+Sy=0 \tag{1}$$

이는 시간에 대해서 2차이기 때문에 $t=0$에서의 초기조건으로 두 개의 벡터가 필요하다.

시작 위치와 시작 속도 $\boldsymbol{y}(0)$과 $\boldsymbol{v}(0)=\dfrac{d\boldsymbol{y}}{dt}(0)$은 주어진다.

만약 $\boldsymbol{y}$가 n개의 성분을 갖는다면 우리는 n개의 이계 미분방정식과 $2n$개의 초기조건을 갖는다. 이는 $\boldsymbol{y}(t)$를 찾기에 올바른 수이다. 진동 방정식 (1)은 **공학의 기본 방정식**에 대해 가장 기초적인 형태이다.

더 일반적인 방정식은 감쇠 항 Bdy/dt와 힘에 대한 항 $\boldsymbol{F}\cos\Omega t$를 포함한다. 이들은 감쇠되고 힘이 작용하는 진동을 주는 반면, 방정식 (1)은 '자유' 진동에 관한 것이다. 2장에서는 하나의 물체와 하나의 방정식에 대해 감쇠와 힘에 관한 단계를 제시하였다. 이제 우리는 n개의 질량들과 n개의 방정식 그리고 3개의 $n\times n$ 행렬 M, B, K를 갖는다.

기본 방정식 $$M\frac{d^2\boldsymbol{y}}{dt^2}+B\frac{d\boldsymbol{y}}{dt}+K\boldsymbol{y}=\boldsymbol{F}\cos\Omega t \tag{2}$$

이때 **질량 행렬**mass matrix은 M이고, **강성 행렬**stiffness matrix은 K이다. 이 행렬들은 계속해서 등장하고, 앞으로의 학습에 꼭 필요하다. 감쇠 행렬 B와 힘 벡터 F가 제거되었을 때, 이는 우리를 기본 방정식의 중심으로 인도한다(자유 진동).

질량 행렬과 강성 행렬 $$M\boldsymbol{y}''+K\boldsymbol{y}=0 \tag{3}$$

식 (1)에서 행렬 S는 $M^{-1}K$이다. 이의 대칭 형태는 $M^{-1/2}KM^{-1/2}$이다. 많은 응용 분야에서 질량 행렬 M은 대각 행렬이다.

고유벡터 근 $\boldsymbol{y}=e^{i\omega t}\boldsymbol{x}$를 찾을 때 미분방정식은 $K\boldsymbol{x}=\omega^2M\boldsymbol{x}$가 된다. 이 '일반화된' 고윳값 문제는 추가 행렬 M을 갖는데, 이는 $S\boldsymbol{x}=\lambda\boldsymbol{x}$보다 어렵지는 않다. MATLAB 명령어는 eig(K, M)이다. 중요한 점은 M과 K이 **양의 정부호 행렬**positive definite일 때, 고윳값들은 여전히 양수이고 실수라는 점이다. 양수의 고윳값과 양수의 에너지는 7장의 핵심이 된다.

힘과 관련된 항이 상수 $\boldsymbol{F}$일 때, 감쇠는 정상상태 $\boldsymbol{y}_\infty$에 도달하게 한다. 그러면 시간에 대한 의존성은 사라진다. 즉, 이들의 미분 dy/dt와 d^2y/dt^2은 0이다. 외부에서 작용하는 힘 F는 내부에서 작용하는 힘 Ky_∞와 균형을 이룬다. 이 시스템은 평형 상태에 있다.

$$\textbf{정상상태 방정식} \qquad Ky_\infty = \boldsymbol{F} = \text{상수} \tag{4}$$

계산 역학의 중요한 문제는 강성 행렬 K와 힘 벡터 F를 만드는 것이다. 그런 다음 컴퓨터는 $My'' + Ky = 0$과 $Ky_\infty = \boldsymbol{F}$를 푼다. 큰 문제에 대해서 **유한 원소법**finite element method은 이제 이 단계들을 취하는 가장 선호하는 방법이다. 이는 수천 명의 공학자들이 집단적으로 노력하여 이루어진 업적이다.[3]

고윳값에 의한 근

우리는 $\boldsymbol{y}'' + S\boldsymbol{y} = 0$을 풀기를 바란다. 이는 상수 계수를 갖는 선형 시스템이다. 이때 근을 찾는 방법은 $\boldsymbol{y}' = A\boldsymbol{y}$의 경우와 같을 것이다. 우리는 S의 고윳값과 고유벡터를 사용해 특별한 해를 찾은 다음 이들을 합쳐서 완전해를 찾는다.

S의 각각의 고유벡터는 $\boldsymbol{y}'' + S\boldsymbol{y} = 0$에 대한 두 개의 특별한 해를 준다.

$$\textbf{두 개의 근} \qquad S\boldsymbol{x} = \lambda\boldsymbol{x} \text{이면 } \boldsymbol{y}(t) = (\cos(\omega t))\boldsymbol{x} \text{와 } \boldsymbol{y}(t) = (\sin(\omega t))\boldsymbol{x} \text{이다.} \tag{5}$$

진동수 ω는 $\sqrt{\lambda}$이다. $\boldsymbol{y} = (\cos(\omega t))\boldsymbol{x}$를 미분방정식에 대입하자.

$$\lambda = \omega^2 \text{과 } S\boldsymbol{x} = \omega^2\boldsymbol{x} \qquad \boldsymbol{y}'' + S\boldsymbol{y} = -\omega^2(\cos(\omega t))\boldsymbol{x} + S(\cos(\omega t))\boldsymbol{x} = 0 \tag{6}$$

$\cos(\omega t)$를 소거하면 $\boldsymbol{x}$에 대한 조건을 얻는다. 이는 S의 고유벡터여야 한다. 우리는 n개의 고유벡터(진동의 일반적인 극)를 기대한다. 이때 고유벡터들은 상호작용하지 않는다(각각의 벡터들은 각자 자신의 길을 간다). 그리고 각각의 고유벡터는 우리에게 $(\cos(\omega t))\boldsymbol{x}$, $(\sin(\omega t))\boldsymbol{x}$를 통해 두 개의 근을 제시하고, 따라서 우리는 $2n$개의 특별한 해를 갖는다. 이 $2n$개의 근의 결합은 $2n$개의 초기조건에 일치시킬 것이다($t = 0$에서 n개의 위치와 n개의 속도). 이는 $\boldsymbol{y}'' + S\boldsymbol{y} = 0$에 대한 완전해에서 $2n$개의 상수 A_i와 B_i를 결정한다.

$$\textbf{완전해} \qquad y(t) = \sum_{i=1}^{n}\left(A_i\cos\sqrt{\lambda_i}\,t + B_i\sin\sqrt{\lambda_i}\,t\right)x_i \tag{7}$$

$\sin 0 = 0$이므로 초기 위치의 벡터 $\boldsymbol{y}(0)$에 일치시키는 값은 A_i이고, 초기 속도의 벡터 $\boldsymbol{v}(0) = \boldsymbol{y}'(0)$에 일치시키는 값은 B_i이다.

3 유한 원소법은 저자의 교재인 『Computational Science and Engineering』에서 핵심적인 부분이다. 이 방법의 기초와 이 방법의 성공에 대한 이유는 『An Analysis of the Finite Element Method(Wellesley–Cambridge Press)』에 소개되어 있다.

예제 1 [그림 6-3]에서 (질량이 있는) 두 개의 물체가 세 개의 동일한 스프링에 의해 연결되어 있다. 강성 행렬 S와 이 행렬의 양수인 고윳값 $\lambda_1 = \omega_1^2$과 $\lambda_2 = \omega_2^2$을 찾아라. 만약 시스템이 맨 위의 스프링이 늘어나지 않고($y_1(0)=0$) 아래의 물체는 아래로 움직이는($y_2(0)=2$) 정지 상태에서 시작할 때, 이후의 모든 시간에서의 위치 $\boldsymbol{y}=(y_1, y_2)$를 찾아라.

$$\boldsymbol{y}(0)=\begin{bmatrix}0\\2\end{bmatrix}\text{와 } \boldsymbol{y}'(0)=\begin{bmatrix}0\\0\end{bmatrix}\text{일 때, } m\frac{d^2\boldsymbol{y}}{dt^2}+S\boldsymbol{y}=0$$

$\boldsymbol{y}(t)$는 고유벡터 $\boldsymbol{x}_1$, $\boldsymbol{x}_2$과 코사인, 사인의 곱을 갖는다. 이때 A_1, A_2, B_1, B_2에 대한 네 가지 조건이 있다.

풀이

뉴턴의 법칙 $my''+Sy=0$을 표현하는 행렬 S를 만들자. 가속도는 $\boldsymbol{y}''$이고, 힘은 $-S\boldsymbol{y}$이다. 어떤 힘 F가 위쪽 물체에 작용하는가? 늘어난 위쪽 스프링은 물체를 위로 당기며 힘은 늘어난 길이 y_1에 비례한다. 이것이 후크의 법칙 $F=-ky_1$이다.

중간의 스프링은 양쪽 물체에 모두 연결되어 있다. 이는 거리 y_2-y_1만큼 늘어난다($y_2=y_1$이면 늘어나지 않고, 스프링은 그냥 위 또는 아래로 이동된다). **차 $\boldsymbol{y_2-y_1}$은 스프링 힘 $\boldsymbol{k(y_2-y_1)}$이 생기는데,** 이는 물체 1을 아래로 당기고 물체 2를 위로 당긴다. 끝이 고정된 아래의 스프링은 $0-y_2$만큼 늘어나고 따라서 힘은 $-ky_2$이다.

$$\begin{array}{lll}\textbf{위의 물체에서 } F=ma & & -ky_1+k(y_2-y_1)=my_1'' \\ \textbf{아래의 물체에서 } F=ma & & -k(y_2-y_1)-ky_2=my_2''\end{array}$$

이 방정식 $-S\boldsymbol{y}=m\boldsymbol{y}''$ 또는 $m\boldsymbol{y}''+S\boldsymbol{y}=0$은 대칭 행렬 S를 갖는다. $k=m=1$을 대입하자.

$$\boldsymbol{y}''+S\boldsymbol{y}=\frac{d^2}{dt^2}\begin{bmatrix}y_1\\y_2\end{bmatrix}+\begin{bmatrix}2&-1\\-1&2\end{bmatrix}\begin{bmatrix}y_1\\y_2\end{bmatrix}=\begin{bmatrix}0\\0\end{bmatrix} \tag{8}$$

모델링 부분은 완료되었고, 이제 근을 구할 차례이다. 이 행렬의 고윳값은 $\lambda_1=1$, $\lambda_2=3$이다. 대각합은 $1+3=4$이고, 행렬식은 $(1)(3)=3$이다. 첫 번째 고유벡터 $\boldsymbol{x}_1=(1,1)$은 스프링을 [그림 6-3]에서와 같이 같은 방향으로 움직이게 한다. 두 번째 고유벡터 $\boldsymbol{x}_2=(1,-1)$은 더 높은 진동수로 스프링을 반대쪽으로 움직이게 하는데 이는 $\omega_2^2=\lambda_2=3$이기 때문이다. $\boldsymbol{y}(t)$에 대한 공식 (7)은 고유벡터의 결합과 코사인들의 곱이 된다.

$$\text{근} \quad \begin{bmatrix} y_1(t) \\ y_2(t) \end{bmatrix} = A_1(\cos\sqrt{1}\,t)\begin{bmatrix} 1 \\ 1 \end{bmatrix} + A_2(\cos\sqrt{3}\,t)\begin{bmatrix} 1 \\ -1 \end{bmatrix} \qquad (9)$$

여기서는 $B_1 \sin t$와 $B_2 \sin\sqrt{3}\,t$를 지웠는데, 이는 [예제 1]이 정지 상태(속도가 0)에서 시작하기 때문이다. **시간 $t=0$에서 코사인은 위치 $\boldsymbol{y}(0)$을 주고, 사인은 속도 $v(0)$을 준다.**

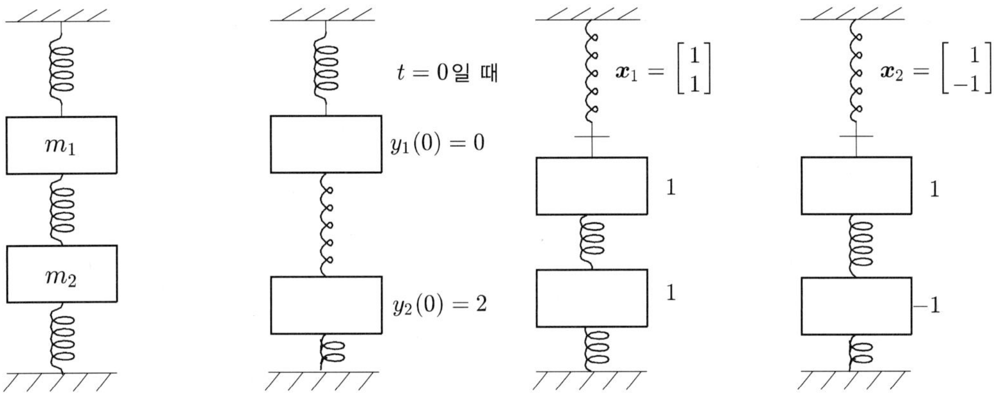

[그림 6-3] 스프링은 물체를 밀거나 당기고, 물체는 위아래로 진동한다. $\boldsymbol{y}(t)$는 $(\cos t)\boldsymbol{x}_1$과 $(\cos\sqrt{3}\,t)\boldsymbol{x}_2$를 합친다.

마지막 단계는 초기 위치 $\boldsymbol{y}(0)=(0,2)$로부터 A_1과 A_2를 찾는 것이다.

$$\textbf{초기조건} \qquad A_1\begin{bmatrix} 1 \\ 1 \end{bmatrix} + A_2\begin{bmatrix} 1 \\ -1 \end{bmatrix} = \begin{bmatrix} 0 \\ 2 \end{bmatrix}\text{는 } A_1 = 1\text{과 } A_2 = -1\text{을 준다.}$$

최종적으로 답은 $y_1(t) = (\cos t - \cos\sqrt{3}\,t)$와 $y_2(t) = (\cos t + \cos\sqrt{3}\,t)$로, 두 물체는 영원히 진동한다. 해를 구하는 부분이 모델링 부분보다 더 쉬웠다. 이는 매우 전형적이다.

대칭 행렬

[예제 1]은 대칭 행렬 S의 결과를 보여준다. 수많은 예제가 대칭 행렬들과 연결되어 있다. 아마도 이는 모든 작용이 반작용(크기는 같으면서 방향은 반대인 작용)을 만든다는 뉴턴의 제3법칙의 연장선일 것이다. 우리는 대칭 행렬의 특별한 성질에 집중해야 한다. 이 성질들은 매우 유용하며, 이 행렬은 자주 등장하기 때문이다.

고윳값과 고유벡터는 행렬을 통해 우리가 얻고자 하는 정보이다. 모든 종류의 행렬에 대해서 우리는 λ와 $\boldsymbol{x}$에 관해 질문한다. 고윳값은 실수인가? 고윳값이 양수라서 $\lambda = \omega^2$에서의 제곱근을 취할 수 있는가? n개의 독립적인 고유벡터가 있는가? $\boldsymbol{x}$들은 서로 수직인가? 이러한 관점에서 볼 때, $\lambda_1 = 1$과 $\lambda_2 = 3$인 예제는 모든 양상에서 완벽하다.

$S = \begin{bmatrix} 2 & -1 \\ -1 & 2 \end{bmatrix}$는 **대칭 양정 행렬**symmetric positive definite

양의 부호의 실수 $\lambda = 1, 3$
수직인 $\boldsymbol{x} = (1, 1), (1, -1)$

실수인 고윳값	**실수 대칭 행렬의 모든 고윳값은 실수이다.**

증명 $S\boldsymbol{x} = \lambda\boldsymbol{x}$라 가정하자. λ는 복소수일 수도 있고 $\boldsymbol{x}$는 복소 벡터일 수도 있다. 만약 λ가 복소수이고 **$\boldsymbol{x}$가 복소 벡터이면** 켤레 복소수의 법칙에 의해 $\overline{S\boldsymbol{x}} = \overline{\lambda\boldsymbol{x}}$가 될 것이다. 이때 핵심 아이디어는 $\overline{\boldsymbol{x}}^{\mathrm{T}} S\boldsymbol{x}$를 확인하는 것이다.

$$S\text{가 대칭이고 실수인 행렬} \qquad \overline{\boldsymbol{x}}^{\mathrm{T}} S\boldsymbol{x} = \overline{\boldsymbol{x}}^{\mathrm{T}} S^{\mathrm{T}} \boldsymbol{x} = (\overline{S\boldsymbol{x}})^{\mathrm{T}} \boldsymbol{x} \tag{10}$$

좌변은 $\overline{\boldsymbol{x}}^{\mathrm{T}} \lambda\boldsymbol{x}$이고, 우변은 $\overline{\boldsymbol{x}}^{\mathrm{T}} \overline{\lambda}\boldsymbol{x}$이다. 한쪽은 λ를 갖고 다른 쪽은 $\overline{\lambda}$를 갖는다. 그들은 0이 아닌 $\overline{\boldsymbol{x}}^{\mathrm{T}} \boldsymbol{x}$을 곱하며, 이의 길이는 $|x_1|^2 + \cdots + |x_n|^2$이다. 따라서 $\lambda = \overline{\lambda}$이다.

$\lambda = a + ib$가 $\overline{\lambda} = a - ib$와 같을 때, 우리는 $b = 0$이고 λ는 실수라는 것을 안다. 그러면 실수 행렬 $S - \lambda I$의 영공간의 벡터 $\boldsymbol{x}$는 역시 실수로 유지된다.

직교하는 고유벡터들	$S\boldsymbol{x} = \lambda_1 \boldsymbol{x}$, $S\boldsymbol{y} = \lambda_2 \boldsymbol{y}$, $\lambda_1 \neq \lambda_2$이면 $\boldsymbol{x}^{\mathrm{T}} \boldsymbol{y} = 0$**이다.**

증명 첫 번째 방정식에 $\boldsymbol{y}$와 내적을 취하고 두 번째 방정식에는 $\boldsymbol{x}$와 내적을 취한다.

$$S^{\mathrm{T}} = S\text{를 이용하면} \qquad (S\boldsymbol{x})^{\mathrm{T}} \boldsymbol{y} = \boldsymbol{x}^{\mathrm{T}} S\boldsymbol{y}\text{는 } \lambda_1 \boldsymbol{x}^{\mathrm{T}} \boldsymbol{y} = \lambda_2 \boldsymbol{x}^{\mathrm{T}} \boldsymbol{y}\text{이다.} \tag{11}$$

$\lambda_1 \neq \lambda_2$이므로 이는 $\boldsymbol{x}^{\mathrm{T}} \boldsymbol{y} = 0$임을 증명한다. 따라서 고유벡터들은 서로 수직이다.

이제 다음을 기억하자. 고유벡터의 주된 목표는 행렬의 대각화이다($A = V\Lambda V^{-1}$). 여기서 행렬은 S이고 이 행렬의 고유벡터들은 서로 직교한다. 우리는 당연히 이들을 단위벡터로 만들 수 있고, $\boldsymbol{x}^{\mathrm{T}} \boldsymbol{x} = 1$과 $\boldsymbol{x}^{\mathrm{T}} \boldsymbol{y} = 0$이다. 열이 고유벡터로 이루어진 행렬 V는 $V^{\mathrm{T}} V = I$인 직교 행렬orthogonal matrix이 된다. 이 직교 행렬 V에 대한 올바른 문자는 Q이다. $V\Lambda V^{-1}$**에서의 고유벡터 행렬 V는 직교 행렬이 된다. 즉, $Q^{\mathrm{T}} Q = I$이다.**

$$\textbf{스펙트럼 정리/주축 정리} \qquad S = Q\Lambda Q^{-1} = Q\Lambda Q^{\mathrm{T}} \tag{12}$$

대수학적으로 고유벡터는 서로 수직이고, 기하학적으로 타원의 주축은 직교한다. 만약 타원의 방정식이 $2x^2-2xy+2y^2=1$이면 이는 [예제 1]의 행렬 S에 상응한다. 이 타원의 주축 $(1,1)$과 $(1,-1)$(고유벡터)은 x축과 $+45°$와 $-45°$의 각을 이룬다. 타원은 가로축과 세로축으로부터 $+45°$만큼 회전한다.

중복된 고윳값을 갖는 경우에도 $S=Q\Lambda Q^{\mathrm{T}}$는 여전히 옳다. 모든 대칭 행렬 S는 고윳값이 중복되더라도 n개의 독립적인 고유벡터의 집합을 갖는다(6장 [메모]).

요약하면 $Q\Lambda Q^{\mathrm{T}}$는 대칭 행렬 S에 대한 완벽한 묘사이다. 모든 S는 이 인자들을 가지며 이 형태의 모든 행렬은 대칭 행렬이어야 한다. $(Q\Lambda Q^{\mathrm{T}})^{\mathrm{T}}$는 $Q^{\mathrm{TT}}\Lambda^{\mathrm{T}}Q^{\mathrm{T}}$와 같은데, 이는 $Q\Lambda Q^{\mathrm{T}}$이므로 대칭 행렬임을 알 수 있다. Q의 열에 ΛQ^{T}의 행을 곱하면 우리는 S를 새로운 방법으로 확인할 수 있다(계수가 1인 행렬의 합).

계수가 1인 행렬들
$\lambda \boldsymbol{x}\boldsymbol{x}^{\mathrm{T}}$의 합은 S이다.

$$S=\begin{bmatrix} \boldsymbol{x}_1 & \cdots & \boldsymbol{x}_n \end{bmatrix}\begin{bmatrix} \lambda_1\boldsymbol{x}_1^{\mathrm{T}} \\ \vdots \\ \lambda_n\boldsymbol{x}_n^{\mathrm{T}} \end{bmatrix}=\lambda_1\boldsymbol{x}_1\boldsymbol{x}_1^{\mathrm{T}}+\cdots+\lambda_n\boldsymbol{x}_n\boldsymbol{x}_n^{\mathrm{T}} \tag{13}$$

이는 고윳값과 고유벡터에 대한 위대한 분해인 $S=Q\Lambda Q^{\mathrm{T}}$이다.

예제 2 $\lambda=16,\ 4$인 고유벡터 $(1,1)$과 $(-1,1)$은 단위 고유벡터 $\boldsymbol{x}_1=(1,1)/\sqrt{2}$, $\boldsymbol{x}_2=(-1,1)/\sqrt{2}$을 준다.

$$S=\begin{bmatrix} 10 & -6 \\ -6 & 10 \end{bmatrix} \qquad Q\Lambda Q^{\mathrm{T}}=\frac{1}{\sqrt{2}}\begin{bmatrix} 1 & -1 \\ 1 & 1 \end{bmatrix}\begin{bmatrix} 16 & \\ & 4 \end{bmatrix}\frac{1}{\sqrt{2}}\begin{bmatrix} 1 & 1 \\ -1 & 1 \end{bmatrix}$$

고유벡터들은 여전히 (서로 $90°$만큼 떨어진) $45°$방향과 $135°$방향을 가리킨다. 그들은 [예제 1]에서의 고유벡터와 같은데, 이 새로운 S는 원래의 S의 6배에 $2I$를 뺀 값이다. 그러면 S의 새로운 고윳값 16과 4는 원래의 3과 1의 6배에 2를 뺀 값이어야 한다. Q에서의 고유벡터는 타원 $10x^2-12xy+10y^2=1$의 주축이다.

만약 여기에서 대각성분 이외의 원소 -6과 -6을 각각 $6i$와 $-6i$로 바꾸어도 행렬식은 여전히 64이다. 대각합은 여전히 20이고 고윳값은 여전히 16과 4이다(실수). 복소수 행렬에 대해서 우리는 대칭인 실수부와 비대칭인 허수부를 원한다. 이제 그 이유를 설명하고자 한다.

복소수 행렬

$\boldsymbol{x}$가 복소수 성분을 가질 때, 길이의 제곱은 $\boldsymbol{x}^{\mathrm{T}}\boldsymbol{x}$가 아닌 $\overline{\boldsymbol{x}}^{\mathrm{T}}\boldsymbol{x}$이다. 우리는 $|x_1|^2+\cdots+|x_n|^2$을 원하는데, 이는 양수이거나 0이기 때문이다. 다시 말해, 우리는 $x_1^2+\cdots+x_n^2$을 원하지 않는데, 이는 임의의 복소수가 될 수 있기 때문이다. 따라서 $\|\boldsymbol{x}\|^2=(\text{길이})^2\ge 0$을 찾고 있다. $\boldsymbol{x}$의 성분이 $a+bi$일 때, 우리는

$(a+bi)^2$이 아닌 a^2+b^2을 원한다. 예를 들어 $\boldsymbol{x}=(1, i)$의 길이의 제곱은 $1^2+i^2=0$이 아닌 $\|\boldsymbol{x}\|^2=1^2+1^2=2$이다.

이는 모든 내적[4]을 $\boldsymbol{x}^{\mathrm{T}}\boldsymbol{y}$에서 $\overline{\boldsymbol{x}}^{\mathrm{T}}\boldsymbol{y}$로 바꾼다. $\overline{\boldsymbol{x}}^{\mathrm{T}}\boldsymbol{y}=0$일 때, 복소 벡터 $\boldsymbol{x}$와 $\boldsymbol{y}$는 서로 수직이다. 이 복소 내적은 A가 복소수 행렬일 때 보통의 전치를 **켤레 전치** $(\overline{\boldsymbol{A}})^{\mathrm{T}}=\boldsymbol{A}^*$로 바꾸도록 한다.

$$A^*_{ij}\text{는 } \overline{A}_{ji}\text{이다.} \qquad \text{그러면 } A\boldsymbol{x}\cdot\boldsymbol{y}=(\overline{A\boldsymbol{x}})^{\mathrm{T}}\boldsymbol{y}=\overline{\boldsymbol{x}}^{\mathrm{T}}\overline{A}^{\mathrm{T}}\boldsymbol{y}=\boldsymbol{x}\cdot A^*\boldsymbol{y}\text{이다.} \tag{14}$$

MATLAB은 $\boldsymbol{x}'$ 또는 A'를 입력했을 때 자동적으로 A^*가 되는 켤레 전치를 취한다. A의 행 공간과 영공간이 서로 수직이 되도록 유지하기 위해 행 공간에 대해서 $C(A^*)$을 사용해야 한다. 이는 A^{T}의 열 공간이 아닌 A^*의 열 공간이다. 이때 모든 i를 $-i$로 바꾸자. 그리고 여기 중요한 이름이 있다. 대칭 행렬 $A^{\mathrm{T}}=A$의 복소수 버전은 **에르미트 행렬**Hermitian matrix $A^*=A$이다.

$$\textbf{에르미트 행렬} \quad A_{ij}=\overline{A}_{ji} \qquad \text{그러면 } A\boldsymbol{x}\cdot\boldsymbol{y}=\boldsymbol{x}\cdot A^*\boldsymbol{y}\text{는 } A\boldsymbol{x}\cdot\boldsymbol{y}=\boldsymbol{x}\cdot A\boldsymbol{y}\text{가 된다.}$$

예제 3 다음 2×2 행렬은 에르미트 행렬이다(i와 $-i$에 주목하자).

$$A=\begin{bmatrix} 3 & i \\ -i & 3 \end{bmatrix}=A^*$$

행렬식은 8(실수)이고, 대각합은 6이다(에르미트 행렬의 주대각성분은 실수이다). 이 행렬의 고윳값은 2와 4이다(모두 실수이다).

에르미트 행렬 $A=A^*$은 실수인 고윳값과 서로 수직한 고유벡터를 갖는다.

A의 고유벡터는 $\boldsymbol{x}_1=(1, i)$와 $\boldsymbol{x}_2=(1, -i)$이며 $\boldsymbol{x}_1^*\boldsymbol{x}_2=1^2+(-i)^2=0$이므로 그들은 서로 수직이다. $\sqrt{2}$로 나눠서 그들을 단위벡터로 만들면 이 두 단위벡터는 복소 직교 행렬 Q의 열들이 된다. '복소 직교'의 올바른 의미는 $Q^*=Q^{-1}$이고, Q가 복소수일 때 올바른 이름은 유니타리unitary이다.

유니타리 행렬 $Q^*Q=I$ $\qquad Q$의 열들은 서로 수직한 단위벡터들이다.

이때 실수 대칭 행렬의 위대한 분해 $A=Q\Lambda Q^{\mathrm{T}}$는 $A=Q\Lambda Q^*$이 된다.

직교 행렬과 유니타리 행렬

우리는 다음과 같은 중요한 정리를 보았다. S가 대칭 또는 에르미트일 때, 이 행렬의 고유벡터 행렬은 직교 또는 유니타리이다. 실수의 경우 $S=Q\Lambda Q^{\mathrm{T}}=S^{\mathrm{T}}$이고 복소수의 경우 $S=Q\Lambda Q^*=S^*$이다. 이때 Λ에

4 (옮긴이) dot product와 inner product 모두 내적을 의미한다.

서의 고윳값은 실수이다.

만약 우리의 행렬이 대칭이 아니거나 에르미트가 아니라면 어떨까? 그러면 $A^{\mathrm{T}}=-A$ 또는 $A^{*}=-A$이다. 행렬 A는 S의 i배일 수도 있다(이 경우 A^{*}는 $-i$와 S^{*}의 곱인데, 이는 정확히 $-iS=-A$이다). i를 곱하는 것은 에르미트 행렬을 에르미트가 아닌 행렬로 바꾸고, S의 실수 고윳값 λ는 A의 허수 고윳값 $i\lambda$로 바뀐다. 반면 고유벡터들은 변화하지 않는다. 여전히 서로 수직하고, 여전히 Q 안으로 들어간다.

대칭이 아닌 행렬은 허수 고윳값과 직교하는 고유벡터를 갖는다.

전형적인 예는 $A=\begin{bmatrix}0&1\\-1&0\end{bmatrix}=-A^{\mathrm{T}}$와 $A=\begin{bmatrix}0&i\\i&0\end{bmatrix}=-A^{*}$이다. 이때 $\lambda=\pm i$이다.

마지막으로 만약 우리의 행렬이 직교 또는 유니타리이면 어떤가? 그러면 $Q^{\mathrm{T}}Q=I$ 또는 $Q^{*}Q=I$이고, Q의 고윳값은 **단위원 위의 복소수 $\lambda=e^{i\theta}$이다.**

$Q^{*}Q=I$이면 Q의 모든 고윳값은 크기 $|\lambda|=1$을 갖는다.

증명은 $Q\boldsymbol{x}=\lambda\boldsymbol{x}$에서 시작한다. 켤레 전치는 $\boldsymbol{x}^{*}Q^{*}=\overline{\lambda}\boldsymbol{x}^{*}$이다. $Q^{*}Q=I$를 이용해서 우변에 Q를 곱하고, $\overline{\lambda}\lambda=|\lambda|^{2}$을 이용해서 λ를 우변에 곱한다.

$$\boldsymbol{x}^{*}Q^{*}Q\boldsymbol{x}=\overline{\lambda}\boldsymbol{x}^{*}\lambda\boldsymbol{x}\text{는 }\boldsymbol{x}^{*}\boldsymbol{x}=|\lambda|^{2}\boldsymbol{x}^{*}\boldsymbol{x}\text{와 같다. 그러면 }|\lambda|^{2}=1\text{과 }|\lambda|=1\text{이다.}$$

S와 A의 고유벡터처럼 직교가 되도록 Q의 고유벡터를 선택할 수 있다. 이들은 최선의 행렬에 관한 필수적인 사실이다. S, A, Q의 고윳값은 복소평면에서 각각 실수 축 위, 허수 축 위, 단위원 위에 있다.

고윳값-고유벡터 측면에서 볼 때, 삼각 행렬이 최선은 아니다. 삼각 행렬들의 고윳값들은 구하기 쉽다(주대각선 위에 있다). 하지만 고유벡터들은 직교하지 않는다. 이 행렬은 심지어 대각화가 불가능할지도 모른다. 더군다나 n개의 고유벡터가 없는 행렬은 최악이다.

대칭과 직교

4장의 뒷부분에서, 직교 행렬이면서 대칭 행렬, 즉 $A^{\mathrm{T}}=A$와 $A^{\mathrm{T}}=A^{-1}$인 행렬 A를 살펴보았다. 1과 -1로 이루어진 모든 대각 행렬 D는 이 두 가지 성질을 모두 갖는다. 그러면 $A=QDQ^{\mathrm{T}}$도 양쪽 성질을 갖는다. 대칭은 명백하고 세 직교 행렬 Q, D, Q^{T}의 곱도 당연히 직교가 유지된다.

우리가 대답할 수 없었던 질문은 다음과 같다. QDQ^{T}는 모든 가능한 예를 제시하는가? 정답은 '그렇다'이고, 이제 우리는 고윳값에 기초해서 A가 이 형태를 갖는 이유를 알 수 있다. A가 대칭이면 이 행렬의 고윳값은 실수이고, A가 직교이면 이 행렬의 고윳값은 $|\lambda|=1$이다. 양쪽을 만족하는 유일한 가능성은 $\lambda=1$과 $\lambda=-1$이다. 고윳값 행렬 $\Lambda=D$는 1과 -1로 이루어진 대각 행렬이다. 그러면 대칭 행렬의 위대한 사실(스펙트럼 정리)은 A가 $Q\Lambda Q^{\mathrm{T}}$의 형태를 갖는다는 것을 보장해주는데, 이는 QDQ^{T}와 같다.

6.5 요약

1. 실수 대칭 행렬 S는 실수 고윳값과 직교하는 고유벡터를 갖는다.

2. 대각화 $S = V\Lambda V^{-1}$은 직교 행렬 Q에 대해 $S = Q\Lambda Q^{\mathrm{T}}$가 된다.

3. 복소수 행렬이 $\overline{S}^{\mathrm{T}} = S(S^* = S$로 쓰기도 한다)를 만족하면 이는 에르미트 행렬이다. 이때 λ는 실수이다.

4. 모든 에르미트 행렬은 $S = Q\Lambda\overline{Q}^{\mathrm{T}} = Q\Lambda Q^*$이고, 내적은 $\boldsymbol{x}\cdot\boldsymbol{y} = \boldsymbol{x}^*\boldsymbol{y}$이다.

5. 세 행렬 S, $A = iS = -A^*$, Q 모두 같은 직교하는 고유벡터를 갖는다.

6. $\boldsymbol{y}'' + S\boldsymbol{y} = 0$과 $M\boldsymbol{y}'' + K\boldsymbol{y} = 0$에서의 대칭 행렬들은 진동을 준다.

6.5 연습문제

01~14 다음은 고윳값에 관한 문제이다. 그리고 미분방정식이 등장한다.

01 A, B, C 중 어느 것이 서로 다른 두 실수인 λ를 갖는가? 어느 것이 독립적인 두 개의 고유벡터를 갖는가?

$$A = \begin{bmatrix} 7 & -11 \\ -11 & 7 \end{bmatrix} \quad B = \begin{bmatrix} 7 & -11 \\ 11 & 7 \end{bmatrix} \quad C = \begin{bmatrix} 7 & -11 \\ 0 & 7 \end{bmatrix}$$

02 아래 행렬 A에 대해서 $b \geq 0$이면 A는 실수인 고윳값을 갖고, $b < 0$이면 실수가 아닌 고윳값을 가짐을 보여라.

$$A = \begin{bmatrix} 0 & b \\ 1 & 0 \end{bmatrix} \quad A = \begin{bmatrix} 1 & b \\ 1 & 1 \end{bmatrix}$$

03 아래 대칭 행렬들의 고윳값과 단위 고유벡터를 각각 찾아라.

(a) $S = \begin{bmatrix} 2 & 2 & 2 \\ 2 & 0 & 0 \\ 2 & 0 & 0 \end{bmatrix}$ (b) $S = \begin{bmatrix} 1 & 0 & 2 \\ 0 & -1 & -2 \\ 2 & -2 & 0 \end{bmatrix}$

04 $S = \begin{bmatrix} -2 & 6 \\ 6 & 7 \end{bmatrix}$을 대각화하는 직교 행렬 Q를 찾아라. Λ는 무엇인가?

05 아래의 A(대칭이지만 복소 행렬)는 오직 한 줄의 고유벡터를 가짐을 보여라.

$$A = \begin{bmatrix} i & 1 \\ 1 & -i \end{bmatrix}\text{는 대각화 가능하지 않다.}$$

이 행렬의 고윳값은 0과 0이다.

$A^{\mathrm{T}} = A$는 복소 행렬에서는 그다지 특별하지 않다. 복소 행렬에서 더 중요한 성질은 $\overline{A}^{\mathrm{T}} = A$이다.

06 $S = \begin{bmatrix} 9 & 12 \\ 12 & 16 \end{bmatrix}$을 대각화하는 모든 직교 행렬을 $\boldsymbol{x}_1$, $\boldsymbol{x}_2$로부터 찾아라.

07 (a) 음수의 고윳값을 갖는 대칭 행렬 $S = \begin{bmatrix} 1 & b \\ b & 1 \end{bmatrix}$을 찾아라.

(b) S가 음의 피봇을 갖는다는 것을 어떻게 알 수 있는가?

(c) S는 두 개의 음의 고윳값을 가질 수 없음을 어떻게 알 수 있는가?

08 $A^2 = O$이면 A의 고윳값은 반드시 ______이어야 한다. $A \neq O$인 예를 들어라. 반면 A가 대칭이라면, 이 행렬을 대각화해서 $A = O$임을 증명하라.

09 $\lambda = a + ib$가 실수 행렬 A의 고윳값일 때 이 고윳값의

결레 $\bar{\lambda} = a - ib$ 역시 고윳값이다($A\boldsymbol{x} = \lambda\boldsymbol{x}$이면 $A\bar{\boldsymbol{x}} = \bar{\lambda}\bar{\boldsymbol{x}}$이다). 모든 3×3 행렬은 적어도 하나의 실수인 고윳값을 가짐을 증명하라.

10 아래에 모든 실수 행렬의 고윳값은 실수라는 사실을 빠르게 증명하였다.

잘못된 증명 : $A\boldsymbol{x} = \lambda\boldsymbol{x}$는 $\boldsymbol{x}^{\mathrm{T}}A\boldsymbol{x} = \lambda\boldsymbol{x}^{\mathrm{T}}\boldsymbol{x}$를 주고

따라서 $\lambda = \dfrac{\boldsymbol{x}^{\mathrm{T}}A\boldsymbol{x}}{\boldsymbol{x}^{\mathrm{T}}\boldsymbol{x}}$는 실수이다.

이 추론의 결점을 찾아라. 정당화되지 않은 숨겨진 가정이 있다. 위 단계들을 $\lambda = i$와 $\boldsymbol{x} = (i, 1)$을 가진 90° 회전 행렬 $[0 -1; 1 0]$에 대해 시험하라.

11 A와 B를 스펙트럼 정리 $Q\Lambda Q^{\mathrm{T}}$의 $\lambda_1\boldsymbol{x}_1\boldsymbol{x}_1^{\mathrm{T}} + \lambda_2\boldsymbol{x}_2\boldsymbol{x}_2^{\mathrm{T}}$의 형태로 써라($\|\boldsymbol{x}_1\| = \|\boldsymbol{x}_2\| = 1$을 유지하라).

$$A = \begin{bmatrix} 3 & 1 \\ 1 & 3 \end{bmatrix} \qquad B = \begin{bmatrix} 9 & 12 \\ 12 & 16 \end{bmatrix}$$

12 $\begin{bmatrix} 2 & b \\ 1 & 0 \end{bmatrix}$에서 어떤 수 b가 $A = Q\Lambda Q^{\mathrm{T}}$를 가능하도록 하는가? 어떤 수 b가 $A = V\Lambda V^{-1}$를 불가능하도록 하는가? 어떤 수 b가 A^{-1}의 존재를 없애는가?

13 아래의 A는 거의 대칭이다. 하지만 고유벡터들은 서로 직교한다는 사실과는 거리가 멀다.

$$A = \begin{bmatrix} 1 & 10^{-15} \\ 0 & 1+10^{-15} \end{bmatrix}\text{의 고유벡터는 } \begin{bmatrix} 1 \\ 0 \end{bmatrix}\text{과 } \begin{bmatrix} \; ? \; \end{bmatrix}\text{이다}$$

두 단위 고유벡터의 내적은 무엇인가?

14 **(추천)** 행렬 M은 비대칭 행렬skew symmetric이자 직교행렬이다. 그러면 이 행렬의 모든 고윳값은 순허수이고 그들은 $|\lambda| = 1$을 갖는다. 따라서 고윳값은 i 또는 $-i$ 밖에 될 수 없다. M의 대각합으로부터 4개의 모든 고유벡터를 찾아라.

$$M = \frac{1}{\sqrt{3}}\begin{bmatrix} 0 & 1 & 1 & 1 \\ -1 & 0 & -1 & 1 \\ -1 & 1 & 0 & -1 \\ -1 & -1 & 1 & 0 \end{bmatrix}\text{은 고윳값 } i \text{ 또는 } -i$$

만을 갖는다.

---

15 두 개의 진동하는 스프링([그림 6-3])에 대한 방정식 (8)의 완전해는 다음과 같다.

$$\boldsymbol{y}(t) = (A_1\cos t + B_1\sin t)\begin{bmatrix} 1 \\ 1 \end{bmatrix} + (A_2\cos\sqrt{3}t + B_2\sin\sqrt{3}t)\begin{bmatrix} 1 \\ -1 \end{bmatrix}$$

$\boldsymbol{y}(0) = (3, 5)$와 $\boldsymbol{y}'(0) = (2, 0)$일 때, 네 수 A_1, A_2, B_1, B_2를 찾아라.

16 [그림 6-3]의 세 스프링이 서로 다른 상수 k_1, k_2, k_3을 가질 때, $\boldsymbol{y}'' + S\boldsymbol{y} = 0$은 다음을 만족한다.

$$\begin{array}{ll} \text{위 물체} & y_1'' + k_1y_1 - k_2(y_2 - y_1) = 0 \\ \text{아래 물체} & y_2'' + k_2(y_2 - y_1) + k_3y_2 = 0 \end{array}$$

$$S = \begin{bmatrix} k_1 + k_2 & -k_2 \\ -k_2 & k_2 + k_3 \end{bmatrix}$$

$k_1 = 1$, $k_2 = 4$, $k_3 = 1$에 대해 S의 고윳값 $\lambda = \omega^2$을 찾고, 식 (7)의 완전한 사인/코사인 근 $\boldsymbol{y}(t)$를 찾아라.

17 세 번째 스프링이 제거되었다고 가정하자($k_3 = 0$이고 물체 2 아래에는 아무것도 없다). [연습문제 16]에서 $k_1 = 3$, $k_2 = 2$일 때, S와 이 행렬의 실수 고윳값, 직교 고유벡터를 각각 찾아라. $\boldsymbol{y}(0) = (1, 2)$는 코사인을 주고, $\boldsymbol{y}'(0) = (2, -1)$은 사인을 주는 사인/코사인 해는 무엇인가?

18 맨 위의 스프링도 역시 제거되었다고 가정하자($k_1 = 0$이고 $k_3 = 0$이다). S는 비가역 행렬이다! 이 행렬의 고윳값과 고유벡터를 찾아라. $\boldsymbol{y}(0) = (1, -1)$이고 $\boldsymbol{y}' = (0, 0)$일 때 $\boldsymbol{y}(t)$를 찾아라. 만약 $\boldsymbol{y}(0)$이 $(1, -1)$에서 $(1, 1)$로 변하면 $\boldsymbol{y}(t)$는 무엇인가?

19 이 문제에서의 행렬은 비대칭 행렬이다($A^{\mathrm{T}} = -A$). 이때 에너지는 보존된다.

$$\frac{d\boldsymbol{y}}{dt} = \begin{bmatrix} 0 & c & -b \\ -c & 0 & a \\ b & -a & 0 \end{bmatrix}\boldsymbol{y} \quad \text{또는} \quad \begin{array}{l} y_1' = cy_2 - by_3 \\ y_2' = ay_3 - cy_1 \\ y_3' = by_1 - ay_2 \end{array}$$

$\|\boldsymbol{y}(t)\|^2 = y_1^2 + y_2^2 + y_3^2$의 미분은 $2y_1y_1' + 2y_2y_2' + 2y_3y_3'$이다. y_1', y_2', y_3'을 각각 대입해서 이 미분이 0임을 보여라. 즉, 에너지 $\|\boldsymbol{y}(t)\|^2$은 $\|\boldsymbol{y}(0)\|^2$과 같은 채로 머물러 있다.

20 $A = -A^{\mathrm{T}}$가 비대칭 행렬일 때, e^{At}은 **직교 행렬**이다.

$e^{At}=I+At+\frac{1}{2}A^2t^2+\cdots$을 이용해 $(e^{At})^{\mathrm{T}}=e^{-At}$ 임을 증명하라.

21 질량 행렬 M은 질량 $m_1=1$과 $m_2=2$를 갖는다. $\det(K-\lambda M)=0$에서 시작해서 $K\boldsymbol{x}=\lambda M\boldsymbol{x}$에 대한 고윳값은 $\lambda=2\pm\sqrt{2}$ 임을 보여라.

$M=\begin{bmatrix}1&0\\0&2\end{bmatrix}$와 $K=\begin{bmatrix}2&-2\\-2&4\end{bmatrix}$는 양의 정부호 행렬이다.

고유벡터 $\boldsymbol{x}_1$과 $\boldsymbol{x}_2$를 찾아라. $\boldsymbol{x}_1^{\mathrm{T}}\boldsymbol{x}_2\neq 0$이지만 $\boldsymbol{x}_1^{\mathrm{T}}M\boldsymbol{x}_2=0$ 임을 보여라.

22 어떤 차분방정식이 $\boldsymbol{y}''=-S\boldsymbol{y}$를 푸는 데 사용될 수 있는가?

23 이계 미분방정식 $\boldsymbol{y}''+S\boldsymbol{y}=\boldsymbol{0}$은 1차 시스템 $\boldsymbol{y}_1'=\boldsymbol{y}_2$와 $\boldsymbol{y}_2'=-S\boldsymbol{y}_1$로 줄어든다. $S\boldsymbol{x}=\omega^2\boldsymbol{x}$일 때 동반 행렬 $A=[0\ I;-S\ 0]$은 고유벡터 $(\boldsymbol{x}, i\omega\boldsymbol{x})$와 $(\boldsymbol{x}, -i\omega\boldsymbol{x})$와 함께 고윳값 $i\omega$와 $-i\omega$를 가짐을 보여라.

24 $y(0)=y(\pi)=0$인 미분방정식 $y''=\lambda y$의 고윳값 λ와 고유함수 $y(x)$를 찾아라. 무수히 많이 있다!

고윳값과 고유벡터의 표

행렬의 성질들은 행렬의 고윳값과 고유벡터에 어떻게 반영되는가? 이는 6장 전체에서 기본이 되는 질문이다. 중요한 사실을 정리하는 다음 표는 도움이 될 것이다. 여기에 특별한 성질을 가진 고윳값 λ_i와 고유벡터 $\boldsymbol{x}_i$들이 있다.

대칭 : $S^{\mathrm{T}}=S$	실수 λ	직교하는 $\boldsymbol{x}_i^{\mathrm{T}}\boldsymbol{x}_j=0$
직교 : $Q^{\mathrm{T}}=Q^{-1}$	모든 $\lvert\lambda\rvert=1$	직교하는 $\overline{\boldsymbol{x}}_i^{\mathrm{T}}\boldsymbol{x}_j=0$
교대 : $A^{\mathrm{T}}=-A$	허수 λ	직교하는 $\overline{\boldsymbol{x}}_i^{\mathrm{T}}\boldsymbol{x}_j=0$
복소 에르미트 : $\overline{S}^{\mathrm{T}}=S$	실수 λ	직교하는 $\overline{\boldsymbol{x}}_i^{\mathrm{T}}\boldsymbol{x}_j=0$
양정 : $\boldsymbol{x}^{\mathrm{T}}S\boldsymbol{x}>0$	모든 $\lambda>0$	$S^T=S$이므로 직교
마르코프 : $m_{ij}>0,\ \sum_{i=1}^{n}m_{ij}=1$	$\lambda_{\max}=1$	정상상태 $\boldsymbol{x}>0$
유사 : $B=V^{-1}AV$	$\lambda(A)=\lambda(B)$	$\boldsymbol{x}(B)=V^{-1}\boldsymbol{x}(A)$
사영 : $P=P^2=P^{\mathrm{T}}$	$\lambda=1;0$	열공간; 영공간
평면 회전 : $\cos\theta,\ \sin\theta$	$e^{i\theta}$과 $e^{-i\theta}$	$\boldsymbol{x}=(1,i)$와 $(1,-i)$
반사 : $I-2\boldsymbol{u}\boldsymbol{u}^{\mathrm{T}}$	$\lambda=-1;1,\cdots,1$	$\boldsymbol{u}$; 전체 평면 $\boldsymbol{u}^{\perp}$
계수 1 : $\boldsymbol{u}\boldsymbol{v}^{\mathrm{T}}$	$\lambda=\boldsymbol{v}^{\mathrm{T}}\boldsymbol{u};\ 0,\cdots,0$	$\boldsymbol{u}$; 전체 평면 $\boldsymbol{v}^{\perp}$
역행렬 : A^{-1}	$1/\lambda(A)$	A의 고유벡터를 유지
평행이동 : $A+cI$	$\lambda(A)+c$	A의 고유벡터를 유지
함수 : 임의의 $f(A)$	$f(\lambda_1),\cdots,f(\lambda_n)$	A의 고유벡터를 유지

안정적 거듭제곱 : $A^n \to 0$	모든 $\lvert\lambda\rvert < 1$	임의의 고유벡터
안정적 지수 : $e^{At} \to 0$	모든 $\mathrm{Re}\lambda < 0$	임의의 고유벡터
삼중대각 : 대각성분 $-1,\ 2,\ -1$	$\lambda_k = 2 - \cos\dfrac{k\pi}{n+1}$	$\boldsymbol{x}_k = \left(\sin\dfrac{k\pi}{n+1}, \sin\dfrac{2k\pi}{n+1}, \cdots\right)$

고윳값에 기반을 둔 분해(Σ 안의 특잇값)

대각화 가능 : $A = V\Lambda V^{-1}$	Λ의 대각성분은 λ_i이다.	V 안에 고유벡터
대칭 : $S = Q\Lambda Q^{\mathrm{T}}$	Λ의 대각성분(실수 λ_i)	Q 안에 직교하는 고유벡터
조던 형태 : $J = V^{-1}AV$	J의 대각성분은 Λ이다.	각 블록은 $\boldsymbol{x} = (0, \cdots, 1, \cdots, 0)$을 준다.
임의의 A에 대한 SVD : $A = U\Sigma V^{\mathrm{T}}$	계수(A)=계수(Σ)	V, U 안에 $A^{\mathrm{T}}A, AA^{\mathrm{T}}$의 고유벡터

6장 메모

대칭 행렬 S는 서로 수직한 고유벡터를 갖는다. $S\boldsymbol{x} = \lambda_1\boldsymbol{x}$, $S\boldsymbol{y} = \lambda_2\boldsymbol{y}$이고 $\lambda_1 \neq \lambda_2$라 가정하자. 양쪽 식에서 $\lambda_1 I$를 빼면 다음과 같다.

$$(S-\lambda_1 I)\boldsymbol{x} = 0,\ (S-\lambda_1 I)\boldsymbol{y} = (\lambda_2 - \lambda_1)\boldsymbol{y}$$

이는 $\boldsymbol{x}$를 $S-\lambda_1 I$의 영공간에 놓고, $\boldsymbol{y}$는 열공간에 놓는다. 이 행렬은 실수 대칭 행렬이고, 따라서 이 행렬의 열공간은 행공간이기도 하다. 그러면 영공간의 $\boldsymbol{x}$는 행공간의 $\boldsymbol{y}$에 수직이다. $\boldsymbol{x}^{\mathrm{T}}\boldsymbol{y}=0$의 새로운 증명인 셈이다.

중복된 고윳값이 있는 경우에서 조차도 S가 n개의 독립적인(그리고 직교하는) 고유벡터의 집합을 갖는다는 몇몇의 증명은 선형대수학을 위한 웹사이트에 소개되어 있다(web.mit.edu/18.06 스펙트럼 정리의 증명들).

유사 행렬과 조던 형태

모든 A에 대해 우리는 $V^{-1}AV$가 가능하면 **거의 대각 행렬**이 되도록 V를 선택하기를 원한다. A가 n개의 고유벡터의 완전한 집합을 가질 때, 그들은 V의 열로 간다. 그러면 $V^{-1}AV$는 대각 행렬이고, 이로써 우리의 목적이 달성된다. A가 대각화 가능할 때, 이 행렬 Λ는 A의 **조던 형태**Jordan form이다.

A가 s개의 독립적인 고유벡터를 갖는다고 가정하자. 그러면 이는 s개의 블록을 가진 행렬과 유사하다. 각 블록은 대각성분으로 고윳값 λ를 가지며 그 바로 위에 1들을 갖는다. 이 블록은 하나의 고유벡터를 설명한다. n개의 고유벡터와 n개의 블록이 있을 때, J는 Λ이다.

조던 형태

A가 s개의 독립적인 고유벡터를 가질 때, 이는 대각성분에 조단 블록 J_1에서 J_s를 갖는 행렬 J와 유사하다. 어떤 행렬 V는 A를 조던 형태 J로 바꾼다.

$$\textbf{조던 형태} \qquad V^{-1}AV = \begin{bmatrix} J_1 & & \\ & \ddots & \\ & & J_s \end{bmatrix} = J$$

J의 각 블록은 하나의 고윳값 λ_i, 하나의 고유벡터를 가지며 각 대각성분 바로 위의 원소는 1이다.

$$\textbf{조던 블록} \qquad J_i = \begin{bmatrix} \lambda_i & 1 & & \\ & \cdot & \cdot & \\ & & \cdot & 1 \\ & & & \lambda_i \end{bmatrix}$$

A와 B가 같은 조던 형태 J를 공유한다면 A와 B는 유사하다. 그렇지 않으면 두 행렬은 유사하지 않다.

조던 형태 J는 각각의 잃어버린 고유벡터에 대하여 대각선이 아닌 곳에 성분 1이 있다(그리고 1은 고윳값 옆에 있다). 이는 행렬의 유사성에 관한 중요한 정리이다. 유사 행렬의 모든 집단에서 우리는 J라 불리는 중요한 성분을 고르는 것이다. 이는 거의 대각 행렬이다(또는 가능하면 완전한 대각 행렬). 우리는 역대입으로 $dz/dt = Jz$를 풀 수 있다. 그런 다음 $\boldsymbol{y} = V\boldsymbol{z}$를 통해 $d\boldsymbol{y}/dt = A\boldsymbol{y}$를 푼다.

조던의 정리는 필자의 교재 『Linear Algebra and Its Applications』에서 증명되었다. 추론은 다소 복잡할 뿐더러 조던 형태는 계산에 널리 사용되지 않는다. A에서의 사소한 변화는 중복된 고윳값을 분리시키고 대각 행렬 Λ를 가져온다.

시간에 따라 변하는 시스템 $\quad y' = A(t)y$: $y(t)$**에 대한 잘못된 공식과 올바른 공식**

6.4절에서 선형 시스템은 행렬이 t에 의존할 때 더 어렵다는 것을 깨달았다. 이때 공식 $\boldsymbol{y}(t) = \exp\left(\int A(t)dt\right)\boldsymbol{y}(0)$은 옳지 않다. 여기서 내재된 이유는 e^{A+B}(잘못된 행렬)이 일반적으로 $e^A e^B$(시스템이 $t=1$일 때 $\boldsymbol{y}' = B\boldsymbol{y}$에서 $\boldsymbol{y}' = A\boldsymbol{y}$로 점프가 발생할 겨우 $t=2$에서 옳은 행렬)과 다르다는 것이다. 시간에 따라 앞으로 진행하라(e^B 다음에 e^A).

기본서가 올바른 공식을 다시 유도하는 것은 일반적이지 않다. 하지만 지금이야말로 오일러의 차분방정식이 올바른 순서로 진행된다는 것을 강조할 기회이다. 이는 시간 $n\Delta t$에서의 현재 행렬 A를 사용하여 시간 $n\Delta t$일 때의 $\boldsymbol{Y}_n$에서 시간 $(n+1)\Delta t$일 때의 $\boldsymbol{Y}_{n+1}$로 전진한다.

오일러 방법 $\qquad \Delta\boldsymbol{Y}/\Delta t = A\boldsymbol{Y}$ 또는 $E_n = I + \Delta t A(n\Delta t)$인 $\boldsymbol{Y}_{n+1} = \boldsymbol{E}_n\boldsymbol{Y}_n$

$\boldsymbol{Y}_N$에 도달할 때, $\boldsymbol{Y}_0$에 E_0에서 E_{N-1}까지의 N개의 행렬을 올바른 순서대로 곱한다.

$$\boldsymbol{Y}_N = E_{N-1}E_{N-2}\cdots E_1E_0\boldsymbol{Y}_0$$

기본적인 이론은 $\Delta t = t/N$이고 $N \to \infty$일 때, 오일러의 $\boldsymbol{Y}_N$은 올바른 $\boldsymbol{y}(t)$에 가까이 간다는 것을 말해준다. 이 E들의 곱은 e^{At}의 올바른 대체에 가까워진다. A가 시간에 따라 변하지 않는 상수 행렬일 때, 모든 E는 서로 같고, E^N으로부터 e^{At}에 도달한다.

상수 행렬 A $\qquad e^{At} = (I + \Delta t A)^N$의 극한$= \left(I + \dfrac{At}{N}\right)^N$의 극한

이는 A가 수(1×1 행렬)일 때 1.3절의 복리에서 얻어진다.

$E_{N-1}E_{N-2}\cdots E_1E_0$의 극한은 **곱 적분**이라고 부른다. 보통의 '합 적분' $\int A(t)dt$는 N개의 항 ΔtA의 합의 극한이다(각 항은 0으로 간다). 이제 우리는 N개의 항 $I + \Delta tA$를 곱한다(각 항은 I로 간다). $I + \Delta tA$는 각 항별로 $e^{\Delta tA}$에 가까워진다. 하지만 행렬은 항상 교환가능하지는 않으며 따라서,

$\exp \int A(t)dt$는 틀렸다. 행렬 곱 $E_{N-1} \cdots E_1 E_0$은 곱 적분과 올바른 $\boldsymbol{y}(t)$에 가까워진다.

곱 적분 $\quad M(t) = E_{N-1}E_{N-2} \cdots E_1 E_0$의 극한이고, 따라서 $\boldsymbol{y}(t) = M(t)\boldsymbol{y}(0)$이다.

행렬 $M(t)$의 행렬식 $W(t)$는 좋은 공식을 갖는다. 이는 성공하는데, 수 $\det A$(행렬 A는 아니다)에서는 임의의 순서로 곱할 수 있기 때문이다. 여기에 론스키 행렬식 $W(t)$에 대한 식을 주는 아름다운 사실이 있다.

$$\frac{dM}{dt} = AM \text{이면 } \frac{dW}{dt} = (\operatorname{trace}(A))W \text{이다. 따라서 } W(t) = e^{\int \operatorname{trace}(A(t))dt}W(0) \text{이다.}$$

이는 6.4절의 식 (21)이다. 우리는 다시 한 번 론스키 행렬식 $W(t)$가 절대로 0이 아님을 확인하는데, 이는 지수가 절대 0이 아니기 때문이다. $y'' + B(t)y' + C(t)y = 0$에 대해서 동반 행렬은 대각합 $-B(t)$를 갖는다. 아벨이 발견한 것처럼 론스키 행렬식은 $W(t) = e^{-\int B(t)dt}W(0)$이다.

7장 응용수학과 $A^{\mathrm{T}}A$

Applied Mathematics and $A^{\mathrm{T}}A$

$A^{\mathrm{T}}A$라는 기호를 포함한 이 장의 제목은 흔하지 않다. 대부분의 교재에서는 행렬 A와 A의 고윳값에 대해서만 다룬 후 더 이상 진행하지 않는다. 많은 문제에서 직사각행렬을 다루며 이 경우 정사각행렬에 도달하는 단계들은 생략한다. 실제로 직사각행렬은 전류와 전압, 변위와 힘, 위치와 운동량, 가격과 소득과 같은 미지수의 쌍을 포함하고 있다.

최종적인 방정식이 정사각행렬(대부분의 경우 대칭 행렬이다)을 포함하는 것은 사실이다. 우리는 A에서 시작하여 $A^{\mathrm{T}}A$에 도달할 것이며 이 두 행렬의 영공간은 같다. 이때 해가 존재하기 위해 $A^{\mathrm{T}}A$이 가역 행렬이어야 하고, 따라서 A는 반드시 선형독립인 열들(영벡터 이외에 영공간에 속한 원소는 없다)을 가져야 하며, 우리는 이 사실을 가정할 것이다. 즉, A는 $m \geq n$(세로로 길고 가로로는 짧다)을 만족하며 꽉 찬 열 계수 $r = n$을 갖는다.

$S = A^{\mathrm{T}}A$의 고윳값들은 양수이며, 이 행렬은 **양의 정부호 행렬**이자 **대칭 행렬**이기도 하다. 이 행렬의 고유벡터들은 A의 **특잇값 분해**로 이끈다. 7.2절의 특잇값 분해는 크기가 큰 행렬이 데이터들로 차 있을 때 무엇이 중요한지를 알려주는 가장 좋은 방법이다. 특이벡터는 정사각행렬의 고유벡터와 같은 역할을 할 뿐만 아니라 특이벡터들 간에는 서로 수직이라는 사실이 추가적으로 보장된다.

이 장은 n개의 미지수를 갖는 m개의 방정식으로 시작한다. 이 경우 방정식은 너무 많고 미지수는 너무 적어 일반적으로 $A\boldsymbol{v} = \boldsymbol{b}$의 해는 없다. 이러한 경우는 선형대수학(그리고 기하학과 미적분학)의 주요 응용이다. 센서, 스캐너, 계수기는 수천 번 측정한다. 우리는 이렇게 넘쳐나는 데이터에 압도당할 수 있다. 만약 이 데이터들이 직선에 가깝게 나온다면 이 $v_1 + v_2 t$ 혹은 $C + Dt$와 같은 직선들은 단지 $n = 2$개의 매개변수를 가질 뿐이다. 이 수들이 바로 $m = 1000$ 혹은 1000000개의 관측값으로 구하고자 하는 2개의 수이다.

우리가 살펴볼 첫 번째 응용은 최소제곱법과 가중치가 적용된 최소제곱법이다. 2×2 행렬 $A^{\mathrm{T}}A$ 혹은 $A^{\mathrm{T}}CA$가 곧 나타날 것이다(여기서 C는 가중치를 포함하고 있다). 이 행렬들은 6.5절, 7.1절의 대칭 행렬 S, 7.4절에서 다루게 될 강성 행렬 K, 7.5절의 전도 행렬, 7.3절의 이계도함수 $A^{\mathrm{T}}A = -d^2/dx^2$이기도 하다(여기서의 음의 부호는 $A = d/dx$일 때 A의 전치 행렬이 $-d/dx$이기 때문에 포함된다).

'대칭', '양', '정부호'라는 세 단어는 선형대수학에서 중요하며 이 장에서 살펴볼 응용수학에서의 핵심 아이디어들이다.

7.1 최소제곱법과 정사영

$A\boldsymbol{v} = \boldsymbol{b}$부터 시작하자. 행렬 A는 n개의 독립인 열을 가지며 열 계수는 n이다. 하지만 A는 m개의 행을 가지며 m은 n보다 크다. 이때 $\boldsymbol{b}$에 m개의 관측값이 있으며, 우리는 $\boldsymbol{v}$에서 $n(< m)$개의 매개변수를 택하

여 이 관측값에 잘 맞추고 싶다. 일반적으로 $A\boldsymbol{v} = \boldsymbol{b}$가 성립하도록 정확히 맞추는 것은 불가능하다. 따라서 데이터에 가장 가깝게 맞출 수 있는 가장 좋은 해인 $\hat{\boldsymbol{v}}$을 찾으려 한다. 오차벡터 $\boldsymbol{e} = \boldsymbol{b} - A\hat{\boldsymbol{v}}$은 $A\boldsymbol{v} = \boldsymbol{b}$를 참값에 얼마나 가깝게 풀었는지를 알려준다. m개의 방정식에서 오차는 각각 $e_1, \cdots, e_m$이다. 이 오차들의 제곱의 합을 가능한 한 작게 만들자.

최소제곱해 $\hat{v}$ $\quad \|e\|^2 = e_1^2 + \cdots + e_m^2 = \|\boldsymbol{b} - A\boldsymbol{v}\|^2$을 최소화한다.

$\boldsymbol{e}$를 줄이는 것이 우리의 목표이다. 만약 $A\boldsymbol{v} = \boldsymbol{b}$가 해를 갖는다면(실제로 해를 가질 수도 있다), 가장 좋은 해 $\hat{\boldsymbol{v}}$은 당연히 해가 되는 벡터 $\boldsymbol{v}$일 것이며 이 경우 오차는 $\boldsymbol{e} = \boldsymbol{0}$이고 분명히 오차의 크기도 최소가 된다. 하지만 일반적으로 m개의 방정식 $A\boldsymbol{v} = \boldsymbol{b}$에는 해가 없다. 즉, A의 열공간은 $\mathbb{R}^m$의 n차원 부분공간일 뿐이다. 거의 대부분의 벡터 $\boldsymbol{b}$는 이 열공간에 속하지 않으며 A의 열들의 선형결합이 아니다. 이 경우에는 오차 $E = \|\boldsymbol{e}\|^2$을 가능한 한 줄이려고 해도 0에 도달하게 할 수는 없다.

예제 1 $t = 0, 1, 3, 4$일 때 $b = 1, 9, 9, 21$인 4개의 점을 지나는 직선 $b = C + Dt$를 찾아라. 이 조건들은 C와 D에 관한 네 개의 방정식이며, 이 시스템은 해를 갖지 않는다. [그림 7-1(a)]에 ×로 표시된 네 개의 점은 한 직선 위에 있지 않음을 볼 수 있다.

$A\boldsymbol{v} = \boldsymbol{b}$는 해를 갖지 않는다. $\begin{matrix} C + 0D = 1 \\ C + 1D = 9 \\ C + 3D = 9 \\ C + 4D = 21 \end{matrix}$ 은 $\begin{bmatrix} 1 & 0 \\ 1 & 1 \\ 1 & 3 \\ 1 & 4 \end{bmatrix} \begin{bmatrix} C \\ D \end{bmatrix} = \begin{bmatrix} 1 \\ 9 \\ 9 \\ 21 \end{bmatrix}$로 표현된다. (1)

첫 번째 방정식에서 $C = 1$이고, 두 번째 방정식에서 $D = 8$이다. 이때 남은 세 번째, 네 번째 방정식의 좌변에 이 값들을 대입하면 우변과 꽤 큰 차이를 보인다. 이렇게 정확히 성립하는 방정식이 없더라도 모든 네 개의 방정식으로부터 나오는 오차의 총 제곱 합 $E = e_1^2 + e_2^2 + e_3^2 + e_4^2$이 가능한 한 작게 되는 더 균형 잡힌 해를 구하고자 한다.

C와 D의 가장 좋은 값은 2와 4이다. 즉, 가장 좋은 해 v는 $\hat{v} = (2, 4)$이고, 가장 좋은 직선은 $2 + 4t$이다. 관측 시점인 $t = 0, 1, 3, 4$에서 이 가장 좋은 직선의 높이는 2, 6, 14, 18이다. 즉, $A\hat{\boldsymbol{v}}$은 $\boldsymbol{p} = (2, 6, 14, 18)$이며 이는 $\boldsymbol{b} = (1, 9, 9, 21)$에 가능한 한 가까운 것이다.

이 벡터 $\boldsymbol{p} = (2, 6, 14, 18)$들은 [그림 7-1(a)]에서 직선 $2 + 4t$ 위에 있는 네 개의 점으로 표시되어 있다. 가장 좋은 해 $\hat{v} = (C, D) = (2, 4)$는 어떻게 찾을 수 있을까? 이 해는 가장 작은 오차 E를 가짐을 기억하자.

$$E = e_1^2 + e_2^2 + e_3^2 + e_4^2 = (1 - C - 0D)^2 + (9 - C - 1D)^2 + (9 - C - 3D)^2 + (21 - C - 4D)^2$$

선형대수학 혹은 미적분학만을 이용해서 $C=2$와 $D=4$를 찾을 수도 있다. 미적분학을 사용하는 방법은 두 개의 편도함수를 0으로 두고 $\partial E/\partial C=0$과 $\partial E/\partial D=0$을 푸는 것이다. 이 식을 풀어 C와 D를 구하라.

선형대수학은 [그림 7-1(b)]에 있는 직각삼각형을 이용한다. 벡터 $\boldsymbol{b}$는 $\boldsymbol{p}+\boldsymbol{e}$로 분해된다. 이때 높이들 $\boldsymbol{p}$는 직선 위에 있으며 오차 $\boldsymbol{e}$는 가능한 한 작아야 한다. 여기서는 우선 미적분학을 이용한 방법을 제시한 후, (직각삼각형 $\boldsymbol{p}+\boldsymbol{e}=\boldsymbol{b}$를 이용하는) 선형대수학의 방법을 제시하겠다.

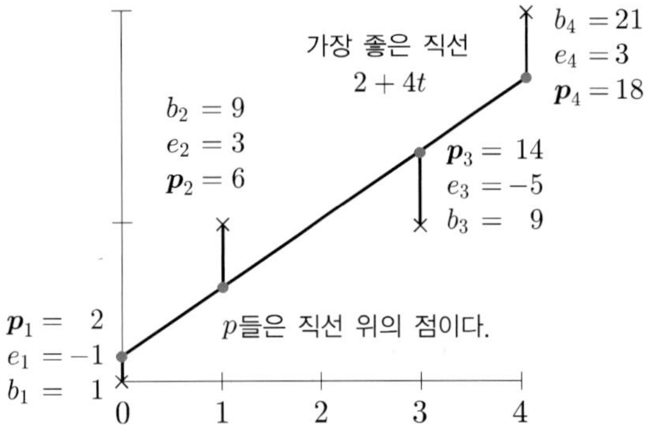

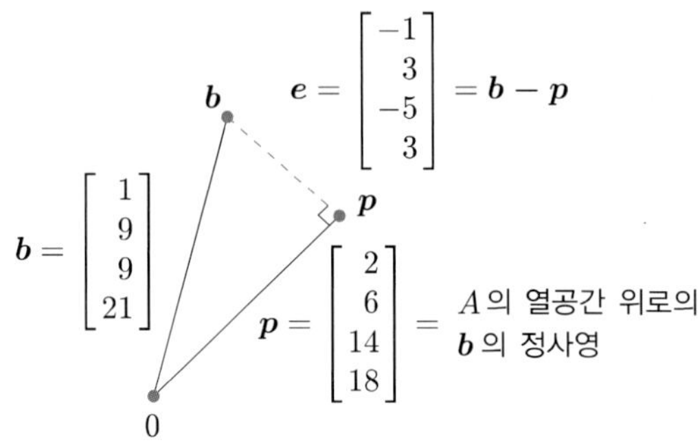

[그림 7-1] 가장 좋은 직선 $2+4t$에 대하여 $\boldsymbol{e}^{\mathrm{T}}\boldsymbol{e}=1+9+25+9=44=\|\boldsymbol{b}-\boldsymbol{p}\|^2$이다.

우선 답(C와 D에 대한 방정식의 형태)부터 제시하겠다. 이때 여러분은 가장 좋은 해 $\hat{\boldsymbol{v}}$, 정사영 $\boldsymbol{p}=A\hat{\boldsymbol{v}}$, 오차 $\boldsymbol{e}=\boldsymbol{b}-A\hat{\boldsymbol{v}}$을 계산할 수 있을 것이다. **가장 좋은 최소 제곱 추정치 $\hat{\boldsymbol{v}}=(C, D)$는 정규 방정식**normal equation**의 해**이며, 이 방정식은 정사각행렬이자 대칭 행렬이고 가역인 $A^{\mathrm{T}}A$를 사용한다.

$$\hat{\boldsymbol{v}}\text{을 찾기 위한 정규 방정식} \qquad A^{\mathrm{T}}A\hat{\boldsymbol{v}}=A^{\mathrm{T}}\boldsymbol{b} \tag{2}$$

간단히 말해, 해를 갖지 않는 방정식 $A\boldsymbol{v}=\boldsymbol{b}$에 A^{T}를 곱하여 $A^{\mathrm{T}}A\hat{\boldsymbol{v}}=A^{\mathrm{T}}\boldsymbol{b}$를 얻어라.

예제 2 [예제 1]을 다시 풀어보자. 정규 방정식 $A^{\mathrm{T}}A\hat{\boldsymbol{v}}=A^{\mathrm{T}}\boldsymbol{b}$는 다음과 같다.

$$\begin{bmatrix}1&1&1&1\\0&1&3&4\end{bmatrix}\begin{bmatrix}1&0\\1&1\\1&3\\1&4\end{bmatrix}\begin{bmatrix}\widehat{C}\\\widehat{D}\end{bmatrix}=\begin{bmatrix}1&1&1&1\\0&1&3&4\end{bmatrix}\begin{bmatrix}1\\9\\9\\21\end{bmatrix} \tag{3}$$

행렬의 곱셈을 시행하면 이 행렬 $A^{\mathrm{T}}A$는 정사각행렬이자 대칭 행렬이고 양의 정부호 행렬이다.

$$A^{\mathrm{T}}A\hat{\boldsymbol{v}}=A^{\mathrm{T}}\boldsymbol{b} \qquad \begin{bmatrix}4&8\\8&26\end{bmatrix}\begin{bmatrix}\widehat{C}\\\widehat{D}\end{bmatrix}=\begin{bmatrix}40\\120\end{bmatrix}\text{으로부터 }\begin{bmatrix}\widehat{C}\\\widehat{D}\end{bmatrix}=\begin{bmatrix}2\\4\end{bmatrix}\text{를 얻는다.} \tag{4}$$

[그림 7-1(a)]에서와 같이 가장 좋은 직선인 $2+4t$는 $t=0,\ 1,\ 3,\ 4$에서 높이는 $\boldsymbol{p}=2,\ 6,\ 14,\ 18$이다. 크기가 최소가 되는 오차 $\boldsymbol{b}-\boldsymbol{p}$는 $\boldsymbol{e}=(-1,3,-5,3)$이다. [그림 7-1(b)]는 최소제곱법을 **선형대수학적인 관점**으로 보는 그림이다. 우리는 A의 열공간 위에 $\boldsymbol{b}$를 정사영하여 $\boldsymbol{p}$를 얻는다(여러분은 $\boldsymbol{p}$가 오차벡터 $\boldsymbol{e}$에 어떻게 수직이 되는지를 볼 수 있을 것이다). 이때 $A\hat{\boldsymbol{v}}=\boldsymbol{p}$는 우변에 있는 최적의 $\boldsymbol{p}$이다. 해 $\hat{\boldsymbol{v}}=(\hat{C},\ \hat{D})=(2,4)$는 C와 D에 대하여 오차의 제곱이 최소가 되게 하는 선택이다.

미적분으로 유도하는 정규 방정식 두 개의 방정식은 $\partial E/\partial C=0$, $\partial E/\partial D=0$이다.

다음의 첫 번째 열은 더하여 E가 되는 네 개의 항 $e_1^2+e_2^2+e_3^2+e_4^2$을 보여준다. 그 옆의 열은 더하여 각각 $\partial E/\partial C$와 $\partial E/\partial D$가 되는 도함수들이다. $\partial E/\partial D$에 대한 세 번째 열에서 인수 0, 1, 3, 4가 연쇄법칙으로부터 어떻게 나왔는지에 주목하자.

각 열을 더하라.
$$\boldsymbol{E}=\begin{matrix}(C+0D-1)^2\\(C+1D-9)^2\\(C+3D-9)^2\\(C+4D-21)^2\end{matrix}\qquad \frac{\partial \boldsymbol{E}}{\partial \boldsymbol{C}}=\begin{matrix}2(C+0D-1)\\2(C+1D-9)\\2(C+3D-9)\\2(C+4D-21)\end{matrix}\qquad \frac{\partial \boldsymbol{E}}{\partial \boldsymbol{D}}=\begin{matrix}2(C+0D-1)(0)\\2(C+1D-9)(1)\\2(C+3D-9)(3)\\2(C+4D-21)(4)\end{matrix}$$

$\partial E/\partial C=0$과 $\partial E/\partial D=0$을 풀 때 모든 도함수를 2로 나누어도 아무런 문제가 없다. 마지막 두 개의 열은 다음과 같이 행렬의 곱을 통해 더해질 수 있다($\partial E/\partial D$에 나타나는 수 0, 1, 3, 4에 주목하자).

$$\frac{1}{2}\begin{bmatrix}\partial E/\partial C\\\partial E/\partial D\end{bmatrix}=\begin{bmatrix}1&1&1&1\\0&1&3&4\end{bmatrix}\begin{bmatrix}C+0D&-&1\\C+1D&-&9\\C+3D&-&9\\C+4D&-&21\end{bmatrix}=\begin{bmatrix}0\\0\end{bmatrix}\tag{5}$$

이 2×4 행렬이 A^{T}이고, 여기서의 4×1 벡터는 $A\hat{\boldsymbol{v}}-\boldsymbol{b}$이다. 이로써 미적분학을 통해 $A^{\mathrm{T}}A\hat{\boldsymbol{v}}=A^{\mathrm{T}}\boldsymbol{b}$를 찾았다.

예제 3 하나의 미지수 $\boldsymbol{v}$에 대한 두 개의 방정식이 있다고 가정하자. 따라서 $n=1$이지만 $m=2$이다(아마도 이 방정식에는 해가 없을 것이다). 미지수가 1개라는 것은 A가 1개의 열만을 가짐을 의미한다.

$$A\boldsymbol{v}=\boldsymbol{b}\text{는 }\begin{bmatrix}a_1\\a_2\end{bmatrix}\boldsymbol{v}=\begin{bmatrix}b_1\\b_2\end{bmatrix}\text{와 같다. 예를 들어 }\begin{matrix}2\boldsymbol{v}=1\\3\boldsymbol{v}=8\end{matrix}\text{이다.}\tag{6}$$

A는 2×1 행렬이고, 오차의 제곱은 $E=e_1^2+e_2^2=(1-2\boldsymbol{v})^2+(8-3\boldsymbol{v})^2$이다.

제곱 합 $$E(\boldsymbol{v})=(b_1-a_1\boldsymbol{v})^2+(b_2-a_2\boldsymbol{v})^2$$

$E(\boldsymbol{v})$의 그래프는 포물선이며, 이 포물선이 최솟값을 갖는 점이 최소제곱해 $\hat{\boldsymbol{v}}$이다. 오차가 가장 작은 곳은

$dE/d\boldsymbol{v}=0$인 곳이다.

$$\hat{\boldsymbol{v}}\text{에 대한 방정식} \qquad \frac{dE}{d\boldsymbol{v}}=2a_1(a_1\hat{\boldsymbol{v}}-b_1)+2a_2(a_2\hat{\boldsymbol{v}}-b_2)=0 \tag{7}$$

2를 소거하면 $(a_1^2+a_2^2)\hat{\boldsymbol{v}}=a_1b_1+a_2b_2$이다. 이때 좌변은 $a_1^2+a_2^2=A^{\mathrm{T}}A$, 우변은 $a_1b_1+a_2b_2=A^{\mathrm{T}}\boldsymbol{b}$이다. 또 다시 미적분학으로 $A^{\mathrm{T}}A\hat{\boldsymbol{v}}=A^{\mathrm{T}}\boldsymbol{b}$를 구한 것이다.

$$[a_1\ a_2]\begin{bmatrix}a_1\\a_2\end{bmatrix}\hat{\boldsymbol{v}}=[a_1\ a_2]\begin{bmatrix}b_1\\b_2\end{bmatrix}\text{로부터 } \hat{\boldsymbol{v}}=\frac{\boldsymbol{a}^{\mathrm{T}}\boldsymbol{b}}{\boldsymbol{a}^{\mathrm{T}}\boldsymbol{a}}=\frac{a_1b_1+a_2b_2}{a_1^2+a_2^2}\text{를 얻는다.} \tag{8}$$

수치로 예를 들자면 $\boldsymbol{a}=(2,3)$, $\boldsymbol{b}=(1,8)$인 경우 $\hat{\boldsymbol{v}}=\boldsymbol{a}^{\mathrm{T}}\boldsymbol{b}/\boldsymbol{a}^{\mathrm{T}}\boldsymbol{a}=26/13=2$이다.

예제 4 $a_1=a_2=1$과 같은 특별한 경우에 (심박수 혹은 혈압과 같이) 동일한 양에 대한 두 개의 관측값 $v=b_1$, $v=b_2$가 있다고 하자. 이때 행렬 A^{T}는 $[1\quad 1]$이다. $(v-b_1)^2+(v-b_2)^2$을 최소화하기 위한 가장 좋은 $\hat{v}$은 단지 측정치의 평균이다.

$$a_1=a_2=1\text{이면 } A^{\mathrm{T}}A=2 \text{ 및 } A^{\mathrm{T}}b=b_1+b_2\text{이므로 } \hat{v}=(b_1+b_2)/2\text{이다.}$$

[그림 7-2(a)]의 선형대수학 그림은 $\boldsymbol{a}$ 방향의 직선 위로의 $\boldsymbol{b}$의 정사영을 보여준다. 그 정사영은 $\boldsymbol{p}$이며 $\boldsymbol{e}=\boldsymbol{b}-\boldsymbol{p}$와 이루는 각도는 $90°$이다. **정규 방정식은 $\boldsymbol{e}$가 $\boldsymbol{a}$ 방향의 직선에 수직임을 알려준다.**

선형대수학을 이용한 최소제곱법

$A^{\mathrm{T}}A\hat{\boldsymbol{v}}=A^{\mathrm{T}}\boldsymbol{b}$에 대한 선형대수학적 접근은 다음과 같은 아름다운 문장으로 말할 수 있다.

$\boldsymbol{e}=\boldsymbol{b}-A\hat{\boldsymbol{v}}$은 A의 열공간에 수직이다. 따라서 $\boldsymbol{e}$는 A^{T}의 영공간에 있다.

이때 $A^{\mathrm{T}}\boldsymbol{b}=A^{\mathrm{T}}A\hat{\boldsymbol{v}}$이다. 이 네 번째 부분공간 $\boldsymbol{N}(A^{\mathrm{T}})$는 정확히 최소제곱법에서 필요로 하는 공간이다. 즉, $\boldsymbol{e}$는 $\boldsymbol{p}=A\hat{\boldsymbol{v}}=A(A^{\mathrm{T}}A)^{-1}A^{\mathrm{T}}\boldsymbol{b}$뿐만 아니라 A의 열공간 전체에 수직이어야 한다.

[그림 7-2]는 정사영 $\boldsymbol{p}$가 $m\times m$ 행렬 P와 $\boldsymbol{b}$의 곱임을 보여준다. 임의의 벡터를 A의 열공간 위에 정사영하기 위하여 사영 행렬 P를 곱하라.

$$\textbf{사영 행렬을 곱하여 } \boldsymbol{p}=P\boldsymbol{b}\textbf{를 얻는다.} \qquad P=\frac{\boldsymbol{a}\boldsymbol{a}^{\mathrm{T}}}{\boldsymbol{a}^{\mathrm{T}}\boldsymbol{a}} \text{ 혹은 } P=A(A^{\mathrm{T}}A)^{-1}A^{\mathrm{T}} \tag{9}$$

P의 첫 번째 형태는 $\boldsymbol{a}$를 지나는 직선 위로의 정사영을 나타낸다. 여기서 A는 한 개의 열만을 가지며 $A^{\mathrm{T}}A = \boldsymbol{a}^{\mathrm{T}}\boldsymbol{a}$이다. 우리는 이 수로 나눌 수 있지만 $n > 1$에 대해 올바른 표현법은 $(A^{\mathrm{T}}A)^{-1}$이다. $A^{\mathrm{T}}A$가 가역이라는 가정만 있으면 두 번째 형태는 모든 경우의 P를 나타낼 수 있다.

사영 행렬의 중요한 두 가지 성질 $\quad P^{\mathrm{T}} = P$와 $P^2 = P \qquad (10)$

$\boldsymbol{p}$의 정사영은 그대로 $\boldsymbol{p}$이다($\boldsymbol{p} = P\boldsymbol{b}$는 이미 열공간에 속하기 때문이다). 이때 정사영을 두 번 시행해도 한 번 시행한 것과 같은 결과를 얻는다. 즉, $P(P\boldsymbol{b}) = P\boldsymbol{b}$이고 $P^2 = P$이다.

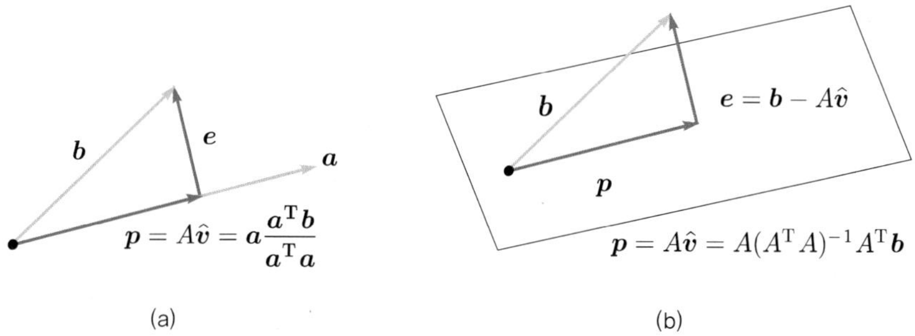

[그림 7-2] 정사영 $\boldsymbol{p}$는 A의 열공간에서 $\boldsymbol{b}$에 가장 가까운 점이다. (a) $n=1$일 때, (열공간) = ($\boldsymbol{a}$ 방향의 직선)이고, (b) $n=2$일 때, (열공간) = (평면)이다.

다음은 (가중치가 없는) 최소제곱법 문제에 대한 네 가지 핵심 식을 다시 쓴 것이다.

1. $A\boldsymbol{v} = \boldsymbol{b}$ $\qquad$ m개의 방정식, n개의 미지수, 아마도 **해가 없을 것**이다.
2. $A^{\mathrm{T}}A\hat{\boldsymbol{v}} = A^{\mathrm{T}}\boldsymbol{b}$ $\qquad$ **정규 방정식**, $\hat{\boldsymbol{v}} = (A^{\mathrm{T}}A)^{-1}A^{\mathrm{T}}\boldsymbol{b}$ = (최적의 $\boldsymbol{v}$)
3. $\boldsymbol{p} = A\hat{\boldsymbol{v}} = A(A^{\mathrm{T}}A)^{-1}A^{\mathrm{T}}\boldsymbol{b}$ $\qquad$ A의 열공간 위로의 $\boldsymbol{b}$의 **정사영**
4. $P = A(A^{\mathrm{T}}A)^{-1}A^{\mathrm{T}}$ $\qquad$ 임의의 $\boldsymbol{b}$에 대하여 **사영 행렬** P는 $\boldsymbol{p} = P\boldsymbol{b}$를 만들어낸다.

예제 5 $A = \begin{bmatrix} 1 & 0 \\ 1 & 1 \\ 1 & 2 \end{bmatrix}$이고 $\boldsymbol{b} = \begin{bmatrix} 6 \\ 0 \\ 0 \end{bmatrix}$일 때, $\hat{\boldsymbol{v}}$, $\boldsymbol{p}$, 행렬 P를 구하라.

풀이

정사각행렬 $A^{\mathrm{T}}A$와 벡터 $A^{\mathrm{T}}\boldsymbol{b}$를 계산한다.

$$A^{\mathrm{T}}A = \begin{bmatrix} 1 & 1 & 1 \\ 0 & 1 & 2 \end{bmatrix}\begin{bmatrix} 1 & 0 \\ 1 & 1 \\ 1 & 2 \end{bmatrix} = \begin{bmatrix} 3 & 3 \\ 3 & 5 \end{bmatrix}, \quad A^{\mathrm{T}}\boldsymbol{b} = \begin{bmatrix} 1 & 1 & 1 \\ 0 & 1 & 2 \end{bmatrix}\begin{bmatrix} 6 \\ 0 \\ 0 \end{bmatrix} = \begin{bmatrix} 6 \\ 0 \end{bmatrix}$$

이제 정규 방정식 $A^{\mathrm{T}}A\hat{v} = A^{\mathrm{T}}\boldsymbol{b}$를 풀어 $\hat{v}$을 구한다.

$$\begin{bmatrix} 3 & 3 \\ 3 & 5 \end{bmatrix}\begin{bmatrix} \hat{v}_1 \\ \hat{v}_2 \end{bmatrix} = \begin{bmatrix} 6 \\ 0 \end{bmatrix} \text{이므로 } \hat{v} = \begin{bmatrix} \hat{v}_1 \\ \hat{v}_2 \end{bmatrix} = \begin{bmatrix} 5 \\ -3 \end{bmatrix} \text{이다.} \tag{11}$$

선형결합 $\boldsymbol{p} = A\hat{v}$은 A의 열공간 위로의 $\boldsymbol{b}$의 정사영이다.

$$\boldsymbol{p} = \mathbf{5}\begin{bmatrix} 1 \\ 1 \\ 1 \end{bmatrix} - \mathbf{3}\begin{bmatrix} 0 \\ 1 \\ 2 \end{bmatrix} = \begin{bmatrix} 5 \\ 2 \\ -1 \end{bmatrix} \text{이다. 오차는 } \boldsymbol{e} = \boldsymbol{b} - \boldsymbol{p} = \begin{bmatrix} 1 \\ -2 \\ 1 \end{bmatrix} \text{이다.} \tag{12}$$

이 계산에 대하여 두 가지를 확인하자. 우선, 오차 $\boldsymbol{e} = (1, -2, 1)^t$는 두 개의 열 $(1, 1, 1)^t$, $(0, 1, 2)^t$ 모두에 수직이다. 둘째로, 사영 행렬 P와 $\boldsymbol{b} = (6, 0, 0)^t$를 곱하면 정확히 $\boldsymbol{p} = (5, 2, -1)^t$를 얻는다. 이로써 하나의 특수한 $\boldsymbol{b}$에 대하여 문제를 풀었다.

임의의 $\boldsymbol{b}$에 대하여 $\boldsymbol{p} = P\boldsymbol{b}$를 구하기 위해 $P = A(A^{\mathrm{T}}A)^{-1}A^{\mathrm{T}}$를 계산하라. $A^{\mathrm{T}}A$의 행렬식은 $15 - 9 = 6$이므로 $(A^{\mathrm{T}}A)^{-1}$는 쉽게 구할 수 있다. A, $(A^{\mathrm{T}}A)^{-1}$, A^{T}를 곱하여 P를 구하라.

$$(A^{\mathrm{T}}A)^{-1} = \frac{1}{6}\begin{bmatrix} 5 & -3 \\ -3 & 3 \end{bmatrix}, \qquad P = \frac{1}{6}\begin{bmatrix} 5 & 2 & -1 \\ 2 & 2 & 2 \\ -1 & 2 & 5 \end{bmatrix} \tag{13}$$

이때 P는 반드시 $P^2 = P$를 만족해야 한다. 이는 첫 번째로 정사영된 벡터를 다시 정사영해도 변하지 않기 때문이다.

NOTE_ 행렬 $P = A(A^{\mathrm{T}}A)^{-1}A^{\mathrm{T}}$에 속지 말자. 여러분은 $(A^{\mathrm{T}}A)^{-1}$을 A^{-1}과 $(A^{\mathrm{T}})^{-1}$의 곱으로 분해하려고 할 수 있다. 만일 여러분이 이러한 실수를 한 후 이를 P에 대입하면 $P = AA^{-1}(A^{\mathrm{T}})^{-1}A^{\mathrm{T}}$를 얻게 된다. 이렇게 되면 명백히 모든 행렬이 소거되고, 이로부터 $P = I$, 즉 P가 항등 행렬인 것처럼 보일 수 있다.

다음 두 문장은 이 논의가 왜 틀렸는지를 설명한다. **행렬 A는 직사각행렬이고, A의 역행렬은 존재하지 않는다.** A^{-1}이 없으므로 $(A^{\mathrm{T}}A)^{-1}$을 A^{-1}과 $(A^{\mathrm{T}})^{-1}$의 곱으로 분해할 수 없다. 우리의 경험에 따르면 직사각행렬을 다루는 문제는 거의 항상 $A^{\mathrm{T}}A$가 나오게 된다. A가 독립인 열들을 가질 때, $A^{\mathrm{T}}A$는 가역이다. 이 사실은 매우 유용하며 다음과 같이 명확히 서술한 후 증명을 하겠다.

$A^{\mathrm{T}}A$가 가역일 필요충분조건은 **A가 선형독립인 열들을 갖는 것**이다.

증명 $A^{\mathrm{T}}A$는 $n \times n$ 정사각행렬이다. 만약 A가 독립인 열들을 갖는다면, 행렬 A의 영공간은 영벡터만을 포함한다. 이제 우리는 임의의 행렬 A에 대하여 **$A^{\mathrm{T}}A$가 A와 같은 영공간을 가짐**을 보일 것이다.

만일 이를 보인다면, $A^{\mathrm{T}}A$는 A와 같은 영공간을 가지므로 $A^{\mathrm{T}}A$의 영공간도 영벡터만을 포함한다. 따라서 $A^{\mathrm{T}}A$도 가역이다.

A가 임의의 행렬이라 하자. 만약 $\boldsymbol{x}$가 A의 영공간에 있다면 $A\boldsymbol{x}=\mathbf{0}$이고, 양변에 A^{T}를 곱하여 $A^{\mathrm{T}}A\boldsymbol{x}=\mathbf{0}$을 얻는다. 따라서 $\boldsymbol{x}$는 $A^{\mathrm{T}}A$의 영공간에 포함된다.

이제 $A^{\mathrm{T}}A$의 영공간에서 시작해보자. 우리는 **$A^{\mathrm{T}}A\boldsymbol{x}=\mathbf{0}$으로부터 $A\boldsymbol{x}=\mathbf{0}$임을 보여야만 한다.** 이때 일반적으로는 존재하지 않는 $(A^{\mathrm{T}})^{-1}$을 곱할 수는 없다. 따라서 양변에 $\boldsymbol{x}^{\mathrm{T}}$를 곱하라.

$$(\boldsymbol{x})^{\mathrm{T}}A^{\mathrm{T}}A\boldsymbol{x}=0 \qquad \text{혹은} \qquad (A\boldsymbol{x})^{\mathrm{T}}(A\boldsymbol{x})=0 \qquad \text{혹은} \qquad \|A\boldsymbol{x}\|^2=0$$

이는 $A^{\mathrm{T}}A\boldsymbol{x}=\mathbf{0}$일 경우 $A\boldsymbol{x}$가 길이 0을 가짐을 말해준다. 따라서 $A\boldsymbol{x}=\mathbf{0}$이다. ∑

한 영공간에 속한 임의의 벡터는 다른 영공간에 있는 벡터가 될 수 있다. 만약 $A^{\mathrm{T}}A$가 종속적인 열을 가지면 A의 열들도 종속이다. 반면 $A^{\mathrm{T}}A$가 독립인 열을 가지면 A도 그렇다. 이 경우는 좋은 경우이다.

> **A가 선형독립인 열들을 가질 때, $A^{\mathrm{T}}A$는 정사각행렬이자 대칭 행렬, 가역 행렬이다.**

다시 한 번 살펴보자. $A^{\mathrm{T}}A$는 $n\times m$ 행렬과 $m\times n$ 행렬의 곱으로서 $n\times n$ 정사각행렬이다. 이 행렬의 전치 행렬은 $(A^{\mathrm{T}}A)^{\mathrm{T}}=A^{\mathrm{T}}(A^{\mathrm{T}})^{\mathrm{T}}=A^{\mathrm{T}}A$이므로 $A^{\mathrm{T}}A$는 대칭 행렬이다. 그리고 방금 우리는 A가 독립인 열들을 가질 때 $A^{\mathrm{T}}A$가 가역임을 증명하였다. 다음 예에서 종속인 열들과 독립인 열들을 갖는 경우의 차이를 살펴보자.

$$\underset{A^{\mathrm{T}}}{\begin{bmatrix}1&1&0\\2&2&0\end{bmatrix}}\underset{A}{\begin{bmatrix}1&2\\1&2\\0&0\end{bmatrix}}=\underset{A^{\mathrm{T}}A}{\begin{bmatrix}2&4\\4&8\end{bmatrix}} \qquad \underset{A^{\mathrm{T}}}{\begin{bmatrix}1&1&0\\2&2&1\end{bmatrix}}\underset{A}{\begin{bmatrix}1&2\\1&2\\0&1\end{bmatrix}}=\underset{A^{\mathrm{T}}A}{\begin{bmatrix}2&4\\4&9\end{bmatrix}}$$

종속인 열　가역이 아닌 행렬　　　　**독립인 열　가역 행렬**

요약해보자면, 정사영 $\boldsymbol{p}=\hat{v}_1\boldsymbol{a}_1+\cdots+\hat{v}_n\boldsymbol{a}_n$을 찾기 위해 $A^{\mathrm{T}}A\hat{\boldsymbol{v}}=A^{\mathrm{T}}\boldsymbol{b}$를 푼다. 이때 구한 $\hat{\boldsymbol{v}}$에 대하여 $A\hat{\boldsymbol{v}}$이 정사영이 되며, 오차는 $\boldsymbol{e}=\boldsymbol{b}-\boldsymbol{p}=\boldsymbol{b}-A\hat{\boldsymbol{v}}$이다. 사영 행렬 $P=A(A^{\mathrm{T}}A)^{-1}A^{\mathrm{T}}$를 $\boldsymbol{b}$에 곱하여도 정사영 $\boldsymbol{p}=P\boldsymbol{b}$를 얻을 수 있다. **이 행렬 P는 $P^2=P$를 만족한다. $\boldsymbol{b}$와 부분공간까지의 거리는 $\|\boldsymbol{e}\|$이다.**

가중치가 주어진 최소제곱법

측정치 $\boldsymbol{b}$에는 보통 오차가 포함되어 있다. 이 오차는 결과 $\hat{\boldsymbol{v}}$의 오차를 유발한다. 어떤 측정치 b_i는 다른 측정치들(더 부정확한 센서를 통해 나온 결과)보다 더 신뢰할 수 있는 측정치일 수 있다. 이때 우리는 이

신뢰할 수 있는 b_i들에 더 높은 가중치를 주어야 한다.

우리는 각 b_i에 대한 오차의 기댓값이 0이라고 가정한다. 장기적으로 음의 오차는 양의 오차와 균형을 이루므로 평균 오차는 0이 된다. **측정치 b_i에 대한 오차 제곱의 기댓값(평균 제곱의 오차)는 분산 σ_i^2이다.**

$$\textbf{평균}\ m_i = E[e_i] = 0 \qquad \textbf{분산}\ \sigma_i^2 = \textbf{오차 제곱의 기댓값}\ E[e_i^2] \tag{14}$$

우리는 σ_i가 작을 때 i번째 방정식에 더 높은 가중치를 주어야 한다. 이때 b_i는 더 신뢰할 수 있는 값들이다. 통계적으로 올바른 가중치는 $w_i = 1/\sigma_i$이다. $A\boldsymbol{v} = \boldsymbol{b}$에 이 가중치 $w_1, \cdots, w_m$을 포함하고 있는 대각 행렬 W를 곱한다. 이때 보통의 최소제곱법을 사용하여 $WA\boldsymbol{v} = W\boldsymbol{b}$를 푼다. 여기서의 차이는 A와 $\boldsymbol{b}$ 대신 WA와 $W\boldsymbol{b}$를 사용한다는 것이다.

가중치가 주어진 최소제곱법

$$(WA)^{\mathrm{T}}(WA)\hat{\boldsymbol{v}} = (WA)^{\mathrm{T}}W\boldsymbol{b}\textbf{는 } A^{\mathrm{T}}CA\hat{\boldsymbol{v}} = A^{\mathrm{T}}C\boldsymbol{b}\textbf{이다.} \tag{15}$$

여기서 $C = W^{\mathrm{T}}W$는 A^{T}와 A의 사이에 위치하며 가중치가 반영된 행렬 $K = A^{\mathrm{T}}CA$가 만들어진다.

예제 6 여러분의 심박수 v를 두 번 측정한다고 하자. 가중치가 없는 최소제곱법($w_1 = w_2 = 1$)을 사용하면 가장 좋은 추정치는 $\hat{v} = \frac{1}{2}(b_1 + b_2)$이다. [예제 4]에서 두 개의 방정식 $v = b_1$, $v = b_2$에 대한 최소제곱법의 해 $\hat{v}$을 찾았다. 하지만 만약 여러분이 처음 측정에서 좀 더 예민했었다면 σ_1은 σ_2보다 클 것이다. 즉, 처음 측정치 b_1은 b_2보다 큰 분산을 갖는다. 이때 두 개의 측정치에 대한 가중치는 각각 $w_1 = 1/\sigma_1$, $w_2 = 1/\sigma_2$이다.

$$\textbf{가중치가 있을 때} \qquad \begin{aligned} w_1 v &= w_1 b_1 \\ w_2 v &= w_2 b_2 \end{aligned} \qquad \hat{v} = \frac{w_1 b_1 + w_2 b_2}{w_1^2 + w_2^2} \tag{16}$$

$w_1 = w_2 = 1$일 때, 이 답 $\hat{v}$은 가중치가 없을 때의 추정치인 $\frac{1}{2}(b_1 + b_2)$로 귀결된다.
가중치가 반영된 $K = A^{\mathrm{T}}CA$는 가중치가 없을 때의 행렬인 $A^{\mathrm{T}}A$와 마찬가지로 좋은 성질을 갖는다. K 역시 정사각행렬이면서 대칭 행렬이고, (예제에서 살펴보았듯이) A가 독립인 열들을 가질 때 가역 행렬이 된다. 이때 $A^{\mathrm{T}}A$와 $A^{\mathrm{T}}CA$의 모든 고윳값들은 $\lambda > 0$이다. 따라서 이 행렬들은 양의 정부호 행렬이다!

7.1 요약

1. 최소제곱법의 해 $\hat{\boldsymbol{v}}$은 $E = \|\boldsymbol{b} - A\hat{\boldsymbol{v}}\|^2$을 최소화한다. 이때 $A^{\mathrm{T}}A\hat{\boldsymbol{v}} = A^{\mathrm{T}}\boldsymbol{b}$를 만족한다.
2. m개의 점을 직선 $C + Dt$에 가깝게 맞추려고 할 때, A는 $m \times 2$ 행렬이 되며 $\hat{\boldsymbol{v}} = (\hat{C}, \hat{D})$은 가장 좋은 직선을 알려준다.
3. A의 열공간 위로의 $\boldsymbol{b}$의 정사영은 $\boldsymbol{p} = A\hat{\boldsymbol{v}} = P\boldsymbol{b}$이며, 이 점은 A의 열공간에서 $\boldsymbol{b}$에 가장 가까운 점이다.
4. 오차는 $\boldsymbol{e} = \boldsymbol{b} - \boldsymbol{p}$이다. 사영 행렬은 $P = A(A^{\mathrm{T}}A)^{-1}A^{\mathrm{T}}$이며 $P^2 = P$를 만족한다.
5. 가중치가 주어진 경우의 최소제곱법은 $A^{\mathrm{T}}CA\hat{\boldsymbol{v}} = A^{\mathrm{T}}C\boldsymbol{b}$이다. 좋은 가중치 c_i는 $1/(b_i$의 분산)로 주는 것이다.

7.1 연습문제

01 심박수가 $b_1 = 70$회/분, $b_2 = 120$회/분, $b_3 = 80$회/분으로 측정되었다고 하자. $A^{\mathrm{T}} = [1\,1\,1]$인 세 방정식 $v = b_1$, $v = b_2$, $v = b_3$에 대한 최소제곱법의 해는 $\hat{v} = (A^{\mathrm{T}}A)^{-1}A^{\mathrm{T}}\boldsymbol{b} =$ _____이다. 미적분학과 정사영을 사용하자.

(a) $dE/dv = 0$을 풀어 $E = (v-70)^2 + (v-120)^2 + (v-80)^2$을 최소화하라.

(b) $\boldsymbol{b} = (70, 120, 80)$을 $\boldsymbol{a} = (1, 1, 1)$에 정사영하여 $\hat{v} = \boldsymbol{a}^{\mathrm{T}}\boldsymbol{b}/\boldsymbol{a}^{\mathrm{T}}\boldsymbol{a}$를 구하라.

02 $Av = \boldsymbol{b}$가 1개의 미지수 v에 대한 m개의 방정식 $a_i v = b_i$를 나타낸다고 하자. 제곱 합 $E = (a_1 v - b_1)^2 + \cdots + (a_m v - b_m)^2$에 대하여 미적분학을 사용하여 E를 최소로 하는 $\hat{v}$을 구하라. 그 후, 한 개의 열을 갖는 A를 사용하여 $A^{\mathrm{T}}A\hat{v} = A^{\mathrm{T}}\boldsymbol{b}$를 만든 후 같은 $\hat{v}$을 도출하라.

03 $x = (0, 1, 2, 3)$에서 $\boldsymbol{b} = (4, 1, 0, 1)$인 네 데이터들에 대하여 가장 가까운 직선 $C + Dx$의 계수인 $\hat{\boldsymbol{v}} = (C, D)$에 대한 정규 방정식을 세우고 풀어라. $A\boldsymbol{v} = \boldsymbol{b}$의 네 개의 방정식으로부터 시작하라. 만일 네 개의 점이 한 직선 위에 있다면 이 방정식은 해를 가질 것이다.

04 [연습문제 03]에서 정사영 $\boldsymbol{p} = A\hat{\boldsymbol{v}}$을 구하라. 정사영의 네 개의 성분을 높이로 하는 점이 직선 $C + Dx$ 위에 있음을 확인하라. 오차 $\boldsymbol{e} = \boldsymbol{b} - \boldsymbol{p}$를 구하고 $A^{\mathrm{T}}\boldsymbol{e} = \boldsymbol{0}$임을 확인하라.

05 미적분학을 이용하여 [연습문제 03]을 풀어보자. $E = \|\boldsymbol{b} - A\boldsymbol{v}\|^2$을 네 개의 제곱 합으로 써라. 마지막 제곱은 $(1 - C - 3D)^2$이다. 도함수에 대한 방정식 $\partial E/\partial C = \partial E/\partial D = 0$을 구하라. 이 방정식들을 2로 나누어 $A^{\mathrm{T}}A\hat{\boldsymbol{v}} = A^{\mathrm{T}}\boldsymbol{b}$를 도출하라.

06 [연습문제 03]에서 주어진 네 개의 점에 대하여 가장 가까운 이차함수 $C + Dt + Et^2$을 찾기 위한 $\boldsymbol{v} = (C, D, E)$에 대한 방정식 $A\boldsymbol{v} = \boldsymbol{b}$를 적어라. 이 방정식에는 해가 존재하지 않는다. $\hat{\boldsymbol{v}}$에 대한 정규 방정식을 세워라. 이 네 개의 점을 갖고 가장 가까운 삼차 함수 $C + Dt + Et^2 + Ft^3$을 찾는다면 이때의 오차벡터 $\boldsymbol{e}$는 무엇이겠는가?

07 직선 $b=C+Dt$가 $t=-1$일 때 $b=7$, $t=1$일 때 $b=7$, $t=2$일 때 $b=21$을 지나기 위한 3개의 방정식을 적어라. $\hat{\boldsymbol{v}}=(C, D)$에 대한 최소제곱법의 해를 찾고 가장 가까운 직선을 그려라.

08 [연습문제 07]에서 정사영 $\boldsymbol{p}=A\hat{\boldsymbol{v}}$을 구하라. 이 정사영은 가장 가까운 직선의 $t=-1, 1, 2$일 때의 높이를 나타낸다. 오차벡터가 $\boldsymbol{e}=(2,-6,4)$임을 보여라.

09 $t=-1, 1, 2$에서의 관측값이 [연습문제 08]에서의 오차인 $2, -6, 4$라고 가정하자. $\hat{\boldsymbol{v}}$과 이 새로운 관측값에 가장 가까운 직선을 계산하라. 구한 답에 대하여 설명하라. $\boldsymbol{b}=(2,-6,4)$는 _____에 수직이므로 정사영은 $\boldsymbol{p}=\boldsymbol{0}$이다.

10 $t=-1, 1, 2$에서의 관측값이 $\boldsymbol{b}=(5,13,17)$이라고 가정하자. $\hat{\boldsymbol{v}}$ 및 가장 가까운 직선을 구하라. 오차는 $\boldsymbol{e}=\boldsymbol{0}$인데, 이는 이 $\boldsymbol{b}$가 _____이기 때문이다.

11 시간 $t=-2, -1, 0, 1, 2$일 때 $\boldsymbol{b}=4, 2, -1, 0, 0$인 5개의 데이터에 가장 가까운 직선 $C+Dt$를 구하라.

12 정사각형의 꼭짓점 $(1,0)$, $(0,1)$, $(-1,0)$, $(0,-1)$에서 각각 $\boldsymbol{b}=(0,1,3,4)$인 4개의 데이터에 가장 가까운 평면을 구하라. 이 네 점에서 방정식 $C+Dx+Ey=b$는 3개의 미지수를 갖는 $\boldsymbol{v}=(C, D, E)$에 대한 방정식이 된다.

13 $t=0, 1, 3, 4$에서 $\boldsymbol{b}=0, 8, 8, 20$인 4개의 데이터에 대하여 정규 방정식 $A^{\mathrm{T}}A\boldsymbol{v}=A^{\mathrm{T}}\boldsymbol{b}$를 세우고 풀어라. 가장 가까운 직선 $C+Dt$에 대하여 네 개의 높이 p_i와 오차 e_i들을 구하라. $E=e_1^2+e_2^2+e_3^2+e_4^2$의 최솟값은 얼마인가?

14 미적분학을 사용하여 정규 방정식을 도출해보자. $E=\|\boldsymbol{b}-A\boldsymbol{v}\|^2$을 네 개의 제곱 합으로 써라. 마지막 제곱은 $(C+4D-20)^2$이다. 도함수에 대한 방정식 $\partial E/\partial C=0$ 및 $\partial E/\partial D=0$을 구하라. 2로 나누어 정규 방정식 $A^{\mathrm{T}}A\hat{\boldsymbol{v}}=A^{\mathrm{T}}\boldsymbol{b}$를 도출하라.

15 네 개의 기본 부분공간 중 오차벡터 $\boldsymbol{e}$를 포함하고 있는 공간은 무엇인가? 정사영 $\boldsymbol{p}$를 포함하고 있는 공간은 무엇인가? 또한 해 $\hat{\boldsymbol{v}}$을 포함하고 있는 공간은 무엇인가?

16 $\boldsymbol{b}=(0,8,8,20)$에 가장 가까운 수평선의 높이 C를 찾아라. 정확한 수평선은 네 개의 방정식 $C=0$, $C=8$, $C=8$, $C=20$의 해가 되겠지만 이 방정식에는 해가 없다. 이 방정식들에 대한 4×1 행렬 A를 구하고, $A^{\mathrm{T}}A\hat{\boldsymbol{v}}=A^{\mathrm{T}}\boldsymbol{b}$를 풀어라.

17~22 다음은 직선 위로의 정사영 및 오차 $\boldsymbol{e}=\boldsymbol{b}-\boldsymbol{p}$와 행렬 P에 관한 문제이다.

17 다음 벡터 $\boldsymbol{b}$를 $\boldsymbol{a}$ 방향으로의 직선 위에 정사영하라. $\boldsymbol{e}$가 $\boldsymbol{a}$에 수직임을 확인하라.

(a) $\boldsymbol{b}=\begin{bmatrix}1\\2\\3\end{bmatrix}$, $\boldsymbol{a}=\begin{bmatrix}1\\1\\1\end{bmatrix}$

(b) $\boldsymbol{b}=\begin{bmatrix}1\\3\\1\end{bmatrix}$, $\boldsymbol{a}=\begin{bmatrix}-1\\-3\\-1\end{bmatrix}$

18 $\boldsymbol{a}$ 위로의 $\boldsymbol{b}$의 정사영을 그린 다음 이 정사영을 $\boldsymbol{p}=\hat{v}\boldsymbol{a}$로부터도 계산하라.

(a) $\boldsymbol{b}=\begin{bmatrix}\cos\theta\\\sin\theta\end{bmatrix}$, $\boldsymbol{a}=\begin{bmatrix}1\\0\end{bmatrix}$

(b) $\boldsymbol{b}=\begin{bmatrix}1\\1\end{bmatrix}$, $\boldsymbol{a}=\begin{bmatrix}1\\-1\end{bmatrix}$

19 [연습문제 18]에서의 각 벡터 $\boldsymbol{a}$에 대하여 사영 행렬 $P=\boldsymbol{a}\boldsymbol{a}^{\mathrm{T}}/\boldsymbol{a}^{\mathrm{T}}\boldsymbol{a}$를 구하라. 각 경우 $P^2=P$임을 확인하라. 각 경우 P를 $\boldsymbol{b}$에 곱하여 정사영 $\boldsymbol{p}$를 구하라.

20 [연습문제 18]에 주어진 $\boldsymbol{a}$들에 대하여 $\boldsymbol{a}$방향 위로의 사영 행렬 P_1과 P_2를 구하라. 이때$(P_1+P_2)^2=P_1+P_2$인가? 이는 $P_1P_2=O$이면 성립한다.

21 $\boldsymbol{a}_1=(-1,2,2)$ 방향의 직선과 $\boldsymbol{a}_2=(2,2,-1)$ 방향의 직선에 대한 사영 행렬 $\boldsymbol{a}\boldsymbol{a}^{\mathrm{T}}/\boldsymbol{a}^{\mathrm{T}}\boldsymbol{a}$를 각각 구하라. 이 두 행렬 P_1P_2를 곱한 다음, 구한 답에 대하여 설명하라.

22 [연습문제 21]에 이어 $\boldsymbol{a}_3=(2,-1,2)$ 방향 위로의 사영 행렬 P_3을 구하라. $P_1+P_2+P_3=I$임을 증명하라. 기저 $\boldsymbol{a}_1$, $\boldsymbol{a}_2$, $\boldsymbol{a}_3$은 서로 수직이다!

---

23 벡터 $\boldsymbol{b}=(1,1)$을 $\boldsymbol{a}_1=(1,0)$ 및 $\boldsymbol{a}_2=(1,2)$위로 정사영하라. 이때의 정사영 $\boldsymbol{p}_1$과 $\boldsymbol{p}_2$를 그린 다음, 두 정사영을 합하여 $\boldsymbol{p}_1+\boldsymbol{p}_2$를 구하라. $\boldsymbol{a}$들이 수직이 아니므로

정사영들을 더하여 $\boldsymbol{b}$가 되지 않는다.

24 **(추천)** A가 4×4 항등 행렬에서 마지막 열을 제거한 4×3 행렬이라 하자. $\boldsymbol{b}=(1,2,3,4)$를 A의 열공간 위로 정사영하라. 사영 행렬 P의 크기는 어떻게 되는지 구하고, P도 구하라.

25 만약 A가 두 배가 되면 $P=2A(4A^{\mathrm{T}}A)^{-1}2A^{\mathrm{T}}$이다. 이는 $A(A^{\mathrm{T}}A)^{-1}A^{\mathrm{T}}$와 같다. $2A$의 열공간은 ____와 같다. A와 $2A$에 대한 $\hat{\boldsymbol{v}}$은 같겠는가?

26 $(1,2,-1)$과 $(1,0,1)$의 선형결합 중 $\boldsymbol{b}=(2,1,1)$에 가장 가까운 것은 무엇인가?

27 **(중요)** 만약 $P^2=P$이면 $(I-P)^2=I-P$임을 보여라. P가 A의 열공간 위로의 사영 행렬일 때, $I-P$는 어떤 기본 부분공간 위로의 사영 행렬인가?

28 P가 3×3 사영 행렬로서 $(1,1,1)$ 방향의 직선 위로의 정사영을 나타낼 때, $I-P$는 ____위로의 사영 행렬이다.

29 $P=A(A^{\mathrm{T}}A)^{-1}A^{\mathrm{T}}$를 자기 자신과 곱해보라. 항들을 소거하여 $P^2=P$임을 보여라. 왜 항상 $P(P\boldsymbol{b})=P\boldsymbol{b}$인지 설명해보자. 벡터 $P\boldsymbol{b}$는 열공간에 있으므로 그 정사영은 ____이다.

30 A가 정사각행렬이고 가역일 때, $(A^{\mathrm{T}}A)^{-1}$을 분해하는 것에 대한 경고는 더 이상 적용되지 않는다. 이때 $AA^{-1}(A^{\mathrm{T}})^{-1}A^{\mathrm{T}}=I$는 참이다. A가 가역일 때, 왜 $P=I$이고 $\boldsymbol{e}=\boldsymbol{0}$인가?

31 $A^{\mathrm{T}}A$에 대한 중요한 사실은 다음과 같다. **만약 $A^{\mathrm{T}}A\boldsymbol{x}=\boldsymbol{0}$이면 $A\boldsymbol{x}=\boldsymbol{0}$이다.** 다음은 이 사실에 대한 새로운 증명이다. 벡터 $A\boldsymbol{x}$는 ____의 영공간에 있다. $A\boldsymbol{x}$는 항상 ____의 열공간에 있다. 서로 수직인 이 두 부분공간에 모두 속하기 위해서는 $A\boldsymbol{x}$는 반드시 영벡터이어야 한다.

NOTE_ **평균과 분산, 그리고 시험 성적**

만약 모든 시험점수가 90점이라면 평균은 $m=90$이고 분산은 $\sigma^2=0$이다. N개의 시험에 대한 성적의 기댓값을 $g_1,\cdots,g_N$이라 하자. 이때 σ^2은 평균까지의 거리의 제곱으로부터 나온다.

$$\text{평균 } m=\frac{g_1+\cdots+g_N}{N}$$

$$\text{분산 } \sigma^2=\frac{(g_1-m)^2+\cdots+(g_N-m)^2}{N}$$

32 σ^2은 $\frac{1}{N}(g_1^2+\cdots+g_N^2)-m^2$과도 같음을 보여라.

33 만일 여러분이 동전을 N번 던질 때(앞면이 나오면 1, 뒷면이 나오면 0), 앞면이 나오는 횟수에 대한 기댓값 m은 얼마인가? 분산 σ^2은 얼마인가?

7.2 양의 정부호 행렬과 특잇값 분해

이 장에서 등장하는 $A^{\mathrm{T}}A$에 대한 응용은 선형대수학에서 중요한 두 가지 아이디어에 의존하고 있다. 이제 이 두 가지 아이디어에 집중해보자.

1. 양의 정부호 대칭 행렬 ($A^{\mathrm{T}}A$와 $A^{\mathrm{T}}CA$ 모두 양의 정부호 행렬이다)
2. 특잇값 분해 ($A=U\Sigma V^{\mathrm{T}}$는 네 개의 기본 부분공간에 대한 기저를 모두 알려준다)

핵심은 특잇값 분해의 두 직교 행렬 U와 V이다. 이 행렬의 열들은 각각 AA^{T}와 $A^{\mathrm{T}}A$의 고유벡터들이고, 대각 행렬 Σ의 성분들은 고윳값들의 제곱근이다. 행렬 AA^{T}와 $A^{\mathrm{T}}A$의 0이 아닌 고윳값들은 모두 같다. 6.5절에서 이 대칭 행렬들의 고유벡터들이 서로 수직임을 보였다. 이제 A가 독립인 열들을 가지면 $A^{\mathrm{T}}A$의 고윳값들이 양수임을 보일 것이다.

$A^{\mathrm{T}}A\boldsymbol{x}=\lambda\boldsymbol{x}$로부터 시작하자. 이때 $\boldsymbol{x}^{\mathrm{T}}A^{\mathrm{T}}A\boldsymbol{x}=\lambda\boldsymbol{x}^{\mathrm{T}}\boldsymbol{x}$이므로 $\lambda=\|Ax\|^2/\|x\|^2>0$이다.

증명에서 $\boldsymbol{x}^{\mathrm{T}}A^{\mathrm{T}}A\boldsymbol{x}$를 $(A\boldsymbol{x})^{\mathrm{T}}(A\boldsymbol{x})=\|A\boldsymbol{x}\|^2$으로 분리하였다. $A^{\mathrm{T}}A$는 가역이므로(A가 독립인 열들을 갖기 때문이다) $\lambda=0$일 수 없다. 고윳값들은 반드시 양수이어야 한다. 이는 양의 정부호 행렬을 이해하기 위한 핵심 단계이다. 주어진 대칭 행렬 S가 양의 정부호 행렬인지를 확인하기 위한 세 가지 방법은 다음과 같다.

양의 정부호 대칭 행렬

1. S의 모든 고윳값이 양수이다.
2. '에너지' $\boldsymbol{x}^{\mathrm{T}}S\boldsymbol{x}$는 영벡터가 아닌 모든 $\boldsymbol{x}$에 대하여 양수이다.
3. 독립인 열을 가지는 행렬 A에 대하여 S는 $A^{\mathrm{T}}A$의 형태이다.

이뿐만 아니라 피봇(모든 피봇이 양수)과 n개의 행렬식(모든 행렬식이 양수)을 이용한 방법도 있다.

예제 1 다음 행렬들은 양의 정부호 행렬인가? 이 행렬들의 고윳값이 모두 양수인 경우, $S=A^{\mathrm{T}}A$인 행렬 A를 구하고, 양수 에너지 $\boldsymbol{x}^{\mathrm{T}}S\boldsymbol{x}$를 구하라.

$$\text{(a)}\quad S=\begin{bmatrix}4&0\\0&1\end{bmatrix}\qquad \text{(b)}\quad S=\begin{bmatrix}5&4\\4&5\end{bmatrix}\qquad \text{(c)}\quad S=\begin{bmatrix}4&5\\5&4\end{bmatrix}$$

풀이

정답은 '(a) 그렇다, (b) 그렇다, (c) 아니다'이다. 위 행렬 S들의 고윳값은 각각 다음과 같다.

(a) 4와 1 : 모두 양수이다.

(b) 9와 1 : 모두 양수이다.

(c) 9와 -1 : 모두 양수는 아니다.

고윳값을 구하는 것보다 더 빠르게 확인하는 방법은 **두 개의 행렬식**(1×1 행렬식 S_{11}과 2×2 행렬 S의 행렬식)을 사용하는 것이다. (b)에 대하여 $S_{11}=5$이고 $\det S=25-16=9$이므로 S는 양의 정부호 행렬이다. (c)에 대하여 $S_{11}=4$이지만 $\det S=16-25=-9$이므로 S는 양의 정부호 행렬이 아니다. ❯

S가 대칭 행렬일 때, 에너지가 양수라는 것은 S의 모든 고윳값이 양수라는 것과 동치이다. 세 개의 모든 예에 대하여 에너지 $\boldsymbol{x}^{\mathrm{T}}S\boldsymbol{x}$를 확인해보자. 처음 두 개의 예는 이 조건을 만족하지만 세 번째 예는 만족하지 않는다.

$$\begin{bmatrix} x_1 & x_2 \end{bmatrix}\begin{bmatrix} 4 & 0 \\ 0 & 1 \end{bmatrix}\begin{bmatrix} x_1 \\ x_2 \end{bmatrix}=4x_1^2+x_2^2>0 \qquad \boldsymbol{x}\neq\boldsymbol{0}\text{일 때 에너지는 양수}$$

$$\begin{bmatrix} x_1 & x_2 \end{bmatrix}\begin{bmatrix} 5 & 4 \\ 4 & 5 \end{bmatrix}\begin{bmatrix} x_1 \\ x_2 \end{bmatrix}=5x_1^2+8x_1x_2+5x_2^2 \qquad \boldsymbol{x}\neq\boldsymbol{0}\text{일 때 에너지는 양수}$$

$$\begin{bmatrix} x_1 & x_2 \end{bmatrix}\begin{bmatrix} 4 & 5 \\ 5 & 4 \end{bmatrix}\begin{bmatrix} x_1 \\ x_2 \end{bmatrix}=4x_1^2+10x_1x_2+4x_2^2 \qquad \boldsymbol{x}=(1,-1)\text{일 때 에너지는 }-2$$

에너지가 양수인 것은 기초적인 성질이다. 이것이 양의 정부호에 대한 가장 좋은 정의이다. 고윳값들이 양수일 때, $A^{\mathrm{T}}A=S$가 되는 행렬 A는 많다. 대칭 행렬이면서 양의 정부호를 갖는 행렬로 A를 선택할 수 있다. 이때 $A^{\mathrm{T}}A=A^2$이며 $A=\sqrt{S}$는 행렬 S의 진정한 제곱근이다. (a), (b)와 같이 성공적인 예에서는 $\boldsymbol{S}=\boldsymbol{A}^2$이다.

$$\begin{bmatrix} 4 & 0 \\ 0 & 1 \end{bmatrix}=\begin{bmatrix} 2 & 0 \\ 0 & 1 \end{bmatrix}\begin{bmatrix} 2 & 0 \\ 0 & 1 \end{bmatrix} \quad \text{그리고} \quad \begin{bmatrix} 5 & 4 \\ 4 & 5 \end{bmatrix}=\begin{bmatrix} 2 & 1 \\ 1 & 2 \end{bmatrix}\begin{bmatrix} 2 & 1 \\ 1 & 2 \end{bmatrix}$$

우리는 모든 대칭 행렬은 정규직교인 고유벡터로 이루어진 V들을 통해 $S=V\Lambda V^{\mathrm{T}}$의 형태로 표현될 수 있음을 알고 있다. 대각 행렬 Λ는 모든 고윳값이 양수일 때 제곱근 $\sqrt{\Lambda}$를 갖는다. 이 경우 $A=\sqrt{S}=V\sqrt{\Lambda}\,V^{\mathrm{T}}$는 대칭 양의 정부호 행렬의 제곱근이다.

$$A^{\mathrm{T}}A=\sqrt{S}\sqrt{S}=(V\sqrt{\Lambda}\,V^{\mathrm{T}})(V\sqrt{\Lambda}\,V^{\mathrm{T}})=V\sqrt{\Lambda}\sqrt{\Lambda}\,V^{\mathrm{T}}=S\text{인데,}$$
$$\text{이는 }V^{\mathrm{T}}V=I\text{이기 때문이다.}$$

이 유일한 제곱근 $\sqrt{S}$로부터 정규직교인 열들을 가지는 임의의 행렬 Q를 곱하라($Q^{\mathrm{T}}Q=I$이다). 이때 $Q\sqrt{S}$는 A에 대한 다른 선택이 될 수 있다(대칭 행렬은 아니다). 사실 A에 대한 모든 선택은 이 방법을 통해서만 가능하다.

$$A^{\mathrm{T}}A=(Q\sqrt{S})^{\mathrm{T}}(Q\sqrt{S})=\sqrt{S}\,Q^{\mathrm{T}}Q\sqrt{S}=S \tag{1}$$

다음 [예제 1]에서는 특수한 Q를 택하여 특수한 A를 구한다.

예제 1 **(계속)** $Q=\begin{bmatrix}0&-1\\1&0\end{bmatrix}$을 선택하여 $\sqrt{S}$에 곱하라. 이때 $A=Q\sqrt{S}$이다.

$A=\begin{bmatrix}0&-1\\1&0\end{bmatrix}\begin{bmatrix}2&0\\0&1\end{bmatrix}=\begin{bmatrix}0&-1\\2&0\end{bmatrix}$에 대하여 $S=A^{\mathrm{T}}A=\begin{bmatrix}4&0\\0&1\end{bmatrix}$이다.

$A=\begin{bmatrix}0&-1\\1&0\end{bmatrix}\begin{bmatrix}2&1\\1&2\end{bmatrix}=\begin{bmatrix}-1&-2\\2&1\end{bmatrix}$에 대하여 $S=A^{\mathrm{T}}A=\begin{bmatrix}5&4\\4&5\end{bmatrix}$이다.

양의 준정부호 행렬

양의 준정부호 행렬positive semidefinite matrix은 양의 정부호 행렬들에 다른 행렬들을 조금 더 포함한 것이다. 예를 들어 S의 고윳값은 0이 될 수 있고, A의 열들은 종속일 수 있으며 에너지 $\boldsymbol{x}^{\mathrm{T}}S\boldsymbol{x}$는 0이 될 수 있지만 음수는 될 수 없다. 이것은 $S=S^{\mathrm{T}}$인 행렬(가역이 아닐 수 있다)에 대한 새로운 동치인 조건들을 준다.

1'. S의 모든 고윳값은 $\lambda \geq 0$을 만족한다(준정부호는 고윳값 0을 허용한다).

2'. 에너지는 모든 $\boldsymbol{x}$에 대하여 음이 아니다. 즉, $\boldsymbol{x}^{\mathrm{T}}S\boldsymbol{x}\geq 0$이다(에너지는 0일 수 있다).

3'. S는 $A^{\mathrm{T}}A$의 형태이다(모든 행렬 A가 가능하다. 즉, A의 열들은 종속일 수 있다).

예제 2 다음의 행렬 중 처음 두 개는 가역이 아니고, 양의 준정부호를 갖는다. 하지만 세 번째 행렬은 그렇지 않다.

$$\text{(d)}\ S=\begin{bmatrix}0&0\\0&1\end{bmatrix}\qquad \text{(e)}\ S=\begin{bmatrix}4&4\\4&4\end{bmatrix}\qquad \text{(f)}\ S=\begin{bmatrix}-4&4\\4&-4\end{bmatrix}$$

행렬의 고윳값들은 각각 $1,0$, $8,0$, $-8,0$이다. 에너지 $\boldsymbol{x}^{\mathrm{T}}S\boldsymbol{x}$는 각각 x_2^2, $4(x_1+x_2)^2$, $-4(x_1-x_2)^2$이다. 따라서 세 번째 행렬은 실제로는 음의 반정부호 행렬negative semidefinite matrix이다.

특잇값 분해

이제 정사각행렬 혹은 직사각행렬인 A로부터 시작하자. 행렬은 모형으로부터 나오며 실제 응용도 이런 식으로 시작된다. 특잇값 분해singular value decomposition는 임의의 행렬을 직교 행렬 U와 대각 행렬 Σ 그리고 직교 행렬 V^{T}의 곱으로 분해한다. 이 직교 행렬들은 A와 관련된 네 개의 기본 부분공간의 기저를 보여줄 것이다.

임의의 $m \times n$ 행렬에 대한 목표를 설명한 후, 그 목표를 어떻게 달성할지를 살펴보자. **$\mathbb{R}^n$의 정규직교 기저 $\boldsymbol{v}_1, \cdots, \boldsymbol{v}_n$과 $\mathbb{R}^m$의 정규직교 기저 $\boldsymbol{u}_1, \cdots, \boldsymbol{u}_m$을 찾되, 다음이 성립하도록 한다.**

$$A\boldsymbol{v}_1 = \sigma_1\boldsymbol{u}_1, \ \cdots, \ A\boldsymbol{v}_r = \sigma_r\boldsymbol{u}_r \qquad A\boldsymbol{v}_{r+1} = \mathbf{0}, \ \cdots, \ A\boldsymbol{v}_n = \mathbf{0} \tag{2}$$

A의 계수는 r이다. (2)에서의 조건들은 행렬 곱 $AV = U\Sigma$로 표현될 수 있다. 이때 r개의 0이 아닌 특잇값 $\sigma_1 \geq \sigma_2 \geq \cdots \geq \sigma_r > 0$은 Σ의 대각성분 위에 있다.

$$\boldsymbol{AV = U\Sigma} \qquad A\left[\boldsymbol{v}_1 \cdots \boldsymbol{v}_r \cdots \boldsymbol{v}_n\right] = \left[\boldsymbol{u}_1 \cdots \boldsymbol{u}_r \cdots \boldsymbol{u}_m\right]\begin{bmatrix} \sigma_1 & & & 0 \\ & \ddots & & \\ & & \sigma_r & \\ 0 & & & 0 \end{bmatrix} \tag{3}$$

V의 마지막 $(n-r)$개의 벡터는 A의 영공간의 기저이고, U의 마지막 $(m-r)$개의 벡터는 A^{T}의 영공간의 기저이다. 대각 행렬 Σ는 $m \times n$ 행렬이며 r개의 0이 아닌 성분이 있다. $\boldsymbol{v}_1, \cdots, \boldsymbol{v}_n$이 $\mathbb{R}^n$에서 정규직교이므로 $V^{-1} = V^{\mathrm{T}}$임을 기억하라.

$$\text{특잇값 분해} \qquad AV = U\Sigma\text{는 } A = U\Sigma V^{\mathrm{T}}\text{가 된다.} \tag{4}$$

특잇값 분해에서는 직교 행렬 U와 V가 있으며, 이 두 행렬은 AA^{T}와 $A^{\mathrm{T}}A$의 고유벡터들을 포함하고 있다.

NOTE_ 정사각행렬은 고유벡터들에 의해 대각화할 수 있다. 즉, $A\boldsymbol{x}_i = \lambda_i\boldsymbol{x}_i$는 $A\boldsymbol{v}_i = \sigma_i\boldsymbol{u}_i$와 유사하다. 하지만 A가 n개의 고유벡터를 갖더라도 그 고유벡터들은 서로 수직이 아닐 수 있다. 우리는 두 개의 기저가 필요하다. 첫 번째 기저는 정의역인 $\mathbb{R}^n$의 기저 $\boldsymbol{v}$이며 두 번째 기저는 공역인 $\mathbb{R}^m$의 기저 $\boldsymbol{u}$이다. 이 두 개의 기저를 사용하면 임의의 $m \times n$ 행렬을 대각화할 수 있다. 또한 이 두 기저는 정규직교가 되도록 선택할 수 있다는 점이 아주 아름답다. 즉, $U^{\mathrm{T}}U = I$와 $V^{\mathrm{T}}V = I$이다.

$\boldsymbol{v}$는 대칭 행렬 $S = A^{\mathrm{T}}A$의 고유벡터들이다. 따라서 $\boldsymbol{v}$가 수직임을 보장할 수 있으며, $j \neq i$에 대하여 $\boldsymbol{v}_j^{\mathrm{T}}\boldsymbol{v}_i = 0$이다. 행렬 S는 또한 양의 준정부호를 가지며, 따라서 고윳값들은 $\sigma_i^2 \geq 0$을 만족한다. 특잇값 분해의 핵심은 **$A\boldsymbol{v}_j$가 $A\boldsymbol{v}_i$에 수직**이라는 것이다.

$$\textbf{수직인 } \boldsymbol{u} \qquad (A\boldsymbol{v}_j)^{\mathrm{T}}(A\boldsymbol{v}_i) = \boldsymbol{v}_j^{\mathrm{T}}(A^{\mathrm{T}}A\boldsymbol{v}_i) = \boldsymbol{v}_j^{\mathrm{T}}(\sigma_i^2\boldsymbol{v}_i) = \begin{cases} \sigma_i^2 & (j = i) \\ 0 & (j \neq i) \end{cases} \tag{5}$$

이는 $i=1, \cdots, r$에 대하여 벡터 $\boldsymbol{u}_i = A\boldsymbol{v}_i/\sigma_i$가 정규직교임을 말해준다. 이 벡터들은 A의 열공간의 기저이다. 그리고 $\boldsymbol{u}$들은 대칭 행렬 AA^{T}의 고유벡터이며 이 행렬은 $S=A^{\mathrm{T}}A$와는 다르다. 하지만 두 행렬의 고윳값 $\sigma_1^2, \cdots, \sigma_r^2$은 같다.

예제 3 다음 직사각행렬 A에 대하여 왼쪽 고유벡터 $\boldsymbol{v}$와 오른쪽 고유벡터 $\boldsymbol{u}$를 구하라.

$$A = \begin{bmatrix} 2 & 2 & 0 \\ -1 & 1 & 0 \end{bmatrix} = U\Sigma V^{\mathrm{T}}$$

풀이

$S=A^{\mathrm{T}}A$를 계산하고 단위고유벡터 $\boldsymbol{v}_1, \boldsymbol{v}_2, \boldsymbol{v}_3$을 구하라. 고윳값 σ^2은 8, 2, 0이므로 양의 특잇값은 $\sigma_1 = \sqrt{8}$, $\sigma_2 = \sqrt{2}$ 이다.

$$A^{\mathrm{T}}A = \begin{bmatrix} 5 & 3 & 0 \\ 3 & 5 & 0 \\ 0 & 0 & 0 \end{bmatrix} \text{는 } \boldsymbol{v}_1 = \frac{1}{2}\begin{bmatrix} \sqrt{2} \\ \sqrt{2} \\ 0 \end{bmatrix},\ \boldsymbol{v}_2 = \frac{1}{2}\begin{bmatrix} \sqrt{2} \\ -\sqrt{2} \\ 0 \end{bmatrix},\ \boldsymbol{v}_3 = \begin{bmatrix} 0 \\ 0 \\ 1 \end{bmatrix} \text{을 갖는다.}$$

오른쪽 고유벡터 $\boldsymbol{u}_1 = A\boldsymbol{v}_1/\sigma_1$과 $\boldsymbol{u}_2 = A\boldsymbol{v}_2/\sigma_2$도 정규직교이며 $\sigma_1 = \sqrt{8}$ 이고 $\sigma_2 = \sqrt{2}$ 이다. 이 두 벡터 $\boldsymbol{u}_1$과 $\boldsymbol{u}_2$는 A의 열공간에 속한다.

$$\boldsymbol{u}_1 = \begin{bmatrix} 2 & 2 & 0 \\ -1 & 1 & 0 \end{bmatrix}\frac{\boldsymbol{v}_1}{\sqrt{8}} = \begin{bmatrix} 1 \\ 0 \end{bmatrix},\ \boldsymbol{u}_2 = \begin{bmatrix} 2 & 2 & 0 \\ -1 & 1 & 0 \end{bmatrix}\frac{\boldsymbol{v}_2}{\sqrt{2}} = \begin{bmatrix} 0 \\ -1 \end{bmatrix}$$

이때 $U=I$이며 이 2×3 행렬에 대한 특잇값 분해는 다음과 같은 $U\Sigma V^{\mathrm{T}}$ 이다.

$$A = \begin{bmatrix} 2 & 2 & 0 \\ -1 & 1 & 0 \end{bmatrix} = \begin{bmatrix} 1 & 0 \\ 0 & -1 \end{bmatrix}\begin{bmatrix} \sqrt{8} & 0 & 0 \\ 0 & \sqrt{2} & 0 \end{bmatrix}\frac{1}{2}\begin{bmatrix} \sqrt{2} & \sqrt{2} & 0 \\ \sqrt{2} & -\sqrt{2} & 0 \\ 0 & 0 & 2 \end{bmatrix}^{\mathrm{T}}$$

선형대수학의 기본 정리

이 책에서는 특잇값 분해를 기본 정리의 마지막 단계로 생각한다. [그림 7-3]에 네 개의 부분공간의 차원이 나온다. 그 다음에는 서로 수직인 부분공간들의 쌍도 나온다. 이제 A를 대각화하는 정규직교 기저 $\boldsymbol{v}$와 $\boldsymbol{u}$가 나온다. $A\boldsymbol{v}_j = \sigma_j\boldsymbol{u}_j$의 양변에 A^{T}를 곱한 다음, σ_j로 나누면 식 $A^{\mathrm{T}}\boldsymbol{u}_j = \sigma_j\boldsymbol{v}_j$가 나온다.

특잇값 분해	$A\boldsymbol{v}_j = \sigma_j\boldsymbol{u}_j \ (j \le r)$ $A\boldsymbol{v}_j = \mathbf{0} \quad (j > r)$	$A^{\mathrm{T}}\boldsymbol{u}_j = \sigma_j\boldsymbol{v}_j (j \le r)$ $A^{\mathrm{T}}\boldsymbol{u}_j = \mathbf{0} \quad (j > r)$

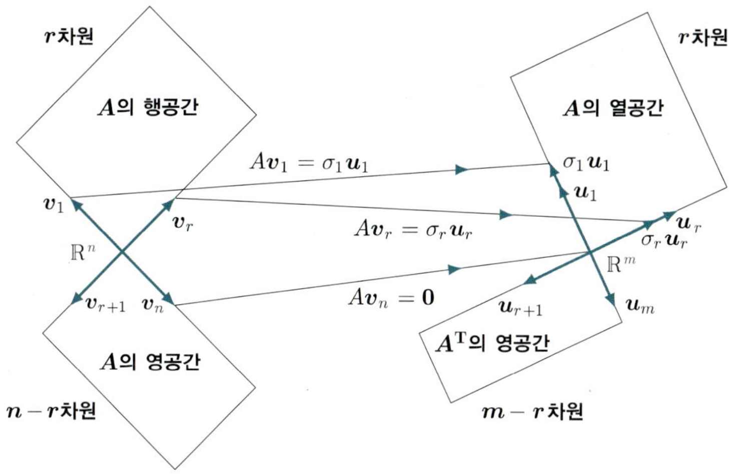

[그림 7-3] 계수가 r인 $m \times n$ 행렬 A를 대각화하는 정규직교 기저 v와 u

행렬 A의 **노름**norm은 가장 큰 특잇값이다. 즉, $\|A\| = \sigma_1$이다. 이 값은 $\|v\|$에 대한 $\|Av\|$의 비가 가장 크게 되는 값을 측정한다. 이 길이의 비는 $v = v_1$이고 $Av = \sigma_1 u_1$일 때 최대가 된다. 이 특잇값 σ_1은 가장 큰 고윳값보다 행렬의 크기에 대한 더 좋은 측정치이다. 극단적인 경우로 다음의 행렬 A는 고윳값은 모두 0이고 하나의 고유벡터 $(1, 1)$만을 갖는다. 하지만 $A^T A$는 아주 커질 수 있다. 예를 들어 $v = (1, -1)$이면 Av는 200배만큼 커진다.

$$A = \begin{bmatrix} 100 & -100 \\ 100 & -100 \end{bmatrix} \text{에 대하여 } \lambda_{\max} = 0\text{이다. 하지만 } \sigma_{\max} = (A\text{의 노름}) = 200\text{이다.} \tag{6}$$

조건수

$A = U\Sigma V^T$의 중요한 성질은 A의 부분들을 중요한 순서대로 배열한다는 것이다. 열 u_i를 행 $\sigma_i v_i^T$와 곱하면 행렬의 한 부분이 된다. 행렬의 계수가 r일 때, 0이 아닌 r개의 σ들로부터 r개의 영행렬이 아닌 부분이 있게 될 것이다. U의 열들을 ΣV^T의 행들과 곱할 때 이 부분들은 모두 더해지며, 그 합은 A가 된다.

각 부분들의 계수는 1이다.

$$A = \begin{bmatrix} u_1 & \cdots & u_r \end{bmatrix} \begin{bmatrix} \sigma_1 v_1^T \\ \cdots\cdots \\ \sigma_r v_r^T \end{bmatrix} = u_1(\sigma_1 v_1^T) + \cdots + u_r(\sigma_r v_r^T) \tag{7}$$

첫 번째 부분으로부터는 A의 노름 σ_1을 알 수 있다. A가 가역인 경우에는 마지막 부분으로부터 A^{-1}의 노름인 $1/\sigma_n$을 알 수 있다. 이때 **조건수**condition number는 σ_1과 $1/\sigma_n$의 곱이다.

$$A\text{의 조건수} \qquad c(A) = \|A\|\|A^{-1}\| = \frac{\sigma_1}{\sigma_n} \tag{8}$$

이 수 $c(A)$는 $A\boldsymbol{v} = \boldsymbol{b}$를 풀 때 수치적 안정성에 있어서 핵심적인 것이다. A가 직교 행렬이면 $S = A^{\mathrm{T}}A$는 항등 행렬이다. 따라서 모든 직교 행렬의 특잇값은 $\sigma = 1$이다. 극단적으로 반대인 경우는 가역이 아닌 행렬로서 $\sigma_n = 0$이며, 이 경우 $c = \infty$이다. 즉, 직교 행렬은 가장 좋은 조건수 $c = 1$을 갖는다.

데이터 행렬 : 특잇값 분해의 응용

빅데이터는 금세기의 선형대수학 문제이다. 센서, 스캐너, 이미징 장치들은 엄청난 양의 정보를 생산한다. 이 데이터들에 대해 결정적인 의미를 찾는 것은 분석가(새로운 유형의 수학자와 통계학자)들의 몫이다. 대부분의 데이터는 행렬의 형태로 주어진다.

일반적인 접근법은 주성분 분석으로서, 이 방법은 본질적으로 특잇값 분해와 같다. 첫 번째 부분 $\sigma_1\boldsymbol{u}_1\boldsymbol{v}_1^{\mathrm{T}}$이 가장 많은 정보를 담고 있다(통계학에서 이 부분이 가장 큰 분산을 갖는다). 다시 말해, 이 부분이 우리에게 가장 많은 것을 알려준다.

7.2 요약

1. 양의 정부호를 갖는 대칭 행렬의 고윳값, 피봇, 에너지는 모두 양수이다.
2. $S = A^{\mathrm{T}}A$가 양의 정부호를 가질 필요충분조건은 A의 열들이 선형독립인 것이다.
3. $\boldsymbol{x}^{\mathrm{T}}A^{\mathrm{T}}A\boldsymbol{x} = (A\boldsymbol{x})^{\mathrm{T}}(A\boldsymbol{x})$는 $A\boldsymbol{x} = \boldsymbol{0}$일 때 0이 된다. $A^{\mathrm{T}}A$는 양의 준정부호를 갖는다.
4. 특잇값 분해는 $A = U\Sigma V^{\mathrm{T}} =$ (직교 행렬)(대각 행렬)(직교 행렬)의 꼴로 분해하는 것이다.
5. V와 U의 열들은 각각 $A^{\mathrm{T}}A$와 AA^{T}의 고유벡터들(A의 특이벡터들)이다.
6. 이 정규직교 기저들은 $A\boldsymbol{v}_i = \sigma_i\boldsymbol{u}_i$를 만족하며, A는 이 기저들로 대각화된다.
7. $A = \sigma_1\boldsymbol{u}_1\boldsymbol{v}_1^{\mathrm{T}} + \cdots + \sigma_r\boldsymbol{u}_r\boldsymbol{v}_r^{\mathrm{T}}$에서 가장 많은 정보를 담고 있는 부분 $\sigma_1\boldsymbol{u}_1\boldsymbol{v}_1^{\mathrm{T}}$로부터 행렬 A의 노름이 $\|A\| = \sigma_1$임을 알 수 있다.

7.2 연습문제

01 2×2 행렬에 대하여 1×1 행렬식 a와 2×2 행렬식 $ac-b^2$이 양수라고 가정하자. 이때 $c>b^2/a$ 또한 양수이다.

(i) λ_1과 λ_2는 같은 부호를 갖는데, 이는 그 곱 $\lambda_1\lambda_2$가 _____와 같기 때문이다.

(ii) λ_1과 λ_2의 부호는 양수이며, 이는 $\lambda_1+\lambda_2$가 _____와 같기 때문이다.

결론 : $a>0$, $ac-b^2>0$을 시험하면 두 개의 고윳값 λ_1, λ_2가 양수임을 보장할 수 있다.

02 다음 행렬 S_1, S_2, S_3, S_4 중 두 고윳값이 모두 양수인 행렬은 무엇인가? a와 $ac-b^2$을 사용하고, λ들을 직접 계산하지는 말아라. $\boldsymbol{x}^{\mathrm{T}}S_1\boldsymbol{x}<0$을 만족하는 $\boldsymbol{x}$를 찾아 S_1이 시험을 통과하지 못함을 확인하라.

$$S_1=\begin{bmatrix}5&6\\6&7\end{bmatrix}\qquad S_2=\begin{bmatrix}-1&-2\\-2&-5\end{bmatrix}$$

$$S_3=\begin{bmatrix}1&10\\10&100\end{bmatrix}\qquad S_4=\begin{bmatrix}1&10\\10&101\end{bmatrix}$$

03 다음 행렬들이 양의 정부호를 갖도록 하는 수 b와 c의 값들은 무엇인가?

$$S=\begin{bmatrix}1&b\\b&9\end{bmatrix}\qquad S=\begin{bmatrix}2&4\\4&c\end{bmatrix}\qquad S=\begin{bmatrix}c&b\\b&c\end{bmatrix}$$

04 다음 각 행렬에 대하여 에너지 $q=ax^2+2bxy+cy^2=\boldsymbol{x}^{\mathrm{T}}S\boldsymbol{x}$는 무엇인가? q를 제곱의 합으로 쓰면 $d_1(\quad)^2+d_2(\quad)^2$이라 할 때, 빈칸을 채워라.

$$S=\begin{bmatrix}1&2\\2&9\end{bmatrix}\qquad S=\begin{bmatrix}1&3\\3&9\end{bmatrix}$$

05 $\boldsymbol{x}^{\mathrm{T}}S\boldsymbol{x}=2x_1x_2$는 $(0,0)$에서 명백히 최소인 점이 아닌 안장점을 가질 것이다. 에너지가 이와 같은 대칭 행렬 S는 무엇인가? 이 행렬의 고윳값은 얼마인가?

06 다음 각 경우에 대하여 $A^{\mathrm{T}}A$가 양의 정부호를 갖는지 시험하라.

$$A=\begin{bmatrix}1&2\\0&3\end{bmatrix}\qquad A=\begin{bmatrix}1&1\\1&2\\2&1\end{bmatrix}\qquad A=\begin{bmatrix}1&1&2\\1&2&1\end{bmatrix}$$

07 다음과 같은 이차식의 에너지를 갖는 3×3 대칭 행렬 S와 T는 무엇인가?

(a) $\boldsymbol{x}^{\mathrm{T}}S\boldsymbol{x}=2(x_1^2+x_2^2+x_3^2-x_1x_2-x_2x_3)$, 왜 S는 양의 정부호를 갖는가?

(b) $\boldsymbol{x}^{\mathrm{T}}T\boldsymbol{x}=2(x_1^2+x_2^2+x_3^2-x_1x_2-x_1x_3-x_2x_3)$, 왜 T는 양의 준정부호를 갖는가?

08 다음 S에 대한 세 개의 행렬식(왼쪽 위부터 시작하는 1×1, 2×2, 3×3 행렬의 행렬식)을 계산하여 S가 양의 정부호를 가짐을 증명하라. 첫 번째 행렬식은 2이다. 그 행렬식들의 비가 두 번째와 세 번째 피봇 원소와 같음을 증명하라.

$$\text{피봇들} = \text{행렬식들의 비}\qquad S=\begin{bmatrix}2&2&0\\2&5&3\\0&3&8\end{bmatrix}$$

09 다음 행렬 S와 T가 양의 정부호를 갖도록 하는 수 c와 d는 무엇인가? 3개의 행렬식을 통해 시험해보자.

$$S=\begin{bmatrix}c&1&1\\1&c&1\\1&1&c\end{bmatrix}\qquad T=\begin{bmatrix}1&2&3\\2&d&4\\3&4&5\end{bmatrix}$$

10 S가 양의 정부호를 가지면 S^{-1}도 양의 정부호를 갖는다.

(a) 가장 좋은 증명 : S^{-1}의 고윳값들 역시 양수인데, 이는 _____이기 때문이다.

(b) 두 번째 증명(2×2의 경우에만 해당한다) : $S^{-1}=\dfrac{1}{ac-b^2}\begin{bmatrix}c&-b\\-b&a\end{bmatrix}$인데, 이 행렬에서 2×2 행렬식을 계산하면 각각 _____으로 시험을 통과한다.

11 S와 T가 양의 정부호를 가지면 그 합 $S+T$도 양의 정부호를 갖는다. $S+T$에 대하여 피봇과 고윳값들을 구하기는 쉽지 않다. $\boldsymbol{x}^{\mathrm{T}}(S+T)\boldsymbol{x}>0$임을 보이는 것이 더 낫다.

12 양의 정부호를 갖는 행렬은 대각선에 0(혹은 음수)을 가질 수 없다. 다음 행렬이 $\boldsymbol{x}^{\mathrm{T}}S\boldsymbol{x}>0$을 만족하지 못함을 보여라.

$\begin{bmatrix} x_1 & x_2 & x_3 \end{bmatrix}\begin{bmatrix} 4 & 1 & 1 \\ 1 & 0 & 2 \\ 1 & 2 & 5 \end{bmatrix}\begin{bmatrix} x_1 \\ x_2 \\ x_3 \end{bmatrix}$은 $(x_1, x_2, x_3) = (\ \ ,\ \ ,\ \ )$

일 때 양수가 아니다.

13 대칭 행렬의 대각성분 a_{jj}는 모든 고윳값 λ보다 작을 수 없다. 만약 작다면 $A - a_{jj}I$의 고윳값들은 모두 _____이며 양의 정부호를 가질 것이다. 하지만 $A - a_{jj}I$는 대각선에 성분 _____을 갖는다.

14 만일 모든 λ가 양수이면 $\boldsymbol{x}^{\mathrm{T}}S\boldsymbol{x} > 0$임을 보여라. 우리는 고유벡터뿐만 아니라 모든 영벡터가 아닌 $\boldsymbol{x}$에 대하여 이 식이 성립함을 보여야 한다. 따라서 $\boldsymbol{x}$를 고유벡터의 선형결합으로 표현하고, 모든 '교차 항들'이 $\boldsymbol{x}_i^{\mathrm{T}}\boldsymbol{x}_j = 0$이 되는지 이유를 설명하라. 이때 $\boldsymbol{x}^{\mathrm{T}}S\boldsymbol{x}$는 다음과 같다.

$$(c_1\boldsymbol{x}_1 + \cdots + c_n\boldsymbol{x}_n)^{\mathrm{T}}(c_1\lambda_1\boldsymbol{x}_1 + \cdots + c_n\lambda_n\boldsymbol{x}_n)$$
$$= c_1^2\lambda_1\boldsymbol{x}_1^{\mathrm{T}}\boldsymbol{x}_1 + \cdots + c_n^2\lambda_n\boldsymbol{x}_n^{\mathrm{T}}\boldsymbol{x}_n > 0$$

15 다음 명제들이 참인지에 대한 간단한 이유를 제시하라.

(a) 모든 양의 정부호를 갖는 행렬은 가역이다.

(b) 양의 정부호를 갖는 유일한 사영 행렬은 $P = I$이다.

(c) 대각성분이 모두 양수인 대각 행렬은 양의 정부호를 갖는다.

(d) 행렬식의 값이 양수인 대칭 행렬은 양의 정부호를 갖지 않을 수도 있다!

16 D가 양수인 피봇들을 가질 때, 행렬 분해를 $S = LDL^{\mathrm{T}} = L\sqrt{D}\sqrt{D}L^{\mathrm{T}}$로 쓸 수 있다(피봇들의 제곱근이 $D = \sqrt{D}\sqrt{D}$로 쓸 수 있게 한다). 이때 $A = \sqrt{D}L^{\mathrm{T}}$라 두면 $S = A^{\mathrm{T}}A$의 **촐레스키 분해** Cholesky factorization를 얻는다. 이 분해는 '대칭화된 LU 분해'라고도 부른다. $A = \begin{bmatrix} 3 & 1 \\ 0 & 2 \end{bmatrix}$로부터 S를 구하라.

$S = \begin{bmatrix} 4 & 8 \\ 8 & 25 \end{bmatrix}$로부터 $A = \mathbf{chol}(S)$를 구하라.

17 $S = \begin{bmatrix} \cos\theta & -\sin\theta \\ \sin\theta & \cos\theta \end{bmatrix}\begin{bmatrix} 2 & 0 \\ 0 & 5 \end{bmatrix}\begin{bmatrix} \cos\theta & \sin\theta \\ -\sin\theta & \cos\theta \end{bmatrix}$를 직접 곱하지 않고 다음을 구하라.

(a) S의 행렬식

(b) S의 고윳값

(c) S의 고유벡터

(d) S가 대칭 행렬이며 양의 정부호를 갖는 이유

18 $F_1(x, y) = \frac{1}{4}x^4 + x^2y + y^2$과 $F_2(x, y) = x^3 + xy - x$에 대하여 이계도함수 행렬 H_1과 H_2를 구하라.

최솟값에 대한 테스트 $H = \begin{bmatrix} \partial^2F/\partial x^2 & \partial^2F/\partial x\partial y \\ \partial^2F/\partial y\partial x & \partial^2F/\partial y^2 \end{bmatrix}$가 양의 정부호를 갖는다.

H_1은 양의 정부호를 가지므로 F_1은 아래로 볼록하다. F_1이 최솟값을 갖는 점과 F_2의 안장점을 찾아라(편도함수가 0이 되는 지점만을 찾아라).

19 $z = x^2 + y^2$의 그래프는 위쪽을 향해 열려 있는 그릇 모양이고, $z = x^2 - y^2$의 그래프는 안장 모양이며, $z = -x^2 - y^2$의 그래프는 아래쪽을 향해 열려 있는 그릇 모양이다. $z = ax^2 + 2bxy + cy^2$이 $(0,0)$에서 안장점을 갖기 위한 a, b, c에 대한 시험은 어떤 형태인가?

20 $z = 4x^2 + 12xy + cy^2$의 그래프가 i) 그릇 모양이 되는 ii) 안장점을 갖도록 하는 c의 값들을 구하라. 모양이 바뀌는 경계에 해당하는 c 값에 대하여 이 그래프를 묘사하라.

21 S와 T가 대칭 행렬이며 양의 정부호를 가질 때, ST는 대칭 행렬이 아닐 수 있다. 하지만 행렬 ST의 고윳값은 여전히 양수이다. $STx = \lambda x$로부터 시작하여 Tx와 내적을 취하라. 그 후 $\lambda > 0$임을 보여라.

22 C가 양의 정부호를 갖고(따라서 $\boldsymbol{y} \neq 0$인 모든 $\boldsymbol{y}$에 대하여 $\boldsymbol{y}^{\mathrm{T}}C\boldsymbol{y} > 0$이다) A가 선형독립인 열들을 갖는다고 가정하자(따라서 $\boldsymbol{x} \neq 0$일 때 $A\boldsymbol{x} \neq 0$이다). $\boldsymbol{x}^{\mathrm{T}}A^{\mathrm{T}}CA\boldsymbol{x}$에 에너지에 대한 시험을 적용하여 $A^{\mathrm{T}}CA$가 양의 정부호를 가짐을 증명하라.

23 $A^{\mathrm{T}}A$의 고윳값과 단위고유벡터 $\boldsymbol{v}_1$, $\boldsymbol{v}_2$를 구하라. 그 후 $\boldsymbol{u}_1 = A\boldsymbol{v}_1/\sigma_1$을 구하라.

$$A = \begin{bmatrix} 1 & 2 \\ 3 & 6 \end{bmatrix} \quad A^{\mathrm{T}}A = \begin{bmatrix} 10 & 20 \\ 20 & 40 \end{bmatrix} \quad AA^{\mathrm{T}} = \begin{bmatrix} 5 & 15 \\ 15 & 45 \end{bmatrix}$$

$\boldsymbol{u}_1$이 AA^{T}의 단위고유벡터임을 입증하라. 행렬 U, Σ, V를 완성하라.

특잇값 분해 $\begin{bmatrix} 1 & 2 \\ 3 & 6 \end{bmatrix} = \begin{bmatrix} \boldsymbol{u}_1 & \boldsymbol{u}_2 \end{bmatrix}\begin{bmatrix} \sigma_1 & \\ & 0 \end{bmatrix}\begin{bmatrix} \boldsymbol{v}_1 & \boldsymbol{v}_2 \end{bmatrix}^{\mathrm{T}}$

24 [연습문제 23]의 행렬 A에 대하여 네 개의 기본 부분

공간에 대한 정규직교 기저를 적어라.

25 (a) $A^{\mathrm{T}}A$의 대각성분의 합이 모든 a_{ij}^2의 합과 같은 이유는 무엇인가?

(b) 계수가 1인 모든 행렬에 대하여 σ_1^2 =(모든 a_{ij}^2의 합)인 이유는 무엇인가?

26 다음 행렬 A에 대하여 $A^{\mathrm{T}}A$와 AA^{T}의 고윳값과 고유벡터를 구하라. $A\boldsymbol{v}=\sigma\boldsymbol{u}$를 순서대로 만족하도록 적어라.

$$\text{피보나치 행렬 } A=\begin{bmatrix} 1 & 1 \\ 1 & 0 \end{bmatrix}$$

A의 특잇값 분해를 시행하고, A가 $U\Sigma V^{\mathrm{T}}$와 같음을 입증하라.

27 다음 행렬 A에 대하여 $A^{\mathrm{T}}A$와 AA^{T}를 계산하고, 각각의 고윳값 및 V, U에 포함되는 단위고유벡터를 구하라.

$$\text{직사각행렬 } A=\begin{bmatrix} 1 & 1 & 0 \\ 0 & 1 & 1 \end{bmatrix}$$

$AV=U\Sigma$ 임을 확인하라(여기서 U에서의 ±부호를 결정한다). Σ 행렬의 크기는 A와 같은 크기를 갖는다.

28 $\boldsymbol{v}=\frac{1}{2}(1,1,1,1)$과 $\boldsymbol{u}=\frac{1}{3}(2,2,1)$에 대하여 계수가 1인 행렬이면서 $A\boldsymbol{v}=12\boldsymbol{u}$를 만족하는 행렬을 찾아라. 이 행렬의 유일한 특잇값은 σ_1 =_____이다.

29 A가 가역 행렬이라고 하자($\sigma_1>\sigma_2>0$이다). A를 가역이 아닌 행렬 A_0으로 바꾸기 위하여 **A가 가능한 한 작은 크기**를 갖도록 바꾸어라.

힌트 : U와 V는 바뀌지 않는다.

$$A=[\boldsymbol{u}_1\ \boldsymbol{u}_2]\begin{bmatrix}\sigma_1 & \\ & \sigma_2\end{bmatrix}[\boldsymbol{v}_1\ \boldsymbol{v}_2]^{\mathrm{T}} \text{로부터 바꾸어라.}$$

30 $A+I$에 대한 특잇값 분해를 구할 때 $\Sigma+I$를 사용하지 않는다. $\sigma(A+I)$는 단순히 $\sigma(A)+I$가 아닌 이유는 무엇일까?

31 $A^{\mathrm{T}}A\boldsymbol{v}=\sigma^2\boldsymbol{v}$의 양변에 A를 곱하자. 괄호를 넣어 $A\boldsymbol{v}$가 AA^{T}의 고유벡터임을 보여라. 우리는 그 식을 고유벡터의 길이 $\|A\boldsymbol{v}\|=\sigma$로 나누어 단위고유벡터 $\boldsymbol{u}$를 얻는다.

32 끝점에서의 두 가지 조건 $v(0)=0$, $v(1)=0$이 주어진 $Av(x)=dv/dx$에 대한 특잇값 분해 예를 살펴보자. 우리는 도함수 $Av=dv/dx$들도 수직이 되도록 하는 수직인 함수들 $v(x)$를 찾고 있다. 완벽한 선택은 $v_1=\sin(\pi x)$, $v_2=\sin(2\pi x)$, $v_k=\sin(k\pi x)$이다. 이때 각 u_k들은 코사인 함수가 된다.

v_1의 도함수는 $Av_1=\pi\cos(\pi x)=\pi u_1$이다. 특잇값들은 $\sigma_1=\pi$이고 마찬가지로 $\sigma_k=k\pi$이다. 사인 함수의 직교성(그리고 코사인 함수의 직교성)은 푸리에 급수의 기초이다.

여러분은 아마 $AV=U\Sigma$라는 사실에 반대할지도 모른다. 도함수 $A=d/dx$는 행렬이 아니다! 수직인 요소 V는 $\sin k\pi x$들을 벡터가 아닌 열로 갖는다. 행렬 U는 코사인 함수 $\cos k\pi x$들을 포함하고 있다. 이러한 표현은 언제부터 허용되는가?

다른 답은 d/dx를 1차의 차분 행렬 A로 대체하는 것이다. 이 행렬의 크기는 $(N+1)\times N$이 될 것이다. A는 대각성분들이 1이며, 대각선 바로 아래의 성분들은 -1이다. 이때 $AV=U\Sigma$는 V에 이산화된 사인 함수를 성분으로 가지며, U에 이산화된 코사인 함수를 성분으로 갖는다. $N=2$일 때, $\boldsymbol{v}_1$과 $\boldsymbol{u}_1$에 사인과 코사인의 $30°$와 $60°$에 해당하는 값들을 성분으로 가질 것이다.

여러분은 3×2 차분 행렬 A와 2×2 행렬 $A^{\mathrm{T}}A$를 구할 수 있겠는가? 이때 이산화된 사인은 $\boldsymbol{v}_1=(\sqrt{3}/2, \sqrt{3}/2)$이고 $\boldsymbol{v}_2=(\sqrt{3}/2,-\sqrt{3}/2)$이다. $A\boldsymbol{v}_1$이 $A\boldsymbol{v}_2$에 수직임을 시험해보라. Σ에 포함된 특잇값들 σ_1과 σ_2는 얼마인가?

7.3 초기조건을 대체하는 경계조건

이 절에서는 초깃값 문제가 아닌 정상상태 문제에 대하여 다룬다. 시간 변수 t는 공간 변수 x로 대체된다. 또한 $t=0$에서의 두 개의 초기조건 대신, $x=0$에서의 경계조건과 $x=1$에서의 다른 경계조건이 주어진다. 다음은 $y(x)$에 대한 가장 간단한 이점two-point 경곗값 문제이다. $f(x)=1$인 경우부터 시작해보자.

두 개의 경계조건 $\qquad -\dfrac{d^2y}{dx^2}=f(x),\ y(0)=0$ 및 $y(1)=0 \qquad (1)$

하나의 특수해 $y_p(x)$는 $f(x)$를 두 번 적분하면 나온다. $f(x)=1$이면 두 번 적분해 $x^2/2$을 얻을 수 있고, 식 (1)에 음의 부호가 있으므로 $y_p=-x^2/2$을 얻는다. 영공간의 해 $y_n(x)$는 힘이 0인 경우의 방정식 $-y_n''=0$을 풀면 된다. 임의의 일차함수 $y_n=Cx+D$에 대하여 이계도함수는 0이 되며 이 함수들이 바로 영공간의 해이다. 완전해 $y(x)=y_p+y_n=-x^2/2+Cx+D$가 두 개의 경계조건을 만족하도록 다음과 같이 상수 C와 D를 사용할 수 있다.

$\mathbf{y(0)=0,\ y(1)=0}$ $\qquad x=0,\ x=1$로 두어라. $\quad D=0$ 이고 $-\dfrac{1}{2}+C+D=0$

경계조건으로부터 $D=0,\ C=\dfrac{1}{2}$을 얻는다. 이때의 해는 $y=y_p+y_n$이다.

$-y''=1$의 해 $\qquad y(x)=-\dfrac{x^2}{2}+\dfrac{x}{2}=\dfrac{x-x^2}{2}$

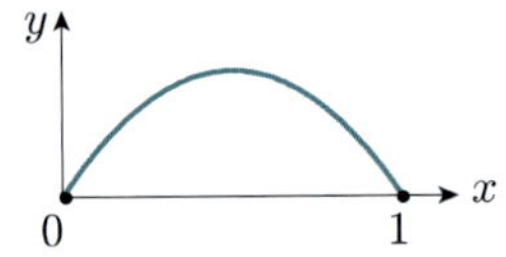

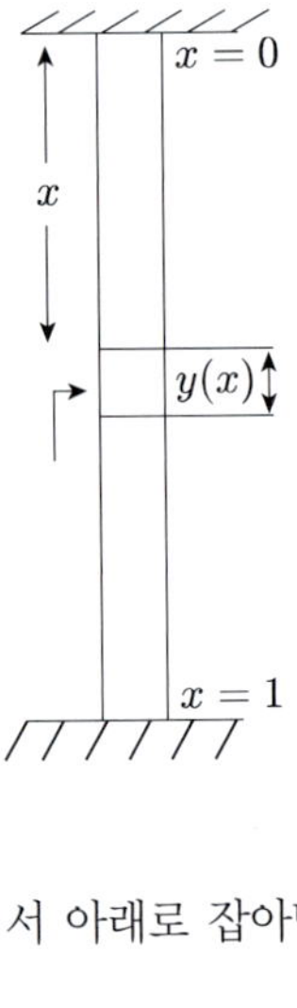

이 포물선은 $y=0$에서 시작하여 다시 돌아온다(**양 끝이 고정되어 있다**). 기울기 $y'=\dfrac{1}{2}-x$는 감소하고, 이계도함수는 $y''=-1$이며 따라서 포물선은 위로 볼록하다.

이 경곗값 문제는 막대의 위 끝과 아래 끝이 고정된 상태를 묘사한다. 막대의 무게가 막대를 아래로 늘어나게 하고, 막대의 위 끝에서 x인 지점에서의 변위는 $y(x)$이다. 따라서 이 고정된 막대는 $y(0)=0,\ y(1)=0$을 만족한다. 이때 중력은 $f(x)=1$로 둘 수 있다. 막대는 $dy/dx>0$인 위쪽 절반에서 늘어나는 반면 $dy/dx<0$인 아래쪽 절반에서는 압축된다. 절반 지점인 $x=\dfrac{1}{2}$에서 막대의 변위는 최대가 된다(포물선의 꼭짓점). 이 지점에서의 변위는 $y_{\max}=\dfrac{1}{2}(x-x^2)=\dfrac{1}{8}$이다.

여기서는 이 탄성 막대를 하나의 긴 용수철로 생각해보자. 이 용수철을 중간 지점에서 아래로 잡아당기면 용수철은 진동하기 시작할 것이다. 우리의 문제에서는 이러한 상황을 가정하지 않는다. 즉, 막대는 움직이지 않으며 모든 진동은 감쇠된다. 막대 자체의 무게에 의해서만 막대가 늘어나는 것이다.

델타 함수

신비하지만 매우 유용한 함수인 $f(x) = \delta(x-a)$를 다시 소개할 기회가 왔다. 이 델타 함수[delta function]는 $x=a$를 제외한 모든 점에서 0이다. 이 함수를 탄성 막대에 비유하자면 막대가 아주 가벼워 그 무게를 무시할 수 있다. 즉, 막대에 작용하는 모든 힘은 한 점 $x=a$에 작용된다. 이 점에서 단위 무게가 $x=a$ 위에 작용하여 막대를 아래로 압축한다.

다음은 델타 함수에 대한 약식 정의이다. 하지만 기호 ∞는 그 자체로 충분한 정보를 주지는 못한다. 좋은 정의는 함수를 $x=a$를 가로질러 적분하는 것에 기반한다. 델타 함수의 적분은 1이다.

델타 함수 $\qquad \delta(x-a) = \begin{cases} 0 & x \neq a \\ \infty & x = a \end{cases} \qquad \begin{aligned} &\int \delta(x-a)\,dx = 1 \\ &\int \delta(x-a)F(x)dx = F(a) \end{aligned}$

$\delta(x-a)$의 그래프는 $x=a$에서 무한대 크기의 스파이크[spike]가 있다. 표준적인 델타 함수 $\delta(x)$에 대하여 이 스파이크는 $x=a=0$에 위치하고 있다. 이 함수는 스파이크로부터 떨어진 곳에서는 0이며 특정한 한 점에서 무한대의 값을 가진다. **이 한 점에서 튀는 그래프 아래의 총 넓이는 1이다.**

이 사실은 $\delta(x)$가 진정한 의미로의 함수는 될 수 없음을 말해준다. 이 함수는 어떻게 보면 폭 $1/N$의 짧은 구간에서 높이가 N인 상자 함수 $B_N(x)$의 극한으로 볼 수 있다. 이때 각 상자의 넓이는 1이다.

상자 함수 $\qquad B_N(x) = \begin{cases} 0 & |x| > \dfrac{1}{2N} \\ N & |x| < \dfrac{1}{2N} \end{cases} \qquad \begin{aligned} &\int B_N(x)dx = (\text{상자의 넓이}) = 1 \\ &\int B_N(x)F(x)dx \text{는 } F(0)\text{에 접근한다.} \end{aligned}$

$\delta(x)$와 이를 평행이동한 $\delta(x-a)$는 수학적으로 함수가 아니다. 물리학적으로 보면 한 점에 집중된 (힘의) 작용을 나타낸다. 현실에서 이 작용은 상자 함수의 경우와 마찬가지로 매우 짧은 구간에 행해지겠지만 그 구간의 폭은 중요하지 않다. 중요한 것은 방망이가 공을 쳤을 때 작용되는 총 충격량이나 방망이에 무게가 가해졌을 때 작용하는 총 힘이다.

평행이동된 델타 함수 $\delta(x-a)$는 계단 함수 $H(x-a)$의 도함수이다. 계단 함수는 $x=a$일 때 0에서 1로 점프한다. 이때 δ는 적분하면 반드시 1이 되어야 한다.

델타 함수의 반응으로 나타나는 램프 함수

미분방정식 $-y'' = \delta(x-a)$를 어떻게 풀어낼까? 델타 함수에 적분을 한 번 시행하면 계단 함수가 되고, 두 번의 적분을 시행하면 **램프 함수**ramp function 혹은 **코너 함수**corner function가 된다. 해 $y(x)$는 $x=a$의 왼쪽에서는 $d^2y/dx^2=0$이므로 반드시 선형(그래프 모양이 직선)이어야 한다. 또한 $y(x)$는 $x=a$의 왼쪽에서도 기울기가 상수인 선형 함수이어야 한다.

$y(x)$의 기울기는 $x=a$에서 1만큼 감소한다. 기울기에 대한 점프가 왜 -1인지 보기 위하여 (y에 대한 점프는 없다!) y''을 점 $x=a$를 가로질러 적분하면 다음과 같이 y'의 변화 -1을 얻는다.

$$\boldsymbol{y''=-\delta(x-a)} \qquad \int y''\,dx = \left[\frac{dy}{dx}\right]_{a\text{의 왼쪽}}^{a\text{의 오른쪽}} = \int -\delta(x-a)dx = \boldsymbol{-1} \tag{2}$$

해 $y(x)$는 고정된 기울기 s로부터 시작한다. $x=a$에서 그 기울기는 $s-1$로 바뀐다(기울기는 1만큼 감소한다). $x=1$에서 막대의 아래 끝은 $y(1)=0$으로 고정되어 있다. 거리 a만큼 위로 향하는 상수 기울기 s를 갖고, 남은 거리 $(1-a)$만큼 아래로 향하는 기울기 $(s-1)$을 거쳐 함수 $y(x)$의 값은 다시 0으로 돌아와야 한다.

$$sa+(s-1)(1-a)=0\text{을 통해 } sa+s-sa-1+a=0\text{이 된다. }\textbf{이때 } s=1-a\textbf{이다.} \tag{3}$$

$y=sx$의 그래프는 $sa=(1-a)a$까지 증가한다. 그 후 $y(x)$는 감소하여 0으로 되돌아온다.

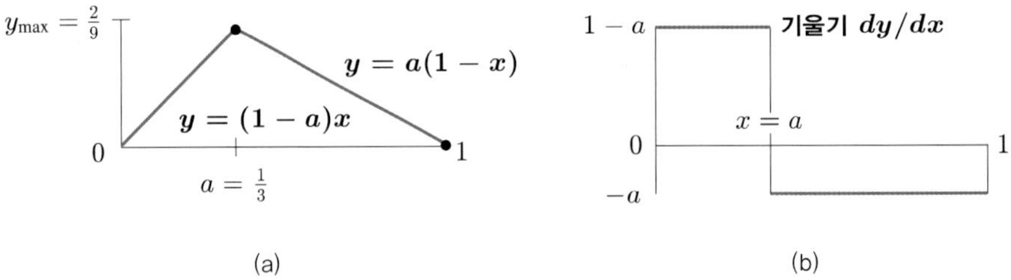

[그림 7-4] $-y''=\delta(x-a)$의 해는 $x=a$에서 첨점corner point을 갖는 **램프 함수**이다. 이 첨점에서 기울기 y'(계단 함수)은 1만큼 감소한다. 이때 $y''=-\delta$이다.

$x=a=\dfrac{1}{3}$인 점에 주어진 하중에 의하여 탄성 막대는 얼마나 늘어나고 압축되는가? 막대의 위쪽 $1/3$은 늘어나며, 아래쪽 $2/3$는 압축된다. $x=a$에서 그래프 $y(x)$의 가장 높은 점이 나타나며, 따라서 이 점에서 변위가 최대이다. 이 점에서의 아랫방향으로의 변위는 $y(a)=a(1-a)=\dfrac{2}{9}$이다. 하중이 주어진 점 위로 균일한 늘어남이 발생하며, 하중이 주어진 점 아래로 균일한 압축이 발생한다.

고윳값과 고유함수

정사각행렬에 대하여 고유벡터 방정식은 $A\boldsymbol{x} = \lambda\boldsymbol{x}$이다. (음의 부호가 있는) 이계도함수 및 양 끝점에 경계조건이 주어져 있는 문제에 대하여 고유벡터 $\boldsymbol{x}$는 **고유함수**eigenfunction $y(x)$가 된다.

$$-\frac{d^2}{dx^2} \text{의 고윳값} \qquad -\frac{d^2y}{dx^2} = \lambda y,\ y(0) = 0 \text{ 및 } y(1) = 0 \tag{4}$$

우리는 이들 고유함수 $y(x)$를 찾을 수 있다. 이계미분방정식 $y'' + \lambda y = 0$의 해는 $\lambda \geq 0$일 때 사인 및 코사인 함수이다. 다음과 같이 경계조건으로부터 사인 함수를 택한다.

경계조건을 적용하기 전 $y(x) = A\cos(\sqrt{\lambda}\,x) + B\sin(\sqrt{\lambda}\,x)$

$y(0) = 0$이 되려면 $\boldsymbol{A = 0}$이어야 한다.

$x = 1$에서 $y = \sin\sqrt{\lambda} = 0$이 되려면 $\boldsymbol{\sqrt{\lambda} = n\pi}$가 되어야 한다.

고유함수들은 $y(x) = \sin n\pi x$ **이고, 고윳값은** $n = 1,\ 2,\ 3,\ \cdots$ **에 대하여** $\lambda = n^2\pi^2$ **이다.** 이때 $-y'' = \lambda y$이다. 우리는 무수히 많은 y와 λ를 구할 수 있는데, 이는 $S = -d^2/dx^2$이 행렬이 아니기 때문에 놀라운 일은 아니다. S는 함수 $y(x)$들에 작용하는 **연산자**operator이다.

대칭이면서 양의 정부호를 갖는 이계도함수 $-d^2/dx^2$

도함수 $Ay = dy/dx$와 $Sy = -d^2y/dx^2$는 선형연산자이다. 이때 일계도함수 A는 **반대칭**이고, 이계도함수 S는 **대칭**이다. S는 또한 음의 부호로 인해 **양의 정부호**를 갖는다. S의 고윳값 $\lambda = n^2\pi^2$들은 모두 양수이다. A와 S는 행렬은 아니지만 기호 A^{T}와 S^{T}를 사용하기로 하자. $A^{\mathrm{T}} = -A$와 $S^{\mathrm{T}} = S$에 의미를 부여하기 위해서는 두 함수의 내적 (f, g)가 필요하다.

$$f\text{와 } g\text{의 내적} \qquad (f(x), g(x)) = \int_0^1 f(x)g(x)dx \tag{5}$$

이것이 두 벡터에 대한 내적 $\boldsymbol{u} \cdot \boldsymbol{v} = \boldsymbol{u}^{\mathrm{T}}\boldsymbol{v}$를 연속인 경우로 확장한 형태이다. $\boldsymbol{u} \cdot \boldsymbol{v}$는 각 성분 u_i와 v_i를 곱한 후 더해서 계산하면 된다. 함수에 대해서는 함숫값 $f(x)$와 $g(x)$를 곱한 후 식 (5)에서처럼 적분한다.

임의의 벡터 $\boldsymbol{u}$, $\boldsymbol{v}$에 대하여 $S\boldsymbol{u} \cdot \boldsymbol{v}$와 $\boldsymbol{u} \cdot S\boldsymbol{v}$가 같으면 S는 대칭 행렬이다. 왜냐하면 $(S\boldsymbol{u})^{\mathrm{T}}\boldsymbol{v} = \boldsymbol{u}^{\mathrm{T}}(S^{\mathrm{T}}\boldsymbol{v})$가 $\boldsymbol{u}^{\mathrm{T}}(S\boldsymbol{v})$와 같아야 하기 때문이다. 연산자의 경우도 마찬가지로 경계조건을 만족하는 모든 함수에 대하여 (Sf, g)와 (f, Sg)가 같으면 연산자를 대칭이라고 한다. 부분적분을 두 번 시행하여 이계도함수 연산자 S를 f로부터 g로 옮겨간다.

부분적분을 두 번 시행 $$\int_0^1 -\frac{d^2f}{dx^2}g(x)dx = \int_0^1 \frac{df}{dx}\frac{dg}{dx}dx = \int_0^1 f(x)\left(-\frac{d^2g}{dx^2}\right)dx \tag{6}$$

위의 두 식에서 부분적분을 할 때 나타나는 항들 $[g\,df/dx]_0^1$ 및 $[f\,dg/dx]_0^1$은 양 끝점에서 $f=g=0$이므로 0이 된다.

식 (6)의 좌변과 우변은 각각 내적 (Sf, g)와 (f, Sg)이다. S를 f로부터 g로 옮기면 항상 S^{T}가 만들어진다. 여기서 우리는 $S=S^{\mathrm{T}}$임을 알 수 있고, 이로써 대칭성이 확인되었다. 따라서 이계도함수 $S=-d^2/dx^2$은 대칭이고 양의 정부호를 갖는다(이것이 음의 부호를 포함한 이유이다). 7.2절에서는 고윳값이 양수임을 확인하는 방법 이외에 다른 방법이 두 가지 더 있었다. 그 중 한 가지 방법은 에너지가 양수인지를 확인하는 것이었으며, 이 사실도 다음을 통해 확인된다. $g=f$로 두자.

에너지 $f^{\mathrm{T}}Sf$는 양수 $$(Sf, f) = \int_0^1 -\frac{d^2f}{dx^2}f(x)dx = \int_0^1 \left(\frac{df}{dx}\right)^2 dx > 0 \tag{7}$$

에너지가 0이 되기 위해서는 $df/dx=0$이어야 한다. 이때 경계조건으로부터 $f(x)=0$이다.

S가 양의 정부호임을 확인하는 세 번째 방법은 $S=A^{\mathrm{T}}A$인 A를 찾는 것이다. 여기서 A는 **일계도함수** $(Af=df/dx)$이다. 경계조건은 여전히 $f(0)=0$과 $f(1)=0$이다. [연습문제 01]에서 $A^{\mathrm{T}}g$가 $-dg/dx$임을 보일 것이다. 여기에서의 음의 부호는 부분적분을 한 번 시행하여 나온 것이다. 모든 것을 종합하면 $S=-d^2/dx^2=(-d/dx)(d/dx)=A^{\mathrm{T}}A$이다.

열 방정식의 해법

시간에 대한 미분방정식은 모든 고유함수 $\sin(n\pi x)$를 사용할 기회를 준다. 대표적인 예로는 열 방정식^heat equation^ $\partial u/\partial t = \partial^2 u/\partial x^2 = -Su$가 있다. $-S$의 고윳값들은 $-n^2\pi^2$이며, 음의 정부호를 갖는 $-S$는 시간이 흐름에 따라 해의 성장이 아닌 감쇠로 이어진다. 열이 없을 때 온도는 지수적으로 소멸한다. 다음은 열 방정식 $u_t=u_{xx}$를 풀기 위한 두 가지 단계이다(8.3절에서 훨씬 더 깊게 다룰 것이다).

1. 초기 함수 $u(0,x)$를 고유함수 $\sin n\pi x$들의 선형결합으로 표현한다.

푸리에 사인 급수 $$u_{\text{start}} = b_1 \sin\pi x + b_2 \sin 2\pi x + \cdots + b_n \sin n\pi x + \cdots \tag{8}$$

2. $\lambda=-n^2\pi^2$이므로 모든 고유함수는 감쇠한다. 중첩 원리를 사용하면 시간 t에서의 해 u를 얻는다.

$$u(t,x) = b_1 e^{-\pi^2 t}\sin\pi x + b_2 e^{-4\pi^2 t}\sin 2\pi x + \cdots = \sum_1^{\infty} b_n e^{-n^2\pi^2 t}\sin n\pi x \tag{9}$$

이것이 유명한 열 방정식에 대한 **푸리에 급수 해**[Fourier series solution]이다. 8.1절에서 푸리에 계수 b_1, b_2, $\cdots$들을 어떻게 계산하는지 보게 될 것이다(무수히 많은 b가 있지만 그 공식은 간단하다). 여러분은 이 해가 $y(t) = c_1 e^{-\lambda_1 t} \boldsymbol{x}_1 + c_2 e^{-\lambda_2 t} \boldsymbol{x}_2$와 어떻게 완전히 유사한 형태를 갖는지를 볼 수 있다. 이 해는 상미분방정식의 해이고, 열 방정식은 편미분방정식이다.

이계 차분 행렬 K

이번 페이지에서 중요한 과학 계산의 첫 단계를 내딛는다. 이제 미분방정식과 행렬방정식이 마주하게 된다. 연속적인 문제가 이산적인 문제로 바뀐다(여기에서 연속이라 함은 변수 x에 대한 것이다. 이전에서는 변수 t에 대한 것이었다). 3장에서 초깃값 문제에 대하여 오일러의 전방 차분법 $y(t+\Delta t) - y(t)$를 배우며 이러한 단계를 거쳤었다. 이제는 이계도함수를 갖는 $-y'' = f(x)$에 대하여 살펴본다. 따라서 우리는 이계 차분 $y(x+\Delta x) - 2y(x) + y(x-\Delta x)$를 사용한다.

이계도함수는 dy/dx의 도함수이다. 마찬가지로 이계 차분은 $\Delta y/\Delta x$의 차분이다. 일계 차분에 대해서는 전방 차분, 후방 차분, 중심 차분을 선택할 수 있었다. $Sy = -y''$을 근사하기 위해서는 이 중 가장 좋은 중심 차분을 선택한다. 이 차분은 다음과 같은 **삼중대각 이계 차분 행렬** K를 사용한다.

$$-\frac{d^2y}{dx^2} \approx \frac{KY}{(\Delta x)^2}$$

$-Y_{i+1} + 2Y_i - Y_{i-1}$ **로부터 나오는** $-1,\ 2,\ -1$

$$KY = \begin{bmatrix} 2 & -1 & & & \\ -1 & 2 & -1 & & \\ & -1 & \cdot & \cdot & \\ & & \cdot & \cdot & -1 \\ & & & -1 & 2 \end{bmatrix} \begin{bmatrix} Y_1 \\ Y_2 \\ \cdot \\ \cdot \\ Y_N \end{bmatrix} \tag{10}$$

수 Y_1부터 Y_N까지는 연속적인 문제에서의 실제 해 $y(\Delta x)$, $\cdots$, $y(N\Delta x)$에 대한 근사이다. 경계조건 $y(0)=0$ 및 $y(1)=0$은 $Y_0=0$ 및 $Y_{N+1}=0$이 되고, 간격의 크기 Δx는 길이 $1/(N+1)$이다. 행렬 K는 올바르게 Y_0과 Y_{N+1}의 값을 0으로 받아들였기에 미지수는 Y_1부터 Y_N까지 밖에 없다.

양의 정부호를 갖는 행렬 K

우리는 연산자 $S = -d^2/dx^2$이 양의 정부호를 가짐을 알았다. 이 연산자의 모든 고유벡터 $\sin n\pi x$는 양수인 고윳값 $\lambda = n^2\pi^2$을 가졌다. 그러므로 우리는 행렬 K 또한 양의 정부호를 갖기를 기대한다. 이는 실제로 사실이며, 심지어 K의 모든 고윳값과 고유벡터를 구할 수도 있다. 이 사실은 임의로 큰 크기 N을 갖는 행렬에 대해서는 흔치 않은 일이다.

고유벡터가 핵심이다. N개의 점에서 연속인 고유함수를 추출한 것이 이산적인 경우의 고유벡터가 되는 일은 자주 발생하지 않는다. $y = \sin n\pi x$에서 추출한 것들이 고유벡터가 되는 이 경우는 응용수학 전체를 통틀어 가장 중요한 예이다.

K의 N개의 고유벡터는 $y_n = (\sin n\pi\Delta x,\ \sin 2n\pi\Delta x,\ \cdots,\ \sin Nn\pi\Delta x)$이다. (11)

K의 N개의 고윳값은 양수 $\lambda_n = 2 - 2\cos\dfrac{n\pi}{N+1}$이다$(n = 1,\ 2,\ \cdots,\ N)$. (12)

모든 고윳값에 포함된 2는 K의 대각선에 있는 2들로부터 나온다(이 대각선만을 성분으로 갖는 행렬은 $2I$이다). λ와 방정식 $K\boldsymbol{y}_n = \lambda_n \boldsymbol{y}_n$에 포함된 코사인 함수는 [연습문제 12]에서 확인할 수 있다. 고윳값에 포함된 코사인 값들은 항상 1보다 작으므로, 모든 고윳값은 양수이다. 따라서 K는 **양의 정부호를 갖는다.** 양의 정부호를 갖는지 확인하는 다른 방법들을 시도해 보는 것도 좋을 것 같다(물론 꼭 해야 할 필요는 없다. $\lambda > 0$임을 보인 것으로도 충분하다). 직사각행렬인 일계 차분 행렬 A에 대하여 $K = A^{\mathrm{T}}A$이다.

$$A^{\mathrm{T}}A = K \qquad \begin{bmatrix} 1 & -1 & & \\ & 1 & -1 & \\ & & 1 & -1 \end{bmatrix}\begin{bmatrix} 1 & & \\ -1 & 1 & \\ & -1 & 1 \\ & & -1 \end{bmatrix} = \begin{bmatrix} 2 & -1 & \\ -1 & 2 & -1 \\ & -1 & 2 \end{bmatrix} \tag{13}$$

이 행렬 A에서 세 개의 열은 확실히 독립이다. 따라서 $A^{\mathrm{T}}A$는 양의 정부호 행렬이며, 이 사실을 두 번째로 증명하였다.

A^{T}는 보통의 전방 차분 행렬에 음의 부호를 붙인 것임에 주목하자. A는 후방 차분 행렬 그 자체와 같다. 이러한 부호의 변화는 연속적인 경우(도함수)에 반영되어 d/dx의 '전치'는 $-d/dx$이다. 임의의 벡터 $\boldsymbol{f}$에 대하여 에너지 $\boldsymbol{f}^{\mathrm{T}}K\boldsymbol{f}$는 $\boldsymbol{f}^{\mathrm{T}}A^{\mathrm{T}}A\boldsymbol{f} = (A\boldsymbol{f})^{\mathrm{T}}(A\boldsymbol{f}) > 0$이다.

에너지 $\displaystyle\int_0^1 \left(\frac{df}{dx}\right)^2 dx$**는** $\boldsymbol{f}^{\mathrm{T}}K\boldsymbol{f} = (A\boldsymbol{f})^{\mathrm{T}}(A\boldsymbol{f}) = \displaystyle\sum_{n=1}^{N+1}(f_n - f_{n-1})^2 > 0$**을 만족한다.**

에너지 $\boldsymbol{f}^{\mathrm{T}}K\boldsymbol{f}$가 양수가 된다는 것을 확인했으므로 또 다시 K는 양의 정부호 행렬임을 증명하였다.

기울기에 대한 경계조건

두 개의 점에서 고정된 문제에 대한 경계조건은 $y(0) = 0$과 $y(1) = 0$이었다. 하나 혹은 두 개의 조건 모두 기울기 $y' = dy/dx$에 대한 경계조건으로 바뀔 수 있다. 만약 좌측의 조건이 $y'(0) = 0$으로 바뀌면 탄성 막대의 꼭대기는 더 이상 고정된 상태가 아니다. 이 상황은 큰 빌딩과 유사하다. $x = 0$은 공기 중에 있고 (자유롭다) $x = 1$은 지면에 있다(고정되어 있다).

꼭대기는 고정되어 있고 가장 아랫부분이 자유롭게 매달려 있는 막대는 $y(0) = 0$과 $y'(1) = 0$을 결합하면 된다. 이에 대응되는 행렬도 여전히 양의 정부호를 갖는다. **하지만 꼭대기와 가장 아랫부분이 모두 자유로운 막대는 고정되어 있지 않으므로 대응되는 행렬은 양의 준정부호를 가진다!**

양 끝이 모두 자유로운 경우
$Sy = f$ $\qquad -\dfrac{d^2y}{dx^2} = f(x),\ \ \dfrac{dy}{dx}(0) = 0,\ \ \dfrac{dy}{dx}(1) = 0$ (14)

여러분은 이 문제가 일반적으로 해를 갖지 않는다는 것을 확인할 수 있을 것이다. **하나의 고윳값은 이제 $\lambda = 0$이 된다.**

양 끝이 모두 자유로운 경우
$Sy = \lambda y$

$$-\frac{d^2y}{dx^2} = \lambda y(x),\ \ x = 0, 1\text{에서}\ \frac{dy}{dx} = 0 \tag{15}$$

양 끝이 모두 고정된 경우의 고유함수는 $y(x) = \sin n\pi x$였고 고윳값은 $\lambda = n^2\pi^2$이었다. 양 끝이 모두 자유로운 경우에는 $y(x) = \cos n\pi x$와 다시 $\lambda = n^2\pi^2$이다. 이 코사인 함수들은 시작과 끝에서의 기울기는 0이다. 또 중요한 것은 양 끝이 모두 자유로운 경우 하나의 고유함수 $y = \cos 0x$(이 함수는 상수함수 $y = 1$과 같다)를 갖는다는 것이다. 이 고유함수에 대응되는 고윳값은 $\lambda = 0$이다.

상수함수 y와 고윳값 0 $y = 1$은 $-\dfrac{d^2y}{dx^2} = \lambda y$에서 고윳값 $\lambda = 0$일 때의 해가 된다.

결론적으로, 양 끝이 모두 자유로운 식 (14)의 경우 양의 준정부호를 가질 뿐이다. 고윳값은 $\lambda = 0$을 포함한다. 이 문제는 대부분의 하중 $f(x)$에 대하여 해를 갖지 않는다.

예제 1 **$f(x) = x$인 경우, $-y'' = x$는 $y'(0) = y'(1) = 0$인 해를 갖지 않음을 보여라.**

풀이

$-y'' = x$의 양변을 $x = 0$부터 1까지 적분하라. 우변은 $\int_0^1 x\,dx = \frac{1}{2}$, 좌변은 $-\int_0^1 y''dx = y'(0) - y'(1)$이다. 하지만 경계조건에 의하여 이 값은 0이며 $0 = \frac{1}{2}$에는 해가 있을 수 없다. 0을 고윳값으로 갖는 연산자는 가역이 아니다.

양 끝이 모두 자유로운 경우에 대한 차분 행렬 B

미분방정식 $-y'' = f(x)$를 양 끝이 모두 자유로울 조건 $y'(0) = y'(1) = 0$으로 풀면 **비가역 행렬**이 나온다. 이 행렬은 여전히 이계도함수를 근사하는 이계 차분 행렬이다. 하지만 양 끝이 모두 자유로울 조건에 의하여 행렬의 1행과 N행이 바뀌게 된다.

양 끝이 모두 자유로운 경우의 행렬 B
$K_{11} = 2$가 $B_{11} = 1$로 바뀐다.
$K_{NN} = 2$가 $B_{NN} = 1$로 바뀐다.

$$B = \begin{bmatrix} 1 & -1 & & \\ -1 & 2 & -1 & \\ & -1 & 2 & -1 \\ & & -1 & 1 \end{bmatrix}\text{은 비가역이다.}$$

기울기 dy/dx는 1행과 N행에서 일계 차분에 의하여 근사되었다. 다른 모든 행은 이계 차분 $-1,\ 2,\ -1$을 여전히 포함하고 있다. 미분방정식이 $-d^2y/dx^2$를 포함하고 있으므로 보통의 이계 차분 $1,\ -2,\ 1$의 부호가 바뀌어 있다.

B가 가역이 아님을 어떻게 확인할 수 있을까? MATLAB에서 소거법을 통해 피봇을 살펴보면 1, 1, ⋯, 1, 0임을 알 수 있을 것이다. 이는 마지막 피봇 위치의 0이 소거법이 실패했음을 의미한다. $B\boldsymbol{y}=\mathbf{0}$을 직접 풀어서도 이러한 실패를 확인할 수 있다. 이 방법이 행렬 B가 가역이 아님을 보이는 빠른 방법이다. **B가 가역이 아님을 보이기 위하여 $By=0$이 되는 상수 해를 찾자.**

y=상수 벡터
B=비가역 행렬

$$B\boldsymbol{y}=\begin{bmatrix} 1 & -1 & & \\ -1 & 2 & -1 & \\ & -1 & 2 & -1 \\ & & -1 & 1 \end{bmatrix}\begin{bmatrix} 1 \\ 1 \\ 1 \\ 1 \end{bmatrix}=\begin{bmatrix} 0 \\ 0 \\ 0 \\ 0 \end{bmatrix} \tag{16}$$

만일 B^{-1}이 존재하였다면 $B\boldsymbol{y}=\mathbf{0}$의 양변에 B^{-1}을 곱하여 $\boldsymbol{y}=\mathbf{0}$을 얻었을 것이다. 하지만 위에서 구한 $\boldsymbol{y}$는 영벡터가 아니다. B는 양의 준정부호를 갖지만 양의 정부호를 갖지는 않는다. 우리는 B를 $A^{\mathrm{T}}A$ 꼴로 쓸 수 있지만 양 끝이 자유로운 경우에는 A의 열들은 서로 독립이 아닐 것이다.

$$B=A^{\mathrm{T}}A \qquad \begin{bmatrix} 1 & -1 & & \\ -1 & 2 & -1 & \\ & -1 & 2 & -1 \\ & & -1 & 1 \end{bmatrix}=\begin{bmatrix} 1 & & \\ -1 & 1 & \\ & -1 & 1 \\ & & -1 \end{bmatrix}\begin{bmatrix} 1 & -1 & & \\ & 1 & -1 & \\ & & 1 & -1 \end{bmatrix}$$

A의 행이 3개일 때, A의 4개의 열들은 서로 종속이어야 할 것이다. 이때 열벡터들을 합하면 영벡터가 된다.

7.3 요약

1. $y(0)$과 $y'(0)$에 대한 두 초기조건은 두 개의 **경계조건**으로 바뀔 수 있다.

2. 양 끝이 고정된 경우에 대한 문제 $-y''=\lambda y$, $y(0)=0$, $y(1)=0$에 대한 고윳값은 $\lambda=n^2\pi^2$이다.

3. 이계 차분 행렬 K는 고윳값 $\lambda_n=2-2\cos\dfrac{n\pi}{N+1}>0$을 갖는다. 즉, 양의 정부호 행렬이다.

4. 양 끝이 고정된 경계조건에서 고유함수와 고유벡터들은 사인 함수들이다.

5. 양 끝이 자유로운 경계조건을 가지는 문제 $y'(0)=y'(1)=0$에서 $y=$(코사인 함수들)이다. 이 경우 고윳값으로 $\lambda=0$이 가능하다.

6. 양 끝이 자유로운 경우에 대한 행렬 B는 $\lambda=0$을 고윳값으로 가지며 이때의 고유벡터는 $y=(1,\cdots,1)^t$이다. 이 행렬은 양의 준정부호를 갖는다.

7.3 연습문제

01 부분적분을 사용하여 도함수의 전치, 즉 $(dy/dx, g) = -(y, dg/dx)$를 찾아보자.

Ay는 dy/dx이며 경계조건은 $y(0)=0,\ y(1)=0$이다. $\int y'g\,dx$가 $-\int yg'\,dx$와 같은 이유는 무엇인가? 이때 A^{T}(보통 A^{*}로 쓴다)는 $A^{\mathrm{T}}g = -dg/dx$이며, g에는 아무런 경계조건이 없다. $A^{\mathrm{T}}Ay$는 $-y''$과 같으며 이때 $y(0)=0,\ y(1)=0$이어야 한다.

02~06 다음은 $x=0$과 $x=1$에서 두 개의 경계조건을 전제로 하는 문제이다(초기조건은 없다).

02 다음 경곗값 문제를 다음 두 단계를 거쳐 풀어라. 완전해 $y_p + y_n$의 형태로서 y_n에 두 상수가 있도록 찾은 후 경계조건으로부터 이 두 상수를 찾아라. $y(0)=0$, $y(1)=0,\ y_p = -x^4$인 $-y''=12x^2$을 풀어라.

03 같은 방정식 $-y''=12x^2$을 경계조건 $y(0)=0$, $y'(1)=0$(기울기 0)으로 풀어라.

04 같은 방정식 $-y''=12x^2$을 경계조건 $y'(0)=0$, $y(1)=0$으로 풀어라. 그 후 양 끝에서의 기울기가 $y'(0)=0,\ y'(1)=0$으로 주어질 때 풀어라(이 경우는 $y=-x^4+Ax+B$로서 해가 없다).

05 $-y''=6x,\ y(0)=2,\ y(1)=4$를 풀어라. 경곗값들은 0이 될 필요는 없다.

06 $-y''=e^x,\ y(0)=5, y(1)=0$을 풀어라. $y=y_p+y_n$으로부터 시작하라.

07~11 다음은 이계 차분 행렬의 LU 인자와 역행렬에 관한 문제이다.

07 다음 행렬 T는 $T_{11}=1$이며 $LU=A^{\mathrm{T}}A$(모든 피봇은 1이다)로 완벽하게 분해된다.

$$\boldsymbol{T} = \begin{bmatrix} 1 & -1 & & \\ -1 & 2 & -1 & \\ & -1 & 2 & -1 \\ & & -1 & 2 \end{bmatrix} = \begin{bmatrix} 1 & & & \\ -1 & 1 & & \\ & -1 & 1 & \\ & & -1 & 1 \end{bmatrix}\begin{bmatrix} 1 & -1 & & \\ & 1 & -1 & \\ & & 1 & -1 \\ & & & 1 \end{bmatrix} = LU$$

각 소거법 단계마다 피봇 행을 다음 행에 더한다(그리고 L에서는 U로부터 T를 복원하기 위해 빼어야 한다). 이 두 개의 차분 행렬 L과 U의 역행렬은 **합 행렬**sum matrix이다. 이때 $T=LU$의 역행렬은 $U^{-1}L^{-1}$이다.

$$T^{-1} = \begin{bmatrix} 1 & 1 & 1 & 1 \\ & 1 & 1 & 1 \\ & & 1 & 1 \\ & & & 1 \end{bmatrix}\begin{bmatrix} 1 & & & \\ 1 & 1 & & \\ 1 & 1 & 1 & \\ 1 & 1 & 1 & 1 \end{bmatrix} = U^{-1}L^{-1}$$

$N=4$일 때 (위에 나타나있는 경우) T^{-1}을 계산하고, 임의의 N에 대하여 T^{-1}을 구하라.

08 행렬방정식 $TY=(0,1,0,0)=$(델타 벡터)는 $a=2\Delta x = \dfrac{2}{5}$일 때 $-y''=\delta(x-a)$와 유사하다. 이때 경계조건은 $y'(0)=0,\ y(1)=0$이다. $y(x)$에 대하여 풀고 0부터 1까지의 그래프를 그려라. 또한 $Y=(T^{-1}$의 $x=\dfrac{1}{5}, \dfrac{2}{5}, \dfrac{3}{5}, \dfrac{4}{5}$에서의 2열)의 그래프를 그려라. 이 두 그래프는 램프 함수이다.

09 행렬 B는 ($T_{11}=1$인 것처럼) $B_{11}=1$이고, 또한 $B_{NN}=1$이다($T_{NN}=2$였다). 왜 B는 T의 마지막 피봇 성분인 0을 제외하고는 T와 $1, 1, \cdots$로 같은 피봇을 가지겠는가? 앞의 피봇들은 $B_{NN}=1$임을 알 수 없다. 이때 B는 가역이 아니다. $-y''=\delta(x-a)$는 $y'(0)=y'(1)=0$인 해를 갖지 않는다.

10 K^{-1}을 계산할 때, $\det K = N+1$을 곱하여 적절한 값을 구해보자.

델타 벡터가 $\delta=$ _____일 때, $5K^{-1}$의 2열은 방정식 $Kv=5\delta$의 해가 된다. 우리는 $KK^{-1}=I$를 통해 K와 K^{-1}의 각 열의 곱이 델타 벡터임을 알고 있다.

$$5K^{-1} = \begin{bmatrix} 4 & \mathbf{3} & 2 & 1 \\ 3 & \mathbf{6} & 4 & 2 \\ 2 & \mathbf{4} & 6 & 3 \\ 1 & \mathbf{2} & 3 & 4 \end{bmatrix}$$

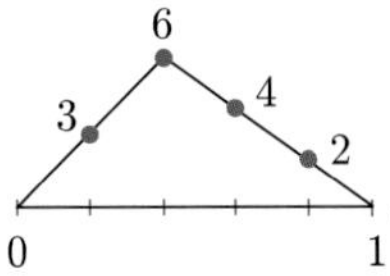

2열의 그래프

11 K는 두 경계조건으로부터 나온다. T는 y에 대하여 $y(1)=0$만을 경계조건으로 갖는다. B는 y에 대한 경계조건이 없다. $K=A^{\mathrm{T}}A$임을 증명하라. 그 후 A의 첫 행을 제거하여 A_1을 만든 후 $T=A_1^{\mathrm{T}}A_1$임을 얻어라. 여기에서 마지막 행을 제거하여 서로 종속인 행들을 갖는 행렬 A_0을 얻음을 확인하고 $B=A_0^{\mathrm{T}}A_0$임을 보여라.

$$\text{후진 일계 차분 } A = \begin{bmatrix} 1 & & & \\ -1 & 1 & & \\ & -1 & 1 & \\ & & & -1 \end{bmatrix} \text{에 대하여}$$

$K=A^{\mathrm{T}}A$이다.

---

12 K_3에 고유벡터 $\boldsymbol{y}_n = (\sin n\pi h, \sin 2n\pi h, \sin 3n\pi h)$를 곱하여 $K\boldsymbol{y}_n = \lambda_n \boldsymbol{y}_n$을 만족하는 고윳값 $\lambda_1, \lambda_2, \lambda_3$이 $\lambda_n = 2-2\cos\dfrac{n\pi}{4}$임을 보여라. 이 과정에서 삼각함수 공식 $\sin(A+B)+\sin(A-B)=2\sin A\cos B$가 사용된다.

13 K_3의 고윳값은 $2-\sqrt{2}$, 2, $2+\sqrt{2}$이다. 이 고윳값의 합은 6이며 K_3의 대각합과 같다. 이 고윳값들을 모두 곱하여 K_3의 행렬식을 구하라.

14 램프 함수의 기울기는 계단 함수이고, 계단 함수의 기울기는 델타 함수이다. 램프 함수가 $x \le 0$일 때는 $r(x)=-x$이고, $x \ge 0$일 때는 $r(x)=x$이다(따라서 $r(x)=|x|$이다). 이때 dr/dx과 d^2r/dx^2을 구하라.

15 무한하게 긴 다음 벡터들 $\boldsymbol{y}$에 대하여 이계 차분 $y_{n+1}-2y_n+y_{n-1}$을 구하라.

상수	$(\cdots, 1, 1, 1, 1, 1, \cdots)$
선형	$(\cdots, -1, 0, 1, 2, 3, \cdots)$
이차	$(\cdots, 1, 0, 1, 4, 9, \cdots)$
삼차	$(\cdots, -1, 0, 1, 8, 27, \cdots)$
램프	$(\cdots, 0, 0, 0, 1, 2, \cdots)$
지수	$(\cdots, e^{-i\omega}, e^0, e^{i\omega}, e^{2i\omega}, \cdots)$

$y(x)=1, x, x^2, x^3, \max(x,0), e^{i\omega x}$의 이계도함수와 이계 차분들이 매우 가까운 것을 보면 놀라울 것이다. $e^{i\omega x}$으로부터 $\cos\omega x$와 $\sin\omega x$를 얻을 수도 있다.

7.4 라플라스 방정식과 $A^{\mathrm{T}}A$

7.3절에서 미분방정식 $-d^2y/dx^2 = \delta(x-a)$를 풀었다. 경곗값들은 $x=0$과 $x=1$에 주어졌다(우리가 살펴본 예는 양 끝점에서 $y=0$인 경우부터 시작하였다). 해 $y(x)$는 0에서부터 선형적으로 증가하여 다시 선형적으로 0으로 돌아왔다. 이러한 경곗값 문제는 시간 변수에 의존하지 않는 정상상태에 대응된다. 이 문제들은 1**차원 라플라스 방정식**이며, 이러한 종류의 문제 중 가장 간단한 것이다. 이 절에서는 다음 세 가지 측면의 좀 더 어려운 내용들을 다룬다.

1. 우리는 첫 번째 편미분방정식으로 2차원 라플라스 방정식을 풀 것이다. 이 방정식의 해는 무수히 많으며 특히 아름답다. 놀랍게도 허수 $i=\sqrt{-1}$이 이 실수 문제에 나타난다.

$$\textbf{라플라스의 편미분방정식} \qquad \frac{\partial^2 u}{\partial x^2}+\frac{\partial^2 u}{\partial y^2}=0 \tag{1}$$

2. 식 (1)의 이산적인 형태는 벡터 U에 대한 행렬방정식이다. 이 벡터는 그래프의 꼭짓점 n개에서 성분 $U_1, \cdots, U_n$을 갖는다. 그래프는 1차원에서의 직선이거나 2차원에서의 격자, 혹은 m개의 모서리로 연결된 꼭짓점들의 네트워크일 수 있다([그림 7-5]).

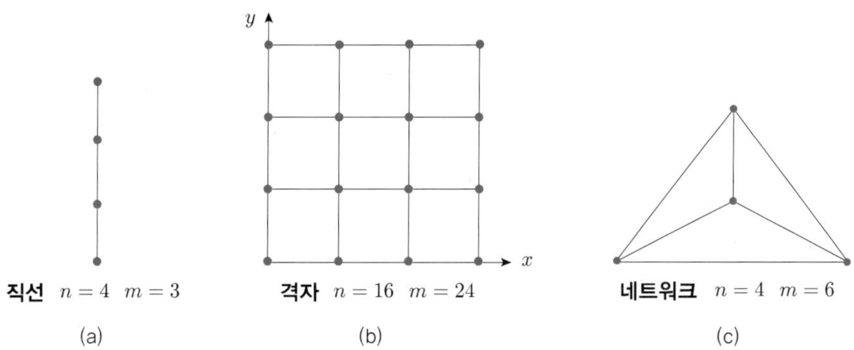

[그림 7-5] (a) 1차원에서의 직선 그래프, (b) 2차원 격자, (c) n개의 꼭짓점과 m개의 모서리를 갖는 완전 그래프

라플라스 방정식 (1)과 유사한 이산화된 자연스러운 식은 격자 위에서의 5점 공식[5-point scheme]이다.

$$\frac{\Delta_x^2 U}{(\Delta x)^2}+\frac{\Delta_y^2 U}{(\Delta y)^2}=\frac{\text{격자 가로 방향으로의 이계 차분}}{+\ \text{격자 세로 방향으로의 이계 차분}}=0 \tag{2}$$

이들 방정식에 u**와** U**의 경곗값들**이 주어졌다. $0 \le x \le 1$과 같은 구간 대신 평면의 영역이 있으며 u는 그 경계에 값이 주어졌다. U는 4×4 격자의 12개의 경계점[boundary point]에 값이 주어져 있다. 방정식 (2)는 각 내부 점[inside point]에서 성립한다.

3. 연속 라플라스 방정식 및 이산 라플라스 방정식은 $A^{\mathrm{T}}Au$의 좋은 예다. $A^{\mathrm{T}}A$는 $\lambda \geq 0$인 고윳값을 가지며 대칭 행렬이다. 그리고 7.5절에서 행렬 $A^{\mathrm{T}}CA$가 추가될 것이다. 공학에서 C는 강성 및 전도도 그리고 투과성과 같은 물질의 물리적 성질을 포함하고 있다. 여러분은 이제 응용수학의 구조를 보게 될 것이다.

라플라스 방정식의 행렬 표현 : $A^{\mathrm{T}}Au=0$

이 방정식은 우리의 첫 번째 편미분방정식이며, 변화가 아닌 균형을 나타낸다.

$$u(x,y)\text{에 대한 라플라스 방정식} \qquad -\frac{\partial^2 u}{\partial x^2}-\frac{\partial^2 u}{\partial y^2}=0 \tag{3}$$

좌변을 $A^{\mathrm{T}}Au$로 만들기 위하여 음의 부호를 포함하였다. 1차원에서 A는 d/dx이었고, A^{T}는 $-d/dx$이었다. 이제는 두 개의 공간 변수 x,y가 있으며, 두 개의 편도함수 $\partial/\partial x$와 $\partial/\partial y$가 행렬 A에 포함된다. 이때 $-\partial/\partial x$와 $-\partial/\partial y$는 A^{T}에 포함된다. 벡터 Au는 두 개의 성분 $\partial u/\partial x$와 $\partial u/\partial y$를 갖는다. 이 벡터는 **기울기 벡터**gradient vector이다. 이로써 우리는 다변수 미적분학과 편도함수의 세계로 들어왔다.

$$\boldsymbol{u}\text{의 기울기} \qquad Au=\operatorname{grad}u(x,y)=\begin{bmatrix}\partial/\partial x\\ \partial/\partial y\end{bmatrix}u=\begin{bmatrix}\partial u/\partial x\\ \partial u/\partial y\end{bmatrix} \tag{4}$$

이중적분과 **발산 정리**divergence theorem(미적분학의 기본 정리의 2차원 형태)는 생략하고 지나가겠다. A가 2×1 행렬이므로 A^{T}는 1×2 행렬임을 추측할 수 있을 것이다.

$$\text{발산도} \qquad A^{\mathrm{T}}\boldsymbol{w}=-\operatorname{div}\boldsymbol{w}=\begin{bmatrix}-\dfrac{\partial}{\partial x} & -\dfrac{\partial}{\partial y}\end{bmatrix}\begin{bmatrix}w_1(x,y)\\ w_2(x,y)\end{bmatrix}=-\frac{\partial w_1}{\partial x}-\frac{\partial w_2}{\partial y} \tag{5}$$

이때 $A^{\mathrm{T}}Au$는 $u(x,y)$의 기울기의 발산도에 음의 부호를 붙인 것이다. 이것이 바로 라플라시안이다.

$$A^{\mathrm{T}}A\boldsymbol{u}=-\operatorname{div}\operatorname{grad}\boldsymbol{u} \qquad A^{\mathrm{T}}Au=\begin{bmatrix}-\dfrac{\partial}{\partial x} & -\dfrac{\partial}{\partial y}\end{bmatrix}\begin{bmatrix}\dfrac{\partial u}{\partial x}\\[2mm] \dfrac{\partial u}{\partial y}\end{bmatrix}=-\frac{\partial^2 u}{\partial x^2}-\frac{\partial^2 u}{\partial y^2} \tag{6}$$

여러분은 $A^{\mathrm{T}}Au=0$이 라플라스 방정식이 됨을 알 수 있을 것이다. 우변이 0일 때, 음의 부호를 포함하여도 좋고 포함하지 않아도 된다. 우변에 0이 아닌 소스(혹은 싱크) $f(x,y)$가 있는 경우 푸아송의 이름을 딴 방정식이 된다.

$$u_{xx} + u_{yy} = f(x, y)\text{는 푸아송 방정식이다.}$$

u_{xx}와 u_{yy}의 아래 첨자는 이차 편도함수를 의미한다. 즉, $u_{xx} = \partial^2 u/\partial x^2$이고 $u_{yy} = \partial^2 u/\partial y^2$이다. 이 표기법에서 u_t는 $\partial u/\partial t$를 의미한다. 이전의 상미분방정식을 다룬 장들에서는 이 도함수를 u'으로 표시하였지만 편미분방정식에서는 이와 같은 새로운 표현을 사용한다.

예제 1 $u = xy$는 라플라스 방정식 $u_{xx} + u_{yy} = 0$의 해이다. 그리고 $u_p = x^2 + y^2$은 일정한 소스가 있는 푸아송 방정식 $u_{xx} + u_{yy} = 4$의 해이다. 푸아송 방정식의 완전해는 이 특수해 $x^2 + y^2$에 임의의 라플라스 방정식의 해(영공간의 해)를 더한 것이다.

라플라스 방정식의 해

우리는 $u_{xx} + u_{yy} = 0$의 완전한 해를 알고 싶다. 이 해들의 목록은 무한히 길며, 이 해들의 선형결합 역시 라플라스 방정식의 해가 된다. 라플라스 방정식은 선형이므로 중첩 원리가 적용된다. 네 개의 해 $u = 1$, x, y, xy는 쉽게 찾을 수 있다. 이 네 개의 해에 대하여 u_{xx}와 u_{yy}는 모두 0이다. 더 많은 해를 찾기 위해서는 u_{xx}가 u_{yy}를 소거하도록 해야 한다.

$u = x^2$부터 시작하자. 이때 $u_{xx} = 2$이다. $u_{yy} = -2$를 만족하는 y에 대한 함수는 $-y^2$이므로 $u = x^2 - y^2$은 라플라스 방정식의 해이다. 이 해의 차수는 2인데, 이는 x와 y가 모두 C배가 될 때 u는 C^2배가 되기 때문이다. $u = xy$의 차수도 2이며, 이는 $(Cx)(Cy)$이 xy의 C^2배이기 때문이다.

진정한 질문은 x^3에서 시작한다. x^3으로 시작한 식이 차수가 3인 라플라스 방정식의 해로 완성될 수 있는가? $u = x^3$이므로 $u_{xx} = 6x$이다. $6x$를 소거하기 위해 $u_{yy} = -6x$인 부분이 필요하다. 이 부분은 $-3xy^2$이다. 두 식의 결합 $u = x^3 - 3xy^2$은 차수가 3이며, 우리가 가진 해의 목록에 포함된다.

우리의 희망은 임의의 차수에 대하여 두 개의 해를 찾는 것이다. 지금까지 해의 목록을 정리하면 다음과 같다. $u = x = r\cos\theta$로부터 시작하여 각 해의 쌍을 극좌표로도 적어 놓았다.

차수 1	x	y	$r\cos\theta$	$r\sin\theta$
차수 2	$x^2 - y^2$	$2xy$	$r^2\cos 2\theta$	$r^2\sin 2\theta$
차수 3	$x^3 - 3xy^2$	??	$r^3\cos 3\theta$	$r^3\sin 3\theta$

극좌표로 적어둔 목록에서 해의 패턴은 명확하다. 라플라스 방정식에 대한 해의 쌍들은 $r^n\cos n\theta$와 $r^n\sin n\theta$이다. 이 식들은 $n = 4, 5, \cdots$일 때도 해가 된다. 첫 번째 목록(x, y에 대한 다항식으로 주어지는 해들) 또한 주목할 만한 패턴을 보인다. **이 해들은 $(x + iy)^n$의 실수부와 허수부이다.** 차수 $n-2$에 대하여 두 부분을 명확히 확인할 수 있다.

$(x+iy)^2$은 $x^2-y^2+i\,2xy$이다. 이는 $(re^{i\theta})^2 = r^2e^{2i\theta} = r^2\cos 2\theta + i\,r^2\sin 2\theta$

극좌표로 표현된 해의 쌍 $r^n\cos n\theta$와 $r^n\sin n\theta$는 임의의 n에 대하여 라플라스 방정식을 만족한다. 이때 x, y로 표현된 해도 바로 구할 수 있는데, 이는 u_{yy}가 $i^2=-1$을 포함하여 u_{xx}를 소거하기 때문이다. 다음과 같이 각 n의 값에 대하여 두 개의 해를 얻는다.

$$\textbf{차수가 } n\textbf{인 해} \quad u_n = \mathrm{Re}\,(x+iy)^n = r^n\cos n\theta, \quad s_n = \mathrm{Im}(x+iy)^n = r^n\sin n\theta \tag{7}$$

이 해들의 모든 선형결합 역시 라플라스 방정식의 해가 된다. y''을 포함한 이차 상미분방정식에 대해서는 두 개의 해가 있었고, 모든 영공간의 해는 선형결합 $c_1y_1+c_2y_2$이었다. 이때 c_1과 c_2를 선택하여 두 초기 조건 $y(0)$ 및 $y'(0)$이 일치하도록 하였다. 이제 우리는 무수히 많은 해를 갖는 편미분방정식의 해를 각 차수마다 2개씩 얻었다. 이제 우리는 각 차수마다 2개씩 편미분방정식의 무수히 많은 해를 구하였다. 각 n에 대하여 (상수 a_0을 포함하여) 올바른 계수 a_n과 b_n을 택함으로써 해가 경계를 따라 주어진 임의의 함수 $u=u_0(x,y)$와 일치하도록 할 수 있다.

$$\begin{array}{ll} \textbf{경계 위에서} & u_0(x,y) = a_0 + a_1x + b_1y + a_2(x^2-y^2) + b_2(2xy) + \cdots \\ \textbf{경계가 원인 경우} & u_0(1,\theta) = a_0 + a_1\cos\theta + b_1\sin\theta + a_2\cos 2\theta + b_2\sin 2\theta + \cdots \end{array}$$

마지막에 제시된 합은 푸리에 급수이다. 이 급수는 라플라스 방정식을 원 내부에서 풀 때 나타난다. 원 $r=1$ 위에 경계조건 $u=u_0$이 주어진다. 1차원 문제에 대하여 경계는 두 개의 끝점 $x=0$과 $x=1$이었으며, 이 경우 우리는 두 개의 해만 필요했다. 모든 푸리에 계수 a_n과 b_n을 올바르게 선택하는 문제는 8장에 나올 것이며 이를 통해 원 내부에서 라플라스 방정식의 해를 완성할 수 있다.

$$u_{xx}+u_{yy}=0\textbf{의 해} \qquad u = a_0 + \sum_{n=1}^{\infty}(a_nr^n\cos n\theta + b_nr^n\sin n\theta) \tag{8}$$

유한 차분법과 유한 원소법

라플라스 방정식은 종종 이산화된다. 도함수 u_{xx}와 u_{yy}는 유한 차분에 의하여 대체된다. 이 과정에서 큰 행렬 $K2D$가 만들어지는데, -1, 2, -1로 이루어진 삼중대각 행렬 K와 유사하며 2차원 문제에 대한 행렬이다. [그림 7-5]의 정사각형 격자에서 x 방향으로 성분 -1, 2, -1이 있으며 y 방향으로도 이 성분이 있다. $K2D$는 다섯 개의 성분을 갖는다. 이 행렬의 주대각성분은 $2+2=4$이며 그 주변에 -1이 4개 있다.

정사각형이 아니라 원처럼 휜 영역을 가정하자. 이때 유한 차분은 복잡해진다. 정사각형 격자에서의 꼭짓점들은 원 위에 놓이지 않는다. 이때 선호되는 방법은 **유한 원소법**finite element method이며, 이 방법은 영역을 임의의 모양을 가진 삼각형들로 나눈다(심지어 삼각형은 경계 모양에 맞추기 위하여 선분이 휘어 있을 수도 있다). 이 유한 요소는 필자의 책 『Computational Science and Engineering』에 격자의 각 삼각형 내부에서 선형 함수 $a+bx+cy$를 사용하는 코드와 함께 설명되어 있다. 이 방법의 정확도는 『An analysis of the Finite Element Method』에서 다루고 있다.

라플라스 차분 행렬 $K2D$

이 책에 적합한 방법은 유한 차분법이다. -1, -1, 4, -1, -1로 이루어진 행들을 갖는 대칭 행렬 $K2D$를 만들고 이 행렬이 양의 정부호를 가짐을 보일 것이다. $K2D$는 x와 y방향으로의 이계 차분으로부터 나온다. 각 격자점의 격자에서 행의 수와 열의 수를 나타내기 위한 두 개의 첨자 i와 j가 필요하다. 가로와 세로로 진행하라.

$$-\frac{\partial^2 u}{\partial x^2}\text{은 }\frac{-U_{i+1,j}+2U_{i,j}-U_{i-1,j}}{(\Delta x)^2}\text{가 되고 }-\frac{\partial^2 u}{\partial y^2}\text{는 }\frac{-U_{i,j+1}+2U_{i,j}-U_{i,j-1}}{(\Delta y)^2}\text{이 된다.}$$

정사각형 격자에서는 $\Delta x=\Delta y$이다. $2U_{i,j}$ 두 개를 결합하여 $K2D$ 행렬의 대각선에 성분 4가 나타난다. 차분방정식은 각 $U_{i,j}$가 4개의 인접한 이웃에서의 U 값의 평균임을 말해 준다.

$$\Delta_x^2 U+\Delta_y^2 U=0 \qquad 4U_{i,j}-U_{i+1,j}-U_{i-1,j}-U_{i,j+1}-U_{i,j-1}=0 \tag{9}$$

i, j 격자점에 이웃한 격자점들이 정사각형 격자의 경계에 위치한다면 U의 경곗값들이 알려져 있을 것이다. 이때 이 항은 차분방정식의 우변으로 이동한다. 성분 -1은 $K2D$의 경계에 대응되는 행에서는 나타나지 않는다.

격자점의 번호를 행을 따라 붙인다면 u_{xx} 항은 1차원 라플라스 방정식에 대응되는 행렬 K를 각 블록 행에 나오게 한다. u_{yy} 항은 $-I$, $2I$, $-I$로 세 블록 행을 연결한다.

$$K2\text{D}=\begin{bmatrix} K & & & \\ & K & & \\ & & \cdot & \\ & & & K\end{bmatrix}+\begin{bmatrix} 2I & -I & & \\ -I & 2I & -I & \\ & -I & \cdot & \cdot \\ & & -I & 2I\end{bmatrix}=\text{kron}(I,K)+\text{kron}(K,I)$$

각 행마다 N개의 내부 점이 있으므로 이 블록 행렬 $K2D$는 $N^2\times N^2$이다. MATLAB 명령어 kron(A,B)는 각 A_{ij}를 블록 행렬 $A_{ij}B$로 대체하여 행렬의 크기가 $N^2\times N^2$이 된다.

다음은 $3\times 3=9$개의 정사각형 및 $4\times 4=16$개의 격자점을 갖는 격자에 대한 행렬이다. 다른 $16-4=12$개의 점들은 정사각형의 경계에 위치하고 있으므로 U는 경계조건 $u=u_0$에 의해 결정된다.

더 큰 격자들에 대하여 N^2개의 내부 점은 경계에 있는 $(4N+4)$개의 점들보다 훨씬 많이 있다.

내부 격자가 2×2인 경우의 라플라스 차분 행렬

$$K2\mathrm{D}=\begin{bmatrix} 4 & -1 & 0 & -1 \\ -1 & 4 & -1 & 0 \\ 0 & -1 & 4 & -1 \\ -1 & 0 & -1 & 4 \end{bmatrix}$$

이 행렬의 각 행에서는 -1 두 개가 사라졌는데, 이는 각 내부 격자점들 옆에 두 개의 경계 점이 있기 때문이다. 일반적으로 $K2D$의 대부분의 행에서는 4개의 -1을 볼 수 있다.

다음은 경곗값이 0과 4로 주어진 경우 방정식 $K2D\,\boldsymbol{U}=\mathbf{0}$의 정사각형에서의 해를 나타낸 것이다.

굵게 표시된 U의 값은 이웃한 4개의 격자점 값의 평균이다.

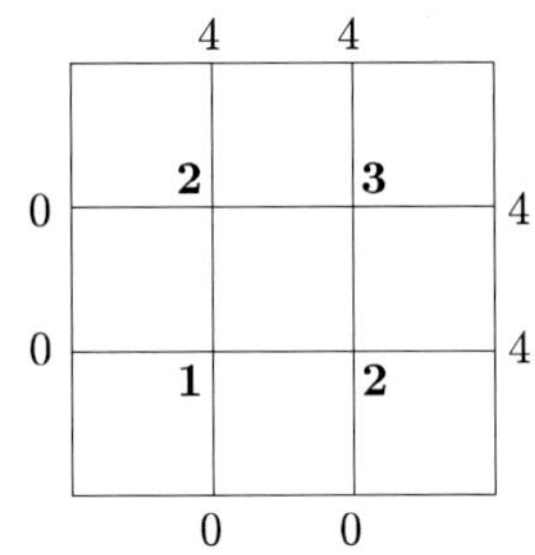

행렬 $K2D$의 고윳값은 $\lambda=$ **2, 4, 4, 6**이다. 이 고윳값들을 모두 더하면 16이고, 이는 행렬의 대각성분의 합(위 $K2D$ 행렬의 모든 대각성분의 합)과 같다. 고유벡터들은 서로 수직이다. **$K2D$의 고유벡터**들은 $(1,1,1,1)^t$, $(1,1,-1,-1)^t$, $(1,-1,1,-1)^t$, $(1,-1,-1,1)^t$이다. $K2D$는 대칭 행렬이므로 고유벡터들이 수직임이 보장된다. 양의 정부호를 가지므로 양수인 고윳값 2, 4, 4, 6이 나왔다.

라플라시안의 고윳값 : 연속적인 경우와 이산적인 경우

1차원에서 $-u_{xx}=\lambda u$의 고유함수는 $u=\sin n\pi x$이었고, 고윳값은 $\lambda=n^2\pi^2$이었다. 이들 사인 함수는 끝점 $x=0$과 $x=1$에서 0의 값을 가졌다. 2차원의 단위 정사각형 위에서 라플라시안의 고유함수들은 단지 사인 함수의 곱 $u(x,y)=(\sin n\pi x)(\sin m\pi y)$이며 고윳값은 $\lambda=n^2\pi^2+m^2\pi^2$이다. 이 고유함수들은 정사각형의 경계 전체인 $x=0$, $x=1$, $y=0$, $y=1$에서 0의 값을 갖는다.

$$\boxed{-\left(\frac{\partial^2}{\partial x^2}+\frac{\partial^2}{\partial y^2}\right)(\sin n\pi x)(\sin m\pi y)=(n^2\pi^2+m^2\pi^2)(\sin n\pi x)(\sin m\pi y)} \tag{10}$$

정사각형 위에서의 문제를 풀 때는 변수분리separation of variables가 가능하다. 즉, 각 고유벡터는 (x의 함수)$\times$(y의 함수)이다. 우리가 희망했던 대로 두 개의 1차원 문제가 되는 것이다. 식 (6)은 $-u_{xx}-u_{yy}$를 $-\operatorname{div}(\operatorname{grad} u)$로 표현했으며, 이는 A가 기울기 벡터를 나타낼 때 $A^{\mathrm{T}}A$와 같다. x,y 변수가 분리되지 않는 정사각형이 아닌 영역에서도 $\lambda\ge 0$을 만족한다. 기울기 조건(u의 도함수는 0이다)을 부여하면 상수 고유함수 $u=1$이 허용된다. 이때 $\lambda=0$이며 라플라시안은 준정부호를 갖는다.

이제 행렬 라플라시안 $K2D$로 돌아가자. 1차원에서 K의 고유벡터는 이산 사인 벡터였다. 이 벡터들은 연속인 고유함수 $\sin n\pi x$를 균등 분포된 N개의 점에서 추출하여 얻어졌다. 이때 구간 $[0,1]$에서 점들 사이의 간격은 $\Delta x = 1/(N+1)$이고, K의 고윳값들은 $\lambda_n = 2-2\cos(n\pi\Delta x)$이다. 우리는 $K2D$의 고유벡터들이 사인 함수의 곱들이고 고윳값들은 1차원 고윳값 $\lambda(K)$의 합이 되기를 희망하고 기대할 수 있다. $K2D$의 N^2개의 고윳값은 양수이며, x, y 방향으로 여전히 분리된다.

$$\lambda_{nm}(K2D) = \lambda_n(K) + \lambda_m(K) = 4 - 2\cos\frac{n\pi}{N+1} - 2\cos\frac{m\pi}{N+1} > 0 \tag{11}$$

따라서 정사각형에 대한 $K2D$ 행렬은 대칭이고 양의 정부호를 갖는다. 고윳값에 대한 이 공식은 $N=2$일 때의 $\lambda = 2,4,4,6$을 다시 이끌어낼 수 있게 한다. 여기서 $\frac{\pi}{3}$, $\frac{2\pi}{3}$의 코사인 값은 각각 $\frac{1}{2}$, $-\frac{1}{2}$이다.

7.4 요약

1. 라플라스 방정식은 $(x+iy)^n$의 실수부와 허수부를 해로 갖는다.

2. 이 부분들은 $u=r^n\cos n\theta$와 $s=r^n\sin n\theta$이다. 이들의 선형결합은 푸리에 급수이다.

3. 이산화된 방정식은 $\Delta_x^2 U + \Delta_y^2 U = 0$이다. 행렬 $K2D$는 양의 정부호를 갖는다.

4. 고유벡터들은 (x의 사인 함수)$\times$(y의 사인 함수)이다. 즉, $-u_{xx}-u_{yy}=\lambda u$ 및 $(K2D)U=\lambda U$이다.

7.4 연습문제

01 라플라스 방정식의 어떤 해가 해의 쌍에 대한 목록 표의 3차 항에 들어가겠는가? 하나의 해 $u=x^3-3xy^2$을 구했으며, 다른 해가 더 필요하다.

02 $(x+iy)^4$의 실수부 및 허수부인 4차의 두 해는 무엇인가? 두 해 모두에 대하여 $u_{xx}+u_{yy}=0$임을 확인하라.

03 $(x+iy)^n$의 x에 대한 이계 편도함수는 무엇인가? y에 대한 이계 편도함수는 무엇인가? $i^2=-1$이므로 이 두 함수는 $u_{xx}+u_{yy}$에서 소거된다.

04 4×4 정사각형 격자의 내부 점 2×2에 대해 라플라스 방정식을 다루었던 본문의 예에 대하여 네 개의 내부 점 각각에서 네 개의 방정식 (9)를 적어라. 알려진 경곗값인 0과 4를 방정식의 우변으로 옮겨라. 여러분은 좌변에서 $K2D$를 보아야 하며 올바른 해인 $\boldsymbol{U}=(U_{11}, U_{12}, U_{21}, U_{22})^t=(1,2,2,3)^t$을 이 행렬에 곱하라.

05 4×4 격자에서의 경곗값이 세 변에서 $U=0$, 네 번째 변에서 $U=8$로 바뀌었다고 가정하자. 네 개의 내부 점에서의 함숫값을 각각 구하라. 각각의 함숫값은 그 주변 네 격자점에서의 함숫값의 평균이어야 한다.

06 정사각형 격자에서 제시된 4×4 행렬 $K2D$에 대하여 그 역행렬 $(K2D)^{-1}$을 MATLAB을 사용하여 구하라.

07 우변이 0이 아닌 다음 푸아송 차분방정식을 풀어라. 단, 내부 격자에서의 함숫값은 각각 U_{11}, U_{12}, U_{21}, U_{22}이다. 모든 경곗값(U_{10}, U_{13}과 같은 값들)은 0이다. 경계점들은 i 혹은 j가 0 혹은 3이어야 하고, 내부 격자점들은 i와 j 모두 1 또는 2이어야 한다.

네 개의 내부 점에서 $4U_{ij}-U_{i-1,j}-U_{i+1,j}-U_{i,j-1}-U_{i,j+1}=1$이다.

08 5×5 격자는 3×3 내부 격자를 갖는다. U_{11}부터 U_{33}까지 모르는 값 9개가 있다. 9×9 차분 행렬 $K2D$를 구하라.

09 eig($K2D$)를 사용하여 [연습문제 08]에서의 $K2D$에 대한 고윳값 9개를 구하라. 이 고윳값들은 양수일 것이다! 행렬 $K2D$는 대칭 행렬이고 양의 정부호를 갖는다.

10 $u(x)$가 $u_{xx}=0$의 해이고 $v(y)$가 $v_{yy}=0$의 해일 때, $u(x)v(y)$는 라플라스 방정식의 해임을 보여라. 이러한 해들의 공간이 4차원 공간 밖에 되지 못하는 이유는 무엇인가? 변수분리로 모든 해를 구하지는 못하며 경계 조건들을 분리할 수 있는 해들만 구할 수 있다.

7.5 네트워크와 그래프 라플라시안

n개의 꼭짓점과 m개의 모서리를 갖는 그래프에서 시작하자. 이 그래프의 $m \times n$ 근접 행렬 A는 5.6절에서 소개되었으며 이 행렬의 각 행은 그래프에서의 한 모서리에 대응된다. 한 행에 있는 하나의 -1과 1은 어느 두 꼭짓점이 해당 모서리에 의해 연결되었는지를 알려준다.

이제 $\boldsymbol{L} = \boldsymbol{A}^{\mathrm{T}}\boldsymbol{A}$와 $\boldsymbol{K} = \boldsymbol{A}^{\mathrm{T}}\boldsymbol{CA}$에 대하여 살펴볼 단계이다. 이 두 행렬은 전체 네트워크를 묘사하는 대칭 행렬이자 양의 준정부호 행렬이다. 이 두 행렬 L과 K는 **그래프 라플라시안**이다. L에는 가중치가 없고 $(C = I)$, K는 C의 성분들을 가중치로 갖는다. 이 행렬들은 네트워크 내에서의 흐름을 나타내는 기초적인 행렬들이다. 이들은 전기적 네트워크를 묘사하며 그 응용은 훨씬 더 방대하다. 여러분은 $A^{\mathrm{T}}A$와 $A^{\mathrm{T}}CA$를 뇌, 인터넷, 신경계 및 전력망을 묘사할 때에도 볼 수 있다.

소셜 네트워크, 정치 네트워크와 지적 네트워크에서도 L과 K를 사용한다. 그래프는 **이산 응용수학에서의 가장 중요한 모델**이 되었다. 비록 그래프는 선형대수학을 배우는 데 표준적인 주제는 아니지만, 오늘날 선형대수학을 적용하는 데 있어서는 필수적인 주제이다. 그 내용을 이 책에서 다루게 된다.

A와 $A^{\mathrm{T}}A$의 예

[그림 7-6]의 평면 그래프 및 직선 그래프에 대하여 A를 만들어봄으로써 근접 행렬에 대해 빠르게 복습하고자 한다. A의 각 행의 모든 성분은 더하여 $-1+1=0$이 된다. 이때 모든 성분이 1인 벡터 $\boldsymbol{v} = (1, \cdots, 1)^t$에 대하여 $A\boldsymbol{v} = \mathbf{0}$이 된다. A의 모든 열을 합하면 영벡터가 되므로 A의 열들은 종속이다. $A\boldsymbol{v} = \mathbf{0}$이므로 $A^{\mathrm{T}}A\boldsymbol{v} = \mathbf{0}$과 $A^{\mathrm{T}}CA\boldsymbol{v} = \mathbf{0}$ 또한 만족하며, 따라서 이때 $A^{\mathrm{T}}CA$는 양의 준정부호를 갖게 된다(하지만 이 행렬은 가역도 아니고 양의 정부호를 갖지도 않는다).

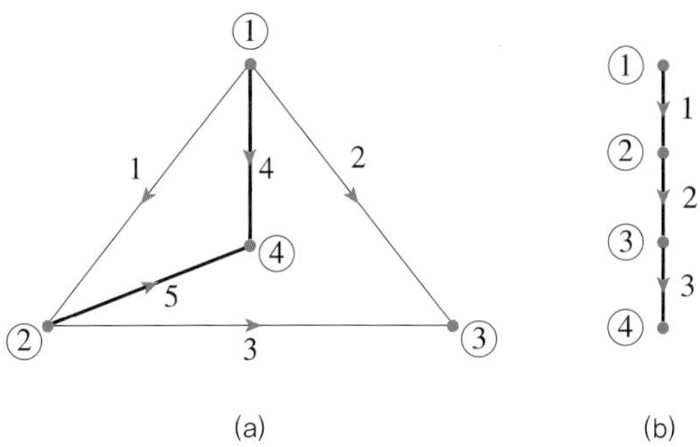

근접 행렬

$$\boldsymbol{A}_{\text{line}} = \begin{bmatrix} -1 & 1 & & \\ & -1 & 1 & \\ & & -1 & 1 \end{bmatrix}$$

[그림 7-6] 평면 그래프와 직선 그래프 : $n=4$개의 꼭짓점 및 $m=5$개 또는 3개의 모서리를 갖는다.

$\boldsymbol{A}_{\text{line}}$은 3×4 차분 행렬이다. 이때 아래의 $A^{\mathrm{T}}A$는 이계 차분을 포함한다. $A^{\mathrm{T}}A$의 처음과 마지막 성분이 2가 아닌 1임에 주목하자. **대각성분 1, 2, 2, 1은 각 꼭짓점에서 만나는 모서리의 개수(네 꼭짓점의**

'차수')를 나타낸다.

$Av = v$들의 차
$A^TA =$ 직선의 라플라시안

$$Av = \begin{bmatrix} v_2 - v_1 \\ v_3 - v_2 \\ v_4 - v_3 \end{bmatrix} \quad A^TA = \begin{bmatrix} \mathbf{1} & -1 & 0 & 0 \\ -1 & \mathbf{2} & -1 & 0 \\ 0 & -1 & \mathbf{2} & -1 \\ 0 & 0 & -1 & \mathbf{1} \end{bmatrix} \tag{1}$$

평면 그래프의 경우, 근접 행렬 A에 벡터 $\boldsymbol{v}$를 곱하면 각 모서리에서의 차 $\boldsymbol{v}_{\text{end}} - \boldsymbol{v}_{\text{start}}$를 계산해준다. 라플라시안 행렬 $L = A^TA$ 역시 각 행의 모든 성분을 더하면 0이 된다. L의 대각성분은 각각 3개, 3개, 2개, 2개의 모서리가 네 꼭짓점에 연결되어 있음을 보여준다. A와 L에 있는 모든 수는 그래프로부터 직접 구할 수 있다. $L = A^TA$에서 $(3,4)$성분과 $(4,3)$성분에 -1의 쌍이 나타나지 않는 이유는 5개의 모서리를 갖는 이 그래프에서 두 꼭짓점 3과 4를 연결하는 모서리가 없기 때문이다.

근접 행렬
라플라시안 행렬

$$\boldsymbol{A} = \begin{bmatrix} -1 & 1 & 0 & 0 \\ -1 & 0 & 1 & 0 \\ 0 & -1 & 1 & 0 \\ -1 & 0 & 0 & 1 \\ 0 & -1 & 0 & 1 \end{bmatrix} \quad \boldsymbol{A}^T\boldsymbol{A} = \begin{bmatrix} 3 & -1 & -1 & -1 \\ -1 & 3 & -1 & -1 \\ -1 & -1 & 2 & \mathbf{0} \\ -1 & -1 & \mathbf{0} & 2 \end{bmatrix} \tag{2}$$

NOTE_ 만약 그래프의 모서리들이 방향을 바꾸게 되면 A는 바뀌게 된다. 하지만 A^TA는 바뀌지 않는다. 모서리들의 방향을 바꾼 그래프에 대한 근접 행렬은 단지 원래 그래프의 근접 행렬 A의 왼쪽에 대각성분이 ±1로 이루어진[1] 부호 대각 행렬 S를 곱한 SA와 같다. 이때 $S^TS = I$이므로 $(SA)^T(SA) = A^TA$와 같다.

$L = A^TA$의 고윳값에는 항상 $\lambda = 0$이 포함되며, 이때 고유벡터는 모든 성분이 1인 벡터이다. 에너지 $\boldsymbol{v}^T(A^TA)\boldsymbol{v}$와 $(A\boldsymbol{v})^T(A\boldsymbol{v})$로 쓸 수 있다. 이 값은 각 모서리에서의 차를 나타내는 $A\boldsymbol{v}$의 모든 성분의 제곱을 합한 것과 같다(그래프에 존재하지 않는 3에서 4로의 모서리만 제외한다).

$$\textbf{에너지} = (v_2 - v_1)^2 + (v_3 - v_1)^2 + (v_3 - v_2)^2 + (v_4 - v_1)^2 + (v_4 - v_2)^2$$

이로써 모든 성분이 1인 벡터 $\boldsymbol{v} = (1,1,1,1)$에 대하여 에너지 값이 0이 됨을 다시 볼 수 있다.

라플라시안 행렬 $L = A^TA$는 가역이 아니다! 즉, 연립방정식 $A^TA\boldsymbol{v} = \boldsymbol{f}$는 해가 없거나 해가 무수히 많다. 가역 행렬이 되도록 하려면 **$\boldsymbol{A}^T\boldsymbol{A}$의 마지막 열과 행을 제거하라.** 이 과정은 네 번째 꼭짓점에서의 전압 $\boldsymbol{v_4 = 0}$이라 두어 '한 점을 접지하는 것'에 대응된다. 이는 방정식이 온도의 차들만을 알려줄 때, 특정한 한 꼭짓점에서의 온도를 0으로 고정하는 것과 유사하다.

$v_4 = 0$임을 알고 있을 때, 4열은 행렬 A로부터 제거된다. 이때 4열이 제거된 A에 대하여 A^TA를 계산하면 원래의 행렬 A^TA에서 4열 및 4행을 제거한 행렬과 같다. 이 축소된 3×3 행렬은 양의 정부호를 갖는다.

1 (옮긴이) 항등 행렬에서 방향을 바꾼 모서리의 번호에 해당하는 대각성분만 -1로 바꾸면 된다.

$$(\boldsymbol{A}^{\mathrm{T}}\boldsymbol{A})_{\text{reduced}} = \begin{bmatrix} 3 & -1 & -1 \\ -1 & 3 & -1 \\ -1 & -1 & 2 \end{bmatrix} = (A_{\text{reduced}})^{\mathrm{T}}(A_{\text{reduced}}) = (3\times 5\text{행렬})\times(5\times 3\text{행렬}) \qquad (3)$$

가중치가 적용된 라플라시안 $K = A^{\mathrm{T}}CA$

많은 응용들에서 모서리에 양수 가중치 $c_1, \cdots, c_m$이 적용된다. 이 가중치를 적용하면 저항 m개의 전기 전도도 혹은 용수철 m개에 대한 강성을 나타낼 수 있다. 전기공학에서 옴의 법칙은 전류 w를 전압차 e와 연결하는 법칙이다. 기계공학에서 후크의 법칙은 용수철의 복원력 w를 변위 e와 연결한다. 모든 모서리에서 만족되는 이러한 **법칙** $w = ce$**는 대각성분이 양수인 행렬** C를 만들며, 이때 $\boldsymbol{w} = C\boldsymbol{e} = CA\boldsymbol{v}$가 된다. $\boldsymbol{w}$의 m개의 전류는 $A\boldsymbol{v}$의 m개의 전압차로부터 나온다.

키르히호프의 전류 법칙은 $A^{\mathrm{T}}\boldsymbol{w} = 0$이다. 이 행렬 A^{T}는 항상 '전류의 균형'과 용수철 간의 '힘의 평형'을 나타낼 때 사용한다. 전류 소스나 외력이 있을 때, 이러한 균형을 나타내는 방정식은 $A^{\mathrm{T}}\boldsymbol{w} = \boldsymbol{f}$이다. 전류 소스가 꼭짓점에 들어올 때, 전류 법칙 $A^{\mathrm{T}}\boldsymbol{w} = \boldsymbol{f}$는 '꼭짓점에 들어오는 총 전류와 나가는 총 전류가 같다'는 식이 된다. 이때 $A^{\mathrm{T}}C\boldsymbol{e} = \boldsymbol{f}$ 및 $A^{\mathrm{T}}CA\boldsymbol{v} = \boldsymbol{f}$가 된다. 따라서 $K = A^{\mathrm{T}}CA$는 **전체 네트워크에 대한** 전도도 행렬conductance matrix이다. 다음은 직선 형태로 저항이 있는 경우([그림 7-6(b)])에 대한 $A^{\mathrm{T}}CA$이다.

$$\begin{aligned} A^{\mathrm{T}}\boldsymbol{w} &= \boldsymbol{f} \ \ (\text{키르히호프 법칙}) \\ A^{\mathrm{T}}C\boldsymbol{e} &= \boldsymbol{f} \ \ (\text{옴의 법칙}) \\ A^{\mathrm{T}}CA\boldsymbol{v} &= \boldsymbol{f} \ \ (\text{전압에 대한 방정식}) \end{aligned} \qquad (A^{\mathrm{T}}CA)_{\text{line}} = \begin{bmatrix} c_1 & -c_1 & 0 & 0 \\ -c_1 & c_1+c_2 & -c_2 & 0 \\ 0 & -c_2 & c_2+c_3 & -c_3 \\ 0 & 0 & -c_3 & c_3 \end{bmatrix} \qquad (4)$$

$A^{\mathrm{T}}CA$의 각 행을 더하면 여전히 0이 된다. 이 행렬은 여전히 양의 준정부호를 가지며, 4행과 4열이 제거될 때 양의 정부호를 갖는 행렬이 된다. $A^{\mathrm{T}}CA\boldsymbol{v} = \boldsymbol{f}$를 풀기 위해서는 이 과정을 반드시 시행해야 한다. 이 방정식은 이산 응용수학에서 기초가 되는 방정식이다.

네트워크는 (배터리와 같은) **전압 소스**도 가질 수 있다. 이 전압 소스들을 성분이 m개인 벡터 $\boldsymbol{b}$로 표현한다. 한 꼭짓점에서 다른 꼭짓점으로 갈 때 전압은 $-A\boldsymbol{v}$만큼 감소한다(음의 부호에 유의하라). 이때 저항을 지나며 생긴 전압 감소 $\boldsymbol{e}$에 대한 옴의 법칙이 적용된다. 행렬 C와 전압 소스 $\boldsymbol{b}$를 포함한 벡터 $\boldsymbol{e} = \boldsymbol{b} - A\boldsymbol{v}$를 사용하면 옴의 법칙은 단지 $\boldsymbol{w} = C\boldsymbol{e}$일 뿐이다. 이 네트워크에 입력되는 벡터들은 $\boldsymbol{f}$와 $\boldsymbol{b}$이다.

$\boldsymbol{e}$, $\boldsymbol{w}$, $\boldsymbol{f}$에 대한 세 개의 방정식은 행렬 A, C, A^{T}를 사용하는데, 식 $\boldsymbol{e} = C^{-1}\boldsymbol{w}$를 통해 $\boldsymbol{e}$를 소거하여 두 개의 방정식이 된다. 여기에 $\boldsymbol{w}$도 소거하여 하나의 방정식으로 바꿀 수 있다.

	3개의 방정식	2개의 방정식	1개의 방정식
전압 감소	$e = b - Av$	$\begin{bmatrix} C^{-1} & A \\ A^{\mathrm{T}} & 0 \end{bmatrix} \begin{bmatrix} w \\ v \end{bmatrix} = \begin{bmatrix} b \\ f \end{bmatrix}$	$A^{\mathrm{T}}CAv = A^{\mathrm{T}}Cb - f$
전류	$w = Ce$		
균형	$f = A^{\mathrm{T}}w$		

첫 번째 방정식에 $e = C^{-1}w$를 대입하여 e를 소거하였다. 2개의 방정식에서 1개의 방정식으로 바꾸는 단계에서는 $w = C(b - Av)$를 $f = A^{\mathrm{T}}w$에 대입하였다. 이때 A와 C의 대부분의 성분은 0이고 $K = A^{\mathrm{T}}CA$를 가중치가 주어진 그래프 라플라시안이라 한다.

여러분은 소스 b와 f가 어떻게 우변을 만들어내는지 살펴보았다. 이 소스들이 전류를 흐르게 한다.

응용수학의 토대

최소제곱법의 방정식 $A^{\mathrm{T}}Av = A^{\mathrm{T}}b$와 가중치가 주어진 최소제곱법 방정식 $A^{\mathrm{T}}CAv = A^{\mathrm{T}}Cb$는 $f = 0$인 특수한 경우들이다. 응용수학의 모든 대칭적인 정상상태는 이 $A^{\mathrm{T}}CA$ 토대 위에 있는 것은 수많은 경험을 통해 알려져 있다.

전압 법칙 → A **옴의 법칙 → C** **전류 법칙 → A^{T}**

응용수학을 주제로 하는 모든 강의에서 $A^{\mathrm{T}}CA$의 중요성을 항상 언급한다. 실제 응용에서 $A^{T}CA$는 매우 중요하다. 미분방정식 또한 이 토대 위에 있다. Au가 $u(x,y)$의 기울기일 때, 라플라스 방정식은 $A^{\mathrm{T}}Au = 0$이 된다. 전형적인 $A^{\mathrm{T}}CA$ 방정식은 $-d/dx(c\,du/dx) = f(x)$이다.

행렬에 대하여 이 도함수들은 차분이 된다. 라플라스 방정식과 그래프에서의 유사성으로 인해 행렬 $A^{\mathrm{T}}A$에는 그래프 라플라시안graph Laplacian이라는 이름이 붙게 되었다.

동적 문제에서는 시간에 대한 도함수 du/dt가 포함된다. 이 도함수는 $A^{\mathrm{T}}CA$ 토대에 새로운 단계를 추가한다. 방정식 $du/dt = -A^{\mathrm{T}}Au$는 열 방정식 $\partial u/\partial t = \partial^2 u/\partial x^2$와 유사한 행렬방정식이다. 다음 장에서는 $y'' = \lambda y$로부터 나오는 고윳값과 고유함수(사인과 코사인 함수)를 사용하여 열 방정식을 풀게 될 것이다. **그 해는 푸리에 급수이다.**

■ 예 : 저항의 네트워크

4개의 꼭짓점과 5개의 모서리를 갖는 그래프에 저항을 달아 보자. 전기 전도도 $1/R$의 수치는 c_1부터 c_5가 되고, 전체 네트워크에 대한 전기 전도도 행렬은 $A^{\mathrm{T}}CA$이다. 위 식 (2)에서의 근접 행렬 A는 5×4 행렬이고, $A^{\mathrm{T}}CA$는 4×4 행렬이다.

5개의 모서리를 갖는 그래프에 대한 전기 전도도 행렬 K

$$K = A^{\mathrm{T}}CA = \begin{bmatrix} c_1+c_2+c_4 & -c_1 & -c_2 & -c_4 \\ -c_1 & c_1+c_3+c_5 & -c_3 & -c_5 \\ -c_2 & -c_3 & c_2+c_3 & 0 \\ -c_4 & -c_5 & 0 & c_4+c_5 \end{bmatrix} \quad (5)$$

이 행렬을 모든 c_i가 1인 식 (2)에서의 $A^{\mathrm{T}}A$와 꼭 비교해보기 바란다. 이 새로운 행렬은 세 모서리 1, 2, 4가 꼭짓점 1에 닿으므로 $c_1+c_2+c_4$로 시작한다. K의 이 행을 따라 세 성분 $-c_1$, $-c_2$, $-c_4$가 나오며, 예상했던 대로 행의 모든 성분의 합이 0이 된다. 이때 $A^{\mathrm{T}}CA$는 가역이 아니다. 우리는 이 행렬의 4열과 4행을 제거하여 (꼭짓점에서 접지하여) 3×3 행렬로 축소해야 한다. 축소된 행렬은 대칭 행렬이며 양의 정부호를 갖는다.

전압 $v_1 = V$이 고정되어 있고, 접지된 꼭짓점에서의 전압 v_4를 0이라 하자. 전류는 꼭짓점 1에서 나와 꼭짓점 4를 향해 흐른다($\boldsymbol{b}=\boldsymbol{f}=\mathbf{0}$). 이미 알려진 $v_1 = V$를 포함한 두 항 c_1V와 c_2V는 $A^{\mathrm{T}}CA\boldsymbol{v}=\mathbf{0}$의 우변으로 옮겨간다. 방정식에는 알려지지 않은 두 개의 전압 v_2와 v_3만이 미지수가 되고, V는 경곗값처럼 다루어진다.

$v_1 = V$, $v_4 = 0$인 축소된 방정식

$$\begin{bmatrix} c_1+c_3+c_5 & -c_3 \\ -c_3 & c_2+c_3 \end{bmatrix}\begin{bmatrix} v_2 \\ v_3 \end{bmatrix} = \begin{bmatrix} c_1V \\ c_2V \end{bmatrix} \quad (6)$$

v_2와 v_3에 관하여 풀면 우리는 4개의 모든 전압 $\boldsymbol{v}$와 5개의 모든 전류 $\boldsymbol{w}=CA\boldsymbol{v}$를 알게 된다.

■ 요약

행렬 C는 '이상적인' $A^{\mathrm{T}}A$ 문제를 '응용된' $A^{\mathrm{T}}CA$ 문제로 바꾸어준다. 여러분은 이 세 단계의 토대가 어떻게 응용수학 전반에 걸쳐 나타나는지 보게 될 것이다. Au는 대부분 u의 도함수 혹은 유한 차분이다. 이때 CAu는 옴의 법칙이나 후크의 법칙으로부터 나온다. 전도율 및 강성과 같은 물질에 관련된 상수들이 행렬 C의 성분들이 된다.

마지막으로 $A^{\mathrm{T}}CA\boldsymbol{v}=\boldsymbol{f}$는 연속 방정식 혹은 평형 방정식이다. 이 방정식은 힘들의 평형, 입력과 출력의 평형, 수익과 손해의 균형을 나타낸다. 조합된 행렬 $K=A^{\mathrm{T}}CA$는 $A^{\mathrm{T}}A$와 마찬가지로 대칭 행렬이며 양의 정부호를 갖는다. **네트워크 내부의 힘이나 흐름을 찾기 위해 v, e, w에 대하여 푼다.**

인접 행렬

라플라시안 행렬 $L=A^{\mathrm{T}}A$와 $K=A^{\mathrm{T}}CA$는 근접 행렬 A로부터 나왔다. L의 대각성분들은 그 꼭짓점에 닿는 모서리의 수인 차수를 나타낸다. $A^{\mathrm{T}}A$는 **차수 행렬 D에서 인접 행렬 W를 빼도** 얻을 수 있다.

$$A^{\mathrm{T}}A=\begin{bmatrix}3&-1&-1&-1\\-1&3&-1&-1\\-1&-1&2&0\\-1&-1&0&2\end{bmatrix}=\begin{bmatrix}3&&&\\&3&&\\&&2&\\&&&2\end{bmatrix}-\begin{bmatrix}0&1&1&1\\1&0&1&1\\1&1&0&0\\1&1&0&0\end{bmatrix}\qquad(7)$$

D에 포함된 차수들 3, 3, 2, 2는 W의 각 행의 성분들의 합이다. 이때 $D-W$의 각 행의 성분들의 합은 0이 된다. $L=A^{\mathrm{T}}A=D-W$와 벡터 $(1,1,1,1)^t$을 곱하면 그 결과는 $(0,0,0,0)^t$이 될 것이다.

Q_ 차수의 합은 10이다. 이 합을 그래프로부터 어떻게 예측할 수 있을까?

A_ 그래프는 5개의 모서리를 갖는다. 각 모서리는 인접 행렬에서 2개의 1을 만들어내며, W에는 10개의 1이 있어야 한다. 이 W에 포함된 1들과 균형을 맞추기 위하여 D에 포함된 차수는 모두 더하여 10이 되어야 한다.

L의 대각합은 $3+3+2+2$이므로 L의 고윳값들 또한 모두 더하여 10이 되어야 한다.

Q_ 모서리에 가중치 $c_1, \cdots, c_m$이 주어져 있을 때, W와 D에 대한 표현을 어떻게 정해야 하는가?

A_ 각 성분 $W_{ij}=1$은 꼭짓점 i와 꼭짓점 j 사이의 모서리로부터 나온다. 이 모서리 k가 가중치 c_k(모서리에서의 전도도)를 가질 때, 성분 W_{ij}는 1에서 c_k로 바뀐다. 가중치는 다음 식 (8)에서도 식 (5)와 같은 $A^{\mathrm{T}}CA$를 만든다.

가중치가 주어진 $A^{\mathrm{T}}CA=K$

$$D-W=\begin{bmatrix}c_1+c_2+c_4&&&\\&\cdot&&\\&&\cdot&\\&&&c_4+c_5\end{bmatrix}-\begin{bmatrix}0&c_1&c_2&c_4\\c_1&0&c_3&c_5\\c_2&c_3&0&0\\c_4&c_5&0&0\end{bmatrix}\qquad(8)$$

[연습문제 01~05]에서 모든 꼭짓점의 쌍이 모서리로 연결되어 있는 **완전 그래프**에 대하여 물어볼 것이다. 인접 행렬 W의 모든 대각선 밖의 성분은 1이고, D의 대각선에 나타나는 모든 차수는 $(n-1)$이다. 라플라시안 L과 K에는 0이 포함되어 있지 않다. $L=A^{\mathrm{T}}A=D-W$에 대한 모든 질문은 가능한 모든 모서리를 갖는 이 그래프를 통해 대답할 수 있다.

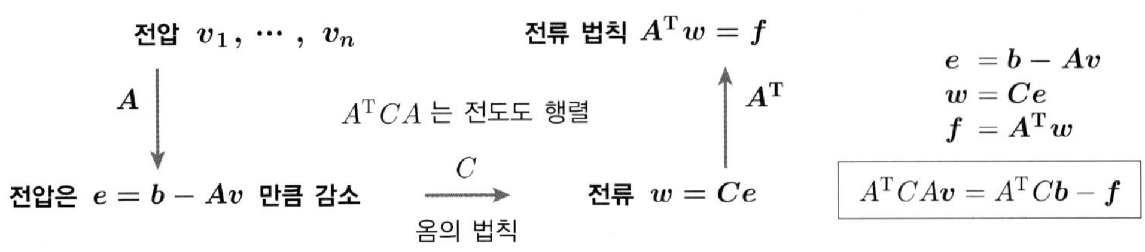

[그림 7-7] 과학과 공학에서의 정상상태 문제에 대한 $A^{\mathrm{T}}CA$ 토대

안장점 행렬

모서리에서의 전류 w_1, ⋯, w_m이 소거된 후 나오는 마지막 행렬은 $A^{\mathrm{T}}CA$이다. 이 단계를 거치기 전에 전압 $\boldsymbol{v}$와 전류 $\boldsymbol{w}$는 두 개의 미지수 벡터였다. 이 두 개의 방정식은 C^{-1}, A, A^{T}를 포함하는 안장점 행렬saddle-point matrix을 통해 표현된다.

안장점 문제
전류와 전압

$$\begin{bmatrix} C^{-1} & A \\ A^{\mathrm{T}} & 0 \end{bmatrix}\begin{bmatrix} \boldsymbol{w} \\ \boldsymbol{v} \end{bmatrix} = \begin{bmatrix} \boldsymbol{b} \\ \boldsymbol{f} \end{bmatrix} \tag{9}$$

이 형태의 블록 행렬은 키르히호프의 전류 법칙 $A^{\mathrm{T}}\boldsymbol{w} = \boldsymbol{f}$와 같은 제약 조건이 있을 때 나타난다. '자연 법칙은 주어진 제약 조건 하에서 네트워크의 열 손실을 최소화한다.' 식 (9)의 좌변에 있는 행렬은 대칭 행렬이지만 양의 정부호를 가질 이유는 전혀 없다.

작은 크기의 행렬에 대한 다음 예시는 음수인 고윳값과 양수인 고윳값을 동시에 가짐을 보여준다.

$$\begin{bmatrix} 3 & 2 \\ 2 & 0 \end{bmatrix}\text{의 고윳값은 } 4, -1\text{이고 피봇은 } 3\text{과 } -\frac{4}{3}\text{이다.}$$

고윳값들과 피봇들은 같은 부호를 갖는다! 고윳값들 혹은 피봇들을 곱하여 행렬식 -4를 얻을 수 있다. 이 때 대각선의 0이 양의 정부호를 갖지 못하도록 한다. 안장점 행렬은 m개의 양수인 고윳값 및 n개의 음수인 고윳값을 갖는다. $(m+n)$차원 공간에서의 에너지는 m개의 방향으로 증가하며 n개의 방향으로 감소한다.

계산 방법에 관한 중요한 두 가지 결정에 대하여 각각을 지지하는 입장이 있다. $\boldsymbol{w}$를 소거한 후 하나의 행렬 $A^{\mathrm{T}}CA$에 관한 방정식을 푸는 것이 나은가? 최적화 이론가들은 아니라고 할 것이지만, 유한 원소법을 사용하는 공학자들은 그렇다고 할 것이다. (압력과 속도가 서로 연관된) 유체 계산에서는 안장점을 자주 찾는다.

계산 과학과 공학은 수백 만 개의 미지수를 포함한 $A^{\mathrm{T}}CA$ 방정식을 풀기 위해 소프트웨어와 하드웨어 그리고 수학이 결합되어 있는 분야로, 현재 매우 활발하게 발전하고 있다.

7.5 요약

1. $m \times n$ 행렬 A의 k행은 그래프에서 모서리 k가 시작하는 꼭짓점과 끝나는 꼭짓점을 알려준다.
2. 라플라시안 $L = A^{\mathrm{T}}A$는 모서리가 꼭짓점 i와 꼭짓점 j를 연결할 때 성분 $L_{ij} = -1$을 갖는다.
3. $L = D - W$의 대각성분들은 꼭짓점의 차수를 나타낸다. 이 행렬의 각 행의 모든 성분을 더하면 0이 된다.
4. 모서리에 가중치 c_k가 주어진 경우, $K = A^{\mathrm{T}}CA$는 가중치가 주어진 그래프 라플라시안이다.
5. 세 단계 $\boldsymbol{e} = \boldsymbol{b} - A\boldsymbol{v}$, $\boldsymbol{w} = C\boldsymbol{e}$, $\boldsymbol{f} = A^{\mathrm{T}}\boldsymbol{w}$를 결합하면 $A^{\mathrm{T}}CA\boldsymbol{v} = A^{\mathrm{T}}C\boldsymbol{b} - \boldsymbol{f}$가 된다.

7.5 연습문제

01~05 다음은 완전 그래프에 관한 문제이다. 모든 꼭짓점의 쌍은 모서리로 연결되어 있다.

01 $n = 5$개의 꼭짓점 및 모든 모서리에 대하여 $A^{\mathrm{T}}A$의 대각성분(꼭짓점의 차수)을 구하라. $A^{\mathrm{T}}A$의 대각선 밖의 성분은 모두 -1이다. 5행과 5열을 제거하여 만들어진 축소된 행렬 R을 구하라. $v_5 = 0$이고, 따라서 꼭짓점 5에서 '접지'되었다.

02 $A^{\mathrm{T}}A$의 대각합(대각성분의 모든 합 = 모든 고윳값의 합)이 $n^2 - n$임을 보여라. 크기가 $(n-1)\times(n-1)$이면서 축소된 (그리고 가역인) 행렬 R의 대각합은 얼마인가?

03 $n = 4$에 대하여 3×3 행렬 $R = (A_{\text{reduced}})^{\mathrm{T}}(A_{\text{reduced}})$를 적어라. R^{-1}을 대각성분이 모두 $\frac{2}{4}$이고 대각선 밖의 모든 성분이 $\frac{1}{4}$인 행렬이라 할 때, $RR^{-1} = I$임을 보여라.

04 모든 n에 대하여 $(n-1)\times(n-1)$ 크기의 축소된 행렬 R은 가역이다. 이를 보이기 위해 R^{-1}을 대각성분이 모두 $\frac{2}{n}$이고 대각선 밖의 모든 성분이 $\frac{1}{n}$인 행렬이라 할 때, $RR^{-1} = I$임을 보여라.

05 $n = 4$일 때, 6×3 행렬 $M = A_{\text{reduced}}$를 적어라. 방정식 $M\boldsymbol{v} = \boldsymbol{b}$는 최소제곱법으로 풀게 될 것이다. 벡터 $\boldsymbol{b}$는 4개의 팀 사이에 치러진 6번의 게임에 대한 점수와 같다(팀 4는 항상 0점을 기록한다. 이 팀의 점수가 기준이다). $R = M^{\mathrm{T}}M$의 역행렬을 알 때, 최소제곱법으로 $M^{\mathrm{T}}M\hat{\boldsymbol{v}} = M^{\mathrm{T}}\boldsymbol{b}$를 풀어 나오는 팀 1의 순위 $\hat{v}_1$은 무엇인가?

06 4개의 꼭짓점을 갖는 트리 그래프에 대하여 $A^{\mathrm{T}}A$는 식 (1)로 주어진다. 3×3 행렬 $R = (A^{\mathrm{T}}A)_{\text{reduced}}$는 무엇인가? 이 행렬이 양의 정부호를 가짐을 어떻게 알 수 있는가?

07 (a) 행렬 A가 주어졌을 때, 이로부터 그래프를 어떻게 복원하겠는가?

(b) $L = A^{\mathrm{T}}A$가 주어졌을 때, 이로부터 그래프를 어떻게 복원하겠는가(단, 그래프에는 방향이 없다)?

(c) $K = A^{\mathrm{T}}CA$가 주어졌을 때, 이로부터 가중치가 주어진 그래프를 어떻게 복원하겠는가?

08 일렬로 나열된 저항 3개 각각의 전도도가 $c_1 = 1$, $c_2 = 4$,

$c_3 = 9$이다. 이때 $K = A^{\mathrm{T}}CA$를 구하라. 또한, K_{reduced}를 구하고 이 행렬이 양의 정부호를 가짐을 보여라.

09 3×3 정사각형 격자는 $n=9$개의 꼭짓점과 $m=12$개의 모서리를 갖는다. 행을 따라 차례로 꼭짓점들의 번호 붙이자.

(a) $L=A^{\mathrm{T}}A$에 대한 81개의 성분 중 0이 아닌 성분은 몇 개인가?

(b) 차수 행렬 D의 대각성분 9개를 적어라. 이 대각성분들이 4로만 이루어져 있지는 않다.

(c) $L=D-W$의 중간 행이 4개의 -1을 갖는 이유는 무엇인가? $L=K2D$임에 주목하자!

10 식 (5)에서의 모든 전도도가 c라고 가정하자. 전압 v_2와 v_3에 대한 방정식 (6)을 풀고, 꼭짓점 1에서 흘러나가는 전류 I(그리고 꼭짓점 4에서 지면으로 흘러나간다)를 구하라. 꼭지점 1에서부터 4까지의 '시스템 전도도' I/V는 무엇인가? 이 전체 전도도 I/V는 각각의 전도도 c보다는 커야만 한다.

11 $A^{\mathrm{T}}A$는 A^{T}의 열들과 A의 행들의 곱이다. $m=3$개의 모서리와 $n=4$개의 꼭짓점을 가지는 트리에 대하여 각 열벡터 × 행벡터는 $(4\times1$행렬$)\times(1\times4$행렬$)=(4\times4$행렬$)$이다. 열과 행의 곱 형태로 구해지는 세 개의 행렬들을 적고, 이들을 합하여 $L=A^{\mathrm{T}}A$를 얻어라.

12 3개의 꼭짓점을 갖는 두 개의 분리된 트리를 갖는 그래프는 연결되어 있지 않다. 이 그래프의 4×6 근접 행렬 A를 적어라. 하나의 해 $\boldsymbol{v}=(1,1,1,1,1,1)^t$이외의 $A\boldsymbol{v}=\mathbf{0}$의 두 해를 구하라. $A^{\mathrm{T}}A$를 축소하기 위하여 두 개의 점에서 접지해야 하며 두 개의 행과 열을 제거해야 한다.

13 유한 원소법에서는 열벡터 × 행벡터로부터 나오는 **요소 행렬**element matrix이 등장한다. 요소 행렬 K_1, K_2, K_3에 수 c_1, c_2, c_3을 다음과 같이 포함하여 보자.

$$K_i = (A\text{의 } i\text{행})^{\mathrm{T}}(c_i)(A\text{의 } i\text{행}),$$

$$K = A^{\mathrm{T}}CA = K_1 + K_2 + K_3$$

요소 행렬들을 더하여 네 개의 꼭짓점을 가지는 직선 그래프에 대한 식 (1)의 $A^{\mathrm{T}}A$가 되도록 적어라.

$$A^{\mathrm{T}}A = \begin{bmatrix} \begin{bmatrix} K_1 & \\ & \end{bmatrix} & & \\ & \begin{bmatrix} K_2 & \\ & \end{bmatrix} & \\ & & \begin{bmatrix} K_3 & \\ & \end{bmatrix} \end{bmatrix}$$

$=$ 모서리 1,2,3으로부터 $K_1+K_2+K_3$의 0이 아닌 성분들을 조립한 것

14 $n\times n$ 정사각형 격자는 n^2개의 꼭짓점을 갖는다. 이 그래프에서의 모서리는 몇 개인가? 내부 꼭짓점은 몇 개인가? A 및 $L=A^{\mathrm{T}}A$의 성분 중 0이 아닌 성분은 각각 몇 개인가? L^{-1}에는 0인 성분이 없다!

15 3단계로 이루어진 토대에서 $\boldsymbol{e}=C^{-1}\boldsymbol{w}$만을 소거한다고 할 때, 식 (9)는 다음과 같다.

안장점 문제
양의 정부호를 갖지 않는다. $\begin{bmatrix} C^{-1} & A \\ A^{\mathrm{T}} & 0 \end{bmatrix}\begin{bmatrix} \boldsymbol{w} \\ \boldsymbol{v} \end{bmatrix} = \begin{bmatrix} \boldsymbol{b} \\ \boldsymbol{f} \end{bmatrix}$

첫 번째 블록 행에 $A^{\mathrm{T}}C$를 곱하여 두 번째 블록 행에서 빼면 다음과 같다.

블록
소거 후 $\begin{bmatrix} C^{-1} & A \\ 0 & -A^{\mathrm{T}}CA \end{bmatrix}\begin{bmatrix} \boldsymbol{w} \\ \boldsymbol{v} \end{bmatrix} = \begin{bmatrix} \boldsymbol{b} \\ \boldsymbol{f}-A^{\mathrm{T}}C\boldsymbol{b} \end{bmatrix}$

C^{-1}에 m개의 양수 피봇이 나온 후, 이 행렬에 음수인 피봇이 나오는 이유는 무엇인가? $\boldsymbol{w}$와 $\boldsymbol{v}$에 대한 두 개의 장이 있는 문제에서는 최솟값을 갖는 점이 아닌 안장점을 찾는다.

16 최소제곱법 방정식 $A^{\mathrm{T}}A\boldsymbol{v}=A^{\mathrm{T}}\boldsymbol{b}$는 정사영 방정식 오차 $\boldsymbol{e}=\boldsymbol{b}-A\boldsymbol{v}$에 대한 정사영 식 $A^{\mathrm{T}}\boldsymbol{e}=\mathbf{0}$으로부터 나온다. 이 두 방정식을 [연습문제 15]의 대칭인 안장점 형태로 써라($\boldsymbol{f}=\mathbf{0}$). 이 경우 가중치 행렬이 $C=I$이므로 $\boldsymbol{w}=\boldsymbol{e}$이다.

17 $C=I$인 다음 안장점 행렬에 대하여 세 개의 고윳값, 세 개의 피봇, 행렬식을 모두 구하라. A의 열은 한 개이므로 고윳값 중 하나는 음수이다.

$$m=2, n=1 \quad \begin{bmatrix} C^{-1} & A \\ A^{\mathrm{T}} & 0 \end{bmatrix} = \begin{bmatrix} 1 & 0 & -1 \\ 0 & 1 & 1 \\ -1 & 1 & 0 \end{bmatrix}$$

7장 메모

■ 가역 행렬의 극 형식 : $A = QS$ =(직교 행렬)(양의 정부호 행렬)

이 형식은 복소수(1×1 행렬)에 대한 $re^{i\theta}$과 유사하다. $|e^{i\theta}| = 1$은 직교 행렬 Q에 대응되고, $r > 0$은 양의 정부호 행렬 S에 대응된다. A의 특잇값 분해로부터 행렬을 바로 극 형식으로 분해할 수 있다.

$$A = U\Sigma V^{\mathrm{T}} = (UV^{\mathrm{T}})(V\Sigma V^{\mathrm{T}}) = (\text{직교 행렬}) \times (\text{양의 정부호 행렬})$$

A가 가역일 때 Σ도 가역이다. 이때 σ_1부터 σ_n은 $V\Sigma V^{\mathrm{T}}$의 양의 고윳값이다. 물리학에서의 언어로 말하면 모든 운동은 회전/반사 운동 Q와 직선 운동 S을 합성하여 얻을 수 있다.

■ $A = d/dx$의 전치

'전치가 $-d/dx$이다'라고 말하는 것으로는 충분하지 않다. $Af = df/dx$ 및 $A^{\mathrm{T}}g = -dg/dx$에서 두 함수 f와 g에 주어진 경계조건이 A와 A^{T}의 중요한 부분이다. 7.3절(특히 [연습문제 01])에서 A는 두 개의 조건 $f(0) = 0$, $f(1) = 0$과 함께 나왔다. 이때 $A^{\mathrm{T}} = -d/dx$는 g와 관련하여 아무런 조건이 없었다. 우리가 원했던 사실은 $(Af, g) = (f, A^{\mathrm{T}}g)$이었다.

■ 연산자 d/dx와 유사한 부분적분

적분된 항 fg는 $f(0) = f(1) = 0$일 때 안전하게 0이 된다. 위쪽 끝이 고정되어 있고 아래쪽 끝은 자유로운 경우, 연산자 d/dx에 하나의 경계조건 $f(0) = 0$만 있다. 이 연산자를 전치하면 위쪽 끝은 자유롭고 아래쪽 끝은 고정되어 있는 연산자 $-d/dx$이며 경계조건 $g(1) = 0$이 주어지게 된다. 이때 적분된 항 fg는 양 끝에서 각각 0이 된다. 각 경우에서 g에 대한 경계조건은 f에 대해 빠져 있는 경계조건을 메꾼다.

■ 주성분 분석 : 가장 중요한 (가장 무작위적이지 않은) 데이터를 찾기

각 과목에서 각 학생이 치른 시험 성적이나 각 질병에서 각 유전자의 활성 정도, 각 매장에서 각 상품의 판매량, 각 도시에서 각 연령별 수입 등과 같이 데이터는 직사각행렬의 형태로 자주 나온다. 각 성분은 데이터 행렬의 각 열과 각 행에 들어간다.

우리는 평균에서 데이터를 빼어 무작위성에 반하여 유용한 정보를 얻을 수 있는 수단인 분산을 공부하였다. 데이터 행렬 A에 특잇값 분해(상관 행렬 $A^{\mathrm{T}}A$의 고윳값과 고유벡터를 보여준다)를 시행하면 행렬의 가장 큰 부분인 $\sigma_1 \boldsymbol{u}_1 \boldsymbol{v}_1^{\mathrm{T}}$ (주성분)가 나타난다. 서로 수직인 부분들 $\sigma_i \boldsymbol{u}_i \boldsymbol{v}_i^{\mathrm{T}}$는 중요도 순서대로 나온다. 가장 큰 σ에 대응하는 부분이 가장 중요하다. 부분적으로 무작위적인 데이터가 있는 큰 행렬에 대해 주성분 분석과 특잇값 분해를 이용하면 이 행렬의 가장 중요한 정보를 추출할 수 있다.

중요한 특이벡터 $\boldsymbol{v}_1$($A^{\mathrm{T}}A\boldsymbol{v}_1 = \lambda_{\max}\boldsymbol{v}_1$을 만족하는 벡터)는 레일리 몫 $(\boldsymbol{v}^{\mathrm{T}}A^{\mathrm{T}}A\boldsymbol{v})/\boldsymbol{v}^{\mathrm{T}}\boldsymbol{v}$를 최대로 하는 벡터이기도 하다. 처음 몇 개의 특이벡터를 계산하기 위하여 특잇값 분해를 전체에 시행할 필요는 없다!

8장 푸리에 변환과 라플라스 변환

Fourier and Laplace Transforms

이 책은 선형 미분방정식에서 시작했으며 선형 미분방정식으로 끝날 것이다. 이들은 (특히 계수가 상수일 때) 우리가 이해하고 풀 수 있는 방정식들이다. 열 방정식과 파동 방정식(이들은 편미분방정식이다)조차 좋은 근을 갖고 있다. 이 문제들은 매우 좋은 문제들이다. 거의 모든 응용은 선형에서 시작한다(전류는 전압에 비례하고, 출력은 입력에 비례한다). 큰 전압 또는 큰 힘에 대해 실제 법칙은 비선형이 될 수 있다. 그렇지만 우리는 비선형을 다루기 위해 일련의 선형 문제를 자주 사용한다. 계수가 상수인 선형 방정식은 우리가 풀 수 있는 것이기 때문이다.

이 장에서는 푸리에 변환과 라플라스 변환을 소개한다. 두 변환은 모든 입력 $f(x)$, $f(t)$와 모든 출력 $y(x)$, $y(t)$를 **지수의 결합**으로 표현한다. $y(t) = Y(s)e^{st}$ 또는 $Y(\omega)e^{i\omega t}$과 같이 각각의 지수에 대해, 출력은 입력에 진동수에 의존하는 상수를 곱한다. **이 변환 함수는 시스템을 시스템의 진동수 반응, 즉 지수에 곱하는 상수 Y를 통해 묘사한다.**

1장과 2장에서는 변환 함수와 함께 $y' - ay$를 반전시키기 위해 복소수 이득 $1/(i\omega - a)$을 사용하였다. 이제 우리는 그들을 모든 시간이 불변이고, 평행이동이 불변인 (시간과 공간에 대해서 상수 계수를 갖는) 편미분방정식에서 볼 것이다. 이 아이디어들은 행렬방정식에 대한 이산 문제에 자연스럽게 다시 등장한다. 행렬은 미분을 근사하는 것일 수 있다(-1, 2, -1 이차 미분 행렬과 같이). 또는 행렬은 **콘볼루션**[convolution](합성곱)을 시행하면 행렬 자신에 의해 얻어진다. 그들의 고유벡터는 이산화된 사인 또는 코사인 또는 복수 지수일 것이다. 이 고유벡터들의 결합은 **이산 푸리에 급수**[discrete Fourier series](**DFT**)이다. 우리는 이 결합에서의 계수를 **고속 푸리에 변환**[Fast Fourier Transform](**FFT**) (**현대 응용 수학에서 가장 중요한 알고리즘**)을 통해 찾는다.

사인과 코사인과 복소 지수에 대해 살펴보자. 실수 범위의 문제에 대해서 우리는 사인과 코사인을 좋아할 수 있지만 그들은 완벽하지 않다. 예를 들어 $\cos 0$은 사용할 수 있지만 $\sin 0$은 사용할 수 없다. 또한 가장 높은 진동 벡터 $(1, -1, 1, -1, \cdots)$과 $(-1, 1, -1, 1, \cdots)$ 중 하나를 원하지만 양쪽 모두를 원하지는 않는다. 최종적으로 (그리고 FFT에 대해서는 거의 대부분) 복소수 지수를 선택한다. 결국 그들은 미분 d/dx의 고유함수이다. 변환은 이 지수들의 결합에 기반을 둔다(그리고 $e^{i\omega x}$의 미분은 그저 $i\omega e^{i\omega x}$이다).

여기서는 특별히 좋은 함수 공간을 설명해보자. 이 공간을 **힐베르트 공간**[Hilbert space]이다. **함수는 내적과 길이를 정의할 수 있다.** 함수들 사이에 각이 있고, 따라서 두 함수는 서로 직교할 수 있다. 힐베르트 공간에서의 함수는 그냥 벡터와 비슷하며 사실 그들은 벡터이다(하지만 힐베르트 공간은 무한 차원이다).

다음과 같은 실수 벡터 $\boldsymbol{f} = (f_1, \cdots, f_N)$과 실수 함수 $f(x)$ 사이의 동일하게 적용되는 성질을 살펴보자.

내적	$\boldsymbol{f}^{\mathrm{T}}\boldsymbol{g} = f_1 g_1 + \cdots + f_N g_N$	$\langle \boldsymbol{f}, \boldsymbol{g} \rangle = \int_{-\pi}^{\pi} f(x) g(x)\, dx$
제곱된 길이	$\Vert \boldsymbol{f} \Vert^2 = \boldsymbol{f}^{\mathrm{T}}\boldsymbol{f} = \sum \lvert f_i \rvert^2$	$\Vert \boldsymbol{f} \Vert^2 = \langle f, f \rangle = \int_{-\pi}^{\pi} \lvert f(x) \rvert^2 dx$
각 θ	$\cos\theta = \boldsymbol{f}^{\mathrm{T}}\boldsymbol{g} / \Vert \boldsymbol{f} \Vert \Vert \boldsymbol{g} \Vert$	$\cos\theta = \langle f, g \rangle / \Vert f \Vert \Vert g \Vert$
직교성	$\boldsymbol{f}^{\mathrm{T}}\boldsymbol{g} = 0$	$\langle \boldsymbol{f}, \boldsymbol{g} \rangle = \int_{-\pi}^{\pi} f(x) g(x)\, dx = 0$

함수 길이가 유한할 때, 즉 $\int |f(x)|^2 dx < \infty$일 때 힐베르트 공간에 속한다고 한다. 따라서 $f(x) = 1/x$과 $f(x) = \delta(x)$는 힐베르트 공간에 속하지 않는다. 하지만 계단 함수는 힐베르트 공간에 속한다. 심지어 힐베르트 공간에 속하는 함수는 한 점에서 발산할 수도 있다(너무 빠르게 발산하지는 않는다). 예를 들면, $f(x) = 1/|x|^{1/4}$은 힐베르트 공간에 속하고 이 함수의 길이는 $\|f\| = 2\pi^{1/4}$이다.

$$f(0)\text{은 무한이지만 } \|f\|^2 = \int_{-\pi}^{\pi} |x|^{-1/2} dx = 4|x|^{1/2}\Big]_0^{\pi} = 4\pi^{1/2}$$

$|f(x)| = |f(-x)|$일 때, $-\pi$에서 π까지의 적분은 0에서 π까지 적분의 두 배이다. 복소 벡터와 함수는 항상 다음과 같이 조정된다.

$$\textbf{내적} \qquad \bar{\boldsymbol{f}}^{\mathrm{T}}\boldsymbol{g} = \bar{f}_1 g_1 + \cdots + \bar{f}_N g_N \qquad \langle \boldsymbol{f}, \boldsymbol{g} \rangle = \int \overline{f(x)}\, g(x)\, dx$$

직교성은 여전히 $\langle f, g \rangle = 0$이다. 이에 대한 최선의 예는 복소 지수들이다.

$$e^{ikx}\textbf{과 } e^{inx}\textbf{은 직교한다.} \qquad \int_{-\pi}^{\pi} e^{-ikx} e^{inx} dx = \frac{e^{i(n-k)x}}{n-k}\Big|_{-\pi}^{\pi} = 0$$

이와 같은 e^{ikx}은 힐베르트 공간의 **직교 기저**orthogonal basis이다. 이 경우 함수들은 xyz축 대신에 무한히 많은 축이 필요하다. 모든 $f(x)$는 기저 벡터 e^{ikx}의 결합이다.

$$f(x) = \frac{e^{ix} - e^{-ix}}{1} + \frac{e^{3ix} - e^{-3ix}}{3} + \cdots\text{는 } \int_{-\pi}^{\pi} |f(x)|^2 = 2\pi\left(1^2 + 1^2 + \frac{1}{3^2} + \frac{1}{3^2} + \cdots\right)\text{을 갖는다.}$$

이 특별한 $f(x)$는 계단 함수가 되며 힐베르트 공간에서 계단 함수는 벡터이다. 그러면 푸리에는 $f(x)$를 $(1, \frac{1}{3}$과 같은) 각 c^{ikx}에 곱하는 수로 '변환'한다.

8.1 푸리에 급수

이 절은 세 개의 푸리에 급수인 **사인, 코사인, 지수** e^{ikx}을 설명한다. 사각파(1 또는 0 또는 -1)는 미분에서 델타 함수를 살펴볼 수 있는 위대한 예이다. 우리는 스파이크 함수, 계단 함수, 램프 함수를 볼 것이다. 그리고 더 부드러운 함수도 살펴볼 것이다.

$\sin x$부터 시작해보자. 이 함수의 주기는 2π인데, 이는 $\sin(x + 2\pi) = \sin x$이기 때문이다.

$\sin(-x) = -\sin x$이므로 기함수이고, $x=0$과 $x=\pi$에서 이 함수는 0이 된다. 모든 함수 $\sin(nx)$는 위의 세 가지 성질을 갖고 있으며 푸리에는 다음과 같이 사인들의 무한한 결합을 살펴보았다.

푸리에 사인 급수 $$S(x) = b_1 \sin x + b_2 \sin 2x + b_3 \sin 3x + \cdots = \sum_{n=1}^{\infty} \boldsymbol{b_n \sin nx} \qquad (1)$$

수 b_1, b_2, b_3, $\cdots$이 충분히 빨리 사라진다면(그들의 감쇠 비율의 중요성을 예고하고 있다) 합 $S(x)$는 위의 세 가지 성질을 모두 만족할 것이다.

주기성 $S(x+2\pi) = S(x)$ **기함수** $S(-x) = -S(x)$ $S(0) = S(\pi) = 0$

200년 전, 프랑스에서 푸리에는 임의의 주기 기함수 $S(x)$는 사인의 무한급수로 표현할 수 있다고 주장함으로써 수학자들을 깜짝 놀라게 했다. 이 아이디어로 인해 푸리에 급수가 엄청나게 발전하기 시작했다. 우리의 첫 번째 단계는 $\sin kx$**에 곱하는 수** b_k**를 찾는 것**이다. **함수** $S(x)$**는** b**들의 수열로 '변환'된다.**

$S(x) = \sum b_n \sin nx$라 가정하자. 양변에 $\sin kx$를 곱한 다음 0에서 π까지 적분한다.

$$\int_0^{\pi} S(x) \sin kx \, dx = \int_0^{\pi} b_1 \sin x \sin kx \, dx + \cdots + \int_0^{\pi} \boldsymbol{b_k \sin kx \sin kx \, dx} + \cdots \qquad (2)$$

우변에서 $n=k$인 굵은 표시된 부분을 제외한 모든 적분은 0이다. 이 **직교성**orthogonality이 이 장의 전체를 지배할 것이다. 사인에 대서 적분$=0$은 미적분학의 사실이다.

사인들은 서로 직교한다. $n \neq k$일 때, $$\int_0^{\pi} \boldsymbol{\sin nx \sin kx \, dx = 0} \qquad (3)$$

$\int \cos mx \, dx = \left[\dfrac{\sin mx}{m} \right]_0^{\pi} = 0 - 0$과 같이 적분하면 빠르게 0을 얻는다. 따라서 우리는 다음 공식을 사용한다.

사인의 곱 $$\sin nx \sin kx = \frac{1}{2} \cos(n-k)x - \frac{1}{2} \cos(n+k)x \qquad (4)$$

$\cos(n-k)x$, $\cos(n+k)x$를 적분하면 0이 되고, 이는 사인의 직교성을 증명한다. 다만 $n=k$일 때는 예외이다. 이때 우리는 $(\sin kx)^2 = \dfrac{1}{2} - \dfrac{1}{2} \cos 2kx$를 적분한다.

$$\int_0^{\pi} \sin kx \sin kx \, dx = \int_0^{\pi} \frac{1}{2} dx - \int_0^{\pi} \frac{1}{2} \cos 2kx \, dx = \frac{\pi}{2} \qquad (5)$$

식 (2)에서의 강조된 항은 $(\pi/2)b_k$이다. b_k를 찾기 위해 양변에 $2/\pi$를 곱한다.

$$\textbf{사인 계수}\ S(-x) = -S(x) \qquad b_k = \frac{2}{\pi}\int_0^{\pi} S(x)\sin kx\,dx = \frac{1}{\pi}\int_{-\pi}^{\pi} S(x)\sin kx\,dx \tag{6}$$

$S(x)\sin kx$는 우함수임에 주목하라($-\pi$에서 0까지의 적분과 0에서 π까지의 적분은 같다).

여기서는 푸리에 사인 급수에 대한 중요한 예제를 바로 살펴보려고 한다. $S(x)$는 $0 < x < \pi$에 대해서 $SW(x) = 1$인 **홀 사각파**odd square wave이다. $x = 0$과 $x = \pi$에서 0이 되면서 주기가 2π인 홀 사각파 $SW(x)$는 기함수이다([그림 8-1]).

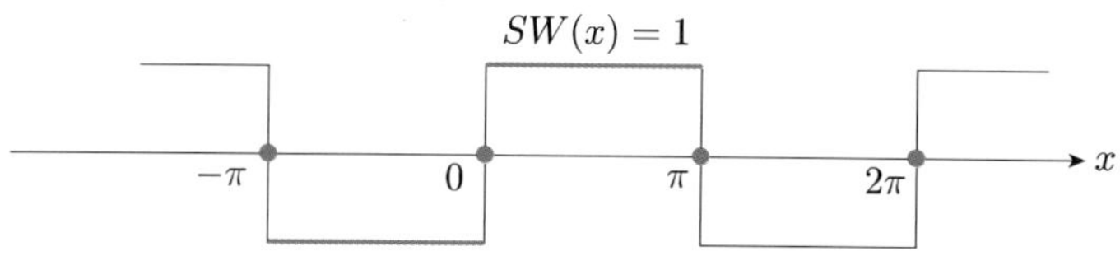

[그림 8-1] $SW(x+2\pi) = SW(x) = \{-1$ 또는 0 또는 $1\}$인 홀 사각파

예제 1 홀 사각파 $SW(x)$의 푸리에 사인 계수 b_k를 찾아라.

풀이

0과 π 사이에서 $k = 1, 2, \cdots$에 대해 $S(x) = 1$과 함께 식 (6)을 사용하라.

$$b_k = \frac{2}{\pi}\int_0^{\pi}\sin kx\,dx = \frac{2}{\pi}\left[\frac{-\cos kx}{k}\right]_0^{\pi} = \frac{2}{\pi}\left\{\frac{2}{1}, \frac{0}{2}, \frac{2}{3}, \frac{0}{4}, \frac{2}{5}, \frac{0}{6}, \cdots\right\} \tag{7}$$

짝수 번째 계수 b_{2k}는 모두 0인데, 이는 $\cos 2k\pi = \cos 0 = 1$이기 때문이다. 홀수 번째 계수 $b_k = \mathbf{4/\pi k}$는 비율 $1/k$로 감쇠한다. 부드러운 조각과 점프에 의해 만들어진 모든 함수는 같은 감쇠 비율 $1/k$을 가짐을 확인할 수 있다.

$SW(x)$에 대한 푸리에 급수에 위의 계수 $4/\pi k$와 0을 대입한다.

$$\textbf{사각파} \qquad SW(x) = \frac{4}{\pi}\left[\frac{\sin x}{1} + \frac{\sin 3x}{3} + \frac{\sin 5x}{5} + \frac{\sin 7x}{7} + \cdots\right] \tag{8}$$

[그림 8-2]는 한 개의 항, 두 개의 항, 다섯 개의 항 이후의 합에 대한 그래프를 그렸다. 더 많은 항을 포함하는 이 '부분합'에서 정말 중요한 **깁스 현상**Gibbs phenomenon이 등장하는 것을 확인할 수 있다. 점프에서

멀어지면서 우리는 안전하게 $SW(x)=1$ 또는 -1에 접근한다. $x=\pi/2$에서 이 급수는 수 π에 대한 (부호가 변하는) 교대 공식을 준다.

$$1=\frac{4}{\pi}\left[\frac{1}{1}-\frac{1}{3}+\frac{1}{5}-\frac{1}{7}+\cdots\right] \text{이고 따라서 } \boldsymbol{\pi}=4\left(\frac{1}{1}-\frac{1}{3}+\frac{1}{5}-\frac{1}{7}+\cdots\right)\text{이다.} \tag{9}$$

깁스 현상은 점프에 가까이 갈수록 생기는 오버슛[overshoot]이다. 이 오버슛의 높이는 $1.18\cdots$에 접근해 가고, 이는 급수의 더 많은 항을 통해서도 감쇠하지 않는다. 이 오버슛은 (충격파와 같은) 모든 불연속 함수의 계산에 가장 큰 장애물이다. 깁스 현상을 피하기 위해 열심히 노력하지만 우리는 때때로 이를 피할 수 없다.

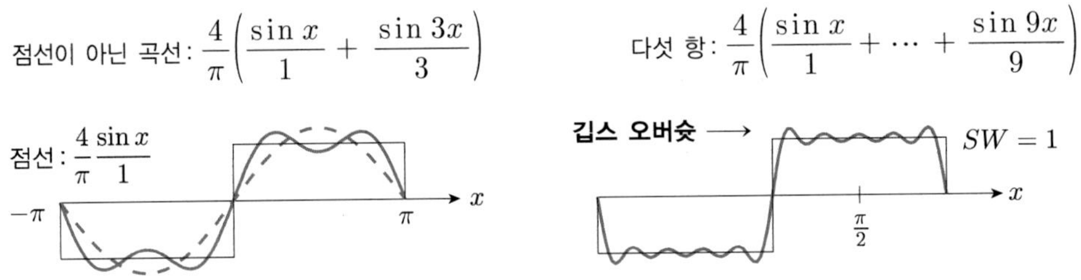

[그림 8-2] 합 $b_1\sin x+\cdots+b_N\sin Nx$는 점프 근처에서 사각파에 진동 현상을 준다(오버슛).

푸리에 코사인 급수

코사인 급수는 **우함수** $C(x)=C(-x)$이다. 이와 같은 함수는 $x=0$에 대해 대칭이다.

$$\textbf{코사인 급수} \qquad C(x)=a_0+a_1\cos x+a_2\cos 2x+\cdots=\boldsymbol{a_0+\sum_{n=1}^{\infty}a_n\cos nx} \tag{10}$$

모든 코사인의 주기는 2π이다. [그림 8-3]은 두 우함수인 **반복되는 램프** $RR(x)$와 델타 함수의 **위아래 기차 모양의** $UD(x)$를 보여준다. 이 톱니 램프 RR은 사각파의 적분이고, UD에서의 델타 함수는 사각파의 미분을 준다(사인에 대해서 적분과 미분은 코사인이다). RR과 UD 중 하나는 SW보다 더 부드럽고 다른 하나는 덜 부드러운 귀중한 예일 것이다.

우선 코사인 계수 a_0과 a_k에 대한 공식을 찾는다. 이때 상수항 a_0은 함수 $C(x)$의 평균값이다.

$$a_0=\textbf{평균} \qquad a_0=\frac{1}{\pi}\int_0^{\pi}C(x)dx=\frac{1}{2\pi}\int_{-\pi}^{\pi}C(x)dx \tag{11}$$

여기서는 코사인 급수 (10)에서의 모든 항을 0에서 π까지 적분했다. 우변에서 a_0의 적분은 $a_0\pi$이고(양변을 π로 나눈다), 다른 모든 적분은 0이다.

$$\int_0^{\pi} \cos nx dx = \left[\frac{\sin nx}{n}\right]_0^{\pi} = 0 - 0 = 0 \tag{12}$$

말하자면, 구간 $[0, \pi]$에서 상수함수 1은 $\cos nx$에 수직이다. 다른 코사인 계수 a_k는 코사인의 직교성으로부터 얻어진다. 사인에서와 같이 식 (10)의 양변에 $\cos kx$를 곱한 다음 0에서 π까지 적분하자.

$$\int_0^{\pi} C(x)\cos kx\,dx = \int_0^{\pi} a_0 \cos kx\,dx + \int_0^{\pi} a_1 \cos x \cos kx\,dx + \cdots + \int_0^{\pi} \boldsymbol{a_k (\cos kx)^2 dx} + \cdots$$

우리는 위 식이 어떻게 될지 알고 있다. 우변에서 오직 굵게 표시된 항만 0이 아니다. $k > 0$에 대해서 0이 아닌 굵게 표시된 항은 $\boldsymbol{a_k \pi/2}$이다. a_k를 찾기 위해 양변에 $2/\pi$를 곱한다.

코사인 계수 $C(-x) = C(x)$ $\qquad a_k = \dfrac{2}{\pi}\displaystyle\int_0^{\pi} C(x)\cos kx\,dx = \dfrac{1}{\pi}\int_{-\pi}^{\pi} \boldsymbol{C(x)\cos kx\,dx}$ (13)

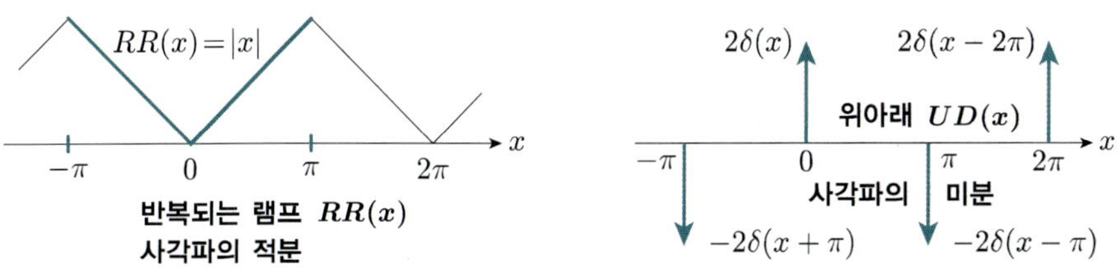

[그림 8-3] 반복되는 램프 RR과 위아래 UD (주기적 뾰족함)는 우함수이다. RR의 기울기는 -1 그리고 1이다(홀 사각파 SW). 다음 미분은 UD이다($\pm 2\delta$).

예제 2 램프 $RR(x)$와 위아래 $UD(x)$의 코사인 계수를 찾아라.

풀이

가장 간단한 방법은 사각파에 대한 사인 급수에서 시작하는 것이다.

$$SW(x) = \frac{4}{\pi}\left[\frac{\sin x}{1} + \frac{\sin 3x}{3} + \frac{\sin 5x}{5} + \frac{\sin 7x}{7} + \cdots\right] = RR\text{의 기울기}$$

모든 항에 미분을 취해서 위아래 델타 함수에서의 코사인을 만든다.

위아래 스파이크 $\qquad \boldsymbol{UD(x)} = \dfrac{4}{\pi}[\cos x + \cos 3x + \cos 5x + \cos 7x + \cdots]$ (14)

이 계수들은 전혀 감쇠하지 않는다. 급수에서의 항들은 0에 가까이 가지 않으므로 공식적으로 급수는 수렴할 수 없다. 그럼에도 불구하고 이 급수는 중요하다. $x = 0$에서 코사인들은 모두 1이고 그들의 합은 $+\infty$

이다. $x=\pi$에서 코사인들은 모두 -1이고 그러면 그들의 합은 $-\infty$이다(아래쪽의 스파이크는 $-2\delta(x-\pi)$이다). $\delta(x)$를 제대로 인식하는 방법은 적분 테스트 $\int \delta(x)f(x)dx = f(0)$을 이용하는 것이고, [예제 3]에서 살펴볼 것이다.

반복되는 램프에 대해서 우리는 $SW(x)$에 대한 사각파 급수를 적분하고 a_0을 더한다. 평균 램프 높이는 0에서 π까지의 절반인 $a_0 = \pi/2$이다.

$$\textbf{램프 급수} \qquad \boldsymbol{RR(x)} = \frac{\pi}{2} - \frac{\pi}{4}\left[\frac{\cos x}{\mathbf{1^2}} + \frac{\cos 3x}{\mathbf{3^2}} + \frac{\cos 5x}{\mathbf{5^2}} + \frac{\cos 7x}{\mathbf{7^2}} + \cdots\right] \tag{15}$$

이때 적분 상수는 a_0이고, 위의 계수 a_k들은 $1/k^2$과 같이 사라진다. 이들은 $\int x\cos kx\,dx$와 부분적분을 사용하여 식 (13)을 통해 직접 계산할 수 있다(Mathematica 또는 Maple에 도움으로도 계산할 수 있다). $SW(x)$ 안의 모든 사인 함수들을 각각 적분하는 것이 더 쉬운데, 이는 다음과 같은 포인트를 명확하게 해준다. **함수에서 각각의 '부드러움의 정도'는 이 함수의 푸리에 계수 a_k와 b_k의 더 빠른 감쇠 비율을 가져온다.** 모든 적분은 이 수들을 k로 나눈다.

감쇠가 없다.	델타 함수(스파이크를 갖는다)
$1/k$ 감쇠	계단 함수(점프를 갖는다)
$1/k^2$ 감쇠	램프 함수(꼭짓점을 갖는다)
$1/k^4$ 감쇠	스플라인 함수(f'''에서 점프를 갖는다)
$r<1$일 때, r^k 감쇠	$1/(2-\cos x)$과 같은 해석적 함수

델타 함수에 대한 푸리에 급수

예제 3 주기가 2π인 함수로 만들어주는 **델타 함수 $\delta(x)$**의 (코사인) 계수를 찾아라.

풀이

$\delta(x)$에서의 스파이크는 $x=0$에서 발생한다. 모든 적분은 1인데, 이는 0에서의 코사인이 1이기 때문이다. 우리는 a_0을 위해 2π로 나누고, 다른 코사인 계수 a_k를 위해 π로 나눈다.

$$\textbf{평균} \quad a_0 = \frac{1}{2\pi}\int_{-\pi}^{\pi}\delta(x)dx = \frac{\mathbf{1}}{\mathbf{2\pi}} \qquad \textbf{코사인} \quad a_k = \frac{1}{\pi}\int_{-\pi}^{\pi}\delta(x)\cos kx\,dx = \frac{\mathbf{1}}{\boldsymbol{\pi}}$$

그러면 델타 함수에 대한 급수는 같은 양의 모든 코사인을 가진다(**감쇠가 없다**).

델타 함수	$$\delta(x)=\frac{1}{2\pi}+\frac{1}{\pi}[\cos x+\cos 2x+\cos 3x+\cdots]$$	(16)

이 급수는 실제로 수렴할 수 없다(급수의 항들은 0에 가까이 가지 않는다). 하지만 우리는 $\cos 5x$ 이후와 $\cos 10x$ 이후의 합에 대한 그래프를 그릴 수 있다. [그림 8-4]는 이 부분합이 $\delta(x)$에 가까이 가기 위해 얼마나 최선을 다하고 있는지를 보여준다. 부분합은 더 높이 올라가는 반면 더 빨리 진동한다.

$\cos Nx$에서 멈추는 합 δ_N에 대한 깔끔한 공식을 소개하겠다. 각 항 $2\cos x$를 $e^{ix}+e^{-ix}$으로 쓰는 것에서 시작하자. 우리는 e^{-iNx}에서 e^{iNx}까지 기하학적 과정(등비급수)을 얻는다.

$$\delta_N=\frac{1}{2\pi}[1+e^{ix}+e^{-ix}+\cdots+e^{iNx}+e^{-iNx}]=\frac{1}{2\pi}\frac{\sin\left(N+\frac{1}{2}\right)x}{\sin\frac{1}{2}x} \tag{17}$$

이는 [그림 8-4]에 그려진 함수이다.

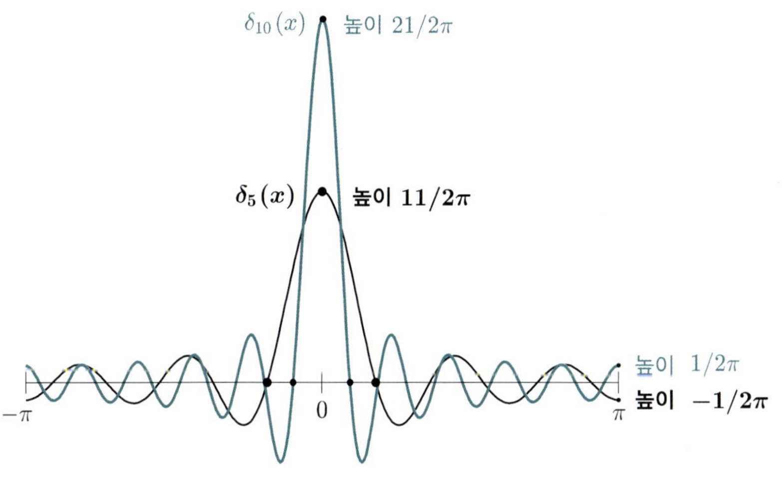

[그림 8-4] 합 $\delta_N(x)=(1+2\cos x+\cdots+2\cos Nx)/2\pi$는 $\delta(x)$에 가까이 가도록 시도한다.

완전한 급수 : 사인과 코사인

절반의 주기 $[0,\pi]$에서 사인은 모든 코사인과 수직으로 놓여있지 않다. 사실 $\sin x$의 적분에 1을 곱한 것은 0이 아니다. 따라서 기함수 또는 우함수가 아닌 함수 $F(x)$에 대해서 우리는 전체 구간에서의 완전한 급수(사인과 코사인의 합)로 이동해야 한다. 우리의 함수는 주기함수이므로 이 '완전한 구간'은 $[-\pi,\pi]$ 또는 $[0,2\pi]$로 쓸 수 있다. 이때 우리는 a와 b 모두를 얻는다.

$$\text{완전한 푸리에 급수} \qquad F(x) = a_0 + \sum_{n=1}^{\infty} a_n \cos nx + \sum_{n=1}^{\infty} b_n \sin nx \tag{18}$$

모든 '2π 구간'에서 사인과 코사인은 서로 수직이다. 우리는 푸리에 계수 보통의 방식으로 a_k와 b_k를 찾는다. 즉, 1, $\cos kx$, $\sin kx$를 **식 (18)에 각각 곱한 다음 양변을 $-\pi$에서 π까지 적분해서** a_0, a_k, b_k**를 얻는다.**

$$a_0 = \frac{1}{2\pi}\int_{-\pi}^{\pi} F(x)dx \qquad a_k = \frac{1}{\pi}\int_{-\pi}^{\pi} F(x)\cos kx\, dx \qquad b_k = \frac{1}{\pi}\int_{-\pi}^{\pi} F(x)\sin kx\, dx$$

직교성은 무수히 많은 적분을 소거시켜서 우리가 원하는 오직 하나만 남긴다.

다른 접근법은 $F(x) = C(x) + S(x)$를 우함수 부분과 기함수 부분으로 나누는 것이다. 그러면 우리는 이전의 코사인과 사인 공식을 사용할 수 있다. 두 부분은 다음과 같다.

$$C(x) = F_{\text{even}}(x) = \frac{F(x) + F(-x)}{2} \qquad S(x) = F_{\text{odd}}(x) = \frac{F(x) - F(-x)}{2} \tag{19}$$

우함수 부분을 통해 a를, 기함수 부분을 통해 b를 구할 수 있다. $x = 0$에서 $x = h$까지의 사각파에 대해 시험해보자(이 한쪽 방향의 얇은 상자 함수는 기함수도 아니고 우함수도 아니다).

예제 4 $F(x) =$ **긴 상자** $= \begin{cases} 1/h, & 0 < x < h \\ 0, & h < x < 2\pi \end{cases}$ 일 때 a와 b들을 찾아라.

풀이

a_0, a_k, b_k에 대한 적분은 $F(x)$가 0이 되는 $x = h$에서 멈춘다. 계수는 $1/k$과 같이 감쇠하는데, 이는 $x = 0$에서의 점프와 $x = h$에서의 급격한 떨어짐 때문이다.

사각파의 계수 $\quad a_0 = \dfrac{1}{2\pi}\displaystyle\int_0^h 1/h\,dx = \dfrac{1}{2\pi} =$ **평균**

$$a_k = \frac{1}{\pi h}\int_0^h \cos kx\,dx = \frac{\sin kh}{\pi kh} \qquad b_k = \frac{1}{\pi h}\int_0^h \sin kx\,dx = \frac{1 - \cos kh}{\pi kh}$$

NOTE_ h가 0에 가까워짐에 따라 상자는 더 얇아지고 길어진다. 상자의 너비는 h이고 높이는 $1/h$이며 넓이는 1이다. 상자는 델타 함수에 가까워진다! 그리고 이 함수의 푸리에 계수는 $h \to 0$일 때 델타 함수의 계수에 가까워진다.

$$a_0 = \frac{1}{2\pi} \qquad a_k = \frac{\sin kh}{\pi kh}\text{는 } \frac{1}{\pi}\text{에 가까워진다.} \qquad b_k = \frac{1 - \cos kh}{\pi kh}\text{는 0에 가까워진다.} \tag{20}$$

함수의 에너지 = 계수의 에너지

$(F(x))^2$의 적분으로부터 얻어지는 매우 중요한 식(**에너지 등식**)이 있다. $F(x)$의 푸리에 급수를 제곱한 다음 $-\pi$에서 π까지 적분하면 모든 '교차 항'은 소거된다. 유일하게 0이 아닌 적분은 1^2, $\cos^2 kx$, $\sin^2 kx$로부터 얻어진다. 이 세 적분은 각각 2π, π, π를 주고, 이 값들에 a_0^2, a_k^2, b_k^2를 각각 곱한다.

$$\text{에너지} \qquad \int_{-\pi}^{\pi} (F(x))^2 dx = 2\pi a_0^2 + \pi (a_1^2 + b_1^2 + a_2^2 + b_2^2 + \cdots) \tag{21}$$

$F(x)$의 에너지는 계수의 에너지와 같다. 좌변은 벡터가 함수라는 점을 제외하고는 벡터의 길이의 제곱과 비슷하다. 우변은 a와 b의 무한하게 긴 벡터로부터 얻어진다. 길이는 같은데, 이는 함수에서 벡터로의 푸리에 변환이 직교 행렬과 비슷하다는 것을 말해준다. $\sqrt{2\pi}$와 $\sqrt{\pi}$를 통해 정규화하면 **사인과 코사인은 함수 공간에서 정규직교 기저가 된다.**

복소 지수 $c_k e^{ikx}$

이것은 작은 단계이며 우리는 이것을 받아들여야 한다. a_0, a_k, b_k에 대한 공식 대신에 우리는 모든 복소 계수 c_k에 대한 하나의 공식을 얻을 것이다. 그리고 (양자 역학에서와 같이) 함수 $F(x)$는 복수 함수일 수도 있다. 벡터에 대해서 N개의 복소 지수를 사용할 때, 이산 푸리에 변환은 훨씬 간단해진다.

주기가 2π인 함수에 대한 복소 무한급수와 함께 연습해보자.

$$\text{복소 푸리에 급수} \qquad F(x) = c_0 + c_1 e^{ix} + c_{-1} e^{-ix} + \cdots = \sum_{n=-\infty}^{\infty} c_n e^{inx} \tag{22}$$

모든 n에 대해서 $c_n = c_{-n}$이면 e^{inx}과 e^{-inx}을 합쳐서 $2\cos nx$를 얻을 수 있다. 그러면 식 (22)는 우함수에 대한 코사인 급수이다. 모든 n에 대해서 $c_n = -c_{-n}$이면 우리는 $e^{inx} - e^{-inx} = 2i\sin nx$를 사용한다. 그러면 식 (22)는 기함수에 대한 사인 급수이고 c들은 순허수이다.

c_k를 찾기 위해 식 (22)에 e^{-ikx}을 곱하고 $-\pi$에서 π까지 적분한다.

$$\int_{-\pi}^{\pi} F(x) e^{-ikx} dx = \int_{-\pi}^{\pi} c_0 e^{-ikx} dx + \int_{-\pi}^{\pi} c_1 e^{ix} e^{-ikx} dx + \cdots + \int_{-\pi}^{\pi} \boldsymbol{c_k e^{ikx} e^{-ikx} dx} + \cdots$$

복소 지수들은 서로 수직이다. 굵게 표시된 항($n = k$이고 $e^{ikx}e^{-ikx} = 1$일 때)을 제외한 우변의 모든 적분은 0이다. 1의 적분은 2π이므로 이 소거되지 않는 항은 c_k에 대한 다음 공식을 준다.

$$\text{푸리에 계수} \qquad k=0,\pm 1,\cdots,l\text{에 대해서 } \int_{-\pi}^{\pi} F(x)e^{-ikx}dx = 2\pi c_k \tag{23}$$

$c_0 = a_0$은 여전히 $F(x)$의 평균임에 주목하라. e^{inx}과 e^{ikx}의 직교성은 e^{inx}과 e^{-ikx}의 곱을 적분함으로써 확인된다. 이때 복소 켤레 e^{-ikx}을 사용하는 것을 기억하자.

예제 5 델타 함수에 대해서 모든 적분은 1이고, 모든 c_k는 $1/2\pi$이다. 이는 평평한 변환이다!

예제 6 주기가 2π인 이동된 상자 $F(x) = \begin{cases} 1, & s \le x \le s+h \\ 0, & [-\pi,\pi]\text{에서 서로 다른 모든 곳} \end{cases}$ 에 대한 c_k를 찾아라.

풀이

적분 (23)은 s에서 $s+h$까지 $F=1$을 갖는다.

$$c_k = \frac{1}{2\pi}\int_s^{s+h} 1 \cdot e^{-ikx}dx = \frac{1}{2\pi}\left[\frac{e^{-ikx}}{-ik}\right]_s^{s+h} = e^{-iks}\left(\frac{1-e^{-ikh}}{2\pi ik}\right) \tag{24}$$

위의 모든 것은 s만큼 이동에 대한 간단한 효과임에 주목하자. 이 이동은 각 c_k를 e^{-iks}만큼 '변조'한다. 에너지는 변하지 않은 채 $|F|^2$의 적분은 그냥 이동하며 이때 $|e^{-iks}| = 1$이다.

$$F(x)\text{가 } F(x-s)\text{로 이동한다.} \quad \leftrightarrow \quad \text{모든 } c_k\text{에 } e^{-iks}\text{을 곱한다.} \tag{25}$$

예제 7 중심이 이동된 상자는 이동 요소 $s = -h/2$를 갖는다. 이 상자는 $x=0$ 근처에서 균형을 이루고, 이 우함수는 $-h/2$에서 $h/2$까지의 구간에서 1과 같다.

$$s = -\frac{h}{2}\text{에 의한 중심 이동} \qquad c_k = e^{ikh/2}\frac{1-e^{-ikh}}{2\pi ik} = \frac{1}{2\pi}\frac{\sin(kh/2)}{k/2}$$

긴 상자에 대해서 h로 나누자. $\sin(kh/2)$와 $kh/2$의 비율은 $kh/2$의 싱크sinc라고 부른다.

$$\text{긴 상자} \qquad \frac{F_{\text{centered}}}{h} = \frac{1}{2\pi}\sum_{-\infty}^{\infty}\text{sinc}\left(\frac{kh}{2}\right)\ e^{ikx} = \begin{cases} 1/h, & -h/2 \le x \le h/2 \\ 0, & [-\pi,\pi]\text{에서 서로 다른 모든 곳} \end{cases}$$

h로 나누면 넓이는 1이 된다. 모든 계수는 $h \to 0$일 때 $\dfrac{1}{2\pi}$에 가까워진다. 길고 얇은 상자에 대한 푸리에 급수는 다시 $\delta(x)$의 푸리에 급수에 가까워진다.

미분과 적분에 관한 법칙

e^{ikx}의 미분은 ike^{ikx}이다. 이 위대한 사실에 의해 푸리에 함수 e^{ikx}이 푸리에 급수에 대한 응용의 첫 번째 소재가 되었다. e^{ikx}은 d/dx에 대한 고유함수이다(그리고 고윳값은 $\lambda = ik$이다). 계수가 상수인 미분방정식은 자연스럽게 푸리에 급수로 풀린다.

ik를 곱한다. **$F(x)=\sum c_k e^{ikx}$의 미분은 $dF/dx=\sum ikc_k e^{ikx}$이다.**

2차 미분은 계수 $(ik)^2 c_k = -k^2 c_k$이다. 높은 진동수는 더 강하게 증가한다. 그리고 반대 방향에서(적분할 때), 우리는 ik로 나누며 높은 진동수는 더 약해지고 근의 모양은 더 부드러워진다. 다음 예를 살펴보자.

진동수 k에 대한 반응 $1/(k^2+1)$ $\quad -\dfrac{d^2y}{dx^2}+y=e^{ikx}$은 $y(x)=\dfrac{e^{ikx}}{k^2+1}$에 의해 풀린다.

이는 2장의 전형적인 문제였으며 이때 변환 함수는 $1/(k^2+1)$이다. 우리는 2장에서 다음과 같은 사실을 배웠다. 하중 함수 e^{ikx}이 지수함수이므로 근도 지수함수 꼴이다.

이제 우리가 할 모든 것은 **중첩**superposition이다. 한 번에 모든 지수함수를 허용하자.

$$-\frac{d^2y}{dx^2}+y=\sum c_k e^{ikx} \text{은 } y(x)=\sum \frac{c_k e^{ikx}}{k^2+1} \text{에 의해 풀린다.} \tag{26}$$

1. **미분 법칙 dF/dx는 푸리에 계수 ikc_k를 갖는다**(에너지는 높은 k로 움직인다).
2. **평행이동 법칙 $F(x-s)$는 푸리에 계수 $e^{-iks}c_k$를 갖는다**(에너지의 변화는 없다).

응용 : 원에서 라플라스 방정식

우리의 첫 번째 응용은 라플라스 방정식 $u_{xx}+u_{yy}=0$이다(7.4절). 아이디어는 $u(x,y)$를 무한급수로 구성하고, 경계에서 $u_0(x,y)$의 값과 일치하도록 이 급수의 계수를 선택하는 것이다. 경계의 모양은 결정적이어서, 반지름이 1인 원을 경계로 취하기로 한다.

라플라스 방정식의 근 1, $r\cos\theta$, $r\sin\theta$, $r^2\cos 2\theta$, $r^2\sin 2\theta$, $\cdots$에서 시작하자. 이 특별한 근의 결합을 통해 원에서의 모든 근을 얻을 수 있다.

$$u(r,\theta)=a_0+a_1 r\cos\theta+b_1 r\sin\theta+a_2 r^2\cos 2\theta+b_2 r^2\sin 2\theta+\cdots \tag{27}$$

경계에서 $u=u_0$으로 만들기 위한 상수 a_k와 b_k의 선택이 남아 있다. 원에서 θ와 $\theta+2\pi$는 같은 점이다. 이는 $u_0(\theta)$가 주기함수라는 것을 의미한다.

$$\textbf{r = 1로 두면} \quad u_0(\theta)=a_0+a_1\cos\theta+b_1\sin\theta+a_2\cos 2\theta+b_2\sin 2\theta+\cdots \tag{28}$$

이는 정확히 u_0에 대한 푸리에 급수이다. **상수 a_k와 b_k는 $u_0(\theta)$의 푸리에 계수여야만 한다.** 따라서 무한급수 (27)이 (실제로) 근이라면 라플라스의 경곗값 문제는 완전히 풀린다.

예제 8 **점 소스**는 $u_0=\delta(\theta)$이다. 소스가 $x=1$, $y=0(\theta=0)$일 때를 제외하면 경계는 $u_0=0$일 때이다. 원 안쪽의 온도 $u(r,\theta)$를 찾아라.

$$\textbf{델타 함수} \qquad u_0(\theta)=\frac{1}{2\pi}+\frac{1}{\pi}(\cos\theta+\cos 2\theta+\cos 3\theta+\cdots)=\frac{1}{2\pi}\sum_{-\infty}^{\infty}e^{in\theta}$$

원 안쪽에서 각각의 $\cos n\theta$에 r^n을 곱해서 라플라스 방정식을 푼다.

$$\textbf{원의 안쪽} \qquad u(r,\theta)=\frac{1}{2\pi}+\frac{1}{\pi}(r\cos\theta+r^2\cos 2\theta+r^3\cos 3\theta+\cdots) \tag{29}$$

푸아송은 이 무한급수를 더했다! 이 급수는 거듭제곱 $(re^{i\theta})^n$의 급수와 관련이 있다. 푸아송의 합은 $r=1$, $\theta=0$에서의 점 소스에 대한 모든 (r,θ)의 반응을 보여준다.

$$\textbf{원의 안쪽 온도} \qquad u(r,\theta)=\frac{1}{2\pi}\frac{1-r^2}{1+r^2-2r\cos\theta} \tag{30}$$

중심 $r=0$에서 이는 $u_0=\delta(\theta)$의 평균인 $a_0=1/2\pi$이 된다. 이는 $\cos 0=1$이 되는 점에서의 $u=\infty$를 제외하고 경계 $r=1$위에서 $u=0$이 된다.

예제 9 **상반원에서는 $u_0(\theta)=1$이고 하반원에서는 $u_0=-1$이다.**

풀이

경곗값 u_0은 사각파 SW이다. 우리는 이 사각파의 사인 급수를 안다.

$$\textbf{$u_0(\theta)$에 대한 사각파} \qquad SW(\theta)=\frac{4}{\pi}\left[\frac{\sin\theta}{1}+\frac{\sin 3\theta}{3}+\frac{\sin 5\theta}{5}+\cdots\right] \tag{31}$$

원 안쪽에서 r, r^3, r^5, $\cdots$을 곱하면 높은 진동수들의 빠른 감쇠를 준다.

안쪽에서 신속한 감쇠 $$u(r,\theta)=\frac{4}{\pi}\left[\frac{r\sin\theta}{1}+\frac{r^3\sin 3\theta}{3}+\frac{r^5\sin 5\theta}{5}+\cdots\right] \quad (32)$$

라플라스 방정식은 $u_0(\theta)$가 부드럽지 않을 때조차도 안쪽에서는 부드러운 근을 갖는다.

8.1 연습문제

01 (a) $k\neq n$일 때 $\cos nx$가 $\cos kx$에 수직이라는 것을 증명하기 위해 공식 $(\cos nx)(\cos kx)=\frac{1}{2}\cos(n+k)x+\frac{1}{2}\cos(n-k)x$를 사용하라. $x=0$에서 $x=\pi$까지 적분하라. $\int\cos^2 kx\,dx$는 무엇인가?

(b) 0에서 π까지 $\cos x$는 $\sin x$에 수직이 **아니다**. 주기가 2π일 때 다음을 찾아라.

$$\int_0^{\pi}(\sin x)(\cos x)dx,\quad \int_{-\pi}^{\pi}(\sin x)(\cos x)dx,$$
$$\int_0^{2\pi}(\sin x)(\cos x)dx$$

02 $0\le x\le\pi$에 대해서 $F(x)=x$라 하자. $-2\pi\le x\le 2\pi$에 대한 그래프를 그려서 F의 다음 세 가지 확장을 보여라.

(a) 주기가 2π인 우함수

(b) 주기가 2π인 기함수

(c) 주기가 π인 함수

03 $-\pi\le x\le\pi$에서 다음에 대한 푸리에 급수를 찾아라.

(a) $f_1(x)=\sin^3 x$, 기함수 (사인 급수, 오직 두 개의 항뿐이다)

(b) $f_2(x)=|\sin x|$, 우함수 (코사인 급수)

(c) $f_3(x)=x$ ($x=\pi$에서의 점프를 동반한 사인 급수)

04 구간 $-\pi\le x\le\pi$에서 복소 푸리에 급수 $e^x=\sum c_k e^{ikx}$을 찾아라. 함수의 우함수 부분은 $\frac{1}{2}(f(x)+f(-x))$이고, 이 우함수 부분은 $f_{\text{even}}(-x)=f_{\text{even}}(x)$를 만족한다. f_{even}에 대한 코사인 급수와 f_{odd}에 대한 사인 급수를 찾아라. $x=\pi$에서 점프가 있음에 주목하자.

05 에너지 공식 (21)에서 사각파 사인 계수들은 다음을 만족한다.

$$\pi(b_1^2+b_2^2+\cdots)=\int_{-\pi}^{\pi}|SW(x)|^2dx=\int_{-\pi}^{\pi}1dx=2\pi$$

식 (8)로부터 수 b_k를 대입해서 $\pi^2=8\left(1+\frac{1}{9}+\frac{1}{25}+\cdots\right)$을 찾아라.

06 $x=0$에 중심을 둔 사각파가 다음과 같이 주어져 있다. $|x|<\frac{\pi}{2}$일 때 $f(x)=1$, $\frac{\pi}{2}<|x|<\pi$일 때 $f(x)=0$ 이 함수의 그래프를 그린 다음 푸리에 계수 a_k와 b_k를 찾아라.

07 처음 세 개의 부분합과 함수 $x(\pi-x)$를 그려라.

$$x(\pi-x)=\frac{8}{\pi}\left(\frac{\sin x}{1}+\frac{\sin 3x}{27}+\frac{\sin 5x}{125}+\cdots\right),\quad 0<x<\pi$$

이 함수에 대한 감쇠 비율이 $1/k^3$인 이유는 무엇인가? 이 함수의 2차 미분은 무엇인가?

08 $0<x<\pi$일 때 $f(x)=\sin x$이고, $-\pi<x<0$일 때 $f(x)=0$인 2π-주기 절반의 파동을 그려라. 이 함수의 푸리에 급수를 찾아라.

09 $G(x)$의 주기가 2π가 아닌 $2L$이라고 가정하자. 그러면 $G(x+2L)=G(x)$이다. 적분은 $-L$에서 L까지 또는 0에서 $2L$까지 가고, 푸리에 공식은 인자 π/L에 의해 바뀐다.

$G(x)=\sum_{-\infty}^{\infty}C_k e^{ik\pi x/L}$에서의 계수는

$C_k=\frac{1}{2L}\int_{-L}^{L}G(x)e^{-ik\pi x/L}dx$이다.

C_k에 대한 다음 공식을 유도하라. $G(x)$에 대한 첫 번째 식에 _____를 곱하고 양변을 적분한다. 우변에서의 적분은 왜 $2LC_k$와 같은가?

10 G_{even}에 대해서 [연습문제 09]를 사용해서 $(C_k + C_{-k})/2$로부터 코사인 계수 A_k를 찾아라.

$$G_{\text{even}}(x) = \sum_0^\infty A_k \cos\frac{k\pi x}{L} \text{는}$$

$$A_k = \frac{1}{L}\int_0^L G_{\text{even}}(x)\cos\frac{k\pi x}{L}dx\text{를 갖는다.}$$

G_{even}은 $\frac{1}{2}(G(x)+G(-x))$이다. $A_0 = C_0$을 위한 예외 : L 대신에 $2L$로 나눠라.

11 [연습문제 10]은 0에서 π인 보통의 구간에서 $a_k = \frac{1}{2}(c_k + c_{-k})$임을 알려준다. c_k와 c_{-k}로부터 b_k에 대한 비슷한 공식을 찾아라. 역방향으로, 실수 계수 a_k와 b_k로부터 $F(x) = \sum c_k e^{ikx}$에서 복수 계수 c_k를 찾아라.

12 경계에서 $u_0 = \theta$인 라플라스 방정식에 대한 근을 찾아라. 이 근이 $2(z - z^2/2 + z^3/3 - \cdots) = 2\log(1+z)$의 허수부인 이유는 무엇인가? 단위원 $z = e^{i\theta}$ 위에서 $2\log(1+z)$의 허수부는 θ와 일치함을 확인하라.

13 라플라스 방정식의 경계조건이 $0 < \theta < \pi$에서는 $u_0 = 1$이고, $-\pi < \theta < 0$에서는 $u_0 = 0$일 때, 단위원 안쪽에서 푸리에 급수 해 $u(r, \theta)$를 찾아라. 원점 $r = 0$에서 u는 무엇인가?

14 경곗값 $u_0(\theta) = 1 + \frac{1}{2}e^{i\theta} + \frac{1}{4}e^{2i\theta} + \cdots$과 함께 원 안에서의 라플라스 방정식의 푸리에 급수 해는 무엇인가? 이 기하급수를 합하라.

15 (a) 푸아송 공식 (30)에서의 분수는 라플라스 방정식을 만족함을 보여라.

(b) $x = 0,\ y = 1(\theta = \frac{\pi}{2})$에서 충격에 대한 반응 $u(r, \theta)$를 찾아라.

16 $F(x) = \sum c_k e^{ikx}$에서 복소 지수와 함께 에너지 등식 (21)은 $\int_{-\pi}^{\pi}|F(x)|^2 dx = 2\pi\sum|c_k|^2$으로 바뀐다. $(\sum c_k e^{ikx})$ $(\sum \overline{c_k} e^{-ikx})$을 적분해서 이를 유도하라.

17 중심 이동된 사각파는 $|x| \le \pi/2$에서 $F(x) = 1$을 갖는다.

(a) 직접 적분을 통해 이 함수의 에너지 $\int |F(x)|^2 dx$를 찾아라.

(b) 특별한 수인 이 함수의 푸리에 계수 c_k를 찾아라.

(c) 에너지 등식에서의 합을 찾아라([연습문제 16]).

18 $F(x) = 1 + (\cos x)/2 + \cdots + (\cos nx)/2^n + \cdots$는 해석적이다(무한 번 미분 가능하다).

(a) 미분을 10번 취하면 $d^{10}F/dx^{10}$의 푸리에 급수는 무엇인가?

(b) 이 급수는 여전히 빠르게 수렴하는가? $n = 2^{10}$에 대해서 n^{10}을 2^n과 비교하라.

19 $|x| \le \pi/2$에 대해서 $f(x) = 1$이고 $\pi/2 < |x| < \pi$에 대해서 $f(x) = 0$일 때, 이 함수의 코사인 계수를 찾아라. 점프에서 깁스의 오버슛을 계산하고 그릴 수 있는가?

20 구간 $-\pi \le x \le \pi$에서 F, I, D에 대해서 모든 계수 a_k와 b_k를 찾아라.

$$F(x) = \delta\left(x - \frac{\pi}{2}\right), \qquad I(x) = \int_0^x \delta\left(x - \frac{\pi}{2}\right)dx,$$

$$D(x) = \frac{d}{dx}\delta\left(x - \frac{\pi}{2}\right)$$

21 [예제 4]에서의 $0 \le x \le h$에서 $F = 1/h$인 한쪽으로 긴 상자에 대해서 이 함수의 기함수 부분 $\frac{1}{2}(F(x) - F(-x))$는 무엇인가? 필자는 h가 0에 접근함에 따라 이 기함수 부분의 푸리에 계수가 사라지고 $F(x)$가 $\delta(x)$에 가까워진다는 사실에 놀랐다.

22 $-\pi \le x \le \pi$에서 $F(x) = e^x$에 대한 급수 $F(x) = \sum c_k e^{ikx}$을 찾아라. 이 함수 e^x은 부드럽게 생겼지만, 숨겨진 점프가 반드시 있어서 $1/k$에 비례하는 계수 c_k를 얻는다. 점프는 어디에 있는가?

23 (a) (이전의 특별한 근) $Ay'' + By' + Cy = e^{ikx}$을 풀어라.

(b) (새로운 특별한 근) $Ay'' + By' + Cy = \sum c_k e^{ikx}$을 풀어라.

8.2 고속 푸리에 변환

푸리에 급수는 함수에 적용되지만 우리는 벡터에서 계산해볼 것이다. 우리는 계수 c_k(또는 a_k와 b_k)에 대한 무한한 수열을 **유한한 수열** $\boldsymbol{c_0}$, $\boldsymbol{c_1}$, $\cdots$, $\boldsymbol{c_{N-1}}$로 대체해야 한다. 이때 직교성을 그대로 사용하기 때문에 계산이 빨라질 것이다. 이산 푸리에 변환에 대해서 여러분은 FFT를 사용하면 얼마나 더 빨리 계산할 수 있는지를 확인할 것이다.

이 절에서는 두 가지 독립적인 아이디어에 대해 설명한다. DFT는 c들에 대한 공식을 제공한다. FFT는 이 공식들을 재배열해서 c들을 계산하는 놀라운 알고리즘이다.

■ 이산 푸리에 변환(DFT)

DFT는 N차원 공간에 대하여 e_0에서 e_{N-1}까지 N개의 수직 기저 벡터를 선택한다. $2\pi/N$로 분할된 N개의 점에서 함수를 샘플로 추출함으로써 e^{ikx}으로부터 벡터 e_k를 얻는다.

기저 벡터 $\boldsymbol{e_k}$
이산 $\boldsymbol{e^{ikx}}$ $\qquad w=e^{\boldsymbol{i2\pi/N}}$일 때 $(e^{ik0}, e^{ik2\pi/N}, e^{ik4\pi/N}, \cdots)=(\boldsymbol{1}, \boldsymbol{w^k}, \boldsymbol{w^{2k}}, \cdots)$

연속적 푸리에 급수는 $\sum c_k e^{ikx}$이고, 이산 푸리에 급수는 $\sum c_k e_k$이다. 이 합은 $N\times N$ 대칭 행렬인 **푸리에 행렬** F에 대해서 곱 $f=Fc$와 같다. 이때 기저 벡터 e_k는 F의 열로 들어간다.

w의 거듭제곱을 포함하는 행렬 F는 식 (4)에서 세부 내용을 보여준다.

푸리에 행렬 $\boldsymbol{f=Fc}$
$$f=c_0e_0+c_1e_2+\cdots=\begin{bmatrix} | & & | \\ e_0 & \cdots & e_{N-1} \\ | & & | \end{bmatrix}\begin{bmatrix} c_0 \\ \vdots \\ c_{N-1} \end{bmatrix} \tag{1}$$

$f=Fc$에 대해 역변환을 적용하면 $c=F^{-1}f$를 얻을 수 있다. 연속적인 경우에는 푸리에 계수 식 $c_k=\int e^{-ikx}f(x)dx/2\pi$의 거듭제곱을 만들고, 이산적인 경우에는 역행렬의 $\overline{w}=e^{-i2\pi/N}$의 거듭제곱을 만든다. $\overline{w}$의 이 거듭제곱은 식 (3)에서 나타난다.

역행렬 $c=F^{-1}f$
$$c=\frac{1}{N}\begin{bmatrix} - & \overline{e}_0^{\mathrm{T}} & - \\ & \vdots & \\ - & \overline{e}_{N-1}^{\mathrm{T}} & - \end{bmatrix}\begin{bmatrix} f_0 \\ \vdots \\ f_{N-1} \end{bmatrix}=\frac{1}{N}\overline{F}^{\mathrm{T}}f \tag{2}$$

상수 벡터 $e_0=(1, 1, \cdots, 1)$은 $\|e_0\|^2=1+1+\cdots+1=N$을 가진다. 모든 기저 벡터는 $\int|e^{ikx}|^2dx=2\pi$ 대신에 $\|e_k\|^2=N$을 갖는다.

F^{-1}은 벡터 f로부터 계수 c_k를 만든다는 것에 주목하자(푸리에 변환). 푸리에 행렬 F는 c들로부터 f를

재구성한다(역변환). F^{-1}의 성분들은 e^{-ikx}과 비슷하고, F의 성분들은 e^{ikx}과 비슷하다. 따라서 $F^{-1}=\overline{F}/N$는 $\overline{w}=e^{-i2\pi/N}$의 거듭제곱을 포함하는 반면, F는 $w=e^{i2\pi/N}$의 거듭제곱을 포함한다.

MATLAB 명령어 $c=$ fft(f)는 $\overline{w}$와 푸리에 역행렬 F^{-1}을 사용하고, 반대 명령어 **$f=$ ifft(c)**는 N개의 항으로 이루어진 급수 Fc를 더해서 식 (1)에서 f를 재구성한다.

예제 1 델타 벡터 $f=(1,0,0,\cdots)$은 델타 함수 $\delta(x)$와 비슷하다. 델타 함수의 푸리에 계수는 모두 $c_k=1/2\pi$과 같고, 델타 벡터의 이산 계수는 모두 $c_k=1/N$과 같다. **f의 변환은 상수 벡터이다.**

푸리에 변환 $\quad F^{-1}f=c$

$$\frac{1}{N}\begin{bmatrix}1 & 1 & \cdots & 1\\ 1 & \overline{w} & \cdots & \overline{w}^{N-1}\\ 1 & \overline{w}^2 & \cdots & \overline{w}^{2(N-1)}\\ \cdot & \cdot & \cdots & \cdot\end{bmatrix}\begin{bmatrix}1\\0\\0\\ \cdot\end{bmatrix}=\frac{1}{N}\begin{bmatrix}1\\1\\1\\ \cdot\end{bmatrix} \tag{3}$$

예제 2 이동한 벡터 $f=(0,1,0,\cdots)$은 이동된 델타 함수 $\delta\left(x-\frac{2\pi}{N}\right)$와 비슷하다. 이동한 벡터 f는 식 (3)에서 F^{-1}의 다음 열 $(1,\overline{w},\overline{w}^2,\cdots)$을 뽑아낸다. 이동한 델타 함수는 $x=2\pi/N$에서 $c_k=e^{-ikx}$의 (같은) 값들을 선택한다.

이산과 연속에서 c들의 유일한 차이는 N 또는 2π로 나누는 것이다.

예제 3 **상수 벡터 $c=(1,1,\cdots)/N$은 다시 델타 벡터로 변환된다!**

푸리에 행렬 $\quad Fc=f$

$$\begin{bmatrix}1 & 1 & \cdots & 1\\ 1 & w & \cdots & w^{N-1}\\ 1 & w^2 & \cdots & w^{2(N-1)}\\ \cdot & \cdot & \cdots & \cdot\end{bmatrix}\frac{1}{N}\begin{bmatrix}1\\1\\1\\ \cdot\end{bmatrix}=\begin{bmatrix}1\\0\\0\\ \cdot\end{bmatrix} \tag{4}$$

위 식은 $(1,w,w^2,\cdots)$에서 시작하는 $N-1$개의 기저 벡터가 첫 번째 벡터 $(1,1,\cdots,1)$에 수직이라는 것을 알려준다. **F의 열에서 기저 벡터 e_k들은 서로 수직이다.** FFT에 관한 설명을 한 다음, 식 (7)에서 이 직교성을 확인할 것이다.

■ 고속 푸리에 변환

FFT는 행렬과 벡터의 곱 $f=Fc$와 $c=F^{-1}f$의 효율적인 재배열이다. 일반적으로, $N\times N$ 행렬에 벡터를 곱하는 것은 N^2개의 독립적인 곱을 취한다(정사각행렬에서 각각의 성분은 한 번 사용되며 N^2개의 성분이 있다). FFT는 오직 $\frac{1}{2}N\log_2 N$개의 독립적인 곱셈만으로 c와 f를 계산한다.

$N=1024=2^{10}$에 대하여 로그를 취하면 10이다. 이 경우 N^2(백만 단계)은 $5N$으로 줄어든다(5000단계). 변환은 200에 가까운 인자에 의해 가속화되고, 이는 참으로 놀라운 사실이다.

FFT는 계산 과학에서 가장 중요한 알고리즘일 것이다. 이는 모든 산업을 변화시켰다. 기구가 (유정[oil well]에서의 압력과 같은) 입력에 대한 반응을 측정할 때, DFT는 각각의 진동수에 대한 반응을 보여준다. FFT는 N개의 수로부터 N개의 수를 매우 빠르게 계산한다.

푸리에 행렬 F에서의 기저 벡터 e_k

중요한 사실은 기저 벡터 $e_0, \cdots, e_{N-1}$이 **서로 직교**한다는 것이다. 함수 e^{ikx}이 복소수인 것처럼 벡터들은 복소 벡터이다. 따라서 그들의 내적 $\bar{e}_k^T e_n$은 $\int e^{inx}e^{-ikx}dx$에서와 같이 하나의 벡터의 복소 켤레가 필요하다.

다음은 열에 $e_0, e_1, \cdots, e_{N-1}$을 포함하는 푸리에 행렬을 따르는 전형적인 기저 벡터 e_k이다.

$$e_k=\begin{bmatrix}1\\ e^{2\pi ik/N}\\ e^{4\pi ik/N}\\ \cdot\\ \cdot\end{bmatrix}=\begin{bmatrix}\mathbf{1}\\ \boldsymbol{w}^{\boldsymbol{k}}\\ \boldsymbol{w}^{\boldsymbol{2k}}\\ \cdot\\ \cdot\end{bmatrix}\qquad F=\begin{bmatrix}1 & 1 & \cdot & \cdot & 1\\ 1 & w & \cdot & \cdot & w^{N-1}\\ 1 & w^2 & \cdot & \cdot & w^{2(N-1)}\\ \cdot & \cdot & \cdot & \cdot & \cdot\\ 1 & w^{N-1} & \cdot & \cdot & w^{(N-1)^2}\end{bmatrix}\tag{5}$$

이때 수 w는 $e^{2\pi i/N}$이다. 우리는 켤레 $\overline{w}=e^{-2\pi i/N}=\omega$에 대해서 그리스 문자 ω를 사용한다. 기저 벡터들(F의 열들)이 서로 수직이 되도록 만드는 것은 $1, w, w^2, \cdots$의 성질이다. 우리가 우선적으로 해야 할 일은 복소평면에서 w와 $\overline{w}$를 위치시키는 것이다. 실제로 $w^N=(e^{2\pi i/N})^N=e^{2\pi i}=1$까지 w의 모든 거듭제곱을 위치할 수 있다. $N=8$에 대해서 w의 거듭제곱은 단위원 주변으로 균등하게 구분된 8개의 점이다. $w^8=1$임에 주목하라.

$N=4$에 대해서 4개의 거듭제곱은 $\boldsymbol{i}$, $i^2=-1$, $i^3=-\boldsymbol{i}$, $i^4=\mathbf{1}$이다.

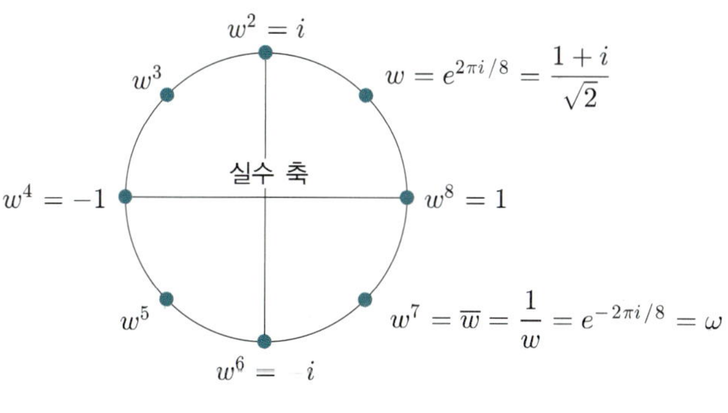

[그림 8-5] $w=\cos\frac{\pi}{4}+i\sin\frac{\pi}{4}$의 거듭제곱은 8개 점이다. 극 형식 $w=e^{2\pi i/8}$이 최선이다.

이산 푸리에 기저의 직교성

푸리에 계수 c_k에 대한 공식의 핵심은 직교성이다. 기저 벡터 e_k와 내적을 취하면 이 성질에 의해 k번째 항을 제외한 나머지 항들이 제거된다.

$$f = c_0 e_0 + \cdots + c_{N-1} e_{N-1} \text{과 } \overline{\boldsymbol{e}}_k^{\mathrm{T}} \boldsymbol{f} = \boldsymbol{c}_k \overline{\boldsymbol{e}}_k^{\mathrm{T}} \boldsymbol{e}_k = \boldsymbol{N c}_k \tag{6}$$

$e_0 = (1, 1, 1, \cdots)$, $e_1 = (1, w, w^2, \cdots)$이므로 결정적인 내용은 $1 + w + w^2 + \cdots = 0$과 같이 그들의 내적이 0이라는 것이다. **[그림 8-5]에서 원 둘레에 있는 8개의 수를 합하면 0이다.**

다음은 e들의 모든 쌍이 서로 수직한다는 명제와 증명이다.

$$\boldsymbol{z^N = 1} \text{이고 } \boldsymbol{z \neq 1} \text{이면 합 } \boldsymbol{S = 1 + z + z^2 + \cdots + z^{N-1}} \text{은 } \boldsymbol{0} \text{이다.} \tag{7}$$

증명 S에 z를 곱하면 $Sz = z + z^2 + z^3 + \cdots + z^N$이 된다. $z^N = 1$이므로 S와 z의 곱은 원래의 합 S와 모든 항이 같다. 그러므로 $Sz = S$이고 $S = 0$이다.

모든 내적 $\overline{e}_k^{\mathrm{T}} e_n$은 정확히 우리의 합 S이고, **수 z는 $\overline{w}^k w^n$이다.**

$$(1, \overline{w}^k, \overline{w}^{2k}, \cdots)^{\mathrm{T}} (1, w^n, w^{2n}, \cdots) = 1 + z + z^2 + \cdots = S \tag{8}$$

$z = \overline{w}^k w^n$의 N번째 거듭제곱은 $z^N = (\overline{w}^N)^k (w^N)^n = (1)(1)$이다. 따라서 $S = 0$이다. ∎

결론 $\overline{F}^{\mathrm{T}}$에 F를 곱할 때, 대각성분은 $\overline{e}_k^{\mathrm{T}} e_k = N$이다(왜냐하면 이는 1을 N개 합하였기 때문이다). 대각선을 벗어나면 우리는 $k \neq n$과 $\overline{e}_k^{\mathrm{T}} e_n = 0$을 갖는다. 따라서 $\overline{F}^{\mathrm{T}} F = NI$이다. **이는 푸리에 행렬의 역행렬은 $\boldsymbol{F^{-1} = \frac{1}{N} \overline{F}^{\mathrm{T}}}$임을 확인시킨다.** ∎

NOTE 1_ 여러분의 원 둘레에 있는 수 8개를 더하면 0이 된다는 것을 직접 확인하였다. $1+w^4$, $w+w^5$, w^2+w^6, w^3+w^7이 모두 0인 것과 같이 각 수는 반대편의 수를 소거한다. 하지만 이 증명은 $N=7$ 또는 5 또는 3에 대해서는 적용되지 않는다. N이 홀수이면 점들을 짝지을 수 없지만 이 경우에도 (식 (8)에 의해서) 더하면 여전히 0이 된다.

NOTE 2_ 직교성의 멋진 증명은 벡터 $e_0, \cdots, e_{N-1}$을 대칭 행렬의 고유벡터로 보는 것이다. 모든 대칭 행렬은 직교하는 고유벡터를 갖는다. [연습문제 14]는 적절한 행렬(이는 순환 행렬circulant matrix이다)을 선택할 것이고 이 아이디어를 따른다.

아래에 $f = Fc$와 $c = F^{-1} f$의 성분들이 있다(**이산 푸리에 변환**).

$$\boldsymbol{f_j = e_j^{\mathrm{T}} c = \sum_{j=0}^{N-1} w^{jk} c_k} \qquad \boldsymbol{c_k = \frac{1}{N} \overline{e}_k^{T} f = \frac{1}{N} \sum_{k=0}^{N-1} \overline{w}^{jk} f_j} \tag{9}$$

변환과 역변환은 대칭을 이루는데 이는 아름답다. $\boldsymbol{c}$가 벡터이지만 $\boldsymbol{f}$는 주기함수인 푸리에 급수에 대해서는 이와 같은 대칭을 명확하게 보지 못했다. 함수 $f(x)$와 함수 $c(k)$ 사이에 변환이 일어날 때, 우아한 대칭은 다시 한 번 등장한다.

$$\textbf{푸리에 적분 변환} \qquad \boldsymbol{c(k)} = \int_{-\infty}^{\infty} f(x)e^{-ikx}dx \qquad \boldsymbol{f(x)} = \frac{1}{2\pi}\int_{-\infty}^{\infty} c(k)e^{ikx}dk \tag{10}$$

여러분은 e^{-ikx}와 e^{ikx}에 주목한다. dx와 dk에 유의하라. 함수 $f(x)$와 $c(k)$는 각각 $-\infty < x < \infty$와 $-\infty < k < \infty$에서 정의된다. 변환으로 인해 공간 영역에서의 $f(x)$가 진동수 영역에서의 $c(k)$와 연결된다. $f(x) = \delta(x)$는 $c(k) = 1$로 변환된다. 8.6절에서는 이 적분 변환을 이용해서 $-y'' + y = f(x)$(경계가 없다!)를 풀 것이다. 이산 변환의 두 가지 예는 코사인과 사인이다.

예제 4 0, $\pi/2$, π, $3\pi/2$에서 $\cos x$와 $\sin x$의 값을 구해서 이산 벡터 코사인와 사인을 얻어라. 이 벡터를 F^{-1}을 통해 변환하라. 이들의 변환을 F를 통해 역변환하라.

$$\textbf{이산 코사인과 사인} \qquad \textbf{cos} = (1, 0, -1, 0)\text{과 } \textbf{sin} = (0, 1, 0, -1)$$

풀이

x-공간에서 k-공간으로 변환하기 위해 우리는 f에 F^{-1}을 곱한다. $N = 4$에 대해서 이 행렬은 $\overline{w} = -i$의 거듭제곱을 포함하고 있다. 이때 우리는 $N = 4$로 나누는 것에 주목하자.

$$F^{-1}\textbf{cos} = \frac{1}{4}\begin{bmatrix} 1 & 1 & 1 & 1 \\ 1 & -i & -1 & i \\ 1 & -1 & 1 & -1 \\ 1 & i & -1 & -i \end{bmatrix}\begin{bmatrix} 1 \\ 0 \\ -1 \\ 0 \end{bmatrix} = \begin{bmatrix} 0 \\ \mathbf{1/2} \\ 0 \\ \mathbf{1/2} \end{bmatrix} \qquad F^{-1}\textbf{sin} = \begin{bmatrix} 0 \\ -\boldsymbol{i/2} \\ 0 \\ \boldsymbol{i/2} \end{bmatrix}$$

F를 곱하면 변환은 다시 코사인과 사인으로 돌아온다. 이는 오일러의 유명한 공식 $\cos x = \frac{1}{2}(e^{ix} + e^{-ix})$, $\sin x = \frac{-i}{2}(e^{ix} - e^{-ix})$과 정확히 일치한다.

여기서는 또한 $x = 0$, $\pi/2$, π, $3\pi/2$에서 e^{ix}의 샘플 $(1, w, w^2, w^3)$을 $\textbf{exp}$로 쓴다. 그러면 벡터에 대한 오일러의 위대한 공식을 얻는다.

$$\textbf{exp} = \textbf{cos} + i\textbf{sin} \qquad \textbf{cos} = \frac{1}{2}(\textbf{exp} + \overline{\textbf{exp}})$$

$$\overline{\textbf{exp}} = \textbf{cos} - i\textbf{sin} \qquad \textbf{sin} = \frac{-i}{2}(\textbf{exp} - \overline{\textbf{exp}})$$

고속 푸리에 변환의 한 스텝

$N\times N$ 행렬의 곱셈은 N^2개의 곱셈과 덧셈을 취한다. 푸리에 행렬은 0인 성분이 없기 때문에 행렬을 더 좋게 만드는 것은 불가능하다고 생각할지 모른다. 하지만 성분 w^{jk}은 매우 특별하다. **FFT의 아이디어는 $\boldsymbol{F}$를 희소 행렬들로 분해하는 것이다.**

합 공식 $\sum w^{jk}c_k$와 $\sum \overline{w}^{jk}f_j$를 생각하는 것이 더 편하다면 각각의 합은 N개의 항과 벡터는 N개의 합이 필요하다. 합의 언어에서 FFT의 아이디어는 작은 항들을 많이 갖도록 합을 다시 작성하고 재편성하는 것이다. 여기서는 양쪽 언어를 사용하려고 노력할 것이다.

핵심 아이디어는 F_N을 절반 크기의 푸리에 행렬 $F_{N/2}$에 연결하는 것이다. N이 2의 거듭제곱이라 가정하자($N=1024$라 하자). 우리는 F_{1024}를 똑같은 두 개의 F_{512}에 연결할 것이다. $N=4$일 때, 우리는 F_4를 두 개의 F_2에 연결한다.

$$F_4=\begin{bmatrix}1&1&1&1\\1&i&i^2&i^3\\1&i^2&i^4&i^6\\1&i^3&i^6&i^9\end{bmatrix},\quad \begin{bmatrix}F_2&0\\0&F_2\end{bmatrix}=\begin{bmatrix}1&1&&\\1&i^2&&\\&&1&1\\&&1&i^2\end{bmatrix}$$

왼쪽에서는 0이 없는 F_4이고, 오른쪽에서는 절반이 0인 행렬이다. 따라서 해야 할 일이 반으로 줄어든다. 하지만 잠시 멈추고 살펴보자. 이 행렬들은 서로 같지 않다. F_2를 갖는 블록 행렬은 분해된 F_4의 오직 한 조각이다. 다른 조각도 역시 0을 많이 갖고 있다.

$$\textbf{핵심 아이디어}\qquad F_4=\begin{bmatrix}1&&1&\\&1&&i\\1&&-1&\\&1&&-i\end{bmatrix}\begin{bmatrix}1&1&&\\1&i^2&&\\&&1&1\\&&1&i^2\end{bmatrix}\begin{bmatrix}1&&&\\&&1&\\&1&&\\&&&1\end{bmatrix}\qquad(11)$$

오른쪽의 순열 행렬은 c_0, c_2(짝수 번째)를 c_1과 c_3(홀수 번째)의 앞쪽에 둔다. 중간의 행렬은 이 짝수 번째와 홀수 번째에 대해서 독립적인 절반 크기의 변환을 수행한다. 왼쪽 행렬은 두 개의 절반 크기의 출력을 합치고, 올바른 전체 크기의 출력 $\boldsymbol{f}=F_4\boldsymbol{c}$를 생산한다. 여러분은 이 세 행렬을 곱해서 F_4를 확인할 수 있다.

$N=1024$와 $M=\frac{1}{2}N=512$일 때 같은 아이디어가 적용한다. 이때 수 w는 $e^{2\pi i/1024}$이며 이는 단위원 위에서 각 $\theta=2\pi/1024$에 위치한다. 푸리에 행렬 F_{1024}는 w의 모든 거듭제곱이다. FFT의 첫 번째 단계는 쿨리[Cooley]와 터키[Tukey]가 개발한 굉장히 중요한 분해 방법이다(그리고 1805년에 가우스[Gauss]에 의해서 예지되었다).

$$\text{FFT(1단계)} \qquad F_{1024} = \begin{bmatrix} I_{512} & D_{512} \\ I_{512} & -D_{512} \end{bmatrix} \begin{bmatrix} F_{512} & \\ & F_{512} \end{bmatrix} \begin{bmatrix} \text{짝-홀} \\ \text{순열} \end{bmatrix} \tag{12}$$

I_{512}는 항등 행렬이다. D_{512}는 w_{1024}를 사용한 성분 $(1, w, \cdots, w^{511})$을 갖는 대각 행렬이다. 여기서 똑같은 두 개의 행렬 F_{512}는 우리가 예상했던 것들이다. 그들은 1의 512번째 제곱근을 사용한다. 이는 $w_{512} = (w_{1024})^2$일 뿐이다. 짝-홀 순열 행렬은 입력 벡터 $\boldsymbol{c}$를 $\boldsymbol{c}' = (c_0, c_2, \cdots, c_{1022})$와 $\boldsymbol{c}'' = (c_1, c_3, \cdots, c_{1023})$으로 분리한다.

다음은 F_N의 정돈된 FFT 분해를 표현하는 대수적 공식이다.

(FFT) $M = \frac{1}{2}N$으로 두자. $\boldsymbol{f} = F_N\boldsymbol{c}$의 성분들은 절반 크기의 변환 $\boldsymbol{f}' = F_M\boldsymbol{c}'$과 $\boldsymbol{f}'' = F_M\boldsymbol{c}''$의 결합이다. 식 (13)은 D의 주대각선에 있는 수 $(w_N)^j$과 함께 $I\boldsymbol{f}' + D\boldsymbol{f}''$과 $I\boldsymbol{f}' - D\boldsymbol{f}''$을 보여준다.

$$\textbf{첫 번째 절반} \qquad \boldsymbol{f}_j = \boldsymbol{f}_j' + (w_N)^j \boldsymbol{f}_j'', \quad j = 0, \cdots, M-1 \tag{13}$$

$$\textbf{두 번째 절반} \qquad \boldsymbol{f}_{j+M} = \boldsymbol{f}_j' - (w_N)^j \boldsymbol{f}_j'', \quad j = 0, \cdots, M-1$$

따라서 각각의 FFT 스텝은 다음과 같이 세 부분을 갖는다. $\boldsymbol{c}$를 $\boldsymbol{c}'$과 $\boldsymbol{c}''$으로 나누고, F_M을 통해 이들을 각각 $\boldsymbol{f}'$와 $\boldsymbol{f}''$으로 변환한 다음 식 (13)으로부터 $\boldsymbol{f}$를 재구성한다. N은 반드시 짝수여야 한다!

$w = w_N$일 때 식 (13)에 대한 대수학은 짝수 $2k$와 홀수 $2k+1$로 나눈 분할이다.

$$\textbf{짝/홀} \qquad M = \frac{N}{2} \text{일 때,} \ f_j = \sum_0^{N-1} w^{jk} c_k = \sum_0^{M-1} w^{2jk} c_{2k} + \sum_0^{M-1} w^{j(2k+1)} c_{2k+1} \tag{14}$$

짝수 c는 $\boldsymbol{c}' = (c_0, c_2, \cdots)$로, 홀수 c는 $\boldsymbol{c}'' = (c_1, c_3, \cdots)$로 간다. 그런 다음 변환 $F_M\boldsymbol{c}'$과 $F_M\boldsymbol{c}''$이 등장한다. 핵심은 $w_N^2 = w_M$이며 이는 $w_N^{2jk} = w_M^{jk}$을 준다.

$$\textbf{다시 쓰기} \qquad f_j = \sum w_M^{jk} c_k' + (w_N)^j \sum w_M^{jk} c_k'' = f_j' + (w_N)^i f_j'' \tag{15}$$

$j \geq M$에 대해서 식 (13)의 음의 부호는 $(w_N)^M = -1$로 인수분해할 때 얻어진다.

MATLAB을 사용하면 짝수 c와 홀수 c를 쉽게 분리할 수 있다. 그런 다음 절반 크기의 두 역변환은 `ifft`를 사용한다. 마지막 스텝은 절반 크기 f'과 f''로부터 f를 구한다.

[연습문제 02]는 F와 F^{-1}이 순서는 다르지만 같은 행들을 갖는다는 것을 보여준다.

MATLAB에서 N에서 $N/2$까지의 FFT 스텝

$$
\begin{aligned}
&f' = \mathtt{ifft}(c(0:2:N-2))*N/2;\%\text{ 짝수}\\
&f'' = \mathtt{ifft}(c(1:2:N-1))*N/2;\%\text{ 홀수}\\
&D = w.\wedge(0:N/2-1)';\%\text{ 행렬 } D\text{의 대각성분}\\
&f = [f' + D.*f''; f' - D.*f''];
\end{aligned}
$$

흐름 그래프는 $\boldsymbol{c}'$과 $\boldsymbol{c}''$이 절반 크기의 F_2로 가는 과정을 보여준다. 각 단계들은 어떤 형태를 띠는데, 나비 butterfly라고 부른다. 그러면 출력 $\boldsymbol{f}'$과 $\boldsymbol{f}''$은 합쳐져서($\boldsymbol{f}''$과 1, i 또한 -1, $-i$를 곱해서) $\boldsymbol{f}= F_4\boldsymbol{c}$를 구한다. 이때 네 첨자 0, 1, 2, 3은 이진법으로 표현된다.

$\boldsymbol{c}$에서 $\boldsymbol{f}$로의 흐름 그래프
$N=4$
$M=2$

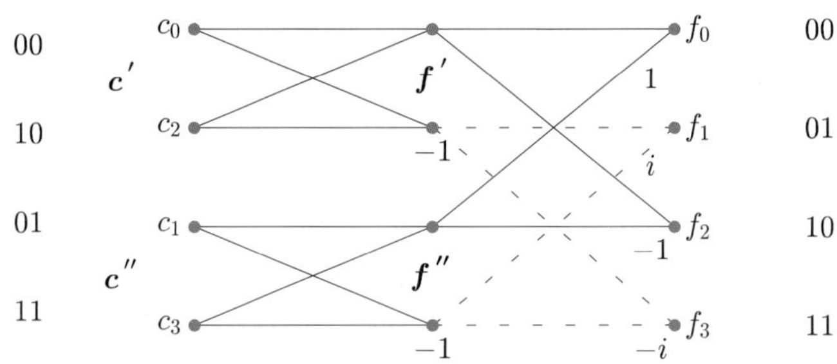

[그림 8-6] $N=4$일 때, c에서 f로의 고속 푸리에 변환에 대한 흐름 그래프

F_N에서 두 가지 F_M으로 축소하면 해야 할 일을 거의 절반으로 줄인다(행렬 분해 (12)에서 0들을 확인할 수 있다). 축소하는 방법은 좋지만 대단하지는 않다. FFT의 전체 아이디어는 훨씬 강력하다. 이는 절반보다 더 많은 시간을 절약한다.

점화식에 의한 완전한 FFT

여기까지 읽었다면 다음에 무엇이 나올지 예측할 수 있을 것이다. 우리는 F_N을 $F_{N/2}$으로 줄였다. **이어서 $F_{N/4}$으로 줄여보자.** 똑같은 두 개의 F_{512}는 네 개의 같은 F_{256}을 만들며 256은 128을 만든다. 이것이 점화식이다. 이는 많은 빠른 알고리즘의 기본 원리이다. 다음은 $F = F_{256}$과 $D = \text{diag}(1, w_{512}, \cdots, (w_{512})^{255})$을 통한 두 번째 단계이다.

$$
\begin{bmatrix} F_{512} & 0 \\ 0 & F_{512} \end{bmatrix} = \begin{bmatrix} I & D & & \\ I & -D & & \\ & & I & D \\ & & I & -D \end{bmatrix} \begin{bmatrix} F & & & \\ & F & & \\ & & F & \\ & & & F \end{bmatrix} \begin{bmatrix} 0,4,\ 8,\cdots \text{ 중 선택} \\ 2,6,10,\cdots \text{ 중 선택} \\ 1,5,\ 9,\cdots \text{ 중 선택} \\ 3,7,11,\cdots \text{ 중 선택} \end{bmatrix}
$$

FFT가 개발되기 전에는 $N^2 = (1024)^2$번의 계산을 수행해야 했다. 이는 대략 백만 개의 곱셈이다. 현대의 컴퓨터를 사용하면 그렇게 많은 연산의 수는 아니지만 해야 할 변환이 많을 때 계산 비용은 더 커진다(이것이 전형적이다). 그러면 FFT에 의해 단축되는 작업도 많아진다.

크기 $N=2^L$에 대한 최종 계산의 수는 N^2에서 $\frac{1}{2}NL$로 줄어든다.

$\frac{1}{2}NL$로 줄어드는 이유는 다음과 같다. $N=2^L$에서 $N=1$로 내려갈 때, L개의 레벨이 있다. 각 레벨은 대각 행렬 D로부터 $\frac{1}{2}N$개의 곱셈을 가지고 이 곱셈들은 절반 크기의 출력물을 다시 합친다. 이는 최종 계산의 개수 $\frac{1}{2}NL$을 주고, 이는 $\frac{1}{2}N\log_2 N$과 같다.

정확히 같은 아이디어는 고속 역변환을 준다. 행렬 F_N^{-1}은 켤레 $\overline{w}$의 거듭제곱을 포함한다. 단지 대각 행렬 D와 식 (13)에서 $\overline{w}$를 w로 바꿀 뿐이다. 가장 빠른 FFT는 각 컴퓨터의 캐시 용량과 프로세서에 따라 속도가 달라진다. 자동으로 이를 조정하는 소프트웨어를 무료로 사용할 수 있는 웹사이트 fftw.org를 소개한다. 이 웹사이트는 '빠른 푸리에 변환'을 할 수 있는 프로그램을 제공한다.

8.2 요약

1. 푸리에 행렬 F에 계수 c를 곱하는 것은 급수 $f_j=\sum w^{jk}c_k$를 더한다.
2. 역행렬 $F^{-1}=\overline{F}/N$는 계수 $c_k=\sum \overline{w}^{jk}f_j/N$를 계산한다.
3. FFT는 이 합들을 절반으로 나누고(w^2의 거듭제곱을 갖는 $\frac{N}{2}$의 항들), 다시 합친다.
4. 점화식에 의해 FFT는 대각 행렬과 함께 $\log_2 N$을 갖는다($N\log_2 N$ 연산).
5. $w=e^{2\pi i/N}$과 $w^N=1$일 때, 열 $\boldsymbol{e_k}=(1,w^k,w^{2k},\cdots)$들은 서로 수직이다.

8.2 연습문제

01 식 (11)에서 세 개의 행렬을 곱하고 F와 비교하라. 여러분은 여섯 개의 성분 중 어떤 성분에서 $i^2=-1$임을 알아야 하는가? 이는 $(w_4)^2=w_2$이다. $M=N/2$일 때, 왜 $(w_N)^M=-1$인가?

02 i가 0에서 $N-1$까지 변할 때, $\overline{F}$의 i번째 행이 F의 $(N-i)$번째 행과 같은 이유는 무엇인가?

03 [연습문제 02]로부터 $F=P\overline{F}$인 4×4 순열 행렬 P를 찾아라. $P^2=I$이고, 따라서 $P=P^{-1}$임을 확인하라.

그리고 $\overline{F}F=4I$로부터 $F^2=4P$임을 보여라.

$F^4=16P^2=16I$임은 놀랍다. 즉, 임의의 c의 4번의 변환은 다시 $16c$가 된다. 모든 N에 대해서 F^2/N은 순열 행렬 P이고 $\boldsymbol{F^4=N^2I}$이다.

04 식 (11)에서 세 개의 행렬의 역행렬을 구해서 F^{-1}의 빠른 분해를 찾아라.

05 F는 대칭 행렬이다. 식 (11)을 전치시켜서 새로운 고속 푸리에 변환을 찾아라.

06 F_6의 분해에서 모든 성분은 w(=1의 여섯 제곱근)의 거듭제곱과 관련이 있다.

$$F_6=\begin{bmatrix} I & D \\ I & -D \end{bmatrix}\begin{bmatrix} F_3 & \\ & F_3 \end{bmatrix}\begin{bmatrix} & P & \end{bmatrix}$$

이 분해에서 각각의 인자들을 D에서의 $1,\ w,\ w^2$과 F_3에서의 w^2의 거듭제곱을 통해 써라. 그리고 곱하라!

07 FFT의 세 단계에 벡터 $\boldsymbol{c}=(1,0,1,0)$을 넣어서 $\boldsymbol{y}=F\boldsymbol{c}$를 찾아라. $\boldsymbol{c}=(0,1,0,1)$에 대해서도 동일한 작업을 하라.

08 $\boldsymbol{c}=(1,0,1,0,1,0,1,0)$에 대해서 FFT의 세 단계를 통해 $\boldsymbol{y}=F_8\boldsymbol{c}$를 계산하라. $\boldsymbol{c}=(0,1,0,1,0,1,0,1)$에 대한 계산을 반복하라.

09 $w=e^{2\pi i/64}$일 때, w^2과 $\sqrt{w}$는 1의 _____ 제곱근과 _____ 제곱근 사이에 있다.

10 F는 대칭 행렬이며 이 행렬의 고윳값은 실수가 아니다. 어떻게 이런 일이 가능한가?

11~15 응용수학에서 3개의 거대한 대칭 삼중대각 행렬은 $K,\ B,\ C$이다. $K,\ B,\ C$의 고유벡터들은 이산 사인, 코사인, 지수함수이다. 고유벡터 행렬들은 DST, DCT, DFT이다(신호 처리를 위한 이산 변환들). 순환 행렬 C의 대각성분들 중 가장 먼 구석 주위에서 순환하는 (굵은 글씨의) -1에 주목하라.

$$\boldsymbol{K}=\begin{bmatrix} 2 & -1 & & \\ -1 & 2 & -1 & \\ & \cdot & \cdot & \cdot \\ & & -1 & 2 \end{bmatrix}\quad \boldsymbol{B}=\begin{bmatrix} 1 & -1 & & \\ -1 & 2 & -1 & \\ & \cdot & \cdot & \cdot \\ & & -1 & 1 \end{bmatrix}$$

$$\boldsymbol{C}=\begin{bmatrix} 2 & -1 & \cdot & \boldsymbol{-1} \\ -1 & 2 & -1 & \\ & \cdot & \cdot & \cdot \\ \boldsymbol{-1} & \cdot & -1 & 2 \end{bmatrix}\qquad \begin{aligned} K_{11}&=K_{NN}=\boldsymbol{2} \\ B_{11}&=B_{NN}=\boldsymbol{1} \\ C_{1N}&=C_{N1}=\boldsymbol{-1} \end{aligned}$$

11 K_N과 B_N의 고유벡터들은 이산 사인 $\boldsymbol{s}_1,\ \cdots,\ \boldsymbol{s}_N$과 이산 코사인 $\boldsymbol{c}_0,\ \cdots,\ \boldsymbol{c}_N$이다. 고유벡터 $\boldsymbol{c}_0=(1,1,\cdots,1)$에 주목하라. 아래에는 $\boldsymbol{s}_k$와 $\boldsymbol{c}_k$들이 있다(이 벡터들은 0에서 π까지의 $\sin kx$와 $\cos kx$의 샘플이다).

$$\left(\sin\frac{\pi k}{N+1},\sin\frac{2\pi k}{N+1},\cdots,\sin\frac{N\pi k}{N+1}\right)\text{와}$$

$$\left(\cos\frac{\pi k}{2N},\cos\frac{3\pi k}{2N},\cdots,\cos\frac{(2N-1)\pi k}{2N}\right)$$

2×2 행렬 K_2와 B_2에 대해 $\boldsymbol{s}_1,\ \boldsymbol{s}_2$와 $\boldsymbol{c}_0,\ \boldsymbol{c}_1$은 이 행렬들의 고유벡터임을 확인하라.

12 C_3은 고윳값 $\lambda=0,\ 3,\ 3$과 이에 상응하는 고유벡터 $\boldsymbol{e}_0=(1,1,1),\ \boldsymbol{e}_1=(1,w,w^2),\ \boldsymbol{e}_2=(1,w^2,w^4)$을 가짐을 보여라. 여러분은 실수 고유벡터 $(1,1,1)$, $(1,0,-1)$, $(1,-2,1)$을 선호할지도 모른다.

13 C_N의 고윳값 λ_k와 고유벡터 $\boldsymbol{e}_k$를 확인하기 위해 C_N과 $\boldsymbol{e}_k$를 곱하라. $\lambda_k=2-2\cos(2\pi k/N)$로 간단히 하라. 왜 C_N이 준정부호 행렬밖에 안 되는지를 설명하라. 이 행렬은 양의 정부호 행렬이 아니다.

$$C\boldsymbol{e}_k=\begin{bmatrix} 2 & -1 & & -1 \\ -1 & 2 & -1 & \\ & -1 & 2 & -1 \\ -1 & & -1 & 2 \end{bmatrix}\begin{bmatrix} 1 \\ w^k \\ w^{2k} \\ w^{(N-1)k} \end{bmatrix}$$

$$=(2-w^k-w^{-k})\begin{bmatrix} 1 \\ w^k \\ w^{2k} \\ w^{(N-1)k} \end{bmatrix}$$

14 C의 고유벡터 $\boldsymbol{e}_k$들은 자동적으로 서로 수직인데, 이는 C가 _____ 행렬이기 때문이다. 진실을 말하면 C는 [연습문제 12]에서의 중복된 고윳값을 갖는다. $\lambda=3$에 대한 고유벡터의 평면이 존재하고, 우리는 이 평면에 수직인 직교 벡터 $\boldsymbol{e}_1$과 $\boldsymbol{e}_2$를 선택했다.

15 K_2의 2개의 고윳값과 B_3의 3개의 고윳값을 써라. K_N과 B_{N+1}은 항상 같은 N개의 고윳값을 갖고, B_{N+1}은 여분의 고윳값 _____을 갖는다(이는 $K=A^{\mathrm{T}}A$, $B=AA^{\mathrm{T}}$이기 때문이다).

8.3 열 방정식

이 책의 첫 번째 편미분방정식은 $u_{xx}+u_{yy}=0$(라플라스 방정식)이었다. 이 방정식은 정상상태를 묘사한다(시간과 관련이 없다). 즉, 증가 또는 진동 또는 감쇠는 없다. 이 문제는 $u(x,y)$의 경계조건은 포함하지만 초기조건은 포함하지 않는다. 이는 행렬방정식 $A\boldsymbol{u}=\boldsymbol{b}$와 비슷하다($\boldsymbol{b}$는 경계조건에서 구할 수 있다). 이제 우리는 열 방정식heat equation $\boldsymbol{u_t}=\boldsymbol{u_{xx}}$를 살펴보고자 한다. 이는 시간과 매우 많이 관련되어 있다. 시간 t에서 막대 표면의 온도를 u로 생각하자. $t=0$에서의 각 위치 x에 대해 초기 온도 $u(x,0)$이 주어지면 열은 (높은 온도의 위치에서 낮은 위치의 근방으로) 이동하기 시작한다. 이는 초기조건 $u(0)$을 갖는 행렬방정식 $\boldsymbol{u}'=\boldsymbol{Au}$와 비슷하다. Au는 이제 2차 미분 u_{xx}이다. 이때 ODE가 아닌 PDE, 즉 상미분방정식이 아닌 편미분방정식을 갖는데, 온도 u는 x와 t 모두의 함수이기 때문이다.

예제 1 (무한한 막대) 막대가 $x=-\infty$에서 $x=\infty$로 뻗어 있다고 가정하자. 시간 $t=0$일 때, 왼쪽 부분 $x<0$에서 온도는 $u=-1$이고, 오른쪽 부분 $x>0$에서 $u=1$이다. 따라서 열은 오른쪽에서 왼쪽으로 흐를 것이다. 왼쪽 절반을 따르는 온도는 $u=-1$에서 높아질 것이고, 오른쪽 절반은 $u=1$에서 낮아질 것이다. [예제 6]에서 이를 풀어볼 것이다.

예제 2 (유한한 막대) 막대가 $x=0$에서 $x=1$까지 뻗어 있다고 가정하자. 초기조건 $u(0,x)=1$은 시간 $t=0$에서 막대가 이 (일정한) 온도를 따름을 말해준다. 막대 끝의$u(t,0)=0$과 $u(t,1)=0$과 같은 경계조건도 필요하다. 그러면 모든 시간 $t>0$에 대해서 끝부분의 온도는 0인 상태로 남아 있다.

열은 막대의 끝 쪽으로 흘러 나갈 것이다. 냉장고에 있는 양면이 코팅된 막대를 상상해보자. 열은 $x=0$과 $x=1$에서만 빠져나간다. 우리는 열 방정식을 풀어서 모든 위치 $0<x<1$과 모든 시간 $t>0$에서의 온도를 찾는다.

열 방정식 $\quad u(0,x)=1$이고 $u(t,0)=u(t,1)=0$인 $\dfrac{\partial u}{\partial t}=\dfrac{\partial^2 u}{\partial x^2} \quad (1)$

좋은 형태의 근은 푸리에 급수이다. 사인 급수를 선택하는 것이 자연스러운데, 이는 모든 기저 함수 $\sin k\pi x$가 $x=0$과 $x=1$에서 0이기 때문이다(막대의 끝에서 온도가 0이라는 점은 정확히 경계조건이 필요하다).

우리는 초깃값 $u(0,x)$와 미분방정식 $u_t=u_{xx}$를 통해 푸리에 사인 급수에서의 계수 $b_1(t)$, $b_2(t)$, $\cdots$를 찾아야 한다. 열은 빠져나가고 $b_k(t)\to 0$이다.

풀이 계획

식 $u_t = u_{xx}$는 $du/dt = Au$와 다르게 생겼지만, 사실 그렇지 않다. 근은 여전히 고유벡터들을 합친다. ODE에 대한 조각들은 $ce^{\lambda t}\boldsymbol{x}$이고, PDE에 대한 조각들은 $be^{\lambda t}\sin k\pi x$이었다.

1. A의 고유벡터는 2차 미분의 고유함수로 바뀐다. 즉, $(\sin k\pi x)'' = -k^2\pi^2 \sin k\pi x$이다.
2. $\boldsymbol{u}(0) = c_1\boldsymbol{x}_1 + c_2\boldsymbol{x}_2 + \cdots$는 (무수히 많은 b들과 함께) $u(0,x) = b_1 \sin \pi x + b_2 \sin 2\pi x + \cdots$이다.
3. 근 (7)은 $b_k e^{\lambda_k t}\sin k\pi x$를 더한다. 이는 무한한 푸리에 급수이다.

무한함은 문제를 어렵게 만들 수 있지만 $\sin k\pi x$는 서로 수직이므로 문제를 해결할 수 있다.

푸리에 급수에 의한 풀이

모든 것은 근 $u(t,x)$에 대한 올바른 형태를 선택함으로써 얻을 수 있으며, 이는 다음과 같다.

$$\textbf{사인 급수} \qquad u(t,x) = b_1(t)\sin \pi x + b_2(t)\sin 2\pi x + \cdots = \sum_{k=1}^{\infty} \boldsymbol{b_k(t)\sin k\pi x} \tag{2}$$

이 형태는 **변수분리**를 보여준다. t에 의존하는 함수 $b_k(t)$에 x에 의존하는 함수 $\boldsymbol{\sin k\pi x}$를 곱한다. 이 곱 $b_k(t)\sin k\pi x$를 열 방정식에 대입할 때, 우리는 계수 b_k 각각에 대한 미분방정식을 얻는다.

$$\frac{\partial}{\partial t}(b_k \sin k\pi x) = \frac{\partial^2}{\partial x^2}(b_k \sin k\pi x)\text{는 } \frac{\partial b_k}{\partial t}\sin k\pi x = -k^2\pi^2 b_k \sin k\pi x\text{가 된다.} \tag{3}$$

그러면 $\boldsymbol{b_k' = -k^2\pi^2 b_k}$이다. 이 식을 푸는 것을 통해 $b_k(0)$으로부터 모든 $b_k(t)$를 구할 수 있다.

$$\textbf{감쇠는 } e^{\lambda t}\textbf{에서 얻어진다.} \qquad \boldsymbol{b_k(t) = e^{-k^2\pi^2 t} b_k(0)} \tag{4}$$

첫 번째 단계 : 시작 값 $b_k(0)$은 초기조건 $u(0,x) = 1$에 의해 결정된다.

$$\boldsymbol{t = 0}\textbf{에서} \qquad 0 < x < 1\text{에 대해서 } u(0,x) = \sum_{k=1}^{\infty} b_k(0)\sin k\pi x = 1 \tag{5}$$

다음은 푸리에 급수에 대한 일반적인 질문이다. 사각파 $SW(x)$의 계수들은 무엇인가? 사인은 $\sin(-x) = -\sin x$인 기함수이다. 식 (5)의 급수는 -1과 0 사이의 x에 대해서는 -1이어야 한다. 따라서 사각파는 -1에서 1로 점프하며 다음과 같이 구간의 절반에서는 음수이고 다른 절반에서는 양수이다.

$$SW(x) = \begin{Bmatrix} -1, & -1 < x < 0 \\ 1, & 0 < x < 1 \end{Bmatrix} = \frac{4}{\pi}\left(\frac{\sin \pi x}{1} + \frac{\sin 3\pi x}{3} + \cdots\right) \tag{6}$$

짝수 번째 계수 b_2, b_4, $\cdots$는 0이고, 홀수 번째 계수는 $b_k = 4/\pi k$이다. 이 b들은 푸리에 급수의 첫 번째 예로써 8.1절에서 계산했다. 이제 이 수들은 $t=0$에서의 계수 $b_k(0)$이 된다. 그러면 식 $b_k{}' = -k^2\pi^2 b_k$는 모든 미래의 시간 $t>0$에서의 계수 $\boldsymbol{e^{-k^2\pi^2 t}b_k(0)}$이 된다.

$$\textbf{근} \qquad u(t,x) = \sum_{k=1}^{\infty} e^{-k^2\pi^2 t} b_k(0) \sin k\pi x = \frac{4}{\pi}\left(\boldsymbol{e^{-\pi^2 t}\sin \pi x + \cdots}\right) \tag{7}$$

이로써 열 방정식의 풀이가 완성된다. 열은 빠르게 떨어진다! 이들은 강력한 지수 $e^{-\pi^2 t}$과 $e^{-9\pi^2 t}$이다. $t=1$에서 막대 위에 있으면 극도로 춥게 느껴질 것이다.

NOTE_ 올바른 열 방정식은 **확산 계수** c를 갖는 $\boldsymbol{u_t = cu_{xx}}$이어야 한다. 그렇지 않으면 차원이 잘못 설정된 식이 된다. u_t와 u_{xx}의 균형을 맞추기 위해 c의 단위는 (거리)^2/시간이다. 그러면 c의 값은 공기나 물에서의 값에 비해서 금속일 때 더 크다(열이 쉽게 확산된다). 인자 c는 고윳값 $-ck^2\pi^2$에서 쓰인다.

열 방정식은 **확산 방정식**diffusion equation이기도 하다. 굴뚝은 거의 점 소스이다(델타 함수). 연기는 퍼진다(공기 중으로 확산된다). 이는 두 개의 공간 차원 x, y 또는 심지어 x, y, z와 관련이 있을 것이며 PDE는 $\boldsymbol{u_t = c(u_{xx} + u_{yy})}$가 될 것이다.

이제 요약해보자. 우리는 x에 대한 경곗값 문제와 t에 대한 초깃값 문제를 살펴보자.

1. 기저 함수 $S_k = \sin k\pi x$는 **$\boldsymbol{x}$에 의존한다**. 그들은 $u_{xx} = \lambda u$를 만족한다.

2. 계수 b_k는 **$\boldsymbol{t}$에 의존한다**. 그들은 $u(0)$으로부터 구할 수 있는 $b(0)$를 통해 $b' = \lambda b$를 푼다.

기저 함수 $S_k(x)$는 경계조건을 만족한다. 그들의 계수 $b_k(t)$는 초기조건을 만족한다.

$$\boldsymbol{t=0}\textbf{에서의 분리} \qquad u(0,x) = \sum b_k(0) S_k(x) \tag{8}$$

$u(t,x)$에 대한 PDE는 각각의 계수 $b_k(t)$에 대한 ODE를 준다. 세 가지 막대에 대한 예제를 살펴보자.

예제 3 **(절연된 막대)** 막대의 끝에서 열이 빠져나가지 않으며 경계조건은 끝에서 $\partial u/\partial x = 0$으로 바뀐다. 기저 함수는 코사인으로 바뀌므로 급수 (8)은 푸리에 코사인 급수가 된다.

초기조건	$u(0,x) = \sum a_k(0) \cos k\pi x$
a_k에 대한 식	$k = 0, 1, 2, \cdots$에 대해서 $da_k/dt = -k^2\pi^2 a_k$

$k=0$이 포함되었음에 주목하자. 첫 번째 기저 함수는 $\cos 0\pi x = 1$이고, 이 함수의 계수는 $da_0/dt=0$에 의해 조정된다. 따라서 $k=0$은 근 $u(t,x)$에 대한 상수 a_0에 기여한다. 막대를 따라서 모든 곳에서 온도는 이 상수에 근접하는데, 이는 a_1, a_2, a_3, $\cdots$ 모두가 기하급수적으로 작아지기 때문이다. ❯

예제 4 **(원형의 막대)** 이제 사인과 코사인 모두 포함되었다. 기저 함수는 복소 지수 e^{ikx}일 수도 있다. 다시 한 번 u는 일정한 정상상태 c_0으로 간다.

$$u(t,x)=\sum_{-\infty}^{\infty}c_k(t)e^{ik\pi x} \text{과 } \frac{dc_k}{dt}=-k^2\pi^2c_k \tag{9}$$

u의 조각들에 대한 분리된 형태를 갖는다면 문제는 거의 풀린 것이다. ❯

예제 5 **(무한한 막대)** 이 문제는 새롭고 중요한 결과를 도출한다. 바로 경계가 없다는 것이며 모든 지수함수 e^{ikx}(k는 복소수일 수도 있다)이 필요하다. $-\infty<k<\infty$에 대한 근을 합침으로써 우리는 델타 함수 $\delta(x)$에서 시작하는 열 방정식을 풀 수 있다. 이 **열 커널**heat kernel은 화학 공학에서 핵심이다. 전적으로 기대하지 않았던 발전을 통해 이는 금융 수학에서도 핵심적인 역할을 한다. 주식 옵션의 가격은 블랙–숄즈 편미분방정식에 의해서 모델링된다.

각각의 구분된 e^{ikx}을 풀기 위해 올바른 승수 $e^{i\omega t}$을 찾아보자.

$$\boldsymbol{u=e^{i\omega t}e^{ikt}} \textbf{은 } \boldsymbol{i\omega=(ik)^2} \textbf{일 때 } \boldsymbol{u_t=u_{xx}} \textbf{를 푼다.} \tag{10}$$

그러면 $i\omega t=(ik)^2t=-k^2t$이고, 근 $u(t,x)$는 이 조각들과 함께 분리된 형태를 갖는다.

$$\boldsymbol{u(t,x)=e^{-k^2t}e^{ikx}} \textbf{은 열 방정식을 푼다.} \text{ 이 근은 } u(0,x)=e^{ikx} \text{에서 시작한다.} \tag{11}$$ ❯

열 커널

델타 함수 $\delta(x)$는 같은 양의 모든 지수함수 e^{ikx}을 포함한다.[1] 중첩에 의해서 $\delta(x)$에서 시작한 열 방정식에 대한 근 U는 같은 양의 근 $e^{-k^2t}e^{ikx}$들을 포함한다. 모든 k에 대해서 $e^{-k^2t}e^{ikx}$을 적분해서 열 커널 U를 찾는다.

$$\boldsymbol{U(0,x)=\delta(x)} \text{일 때, 근은 } U(t,x)=\frac{1}{2\pi}\int_{-\infty}^{\infty}e^{-k^2t}e^{ikx}dk \text{이다.} \tag{12}$$

1 (옮긴이) 델타 함수 $\delta(x)$에 대해 잘 알려진 사실은 $2\pi\delta(x)=\int_{-\infty}^{\infty}e^{ikx}dx\ \ (x\neq 0)$이다. 따라서, 델타 함수를 '같은 양'의 e^{ikx}이 적분된(포함된) 함수로 볼 수 있다.

이 적분을 계산할 수 있지만, 예측하기는 어렵다. e^{-k^2t} 또는 이 함수에 가까운 것을 도함수로 갖는 k에 대한 간단한 함수는 없다. 깔끔한 방법은 $\partial U/\partial x$에서 시작하는 것이다. e^{ikx}의 미분은 추가 인자 ik를 준다. 그러면 부분적분은 dU/dx를 U에 연결한다.

$$\frac{\boldsymbol{dU}}{\boldsymbol{dx}}=\frac{1}{2\pi}\int_{-\infty}^{\infty}(e^{-k^2t}\boldsymbol{k})(\boldsymbol{i}e^{ikx})dk=\frac{1}{4\pi t}\int_{-\infty}^{\infty}(e^{-k^2t})(xe^{ikx})dk=-\frac{\boldsymbol{xU}}{\boldsymbol{2t}} \tag{13}$$

이제 dU/U는 $-xdx/2t$와 같다. 적분은 $-x^2/4t$을 주고 따라서 $U=ce^{-x^2/4t}$이다.

전체 열 $\int udx$는 $\int\delta(x)dx=1$에서 시작한다. 1에서 머무르기 위해 우리는 $c=1/\sqrt{4\pi t}$을 선택하고, 그러면 우리는 점 소스에 대한 '기본적인 근'을 얻는다.

열 커널 $\quad \boldsymbol{U(0,x)=\delta(x)}$**인** $\boldsymbol{U_t=U_{xx}} \qquad \boldsymbol{U=\frac{1}{\sqrt{4\pi t}}e^{-x^2/4t}}$ (14)

예제 6 무한한 막대에서, 열 커널 (14)는 $t=0$일 때 $\delta(x)$에서 시작한 $u_t=u_{xx}$를 만족한다. 이제 음수 x에 대해서는 $u=-1$에서 시작하고, 양수 x에 대해서는 $u=1$에서 시작하는 [예제 1]을 만족한다. 그런 다음 임의의 초기 함수 $u(0,x)$에 대해서 만족한다.

아래에 [예제 1]에 대한 핵심 아이디어가 있다. $x=0$일 때, -1에서 1로의 점프에서의 미분은 $du/dx=\boldsymbol{2\delta(x)}$이다. $2\delta(x)$에서 시작한 근은 $du/dx=2U$를 만족하는데, 이는 식 (14)에서 $\sqrt{4}$를 소거한다. 그러고 나서 $2U$를 적분해서 미분을 원래 상태로 돌리고 u에 대한 [예제 1]을 푼다.

$$\begin{array}{c}\boldsymbol{u=\text{오차함수}}\\ \boldsymbol{2U\text{의 적분}}\end{array}\qquad u(t,x)=\frac{1}{\sqrt{\pi t}}\int_0^x e^{-X^2/4t}dX \tag{15}$$

$x>0$에 대해서 이 근은 양수이고, $x<0$에 대해서 이는 음수이다(식 (15)의 적분은 뒤로 간다). 대칭에서 예측했듯이 $x=0$에서 근은 0에서 머무른다. 여기서는 오차함수라는 단어를 사용했는데, 높은 정확도로 이 중요한 적분을 계산할 수 있고, 그 결과를 표로 구성할 수 있기 때문이다(e^{-x^2}을 도함수로 갖는 간단한 함수는 없다). 우리는 적분 변수를 X에서 $Y=X/\sqrt{4t}$로 바꿔서 표준 오차함수를 확인한다.

$$u=\frac{1}{\sqrt{\pi t}}\int_0^{\pi}e^{-X^2/4t}dX=\frac{2}{\sqrt{\pi}}\int_0^{x/\sqrt{4t}}e^{-Y^2}dY=\mathbf{erf}\left(\frac{x}{\sqrt{4t}}\right) \tag{16}$$

이 적분은 정규 분포의 누적된 확률이다(이는 종 모양의 곡선 아래의 넓이다). 통계학자들은 모든 시간에서의 적분 $\mathrm{erf}(x)$를 필요로 한다. 이때 $x=\infty$에서 (전체 확률) = (곡선 아래의 전체 넓이) = 1을 만족한다.

우리는 마침내 임의의 시작 함수 $u(0,x)$로부터 $u_t=u_{xx}$를 풀 수 있다. 핵심은 x의 모든 함수는 **이동된**

델타 함수 $\delta(x-a)$의 적분이라는 것을 깨닫는 것이다.

$$\text{모든 함수 } u_0(x)\text{는 } \int_{-\infty}^{\infty} u_0(a)\delta(x-a)da = u_0(x)\text{를 갖는다.} \tag{17}$$

중첩에 의해, $u_t = u_{xx}$에 대한 근은 이동된 열 커널의 적분이어야 한다.

$$\textbf{시간 } t\textbf{에서의 온도} \qquad u(t,x) = \frac{1}{\sqrt{4\pi t}} \int_{-\infty}^{\infty} u_0(a) e^{-(x-a)^2/4t} da \tag{18}$$

여기서는 점 소스가 a만큼 이동해서 $\delta(x-a)$가 되었을 때, 근도 역시 a만큼 움직인다는 핵심 사실을 사용했다. 따라서 x에서 $x-a$로의 변화에 의해 열 커널 U를 이동시켰다. 전체 수직선 $-\infty < x < \infty$에서의 열 방정식은 **선형 이동-불변**[linear shift-invariant]이다.

근 (18)은 하나의 무한 적분으로 줄어든다(여전히 간단하지 않다). 그리고 더 현실적인 $x=0$과 $x=1$에서 경계조건을 갖는 유한한 막대에 대해서, 우리는 다시 생각해야 한다. $u_t = (cu_x)_x$의 확산 계수 c가 x 또는 t 또는 u와 함께 변할 때도 역시 변화가 있을 것이며 이 생각은 아마도 우리를 유한 차분으로 이끌 것이다.

변수분리

기저 함수 $\sin k\pi x$는 고유함수이다. 이는 $\cos k\pi x$와 $e^{ik\pi x}$에서도 사실이다. $u = B(t)A(x)$를 식 $u_t = u_{xx}$에 대입함으로써 위 사실을 보이고자 한다. **u_t는** 즉시 **B'을 주고, u_{xx}는 A''을 준다.** 분리된 변수들은 $u_t = u_{xx}$에 의해 연결되어 있다.

$$B'(t)A(x) = B(t)A''(x)\text{는 } \frac{A''(x)}{A(x)} = \frac{B'(t)}{B(t)} = \textbf{(상수)}\text{가 된다.} \tag{19}$$

왜 상수인가? A''/A은 x에만 의존하고, B'/B은 t에만 의존하기 때문이다. 그들은 같고, 따라서 둘 중 어느 것도 움직일 수 없다. 이 상수를 $-\lambda$라고 부르자.

$$\frac{A''}{A} = -\lambda\text{는 } A = \sin\sqrt{\lambda}\,x\text{와 } \cos\sqrt{\lambda}\,x\text{를 준다.} \qquad \frac{B'}{B} = -\lambda\text{는 } B = e^{-\lambda t}\text{을 준다.} \tag{20}$$

곱 $BA = e^{-\lambda t}\sin\sqrt{\lambda}\,x$와 $BA = e^{-\lambda t}\cos\sqrt{\lambda}\,x$는 임의의 수 λ에 대해서 열 방정식을 만족한다. 하지만 경계조건 $u(t,0)=0$은 코사인을 제거하고, 그러면 $x=1$에서 $u=0$은 $\sin\sqrt{\lambda}=0$과 $\lambda = k^2\pi^2$을 필요로 한다. 따라서 변수분리는 $A'' = -\lambda A$에 대한 고유함수로써의 올바른 기저 함수 $\sin k\pi x$를 회복한다.

예제 7 **(굴뚝 문제)** 우리는 $(2+1)$차원의 열 방정식은 고려하지 않고 있다. $\boldsymbol{u_t = u_{xx} + u_{yy}}$에 대한 근은 세 변수 t, x, y와 관련이 있다. 중심점 $x=y=0$에 굴뚝이 있고, 바람은 없다고 가정하자. 그러면 각도 θ 방향에 의존하는 것은 없으며 연기는 중심으로부터 멀리 확산될 것이다. 농축은 오직 반지름 r에만 의존하고, 우리는 방사상으로 대칭인 열 방정식을 푼다. 이때 최종 근은 $u(t,r)$이다.

열 방정식은 $u_t = u_{rr}$과는 꽤 다른데, 이는 $r=$(상수)가 곡선이기 때문이다(원). 올바른 방사형 방정식은 변수분리 $u = \boldsymbol{B(t)A(r)}$에 대해 완벽하다.

$$\frac{\partial u}{\partial t} = \frac{\partial^2 u}{\partial r^2} + \frac{1}{r}\frac{\partial u}{\partial r} \text{는 } B'(t)A(r) = B(t)\left(A'' + \frac{1}{r}A'\right) \text{이 된다.} \tag{21}$$

이전과 같이 다시 $B'/B=$상수$=-\lambda$이고, $B=e^{-\lambda t}$이다. 하지만 $A''/A = -\lambda$ 대신에 우리는 **방사상의 고유함수 $\boldsymbol{A(r)}$에 대한 베셀의 방정식**을 얻는다.

기저 함수 $\boldsymbol{A(r)}$ $$\frac{d^2 A}{dr^2} + \frac{1}{r}\frac{dA}{dr} = -\lambda A \text{는 변수인 계수 } \frac{1}{r} \text{을 갖는다.} \tag{22}$$

수백 년 동안 연구되었던 특별한 함수들 중 하나가 근이다. 이 근들은 복소 지수함수가 아닌데, 이는 계수 $1/r$이 상수가 아니기 때문이다. 베셀은 푸리에를 대체한다. 이 책에서 베셀의 방정식을 푸는 모든 방법을 다룰 수는 없지만, 6.5절을 참고하자. 대칭을 동반한 열 방정식을 통해 베셀에 새로운 고유함수를 구할 수 있다.

8.3 요약

1. 열 방정식 $u_t = u_{xx}$는 모든 $k=1, 2, \cdots$에 대해서 $e^{-k^2\pi^2 t}\sin k\pi x$에 의해 풀린다.

2. 이 근들의 결합은 초기조건 $u(0,x)$를 이 함수의 푸리에 사인 급수에 일치시킨다.

3. $x=0$과 1일 때의 $u_x = 0$에 대해서 코사인을 사용하라. 무한한 막대일 때, 모든 $e^{-k^2 t}e^{ikx}$을 사용하라.

4. 열 커널 $U = e^{-x^2/4t}/\sqrt{4\pi t}$은 $U_0 = \delta(x)$에서 시작한 $U_t = U_{xx}$를 푼다.

5. $B(t)A(x)$와 같은 분리는 $A(x)$가 'x 부분' u_{xx}의 고유함수임을 보여준다.

8.3 연습문제

01 $t=0$에서 $u=e^{ikx}$에서 시작하고, 무한한 막대에서 계수 c를 갖는 열 방정식 $u_t = cu_{xx}$를 풀어라. 식 (10)에서와 같이 곱셈 형태의 근 $u=e^{i\omega t}e^{ikt}$을 갖는다. 식에서의 c를 사용하여 각각의 k에 대한 ω를 찾아라.

02 $t=0$일 때, 점 소스 $u=\delta(x)=\int e^{ikx}dk/2\pi$에서 시작하는 같은 방정식 $u_t = cu_{xx}$를 풀어라. 중첩을 통해, [연습문제 01]의 근 u를 모든 k에 대해서 적분할 수 있다. 결과는 식 (14)에서의 열 커널이지만 c는 조정되었다.

03 $x=0$과 $x=1$ 사이의 막대에 대해서 $u_t = cu_{xx}$를 풀 때, 기저 함수는 (양 끝에서 $u=0$일 때) 여전히 $\sin k\pi x$이다. 근 $\sum b_k(0)e^{-\lambda_k t}\sin k\pi x$에 포함되는 고윳값 λ_k는 무엇인가?

04 [연습문제 03]에 따라서, $\frac{1}{4} \le x \le \frac{3}{4}$(그리고 막대의 앞쪽 $1/4$과 뒤쪽 $1/4$에 대해서 $u_0=0$)에 대해서 초기 온도가 $u_0=1$일 때 $u_t = cu_{xx}$를 풀어라. 이 문제는 이 초기 온도에 대해서 계수 $b_k(0)$을 찾는 것이다.

05 자유 경계조건 $u'(\pi, t)=u'(-\pi, t)=0$을 갖는 점 소스 $u(x, 0)=\delta(x)$로부터 열 방정식 $u_t = u_{xx}$를 풀어라. 시간 감쇠 요소 $b_k(t)$가 곱해진 무한한 코사인 급수 $\delta(x)=(1+2\cos x+2\cos 2x+\cdots)/2\pi$를 사용하라.

06 ($x=0$에서 $x=\infty$까지의 막대) 점 $x=a>0$로 중심이 평행이동된 델타 함수 $u_0=\delta(x-a)$에서 소스가 시작되는 무한한 막대의 양수부분 절반에 대해 $u_t = u_{xx}$를 풀어라. 아래에 전체 막대의 열 커널 U를 사용하는 방법이 있고, 여기서 여전히 $x=0$일 때 $u=0$이 유지된다.

$x=-a$에서의 음수인 점 소스를 상상하라. $t=0$에서 $u_0=\delta(x-a)-\delta(x+a)$의 양쪽 소스를 모두 포함하는 완전히 무한한 막대에서의 열 방정식을 풀어라. 여러분이 구한 근(열 커널의 차이)은 경계 $x=0$에서 0으로 유지될 것이다(이유는 무엇인가?). 그러면 이 근은 막대의 절반에서 올바른 근이어야 하는데, 이는 올바르게 시작했기 때문이다.

07 기저 함수 $s_k=\sin\left(k+\frac{1}{2}\right)\pi x$는 $0 \le x \le 1$에서 서로 직교함을 확인하라. 푸리에 급수 $F(x)=\sum B_k s_k$에서 계수 B_4에 대한 식을 찾아라($s_4(x)$를 곱한 다음 적분해서 B_4에 관해 정리하라).

08 기저 함수 $\sin\left(k+\frac{1}{2}\right)\pi x$는 **고정-자유 경계** fixed-free boundary($x=0$에서 $u=0$이고, $x=1$에서 $u'=0$이다)에 대한 함수이다. **자유-고정 경계** free-fixed boundary ($x=0$에서 $u'=0$이고, $x=1$에서 $u=0$이다)에 대한 기저 함수들은 무엇인가?

09 $x=0$, 1일 때의 경계조건 $u=0$과 함께 $\boldsymbol{u_t = u_{xx} - u}$를 가정하자. 일반 해 $u=\sum b_k(0)e^{-\lambda_k t}\sin k\pi x$에서 새로운 수 λ_k를 찾아라(이전에는 $\lambda_k=-k^2\pi^2$이었고, 지금은 λ에 새로운 항이 있는데, 이는 $-u$ 때문이다).

10 식 (13)에서 각각의 단계를 설명한 다음, $dU/dx = -xU/2t$를 풀어서 $U=e^{-x^2/4t}$에 도달하라. 알려진 무한 적분 $\int e^{-x^2}dx=\sqrt{\pi}$와 $\int u dx = 1$를 통해 인자 $1/\sqrt{4\pi t}$은 어떻게 얻어지는가?

11 (**평행이동 불변**) $t=0$일 때, $\delta(x-a)$에서 시작한 $u_t = u_{xx}$에 대한 근은 무엇인가?

12 네 변 $x=0$, $x=1$, $y=0$, $y=1$을 따라서 $u=0$일 때, 사각형 철판에서의 열 흐름에 대한 기저 함수 $A(x, y)$는 무엇인가? 열 방정식은 $u_t = u_{xx}+u_{yy}$이다. 경계조건을 만족시키는 $A_{xx}+A_{yy}=\lambda A$에 대한 고유함수를 찾아라.

첫 번째 고유함수는 $A_{11}=(\sin\pi x)(\sin\pi y)$이다. 고윳값 λ를 찾아라.

13 $U=e^{-x^2/4t}/\sqrt{4\pi t}$을 대입해서 이 열 커널이 $U_t = U_{xx}$를 푼다는 것을 보여라.

■ 열 욕조에 관한 노트(이는 냉장고에서의 뜨거운 막대와 반대 문제이다)

막대의 초기 온도는 $\boldsymbol{U=0}$이다. 고정된 온도 $U_B=1$인 열 욕조 안에 이 막대를 넣으면 경계조건은 더 이상 0이 아니고 막대는 더 뜨거워질 것이다. 차 $V=U-U_B$는 경곗값이 0이고, 이 차의 초깃값은 $V=-1$이다. 이제 고유함수 방법(변수분리)을 이용해 V를 풀 수 있다. 식 (7)에서의 급수에 $V(x,0)=-1$을 설명하는 -1을 곱한다. U_B를 다시 더하여 열 욕조 문제 $U=U_B+V=1-u(x,t)$를 푼다.

여기서 $U_B\equiv 1$은 $t=\infty$에서 정상상태의 근이고, V는 일시적인 근이다. 일시적인 근은 $V=-1$에서 시작하고, $V=0$으로 빠르게 감소한다.

한쪽 끝에서의 열 욕조 이 문제는 명백히 다른 문제이다. 고정된 디리클레[Dirichlet] 경계조건은 기울기가 정해져있지 않은 노이만[Neumann] 경계조건 $\boldsymbol{u'(1,t)=0}$으로 대체된다. 왼쪽 끝만 열 욕조 안에 있다. 열은 금속 막대 아래쪽으로 전도되어 끝에서 빠져나가므로, 이제는 $x=1$에 위치한다. 근은 고정-자유에 대해서 어떻게 변하는가?

다시 $U_B=1$은 정상상태이다. 경계조건은 $V=1-U_B$에 적용된다.

고정-자유 고유함수 $V(0)=0$과 $V'(1)=0$은 $A(x)=\sin\left(k+\dfrac{1}{2}\right)\pi x$가 된다.

($A'(1)=0$에 의해 조정된) 새로운 고유함수들은 새로운 곱셈 형태 $B_k(t)A_k(x)$가 된다.

$$\textbf{고정-자유 근}\qquad V(x,t)=\sum_{\text{홀수 }k} B_k(0)e^{-\left(k+\frac{1}{2}\right)^2\pi^2 t}\sin\left(k+\frac{1}{2}\right)\pi x$$

모든 진동수는 $\dfrac{1}{2}$만큼 이동되고 π만큼 곱해지는데, 이는 $A''=-\lambda A$는 $x=1$에서 자유로운 끝을 가지기 때문이다. 핵심적인 질문은 다음과 같다. **이 새로운 고유함수 $\sin\left(k+\dfrac{1}{2}\right)\pi x$에 대해서도 여전히 직교성은 성립하는가?** [연습문제 07]에 대한 답은 '그렇다'인데, 이는 $A''=-\lambda A$는 대칭이기 때문이다.

■ 브라운 운동을 따르는 주식 가격에 대한 모델과 확률적 방정식에 관한 노트

확률적[stochastic] 미분방정식의 우변에는 무작위 항이 나온다. 부드러운 하중항 $q(t)$ 또는 심지어 델타 함수 $\delta(x)$ 대신에, 주식 가격에 대한 모델은 브라운 운동 dW를 포함한다. 이 아이디어는 어렵지만 중요하므로 살펴보도록 하자. 무작위 스텝은 $dW=Z\sqrt{dt}$를 가지고, 여기서 Z는 평균이 0이고 분산이 $\sigma^2=1$인 정규 가우시안 분포를 가진다. 하지만 새로운 Z는 매순간 무작위로 선택된다.

단계 크기 $\sqrt{\Delta t}$는 거친 진동을 갖는 무작위 걸음random walk $W(t)$를 만든다. 여러분은 $W(t+\Delta t)=W(t)+Z\sqrt{\Delta t}$로부터 이산 무작위 걸음을 확인할 수 있고, Δt를 0에 가까이 보낸다. 실제 무작위 걸음은 어디에서도 연속이 아니다.

투자에서 꾸준한 수익 $S(t)$는 $S'=aS$이다. 성장률은 $S(t)=e^{at}S(0)$이고 이는 1장에서 언급한 내용과 같다. 하지만 주식의 가격은 **시장의 변동성**을 측정하는 수인 σ에 대한 확률 부분 $\sigma\, d\,W$에도 반응한다. 주식의 가격은 $dS=aS dt$로부터 꾸준한 증가율(경향성)을 갖는 브라운 운동 $\sigma\, d\,W$를 통해 위아래로 섞인다.

$$\textbf{‘확산’과 ‘경향’} \qquad \frac{dS}{S}=\sigma\, d\,W+a dt$$

그러고 나서 콜 옵션의 가치에 대한 기본 모델은 블랙-숄즈 방정식Black-Scholes equation으로 귀결된다. 이 방정식의 근은 열 방정식에 도달하는 변수 변환을 통해 얻어진다. 이 콜 옵션이 사고 파는 옵션이라면 거래자들은 언제든지 근을 사용할 수 있을 것이다.

8.4 파동 방정식

열은 무한한 속력으로 이동하는 반면, 파동은 유한한 속력으로 움직인다. 두 가지 모두 점 소스 $u_0(x)=\delta(x)$에서 시작하여 시간 t에서의 근을 비교해보자.

열 방정식 $u_t=u_{xx}$ $\qquad u(t,x)=\dfrac{1}{\sqrt{4\pi t}}e^{-x^2/4t}$은 부드러운 함수이다.

파동 방정식 $u_{tt}=c^2u_{xx}$ $\qquad u(t,x)=\dfrac{1}{2}\delta(x-ct)+\dfrac{1}{2}\delta(x+ct)$는 스파이크를 갖는다.

우리는 $x=0$일 때의 큰 폭발 $u=\delta(x)$로부터 시작한다. 이후 시간 t에서 이 폭발은 두 개의 점 $x=ct$와 $x=-ct$에 도달하고, 이는 속도 $dx/dt=c$와 $-c$의 속도로서 왼쪽과 오른쪽으로 이동하는 것을 나타낸다. 공기에서 소리의 속도는 $c=342$m/s이다.

열 방정식과의 차이점에 주목하자. 시간 $t=1$에서 폭발이 점 $x=c$를 지나간 후, 침묵이 다시 찾아온다. 즉, $ct>x$일 때 $\delta(x-ct)=0$이다. 열 방정식에 대해서 $e^{-x^2/4t}$과 같은 온도는 절대로 0이 될 수 없다. 파면이 지나가고 우리는 그 소리를 한 번만 듣는다. 이때 메아리는 없는데, 만약 메아리가 있다면 우리의 귀는 한동안 계속 그 소리로 가득 차 있을 것이다.

현실에서 열 방정식은 종종 파동 방정식과 섞인다. 소리는 이동하면서 확산된다. 그러면 우리는 잡음을 영원히 듣게 되겠지만, 그런 경우는 많지 않다. 강도가 빠르게 감쇠하기 때문이다.

일방향 파동 방정식

특별히 명백한 문제로 시작해보자. 이 문제는 시간에 대해서($t \geq 0$) 1차이고, 공간에 대해서 ($-\infty < x < \infty$)도 1차이며, 속도는 여전히 c이다.

$$\text{일방향 파동 방정식} \qquad t=0\text{에서 } u=u_0(x)\text{인 } \frac{\partial u}{\partial t}=c\frac{\partial u}{\partial x} \tag{1}$$

하나의 근은 $u=e^{x+ct}$이다. 이 근을 시간에 대해 미분하면 $\partial u/\partial t$에서 인자 c를 얻을 수 있다. 이는 $\sin(x+ct)$, $\cos(x+ct)$ 그리고 $x+ct$의 임의의 함수에 대해서도 사실이다. 올바른 함수는 $u_0(x+ct)$인데, 이는 $t=0$에서 시작하여 $u_0(x)$가 되기 때문이다.

$$\boxed{u_t = cu_x\text{에 대한 근} \qquad u(t,x)=u_0(x+ct)} \tag{2}$$

$u_0(x)$가 계단 함수(물의 장벽)라 가정하자. 우리는 음수 x에 대해서 $u_0(x)=0$을 만족하고, 양수 x에 대해서 $u_0(x)=1$을 만족한다. 그 후 댐은 무너지며 물의 장벽은 속도 c로 왼쪽으로 움직인다. 시간 t에서 물은 $x+ct=0$인 점 $x=-ct$에 도달한다.

$$x=-ct\text{에서 벽} \qquad \begin{array}{ll} u=u_0(x+ct)=0, & x+ct<0 \text{ 일 때} \\ u=u_0(x+ct)=1, & x+ct>0 \text{ 일 때} \end{array} \tag{3}$$

이때 직선 $x+ct=0$을 특성[characteristic]이라 부른다. 신호는 공간-시간 좌표에서 이 직선을 따라서 신호 속도 c로 움직이고, 이를 통해서 $u=0$에서 $u=1$로의 점프에 대해서 알 수 있다.

임의의 초기 함수 $u_0(x)$에 대해서 근 $u=u_0(x+ct)$는 그래프를 평행이동한 것이다. 이는 모양에 변화가 없는 일방향의 파동이다. $u_{tt}=c^2u_{xx}$에서의 파동은 양방향으로 간다.

공간에서의 파동

이제 파동 방정식 $\partial^2 u/\partial t^2 = c^2\partial^2 u/\partial x^2$를 풀어볼 것이다. 3차원 형태는 $u_{tt}=c^2(u_{xx}+u_{yy}+u_{zz})$일 것이다. 이는 빛이 진동과 같이 빈 공간을 이동할 때 만족하는 방정식이다. 빛의 속력 c는 대략 초당 3억 미터이다. 이는 아인슈타인의 상대성 이론에서 가능한 가장 빠른 속력이다.

공기는 빛을 느리게 한다. GPS로 위치를 찾는 것은 위성에서 수신기까지의 거리를 찾기 위해 속력 c와 이동 시간을 고려한다(여기에 다른 여러 가지 극도로 작은 영향까지 고려한다). 사실 GPS는 특수 상대성 이론과 일반 상대성 이론을 사용한, 일상에서 접할 수 있는 기술이다. 여러분의 휴대전화에 GPS가 들어가 있다는 것은 놀라운 사실이다.

파동 방정식은 시간에 관해서 2차인데, 이는 $\partial^2 u/\partial t^2$ 때문이다. 이때 초기 위치 $u_0(x)$이고, 초기 속력은 $v_0(x)$이다.

$$\boldsymbol{t=0}\textbf{과 모든 }\boldsymbol{x}\textbf{에서} \qquad \boldsymbol{u=u_0(x)}\textbf{와 }\boldsymbol{\partial u/\partial t=v_0(x)} \tag{4}$$

u_{tt}와 c^2u_{xx}가 같은 함수들을 찾아보자. 이제 e^{x+ct}, e^{x-ct} 모두 이를 만족한다. 시간에 대해 두 번 미분하면 인자 c가 두 번 나타난다(또는 $-c$를 두 번, 양쪽 모두 c^2을 준다). 모든 함수 $f(x+ct)$와 모든 함수 $g(x-ct)$는 파동 방정식을 만족한다. 파동 방정식은 선형이고, 따라서 우리는 이 근들을 합칠 수 있다.

$$\boldsymbol{u_{tt}=c^2u_{xx}}\textbf{에 대한 완전해} \qquad u(t,x)=f(x+ct)+g(x-ct) \tag{5}$$

두 함수 $f(x+ct)$와 $g(x-ct)$는 정확히 $t=0$에서 우리가 일치시켜야 할 두 조건 u_0과 v_0을 만족한다.

$$\begin{matrix}\textbf{위치} & u_0(x)=f(x) \quad +g(x) \\ \textbf{속도} & v_0(x)=cf'(x)-cg'(x)\end{matrix}\text{이고 따라서 } \frac{1}{c}\int_0^x v_0dx=f(x)-g(x)\text{이다.}$$

$2f(x)$를 찾기 위해 위 식들을 더하고, $2g(x)$를 찾기 위해 위 식들을 뺀다. 그런 다음 2로 나누자.

$$f(x)=\frac{1}{2}u_0(x)+\frac{1}{2c}\int_0^x v_0dx \qquad g(x)=\frac{1}{2}u_0(x)-\frac{1}{2c}\int_0^x v_0dx \tag{6}$$

그러면 파동 방정식에 대한 달랑베르[d'Alembert]의 근 u는 f 모양이면서 왼쪽으로 이동하는 파동과 g 모양이면서 오른쪽으로 이동하는 파동을 갖는다.

$$\boxed{u=f(x+ct)+g(x-ct)=\frac{u_0(x+ct)+u_0(x-ct)}{2}+\frac{1}{2c}\int_{x-ct}^{x+ct}v_0(x)dx} \tag{7}$$

예제 1 정지 상태의 사인 파 $u_0(x)=\sin\omega x$에서 시작하자. 이 파동은 두 개의 파동으로 분리된다.

$$u(t,x)=\frac{u_0(x+ct)+u_0(x-ct)}{2}=\frac{1}{2}\sin(\omega x+c\omega t)+\frac{1}{2}\sin(\omega x-c\omega t) \tag{8}$$

삼각함수 공식 $\sin A + \sin B = 2\sin\frac{A+B}{2}\cos\frac{A-B}{2}$는 다음과 같은 짧은 답을 제시한다.

$u(t,x) = (\sin\omega x)(\cos c\omega t)$ **두 개의 진행파**traveling wave**는 하나의 정상파**standing wave**를 형성한다.**

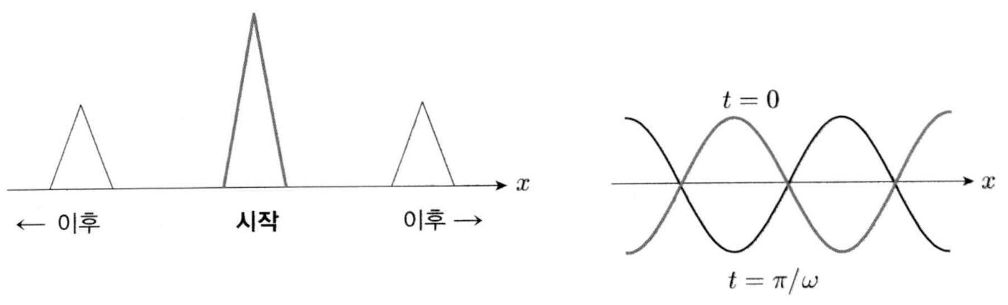

[그림 8-7] 항상 두 개의 진행파가 나온다. 때때로 그들의 합은 정상파가 된다.

$x=0$에서 $x=1$까지의 파동 방정식

이제 우리는 무한한 공간-시간 좌표를 살펴보지 않는다. 우리가 가장 잘 아는 파동은 유한한 상황에서 일어난다. 파동은 양 끝이 고정된 바이올린 현에 발생할 수도 있다. 또한 파동은 물결(심지어는 쓰나미)일 수 있다. 파동은 빛, 엑스레이, TV 신호와 같은 전자기파일 수도 있다. 또한 파동은 음파일 수 있다. 이 모든 파동은 뇌로 정보를 전달하며, 우리가 알고 있는 것처럼 살아가는 데 필수적이다.

길이가 1인 바이올린 현에서 시작하자. 속도 c는 줄에서의 장력에 따라 달라진다. $x=0$과 1에서의 끝은 고정되어 있다.

$$\textbf{끝에서의 경계조건} \qquad u(t,0)=0\text{과 } u(t,1)=0 \tag{9}$$

시간 $t=0$에서 현을 튕기면 수직 위치 u_0과 수직 속력 v_0(이는 아마도 0일 것이다)을 얻는다.

$$\textbf{시작에서 초기조건} \qquad u(0,x)=u_0(x)\text{와 } \frac{\partial u}{\partial t}(0,x)=v_0(x) \tag{10}$$

$t=0$ 이후에 현에서 손가락을 떼면 파동은 줄을 따라 이동한다. 파동은 줄의 끝에서 다시 반사된다. 소리는 하나로 이루어진 아름다운 음이 아니라 다양한 진동수를 갖는 파동들이 혼합된 것이다. 작곡가는 이 튕기는 소리를 교향곡에 사용할 수 있고, 기타리스트는 연주할 때마다 이 소리를 사용한다.

바이올린에서 나오는 보통의 소리는 연속적인 소스로부터 얻어진다(여기서는 켜는 활이다). 이제 우리는 $u_{tt}=u_{xx}+f(t,x)$를 푼다. 바이올리니스트가 손가락을 현 위에 놓을 때, 이 행위는 현의 길이를 변화시키는 동시에 진동수를 변화시킨다. 길이가 1인 파동 대신에 우리는 길이 L과 더 높은 음의 파동을 얻을 것이다.

바이올리니스트, 첼리스트, 기타리스트는 몇 개의 현을 이용하여 화음을 형성하기 위해 주파수가 다른 몇 가지 파동을 발생시킨다. 여기서는 길이가 1인 한 개의 현만 살펴보도록 하겠다.

변수분리

우리는 직접 편미분방정식을 풀기 위해 매우 중요한 방법을 사용할 것이다. 파동 방정식 $u_{tt} = c^2 u_{xx}$는 두 개의 변수 t와 x를 갖는다. 가장 간단한 근은 **x의 함수에 t의 함수를 곱하는 것**이다.

$$\boldsymbol{u = X(x)T(t)} \text{ 이면 } u_{tt} = c^2 u_{xx} \text{는 } \boldsymbol{X(x)T''(t) = c^2 X''(x)T(t)} \text{ 이다.} \tag{11}$$

T''과 X''은 일반적인 2차 미분이다. 다음과 같이 우리는 식 (11)을 c^2XT로 나눌 수 있다.

변수분리separation of variables $$\frac{T''}{c^2T} = \frac{X''}{X} = -\omega^2 \tag{12}$$

함수 T''/T은 t에만, 함수 X''/X은 x에만 의존한다. 따라서 두 함수 모두 상수이고 그들은 같다. 이 상수를 $-\omega^2$으로 쓰면, 분리된 두 개의 방정식은 다음에서 오른쪽의 형태를 보인다.

$$X'' = -\omega^2 X \qquad \boldsymbol{X = A\cos\omega x + B\sin\omega x} \tag{13}$$

$$T'' = -\omega^2 c^2 T \qquad \boldsymbol{T = C\cos\omega ct + D\sin\omega ct} \tag{14}$$

핵심 질문은 '**어떤 진동수 ω가 허용되는가?**'이다. $x=0$과 $x=1$에서의 경곗값은 이를 완벽하게 결정한다. 우리는 $X(0)=0$을 갖기 위해 코사인이 아닌 사인이 필요하다. 우리는 $X(1) = B\sin\omega = 0$을 갖기 위해 π의 상수 배인 진동수가 필요하다. 이는 매우 특별한 진동수 $\boldsymbol{\omega = \pi,\ 2\pi,\ 3\pi,\ \cdots}$를 주며 다른 값은 허용되지 않는다.

바이올린 현의 기본 진동수는 π이며 조화는 상수 배 $\omega = n\pi$이다. 만약 우리가 현을 눌러 현의 길이를 L로 줄인다면, 우리는 $\sin\omega L = 0$을 원할 것이다. 그러면 허용되는 진동수는 $\boldsymbol{\omega = n\pi/L}$로 증가하며, 음은 음계를 따라 올라간다. 이 진동수 ω는 시간 함수 $T(t)$에도 포함이 된다. 초기 속력이 $v_0 = 0$이라면 초기조건은 $T' = 0$이다. 시간 방향에서 코사인만 남는다.

$$X = B\sin n\pi x \qquad T = C\cos n\pi ct \qquad \boldsymbol{u = XT = b(\sin n\pi x)(\cos n\pi ct)} \tag{15}$$

길이가 L일 때, 시간에 대해서 자연스러운 진동수는 $\omega = n\pi c/L$이고, 공간에서 파장은 $2L/n$이다. 현의 위치는 근 $X(x)T(t)$의 선형결합이다.

$$u(t,x)=\sum_{n=1}^{\infty} b_n\left(\sin\frac{n\pi x}{L}\right)\left(\cos\frac{n\pi ct}{L}\right) \tag{16}$$

이 항들 중 임의의 항과 임의의 결합에 대해서 $u_{tt}=c^2u_{xx}$ 임을 즉시 확인할 수 있다.

마지막 질문은 '**수** b_n **은 무엇인가?**'이다. 이 수들은 남은 조건들에 의해 결정된다.

$$\textbf{초기조건} \qquad u(0,x)=u_0(x)=\sum_{n=1}^{\infty} b_n \sin\frac{n\pi x}{L} \tag{17}$$

이는 푸리에 사인 급수이다! 양변에 $\sin k\pi x/L$를 곱한 다음, 현을 따라 0에서 L까지 적분함으로써 b_k에 대한 공식을 얻는다. 이때 오직 하나의 항 $n=k$만 남는다.

$$\int_0^L u_0(x)\sin k\pi x\,dx=\int_0^L b_k(\sin k\pi x)^2 dx=\frac{L}{2}b_k \tag{18}$$

각각의 b_k를 식 (16)에 대입함으로써 $0\le x\le L$에서 파동 방정식의 풀이가 완성된다.

예제 2 길이가 $L=3$이고 초기 위치는 **모자 함수**hat function라 가정하자. 즉, $0\le x\le 1$일 때 $u_0(x)=x$이고, $1\le x\le 3$일 때 $u_0(x)=\frac{1}{2}(3-x)$인 함수를 의미한다.

Mathematica에 따르면 식 (18)을 적분하면 $b_k=3/2k^2\pi^2$이다. 구석에서 이 함수 $u_0(x)$의 감쇠율은 $1/k^2$이고, $x=1$일 때 기울기는 1에서 $-\frac{1}{2}$로 감소한다. 무한급수 (16)은 공간-시간 좌표의 모든 점에서 올바른 근 $u(t,x)$로 수렴할 것이다.

$\sin A\sin B$의 공식에 의해 u의 모든 조각 역시 $f+g$로 분리됨에 주목하자.

$$\sin\frac{n\pi x}{L}\cos\frac{n\pi ct}{L}=2\sin\frac{n\pi(x+ct)}{2L}+2\sin\frac{n\pi(x-ct)}{2L}=f(x+ct)+g(x-ct)$$

이와 같이 현 길이 L에 대해 특별하게 선택된, 두 개의 파동 함수를 항상 얻을 수 있다. 초기 속력 v_0이 0이 아닐 때 근 $u(t,x)$는 t에 대한 사인 함수도 포함한다. 함수 $X(x)=\sin n\pi x/L$는 실제로 현의 고유함수이다. $\boldsymbol{Ax}=\lambda\boldsymbol{x}$는 $\boldsymbol{X}''=-\omega^2\boldsymbol{X}$가 된다. 행렬 A는 2차 미분으로 바뀐다.

8.4 요약

1. 일방향 파동 방정식 $u_t = cu_x$는 $u(t, x) = u_0(x + ct)$에 의해 풀린다.
2. 양방향 방정식 $u_{tt} = c^2 u_{xx}$는 두 개의 파동 $f(x + ct)$와 $g(x - ct)$를 허용한다.
3. $t = 0$일 때, 달랑베르의 근 (7)은 전체 수직선에서 $u_0(x)$와 $v_0(x)$를 일치시킨다.
4. 푸리에 근 (16)은 $0 \le x \le L$에서 $u(0, x) = u_0(x)$가 되도록 하는 b_k를 선택한다.
5. $u = X(x)T(t)$를 **변수분리**하면 $\boldsymbol{X'' = -\omega^2 X}$와 $\boldsymbol{T'' = -\omega^2 c^2 T}$가 된다.
6. 0인 경계조건은 $\omega = n\pi/L$와 고유함수 $\boldsymbol{X(x) = \sin n\pi x/L}$를 준다.

8.4 연습문제

01~04 다음은 일방향 파동 방정식 $\partial u/\partial t = c\partial u/\partial x$에 관한 문제이다.

01 $u(0, x) = \sin 2x$라 가정하자. $u_t = cu_x$의 근은 무엇인가? 근은 어떤 시간 t_1, t_2, $\cdots$에서 초기조건 $\sin 2x$로 돌아오는가?

02 1차원 우주의 원점에서 큰 폭발 빅뱅을 $u_0(x) = \delta(x)$라고 가정하자. 시간 t에서 폭발은 점 $x =$_____에서 들린다. $u_{tt} = c^2 u_{xx}$에서 폭발은 시간 t에서 두 점 $x =$_____와 $x =$_____에 도달한다.

03 (a) $u_t = cu_x$의 양변을 $-\infty$에서 ∞까지 적분해서 전체 질량 $M = \int u\,dx$는 상수, 즉 $dM/dt = 0$임을 증명하라.

(b) u를 곱한 다음 $uu_t = cuu_x$의 양변을 적분해서 $E = \int u^2\,dx$가 상수임을 증명하라.

04 $c > 0$일 때 파동 $u(t, x) = u_0(x + ct)$는 왼쪽으로 진행하는가? 아니면 오른쪽으로 진행하는가? 절반의 직선 $0 \le x \le \infty$에서 $u_t = cu_{xx}$를 풀 때, 경계조건 $u(t, 0) = 0$이 필요 없는 이유는 무엇인가? $c < 0$과 반대 방향의 파동에 대해서 이 조건은 적절하다.

05~09 다음은 1차원 파동 방정식 $\partial^2 u/\partial t^2 = c^2 \partial^2 u/\partial x^2$에 관한 문제이다.

05 $-1 \le x \le 1$일 때 '물로 가득찬 상자'는 $u_0(x) = 1$을 만족한다. 0인 속도 $v_0(x)$에서 시작하면 파동 방정식 $u_{tt} = c^2 u_{xx}$는 $u(t, x) = \frac{1}{2}u_0(x + ct) + \frac{1}{2}u_0(x - ct)$에 의해 풀린다. 작은 $t = \frac{1}{2}c$와 큰 $t = 3c$에 대해 이 근의 그래프를 그려라.

06 $u_0(x) = 1$인 평평한 바다 아래에서 지진이 발생하면 $v_0(x) = \delta(x)$가 되고, 1차원 쓰나미는 속력 c로 움직이기 시작한다. 시간 t에서 근 (7)은 무엇인가?

07 변수분리는 $u(t, x) = (\sin nx)(\sin nct)$가 되고, $u_{tt} = c^2 u_{xx}$에 대한 세 개의 비슷한 다른 근을 얻는다. 이 세 개의 근은 무엇인가? 어떤 복수함수 $e^{ikx}e^{i\omega t}$이 파동 방정식을 푸는가?

08 3차원 파동 방정식 $u_{tt} = u_{xx} + u_{yy} + u_{zz}$는 u가 구형 대칭[spherical symmetric]일 때 1차원이 된다. 즉, u는 r과 t에 대해서만 의존한다.

$$r=\sqrt{x^2+y^2+z^2} \text{과} \quad \frac{\partial^2 u}{\partial t^2}=\frac{\partial^2 u}{\partial r^2}+\frac{2}{r}\frac{\partial u}{\partial r}$$

(a) r을 곱해서 $(ru)_{tt}=(ru)_{rr}$을 찾아라! 그러면 ru는 $r+t$와 $r-t$의 함수이다.

(b) 근 $ru=\delta(r-t-1)$을 묘사하라. 이 구형 음파는 $t=8$에서 반지름이 $r=$_____이다.

09 밀도 ρ와 강도 k인 막대를 따르는 파동 방정식은 $(\rho u_t)_t=(ku_x)_x$이다. $u_{tt}=c^2u_{xx}$에서 속도 c는 무엇인가? $u=\sin(\pi x/L)\cos\omega t$에서 ω는 무엇인가?

---

10 기둥이 작게 진동하면 4차 편미분방정식 $u_{tt}=-c^2u_{xxxx}$를 만족한다. 근 $u=X(x)T(t)$를 찾고 함수 X와 T에 대한 분리된 방정식을 찾아라. 그런 다음 $T(t)=\cos\omega t$일 때 네 개의 근을 찾아라.

11 만약 위의 기둥이 꽉 물려 있다면(양 끝 $x=0$과 $x=L$에서 $u=0$이고, $\partial u/\partial x=0$), [연습문제 10]에서 진동수 ω는 $(\cos\omega L)(\cosh\omega L)=1$을 만족시켜야 함을 보여라.

12~16 다음은 $x=0$과 $x=L$에서 경계조건을 갖는 파동 방정식에 관한 문제이다.

12 가운데에서 튕겨진 현은 $u_0(x)=\delta\left(x-\frac{L}{2}\right)$과 $v_0(x)=0$을 만족한다. 식 (18)로부터 푸리에 계수 b_k를 찾아라. 식 (16)의 푸리에 급수 근의 처음 세 개의 항을 써라.

13 현이 모자 함수에서 0인 속도 $v_0(x)$로 시작한다고 가정하자. 즉, $x<L/2$일 때 $u_0(x)=2x/L$이고, $x>L/2$일 때 $u_0(x)=2(L-x)/L$이다. 식 (18)로부터 푸리에 계수 b_k와 식 (16)에서 $u(t,x)$의 처음으로 0이 아닌 두 개의 항을 찾아라.

14 현이 상자 함수에서 0인 속도 $v_0(x)$로 시작한다고 가정하자. 즉, $x<L/2$일 때 $u_0(x)=1$이다. 근 $u=\sum b_k\sin(n\pi x/L)\cos(n\pi ct/L)$에서 모든 b_k를 찾아라.

15 자유로운 끝 $x=L$에서 경계조건은 $u=0$ 대신 $\partial u/\partial x=0$이다. $X''+\omega^2X=0$을 풀어서 $X(x)$를 구하고, 이 새로운 조건과 함께 가능한 모든 ω를 찾아라. 그런 다음 $T''+\omega^2c^2T=0$을 풀어서 근 $u=\sum a_nX(x)T(t)$를 완성하라.

16 $u(0,x)=\delta(x-1)$일 때, 길이가 $L=2$인 현 위의 근 $u(t,x)$는 무엇인가? 끝 $x=0$은 $u(t,0)=0$에 의해 고정되어 있고 끝 $x=2$는 자유롭다. 즉, $\partial u/\partial x(t,0)=0$이다.

8.5 라플라스 변환

라플라스 변환이 가능하다면 라플라스 변환은 선형 미분방정식을 대수학 문제로 바꿀 수 있다. 라플라스 변환은 초깃값 문제에 적용되고($t>0$), 푸리에 변환은 경곗값 문제를 위한 것이다. 라플라스 변환은 e^{ikx} 대신 e^{-st}을 갖는다.

언제 이 변환 방법이 성공하는가? 바람직한 상황은 다음과 같다.

1. 선형 방정식은 $Ay''+By'+Cy=f(t)$에서처럼 상수 계수를 가져야 한다.
2. 추진 함수 $f(t)$는 '편리한' 변환을 가져야 한다.

좋은 함수에 대한 목록에는 $f(t)=e^{at}$과 이 함수의 변환 $F(s)=1/(s-a)$이 포함되어 있다. 그러면 미분방정식은 우리에게 근의 변환 $Y(s)$를 알려준다. 마지막 단계는 어떤 함수 $y(t)$가 이 변환 $Y(s)$를 갖는지 발견하는 것이다. 우리의 변환 목록과 특히 새로운 변환을 찾는 법칙을 사용하면 이는 대수에서의 문제가 된다. 즉, **변환 $Y(s)$를 역연산해서 근 $y(t)$를 찾아라.** 이번 절을 통해 2.6절을 완성한다.

$f(t)=e^{at}$인 경우 특별한 근은 쉽다. 미정계수법은 우리에게 $y_p(t)=Ye^{at}$을 찾는 방법을 알려주었다.

$f(t)=e^{at}$ 또는 t^n 또는 $\sin\omega t$ 또는 $\cos\omega t$인 경우 라플라스 변환이 절대적으로 필요한 것은 아니다. 하지만 켜고 끄는 추진 함수, 그리고 점프 또는 폭발하는 함수(계단 함수와 델타 함수 그리고 더 나쁜 함수들)에 대해서 대수학에서는 라플라스 변환에 의해서 더 체계적으로 정리한다.

실수, 허수, 복소수 극을 갖는 [예제 1~3]은 여러분에게 핵심 아이디어를 보여줄 것이다.

변환 $F(s)$

$t\geq 0$에서 정의된 함수 $f(t)$에서 시작하자. e^{-st}을 곱한 다음 $t=0$에서 $t=\infty$까지 적분하자. 결과는 라플라스 변환 $F(s)$이고, 이 변환은 지수 s에 의존한다.

라플라스 변환 $$\mathcal{L}\left[f(t)\right]=F(s)=\int_{t=0}^{\infty}f(t)e^{-st}dt \tag{1}$$

수 s는 실수 또는 복소수일 수 있다. s에 대한 하나의 핵심 필요조건은 식 (1)을 무한 적분했을 때 유한한 답이 도출되어야 한다는 것이다. 아래에 $s>0$이고 $s>a$가 필요한 예들이 있다.

$$f(t)=1 \qquad F(s)=\int_0^{\infty}e^{-st}dt=\left[\frac{e^{-st}}{-s}\right]_{t=0}^{t=\infty}=\frac{1}{s} \tag{2}$$

$$f(t)=e^{at} \qquad F(s)=\int_0^{\infty}e^{at}e^{-st}dt=\left[\frac{e^{(a-s)t}}{a-s}\right]_{t=0}^{t=\infty}=\frac{1}{s-a} \tag{3}$$

e^{-st}의 적분은 s가 양수일 때 유한하다. 좀 더 말하자면 s의 실수부가 양수일 때 이 적분값은 유한이고, 허수부 $i\omega$로부터의 $e^{-i\omega t}$은 절댓값은 1이다. 라플라스 변환은 s의 실수부가 어떤 값 s_0을 초과할 때 정의된다. 여기서 $s_0=a$이다.

중요 **이 절의 모든 함수는 $t<0$일 때 $f(t)=0$을 갖는다. 즉, 함수들은 $t=0$에서 시작한다.**

따라서 상수함수 $f(t)=1$은 실제로 단위 계단 함수이다. 이 함수는 $t=0$일 때 0에서 1로 점프한다. 이 함수의 미분은 델타 함수 $\delta(t)$이다(이는 $t=0$에서 스파이크를 포함한다). 이러한 방법을 이용하여 초깃값 문제 $y'+y=1$은 모든 $t<0$을 무시하고 $y(0)$에서 시작한다. 위 식의 라플라스 변환은 $sY(s)-y(0)+Y(s)=1/s$임을 확인할 것이다. 그러면 대수에 의해 $Y(s)$가 되고, 역 라플라스 변환에 의해 $y(t)$가 된다.

두 번째 예 $f=e^{at}$은 $a=0$인 첫 번째 예 $f=1$을 포함한다. 그러면 $1/(s-a)$은 $1/s$이 된다. $t=\infty$에서 $e^{at}e^{-st}$이 0이기 위해서는 $\text{Re}\, s>a$와 같은 조건이 필요하다. 모든 복소수 s를 허용하는 $f(t)=e^{-t^2}$과 같은 감소 함수가 있다. 반면에 어떤 s도 전혀 허용하지 않는 $f(t)=e^{t^2}$과 같이 빠르게 증가하는 함수도 있다.

$t=T\geq 0$에 위치한 델타 함수에 대해서 적분은 변환 e^{-sT}을 선택한다.

$$\boldsymbol{f(t)=\delta(t-T)} \qquad \boldsymbol{F(s)}=\int_0^{\infty}\delta(t-T)e^{-st}dt=\boldsymbol{e^{-sT}} \tag{4}$$

이 예들의 그룹(중요한 모든 함수)을 완성하기 위해 간단히 조작하면 $\cos\omega t$와 $\sin\omega t$를 변환할 수 있다. 이때 오일러 공식 $e^{i\omega t}=\cos\omega t+i\sin\omega t$를 쓴다. 모든 항의 라플라스 변환을 취해보자.

선형성 $\qquad \mathcal{L}[e^{i\omega t}]=\mathcal{L}[\cos\omega t]+i\mathcal{L}[\sin\omega t]$

좌변은 $1/(s-i\omega)$이다. 다음과 같이 $(s+i\omega)/(s+i\omega)$를 곱해서 실수부와 허수부를 확인한다.

$$\frac{1}{s-i\omega}\frac{s+i\omega}{s+i\omega}=\frac{s+i\omega}{s^2+\omega^2} \qquad \mathcal{L}[\cos\omega t]=\frac{s}{s^2+w^2},\ \mathcal{L}[\sin\omega t]=\frac{\omega}{s^2+\omega^2} \tag{5}$$

$f(t)$에서의 지수는 $F(s)$에서 극

라플라스 변환으로 미분방정식을 풀기 전에 잠시 멈춰보자. 우리는 이미 함수 $f(t)$와 이 함수의 변환 $F(s)$ 사이의 핵심 연결고리를 알 수 있다. 아래의 변환 표를 살펴보자.

$f(t)$	1	e^{at}	$\delta(t-T)$	$\cos\omega t$	$\sin\omega t$	$t^n e^{ct}$
$F(s)$	$\frac{1}{s}$	$\frac{1}{s-a}$	e^{-sT}	$\frac{s}{s^2+\omega^2}$	$\frac{\omega}{s^2+\omega^2}$	$\frac{n!}{(s-c)^{n+1}}$

여기에 중요한 메시지가 있다. $f(t)$가 e^{at}을 포함하면 $F(s)$는 $s=a$에서 극^pole^을 갖는다. 극은 함수 $F(s)$가 발산하는 실수 또는 복소수인 고립된 점 a이다. 어떤 정수의 제곱 $(s-a)^m$은 극을 소거할 것이고, '해석적' 함수 $(s-a)^m F(s)$를 남길 것이다. 아래 예는 $f(t)$에서의 지수와 변환 $F(s)$에서의 극과의 이 균형을 보여준다.

$\boldsymbol{f(t)}=e^{0t}+e^{at}+e^{i\omega t}+e^{-i\omega t}+te^{ct}$은 지수 $\boldsymbol{0, a, i\omega, -i\omega, c}$를 갖는다.

$$F(s)=\frac{1}{s}+\frac{1}{s-a}+\frac{2s}{(s-i\omega)(s+i\omega)}+\frac{1}{(s-c)^2}=\frac{\text{어떤 항}}{s(s-a)(s-i\omega)(s+i\omega)(s-c)^2}$$

첫 번째 항 $1/s$은 $f(t)$에서 지수 0을 갖고, 극 $s=0$에서 발산한다. 마지막 항 $1/(s-c)^2$은 지수 c를 갖고, $s=c$에서 이중 발산(쌍극[double pole])한다. 가운데에서 $2\cos\omega t$는 두 개의 지수 $i\omega$와 $-i\omega$를 갖고, 따라서 변환 $F(s)$는 두 개의 극을 갖는다.

맨 마지막에서 하나의 큰 분수에 $F(s)$의 모든 조각이 합쳐짐을 볼 수 있다. 이는 미분방정식으로부터 $F(s)$를 어떻게 얻는지를 보여준다. 우리는 보통 분모를 인수분해해서 $s=0$, a, $i\omega$, $-i\omega$, c에서의 분리된 다섯 개의 극을 확인할 수 있다. 그러면 $F(s)$는 이 분수의 간단한 조각들로 나눠진다(부분분수). 또한 $F(s)$의 각 조각에 대해 역 라플라스 변환을 적용하면 $f(t)$의 조각이 생긴다. 2.6절의 **PF2**와 **PF3**은 두 개 또는 세 개의 조각을 허용한다.

공학자들은 디자인을 바꿈으로써 극을 이동시킨다. 그러면 지수가 이동되며 이들의 실수부가 음수가 될수록 시스템은 더 안정된다. 안정성에 대해 빠르고 정확한 그림은 $F(s)$의 극을 통해 얻을 수 있다. 만약 모든 극이 복소평면의 왼쪽 반평면($\mathrm{Re}\, s<0$)에 있다면, 함수는 0으로 감소할 것이다(점근적 안정성).

이 예에서 새로운 함수는 te^{ct}이다. 지수 c가 반복될 때(c는 $y''-2cy'+c^2y$에서 얻어지는 다항식 $s^2-2cs+c^2$의 중근이다) 근 $y(t)$에서 여분의 인자 t가 등장한다는 것을 기억하라. 중근은 $F(s)$의 분모에서 $(s-c)^2$의 나타날 때, 중근은 변환에서 쌍극이 된다. 아래에 **$f(t)=te^{ct}$의 변환은 $F(s)=1/(s-c)^2$**임을 확인하기 위해 반드시 필요한 단계가 있다.

$$F(s)=\int_0^\infty f(t)e^{-st}dt\text{의 미분은 }\frac{dF}{ds}=\int_0^\infty -tf(t)e^{-st}dt\text{이다.}$$

법칙 함수 $f(t)$가 $F(s)$로 변환되면 $tf(t)$는 $-dF/ds$로 변환된다.

이 법칙이 $F(s)=1/(s-c)$인 $f(t)=e^{ct}$에 적용될 때, 우리는 te^{ct}이 $dF/ds=1/(s-c)^2$로 변환된다는 것을 알 수 있다.

$t^nf(t)$에 대하여 이 법칙은 t의 높은 거듭제곱에 대해서 직접 확장된다. 매번 t를 곱하고 $F(s)$의 미분을 취한다. 이때 -1을 곱하는 것을 기억하자.

$$t^2f(t)\rightarrow(-1)^2\frac{d^2F}{ds^2}\qquad t^2e^{ct}\rightarrow\frac{d^2}{ds^2}\left(\frac{1}{s-c}\right)=\frac{d}{ds}\frac{-1}{(s-c)^2}=\frac{2}{(s-c)^3}$$

이 방식을 계속 반복하면 t^ne^{ct}의 변환은 $n!/(s-c)^{n+1}$임을 알 수 있다. 이는 앞에서 제시한 변환 표에서 마지막 성분이다. 특별한 경우 $c=0$에서 $\boldsymbol{t}^n$의 변환은 $\boldsymbol{n!/s^{n+1}}$이다.

이제 우리는 $F(s)$에서의 임의의 실수 극 c 또는 허수 극 $i\omega$에 대해 작업할 수 있다. [예제 3]은 복소 극 $c+i\omega$를 허용할 것이며 이는 모든 방정식 $Ay''+By'+Cy=0$을 푼다.

도함수의 변환

미분방정식은 dy/dt와 관련이 있다. 우리는 변환 $\mathcal{L}[dy/dt]$를 $\mathcal{L}[y]$와 연결시켜야만 한다. 이 단계는 푸리에 변환에 대해서는 특히 쉬웠다(단지 ik를 곱하면 된다). 라플라스 변환에서 우리는 $Y(s)$에 s를 곱해서 $\mathcal{L}[dy/dt]$를 얻지만, 다른 항이 추가로 등장한다. 다른 항이 추가로 등장하는 이유는 라플라스 변환은 $t<0$을 완전히 무시하기 때문이다. 적분은 $t=0$에서 시작하므로 수 $y(0)$은 중요하다. 확실히 $y(0)$이 미분방정식의 근에 들어가기를 기대하기 때문에 $y(0)$이 라플라스 변환에 들어가는 것은 좋은 점이다.

$\mathcal{L}[dy/dt]$와 $\mathcal{L}[y]$를 연결하는 것은 부분적분이다. 이때 다음과 같이 음의 부호 두 개는 소거된다.

$$\mathcal{L}\left[\frac{dy}{dt}\right]=\int_0^\infty \frac{dy}{dt}e^{-st}dt=\int_0^\infty y(t)(se^{-st})dt+\left[y(t)e^{-st}\right]_0^\infty=\boldsymbol{s\mathcal{L}[y]-y(0)} \tag{6}$$

이는 $y(t)$에 대한 미분방정식을 $Y(s)$에 대한 대수학 문제로 바꾸는 핵심적인 사실이다. 이 과정을 반복하면(이를 이제 dy/dt에 적용한다) 여러분은 2차 미분의 변환을 보게 될 것이다. **미분방정식을 변환하기 위해 식 (6)과 식 (7)을 사용하자.**

$$\mathcal{L}\left[\frac{d^2y}{dt^2}\right]=s\mathcal{L}\left[\frac{dy}{dt}\right]-\frac{dy}{dt}(0)=\boldsymbol{s^2\mathcal{L}[y]-sy(0)-\frac{dy}{dt}(0)} \tag{7}$$

이 법칙들을 즉시 사용해서 세 개의 미분방정식을 풀어보고자 한다. 첫 번째는 **실수인 극**을, 두 번째는 **허수인 극**을, 세 번째는 **복소수인 극**인 $s=-1\pm i$를 갖는다.

예제 1 $y(0)=1$에서 시작하는 $\boldsymbol{y'-y=2e^{-t}}$을 풀어라.

풀이

양변에 라플라스 변환을 취하라. 우리는 $\mathcal{L}[2e^{-t}]=2/(s+1)$임을 안다.

$$s\mathcal{L}[y]-y(0)-\mathcal{L}[y]=\mathcal{L}[2e^{-t}]\text{은 } \boldsymbol{(s-1)Y(s)=1+\frac{2}{s+1}}\text{와 같다.}$$

그러면 대수를 이용해 $Y(s)$를 구하고 $y(t)$를 얻기 위해 부분분수로 나눈다.

$$Y(s)=\frac{1}{s-1}+\frac{2}{(s-1)(s+1)}=\frac{1}{s-1}+\left(\frac{1}{s-1}-\frac{1}{s+1}\right)=\frac{2}{s-1}-\frac{1}{s+1}$$

$Y(s)$의 역변환은 $y(t)=2e^t-e^{-t}$이다.

여기서는 항상 $y(0)=2-1=1$과 $y'(t)=2e^t+e^{-t}$이 $y+2e^{-t}$과 같은지 확인하는 것이 좋다. 특수해는 $y_p=-e^{-t}$이다. 이는 추진 함수 $f(t)=e^{-t}$과 같은 형태이다. 이때 영공간의 해는 $y_n=Ce^t$이다.

2장에 따르면 $\quad y=y_p+y_n=-e^{-t}+Ce^t \qquad y(0)=1$은 $C=2$가 된다.

아마도 [예제 1]에 대해서 이전 방법이 더 쉬울지도 모른다. 다음 예제는 이계 미분방정식에 대한 문제이다. $Y(s)$의 복소수 극은 $y(t)$에서 진동 $e^{i\omega t}$을 준다.

예제 2 정지 상태에서 시작하는 방정식 $y''+y=\frac{1}{2}\sin 2t$를 풀어라($y(0)=y'(0)=0$). 식 (7)로부터 y''의 변환은 $s^2Y(s)$이다.

$$s^2Y(s)+Y(s)=\frac{1}{s^2+2^2}\text{이므로 } Y(s)=\frac{1}{(s^2+1)(s^2+4)}\text{이다.}$$

부분분수를 이용하여 변환 $Y(s)$를 다음과 같이 다시 쓴다.

$$Y(s)=\frac{1}{(s^2+1)(s^2+4)}=\frac{1}{3}\frac{(s^2+4)-(s^2+1)}{(s^2+1)(s^2+4)}=\frac{1/3}{s^2+1}-\frac{1/3}{s^2+4} \tag{8}$$

우리는 위 분수들을 $\omega=1$과 $\omega=2$인 사인 함수의 변환으로 인식한다.

풀이

$y(t)=\frac{1}{3}\sin t-\frac{1}{6}\sin 2t$는 초깃값 $y(0)=0$과 $y'(0)=0$을 갖는다. 2장에서 우리는 같은 $y(t)$에 도달하기 위해 $y_p(t)$와 $y_n(t)$를 찾았다.

$$y=y_p+y_n=-\frac{1}{6}\sin 2t+c_1\cos t+c_2\sin t$$

그러면 $y(0)=0$이므로 $c_1=0$이고, $y'(0)=0$이므로 $c_2=\frac{1}{3}$이다. 양쪽 방법 모두 좋다.

예제 3 $y(0)=y'(0)=1$인 $y''+2y'+2y=0$은 $Y(s)=\frac{s-1}{s^2+2s+2}$을 갖는다. 그러면 $s^2+2s+2=0$의 근들은 복소수 극 $s=-1\pm i$이다.

이 $Y(s)$는 아직 우리의 표에는 없지만 복소수 근 $e^{(-1+i)t}$과 $e^{(-1-i)t}$을 알고 있다. 이들의 실수부와 허수부는 각각 $e^{-t}\cos t$와 $e^{-t}\sin t$이다. $y(0)=y'(0)=1$을 갖는 결합은 $\boldsymbol{y=e^{-t}\cos t+2e^{-t}\sin t}$이다. 이는 $Y(s)$로 변환되는 함수 $y(t)$이어야 한다.

$e^{ct}e^{i\omega t}$의 실수부와 허수부는 $1/(s-c-i\omega)$의 실수부와 허수부로 변환된다. 이 두 개의 새로운 변환을 사용하면 $c=-1$과 $\omega=1$일 때 [예제 3]을 풀 수 있다. 우리는 이제 모든 방정식 $Ay''+By'+Cy=0$을 풀 수 있다.

$e^{ct}\cos\omega t$는 $\dfrac{s-c}{(s-c)^2+\omega^2}$로 변환된다. $e^{ct}\sin\omega t$는 $\dfrac{\omega}{(s-c)^2+\omega^2}$로 변환된다.

평행이동과 계단 함수 그리고 컷오프

미분방정식에서 추진 함수 $f(t)$가 시간 T에서 켜지거나 꺼진다고 가정하자. 또는 이 함수는 다른 함수로 점프한다. $f(t)$에서의 이 모든 점프는 실생활에서도 나타날 수 있고, 그들은 자동적으로 라플라스 변환에 의해서 다뤄진다.

이때 계단 함수의 변환은 필수적이다. 기본적인 예는 $t<T$일 때의 $f=0$에서 $t\geq T$일 때의 $f=1$로 점프하는 단위 계단 함수이다. 다음과 같이 쉬운 적분 과정을 통해 변환된다.

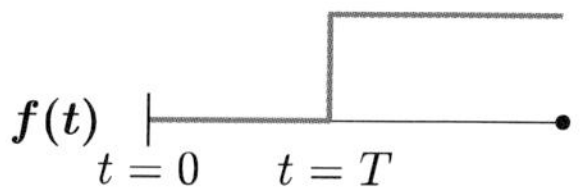

$$\boldsymbol{F}(s)=\int_T^\infty e^{-st}dt=\left[\frac{e^{-st}}{-s}\right]_T^\infty=\frac{e^{-sT}}{s} \tag{9}$$

e^{-sT}/s으로 변환되는 T에서의 계단 함수는 새로운 법칙의 한 예이다.

T에서의 계단 함수는 $t=0$에서의 계단 함수의 시간 평행이동이다. 변환에 e^{-sT}을 곱하라.

원래의 $f(t)$는 변환 $F(s)$를 갖는다. 평행이동된 함수는 $t=T$까지 0이고, 이는 $f(t-T)$이다. 평행이동된 단위 계단 함수는 $t<T$일 때 0이다.

다음은 **e^{-sT}을 곱하여** 평행이동시킨 함수에 대한 변환 법칙을 증명한 것이다.

$f(t)$는 $f(t-T)$로 평행이동된다.
$F(s)$는 $e^{-sT}F(s)$가 된다.

$$\int_T^\infty f(t-T)e^{-st}dt=\int_0^\infty f(\tau)e^{-s(\tau+T)}d\tau=e^{-sT}\boldsymbol{F}(s)$$

첫 번째 적분은 $T\leq t<\infty$를, 두 번째 적분은 $0\leq\tau<\infty$이다. 새로운 변수 $\tau=t-T$는 적분의 하한을 $\tau=0$으로 다시 이동시키고, 이는 매우 중요한 인자 e^{-sT}을 만든다. 이 평행이동 법칙을 사용하는 예제

를 살펴보면서 이 절을 마무리하자.

예제 4 **(단위 계단 함수)** $y' - ay = H(t-T) = \begin{cases} 0, & t < T \\ 1, & t \geq T \end{cases}$

$y(0) = 1$인 모든 항의 변환은 근의 변환 $Y(s)$를 줄 것이다.

$$sY(s) - 1 - aY(s) = \frac{e^{-sT}}{s} \qquad \boldsymbol{Y(s) = \frac{1}{s-a} + \frac{e^{-sT}}{(s-a)s}} \tag{10}$$

$1/(s-a)$의 역변환은 $\boldsymbol{e^{at}}$이다. 다른 분수를 두 개의 부분으로 나누자.

$$\frac{1}{(s-a)s} = \frac{1}{a}\left(\frac{1}{s-a} - \frac{1}{s}\right)\text{은 역변환 } \boldsymbol{\frac{1}{a}(e^{at}-1)}\text{을 갖는다.} \tag{11}$$

식 (10)에서 인자 e^{-sT}은 식 (11)에서의 함수를 평행이동시킨다. 최종 근은 다음과 같다.

y'에서 점프
y의 구석

$$\boldsymbol{y(t) = \begin{cases} e^{at} & t \leq T \text{ 일 때} \\ e^{at} + \dfrac{1}{a}(e^{a(t-T)} - 1) & t \geq T \text{ 일 때} \end{cases}} \tag{12}$$

첫 번째 부분 $y = e^{at}$은 의도대로 $y' = ay$를 갖는다. 이는 $t = T$에서 두 번째 부분을 올바르게 충족한다 (y에서 점프는 없다). 그러면 $y' = ay + 1$을 통해 $y(t)$의 두 번째 부분은 계속된다.

확인 $\quad y' = ae^{at} + e^{a(t-T)} = a\left[e^{at} + \frac{1}{a}e^{a(t-T)} - \frac{1}{a} + \frac{1}{a}\right] = ay + 1$

라플라스 변환 없이 이 문제를 풀 수 있는가? 당연히 $y = e^{at}$은 $y(0) = 1$에서 시작한 첫 번째 부분을 푼다. $f = 0$이므로 $y = e^{at}$은 y_n인데, 이는 시간 T에서 e^{aT}에 도달한다. 시간 T에서 시작하여 우리는 특수해 y_p가 추가로 필요하다. 이 y_p는 $t = T$에서 행동하기 시작하는 추진 함수 $f = 1$과 일치할 것이다.

$$y_p(T) = 0\text{에서 시작하는 } y_p' - ay_p = 1$$

어쨌든 우리는 결국 특별한 근 $y_p = (e^{a(t-T)} - 1)/a$을 찾을 것이다. $y_n = e^{at}$과 합치면 완전해 $y_n + y_p$는 식 (12)와 일치한다.

예제 5 **추진 함수 $f(t) = 1$이 시간 T에서 켜지는 대신에 꺼진다고 가정하자.**

$$y(0) = 1\text{인 } \boldsymbol{y' - ay} = \begin{cases} 1, & t \leq T \\ 0, & t > T \end{cases} \text{를 풀어라.}$$

풀이

이전의 $H(t-T)$ 대신에 이 새로운 추진 함수는 $1-H(t-T)$이다. 이 계단 함수는 1에서 0으로 떨어진다. 우리는 여전히 미분방정식에서 모든 항의 라플라스 변환을 취한다.

$$sY(s)-1-aY(s)=[1-H(t-T)]\text{의 변환}=\frac{1}{s}-\frac{e^{-sT}}{s}$$

$Y(s)$에 대한 이 방정식을 풀어서 역변환을 인식하자. $Y(s)=\dfrac{1}{s-a}+\dfrac{1}{(s-a)s}-\dfrac{e^{-sT}}{(s-a)s}$을 식 (10)과 비교하면 새로운 항 $\dfrac{1}{(s-a)s}$이 있다는 것이다. 식 (11)에 따르면 이 새로운 항의 역변환은 $(e^{at}-1)/a$이다. $Y(s)$의 마지막 항은 이제 음의 부호이므로 최종 근은 다음과 같이 $t=T$에서 만나는 두 개의 조각을 갖는다.

$$y(t)=\begin{cases} e^{at}+\dfrac{1}{a}(e^{at}-1) & t\le T \text{ 일 때} \\ e^{at}+\dfrac{1}{a}(e^{at}-1)-\dfrac{1}{a}(e^{a(t-T)}-1) & t\ge T \text{ 일 때}\end{cases}$$

$t\le T$인 첫 번째 부분은 $y(0)=1$에서 시작하는 y_n+y_p일 것이다. 두 번째 부분은 $t=T$에서 첫 번째 부분과 일치한다(y에서 점프는 없다). 이 두 번째 부분은 다음과 같이 간단해진다.

$$y(t)=e^{at}+\frac{e^{at}-e^{a(t-T)}}{a}\text{이고 우리는 } y'=ay\text{임을 확인한다.}$$

라플라스 변환에 대한 법칙

이 절의 일부는 특정한 함수 $f(t)$에 관한 것이다. 우리는 변환 $F(s)$에 대한 표를 만들었다. 즉, 이 절의 나머지 일부는 법칙에 관한 것이다(이는 미적분학과 비슷하다. 여러분은 t^n, $\sin t$, $\cos t$, e^t의 미분을 배운 다음 곱 미분 법칙, 분수 미분 법칙, 연쇄 법칙을 배운다). $F(s)$, $G(s)$가 각각 $f(t)$, $g(t)$의 변환임을 알 때, 다음과 같이 라플라스 변환에 대한 법칙을 정리해보자.

덧셈 법칙	$f(t)+g(t)$의 변환은 $F(s)+G(s)$이다.
평행이동 법칙	$f(t-T)$의 변환은 $e^{-sT}F(s)$이다.
f의 미분	df/dt의 변환은 $sF(s)-f(0)$이다.
F의 미분	$tf(t)$의 변환은 $-dF/ds$이다.
콘볼루션 법칙	8.6절에서 $f(t)g(t)$를 변환하고 $F(s)G(s)$를 역변환할 것이다.

8.5 연습문제

01 추진 함수가 $f(t)=\delta(t)$일 때, 정지 상태에서 시작하는 근은 임펄스 응답이다. 이때 임펄스는 $\delta(t)$이고, 응답은 $y(t)$이다. **전달 함수**transfer function $Y(s)$를 찾기 위해 이 식을 변환하라. 충격 반응 $y(t)$를 찾기 위해 역변환하라.

$$y(0)=0,\ y'(0)=0\text{인 } y''+y=\delta(t)$$

02 **(중요)** $t\geq 0$일 때 $f(t)=\sin t$의 첫 번째 미분과 두 번째 미분을 찾아라. 미분에서 뾰족한 점(델타 함수)이 생기는 $t=0$에서의 점프에 주의하라.

03 단위 상자 함수 $b(t)=\{0\leq t<1$일 때 $1\}=H(t)-H(t-1)$의 라플라스 변환을 찾아라. 여기서 $H(t)$는 단위 계단 함수이자 헤비사이드heaviside 함수라 불리는 중요한 함수이다.

04 $f(t)$의 푸리에 변환이 $\hat{f}(k)=\int f(t)e^{-ikt}dt$이고, $t<0$일 때 $f(t)=0$이면 $\hat{f}(k)$와 라플라스 변환 $F(s)$ 사이의 연결 관계는 무엇인가?

05 보통의 램프 함수 $r(t)=t$의 라플라스 변환 $R(s)$는 무엇인가? $t<0$에 대해서 모든 함수는 0이고, $r(t)$의 미분은 단위 계단 함수 $H(t)$이다. 그러면 $R(s)$에 s를 곱하면 ____가 된다.

06 각각의 $f(t)$의 라플라스 변환 $F(s)$와 $F(s)$의 극을 모두 찾아라.

(a) $f=1+t$ (b) $f=t\cos\omega t$

(c) $f=\cos(\omega t-\theta)$ (d) $f=\cos^2 t$

(e) $f=e^{-2t}\cos t$ (f) $f=te^{-t}\sin\omega t$

07 $f(t)=t$보다 큰 최소의 정수와 $f(t)=t\delta(t)$의 라플라스 변환 s를 찾아라.

08 라플라스 역변환을 응용해 변환 $F(s)$로부터 함수 $f(t)$를 찾아라.

(a) $\dfrac{1}{s-2\pi i}$ (b) $\dfrac{s+1}{s^2+1}$

(c) $\dfrac{1}{(s-1)(s-2)}$ (d) $1/(s^2+2s+10)$

(e) $e^{-s}/(s-a)$ (f) $2s$

09 $Y(s)$를 $s/(s^2+1)$와 $1/(s^2+1)$의 결합으로 표현함으로써 $y(0)$과 $y'(0)$으로부터 $y''+y=0$을 풀어라. 표에서 역변환 $y(t)$를 찾아라.

10 $y(0)=0$과 $y'(0)=1$에서 시작하는 $y''+3y'+2y=\delta$를 라플라스 변환으로 풀어라. $Y(s)$에 대한 부분분수와 극을 찾고, $y(t)$를 찾기 위해 역변환을 하라.

11 라플라스 변환에 의해 다음의 초깃값 문제를 풀어라.

(a) $y'+y=e^{i\omega t},\ y(0)=8$

(b) $y''-y=e^t,\ y(0)=0,\ y'(0)=0$

(c) $y'+y=e^{-t},\ y(0)=2$

(d) $y''+y=6t,\ y(0)=0,\ y'(0)=0$

(e) $y'-i\omega y=\delta(t),\ y(0)=0$

(f) $my''+cy'+ky=0,\ y(0)=1,\ y'(0)=0$

12 e^{At}의 변환은 $(sI-A)^{-1}$이다. $A=[1\ 1;1\ 1]$일 때, 행렬(전달 함수)을 계산하라. 변환의 극을 A의 고윳값과 비교하라.

13 dy/dt가 기하급수적으로 감소하면 $s\to\infty$일 때 $sY(s)\to y(0)$임을 보여라.

14 $\mathcal{L}[ty]=-dY/ds$를 사용하여 베셀의 시간에 따라 변하는 $ty''+y'+ty=0$을 변환해서 Y에 대한 일계 미분방정식을 찾아라. 변수분리 또는 $Y(s)=C/\sqrt{1+s^2}$를 대입해서 베셀 함수 $y=J_0$의 라플라스 변환을 찾아라.

15 $f(t)=\sin\pi t$에 대하여 하나의 아치 모양인 라플라스 변환을 찾아라.

16 여러분의 가속도 $v'=c(v^*-v)$는 앞 차의 속도 v^*에 따라 달라진다.

(a) 라플라스 변환의 비 $V^*(s)/V(s)$를 찾아라.

(b) 앞 차가 $v^*=t$일 때, $v(0)=0$에서 시작한 여러분의 속도를 찾아라.

17 일렬로 서있는 자동차 중 가장 앞에 있는 자동차의 속

도가 $v_0(t) = \cos \omega t$이라면, 이 자동차들의 속도는 $v_n{}' = c[v_{n-1}(t-T) - v_n(t-T)]$이다.

(a) 진동 $v_n = A^n e^{i\omega t}$에서 성장 인자 $A = 1/(1 + i\omega e^{i\omega T}/c)$을 찾아라.

(b) $|A| < 1$과 $cT < \frac{1}{2}$일 때, A의 크기는 안전하게 줄어든다는 것을 보여라.

(c) $cT > \frac{1}{2}$이면 작은 ω에 대해서 $|A| > 1$(위험)임을 보여라($\sin\theta < \theta$를 사용하라). 인간의 반응 시간은 $T \geq 1$초이고 자동차에 대한 위험성은 $c = 0.4/$초이다. 즉, 보행자와 운전자는 겨우 안전할 수 있을 것이다.

18 $f(t) = \delta(t)$에 대해서 변환 $F(s) = 1$은 길고 얇은 상자 함수 $b(t)$의 변환의 극한이다. 상자는 너비 $\epsilon \to 0$과 높이는 $1/\epsilon$, 넓이는 1이다.

적분의 안쪽에서 $b(t) = \begin{cases} 1/\epsilon & 0 \leq t < \epsilon \text{일 때} \\ 0 & \text{나머지 구간에서} \end{cases}$은 $\delta(t)$에 가까이 간다. ϵ에 의존하는 변환 $B(s)$를 찾아라. $\epsilon \to 0$일 때 $B(s)$의 극한을 계산하라.

19 단위 계단 함수 $H(t)$의 변환 $1/s$은 짧고 가파른 램프 함수 $r_\epsilon(t)$의 변환의 극한에서 얻어진다. 이 램프의 기울기는 $1/\epsilon$이다. $R_\epsilon(s) = \int_0^\epsilon \frac{t}{\epsilon} e^{-st} dt + \int_0^\infty e^{-st} dt$를 계산하라. $\epsilon \to 0$으로 두자.

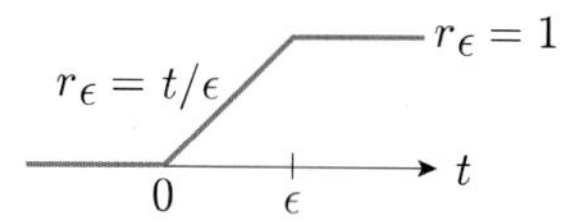

20 [연습문제 18]과 [연습문제 19]에서 램프 함수 $r_\epsilon(t)$의 미분은 상자 함수 $b(t)$임을 보여라. 계단 함수의 '일반화된 미분'은 _____ 함수이다.

21 $Y(s)$와 $y(0)$, $y'(0)$, $y''(0)$이 주어졌을 때, $y'''(t)$의 라플라스 변환은 무엇인가?

22 **폰트랴긴 최댓값 원리**Pontryagin maximum principle는 최적 제어optimal control가 '큰 폭발'이라는 것을 말한다(제약 조건에 의해 허용된 극한 값만을 취한다). $x = 0$의 정지 상태에서 $x = 1$의 정지 상태로 최소 시간에 가기 위해서 최대 가속 A와 최대 감속 $-B$를 사용한다. 가속장치에서 브레이크로 바뀌게 되는 시간 t는 언제인가?

8.6 콘볼루션(푸리에와 라플라스)

이 절은 곱셈에 관한 것이다. **콘볼루션**convolution은 함수를 곱하는 또 다른 방법이다(합성곱). 이는 벡터를 곱하는 방법이기도 하다. 벡터에 대한 법칙은 새롭게 보일 수 있지만, 이는 이미 1학년 때 배웠다. 여기서는 일반적인 수의 곱셈에서 시작해서 벡터의 콘볼루션과 함수의 콘볼루션을 알려주고자 한다.

112와 213을 곱할 때, 우리는 어떻게 9개의 작은 곱셈을 처리하는지에 주의하자.

$$\begin{array}{ccccc} & & 1 & 1 & 2 \\ & & 2 & 1 & 3 \\ \hline & & 3 & 3 & 6 \\ & 1 & 1 & 2 & \\ 2 & 2 & 4 & & \\ \hline \mathbf{2} & \mathbf{3} & \mathbf{8} & \mathbf{5} & \mathbf{6} \end{array} \qquad \begin{array}{ccccc} & & a & b & c \\ & & 2 & 1 & 3 \\ \hline & & 3a & 3b & 3c \\ & a & b & c & \\ 2a & 2b & 2c & & \\ \hline \cdot & \cdot & \cdot & \cdot & \cdot \end{array}$$

우리는 이 패턴에 대해 생각할 필요까지는 없다. 마음 속에서 우리는 그냥 112와 213을 작은 단계를 거쳐 곱한다. 새로운 아이디어는 $(1,1,2)$를 벡터로 생각하고 $(2,1,3)$을 다른 벡터로 생각하는 것이다. 이 두 벡터들의 콘볼루션은 벡터 $\mathbf{(2,3,8,5,6)}$이다.

이제는 두 벡터 $\boldsymbol{c}$와 $\boldsymbol{d}$의 콘볼루션을 위한 새로운 기호 $*$가 필요하다.

$$\text{벡터의 콘볼루션} \qquad \boldsymbol{c} * \boldsymbol{d} = (c_0, c_1, \cdots) * (d_0, d_1, \cdots) = (\boldsymbol{c_0 d_0}, \boldsymbol{c_0 d_1} + \boldsymbol{c_1 d_0}, \cdots)$$

우리가 알아챌 수만 있다면 위 식은 $\boldsymbol{c} * \boldsymbol{d}$에 관한 중요한 힌트와 함께 끝난다. 첫째, 모든 c_i는 모든 d_j에 곱해진다(9개의 작은 곱셈). 그런 다음 9개의 곱셈은 특별한 방식으로 모아, $c_0 d_1$을 $c_1 d_0$과 합친다. **$\boldsymbol{c} * \boldsymbol{d}$의 다음 성분은 $\boldsymbol{c_0 d_2 + c_1 d_1 + c_2 d_0}$일 것이다.**

학부 1학년 때 배우는 곱셈에서, 우리는 100번째 열에 들어가는 곱셈 $c_i d_j$들을 모두 더했으며 이들은 $300+100+400$이었다. 이를 대수로 표현하면 $\boldsymbol{c} * \boldsymbol{d}$의 n번째 성분은 $\boldsymbol{c_0 d_n + c_1 d_{n-1} + \cdots + c_n d_0}$일 것이다. **이들은 $\boldsymbol{i+j=n}$인 모든 곱셈 $\boldsymbol{c_i d_j}$이다.**

$$\text{콘볼루션 } \boldsymbol{c} * \boldsymbol{d} = \boldsymbol{d} * \boldsymbol{c} \qquad (\boldsymbol{c} * \boldsymbol{d})_n = \sum_{i+j=n} c_i d_j = \sum_i c_i d_{n-i} \tag{1}$$

합의 기호 $\sum$는 벡터가 무한하게 긴 것을 허용한다. 여기서 핵심은 $\boldsymbol{j=n-i}$와 같은 $\boldsymbol{i+j=n}$일 때, 작은 곱셈 $c_i d_j$가 같이 합쳐진다는 것이다. 여기서는 이 법칙을 다시 살펴볼 것인데, 이번에는 $2+x+3x^2$과 $1+x+2x^2$의 곱이다. **우리는 각 거듭제곱 $\boldsymbol{x^n}$에 곱해지는 모든 조각을 합친다.**

$$\begin{array}{rrrrr}
 & & 1+ & x+2x^2 & \\
 & & 2+ & x+3x^2 & \\
\hline
 & & 3x^2 & +3x^3 & +6x^4 \\
 & x+ & x^2 & +2x^3 & \\
2 & +2x & +4x^2 & & \\
\hline
\mathbf{2} & \mathbf{+3x} & \mathbf{+8x^2} & \mathbf{+5x^3} & \mathbf{+6x^4}
\end{array}$$

다항식을 곱할 때,
우리는 계수들의 벡터에
콘볼루션을 취한다.

$$(2,1,3) * (1,1,2) = \mathbf{(2,3,8,5,6)}$$

우리는 계수의 콘볼루션을 푸리에 급수의 곱셈과 연결할 것이다. 우선, 여기서는 같은 '콘볼루션 방식'으로 작은 곱셈 $c_i d_j$를 구하는 예를 하나 더 소개하겠다. 이 예는 행렬과 벡터의 곱셈 $C\boldsymbol{d}$이다. 행렬 C는 이 행렬의 대각선들을 따라서 수 c_0, c_1, $\cdots$을 가지고, C와 $\boldsymbol{d}$의 곱은 정확히 콘볼루션 $\boldsymbol{c} * \boldsymbol{d}$와 같다.

$$\begin{array}{c} C\boldsymbol{d} = \boldsymbol{c} * \boldsymbol{d} \\ \textbf{상수인 대각선들} \\ \textbf{퇴플리츠 행렬} \\ \textbf{평행이동 불변} \end{array} \quad \begin{bmatrix} c_0 & & \\ c_1 & c_0 & \\ c_2 & c_1 & c_0 \\ & c_2 & c_1 \\ & & c_2 \end{bmatrix} \begin{bmatrix} d_0 \\ d_1 \\ d_2 \end{bmatrix} = \begin{bmatrix} c_0 d_0 \\ c_1 d_0 + c_0 d_1 \\ c_2 d_0 + c_1 d_1 + c_0 d_2 \\ c_2 d_1 + c_1 d_2 \\ c_2 d_2 \end{bmatrix} \tag{2}$$

이 '콘볼루션 행렬'은 신호 처리에서 핵심이다. 여기서 행렬 C는 필터 역할을 한다. 이 필터를 이해하는 방법은 필터의 진동수 반응 $c_0 + c_1 e^{-i\theta} + c_2 e^{-2i\theta}$을 통해 가능하다. 이제 콘볼루션을 푸리에 급수와 라플라스 변환에 연결시킬 준비가 되었다.

곱셈 $f(x)g(x)$와 계수의 콘볼루션

콘볼루션을 통해 우리는 다음 대답에 대한 질문을 할 수 있다. $\sum c_k e^{ikx}$과 $\sum d_l e^{ilx}$(이 두 함수를 $f(x)$와 $g(x)$라 하자)을 곱할 때, 함수 $h(x) = f(x)g(x)$의 푸리에 계수는 무엇인가? 당연히 답은 $c_k d_k$가 아니다. 우리는 모든 계수 c_k와 모든 계수 d_l을 곱해야 한다. 이 모든 작은 곱셈 $c_k d_l$은 $(\sum c_k e^{ikx})(\sum d_l e^{ilx})$의 계수들을 만든다. 콘볼루션 법칙의 논리는 다음과 같이 두 단계를 갖는다.

1. $c_k e^{ikx}$과 $d_l e^{ilx}$의 곱은 $\boldsymbol{k+l=n}$일 때 $c_k d_l e^{inx}$과 같다.
2. $f(x)g(x)$에서 e^{inx}항은 $\boldsymbol{l=n-k}$인 모든 곱 $c_k d_l$을 포함한다.

$(\sum c_k e^{ikx})(\sum d_l e^{ilx})$**의 n번째 푸리에 계수는 $\boldsymbol{c * d}$의 n번째 성분이다.**

함수 f, g의 곱 **계수 c, d의 콘볼루션**	fg의 계수 $= (c * d)_n = \displaystyle\sum_{k=-\infty}^{\infty} c_k d_{n-k}$	(3)

예제 1 콘볼루션에서 단위벡터는 $\boldsymbol{\delta} = (\cdots, 0, 0, 1, 0, 0, \cdots)$이고, 모든 벡터 $\boldsymbol{d}$에 대해서 $\boldsymbol{\delta} * \boldsymbol{d} = \boldsymbol{d}$이다. 또한 항등 함수는 $i(x) = 1$이고, 모든 함수 g에 대해서 $i(x)g(x) = g(x)$이다. $i(x) = 1$의 푸리에 계수들은 정확히 $\boldsymbol{\delta}$이다.

여러분은 진동수 공간(k-공간)에서의 콘볼루션이 어떻게 함수 공간(x-공간)에서의 곱셈의 결과를 주는지를 본다. 이는 콘볼루션 법칙의 핵심 아이디어이다.

예제 2 벡터 $\boldsymbol{c}$의 자기상관autocorrelation은 콘볼루션 $\boldsymbol{c} * \boldsymbol{c}'$이다. 이 벡터 $\boldsymbol{c}'$은 $\boldsymbol{c}$의 반대 방향 벡터이고, $\boldsymbol{c}'$의 성분은 $\overline{f(x)}$의 푸리에 계수 $\bar{c}_{-k}$이다. 따라서 자기상관 $\boldsymbol{c} * \boldsymbol{c}'$은 곱셈 $f(x)\overline{f(x)} = |f(x)|^2$의 푸리에 계수를 준다.

$$f\bar{f} = (1+e^{ix})(1+e^{-ix}) = \mathbf{1}e^{-ix} + \mathbf{2} + \mathbf{1}e^{ix} \qquad \boldsymbol{c} * \boldsymbol{c}' = (0,1,1) * (1,1,0) = (\mathbf{1}, \mathbf{2}, \mathbf{1})$$

상자 벡터 $(0,1,1)$의 자기상관은 모자 벡터 $(\mathbf{1}, \mathbf{2}, \mathbf{1})$이다. 즉, 상자$*$상자$=$모자이다.

함수의 콘볼루션

반대 방향에 대한 질문도 중요하며 이에 대한 답도 찾아야 한다. $f(x)$, $g(x)$가 각각 푸리에 계수 c_k, d_k를 갖는다면 어떤 함수가 푸리에 계수 $\boldsymbol{c_k d_k}$를 갖는가? 우리는 k-공간에서 벡터를 곱했다. 그러면 x-공간에서 함수의 콘볼루션 $f * g$를 갖는다!

주기적 콘볼루션periodic convolution $$(f * g)(x) = \int_0^{2\pi} f(y)g(x-y)dy = \int_0^{2\pi} g(y)f(x-y)dy \tag{4}$$

벡터의 콘볼루션은 $(\boldsymbol{c} * \boldsymbol{d})_n = \sum c_i d_{n-i}$이며 핵심은 $\boldsymbol{i} + (\boldsymbol{n} - \boldsymbol{i}) = \boldsymbol{n}$이다. 함수의 콘볼루션은 합 대신에 (당연히) 적분을 취한다. 무엇보다도 우리는 $\boldsymbol{y} + (\boldsymbol{x} - \boldsymbol{y}) = \boldsymbol{x}$에 주목한다. 함수가 주기적이지 않고 $-\infty$에서 ∞까지의 적분에 대해서도 정확히 같은 패턴을 유지한다.

무한한 콘볼루션 $$(f * g)(x) = \int_{-\infty}^{\infty} f(y)g(x-y)dy = \int_{-\infty}^{\infty} g(y)f(x-y)dy \tag{5}$$

라플라스 변환에 대해서 모든 함수는 $t < 0$에서 0이다. 이때 x와 y는 t와 T로 바뀐다.

일방향 라플라스 $\begin{array}{ll} T < 0 \text{ 일 때} & f(T) = 0 \\ T > t \text{ 일 때} & g(t-T) = 0 \end{array}$ 이기 때문에 $(f * g)(t) = \int_0^t f(T)g(t-T)dT$이다.

콘볼루션을 통한 미분방정식 풀기

이 책의 주요 문제에 콘볼루션을 적용하고 싶다($y' - ay = f(t)$, $y'' + y = f(x)$와 같은 방정식의 근). 이들은 쉬운 문제들이며 우리는 답을 안다. 단순함은 요점을 명확하게 해준다는 점에서 좋다. 콘볼루션은 우리에게 라플라스로부터의 근 $y(t)$와 푸리에로부터의 $y(x)$를 쓰는 새로운 방법을 제공할 것이다.

이제 같은 방정식들을 푸는 오래된 방법을 상기할 것이다. 다음 페이지는 이 책에 수록된 뛰어난 예제들(상수 계수를 가지는 선형 방정식)의 요약을 제공한다.

예제 3 $y(0) = 0$에서 시작한 방정식 $y' - ay = f(t)$를 콘볼루션으로 풀어라.

풀이

양변에 라플라스 변환을 취하고 $Y(s)$를 찾기 위해 나눠라.

$$sY(s) - aY(s) = F(s)\text{는 } Y(s) = \frac{F(s)}{s-a} = \boldsymbol{G(s)F(s)}\text{를 준다.} \tag{6}$$

추진 함수의 변환 $F(s)$는 전달 함수 $G(s)$와 곱해진다. 이 문제에서 $G(s) = 1/(s-a)$이며 그러면 $y(t)$는 $Y(s) = G(s)F(s)$의 역변환이다.

핵심은 콘볼루션이다. $\boldsymbol{s}$-공간에서의 곱셈은 $\boldsymbol{t}$-공간에서의 콘볼루션이 된다. 이 법칙을 통해 $Y(s) = G(s)F(s)$로부터 근 $\boldsymbol{y} = \boldsymbol{g} * \boldsymbol{f}$를 얻는다. 이제 이 법칙을 증명해보자.

전달 함수 $G(s)$의 역변환은 임펄스 응답 $g(t)$이다. 방정식 $y' - ay = f(t)$에 대해서 전달 함수는 $G(s) = 1/(s-a)$이고, 이 함수의 역변환은 $g(t) = e^{at}$이다. 그러면 곱셈 $Y(s) = G(s)F(s)$는 임펄스 응답 e^{at}과 추진 함수 $f(t)$의 콘볼루션이 된다.

콘볼루션에 의한 근 $$y(t) = g(t) * f(t) = \int_{T=0}^{t} e^{a(t-T)} f(T)\,dT \tag{7}$$

이 근을 부디 인식하기를 바란다. 우리는 $e^{-at}f(t)$를 네 번 적분한다! 1장의 핵심 문제는 $y' - ay = f(t)$(또는 $q(t)$)였고, 우리는 세 가지 방법을 제안하였다.

1. **적분하는 인자** e^{-at}에 $y' - ay = f(t)$를 곱한다. $(e^{-at}y)' = e^{-at}f$를 적분하라.
2. 영공간의 해에서 **매개변수의 변동** $y_n = Ce^{at}$은 $y_p(t) = C(t)e^{at}$을 준다.
3. 모든 입력 $f(T)$를 이 함수의 **성장 인자** $e^{a(t-T)}$과 곱하고, 출력들을 합친다.
4. (새로운 방법) 근 $y(t)$는 $f(t)$와 임펄스 응답 e^{at}의 **콘볼루션**이다.

임펄스가 $f(t) = \delta(t)$일 때, 임펄스 응답은 $g(t) = g * \delta$이다. 힘이 $f(t)$일 때, 힘에 의한 반응은 $y = g * f$이다. **추진 함수 $f(t)$와 그린 함수 $g(t)$의 콘볼루션은 항상 $y(t)$를 출력한다.**

NOTE_ 여기서는 그린 함수를 부분적으로 사용했는데, 이는 문자 g가 매우 편리하게 등장했기 때문이다. 더불어 이 책의 주요 주제인 미분방정식과 행렬방정식을 연결시키는 핵심 아이디어를 표현하기 위함이다. 임펄스 응답(그린 함수)과의 콘볼루션은 그저 역행렬 A^{-1}의 곱셈과 비슷하다.

다음은 $AA^{-1} = I$로부터 얻을 수 있는 메시지이다. A^{-1}의 j번째 열벡터 $\boldsymbol{g}_j$는 항등 행렬의 j번째 열의 델타 벡터 $\boldsymbol{\delta}_j = (\cdot, 0, 1, 0, \cdot)$에 대한 응답이다.

선형대수학에서의 $A\boldsymbol{g}_j = \boldsymbol{\delta}_j$ **미분방정식에서의** $g' - ag = \delta(t)$

여러분에게 이것이 도움이 되기를 바란다. 그린 함수 $g(t-T)$는 시간 T에서의 단위 임펄스에 대한 시간 t에서의 응답을 준다. t에서 전체 응답은 임펄스 $f(T)$의 적분과 응답 $g(t-T)$의 곱이다. 근 $\boldsymbol{v} = \boldsymbol{A}^{-1}\boldsymbol{b}$와 행렬방정식 $\boldsymbol{A}\boldsymbol{v} = \boldsymbol{b}$를 비교하자. 역행렬 A^{-1}는 위치 j에서의 단위 임펄스에 대한 위치 i에서의 응답을 준다. 근 $\boldsymbol{v} = \boldsymbol{A}^{-1}\boldsymbol{b}$는 모든 j에서의 임펄스 b_j와 응답들의 곱의 합이다.

평행이동 불변의 방정식에 대해서 T에서의 임펄스에 대한 t에서의 응답은 경과 시간 $T-t$에만 의존한다. 평행이동 불변의 행렬에 대해서 응답 $(A^{-1})_{ij}$는 $i-j$에만 의존하고, 미분방정식은 **계수**가 상수이며 **퇴플리츠 행렬**Toeplitz matrix은 **대각성분**이 상수이다. 아래에서 A는 차분 행렬이고, A^{-1}은 합 행렬이다.

$$Av = \begin{bmatrix} 1 & & \\ -1 & 1 & \\ 0 & -1 & 1 \end{bmatrix}\begin{bmatrix} v_1 \\ v_2 \\ v_3 \end{bmatrix} = \begin{bmatrix} b_1 \\ b_2 \\ b_3 \end{bmatrix} \qquad v = A^{-1}b = \begin{bmatrix} 1 & & \\ 1 & 1 & \\ 1 & 1 & 1 \end{bmatrix}\begin{bmatrix} b_1 \\ b_2 \\ b_3 \end{bmatrix} \tag{8}$$

예제 4 **(푸리에)** $-\infty < x < \infty$에 대해서 방정식 $-y''+y=f(x)$를 풀어라.

풀이

이는 끝점 $x=-\infty$와 $x=\infty$에서 $y=0$인 경곗값 문제이다. 모든 항의 푸리에 급수를 취하면 y''에서의 두 미분은 ik의 곱셈이 된다.

$$-y''+y=f(x) \qquad -(ik)^2\hat{y}+\hat{y}=\hat{f}(k) \qquad \hat{y}(k)=\frac{\hat{f}(k)}{k^2+1}=\hat{g}(k)\hat{f}(k) \tag{9}$$

변환 $\hat{f}(k)$는 $k-$공간에서 $\hat{g}(k)=1/(k^2+1)$과 곱해진다. 또한 우변 $f(x)$는 $x-$공간에서 그린 함수 $g(x)$와 콘볼루션된다. 우변 $f(x)$가 델타 함수 $\delta(x)$일 때, 이 그린 함수 $g(x)$는 근이다. 근을 완성하기 위해 우리는 $g(x)$가 필요하다. 변환 접근법은 $\hat{g}(k)=1/(k^2+1)$을 역변환하는 것이고, 직접적인 접근법은 $-g''+g=\delta(x)$를 푸는 것이다. $x>0$과 $x<0$일 때 $\delta(x)=0$임을 기억하자.

$x>0$ $\quad -g''+g=0$은 $g=c_1e^x+c_2e^{-x}$이 된다. 그러면 $g(\infty)=0$은 $c_1=0$이 필요하다.

$x<0$ $\quad -g''+g=0$은 $g=C_1e^x+C_2e^{-x}$이 된다. 그러면 $g(-\infty)=0$은 $C_2=0$이 필요하다.

동작은 모두 $x=0$에 있다. 함수 $g(x)$에서 점프는 없으므로 $C_1=c_2$이다. $-g''+g=\delta(x)$에서 음의 부호는 $x=0$에서 기울기 $g'(x)$의 1을 소거한다. $x=0$에서 기울기 $-c_2e^{-x}$과 C_1e^x을 비교하는 것은 $C_1+c_2=1$을 준다. 계수는 $C_1=c_2=\frac{1}{2}$이고, 그린 함수 $g(x)$는 다음과 같다.

$$g(x)=\begin{cases} \frac{1}{2}e^{-x}, & x>0\text{일 때} \\ \frac{1}{2}e^{x}, & x<0\text{일 때} \end{cases} \quad \text{이고 콘볼루션을 하면 } y(x)=\int_{-\infty}^{\infty} f(X)g(x-X)\,dX\text{가 된다.}$$

푸리에가 라플라스로 변할 때, 시간에 대한 이 2차 방정식을 비교한다. 이제 우리는 $x=\pm\infty$에서의 경곗값 대신에 $t=0$에서의 초깃값을 갖는다.

예제 5 $y(0)=y'(0)=0$에서 시작하는 방정식 $y''+y=f(t)$를 풀어라.

풀이

양변에 라플라스 변환을 취한 다음 s^2+1로 나눠서 $Y(s)$를 찾는다.

$$s^2 Y(s)+Y(s)=F(s)\text{는 } Y(s)=\frac{\boldsymbol{F(s)}}{\boldsymbol{s^2+1}}=F(s)G(s)\text{이다.} \tag{10}$$

이때 전달 함수는 $G(s)=1/(s^2+1)$인데, 이는 임펄스 응답(성장 인자) $\boldsymbol{g(t)=\sin t}$의 라플라스 변환이다(8.5절의 [연습문제 02]에서 놀랍게도 $(\sin t)''$이 $\delta(t)$를 만드는 것을 확인할 수 있다. $t<0$일 때 기울기는 0이고, $(\sin t)'$은 $t=0$에서 $\cos 0=1$로 점프한다). 곱셈 $F(s)G(s)$는 콘볼루션 $f*g$에 상응한다.

라플라스 콘볼루션 $$y(t)=f(t)*g(t)=\int_0^t f(T)\sin(t-T)dT \tag{11}$$

이를 사용하면 [예제 5]를 빠르게 풀 수 있다.(핵심적인 단계는 $G(s)$를 역변환해서 $g(t)$를 찾는 것이다).

콘볼루션 법칙의 증명

이제 $f(t)*g(t)$의 라플라스 변환은 $F(s)G(s)$임을 증명해야 한다. 즉, 콘볼루션은 곱셈이 된다. 비슷하게 $f(x)*g(x)$의 푸리에 변환은 $\hat{f}(k)\hat{g}(k)$이다. T에서의 적분은 $f*g$를 생산하고, t에 대한 적분은 이의 변환을 준다. 핵심은 이중적분에서 순서를 바꾸는 것이다. 우선 t에 대해서 적분한다.

$$\int_{t=0}^{\infty}\left(\int_{T=0}^{\infty} f(T)g(t-T)dT\right)e^{-st}dt=\int_{T=0}^{\infty}\left(\int_{t=0}^{\infty} g(t-T)e^{-s(t-T)}dt\right)f(T)e^{-sT}dT$$

적분을 $T=\infty$로 확장하는 것은 안전했는데, 이는 $T>t$일 때 $g(t-T)=0$이기 때문이다. e^{sT}과 e^{-sT}을 대입하는 것도 역시 안전하다(둘의 곱은 1이다). 우변에서 내부 적분은 정확히 $t-T$가 τ로 바뀐 라플라스 변환 $G(s)$이다.

$$\int_{t=0}^{\infty} g(t-T)e^{-s(t-T)}dt=\int_{\tau=-T}^{\infty} g(\tau)e^{-s\tau}d\tau=\int_{\tau=0}^{\infty} g(\tau)e^{-s\tau}d\tau=G(s) \tag{12}$$

내부 적분은 $G(s)$이므로 이중적분은 우리가 바란 대로 $F(s)G(s)$이다. 이로써 콘볼루션 법칙은 증명되었다.

$$\int_{T=0}^{\infty} G(s)f(T)e^{-sT}dT=F(s)G(s)$$

적분 구간이 $-\infty<x<\infty$와 $-\infty<k<\infty$임을 제외하고는, 같은 법칙은 푸리에 변환에서도 성립한

다. 이 극한들로 인해 $t<0$일 때 $g(t)=0$인 한쪽 방향 조건을 가지지 않거나 필요 없어지게 된다. 단계들은 같고 우리는 동일한 결론에 도달한다. $f(x)*g(x)$의 푸리에 변환은 $\hat{f}(k)\hat{g}(k)$이다.

점 확산 함수와 디콘볼루션

콘볼루션은 미분방정식을 푸는 데만 유용한 것은 아니다. 실제로 우리는 이 방정식들을 이미 풀었다. 우리의 근은 이제 깔끔한 형태 $y=f*g$를 갖지만, 콘볼루션 없이도 이 근을 이미 찾았다. 더 좋은 응용은 밤하늘을 보는 망원경 또는 여러분의 몸속을 보는 CT 스캐너이다.

망원경은 흐릿한 이미지를 만든다. 실제로 별이 점 소스일 때, 우리는 델타 함수를 보지 않는다. $\boldsymbol{\delta(x,y)}$의 이미지는 **점 확산 함수**point-spread functon $\boldsymbol{g(x,y)}$이다(충격에 대한 반응, 점의 확산). 우리는 회절에 의해 중심에서 **에어리 원반**Airy disk을 본다. 이 원반의 반지름은 망원경의 해상도의 한계점을 알려준다.

별이 이동할 때, 이미지도 이동된다. 즉, 소스 $\delta(x-x_0, y-y_0)$은 이미지 $g(x-x_0, y-y_0)$을 생성한다. 이 소스는 별의 위치 x_0, y_0에서는 밝고, 이 점으로부터 멀어질 때 g는 빠르게 어두워진다. 전체 하늘의 이미지는 흐린 점의 적분과 같다. 밤하늘의 실제 밝기는 함수 $f(x,y)$이고, 우리가 보는 이미지는 콘볼루션 $c=f*g$이다. 하지만 우리가 희미한 함수 $g(x,y)$를 안다면, **디콘볼루션**deconvolution은 $f*g$로부터 $f(x,y)$를 다시 가져올 것이다. 변환 공간에서 스캐너에 대한 연산은 G에 의한 곱셈이고, 후 처리기에 대한 연산은 G에 의한 나눗셈이다. 이에 대한 디콘볼루션은 다음과 같다.

$$\boldsymbol{c=f*g}\text{는 } \boldsymbol{C=FG}\text{로 변환된다. } \boldsymbol{F=\frac{C}{G}}\text{의 역변환은 } \boldsymbol{f}\text{를 준다.}$$

생산자는 점 확산 함수 g와 이 함수의 푸리에 변환 G를 알게 되며, 망원경 또는 CT 스캐너는 디콘볼루션을 위한 코드를 포함해서 제작된다. 희미한 출력 c를 C로 변환한 다음 G로 나누고, 역변환 $F=C/G$를 해서 실제 소스 함수 f를 찾는다. 이차원 함수 $f(x,y)$는 이차원 변환 $\hat{f}(k,l)$을 한다는 것에 주목하라. x, y의 푸리에 기저 함수는 두 개의 진동수 k, l을 갖는 $e^{ikx}e^{ily}$이다.

순환하는 콘볼루션과 DFT

이산 푸리에 변환은 $\boldsymbol{c}=(c_0,\cdots,c_{N-1})$을 $\boldsymbol{f}=(f_0,\ldots,f_{N-1})$과 연결시키고, 푸리에 행렬은 $\boldsymbol{Fc=f}$를 준다. 계산은 빠른데, 이는 모든 벡터가 N 차원이며 FFT를 사용할 수 있기 때문이다. 콘볼루션 법칙은 빠른 곱셈과 빠른 알고리즘으로 직접 연결된다. 이것이 실제에서의 콘볼루션이다.

이 법칙은 $\boldsymbol{c*d}=(1,1,2)*(2,1,3)=(2,3,8,5,6)$에서 바뀌어야 한다. 입력 $\boldsymbol{c}$와 입력 $\boldsymbol{d}$가 N개의 성분을 가질 때, 그들의 순환하는 콘볼루션 역시 N개의 성분을 가진다. $(1,1,2)\circledast(2,1,3)=(7,9,8)$에서의 새로운 기호는 $\circledast$에서의 원을 통해 '순환'을 보여준다.

핵심은 $\boldsymbol{w}^3 = \mathbf{1}$이다. 순환하는 콘볼루션은 $5w^3 + 6w^4$을 $5 + 6w$로 다시 되돌린다.

$$(\mathbf{1} + \mathbf{1}w + \mathbf{2}w^2)(\mathbf{2} + \mathbf{1}w + \mathbf{3}w^2) = 2 + 3w + 8w^2 + 5w^3 + 6w^4 = \mathbf{7} + \mathbf{9}w + \mathbf{8}w^2$$

마찬가지로 $(0, \mathbf{1}, 0) \circledast (0, 0, \mathbf{1}) = (\mathbf{1}, 0, 0)$인데, 이는 w와 w^2의 곱이 $w^3 = 1$과 같기 때문이다. 여기서는 순환 콘볼루션 법칙을 시험하기 위해 이 예를 사용할 것이다.

■ N개의 점 변환에 대한 순환 콘볼루션 법칙

> $F(\boldsymbol{c} \circledast \boldsymbol{d})$의 k번째 성분은 $(F\boldsymbol{c})_k$와 $(F\boldsymbol{d})_k$의 곱이다. 이 단어 '곱'은 다음을 의미한다. 1, 1, 1인 1, w^3, w^6을 얻기 위해 $F\boldsymbol{c}$에 1, w, w^2을 곱하고, $F\boldsymbol{d}$에 1, w^2, w^4을 곱한다.

$$\boldsymbol{F} = \begin{bmatrix} 1 & 1 & 1 \\ 1 & \boldsymbol{w} & \boldsymbol{w}^2 \\ 1 & \boldsymbol{w}^2 & \boldsymbol{w}^4 \end{bmatrix} \quad F\begin{bmatrix} 0 \\ 1 \\ 0 \end{bmatrix} = \begin{bmatrix} 1 \\ \boldsymbol{w} \\ \boldsymbol{w}^2 \end{bmatrix} \text{과 } F\begin{bmatrix} 0 \\ 0 \\ 1 \end{bmatrix} = \begin{bmatrix} 1 \\ \boldsymbol{w}^2 \\ \boldsymbol{w}^4 \end{bmatrix} \text{의 곱은 } F\begin{bmatrix} 1 \\ 0 \\ 0 \end{bmatrix} = \begin{bmatrix} 1 \\ 1 \\ 1 \end{bmatrix} \text{이다.}$$

콘볼루션 $\boldsymbol{c} \circledast \boldsymbol{d}$는 N^2개의 작은 곱셈으로 이루어진다. 두 벡터의 성분별 곱은 N번만 필요하다. 따라서 콘볼루션 법칙은 (은행이 보안을 위해서 사용하는 소인수처럼) 매우 긴 두 개의 N자리 숫자를 곱하는 빠른 방법을 제시한다. 여러분이 수를 곱하는 것은 이 자릿수를 콘볼루션하는 것과 같다.

수들을 $\boldsymbol{f}$와 $\boldsymbol{g}$로 변환한 다음 $f_k g_k$와 변환을 곱하여 역변환한다.

세 개의 이산 변환의 비용이 포함될 때, FFT는 원래의 방법보다 하루만큼의 시간을 절약할 정도로 빠르다. $\boldsymbol{k}$-공간으로 가서 곱한 다음 다시 돌아가라. N^2개 곱셈은 $N + 3N\log N$으로 줄어든다. MATLAB에서 성분별 곱셈은 $\boldsymbol{f}. * \boldsymbol{g}$(점-별)로 표현한다.

$$F(\boldsymbol{c} \circledast \boldsymbol{d}) = (F\boldsymbol{c}).*(F\boldsymbol{d}) \qquad \mathtt{ifft}(\boldsymbol{c} \circledast \boldsymbol{d}) = N * \mathtt{ifft}(\boldsymbol{c}).*\mathtt{ifft}(\boldsymbol{d}) \tag{13}$$

fft 커맨드는 $\overline{w} = e^{-2\pi i/N}$과 행렬 $\overline{F}$를 사용하여 $\boldsymbol{f}$를 c로 변환한다는 것에 주목하자. ifft 커맨드는 $w = e^{2\pi i/N}$과 푸리에 행렬 F를 사용하여 역변환한다. 식 (13)에서 인자 N이 등장하는데, 이는 $F\overline{F} = NI$이기 때문이다.

순환 행렬

무한 상수-대각 행렬에 의한 곱셈은 무한 콘볼루션이 된다. C_∞의 n번째 행에 $\boldsymbol{d}$를 곱할 때, 이는 $i + j = n$인 작은 곱셈 $c_i d_j$들을 더한다.

$$\text{무한 콘볼루션} \qquad C_\infty d = \begin{bmatrix} \cdot & \cdot & \cdot & \cdot \\ c_0 & c_{-1} & c_{-2} & \cdot \\ c_1 & c_0 & c_{-1} & c_{-2} \\ c_2 & c_1 & c_0 & c_{-1} \\ \cdot & c_2 & c_1 & c_0 \end{bmatrix} \begin{bmatrix} \cdot \\ d_0 \\ d_1 \\ d_2 \\ \cdot \end{bmatrix} = \boldsymbol{c} * \boldsymbol{d} \tag{14}$$

비슷하게 순환 콘볼루션은 $N \times N$ 행렬에 의해서 얻을 수 있다. 이 행렬을 '순환'이라고 부르는데, 이는 ($w^N = 1$에 기반을 둔) 모든 대각선이 순환하기 때문이다. 모든 대각선은 N개의 같은 성분으로 이루어진다. 다음은 $N = 4$일 때 c_1인 대각성분을 강조한 것이다.

순환 콘볼루션
순환 행렬

$$Cd = \begin{bmatrix} c_0 & c_3 & c_2 & \mathbf{c_1} \\ \mathbf{c_1} & c_0 & c_3 & c_2 \\ c_2 & \mathbf{c_1} & c_0 & c_3 \\ c_3 & c_2 & \mathbf{c_1} & c_0 \end{bmatrix} \begin{bmatrix} d_0 \\ d_1 \\ d_2 \\ d_3 \end{bmatrix} = \boldsymbol{c} \circledast \boldsymbol{d} \tag{15}$$

가장 위에 있는 행이 어떻게 $c_0d_0 + c_3d_1 + c_2d_2 + c_1d_3$을 만드는지 주목하자. 이 아래 첨자들 $0+0$, $3+1$, $2+2$는 $N = 4$일 때 모두 0이다. 이 순환 세계에서 2와 2의 합은 0이며 이는 $w^2w^2 = w^4 = w^0$에서 나온다.

순환 행렬은 중요하다. 두 순환 행렬 B와 C를 곱하면 다른 순환 행렬이 되기 때문이다. 즉, 곱 BC는 $\boldsymbol{b} \circledast \boldsymbol{c}$인 콘볼루션을 준다. 놀라운 부분은 DFT로부터의 고윳값과 푸리에 행렬로부터의 고유벡터이다.

- C의 고윳값은 이산 변환 $F\boldsymbol{c}$의 성분들이다.
- 모든 C의 고유벡터는 F의 열들이다(또한 $\overline{F}$와 F^{-1}의 열들이다)

우리는 다음 순환 행렬에 대한 두 개의 고윳값 $\lambda = c_0 + c_1 + c_2$와 $c_0 + c_1w + c_2w^2$을 확인할 수 있다.

$$\begin{bmatrix} c_0 & c_2 & c_1 \\ c_1 & c_0 & c_2 \\ c_2 & c_1 & c_0 \end{bmatrix} \begin{bmatrix} 1 \\ 1 \\ 1 \end{bmatrix} = \lambda \begin{bmatrix} 1 \\ 1 \\ 1 \end{bmatrix} \qquad \begin{bmatrix} c_0 & c_2 & c_1 \\ c_1 & c_0 & c_2 \\ c_2 & c_1 & c_0 \end{bmatrix} \begin{bmatrix} 1 \\ w^2 \\ w \end{bmatrix} = \lambda \begin{bmatrix} 1 \\ w^2 \\ w \end{bmatrix} \tag{16}$$

식 $FC = \Lambda F$는 순환 콘볼루션 법칙 $F(\boldsymbol{c} \circledast \boldsymbol{d}) = (F\boldsymbol{c}) .* (F\boldsymbol{d})$이다.

이 책을 마무리하며

이 책은 중요한 [메모]로 끝을 맺는다. 계수가 상수인 문제는 $Ay'' + By' + Cy = 0$으로부터 여러 단계를 취해 왔다. 이제 우리는 변환(푸리에와 라플라스)과 콘볼루션을 할 수 있다. 이산 문제는 상수 대각 행렬들을 주고, 순환 문제는 순환 행렬을 준다. 이제 마무리해야 할 시간이다!

여기서 멈추고 다시 돌아보자. 이 책에서는 선형 문제를 강조했는데, 선형 문제들이야말로 우리가 이해할 수 있는 식이기 때문이다. 현실에서는 선형 문제가 많지 않은 것은 사실이다. 만약 입력에 10을 곱한다면, 출력은 10이 아닌 8 또는 12가 곱해질 수도 있다. 하지만 대부분의 실제 문제에서 입력은 1.1보다 작은 값으로 곱해지거나 나눠진다. 그러면 선형 모델은 접선으로 곡선을 대체한다(이는 미적분학의 핵심이다). 이렇듯 응용수학을 이해하기 위해서는 미분방정식과 선형대수학이 필요하다.

8.6 요약

1. 콘볼루션 $(1,2,3)*(4,5,6)$은 수를 갖고 있지 않은 곱셈 123×456이다.
2. $\left(\sum c_k e^{ikx}\right)\left(\sum d_l e^{ilx}\right)$은 e^{inx}의 계수로서 $(c*d)_n=\sum c_k d_{n-k}$를 갖는다.
   $(1+2x+3x^2)(4+5x+6x^2)$에서와 같이 **함수의 곱셈** $\leftrightarrow$ **계수의 콘볼루션**이다.
3. 미분방정식은 $Y(s)=F(s)G(s)$로 변환된다. 그러면 $y(t)=f(t)*g(x)=$(추진하는 힘)$*$(임펄스 응답)이다. 이때 임펄스 응답 $g(t)$는 그린 함수이다.
4. **평행이동 불변**: 계수가 상수인 방정식과 대각성분이 상수인 행렬들
5. 순환 행렬 $C\boldsymbol{d}$는 순환 콘볼루션 $\boldsymbol{c}\circledast\boldsymbol{d}$이 된다. 성분 $(F\boldsymbol{c}).*(F\boldsymbol{d})$들을 곱한다.

8.6 연습문제

01 콘볼루션 $\boldsymbol{v}*\boldsymbol{w}$와 순환 콘볼루션 $\boldsymbol{v}\circledast\boldsymbol{w}$를 찾아라.

(a) $\boldsymbol{v}=(1,2)$와 $\boldsymbol{w}=(2,1)$

(b) $\boldsymbol{v}=(1,2,3)$과 $\boldsymbol{w}=(4,5,6)$

02 콘볼루션 $(1,3,1)*(2,2,3)=(a,b,c,d,e)$를 계산하라. 여러분의 답을 확인하기 위해 덧셈 $a+b+c+d+e$를 하라. $1+3+1=5$, $2+2+3=7$, $5\times7=35$이므로 전체 합은 35이어야만 한다.

03 $1+3x+x^2$에 $2+2x+3x^2$을 곱해서 $a+bx+cx^2+dx^3+ex^4$을 찾아라. 여러분의 곱셈은 [연습문제 02]의 콘볼루션 $(1,3,1)*(2,2,3)$과 같다. $x=1$일 때, 여러분의 곱셈은 $1+3+1=5$와 $2+2+3=7$의 곱이 $a+b+c+d+e=35$와 일치하는 이유를 보여준다.

04 (디콘볼루션) 어떤 벡터 $\boldsymbol{v}$가 $\boldsymbol{w}=(1,2,3)$과 콘볼루션해서 $\boldsymbol{v}*\boldsymbol{w}=(0,1,2,3,0)$을 얻는가? 어떤 $\boldsymbol{v}$가 $\boldsymbol{v}\circledast\boldsymbol{w}=(3,1,2)$를 주는가?

05 (a) 주기함수 $f(x)=4$와 $g(x)=2\cos x$에 대해서 $f*g$는 0임을 보여라!

(b) 주기 공간(k-공간)에서 여러분은 4와 $2\cos x$의 푸리에 계수들을 곱한다. 이 계수들은 $c_0=4$와 $d_1=d_{-1}=1$이다. 따라서 모든 곱 $c_k d_k$는 ______이다.

06 주기함수 $f=\sum c_k e^{ikx}$과 $g=\sum d_k e^{ikx}$에 대해서 $f*g$의 푸리에 계수는 $2\pi c_k d_k$이다. $f(x)-1$과 $g(x)=1$일 때 정의 (4)에 의해 $f*g$를 계산함으로써 이 인자 2π

를 시험하라.

07 적분을 이용하여 주기 콘볼루션 $\int_0^{2\pi} \cos x \cos(t-x)\,dx$는 $\pi \cos t$임을 보여라. 여러분은 k-공간에서 푸리에 계수 $c_1 = c_{-1} = \frac{1}{2}$을 제곱해서 $\frac{1}{4}$을 각각 얻는다(이들은 $\frac{1}{2}\cos t$의 계수들이다). [연습문제 06]에서의 2π는 $\pi \cos t$를 성립하게 만든다.

08 $f * g$가 $g * f$와 같은 이유를 설명하라(주기적 또는 무한 콘볼루션).

09 어떤 3×3 순환 행렬 C가 벡터 $\boldsymbol{c}=(1,2,3)$인 순환 콘볼루션을 만드는가? 그러면 모든 벡터 $\boldsymbol{d}$에 대해서 $C\boldsymbol{d}$는 $\boldsymbol{c} \circledast \boldsymbol{d}$와 같다. $\boldsymbol{d}=(0,1,0)$일 때, $\boldsymbol{c} \circledast \boldsymbol{d}$를 계산하라.

10 어떤 2×2 순환 행렬 C가 $\boldsymbol{c}=(1,1)$인 순환 콘볼루션을 만드는가? 이 C가 가역이 아니라는 것을 네 가지 방법으로 보여라. 이때 디콘볼루션은 불가능하다.

(1) C의 행렬식을 찾아라.

(2) C의 고윳값을 찾아라.

(3) $C\boldsymbol{d} = \boldsymbol{c} \circledast \boldsymbol{d}$가 0인 $\boldsymbol{d}$를 찾아라.

(4) $F\boldsymbol{c}$는 0인 성분을 갖는다.

11 (a) $b(x) * \delta(x-1)$을 곱셈 $\hat{b}\hat{d}$로 바꿔라. 상자 함수 $b(x) = \{0 \le x \le 1$일 때 $1\}$을 $\hat{b}(k) = \int_0^1 e^{-ikx}dx$로 변환하라. 평행이동한 델타 함수는 $\hat{d}(k) = \int \delta(x-1)e^{-ikx}dx$이다.

(b) 여러분의 결과 $\hat{b}\hat{d}$는 이동된 상자 함수의 변환임을 보여라. 그러면 $\delta(x-1)$과의 콘볼루션은 상자를 평행이동시킨다.

12 아래의 방정식에 라플라스 변환을 취해서 전달 함수 $G(s)$를 찾아라.

(a) $Ay'' + By' + Cy = \delta(t)$

(b) $y' - 5y = \delta(t)$

(c) $2y(t) - y(t-1) = \delta(t)$

13 $y'''' = \delta(t)$의 라플라스 변환을 취해서 $Y(s)$를 찾아라. 8.5절의 변환 표를 참고하여 $y(t)$를 찾아라. 이로써 $y''' = 1$과 $y'''' = 0$임을 확인할 것이다. 하지만 음수 t에 대해서 $y(t) = 0$이고, 따라서 여러분의 y'''은 실제로 단위 계단 함수이고, y''''은 실제로 $\delta(t)$이다.

14 라플라스 변환을 통해 아래의 방정식을 풀어서 $Y(s)$를 찾아라. 8.5절의 변환 표를 참고하여 역변환을 통해 $y(t)$를 찾아라.

(a) $y' - 6y = e^{-t}$, $y(0) = 2$

(b) $y'' + 9y = 1$, $y(0) = y'(0) = 0$

15 $t=0$일 때 0에서 1로 점프하는 이동된 계단 함수 $H(t-3)$의 라플라스 변환을 찾아라. 라플라스 변환 $Y(s)$와 역변환 $y(t)$를 찾아서 $y(0)=0$인 $y' - ay = H(t-3)$를 풀어라(한쪽 부분은 $t<3$일 때이고, 두 번째 부분은 $t \ge 3$일 때이다).

16 $y(0) = 4$인 $y' = 1$을 풀어라. 그 다음 $Y(s)$를 찾아서 역변환을 하는 (느린) 방법으로 이 문제를 풀어라.

17 근 $y(t)$는 입력 $f(t)$와 어떤 함수 $g(t)$의 콘볼루션인가?

(a) $y(0) = 3$인 $y' - ay = f(t)$

(b) $y' - (y$의 적분$) = f(t)$

18 $y(0) = 3$인 $y' - ay = f(t)$에 대해서 우리는 힘을 가하는 함수 $f(t)$에 $3\delta(t)$를 더함으로서 초깃값을 대체할 수 있다. 이 문장을 설명하라.

19 $\delta(t) * \delta(t)$는 무엇인가? $\delta(t-1) * \delta(t-2)$는 무엇인가? $\delta(t-1)$과 $\delta(t-2)$의 곱은 무엇인가?

20 라플라스 변환을 통해 $y(0) = 1$인 $y' = y$를 풀어서 $y(t)$를 찾아라.

21 식 (9)에서처럼 푸리에 변환을 이용하여 $-y'' + y = 0 \le x \le 1$에서의 상자 함수 $b(x)$를 풀어라.

22 $B^2 < 4C$와 $B^2 > 4C$의 두 경우에는 $y'' + By' + Cy = f(x)$에 대한 근은 큰 차이가 있다. $y(\pm\infty) = 0$인 $y'' + y = \delta$와 $y'' - y = \delta$를 풀어라.

23 **(복습)** 상수함수 $f(t) = 1$과 단위 계단 함수 $H(t)$가 같은 라플라스 변환 $1/s$을 갖는 이유는 무엇인가?

답변 : 변환은 _____를 알아차리지 못하기 때문이다.

부록

A 행렬 분해

B 행렬식의 성질

C 선형대수학 요약 : A는 $n \times n$ 행렬

A 행렬 분해

1. $A = LU = \begin{pmatrix} \text{아래삼각 행렬 } L \\ \text{대각성분이 } 1\text{이다.} \end{pmatrix} \begin{pmatrix} \text{위삼각 행렬 } U \\ \text{대각성분에 피봇이 있다.} \end{pmatrix}$

요구사항 : 가우스 소거법에 의해 A가 U로 줄어드는 것과 같은 행 교환은 없다.

2. $A = LDU = \begin{pmatrix} \text{아래삼각 행렬 } L \\ \text{대각성분이 } 1\text{이다.} \end{pmatrix} \begin{pmatrix} \text{피봇행렬} \\ D\text{는 대각 행렬이다.} \end{pmatrix} \begin{pmatrix} \text{위삼각 행렬 } U \\ \text{대각성분이 } 1\text{이다.} \end{pmatrix}$

요구사항 : 행 교환은 없다. U의 대각선에 1을 남기기 위해 D에서의 피봇을 나눈다. A가 대칭 행렬일 때, U는 L^{T}이고 $\boldsymbol{A = LDL^{\mathrm{T}}}$이다.

3. $\boldsymbol{PA = LU}$ (피봇 위치에 0이 오지 않도록 하는 순열 행렬 P)

요구사항 : A는 가역 행렬이다. 그러면 P, L, U도 모두 가역 행렬이다. P는 미리 모든 행을 교환하는데, 이는 일반적인 LU를 허용한다. 대안 : $A = L_1P_1U_1$

4. $\boldsymbol{EA = R}$ ($m \times m$ 가역 행렬 E)(임의의 행렬 A) $= \mathrm{rref}(A)$

요구사항 : 아무것도 없다! 행사다리꼴 행렬 R은 r개의 피봇 행과 r개의 피봇 열을 갖는다. 피봇 열에서 유일하게 0이 아닌 원소는 단위 피봇이다. E의 마지막 $m-r$ 행들은 A의 왼쪽 영공간의 기저이다(여기에 A를 곱하면 R의 0으로 이루어진 행을 만든다). E^{-1}의 처음 r개의 열은 A의 열 공간의 기저이다.

5. $\boldsymbol{S = C^{\mathrm{T}}C}$ = 양쪽 대각선에 $\sqrt{D}$를 갖는 (아래삼각 행렬)(위삼각 행렬)

요구사항 : S는 대칭이고, 양의 정부호행렬이다(D의 모든 n개의 피봇은 양수이다). 이 **촐레스키 분해** Cholesky factorization $C = \mathrm{chol}(S)$는 $C^{\mathrm{T}} = L\sqrt{D}$가 되므로 $C^{\mathrm{T}}C = LDL^{\mathrm{T}}$이다.

6. $\boldsymbol{A = QR}$ = (Q에서의 정규직교 열)(위삼각 행렬 R)

요구사항 : A는 독립적인 열을 갖는다. 이 열들은 그램-슈미츠 Gram-Schmidt 또는 하우스홀더 과정 Householder process에 의해 Q에서 직교화되었다. A가 정사각행렬이면 $Q^{-1} = Q^{\mathrm{T}}$이다.

7. $\boldsymbol{A = V\Lambda V^{-1}}$ = (V에서의 고유벡터)(Λ에서의 고윳값)(V^{-1}에서의 왼쪽 고유벡터)

요구사항 : A는 반드시 n개의 선형 독립 고유벡터들을 가져야 한다.

8. $\boldsymbol{S = Q\Lambda Q^{\mathrm{T}}}$ = (직교 행렬 Q)(실수 고윳값 행렬 Λ)(Q^{T}는 Q^{-1})

요구사항 : S는 실수이고 대칭 행렬이다. 이는 **스펙트럼 정리** spectral theorem이다.

9. $\boldsymbol{A = MJM^{-1}}$ = (M에서의 일반화된 고유벡터)(J에서 조던 블록)(M^{-1})

요구사항 : A는 임의의 정사각행렬이다. 이 조던 형태[Jordan form] J는 A의 각각의 독립적인 고유벡터에 대한 블록을 갖는다. 모든 블록은 오직 하나의 고윳값을 갖는다.

10. $\boldsymbol{A = U\Sigma V^{\mathrm{T}}} = \begin{pmatrix} \text{직교} \\ U\text{는 } m\times m \end{pmatrix} \begin{pmatrix} m\times n \text{ 특잇값 행렬} \\ \text{대각성분은 } \sigma_1,\ \cdots,\ \sigma_r \text{ 이다.} \end{pmatrix} \begin{pmatrix} \text{직교} \\ V\text{는 } n\times n \end{pmatrix}$

요구사항 : 아무것도 없다. 이 특잇값 분해(**SVD**)는 U에서 AA^{T}의 고유벡터를 가지고, V에서 $A^{\mathrm{T}}A$의 고유벡터를 갖는다($\sigma_i = \sqrt{\lambda_i(A^{\mathrm{T}}A)} = \sqrt{\lambda_i(AA^{\mathrm{T}})}$).

11. $\boldsymbol{A^{+} = U\Sigma^{+} V^{\mathrm{T}}} = \begin{pmatrix} \text{직교} \\ U\text{는 } n\times n \end{pmatrix} \begin{pmatrix} \Sigma\text{의 } n\times m \text{ 의사역 행렬} \\ \text{대각성분은 } 1/\sigma_1,\ \cdots,\ 1/\sigma_r \text{ 이다.} \end{pmatrix} \begin{pmatrix} \text{직교} \\ V\text{는 } m\times m \end{pmatrix}$

요구사항 : 아무것도 없다. 의사역 행렬 A^{+}는 $A^{+}A$ = A의 행 공간 위로의 사영과 AA^{+} = 열 공간 위로의 사영을 갖는다. $A\boldsymbol{x} = \boldsymbol{b}$에 대한 최소 자승 해는 $\hat{\boldsymbol{x}} = A^{+}\boldsymbol{b}$이다. 이는 $A^{\mathrm{T}}A\hat{\boldsymbol{x}} = A^{\mathrm{T}}\boldsymbol{b}$를 푼다. A가 가역 행렬일 때, $A^{+} = A^{-1}$이다.

12. $\boldsymbol{A = QH}$ = (직교 행렬 Q)(양의 정부호 대칭 행렬 H)

요구사항 : A는 가역 행렬이다. 이 극 분해는 $H^2 = A^{\mathrm{T}}A$를 갖는다. A가 특이 행렬일 때, 인자 H는 준정부호 행렬이다. 역 극 분해 $A = KQ$는 $K^2 = AA^{\mathrm{T}}$를 갖는다. SVD로부터 양쪽 모두 $Q = UV^{\mathrm{T}}$를 갖는다.

13. $\boldsymbol{A = U\Lambda U^{-1}}$ = (유니타리 U)(고윳값 행렬 Λ)($U^{\mathrm{H}} = \overline{U}^{\mathrm{T}}$인 U^{-1})

요구사항 : A는 정규행렬이다. 즉, $A^{\mathrm{H}}A = AA^{\mathrm{H}}$이다. 이 행렬의 정규직교(그리고 복소수도 가능하다) 고유벡터는 U의 열들이다. 에르미트의 경우인 $A = A^{\mathrm{H}}$가 아니라면 λ는 복소수이다.

14. $\boldsymbol{A = UTU^{-1}}$ = (유니타리 U)(대각성분이 λ인 삼각 행렬 T)($U^{-1} = U^{\mathrm{H}}$)

요구사항 : 임의의 정사각행렬 A의 슈어 삼각 행렬화이다. $U^{-1}AU$를 삼각 행렬로 만드는 정규직교 열을 갖는 행렬 U가 존재한다.

15. $\boldsymbol{F_n} = \begin{bmatrix} I & D \\ I & -D \end{bmatrix} \begin{bmatrix} \boldsymbol{F_{n/2}} & \\ & \boldsymbol{F_{n/2}} \end{bmatrix} \begin{bmatrix} \text{짝-홀} \\ \text{순열} \end{bmatrix}$ = (귀납적인) **FFT**의 한 단계.

요구사항 : F_n = ($w^n = 1$인 성분 w^{jk}을 가지는 푸리에 행렬) 즉, $F_n\overline{F}_n = nI$이다. D의 대각성분은 $1,\ w,\ \cdots,\ w^{n/2-1}$이다. $n = 2^l$에 대해 고속 푸리에 변환은 l단계의 D들로부터 오직 $\frac{1}{2}nl = \frac{1}{2}n\log_2 n$ 번의 곱셈을 통해 $F_n\boldsymbol{x}$를 계산한다.

B 행렬식의 성질

1. $n \times n$ 항등 행렬의 행렬식은 1이다.

2. 두 행의 순서가 바뀔 때, 행렬식의 부호가 바뀐다(부호 반전).

3. 행렬식은 각각의 행에 대해 독립적으로 선형함수이다(다른 모든 행들은 고정되어 있다).

첫 번째 행에 임의의 수 t를 곱한다. $\begin{vmatrix} ta & tb \\ c & d \end{vmatrix} = t\begin{vmatrix} a & b \\ c & d \end{vmatrix}$

A의 첫 번째 행을 A'의 첫 번째 행에 더한다. $\begin{vmatrix} a+a' & b+b' \\ c & d \end{vmatrix} = \begin{vmatrix} a & b \\ c & d \end{vmatrix} + \begin{vmatrix} a' & b' \\ c & d \end{vmatrix}$

성질 1~3에 특히 주목하자. 그들은 수 $\det A$를 유일하게 결정한다.

4. A의 두 개의 행이 서로 같다면 $\det A = 0$이다.

5. 한 행의 상수 배를 다른 행에서 빼어도 $\det A$의 값은 변하지 않는다.

두 번째 행에
첫 번째 행의 l배를 뺀다. $\begin{vmatrix} a & b \\ c-la & d-lb \end{vmatrix} = \begin{vmatrix} a & b \\ c & d \end{vmatrix}$

6. 0으로 이루어진 행을 갖는 행렬은 $\det A = 0$을 갖는다.

7. A가 삼각 행렬이면 $\det A = a_{11}a_{22} \cdots a_{nn} =$ 대각성분들의 곱이다.

8. A가 비가역 행렬이면 $\det A = 0$이고, A가 가역 행렬이면 $\det A \neq 0$이다.

증명 소거법은 A를 U로 만든다. A가 비가역 행렬이면 U는 0으로 이루어진 행을 갖는다. 따라서 법칙을 통해 $\det A = \det U = 0$이 된다. A가 가역 행렬이면 U는 대각선을 따라 피봇을 갖는다. (7에 의해) 0이 아닌 피봇들의 곱은 0이 아닌 행렬식을 준다.

피봇들을 곱한다. $\det A = \pm \det U = \pm$**(피봇들의 곱)**

9. AB의 행렬식은 $\det A$와 $\det B$의 곱이다. 즉, $|AB| = |A||B|$이다.

A와 A^{-1}의 곱 $AA^{-1} = I$이고 따라서 $(\det A)(\det A^{-1}) = \det I = 1$이다.

10. 전치 A^{T}는 A와 동일한 행렬식을 갖는다.

C 선형대수학 요약 : A는 $n \times n$ 행렬

가역 nonsingular	비가역 singular
A는 역행렬을 갖는다.	A는 역행렬을 갖지 않는다.
열들은 독립이다.	열들은 종속이다.
행들은 독립이다.	행들은 종속이다.
행렬식은 0이 아니다.	행렬식은 0이다.
$A\boldsymbol{x}=\mathbf{0}$은 하나의 근 $\boldsymbol{x}=\mathbf{0}$을 갖는다.	$A\boldsymbol{x}=\mathbf{0}$은 무한히 많은 근을 갖는다.
$A\boldsymbol{x}=\boldsymbol{b}$는 하나의 근 $\boldsymbol{x}=A^{-1}\boldsymbol{b}$를 갖는다.	$A\boldsymbol{x}=\boldsymbol{b}$는 근이 없거나 무수히 많은 근을 갖는다.
A는 (0이 아닌) n개의 피봇을 갖는다.	A는 $r<n$개의 피봇을 갖는다.
A는 완전한 계수 $r=n$을 갖는다.	A는 $r<n$개의 계수를 갖는다.
행사다리꼴 형태는 $R=I$이다.	R은 모든 성분이 0인 행을 적어도 하나 갖는다.
열 공간은 $\mathbb{R}^n$ 전체이다.	열 공간은 $r<n$ 차원을 갖는다.
행 공간은 $\mathbb{R}^n$ 전체이다.	행 공간은 $r<n$ 차원을 갖는다.
모든 고윳값이 0이 아니다.	0은 A의 고윳값이다.
$A^{\mathrm{T}}A$는 대칭 양의 정부호 행렬이다.	$A^{\mathrm{T}}A$는 준정부호 행렬이다.
A는 n개의 (양의) 특잇값을 갖는다.	A는 $r<n$개의 특잇값을 갖는다.

찾아보기

찾아보기

ㅇ

ㅈ

ㅊ

찾아보기